Wettbewerbsfaktor Produktionstechnik

Wettbewerbsfaktor Produktionstechnik

Aachener Perspektiven

Herausgeber:
AWK Aachener Werkzeugmaschinen-Kolloquium

Tilo Pfeifer
Walter Eversheim
Wilfried König
Manfred Weck

CIP-Titelaufnahme der Deutschen Bibliothek

Wettbewerbsfaktor Produktionstechnik
[Aachener Werkzeugmaschinen-Kolloquium '93].
Hrsg.: AWK, Achener Werkzeugmaschinen-Kolloquium. Tilo Pfeifer...–
Düsseldorf: VDI-Verl., 1993
ISBN 3-18-401348-0

NE: Pfeifer, Tilo [Hrsg.]; AWK

Sonderausgabe für

AWK Aachener Werkzeugmaschinen-Kolloquium

© VDI-Verlag GmbH, Düsseldorf 1993
Alle Rechte, auch das des auszugsweisen Nachdruckes, der auszugsweisen oder vollständigen photomechanischen Wiedergabe (Photokopie, Mikrokopie) und das der Übersetzung, vorbehalten.

Herstellung: Rhiem-Druck, Duisburg

ISBN 3-18-401348-0

Vorwort

Politische Veränderungen bleiben nicht ohne Auswirkungen auf die wirtschaftliche Entwicklung. So bergen die Globalisierung der Märkte, der sich bildende EG-Binnenmarkt und die Umstrukturierung des Ostens wirtschaftliche Risiken, aber auch neue Möglichkeiten und Herausforderungen. Der Druck der Mitbewerber im In- und Ausland sowie eine derzeit weltweit spürbare Rezession zwingen die Unternehmen mehr denn je, ihre Wettbewerbsfähigkeit zu sichern und in moderne Produktionstechniken zu investieren.

Das Aachener Werkzeugmaschinen-Kolloquium 1993 stellt sich dieser Problematik unter dem Leitthema „Wettbewerbsfaktor Produktionstechnik - Aachener Perspektiven". Neben der Analyse und der Bewertung aktueller Problemstellungen werden in den Bereichen Unternehmensstrategien, Produktentwicklung, Produktion, Produktionsanlagen und Umweltschutz konkrete Lösungswege aufgezeigt und Handlungsanleitungen für die direkte praktische Umsetzung vorgestellt.

Um das Thema „Wettbewerbsfaktor Produktionstechnik - Aachener Perspektiven" einem größeren Interessentenkreis zugänglich zu machen, setzen wir die Reihe der AWK-Vortragsbände mit dem vorliegenden Kompendium fort.

Wir danken allen, die mit großem Engagement an der Erstellung dieses Buches mitgewirkt haben.

Aachen, im Juni 1993

Tilo Pfeifer
Walter Eversheim
Wilfried König
Manfred Weck

Inhalt

1 Unternehmensstrategien
- 1.1 Wettbewerbsfähige Unternehmensprozesse in einem globalen Markt — 1-3
- 1.2 Qualitätsmanagement als Unternehmensstrategie — 1-39
- 1.3 Strategien zur Einführung eines Qualitätsmanagementsystems — 1-65

2 Produktentwicklung
- 2.1 Produktentwicklung im Verbund - Chancen und Risiken - — 2-3
- 2.2 Der Konstruktionsarbeitsplatz der Zukunft - Vom Entwurf zur NC-Programmierung — 2-33
- 2.3 Innovative Software-Technologien im Qualitätsmanagement — 2-71
- 2.4 Strategien und Verfahren zur Fertigung von Prototypen — 2-99

3 Produktion
- 3.1 Ressourcenoptimale Produktionsgestaltung - Integrierte Ablauf- und Strukturplanung - — 3-3
- 3.2 Technologieverständnis - Der Schlüssel zu optimierten Prozessen und Fertigungsfolgen — 3-31
- 3.3 Mit neuen Werkzeugen in die Fertigung von morgen — 3-73
- 3.4 Integrierte Qualitätsprüfung — 3-101

4 Produktionsanlagen
- 4.1 Die Werkzeugmaschine im Spannungsfeld zwischen Ökonomie und Ökologie - kostengüstig, zuverlässig, präzise, schnell und sauber — 4-3
- 4.2 Die offene Steuerung - Zentraler Baustein leistungsfähiger Produktionsanlagen — 4-43
- 4.3 Der Roboter im produktionstechnischen Umfeld — 4-73

5 Umwelt
- 5.1 Kühlschmierstoff - Eine ökologische Herausforderung an die Fertigungstechnik — 5-3
- 5.2 Bewertungsstrategien für Produktentwicklung, Produktion und Entsorgung — 5-49

1 Unternehmensstrategien

1.1 Wettbewerbsfähige Unternehmensprozesse in einem globalen Markt

1.2 Qualitätsmanagement als Unternehmensstrategie

1.3 Strategien zur Einführung eines Qualitätsmanagementsystems

1.1 Wettbewerbsfähige Unternehmensprozesse in einem globalen Markt

Gliederung:

1. Paradigmenwechsel in der Produktionstechnik

2. Prozeßorientierung - Ein übergreifender Ansatz -
2.1 Wertschöpfung als Kernprozeß
2.2 Vorgehensweise zur Ermittlung wettbewerbsfähiger Unternehmensprozesse

3. Gestaltungsfelder
3.1 Der Mensch im Mittelpunkt
3.2 Technik
3.3 Organisation

4. Zusammenfassung

Kurzfassung:

Wettbewerbsfähige Unternehmensprozesse in einem globalen Markt
In einer konjunkturell schwierigen Situation treten Schwachstellen in den Unternehmen offen zutage. Es müssen neue Lösungen erarbeitet werden, die zur Steigerung der Wettbewerbsfähigkeit sowohl von Unternehmen der Einzel- und Kleinserienproduktion als auch von Serienherstellern beitragen. Bisher eingesetzte Hilfsmittel, Methoden und Philosophien sind dabei jeweils vor ihrem historischen Hintergrund zu betrachten und nicht ohne weiteres auf das nächste Jahrzehnt und die hiermit verbundenen steigenden Anforderungen hinsichtlich Durchlaufzeit, Kosten, Qualität, Flexibilität und Ökologie übertragbar. Es ist eine Änderung der Denkweise weg von der funktionalen Betrachtung eines Unternehmens hin zur Prozeßorientierung erforderlich. Ähnlich wie eine Kette nur so gut sein kann wie das schwächste Glied wird auch der Ressourcenverzehr im gesamten Wertschöpfungsprozeß geprägt von der Güte der Einzelprozesse. Die Unternehmen werden sich zukünftig auf die Optimierung des gesamten Wertschöpfungsprozesses, zu dem u.a. der Auftragsabwicklungsprozeß genauso zu zählen ist wie etwa der Produktentwicklungsprozeß, konzentrieren müssen. Hierzu soll der vorliegende Beitrag das Grundverständnis der Prozeßorientierung erläutern und Gestaltungsempfehlungen in bezug auf Mensch, Technik und Organisation liefern.

Abstract

Competitive enterprise processes for the global market
Today´s situation forces companies to identify existing potential for rationalization. New solutions have to be developed, which strengthen the competitiveness of industry with one-of-a-kind and small batch production as well as industries with series production. The methods, philosophies and means which have been used up to now have to be considered with respect to their historical background and cannot be transferred as they are in to the 21st century. New solutions have to meet the continously increasing requirements concerning lead time, quality and costs. In addition, flexibility and ecological aspects must be taken into account for the future. However, process orientation instead of a functional view on enterprise activities seems to be the key to keep - and better to extend - market position. Similar to the principle that a chain is only as strong as its weakest link, resource consumption of a process depends on the quality of partial processes. In the future companies have to focus on the entire value-added process. The order processing and the product development are two important partial processes of the whole value added process. This chapter aims to provide the basic understanding of processes. Further on the possibilities to optimize processes in the key areas personnel, technology and organisation are discussed.

1. Paradigmenwechsel in der Produktionstechnik

Die Randbedingungen für das unternehmerische Handeln der Industrieunternehmen in der Welt unterliegen einem immer schnelleren Wandel. Die Analyse und Gestaltung wettbewerbsfähiger Unternehmensprozesse als Antwort auf sich verändernde Randbedingungen erfordert zunächst eine Betrachtung dieser Veränderungen, um die sich daraus ergebenden Auswirkungen auf das Unternehmen abzuleiten. Die Bedeutung der derzeitigen Veränderungen sind dabei am besten vor dem Hintergrund der historischen Entwicklungen und dem sich daraus ergebenden Paradigmenwechsel einzuordnen und zu bewerten. Dies muß, unabhängig von der heutigen Wirtschaftslage, ein stetiger Prozeß sein, denn "das einzig Stabile ist der immer schnellere Wandel" [1].

Der Wandel der unternehmerischen Randbedingungen läßt sich anhand folgender Aussagen darstellen (Bild 1.1):

- Der Werte- und Strukturwandel in der Gesellschaft beeinflußt die Strukturen in den Unternehmen ganz entscheidend. Dieser Einfluß ist in konjunkturschwachen Zeiten jedoch weniger stark sichtbar. Die Entwicklung geht dahin, daß Pflicht- und Akzeptanzwerte an Bedeutung verlieren, Selbstentfaltungswerte hingegen gewinnen. Die Altersstruktur und die ethnische Struktur der Bevölke-

Bild 1.1: Unternehmerische Randbedingungen im Wandel

rung verändern sich ebenso wie die Bildungsstruktur [2]. Dies spiegelt sich aus Sicht der Unternehmen im Arbeitsmarkt wider. Die sich daraus zwar erst mittelbar ergebenden Veränderungen, beispielsweise in der Gesetzgebung, haben aber direkten Einfluß auf das unternehmerische Handeln.

- Die Lebenszyklen der Produkte werden ständig kürzer. Technische Innovationen müssen immer schneller in neue Produkte umgesetzt werden. Der Erfolgsfaktor Geschwindigkeit gewinnt an Bedeutung. Dies gilt für Produkt und Produktion gleichermaßen.

- Die Veränderungen der Märkte sind durch wachsende Ansprüche an Produkte und Leistungen gekennzeichnet. Herausragende Forderungen sind diejenigen nach Qualität als bestmöglicher Kundenzufriedenheit, nach kurzen Lieferzeiten, gesteigerter Umweltverträglichkeit und nach kompletten Problemlösungen anstelle von Teillösungen.

- Darüber hinaus beeinflußt der Wandel der Marktstrukturen die Unternehmen. Die Globalisierung der Märkte kann Vorteile hinsichtlich Absatz- und Produktionsmöglichkeiten bringen, birgt aber auch Gefahren wie den Wegfall von Märkten und Produktionsbereichen aufgrund durchgreifender politischer Veränderungen. Derlei Veränderungen und globale Verschiebungen der Kaufkraftverteilung zwischen Nord-Amerika, Europa, Asien und dem pazifischen Raum sowie die Unwägbarkeit des osteuropäischen Marktes fordern weitsichtiges unternehmerisches Handeln. Weiterhin verlangen die Regionen mit ihren unterschiedlichen Produktanforderungen, Kulturen und Zahlungspotentialen auch angepaßte Lösungen [3].

- Die stetige Verbesserung der weltweiten Verkehrs- und Kommunikationstechniken zwingt dazu, die sich hieraus ergebenden Potentiale z.b. bezüglich einer verbesserten Informationsverarbeitung zur Steigerung der Wettbewerbsfähigkeit sofort zu prüfen und schnell umzusetzen. Die Innovation ist der stärkste Marktmotor und Gewinne werden zunehmend auf Vorsprüngen bei der Markteinführung begründet. Nur durch die konsequente und schnelle Nutzung neuer Technologien kann die Wettbewerbsfähigkeit der Unternehmen auf diesem Gebiet sichergestellt werden.

In Anbetracht der Vielfalt und Komplexität der sich ändernden Randbedingungen stellt sich die Frage nach geeigneten Methoden zur wettbewerbsfähigen Gestaltung der Unternehmen. Nach den teilweise negativen Erfahrungen mit der rechnerintegrierten Produktion (Computer Integrated Manufacturing - CIM) [4] und der populistischen Diskussion der "Lean-" Strategien ist insbesondere in der derzeitigen, konjunkturschwachen Phase eine intensive Auseinandersetzung über die Richtigkeit der zur Verfügung stehenden Methoden zu erkennen. Um die heutige Situation besser bewerten und Lösungswege aufzeigen zu können, wird im folgenden ein grober historischer Abriß der Entwicklungen im Bereich der Produktionstechnik anhand der Gebiete Markt, Qualität, Ökologie, Arbeitsmarkt, Informationstechnik und Organisation dargestellt.

Nach dem Krieg war zunächst ein hoher Bedarf an Konsum- und Investitionsgütern bei nur mäßigem, oft regional oder national begrenztem Wettbewerb vorhanden (Bild 1.2). Dabei wurde das Prinzip der Massenfertigung als das zur Bedienung des Anbietermarkts am besten geeignete in vielen Bereichen fortgeschrieben. Die steigenden Ansprüche der Kunden sowie verstärkter, auch internationaler Wettbewerb führten nachfolgend zu einem Wandel vom Anbieter zum Käufermarkt. Die vom Markt geforderten Produkte wurden zunehmend variantenreicher und komplexer. Der in der letzten Dekade erheblich verschärfte Wettbewerb und die verstärkte Internationalisierung haben zusammen mit der aufkommenden Umweltdiskussion zu einer weiteren Steigerung der Anforderungen geführt.

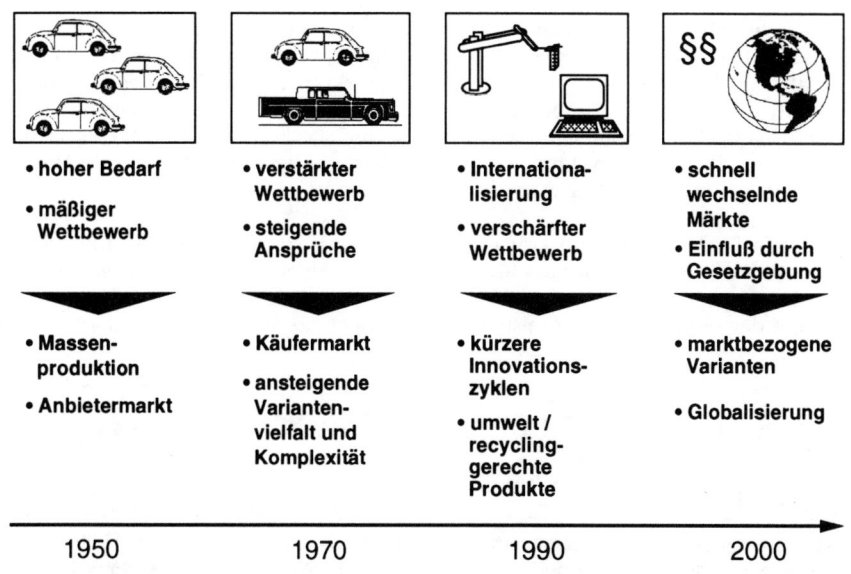

Bild 1.2: Historischer Abriß - Produktmarkt

Kürzere Innovationszyklen und die recyclinggerechte Produktgestaltung kommen als weitere Anforderungen hinzu. Zukünftig werden sich Anforderungen und Strukturen der Märkte noch schneller verändern, was eine Globalisierung der unternehmerischen Aktivitäten und das Anbieten marktbezogener Produktvarianten erfordert.

Der Begriff Qualität war nach dem Krieg zunächst gleichbedeutend mit Funktionalität, weshalb eine begleitende Kontrolle und Sortierung und eine Endkontrolle der Bauteile und Produkte ausreichend war. Wachsende Anforderungen wurden im folgenden vor allem vom Militär gestellt; dem wurde zunächst durch statistische Verbesserung und exaktere Fehlerbewertung entgegengesteuert [11]. Steigende

Kosten für Prüf- und Nacharbeitsaufwand führten dazu, daß Prüfschritte in die Produktion eingebaut wurden, was sich in dem Begriffswechsel von Qualitätskontrolle zu Qualitätssicherung widerspiegelt. Verschärfter Wettbewerb durch qualitativ hochwertige Produkte aus Japan, weiter steigende Qualitätskosten und eine weitgehend uneinheitliche Bewertung von Qualität führten zur Einführung der Zertifizierung mit dem Ziel der systematischen, nachvollziehbaren Qualitätssicherung [12]. Darüber hinaus wurde in jüngster Zeit die Einbindung der Qualität in alle Unternehmensbereiche im Sinne eines ganzheitlichen Qualitätsmanagements vorangetrieben. Aufgrund des weiter wachsenden Qualitätsbewußtseins wird Qualität jedoch zukünftig über den reinen Produktbezug hinaus als vollständige Kundenzufriedenheit definiert werden [11].

Mangelndes Umweltbewußtsein im Zusammenwirken mit beschleunigtem Wirtschaftswachstum führten in der Vergangenheit zu zunehmender Umweltverschmutzung. Erst größere Umweltunfälle bewirkten ein wachsendes Umweltbewußtsein in der Bevölkerung, das sich in entsprechenden Umweltschutzgesetzen widerspiegelt. Eine verschärfte Gesetzgebung und die Forderung des Marktes nach umweltfreundlichen Produkten werden die Bedeutung der Ökologie als Wettbewerbsfaktor zukünftig weiter wachsen lassen [13, 14].

Aus der Sicht des Arbeitsmarktes ermöglichte die Fortschreibung des Taylorismus den Einsatz un- oder angelernter Arbeitskräfte zur Herstellung komplexer Produkte in Massenfertigung (Bild 1.3). Aufgrund der wirtschaftlichen Entwicklung setzte jedoch in der Bundesrepublik alsbald ein Mangel an ungelernten Arbeitskräften

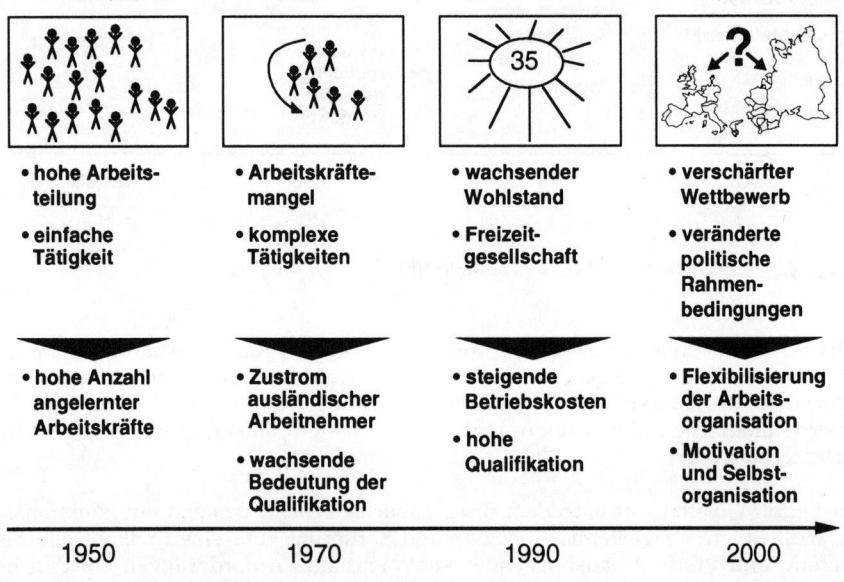

Bild 1.3: Historischer Abriß - Arbeitsmarkt

ein, dem durch den Zuzug ausländischer Arbeitnehmer begegnet wurde. Gleichzeitig jedoch stiegen, in Folge der komplexer werdenden Produkte und Technologien, die Anforderungen an die Qualifikation der Arbeitnehmer in vielen Bereichen [5]. Der wachsende Wohlstand und die zunehmende Bedürfnisbefriedigung führten in der vergangenen Dekade zu einem Wertewandel, der oft mit dem Schlagwort "Freizeitgesellschaft" beschrieben wird. Die Arbeitskosten stiegen, weshalb wiederum eine Erhöhung der Produktivität durch verstärkte Automatisierung angestrebt wurde. Die Entwicklung und Bedienung der komplexer werdenden Technik stellte erneut höhere Anforderungen an die Qualifikation des Personals. Die absehbare Verschärfung des Wettbewerbs wird seitens der Unternehmen die Frage des Produktionsstandorts immer mehr in den Vordergrund drängen [6]. Die globale Verteilung der Produktionsstandorte als eine Antwort auf diese Problematik findet bereits statt. Der Arbeitsmarkt in Deutschland muß daher ein Potential an hoch qualifizierten Arbeitnehmern auf allen Ebenen bieten, um als Standort für High-Tech Produktion weiter attraktiv zu bleiben.

Die Entwicklung der Produktionstechnik wurde in den letzten Jahrzehnten wesentlich von der Informationstechnik geprägt. Die Einführung der NC-Maschine und die wachsende Bedeutung der indirekten Bereiche ging mit dem Beginn einer breiten betrieblichen Nutzung der EDV einher. Die Kosten für die EDV waren zunächst relativ hoch, so daß eine zentrale Organisation in der Vergangenheit bestimmend war. Die steigende Leistungsfähigkeit der EDV und der einhergehende Preisverfall ermöglichen eine schnelle, dezentrale Datenverarbeitung vor Ort. Die Kommunikation und der Datentransfer zwischen Systemen findet über Netzwerke statt. Durch den Wandel zur dezentralen Datenhaltung tritt jedoch das Problem der Dateninkonsistenz auf. Für die Zukunft wird daher das Konzept des logisch zentralen und physisch verteilten Datenmanagements im Mittelpunkt stehen. Dabei wird der Ort der Datenhaltung oder -verarbeitung weitgehend bedeutungslos, da eine weltweite Kommunikation über Netzwerke (GAN = Global Area Networks) zukünftig Stand der Technik sein wird [10].

Die Organisation der Unternehmen wurde in der Vergangenheit maßgeblich von den Prinzipien des Taylorismus geprägt [7]. Die Unterteilung des Arbeitsprozesses in einfachste Handgriffe, um mit den verfügbaren, ungelernten Arbeitskräften komplexere Produkte in Masse herstellen zu können, war unter den gegebenen Randbedingungen sicherlich angebracht (Bild 1.4). Die geschilderten produktseitigen Voraussetzungen unterstützten seinerzeit dieses Prinzip, das mit einer eindimensionalen, funktional orientierten Organisation einherging. Die steigende Komplexität der Produkte und die aufkommenden indirekten Bereiche führten in der Folge zu einer weiteren Funktionsteilung [7]. Aus der steigenden Komplexität der Aufgaben resultierten mehrdimensionale Projekt- und Matrixorganisationen. Die Überkomplexität der Organisation und die mangelnde Effektivität der Abläufe führten im Zusammenhang mit dem verschärften internationalen Wettbewerb zur Einführung schlanker Organisationsstrukturen unter Einbindung von Gruppenarbeit. Die zukünftige Organisationsstruktur wird sich an den Prozessen in einem Unternehmen orientieren und die Tätigkeiten in ganzheitlichen Aufgabenstellungen zusammenfassen. Die Organisation wird sich durch hohe Flexibilität und Anpassungsgeschwindigkeit auszeichnen müssen [8, 9].

Die dargestellten Entwicklungen zeigen, daß der Wandel der unternehmerischen Randbedingungen auch einen Paradigmenwechsel in der Produktion bewirkt. Die Wettbewerbsfähigkeit eines Unternehmens hängt dabei direkt von der Schnelligkeit der Reaktion auf den Wandel ab. In dem heutigen dynamischen Umfeld sollte es sogar Ziel eines Unternehmens sein, durch Aktion statt Reaktion den Wandel mitzugestalten und Zeitvorteile gegenüber dem Wettbewerber zu erzielen. Denn Vorteile werden zukünftig nicht die großen, sondern die schnellen Unternehmen haben [15].

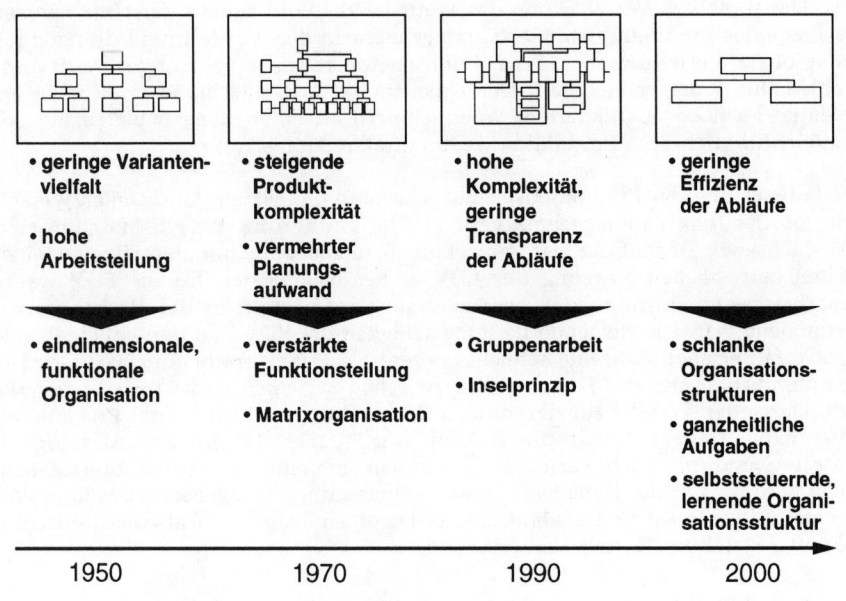

Bild 1.4: Historischer Abriß - Organisation

Im Zusammenhang mit Eigenschaften wie Schnelligkeit und Flexibilität stellt sich unmittelbar die Frage nach den Freiheitsgraden für den erforderlichen Wandel am Standort Deutschland. Die bezogen auf andere Standorte strengen und umfangreichen Gesetze und Vorschriften stellen neben den Arbeitskosten einen der Hauptnachteile des Standort Deutschland dar.

Die Möglichkeiten, diesen Wettbewerbsnachteil durch Erhöhung der Produktivität auszugleichen, stoßen zunehmend an Grenzen [16]. Wechselkursbedingte Preisnachteile sowie hohe Besteuerung und geringe Flexibilität bei der Arbeitszeitregelung verstärken die negativen Auswirkungen. Die demgegenüber stehenden deutlichen Vorteile werden ständig geringer. Als Beispiel sind hier die hervorragende Infrastruktur sowie das weltweit noch vorbildliche Ausbildungsystem und das damit verbundene hohe Qualifikationsniveau zu nennen. Wie der Rückgang der ausländischen Investitionen in Deutschland, bezogen auf die Investitionen deutscher Unternehmen im Ausland, zeigt, schwinden die Vorteile jedoch stetig [6].

Der aufgezeigte Wandel der Randbedingungen bewirkt auch eine Veränderung der Unternehmensziele (Bild 1.5). Während die Begrenzung der Kosten insbesondere im Hinblick auf den Standort Deutschland auch in der Vergangenheit schon von hoher Bedeutung waren, so sind das Erzielen von Zeitvorteilen sowie der Einsatz eines ganzheitlichen Qualitätsmanagements zukünftig als gleichwertige, herausragende Ziele anzusehen. Der Menschen als Integrationsfaktor und Nutzer der Technik wird in Zukunft weiter in den Mittelpunkt unternehmerischen Handelns rücken, denn nur mit qualifizierten und motivierten Mitarbeitern auf allen Ebenen werden die Anforderungen der Zukunft zu bewältigen sein [17].

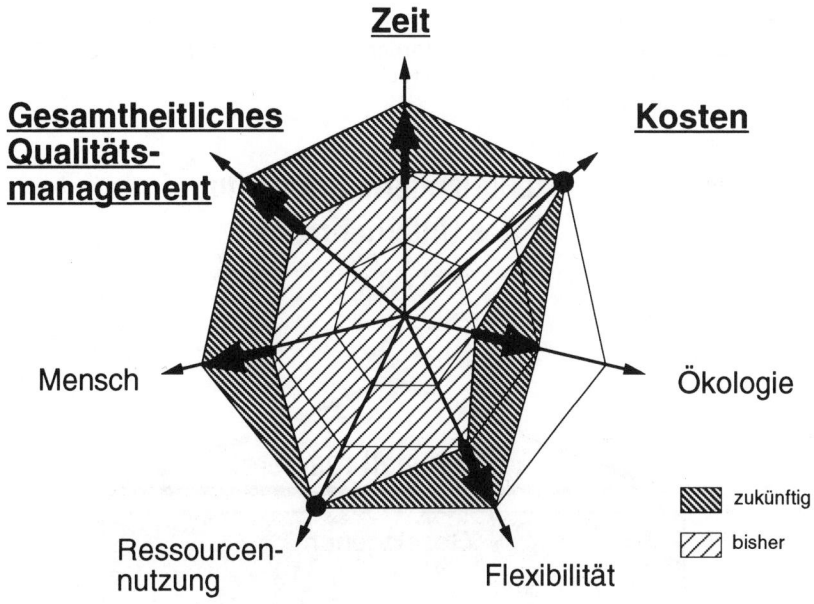

Bild 1.5:   Veränderte Bedeutung der Unternehmensziele

Während in der Vergangenheit die Auslastung der Betriebsmittel als erstrebenswert angesehen wurde, so ist dieses Ziel künftig weiter zu fassen. Ziel muß es sein, alle vorhandenen Ressourcen in ihrer Gesamtheit optimal zu Nutzen. Die Steigerung der Flexibilität eines Unternehmens wird zukünftig nicht allein auf die Produkte, sondern auch auf den Faktor Zeit bezogen werden. Denn nur die Fähigkeit, zur schnellen Veränderung trägt zum Erfolg eines Unternehmens bei. Dabei wird die Bedeutung der Ökologie weiter wachsen. Die Rahmenbedingungen werden hier zwar wesentlich durch Gesetze und Vorschriften beeinflußt, die Umweltfreundlichkeit von Produkten wird in ihrer Bedeutung als Marketingfaktor jedoch weiter zunehmen [13].

Zusammenfassend ist also festzuhalten, daß die Anforderungen des Marktes an die Unternehmen zukünftig weiter steigen werden (Bild 1.6). Forderungen nach verbesserter Qualität und Umweltfreundlichkeit sowie nach kompletten Systemlösungen und hervorragendem Service werden hier neben der Reduzierung der Lieferzeiten im Vordergrund stehen. Die Verschärfung des Wettbewerbs wird wesentlich von politischen Veränderungen geprägt. Entwicklungen wie die Schaffung des EG-Binnenmarktes gehen einher mit verschärften Handelsrestriktionen in anderen Ländern und dem Wegfall ganzer Märkte wie beispielsweise derzeit in Osteuropa. Die Veränderungen führen zu einem Paradigmenwechsel in der Produktionstechnik, der stets vor dem Hintergrund der historischen Entwicklung zu sehen ist. Die Schlußfolgerung hieraus kann für die Unternehmen nur "agieren statt reagieren" heißen. Die prozeßorientierte Betrachtung des Unternehmens bietet hier die Chance, den zukünftigen Herausforderungen zu begegnen und die für die wettbewerbsfähige Gestaltung des Unternehmens erforderlichen Veränderungen in geeigneter Weise vorzunehmen.

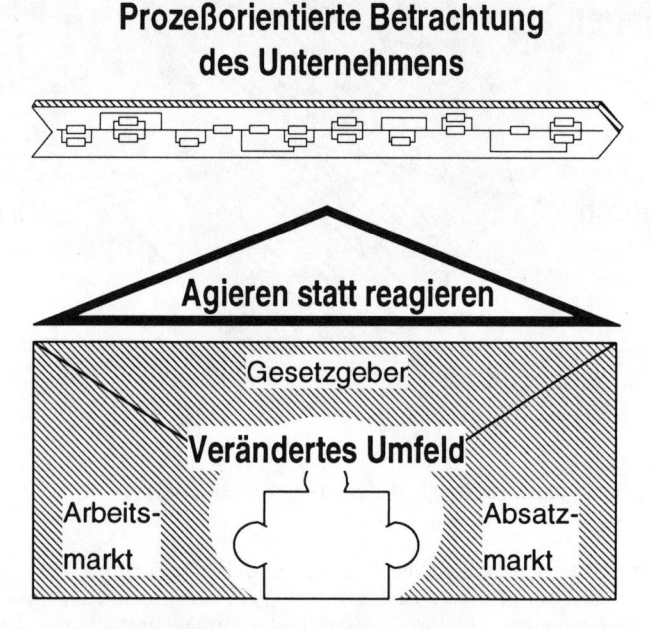

Bild 1.6: Gesamtprozeßdenken als Lösungsansatz

2. Prozeßorientierung -Ein übergreifender Ansatz-

Das Ziel, die Wettbewerbsfähigkeit zu erhalten oder - besser noch - zu steigern, setzt eine umfassende kritische Analyse des Unternehmens voraus. Gerade in einer rezessiven Konjunkturphase werden Schwachstellen offensichtlich, die beseitigt werden müssen, um in Zukunft auf dem Weltmarkt die steigenden Anforderungen hinsichtlich Durchlaufzeit, Preis, Qualität und Flexibilität erfüllen zu können. Hierzu ist ein Wandel von der funktionalen Betrachtungsweise hin zur Prozeßorientierung erforderlich. Was sich hinter der Prozeßorientierung verbirgt, warum die Wertschöpfung als Kernprozeß verstanden werden kann und welche Vorgehensweise zur Ermittlung wettbewerbsfähiger Unternehmensprozesse existiert, soll in den folgenden Kapiteln erläutert werden.

2.1 Wertschöpfung als Kernprozeß

Bis heute vernachlässigen die Unternehmen eine Anpassung ihrer Organisation sowohl an die Firmengröße als auch an die immer komplexer werdenden Produktionsaufgaben [18,19]. Durch den stark tayloristisch geprägten Aufbau der Produktionsunternehmen verfestigten sich die ehemals sinnvollen, arbeitsteiligen Strukturen der Fertigung auch in den immer stärker anwachsenden Verwaltungsbereichen [20].

Flexibilität in der Produktion und Rationalisierungsbemühungen durch Rechnereinsatz in fast allen Bereichen des Unternehmens waren die Ansatzpunkte zur Verbesserung der Wettbewerbsfähigkeit [21]. Durch die Komplexität sowie die Faszination, die von den neuen Fertigungskonzepten (z. B. Computer Integrated Manufacturing) und dem Rechnereinsatz ausging, blieben organisatorische Ansätze und deren Umsetzung vor allem in den planenden und verwaltenden Bereichen weitestgehend unberücksichtigt [22]. Es bleibt festzustellen, daß heute zwar eine Vielzahl von Konzepten, Methoden, Hilfsmitteln und Philosophien zur Steigerung der Wettbewerbsfähigkeit zur Verfügung stehen, deren Einsatz aber nur selten zu dem gewünschten Ergebnis führt (Bild 2.1.1).

Es reicht nicht aus, z. B. CIM und TQM (Total Quality Management) isoliert zu betrachten oder lediglich eins von beiden im Unternehmen einzuführen. Auch die einseitige Ausrichtung der Maßnahmen an abteilungsspezifischen Bedürfnissen verhindert in vielen Fällen ein bereichsübergreifendes Optimum. Nicht zuletzt besteht zusätzlich die Gefahr, daß durch Schlagworte wie "CIM" und insbesondere "Lean Production" eine hohe Erwartungshaltung erzeugt wird, aber niemand genau ausdrückt, was im Einzelfall die geeignete, umsetzbare Maßnahme darstellt.

Ein Beispiel soll die bisherige Vorgehensweise in vielen Unternehmen verdeutlichen (Bild 2.1.2). Zunächst wurde versucht, die Effizienz der Abteilungen durch bereichsspezifische Maßnahmen zu verbessern. Hierzu trug maßgeblich die gesteigerte Leistungsfähigkeit der EDV bei, die u. a. die Entwicklung und den Einsatz von CAD-Systemen ermöglichte. Damit wurden zwar bereichsspezifische Probleme teilweise gelöst, aber bei näherer Betrachtung zeigt sich, daß neue Probleme in

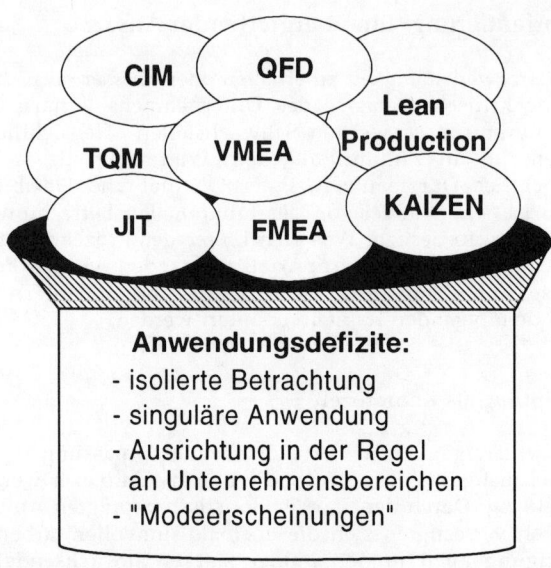

Bild 2.1.1.: Vorhandene Methoden und Philosophien

anderen Abteilungen auftraten. Noch heute ist festzustellen, daß mit dem CAD-Einsatz ohne geeignete Produktstrukturierung und fehlende Systematik bei der Wiederholteilsuche die Anzahl der Zeichnungen und Teileidentnummern steigt. Es ist in diesem Fall für den Konstrukteur rationeller, eine einfache Zeichnung (z.B. eine Welle) schnell neu anzufertigen, als eine ähnliche bzw. bereits vorhandene Welle umständlich zu suchen. Damit steigt aber nun der Aufwand in der Arbeitsvorbereitung bei der Erstellung eines neuen Arbeitsplans, des NC-Programms etc.. Es wird deutlich, daß ein Bereichsoptimum durchaus im Widerspruch zum Gesamtoptimum stehen kann.

Die weitere Steigerung der Leistungsfähigkeit der EDV ermöglichte im Laufe der Zeit die Systemintegration. Probleme der Datenhaltung (z. B. fehlerträchtige Doppeleingabe, Datenredundanz) wurden entschärft. Es wurden Abteilungen verbunden, teilweise auch alte Organisationseinheiten aufgelöst und neue gebildet. Bereichsgrenzen verschoben sich, blieben aber bestehen. Fachbereichsorientierte Optimierungen reichen aber nicht aus. Nur ein fachbereichsübergreifend gestaltetes Informationsmanagement kann die notwendige Koordinationsleistung erfüllen und somit zur Lösung der geschilderten Probleme beitragen [23 - 28]. Dies setzt eine Abkehr von der traditionell funktions- und abteilungsorientierten Sichtweise der Vorgänge im Unternehmen hin zu der prozeßorientierten Betrachtung voraus. Erst

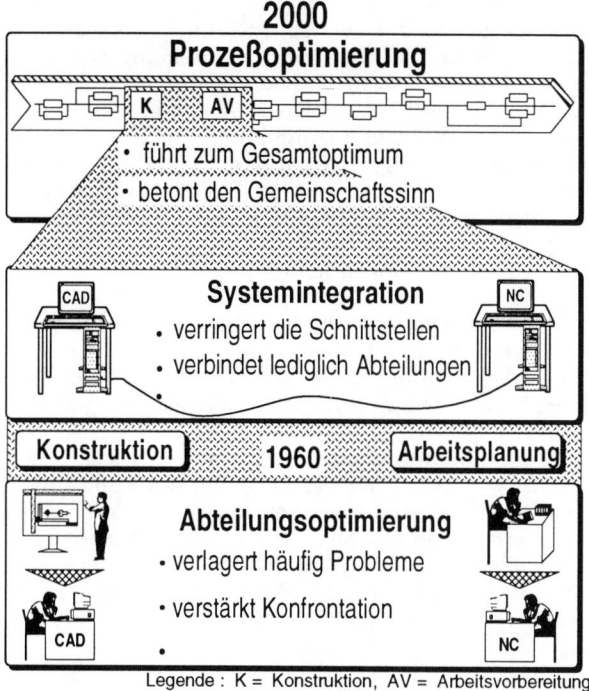

Bild 2.1.2: Betonung der prozeßorientierten Sichtweise - Beispiel -

die Prozeßorientierung und konsequente Ausrichtung der Hilfsmittel am Gesamtprozeß führt zum Gesamtoptimum. Durch diese Umorientierung wird auch der Gemeinschaftssinn gestärkt, weil sich jeder seiner Rolle als Rad im Getriebe bewußt wird.

Die Begriffe "Funktion" und "Prozeß" können nach MÜLLER inhaltlich wie folgt gegeneinander abgegrenzt werden [29]. Die Funktion ist als Ergebnis einer Aufgabenanalyse eine struktur-organisatorische Zusammenfassung einer oder mehrerer Teilaufgaben [30]. Dies kann stellenbezogen eine einzelne Tätigkeit, wie z. B. die Stücklistenerstellung, stellenbereichsbezogen eine Abteilung, wie z. B. die Konstruktion, oder systembezogen eine bereichsgebundene Computerunterstützung, wie z. B. die Funktion Vermaßung eines CAD-Systems, sein. Auch die systemtechnische Unterstützung bezieht sich auf einzelne Tätigkeiten im Rahmen einer stellengebundenen Aufgabe, unabhängig davon, wer diese Funktionen wann und in welchem Zusammenhang zur Leistungserstellung benötigt. Die stellen- oder abteilungsgebundenen Arbeitsumfänge und -inhalte sind somit die Schwerpunkte der funktionalen Sichtweise [31]. Ziel ist dabei die Elementarisierung der Verrichtung, d. h. des Vorgangs, wie aus einem Eingangs- ein Ausgangsobjekt wird, und zwar durch das, was den Objekten hinzugefügt wird [29].

Eine ablauforganisatorische Zusammenfassung von Elementaraufgaben bildet einen Prozeß [32]. Im Gegensatz zur Funktion steht hier die Relation zwischen Eingang und Ausgang nicht im Vordergrund. Beschreibungsziel ist vielmehr die eigentliche Existenz von Prozessen, deren endlicher Zeitbedarf sowie deren komplexe Vernetzung. Prozesse werden zu Prozeßketten verknüpft, welche die zu Prozessen aggregierten Aufgaben ablauforganisatorisch durch Informationsflüsse verbinden. Durch die Bildung von Prozeßketten wird der Versuch unternommen, die heute im Unternehmen getrennt arbeitenden Funktionen übergreifend sowohl technisch als auch organisatorisch zu integrieren [29]. Gleichzeitig ist dies auch die Voraussetzung, um der Forderung nach der Reduzierung der Liegezeiten im Unternehmen nachkommen zu können [33].

Der Einsatz der heute verfügbaren Methoden, Hilfsmittel, Konzepte und Philosophien hat sich im Sinne der hier erläuterten Prozeßorientierung auf die Optimierung des gesamten Wertschöpfungsprozesses zu konzentrieren (Bild 2.1.3). Die Wertschöpfung wird bisher nach VDMA [34] als Betriebsertrag minus Vorleistung definiert. Dabei ist aber im Einklang mit der oben geforderten Sichtweise zu berücksichtigen, daß der Wertschöpfungsprozeß bereits im Vertrieb mit der Klärung des Auftrags beginnt und im Versand mit der Erfüllung des Kundenwunsches endet. Ziel der Prozeßorientierung und der Konzentration auf den Wertschöpfungsprozeß ist es, Rationalisierungsmaßnahmen stets unter einem übergreifenden Gesichtspunkt zu beurteilen und ihre Auswirkungen stets ganzheitlich hinsichtlich der Zielgrößen Durchlaufzeit, Kosten und Qualität bewerten zu können. Der Wertschöpfungsprozeß soll hier wie in Bild 2.1.4 dargestellt definiert werden.

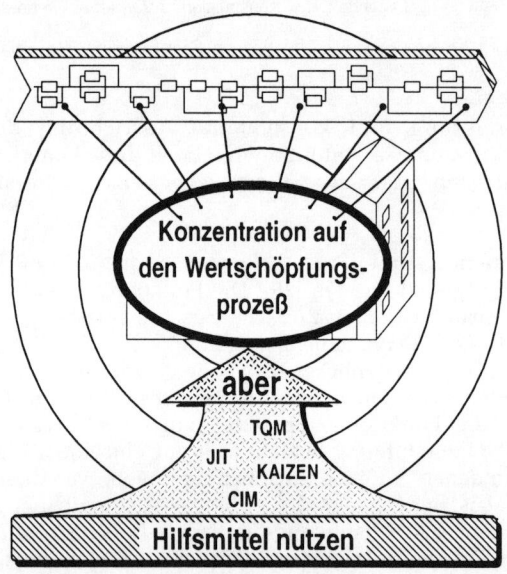

Bild 2.1.3: Wertschöpfungsprozeß als Kernprozeß

Wettbewerbsfähige Unternehmensprozesse 1-17

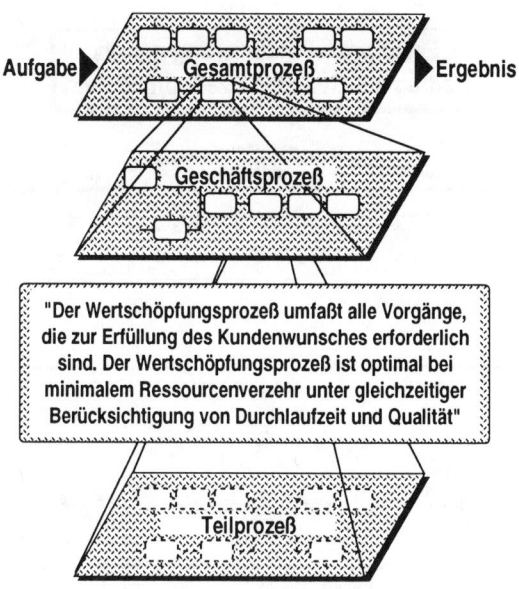

Bild 2.1.4: Definition des Wertschöpfungsprozesses

Zu den im Unternehmen eingesetzten Produktionsfaktoren, häufig auch Ressourcen genannt, zählen Personal, Betriebsmittel, Gebäude, Kapital und EDV. Diese werden zur Durchführung der verschiedenen Aufgaben eingesetzt und bestimmen die Höhe der entstehenden Kosten z. B. im Rahmen der Auftragsabwicklung. Prinzipiell können Prozesse im Unternehmen mit unterschiedlichem Detaillierungsgrad betrachtet werden. Daher ist es zwar möglich, eine Einteilung in verschiedene Ebenen zur besseren Erfassung der Zusammenhänge vorzunehmen. Stets ist jedoch von dem Bewußtsein auszugehen, daß ein Teilprozeß (z. B. ein Fertigungsprozeß) in den übergeordneten Prozeß der Auftragsabwicklung eingebettet ist. Damit wirkt sich eine Optimierung des Teilprozesses auch auf diesen aus.

Verschiedene Beispiele sollen das oben skizzierte Prozeßverständnis verdeutlichen (Bild 2.1.5). Wenn eine Zeichnung aufgrund von unklaren Vorgaben erstellt und nachfolgend in der Fertigung nach dieser Werkstattzeichnung fehlerfrei gearbeitet wird, kann trotzdem nicht immer von Wertschöpfung gesprochen werden. Stellt sich heraus, daß die Zeichnung fehlerhaft war und somit auch das Bearbeitungsergebnis den Anforderungen nicht entspricht, wurden lediglich Ressourcen verzehrt. Unter diesem Blickwinkel zählen auch die Aktivitäten im Vertrieb, beispielsweise im Rahmen der Auftragsklärung, zum Wertschöpfungsprozeß. Erst wenn das Produkt mit dem gewünschten Ergebnis verkauft wurde, ist der Wertschöpfungsprozeß abgeschlossen. Ziel muß es sein, die einzelnen Prozesse so zu optimieren, daß ein Gesamtoptimum erreicht wird.

Bild 2.1.5:   Wertschöpfung in verschiedenen Bereichen - Beispiele -

Unter der hier vorgeschlagenen Blickrichtung der Prozeßorientierung lassen sich typische Schwachstellen heutiger Wertschöpfungsprozesse produzierender Unternehmen identifizieren (Bild 2.1.6). Je nach Unternehmensgröße lähmen ohnmächtige Organisationsstrukturen die Abläufe. Mit der Auftragsbearbeitung sind häufig eine Vielzahl von Abteilungen beschäftigt. Entscheidungen können erst nach Durchlauf mehrerer Instanzen getroffen werden. Bis zum Zeitpunkt der Umsetzung sind die verordneten Maßnahmen teilweise bereits veraltet oder nicht mehr geeignet. Mit diesem Problem haben insbesondere große Unternehmen zu kämpfen, die daher z. Zt. ganze Führungsebenen streichen. Dies ist kein Selbstzweck, sondern liegt in den oben genannten Problemen begründet. Hier liegt u. a. der Vorteil kleiner Unternehmen, die dies im Hinblick auf Nutzung der Vorteile bezüglich Durchlaufzeit und Flexibilität als Chance erkennen müssen.

Ein weiterer Problembereich betrifft die Datenhaltung und die Produktstrukturierung. Obwohl diese Thematik schon seit Jahren in Forschung und Praxis große Bedeutung besitzt, zeigen vorliegende Untersuchungen, daß hier immer noch in erheblichem Maß Handlungsbedarf bei der Umsetzung besteht. Beispielsweise setzen nur sehr wenige Unternehmen der Einzel- und Kleinserienproduktion komplexer, variantenreicher Produkte konsequent eine neutrale Produktstruktur ein, die die Basis für eine verbesserte oder EDV-gestützte Auftragskonfiguration und für eine Optimierung vieler Planungsprozesse bildet. Stattdessen muß für jeden Auftrag erneut analysiert werden, welche Teile kundenspezifisch hinzuge-

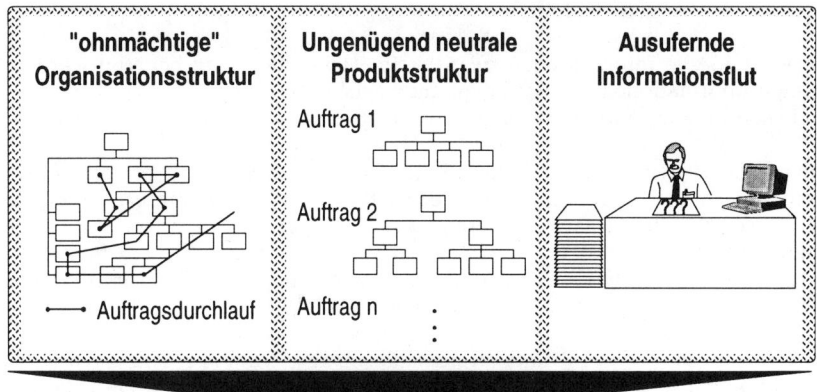

- Liegezeitanteil bis zu 90% der gesamten Durchlaufzeit
- Anteil der Durchlaufzeit in den indirekten Bereichen 60%
- hoher vermeidbarer Ressourcenverzehr bei der Prozeßdurchführung

Bild 2.1.6: Typische Schwachstellen heutiger Wertschöpfungsprozesse

kommen sind und welche Änderungen sich hierdurch für die Disposition, Fertigung und Montage ergeben. Derzeit versucht die Konstruktion immer noch, die Anforderungen der verschiedenen Unternehmensbereiche (z. B. Vertrieb, Montage, Versand) beim Aufbau der Produktstruktur zu berücksichtigen, da die vorhandenen PPS-Systeme nicht in der Lage sind, beliebig viele bereichsspezifische Strukturen zu erzeugen. Es entsteht eine Struktur, die zwangsläufig einen Kompromiß darstellt und die Bearbeitung des Kundenauftrags in allen Bereichen erheblich verzögert. Zur Verdeutlichung sei hier das Problem erwähnt, das sich den Monteuren in der Außenmontage insbesondere im Sondermaschinen- und Anlagenbau stellt, wenn nicht bekannt ist, welche Teile und Baugruppen in welcher Kiste verschickt wurden [35].

Eine weitere Schwachstelle heutiger Wertschöpfungsprozesse stellt die unzureichende Informationsbereitstellung für die Abwicklung unterschiedlicher Aufgabenstellungen dar. Dies gilt für fast alle produzierenden Unternehmen. Mit zunehmendem Einsatz der EDV wurde ein Teilziel, die papierarme Fabrik, weit verfehlt. Das Gegenteil ist der Fall. Hier liegt u. a. auch ein Vorteil japanischer Unternehmen. Aufgrund der mit der Darstellung der Schriftzeichen verbundenen Problematik fand die EDV erst vergleichsweise spät breite Verwendung, so daß die in den Ländern Europas und den USA gemachten Fehler bei Einsatz und Nutzung der EDV nicht mehr gemacht wurden. Untersuchungen zeigen, daß z. B. bei Unternehmen der Automobilindustrie im Rahmen der Produktentwicklung genauso wie bei Unternehmen der Einzel- und Kleinserienproduktion komplexer Produkte im Rahmen der Auftragsabwicklung

- eine Vielzahl von Informationen zwar bereitgestellt, aber nicht benötigt werden,
- wichtige Informationen zu spät ankommen aber auch
- durch Redundanz, widersprüchliche Informationen vorliegen.

Die hier beschriebenen wesentlichen Schwachstellen heutiger Wertschöpfungsprozesse äußern sich in einem hohen Liegezeitanteil bei der Auftragsbearbeitung, der teilweise 90% der gesamten Durchlaufzeit beträgt, einem hohen Anteil der Durchlaufzeit in den indirekten Bereichen sowie einem hohen vermeidbaren Ressourcenverzehr. In diesem Zusammenhang wird auch von Überkomplexität in den Unternehmen gesprochen, die es abzubauen gilt [4].

Das Fallbeispiel in Bild 2.1.7 unterstreicht die oben getroffenen Aussagen. Zieht man die Liegezeit und die Dauer für Doppelarbeit von der gesamten Durchlaufzeit ab, bleibt ein Anteil der Wertschöpfung von 10% übrig. Diese Aussage zeigt aber auch das enorme Potential, das sich den Unternehmen im Hinblick auf die Gestaltung einer schlanken Produktion bietet, wenn es gelingt, den Ressourcenverzehr im Wertschöpfungsprozeß zu minimieren.

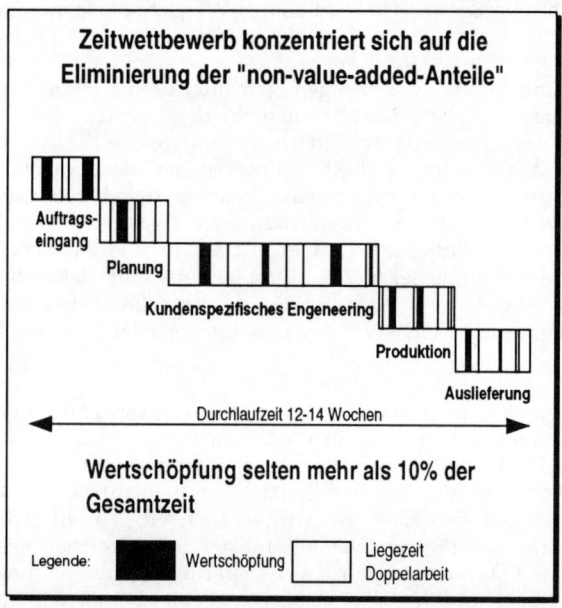

Bild 2.1.7: Der Wertschöpfungsprozeß mit direkt wertschöpfenden und vermeidbaren Anteilen (nach Freudenberg)

Wettbewerbsfähige Unternehmensprozesse 1-21

Als Zwischenfazit kann festgehalten werden:

- Aufgrund der geänderten Randbedingungen sind bisherige Methoden und Hilfsmittel nicht mehr zielkonform,
- eine Änderung der Denkweise hin zur Prozeßorientierung bietet die Chance zur Steigerung der Wettbewerbsfähigkeit,
- der Wertschöpfungsprozeß tritt in den Mittelpunkt der Betrachtung,
- der Ressourcenverzehr ist zu minimieren unter gleichzeitiger Berücksichtigung von Durchlaufzeit und Qualität.

2.2 Vorgehensweise zur Ermittlung wettbewerbsfähiger Unternehmensprozesse

Zur Ermittlung und Gestaltung wettbewerbsfähiger Unternehmensprozesse ist eine dreistufige Vorgehensweise erforderlich (Bild 2.2.1). Unverzichtbare Voraussetzung zur Ableitung von Rationalisierungsmaßnahmen ist die Vorgabe von Zielen seitens des Managements. Hierbei ist insbesondere darauf zu achten, daß die Ziele auch umsetzbar sind. Zusätzlich ist die Positionierung auf dem Markt vorzunehmen. Im Zuge der Bildung großer wirtschaftlicher Einheiten in Europa,

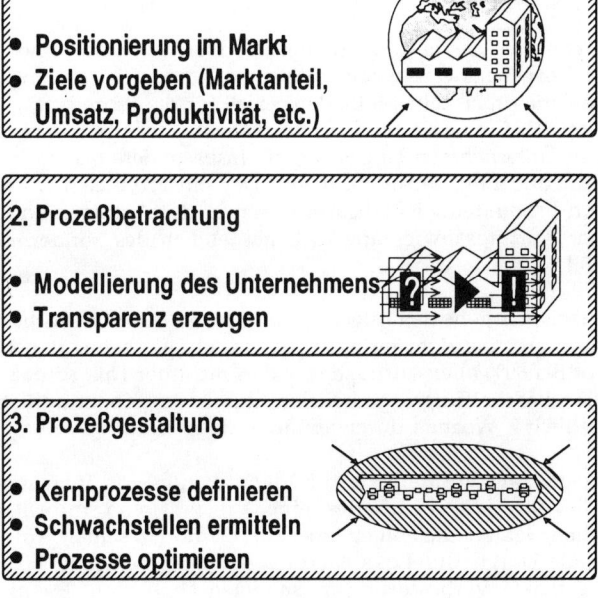

Bild 2.2.1: Vorgehensweise zur Ermittlung wettbewerbsbestimmender Unternehmensprozesse

Amerika und Asien und der zunehmenden Globalisierung bietet dies Chance und Risiko zugleich.

Der zweite Schritt beinhaltet eine detaillierte Ablaufanalyse im Unternehmen mit dem Ziel, Transparenz über das wirkliche Betriebsgeschehen zu erzielen und somit die firmenspezifischen Kernprozesse ermitteln zu können. Heute sind die Unternehmen fast alle geprägt durch den Taylorismus, d.h. es existieren stark arbeitsteilige Ablauf- und Aufbaustrukturen.

Untersuchungen des WZL haben dabei gezeigt, daß selbst in kleineren Unternehmen für Abteilungsleiter nicht mehr alle Vorgänge transparent sind, da sich neben den festgelegten Ablauf- und Aufbaustrukturen eigene Kommunikationsstrukturen herausgebildet haben. Erst wenn die tatsächlich ablaufenden Prozesse im Unternehmen bekannt sind, können sinnvolle Maßnahmen abgeleitet werden, die über eine erneute, lediglich auf dem Papier festgeschriebene Reorganisation, hinausgehen. Diese Voraussetzung gilt gleichermaßen für einen Produktentwicklungsprozeß in der Automobilindustrie und einen Auftragsabwicklungsprozeß in Unternehmen des Sondermaschinen- und Anlagenbaus.

Im dritten Schritt erfolgt somit aufbauend auf der erzeugten Transparenz die Definition der unternehmensspezifischen Kernprozesse und die Ermittlung der Schwachstellen bezüglich der vorgegebenen Ziele. Nachfolgend besteht die Möglichkeit, eine Prozeßoptimierung hinsichtlich der Gestaltungsfelder Mensch, Technik und Organisation durchzuführen.

Zur Unternehmensanalyse und -modellierung werden heute eine Vielzahl von Methoden und Vorgehensweisen mit unterschiedlichen Zielrichtungen angeboten [36, 37]. Da aber eine praxisnahe Methode speziell für die Prozeßanalyse bisher noch fehlte, wurde am WZL eine Methode entwickelt und bereits mehrfach erfolgreich in verschiedenen Unternehmen eingesetzt, die insbesondere Schwachstellen bezüglich Doppelarbeit und Liegezeit identifiziert. Der Einsatzbereich erstreckt sich von der Analyse von Produktentwicklungsprozessen in der Automobilindustrie bis hin zur Analyse der Auftragsabwicklung in Unternehmen des Sondermaschinen und Anlagenbaus (Bild 2.2.2).

Bei diesem Fallbeispiel geht dem eigentlichen Prozeß der Stücklistenerstellung ein Ressourcentest voraus, bei dem festgestellt wird, ob alle benötigten Informationen vorhanden sind. Bei 80% aller Aufträge war dies nicht der Fall, so daß eine aufwendige Informationsbeschaffung (symbolisiert durch das Kommunikationselement) von durchschnittlich 2 Wochen durchgeführt werden mußte.

Das Beispiel zeigt, daß die Methode die Identifikation von Informationsdefiziten unterstützt. Obwohl dem Bearbeiter eine Vielzahl von Informationen zur Verfügung stehen, fehlen diejenigen, die zur Erfüllung seiner Aufgabenstellung erforderlich sind. Durch die Lokalisierung der Schwachstelle besteht nun die Möglichkeit, geeignete Verbesserungsmaßnahmen abzuleiten. Da die entwickelte Methode auf 14 verschiedenen Prozeßelementen aufbaut, bleibt sie einerseits überschaubar, unterstützt andererseits auch grafisch das Analyseergebnis und vermeidet Mißverständnisse, die bei üblichen Prozeßanalysen durch Begriffsunklarheiten entstehen.

Mit dieser Methode können die Abläufe (Prozesse) im Unternehmen nicht nur transparent dargestellt und analysiert werden, sondern es besteht auch die Möglichkeit, simulationsgestützt Durchlaufzeitberechnungen durchzuführen [29, 38]. Zusätzlich können durch Ermittlung des prozeßbezogenen Ressourcenverzehrs neue Wege hinsichtlich einer verursachungsgerechten Kostenrechnung, die über die klassische Prozeßkostenrechnung hinausgeht, beschritten werden.

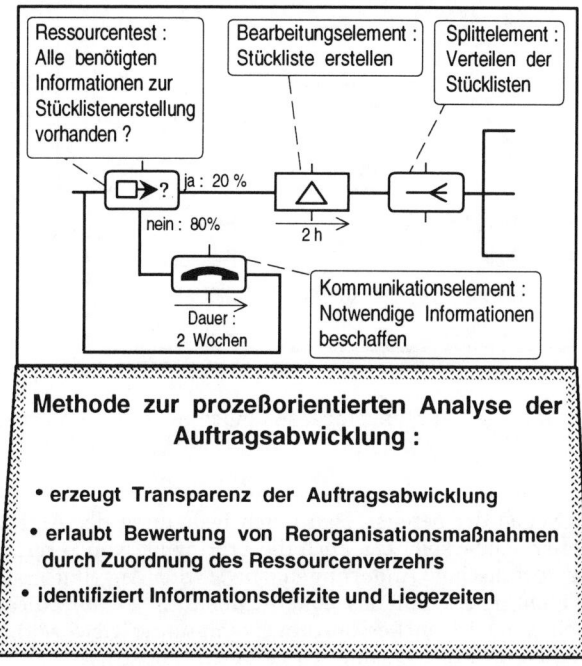

Bild 2.2.2: Prozeß- und elementorientierte Analyse der Auftragsabwicklung

Das folgende Fallbeispiel zeigt die unternehmensspezifische Definition eines Geschäftsprozesses nach Scheidt und Bachmann (Bild 2.2.3). Der Geschäftsprozeß vollzieht sich zwischen Auftraggeber und Leistungsabnehmer. Mit dieser allgemeinen Beschreibung wird deutlich, daß sich ein Geschäftsprozeß auch innerhalb des Unternehmens abspielen kann. Dadurch werden Abteilungen intern mit einer Kunden-Lieferanten-Beziehung verbunden. Zu den wesentlichen Merkmalen des Geschäftsprozesses gehören hier Aufgabe, Ziele, Erfolgsfaktoren, Auslöser, Ende, Ressourcen, Meßzahlen und die Durchlaufzeit. Aufbauend auf der allgemeinen

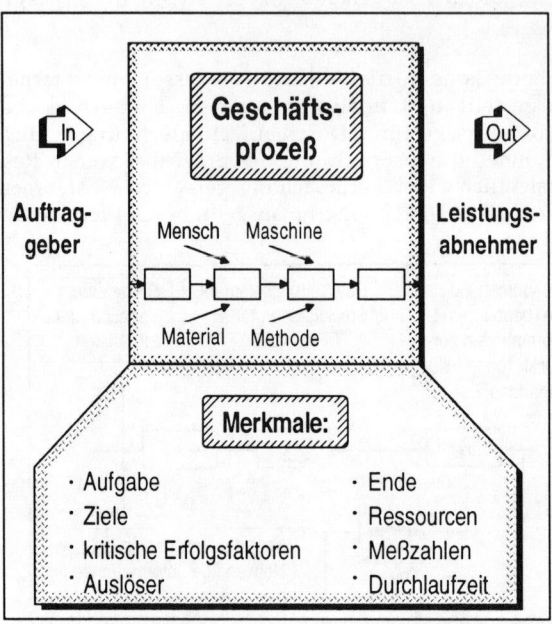

Bild 2.2.3: Merkmale eines Geschäftsprozesses (nach Scheidt & Bachmann)

Definition ergeben sich unternehmensspezifisch sechs wettbewerbsbestimmende Geschäftsprozesse. Neben der bereits diskutierten Bedeutung der Auftragsabwicklung werden in diesem Fallbeispiel u.a. auch die Erbringung von Serviceleistungen, die Durchführung technischer Änderungen sowie die Angebotserstellung als wichtige Prozesse identifiziert. Für das Unternehmen gilt es nun, diese Prozesse optimal im Sinne eines niedrigen Ressourcenverzehrs unter gleichzeitiger Berücksichtigung von Durchlaufzeit und Qualität zu gestalten (Bild 2.2.4).

Zusammenfassend ist an dieser Stelle festzustellen, daß die Prozeßorientierung ein vielversprechender Ansatz zur Bewältigung der kommenden Herausforderungen ist. Dabei ist firmenspezifisch in Abhängigkeit der gesetzten Ziele zu prüfen, welche Prozesse die Wettbewerbsfähigkeit maßgeblich beeinflussen. Die Identifikation und Festlegung der Prozesse, die wettbewerbsfähig gestaltet werden sollen, hängt unter anderem von der Firmengröße, dem Produktspektrum, der Produktstruktur sowie der Organisation ab. Allgemeingültig läßt sich sagen, daß für Unternehmen der Einzel- und Kleinserienproduktion die Auftragsabwicklung und für Unternehmen mit Serienproduktion die Produktentwicklung wichtige Kernprozesse darstellen. In jedem Fall muß es das Ziel sein, den wertschöpfenden Anteil zu erhöhen. Wie nun unternehmensspezifisch ermittelte Prozesse gestaltet werden können und welche Parameter die entscheidende Rolle spielen, wird im nächsten Kapitel erläutert.

Wettbewerbsfähige Unternehmensprozesse 1-25

Bild 2.2.4: Definition wettbewerbsbestimmender Unternehmensprozesse
(nach Scheidt & Bachmann)

3. Gestaltungsfelder

Die Gestaltung der beschriebenen Unternehmensprozesse ist aus den drei Sichtweisen Mensch, Technik und Organisation vorzunehmen (Bild 3.1). Insbesondere der Mensch ist in einer Zeit wachsender Komplexität und Technisierung sowie der erforderlichen Konzentration auf den Wertschöpfungsprozeß vorrangig zu betrachten [39].

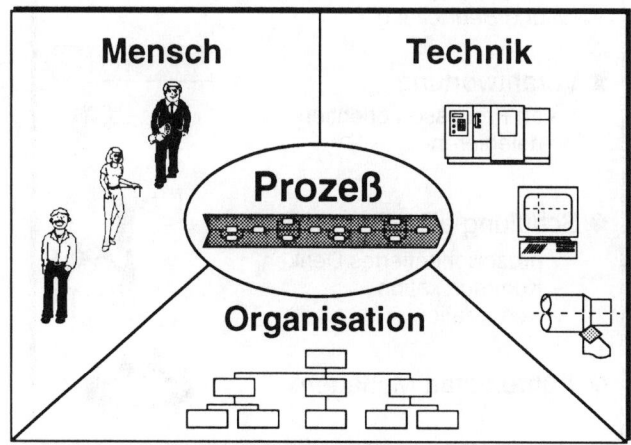

Bild 3.1: Gestaltungsfelder für Prozesse

3.1 Der Mensch im Mittelpunkt

Die Motivation aller Mitarbeiter steht zunächst im Vordergrund (Bild 3.2). Die Führungskräfte und die Mitglieder der mit einer Umgestaltung betrauten Projektteams sind erfahrungsgemäß bereits motiviert, da ihnen die Gesamtzusammenhänge vertraut sind. Für die Motivation der Mitarbeiter auf operativer Ebene ist es daher wichtig, über bevorstehende Veränderungen und deren Hintergründe frühzeitig informiert zu werden. Die erfolgreiche Umsetzung von Maßnahmen im Rahmen der Prozeßorientierung erfordert ein hohes Maß an Flexibilität, das ebenso wie ein sicheres Umfeld und verläßliche Rahmenbedingungen von der Unternehmensleitung gewährleistet werden muß. Sind prozeßorientierte Strukturen einmal aufgebaut, so müssen die Grundlagen der Entlohnung und Beurteilung angepaßt werden. Richtschnur muß dann der Erfolg und die Verbesserungen bezogen auf den ganzen Prozeß sein und nicht einzelne Suboptima.

Um dieses Ziel zu erreichen, sind die Mitarbeiter auf allen Hierarchieebenen zu schulen. Das prozeßorientierte Denken und Handeln muß allen Beschäftigten bewußt werden. Dies ist ein länger andauernder Prozeß, dessen Erfolg nicht zuletzt von der Kommunikation zwischen den Mitarbeitern abhängt. Damit kommt der Schulung der Kommunikationsfähigkeit auch in bezug auf die über bisherige Grenzen hinausgehende Zusammenarbeit der Mitarbeiter große Bedeutung zu. In Ana-

Bild 3.2: Gestaltungsempfehlungen: Mensch

Wettbewerbsfähige Unternehmensprozesse

logie zu der Entlohnung und Beurteilung sind auch die Verantwortlichkeiten an den Unternehmensprozessen zu orientieren. Veränderungen und Veränderungsbereitschaft müssen von den Führungskräften vorgelebt und nicht verwaltet werden. Die Führungskräfte im Unternehmen müssen sich daher auf das Führen im Sinne von "das Richtige tun" anstelle Managen im Sinne "etwas richtig tun" zurückbesinnen.

Die geschilderten Gestaltungsrichtlinien zur Schulung des Prozeßdenkens wurden bei der Firma Carl Freudenberg in einem Drei-Stufen-Konzept umgesetzt (Bild 3.3) [40]. Im Rahmen der ersten Phase stellten die mit der Konzeption betrauten Projektteams ihre Konzepte den Mitarbeitern in sogenannten Infoshops vor. Mit Hilfe von Schautafeln wurden die bevorstehenden Veränderungen transparent gemacht. Informiert wurde nicht nur über die wichtigsten langfristigen Ziele des Unternehmens, sondern vor allem auch darüber, mit welchen Schritten man dahin kommen wollte und wie die Zielgrößen aussahen. In der sich anschließenden zweiten Phase wurde die Detailumsetzung in monatlichen Gruppengesprächen und in wöchentlich tagenden Qualitätszirkeln optimiert. Diese Phase, das Lernen, ist mittlerweile zu einem kontinuierlichen Prozeß geworden. Die Erfahrung zeigt, daß die aktive Kooperation der Mitarbeiter oft durch die plastische Vermittlung der

	vom "Kästchendenken"	zum Prozeßdenken

Bewußtmachen	Lernen	Anwenden
Mitarbeitergruppengespräche	Qualitätszirkel	Prozeßdaten als Teil der verbindlichen operativen Planung
Vereinbaren von Prozeßdaten	Programm "Interner Kunde"	Prozeßdaten als Beurteilungs- und Entlohnungsbasis für Mitarbeiter und Führungkräfte
Schautafeln, Beispiele		
3 Monate	3 Monate	Zeit

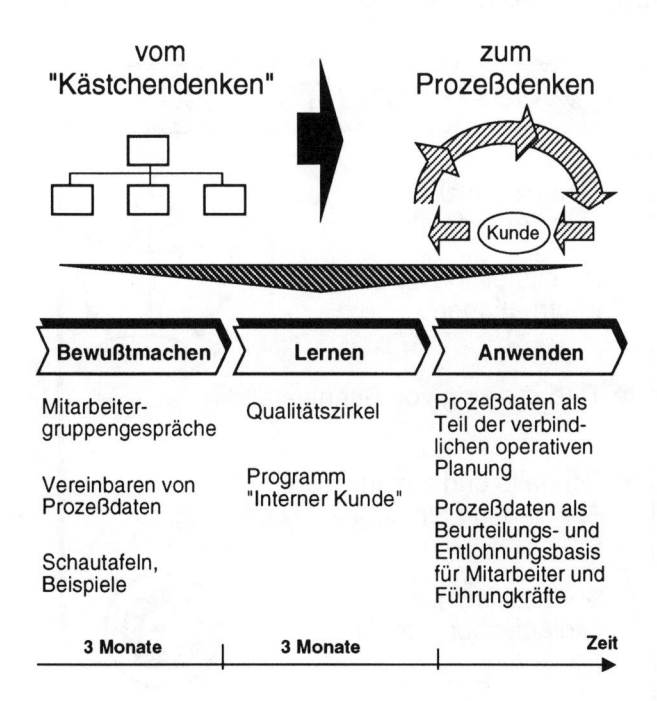

Bild 3.3: Schulung der Mitarbeiter für das Prozeßdenken (nach Freudenberg)

bevorstehenden Veränderungen erzielt werden kann. Die Vorgabe von Prozeßdaten für die operative Planung und für die Beurteilung und Entlohnung aller Mitarbeiter unterstützen den Wandel vom Kästchen zum Prozeßdenken [41].

3.2 Technik

Auch die eingesetzte Technik muß an den prozeßorientierten Organisationsstrukturen ausgerichtet werden (Bild 3.4). Dazu gehört in erster Linie der Einsatz integrierter Systeme, welche die jeweiligen Prozesse und nicht einzelne Funktionen unterstützen. Dies bedeutet, daß Schnittstellen innerhalb der Prozesse zu reduzieren sind. Die in den Systemen bereitgestellten Informationen müssen aktuell sein, um einen durchgängigen, konsistenten Ablauf zu gewährleisten.

Von großer Bedeutung ist aus Sicht der Technik weiterhin die Schnelligkeit mit der innovative Technologien eingeführt und angewendet werden. Dabei ist die Zuverlässigkeit mit der diese Technologie angewendet wird ebenso entscheidend für den Erfolg. Aus Sicht der Produktion ist auch die recyclinggerechte Konstruktion wichtig, da hier die Recyclingmöglichkeiten und -kosten festgelegt werden. Ebenso muß die Fertigung umweltfreundlich gestaltet werden. Die Reduzierung der Pro-

Gestaltung Technik

- Einsatz ganzheitlich optimierter Systeme
- Bereitstellung aktueller Informationen
- Reduzierung von Schnittstellen
- Schnelle und zuverlässige Anwendung innovativer Technologien
- Berücksichtigung ökologischer Aspekte

Bild 3.4: Gestaltungsempfehlungen: Technik

duktionsabfälle, die Reduzierung der benötigten Energie und die Verwendung chlorfreier Kühlschmierstoffe sind hier anzustreben [14].

Die erfolgreiche Entwicklung und Einführung eines prozeßorientierten Systems läßt sich am Beispiel des wissensbasierten Systems TESS (Tool Expert Software System) der Firma Hertel veranschaulichen (Bild 3.5). Das System unterstützt den gesamten Prozeß der Angebots- und Auftragsbearbeitung für einen Großteil der von Hertel lieferbaren Sonderwerkzeuge für die spanende Bearbeitung. Grundlage ist eine modulare Struktur des Systems, so daß mit wenigen parametrisierten Eingaben wie Ausgangs- und Fertigzustand des Werkstücks und der Werkzeugaufnahme sowohl vollständige Angebotsunterlagen, einschließlich Zeichnung und Kalkulation, als auch Arbeitspläne und NC-Programme erzeugt werden können. Die Konzeption und Realisierung des Systems wurde weitgehend von den beteiligten Mitarbeitern beeinflußt, was sich in einer starken Akzeptanz und erheblichen Vorteilen widerspiegelt. 90% der Vorgänge auf dem Gebiet der Bohrbearbeitung werden derzeit durch die Nutzung des Systems unterstützt. Die Angebotszeit konnte von 10 auf 3 Tage und die Bearbeitungszeit von 8 auf 5 Wochen reduziert werden. In eiligen Fällen kann in wenigen Stunden ein komplettes Angebot unterbreitet werden. Hervorzuheben ist weiterhin die arbeitszeitbezogene Aufwandsverringerung von fast 70% bei der Angebotsbearbeitung und 39% bei der Auftragsbearbeitung [44].

TESS - Tool Expert Software System

Kunde

Eingabe:
- Ausgangszustand Werkstück
- Geometrie, Toleranz
- Werkzeugaufnahme
- Spezifische Kriterien

TESS

Ausgabe:
- Preise
- Zeichnungen
- Stücklisten
- Arbeitspläne
- NC-Programme

Konstruktion Zeichnungserstellung Kalkulation Arbeitsplanung

Vorteile:
- Unterstützung für 90% der Fälle
- Reduzierung der Angebotszeit von 10 -> 3 Tage
- Reduzierung der Auftragszeit von 8 -> 5 Wochen
- Aufwandsverringerung Angebot: 69,5%
- Aufwandsverringerung Auftrag: 39%

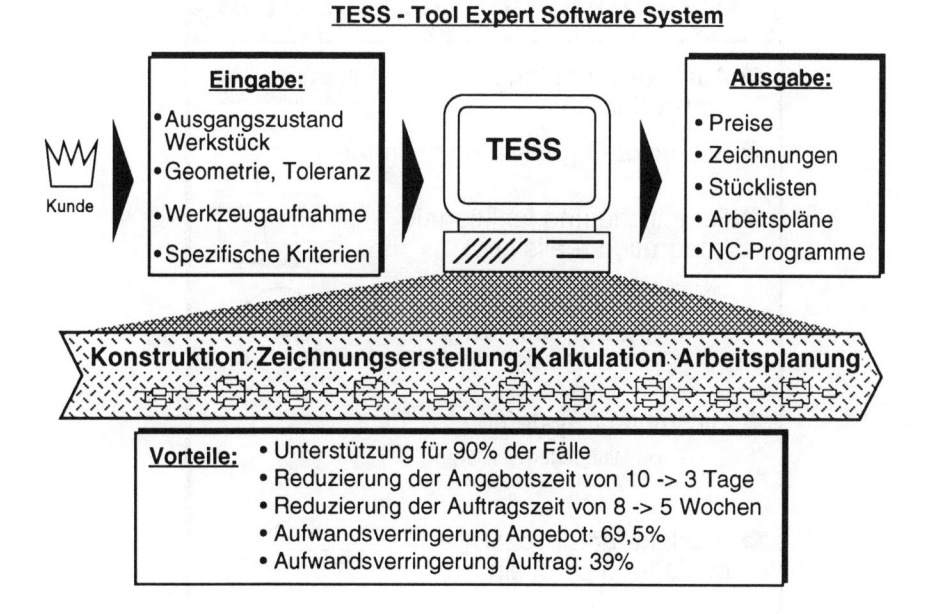

Bild 3.5: Prozessorientierte Angebots- und Auftragsabwicklung (nach Hertel AG)

3.3 Organisation

Die Organisation steht ebenfalls im Mittelpunkt der Veränderungen, da hier die Rahmenbedingungen für die prozeßorientierten Abläufe geschaffen werden (Bild 3.6). Die dafür notwendige Umorientierung von der Funktionsausrichtung auf einen ganzheitlichen Prozeßansatz bedeutet konkret, daß nicht Einsparungen an einer einzelnen Stelle, sondern eine schlanke Organisation mit dem Effekt verbesserter Durchlaufzeiten das Ziel ist. Die entsprechenden Prozesse müssen in einer räumlichen und funktionalen Integration abgebildet werden, so daß Schnittstellen abgebaut werden. Darüber hinaus sind übergreifende Teams zu bilden und die anfallenden Aufgaben in ganzheitlichen Tätigkeiten zusammenzufassen und den Mitarbeitern verantwortlich zu übertragen. Die Mitarbeiterteams sind dabei als selbststeuernde Regelkreise zu organisieren, damit Störungen im Ablauf weitgehend eigenständig ausgeregelt werden können und damit eine schnelle und flexible Reaktion möglich wird [8]. Die Hilfsmittel und Systeme sollten diesem Grundsatz folgend auch von den Mitarbeitern weitgehend dezentral geplant und konsequent am Prozeß ausgerichtet werden. Erfahrungsgemäß ist der Nutzungsgrad der Hilfsmittel und Systeme dann wesentlich höher. Darüber hinaus sind aus Organisationssicht die Prozesse der Produkt- und (Fertigungs-) Prozeßgestaltung im Sinne des Simultaneous Engineering zu parallelisieren, um Zeitvorteile zu erzielen. Die Organisation ist dabei grundsätzlich streng auf die Wertschöpfung zu konzentrieren.

Gestaltung der Organisation

- Auf Wertschöpfung konzentrieren
- Schlanke Organisation schaffen
- Räumliche und funktionale Integration realisieren
  - Schnittstellen reduzieren
  - übergreifende Teams bilden
  - Tätigkeiten ganzheitlich gestalten
  - selbststeuernde Regelkreise einführen
- Hilfsmittel / Systeme
  - von Mitarbeitern initiieren
  - am Prozeß ausrichten
- Produkt- und Prozeß- gestaltung parallelisieren

Bild 3.6: Gestaltungsempfehlungen: Organisation

Wettbewerbsfähige Unternehmensprozesse 1-31

```
┌─Definitionsphase──┤├──Durchführungsphase──┐
```

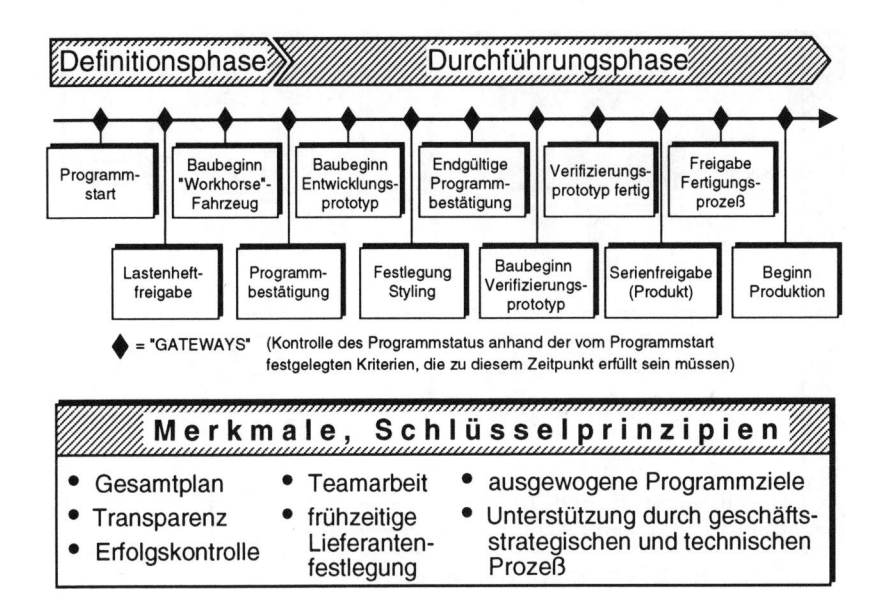

| Programm-start | Baubeginn "Workhorse"-Fahrzeug | Baubeginn Entwicklungs-prototyp | Endgültige Programm-bestätigung | Verifizierungs-prototyp fertig | Freigabe Fertigungs-prozeß |

| Lastenheft-freigabe | Programm-bestätigung | Festlegung Styling | Baubeginn Verifizierungs-prototyp | Serienfreigabe (Produkt) | Beginn Produktion |

♦ = "GATEWAYS" (Kontrolle des Programmstatus anhand der vom Programmstart festgelegten Kriterien, die zu diesem Zeitpunkt erfüllt sein müssen)

Merkmale, Schlüsselprinzipien

- Gesamtplan
- Transparenz
- Erfolgskontrolle
- Teamarbeit
- frühzeitige Lieferanten-festlegung
- ausgewogene Programmziele
- Unterstützung durch geschäfts-strategischen und technischen Prozeß

Bild 3.7: Gestaltung des Entwicklungsprozesses (nach FORD)

Die beschriebenen Maßnahmen wurden von FORD Europa für die Entwicklung von PKWs umgesetzt (Bild 3.7). Ziele der Systematisierung der PKW-Entwicklung sind die Verbesserung der Produktqualität, die Verkürzung der Entwicklungszeit, eine Verringerung der Kosten sowie eine stärkere Konzentration auf die Bedürfnisse des Kunden. Definiert wurde ein ganzheitlicher Entwicklungsprozeß, der in zwei Hauptphasen, die Definitions- und Durchführungsphase unterteilt ist. Die Fortschrittskontrolle erfolgt in Form sogenannter "Gateways", bei denen die festgelegten Zwischenziele überprüft werden. In Zusammenhang mit klaren, stabilen Vorgaben und Zielsetzungen ist somit eine hohe Transparenz des gesamten Prozesses gewährleistet. Weitere Kennzeichen sind die frühzeitige Einbindung von Lieferanten und die Organisation der Arbeit in Teams. Der Entwicklungsprozeß wird fortwährend durch die anderen Unternehmensprozesse wie den geschäftsstrategischen und den technischen Prozeß unterstützt [42].

Ein weiteres Beispiel für die prozeßorientierte Gestaltung von Unternehmensbereichen stellt die Angebotsbearbeitung bei der Firma Carl Freudenberg dar (Bild 3.8). Die Ausgangssituation war durch aufwendige und zeitraubende Wege zwischen den Bereichen Verkauf, Entwicklung, Kalkulation und dem Schreibbüro sowie die Einbindung vieler Hierarchieebenen gekennzeichnet. Die Integration der Tätigkeit in einem Angebotsprozeß bedeutete den Wegfall der Postwege und die Verbesserung der Auskunftsfähigkeit gegenüber den Kunden. Es wurden Teams zusammengestellt, deren Leiter die Verantwortung für je ein Produktsegment haben. Diesen Teams stehen Mitarbeiter anderer Bereiche als Ratgeber und effiziente Hilfs-

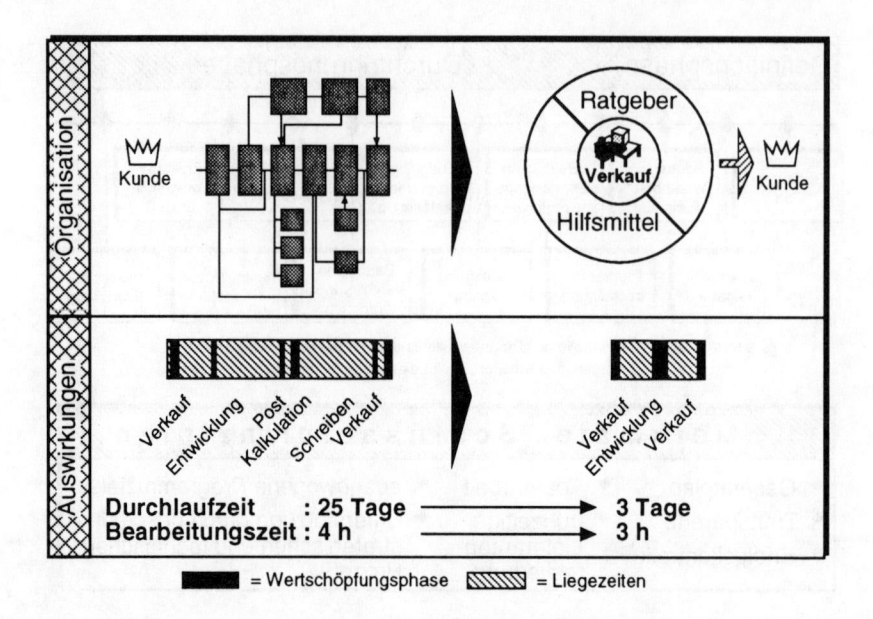

Bild 3.8: Gestaltung des Angebotsprozesses (nach Freudenberg)

mittel, beispielsweise zur rechnerunterstützten Kostenkalkulation, zur Verfügung. Während früher Angebote über eine sechsstellige Summe gleich solchen über einige hundert Mark behandelt wurden, sortieren die Mitarbeiter heute schon im Vorfeld die Angebote nach ihrer Bedeutung.

Dadurch konnte die Durchlaufzeit wichtiger Angebote ebenso wie deren Bearbeitungszeit signifikant gesenkt werden [42].

Die Firma Carl Zeiss konnte durch die Einführung einer neuen Fertigungsorganisation ebenfalls bemerkenswerte Verbesserungen der Abläufe erreichen. Die Fertigung von Okularen wurden von dem Werkstatt- auf das Inselprinzip umgestellt. In der Insel sind verschiedene Bearbeitungen zusammengefaßt, so daß die Anzahl der Arbeitsvorgänge von 18 auf 4 und die Durchlaufzeit von 27 auf 3 Tage reduziert werden konnte. Darüber hinaus konnten je nach Einzelteil Kostenreduzierungen von 23% bis 65% erzielt werden. Gründe hierfür sind die Reduzierung der Operationszeiten durch Komplettbearbeitung, die Verringerung des Rüstaufwands wegen Ähnlichteilen sowie die fertigungsgerechte Konstruktion der Okulare. Durch die frühzeitige Qualifizierung der Mitarbeiter sowohl für die Bedienung der neuen Maschinen als auch für die Abläufe und die Arbeit innerhalb des Inselteams wurde eine effektive Nutzung der Fertigungsinsel sichergestellt. Zukünftig wird das Inselpersonal auch die Terminverantwortung für die Insel übernehmen [43].

4. Zusammenfassung

Um auch in Zukunft erfolgreich zu bleiben, müssen sich die Unternehmen den Herausforderungen einer schwierigen weltwirtschaftlichen Lage stellen und Antworten finden, wie die steigenden Anforderungen bewältigt werden können. Die Retrospektive zeigt dabei, daß nach wie vor Durchlaufzeit, Qualität und Kosten wichtige Parameter zur Verbesserung der Wettbewerbsfähigkeit darstellen, diese aber um ökologische Aspekte ergänzt werden müssen. Zusätzlich wird deutlich, daß die eingesetzten Methoden, Hilfsmittel und Philosophien jeweils vor ihrem historischen Hintergrund zu betrachten sind und nicht ohne weiteres auf das nächste Jahrzehnt übertragen werden können. Der Paradigmenwechsel zwingt zur prozeßorientierten Betrachtung des Unternehmens (Bild 4.1).

Einzelmaßnahmen zur Steigerung der Wirtschaftlichkeit dürfen nicht länger abteilungsorientiert sein, sondern müssen zukünftig stärker dahingehend untersucht und danach beurteilt werden, ob sie einen Beitrag zur Optimierung des gesamten Wertschöpfungsprozesses liefern. Der Wertschöpfungsprozeß kann dabei als Kernprozeß verstanden werden. Er umfaßt alle Tätigkeiten, die zur Erfüllung des Kundenwunsches notwendig sind. Als Optimierungskriterien dienen insbesondere der Ressourcenverzehr, die Durchlaufzeit und die Qualität.

- Aufgrund der geänderten Randbedingungen sind bisherige Methoden und Hilfsmittel nicht mehr zielkonform.

- Die Prozeßorientierung erlaubt die erforderliche ganzheitliche Betrachtung bezüglich Durchlaufzeit, Qualität und Kosten.

- Ausbildung und Motivation der Ressource Mensch liefern den entscheidenden Beitrag bei der Prozeßgestaltung.

- Die Gestaltung wettbewerbsfähiger Unternehmensprozesse erfordert die integrierte Betrachtung von Mensch, Technik und Organisation.

Bild 4.1:   Fazit

Welche Einzelprozesse die Wettbewerbsfähigkeit der Unternehmen in einem globalen Markt bestimmen, muß unternehmensspezifisch in Abhängigkeit der Unternehmensziele analysiert werden. Grundvoraussetzung ist hierfür eine detaillierte Ablaufanalyse, um die für die Gestaltung der identifizierten Prozesse benötigte Transparenz zu erzielen.

Als Gestaltungsparameter kommen Mensch, Technik und Organisation in Frage. Dabei steht der Mensch eindeutig im Mittelpunkt der Betrachtungen. Prozeßorientierung kann nicht von den Führungskräften verordnet werden, sondern diese Denkweise muß sich erst in allen Ebenen durchsetzen. Hierzu ist Motivation und Schulung erforderlich. Nachfolgend sind sowohl die Technik als auch die Organisation dem Prozeßgedanken entsprechend zu gestalten.

Die Prozessorientierung bietet die Möglichkeit, die heute vorhandenen Rationalisierungspotentiale konsequent zu erschließen und liefert damit einen Beitrag zur Stärkung der Wettbewerbsfähigkeit. Diese Chance muß genutzt werden.

Literatur:

[1] Necker, T.: Veränderung der Märkte und ihre Auswirkungen auf den Produktionsbetrieb; Vortragsband zum fertigungstechnischen Kolloquium '91, Springer Verlag, Stuttgart (1991), S. 1-2

[2] Bullinger, H.-J., in: Vorgehensweisen und Praxisbeispiele zum Chancenmanagement in den90er Jahren; in: 10. IAO-Arbeitstagung, Stuttgart 19.-20. Februar 1991, Springer-Verlag (1991), S. 14-56

[3] Berger, R.: Local Hero; manager magazin 12 (1992), S.202-209

[4] Rommel, G.; Brück, F.; Diedrichs, R.; Kempis, R.; Kluge, J.: Einfach überlegen, Das Unternehmenskonzept das die Schlanken schlank und die Schnellen schnell macht; Schäffer-Poeschel Verlag, Stuttgart, (1993)

[5] Späth, W.: Neue Technologien und sich verändernde Qualifikationsanforderungen aus der Sicht eines Luft- und Raumfahrtunternehmens; in: Ingenieurqualifikation für das Jahr 2000, Leuchtturm-Verlag (1989), S. 11-18

[6] Leibinger, B.: Der deutsche Maschinenbau im internationalen Wettbewerb - wirtschaftliche und technische Positionen; FTK '91, Vortragsband, Springer-Verlag, Stuttgart (1991), S. 3-6

[7] Milberg, J.; Koepfer, Th.: Aufgaben- und Rechnerintegration - ein Gegensatz zur schlanken Produktion?; in: VDI-Bericht 990, VDI-Verlag (1992), S. 1-23

[8] Böhm, H.: Lean Management; Didacticum 15 (1993), S. 4-6

[9] Warnecke, H.-J.: Die Fraktale Fabrik, Zukunftsgerichtete Fertigungsstrukturen; CIM management 2 (1992), S. 27-32

[10] Eversheim, W.; Michaeli, W.: CIM im Spritzgießbetrieb, Wirtschaftlich Fertigen durch Rechnerintegration; Hanser Verlag (1993)

[11] Geiger, W.: Geschichte und Zukunft des Qualitätsbegriffs; Qualitätsmanagement 37 (1992) 1, S. 33-35

[12] Schulz, W.: Zertifizierte Qualität in den USA noch unterentwickelt; VDI-N, Nr.9 (1993), S. 20

[13] Rohe, E.-H.: Unternehmensziel Umweltschutz vor dem Hintergrund internationaler Umweltpolitik; ZfB-Ergänzungsheft 2 (1990), S. 23-40

[14] Barg, A.: Recyclinggerechte Produkt- und Produktionsplanung; VDI-Z 133 (1991), Nr.11, S. 64-74

[15] Lingg, H.: Von der Bedeutung des Wettbewerbsfaktors Zeit; Management Zeitschrift 61 (1992) Nr. 7/8, S. 73-77

[16] Brödner, P.; Schultetus, W.: Erfolgsfaktoren des japanischen Werkzeugmaschinenbaus; RWK-Verlag, Eschborn 1992

[17] Simon, H.: Stein der Weisen; manager magazin 2 (1993), S. 134-140

[18] Theerkorn, U.: Problematik einer veränderten Produktion; Werkstattechnik (wt), 81 (1991), S. 607-611

[19] Eversheim, W.; Böhmer, D.; Müller, St.; Tränckner, J.: Reorganisation der technischen Auftragsabwicklung - Rationalisierungspotentiale nutzen; Industrie-Anzeiger, 112. Jg. (1990), Nr. 68, S. 10-18

[20] Peters, G.: Ablauforganisation und Informationstechnologie im Büro: Konzeptionelle Überlegungen und empirisch-explorative Studie; Müller Botermann Verlag, Köln (1988) (Reihe: Personalwesen, Organisation, Unternehmensführung, Band 5), zugl. Dissertation, Universität Köln, (1987)

[21] N.N.: Chancen und Risiken von CIM-Ergebnisbericht; Hrsg.: Projektträger Technologiefolgenabschätzung, VDI-Technologiezentrum Düsseldorf im Auftrag des Bundesministers für Forschung und Technologie, Düsseldorf, September (1991)

[22] Striening, H.-D.: Prozeß Management: Versuch eines integrierten Konzeptes situationsadäquater Gestaltung von Verwaltungsprozessen in multinationalen Unternehmen; Dissertation, Karlsruhe, (1988)

[23] Milberg, J.: Flexibilität braucht dezentrale Organisation; VDI Nachrichten, 10. Januar (1992), S. 11

[24] Dunkler, H.: Auftragsabwicklung mit integrierter Informationsverarbeitung unter Einsatz moderner Produktionssystematik; REFA-Nachrichten, 3/(1985), S. 14-22

[25] Wildemann, H.: Auftragsabwicklung in einer computergestützten Fertigung (CIM); Zeitschrift für Betriebswirtschaft (ZfB), 57. Jg. (1987), Nr. 1, S. 6-31

[26] Schneider, M.: Die Quantifizierung organisatorischer Sachverhalte; G. Marchal u. H.-J. Matzenbacher-Verlag, Berlin, (1981)

[27] Vallone, C.: Informationsmanagement wird zur Führungsbasis, 1.Teil, io-Management-Zeitschrift, 59 (1990), Nr.1

[28] Eversheim, W.; König, W.; Weck, M.; Pfeifer, T.: Produktionstechnik - Auf dem Weg zu integrierten Systemen, Aachener Werkzeugmaschinenkolloquium, VDI-Verlag, Düsseldorf, 1987

[29] Müller, S.: Entwicklung einer Methode zur prozeßorientierten Reorganisation der technischen Auftragsabwicklung komplexer Produkte; Dissertation, RWTH Aachen (1992)

[30] Kosiol, E.: Organisation der Unternehmung; 2. Auflage, Gabler-Verlag, Wiesbaden (1976)

[31] Scholz-Reiter, B.: Konzeption eines rechnergestützten Werkzeugs zur Analyse und Modellierung integrierter Informations- und Kommunikationssysteme in Produktionsunternehmen; Dissertation, Berlin, (1990)

[32] Gaitanides, M.: Prozeßorganisation - Entwicklung, Ansätze und Programme prozeßorientierter Organisationsgestaltung; Verlag Franz Vahlen, München (1983)

[33] Milberg, J.: Flexibilität braucht dezentrale Organisation; VDI-Nachrichten, 10. Januar (1992), S. 11

[34] N.N.: Kennzahlenkompaß, Informationen für Unternehmen und Führungskräfte; Maschinenbau Verlag, VDMA Ausgabe (1992)

[35] Eversheim, W.; Müller, S.; Krumm, S.; Popp, W.; Montagegerechte Produktsteuerung; VDI-Z 135 (1993), Nr. 1/2 Januar/Februar

[36] Mertens, P.; Holzner, J.: Wi - State of the Art, Eine Gegenüberstellung von Integrationsansätzen der Wirtschaftsinformatik, in: Wirtschaftsinformatik 34 (1992), S. 5-25

[37] N.N.: Anbieter-Recherche, CASE Tools für die CIM-Modellierung, CIM-Management 4/92, S. 41-44

[38] Traenckner, J.H.: Entwicklung eines prozeß- und elementorientierten Modells zur Analyse und Gestaltung der technischen Auftragsawicklung von komplexen Produkten; Dissertation, RWTH Aachen, (1990)

[39] Krogh, H.: Gefährliche Kreuzung; manager magazin 2 (1993), S.127-132

[40] N.N.: Phantom in der Pipeline, Wie der Automobilzulieferer Carl Freudenberg seine Teileproduktion beschleunigte; manager magazin 11(1992)

[41] Kalkert, W.: Industrieller Entwicklungsprozeß von PKW-Antrieben; Vorlesungmanuskript, RWTH Aachen, Oktober (1992)

[42] Seifert, H.: Zeit ist Geld; manager magazin 11 (1992)

[43] Modrich, G.; Kitzsteiner, F.: Integrierte Meßdatenrückführung im FFS; Produktionsautomatisierung 1 (1992), S. 43-46

[44] Müller, G.: "Denkendes" Werkzeugsystem; MEGATECH 3 (1992)

Mitarbeiter der Arbeitsgruppe für den Vortrag 1.1

Dipl.-Ing. H. Cronjäger, Mercedes-Benz AG
Prof. Dr.-Ing. W. Döpper, Hertel AG
Prof. Dr.-Ing. Dr. h.c. Dipl.-Wirt. Ing. W. Eversheim, WZL/FhG-IPT, Aachen
Dr.-Ing. G. Friedrich, FAGRO Preß- und Stanzwerk GmbH
Prof. Dr.-Ing. J. Herrmann, Carl Zeiss
Dipl.-Ing. H. Jansen, Scheidt & Bachmann GmbH
Dr.-Ing. W. Kalkert, Ford Werke AG
Dr.-Ing. E. Knorr, EX-CELL-O GmbH
Dipl.-Ing. Dipl.-Wirt. Ing. S. Krumm, WZL, Aachen
Dipl.-Ing. G. Miller, Scheidt & Bachmann GmbH
Dipl.-Ing. J. Schneewind, WZL, Aachen
Dr.-Ing. P. Stehle, Carl Freudenberg
Dr.-Ing. W. Wiedeking, Dr.-Ing.h.c. F. Porsche AG

1.2 Qualitätsmanagement als Unternehmensstrategie

Gliederung:

1. Einleitung

2. Der heutige Wirkungsbereich des Qualitätsmanagements

3. Unternehmensstrategie Qualitätsmanagement
3.1 Das Qualitätsmanagement als kontinuierlicher Prozeß
3.2 Die Werkzeuge des Qualitätsmanagements
3.3 Basiselemente der Unternehmensstrategie Qualitätsmanagement
3.4 Führungsaufgaben im Qualitätsmanagement

4. Exemplarische Anwendung von Qualitätsmanagementstrategien

5. Zusammenfassung und Ausblick

Kurzfassung

Unternehmensstrategie Qualitätsmanagement
Qualitätsmanagement wird zunehmend zum entscheidenden Faktor für die Sicherung und Stärkung der Wettbewerbsfähigkeit deutscher Unternehmen im EG-Marktbereich und auf internationalen Märkten. Richtig angewandt stellt es eine wesentliche Grundlage zur Optimierung der Produkte, sowie zur Verbesserung der internen und externen Leistungsfähigkeit von Unternehmen dar und wird dadurch zu einem bedeutenden Strategieelement.

Im Vortrag werden Lösungen für die Realisierung und den Nutzen des Qualitätsmanagements dargestellt. Für die unternehmensweite Umsetzung werden wichtige Strategieelemente typisiert und die Voraussetzungen sowie die Vorgehensweise für ihre Planung und Umsetzung aufgezeigt. Im Anschluß werden auszugsweise Beispiele aus der industriellen Praxis dargestellt, die auf den vorgestellten Lösungen aufbauen. Dabei werden insbesondere der unternehmensinterne und -externe Nutzen diskutiert und seine Auswirkungen bewertet.

Abstract

Quality management within strategic approaches
Quality management is rapidly becoming a decisive factor in the ability of German companies to secure and sustain a competitve advantage both within the Single European Market and overseas. It plays a pivotal role in the optimisation of products and in the improvement of the efficiency of the company.

Means of implementing quality management and of reaping the practical benefits thereby achieved will be outlined in this chapter. Following the characterisation of key elements of strategic quality management, attention will focus on the conditions which must be in place before it can be adopted successfully.

In conclusion, some aspects of quality management systems already implemented in industry will be examined. The impact on the company (above all the internal and external benefits) will be evaluated.

1. Einleitung

Unternehmen müssen Antworten finden auf die Veränderungen unserer Zeit. Neben dem Werte- und Strukturwandel in der Gesellschaft sind bei der erfolgreichen Unternehmensgestaltung auch die Beschleunigung des technologischen Fortschritts, die Steigerung der Ansprüche an Produkte und Leistungen sowie der Wandel der Marktstrukturen zu beachten. Waren in den vergangenen Jahren die gesellschaftlichen Ziele noch durch das Streben nach Wohlstand, Sicherheit und Prestige wesentlich geprägt so haben sich diese hin zu einem ganzheitlichen Denken gewandelt. Ökologische und gesellschaftliche Aspekte, wie z.B. der Schutz der Umwelt, sind dabei heute mehr denn je Gradmesser für die Zufriedenheit in unserer Gesellschaft. Mit dem hiermit veränderten Kundenbewußtsein verändern sich die Kaufargumente zusehends. Qualität, Funktionalität und Wertbeständigkeit sind an erster Stelle gegenüber der reinen Bedarfsbefriedigung vergangener Jahrzehnte zu nennen. Diese Veränderungen werden durch ein sich ständig änderndes globales Marktgeschehen begleitet. Neben den Entwicklungen auf dem europäischen Binnenmarkt sind hier sicherlich die osteuropäischen Länder und vor allem die des asiatisch-pazifischen Raums zu nennen. Seit jeher spielen aber für deutsche Unternehmen die europäischen Länder eine dominierende Rolle. Die Märkte, z.B. in den USA oder Japan, sind mit insgesamt unter 10% vergleichsweise schwach am Exportvolumen beteiligt (1991) [1], obwohl deutsche Produkte in diesen Ländern eine hohe Wertschätzung in der Käufergunst einnehmen. Qualität bzw. die sie mitbestimmenden Merkmale wie Haltbarkeit und Leistung sind in den Märkten der USA und Japans die wesentlichen Gründe für den Kaufentscheid [2]. Die Bedeutung von Qualität als Kaufargument wird ebenfalls dadurch bestätigt, daß bereits 1989 89% von 500 befragten Führungskräften europäischer Unternehmen die Qualität als primäres Kaufargument angaben [3]. Allerdings ist der lange Zeit hervorragende Ruf des Made in Germany z.Zt. geschwächt. Studien -besonders solche aus der Automobilindustrie- belegen, daß die ursprüngliche Qualitätsführerschaft deutscher Produkte nicht mehr durchgängig gegeben ist [4, 5].

Die beschriebene Situation ist einer der Gründe dafür, daß unter den verschiedenen Unternehmensstrategien das Qualitätsmanagement zunehmend Bedeutung erlangt. Wurden seine für das gesamte Unternehmen strategischen Vorteile in der Vergangenheit weitestgehend vernachlässigt, so ist doch heute bereits ein allmählicher Bewußtseinswandel in den Unternehmen anzutreffen (Bild 1). Die individuelle Leistungsfähigkeit der Mitarbeiter, das früher ein wesentliches Bewertungskriterium des Managements war, verliert relativ an Bedeutung. Die Teamfähigkeit rückt zunehmend in den Vordergrund bei der ganzheitlichen Bewertung des Unternehmens. Weiterhin ist signifikant, daß die Qualitätsfähigkeit zur Rentabilität aufschließt und damit praktisch den gleichen Stellenwert erhält.

Die Erfüllung von Kundenwünschen ist heute mehr denn je das primäre Ziel zur Wiedererreichung und Stärkung der Konkurrenzfähigkeit in einem Markt mit starker Dominanz des Verdrängungswettbewerbs und der Orientierung auf den Verbraucher. Sie basiert auf Produkten, die diesen Anforderungen entsprechen und damit der langfristigen Erreichung der individuellen Unternehmensziele dienen. Diese Ziele sind im wesentlichen durch fünf strategische Erfolgsfaktoren determiniert. Sie sind die Grundlage für den Bestand und die Weiterentwicklung von Unternehmen (Bild 2).

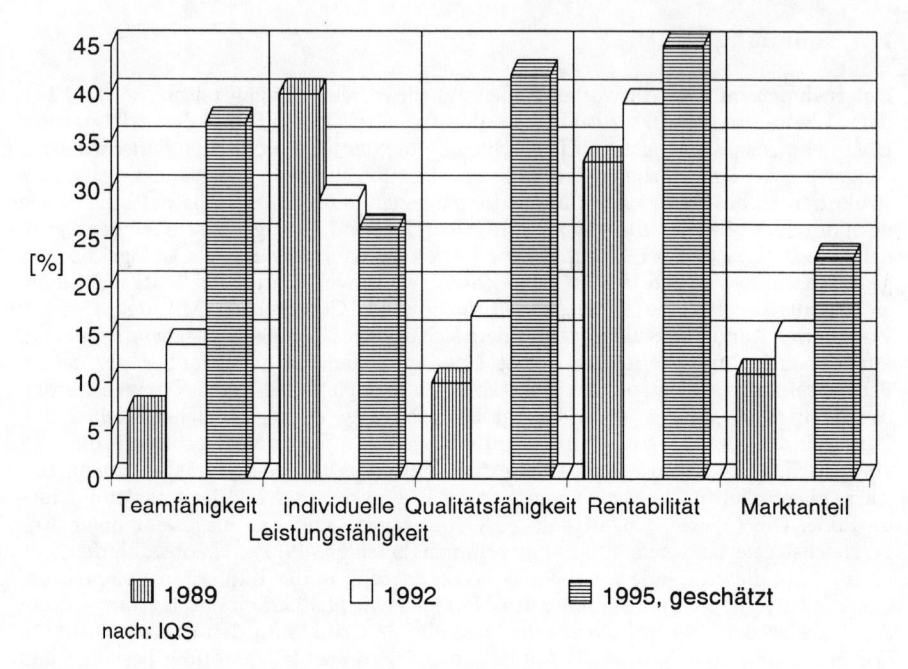

Bild 1: Wachsende Bedeutung des Qualitätsmanagements

(Balkendiagramm: Teamfähigkeit, individuelle Leistungsfähigkeit, Qualitätsfähigkeit, Rentabilität, Marktanteil; Jahre 1989, 1992, 1995 geschätzt; nach: IQS)

Das Image des Unternehmens und vor allem die öffentliche Meinung über die Einstellung des Unternehmens zu Fragen des allgemeinen Interesses, wie zu Fragen der Lebensqualität, des Umweltschutzes oder des Umgangs mit Ressourcen stehen im Mittelpunkt der externen Größe *Unternehmensimage*. Demgegenüber spiegelt die *Kundenzufriedenheit* die Meinung externer Kunden über die Unternehmung im allgemeinen und über deren Produkte und Dienstleistungen im speziellen wieder. Neben den äußeren Größen sind weitere wesentliche Kriterien diejenigen, die die interne Qualitätsfähigkeit des Unternehmens beschreiben. Innere Größen betreffen die Erreichung der *Geschäftsergebnisse* und die *Mitarbeiterzufriedenheit*. Die genannten vier Größen entsprechen im übrigen auch den zentralen Beurteilungskriterien des *European Quality Award 1992* [6]. Mit diesem Preis sollen Unternehmen ausgezeichnet werden, die besondere Anstrengungen und Erfolge auf dem Gebiet des Qualitätsmanagements vorweisen können.

Die bisher genannten Größen müssen im Rahmen dieser Betrachtungen selbstverständlich noch um die Größe *Marktposition* erweitert werden. Sie ist letztlich der entscheidende Faktor für den Bestand und die weitere Entwicklung des Unternehmens.

Qualitätsmanagement ist, wie aus den knapp skizzierten Zusammenhängen und Zielsetzungen unschwer abzuleiten ist, also deutlich mehr als andere unternehmensinterne Handlungsbereiche von internen und externen Einflüssen und Zielgrößen geprägt. Als unternehmensübergreifendes Element steht das Qualitätsmanagement im

Spannungsfeld zwischen der Erreichung der strategischen Erfolgsfaktoren einerseits und den sich ändernden Marktparametern, veränderten Kunden-Lieferanten-Beziehungen sowie den hieraus entstehenden Anforderungen an die Produkte und die Produktentstehung andererseits. Insgesamt besteht damit für das Qualitätsmanagement die Notwendigkeit, nicht nur die vorhandenen methodischen Hilfsmittel auszuschöpfen, sondern in Abhängigkeit von den sich wandelnden Kundenbedürfnissen, vor allem auch neue Methoden zur Erfüllung der Aufgaben zu entwickeln und einzuführen.

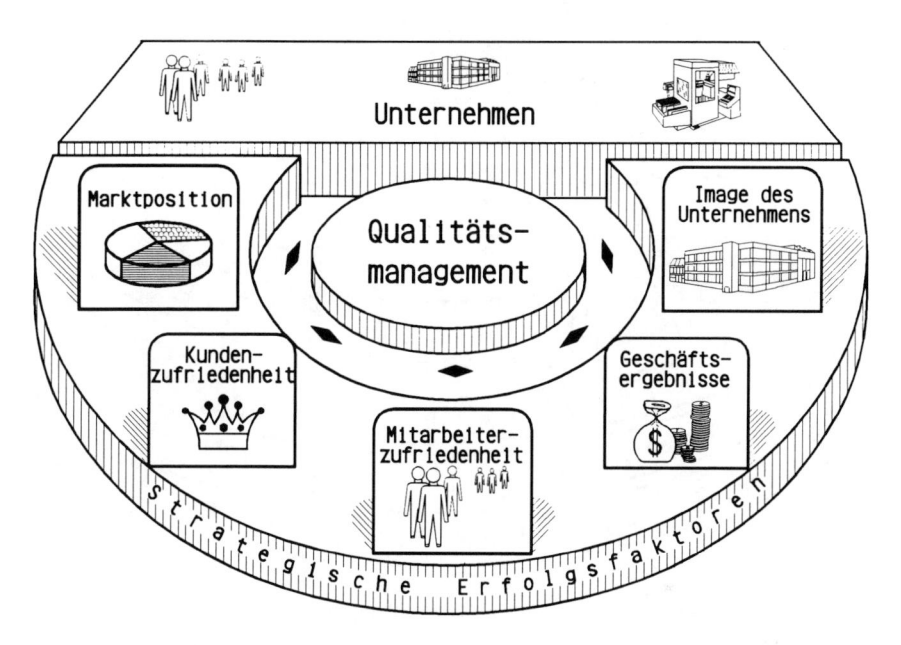

Bild 2: Ausgangssituation

Bisherige Produktionsstrukturen waren auf Dauer der Dynamik der steigenden Anforderungen des Marktes im allgemeinen und der Kunden im besonderen nicht gewachsen. Markante Eckpunkte der sich seit längerem deutlich abzeichnenden Entwicklung sind u.a. kundenspezifische, variantenreiche Produktdefinitionen, kürzere Innovationszyklen und verkürzte Produktlebenszeiten. Diese veränderten Randbedingungen verlangen die Erarbeitung und Entwicklung von Strategien, die geeignet sind, die Produktionsstrukturen an die genannten aktuellen Bedürfnisse adäquat anzupassen. Hiermit ergeben sich drei Aktionsfelder in denen Unternehmen heute mit vornehmlich technisch orientierten Ansätzen agieren (Bild 3).

Das Aktionsfeld, das bisher die höchste Priorität genießt, hat die Optimierung der internen Ressourcen zum Ziel. Die Senkung von Durchlaufzeiten, von Kosten und die Erhöhung der Flexibilität in der Produktion sind die wesentlichen Zielgrößen in diesem Feld. Die Rationalisierungsbemühungen konzentrieren sich daher auf die Automatisierung der Fertigung und Montage. Eine hohe Bedeutung haben in diesem Zusammenhang gerade auch Fragestellungen, die mit der Verbesserung logistischer Abläufe verbunden sind.

Zielbereiche
- o Technologie
- o Flexibilisierung
- o Information
- o Organisation
- o Lebensdauer
- o Varianten
- o Komplexität
- o Funktionalität
- o Qualität
- o JIT
- o Fertigungstiefe
- o kooperative Entwicklung
- o ...

INTERN — PRODUKTE — EXTERN

LEAN PRODUCTION
Kundenorientierung — Mitarbeiterorientierung
QUALITÄTSMANAGEMENT

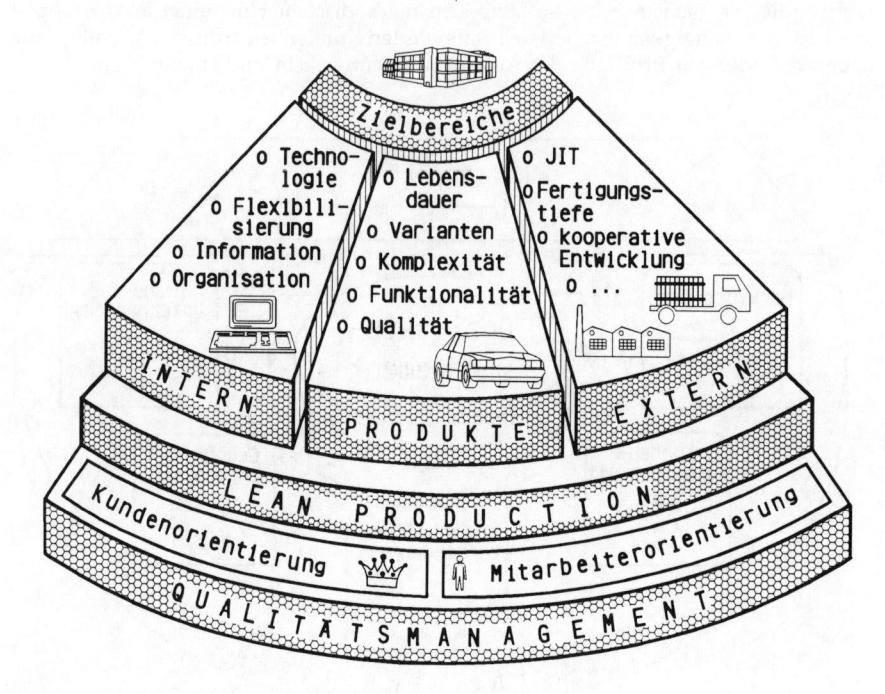

Bild 3: Zielbereiche und Maßnahmenentwicklung

Mit dem Streben nach diesen Zielen werden zunehmend auch Werkzeuge und Hilfsmittel aufgegriffen, die als ganzheitliche und unternehmensübergreifende Instrumente die Umsetzung der strategischen Unternehmensziele erleichtern sollen. Das Konzept der rechnerintegrierten Produktion (CIM) oder das Schlagwort Lean Production (Schlanke Produktion), das auch neue Personalführungs- und Managementkonzepte beinhaltet, sind in aller Munde, wenn es um den Themenkomplex *Optimierung der Produktionsstrukturen* geht [7, 8, 9]. Diese neuen und intensiv propagierten Strategien, die gar durch die der "fraktalen Fabrik" erweitert werden [10], sollen hier die Lücke zwischen der puren Technikorientierung und den organisatorischen und menschlichen Aspekten im Unternehmen schließen helfen. Trotz der intensiven Aktivitäten in diesen Bereichen wurden aber bisher keine durchgreifenden Erfolge erzielt [11].

Neben der Verbesserung der internen Ressourcen stellt ein weiteres Aktionsfeld unternehmensintern ausgerichteter Bemühungen die Optimierung der Produkte dar. Durch Verkürzen der Produktentwicklungszyklen, Erhöhen der Variantenvielfalt, Erhöhen der Funktionalität, höhere Komplexität oder durch die stärkere Ausnutzung von Leistungsreserven im Produkt wird angestrebt, den Kundenwünschen flexibel und individuell zu entsprechen.

Die Optimierung der externen Leistungsfähigkeit und damit der externen Ressourcen bildet das dritte Aktionsfeld und ist vor allem durch veränderte Strategien in der Zusammenarbeit des Kunden mit seinen Lieferanten geprägt. Die Verringerung der Fertigungstiefe in Verbindung mit der zunehmenden Verlagerung der Entwicklung hin zum Lieferanten sind Kennzeichen hierfür, wobei auch die Reduzierung der Lieferantenzahl eine bedeutende Rolle spielt. Die enge Anbindung von Kunde und Lieferant wird auch durch das JIT-Fertigungskonzept gefördert.

Die bisher durch den Einsatz dieser Methoden erreichten Ziele entsprechen nicht den an sie gestellten Erwartungen. Sowohl die Erreichung der mit strategischen Erfolgsfaktoren verbundenen Ziele als auch die hiermit in Zusammenhang stehenden Teilziele wurden nicht erfüllt. Dies gründet sich vor allem auf den folgenden Tatsachen:

☐ Die genannten Methoden sind als Instrumente konzipiert und werden im allgemeinen auch als solche verstanden mit denen die technologischen Grundlagen und technischen Randbedingungen der Produktentstehung verbessert werden. Die Tatsache, daß solche Optimierungen und die hiermit verbundenen Methoden nicht nur einzelne technologische oder organisatorische Aspekte betreffen können sondern Veränderungen im gesamten Unternehmen hinsichtlich Technologieeinsatz, Organisation und Mitarbeiterbeteiligung bewirken, wurde seitens der Unternehmen bisher weitgehend außer acht gelassen. Methoden, die den mit der Veränderung der Technologie einhergehenden notwendigen Bewußtseinswandel bei Mitarbeitern und den Strukturwandel in der Organisation unterstützen und beschleunigen, fanden beim Einsatz der technologisch orientierten Instrumente praktisch keine Berücksichtigung.

☐ Die Umsetzung und Einführung von Methoden, die sowohl das technische Umfeld als auch die strukturellen Randbedingungen verändern helfen, ist ein langwieriger Prozeß. Durch den erforderlichen Bewußtseinswandel wird zwangsläufig auch ein Wandel der Unternehmenskultur einhergehen. Der Umsetzungserfolg ist daher wesentlich durch die Wechselwirkungen innerhalb dieser Methoden und zwischen den verschiedenen Methoden bestimmt. Bisherige Vorgehensweisen berücksichtigen i.allg. nicht die Abhängigkeiten der Maßnahmen und ihrer Wirkung untereinander. Die durch einzelnen Maßnahmen zu erreichenden Wirkungen können daher gegenläufig sein oder sich sogar ausschließen. Zielantinomie liegt immer dann vor, wenn die Erreichung eines Zieles die eines anderen ausschließt. So sorgt beispielsweise eine langfristige Lieferantenbindung für günstige Einstandspreise und stellt die Versorgung für einen gewählten Zeitraum sicher, nimmt jedoch dem Verantwortlichen im Einkauf seine Flexibilität. Zielkonkurrenz liegt dann vor, wenn die Steigerung des Erfüllungsgrades einer Zielvariablen nur durch Senkung des Erfüllungsgrades einer anderen Zielvariablen erreicht werden kann. So gewährleisten hohe Sicherheitsbestände zwar die Versorgung des Unternehmens, bewirken jedoch eine hohe Kapitalbindung und damit geringe Liquidität [12].

Zusammenfassend ist festzustellen, daß Unternehmen heute einzelne Maßnahmen einsetzen, wobei die Einbeziehung und Berücksichtigung des Maßnahmenumfeldes häufig vernachlässigt wird, was sich in der hohen technologischen Ausrichtung begründet. Die Berücksichtigung des Menschen als wesentlichen Maßnahmenträger und die harmonische Einpassung der einzelnen Maßnahmen ineinander finden nur in wenigen Fällen statt.

Aufgrund der skizzierten Situation und der mit den bekannten Vorgehensweisen in den vergangenen Jahren gewonnenen Erfahrungen müssen an zukünftige Unternehmensstrategien die Forderungen gestellt werden, sowohl unternehmensübergreifend zu wirken als auch die technologischen und humanorientierten Aspekte gleichermaßen zu berücksichtigen und nicht zuletzt auch die Einzelaktivitäten harmonisch aufeinander abzustimmen.

Ein sinnvoller Schritt auf diesem Weg stellt sicher das Konzept des *Lean Production* dar. Seine prägnanten Kernelemente sind neben einer parallelen Produktentwicklung und einer starken Internationalisierung der Produktion vor allem die Prinzipien,

- den Kunden in den Mittelpunkt aller Bemühungen zu stellen,
- den Lieferanten als Bestandteil des Produktionssystems zu integrieren und
- die Qualitätsverantwortung an den Einzelnen zu übertragen.

Ein im Gegensatz hierzu alle Einzelaktivitäten umfassendes Konzept mit einer weitreichenden Fokussierung auf die Mitarbeiter und Kunden bietet sich in dem des *Total Quality Management (TQM)* an. Ihm ist immanent, daß es die Verbesserung der Qualität und Effizienz der Prozesse und der Kommunikation im Unternehmen zum Ziel hat und zugleich einen sehr umfassenden Wirkanspruch, wie er in dem englischen Wort "total" zum Ausdruck kommt, geltend macht. Es ist allerdings bis heute weder gelungen, dieses sehr weitreichende Konzept in einer größeren Zahl von Unternehmen umzusetzen, noch war es möglich, Verfahren der Qualitätssicherung vor Fertigungsbeginn mit dem theoretisch zu vermutenden Wirkungsgrad anzuwenden. Analysiert man die hierbei festzustellenden Hemmnisse, so stößt man immer wieder auf die noch nicht überwundenen Spätfolgen des Taylor'schen Arbeitsprinzips, in dessen versteinerten Abteilungsmauern übergreifende Ansätze steckenbleiben [13].

2. Der heutige Wirkungsbereich des Qualitätsmanagements

Der Wirkungsbereich des Qualitätsmanagements erstreckt sich heute immer noch funktionsorientiert auf die verschiedenen Phasen der Produktentstehung. Das Basismodell zur Darstellung der Qualitätssicherungselemente ist der Qualitätskreis. Seine wesentlichen Elemente sind die Sicherstellung einer Vertriebs-, Entwicklungs-, Planungs-, Beschaffungs-, Produktions- und Service-Qualität (Bild 4). Die bisher oft ausschließlich als Qualität angesprochene Fertigungsqualität stellt hier zwar einen wichtigen aber nicht den ausschließlichen Beitrag dar [13]. Qualitätssicherung wurde damit deutlich mehr als nur das Gewinnen von Prüfergebnissen und das Ermitteln von Prüfbefunden [14].

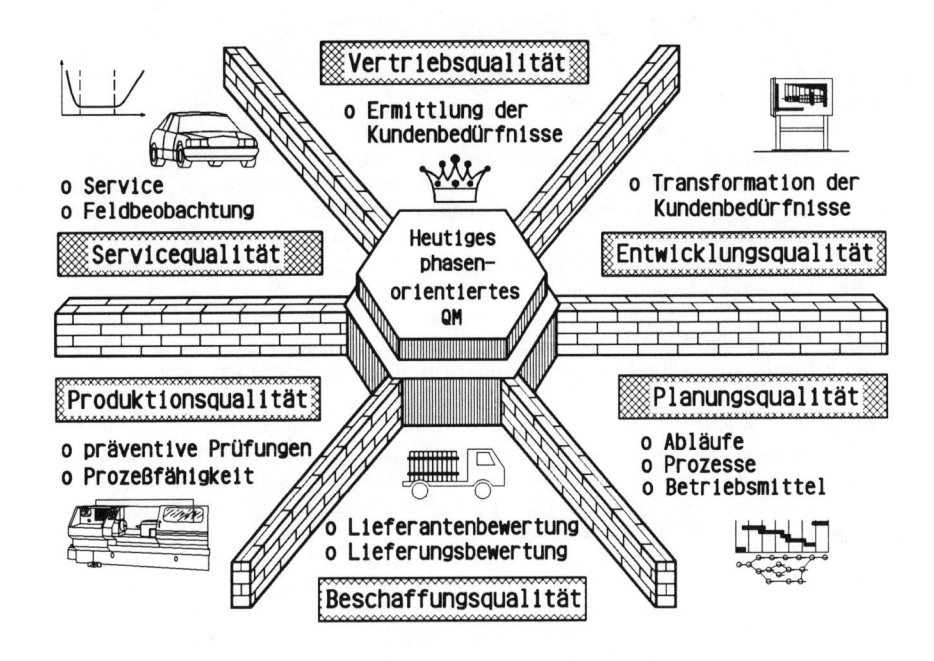

Bild 4: Heutiges phasenorientiertes Qualitätsmanagement

Zentrum: **Heutiges phasenorientiertes QM**

- **Vertriebsqualität**
  - o Ermittlung der Kundenbedürfnisse
- **Servicequalität**
  - o Service
  - o Feldbeobachtung
- **Entwicklungsqualität**
  - o Transformation der Kundenbedürfnisse
- **Produktionsqualität**
  - o präventive Prüfungen
  - o Prozeßfähigkeit
- **Planungsqualität**
  - o Abläufe
  - o Prozesse
  - o Betriebsmittel
- **Beschaffungsqualität**
  - o Lieferantenbewertung
  - o Lieferungsbewertung

Die Vertriebs- und Marketingqualität ist durch den Umgang des Vertriebs mit dem Kunden bei der Ermittlung seiner Forderungen in Verhandlungen und bei Beratungen gekennzeichnet. Hierzu können entsprechende Marktanalysen als Grundlage dienen. In den Planungsphasen Entwicklung und Produktionsplanung erfolgt die Umsetzung der im Vertrieb ermittelten Kundenforderungen durch die Definition und Konzeption fertigungs-, montage- und umweltgerechter Produkte und Verfahren. Neben den offensichtlichen Qualitätskriterien, die hier zu berücksichtigen sind, spielen Termine und Kosten eine wesentliche Rolle. Durch Risikoabschätzungen (z.B. durch Fehler-Möglichkeits- und Einfluß-Analysen, FMEA) wird die Absicherung der Planungsergebnisse angestrebt. Die Beschaffungsqualität wird durch Einbeziehung des Lieferanten in eine enge Partnerschaft und durch Methoden der Lieferanten- und Lieferungsbewertung gesteuert und gesichert.

Kennzeichnend für dieses bereichsorientierte und in seinen Aufgaben vielfältige Qualitätsmanagement ist, daß seine Aktivitäten, wie auch die oben skizzierten Bemühungen zur Optimierung der internen und externen Ressourcen, ebenfalls nur unzureichend zum Ziel führen. Auch sie richten sich vornehmlich an den klassischen Optimierungskriterien (Zeit, Menge und Kosten) aus. Die Orientierung am Qualitätskreis mit einer bereichs- und hierarchieorientierten Optimierung stößt damit an ihre Grenzen.

3. Unternehmensstrategie Qualitätsmanagement

Bisherige Ansätze zur Steigerung der unternehmensinternen Qualitätsfähigkeit zielten in verschiedene Richtungen. Im technologisch orientierten Ansatz wurden vor allem die Methoden und Hilfsmittel der phasenorientierten Qualitätssicherung verfolgt wohingegen im gesamtheitlichen Ansatz das Unternehmen mit allen seinen Unternehmensprozessen im Mittelpunkt stand. Im zweiten Ansatz dominieren die Förderung der sozialen und methodischen Kompetenzen der Mitarbeiter gegenüber den fachlichen und technisch orientierten Fähigkeiten zur Sicherung und Lenkung der Qualität von Produkten und Dienstleistungen. Zukünftig muß das Qualitätsmanagement die beiden Ansätze harmonisch in sich vereinigen.

Die Umsetzung der Unternehmensstrategie Qualitätsmanagement erfordert, will sie erfolgreich sein, die Einhaltung und Berücksichtigung der folgenden Prinzipien:

- Das Qualitätsmanagement ist ein kontinuierlicher Prozeß in dem die Übernahme von Führungsaufgaben und operativen Aufgaben gleichermaßen von Bedeutung sind. Als kontinuierlicher Prozeß reicht er von der Zieldefinition bis zur Umsetzung und ist somit wesentlich durch die Anforderungen des Kunden und die Umsetzung durch die Mitarbeiter und Lieferanten geprägt.
- Das Qualitätsmanagement stellt eine Reihe außerordentlich wirksamer Werkzeuge zur Verfügung, die auf die verschiedenen Elemente im Unternehmen wirken. Ihr Einsatz ist die Grundvoraussetzung für den Erfolg des Qualitätsmanagements.
- Das Qualitätsmanagement gliedert sich in verschiedene Basiselemente, die zum einen Strategien für den Bewußtseinswandel im Unternehmen bereitstellen und zum anderen die operativen Voraussetzungen hierfür schaffen.
- Für die Umsetzung des Qualitätsmanagements sind bestimmte Regeln bei der Wahrnehmung von Führungsaufgaben notwendig. Diese Regeln sind Bestandteil des Qualitätsmanagements. Ihre konsequente Anwendung schafft die Voraussetzungen für die wirksame Verbindung zwischen technologisch orientierten Teilstrategien und solchen, die den Bewußtseinswandel repräsentieren.

Diese Prinzipien sollen im folgenden näher erläutert werden.

3.1 Das Qualitätsmanagement als kontinuierlicher Prozeß

Das Qualitätsmanagement im Unternehmen ist ein kontinuierlich wirkender dynamischer Prozeß (Bild 5). Die Erfüllung von Kundenwünschen ist dabei das oberste Ziel, wobei der interne und externe Kunde im Mittelpunkt aller Bemühungen steht. Dem Grundsatz folgend, daß Maßnahmen des Qualitätsmanagements im Management des Unternehmens ansetzen müssen, erfolgt in dieser Ebene die Definition von Unternehmenszielen. Diese orientieren sich an den fünf strategischen Erfolgsfaktoren Kundenzufriedenheit, Mitarbeiterzufriedenheit, Geschäftsergebnisse, Unternehmensimage und Marktposition.

Die Verantwortung für die Qualität von Produkten, Dienstleistungen und Tätigkeiten muß auf den Einzelnen übertragen werden. An ihm liegt es, dem obigen Prinzip der Zieldefinition folgend, der übertragenen Aufgabe entsprechend, interne Ziele zu

Unternehmensstrategie Qualitätsmanagement 1-49

definieren und eigenverantwortlich umzusetzen. Dieser Prozeß erzielt durch die verstärkte Verantwortung für die Arbeitsergebnisse die Erhöhung der Motivation bei den beteiligten Mitarbeitern. Dadurch, daß die Umsetzung der in dieser Phase definierten Ziele nur durch die für die Umsetzung verantwortlichen Mitarbeiter erfolgen kann, bedarf es bei der Unternehmensleitung und im Management eines Bewußtseinswandels, der sowohl Einfluß auf den ausgeübten Führungsstil als auch auf die Verteilung von Verantwortung auf die Mitarbeiter hat.

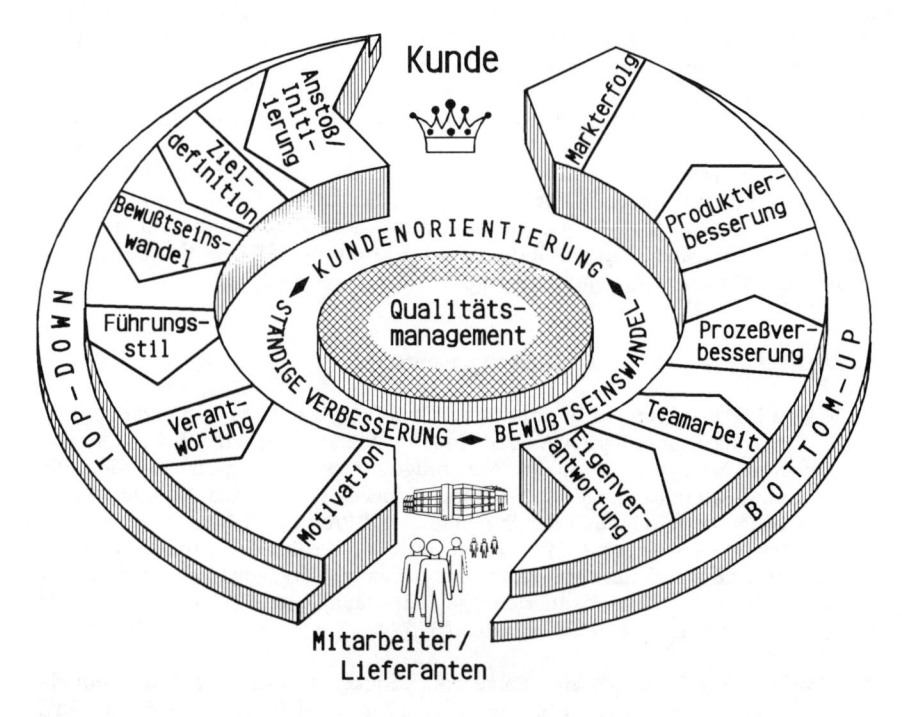

Bild 5: Qualitätsmanagement als kontinuierlicher Prozeß

Die Bedeutung und die Konsequenzen dieser Vorgehensweise müssen allen Beteiligten klar werden. Dem Management muß bewußt sein, daß die Verlagerung von Verantwortung kein Machtentzug auf der eigenen Ebene zur Folge hat. Vielmehr werden brachliegende Fähigkeiten beim Mitarbeiter aktiviert und neue Kapazitäten beim Management freigesetzt. Den Mitarbeitern muß bewußt sein, daß ihre Fähigkeiten über die pure Funktionserfüllung ihrer Arbeit hinaus gefragt sind und zur Unternehmenssicherung und letztlich zu ihrer eigenen Sicherheit beitragen müssen. Das bedeutet auch, nicht nur mehr Verantwortung zu übernehmen sondern zunehmend mehr Eigeninitiative zu zeigen und sich für die Qualität von Produkten oder Abläufen verantwortlich zu fühlen und Mängel nicht zu akzeptieren sondern abzustellen. Die Förderung von Eigeninitiative wird damit zum wesentlichen Bestandteil der zu erfüllenden Führungsaufgaben. Die Aus- und Weiterbildung der Mitarbeiter wird hierdurch ein selbstverständlicher Bestandteil des Qualitätsmanagements.

Diesbezügliche Vorgehensweisen im Qualitätsmanagement sind bisher, wenn überhaupt, vor allem Top-Down geprägt. Sie fördern die Einstellungen des Managements zur Qualität, vernachlässigen aber die Einbindung der Mitarbeiter und den Einsatz innovativer fehlervermeidender Techniken. Schwerpunkt dieser Ansätze ist es vor allem, den Leitlinien "Qualitätssicherung beginnt im Management" zu folgen. Dieser Ansatz muß vom Management auf die Mitarbeiter im Unternehmen erweitert werden (Bottom-Up). Beide Ansätze im Qualitätsmanagement zu erreichen, erfordert vor allem, die vorherrschenden Auffassungen zur Qualität von Produkten und zur Qualität des Unternehmens in den Köpfen aller Beteiligten zu ändern. Der dabei anzustrebende Bewußtseinswandel ist mit einem unternehmensinternen Kulturwandel gleichzusetzen.

Dieser Bewußtseinswandel zielt im angestrebten Ansatz damit auf die Änderung des Führungstils hin zu verteilter Verantwortung, zur Förderung der Eigenverantwortung und der Teamarbeit, zur Motivationsbildung bei den Mitarbeitern und damit zur Erzielung der Erfolgsfaktoren durch die ständige Produkt- und Prozeßverbesserung in Verbindung mit hoher Kundenorientierung in allen Bereichen.

3.2 Die Werkzeuge des Qualitätsmanagements

Um das Qualitätsmanagement als kontinuierlichen Prozeß zu etablieren und damit vom bereichs- und phasenorientierten Ansatz hin zum skizzierten ganzheitlichen Qualitätsmanagement zu gelangen, müssen ihm Werkzeuge zur Verfügung gestellt werden. Diese Werkzeuge müssen in der Lage sein, den individuellen Beitrag, den Abläufe, Prozesse oder Mitarbeiter an der Qualität der Ergebnisse und Produkte haben, zu erhöhen. Die angesprochenen Objekte sind zum einen in jeder Phase der Produktentstehung vorhanden und zum anderen vom Qualitätsmanagementwerkzeug unabhängig. Auf der Grundlage der im phasenorientierten Qualitätsmanagement behandelten Objekte, ergeben sich drei Klassen von Zielobjekten (Bild 6).

Jedes Produkt entsteht durch eine Folge von Tätigkeiten und entspricht damit dem Ergebnis dieser Tätigkeiten. Diese beginnen in der Produktdefinition und münden in die Instandhaltung oder in die Entsorgung. Zu Produkten zählen materielle Produkte, wie z.B. Bauteile oder Planungsunterlagen und immaterielle Produkte, wie z.B. Dienstleistungen. Jede hiermit verbundene Tätigkeit, d.h. eine direkt auf die materielle Produktentstehung einwirkende oder auch eine indirekte Tätigkeit, wie sie gerade im Bereich der Qualitätssicherung anzutreffen sind, kann als Prozeß bezeichnet werden. Unter Prozeß wird nicht mehr allein der direkte Fertigungsprozeß im Sinne einer Abfolge von Fertigungsschritten und Arbeitsvorgängen verstanden. Typische Unternehmensprozesse sind z.B. Montagevorgänge oder Dienstleistungsvorgänge im Unternehmen [15]. Der Prozeß besteht aus dem Zusammenwirken der 7M (Mensch, Maschine, Material, Methode, Management, Meßbarkeit, Mitwelt) und ist durch seine Schnittstellen gekennzeichnet, über die er mit Eingangsinformationen versorgt wird, oder durch die er Ausgangsinformationen an nachgeschaltete Prozesse weitergibt [16]. Die Eingangsschnittstelle versorgt ein Lieferant mit Eingangsinformationen und an der Ausgangsschnittstelle wird ein Kunde mit Ausgangsinformationen beliefert. Somit sind also

Unternehmensstrategie Qualitätsmanagement 1-51

Lieferanten und Kunden nicht nur außerhalb sondern auch innerhalb eines Unternehmens anzutreffen. Jeder Mitarbeiter im Unternehmen muß sich dessen bewußt sein, daß er einen unmittelbaren internen Kunden hat, denn Qualitätsverantwortung kann nur von demjenigen übernommen werden, der weiß für wen er arbeitet [17]. Erweitert man das Kunden-Lieferanten-Prinzip von den internen und externen Kunden auf potentielle Kunden, so gewinnt der Erfolgsfaktor "Unternehmensimage" zunehmend an Gewicht. Hierzu zählt mehr denn je auch die Einstellung und der Umgang des Unternehmens zum Thema Umwelt, womit dieser Aspekt in den Zielobjekten des Qualitätsmanagements immanent ist.

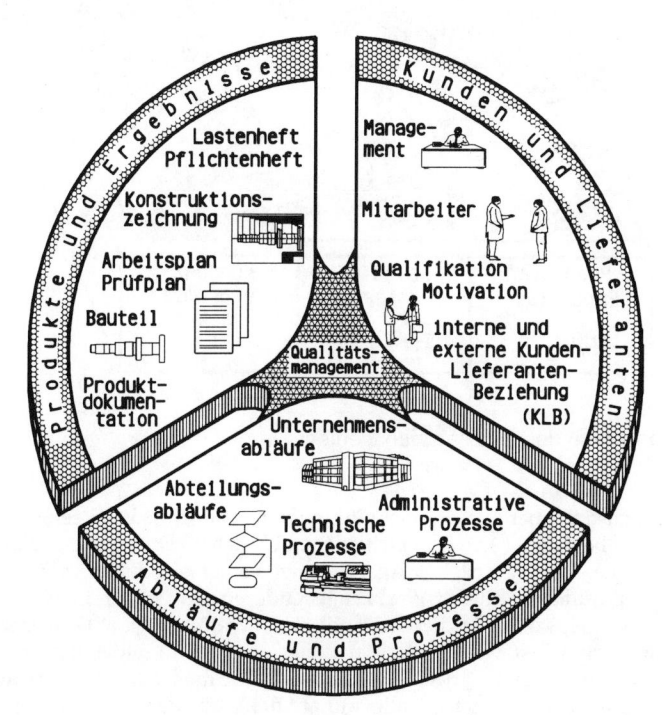

Bild 6:   Zielobjekte des Qualitätsmanagements

Die Klassenbildung ergibt somit Zielobjekte, die phasenunabhängig sind und vor allem problem- und aufgabenneutrale Bestandteile der Qualitätsmanagementstrategie werden. Unabhängig von ihrem Einsatzort sind sie diejenigen Objekte, die immer in Betracht zu ziehen sind. Das Qualitätsmanagement verfügt heute über viele Methoden und Werkzeuge, um die Verbesserung dieser Objekte "Produkte und Ergebnisse", "Kunden und Lieferanten" und "Abläufe und Prozesse" unter Berücksichtigung der Unternehmensziele zu erreichen. Ihre Zahl ist entsprechend der Vielzahl der Optimierungsobjekte hoch. Die Objekte des Qualitätsmanagements unterliegen unterschiedlichen Detailzielen zu ihrer Optimierung, die mit den gezeigten Werkzeugen des Qualitätsmanagements erreicht werden sollen (Bild 7).

```
                  ┌─────────────────┬──────────────────┬──────────────────┐
                  │ o Qualitätsfähige│ o Prozeßfähigkeit│ o Motivation     │
                  │   Produkte       │ o Transparenz    │ o Qualifikation  │
     Einzelziele  │ o Zuverlässigkeit│ o Effizienz      │ o Teamfähigkeit  │
                  │ o 0-Fehler       │   -Vorbereitung  │ o Kooperation    │
                  │ o ...            │   -Ausbringung   │ o Know-How       │
                  │                  │ o ...            │ o ...            │
                  └─────────────────┴──────────────────┴──────────────────┘
```

Werkzeuge: FTA, QFD, FMEA, Prozeßbauslegung, Team-Struktur, Poka Joke, Versuchsmethodik, SPC, Belohnung, Kommunikation, Review, FMEA, Schulung

Zielobjekt: Produkte/Ergebnisse | Abläufe/Prozesse | Kunden/Lieferanten

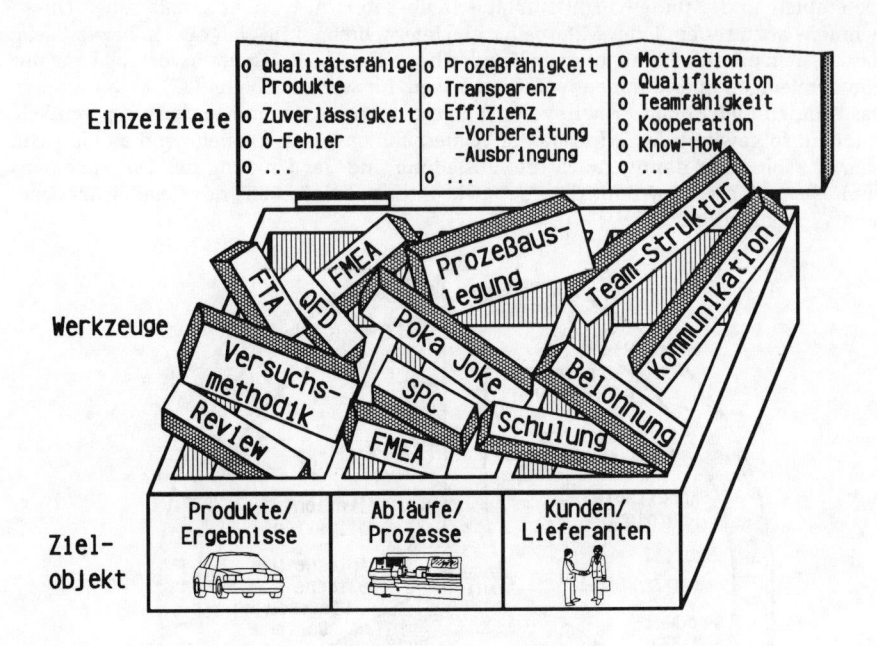

Bild 7: Werkzeuge des Qualitätsmanagements

Die Unternehmen sind aber nur eingeschränkt in der Lage, diese Werkzeuge erfolgreich einzusetzen. Dies begründet sich in verschiedenen Ursachen. Durch mangelndes Wissen über die technischen Inhalte einzelner Anwendungen einerseits und über Strategien und Methoden zur Einführung dieser Werkzeuge andererseits ist der Erfolg meist sehr eingeschränkt, was speziell für die Anwendung präventiver Qualitätssicherungsverfahren gilt. Ihr Merkmal ist, wie das des Qualitätsmanagement selber, daß sie nur unter Einbeziehung aller Beteiligten wirksam werden können. Eine weitere Ursache liegt darin, daß die Anwendung der Werkzeuge i.allg. nur auf die Verbesserung eines Objektes zielt. Durch den Anwender werden meist die nebenstehenden Betrachtungsobjekte und ihre Wechselwirkungen untereinander vernachlässigt und damit die vorhandenen Verbesserungspotentiale nicht genutzt. Strategische Vorgaben und Visionen für den Einsatz dieser Werkzeuge im Unternehmen existieren meist nicht. In einem weiteren Schritt ist es erforderlich, Elemente der Unternehmensstrategie Qualitätsmanagement zu formulieren, innerhalb derer sowohl Detail- als auch Unternehmensziele berücksichtigt werden.

3.3 Basiselemente der Unternehmensstrategie Qualitätsmanagement

Die in den obigen Ausführungen vorgestellten Werkzeuge zur Umsetzung des Qualitätsmanagements sind auf Strategieelemente reduzierbar, die stellvertretend für diejenigen Maßnahmen stehen, die den Bewußtseinswandel im Unternehmen fördern.

Unternehmensstrategie Qualitätsmanagement 1-53

Diese werden durch Strategieelemente ergänzt, die durch ihre operative Orientierung den skizzierten Wandel erst möglich machen (Bild 8). Die wesentlichen Strategieelemente des Qualitätsmanagements sind zusammengefaßt die *Kunden-, Mitarbeiter-, Produkt-* und *Prozeßorientierung*. Sie unterliegen der *kontinuierlichen Verbesserung*, die durch die gezeigten operativen Strategieelemente wirksam werden. Sie reichen vom Einsatz *präventiver Qualitätssicherungsmethoden* bis hin zur Anwendung von *Qualitätsregelkreisen*.

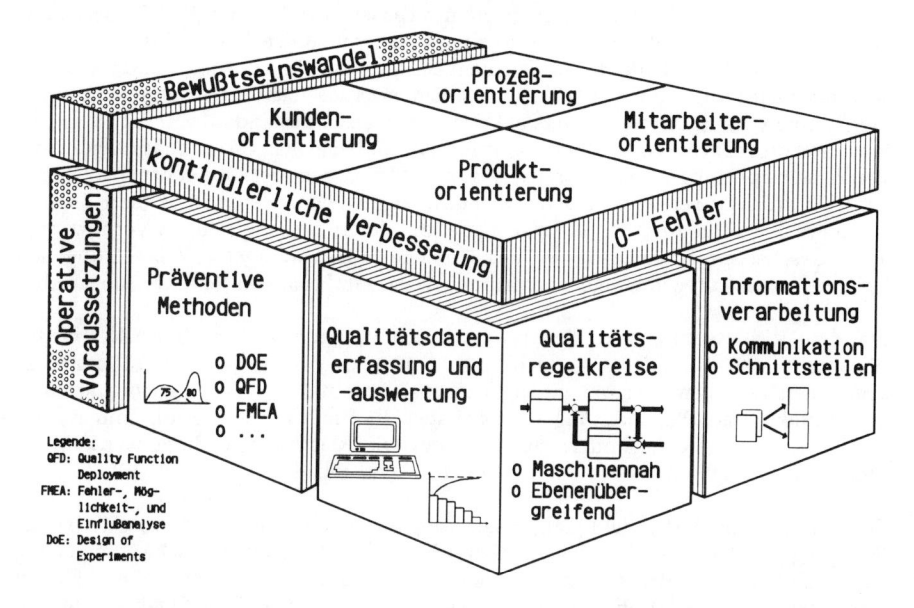

Bild 8: Elemente der Unternehmensstrategie Qualitätsmanagement

Kundenorientierung bedeutet, daß sich die Aufgabenausrichtung weg vom puren Ressort- und Abteilungsdenken hin zum Kundendenken wendet. Dabei steht die Anwendung des internen und externen Kunden-Prinzips im Vordergrund und muß potentielle Kunden miteinbeziehen. Das bedeutet, daß jeder Mitarbeiter die Anforderungen des internen und externen Kunden kennen und erfüllen muß. Er muß verstehen, daß seine Leistung den Nutzen für den Kunden bestimmt [18]. Voraussetzung hierfür ist, daß die Kundenzufriedenheit dem Einzelnen bekannt ist. Der stetige Wettbewerb läßt hier aber keine konstanten Größen zu.

Mitarbeiterorientierung legt die Verantwortung für die Qualität der Ausführung von Fertigungs- und Geschäftsprozessen in die Hand der Prozeßausführenden. Sie gibt den Mitarbeitern die notwendige Kompetenz, durch Einweisung, Schulung und Ausbildung, diese Verantwortung zu tragen, aktiv mitzudenken und mitzuwirken. Denn die Mitarbeiter, die vor Ort arbeiten, wissen am besten, wo Verbesserungen nötig und möglich sind. Sie sind nur dann in der Lage zur Qualitätssteigerung beizutragen, wenn sie für diese Aufgabe ausreichend vorbereitet sind. Die Aus- und Weiterbildung im Unternehmen ist ein ständiger Prozeß, in den selbstverständlich auch jede Führungskraft einzubinden ist und damit dafür verantwortlich ist, seinen Mitarbeiter kontinuierlich auf dem neuesten Stand zu halten [18]. Das eigenverantwortliche Handeln erfordert vor allem auch eine klare Definition von Vorgaben im Verhältnis des Vorgesetzten zu seinen Mitarbeitern, das sowohl genügend Freiräume zuläßt als auch Anerkennung vermittelt.

Fehlerfreie Prozesse führen zu fehlerfreien Produkten und Dienstleistungen. Deshalb lautet die Zielsetzung, Fehler zu erkennen und Ursachen zu beseitigen, Zykluszeiten zu verkürzen und den Prozeß ständig zu verbessern (Kaizen) [18, 19]. Die damit verbundene prozeßorientierte Art zu denken, also die **Prozeßorientierung** steht im scharfen Gegensatz zum puren ergebnisorientierten Denken. Die Selbstprüfung ist hierfür eine Voraussetzung. Sie versteht sich als integraler Bestandteil von Prozessen, die von den Prozeßverantwortlichen auszuführen sind. Sie hat ihren Ursprung in der Werkerselbstprüfung in der operativen Ebene. Als Element der Qualitätsmanagementstrategie muß sie bereichs- und objektneutral angewendet werden mit dem Ziel der ständigen Bewertung der Arbeitsergebnisse und damit der langfristigen Verbesserung aller Geschäftsprozesse. Wesentliches Element der ständigen Verbesserung auf Systemebene sind regelmäßige Überprüfungen auch in Form von Reviews oder Audits.

Ständige Verbesserung bedeutet das permanente Bemühen aller Mitarbeiter in den Einzelprozessen besser zu werden, d.h. Fehler zu vermeiden und Hemmnisse abzubauen. In diesem Zusammenhang bezieht sich die ständige Verbesserung nicht nur auf Produkte und Dienstleistungen, wobei aber die **Produktorientierung** immer noch im Vordergrund steht, sondern auch darauf, wie Maschinen bedient werden, wie Menschen arbeiten oder wie man mit Systemen und Richtlinien umgeht [19].

Präventive Methoden in der Qualitätssicherung dienen der Fehlerverhütung in den der Fertigung und Montage vorgelagerten Bereichen. Durch die systematische Offenlegung von Fehlerquellen wird z.B. im Rahmen der FMEA versucht, potentielle Fehler in Konstruktionen und in Fertigungsprozessen zu vermeiden. Das Quality Function Deployment (QFD) dient der systematischen Transformation von Kundenforderungen in Produktmerkmale in verschiedenen Stufen. Die statistische Versuchsmethodik zur Ermittlung optimaler Produkt- und Prozeßparameter wird sowohl in der Entwicklungsphase als auch in der Produktionsplanungsphase eingesetzt.

Allen aufgeführten präventiven Verfahren sind ihre Anwendung im Team und die Nutzung von Schätzungen und Erfahrungswerten gemeinsam, die vor allem in der operativen Ebene bei der Umsetzung von Qualitätsforderungen gewonnen werden. Die effiziente Bereitstellung dieses Erfahrungswissens wird durch die durchgängige Bereitstellung von Informationen an vorgelagerte Bereiche ermöglicht [14]. Damit können Methoden der Qualitätssicherung häufig erst dann wirksam werden, wenn sie in **Qualitätsregelkreise** eingebunden sind. Durch die systematische Datenrückführung in den verschiedenen Regelebenen wird versucht, durch Nutzung von Historiendaten, z.B. bei neuen Planungsaufgaben, Wiederholfehler zu vermeiden. Die wesentlichen vier Regelebenen sind die Managementebene, in der Unternehmensziele definiert und Unternehmenskonzepte abgeleitet werden, die planerische Ebene, in der die Konzepte für die Realisierung vorbereitet werden, die administrative Ebene, die der Steuerung und Realisierung dient und die operative Ebene, in der Fertigungs- und Prüfaufträge ausgeführt werden. In diesen Ebenen wirken maschineninterne, maschinennahe, ebeneninterne und ebenenübergreifende Regelkreise. Ihre Verbindungskomponente ist die Qualitätsdatenbasis, in der die Daten der Qualitätshistorie dokumentiert werden. Das Null-Fehlerkonzept nach den Poka-Yoke-Prinzipien [20] stellt hier eine besondere Form von Qualitätsregelkreisen dar. Prozesse die diesem Prinzip gehorchen sind so gestaltet, daß Fehlhandlungen praktisch unmöglich werden und in der Entstehung begriffene Fehler durch die sofortige Fehlerentdeckung rechtzeitig vermieden werden können.

Die **Qualitätsdatenerfassung und -auswertung** ist die wesentliche Voraussetzung für das Zustandekommen von Qualitätsregelkreisen und weiteren Elementen. Sie liefert im wesentlichen die Erkenntnisse, abgelegt in der Qualitätsdatenbasis, über die Qualitätslage. Die operativen Voraussetzungen einer Qualitätsmanagementstrategie sind durch eine geordnete **Informationsverarbeitung** miteinander verbunden. Diese betrifft nicht nur die technische Seite sondern vorallem auch die reibungslose Verarbeitung und Übertragung von Informationen zwischen den einzelnen unternehmensinternen Schnittstellen.

Daß die Anwendung dieser Strategieelemente und ihrer operativen Voraussetzungen heute noch sehr defizitär ist, wird durch verschiedene Untersuchungen auf nationaler und internationaler Ebene bestätigt [4, 5] (Bild 9).

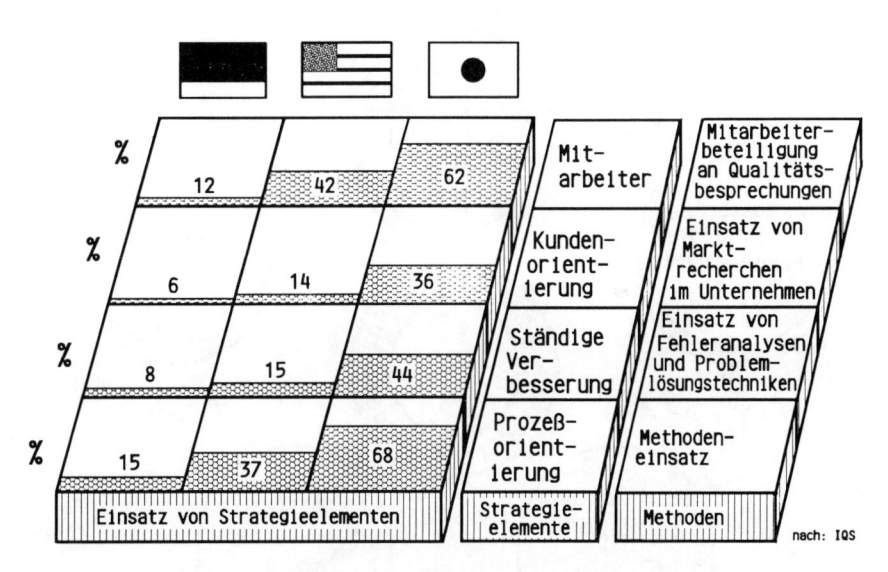

Bild 9: Heutige Anwendung von Strategieelementen des Qualitätsmanagements

Die den Bewußtseinswandel charakterisierenden Strategieelemente (Kunden-, Mitarbeiter-, Prozeß- und Produktorientierung) werden im internationalen Vergleich (der Automobilindustrie) hierzulande nur unzureichend eingesetzt. Gaben die japanischen Unternehmen an, immerhin 62% ihrer Mitarbeiter in regulären Qualitätsbesprechungen zu beteiligen, so sind dies in Deutschland nur 12%. Die Identifizierung neuer Produkt- und Leistungsmerkmale ist hierzulande immer noch durch das Vorstellungsvermögen und den Ideenreichtum der Entwickler und Ingenieure geprägt. Nur wenige Unternehmen sichern ihre Entwicklungen durch Marktrecherchen ab (6%). Die Anwendung der Prinzipien der ständigen Verbesserung durch den Einsatz von Fehleranalysen und Problemlösungstechniken zu stärken wird von gerade 8% der befragten deutschen Unternehmen wahrgenommen. Ähnlich gelagert sind die Verhältnisse bei der Anwendung von Methoden zur Förderung der Prozeßorientierung. In weniger als einem Fünftel der befragten Unternehmen sind Methoden, wie Brainstorming, Statistische Prozeßregelung oder Pareto-Analysen etabliert.

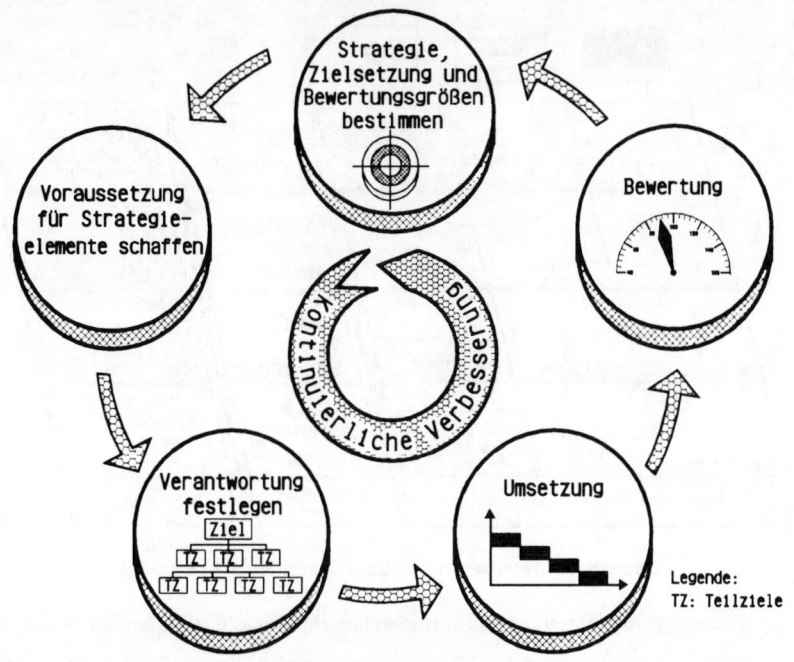

3.4 Führungsaufgaben im Qualitätsmanagement

Für die Umsetzung der Unternehmensstrategie Qualitätsmanagement sind bestimmte Regeln bei der Wahrnehmung von Führungsaufgaben notwendig. Diese Regeln sind Bestandteil des Qualitätsmanagements. Ihre konsequente Einhaltung kann den gewünschten Bewußtseinswandel und die ständige Anwendung der Strategieelemente des Qualitätsmanagements erreichen (Bild 10).

Bild 10: Führungsaufgaben im Qualitätsmanagement

Durch eine eindeutige Zielbestimmung durch das Management im Vorfeld der Einleitung neuer Qualitätsmanagementprozesse werden die Richtlinien für die weiteren

Schritte im Verbesserungsprozeß geprägt. Den Zielgrößen werden eindeutige Bewertungsgrößen zugeordnet. Ihre Bestimmung und ihre Bekanntgabe geben den für die Umsetzung Verantwortlichen die Möglichkeit, sich wiederum eigene Teilziele zu definieren und diese zu einem späteren Zeitpunkt zu bewerten. Die eindeutige Zielvereinbarung ist damit die Grundlage für das eigenverantwortliche Handeln auf den verschiedenen Ebenen des Unternehmens. Es wird erkennbar, daß die hier skizzierten Führungsaufgaben auf jeder Unternehmensebene wahrgenommen werden müssen. Den einzelnen Ebenen sind letztlich nur unterschiedliche Detailziele eines gemeinsamen hierarchischen Zielsystems hinterlegt.

Damit die Umsetzung der Ziele wahrgenommen werden kann, müssen Voraussetzungen hierfür geschaffen werden, die den Prozeßverantwortlichen die Mittel und das Wissen zur Prozeßführung an die Hand geben. In sechs Aktionsfeldern müssen die Grundlagen hierfür geschaffen werden. Die sechs Aktionsfelder orientieren sich an den 7M des Qualitätsmanagements, in denen prozeßbezogen spezifische Anpassungen vom Management vorgenommen werden müssen (Bild 11).

Bei der Schaffung von Voraussetzungen für den Einsatz des Qualitätsmanagements sind die folgenden Aspekte von besonderer Bedeutung:

- Bei der Einführung von Methoden ist eine ausreichende Planung hinsichtlich ihrer späteren Anwendung notwendig. Ähnlich wie bei der Planung von Produkten oder Fertigungsprozessen müssen Randbedingungen des Einsatzes und mögliche Fehlerquellen und Hemmnisse entdeckt und vermieden werden.
- Wie die Ausführungen zu den Führungsaufgaben zeigen, ist es notwendig, daß Ergebnisse meßbar gestaltet werden. Nur hierdurch ist es möglich, die Qualität von Produkten und Dienstleistungen zu beurteilen. Erst durch die Definition und Vereinbarung von Vorgaben an Prozesse wird die Qualität der Prozeßergebnisse meßbar [21].
- Fähige Betriebsmittel einzusetzen erfordert, daß Betriebsmittel den Anforderungen des Fertigungs- oder Geschäftsprozesses genügen. Das Unvermögen von Betriebsmitteln, geplante Prozeßergebnisse zu erreichen, ist ebensowenig qualitätsförderlich, wie der Einsatz von Betriebsmitteln, die für weit höhere Anforderungen konzipiert wurden.

Die eindeutige Festlegung von Verantwortlichkeiten zielt auf die Stärkung der Mitarbeiter. Durch klare Handlungsanweisungen und -richtlinien wird es möglich, daß sie im Rahmen ihrer Verantwortung und Kompetenz ihre Teilziele definieren und verfolgen. In den beiden letzten Schritten Umsetzung und Bewertung werden die Ergebnisse erfaßt und bewertet. Im Regelkreis erfolgt die ständige Betreuung der Mitarbeiter und die u.U. notwendige Korrektur oder Neubestimmung der Ziele.

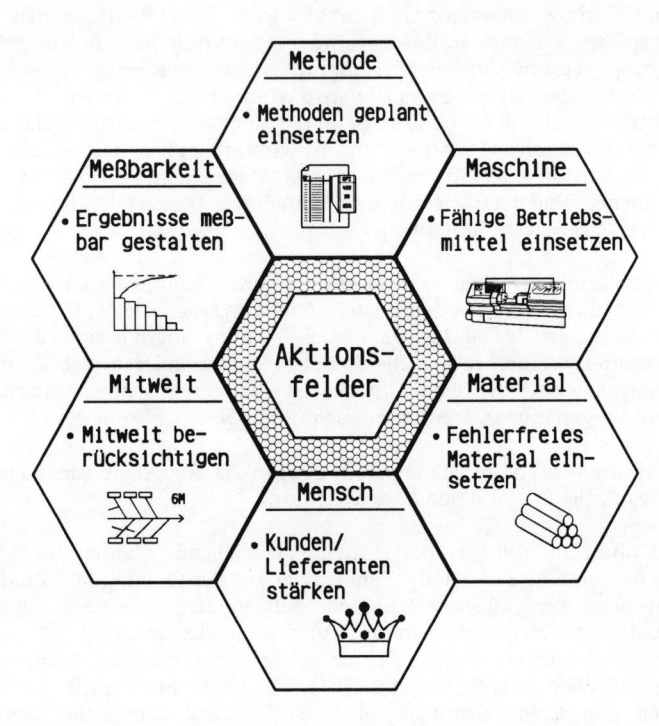

Bild 11: Voraussetzungen für den Einsatz des Qualitätsmanagements

4. Exemplarische Anwendung von Qualitätsmanagementstrategien

Die Realisierung der im vorigen Kapitel aufgezeigten Vorgehensweisen zur systematischen Anwendung der Qualitätsmanagementstrategien im Unternehmen soll im folgenden anhand der Realisierung eines *0-Fehler-Programms,* durchgeführt bei einem Unternehmen der Kraftfahrzeug-Zulieferindustrie, dargestellt werden. Dabei soll insbesondere die Bedeutung der Wahrnehmung von Führungsaufgaben im allgemeinen und der Schaffung von Voraussetzungen im speziellen verdeutlicht werden. Das in Bild 12 dargestellte Beispiel gibt die Vorgehensweise bei der Initiierung und Durchführung von Qualitätsmanagementprozessen im Bereich der Feldfehler wieder. Ausgangssituation im Unternehmen war, daß sowohl durch externe Studien als auch durch regelmäßige interne Erhebungen, die als Dienstleistung durch das Qualitätswesen durchgeführt wurden, das Problem der Feldausfälle und -beanstandungen als dringend angesehen wurden.

Nach der Feststellung der aktuellen Situation im Bereich der Feldausfälle und 0-km-Beanstandungen wurde seitens der Geschäftsleitung der Beschluß gefaßt, erhöhte Anstrengungen zur Reduzierung der Fehlerrate vorzunehmen und die entsprechenden notwendigen Voraussetzungen hierfür zu schaffen.

Unternehmensstrategie Qualitätsmanagement 1-59

Ausgangssituation:	Zielbestimmung:	0-Fehler im Feld
o Garantiefälle		0-km-Beanstandungen
o Feldausfälle	Strategiebestimmung:	0-Fehlerprogramm mit Einbeziehung aller Mitarbeiter

Beschluß der Geschäftsleitung

Schaffung von Voraussetzungen
- o klare Verantwortlichkeit
- o Qualitäts- Richtlinien
- o Ausbildung von
- o Moderatoren
- o Teambildung

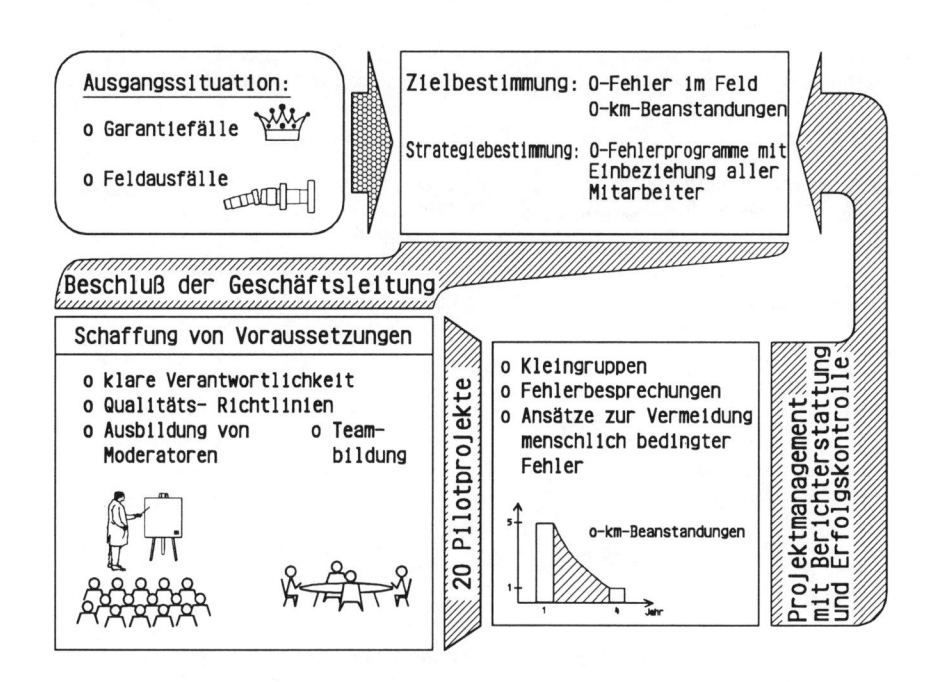

20 Pilotprojekte
- o Kleingruppen
- o Fehlerbesprechungen
- o Ansätze zur Vermeidung menschlich bedingter Fehler

o-km-Beanstandungen

Projektmanagement mit Berichterstattung und Erfolgskontrolle

Bild 12: Exemplarische Anwendung von Qualitätsmanagementstrategien am Beispiel eines 0-Fehler-Programms

Durch die Vorgabe klarer Verantwortlichkeiten und Qualitätsrichtlinien wurde allen Beteiligten das Wissen sowohl über die Zielsetzung des Programms als auch über die einzelnen Schritte vermittelt. Im einzelnen sind die folgenden Aktionen im Rahmen der Umsetzung zu nennen (Bild 13):

☐ In Problemlösungsgruppen (0-km-Teams), in denen Mitarbeiter der Fertigung, der Fertigungsvorbereitung, dem Qualitätswesen und bei Bedarf der Entwicklung oder des Verkaufs angehören, wird jeder im Feld entdeckte Fehler analysiert und einem Problemlösungsprozeß unterworfen. Die Gruppen tagen seit ca. 4 Jahren regelmäßig einmal pro Woche.

☐ In einer weiteren regelmäßigen, ebenfalls wöchentlichen Fehlerbesprechung, werden in jedem Fertigungsbereich angefallene Fertigungsfehler analysiert. Beteiligt sind neben der Fertigung (Meister, Einsteller) die verantwortlichen Sachbearbeiter der Fertigungsvorbereitung und der Qualitätssicherung.

☐ Die Einbeziehung der Mitarbeiter in den ständigen Prozeß der Verbesserung erfolgt durch die Einrichtung der sogenannten Lernstatt. Dies ist ein durch die Mitarbeiter der Fertigung selbstgesteuertes Instrument in dem mit Mitteln der Problemlösungstechniken aktuelle Qualitätsprobleme aufgezeigt und in der Gruppe gelöst und beseitigt werden.

☐ Zur verstärkten Einbeziehung der vorgelagerten Bereiche ist ebenfalls die Einrichtung einer Arbeitsgruppe unter Beteiligung der Konstruktion vorgesehen.

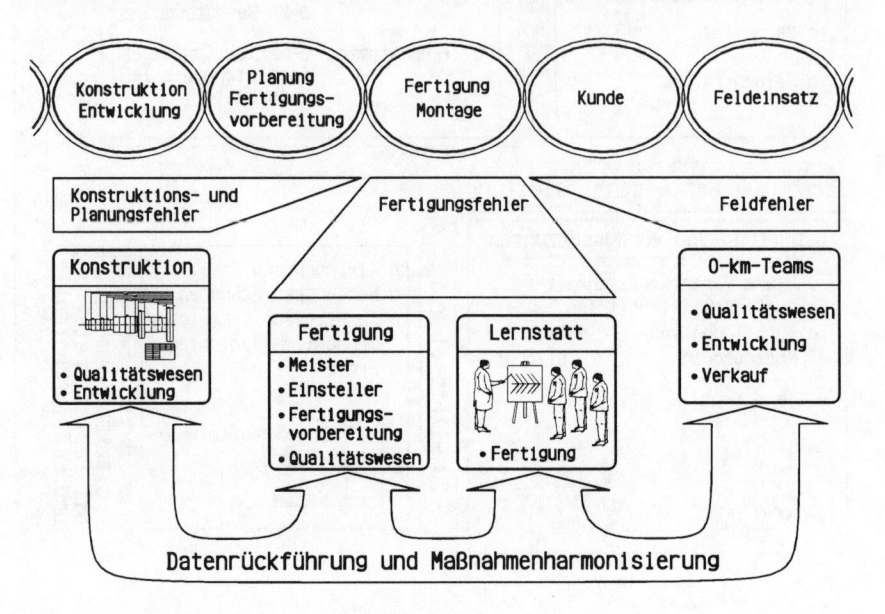

Bild 13: Maßnahmen im 0-Fehler-Programm

Die Verbesserung der Terminqualität wird als ein Teilaspekt ebenfalls methodisch mit Instrumenten des Qualitätsmanagements angegangen. Gerade die Berichterstattung über die Zielerreichung und ihre Bewertung sowie das Einleiten von Optimierungsschritten sind Grundbestandteile dieser Vorgehensweisen. Definiert man die Terminqualität als die "Lieferung zu einem vereinbarten Termin", so zählen zu frühe Lieferungen genauso wie zu späte Lieferungen. Die Terminqualität wird als Qualitätskennzahl regelmäßig für vorgelagerte Bereiche (Entwicklung, Konstruktion, Erstellung von Fertigungsunterlagen), für den Zulieferer-Bereich innerhalb und außerhalb des Unternehmens und für die Fertigungs- und Vertriebsabteilungen ermittelt.

Allen Lösungen ist gemeinsam, daß sie durch klare Zieldefinitionen und -vereinbarungen initiiert, durch eindeutige Zuweisungen der Verantwortlichkeiten geregelt und in ihrer Umsetzung regelmäßig bewertet werden, um im Regelkreis die Verantwortlichkeiten zu stärken und u.a. die grundsätzlichen Strategien neu zu bestimmen. In einem mehrjährigen Prozeß, in denen zwanzig Pilotprojekte initiiert wurden, konnte eine Reduzierung der Feldausfälle auf ein Fünftel erreicht werden.

Diese Reduzierung wurde u.a. deshalb wirksam, weil die entsprechenden Voraussetzungen für die Wahrnehmung der einzelnen Aufgaben zur ständigen Verbesserung geschaffen wurden. Dies zielt vor allem auf die Ausbildung von Moderatoren der

Arbeitsgruppen. Neben dem reinen fachlichen Wissen sind hier weitere Fähigkeiten notwendig, die aber im Rahmen von Methodenschulungen meist nicht vermittelt werden. Soziale und methodische Kompetenzen sind hier die wesentlichen Faktoren. Hierzu zählen:

- Kommunikative Fähigkeiten und Fähigkeiten zur Präsentation von Arbeitsergebnissen
- Kenntnisse zu Konfliktentstehung und -verlauf und zu Konfliktlösungsprozessen
- Anwendung von Problemlösungstechniken im Rahmen von Gruppenarbeit
- Anwendung von Methoden des Projektmanagements

Diese Fähigkeiten sind beim Teamverantwortlichen notwendig, um die o.g. Gruppen, die sehr durch Zusammenarbeit im Team geprägt sind, erfolgreich werden zu lassen. Die übrigen -nicht geschulten- Teammitglieder zeichnen sich zu Beginn meist durch mangelndes Methodenwissen und durch nicht ausgeräumte Konflikte zwischen den Beteiligten aus. Ihre Erwartungshaltung ist entsprechend hoch. Die Folge ist daher, daß oftmals zu Beginn Probleme gewählt werden, die sehr komplex sind und schon lange im Unternehmen existieren und damit die Startphase des Programms gefährdet wird. Dem Prinzip der kleinen Schritte folgend müssen daher zunächst einfach zu lösende Probleme angepackt werden, um dann im Rahmen der kontinuierlichen Verbesserung auch die dringenden Qualitätsprobleme zu lösen.

Die genannten Probleme bei der Arbeit im Team können durch eine geplante Vorgehensweise des Qualitätsmanagements ausgeräumt werden. Auf der Basis einer eindeutigen und vom Management festgelegten Zielsetzung werden durch die Ausbildung eines internen Moderators, der sowohl die fachliche als auch die soziale Kompetenz hat, die Verantwortlichkeiten im Team festgelegt. Die Einführung zielt dann auf die Anwendung von diesen Qualitätsmanagementmethoden am konkreten Beispiel, beginnend bei einem Pilotteil. Die erreichte Verbesserung ist dann als Leistung der Gruppe zu verstehen. Der Moderator bleibt außen vor und macht sich im Idealfall überflüssig.

5. Zusammenfassung und Ausblick

Voraussetzungen für das Fortbestehen von Unternehmen sind in erster Linie zufriedene Kunden und zufriedene und damit engagierte Mitarbeiter. Sie bestimmen letztlich über die Erfüllung der strategischen Erfolgsfaktoren Geschäftsergebnisse, Unternehmensimage und Marktposition. Dies zu erreichen ist die zentrale Aufgabe im Unternehmen. Das Qualitätsmanagement stellt hierfür die notwendigen Voraussetzungen und Strategien zur Verfügung, um die interne und externe Leistungsfähigkeit von Unternehmen zu steigern. Es mobilisiert und aktiviert vorhandene Ressourcen im Unternehmen, was zu einem grundsätzlichen und auf die Dauer stetigen Bewußtseinswandel im Unternehmen führt. Die den Bewußtseinswandel betreffenden Elemente sind neben der Kunden- und Mitarbeiterorientierung die Prozeß- und Produktorientierung und das Prinzip der ständigen Verbesserung, was bedeutet, daß man unermüdlich nach der Aufdeckung von Problemen und ihrer Beseitigung in Einzelprozessen bestrebt ist. Die Strategieelemente werden durch ihre operativen Voraussetzungen, wie sie z.B. durch die präventiven Qualitätssicherungsverfahren repräsentiert werden, erreichbar.

Der vorliegende Beitrag unterstreicht die Bedeutung des Qualitätsmanagements als eine wesentliche Unternehmensstrategie. Er zeigt auf, welche wesentlichen Zielsetzungen im Unternehmen getroffen werden müssen und welche Vorgehensweisen zur effektiven Umsetzung dieser Unternehmensstrategie erforderlich sind, die auf die Mitarbeiter und Kunden, Produkte und Ergebnisse, Abläufe und Prozesse wirken (Bild 14). Gegenüber herkömmlichen Ansätzen, die entweder nur die Förderung von Methoden und Hilfsmitteln des phasenorientierten Qualitätsmanagements oder nur von sozialen und methodischen Kompetenzen zum Ziel haben, vereinigt die hier dargestellte Lösung diese Elemente zu einer gemeinsamen Strategie.

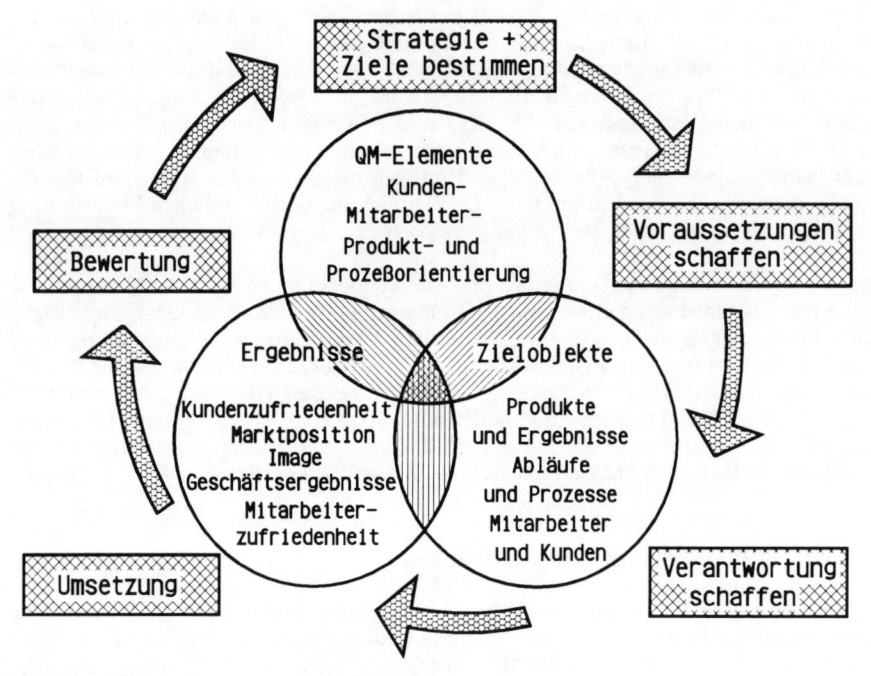

Bild 14: Unternehmensstrategie Qualitätsmanagement

Eine wichtige Voraussetzung, damit Unternehmen diese Strategien umsetzen können, sind ganzheitliche und unternehmensweit wirksame Qualitätsmanagementsysteme, in denen verstärkt präventive Methoden zur Fehlervermeidung eingesetzt werden. Eine weitere Säule unternehmerischer Strategien stellen in diesem Zusammenhang, neben dem Qualitätsmanagement selbst, damit Strategien zur Einführung von Qualitätsmanagementsystemen dar. Durch teamorientierte Zielvereinbarungen werden in einem Top-Down-Ansatz mit Hilfe systematischer Problemlösungen die wesentlichen Schritte zur Einführung durchlaufen, wobei bestimmte Gestaltungsregeln zu beachten sind, um einen erkennbaren Nutzen für das Unternehmen zu erzielen. Dies ist Inhalt des folgenden Beitrags.

Literatur

[1] N.N.: Statistisches Jahrbuch 1991 für das vereinte Deutschland. Hrsg.: Statistisches Bundesamt. Erschienen im September 1991, Wiesbaden ISBN 3-8246-0078-1

[2] Bemowski, K.: The International Quality Study. Quality Progress. November 1991, S. 33-37

[3] N.N.: The single most important challenge for europe. European Quality Management Forum. Hrsg.: McKinsey & Company. Montreux 19. Oktober 1989

[4] Pfeifer, T., u.a.: Untersuchung zur Qualitätssicherung, Stand und Bewertung, Empfehlung für Maßnahmen. Kernforschungszentrum Karlsruhe GmbH, PFT-Bericht 155, Karlsruhe 1990

[5] N.N.: International Quality Study - Automotive Industry Report. Hrsg.: American Quality Foundation and Ernst&Young, Cleveland 1992

[6] Peacock, R.D.: Ein Qualitätspreis für Europa. Qualität und Zuverlässigkeit QZ 37 (1992) 9, S. 525-528

[7] Büchner, U.: Bedeutung der Qualitätssicherung im internationalen Wettbewerb. In: Integration der Qualitätssicherung in CIM. Hrsg.: Verein Deutscher Ingenieure. VDI-Verlag, Düsseldorf 1991

[8] Suzaki, K.: Modernes Management im Produktionsbetrieb. Carl Hanser Verlag, München Wien 1989

[9] Womack, J.P., Jones, D.T., Roos, D.: Die zweite Revolution in der Automobilindustrie. Campus-Verlag, Frankfurt New York 1991

[10] Warnecke, H.J.: Innovative Produktionsstruktur. Vortrag zum FTK am 1. und 2. Oktober 1991 in Stuttgart. Springer Verlag, Berlin 1991

[11] Köster, A.: Total Quality Management: Im internationalen Wettbewerb bestehen. Qualität und Zuverlässigkeit. QZ 37 (1992) 7, S. 393-399

[12] Lücker, M.: Qualitätsorientierte Beschaffung. Dissertation RWTH Aachen. D82, Aachen 1992

[13] Danzer, H.H.: Quality-Denken stärkt die Schlagkraft des Unternehmens. Verlag Industrielle Organisation, Zürich 1990

[14] König, W.; Weck, M.; Eversheim, W.; Pfeifer, T.: Wettbewerbsfaktor Produktionstechnik. VDI-Verlag GmbH, Düsseldorf 1990

[15] Haist, F.; Fromm, H.: Qualität im Unternehmen. Carl Hanser Verlag, München Wien 1989

[16] Pfeifer, T., u.a.: Qualitätsmanagement. Z. Zt. im Druck. Carl Hanser Verlag, München Wien 1993

[17] Zink, K.J.: Qualität als Herausforderung. In: Zink, K.J.: Qualität als Managementaufgabe. Verlag moderne Industrie, Landsberg/Lech 1989

[18] Runge, J.H.: Der steinige Weg zur Weltspitze. Qualität und Zuverlässigkeit QZ 37(1992) 11, S. 645-650

[19] Imai, M.: Kaizen, der Schlüssel zum Erfolg der Japaner im Wettbewerb. Wirtschaftsverlag Langen Müller/Herbig, München 1992

[20] Shigeo Shingo: Poka-Yoke, Prinzip und Technik für eine Null-Fehler-Produktion. Hrsg.: gfmt-Gesellschaft für Management und Technologie AG, St. Gallen 1991

[21] Masing, W.: Qualitätspolitik des Unternehmens. In: Masing, W.: Handbuch der Qualitätssicherung. Carl Hanser Verlag; München, 1988

Mitglieder der Arbeitsgruppe für den Vortrag 1.2

Dr.-Ing. K. Boddenberg, Mannesmann Demag Geschäftgruppe Verdichter, Duisburg
Dr.-Ing. J. Elzer, Robert Bosch GmbH, Stuttgart
Dr.-Ing. H. Golüke, FAG Kugelfischer KGaA, Schweinfurt
Dipl.-Ing. St. Hartung, FhG-IPT, Aachen
Dr.-Ing. D. Köppe, Ges. f. Qualitätssicherung, Aachen
Dr.-Ing. R. Kurr, Sony Europa, Stuttgart
Dr.-Ing. M. Lücker, WZL, Aachen
Dipl.-Ing. G. Orendi, FhG-IPT, Aachen
Prof. Dr.-Ing. Dr. h.c. T. Pfeifer, WZL/FhG-IPT, Aachen
Prof. Dr. K.J. Zink, Universität Kaiserslautern

1.3 Strategien zur Einführung eines Qualitätsmanagementsystems

Gliederung:

1. Einleitung

2. Voraussetzung zur Einführung von QM-Systemen

3. System der strukturierten Zielvereinbarung

4. Praxisbeispiele
4.1 System der strukturierten Zielvereinbarung (Beispiel: IBM-Werk Mainz)
4.2 Arbeiten mit Zielvereinbarungen in Aufgabengruppen,
    (Beispiel: Fa. BARMAG)
4.3 Zielvereinbarungen unter Einbeziehung aller Mitarbeiter
    (Beispiel: Fa. Brüninghaus & Drissner)

5. Aufwand und Nutzen der Einführung eines Qualitätsmanagementsystems
   (Beispiel: Fa. Edelmann)

6. Zusammenfassung

Kurzfassung:

Strategien zur Einführung eines Qualitätsmanagementsystems

Eine wichtige Voraussetzung, damit Unternehmen auch zukünftig den gestiegenen Anforderungen im internationalen Verdrängungswettbewerb standhalten, sind ganzheitliche und unternehmensweit wirksame Qualitätsmanagementsysteme, in denen verstärkt präventive Methoden zur Fehlervermeidung eingesetzt werden [1-2]. Marktpositionen können dann gehalten werden, wenn es gelingt, die Erwartungen der Kunden nach qualitativ hochwertigen und zuverlässigen Produkten zu erfüllen. Die diesbezüglichen Aufgaben betreffen die Sicherung aller qualitätsrelevanten Funktionen, Tätigkeiten und Prozeßabläufe während des gesamten Produktlebenszyklusses, also angefangen bei der Marktanalyse über die Phase der Entwicklung bis hin zum Recycling.

Ausgehend von der Darstellung der Notwendigkeit zur Einführung eines Qualitätsmanagementsystems soll im Rahmen dieses Vortrags eine Vorgehensweise zu dessen systematischer Einführung erläutert werden. Es wird beschrieben, welche wesentlichen Schritte zur Einführung zu durchlaufen und welche Gestaltungsregeln zu beachten sind, damit durch den Aufbau eines Qualitätsmanagementsystems nicht ein zusätzlicher bürokratischer Aufwand entsteht, sondern erkennbarer Nutzen für ein Unternehmen erzielt wird. Anhand von Fallbeispielen werden konkrete Lösungsansätze für die Einführung vorgestellt.

Abstract:

Strategies for the introduction of a quality management system

Comprehensive quality management systems are essential if the enterprise is to meet the steadily increasing demand for products of superior quality. This involves the application of methods of avoiding nonconformity. The manufacturing company can maintain its market position only as long as it succeeds in manufacturing goods which live up to its customers' expectations of high-quality products. This involves the introduction of efficient measures which help to ensure the quality of the product throughout the whole product life cycle: from the customer through the pre-development stage and development itself to recycling.

Accepting a quality management system as necessary, a systematic approach to its introduction is presented. The steps required are described as well as the organisational guide-lines to be observed. The aim is to ensure that the introduction of a quality management system does not result in additional bureaucracy, but in clearly recognizable benefits for the manufacturing enterprise. Case studies form the basis for the development of concrete approaches to problem solving.

1. Einleitung

Die Sicherung einer bestimmten Produkt- oder Leistungsqualität ist heute im Rahmen einer Gesamtunternehmensstrategie eine entscheidende Aktionsvariable. Sie ist damit von einer lästigen Pflicht zu einer determinierenden strategischen Größe im Unternehmen avanciert.

Obwohl lange Zeit das Etikett "Made in Germany" als Garant für Qualität galt, sehen sich deutsche Unternehmen heute einem signifikanten Handlungsbedarf gegenübergestellt, der insbesondere die Maximen einer präventiven Qualitätssicherung zum Ziel hat [1-2].

Im Rahmen dieses Vortrags sollen grundlegende strategische Ansätze zur Einführung eines Qualitätsmanagementsystems (QM-Systems) vorgestellt werden.

2. Voraussetzung zur Einführung von QM-Systemen

Ein Qualitätsmanagementsystem ist nicht, wie vielfach noch immer in der Praxis empfunden wird, ein Kontrollinstrument, mit dem die Produktqualität zu bestimmten Zeitpunkten der Produktentstehung überprüft und sichergestellt wird. Es ist vielmehr ein Werkzeug, mit dem neben der Produktqualität, wie sie in Form von Leistungsmerkmalen deutlich wird, die Qualität der Leistungserstellung - also die Prozeßqualität - abgesichert und auf Kundenbedürfnisse zugeschnitten wird. Hierbei steht Prozeßqualität sowohl für die Qualität technischer Prozesse als auch insbesondere für die Fähigkeit dienstleistender und planender Prozesse. Damit greift der Anspruch eines Qualitätsmanagementsystems deutlich weiter und wird zu einer abteilungs- und bereichsübergreifenden Aufgabe. Der Schwerpunkt des Qualitätsmanagements liegt sowohl auf der ständigen Verbesserung der Arbeitsqualität der im einzelnen beteiligten Menschen (persönliche Arbeitsqualität) als vor allem auch in der Qualitätsverbesserung der Zusammenarbeit aller Beschäftigten, also der gemeinsamen Arbeitsqualität (**Bild 1**).

Die Aufgabe besteht darin, unternehmerische Abläufe als eine Kette von ineinandergreifenden Prozessen zu verstehen. Hiermit sind nicht nur Prozesse, wie die Fräsbearbeitung eines Werkstücks gemeint, sondern in gleicher Weise Dienstleistungsprozesse, wie z.B. die Erstellung von Arbeitsanweisungen. Verbesserungsbemühungen müssen sich auf die Absicherung jedes einzelnen Prozeßschrittes richten, wobei stets nicht nur die Optimierung einzelner Prozesse im Vordergrund steht, sondern das Optimum der Kette von Einzelprozessen angestrebt wird.

Betrachtet man die Leistungserstellung in einem Unternehmen, so wird deutlich, daß jeder Mitarbeiter Kunde seines Kollegen ist, von dem er z.B. Arbeitsunterlagen, Richtlinien, Zwischenprodukte o.ä. bekommt und seinerseits wieder zum Lieferer eines Produktes oder einer Dienstleistung wird. Hieran wird deutlich, daß jeder Mitarbeiter unmittelbar zur Qualität beiträgt.

```
                    ┌─────────────────────────┐
                    │      QUALITÄT           │
                    └─────────────────────────┘
           ┌──────────────────┐      ┌──────────────────┐
           │  Prozeßqualität  │      │  Produktqualität │
           └──────────────────┘      └──────────────────┘
```

| Persönliche Arbeitsqualität | Gemeinsame Arbeitsqualität | Erfüllte Funktion | Ausgeführte Qualität |

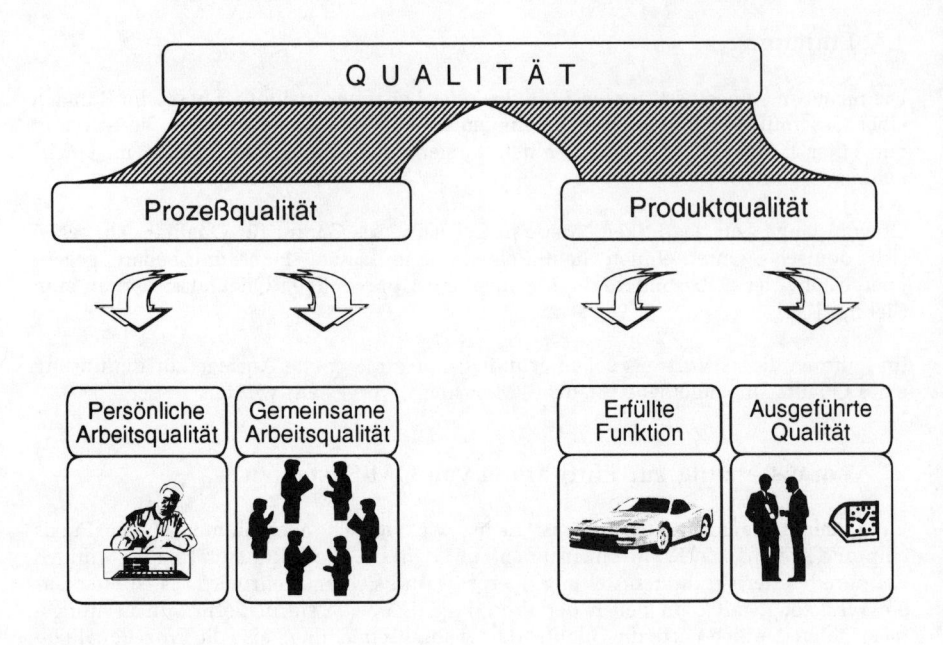

Bild 1: Prozeß- und Produktqualität

Es ist heute unbestritten, daß ein hohes Qualitätsniveau nur dann erreicht wird, wenn es gelingt, alle Mitarbeiter in einen Prozeß der ständigen Qualitätsverbesserung einzubeziehen. Eine Untersuchung in einem Unternehmen des Maschinenbaus, die durchaus auch auf andere Unternehmen übertragbar ist, belegt dies deutlich (Bild 2). In dieser Analyse wurden die Hauptursachen, die zu Fehlern führen, ermittelt. Über die Hälfte aller Ursachen für entstandene Fehler basierten auf Fehlleistungen von Mitarbeitern. Andere Einflußfaktoren, wie Maschine, Methode, und Material waren von deutlich geringerer Bedeutung. Diese Ergebnisse unterstreichen noch einmal, welche Bedeutung der Mensch für das Erreichen eines hohen Qualitätsniveaus hat.

Legt man die Erkenntnis dieser Aussage für die Schwerpunktbildung bei der Einführung des QM-Systems zugrunde, so ergibt sich der Focus, den Strategien zur Einführung eines QM-Systems heute haben müssen. Sie müssen den Menschen als zentrales Element eines QM-Systems begreifen und gezielt bei den vielfach in diesem Bereich heute noch brach liegenden Potentialen ansetzen.

Alle Mitarbeiter müssen im wahrsten Sinne des Wortes zu **Mit**-Arbeitern werden, die selbständig die mit den jeweiligen Vorgesetzten vereinbarten Ziele verfolgen.

Einführung eines Qualitätsmanagementsystems

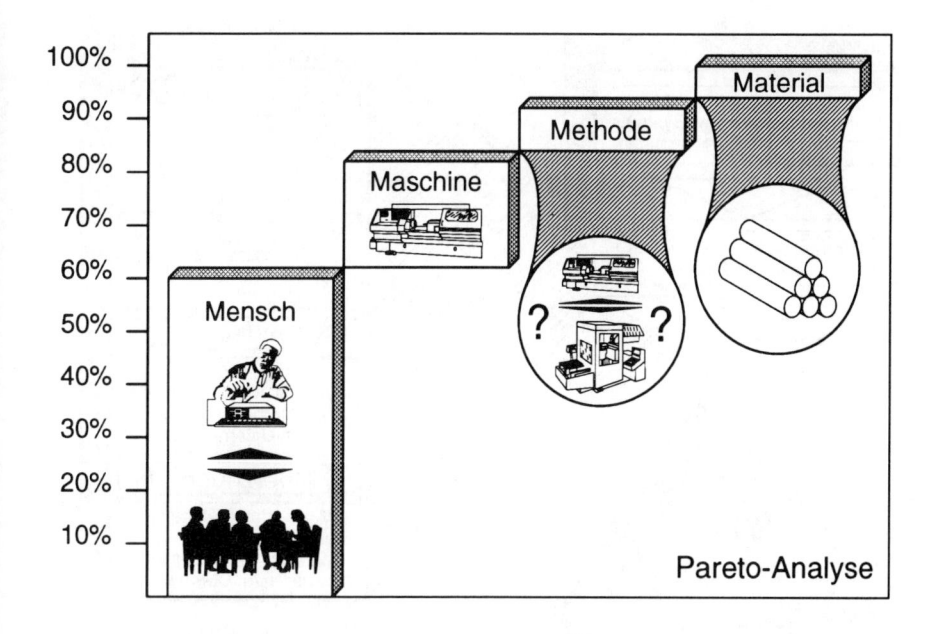

[Diagramm: Pareto-Analyse mit Stufen Mensch, Maschine, Methode, Material von 10% bis 100%]

Bild 2: Fehler-Ursachen-Analyse (nach: W. Schlafhorst AG & Co)

In einem Unternehmen gibt es in der Regel nur **eine** "Stelle", die direkten Zugang zu jedem Mitarbeiter hat und unmittelbar Einfluß nehmen kann auf dessen Arbeitsqualität - die Geschäftsleitung. Daher fällt der Unternehmensleitung auch eine Schlüsselstellung bei der Einführung und Aufrechterhaltung eines QM-Systems zu.

Eine Analyse möglicher Maßnahmen des Qualitätsmanagements verdeutlicht, daß sie häufig bereichs- und abteilungsübergreifend eingeführt und wirksam werden müssen. Dies bezieht sich auf Planungsprozeduren ebenso wie auf Prozeßabläufe und Produktausprägungen. Am Beispiel "Internes Audit" läßt sich dies leicht nachvollziehen. Hierbei werden qualitätssichernde Maßnahmen in unterschiedlichen Bereichen des Unternehmens auf ihre Wirksamkeit hin überprüft und bewertet sowie Aktivitäten zur Verbesserung des QM-Systems angeregt und überwacht. Dies beinhaltet eine Einflußnahme auf sehr unterschiedliche Bereiche des Unternehmens, die ohne die volle Unterstützung durch die Unternehmensleitung an innerbetrieblichen Hürden scheitern bzw. nicht den gewünschten Erfolg haben wird. Ähnliches gilt für andere qualitätssichernde Maßnahmen.

Aus diesem Grund muß es die Initialaufgabe eines wirksamen strategischen Ansatzes sein, die Geschäftsleitung und die Führungskräfte nicht nur in den Prozeß der Qualitätsverbesserung einzubeziehen, sondern sie zur treibenden Kraft zu machen (Bild 3). Gelingt dies nicht, so zeigt sich in der Praxis, daß die Bemühungen, etwa eines Qualitätsleiters, vielfach nicht die angestrebte Wirkung zeigen.

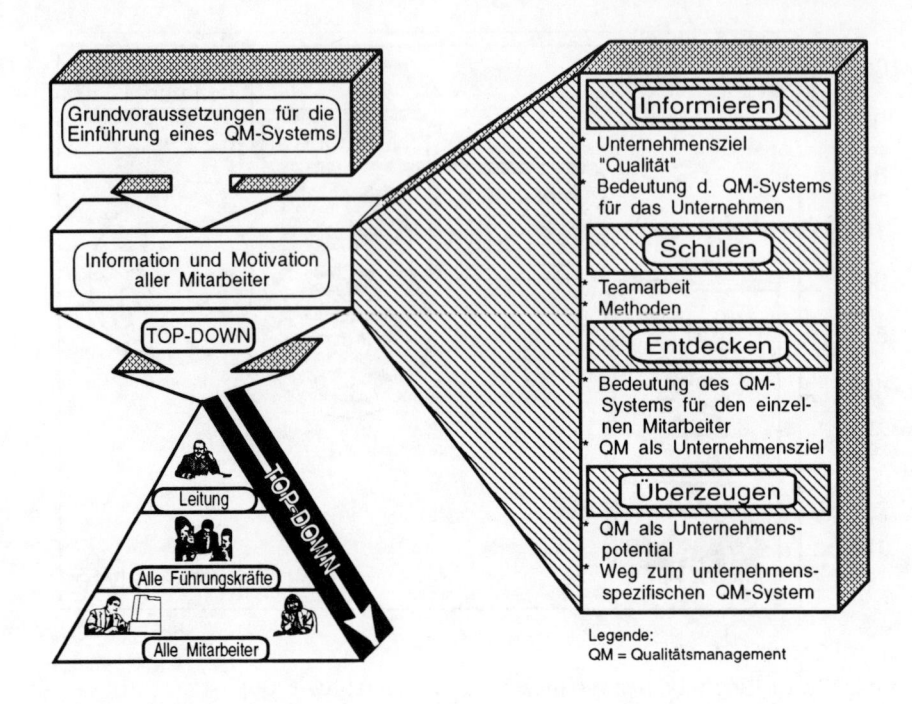

Bild 3: Grundvoraussetzungen für die Einführung von QM-Systemen

3. System der strukturierten Zielvereinbarung

Ein wesentliches Problem bei der Einführung bzw. Reorganisation eines Qualitätsmangementsystems besteht darin, alle Mitarbeiter in den Verbesserungsprozeß einzubeziehen. Eine Möglichkeit, Verantwortungsbewußtsein aufzubauen und langfristig sicherzustellen, besteht darin, ein System der strukturierten Zielvereinbarungen über alle Hierachieebenen zu etablieren (Bild 4).

Die Initialaufgabe besteht dabei in der Festlegung der Unternehmensziele durch die Unternehmensleitung (in Form der Qualitätspolitik) sowie der stufenweisen Konkretisierung dieser Ziele für die einzelnen Ebenen. Die Konkretisierung der Ziele erfolgt in Abstimmung mit den Beteiligten nach dem Konsensprinzip. Das Ergebnis sollten klare und bewertbare Ziele sein (z.B. die Senkung einer Fehlerquote), die von den Betroffenen akzeptiert werden und denen sie sich selbst verpflichtet fühlen. In der konkreten Zieldefinition, die diesen Anforderungen genügt, steckt ein großer Teil der Arbeit, aber sie ist essentiell für das Gelingen jeder einzelnen Maßnahme.

Einführung eines Qualitätsmanagementsystems 1-71

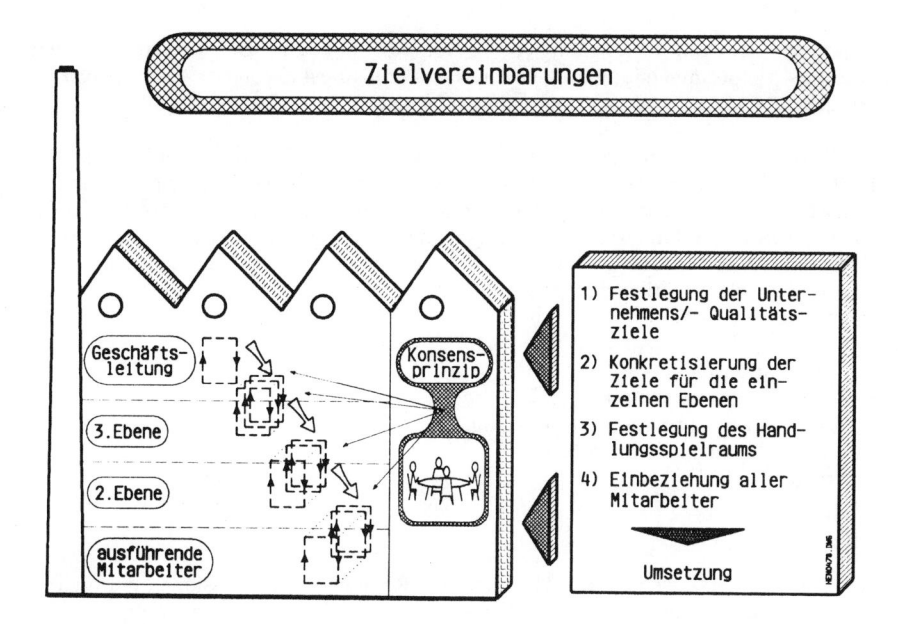

Bild 4: System der strukturierten Zielvereinbarung

Durch das genannte Vorgehen soll im wesentlichen erreicht werden, daß Mitarbeiter selbst Verantwortung für den Prozeß übernehmen, in den sie eingebunden sind und nicht die Verantwortung bei einem der Vorgesetzten suchen. Ihnen muß bewußt sein, daß nicht nur die Erfüllung einzelner Aufgaben im Sinne der Taylorschen Arbeitsteilung von ihnen gewünscht wird, sondern daß der Einsatz aller ihrer Fähigkeiten für die Verbesserung und Teilverbesserung der Wettbewerbsfähigkeit des Unternehmens notwendig ist.

Um diesem Anspruch gerecht zu werden, benötigt der Mitarbeiter im Gegensatz zur Taylorschen Arbeitsteilung einen deutlich größeren Handlungsspielraum, in dem er mitentscheiden und Eigeninitiative entwickeln kann. Dies setzt einen Bewußtseinswandel bei allen Mitarbeitern und eine Änderung der Führungskultur voraus, die, weil sie lange gültigen Prinzipien entgegenläuft, einer firmeninternen "Kulturrevolution" gleichkommt.

Führungskräfte befürchten häufig, daß durch untergebene Mitarbeiter Leistungen bzw. Lösungen erarbeitet werden, die in ihren Augen von ihnen persönlich erbracht werden sollten. Der Vorgesetzte nimmt damit für sich in Anspruch, dem Untergebenen fachlich überlegen zu sein, was mit dem geforderten partizipativen Führungsstil allerdings nicht vereinbar ist.

Der früher ausgeprägte Informationsvorsprung des Vorgesetzten gegenüber seinem Mitarbeiter muß ganz im Sinne des neugeforderten teilhabenden Führungsverhaltens deutlich kleiner werden oder gänzlich abgebaut werden. Daher ist es nicht verwunderlich, daß die Delegation von Verantwortung und die Erweiterung von Handlungsspielräumen häufig mit der Angst von Führungskräften vor Autoritätsverlust einhergeht (Informationsvorsprung bedeutet Macht).

In der Praxis zeigt sich, daß dieses Problem insbesondere in der unteren Führungsebene auftritt, die Mitarbeiter mit ausführenden Aufgaben leitet. Sie blockiert ähnlich wie eine "Lehmschicht" die Durchdringung der geänderten Arbeitsweisen. Brisanz erhält dieses Problem dadurch, daß die untere Führungsebene den eigentlichen Multiplikator für die Einbeziehung aller Mitarbeiter darstellt. Durch gezielte Schulung dieser Führungskräfte kann dem Problem wirksam begegnet werden. Inhalte der Schulungen sollten z.B. Themen wie

- Präsentationstechniken,
- Kommunikationstechniken,
- Methoden der Entscheidungsfindung,
- Problemlösungstechniken und
- Kreativitätstechniken

sein.

Die Festlegung der Ziele bedarf erfahrungsgemäß intensiver Diskussionen und gelingt häufig erst nach einigen Iterationsschleifen. Dies gilt vor allem dann, wenn die noch allgemeinen Unternehmensziele auf einzelne Prozesse oder Baugruppen projiziert werden müssen. Die Ziele in den einzelnen Ebenen müssen sich stets an Kundenforderungen orientieren, womit nicht nur die externen, sondern auch die internen Kunden zu verstehen sind. Die in letzter Zeit viel genannte Normenreihe DIN ISO 9000ff sowie Gesetze, Normen, Spezifikationen u.a.m. bilden weitere Orientierungshilfen zur Festlegung der Ziele und zur Einleitung von Maßnahmen.

Auf Grundlage der Ziele der einzelnen Ebenen lassen sich in Projektarbeit Verbesserungsmaßnahmen einführen.

Kennzeichnend für die Durchführung dieser Projekte sind

- ein Vergleich des Istzustands mit definierten Zielen,
- die Schwachstellenanalyse, bei der einzelnen Schwachstellen mögliche Maßnahmen zugeordnet werden,
- die Ermittlung von Synergien und Zusammenfassung von Maßnahmen zu Maßnahmenpaketen,
- eine Priorisierung der Maßnahmen vor dem Hintergrund individueller Unternehmensziele,
- die eigentliche Umsetzung von Maßnahmen und
- die Verifikation der erreichten Ziele sowie die Einleitung von Maßnahmen zur kontinuierlichen Verbesserung des QM-Systems.

Der Prozeß der kontinuierlichen Verbesserung läßt sich nach Deming prägnant in den Schlagworten Plan Do Check Act (PDCA) zusammenfassen, womit nicht nur die kontinuierliche Verbesserung einzelner Maßnahmen gemeint ist, sondern eine Grundhaltung jedes Mitarbeiters.

Einführung eines Qualitätsmanagementsystems 1-73

Es muß Aufgabe im Rahmen des Systems der strukturierten Zielvereinbarungen sein, eine Kultur der gemeinsamen Ziele im Unternehmen zu realisieren, bei der die Betroffenen von Erfüllungsgehilfen zu beteiligten Entscheidungsträgern und eigeninitiativ Handelnden gemacht werden (Bild 5).

[5]
* Sind die Maßnahmen widerspruchsfrei?
* Wird mit den Maßnahmen das Ziel erreicht?
⇨ Gemeinsame Erarbeitung von Maßnahmen

[4]
* Sind Zielabweichungen vorhanden?
* Was sind die Ursachen?
⇨ Nicht nur die Symptome beheben!

[1]
* Welches Ergebnis soll erzielt werden?
* Sind Zielkonflikte klar?
⇨ Keine Aufgaben sondern Ziele definieren!

[2]
* Sind Ziele widerspruchsfrei?
* Sind Meßgrößen präzisiert?

[3]
* Ist eine Fortschrittsüberwachung vereinbart?
⇨ Ergebnisse überwachen nicht Abläufe!

Vereinbarungskultur

① Ziele vereinbaren
② Leistungsstandards klären
③ Fortschrittsüberwachung vereinbaren
④ Abweichungen analysieren
⑤ Maßnahmen ableiten u. umsetzen

Betroffene zu Beteiligten machen

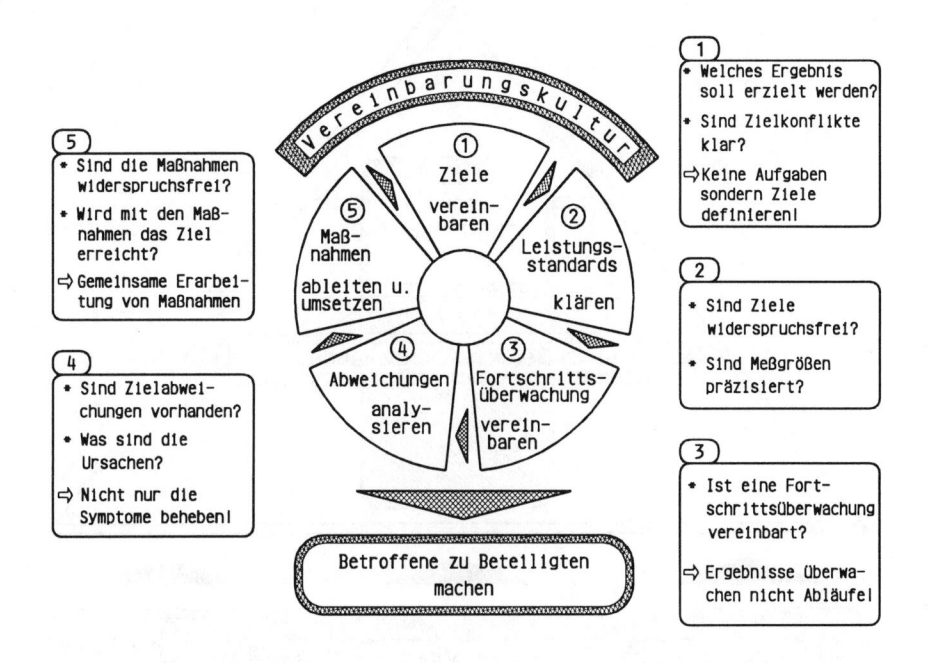

Bild 5: Vereinbarungskultur

Gerade dann kann es gelingen, daß die heute in einer Vielzahl vorhandenen methodischen Ansätze und Arbeitstechniken wie QFD, FMEA, Poka Yoke in Unternehmen Anwendung finden und nicht als lästige bürokratische Hürden, sondern als Hilfen für die Durchführung der eigenen Arbeit angesehen werden.

Der Aufbau des Systems der Zielvereinbarungen bildet die Basis und die Rahmenstruktur für die Einführung eines Qualitätsmanagementsystems. Hierin erhalten die Mitarbeiter die Möglichkeit, gemeinsam nach vereinbarten Zielvorgaben das QM-System zu gestalten.

Der zu befürchtende Autoritätsverlust durch die Delegierung von Verantwortung und Kompetenz sowie die Aufgabe des "Informationsvorsprungs" kann durch Verbesserung der sozialen und methodischen Kompetenz der Führungskräfte aufgefangen werden und muß als Chance aufgefaßt werden, Zeit für eigentliche Führungsaufgaben, wie z.B. das Entwickeln von Zielvorgaben, zu gewinnen.

4. Praxisbeispiele

Im folgenden sollen anhand von drei Praxisbeispielen exemplarisch Umsetzungsformen für ein System der Zielvereinbarung aufgezeigt werden (Bild 6).

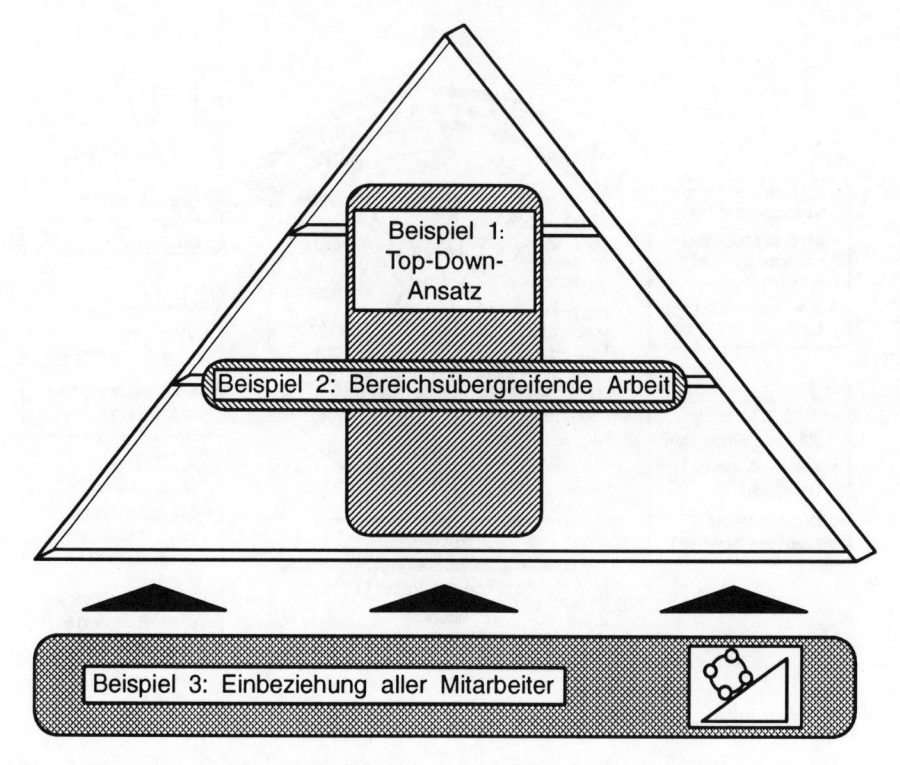

Bild 6: Gliederung der Praxisbeispiele

Das erste Beispiel stellt ein unternehmensweites Konzept von Zielvereinbarungen dar. Es ist eine Grundlage zur Einführung und Aufrechterhaltung eines QM-Systems.

Ein weiteres Beispiel beschreibt die Festlegung von Zielvereinbarungen durch Aufgabengruppen. Hierdurch konnten in der Praxis zahlreiche Probleme gelöst werden, die vor allem bereichsübergreifenden Charakter haben.

Ein erfolgreicher Ansatz für Problemstellungen, bei denen die Wirksamkeit einer qualitätssichernden Maßnahme erst durch das Mitwirken aller erreicht wird (z.B. Ordnung und Sauberkeit am Arbeitsplatz, vorbeugende Instandhaltung oder die Durchführung der Prüfmittelüberwachung) wird im dritten Praxisbeispiel dargestellt.

Einführung eines Qualitätsmanagementsystems 1-75

4.1 System der strukturierten Zielvereinbarung (Beispiel: IBM-Werk Mainz)

Im Rahmen einer unternehmensweiten Strategie zur Qualitätsverbesserung wurde als unterstützendes Element ein System der strukturierten Zielvereinbarung eingeführt (Bild 7), das konkrete Arbeitsziele für alle organisatorischen Ebenen, angefangen von der Unternehmensleitung bis zum einzelnen Mitarbeiter, definiert und den Focus auf die Erfolgsfaktoren

- Wettbewerbsfähigkeit,
- Qualität,
- Liefertreue,
- Produktionstechnologie sowie
- Mitarbeiter und Organisation

richtet.

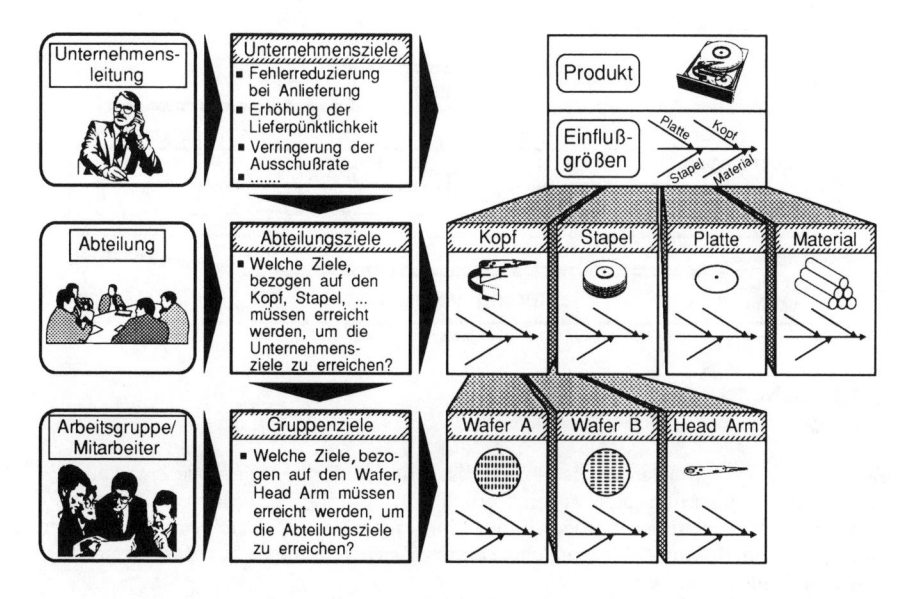

Bild 7: System der strukturierten Zielvereinbarung am Beispiel des IBM-Werkes Mainz (nach IBM)

Im Rahmen dieses Ansatzes wurde jede organisatorische Einheit aufgefordert, fünf vorrangige Ziele für jeweils ein Jahr zu definieren, die mit Blick auf die Erwartungen des externen, aber auch des internen Kunden dessen Zufriedenheit maßgeblich beeinflussen.

Eine Erfolgsmessung wird monatlich auf allen Ebenen nach einem einheitlichen Schema in PPM (parts per million) durchgeführt (Bild 8). Zusätzlich ist 1991 eine Zertifizierung nach DIN ISO 9001 erreicht worden. Darüber hinaus wird einmal pro Jahr eine Selbsteinschätzung nach den Kriterien des Malcolm Baldrige Assessments durchgeführt.

Ein Kernproblem des Qualitätsmanagements ist die Aufrechterhaltung und Weiterentwicklung einer einmal eingeführten Maßnahme.

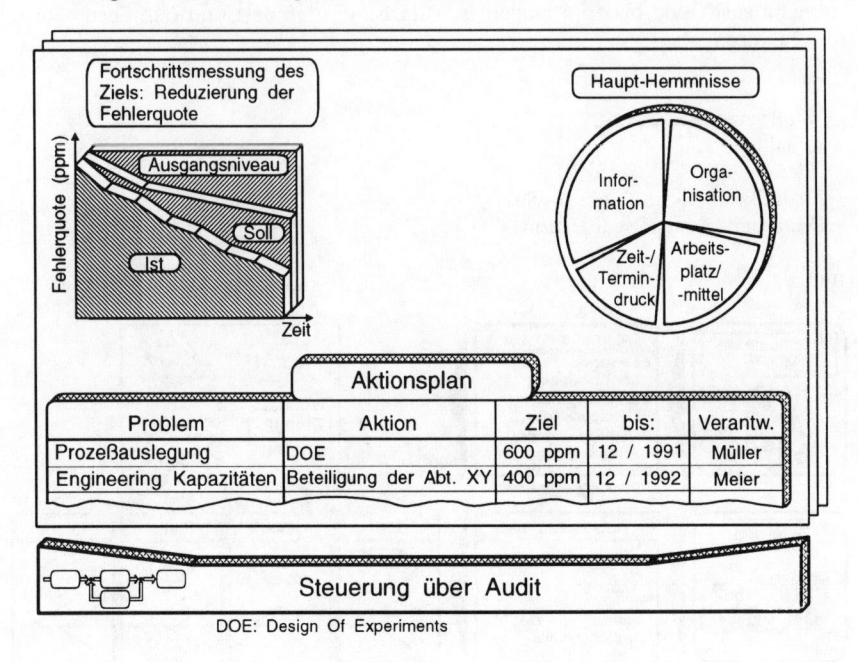

Bild 8: Zielverfolgungsschema (nach IBM)

Zu diesem Zweck werden von jeder organisatorischen Einheit meßbare Zielgrößen, wie Fehler- und Ausschußquoten kontinuierlich verfolgt. Hierbei besteht eine monatliche Berichtspflicht gegenüber den jeweiligen Führungskräften. Zudem wird kontinuierlich analysiert und dokumentiert, welche Faktoren sich hemmend auf das Erreichen der gesetzen Ziele auswirken.

Um der Initiative im Bereich des Qualitätsmanagements einen weiteren Impuls zu geben, wurde sie unter das unternehmenseigene Motto "Market Driven Quality" gestellt.

4.2 Arbeiten mit Zielvereinbarungen in Aufgabengruppen, Fa. BARMAG

Bild 9 zeigt an einem Beispiel aus dem Maschinenbau, wie bei bereichsübergreifenden Problemen gemeinsam Maßnahmen zur Verbesserung der Qualität erarbeitet und gemeinsame Ziele festgelegt werden.

Vor dem Hintergrund einzelner Problemstellungen werden jeweils Mitarbeiter zusammengerufen. Zu einer Aufgabengruppe gehören Mitarbeiter und ein Teamleiter aus den betroffenen Bereichen, ein Moderator, z.B. aus dem Qualitätswesen, und ggf. Experten.

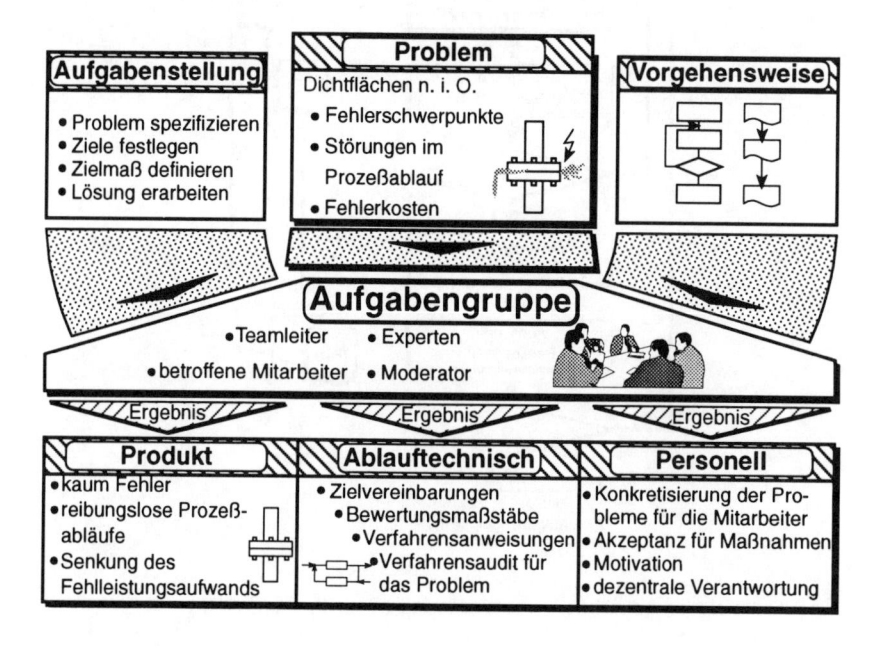

Aufgabenstellung	Problem	Vorgehensweise
• Problem spezifizieren • Ziele festlegen • Zielmaß definieren • Lösung erarbeiten	Dichtflächen n. i. O. • Fehlerschwerpunkte • Störungen im Prozeßablauf • Fehlerkosten	

Aufgabengruppe
• Teamleiter • Experten
• betroffene Mitarbeiter • Moderator

Produkt	Ablauftechnisch	Personell
• kaum Fehler • reibungslose Prozeßabläufe • Senkung des Fehlleistungsaufwands	• Zielvereinbarungen • Bewertungsmaßstäbe • Verfahrensanweisungen • Verfahrensaudit für das Problem	• Konkretisierung der Probleme für die Mitarbeiter • Akzeptanz für Maßnahmen • Motivation • dezentrale Verantwortung

<u>Bild 9:</u> Aufgabengruppen mit Zielvereinbarungen (nach Barmag AG)

Dem Teamleiter fällt die Aufgabe zu, die einzelnen Mitglieder auszuwählen. Häufig ist es anfangs recht einfach, Freiwillige zu begeistern. Schwieriger wird es, sie zu motivieren, bis zur Problemlösung durchzuhalten.

Durch die Bildung von Aufgabengruppen wird denjenigen, die die Lösungskompetenz für ein Problem haben, auch eine (Mit-)Entscheidungskompetenz eingeräumt. Dies geschieht in dem Wissen, daß jeder Mitarbeiter i.d.R. durch langjährige Erfahrung Spezialist an seinem Arbeitsplatz ist und ihn daher besser kennen sollte als jeder andere.

Intention ist es, daß einzelne Mitarbeiter Ziele oder durchzuführende Maßnahmen zu ihrer persönlichen Aufgabe machen und sich offiziell zur Arbeit an der Problemlösung verpflichten.

Um die Arbeiten der Gruppe zu steuern, werden Vordrucke und ein Arbeitsablauf zur Verfügung gestellt, die auffordern, bestimmte Arbeitsschritte zu durchlaufen und bestimmte Ergebnisse zu dokumentieren (<u>Bild 10</u>).

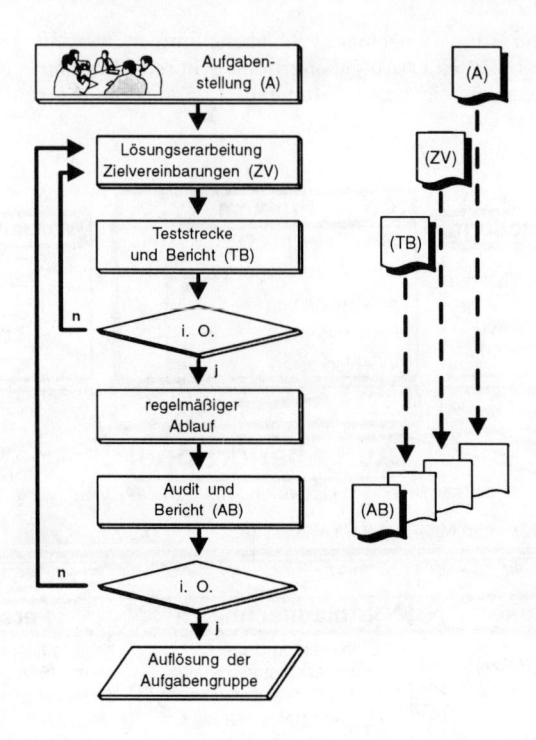

Bild 10: Prinzipieller Ablauf der Problemlösung (nach Barmag AG)

In der Praxis hat sich gezeigt, daß durch diese Arbeitsweise bereichsübergreifendes Denken und Handeln sowie die Übernahme von dezentraler Verantwortung gefördert werden.

In der Einführungsphase derartiger Maßnahmen ist es von großer Wichtigkeit, daß die ersten Gruppen in ihrer Arbeit erfolgreich sind. Empfehlenswert ist es daher, zunächst Problemstellungen auszusuchen, bei denen abzusehen ist, daß sie in überschaubarer Zeit und mit überschaubarem Aufwand erfolgreich gelöst werden können. Es empfiehlt sich auch zu versuchen, den Verbesserungsprozess durch eine Strategie "der kleinen Schritte" anzustreben. Die Lösung großer Problemstellungen, die vielleicht in der Vergangenheit schon mehrfach in Angriff genommen wurden, bergen vielfach die Gefahr zu unübersichtlich und zu wenig flexibel und anpassungsfähig zu sein.

Bei einer späteren vermehrten Anwendung der Aufgabengruppen können Mitarbeiter, die an erfolgreichen Maßnahmen beteiligt waren im Sinne der nie endenden kontinuierlichen Verbesserung, gezielt als "Multiplikatoren" eingesetzt werden.

Kennzeichnend für die Arbeit in dieser Gruppe ist die gemeinsame Erarbeitung von Möglichkeiten zur Lösung des Problems sowie die gemeinsame Vereinbarung von Zielen.

Ein wesentlicher Bestandteil dieses Ablaufs ist das Erproben der einzuleitenden Maßnahmen in einer Teststrecke, der Übernahme der Änderungen in unternehmerische Abläufe sowie die Überprüfung der neuen Verhaltensweisen in einem Verfahrensaudit.

Gerade durch die gemeinsame Erarbeitung von Lösungen sowie die gemeinsame Festlegung der Bewertungsmaßstäbe kann erreicht werden, daß in den durchgeführten Aufgabengruppen mit wenig Aufwand praxisnahe Lösungen erarbeitet werden, die eine hohe Akzeptanz finden (Bild 11).

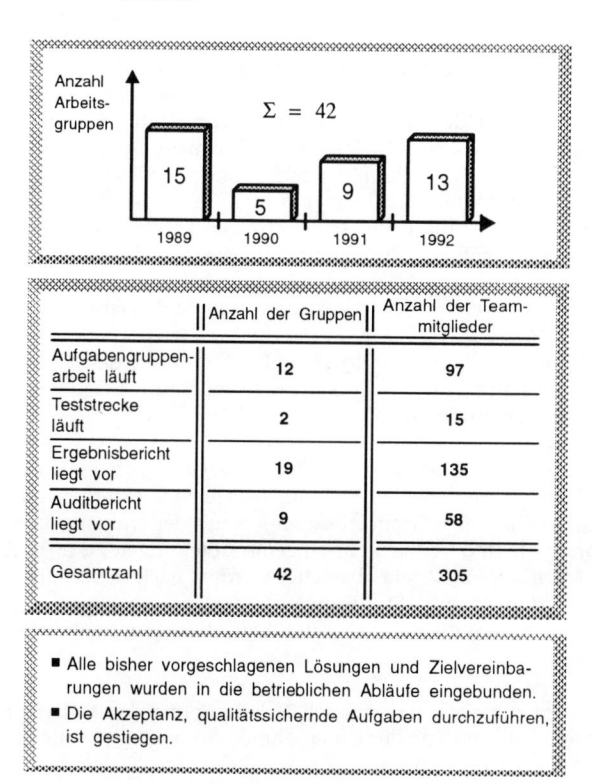

	Anzahl der Gruppen	Anzahl der Teammitglieder
Aufgabengruppenarbeit läuft	12	97
Teststrecke läuft	2	15
Ergebnisbericht liegt vor	19	135
Auditbericht liegt vor	9	58
Gesamtzahl	42	305

- Alle bisher vorgeschlagenen Lösungen und Zielvereinbarungen wurden in die betrieblichen Abläufe eingebunden.
- Die Akzeptanz, qualitätssichernde Aufgaben durchzuführen, ist gestiegen.

Bild 11: Stand und Ergebnisse der Aufgabengruppenarbeit (nach Barmag AG)

Das System der strukturierten Zielvereinbarungen setzt einen Informationsfluß von unten nach oben in der Unternehmenshierarchie voraus. Auf Empfehlungen und Problemlösungsvorschläge aus der operativen Ebene muß die Führungsebene umgehend reagieren, sei es durch eine begründete Ablehnung oder durch zügige Einleitung der entsprechenden Maßnahmen. Ein systematisiertes Berichtswesen ist in dieser Phase ebenso wichtig, wie eine abschließende Erfolgsmeldung.

4.3 Zielvereinbarungen unter Einbeziehung aller Mitarbeiter (Beispiel: Fa. Brüninghaus & Drissner)

Ein Anspruch, der heute an das Qualitätsmanagement gestellt wird, lautet, daß alle Mitarbeiter in das Streben um die Sicherstellung eines hohen Qualitätsniveaus einbezogen werden. Problemstellungen, bei denen sehr schnell deutlich wird, daß alle Mitarbeiter ihren Beitrag leisten müssen, sind beispielsweise die Dokumentation von Qualitätsergebnissen, die Sauberkeit im Betrieb oder aber auch - um eine technisch-organisatorisches Problem aufzugreifen - die Prüfmittelüberwachung.

Auch diese scheinbar einfachen Problemstellungen, die fester Bestandteil von Abnehmeraudits sind, lassen sich in der Praxis häufig nur schwer beherrschen, da im wahrsten Sinn des Wortes jeder Mitarbeiter seinen Beitrag - und dies permanent - leisten muß. Damit stehen Führungskräfte in den Unternehmen oft im Spannungsfeld zwischen externen Forderungen und eingeschränkten Möglichkeiten, diesem Anspruch gerecht zu werden. Diese Einschränkung resultiert aus der Tatsache, daß die Erfüllung der Ansprüche nur durch den Mitarbeiter selbst erfolgen kann. Ermahnungen und Bitten und vielleicht ein regelmäßiger Rundgang, können nur symptomatisch kurzfristige Lösungen des Problems bringen. Hier bedarf es eines Ansatzes, der deutlich weiter greift und die betroffenen Mitarbeiter in die Verantwortung einbezieht.

In dem vorliegenden Praxisbeispiel (Bild 12) ist Punkten wie Qualitätsdatendokumentation, Prüfmittelüberwachung und Sauberkeit große Bedeutung beizumessen, da sie fester Bestandteil der externen Audits sind.

Um alle Mitarbeiter einzubeziehen, wurden zunächst gemeinsam mit ihnen die Anforderungen der externen Audits (z.T. im Beisein des externen Auditors) durchgesprochen und diskutiert. Die Gespräche endeten, mit der Aufgabe an die Mitarbeiter, konkrete meßbare Ziele und Teilziele für einzelne Abteilungen zu formulieren. Zudem sollten von den Mitarbeitern Regeln abgeleitet werden, nach denen die Einhaltung der Ziele überprüft werden können. Das Ergebnis war ein Fragebogen mit einem klaren Bewertungsschema, in dem die Erfüllung der Anforderungen konkret für die Bereiche formuliert wurde.

Die Vorschläge wurden zwischen der Geschäftsleitung und den Mitarbeitern diskutiert und nach erreichtem Konsens von der Unternehmensleitung verbindlich festgeschrieben und finden heute noch Anwendung.

Einführung eines Qualitätsmanagementsystems

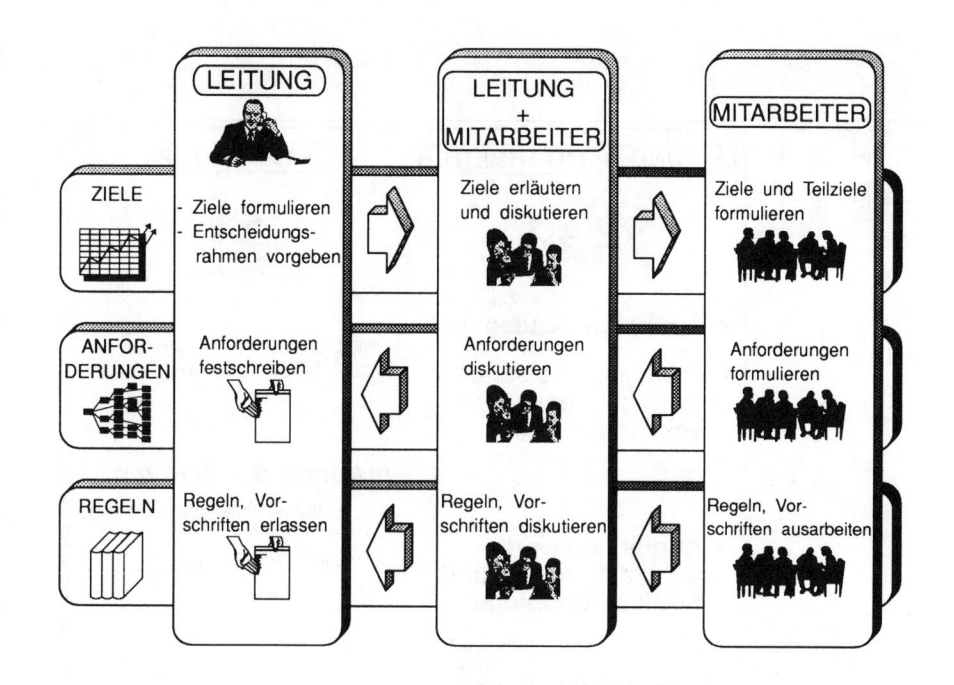

	LEITUNG	LEITUNG + MITARBEITER	MITARBEITER
ZIELE	- Ziele formulieren - Entscheidungsrahmen vorgeben	Ziele erläutern und diskutieren	Ziele und Teilziele formulieren
ANFORDERUNGEN	Anforderungen festschreiben	Anforderungen diskutieren	Anforderungen formulieren
REGELN	Regeln, Vorschriften erlassen	Regeln, Vorschriften diskutieren	Regeln, Vorschriften ausarbeiten

Bild 12: Einführung von Mitarbeiteraudits, Teil 1 (nach Brüninghaus & Drissner)

Es wurde zudem zwischen den Mitarbeitern eine regelmäßige Überprüfung der Erfüllung der Anforderungen in Form von "Internen Audits" vereinbart. Die Durchführung der "Internen Audits" erfolgt seit Beginn welchselseitig zwischen unterschiedlichen Unternehmensbereichen und wird von der Geschäftleitung in Form von Stichproben in größeren Zeitabständen überwacht (Bild 13).

Die Ergebnisse werden nach einem mit den Mitarbeitern vereinbarten Punktesystem ausgewertet. Um den Mitarbeitern einen zusätzlichen Ansporn zu bieten, erhält die Abteilung mit der höchsten Gesamtpunktzahl zum Ende des Jahres eine Prämie in Form eines gemeinsamen Abendessens in einem guten Restaurant.

Natürlich bietet das Punktesystem, das letztendlich mit darüber entscheidet, welche Abteilung zum gemeinsamen Abendessen auf Kosten der Firma gehen darf, ein immer wiederkehrendes Konfliktpotential. Dies führt in dem betrachteten Unternehmen dazu, daß die Mitarbeiter von sich aus wieder über den Sinn der aufgestellten Regeln sprechen und Verbesserungen anregen. So erhält das "Mitarbeiter Audit" eine Eigendynamik, und nichts anderes ist erwünscht. Nur durch den permanenten Wandel bleibt dieses Werkzeug langfristig wirksam!

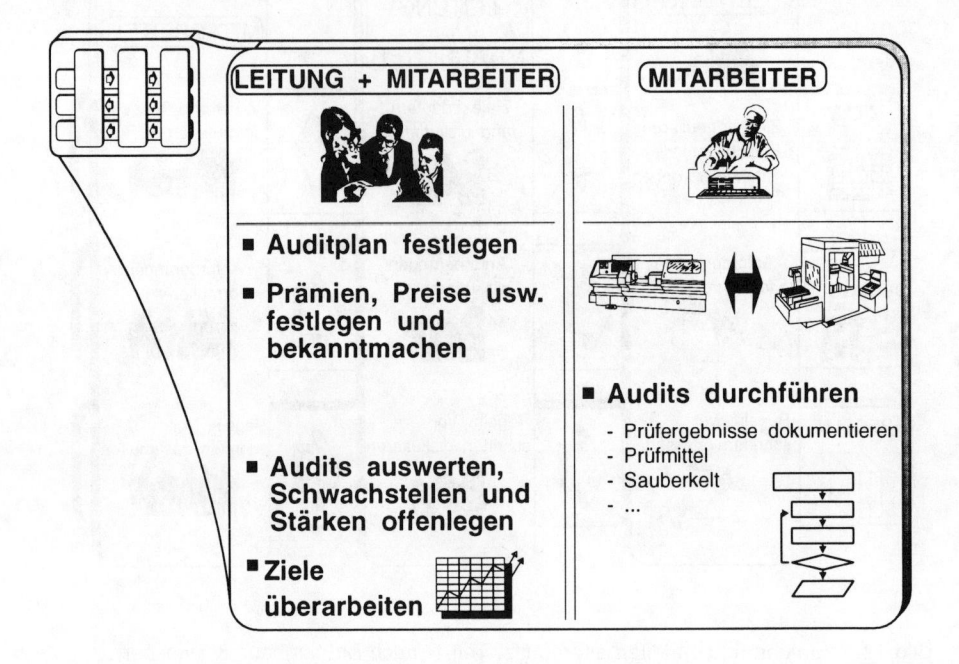

Bild 13: Einführung von Mitarbeiter-Audits, Teil 2 (nach Brüninghaus & Drissner)

Ein positiver Effekt ergibt sich auch aus der Tatsache, daß die "Internen Audits" wechselseitig durchgeführt werden. Alle Mitarbeiter sind dadurch Auditierte und Auditoren zugleich und kennen so die Möglichkeiten, einzelne Anforderungen zu umgehen, sehr genau.

Es läßt sich feststellen, daß durch die gemeinsame Erarbeitung von Audits und Vereinbarung von Anforderungen und Zielen das "Interne Audit" zu einem wertvollen Werkzeug des Qualitätsmanagements geworden ist (Bild 14).

Einführung eines Qualitätsmanagementsystems

Kriterium		Ergebnisse von Audits	
		Stand Juli 92	Stand Febr. 93
quantifizierbare Erfolge	■ Anzahl nicht durch die PMÜ erfaßter Meßmittel	50	2
	■ Anzahl nicht ordnungsgemäß beschrifteter Behälter	10	1
	■ Anzahl nicht ordnungsgemäß ausgeführter Mitarbeiteraufschreibungen	30	4
qualitative Erfolge	■ Verbesserung von Ordnung und Sauberkeit ■ geringere Belastung der Führungskräfte ■ höhere Motivation der Mitarbeiter		

Bild 14: Erzielte Wirkungen durch Mitarbeiter-Audits (nach Brüninghaus & Drissner)

5. Aufwand und Nutzen der Einführung eines Qualitätsmanagementsystems (Beispiel: Fa. Edelmann)

Der Anspruch an alle Maßnahmen im Unternehmen besteht darin, mittel- und langfristig die Wettbewerbsfähigkeit zu verbessern. Vor diesem Hintergrund müssen auch Aufwände für die Einführung von QM-Maßnahmen betrachtet werden. Bild 15 zeigt die Entwicklung von Maßnahmen und deren Ergebnisse in einem erfolgreichen Unternehmen des Maschinenbaus, die durchaus übertragbar sind.

Es zeigt sich, daß häufig keine direkten Abhängigkeiten zwischen einzelnen Maßnahmen z.B. dem Schulungsaufwand und positiven Auswirkungen, z.B. dem Betriebsergebnis, bestehen. Vielmehr sind es eine Vielzahl von Aktivitäten, die in ihrer Gesamtheit häufig mit einem gewissen Zeitverzug zu positiven Auswirkungen, wie z.B. der Senkung des Krankenstands, führen.

An einem Beispiel soll dieser Gedanke vertieft werden:
Im Jahre 1985 wurde im betrachteten Unternehmen begonnen, ein durchgängiges Qualitätsmanagementsystem aufzubauen. Flankiert wurde die Einführung mit einer

beträchtlichen Steigerung der Schulungsmaßnahmen. Die Initiative wurde mit der Intention gestartet, die Fehlerquote deutlich zu senken. Gerade vor dem Hintergrund dieser Zielsetzung wurde intensiv versucht, Fehler und deren Ursachen zu ermitteln. Die Ergebnisse nach den ersten beiden Jahren waren ernüchternd. Die Fehlerquote blieb im ersten Jahr unverändert und stieg dann sogar im zweiten Jahr noch an. Üblicherweise führen derartige Entwicklungen zu einem Abbruch des Projektes. Erst in den darauf folgenden Jahren ergab sich eine deutliche Verringerung der Fehlerquote. Eine spätere Analyse ergab, daß der Anstieg der Fehlerquote auf die konsequentere Fehlerermittlung und -aufdeckung zurückzuführen war. Die anfängliche Fehlerquote spiegelte nicht die Wirklichkeit wider, weil vielfach Fehler von Mitarbeitern nicht gemeldet oder vertuscht wurden. Ein realistisches Bild konnte erst gewonnen werden, als den Mitarbeitern die Tragweite von nicht entdeckten Fehlern bewußt wurde und zudem vermittelt werden konnte, daß die Geschäftsleitung in der Fehlermeldung durch den Mitarbeiter die Chance zur Verbesserung von Prozessen sah.

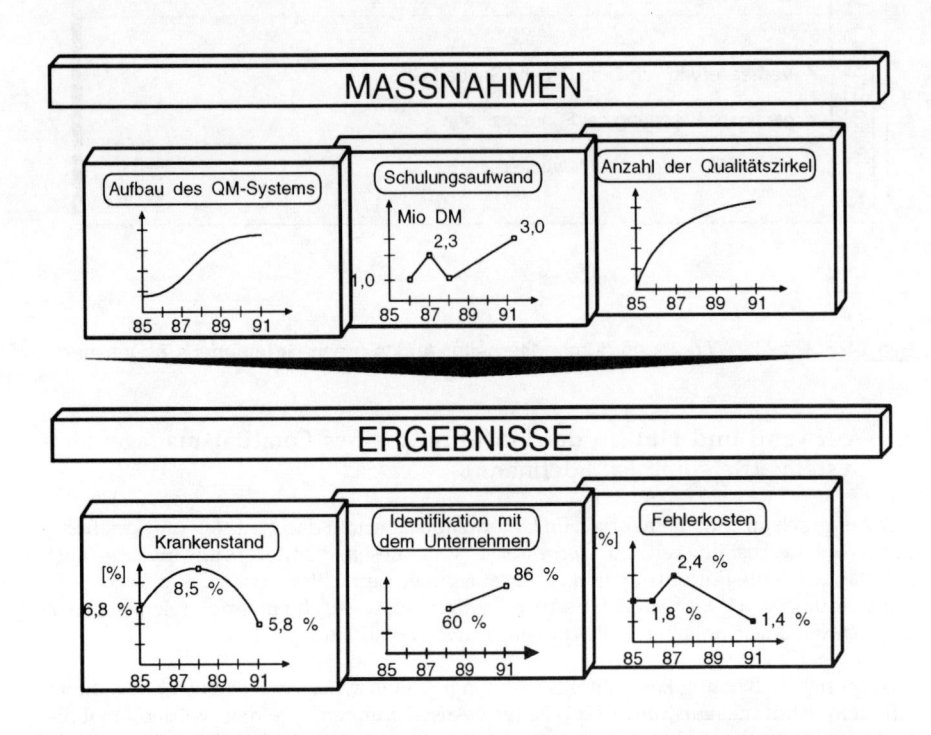

Bild 15: Aufwand und Nutzen der Einführung eines Qualitätsmanagementsystems (nach Edelmann)

Hätte man das Projekt nach den vermeintlich schlechten Ergebnissen abgebrochen, so wäre dies ohne Zweifel eine krasse Fehlentscheidung für das mittelständische

Unternehmen gewesen. Eine in den folgenden Jahren erzielte jährliche Reduzierung der Fehlerkosten um 700.000 DM gibt Mut für weitere Aktivitäten.

An diesem Beispiel wird deutlich, daß sich der Erfolg von Maßnahmen im Bereich des Qualitätsmanagements häufig nicht unmittelbar einstellt. Es läßt sich vielfach auch nicht ein direkter Zusammenhang zwischen einer einzelnen Maßnahme und einem positiven Trend feststellen. Vielmehr sind eine Vielzahl von Aktivitäten erst in ihrem Zusammenwirken Promotoren für eine gewinnbringende Entwicklung.

Die Entscheidung für ein aktives Qualitätsmanagement ist somit eine grundlegende, strategische Weichenstellung für ein Unternehmen, und kann daher nicht z.b. von einem Qualitätsleiter allein getroffen werden, sondern ist ganz klar und eindeutig zunächst eine Herausforderung an die Unternehmensleitung.

6. Zusammenfassung

Eine wichtige Voraussetzung, damit Unternehmen auch zukünftig den gestiegenen Qualitätsforderungen genügen, sind ganzheitliche und unternehmensweit wirksame Qualitätsmanagementsysteme, in denen verstärkt auf aktive, eigen- und mitverantwortliche Mitarbeiter gesetzt wird. Hersteller können ihre Marktposition nur solange aufrechterhalten, wie es ihnen gelingt, die Erwartungen ihrer Kunden nach qualitativ hochwertigen und zuverlässigen Produkten und einem abgesicherten Entstehungsprozeß zu erfüllen. Die diesbezüglichen Aufgaben betreffen die Sicherung der Qualität während des gesamten Produktlebenszyklusses, also von der Kundenforderung über die Phase der Entwicklung, der Produktion und der Nutzung bis hin zum Recycling (**Bild 16**).

Im Rahmen dieses Beitrags wird ein grundlegender strategischer Ansatz zur systematischen Einführung eines Qualitätsmanagementsystems erläutert. Es wird beschrieben, welche wesentlichen Schritte zu dessen Einführung zu durchlaufen und welche Gestaltungsregeln zu beachten sind, damit durch den Aufbau eines Qualitätsmanagementsystems nicht ein zusätzlicher bürokratischer Aufwand entsteht, sondern erkennbarer Nutzen für ein Unternehmen erzielt wird. Anhand von Fallbeispielen wurden konkrete Lösungsansätze für die Einführung vorgestellt und Nutzenaspekte aufgezeigt.

Eine wesentliche Aufgabe besteht darin, jeden Mitarbeiter in die Qualitätsverantwortung einzubeziehen und ihn zur aktiven, eigenständigen Mitarbeit bei der Sicherstellung eines hohen Qualitätsniveaus zu motivieren.

Ziel muß es sein, einen Prozeß der kontinuierlichen Verbesserung einzuleiten. Dies kann nur gelingen, wenn klare, erreichbare Ziele formuliert werden, und der Fortschritt kontinuierlich überwacht wird. Vor diesem Hintergrund kann das vorgestellte **Modell der strukturierten Zielvereinbarungen** einen wertvollen Beitrag leisten, indem es einen festen unternehmensweiten Rahmen für die Weiterentwicklung des Unternehmens bietet. Einzelne Teilziele, wie die Erfüllung der Anforderungen der DIN ISO 9001 oder die Einführung von speziellen Methoden wie FMEA oder QFD lassen sich so wirksam initiieren und umsetzen.

Strategischer Ansatz

- Plan / Act / Do / Check

Q - Ziele
- Organisation
- Mensch
- Technik
- Methode

Fazit

Die Einführung eines QM-Systems setzt voraus:

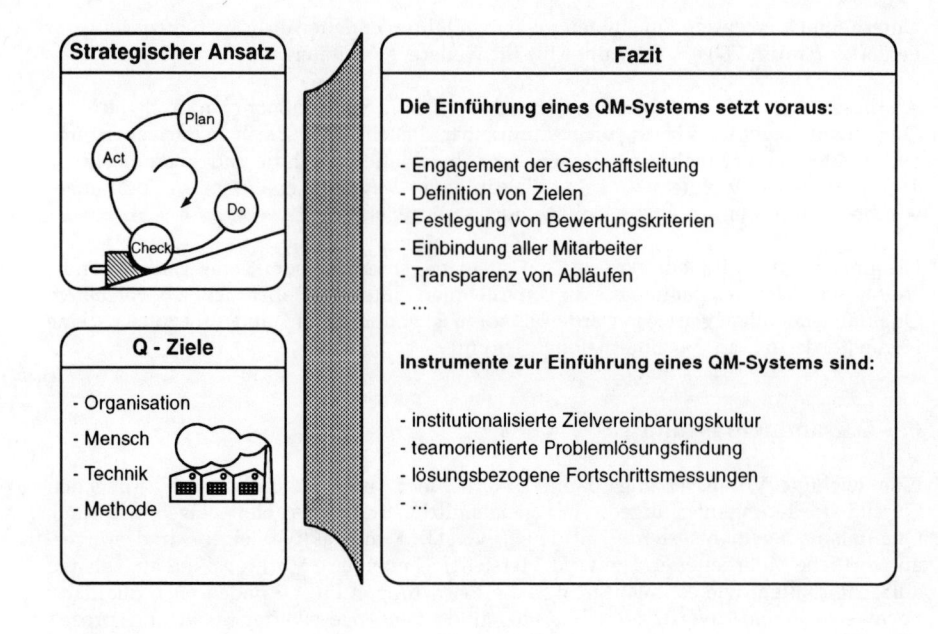

- Engagement der Geschäftsleitung
- Definition von Zielen
- Festlegung von Bewertungskriterien
- Einbindung aller Mitarbeiter
- Transparenz von Abläufen
- ...

Instrumente zur Einführung eines QM-Systems sind:

- institutionalisierte Zielvereinbarungskultur
- teamorientierte Problemlösungsfindung
- lösungsbezogene Fortschrittsmessungen
- ...

Bild 16: Zusammenfassung und Fazit

Es bietet zudem eine Unterstützung, ausgerichtet an klar festgelegten Unternehmenszielen unter Einbeziehung aller Mitarbeiter dezentral an der Weiterentwicklung von Produkten und Entstehungsprozessen zu arbeiten. Damit ist der vorgestellte Ansatz ein wirksames strategisches Managementwerkzeug, das eine stetige Anpassung und einen permanenten Wandel fördert, denn schließlich gilt im besonderen in marktwirtschaftlichen Sytemen:

Nichts ist konstant, nur der Wandel!

Literatur:

[1] Pfeifer, T., Heine, J.; Orendi, G.: Stand der Qualitätssicherung und Handlungsbedarf in Deutschland - Vergleich mit Wettbewerbsnationen; Workshop Qualitätssicherung; Leipzig, 1991

[2] Pfeifer, T.; Heine, J.; Köppe, D.; Lücker, M.; Orendi, G.: Länderspiegel Qualitätssicherung - Empfehlung für Maßnahmen; Carl Hanser Verlag, QZ, 4/91; Seite 201-206, München, 1991

[3] Büchner, U.: Bedeutung der Qualitätssicherung im internationalen Wettbewerb; in: Integration der Qualitätssicherung in CIM. HrsG.: Verein Deutscher Ingenieure; VDI Verlag; Düsseldorf, 1991

[4] Seitz, K.: Die Japanische Herausforderung. Blickpunkt 10/91, o. Verlag, o. Ort, 1991

[5] Pfeifer, T.; Heine, J.; Köppe, D.; Lücker, M.; Orendi, G.: Länderspiegel Qualitätssicherung - Qualitätssicherung in der Bundesrepublik Deutschland; Carl Hanser Verlag; QZ, 3/91; Seite 135-140; München, 1991

[6] Zink, K.J.: Qualität als Herausforderung; in: Zink, K.J.: Qualität als Managementaufgabe; Verlag moderne Industrie; Landsberg/Lech, 1989

[7] Pfeifer, T.; Heine, J.; Herter, K.; Ruegenberg, H.: Was der Produktionsingenieur von der Qualitätssicherung wissen muß; Die Bedeutung der Qualitätssicherung; VDI-Verlag; Düsseldorf (1991)

[8] Leibinger, B.: Der deutsche Maschinenbau im internationalen Wettbewerb - wirtschaftliche und technische Position; Vortrag zum FTK (Fertigungstechnisches Kolloquium) am 1.-2. Oktober 1991 in Stuttgart; Springer Verlag; Berlin, Heidelberg, New York, 1991

[9] Pfeifer, T.; Heine, J.; Orendi, G.: Bedeutung der Qualitätssicherung; Prozeßüberwachung und Qualitätssicherung in der Lasermaterialbearbeitung; FhG-ILT; Aachen, 1991

Mitglieder der Arbeitsgruppe für den Vortrag 1.3

Dr.-Ing. G. Brüninghaus, Fa. Brüninghaus & Drissner, Hilden
Dipl.-Kfm. K.J. Ehrhart, Fa. Carl Edelmann, Heidenheim
Dipl.-Ing. G. Grzonka, Fa. Schlafhorst, Mönchengladbach
Dipl.-Ing. J. Heine, FhG-IPT, Aachen
Dipl.-Phys. H.-P. Jungen, IBM Werk Mainz
Dipl.-Ing. P. Klonaris, WZL, Aachen
Prof. Dr.-Ing. Dr.h.c. T. Pfeifer, WZL/FhG-IPT, Aachen
Dipl.-Ing. Th. Prefi, IPT-FhG, Aachen
Dr.-Ing. H. Rempp, KfK Karlsruhe, Projektträger Fertigungstechnik
Dr.-Ing. G. Schlechtriem, Fa. Scheidt & Bachmann, Mönchengladbach
Dipl.-Ing. N. Schmidt, IPT-FhG, Aachen
Dipl.-Phys. R. Tutsch, IPT-FhG, Aachen
Dr.-Ing. A. Uhlig, Fa. Barmag AG, Remscheid
Prof. Dr.-Ing. E. Westkämper, TU Braunschweig

2 Produktentwicklung

2.1 Produktentwicklung im Verbund - Chancen und Risiken -

2.2 Der Konstruktionsarbeitsplatz der Zukunft - Vom Entwurf zur NC-Programmierung

2.3 Innovative Software-Technologien im Qualitätsmanagement

2.4 Strategien und Verfahren zur Fertigung von Prototypen

2.1 Produktentwicklung im Verbund
- Chancen und Risiken -

Gliederung:

1. Einleitung
2. Zielsetzung für die Produktentwicklung im Verbund
3. Kennzeichen des Entwicklungsverbundes
4. Strategien zur Produktentwicklung im Verbund
5. Wegweiser für Entwicklungspartnerschaften
6. Zusammenfassung

Kurzfassung:

Produktentwicklung im Verbund - Chancen und Risiken -
Die Produktentwicklung umfaßt alle Tätigkeiten von der Umsetzung von Marktanforderungen bzw. Kundenwünschen in ein entsprechendes Pflichtenheft bis zum Produktionsanlauf mit der ersten "Null-Serie". Üblicherweise wird dabei zwischen der Produkt- und der Prozeßgestaltung unterschieden. Die Tätigkeiten zur Produktgestaltung zielen primär auf die funktionale Spezifikation eines Produktes, also auf das "Was" zu produzieren ist, ab. Bei der Prozeßgestaltung steht demgegenüber das "Wie", also die Planung der fertigungstechnischen Realisierung des Produktes im Vordergrund. In einem dynamischen Wettbewerbsumfeld bieten Kooperationen ein großes Potential zur effektiven und effizienten Durchführung der vielfältigen Aufgaben innerhalb der Produktentwicklung. Der Schlüssel zum Erfolg liegt dabei in der zielgerichteten Konfiguration von aufeinander abgestimmten Kooperationen zu einem sog. "Entwicklungsverbund". Damit lassen sich Größenvorteile (Risikostreuung, Lerneffekte,...) mit den Vorteilen flexibler, auf die jeweiligen Kernfähigkeiten ausgerichteter Strukturen kombinieren. Die sich daraus ergebenden Chancen sind allerdings sorgfältig gegen die Risiken abzuwägen, die aus der Produktentwicklung im Verbund resultieren. Trotz der unterschiedlichen Ausprägungen und Randbedingungen von Produktentwicklungen im Verbund, lassen sich erfolgsbestimmende Faktoren identifizieren.

Abstract:

Supplier involvement in product development - opportunities and risks
Product development involves all the activities that lead from the identification of market opportunities or customer requirements to the manufacturing of the first test batch. It is generally distinguished between product- and process-design. Product design is focussed on the functional specifications of the product, i.e. "what" is to be produced. Process design concentrates on realising the manufacturing facilities required to make the product, i.e. the "how" of producing the product. Co-operation with suppliers offers a great potential for increasing the effective and efficient execution of product development activities, and is a determining success factor in a dynamic, competitive environment. The key to successful supplier involvement lies in the systematic configuration of complementary product development skills into a comprehensive product development partnership, combining economies of scale (learning effects, risk splitting...) and scope (customer tailored products, core competences, ...) in a responsive, flexible structure. Systematic supplier involvement enables each company to focus on it's own core competences to pursue differentiation strategies, while specialized partners ensure the efficient provision of non-differentiating activities and thus help to maintain cost proximity with competitors. The opportunities which can be gained by this kind of partnerships have to be carefully balanced against the inherent risks. Notwithstanding the many kinds of co-operative arrangements possible and the different competitive factors influencing the configuration of product development partnerships, the key factors which determine the success of cooperative partnerships can be identified.

1. Einleitung

Der industrielle Wettbewerb ist gekennzeichnet durch die zunehmende Internationalisierung der Märkte bei gleichzeitig starker Segmentierung in inhomogene Käufergruppen. Aus der verschärften Wettbewerbssituation resultiert für das einzelne Unternehmen ein stark erhöhter Innovationsdruck [1]. Der Zwang, anspruchsvolle Kundenwünsche innovativ zu befriedigen, hat daher zu kurzen Technologiezyklen geführt. Gleichzeitig kann eine zunehmende Komplexität der nachgefragten Produkte festgestellt werden. Die notwendig gewordene verstärkte Ausrichtung der Produktion auf spezielle Kundenwünsche hat dazu geführt, die drei für den Markterfolg zentralen Faktoren Kosten, Zeit und Qualität insbesondere als Zielgrößen für die Produktentwicklung zu verstehen.

Untersuchungen haben gezeigt, daß am Markt erfolgreiche Unternehmen heute in allen drei Faktoren gleichzeitig überlegen sind, wobei eine deutliche Überlegenheit in einer Zielgröße angestrebt wird [2]. Wurden also in der Vergangenheit diese Faktoren noch mit wechselnden Prioritäten berücksichtigt, müssen heutzutage alle drei im wechselseitigen Zusammenhang als Kriterien der Produktdifferenzierung betrachtet werden. Produkte zu differenzieren heißt dabei, die eigenen Produkte aus der Sichtweise des Kunden positiv gegenüber denen des Wettbewerbers abzugrenzen. Leitlinie der Produktentwicklung muß also die Beantwortung folgender Frage sein:

"Was bewegt den Kunden, das eigene Produkt gegenüber dem des Wettbewerbers zu bevorzugen und es daraufhin zu kaufen?"

Vor diesem Hintergrund hat sich die Bedeutung der Erfolgsfaktoren parallel zur wirtschaftlichen Entwicklung im Laufe der Zeit in Richtung umfassender Begriffe gewandelt (Bild 1).

Kostenminimierung war und ist das klassische Ziel produzierender Unternehmen. Geringe Kosten können in Form niedriger Preise als plausibelstes Differenzierungskriterium in Wettbewerbsvorteile am Markt umgesetzt werden. Der Schwerpunkt lag dabei zunächst auf der reinen Aufwandsbetrachtung, wofür zunächst die variablen Kosten, im Zuge des sich verschärfenden Wettbewerbs später Gesamtkosten betrachtet wurden. Zur Unterstützung unternehmerischer Entscheidungen wurden ab Mitte der '80er-Jahre sog. "Opportunitätskosten" zur Quantifizierung der entgehenden Deckungsbeiträge nicht gewählter Handlungsalternativen mit einbezogen. In jüngster Zeit gewinnen im Zuge der ganzheitlichen Betrachtung wertschöpfender Leistungsprozesse Kosten für die Systemintegration sowie die internen und externen Transaktionen verstärkt an Bedeutung.

Qualität als Wertmaßstab für die Funktionserfüllung bzw. die Zuverlässigkeit ist seit den '70er-Jahren mehr und mehr zur Selbstverständlichkeit geworden. Heutzutage wird der Qualitätsbegriff auf die sog. "Totale Produktqualität" ausgedehnt [3]. Hiermit wird die Zufriedenheit des Kunden mit dem Produkt insgesamt, d. h. auch in bezug auf vom ihm subjektiv empfundene Merkmale, wie z.B. dem Produktimage, beschrieben. Für die nahe Zukunft zeichnet sich eine weitere Ausdehnung des Qualitätsbegriffs über das Produkt hinaus ab. Hierbei ist festzustellen, daß neben der reinen

Differenzierung über Produktmerkmale hinaus eine Kundenzufriedenheit durch umfassende Serviceleistungen angestrebt wird. Flankierende marktseitige Dienstleistungen, von der Finanzierung bis zur Wartung und Instandhaltung, werden somit insbesondere bei anspruchsvollen Produkten verstärkt als Differenzierungskriterium eingesetzt.

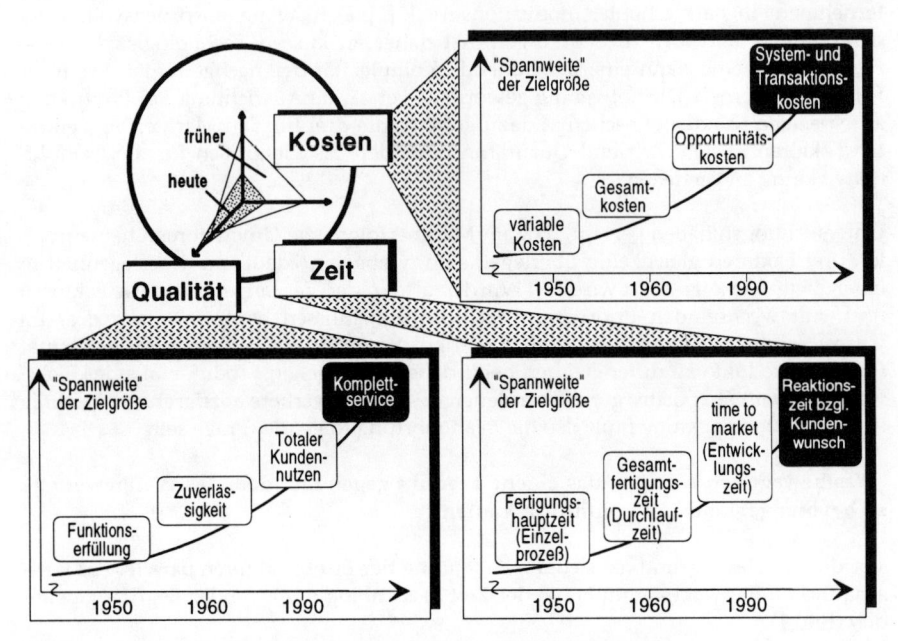

Bild 1: Kriterien zur Produktdifferenzierung im Wandel der Zeit

Die Zeit wurde bis in die '80er-Jahre als untergeordnetes Erfolgskriterium der Kosten betrachtet. Solange meßbaren Fertigungszeiten klar definierte Stundensätze gegenübergestellt werden konnten, waren Kosten praktisch die monetär quantifizierte Zeit. Aufgrund des erhöhten Innovationsdrucks hat die Entwicklungszeit dann als Differenzierungskriterium verstärkt an Bedeutung gewonnen. "Nicht der Beste und Billigste wird überleben, sondern der Schnellste" [4]. Dabei ist nicht allein das Durchsetzen höherer Preise als erster Anbieter am Markt erfolgsentscheidend. Im Zuge verkürzter Produktlebensdauern wird die Amortisation der Entwicklungsaufwände bei verspäteter Markteinführung insgesamt in Frage gestellt. In Zukunft wird die Reaktionszeit auf den Kundenwunsch zum wettbewerbsentscheidenden Kriterium werden.

Die gezeigte Veränderung des Wettbewerbsumfelds führt zu erheblich steigenden Risiken bei der Produktentwicklung. Das Entwicklungsrisiko setzt sich aus dem technologischen Risiko, dem Marktrisiko und dem damit eng verknüpften Finanzierungsrisiko zusammen. Das technologische Risiko beschreibt die Unsicherheit darüber, ob eine neue Produkt- oder Prozeßtechnologie überhaupt funktioniert und ob diese realisiert werden kann. Das Finanzierungsrisiko ergibt sich durch die verkürzten Entwicklungszeiten bei gleichzeitig verkürzten Produktlebensdauern. Neben dem steigenden

Aufwand für die höhere Produktkomplexität erfordern kürzere Entwicklungszeiten darüber hinaus zunächst pro Zeiteinheit einen höheren Entwicklungsaufwand. Durch die verkürzten Produktlebensdauern steht dann ein kürzerer Zeitraum zur Verfügung, um den Entwicklungsaufwand zu amortisieren. Zur Verringerung des Marktrisikos muß daher von vornherein eine breite Marktakzeptanz für die entwickelten Produkte vorliegen.

Das Spannungsfeld des Marktes, in dem die Unternehmen operieren erfordert somit die Verfolgung zweier gegenläufiger Strategien [5]. Die erfolgreiche Plazierung hochtechnisierter Produkte ist abhängig von einer konsequenten zeit-, ressourcen-, kosten- und know-how-intensiven Qualitätssicherung. Diese setzt "beruhigte" Produktentwicklungsprozesse ohne Zeitdruck voraus (Safe-to-market). Andererseits zwingt der Verdrängungswettbewerb die Unternehmen, ihre Produkte schneller und innovativer als der Wettbewerber am Markt zu plazieren. Voraussetzung hierfür ist jedoch eine überdurchschnittliche Beschleunigung der Produktentwicklungszeiten (Fast-to-market).

Infolge dieses Zieldilemmas werden hohe Anforderungen an eine effektive und effiziente Produktentwicklung gestellt. Einerseits müssen die Entwicklungsaufwände pro Zeiteinheit gesteigert werden, andererseits die damit verbundenen erheblichen Risiken minimiert werden. Dafür bietet die Zusammenarbeit mit externen Partnern im sog. Entwicklungsverbund ein großes Potential.

2. Zielsetzung für die Produktentwicklung im Verbund

Die Leistungsfähigkeit eines Unternehmens bezüglich der Produktentwicklung, die sog. "F&E-Kompetenz", wird üblicherweise zunächst an dem im Unternehmen vorhandenen Produkt- und Prozeß-Know-how gemessen. Dieses Know-how kann in Form von existierenden Produkten und Prozessen umgesetzt worden sein, es kann sich aber auch um neue, zunächst noch theoretische Kenntnisse handeln. Bisher zu wenig beachtet wurde das Know-how über die Produktentwicklung als Geschäftsprozeß innerhalb des Unternehmens. Gemeint ist hiermit die effektive, eng an der Wertschöpfung orientierte und damit effiziente Ablaufgestaltung.

Know-how-Träger ist in jedem Fall der Mensch, der als Einzelperson und organisiert in Teams wesentlich zum Erfolg der Produktentwicklung beiträgt. Kompetenz beinhaltet also mehr als die rein quantitative Entwicklungskapazität, die beispielsweise in Form von Ingenieurstunden gemessen werden kann. Ebenso wie die rein quantitative Personalkapazität tragen die allgemeinen Ressourcen, im wesentlichen also Anlagen (z.B. EDV-Systeme) und Einrichtungen (z.B. Prüfstände) zur Unterstützung konkreter Entwicklungsaufgaben sowie finanzielle Mittel zur erfolgreichen Produktentwicklung bei.

Die F&E-Kompetenz ist also als eine zentrale Stellgröße für eine wettbewerbsfähige Produktentwicklung zu sehen. Für jedes Unternehmen muß sich diese Kompetenz mit dem Kapazitätsbedarf, der sich aus den Marktanforderungen ableitet, qualitativ und quantitativ sowie mit den diversen Risiken im Gleichgewicht befinden. Nur wenn dieser Zustand erreicht ist, kann die Wettbewerbsposition gehalten werden (Bild 2). Ein Verkürzen der Entwicklungszeit muß mit einer Erhöhung der F&E-Kompetenzen einhergehen, da sich ansonsten die Wettbewerbsposition deutlich verschlechtert. Die gleiche Forderung ergibt sich aus der steigenden Notwendigkeit zur Produktdifferenzierung.

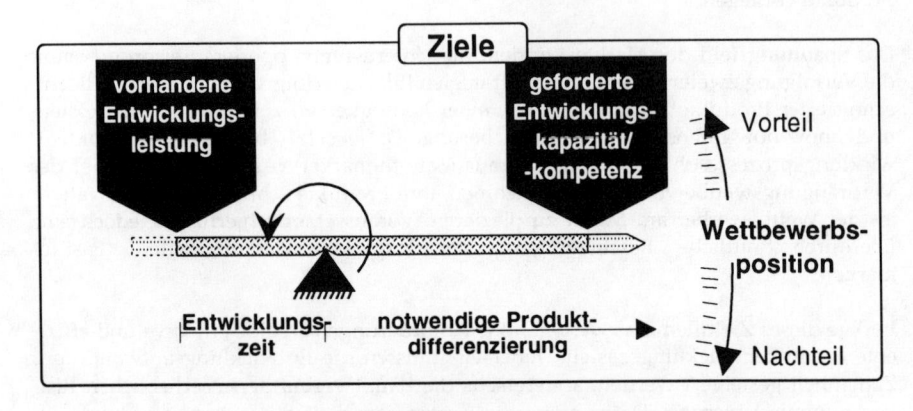

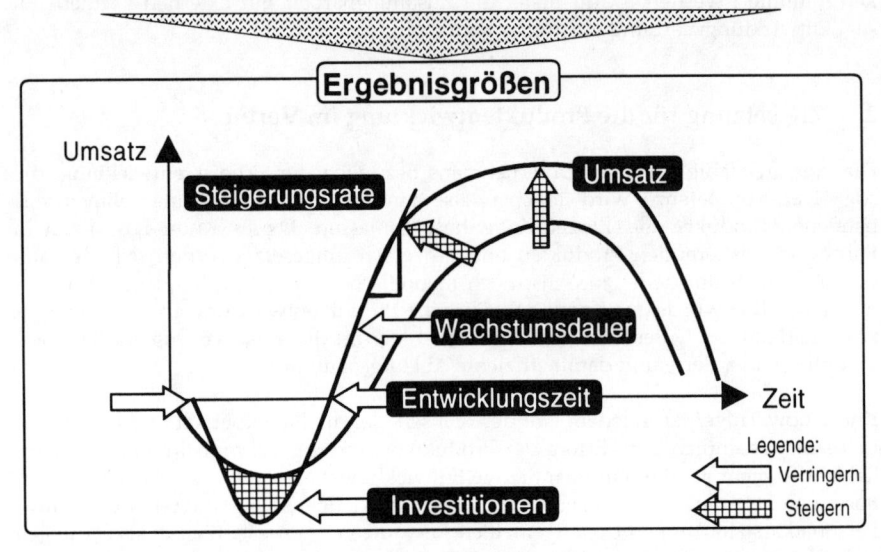

Bild 2: Ziele und Ergebnisgrößen für die Produktentwicklung

Zielsetzung für jede Zusammenarbeit bei der Produktentwicklung muß die positive Beeinflussung der Erfolgsfaktoren Zeit, Kosten und Qualität im Sinne der Kundenzufriedenheit sein.

Zeitvorteile: Der Entwicklungsprozeß soll durch die Teilung und zeitparallele Bearbeitung einzelner Aufgaben verkürzt werden, um durch längere Marktbeobachtung kundenorientiert produzieren oder um als Marktpionier Umsatzvorteile erzielen zu können.

Kostenvorteile: Durch die Inanspruchnahme externer Entwicklungsleistung können unmittelbar Kostenvorteile erzielt werden, wenn spezialisierte Partner günstigere Kostenstrukturen aufweisen. Diese ergeben sich unmittelbar durch verringerte Overhead-Kosten und die Nutzung von Synergieeffekten in Folge von Mehrfachkooperationen. Mittelbar werden Kostenvorteile durch verringerte Investitionen erzielt, also Kapitalkosten reduziert.

Qualitätsvorteile: Durch die Zusammenarbeit mit externen Partnern kann zielgerichtet notwendiges Produkt- oder Prozeßwissen erworben werden, um eigene Fähigkeiten zu ergänzen und somit die Anforderungen nach totaler Produktqualität erfüllen zu können. Der Know-how Erwerb aus unterschiedlichen Quellen muß im Hinblick auf die im eigenen Unternehmen zu entwickelnde Systemkompetenz aufeinander abgestimmt werden.

Die Erreichung der Zielsetzung muß sich in entsprechenden Ergebnisgrößen niederschlagen. Diese Ergebnisgrößen betreffen im einzelnen:

- Die Wachstumsdauer,
- das Umsatzwachstum (absolut) und die
- Investitionsrate.

Ob und in welcher Form die Zusammenarbeit mit Partnerunternehmen notwendig ist, läßt sich anhand des Wettbewerbsdrucks feststellen, durch den die Entwicklungsstrategie des Unternehmens bestimmt ist. Die Notwendigkeit zur Steigerung der Entwicklungskompetenz kann sich in Abhängigkeit der durch die Faktoren Opportunitätskosten und Entwicklungsrisiko bestimmten Entwicklungsstrategie des Unternehmens ergeben (Bild 3) [6].

Die Opportunitätskosten beschreiben die Umsatzanteile, die aufgrund eines verspäteten oder verhinderten Markteintritts nicht erzielt werden können. Somit wird die Dringlichkeit der zeitlichen Beschleunigung der Produktentwicklung monetär quantifiziert. In dem Portfolio von Opportunitätskosten und Entwicklungsrisiko lassen sich drei signifikante Entwicklungsstrategien unterscheiden.

Crash-Programm: Ein starker Wettbewerber ist bereits auf dem Markt präsent. Daher ist eine Konzentration auf die vorhandenen Fähigkeiten notwendig. Fehlendes Knowhow sollte im Zuge klassischer Lieferantenbeziehungen zugekauft werden. Mittelfristig muß entschieden werden, ob die fehlenden Kompetenzen als Kernkompetenzen im eigenen Unternehmen aufzubauen sind.

hoch

Opportunitätskosten

Crash-Programm
=> Schnellster Markteintritt
als Follower

Zukauf:
Kapazitäts-/ und
Kompetenzausgleich

Schrittweise Innovation
=> Weiterentwicklung

Vertikale Kooperation:
Ergänzen von
Randkompetenzen

Quantensprung
=> Technologievorsprung
erreichen

Horizontale und vertikale
Kooperation:
Aufbau von Produkt- und
Prozeß-Know-how

niedrig

niedrig   **Entwicklungsrisiko**   hoch

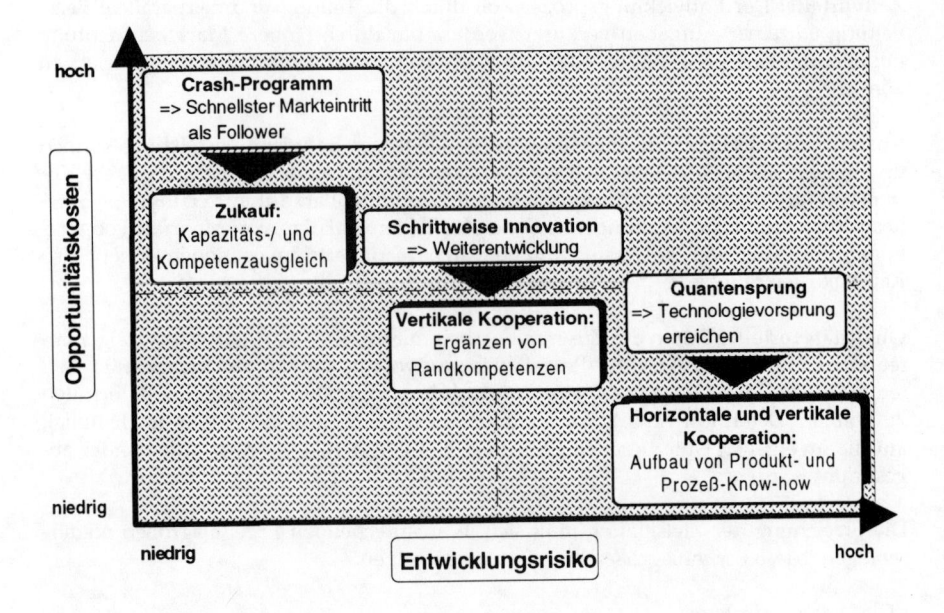

<u>Bild 3:</u>   Kooperationsbedarf in Abhängigkeit der Entwicklungsstrategie
        (nach: Wildemann)

Schrittweise Innovation: Ein signifikanter Technologiesprung wurde bereits mit dem Vorgängermodell realisiert, so daß wichtige Marktanteile bereits erobert sind. Ziel ist die Weiterentwicklung des Produktes in Richtung kundenspezifischer Varianten. Kooperiert werden sollte dabei vornehmlich in vertikaler Richtung, um neue Märkte zu erschließen und den Kundennutzen durch Zusammenarbeit mit den Abnehmern zu erhöhen.

Quantensprung: Die niedrigen Opportunitätskosten weisen daraufhin, daß der potentielle Markt von der Konkurrenz noch nicht entdeckt ist. Kooperationen in Kerngebieten dienen dazu, notwendiges Know-how aufzubauen. Das Motiv der Risikoteilung kommt wegen der großen Unsicherheit hier ebenfalls verstärkt zum tragen.

Der Aufbau von Entwicklungspartnerschaften aufgrund der Entwicklungsstrategie eignet sich also im wesentlichen für mittel- bis langfristige Projekte. Von potentiellen Entwicklungspartnern sollten langfristig nur Randkompetenzen, also Kompetenzen, die nicht zu den eigenen Kernkompetenzen zählen, im Unterauftrag ergänzt werden. Deswegen ist in jedem kooperationsbereiten Unternehmen die Identifikation der eigenen Kernkompetenzen notwendig, aufgrund derer eine Produktdifferenzierung möglich ist.

Produktentwicklung im Verbund 2-11

3. Kennzeichnung des Entwicklungsverbunds

Bei der Zusammenarbeit mit externen Partnern lassen sich drei Fälle unterscheiden, wobei sich branchenunabhängig ein klarer Trend weg von der "klassischen" Lieferantenbeziehung hin zur Entwicklungspartnerschaft abzeichnet (Bild 4). Die Entwicklungsleistung durch Zulieferer nimmt anteilig an dem gesamten Wertschöpfungsaufwand zu.

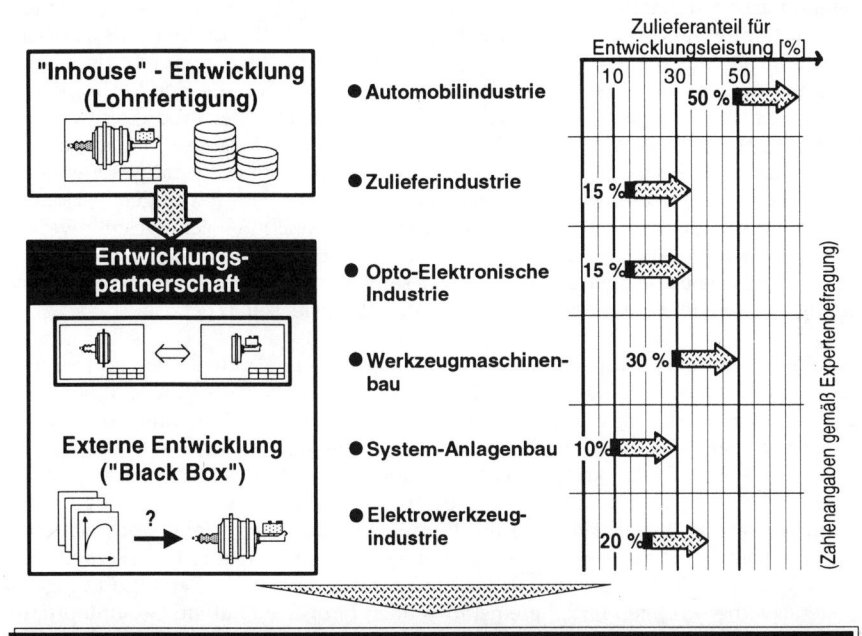

Bild 4: Formen der Zusammenarbeit

Bei der "klassischen" Lieferantenbeziehung wird von den Zulieferern keinerlei Entwicklungsleistung erbracht. Jeder Zulieferer fertigt entsprechend den exakten Vorgaben des Auftraggebers und fungiert somit im wesentlichen als verlängerte Werkbank. Im Bereich der Norm- und Katalogteile kauft der Auftraggeber die Entwicklungsleistung praktisch "von der Stange". Dieser vom Standpunkt des Auftraggebers als "Inhouse"-Entwicklung zu bezeichnende Fall beschreibt also eine Extremposition und wird an dieser Stelle nur der Vollständigkeit halber aufgeführt.

Die konträre Extremposition liegt vor, wenn eine Komponente oder ein System vollständig von einem Systemlieferanten entwickelt wird. Der Auftraggeber betrachtet in diesem Fall die Zulieferleistung als "black-box". Neben der zu erfüllenden Systemfunktion werden lediglich der Einbauraum und die angrenzenden Schnittstellen vorgegeben. Obwohl die Entwicklungskompetenz des Systemlieferanten auf diese Weise zielgerichtet genutzt werden kann, besteht die Gefahr, daß nur eine suboptimale Gesamtlösung entwickelt wird. Aufgrund der lösungseinschränkenden Strukturierung in Einbauräume werden wesentliche Freiheitsgrade für optimale Systemlösungen bereits im Vorfeld festgeschrieben. Zeit- und Kostenpotentiale durch integrierte Lösungen werden nicht realisiert.

Die Nachfrage nach F&E-Kompetenz von externen Unternehmen erfolgt deswegen zunehmend im Rahmen von Entwicklungspartnerschaften. Auftraggeber und Systemlieferant arbeiten bereits in frühen Phasen eng verzahnt zusammen. Ausgangspunkt für die Konfiguration der Entwicklungspartnerschaft ist die funktionale Gliederung des Endproduktes durch den Auftraggeber (Primärhersteller), wodurch die Strukturierung der Entwicklungsaufgabe ohne negative Einschränkung der Lösungsräume ermöglicht wird. Die partnerschaftliche Zusammenarbeit bei der Produktentwicklung ist dann gekennzeichnet durch vielfältige Kontakte der relevanten Mitarbeiter aller Partnerfirmen. Die dabei für den Erfolg der Zusammenarbeit notwendige Offenheit in allen technischen Fragestellungen setzt voraus, daß die vom jeweiligen Partner erbrachte Leistung akzeptiert und fair honoriert wird. Dazu muß sichergestellt werden, daß die Partnerfirmen in jeder Hinsicht zueinander passen. Neben fundamentalen und strategischen Anforderungen muß insbesondere der "kulturelle Fit", d. h. das Zusammenpassen der Unternehmenskulturen, gewährleistet sein [7].

Für die fundamentale und strategische Übereinstimmung potentieller Partner muß überprüft werden, ob Angebot und Nachfrage nach Entwicklungsleistungen durch Zusammenarbeit zur Deckung gebracht werden können. Eine fundamentale Übereinstimmung liegt vor, wenn der potentielle Partner über alle Entwicklungskompetenzen verfügt, die für die konkrete Problemstellung erforderlich sind. Eine strategische Übereinstimmung liegt vor, wenn der potentielle Partner eine gleichwertige Unternehmensstrategie im Hinblick auf die Produktentwicklung verfolgt und nicht etwa die Entwicklungskooperation als Vorstufe zur Akquisition betreibt. Außerdem muß der beiderseitige Wille vorliegen, die Ziele Kostenminimierung, Zeitverkürzung und Qualitätsverbesserungen mit übereinstimmenden Prioritäten auf ein Gesamtoptimum hin zu verfolgen.

Als praktische Hilfestellung für diese Überlegungen kann das im Bild 5 gezeigte Portfolio dienen, dem die Beschreibung der Entwicklungsaufgabe anhand der Kriterien "Aufgabenbereich" und "Aufgabenumfang" zugrunde liegt. Die Aufgabenbereiche umfassen die vollständige Produktentwicklung, beginnend bei der Erfassung und Umsetzung von Marktanforderungen in ein Pflichtenheft. Der Anteil der reinen Entwicklungsleistung an der zugelieferten Komponente nimmt in Richtung der logistischen Aufgabenstellungen für den Produktionsanlauf ab. Der quantitative Aufgabenumfang wird entsprechend der Gliederung des Produkts in Module, Systeme, Komponenten und Einzelteile charakterisiert.

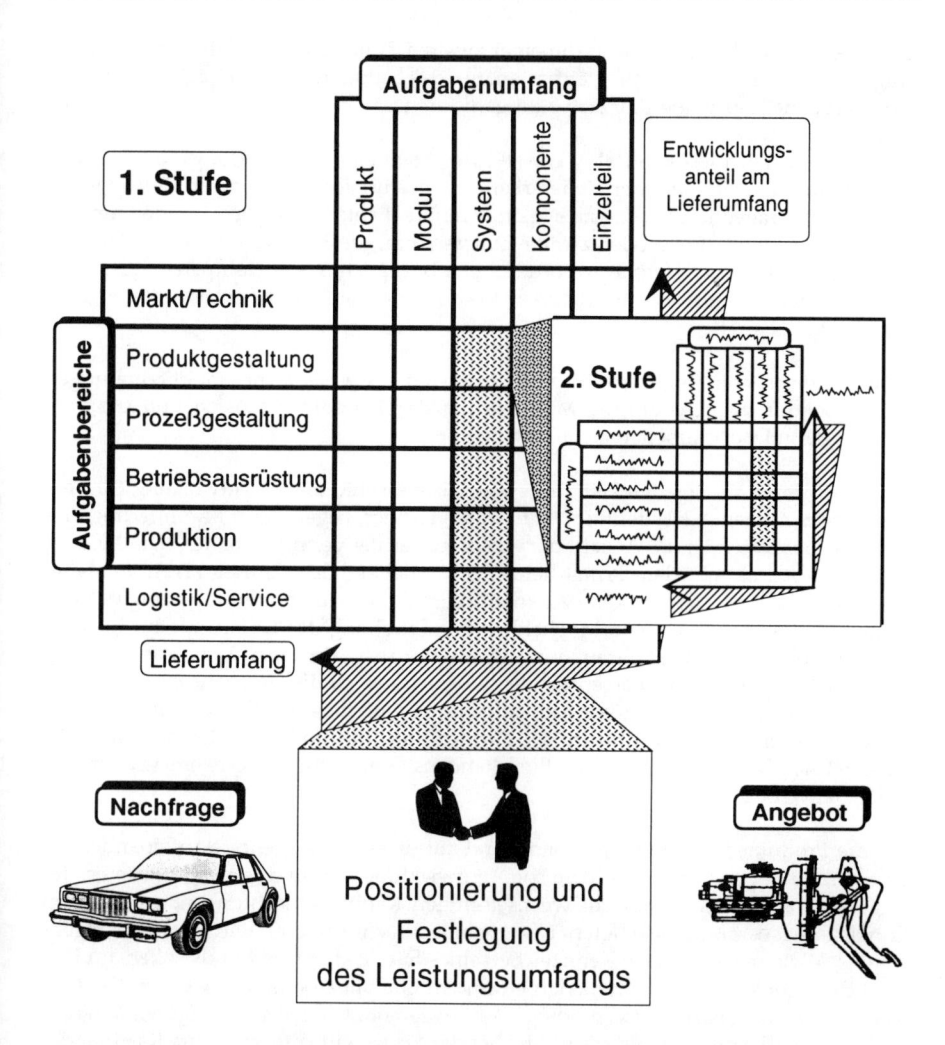

Bild 5: Abgleich von Angebot und Nachfrage von Entwicklungsleistungen

Für das Beispiel der Automobilentwicklung stellt sich das Portfolio gemäß Bild 5 dar. Der Nachfrager nach Entwicklungsleistung, in diesem Fall der Automobilhersteller, beschreibt mit Hilfe des Portfolios die einzukaufende Entwicklungsleistung, im gezeigten Beispiel für das komplette Bremssystem eines neuen Automobils. Durch einen oder mehrere potentielle Entwicklungspartner muß diese Nachfrage abgedeckt werden. Im gezeigten Beispiel übernimmt ein Bremssystemhersteller - als Systemlieferant der ersten Stufe - den vollem Entwicklungsumfang für dieses System, von der Produktgestaltung bis zur Just-in-time-Lieferung des endmontierten Bremssystems. Dadurch ist jedoch nicht festgeschrieben, daß der Bremssystemhersteller die angebotene Leistung auch tatsächlich selbst voll ausführt.

Der Bremssystemhersteller kann - in einer zweiten Zulieferstufe - wiederum als Nachfrager für Entwicklungsleistung auftreten, um das benötigte Entwicklungs-Know-how bzw. fehlende Kapazitäten für sich zu organisieren.

Das gezeigte Portfolio kann also von jedem potentiellen Entwicklungspartner dazu genutzt werden, sich in einer Zulieferkette zu positionieren und die zu erbringende bzw. nachzufragende Leistung zu spezifizieren. Je dichter die eigene Position am Primärhersteller liegt (Erste oder zweite Zulieferstufe), desto größer ist der Lieferumfang. Daraus resultieren hohe Anforderungen bezüglich Systemkompetenz und dem daraus gegebenenfalls sich ergebenden Koordinationsaufwand für die unteren Ebenen der Zulieferkette.

Beim Abgleich von Angebot und Nachfrage sind als wesentliche Randbedingungen die Prozeßdurchgängigkeit, die Minimierung der Transaktionskosten und die Vermeidung von Doppelarbeiten zu beachten.

Um eine Prozeßdurchgängigkeit zu gewährleisten, sollte die Verantwortung für eine bestimmtes System klar definiert bei einem Partner liegen. Zur Minimierung der Transaktionskosten ist die Anzahl der Ansprechpartner gering zu halten. Die Motivation für die direkt mit dem Primärhersteller kooperierenden Partner, als Systemlieferanten den Rest der Zulieferkette zu koordinieren, muß durch die Vergütung der Koordinationsleistung bzw. eine Möglichkeit zur Erhöhung des Lieferumfangs begründet werden. Außerdem ist darauf abzuzielen, langfristig vertrauensvolle Partnerschaften zu entwickeln, um für Folgeprojekte den Aufwand für die Geschäftsanbahnung zu begrenzen. Zur Vermeidung von Doppelarbeiten muß die operative Zusammenarbeit der Entwickler und Konstrukteure der Partnerfirmen methodisch unterstützt werden. Es bietet sich an, die Methoden des Simultaneous Engineering unternehmensübergreifend anzuwenden.

Für die Produktentwicklung insgesamt sind auf diese Weise mehrere aufeinander abgestimmte Kooperationen zu einem sog. "Entwicklungsverbund" zu konfigurieren. Im Gegensatz zu Unternehmen mit wechselseitigen Kapitalverflechtungen, sind die im Entwicklungsverbund beteiligten Unternehmen rechtlich und wirtschaftlich eigenständig. Weitere wesentliche Kennzeichen eines Entwicklungsverbunds sollen am Beispiel der kooperativen Zusammenarbeit im Automobilbau erläutert werden (**Bild 6).** Als Entwicklungspartner treten dabei ein Automobilhersteller, ein Systemlieferant und ein Betriebsmittelausrüster auf, die bei der Entwicklung einer neuen Karrosserievariante zusammenarbeiten.

Als wesentliche Merkmale für einen erfolgreichen Entwicklungsverbund sind zunächst übereinstimmende Ziele und komplementäre Potentiale zu nennen. In diesem Fall möchte BMW als zusätzliches Produktmerkmal ein Doppeldeckelschiebedach anbieten, um spezielle Käufergruppen anzusprechen. Webasto als Systemlieferant verfügt über das notwendige Know-how und die notwendigen Kapazitäten und ist daran interessiert, dieses Know-how weiter auszubauen, um es gegebenenfalls auch für andere Auftraggeber zu nutzen. Da wegen der Kopierempfindlichkeit des Produkts "Schiebedach" ohnehin nur ein auf die Modellreihe bezogener Wettbewerbsvorteil zu erwarten ist, ist diese Zielsetzung des Lieferanten durchaus mit der des Auftraggebers vereinbar. BMW ist an einem zusätzlichen Differenzierungskriterium für eine Modellreihe interessiert und bei einem Erfolg ist mit der raschen Nachahmung durch Wettbewerber zu rechnen. Aus diesem Grund ist der langfristige Aufbau entsprechenden Know-hows und der dazugehörigen Kapazitäten uninteressant. Aus dem gleichen Grund kann vom Systemzulieferanten ausgeschlossen werden, daß die Kooperation seitens des Herstellers zum Know-how Erwerb mit dem langfristigen Ziel der Unabhängigkeit vom Lieferanten betrieben wird.

Primärhersteller
BMW
"5er Touring"

Eigenständige Partner
Übereinstimmende Ziele
Komplementäres Potential
Teilbarer Nutzen
Teilbares Risiko

Systemlieferant
Webasto
Schiebedach

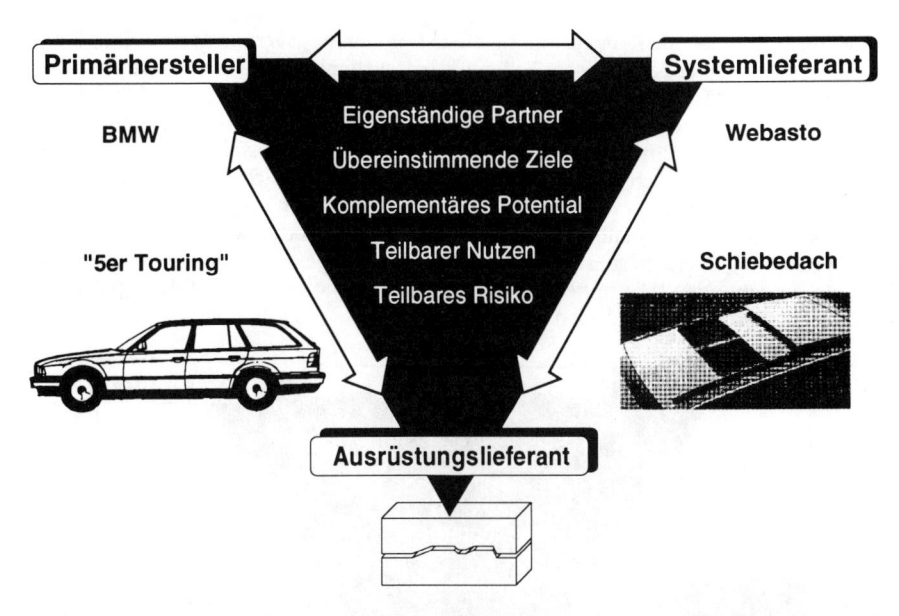

Ausrüstungslieferant

Bild 6:   Kennzeichen eines Entwicklungsverbunds: Beispiel Automobilentwicklung

Erfolgsentscheidend für die operative Zusammenarbeit im Entwicklungsverbund ist dann, daß sowohl Nutzen als auch Risiken klar und fair zwischen den Partnern geteilt werden können. Nutzenteilung bedeutet primär die aufwandsbezogene Aufteilung der erzielbaren Gewinne. Bei der Risikoteilung müssen Finanzierungs-, Markterfolgs- und technische Risiken unterschieden werden. Durch eine geeignete Preisfindung im Rahmen der Vertragsgestaltung müssen beide Problempunkte im Zusammenhang geregelt werden.

Im gezeigten Beispiel ist ein Werkzeuglieferant als dritter Partner in den Verbund mit eingebunden. Zwischen ihm und dem Systemlieferanten besteht die gleiche Art von Beziehung wie zuvor zwischen BMW und Webasto beschrieben. Der Primärhersteller tritt jedoch in diesem Fall nur mittelbar für den Werkzeugbauer in Erscheinung, da die Werkzeugkosten von Webasto zu 100% durch BMW bezahlt werden. Damit übernimmt BMW einen maßgeblichen Teil des Finanzierungsrisikos von Webasto.

Zur Entwicklung eines Teilsystems, das zur marktseitigen Produktdifferenzierung nicht geeignet ist, können in dem Entwicklungsverbund durchaus auch Konkurrenten zusammenarbeiten. Als Motivation steht hierbei vor allem die Risikoteilung auf Seiten der Entwicklungspartner im Vordergrund. Möglich wird diese Zusammenarbeit dann, wenn potentielle Kunden in den angestrebten Marktsegmenten eine vom Wettbewerber abgegrenzte Systementwicklung nicht honorieren und ihre Kaufentscheidungen somit hiervon nicht beeinflußt werden.

Ein weiteres Beispiel zur Kennzeichnung eines Entwicklungsverbunds ist in Bild 7 gezeigt. Primärhersteller ist in diesem Fall ein Bremssystemhersteller, der in Zusammenarbeit mit einem Hersteller von Elektronikkomponenten ein ABS-System (Anti-Blockier-System) entwickelt hat. Da das ABS-System insgesamt eine Sicherheitskomponente ist, muß der Primärhersteller, der die Betriebs- und Ausfallsicherheit des Aggregats verantwortet, auch den Produktionsprozeß einschließlich der Herstellung der ECU-Einheit (Electronic Control Unit) beim Systemlieferanten direkt überwachen und beeinflussen können. Deshalb wird in diesem Fall der Produktionsausrüster für die ECU-Herstellung in einem sehr frühen Stadium des Entwicklungsprozesses mit in den Verbund eingebunden. Die mittelbare Einflußnahme, wie bei der im Bild 6 gezeigten Zusammenarbeit, reicht für diesen Fall nicht aus.

| Primärhersteller | | Systemlieferant |

Eigenständige Partner
Übereinstimmende Ziele
Komplementäres Potential
Teilbarer Nutzen
Teilbares Risiko

ABS-System mit integrierter Elektronik

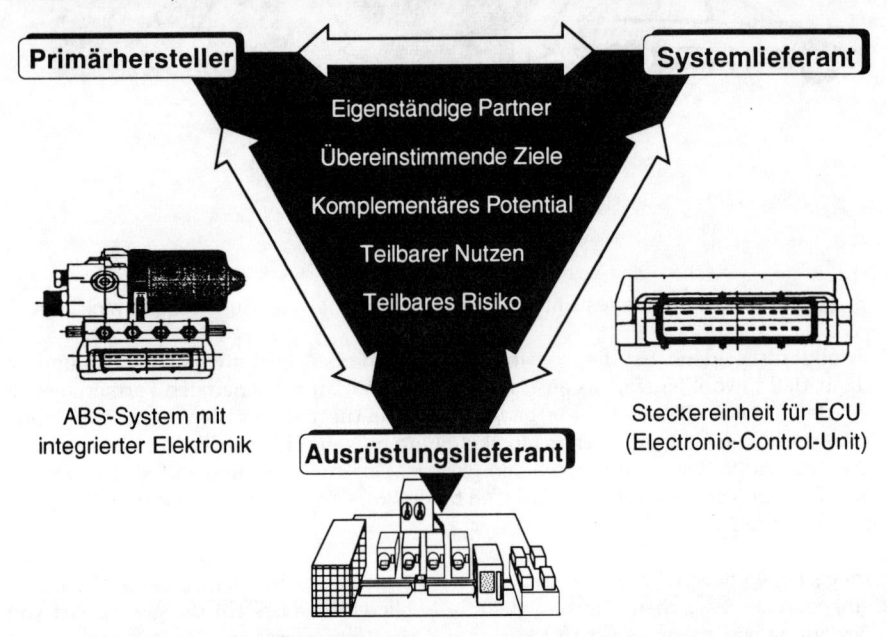

| Ausrüstungslieferant |

Steckereinheit für ECU (Electronic-Control-Unit)

Bild 7: Kennzeichen eines Entwicklungsverbunds: Beispiel Komponentenentwicklung (nach: ITT-TEVES)

Die kooperative Zusammenarbeit eigenständiger Unternehmen bei der Produktentwicklung bietet die Möglichkeit, steigenden kunden- bzw. marktseitigen Qualitätsansprüchen gerecht zu werden. Die besondere Chance liegt dabei in der Kombination von Kosten- und Zeitvorteilen, die mit alternativen Strategien, wie der Unternehmensakquisition oder dem Ausbau vorhandener Kompetenzen, nicht erreichbar sind (Bild 8). So bietet sich für den Primärhersteller die Möglichkeit, sich auf die jeweiligen Kernkompetenzen zur Entwicklung marktseitig unterscheidbarer Produktmerkmale zu konzentrieren. Als Kernkompetenz ist darüber hinaus die Fähigkeit zu bewerten, Teilsysteme zu einem Gesamtsystem zu integrieren. Die dazu benötigten Randkompetenzen werden an Systemlieferanten im Auftrag vergeben. Dadurch kann das eigene Know-how und die Ressourcen unmittelbar zur Produktdifferenzierung eingesetzt werden. Die Effektivität der eigenen Produktentwicklung wird somit sichergestellt.

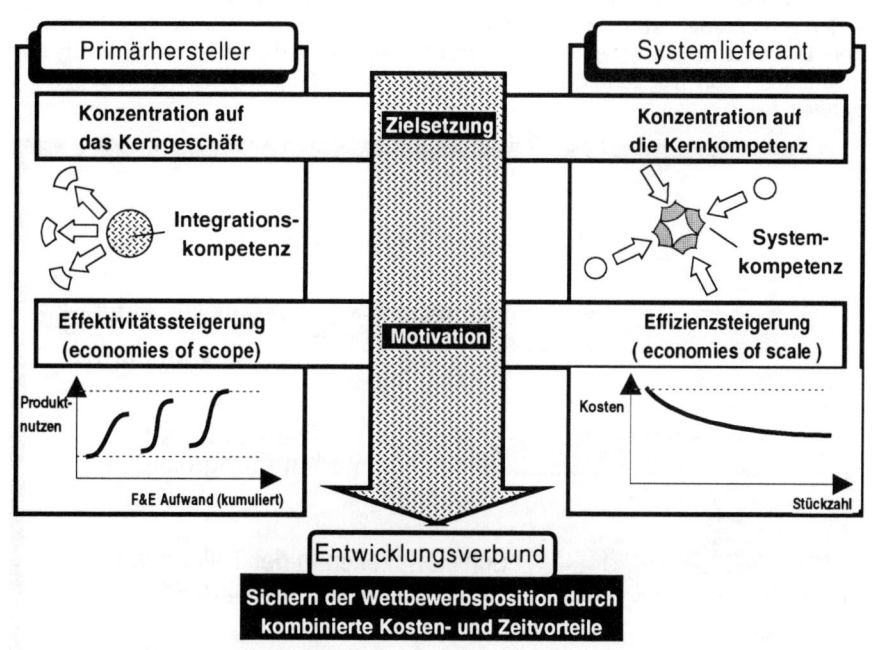

Bild 8: Chancen des Entwicklungsverbunds

Die im Unterauftrag eingekauften Randkompetenzen stellen für die Systemlieferanten wiederum Kernkompetenzen dar. Da der Systemlieferant mit dieser Systemkompetenz als Entwicklungspartner unterschiedlicher Primärhersteller auftritt, können hier Volumeneffekte erzielt werden, die letztendlich jedem Primärhersteller zugute kommen. Aufgrund der beschriebenen Aufgabenteilung ergeben sich Möglichkeiten zur zeitparallelen Entwicklung, wodurch die Produktentwicklungszeit insgesamt gesenkt werden kann.

Trotz der offensichtlichen Vorteile ist die kooperative Zusammenarbeit bei der Produktentwicklung mit Risiken behaftet, wie aktuelle Umfrageergebnisse ergeben haben (Bild 9) [8]. An erster Stelle wurde die Gefahr der Abhängigkeit vom Entwicklungspartner genannt. Dieses Argument wird entkräftigt, wenn davon ausgegangen wird, daß nur die Kompetenzen von externen Partnern erbracht werden sollen, die - aus Sicht des Herstellers - nicht zu den erforderlichen Kernkompetenzen gehören. Das Argument der hohen Transaktions- und Verhandlungskosten muß bei der Wahl der Entwicklungspartner berücksichtigt werden. Gegebenfalls überwiegen die Transaktionskosten alle Kostenvorteile, die von einer Vergabe von Unteraufträgen in Niedriglohnländer erwartet werden. Schwierigkeiten bei der Teilung von Aufgaben und von gemeinsam erarbeiteten Erlösen bzw. Ergebnissen muß durch eine syst ematische Strukturierung der Aufgabenstellung und eine entsprechende Vertragsgestaltung begegnet werden. Sicherheitsrisiken durch ungerechtfertigte Nutzung des in der Kooperation erworbenen Know-hows können nur teilweise durch Patente vermieden werden. Der Verlust von Eigenkompetenzen ist insofern unkritisch, sofern es sich bei den im Rahmen von Kooperationen um abzutretenden Aufgaben als Randkompetenzen handelt.

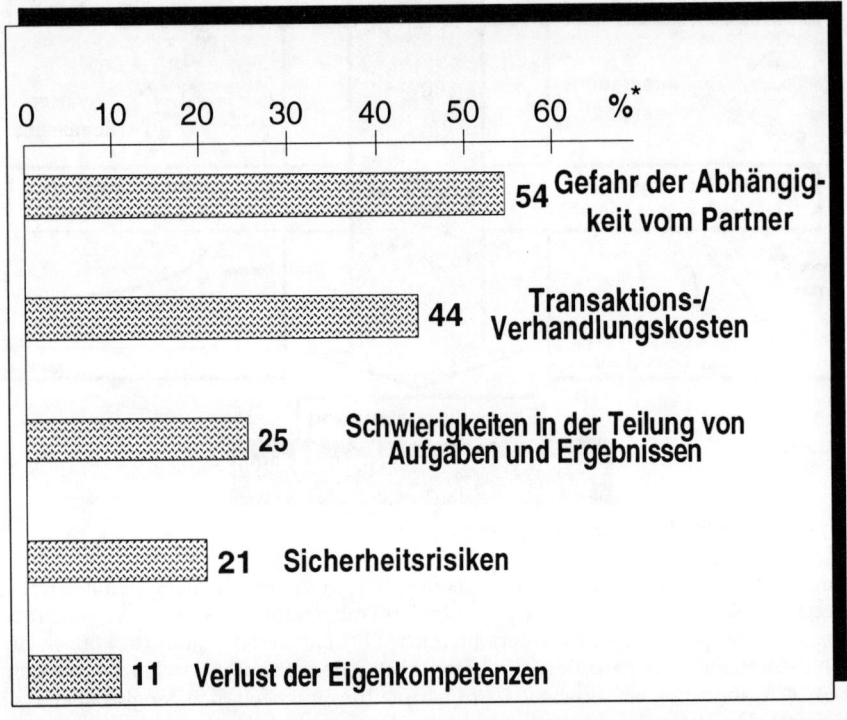

% *	
54	Gefahr der Abhängigkeit vom Partner
44	Transaktions-/ Verhandlungskosten
25	Schwierigkeiten in der Teilung von Aufgaben und Ergebnissen
21	Sicherheitsrisiken
11	Verlust der Eigenkompetenzen

Basis: 385 befragte Unternehmen
(* Mehrfachantworten möglich)

Bild 9: Risiken des Entwicklungsverbunds
(nach: Rotering)

Um die genannten Risiken wirkungsvoll zu umgehen, muß seitens des Primärherstellers das Ziel der Kooperation die langfristige Zusammenarbeit bei der Produktentwicklung sein. Der Systemlieferant muß durch die aktive Einbringung seines Knowhows eine doppelte Gewinnsituation für den Hersteller und sich selbst herbeiführen. Dies erfordert Systemlösungen, die Rationalisierungspotentiale bei dem Primärhersteller ermöglichen und gleichzeitig zu eigenen wirtschaftlichen Vorteilen führen. Hierdurch wird die Motivation des Primärherstellers, eine langfristige Partnerschaft aufzubauen, positiv beeinflußt.

Ein Beispiel für eine solche doppelte Gewinnsituation ist in Bild 10 gezeigt, bei der ein Systemlieferant initiativ eine Produktverbesserung bei einem langjährigen Auftraggeber durchgeführt hat, die in signifikanten Kosteneinsparungen resultierte. Der meßbare Vorteil für den Systemlieferanten lag dabei zunächst in Umsatzsteigerungen durch einen erhöhten Lieferumfang. Langfristig wurde durch diese Maßnahme das Vertrauensverhältnis gestärkt und damit eine günstige Basis für Folgeaufträge geschaffen.

Kostensenkung durch Entwicklungspartnerschaft

Alte Typenreihe
- Geräuschminimierung
- Antriebsmotor im Kofferraum
- Kraftübertragung durch flexibles Antriebskabel
- Kostenentstehung bei:
  - Herstellung
  - Montage
  - Transaktion

Entwicklungskooperation

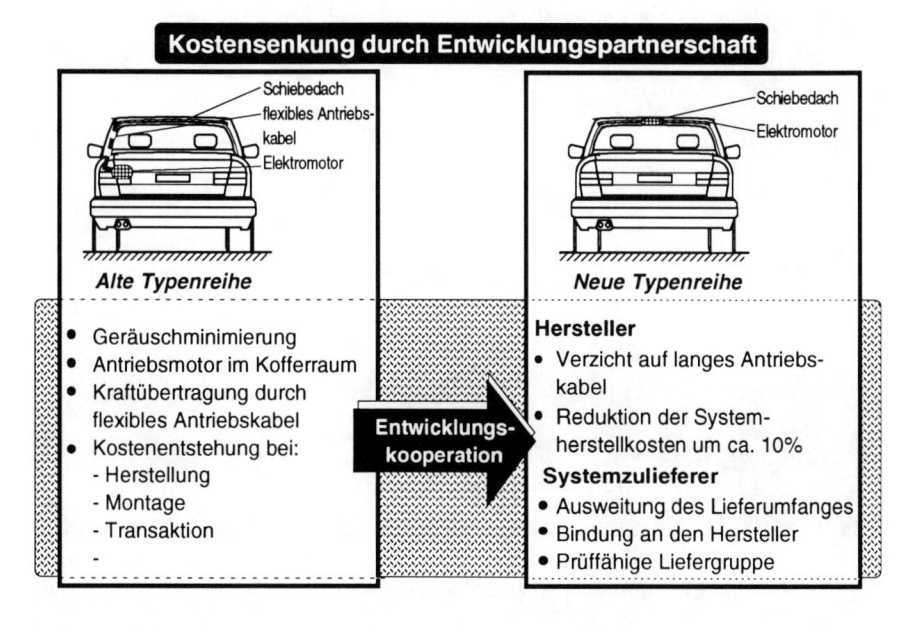

Neue Typenreihe

Hersteller
- Verzicht auf langes Antriebskabel
- Reduktion der Systemherstellkosten um ca. 10%

Systemzulieferer
- Ausweitung des Lieferumfanges
- Bindung an den Hersteller
- Prüffähige Liefergruppe

Bild 10: Kostensenkung im Entwicklungsverbund (nach: Webasto)

Das Fallbeispiel bezieht sich auf die Überarbeitung einer bestehenden Systemlösung für ein elektrisch angetriebenes Stahlschiebedach. Ursprünglich bestand dieses System aus dem Dach selbst und der Antriebseinheit. Die Antriebseinheit bestand aus einem Elektromotor, der aus Gründen der Geräuschentwicklung im Kofferraum montiert war, und einem flexiblen Antriebskabel zur Kraftübertragung auf das Dach. Der Lieferant des Schiebedaches entwickelte eine Systemlösung mit integriertem Antrieb im Dach selbst, das den Kundenanforderungen hinsichtlich geringer Geräuschentwicklung genügte. Dadurch wurde das Antriebskabel zum Kofferraum eingespart und der Montageaufwand auf Seiten des Automobilherstellers erheblich verringert. An diesen Kosteneinsparungen partizipierte der Systemlieferant nicht direkt, allerdings kaufte der Automobilhersteller das komplette System jetzt bei diesem Entwicklungspartner, der dadurch seinen Lieferumfang vergrößern konnte. Dadurch vereinfachte der Automobilhersteller zusätzlich noch seinen Einkauf, wodurch die Transaktionskosten gesenkt worden sind.

3. Strategien zur Produktentwicklung im Verbund

Für die Konfiguration eines Entwicklungsverbunds können, ausgehend vom Primärhersteller als Systemführer, zwei Strategien unterschieden werden (Bild 11).

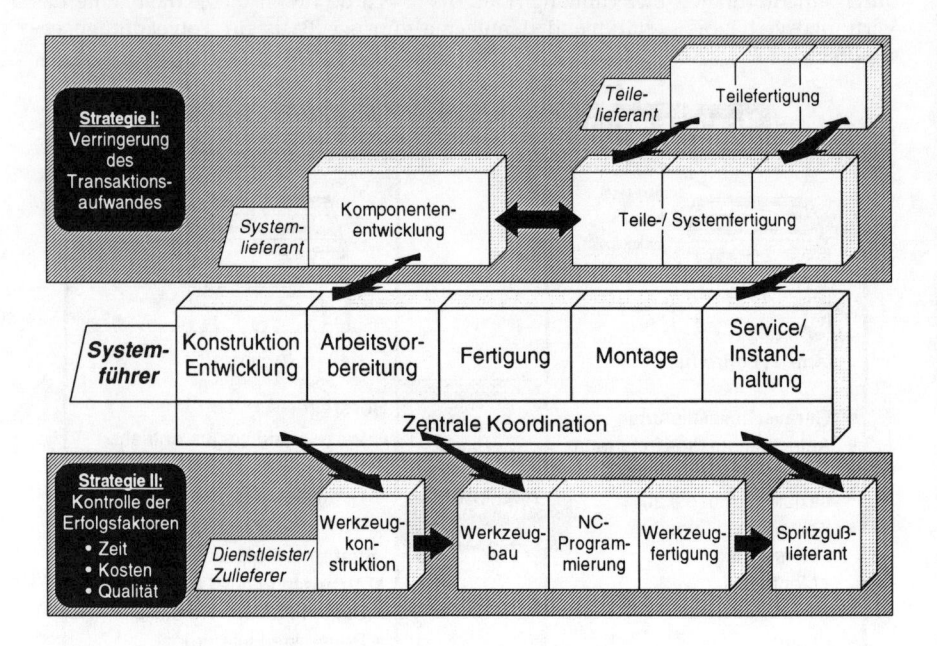

Bild 11: Konfigurationsalternativen im Entwicklungsverbund

Mit der ersten Strategie wird vornehmlich das im vorangegangenen Abschnitt genannte Ziel der minimierten Transaktionskosten verfolgt. Der Systemführer ist dabei bestrebt, möglichst frühzeitig definierte Entwicklungsumfänge an wenige Systemlieferanten im Unterauftrag zu vergeben. In Abstimmung mit dem Gesamtsystem entwickelte Teilsysteme sollen einbaufertig für die Endmontage geliefert werden. Die Verantwortung für das funktionsfähige Teilsystem wird vollständig auf einen Systemlieferanten übertragen. Wegen der geringen Zahl von Entwicklungspartnern wird für den Systemführer der Koordinationsaufwand reduziert und der Einkauf wirksam entlastet. Die eigene Entwicklungskompetenz kann auf die zur Produktdifferenzierung beitragenden Kernbereiche und die Systemintegration konzentriert werden. Für den jeweiligen Systemlieferanten der ersten Stufe bietet sich die Chance, große Lieferumfänge als Teilsysteme direkt an den Primärhersteller zu liefern. Als direkter Ansprechpartner des Primärherstellers übernimmt der Systemlieferant die Koordination der Zulieferkette in der zweiten und dritten Ebene und stärkt damit seine wirtschaftliche Position.

Bei der zweiten Strategie steht die direkte Kontrolle der Erfolgsfaktoren Zeit, Kosten und Qualität im Vordergrund der Überlegungen. Der Systemführer konzentriert seine eigenen Fähigkeiten insbesondere auf die effiziente Ablaufgestaltung der Produktentwicklung. Die Projektplanung wird dabei darauf ausgerichtet, die Wertschöpfungskette aufzuspalten, um möglichst viele Teilaufgaben zeitparallel durchführen zu können. Ausgehend von einer detaillierten funktionalen Strukturierung der Entwicklungsaufgabe werden vom Systemführer gezielt Spezialisten für Teilaufgaben in die Entwicklung mit einbezogen, wenn diese aus Kapazitäts- oder Kostengründen effizienter arbeiten können als die eigenen Entwickler. Gleichzeitig bietet diese Strategie die Möglichkeit, bei relativ niedrigen Qualifikationsanforderungen, Teilumfänge der Wertschöpfung in Billiglohnländer zu verlagern und somit die Herstellungskosten zu senken.

Die erste Strategie eignet sich insbesondere für die Entwicklung und Produktion komplexer Produkte mit vielen Fertigungsstufen, wie zum Beispiel im Automobilbau. Aktuelle Trends in der KFZ-Zulieferindustrie belegen, daß die sich daraus ergebenden Chancen für kompetente Systemlieferanten erkannt und genutzt werden [9].

Am Beispiel der Herstellung von ABS-Systemen kann der Weg von der Komponentenzulieferung bis zur Zulieferung kompletter, einbaufähiger Module aus der Sicht des Systemführers aufgezeigt werden (Bild 12).

Das Modul umfaßt in der letzten Integrationsstufe neben den Komponenten des Systemführers wie, z.B. das ABS-System (vergl. Bild 7) und die Bremsbetätigung, auch Komponenten von Zulieferern der zweiten Reihe wie etwa das Pedalwerk und den Kupplungsgeberzylinder. Der Systemführer - in diesem Fall ITT - TEVES - kann somit schrittweise seinen Liefer - und Leistungsumfang bis hin zur Vorprüfung und logistischen Bereitstellung der einbaufertigen Module am Montageband des Kunden ausbauen. Für diesen kooperierenden Primärhersteller bedeutet die Übernahme dieser Leistungen - verbunden mit einem gegenüber dem Ist-Zustand drastisch reduzierten Koordinationsaufwand - eine wirkungsvolle Reduktion der Transaktionskosten.

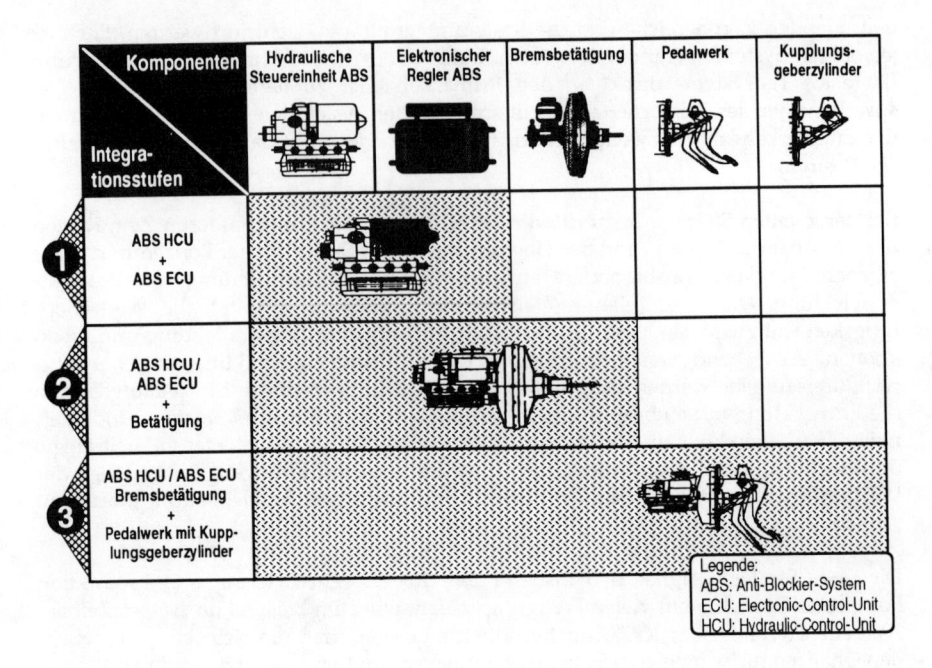

Bild 12: Produktentwicklung von Bremssystemen: Integrationsstufen
(nach: ITT-TEVES)

Die zweite Strategie zielt insbesondere auf die Kontrolle der Erfolgsfaktoren Zeit, Kosten und Qualität der Wertschöpfung. Ein Beispiel hierfür ist die Entwicklung und Produktion der Kunststoffgehäuse von Elektrowerkzeugen. Diese werden im Spritzgußverfahren hergestellt und üblicherweise als "Formteile" bezeichnet. Aufgrund der langen Vorlaufzeiten bei der Herstellung von Spritzgußformen bilden die Formteile meist den zeitkritischen Pfad bei der Entwicklung von Elektrowerkzeugen. Grundlage für eine effiziente Koordination der an der Wertschöpfung beteiligten Entwicklungspartner ist die Strukturierung der Entwicklungsaufgabe (Bild 13).

Am Beispiel eines Gehäuseformteils ist ersichtlich, daß die Aufgabe "Entwicklung eines Gehäuses" getrennt werden kann in: "Entwicklung der Formteilaußenseite" und "Entwicklung der Formteilinnenseite". Diese Strukturierung bietet Vorteile, da die Außenkontur der Elektrowerkzeuge trotz ihrer Eigenschaft als technische Gebrauchsgüter sehr stark "Design-bestimmt" sind. Somit liegt als erstes ein Design-Modell vor. Erst nach der Design-Entscheidung wird das Produkt technisch detailliert entwickelt und spezifiziert.

Formteil: "Gehäuse"

Formteilaußenseite

Formteilinnenseite

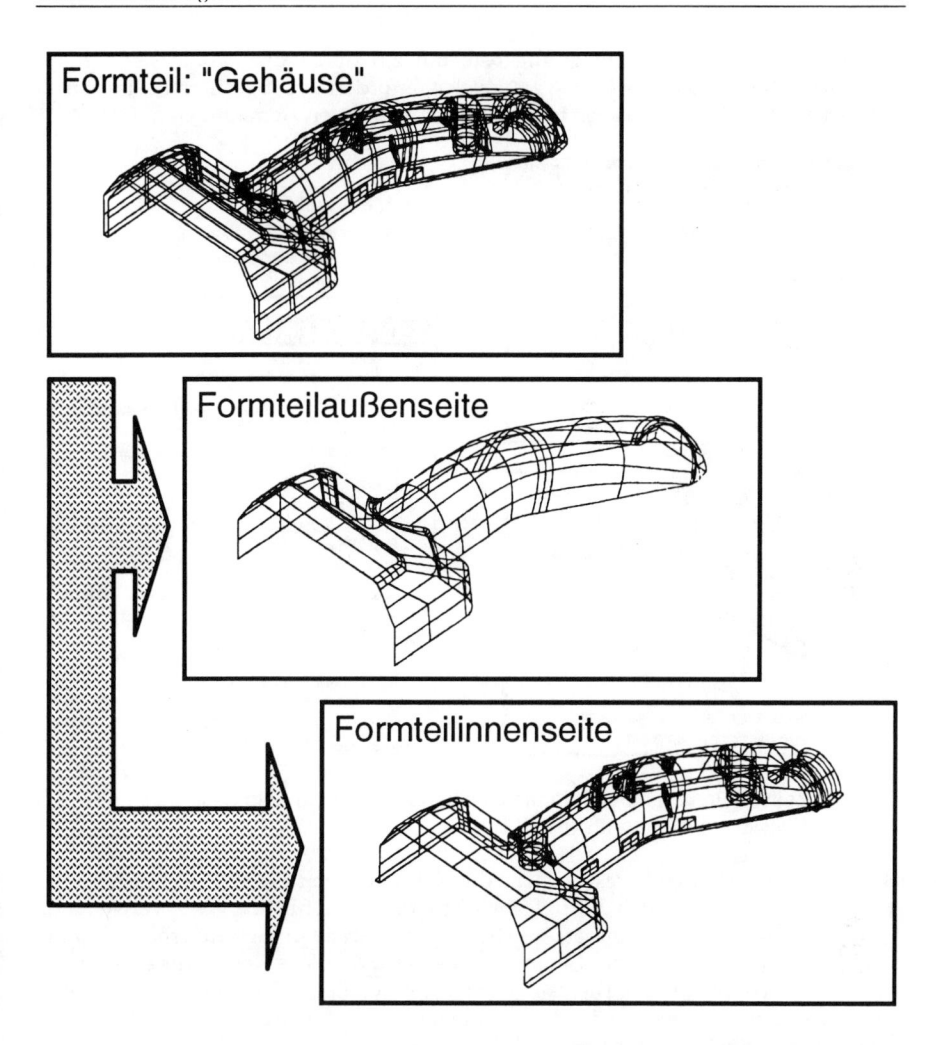

<u>Bild 13:</u> Beispiel zur Strukturierung von Entwicklungsaufgaben (nach: Bosch)

Für den Entwicklungsverbund bedeutet diese Erkenntnis eine Möglichkeit, sowohl die Werkzeugkonstruktion als auch den Werkzeugbau wesentlich früher in den Entwicklungsablauf einzubinden. Somit können entsprechende Aktivitäten bereits begonnen werden, bevor die Gehäuseinnenkontur mit den Verrippungen und Aufnahmen für Lager bzw. Schalter endgültig festliegt. Die Aufgabe der innerbetrieblichen koordinierenden Stelle liegt dabei in der ständigen technischen und terminlichen Koordination der leistungserbringenden internen und externen Entwickler.

Die Splittung von Entwicklungsaufgaben, um z.B durch die Parallelisierung von Teilprozessen eine Zeitverkürzung zu erzielen, erfordert ein abgestimmtes Informationsmanagement, um die Risiken aufwendiger Änderungen zu minimieren (Bild 14).

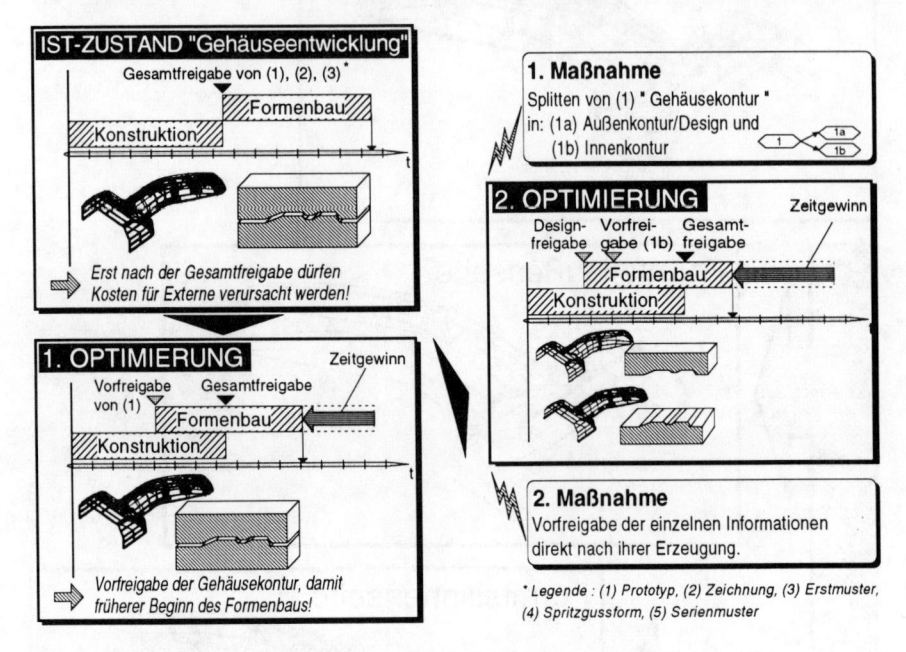

Bild 14: Zeitverkürzung durch Informationsmangement innerhalb des Entwicklungsverbunds (nach: Bosch)

Hierzu gehört als wichtigstes Element die Definition von Freigabeprozeduren, mit denen beispielsweise durch Vorfreigaben Teilergebnisse für die Weiterverwendung freigegeben werden. Trotz dieser Absicherung existiert allerdings ein erhöhtes Änderungsrisiko, da bereits vor der Gesamtfreigabe des Produktes Kosten für externe Leistungen verursacht werden. Dieses Risiko wird im vorliegenden Fall von Bosch allerdings in Kauf genommen, da der Zeitgewinn mit der Option einer früheren Marktpräsenz wesentlich höher zu bewerten ist.

4. Wegweiser für Entwicklungspartnerschaften

Aus den erläuterten Praxisbeispielen geht hervor, daß mit der Produktentwicklung im Verbund signifikante Einsparungen an Entwicklungszeit und -kosten möglich sind. Allerdings ist auch ersichtlich geworden, daß aufgrund unterschiedlicher Branchen und Unternehmenstypen keine allgemeingültige Vorgehensweise zum Aufbau von Entwicklungspartnerschaften und zur operativen Abwicklung der Produktentwicklung im Verbund gegeben werden kann. Aus erfolgreich durchgeführten Entwicklungspartnerschaften lassen sich jedoch zentrale Einflußfaktoren identifizieren, auf die das positive Ergebnis der Zusammenarbeit zurückführbar ist.

Aus diesen Einflußfaktoren läßt sich für jedes Unternehmen ein Erfolgsprofil bestimmen, anhand dessen firmenindividuell abgelesen werden kann, ob im konkreten Fall die Voraussetzungen für eine partnerschaftliche Zusammenarbeit gegeben sind. Dazu sind die einzelnen Einflußfaktoren entsprechend der konkreten Entwicklungsaufgabe zu gewichten (Bild 15).

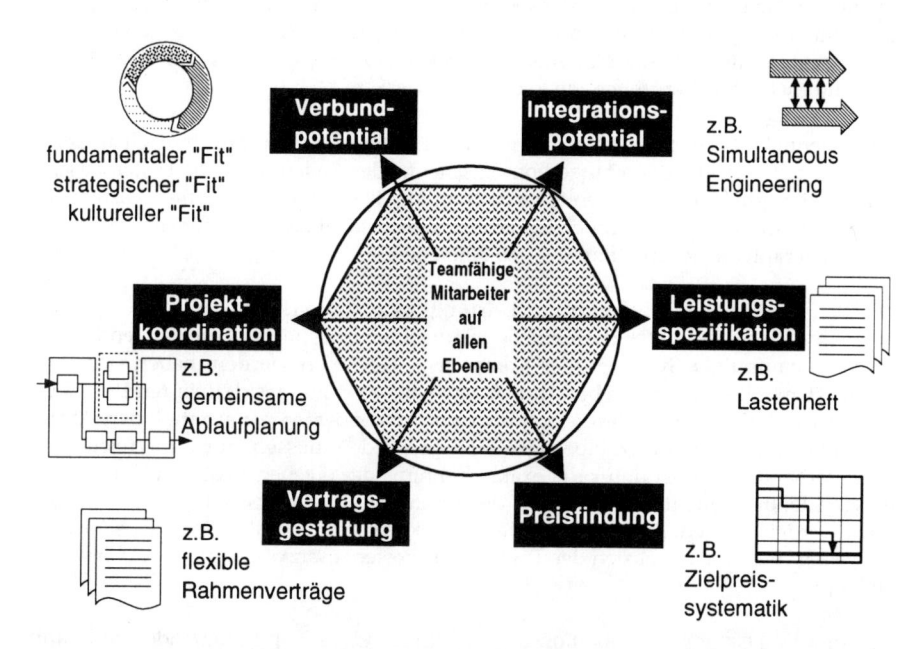

Bild 15: Erfolgsprofil für die Produktentwicklung im Verbund

Als wesentliche Voraussetzung für eine erfolgreiche Zusammenarbeit ist zunächst das sog. **Verbundpotential** zu nennen. Nachdem die eigenen Kernfähigkeiten bestimmt sind, muß zunächst überprüft werden, ob damit die für eine partnerschaftliche Entwicklung notwendigen komplementären Potentiale vorliegen (Fundamentaler "Fit"). Als Entwicklungspartner ist ein Unternehmen nur dann interessant, wenn es mit seinen Kompetenzen die Fähigkeiten des Partners im Hinblick auf das Entwicklungsziel sinnvoll ergänzt. Dazu muß die mittel- bis langfristige, auf die Entwicklungsaufgabe bezogene Zielsetzung, der potentiellen Partner übereinstimmen (Strategischer "Fit"). Schließlich muß sichergestellt werden, daß die unterschiedlichen Unternehmenskulturen zusammenpassen. Der darauf beruhende kulturelle "Fit" rückt die beteiligten Mitarbeiter individuell und als Team in den Mittelpunkt der Betrachtung, da diese letztendlich über Erfolg und Mißerfolg der Entwicklungspartnerschaft entscheiden.

Das **Integrationspotential** beschreibt die Fähigkeiten eines Unternehmens, Fremd- und Eigenleistungen von unterschiedlichen Detaillierungsgraden zeitlich und räumlich zusammenzuführen. Eine gute Ausgangsposition dafür ist beispielsweise gegeben, wenn bereits unternehmensinterne Erfahrungen mit dem Simultaneous Engineering (S.E.) vorliegen. Die für die zeitoptimale Ablaufgestaltung notwendige funktionsbezogene Strukturierung der zu entwickelnden Produkte führt zur Überwindung von Abteilungsgrenzen und klassischen Verantwortungsbereichen, die für die Produktentwicklung im Verbund unerläßlich sind. Zum Integrationspotential zählt aus operativer Sicht darüber hinaus insbesondere die Fähigkeit zur unternehmensübergreifenden Kommunikation. Notwendig hierzu ist der Aufbau erforderlicher Datenschnittstellen zur Verbindung unterschiedlicher EDV-Systeme, bis hin zum Betrieb von unternehmensübergreifenden Rechnernetzwerken.

Für potentielle Entwicklungspartner ist die **Leistungsspezifikation** bezüglich einzukaufender Entwicklungsumfänge von entscheidender Bedeutung. Die systematische, bereichsübergreifende Pflichtenhefterstellung auf Basis marktkonformer Lastenhefte ist hierfür notwendig. Wesentlich ist dabei, möglichst frühzeitig die für die operativen Ebenen verantwortlichen Mitarbeiter zu beteiligen.

Die **Preisfindung** muß eng mit der Leistungsspezifikation verknüpft werden. Zwei Fälle sind dabei zu unterscheiden. Bei Entwicklungsleistungen, die letztendlich in Form einbaufertiger Systeme oder Komponenten geliefert werden, haben sich Zielpreissystematiken am besten bewährt. Ausgehend von einer festdefinierten Preisobergrenze werden Zielpreise festgelegt, die in einer kooperativ zu ermittelnden Abstufung zeit- und/oder stückzahlbezogen erreicht werden müssen. Für erfolgreiche und faire Verhandlungen ist dafür die exakte Kenntnis der eigenen Kostenstrukturen von entscheidender Bedeutung, aufgrund derer fundierte Planungsrechnungen durchgeführt werden können. Soll dagegen die Entwicklungsleistung als reine Dienstleistung eingekauft werden, bietet sich der Transaktionskostenansatz als geeignetes Hilfsmittel an [10].

Obwohl die Leistungsspezifikation und die Preisfindung eng miteinander verknüpft sind, empfiehlt sich im konkreten Fall eine personenbezogene Aufgabentrennung. Während die an der Leistungsspezifikation beteiligten Entwickler aus den operative Bereichen bei der späteren Entwicklungsarbeit mit ihren Gesprächspartnern zusammenarbeiten müssen, haben die detaillierten und vielfach kontrovers geführten Preisverhandlungen mehr einmaligen Charakter. Um von Anfang an das für die Entwicklungsarbeit notwendige Vertrauensverhältnis aufzubauen, sollten die Entwickler deswegen lediglich die technischen Eingangsinformationen bereitstellen, auf deren Basis dann technisch versierte Einkäufer die fundierte Preisfindung durchführen können. Die Bedeutung des Einkäufers wandelt sich dabei in Richtung eines aktiven Wertgestalters, der nicht mehr ausschließlich über den Fremdbezug bestimmter Teile oder Komponenten, sondern über definierte Abschnitte der Wertschöpfungskette verhandelt.

Bei der **Vertragsgestaltung** müssen neben den üblichen Einkaufsbedingungen insbesondere Rechte und Pflichten der Entwicklungspartner festgeschrieben werden. Risiken sind durch entsprechende Vertragsbestandteile abzudecken. Zur Senkung der mit

Produktentwicklung im Verbund 2-27

der Vertragsgestaltung verbundenen Transaktionskosten empfiehlt sich der Einsatz flexibler Rahmenverträge. Außerdem ist der Aufbau langfristiger Partnerschaften anzustreben, da aus dem gegenseitigen Vertrauensverhältnis auf die schriftliche Fixierung aller denkbaren Details verzichtet werden kann.

Für die unternehmensübergreifende **Projektkoordination** sind die jeweiligen Verantwortungsbereiche klar zu definieren. Die Ablaufplanung sollte dazu kooperativ mit dem Partner durchgeführt werden. An diesem Punkt wird wiederum deutlich, daß teamfähige Mitarbeiter letztendlich eine wesentliche Voraussetzung für die Produktentwicklung im Verbund sind.

Anhand der gezeigten Erfolgsfaktoren kann firmenindividuell geprüft werden, wie gut ein Unternehmen für die partnerschaftliche Zusammenarbeit geeignet ist. Die Entscheidung in welcher, am qualitativen Lieferumfang gemessenen Ebene, das jeweilige Unternehmen sich bewegen kann, ist mit diesem Erfolgsprofil noch nicht getroffen. Am Beispiel eines Betriebsmittelausrüsters kann die Problematik der Einordnung in unterschiedliche Ebenen eines Entwicklungsverbunds erläutert werden (Bild 16). Ein Kunde braucht für die Endbearbeitung von Getriebegehäusen eine flexible Fertigungszelle. Im gezeigten Beispiel möchte dafür ein Werkzeugmaschinenhersteller als Systemlieferant dem Kunden gegenüber auftreten, da er aus der zugrundeliegenden Fertigungstechnologie und dem Maschinen-Know-how die notwendige Systemkompetenz aufgebaut hat. Alle dazu notwendigen Teilsysteme sollen im Unterauftrag entwickelt werden.

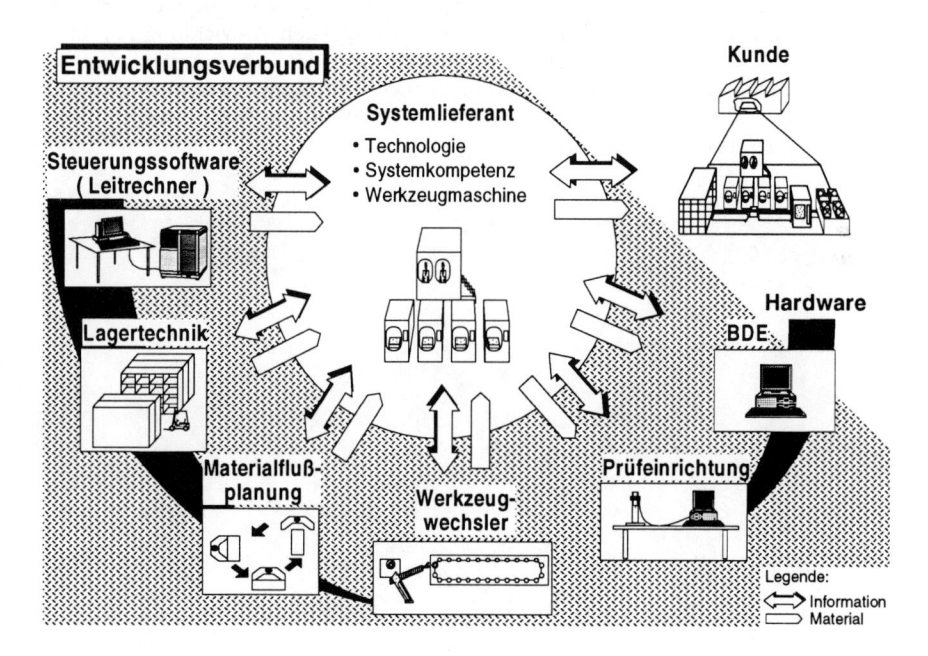

Bild 16: Beispiel für einen Entwicklungsverbund

Für die Konfiguration des Entwicklungsverbundes bietet die grundsätzlich immer vorliegende Trennung der Teilsysteme in Hard- und Software - Komponenten einen guten Ansatzpunkt. Aufgrund der vielfältigen Schnittstellenprobleme hat es sich beispielsweise bewährt, die Verantwortung für die Steuerungssoftware aller Komponenten, von der Werkzeugmaschine selbst bis zum Werkzeugwechsler an einen kompetenten Systemlieferanten in der zweiten Ebene zu delegieren. Da sich die zu integrierenden Teilsysteme hauptsächlich in der Hardware unterscheiden, ist diese Vorgehensweise sinnvoll. Analog kann bei Software-seitig unterschiedlichen Teilsystemen zusammengearbeitet werden.

Durch die engen Kooperation in der Zulieferkette bereits in der Innovationsphase können so signifikante Kosten- und/oder Zeitvorteile für den Lieferanten des Gesamtsystems und den Endkunden selbst realisiert werden. So konnte in einem konkreten Fall bei der zeitparallelen Einführung eines Betriebsdatenerfassungssystems (BDE) und eines Qualitätssicherungssystems durch die enge Zusammenarbeit der beteiligten Systemlieferanten die Zahl der als Datenerfassungsstationen benötigten PCs um 40% gegenüber getrennten Lösungen reduziert werden. Durch die abgestimmte Konfiguration des Netzes für die BDE-Terminals konnten diese gleichzeitig für die Prüfdatenerfassung und -auswertung genutzt werden.

Wenn geeignete Partner im Entwicklungsverbund zusammenarbeiten wollen, muß also zunächst firmenindividuell geprüft werden, welchen Entwicklungsanteil jeder Partner übernimmt. Dabei kann sich durchaus eine gestaffelte Systemlieferantenkette ergeben, wenn einzelne Partner neben Spezial-Know-how auch Systemkompetenz einzubringen bereit und in der Lage sind. Bei der späteren Abwicklung kommt es dann darauf an, alle Partner möglichst umfassend über das Gesamtsystem zu informieren, um potentielle Synergien nutzen zu können. Durch die Zusammenarbeit können die Entwicklungskompetenz gesteigert und gleichzeitig die damit verbundenen Risiken minimiert werden (Bild 17).

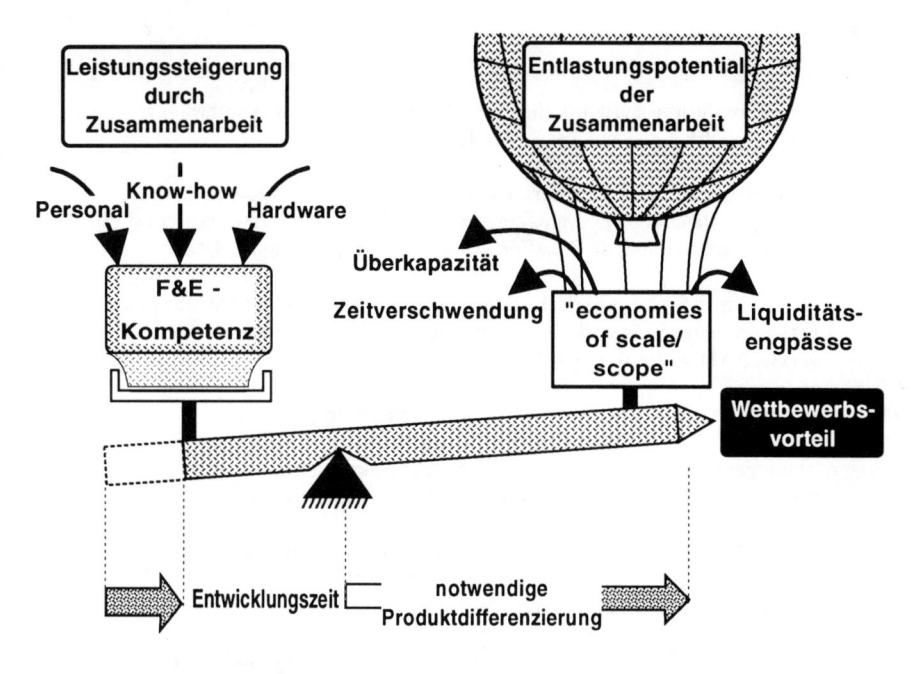

Bild 17: Auswirkungen der kooperativen Produktentwicklung auf die Wettbewerbsposition

5. Zusammenfassung

Die Produktentwicklung im Verbund ist eine geeignete Strategie, mit der die Entwicklungskompetenz eines Unternehmens effektiv gesteigert und gleichzeitig die damit verbundenen Risiken minimiert werden können. Zentrale Leitlinie muß dabei die Produktdifferenzierung sein. Jedes Unternehmen sollte mit seinen internen Kapazitäten die Fähigkeiten zur Gestaltung marktseitig unterscheidbarer Produktmerkmale abdecken, während alle übrigen Leistungen gegebenenfalls durch externe Entwicklungspartner erbracht werden können. Bei Berücksichtigung der genannten Faktoren ist die Produktentwicklung im Verbund eine wirksame Strategie, um den Herausforderungen durch sich ständig verkürzende Entwicklungszeiten und der gleichzeitig steigenden Notwendigkeit zur Produktdifferenzierung zu begegnen. Jedes Unternehmen kann sich im Entwicklungsverbund auf die eigenen Kernfähigkeiten konzentrieren, die Verschwendung knapper, kostenintensiver Ressourcen vermeiden und so die eigene Wettbewerbsposition nachhaltig verbessern.

Literatur:

[1] N. N.: Innovationsdynamik der Industrie sucht stabile Umsatzträger; VDI nachrichten 45/ Nr. 18, 3. Mai 1991, S. 1

[2] Rommel, G., Brück, F., Diederichs, R., Kempis, R.-D., Kluge, J.: Einfach überlegen, Das Unternehmenskonzept, das die Schlanken schlank und die Schnellen schnell macht; Schäffer-Poeschel Verlag, Stuttgart, 1993

[3] Wheelwright, S. C. j., Clark, K. B.: Revolutionizing Product Development - Quantum Leaps in Speed, Efficiency and Quality; Free Press (Maxwell Macmillan), New York, 1992

[4] Schurtzmann, B., et. al.: Simultaneous Engineering (SE) in der Projektabwicklung/ Produktentwicklung; Leitfaden der Arbeitsgemeinschaft Prozeßperipherie (Produktbereich Steuerungstechnik) des VDMA, Eigendruck, Frankfurt, 1991

[5] Eiff, W.: Prozesse optimieren - Nutzen erschließen, Simultaneous Engineering durch effizentes Informations-Management; IBM Nachrichten 41 (1991) Heft 305, S. 23 - 27

[6] Wildemann, H.: Entwicklungsstrategien für Zulieferunternehmen; ZfB 62. Jg. (1992) H. 4, S. 391 - 413

[7] Bronder, C. (Hrsg.), Pritzl, R.: Wegweiser für strategische Allianzen: Meilen- und Stolpersteine bei Kooperationen; Frankfurter Allgemeine - Zeitung für Deutschland, Gabler Verlag, Wiesbaden, 1992

[8] Rotering, C.: F&E-Kooperationen zwischen Unternehmen, Poeschel Verlag, Stuttgart, 1990

[9] Stolz, H.: Automobilzulieferer gehen harten Zeiten entgegen; Industrie Anzeiger 22/ 92, S. 3

[10] Schneider, D., Zieringer, C.: Make-or-Buy-Strategien für F&E: Transaktionskostenorientierte Überlegungen; Gabler Verlag, Wiesbaden, 1991

Mitarbeiter der Arbeitsgruppe für den Vortrag 2.1

Dr. sc. math. ETH R. Boutellier, Leica Heerbrugg AG
Dr.-Ing. B. Dahl, Alfred Teves GmbH
Dr.-Ing. A. Gohritz, Dörries Scharmann GmbH
Dr.-Ing. I. Kosmas, Bayerische Motorenwerke AG
Dipl.-Ing. W.-D. Krause, AEG Electrocom GmbH
Dipl.-Ing. L. Laufenberg, WZL, Aachen
Dr.-Ing. Dipl. Wirt.-Ing. G. Marczinski, WZL, Aachen
Prof. Dr.-Ing. R. Noppen, Webasto AG
Dr.-Ing. R. Richter, Robert Bosch GmbH

2.2 Der Konstruktionsarbeitsplatz der Zukunft - Vom Entwurf zur NC-Programmierung

Gliederung:

1. Einleitung
2. Stand der Technik in der rechnerunterstützten Produktentwicklung
3. Trends in der rechnerunterstützten Produktentwicklung
4. Systemarchitektur des Konstruktionsarbeitsplatzes der Zukunft
5. Systembausteine für den Konstruktionsarbeitsplatz
5.1 Generierung von Konstruktionsdaten
5.2 Konstruktionsnahe Generierung von Produktionsdaten
6. Zusammenfassung und Ausblick

Kurzfassung:

Der Konstruktionsarbeitsplatz der Zukunft - Vom Entwurf zur NC-Programmierung
Die derzeitigen Bestrebungen vieler Unternehmen zielen auf eine Integration aller rechnerunterstützten Arbeitsschritte in Konstruktion und Fertigung ab. In diesem Umfeld nimmt der Arbeitsplatz des Konstrukteurs und Arbeitsplaners eine zentrale Stellung ein.
Moderne Organisationsstrukturen wie beispielsweise das Simultaneous Engineering stellen gleichfalls die Forderung nach neuen Leistungsmerkmalen der eingesetzten Ingenieursoftware in den Bereichen Konstruktion und Arbeitsvorbereitung. Ziel ist es, dem Ingenieur, Betriebsmittelkonstrukteur und Arbeitsvorbereiter ein Instrumentarium bereitzustellen, das beginnend mit der Erstellung der Anforderungsliste für alle Produktentwicklungsphasen bis hin zur NC-Programmierung durchgängig eingesetzt werden kann.
Eine große Vielfalt existierender rechnerunterstützter Werkzeuge ermöglicht heute die Lösung beinahe jeder Aufgabenstellung im Rahmen der Produktentwicklung. Für einen zukünftigen Konstruktionsarbeitsplatz sollen diese Werkzeuge nicht neu entwickelt werden, sondern auf der Basis existierender Systeme als gleichrangige Komponenten wahlfrei und parallel an jedem Bildschirm nutzbar sein. Produktdaten sollen in dieser heterogenen Softwarewelt ohne Informationsverluste zwischen den Systemen ausgetauscht werden können.
Ziel dieses Vortrages ist es, Ansätze, Entwicklungstendenzen und erste Realisierungen aufzuzeigen, die diese neuartigen Arbeitsformen in Konstruktion und Arbeitsplanung unterstützen.

Abstract:

The Future Engineering Workbench - From Design to NC-Programming
Current efforts in industry aim at the integration of all computer-based processes in design and manufacturing departments. In this context computer-based tools for designers and methods engineers play a key role.
In addition, modern management techniques like simultaneous engineering demand for new capabilities of the engineering software used at present. Current attention is focused on computer tools supporting designers and engineers in all tasks. A future engineering tool referred to as engineering workbench will cover the entire design process beginning with the definition of product requirements up to NC data generation.
Today a huge variety of existing computer-aided systems enables designers to solve almost all problems in the field of product development. The look-and-feel of existing CAx-systems will not neccessarily have to be redesigned in order to meet the needs of the engineering workbench. The overall aim is to make these software modules available at any workplace in design and planning departments to be used separately or in parallel. Furthermore this software environment will allow for the transmission of product data without information loss.
The aim of this lecture is to present concepts, research tendencies and prototypes supporting new working styles in design and process planning.

1. Einleitung

Geänderte Marktbedingungen wie beispielsweise die Forderung nach einer Verkürzung der Durchlaufzeiten bei gleichzeitig gestiegener Produktqualität und Forderung nach Umweltverträglichkeit verlangen nach neuen Konzepten für die Produktentwicklung. Im Mittelpunkt des Interesses steht die Optimierung der Arbeitsprozesse in allen Produktionsbereichen. Da die Konstruktion die größte Verantwortung für Erfolg oder Mißerfolg eines Produkts trägt, nimmt der Arbeitsplatz des Konstrukteurs eine zentrale Stellung bei der systematischen Rationalisierung des Produktentstehungsprozesses ein. Dabei dürfen künftige Konzepte jedoch wichtige Rahmenbedingungen nicht außer Acht lassen (Bild 1) [1].

Marktentwicklungen
- sinkende Produktlebenszeit
- Forderung nach kürzeren Produktentwicklungszeiten
- Forderung nach umweltgerechten Produkten
- Qualität

Unternehmensentwicklungen
- Straffung der betrieblichen Abläufe
- "intelligentere" Produkte
- verstärkte Verflechtung mit Zulieferern

neue Technologien
- Werkstoffe
- Fertigungsverfahren
- Informationstechnologien

neue Organisationsformen
- Simultaneous Engineering
- Lean-Production
- Entwicklungsverbund

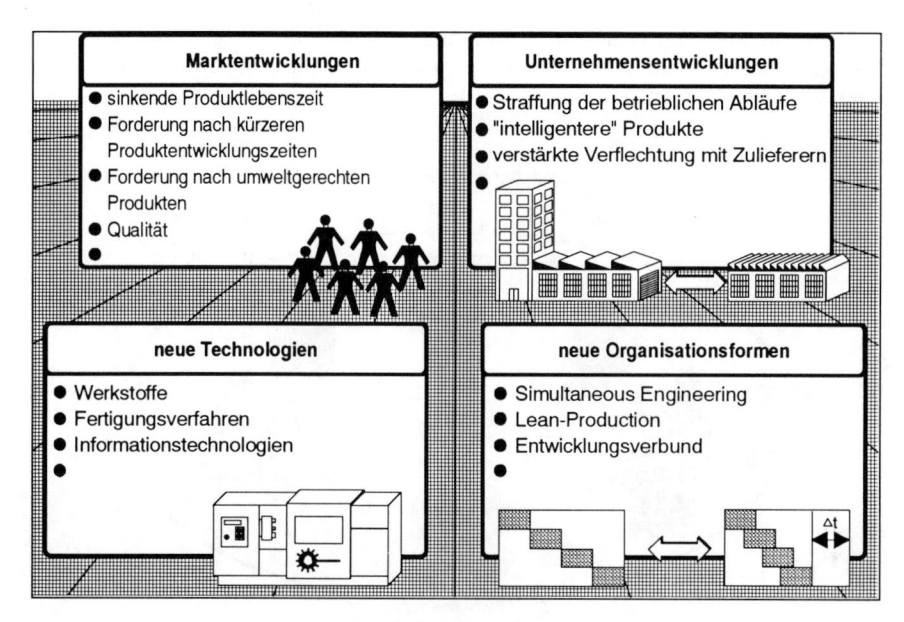

Bild 1: Trends im Umfeld der Produktentwicklung

Die derzeitigen Bestrebungen zur Optimierung der Produktentwicklung sind durch eine Abkehr von einer strengen Arbeitsteilung gekennzeichnet, mit dem Ziel, die traditionellen Systemgrenzen zwischen Konstruktion und Fertigung durch die konsequente Nutzung der Informationstechnik zu überwinden [2]. Damit verbunden ist eine Reihe von Vorteilen:

- verminderter Aufwand bei der Aufbereitung von Konstruktionsdaten für die der Fertigung vorgelagerten Bereiche wie beispielsweise Arbeitsplanung und NC-Programmierung;
- weniger Fehler durch die rechnerinterne Weitergabe von Produktdaten ohne Schnittstellenprobleme;

- eine kürzere Durchlaufzeit verbunden mit Simultaneous Engineering[1.]
- redundanzarme Speicherung und Verwaltung von Prozeßdaten.

Unter Organisationsgesichtspunkten betrachtet sollen die Kommunikationswege zwischen den verschiedenen funktionalen Bereichen, die am Produktentstehungsprozeß beteiligt sind, verbessert werden. Aus Systemsicht sind die betroffenen Konstrukteure, Arbeitsplaner etc. in einem Informationsverbund zu integrieren, der jedem Benutzer nicht nur den wahlfreien Zugriff auf die eigenen Produktdaten und Programme gewährleistet. Vielmehr soll ihm auch die Nutzung der Software traditionell benachbarter Abteilungen ermöglicht werden (Bild 2). Im Rahmen dieser bereichsübergreifenden Zusammenarbeit hat jeder Netzteilnehmer die Möglichkeit, sich seine Benutzungsoberfläche individuell einzurichten, d. h. er konfiguriert diese so, daß lediglich die für seinen Arbeitsbereich entscheidenden Systembausteine für ihn unter seiner Benutzungsoberfläche zur Verfügung stehen. Auf diese Weise bleibt die Übersichtlichkeit gewahrt, ohne jedoch informationstechnisch von den benachbarten Abteilungen abgekoppelt zu sein.

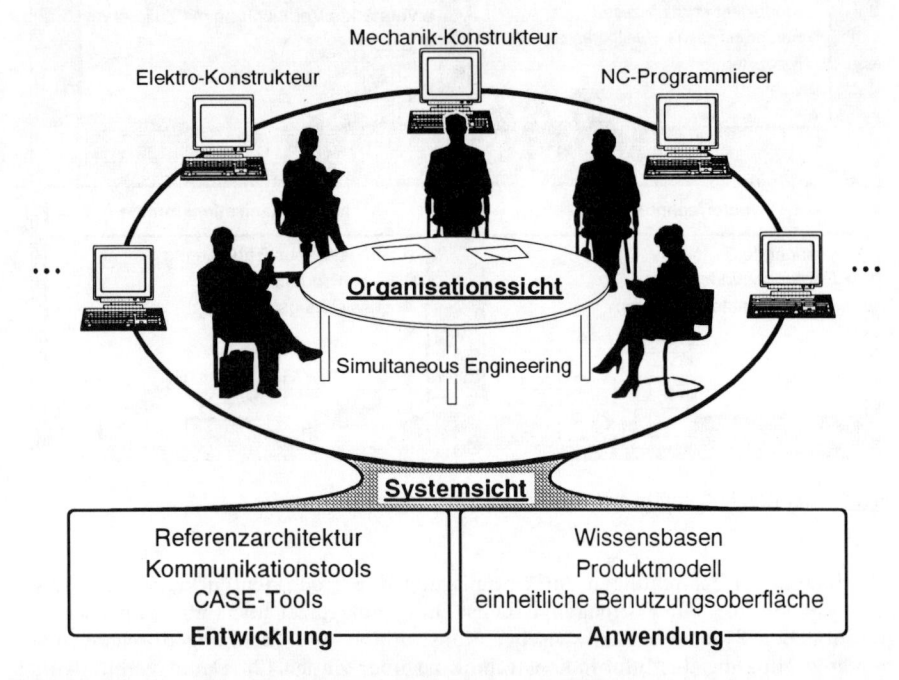

Bild 2: Szenario des Konstruktionsarbeitsplatzes der Zukunft

Die Grundvoraussetzung hierfür ist eine offene Referenzarchitektur, die sich aus verschiedenen Anwendungsprogrammen und Softwareentwicklungswerkzeugen zusammensetzt, daneben Kommunikationstools sowie ein integriertes Produktmodell, das alle Lebensphasen umfaßt.

Im Hinblick auf die praxisgerechte softwaretechnische Realisierung des Gesamtsystems ist zu überprüfen, welche bereits existierenden Systembausteine genutzt werden können und inwieweit deren weitere Entwicklung zu berücksichtigen ist.

2. Stand der Technik in der rechnerunterstützten Produktentwicklung

Gegenwärtig existieren Rechnerwerkzeuge zur Bearbeitung und zumindest teilweisen Lösung vieler Aufgabenstellungen im Rahmen der Produktentwicklung. Zu diesen Werkzeugen zählen konventionelle CAD-Systeme zur Zeichnungserstellung, CAD-Systeme für Hydraulik, Pneumatik und Bauingenieurwesen, Elektrik und Elektronik. Bild 3 verdeutlicht die Entwicklungsschritte, die die heute verfügbaren CAD/CAM-Werkzeuge genommen haben [3, 4]. In Entwicklung und Konstruktion werden häufig auch Finite-Elemente- und Berechnungsprogramme für Maschinenelemente, Simulationsprogramme für Kinematik- und Dynamikanalysen eingesetzt. In jüngster Zeit kommen Zulieferkataloge auf Datenträgern, Unternehmensdatenbanken und Expertensysteme hinzu.

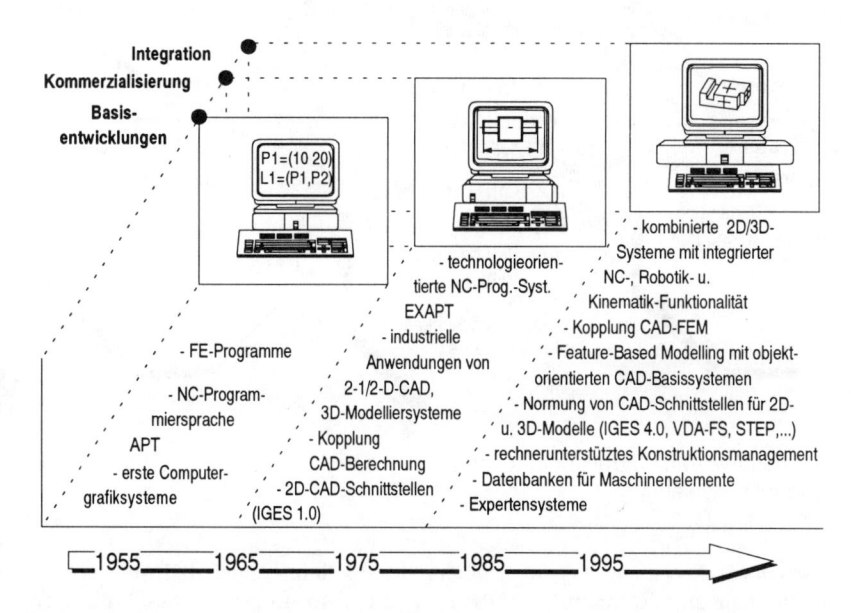

Bild 3: Meilensteine des Computer Aided Engineering

Es können grob vereinfacht drei Perioden unterschieden werden (Bild 3). Ausgehend von ersten Ansätzen in den 50er und 60er Jahren fand Anfang der 70er Jahre der Übergang zu einer breiteren kommerziellen Nutzung von CAD- und CAP- sowie CAM-Systemen statt, die sowohl hard- als auch softwareseitig meist auf getrennte Rechner verteilt waren. Seit Beginn der 80er Jahre ist zwar eine zunehmende Integration der vorhandenen Rechnerwerkzeuge in Konstruktion und Arbeitsplanung erkennbar, dennoch existieren gegenwärtig noch keine kommerziell verfügbaren Systeme, die alle Softwaremodule unter einer einheitlichen Benutzungsoberfläche integrieren.

Ferner resultieren aus dem abteilungs- bzw. tätigkeitsbezogenen Einsatz heutiger Konstruktionssysteme gravierende Hemmnisse, die bei zukünftigen Systementwicklungen überwunden werden müssen (Bild 4).

Rechnerunterstützung des Konstruktionsablaufs
- mangelnde Planungshilfsmittel
- fehlende Entscheidungsmomente
- ...

Bewertung
- fehlende konstruktionsbegleitende Kalkulation
- fehlende Beurteilung der Recyclingfähigkeit
- ...

Produktmodell
- unzureichende Produktmodelle
- unzureichende Modellierfunktionen
- ...

rechnerunterstützte Konstruktion & Produktionsplanung

Systemunterstützung
- aufwendige Bedienung
- mangelnde Datendurchgängigkeit
- ...

Konstruktionsmanagement
- unzureichende Nutzung von Systemen zur Auftragsabwicklung
- fehlende Möglichkeiten für Teamarbeit
- ...

NC-Programmierung
- fehlende Unterstützung bei der Bewertung alternativer Fertigungsverfahren
- ...

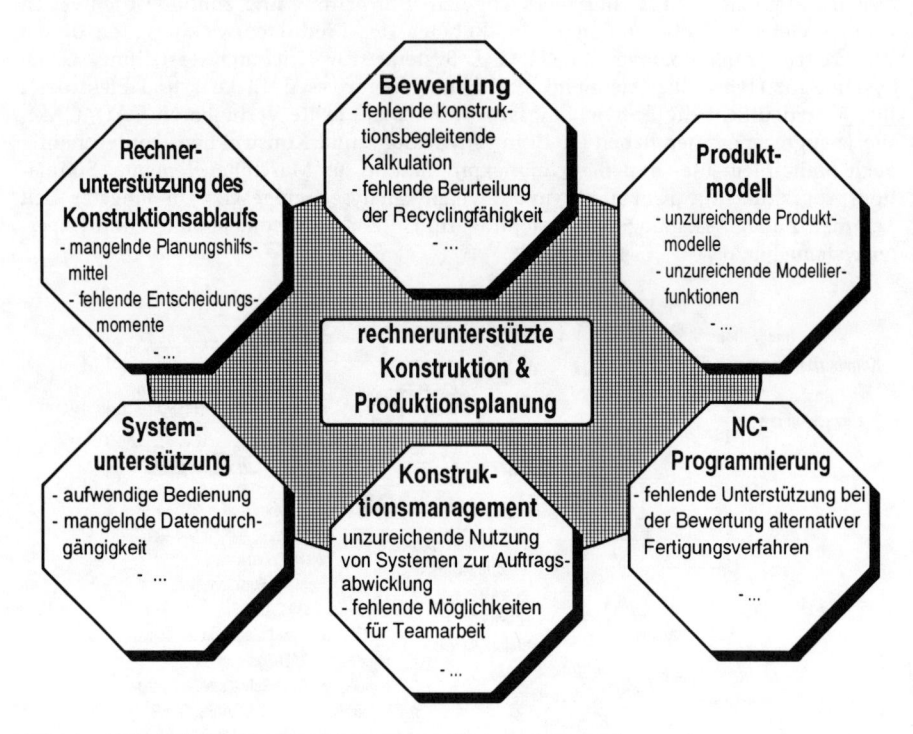

Bild 4: Poblemfelder in der rechnerunterstützten Konstruktion und Produktionsplanung

Die industrielle Praxis ist zum gegenwärtigen Zeitpunkt immer noch dadurch geprägt, daß eine durchgängige Rechnerunterstützung in allen Konstruktionsphasen nicht erfolgt, da einerseits kaum produktspezifische Konstruktionslogiken, die die Vorgehensweise des Konstruktionsablaufs modellieren, vorhanden sind. Andererseits fehlt es dem Konstrukteur während seiner Arbeit mit dem Rechner an kontext- und aufgabenbezogener Unterstützung, welche ihm alternative Vorgehensweisen basierend auf seinem aktuellen Arbeitsergebnis zur Verfügung stellt.

Von wachsendem Interesse sind konstruktionsbegleitende Bewertungsverfahren, beispielsweise zur frühzeitigen Einschätzung der Fertigungskosten, der Umweltverträglichkeit der Herstellung und späteren Nutzung, die in heutigen Systemen nicht vorhanden sind. Ein weiteres Hindernis auf dem Weg zu einem ganzheitlichen Konstruktionssystem stellt das Fehlen von geeigneten Produktmodellen dar. Die Ursachen hierfür sind vorwiegend in den geometrieorientierten Modellierern heutiger CAD-Systeme zu finden, da diese vorwiegend zeichnungsorientiert arbeiten. Im Gegensatz dazu besteht der Entwurf technischer Produkte in der Vorstellung des Konstrukteurs aus einem komplexen Beziehungsgeflecht von Maschinenelementen, Einzelteilen und kompletten Baugruppen.

Weiterhin fehlt es dem Konstrukteur an Rechnerunterstützung, alternative Fertigungsmöglichkeiten zu simulieren und gegeneinander hinsichtlich Fertigungsrestriktionen und Kosten zu bewerten. Wird der CAD-, CAP- und CAM-Bereich insgesamt betrachtet, so fällt auf, daß es an einem durchgängigen und transparenten Datenfluß zwischen den produktdatenerzeugenden Abteilungen und dem Auftragsmanagement mangelt.

Der umfassenden, abteilungsübergreifenden Gruppenarbeit steht schließlich die mangelnde Systemunterstützung hinsichtlich korrekt funktionierender Schnittstellenprozessoren entgegen. Die verwendeten Systeme selbst zeichnen sich häufig durch schwer erlern- und bedienbare Benutzungsoberflächen aus [5].

Vor dem Hintergrund der aufgezeigten Schwachstellen und Problemfelder des gegenwärtigen Rechnereinsatzes in Konstruktion und Prozeßplanung zeichnen sich Veränderungen ab, die im folgenden Kapitel näher erläutert werden.

3. Trends in der rechnerunterstützten Produktentwicklung

Fortschrittliche, für die industrielle Praxis einsetzbare CA-Systeme müssen sich an den aktuellen Entwicklungstrends orientieren. Durch die zunehmende Schaffung von Entwicklungs- und Produktionsverbunden über die eigenen betrieblichen Grenzen hinaus werden immer häufiger standardisierte Komponenten eingesetzt. Dies betrifft sowohl die eingesetzte Hardware als auch die darauf installierte Systemsoftware (Bild 5). Marktanalysen belegen den Trend hin zum Einsatz leistungsfähigerer Workstations und Personal Computer [6,7]. Auf deren Basis werden netzwerkfähige Betriebssysteme eingesetzt, die zukünftig sogenannte CAD-Konferenzen zulassen. Hinter diesem Begriff verbirgt sich die Möglichkeit, daß die Konstrukteure verschiedener betriebsinterner und ggf. betriebsexterner Abteilungen in einer Art Konferenzschaltung dasselbe Entwurfsmodell in ihrem CAD-System vorliegen haben. Konstruktionsänderungen können von jedem Teilnehmer grafisch-interaktiv vorgenommen werden und werden auf allen angeschlossenen CAD-Bildschirmen angezeigt. Parallel hierzu wird die Möglichkeit eröffnet, über eine Akustikkopplung gleichzeitig Sprache zu übermitteln.

Des weiteren kommen immer häufiger objektorientierte Sprachen zum Einsatz, mit deren Hilfe parametrische bzw. objektorientierte Produktmodellierkerne realisiert werden. Diese erlauben sowohl die komfortable Erzeugung kombinierter 2D/3D-

Modelle als auch die schnelle Erstellung von Varianten durch einfache Maßänderung eines Entwurfsparameters. Der Konstrukteur, Arbeitsplaner etc. arbeitet mit grafischen Benutzungsoberflächen sowie einer für alle Abteilungen zugänglichen Ingenieurdatendank, über welche der abteilungsübergreifende Datenaustausch sichergestellt wird. Bezüglich des Datenaustausches mit Zulieferern sind über den Standard IGES[2] und VDA/FS[3] hinaus internationale Normungsaktivitäten im Gange mit dem Ziel, nicht nur Geometriedaten, sondern auch Herstellungsdaten wie beispielsweise Oberflächenangaben und Arbeitspläne zwischen unterschiedlichen Systemen austauschen zu können [8].

Da die Forderung nach einer drastischen Senkung der Entwicklungszeit immer weniger Spielraum für praktische Versuche läßt, ist der Einsatz neuartiger Simulationswerkzeuge unerläßlich. Neben bereits weithin eingeführten Berechnungssystemen spielt das sog. "virtuelle Prototyping" eine zunehmend wichtigere Rolle. Unter diesem Begriff sind neuere, softwareunterstützte Verfahren zusammengefaßt, die eine realitätsnahe Untersuchung beispielsweise der Fertigung und Montage einer bestimmten Baugruppe betreffen. Eine Möglichkeit hierzu bietet das Arbeiten in einer virtuellen Realität. Über einen sogenannten Datenhandschuh und eine Stereobrille wird der Konstrukteur bzw. Arbeitsplaner in eine künstliche 3D-Welt versetzt, in der er beispielsweise die NC- oder Roboterprogrammierung durchführen kann. Ein weiteres neuartiges Verfahren, das "digital Mockup", erlaubt die Überprüfung von Fügeprozessen innerhalb der rechnerunterstützten Montage von Einzelteilen oder Baugruppen im CAD-System (Bild 5).

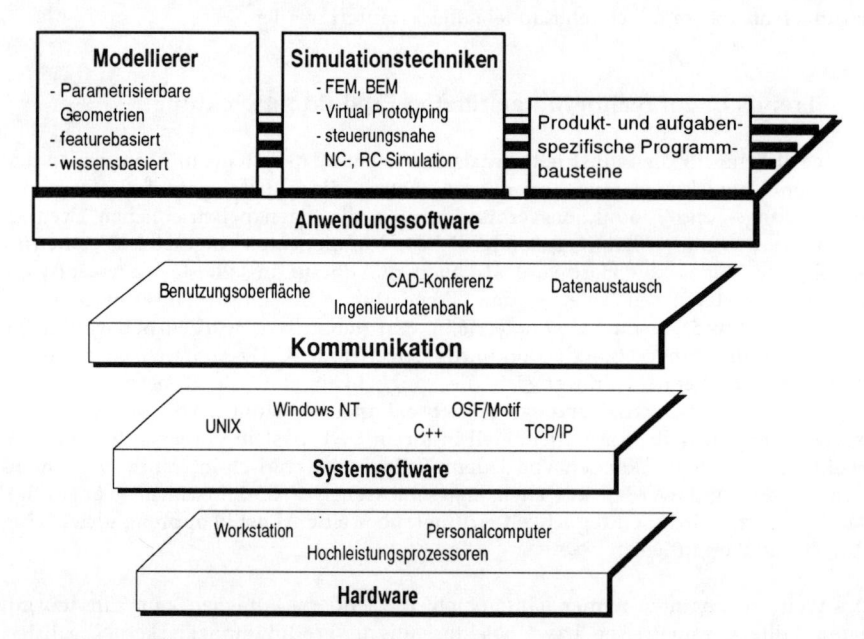

Bild 5: Künftige Komponenten der CAx-Technik

Konstruktionsarbeitsplatz der Zukunft

Die hierfür notwendigen, hohen Anforderungen an Rechenleistung, Grafikauflösung und Speicherbedarf werden bereits heute weitgehend von allen kommerziellen Rechnersystemen erfüllt. Darüber hinaus ist jedoch eine komfortable Benutzungsoberfläche ebenso wichtig, um eine breite Akzeptanz der neuen Rechnerwerkzeuge in der praktischen Ingenieurarbeit zu erreichen. Vor diesem Hintergrund kommt der Dialoggestaltung eine besondere Bedeutung zu (Bild 6).

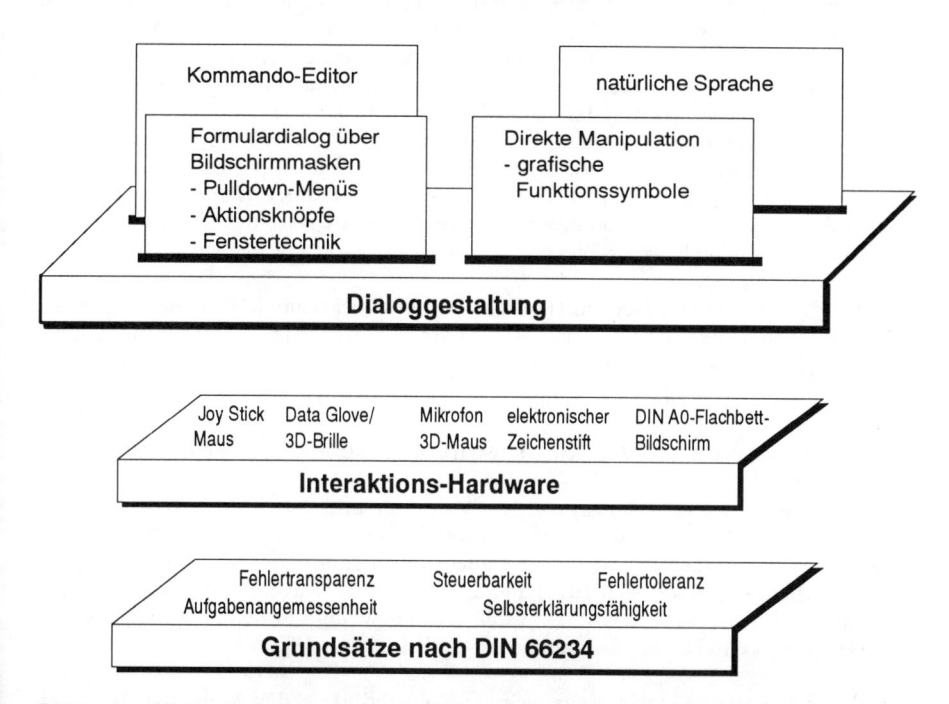

```
           Kommando-Editor                  natürliche Sprache

      Formulardialog über             Direkte Manipulation
      Bildschirmmasken                 - grafische
      - Pulldown-Menüs                   Funktionssymbole
      - Aktionsknöpfe
      - Fenstertechnik

                       Dialoggestaltung

     Joy Stick  Data Glove/   Mikrofon   elektronischer   DIN A0-Flachbett-
     Maus       3D-Brille     3D-Maus    Zeichenstift     Bildschirm

                       Interaktions-Hardware

        Fehlertransparenz       Steuerbarkeit      Fehlertoleranz
        Aufgabenangemessenheit             Selbsterklärungsfähigkeit

                       Grundsätze nach DIN 66234
```

Bild 6: Interaktionsmöglichkeiten des zukünftigen Konstruktionsarbeitsplatzes

Unter Berücksichtigung der Tatsache, daß parallel zu der Entwicklung technisch höherwertiger Produkte die hierfür eingesetzte Software komplexer und umfangreicher wird, verliert der klassische, alphanumerische Kommandodialog weiter an Bedeutung. An dessen Stelle treten grafische Benutzungsoberflächen. Deren Hauptvorteil liegt darin, daß auf einem Bildschirm mehr Informationen in übersichtlicherer Form dargestellt werden können. Jedes Anwendungsprogramm präsentiert sich in einem eigenen Fenster, das je nach Bedarf ein- oder ausgeblendet werden kann. Die eigentliche Systemsteuerung ist ereignisorientiert, d. h. die Initiative geht vom Benutzer aus, er steuert den Dialog. Das Hindurchfinden durch die Befehlsstruktur wird durch die Verwendung von grafischen Funktionssymbolen, auch "Icons" genannt, deren Bedeutung intuitiv erfaßbar ist, wesentlich erleichtert. Bisher stehen hierfür Pop-Up-Menüs, Aktionsknöpfe etc. zur Verfügung, die mit einer Maus aktiviert werden. Für den Einsatz in Konstruktion und Arbeitsplanung reichen diese Möglichkeiten jedoch nicht aus. Das Arbeiten mit komplexen geometrischen Modellen erfordert einen zusätzlichen Komfort bei der rechnerinterner Modellierung und Handhabung. So bietet es sich beispielsweise bei der Recherche nach Normalien, Wiederhol- und Zukaufteilen an, statt eines aufwendigen Dialogs über Sachmerkmalsleisten die Suchanfrage direkt über Stichworteingabe per Tastatur oder Sprachverarbeitung an den Rechner zu richten.

Im Bereich des geometrischen Modellierens sind die Möglichkeiten zum Erzeugen unterschiedlicher Ansichten verbesserungswürdig. Wird dies heute üblicherweise noch über Drehknöpfe oder Tastatureingaben realisiert, so bietet sich zukünftig beispielsweise der Einsatz einer 3D-Maus als kostengünstige Alternative an. Deren Wirkungsweise basiert darauf, daß die Handfläche des Benutzers auf einer Kugel ruht und über Kraftsensoren die Handbewegung in Befehle zum Wechsel des Betrachterstandortes umgesetzt werden. Aufwendiger, aber dafür plastischer und realitätsnäher kann in der virtuellen Realität gearbeitet werden. Allerdings steht dem breiten Einsatz die hierzu erforderliche, aufwendige Hardware des Datenhandschuhs und der schweren 3D-Brille im Wege.

Unabhängig von der eingesetzten Hardware muß sich die Entwicklung der o. g. Interaktionsmöglichkeiten nach den Grundsätzen ergonomischer Dialoggestaltung richten, wie sie in DIN 66234 festgehalten sind.

4. Systemarchitektur des Konstruktionsarbeitsplatzes der Zukunft

In den vorangegangenen Kapiteln wurden Tendenzen und Entwicklungen beschrieben, die den Konstruktionsprozeß als solchen beeinflussen. Jener Teilausschintt des Tätigkeitsgebietes Konstruktion, für den geeignete rechnergestützte Werkzeuge zur Verfügung stehen vergrößert sich zunehmend. Wie gezeigt wurde, vergrößert sich aber auch dieses Tätigkeitsgebiet selbst, so daß künftig weitere Software-Werkzeuge entwickelt und mit den bisherigen kombiniert werden müssen [9].

Aus den genannten Mängeln ergibt sich die Notwendigkeit, den Konstruktionsprozeß in seiner Gesamtheit effektiver zu unterstützen und konstruktionsspezifische Anforderungen an die einzusetzende Software besser zu erfüllen, [10]. Es ist daher die Forderung nach einer neuen Klasse rechnergestützter Konstruktionssysteme aufzustellen. Diese Systeme sollen nach Art eines Werkzeugkastens aufgebaut sein, der für jede konstruktive Tätigkeit wenigstens ein geeignetes Programm bereithält. Die Kreativität von Konstrukteuren soll weder durch schematisierte Abläufe noch durch unhandliche Bedienung eingegrenzt werden. Die bisherige Form des Dialogs zwischen Konstrukteur und Rechner auf der Ebene von Punkten und Linien soll wenn möglich verlassen und auf die Ebene funktions- und fertigungsrelevanter Produktmerkmale angehoben werden.

Die nun folgenden Abschnitte beschreiben eine Reihe von Konzepten und Realisierungsansätzen für künftige Software-Strukturen und -Werkzeuge, die die geforderte, ganzheitliche Vorgehensweise bei der Produktentwicklung und Produktionsvorbereitung ermöglichen sollen. Ein solcher Software-Verbund wird hier als Konstruktionsarbeitsplatz bezeichnet. Zentrale Zielsetzung des Konstruktionsarbeitsplatzes ist es, Ingenieuren, Konstrukteuren, Arbeitsplanern, wie auch NC-Programmierern eine breitgefächerte Palette rechnergestützter Werkzeuge zur Bearbeitung aller anfallenden Aufgaben bei der Entwicklung und Produktionsvorbereitung anzubieten. Zeitverluste durch die Aufbereitung ausgetauschter Daten und durch Einarbeitung in ungewohnte Programme sollen reduziert werden. Durch das vereinfachte Erlernen der Denk- und Arbeitsweise einer Vielzahl einzelner Programme und damit verbunden durch das Erwerben bereichsübergreifender Kenntnisse sollen Synergieeffekte hervorgerufen werden, die zur qualitativen Verbesserung der Konstruktionsergebnisse führen [11].

Die Einzelkomponenten des Konstruktionsarbeitsplatzes beruhen entweder auf existierender, bewährter Software oder werden als neuentwickelte Module dem System hinzugefügt. Da die Elemente des entstehenden Systemverbundes von sehr heterogener Struktur sind, werden Konzepte und Softwaretools benötigt, die es Systementwicklern erleichtern, weitere, z.B. firmenspezifische Module in den Verbund zu integrieren. Bild 7 stellt den generellen Aufbau des Konstruktionssystem in Form eines Referenzmodells dar [12].

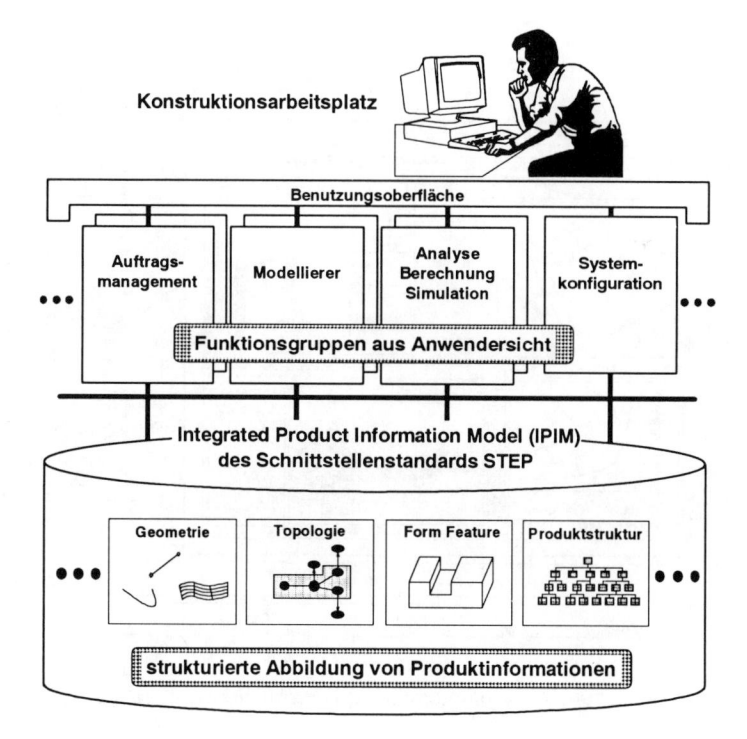

Bild 7: Referenzmodell eines Konstruktionssystems

Basis des Referenzmodells ist eine durchgängige Architektur, d.h. eine Einteilung der konstruktionsrelevanten Tätigkeiten in zahlreiche, definierbare Aufgabenbereiche. Jedem Aufgabenbereich, z.B. geometrische Gestaltung, Berechnung oder Beschaffung von Informationen, lassen sich Module zuordnen, die über ein Kommunikationssystem Daten untereinander oder mit einer Produktmodell-Datenbank austauschen. Das im Rahmen der STEP[4]-Entwicklung entwickelte Produkt-Daten-Modell IPIM[5] stellt die Architektur einer solchen Datenbank bereit und beschreibt seine Bestandteile [13].

Das vorgeschlagene, modulare Konzept eines Konstruktionssystems erlaubt es, daß zu jeder Zeit weitere Software-Bausteine in den Systemverbund aufgenommen und integriert werden können. Ein spezielles Konfigurationsmodul dient daher sowohl der Implementation und Einbindung von Software-Bausteinen als auch der aufgabenspezifischen Zusammenstellung und Anpassung der Module an den jeweiligen Benutzer.

Das beschriebene Konstruktionssystem kann erst dann effektiv genutzt werden, wenn sich die Erweiterbarkeit, Modularität und Offenheit des Systems auch dem Benutzer gegenüber, d.h. an der Benutzungsoberfläche, widerspiegelt (Bild 8). Es sind neben den vertrauten und bewährten Modulen neue Interaktionsmöglichkeiten und zusätzliche Funktionen zu entwickeln, um die Akzeptanz des Konstruktionsarbeitsplatzes aufgrund des gestiegenen Leistungsangebots zu gewährleisten [14].

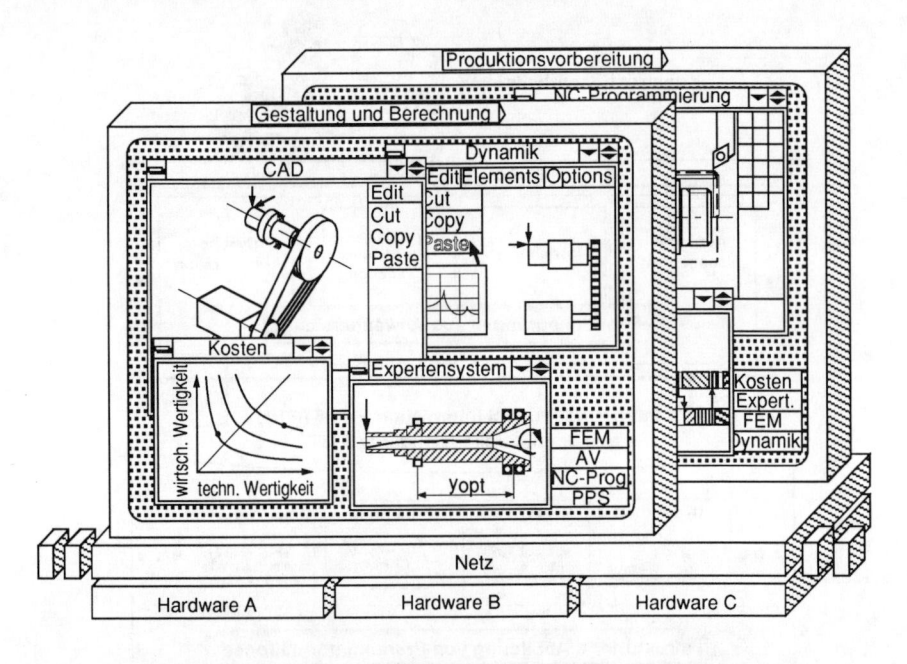

Bild 8: Parallele Nutzung rechnerunterstützter Konstruktionswerkzeuge

Ein wichtiges Merkmal der Benutzungsoberflächen künftiger Konstruktionssysteme liegt in der Verwendung moderner Fenstertechniken. Ausgehend vom Apple Macintosh hat sich diese Technik auf allen Hardware-Plattformen der meistverbreiteten Rechnerklassen, Personal-Computer und Unix-Workstation, durchgesetzt. Aufgrund der natürlicheren Arbeitsweise mit grafischen Symbolen, Maus-Zeiger, Hilfe-Funktionen und sofortiger Ergebnis-Anzeige verkürzen sie den Einarbeitungsaufwand und veranschaulichen den Arbeitsfortschritt für Neulinge und Spezialisten gleichermaßen. Daneben erlauben sie die gleichzeitige Nutzung unterschiedlichster Programme an demselben Bildschirm und stellen einfache Mechanismen, z.B. "Cut-Copy-Paste" bereit, um Daten zwischen den Systemen auszutauschen.

Die Einführung lokaler Rechnernetze (LAN[6]) in Verbindung mit der Fenstertechnik hebt die Bindung zwischen der Hardware, die ein bestimmtes Programm ausführt, und dem Bildschirm, auf dem die Benutzungsoberfläche des Programms erscheint, zunehmend auf, da Programmaufrufe und selbst Fenster über das Netz an entfernte Arbeitsstationen verschickt werden können. Damit verringert sich gleichfalls die Bindung zwischen dem Benutzer, seinem Arbeitsplatz und den ihm zur Verfügung stehenden Software-Modulen.

Jedes im Konstruktionsarbeitsplatz integrierte Programm repräsentiert eine spezifische Sichtweise auf das zu entwickelnde Produkt [15, 16]. Neben der zweifellos wichtigsten Sichtweise, die die Geometrie der Bauteile des Produktes in den Vordergrund stellt und durch herkömmliche CAD-Systeme verwirklicht wird, existiert eine Vielzahl von Software-Modulen für weitere, in der Produktentwicklung maßgebliche Aufgabenstellungen. So liefern Normteil- und Zeichnungsverwaltungsprogramme Aussagen über bereits vorhandene technische Einzellösungen. Expertensysteme dienen als Entscheidungshilfen auf Fachgebieten mit erfaßbar vorliegendem, formal darstellbarem Erfahrungswissen. Simulationssysteme dienen der Verifizierung einzelner Aspekte der technischen Funktionsweise des Produktes und seiner Herstellung. Als weitere konstruktionsrelevante Module seien Kosteninformations-, Berechnungs und NC-Programmiersysteme genannt.

Die Bildung übergreifender Datenmodelle für breit gefächerte Produkt-Informationen, ist von einzelnen Software-Anbietern oder nationalen Einrichtungen nicht mehr alleine zu leisten sondern kann nur als originäre Aufgabe internationaler Standardisierungsgremien angesehen werden. Die Entwickler der STEP-Produktdatenschnittstelle haben sich dieser Aufgabe gestellt und verfolgen den Ansatz eines in mehrere Partialmodelle gegliederten Produktmodells, das die Gesamtheit aller Produkt-Informationen repräsentiert (Bild 9). Eine weitere Zielsetzung ist es, den gesamten Lebenszyklus eines Produktes, beginnend bei der Formulierung einer Anforderungsliste über Entwurf, Herstellung, Prüfung, Analyse bis hin zur Wartung und zum Recycling zu begleiten. Dabei soll jede Information nur einmal im Datenmodell enthalten sein und gegenseitige Abhängigkeiten der Informationen sollen darin berücksichtigt werden. Dieses teils realisierte, teils noch in der Entwicklung befindliche Datenmodell erhebt damit den Anspruch auf Vollständigkeit, Konsistenz und Redundanzfreiheit bezüglich aller rechnerintern darstellbaren Informationsmengen des Produktes.

Die im STEP entwickelten Datenschemata eignen sich aufgrund ihrer streng formalen, auf der Datendefinitionssprache EXPRESS[7] beruhenden Struktur zur Abbildung auf Datenbanken wie auch auf Dateien und erreichen damit weitaus mehr als das ursprünglich gesetzte Ziel, einen CAD-System-neutralen Standard zum Austausch geometrischer und geometriebezogener Daten zwischen unterschiedlichsten Programmen bereitzustellen. Neben den beiden Verfahren Datenbank-Kopplung und File-Transfer kommt eine Anzahl weiterer Möglichkeiten für den Datenaustausch mit CAD-Systemen in Betracht (Bild 10).

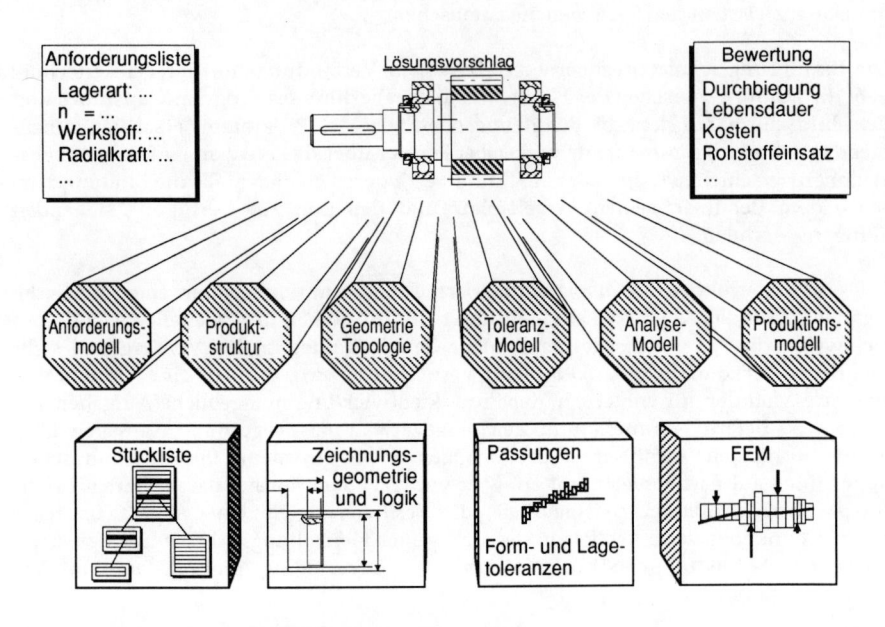

Bild 9: Partialmodelle als Teile des Produktmodells

Der Inhalt von Zeichnungsarchiven, der einen wesentlichen Teil des Know-Hows jedes Unternehmens repräsentiert, kann mit Hilfe von Scannern in Raster- oder einfache Vektor-Grafik umgewandelt und am Bildschirm herkömmlichen CAD-Zeichnungen zur weiteren Bearbeitung unterlagert werden. Die direkte Umwandlung technischer Zeichnungen in CAD-Modelle mittels intelligenter Algorithmen konnte dagegen noch nicht befriedigend gelöst werden.

Häufig wiederkehrende Baugruppen, Einzelteile und Formelemente können in Form von Makro-, Varianten- oder Normteil-Programmen an die dafür vorgesehenen Kopplungsmodule des CAD-Systems gebunden werden. In diesem Rahmen besitzt die ursprünglich vom Verband der Automobilindustrie entwickelte und künftig auf europäischer Ebene genormte Programmierschnittstelle VDA-PS[8] bzw. CAD-LIB[9] das größte Potential, denn sie ermöglicht letztlich jedem beliebigen Fremdsystem, sich CAD-intern vorliegender Funktionalität für eigene Zwecke zu bedienen. Heute bereits verfügbare Software-Werkzeuge der Interprozeßkommunikation und zum Aufbau von Client-Server-Architekturen werden bei der Entwicklung von CAD-Schnittstellen zum Einsatz kommen.

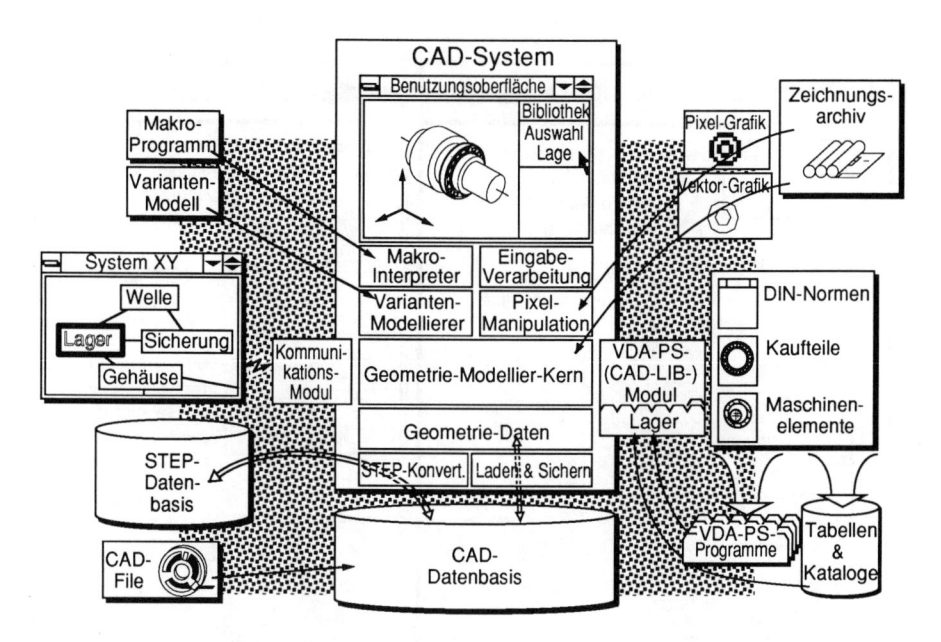

Bild 10: Wege zum Austausch geometriebezogener Informationen mit CAD-Systemen

Eigene Untersuchungen aus Industrieprojekten belegen, daß CAD-Systeme nur dann effizient eingesetzt werden können, wenn der Anwender die Funktionalität durch betriebsspezifische Applikationen anpaßt und erweitert. Hierfür stehen mehr oder weniger komfortable Möglichkeiten zur Variantenprogrammierung zur Verfügung, z.B. die Erstellung von Befehlsmakros oder systemspezifische Programmiersprachen in Anlehnung an FORTRAN zur Erstellung von Anwendungsprogrammen.

Eine weitere Verbesserung der Systemunterstützung kann durch aufgabenspezifische Anwendungsmodule und -systeme erfolgen, die - von Softwarehäusern erstellt - in das jeweilige CAD-System implementiert werden können. Als wesentlicher Nachteil ist allerdings der beträchtliche Kostenaufwand zu sehen.

Vor diesem Hintergrund sind neue Konzepte erforderlich, um es dem CAD-Anwender zu ermöglichen, ohne spezielle Programmierkenntnisse aufgabenspezifische Systemfunktionen zu ergänzen und zu implementieren. Zu berücksichtigen sind wiederkehrende Aufgabenstellungen und Tätigkeiten, die bei fast allen Konstruktionsaufgaben auftreten. Der Konstrukteur sollte für diese Aufgaben ohne Programmierkenntnisse im interaktiven Dialog einen abgeschlossenen Konstruktionsschritt einmal abbilden können, so daß bei erneuter Durchführung einer ähnlichen Aufgabe nach Eingabe maßgebender Parameter die betreffende Aufgabe weitgehend automatisch ausgeführt werden kann.

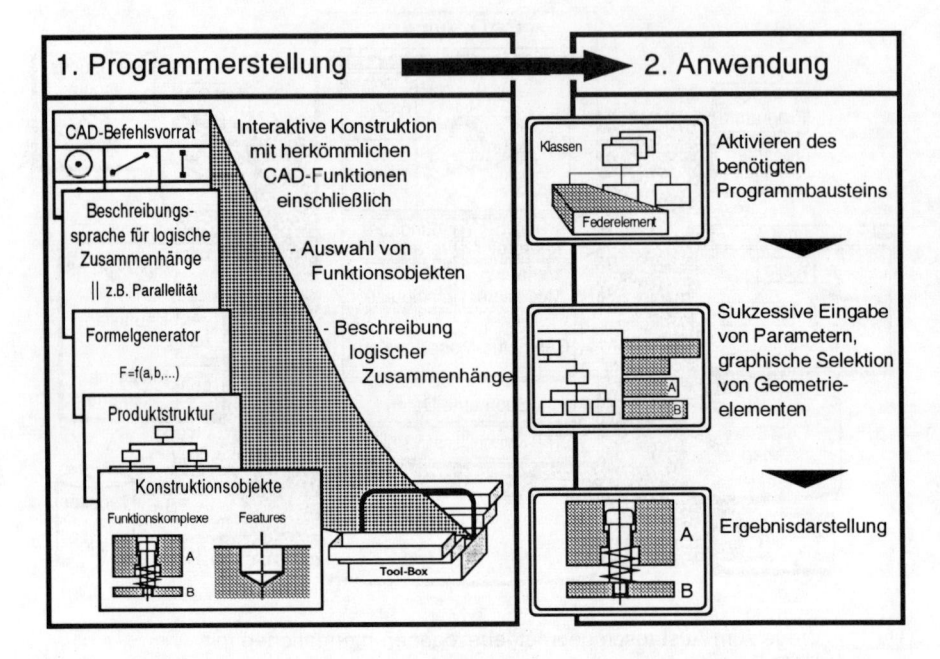

Bild 11: Erstellung und Anwendung systemunabhängiger, aufgabenspezifischer Programmbausteine

Bei derartigen Bausteinen muß somit zwischen einer Erstellungs- und Anwendungsphase unterschieden werden (Bild 11). Bei der Programmerstellung werden mittels

- verfügbarer CAD-Funktionen,
- dem Einsatz von Konstruktionsobjekten,
- Strukturinformationen vorhandener Teilkonstruktionen,
- einer Beschreibungssprache für logische Zusammenhänge und
- eines Formelgenerators

ein aufgabenspezifisches Programm erstellt. Der Erstellungsvorgang ist mit einer Neukonstruktion vergleichbar, bei der fast alle CAD-Funktionen des Konstruktionssystems verwendet werden können. Es können beliebige Konstruktionsobjekte, d.h. vorhandene Teilkonstruktionen, Funktionskomplexe oder technische Formelemente, sogenannte Features eingesetzt werden. Charakteristisches Merkmal der eingesetzten Funktionskomplexe ist ihr Aufbau aus mehreren Einzelteilen einschließlich angrenzender Bauteilelemente, zwischen denen logische Beziehungen bestehen, z.B. Durchmesserabhängigkeit zwischen einer Schraube und zugehöriger Bohrung. Diese Beziehungen können mit Hilfe von Strukturinformationen des Funktionskomplexes und der Festlegung von Parameterabhängigkeiten für die einzelnen Bestandteile mit Hilfe einer eigens hierfür entwickelten Beschreibungssprache für logische Zusammenhänge sowie mathematischer Formeln nach den Vorstellungen des Konstrukteurs definiert werden. Elemente dieser Beschreibungssprache sind z.B. Parallelität, Kontaktschluß von Objekten etc. [17].

Im Anwendungsfall wird ein solcher Programmbaustein vom Konstrukteur ausgewählt, wobei nach Eingabe der geforderten Parameter und einer Selektion der für die Funktionsausführung benötigten Geometrie der Programmablauf automatisch erfolgt.

Die erstellten Programmbausteine werden in einer Bibliothek des Konstruktionssystems abgelegt. Aufgrund objektorientierter Programmiermethoden und den damit vorhandenen Vererbungsmechanismen können im Sinne des "Rapid Prototyping" Programmbausteine in einem ersten Ansatz entwickelt werden, die noch nicht die volle gewünschte Funktionalität aufweisen und zu einem späteren Zeitpunkt z.B. hinsichtlich einer weiteren Verringerung des interaktiven Eingabeaufwandes ergänzt werden.

Ein wesentlicher Aspekt dieser Programmbausteine ist ein systemunabhängiges Datenhaltungskonzept, um den Austausch zwischen beliebigen Systemen zu gewährleisten. Eine Basis hierfür bildet der Schnittstellenstandard STEP. Allerdings ist mit der derzeitig verfügbaren Spezifikation der Datenaustausch auf statische Daten beschränkt, d.h. dynamische Daten, durch die Variantenprogramme gekennzeichnet sind, können nicht abgebildet werden. Hierzu ist eine Erweiterung der existierenden Partialmodelle des Integrated Product Information Model (IPIM) von STEP erforderlich [18, 19].

Die Verwendung solcher aufgabenspezifischer Programmbausteine läßt erhebliche Rationalisierungserfolge erwarten und kann insbesondere CAD-Anwendern aus kleineren und mittelständischen Firmen zu einer Effizienzsteigerung in der rechnerunterstützten Konstruktion verhelfen.

5. Sytembausteine für den Konstruktionsarbeitsplatz

Einen Überblick über mögliche Komponenten eines künftigen Konstruktionsarbeitsplatzes zeigt Bild 12. Dieser umfaßt Werkzeuge für die Tätigkeitsbereiche Entwicklung und Konstruktion, die eine eher technisch-funktionsorientierte Sichtweise auf Produkte und ihre Elemente haben, sowie Produktionsvorbereitung, die Vorgänge der Werkstückbearbeitung und des Resourceneinsatzes betrachtet. An der Schnittstelle dieser beiden Aufgabengebiete stehen Module zur Bearbeitung produktbezogener Daten von so grundsätzlicher Bedeutung wie die Geometrie oder der Terminplan.

Der Konstruktionsarbeitsplatz ist nicht als schlüsselfertiges System sondern als Rahmenwerk zu betrachten, in das vorhandene, kommerzielle, branchen- und firmenspezifische Software integriert werden kann. Um einen anwendungsbezogen zugeschnittenen Verbund konstruktionsunterstützender Softwaremodule aufbauen zu können, sind Systementwicklern innerhalb des Konstruktionsarbeitsplatzes Werkzeuge bereitzustellen, die ihnen Zugang zur internen Repräsentation von Daten und Prozeduren verschaffen. Darüber hinaus ermöglichen sie eine branchenbezogene Ergänzung der im Produktmodell darstellbaren Informationsmengen und vereinfachen die Erstellung und Einbindung weiterer Software-Module in den Verbund.

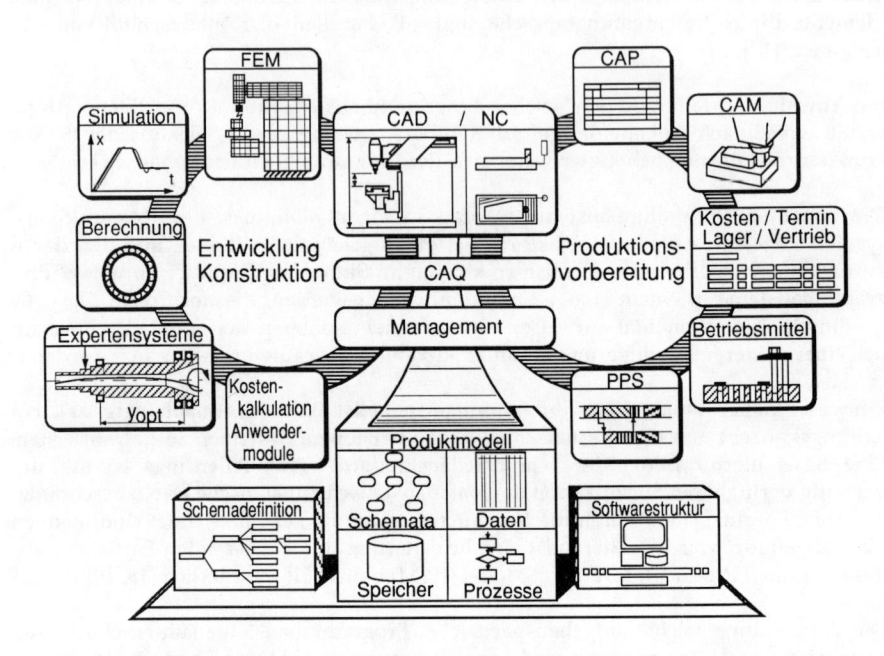

Bild 12: Komponenten des Konstruktionsarbeitsplatzes

Ein derart unternehmensspezifisch konfigurierbarer Konstruktionsarbeitsplatz ermöglicht es Anwendern, den Konstruktionsprozeß von der Definition der Anforderungsliste bis hin zur konstruktionsnahen Generierung von Produktionsdaten zu unterstützen.

5.1 Generierung von Konstruktionsdaten

Zu Beginn des Konstruktionsprozesses ist es erforderlich, die an der Entwicklung des Produktes beteiligten Personen über die eigentliche Aufgabenstellung detailliert zu informieren. Untersuchungen belegen, daß durch eine nicht eindeutig geklärte Aufgabenstellung kosten- und zeitintensive Korrekturschleifen die Folge sind, die bei geklärter Aufgabenstellung vermeidbar gewesen wären. Häufig ist gerade das für ein neues Produkt verantwortliche Management in der entscheidenden Phase der Produktspezifikation nicht in ausreichendem Maße in den Definitionsprozeß involviert. Änderungen von Seiten des Managements werden dann in einer späteren Entwicklungsphase des Produktes initiiert, was Kosten- und Zeitverluste nach sich zieht.

Es ist daher seit längerem ein Bestreben, zu Beginn des Konstruktionsprozesses die Anforderungen zu klären und zu präzisieren. Dazu gehören das Erfassen des eigentlichen Problems, das Zusammentragen aller verfügbaren Informationen, das Erkennen von Informationslücken, das Überprüfen und Hinzufügen externer Anforderungen und das Ergänzen um unternehmens- bzw. konstruktionsinterne Anforderungen [20]. Diese Aufgabenstellung erfordert vor dem Hintergrund der Marktzwänge eine drastische Verkürzung der Entwicklungszeit durch neue Konzepte und Hilfsmittel im Rahmen und der Einbindung von Entwicklungspartnern.

Unter diesen Randbedingungen ist die Anforderungsliste nicht nur als Ausgangspunkt der Produktentwicklung zu sehen, sondern als entwicklungsbegleitender und bereichsübergreifender Informationsträger (Bild 13).

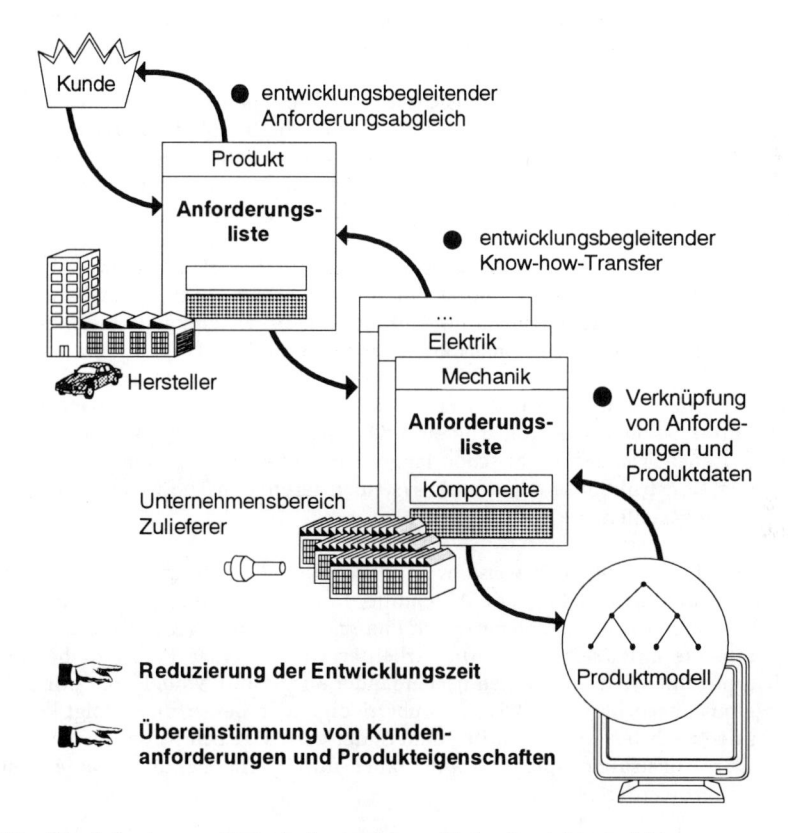

Bild 13: Die Anforderungsliste als Ausgangspunkt der Produktentwicklung

Dabei sollen in der Anforderungsliste nicht nur die Kundenwünsche vollständig und präzise formuliert werden, wozu eine enge Zusammenarbeit mit dem Kunden angestrebt wird, auch externe Entwicklungspartner und eigene bisher getrennt betrachtete

Unternehmensbereiche oder Entwicklungsdisziplinen sollen die Möglichkeit erhalten, ihr Know-how in die Definition von Produktanforderungen mit einfließen zu lassen. Obgleich bei der Erstellung eine begrenzte Dynamik zulässig ist, ist es das Ziel, möglichst frühzeitig eine endgültige Produktspezifikation festzuschreiben. Gerade bei komplexeren Aufgabenstellungen, bei denen viele Entwicklungspartner beteiligt sind, ist daher die Festlegung und Abstimmung geeigneter Schnittstellen zwischen Teilaufgaben und -komponenten unabdingbare Voraussetzung. Für diese Aufgabenstellung ist sowohl ein umfassendes Wissen über das Gesamtprodukt und seine Zusammenhänge als auch über die Kompetenzen der einzelnen Entwicklungspartner erforderlich. Nur so kann sichergestellt werden, daß zu einem definierten Zeitpunkt eine Anforderungsliste festliegt, die in optimaler Weise Kundenwünsche und Produktanforderungen vereint.

Für alle Anforderungen, die schließlich in strukturierten Anforderungslisten dokumentiert sind, werden die Bezüge zu den sich herauskristallisierenden Produktmerkmalen des zu entwickelnden Produktes hergestellt. Auf diese Weise ist es möglich, festgelegte Produkteigenschaften hinsichtlich der Vorgaben der Anforderungsliste zu bewerten und bei Änderungen von Anforderungen die betroffenen Produktmerkmale zu identifizieren. Darüber hinaus kann diese Verknüpfung genutzt werden, um ursprünglich festgelegte Anforderungen gezielt zu hinterfragen, wenn durch kleinere Abstriche entscheidende Vorteile z.B. hinsichtlich der Produktkosten zu erwarten sind.

Die rechnerunterstützte Erstellung der Anforderungsliste ist als Prototypversion bereits heute Realität. Für die Zukunft kann daher erwartet werden, daß Systembausteine zur Erstellung von Anforderungslisten im Verbund mit Entwicklungspartnern zum Standard einer multifunktionalen Konstruktionsumgebung zählen [14].

Als wesentliche Grundlage für das Entwickeln von technischen Produkten ist neben dem Erfahrungsschatz des Konstrukteurs das methodische Vorgehen beim Konstruieren anzusehen. Daher besteht schon lange das Bestreben, den Konstruktionsprozeß durch eine Konstruktionsmethodik zu systematisieren und somit transparenter und effizienter zu gestalten.

Eine methodische Vorgehensweise wird durch die Aufteilung des Konstruktionsprozesses in aufeinander folgende Abschnitte, Konstruktionsphasen genannt, erreicht. Die Zielsetzung liegt darin, den einzelnen Phasen Arbeitsinhalte zuzuordnen, Entscheidungsmomente aufzuzeigen und die Arbeitsergebnisse einer Phase zu beschreiben [21]. Die einzelnen Schritte werden nacheinander ausgeführt, wobei nach jedem Schritt das Ergebnis überprüft wird. Bei einer unbefriedigenden Bewertung erfolgt keine Freigabe für den nächsten Arbeitsschritt, sondern der vorherige Schritt wird nochmals vollzogen. Der Konstruktionsprozeß kann daher durch eine iterative Vorgehensweise charakterisiert werden [22].

In der Richtlinie VDI 2222 "Konstruktionsmethodik - Konzipieren Technischer Produkte" wurde erstmals der Versuch unternommen, eine Vereinheitlichung der Vorgehensweise zur Schaffung neuer Produkte zu erstellen. Dabei werden die vier generellen Phasen "Planen", "Konzipieren", "Entwerfen" und "Ausarbeiten" unterschieden. Im Hinblick auf eine mögliche Übertragung der Systematik auf den rechnerunterstützten Konstruktionsprozeß wurde eine weitere Untergliederung mit der Richtlinie VDI 2221 vorgenommen. Dabei stellen Lösungen eines Phasenschrittes die Problemstellung für den nachfolgenden dar (Bild 14).

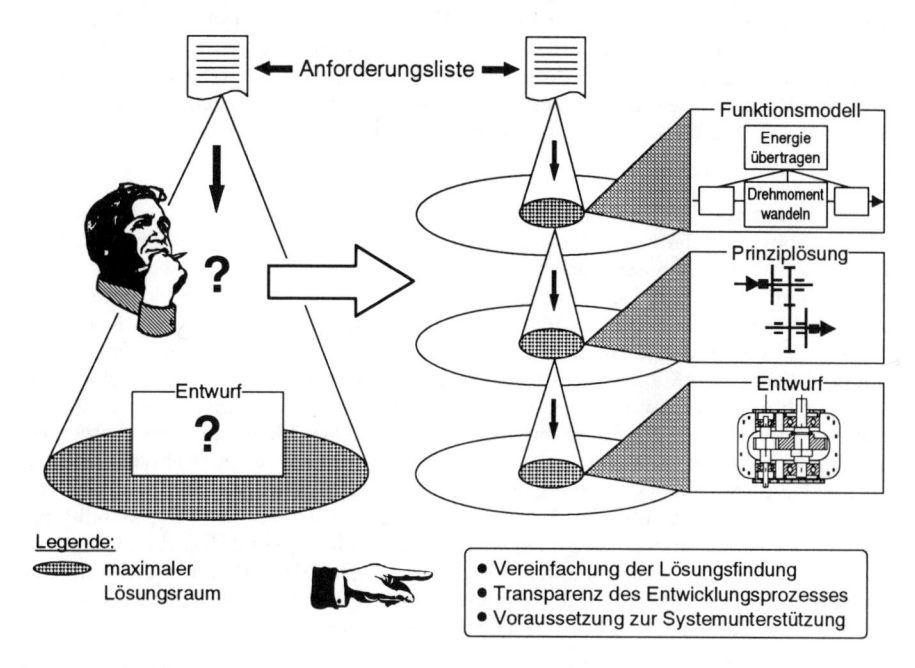

Bild 14: Funktionsmodellierung und Prinzipfindung als Bindeglied von Anforderungsliste und Entwurf

Durch die schrittweise Vorgehensweise wird der Lösungsfindungsprozeß überschaubar und auf den rechnerunterstützten Konstruktionsprozeß übertragbar. Ausgangspunkt dieser Systematik sind daher zahlreiche Systementwicklungen der jüngeren Vergangenheit [14, 23 -25].

Aus der Sicht der Produktentwicklung stellt die geometrische Darstellung des Produktes eine sehr wichtige, das Vorstellungsvermögen inspirierende Repräsentationsform des Produktes dar. Die gesamte physikalisch-technische Realität des Produktes umfaßt jedoch noch eine Fülle weiterer Aspekte, die sich bisher nur lückenhaft und ungenau auf rechnerinterne Algorithmen und Datenschemata abbilden lassen. Entwicklungen auf dem Gebiet der wissensbasierten Systeme haben gezeigt, daß die vollständigste und anpassungsfähigste Erfassung aller Aspekte eines Produktes weiterhin dem Vorstellungsvermögen des Menschen gelingt, da dieses über so faszinierende Fähigkeiten wie Wahrnehmung und Lernvermögen verfügt.

In den meisten Fällen jedoch ist das Fakten- und Handlungswissen des Menschen und insbesondere das Wissen von Konstrukteuren klar gebunden an definierbare Objekte und Situationen. So verknüpfen sich die elektrischen Anschlußdaten eines Elektromotors mit dessen geometrischer Gestalt und seiner Bestellnummer beim Hersteller zu einem inneren Gesamtbild, dessen Teile sich an getrennten Orten und in unterschiedlichen Software-Werkzeugen wiederfinden. Die innere Vorstellung über den strukturellen Aufbau einer Maschine knüpft sich gedanklich ebenfalls an die konstruktionsrelevanten Objekte. So ist die Aufgabe eines Motors innerhalb einer Maschine durch die Angabe der mit dem Motor mechanisch, elektrisch, klimatechnisch u.a. verbundenen Körper im Kern vollständig beschrieben und kann je nach rechnerinterner Sichtweise z.b. in ein Statik-Berechnungsmodell, ein Kinematik- oder Montage-Modell überführt werden.

Es liegt daher nahe, die beim Produktentwurf gedanklich verwendete Vorstellung vom Konstruktionsgegenstand als Maßstab zur Bildung rechnerinterner Datenmodelle und darauf aufbauender Konstruktionswerkzeuge zu nutzen [26]. Die Gliederung eines Produktes in Objekte, die Gegenstand konstruktiver Arbeitsschritte sind, kann darüber hinaus in einen Kommunikationsmechanismus zwischen rechnergestützten Konstruktionswerkzeugen in den Phasen Entwurf, Konfiguration, Berechnung, Simulation und Funktionsanalyse einfließen (Bild 15). Ein Datenaustausch zwischen den einzelnen Systemen findet dann auf der Ebene von Konstruktionselementen statt, während beispielsweise die Übertragung einfacher geometrischer Elemente dem Anwender verborgen bleibt. Im Zentrum eines solchen Integrationsansatzes steht ein Modul, welches lediglich den Typ der einzelnen im Produkt verwendeten Konstruktionselemente kennen muß, alle für jedes einzelne Element existierenden Darstellungsformen in den angeschlossenen Systemen verwaltet und die grundsätzlichen technischphysikalischen Zusammenhänge im Produkt erfaßt. Die Systemkommunikation spiegelt damit die in Ausbildung und Praxis entwickelte Denkweise der Konstrukteurs auf der Ebene von Bauteilen und Maschinenelementen wider.

Am Beispiel der Auslegung und mechanischen Konstruktion des Hauptantriebs einer Werkzeugmaschine könnte sich die im folgenden Szenario kurz dargestellte Arbeitsfolge abspielen:

Nachdem die in der Anforderungsliste enthaltenen Forderungen an Geometrie, Dynamik und Schnittstellen des Antriebs mit Hilfe des CAD-Systems zu einem ersten Grobentwurf geführt haben, ruft der Konstrukteur ein Programm zur Vordimensionierung elektrischer Hauptantriebe auf. Der darin ausgewählte Motor wird in eine Konstruktionszwischenablage kopiert ("Copy"). Da an späterer Stelle noch weitere Analysen und Simulationen erforderlich werden könnten, wird der durch Angabe seines Herstellers und der Bestellnummer nun eindeutig identifizierbare Motor aus der Zwischenablage im Technischen Wirkschema des zu konstruierenden Antriebs eingefügt ("Paste"). Ohne die räumliche Anordnung der weiteren Konstruktionselemente des Antriebs bereits genau kennen zu müssen, wird das Wirkschema durch Auswahl und Verknüpfung von Lagern, Spindel, Riementrieb, Befestigungselementen, Bremse, Zerspanstelle u.a.m. vervollständigt. Eine Analyse des Kräfteflusses und die Kenntnis der Drehzahlen geht bei der genauen Bestimmung und Dimensionierung des geeigneten Lagertyps für die Spindellagerung ein, wobei ein hierzu verfügbares Expertensystem fachliche Unterstützung bietet. Zur Zwischenkontrolle der räumlichen Gestalt des Antriebs und zur weiteren Detaillierung eigengefertigter Bauteile werden die bisher ausgewählten Norm- und Zukaufteile mit Hilfe des Copy-Paste-Verfahrens in das CAD-System übertragen. Derselbe Mechanismus wird auch eingesetzt, um ein dynamisches

Modell des Antriebs in einem Simulationssystem zu erzeugen. Hierbei wird anstelle der Variantengeometrie der einzelnen Bauteile und Maschinenelemente das entsprechende masse-, dämpfungs- und steifigkeitsbehaftete Dynamikmodell automatisch generiert oder durch den Konstrukteur aufbereitet.

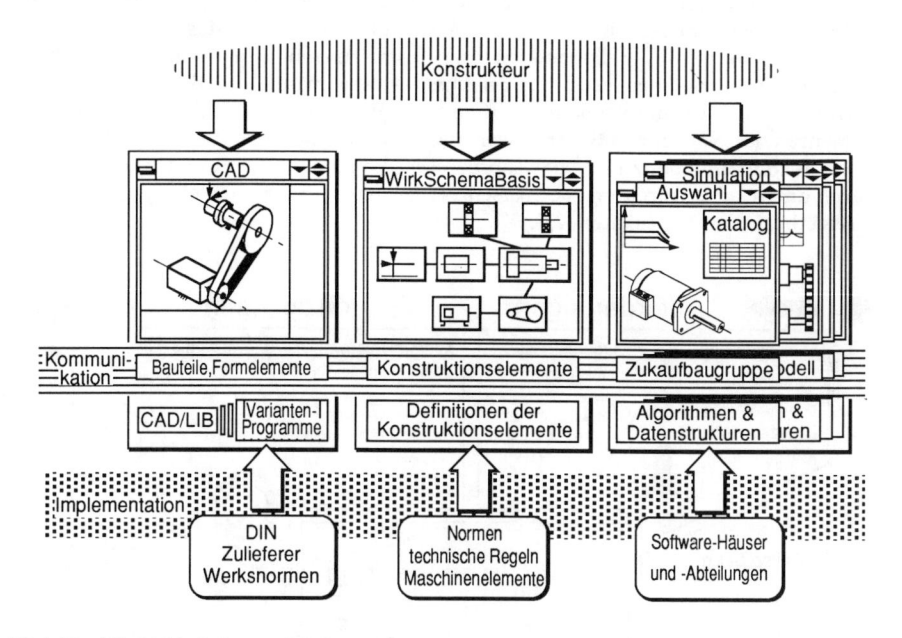

Bild 15: Die Wirk-Schema-Basis, ein Integrationsbaustein des Konstruktionsarbeitsplatzes

In dem geschilderten Ablauf wird dem Konstrukteur keine starre Arbeitsfolge vorgegeben, sondern er selbst entscheidet zu jedem Zeitpunkt frei darüber, welcher Schritt zu tun, welches Programm zu nutzen und welches Ergebnis zu erzielen ist. Zum Abschluß seiner Arbeiten hat der Konstrukteur aufgrund verbesserter Mechanismen des Datenaustausches Zeit gewonnen und durch die parallel erstellten Berechnungen und Simulationen qualitativ höherwertige Lösungen erzielt.

Als ein Beispiel für die Umsetzung einer Systemkonzeption mit ganzheitlichem Ansatz soll ein wissensbasiertes Konstruktionssystem für Spindel-Lager-Systeme vorgestellt werden (Bild 16).

Dieses erlaubt, basierend auf einer vom Konstrukteur im Dialog mit dem System zu erstellenden Anforderungsliste, den vollständigen Entwurf und die Entwurfsbewertung von Spindel-Lager-Baugruppen in Werkzeugmaschinen rechnerunterstützt durchzuführen. Nachdem im CAD-System die geometrischen Randbedingungen und Bearbeitungskräfte vorgegeben wurden, wird basierend auf weiteren Benutzerfragen zunächst ein qualitatives Entwurfsmodell erzeugt. Hierzu erfolgt die anforderungsgerechte Auswahl der Entwurfskomponenten wie beispielsweise Lager, Dichtung und Schmierung über Entscheidungstabellen. Entsprechend dem vom System im Dialog mit dem Entwurfskonstrukteur erzeugten Systemvorschlag für das Lagerungsprinzip werden die korrespondierenden Lagerberechnungsprogramme aktiviert. Deren Ergebnisse fließen in den ersten Entwurf ein, der auf der Grundlage von abgespeicherten Konstruktionsregeln durchgeführt wird. Im Anschluß daran wird das Entwurfsmodell automatisch in ein FE-Balkenmodell transformiert, um eine Statik- und Dynamikanalyse vorzunehmen. Aus den Berechnungsergebnissen und den geometrischen Entwurfsdaten wird im folgenden ein Kennzahlenmodell gebildet, das als Eingabe für ein Neuronales Netz zur Entwurfsbewertung und -verbesserung dient. Die Ergebnisse dieses rechnerunterstützten Analyseprozesses können vom Entwurfskonstrukteur übernommen oder durch eigene Vorschläge ersetzt werden, um eine iterative Entwurfsverbesserung einzuleiten [27].

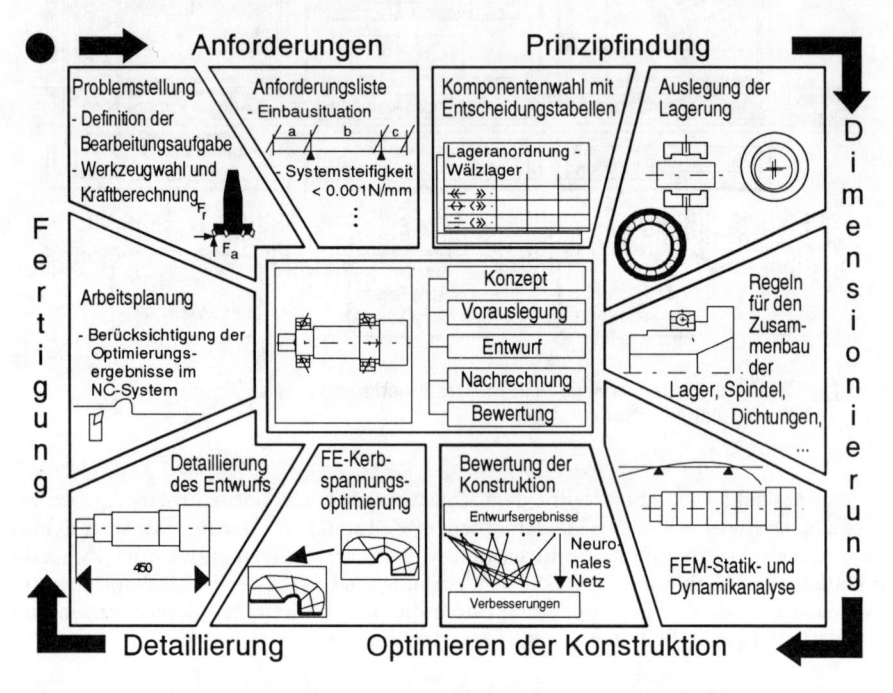

Bild 16: Wissensbasiertes System zur Spindel-Lager-Konstruktion

Schließlich besteht die Möglichkeit, die detaillierte Spindelgeometrie an ein Programmsystem zur Optimierung von Kerbgeometrien, beispielsweise im Bereich von hochbelasteten Wellenabsätzen zu übergeben. Weiterhin können die Optimierungsergebnisse in das Ausgangsgeometriemodell zurückgeführt werden. Damit finden diese auch Berücksichtigung bei der nachfolgenden Arbeitsplanung und NC-Programmierung.

Für die Gestaltung und Auslegung geometrisch komplexerer Baugruppen wie beispielsweise Maschinenbetten sind komfortable Programmschnittstellen erforderlich, die die Benutzung der hierfür notwendigen FEM[9]- oder BEM[10]-Auslegungsprogramme erleichtern (Bild 17). Obwohl vom CAD- wie auch von FE- und BE-Programmen Geometriedaten verarbeitet werden, lassen sich die zu verarbeitenden Geometriemodelle nicht direkt vom CAD- ins FEM- oder BEM-Programm übertragen. Während im CAD-System ein detailgetreues Modell des zu konstruierenden Bauteils verarbeitet wird, bildet ein vereinfachtes Bauteil mit niedrigem Detaillierungsgrad die Ausgangsbasis für eine BEM- oder FEM-Berechnung. Der geometrische Informationsgehalt wird im Rahmen der Modellbildung reduziert. Diese Umwandlung von CAD- zu Berechnungsmodellen muß gegenwärtig interaktiv durchgeführt werden. Auch die als Ergebnis der Analysen und Optimierungsrechnungen vorliegenden veränderten Geometriemodelle können nicht direkt in das CAD-System übernommen werden, sondern die vorliegenden CAD-Modelle müssen von Hand der geänderten FE-Geometrie angepaßt werden.

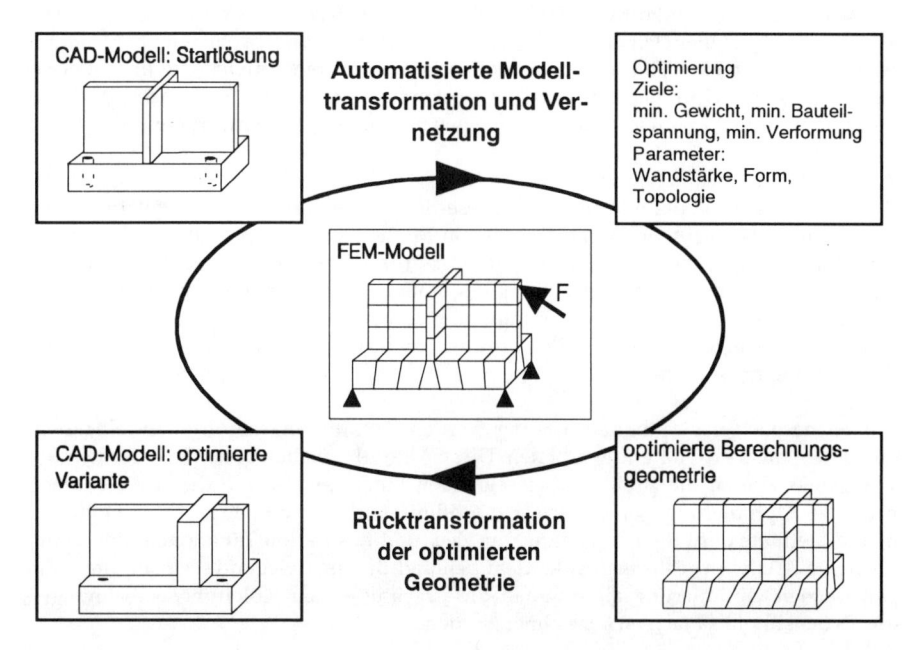

Bild 17: Integration von CAD und FEM durch bidirektionalen Geometrieaustausch

Dies setzt die Entwicklung eines geeigneten Modellierungsverfahrens voraus, bei dem die für die Berechnung relevanten Geometriedaten aus dem CAD-Modell automatisch entnommen werden können. Zudem müssen die im FEM/BEM-Modell nicht enthaltenen Daten zwischengespeichert werden.

Ein FEM-Modellierungsverfahren, das den beschriebenen Anforderungen gerecht wird, läßt sich aus der CSG-Modellierung (constructive solid geometry) ableiten, bei der CAD-Modelle aus einfachen Grundkörpern wie Quadern, Zylindern oder Kegeln, die über boole´sche Operationen verknüpft sind, aufgebaut werden. Die CSG-Datensätze werden als binäre Baumstrukturen abgelegt, die neben den geometrischen und topologischen Informationen auch Angaben über die Reihenfolge und Art der durchgeführten Verknüpfungsoperationen beinhalten. Da gleiche Bauteilgeometrien dabei durch unterschiedliche CSG-Baumstrukturen dargestellt werden können, lassen sich bei der CSG-Modellierung grundsätzlich die für die FEM-Berechnung relevanten Geometrieinformationen in einem CSG-Teilbaum zusammenhängend ablegen und als Teilgeometrie für eine Berechnung heranziehen. Auf dieser Teilgeometrie soll dann vollautomatisch ein FE-Netz abgelegt werden. Ebenso läßt sich mit Hilfe der verwendeten CSG-Datenstruktur die nach der Berechnung veränderte Teilgeometrie im Zuge der CAD-Rückmodellierung wieder mit den nicht betrachteten geometrischen Details zusammenzuführen [28].

Im Bereich der Bauteilkonstruktion wird der Entwurfskonstrukteur neben der Auslegung von Maschinenelementen sehr häufig mit Optimierungsproblemen konfrontiert, zu deren Lösung eine Vielzahl an Methoden und Verfahren entwickelt wurde. Bei der Anwendung von Optimierungsverfahren zusammen mit der Finite-Elemente-Methode (FEM) nimmt die Parameteroptimierung einen besonderen Stellenwert ein (Bild 18).

Zur Anwendung von Parameteroptimierungsverfahren bedarf es einer sogenannten "Mathematischen Modellbildung" [29]. Dieser Begriff beschreibt den Prozeß der Transformation eines zu lösenden Problems in ein Modell, auf das spezielle Optimierungsalgorithmen angewendet werden können. Der Prozeß der "Mathematischen Modellbildung" verlangt zunächst die Benennung des Optimierungsziels in Form einer Zielfunktion, die von den Parametern der Optimierung abhängig ist. Daneben sind die zu erfüllenden Forderungen in Form von Restriktionen in das "Mathematische Modell" der Optimierung mit aufzunehmen.

Zur Suche nach der optimalen Lösung werden Optimierungsalgorithmen eingesetzt, von denen die meisten iterativ arbeiten. Diese Algorithmen berechnen in jeder Iteration wenigstens einmal die problembeschreibenden Funktionen sowie deren Ableitungen nach den Optimierungsparametern. Bei Optimierungsrechnungen mit der Finite-Elemente-Methode wird die Berechnung von Ziel- und Restriktionsfunktionen über Finite-Elemente-Analysen realisiert. Außerdem benötigt die überwiegende Anzahl der heute eingesetzten Optimierungsalgorithmen die Ergebnisse von Ableitungsberechnungen, die als Sensitivitätsanalysen bezeichnet werden.

Zur Durchführung von Finite-Elemente-Optimierungsrechnungen sind leistungsstarke Programmsysteme notwendig, die in der Regel den in Bild 5.7 Mitte dargestellten Aufbau aufweisen. Die Generierung des Finite-Elemente-Modells erfolgt basierend auf vorliegenden Konstruktionsunterlagen mit Hilfe von grafisch-interaktiv arbeitenden FE-Preprozessoren. Ebenfalls interaktiv wird die Definition des Optimierungsproblems vorgenommen. Diese Arbeit umfaßt neben der Benennung einer Zielfunktion die Definition von Optimierungsparametern und Restriktionen. Ist ein vor dem Optimierungsstart definiertes Konvergenzkriterium erfüllt, kann eine Auswertung des

Optimierungslaufes unter Nutzung graphisch-interaktiv arbeitender Auswerteprogramme vorgenommen werden.

Problem

Aufbau der Maschine:

Unterwange

Gewichtsoptimierung der Unterwange einer Festwalzmaschine:

Optimierung

Optimierungsparameter:
-Wandstärke
-Form
-Topologie

Optimierungsschritt

Optimum erreicht?
Nein
Ja

Ziele:
-minimales Gewicht
-minimale Spannung
-minimale Verformung

Lösung

Topologie nach der 1. Iteration:

Topologie nach der 12. Iteration:

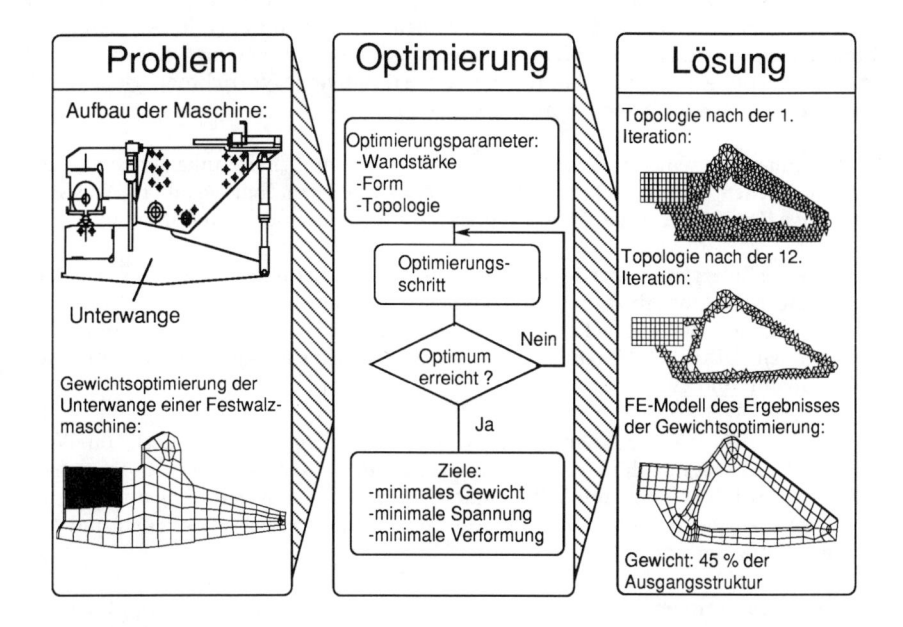

FE-Modell des Ergebnisses der Gewichtsoptimierung:

Gewicht: 45 % der Ausgangsstruktur

Bild 18: Automatische Bauteiloptimierung in der mechanischen Konstruktion

Ein Charakteristikum der meisten heute bekannten Optimierungsverfahren besteht darin, daß eine konstruktive Startlösung erforderlich ist. Bei der Erarbeitung dieser erforderlichen Ausgangskonstruktionen sind alle Fragen, die die Topologie des Bauteils betreffen, wie die nach der äußeren Gestalt und dem inneren Aufbau, vom Konstrukteur rein intuitiv zu beantworten. Eine Verbesserung dieser Situation versprechen Verfahren der Topologieoptimierung, die eine automatische Auslegung von Bauteilstrukturen mit optimalen mechanischen Eigenschaften zum Ziel haben.

Die Leistungsstärke von Topologieoptimierungsverfahren ist darin zu sehen, daß, ausgehend von nur wenigen Vorgaben wie den Kraftangriffs- und Aufstellpunkten sowie den wirkenden Belastungen, eine erste vollständige Geometriebeschreibung für mechanische Strukturen ermittelt werden kann.

Das Potential an Strukturverbesserungen, das unter Anwendung der Topologieoptimierung verfügbar gemacht werden kann, verdeutlicht auch das Ergebnis der steifigkeit-gewichtsminimalen Auslegung der Unterwange einer Festwalzmaschine. Die dargestellte optimale Bauteiltopologie weist bei einer gleichen Verformung an der Bearbeitungsstelle wie die Startstruktur ein um 54 % geringeres Bauteilgewicht auf.

5.2 Konstruktionsnahe Generierung von Produktionsdaten

Bevor die Arbeitsplanung und NC-Programmierung durchgeführt werden kann, ist der Betriebsmittelkonstrukteur gefordert. Basierend auf der detaillierten und ggf. optimierten Bauteilgeometrie muß er die entsprechenden Vorrichtungen konstruieren. Zur Unterstützung dieser Aufgabe bietet sich der Einsatz eines Expertensystems an. Dieses generiert sowohl einen Vorschlag für die zu verwendenden Vorrichtungselemente als auch deren Anordnung relativ zum Bauteil.

Darüber hinaus gestattet es dem Konstrukteur, nicht nur eine Baukastenvorrichtung zusammenstellen, es besteht ferner die Möglichkeit, das von ihm gestaltete Werkstück hinsichtlich der Verwendung der verfügbaren Baukastenelemente zu optimieren.

Vor diesem Hintergrund wurde am Lehrstuhl für Produktionssystematik der RWTH Aachen die Kopplung eines Expertensystems mit einem CAD-System realisiert. Anwendungsbereich des entwickelten Expertensystems bzw. der Systemkopplung mit dem Namen FIXPERT (Fixture Expert) ist die Konstruktion von Baukastenvorrichtungen (Bild 19).

Baukastenvorrichtungen werden aus standardisierten Elementen montiert, um Werkstücke in Werkzeugmaschinen zu positionieren und zu spannen. Bei der Systementwicklung wurde ein konventionelles, marktgängiges CAD-System eingebunden, mit dem dreidimensionale, volumenorientierte Darstellungen von Werkstücken und Vorrichtungen möglich sind [30].

Zielsetzung im Rahmen der Entwicklungsarbeiten war es, eine enge Kopplung zwischen Expertensystem und CAD-System zu erreichen, so daß eine grafische Unterstützung während des gesamten Ablaufs des Konstruktionsprozesses ermöglicht wird. Dadurch sollte der Konstruktionsprozeß für den Konstrukteur nachvollziehbar und kontrollierbar gestaltet und somit auch ein Beitrag zur Steigerung der Akzeptanz des Expertensystems geleistet werden. Die systemseitige Steuerung des Konstruktionsprozesses, die Lösungssuche und die Aufbereitung der Ergebnisse werden mit Hilfe des Expertensystems durchgeführt. Als Ergänzung hierzu dient das CAD-System vorrangig zur Speicherung, Verarbeitung und Darstellung der Geometriedaten sowie weiterhin als Basis für die gemeinsame Benutzungsoberfläche des Gesamtsystems.

Ausgangspunkt der Vorrichtungskonstruktion ist die Übertragung der detaillierten geometrischen und technologischen Werkstückdaten aus dem CAD-System an das Expertensystem. Dort wird ausgehend von diesen Daten ein Konstruktionsvorschlag für eine geeignete Vorrichtung abgeleitet. Zwischenergebnisse des Konstruktionsprozesses werden dabei mit Hilfe des CAD-Systems dargestellt, so daß der Systembediener steuernd in den Lösungsprozeß eingreifen kann, um beispielsweise alternative Lösungsvorschläge anzufordern. Als Ergebnis der Expertensystemkonsultation stehen die ausgewählten Vorrichtungselemente sowie ihre Anordnung in Bezug zum Werkstück fest. Diese Daten werden abschließend wieder an das CAD-System übergeben und dort zur Visualisierung der Vorrichtung mit dem eingespanntem Werkstück genutzt.

Werkstückbeschreibung im CAD-System

Geometriedaten
- Form des Grundkörpers des Werkstücks
- Geometrieelemente des Werkstücks

Technologiedaten
- Bezugsflächen
- Toleranzen
- Bearbeitungskräfte
- Lage der Werkzeugmaschinenspindel

1. Analyse des Bearbeitungsfalles
2. Auswahl des Grundprinzips
3. Ermittlung der Funktionsflächen
4. Auswahl von Baukastenelementen
5. Anordnung der Baukastenelemente

EXPERTENSYSTEM FIXPERT
- Baukastenelemente
- Bauplan

Ergebnisdarstellung im CAD-System

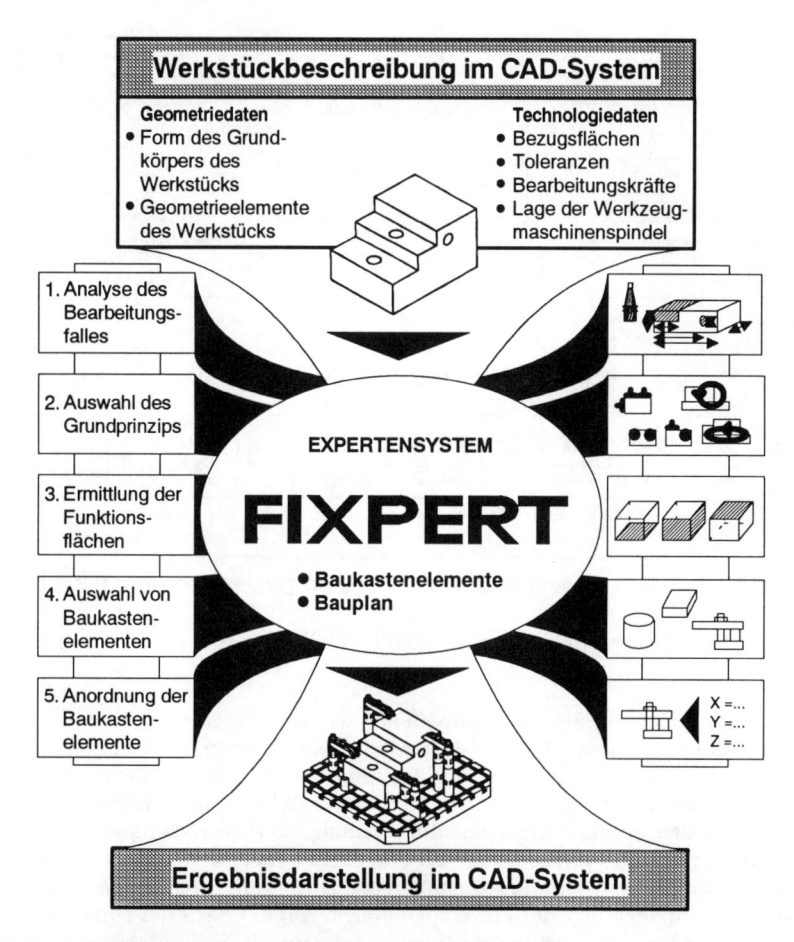

Bild 19: CAD-Expertensystemkopplung zur Konfiguration von Baukastenvorrichtungen

Es ist davon auszugehen, daß insbesondere die erfolgreiche Integration von Expertensystemen mit CAD-Systemen neben einer verbesserten Mensch-Maschine-Schnittstelle sowie einer besseren Transparenz des abgebildeten Wissens den kommerziellen Erfolg von Anwendungssystemen auf der Basis der Expertensystemtechnologie entscheidend beeinflussen werden. Der beschriebene Systemverbund stellt einen Ansatz in diese Richtung dar.

Mit dem wissensbasierten System PROMOS (Process Modelling System) wird im Rahmen der Arbeitsvorbereitung die Verfahrensplanung für NC-Arbeitsvorgänge unterstützt (Bild 20).

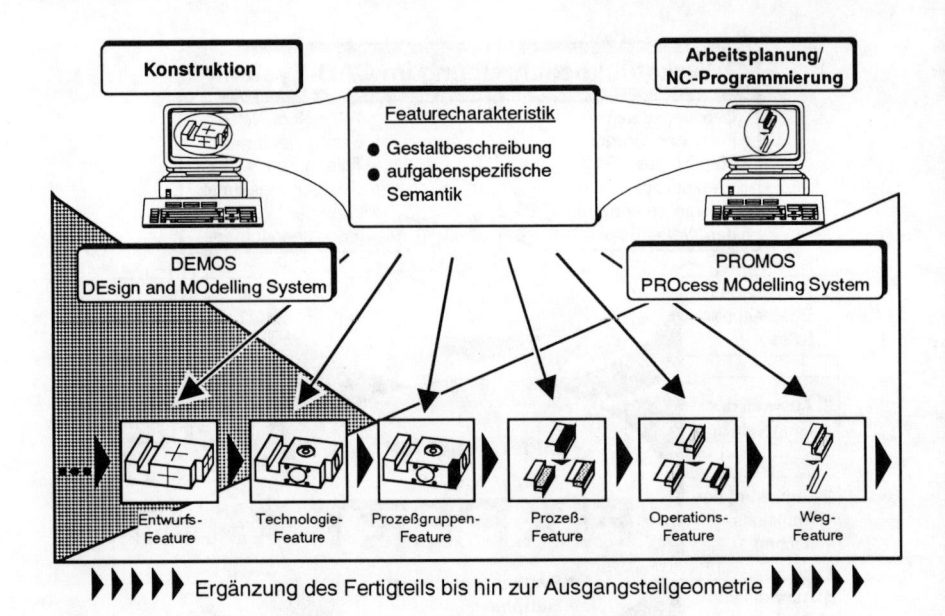

Bild 20: Prozeßmodellierung mit dem System "PROMOS"

Die featureorientierten Eingangsinformationen werden von einem CAD-System generiert, die mit dem System PROMOS weiter aufbereitet werden. In einem ersten Schritt erfolgt die Vervollständigung der Eingangsinformationen um technologische Daten. Daraufhin findet die Erstellung der Ausgangs- bzw. Rohteilgeometrie statt. In weiteren Planungsschritten erfolgen die Reihenfolgeplanung der Bearbeitungsvorgänge, eine Unterstützung bei der Werkzeugauswahl und Schnittstrategieermittlung. Ergebnis des Planungsprozesses sind einzelne Operationssequenzen, die Werkzeuge je Operation und die Gesamtreihenfolge der Einzeloperationen. Auf der Basis der einzelnen Operationssequenzen werden Operationsfeatures und daraus die NC-Verfahrwege generiert, die von einem CAM-System übernommen werden. Somit können erstmals traditionell getrennt durchgeführte Aufgaben im Rahmen der Arbeitsplanerstellung und NC-Programmierung als zusammenhängende Aufgabe wahrgenommen werden [31, 32].

Eine stärkere Integration von Konstruktion und NC-Programmierung wird zukünftig durch das STEP-basierte Produktmodell ermöglicht. Am Beispiel der Produktdaten für eine einfache Welle soll dieser Sachverhalt verdeutlicht werden. Mit Hilfe des STEP-basierten Produktmodells können konstruktions- und NC-seitige Sichtweisen auf ein und dasselbe Produkt konsistent verwaltet werden. Integrierender Bestandteil ist die beiden Sichtweisen zugrundeliegende Produktgestalt (Bild 21) [33].

Darüber hinaus wird es möglich, sowohl in der CAD- als auch der NC-Anwendung Änderungen durchzuführen, die in dem jeweils anderen Applikationssystem eine entsprechende konsistente Modifikation initiiert. In Bild 21 ist dieser Zusammenhang für eine Bohrung dargestellt. Entscheidet der NC-Programmierer sich aufgrund verfüg-

Konstruktionsarbeitsplatz der Zukunft 2-63

barer Werkzeuge für eine Änderung des durch die Konstruktion vorgesehenen Bohrungsdurchmessers, werden mit Auswahl des Werkzeuges Änderungen der CAD-Konstruktion initiiert. Das gleiche trifft für ein schon erstelltes NC-Programm zu. Auch hier würde bei Änderung des Betriebsmittels eine Modifikation der NC-Programmdaten initiiert. Die endgültige Durchführung der Änderung sollte jedoch von der für den jeweiligen Bereich verantwortlich zeichnenden Personen durchgeführt werden. Notwendige Iterationsschleifen können somit im Sinne des Simultaneous Engineering mit minimalem Aufwand durchgeführt werden. Voraussetzung ist jedoch die Abbildung der Daten und ihrer komplexen Zusammenhänge in einer geeigneten Datenbank.

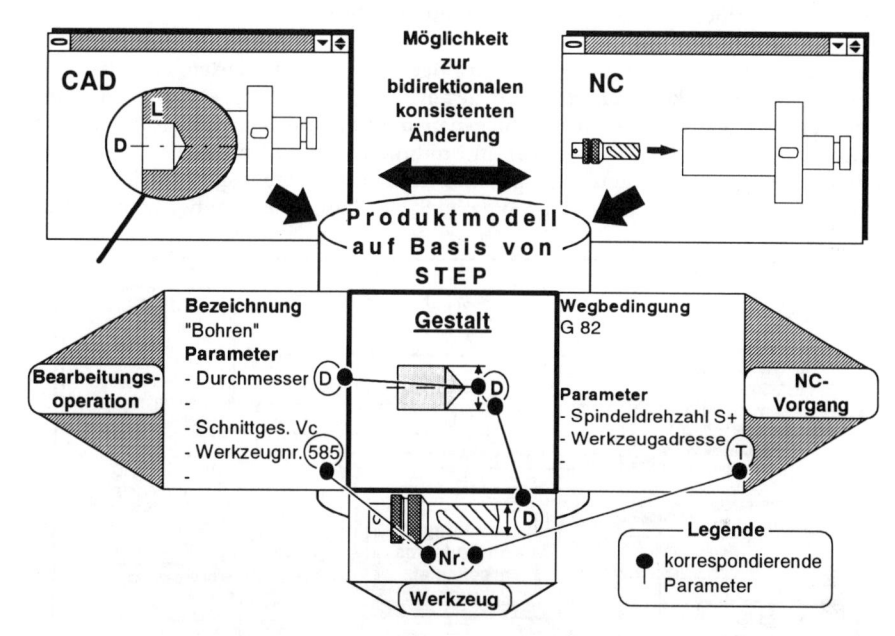

Bild 21: Zusammenhang von Konstruktions- und NC-Daten

6. Zusammenfassung und Ausblick

Die gegenwärtigen Organisationsformen produzierender Unternehmen sind aus einem Prozeß zunehmender Spezialisierung und Arbeitsteilung hervorgegangen. Aktuelle Entwicklungen sind hingegen durch die Bemühungen gekennzeichnet, traditionelle Systemgrenzen zwischen Produktentwicklung und Produktion zu überwinden. Daraus resultiert die Forderung, eine neue Generation von Konstruktionssystemen zu entwickeln und bereitzustellen. Diese müssen über die heute verfügbaren Systeme hinausgehend sämtliche Konstruktionsphasen von der Erstellung der Anforderungsliste bis zur Arbeitsplanung und NC-Programmierung durchgängig unterstützen und optimal auf die Bedürfnisse jedes Benutzers zugeschnitten sein.

Ein Integrationskonzept auf der Basis spezialisierter System-zu-System-Kopplungen kann langfristig gesehen nicht den Anforderungen nach Flexibilität, Erweiterbarbeit und abteilungsübergreifender Nutzung genügen. Künftige Systemgenerationen müssen eine einheitliche Systemarchitektur auf der Basis eines integrierten Produktmodells aufweisen, das verschiedene Sichtweisen auf das Produkt repräsentiert. Mit Hilfe dieser Systemarchitektur wird es erst möglich, unterschiedliche Anwendungsmodule parallel sowie in verschiedenen Abteilungen unter einer einheitlichen Benutzungsoberfläche anzubieten und Informationen frei zwischen den Anwendungsmodulen auszutauschen. So wird der Konstrukteur beispielsweise in die Lage versetzt, schon während der Konstruktion einen vorläufigen Arbeitsplan zu generieren und den Produktentwurf hinsichtlich der Fertigungseigenschaften zu bewerten.

Die vorgestellten Anwendungssysteme auf der Basis der geforderten, erweiterungsfähigen Systemarchitektur befinden sich gegenwärtig im Prototypstadium. Sie stellen damit die Machbarkeit der vorgeschlagenen multifunktionalen Konstruktionsumgebung auf der Basis eines STEP-basierten Produktmodells unter Beweis. Zur Realisierung des gesamten Funktionsumfangs eines Konstruktionsarbeitsplatzes sind von verschiedener Seite noch wichtige Konzepte und Systembausteine zu entwickeln (Bild 22).

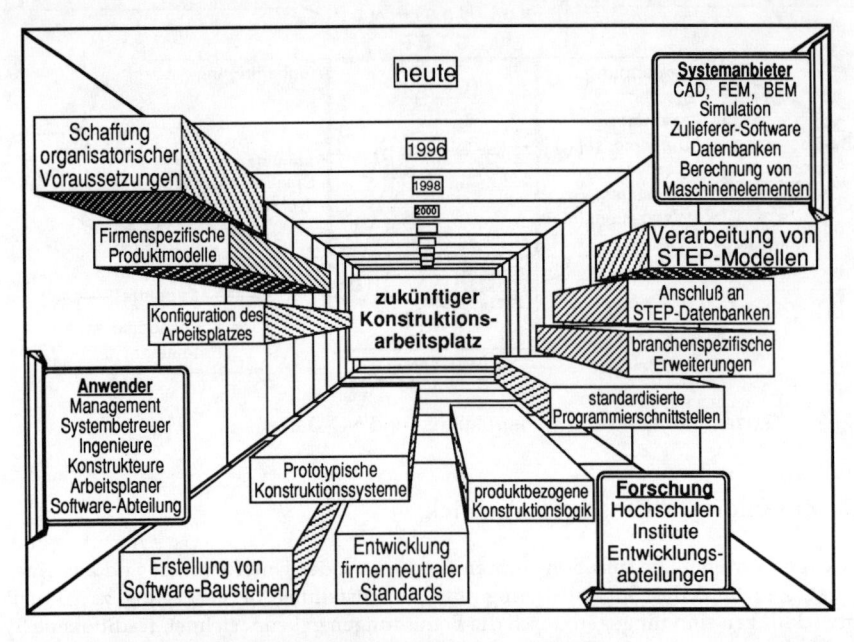

Bild 22: Handlungsbedarf zur Entwicklung des zukünftigen Konstruktionsarbeitsplatzes

Systemanbieter sind aufgefordert, ihre zukünftigen Systementwicklungen an den heute bereits verfügbaren Standards auszurichten. Hierzu gehören insbesondere die im Rahmen von STEP getroffenen Festlegungen zur systemunabhängigen Datenarchivierung.

Darüber hinaus sind aber auch Vereinbarungen zur Gestaltung von Benutzungsoberflächen und die Gliederung der Systeme in überschaubare und kompatible Systemmodule zu berücksichtigen, die eine flexible Zusammenstellung von Komponenten auch unterschiedlicher Anbieter erlauben. Eine besondere Bedeutung kommt der Entwicklung von Systemfunktionen zur Konfiguration des Systems zu, um eine auf die Anwenderbedürfnisse angepaßte Benutzungsoberfläche und eine optimale Systemunterstützung zu gewährleisten.

Zur Weiterentwicklung der Systeme sind neue Impulse von Forschungseinrichtungen zu erwarten. Ein noch weitgehend ungelöstes Problem stellt die systemseitige Unterstützung von Teamarbeit dar, die durch ein modernes Organisationskonzept wie Simultaneous Engineering gefordert wird. Hierzu sind Datenmanagementkonzepte zu entwickeln, die die parallele Bearbeitung eines Produktes durch mehrere Fachbereiche über unterschiedliche Entwicklungsphasen hinweg erlauben, wobei jederzeit ein konsistenter Datenbestand sichergestellt werden muß. Weiterer Forschungsbedarf ist in der Entwicklung von Methoden zur Ideenfindung und systematischen Planung neuer Produkte oder zur Bewertung von Produktlösungen hinsichtlich unterschiedlicher zum Teil sich widersprechender Kriterien wie niedrigere Montagekosten bei Integralteilen gegenüber den höheren Fertigungskosten zu sehen. Die Integration von Qualitätssicherungsmethoden in den Konstruktionsprozeß ist ein weiterer Forschungsgegenstand.

Darüber hinaus kommt auch den Anwendern der Systeme eine bedeutende Rolle zu, die durch ihre Forderungen, insbesondere hinsichtlich einer langfristig gesicherten Datenarchivierung und eines sicheren Datenaustausches, Einfluß auf die Systementwicklungen nehmen können. Die Anwender sind aber auch gefordert, im eigenen Unternehmen die organisatorischen Voraussetzungen für eine bereichsübergreifende und parallele Produktentwicklung im Sinne des Simultaneous Engineering zu treffen.

Nur durch die konsequente Umsetzung der angesprochenen Konzepte in leistungsfähige Hilfsmittel können auch in Zukunft innovative und wettbewerbsfähige Produkte entwickelt werden.

Erläuterung verwendeter Begriffe:

1) Simultaneous Engineering:
parallel ablaufende Entwicklung von Produkt und zugehörigen Produktionsmitteln

2) IGES   Initial Graphics Exchange Specification,
Format zum Austausch von Zeichnungsdaten

3) VDA-FS Verband der Automobilindustrie - Flächenschnittstelle,
Format zum Austausch geometrischer Daten von Freiformflächen

4) STEP   Standard for the Exchange of Product Model Data
ISO CD 10303, Arbeitsgruppen TC184/SC4/WG4 + 5

5) IPIM   Integrated Product Information Model
             Produktdatenmodell im STEP

6) LAN   Local Area Network

7) EXPRESS   Datendefinitionssprache im STEP

8) VDA-PS   Verband der Automobilindustrie - Programmierschnittstelle,
             jetzt DIN V 66304: Format zum Austausch von Normteildaten

8) CAD-LIB   CAD Programming Interface for Parts Library
             CEN/LCL/IT/WG CAD-LIB N87
             Standardisierte Programmierschnittstelle für CAD-Systeme

9) FEM   Finite-Elemente-Methode

10) BEM   Boundary-Elemente-Methode

Literatur:

[1] Sebulke, J.: Durchdachte Produktlinien - Zukunftssicherheit in sich schnell wandelnden Märkten; Konstruktion 44 (1992) 12, S. 398 - 406

[2] Arker, H.; Jüttner, G.: Ein integriertes Engineering System für den Maschinenbau; VDI-Berichte 993.1, Datenverarbeitung in der Konstruktion ´92 - CAD im Maschinenbau; VDI-Verlag Düsseldorf 1992, S.1-14

[3] Spur, G.; Krause, F.-L.: CAD-Technik: Lehr- und Arbeitsbuch für die Rechnerunterstützung in Konstruktion und Arbeitsplanung; Carl Hanser Verlag München Wien 1984

[4] Grabowski, H.; Langlotz, G.; Rude, S.: 25 Jahre CAD in Deutschland: Standortbestimmung und notwendige Entwicklungen; VDI-Berichte 993, Datenverarbeitung in der Konstruktion ´92, Plenarvorträge; VDI-Verlag, Düsseldorf 1992, S.1-30

[5] Pfitzmann, J.; Jin, Z.: Benutzungsorientierte Dialoggestaltung für die CAD-Anwendung; VDI-Berichte 993.1, Datenverarbeitung in der Konstruktion ´92, CAD im Maschinenbau; VDI-Verlag Düsseldorf 1992, S.133-148

[6] Dressler, E.: Computer-Grafik-Markt 1992; Dressler-Verlag, Heidelberg, 1992

[7] Obermann, K.: CAD/CAM-Handbuch 1992; Verlag für Computergrafik GmbH München

[8] Trippner, D.: ProSTEP - Die Einführung standardisierter Produktmodelle in die industrielle Anwendung am Beispiel der deutschen Automobilindustrie; VDI-

Berichte 993.2, Datenverarbeitung in der Konstruktion '92, CAD im Fahrzeugbau und in Transportsystemen; VDI-Verlag Düsseldorf 1992, S.31-42

[9] Weck, M.: Produktentwicklung im Werkzeugmaschinenbau; Produktionstechnisches Kolloquium; Berlin, 1992

[10] Krause, F.-L.: Leistungssteigerung der Produktionsvorbereitung; Produktionstechnisches Kolloquium; Berlin, 1992

[11] Abeln, O.: CAD-Systeme der 90er Jahre - Vision und Realität; VDI-Berichte Nr. 861.1; VDI-Verlag Düsseldorf 1990, S.85-100

[12] Abeln, O.: Referenzmodell für CAD-Systeme, Bericht aus einem Arbeitskreis der GI; Informatik-Spektrum (1989) 12, S.43-46

[13] Marczinski, G.; Prengemann, U.; Holland, M.; Mittmann, B.; Anwendungsorientierte Analyse des zukünftigen Schnittstellen-Standards STEP; ZwF 84 (1989) 8, S.456-461

[14] Franke, H.-J.; Peters, M.: Konstruktionsumgebung MOSAIK - eine grafisch-interaktive Benutzeroberfläche zur Integration von Konstruktionswerkzeugen; VDI-Berichte Nr. 993.3; VDI-Verlag Düsseldorf 1992, S.175-191

[15] Franke, H.-J.; Mohmeyer, G.; Weigel, K. D.: Integrierter Produktentwurf in einer rechnergestützten Konstruktionsumgebung - modularer Ansatz, Erfahrungen und objektorientiertes Anwendungsbeispiel; VDI-Berichte Nr. 861.2; VDI-Verlag Düsseldorf 1990, S.27-45

[16] Spur, G.; Sanft, C.; Schüle, A.: Ein Konstruktionssystem für Werkzeugmaschinen; ZwF 87 (1992) 8, S.434-438

[17] Eversheim, W.; Baumann, M.: Konfigurierbare Konstruktionssysteme. Ein neuer Ansatz zur anwendungsspezifischen Systemunterstützung; VDI-Z 134 (1992), Nr.12, Dezember, S. 99-102

[18] Grabowski, H.; Anderl, R.; Schmitt, M.: Das Produktmodell von STEP; VDI-Z 131, 1989, Heft 2, S.84-96

[19] Grabowski, H.; Anderl, R.; Schilli, B.; Schmitt, M.: STEP - Entwicklung einer Schnittstelle zum Produktdatenaustausch; VDI-Z 131 (1989), Heft 9, S.68-76

[20] N.N.: VDI-Richtlinie 2221: Methodik zum Entwickeln und Konstruieren technischer Systeme und Produkte; VDI-Verlag Düsseldorf, 1986

[21] Anderl, R.: Fertigungsplanung durch die Simulation von Arbeitsvorgängen auf Basis von 3-D Produktmodellen; Fortschritt-Berichte VDI; Reihe 10 Nr. 40; VDI-Verlag Düsseldorf 1985

[22] Ottenbruch, P.: Entwicklung eines Systems zur Unterstützung der Konzept- und Entwurfsphase; Dissertation RWTH Aachen, 1989

[23] Bauert, F.: Methodische Produktentwicklung für den rechnerunterstützten Entwurf; Schriftenreihe Konstruktionstechnik (Hrsg. W. Beitz) Nr. 18; TU Berlin, 1991

[24] Feldhusen, J.: Systemkonzept für die durchgängige und flexible Rechnerunterstützung des Konstruktionsprozesses; Schriftenreihe Konstruktionstechnik (Hrsg. W. Beitz) Nr. 16; TU Berlin, 1989

[25] Grabowski, H.; Rude, St.: Methodisches Entwerfen auf Basis zukünftiger CAD-Systeme; VDI-Berichte Nr. 812; VDI-Verlag Düsseldorf 1990, S. 203-226

[26] Weck, M., Repetzki, S.: Ein objektorientiertes Konstruktionswerkzeug; VDI-Z-SPECIAL CAD/CAM, April 1992, S.32-39

[27] Behr, B,: In kurzer Zeit; Spindel-Lager-Einheiten entwerfen mit Hilfe wissensbasierter Konstruktionssysteme; Maschinenmarkt; Würzburg 98 (1992), S.35-41

[28] Heckmann, A.: Zerlegungs- und Vernetzungsverfahren für die automatische Finite-Elemente-Modellierung; Dissertation RWTH Aachen, 1992

[29] Kölsch, G.: Diskrete Optimierungsverfahren zur Lösung von konstruktiven Problemstellungen im Werkzeugmaschinenbau; Fortschritt-Berichte VDI; Reihe 1: Konstruktionstechnik/Maschinenelemente; Nr. 213, 1992

[30] Eversheim, W.; Humburger, R.: CAD-Expertensystem-Kopplung - Systemverbund zur wissensbasierten Konstruktion von Baukastenvorrichtungen; VDI-Z-SPECIAL CAD/CAM, 1993

[31] IMPPACT book; Trondheim Norway; Tapir Publisher; 1992-ISBN 82-519-0973-2

[32] Eversheim, W.; Cremer, R.; Schneewind, J.: A Methodolgy for the Flexible Development of Integrated Process Planning Systems; Annals of CIRP, 1992

[33] Marczinski, G.: Verteilte Modellierung von NC-Planungsdaten - Entwicklung eines Datenmodells für die NC-Verfahrenskette auf Basis von STEP (Standard for the Exchange of Product Model Data); Dissertation RWTH Aachen, 1993

Mitarbeiter der Arbeitsgruppe für den Vortrag 2.2

Dr. O. Abeln, Forschungszentrum Informatik (FZI), Universität Karlsruhe
Dipl.-Ing. M. Baumann, WZL, Aachen
Dipl.-Ing. B. Behr, WZL, Aachen
Dr. D. Berhalter, Transcat-Nord GmbH, Dortmund
Dr.-Ing. W. Budde, Exapt-Verein, Aachen
Prof. Dr.-Ing. H.-J. Franke, Institut für Konstruktionslehre, Maschinen- und Feinwerkelemente, Braunschweig
Prof. Dr.-Ing. F.-L. Krause, Fraunhofer-Institut für Produktionsanlagen und Konstruktionstechnik (IPK), Berlin
Prof. Dr.-Ing. H. Grabowski, Institut für Rechneranwendung in Planung und Konstruktion (RPK), Karlsruhe
Dipl.-Ing. S. Repetzki, WZL, Aachen
Dr.-Ing. S. Rude, Institut für Rechneranwendung in Planung und Konstruktion (RPK), Karlsruhe
Dipl.-Ing. J. Schlingheider, Fraunhofer-Institut für Produktionsanlagen und Konstruktionstechnik (IPK), Berlin
Prof. Dr.-Ing. Dr.-Ing. E.h. M. Weck, WZL/FhG-IPT, Aachen
Dr.-Ing. G. Ye, IBM Deutschland GmbH, Stuttgart

2.3 Innovative Software-Technologien im Qualitätsmanagement

Gliederung:

1. Anforderungen an den Einsatz der Datenverarbeitung im Qualitätsmanagement
1.1 Umfeld und Zielsetzungen
1.2 Defizite konventioneller Datenverarbeitungssysteme
1.3 Innovative Software-Technologien als Werkzeuge im Qualitätsmanagement
1.4 Sind diese Techniken wirklich neu ?

2. Einsatz innovativer Software-Technologien im Qualitätsmanagement
2.1 Das Expertensystem DAX
2.2 Verschiedene Techniken der Wissensakquisition
2.3 Wissensbasierte FMEA-Durchführung
2.4 Unterstützung des Simultaneous Engineering

3. Einsatz innovativer Software-Technologien - Ein Wettbewerbsvorteil

Kurzfassung:

Innovative Software-Technologien im Qualitätsmanagement
Die Durchsetzung eines umfassenden Qualitätsmanagements kann in der betrieblichen Praxis durch die Bereitstellung geeigneter Datenverarbeitungssysteme (DV-Systeme) unterstützt werden. Das Expertenwissen der an der Produktentstehung beteiligten Mitarbeiter aller Ebenen und Bereiche wird mit Hilfe solcher Systeme dokumentiert und damit für eine weitere Nutzung zugänglich. DV-Systeme werden darüber hinaus in der Zukunft eine zentrale Rolle in der inner- wie außerbetrieblichen Kommunikation spielen. Konventionelle rechnergestützte Systeme weisen aber sowohl bei der Verarbeitung von Expertenwissen als auch bei der Unterstützung der Kommunikation noch erhebliche Defizite auf.

Der Vortrag zeigt auf, daß der Einsatz innovativer Software-Technologien Beiträge zur Überwindung dieser Defizite leisten kann. Anhand bereits industriell eingesetzter Lösungen aus dem Bereich der Qualitätsprüfung wird deutlich, daß durch den Einsatz innovativer Software-Technologien der Mensch bei seiner Arbeit wirkungsvoll unterstützt und entlastet werden kann. Die Wirtschaftlichkeit und mögliche Probleme bei der Einführung solcher Systeme werden diskutiert. Exemplarische Lösungen aus dem Vorfeld der Anwendung bzw. aus dem Bereich der Forschung zeigen weitere Einsatzmöglichkeiten dieser Technologien, z.B. im Bereich der Qualitätsplanung, auf.

Abstract:

Innovative Software Technologies in the Area of Quality Management
Suitable data processing systems can help to accomplish company-wide quality management. By means of representing and documenting the employees' expert knowledge, these systems allow further access to the gathered information. Furthermore, data processing systems will play a central role in communication both within and between companies. Conventional computer based systems, however, show considerable deficits in processing expert knowledge and supporting internal communication.

This paper shows that the use of innovative software concepts can overcome these deficits. By describing a system that is currently being employed in industrial production, we will demonstrate that innovative software technologies can effectively support human work. Economic viability and difficulties in promoting these systems will be discussed. Examples of both prototypes and theoretical concepts will suggest enhanced areas of application for these innovative software technologies, e.g. in the field of quality planning.

1. Anforderungen an den Einsatz der Datenverarbeitung im Qualitätsmanagement

1.1 Umfeld und Zielsetzungen

Die Aufgaben des Qualitätsmanagements werden zunehmend komplexer. Dies gilt vor allem für den Bereich der Produktentwicklung, wo in den letzten Jahren zunehmend neue, präventiv wirkende Methoden zum Einsatz kommen [1]. Im Sinne ganzheitlicher Strategien wie Total Quality Management (TQM) ist bei der Umsetzung dieser Methoden die Mitarbeit aller beteiligten Unternehmensbereiche und -ebenen erforderlich. Die abteilungsübergreifende Zusammenarbeit im Team muß zum Beispiel bei der Durchführung der Fehler-Möglichkeits- und Einflußanalyse (FMEA) und beim Quality Function Deployment (QFD) praktiziert werden.

Wird im Qualitätsmanagement der Einsatz von Software-Technologien angesprochen, stößt man umgehend auf eine Vielzahl von Zielvorstellungen (Bild 1), die allgemein an das Qualitätsmanagement gestellt werden und für die insbesondere vorausgesetzt wird, daß der Einsatz der Datenverarbeitung (DV) zumindest ein gewisses Maß an Unterstützung bietet.

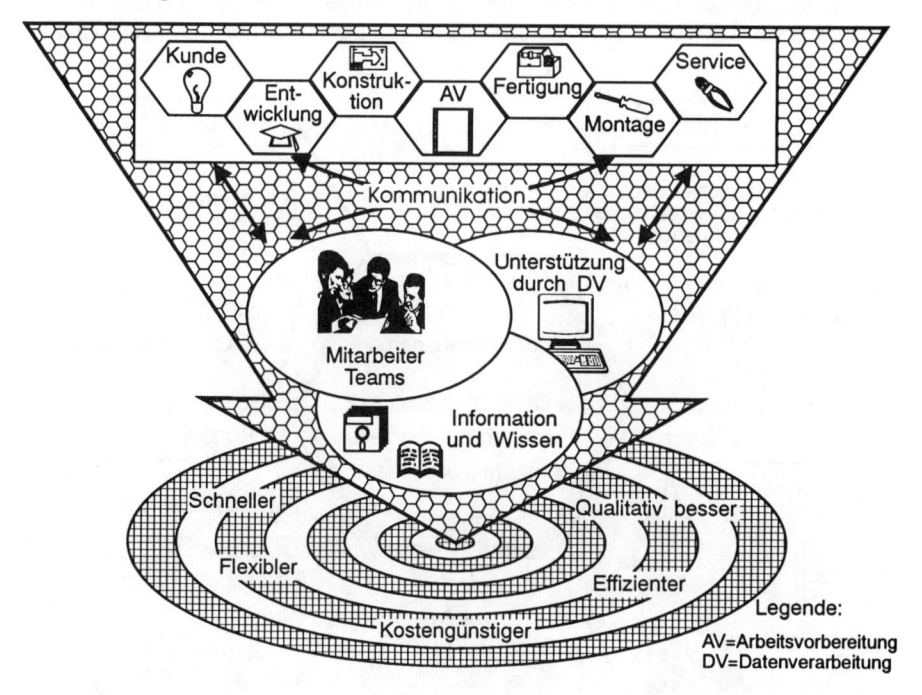

Bild 1: Umfeld und Zielsetzung zum Einsatz der DV im Qualitätsmanagement

Die Situation ist geprägt durch die meist bereichsspezifischen Blickwinkel der Mitarbeiter, die im Rahmen des Qualitätsmanagements Aufgaben wahrnehmen. Aufgrund des Querschnittscharakters des Qualitätsmanagements ergeben sich komplexe Kommunikationsbeziehungen zwischen Bereichen und Mitarbeitern, wobei Kommunikation, d.h. Austausch von Informationen, sowohl personengebunden als auch personenungebunden stattfindet.

Der Einsatz der DV zur Unterstützung einzelner Mitarbeiter oder auch Mitarbeitergruppen in Form von Teams führt zur Bildung weiterer Kommunikationsbeziehungen zwischen den DV-Systemen des Qualitätsmanagements und den Mitarbeitern ("Man-Machine-Interface") bzw. zu den DV-Systemen anderer Unternehmensbereiche. Insgesamt ergibt sich eine stark vernetzte Kommunikationsstruktur, die das gesamte Unternehmen umfaßt.

Die Grundlage für alle diese Systeme bildet die Nutzung der in letzter Zeit als sogenannte 4. *Ressource* in den Vordergrund gerückten *Information*. In diesem Kontext läßt sich die zentrale Zielsetzung des Einsatzes von DV im Qualitätsmanagement letztlich als Verbesserung der Nutzung der Ressource *Information* umschreiben.

Betrachtet man die sich ergebenden Anforderungen an den Einsatz der DV im Qualitätsmanagement genauer (Bild 2), so lassen sich vier Schwerpunktbereiche identifizieren. Im Mittelpunkt aller Bereiche steht die Motivation aufgrund der Tatsache, daß Qualitätsmanagement eine kommunikations- und informationsintensive Querschnittsaufgabe ist.

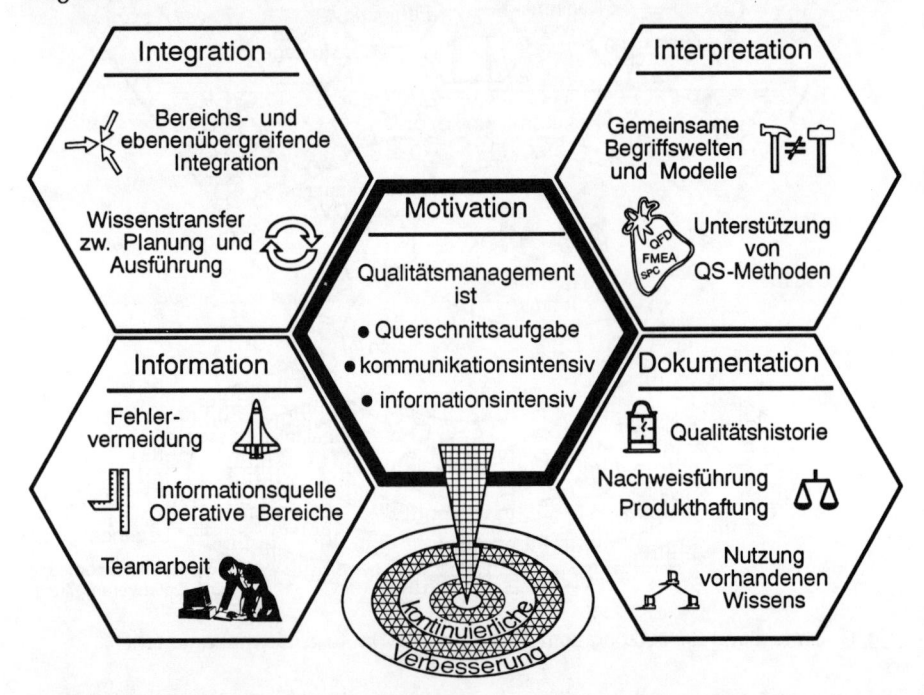

Bild 2: Motivation für den Einsatz von DV im Qualitätsmanagement

Zunächst läßt sich direkt ableiten, daß DV, wenn sie das Qualitätsmanagement unterstützen soll, eine bereichs- und ebenenübergreifende Integration ermöglichen muß, wobei primär der Wissenstransfer zwischen Planung und Ausführung im Vordergrund steht.

Ein zweiter, tieferliegender Aspekt betrifft die Interpretation oder genauer Interpretierbarkeit des ausgetauschten Wissens. Hierbei steht die Schaffung von gemeinsamen Begriffswelten und Modellen, aber auch die Unterstützung der verschiedenen Qualitätsmanagement-Methoden an erster Stelle.

Die Information selbst muß dazu geeignet sein, die Vermeidung von Fehlern, sowohl präventiv als auch retrospektiv, zu unterstützen. Hieraus ergibt sich die Notwendigkeit, die operativen Bereiche als wesentliche Quelle von Informationen in die Informationsflüsse einzubeziehen. Da Information auf absehbare Zeit immer auch personengebunden vorliegen wird, muß die Einsetzbarkeit von DV in Teamarbeit vorgesehen werden.

Abgerundet werden die Anforderungen durch den Bereich der Dokumentation. Hier hat die DV traditionell ihre größten Vorteile. Dennoch ergeben sich für das Qualitätsmanagement spezielle Anforderungen, nicht zuletzt aufgrund der haftungsrechtlichen Situation. Zu nennen sind hier die Führung einer Qualitätshistorie im Sinne von DIN ISO 9004 sowie die Möglichkeit einer lückenlosen Nachweisführung im Sinne der Produkthaftung. Ziel ist jeweils die weitgehende Verfügbarmachung des vorhandenen Wissens.

1.2 Defizite konventioneller Datenverarbeitungssysteme

Bezogen auf die genannten Anforderungen weisen heute eingesetzte Software-Technologien eine Reihe von Defiziten auf (Bild 3). Wesentliche Schwachpunkte liegen in den Bereichen Konzeption, Ergonomie und Sozialverträglichkeit der Systeme.

Bei der Konzeption der Systeme sind Aspekte der Unterstützung von Teamarbeit vielfach nicht berücksichtigt worden. Die realisierten Lösungen unterstützen Diskussionsprozesse nur unzureichend. Darüber hinaus fehlen Schnittstellen für eine abteilungsübergreifende Kommunikation; der Datenaustausch wird erschwert durch die Tatsache, daß nahezu alle CAQ-Systeme als Insellösungen konzipiert sind. Eine Integration in ein firmenweites Netz - auch zur Anbindung an andere CAx-Komponenten - ist hierdurch nicht möglich.

Ein weiteres großes Feld, in dem Verbesserungen der bestehenden DV-Systeme dringend erforderlich sind, betrifft die Ergonomie der eingesetzten Soft- und Hardware. Existierende DV-Systeme sind oft nicht benutzerfreundlich gestaltet und erfordern einen hohen Schulungsaufwand. Forderungen nach Online-Hilfen, einer ausreichenden Fehlertoleranz, transparenten Strukturen sowie einer einheitlichen Benutzeroberfläche bleiben häufig unberücksichtigt. Die eingesetzte Hardware ist oft zu teuer und zu wartungsintensiv. Großrechnersysteme, wie sie noch für PPS- und CAQ-Systeme eingesetzt werden, sind heutigen Maßstäben für einen ergonomischen Arbeitsplatz nicht mehr gewachsen.

Der Ausgestaltung der Mensch-Maschine Schnittstelle wird daher in Zukunft eine hohe Priorität zukommen.

Softwaregestaltung
Software erfordert hohen Ausbildungsaufwand
nicht ergonomische Benutzerschnittstellen
fehlende Einführungsmethodik

Kommunikation
Defizite bei rechnergestützter Teamarbeit
mangelhafte Unterstützung von Diskussionsprozessen
Keine Unterstützung einer abteilungsübergreifenden Kommunikation

Darstellung
keine umfassende Informationsdarstellung
fehlender Wissenstransfer; mangelhafte Wissensakquisition
unzureichende Unterstützung von Entscheidungsprozessen

Unterstützung der Methoden
mangelnde Unterstützung während des Einsatzes
fehlende Strukturierungshilfen

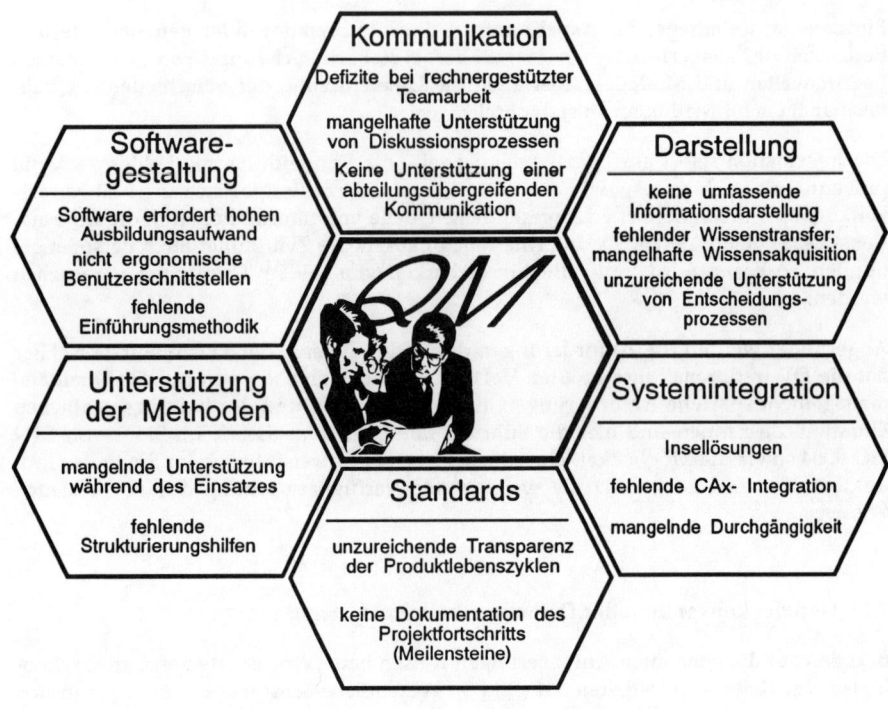

Standards
unzureichende Transparenz der Produktlebenszyklen
keine Dokumentation des Projektfortschritts (Meilensteine)

Systemintegration
Insellösungen
fehlende CAx- Integration
mangelnde Durchgängigkeit

<u>Bild 3:</u> Defizite von DV-Systemen im Qualitätsmanagement (QM)

Bei der Erstellung von Softwarekonzepten darf zu keinem Zeitpunkt vergessen werden, daß Menschen die Systeme bedienen und nur durch sie die Systeme auch wirkungsvoll eingesetzt werden können. Ein innovatives DV-Konzept muß deshalb vor allem auch so gestaltet sein, daß es für die Mitarbeiter, die damit umgehen sollen, verständlich und beherrschbar bleibt. Das heißt zum einen, es muß die Kompetenz des Bedieners fördern und anerkennen. Zum anderen darf es vor allem, und das spricht den Aspekt der Unterstützung von Teamarbeit wieder an, nicht zur Vereinsamung führen und muß den Spielraum für Entscheidungen offenlassen. Der Bediener soll jederzeit den Bezug zum Projekt, das er aktuell bearbeitet, behalten. Die Transparenz und der Nutzen der eigenen Arbeit im Hinblick auf den Projektfortschritt muß zu jedem Zeitpunkt gegeben sein.

1.3 Innovative Software-Technologien als Werkzeuge im Qualitätsmanagement

Die Bedeutung des Menschen innerhalb eines Qualitätsmanagementsystems spiegelt sich auch in der ganzheitlichen Strategie des Total Quality Management (TQM) wider [2,3]. Die Methoden, wie z.b. FMEA, QFD, DOE können nur Werkzeuge dieser Strategie sein (Bild 4). Ein *Qualitätsdenken*, das von allen Mitarbeitern getragen wird, soll eine gewisse Unabhängigkeit von den genannten Methoden ermöglichen. Dieser Ansatz ist, wie am Beispiel der Qualitätszirkel gezeigt werden konnte, erfolgversprechend [4].

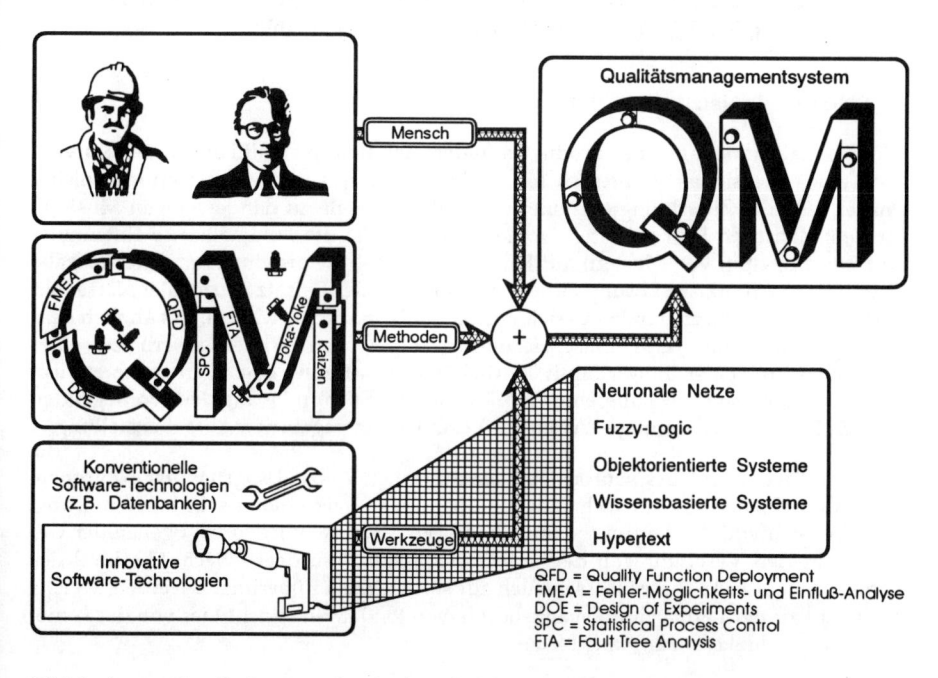

Bild 4: Innovative Softwaretechnologien als Werkzeuge im Qualitätsmanagement

Ein anderer Ansatz zur Verbesserung eines Qualitätsmanagementsystems zielt darauf ab, die Schnittstelle zwischen Mensch und Methode, d.h. die zur Umsetzung der Methoden eingesetzten Werkzeuge, zu verbessern. Erreicht werden soll dieses Ziel, indem die Methoden einfacher anwendbar gestaltet werden. Dadurch sinkt der Personalaufwand zur Durchführung der Methoden, während der Nutzen - nicht zuletzt aufgrund einer erhöhten Akzeptanz - steigt.

Durch den Einsatz konventioneller Software-Technologien können in vielen Anwendungsfällen ausreichende Ergebnisse erzielt werden. Dennoch ist schon jetzt abzusehen, daß diese konventionellen Technologien in den meisten Bereichen die Grenze ihrer Leistungsfähigkeit erreicht haben. Schwachstellen werden sichtbar an der Schnittstelle zwischen den Methoden und bei der Anwendbarkeit durch den Menschen

(Benutzerschnittstelle). "Jedes informationstechnische System, angefangen vom simplen Buchhaltungsprogramm bis hin zur Steuerung einer Produktionsanlage, kann seinen Nutzen erst dann entfalten, wenn es die Gegenstände und Operationen desjenigen Ausschnitts aus der realen Welt, auf den es sich bezieht, dem Benutzer in natürlicher und einleuchtender Weise zugänglich macht." [5]

Einen Beitrag zur Überwindung dieser Defizite können in bestimmten Einsatzfeldern innovative Software-Technologien leisten. Auf den innovativen Charakter des Einsatzes dieser Software-Technologien wird der folgende Abschnitt eingehen. Die Erläuterung der Software-Technologien selbst soll hier nicht im Mittelpunkt stehen. Die Basisprinzipien (Bild 5) werden deshalb nur kurz angeschnitten.

1.3.1 Neuronale Netze

Die Qualitätsmerkmale eines Produktes bilden sich häufig signifikant in der Kurvenform eines Meßsignalverlaufes ab [6]. Während die qualitative Auswertung solcher Muster, d.h. die Zuordnung einzelner Qualitätsmerkmale zu den jeweiligen Mustern, für den Menschen kein größeres Problem darstellt, ist die automatisierte Erkennung und Interpretation von Mustern mit Hilfe eines EDV-Systems eine komplexe Aufgabe [7,10]. Einen Ansatz zur Lösung dieser Aufgabe stellt der Einsatz neuronaler Netze dar. Bei neuronalen Netzen handelt es sich um ein mathematisches Modell, das ähnlich dem menschlichen Denk- und Entscheidungsprocedere, den Wissenserwerb zu einer gegebenen Problemstellung adaptiv erarbeitet, d.h. während einer Lernphase erwirbt das neuronale Netz mit Hilfe einer repräsentativen Stichprobe aus dem vorliegenden Problemkreis das notwendige Wissen zur Lösung einer gegebenen Aufgabenstellung.

Aufgebaut ist ein solches neuronales Netz aus einer Vielzahl sogenannter Neuronen, welche miteinander in unterschiedlichen Topologien verbunden sein können. Dabei liegt das während der Lernphase erworbene Wissen verteilt in Form sogenannter Gewichte an den Verbindungen der unterschiedlichen Neuronen. Nach Abschluß des Lernvorganges kann dieses Wissen auch auf solche Muster übertragen werden, welche nicht explizit der Lernstichprobe angehört haben [8,9]. Man spricht hier von der Generalisierungsfähigkeit neuronaler Netze.

Die Schnittstelle eines neuronalen Netzes zur Dateneingabe und -ausgabe stellen sogenannte Eingangs- und Ausgangsneuronen dar. Die konkrete Zuordnung eines Qualitätsmerkmales zu einem gegebenen Muster ergibt sich somit nach dem Anlegen des Musters an die Eingangsneuronen über die sogenannten Aktivierungen der Ausgangsneuronen. Dabei kann die Berechnung der Ausgangsaktivierungen parallel durch die einzelnen Neuronen eines Netzes erfolgen.

1.3.2 Hypertext und Hypermedia

Hypertext-Techniken bieten neue Möglichkeiten zur Speicherung von bzw. zum Zugriff auf komplexe Informationen. In Hypertext-Systemen besteht ein Dokument aus einer Menge von Informationseinheiten (Nodes), welche mittels assoziativer Verknüpfungen (Hyper-Link) vernetzt werden können. Dadurch kann eine komplexe Or-

ganisation von Informationen als ein umfangreiches *Hyperdokument* behandelt werden, welches sich mittels der Nodes und Hyper-Links in einer Struktur als *Hypergraph* darstellen läßt [11].

Neuronale Netze zur Simulation perceptiver Fähigkeiten
- Adaptiver Wissenserwerb über Lernstichprobe
- Verteilte Wissensrepräsentation
- Parallele Verarbeitung kleinster Informationseinheiten
- Wissensgeneralisierung auf Gesamtproblemkreis

Hypertext und Hypermedia
| Text | Tabellen | Grafik | Video | Audio |

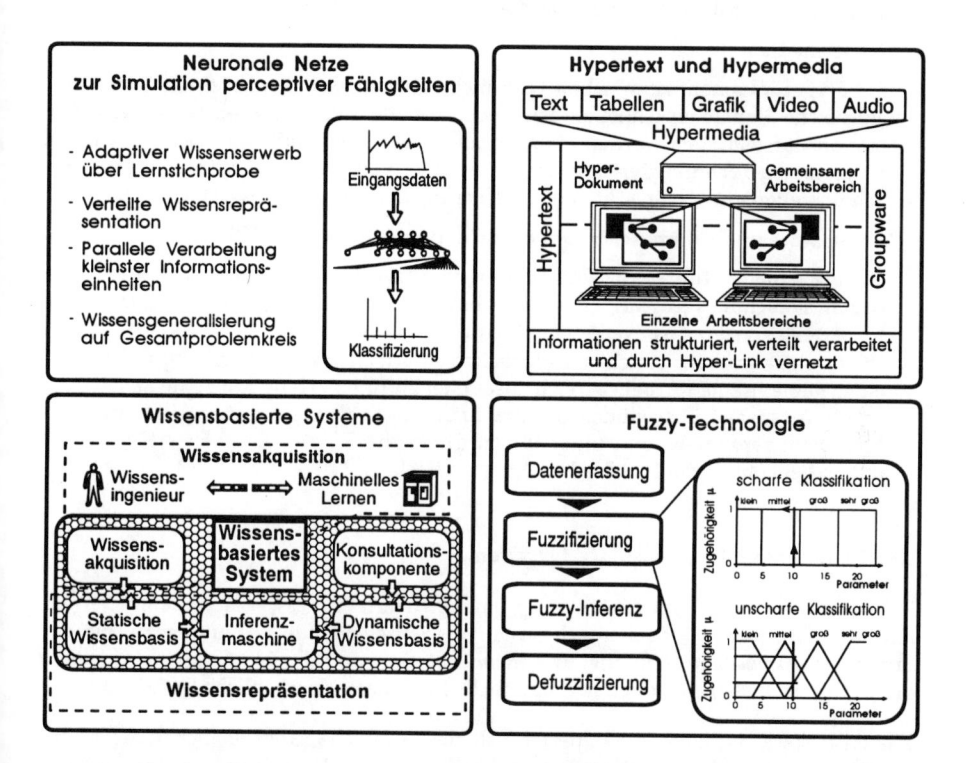

Wissensbasierte Systeme
- Wissensakquisition
- Wissensingenieur, Maschinelles Lernen
- Wissensbasiertes System, Konsultationskomponente
- Statische Wissensbasis, Inferenzmaschine, Dynamische Wissensbasis
- Wissensrepräsentation

Fuzzy-Technologie
- Datenerfassung
- Fuzzifizierung
- Fuzzy-Inferenz
- Defuzzifizierung

<u>Bild 5:</u> Basisprinzipien ausgewählter Software-Technologien

Des weiteren stellt die Hypertext-Technologie ein Konzept dar, durch mechanisierte Links die Objekte an der Benutzeroberfläche direkt mit den internen Objekten in der Datenbank zu verknüpfen. Dieses Konzept unterstützt Techniken wie *Multi-Windows* und *WYSIWYG* (What You See Is What You Get). Durch den Einsatz von Hypertext sowie den eng damit in Zusammenhang stehenden Hypermedia- und Computer-Supported-Cooperative-Works- (CSCW-) Techniken ergeben sich einige Vorteile:

- **Hypertext :**

  Ein Hypertext-System unterstützt den Anwender bezüglich der beiden folgenden Aspekte: Zum einen kann der Anwender als *Autor* Informationen eingeben und zum zweiten als *Leser* auf diese Informationen zugreifen. Das *Schreiben von Hypertext* [11] bedeutet Hyperdokumente zu erstellen, d.h. die Informationen zu erfassen, zu organisieren und in notwendigen Fällen die Informationsstruktur zu manipulieren. Im Vergleich zum Lesen von konventionellen Dokumenten ist das *Lesen von*

Hypertexten ein nicht-sequentieller Prozeß, der es dem Benutzer erlaubt, nach eigenen, subjektiven Kriterien auf die gespeicherten Informationen zuzugreifen. Durch diese Fähigkeiten können die Entwicklung und die Nutzung von Informationssystemen wesentlich erleichtert werden.

- **Hypermedia :**

  Ein Hyperdokument kann neben Text auch Tabellen, Grafiken, optische Daten und akustische Signale einschließen. Die Techniken zur Integration umfassender Informationsdarstellungen werden als *Hypermedia* [12] oder *Multimedia* bezeichnet. Die Hypermedia-Techniken erleichtern die Bildung von intuitiven Mensch/Maschine-Schnittstellen und darüber hinaus die Nutzung der Informationssysteme.

- **Groupware und Computer-Supported-Cooperative-Work (CSCW)**

  Neuere Arbeiten führen die Entwicklung von Hypertext-Systemen im Rahmen des neuen Forschungsgebietes *Groupware* bzw. *CSCW* [13,14] weiter. Anhand des Hypertext-Konzepts ist es möglich, komplexe Informationen in *einzelne Arbeitsbereiche* zu strukturieren, verteilt zu bearbeiten und letztendlich durch Hyper-Links in einen gemeinsamen Arbeitsbereich zusammenzuführen. Neue Konzepte aus diesem Forschungsgebiet überwinden die Beschränkungen der klassischen Verfahren des Mehrbenutzerbetriebs und unterstützen direkt die Zusammenarbeit mehrerer Benutzer bei komplexen Problemlösungen am Rechner.

1.3.3 Experten- und wissensbasierte Systeme

Der Nutzung des im Unternehmen vorhandenen Erfahrungswissens kommt bei der Bildung von großen Qualitätsregelkreisen eine entscheidende Bedeutung zu. Bei der Erfassung (*Akquisition*), Hinterlegung (*Repräsentation*) und der Nutzung (*Konsultation*) dieses Expertenwissens weisen herkömmliche Systeme noch erhebliche Defizite auf.

Wissensbasierte Systeme oder Expertensysteme [15,16,17,18,23] ermöglichen die Abbildung von sprachlich oder durch Regeln beschreibbarem Expertenwissen im Rechner. Neben einer Unterstützung des Anwenders wird durch den Einsatz wissensbasierter Systeme eine transparente und nachvollziehbare Dokumentation von Expertenwissen erreicht, wodurch beispielsweise die Einarbeitung neuer Mitarbeiter erleichtert wird.

Bestehende wissensbasierte Systeme weisen die Schwächen früherer Systeme bezüglich der Wissensakquisition, wo der Einsatz von sogenannten Knowledge-Engineers notwendig war, in der Regel nicht mehr auf. So wird die Wissensakquisition sinnvollerweise automatisch durchgeführt, d.h. während der Benutzer eine Methode rechnergestützt durchführt, werden die eingegebenen Daten vom System in die Wissensbasis eingefügt.

Diese Vorgehensweise setzt eine ausreichende Strukturierung der betrachteten Problemstellungen voraus. Die strukturiert abgelegten Wissensinhalte können vom System durch Anwendung von Regeln, welche ebenfalls in der Wissensbasis abgelegt sind, verarbeitet werden. Gelingt es, eine Problemstellung durch eine tiefgehende Strukturierung und ein geeignetes Regelwerk so zu repräsentieren, daß Teilaspekte des darin enthaltenen Wissens, wie zum Beispiel die Ähnlichkeit von technischen Prozessen, für das System explizit werden, so kann der Benutzer durch Vorschläge und Warnmeldungen wirkungsvoll bei seiner Arbeit unterstützt werden.

1.3.4 Fuzzy-Logic

Bei der Bewertung komplexer, durch viele Parameter gekennzeichneter Zustände (z.b. in technischen Systemen) kann die Verwendung der boolschen Logik oft keine zufriedenstellenden Ergebnisse erzielen. Die boolsche Klassifikation anhand scharfer, digitaler Werte versagt in solchen Systemen, wo aufgrund der Komplexität eine Klassifikation der Zustände nach *wahr* und *falsch* nicht mehr ausreicht. Der Mensch denkt bei der Bewertung von Situationen, auch in Begriffen wie z.b. *ziemlich rund, fast rund* oder *fast eckig*. Die Berücksichtigung dieser unscharfen Werte stellt eine Erweiterung und Verfeinerung der Aussagekraft dar und erlaubt eine der Situation besser angemessene Entscheidungsfindung. Die Fuzzy-Logic [19,20,21] berücksichtigt bei der Entscheidungsfindung unscharfe Werte. Die auf Fuzzy-Logic beruhende Klassifikation kann komplexe Zustände somit wesentlich sicherer bewerten. Einsatzfelder der Fuzzy-Logic sind bislang hauptsächlich die Regelungstechnik und die Prozeßleittechnik. Fuzzy-Logic kann in Expertensystemen die Entscheidungsfindung verbessern. Durch Kombination von Fuzzy-Logic und neuronalen Netzen können leistungsfähige, lernfähige Klassifikationssysteme geschaffen werden.

1.3.5 Objektorientierte Techniken

Nach Stroustrup [22] ist objektorientiertes Programmieren (OOP) eine "Programmiertechnik - ein Paradigma für das Schreiben guter Programme für eine bestimmte Klasse von Problemen". Die Prinzipien des OOP sind nicht an eine bestimmte Programmiersprache gebunden, sie werden allerdings von einigen Sprachen besonders unterstützt. Sie spiegeln den Bedarf nach neuen Ansätzen bei der Softwareentwicklung wider, um so den Prozeß der Programmerstellung überschaubarer, effizienter, fehlerfreier und wirtschaftlicher zu gestalten.

Zu den objektorientierten Techniken zählen zum einen die objektorientierte Modellierung und Programmierung und zum anderen objektorientierte Datenbanken. Die Anwendung dieser Techniken stellt besonders bei der Realisierung unternehmensübergreifender Lösungen die Möglichkeit zu einer einfachen Implementierung, Modifikation und Erweiterung dar.

1.4 Sind diese Techniken wirklich neu ?

Schlägt man die Geschichte der technischen Entwicklung auf, zeigt sich, daß die hier erwähnten Techniken nicht neu erscheinen (Bild 6) [9,11,23,24,25]. Softwareentwicklungen, welche seit mehr als 3 Jahrzehnten existieren, bleiben primär aus einem Grunde "innovativ", nämlich aufgrund der Komplexität der sich immer weiter entwickelnden Theorien der Technologien. Es sollte jedoch möglich sein, bei entsprechender anwendungsbezogener Entwicklung, diese Technologien nicht nur verständlicher erscheinen zu lassen, sondern sie auch einer breiteren Anwendung zuzuführen.

Im Bereich der Produktionstechnologien, u.a. bei den Techniken des Qualitätsmanagements, zeigt sich, daß viele in Japan benutzte Techniken plötzlich zu neuen Schlagwörtern geworden sind. Im Hintergrund dieser Erscheinung steht nicht nur der Stand sondern auch *das Tempo* der technischen Entwicklung in Japan. Es ist interessant, daß signifikante Techniken, schon vor einiger Zeit entwickelt, mit gewandeltem Gesicht wieder auftauchen. Wie ist es möglich, daß diese "Altbekannten" unter neuer Regie solches Aufsehen erregen? Dies ist vielleicht eine Folge der vielen bereits bestehenden, bisher getrennten, technologischen Elemente, welche verschmolzen und zu neuen Techniken entwickelt werden [26].

Innovativ ?
Neuronale Netze (1943)
Hypertext (1945)
Wissensbasierte Systeme (1956)
Fuzzy-Logic (1965)
Softwaretechnologien

Neu ?
DOE   FMEA
1950
1920   1970
SPC   QFD
Qualitätsmanagement

"The Metaphor of
the Searchlights on
Universes of Discourse"
(ISO TC97/SC5/WG3
- Helsinki 1978)

Neu !

Innovativ!

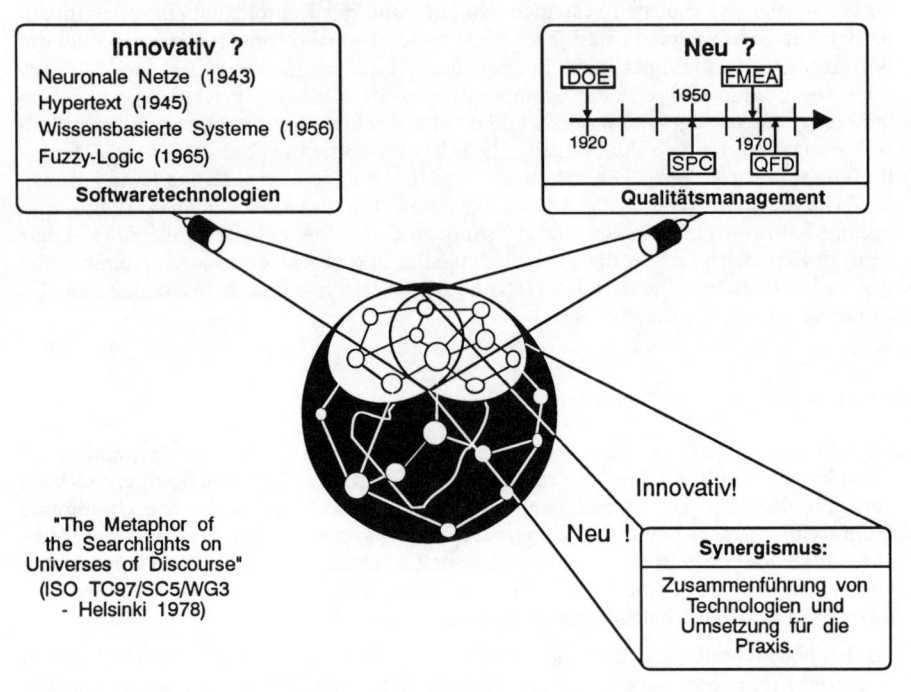

Synergismus:
Zusammenführung von
Technologien und
Umsetzung für die
Praxis.

Bild 6: Die Zusammenführung von Softwaretechnologien und QM-Methoden

In der internationalen Konkurrenz zählen Software-Technologien auf der einen und Methoden des Qualitätsmanagements auf der anderen Seite zu den Schwerpunkten der technischen Entwicklung. Nehmen wir die obengenannten Erscheinungen als Beispiele und versuchen den informationstechnischen Vorsprung ohne Vorbehalte zum Vorteil unserer Produktionsbereiche einzusetzen! Hierfür ist jedoch eine enge Kooperation von Qualitäts- und Informationstechnikern notwendig. Ein nach dem Helsinki-Konzept [27] abgeleitetes Schema legt einen gemeinsamen Fokus und eine gemeinsame Sprache bei der Zusammenarbeit zugrunde.

Für das Zusammenwirken der Bereiche Informatik und Qualitätsmanagement besteht die gemeinsame Aufgabe darin, die innovativen Softwaretechnologien und die Methoden des Qualitätsmanagements zusammenzuführen und für die produktionstechnische

Praxis ohne Lücken umzusetzen. Daraus lassen sich neue Wege zu innovativen Problemlösungen entwickeln.

2. Einsatz innovativer Software-Technologien im Qualitätsmanagement

In der Praxis wird bereits eine Vielzahl von Systemen eingesetzt, die innovative Software-Technologien anwenden. Am bekanntesten sind die sogenannten Expertensysteme, die vor allem auf regelbasiertem Schließen beruhen, die aber auch unscharfe Logik, neuronale Netze u.a. einsetzen. In diesem Abschnitt werden exemplarische Lösungen aus dem Bereich des Qualitätsmanagements vorgestellt, welche sich zum Teil schon im industriellen Einsatz befinden. Damit soll vor allem dokumentiert werden, daß bereits heute ein nutzbringender Einsatz solcher Technologien im industriellen Alltag möglich und sinnvoll ist. Hierzu wird zunächst auf ein System eingegangen, welches bereits seit einiger Zeit in der täglichen Praxis eingesetzt wird. Anhand dieses Systems wird dann auf die besondere Problemstellung der Wissensakquisition eingegangen. Anschließend werden zwei Beispiele erläutert, die bereits in Feldtests erprobt werden bzw. an der Schwelle zum praktischen Einsatz stehen.

2.1 Das Expertensystem DAX

Als Beispiel einer bereits realisierten Problemlösung mit Hilfe einer innovativen Softwaretechnologie soll hier das Expertensystem DAX vorgestellt werden (Bild 7). Das System wurde von der Fa. Mercedes Benz und dem Lehrstuhl für Fertigungstechnik und Betriebsorganisation der Universität Kaiserslautern (FBK) gemeinsam entwickelt [28,29]. Bei der Mercedes Benz AG wird es zur Diagnose von Automatikschaltplatten eingesetzt. Automatikschaltplatten sind hochkomplexe Bauteile zur Steuerung von Schaltvorgängen in Automatikgetrieben.

Die hier konkret zur Lösung anstehende Aufgabe war die Automatisierung der Diagnose dieses hochkomplexen Bauteils zur Erfüllung hoher Qualitätsanforderungen. Dazu wird jede Schaltplatte im Rahmen einer 100% Prüfung an einem speziellen Prüfstand in verschiedenen Betriebssituationen getestet, wobei eine Vielzahl von Prüfdaten anfällt. Die manuelle Auswertung der daraus resultierenden komplexen Prüfprotokolle stellt daher ein besonderes Problem dar.

Eine wesentliche Zielsetzung, die hier mit dem Einsatz einer neuen Technologie verbunden war, stellte die Unterstützung von Prüfer und Nachbearbeiter bei der Fehleranalyse dar. Weiterhin sollte eine Schwachstellenanalyse des Bauteils durchgeführt werden können und die hier gewonnenen Erfahrungen für die Entwicklung der nächsten Produktgeneration verfügbar gemacht werden. Dieser Aspekt ist insbesondere im Hinblick auf die zunehmende Bedeutung der Verkürzung des Zeitraumes zur Einführung neuer Produkte am Markt (*Time to Market*) von Bedeutung.

Realisiert wurden die genannten Ziele durch den Einsatz eines regelbasierten Expertensystems, welches direkt mit dem Rechner zur Prüfstandssteuerung gekoppelt ist. Hier wurde ein Ansatz mit Regeln gewählt, die Druckabweichungen als Symptome und Schaltplattenfehler als Diagnosen miteinander verbinden. Dieser Ansatz ermöglichte eine schnelle und effiziente Realisierung.

Problem
- hohe Komplexität
  - 43 Varianten
  - 220 Einzelteile
  - 11 Meßgrößen
  - 100 Prüfschritte
  - 550 Soll-Ist Vergleiche
- hohe Qualitätsanforderung
- 100 % Prüfung
- Zeit

Ziele
- Null-Fehler
- Unterstützung von Prüfer & Nacharbeiter bei Fehlerdiagnose
- Schwachstellenerkennung
- Erfahrungsaufbau

Realisierung
- Trennung von Einsatzsystem & Wartungssystem
- Online Kopplung

Prüfrechner ↔ Prüfstand

DAX

- regelbasiertes System

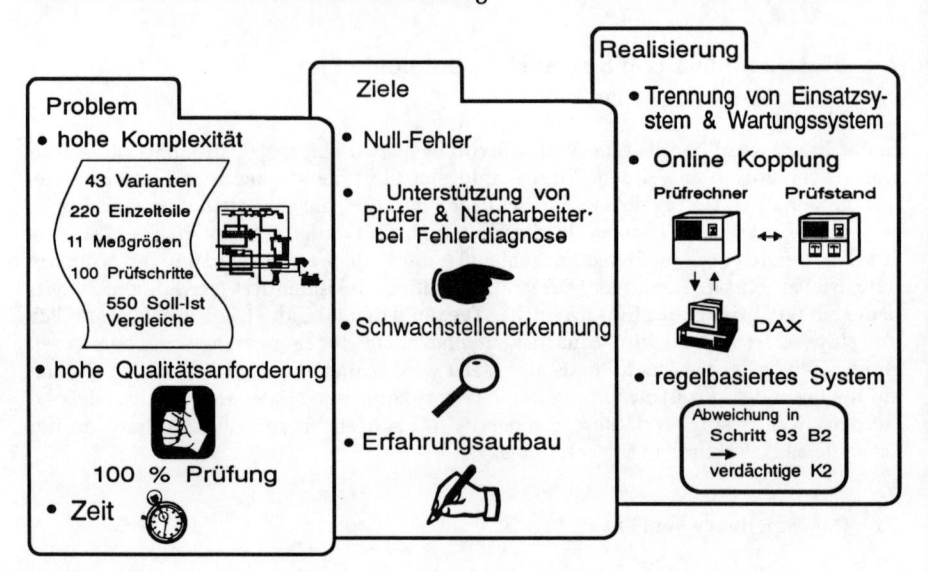

Abweichung in Schritt 93 B2 → verdächtige K2

<u>Bild 7:</u> Das Expertensystem DAX - Problemstellung, Ziele, Realisierung -

Bewertung des Systems DAX

Im folgenden wird eine Bewertung des Einsatzes des Expertensystems DAX vorgenommen (<u>Bild 8</u>). Dabei stehen insbesondere die wirtschaftlichen und technischen Aspekte des Systemeinsatzes sowie der direkte Einfluß dieser Technologie auf die Produktqualität im Vordergrund.

Neben den längerfristigen, mittelbaren wirtschaftlichen Gewinnen, die z.B. durch eine langfristige Verbesserung der Prozeßqualität beim Einsatz des Systems DAX erzielt werden konnten, stellt insbesondere die Verkürzung der Entwicklungszeit für die nächste Schaltplattengeneration einen Wettbewerbsvorsprung mit großen wirtschaftlichen Auswirkungen dar. Kurzfristige Einsparungen in der Größenordnung von jährlich etwa einen halben Mann-Jahr wurden weiterhin durch die Möglichkeit einer gezielten Nachbearbeitung fehlerhafter Teile erreicht. Demgegenüber erscheint der finanzielle Aufwand von weniger als einem Mann-Jahr für die Entwicklung des Systems gerechtfertigt.

Technische Vorteile des Systemeinsatzes stellen im Rahmen des Produktionsablaufes zum einen die vereinfachte Nachbearbeitung fehlerhafter Produkte durch entsprechende Systemhinweise, zum anderen die Wartung der dem System zugrundeliegenden Wissensbasis direkt durch den Fachexperten dar.

Das System trägt im Entwicklungsbereich zur Gewährleistung der Produktqualität bei. Es hat sich gezeigt, daß die mit Hilfe des Expertensystems möglich gewordene Langzeitauswertung qualitätsrelevanter Daten, auf die für die nächste Produktgeneration während der Entwicklung zurückgegriffen werden konnte, hier bereits im Vorfeld eine Erhöhung der Produktqualität zur Folge hatte.

Kurzfristig konnte durch den Einsatz des Expertensystems die Entscheidungsqualität bei der Bewertung der Produktqualität, insbesondere deren Objektivierung und Reproduzierbarkeit, verbessert sowie die Entscheidungsfindung beschleunigt werden.

Wirtschaftliche Bewertung
- geringere Entwicklungszeit durch Erfahrungsdokumentation

Prüfstand

Ausführungsebene

Planungsebene

Technische Bewertung
- Hinweise zur Nachbearbeitung
- Wartung der Wissensbasis durch Fachexperten

Einfluß auf Produkt- und Prozeßqualität
- Beschleunigung der Entscheidungsfindung
- Erhöhung der Entscheidungsqualität
- Erhöhung der Produktqualität in der nächsten Entwicklungsstufe durch Langzeitauswertung

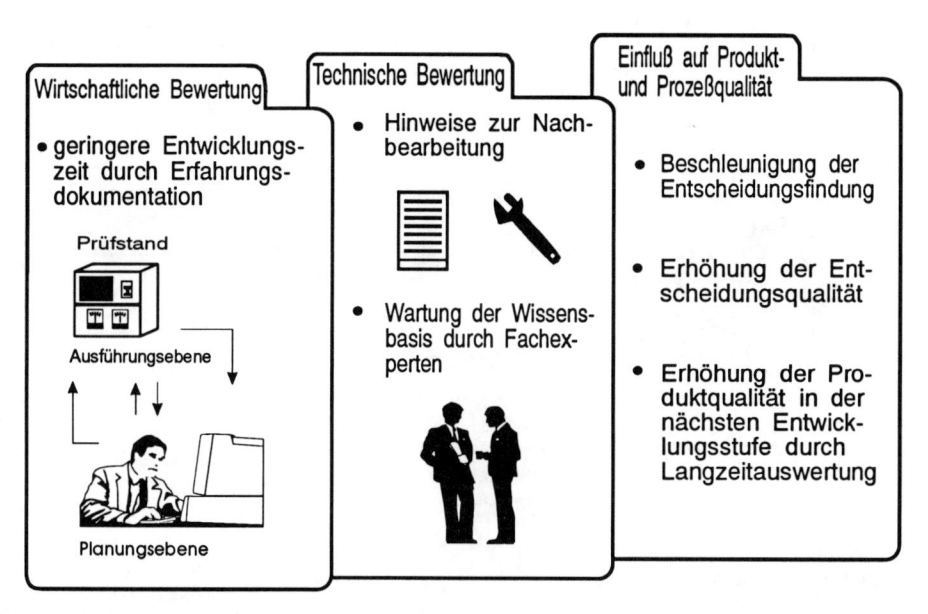

Bild 8: Das Expertensystem DAX - Bewertung des Systemeinsatzes -

2.2 Verschiedene Techniken der Wissensakquisition

Betrachtet man den Entwicklungsaufwand für automatisierte Diagnosesysteme, wie z.B. das vorgestellte System DAX, so entfällt ein wesentlicher Anteil auf die Akquisition des für die Diagnose benötigten Expertenwissens.

Als besonders problematisch stellt sich in diesem Zusammenhang die Methode der indirekten Wissensakquisition dar (Bild 9). Hier wird das notwendige problemspezifische Wissen vom jeweiligen Fachexperten zunächst an einen sogenannten Wissensingenieur weitergegeben, der dieses dann in einer für das Diagnosesystem geeigneten Weise aufbereitet. Neben dem sehr hohen Personalaufwand durch den Einsatz des

Wissensingenieurs, hängt der Erfolg dieser Methode auch ganz wesentlich von der Kooperationsbereitschaft zwischen Wissensingenieur und Fachexperten ab.

Auch bei dem hier vorgestellten System DAX findet zur Zeit eine Weiterentwicklung, weg von der bisher eingesetzten Methode des Wissenserwerbs, statt.

Ein erster Schritt in Richtung der Verminderung des Aufwandes bei der Wissensakquisition kann im direkten Wissenserwerb durch den Fachexperten gesehen werden. Diese direkte Methode stellt jedoch sehr hohe Ansprüche an die eingesetzten Techniken. So muß zum Beispiel das Expertenwissen in einer für die automatisierte Verarbeitung geeigneten Weise formal abgebildet werden. Hier stoßen insbesondere regelbasierte Ansätze, die auf der bekannten booleschen Algebra basieren, schnell an ihre Grenzen. Systeme auf der Basis von Fuzzy-Logic, mit der Möglichkeit auch unscharfe Sachverhalte ausdrücken zu können, kommen an dieser Stelle der natürlichen Ausdrucksweise des Fachexperten mehr entgegen.

Indirekte Methode	Direkte Methode	Automatisierte Methode
Experte	Erwerbssystem	
Wissensingenieur	Expertin	
Methode: Wissenserwerb durch Wissensingenieure	**Methode:** Wissenserwerb durch Experten	**Methode:** Wissenserwerb automatisiert aus Modell/Falldaten
Techniken: Interview Text/Protokollanalysen	**Techniken:** Abfragetechniken Dialogtechniken	**Techniken:** Modell-, fall-, lernbasierte Techniken
Beispiel: herkömmliche regelbasierte Systeme	**Beispiel:** Fuzzy Lernsystem	**Beispiel:** neuronale Netze

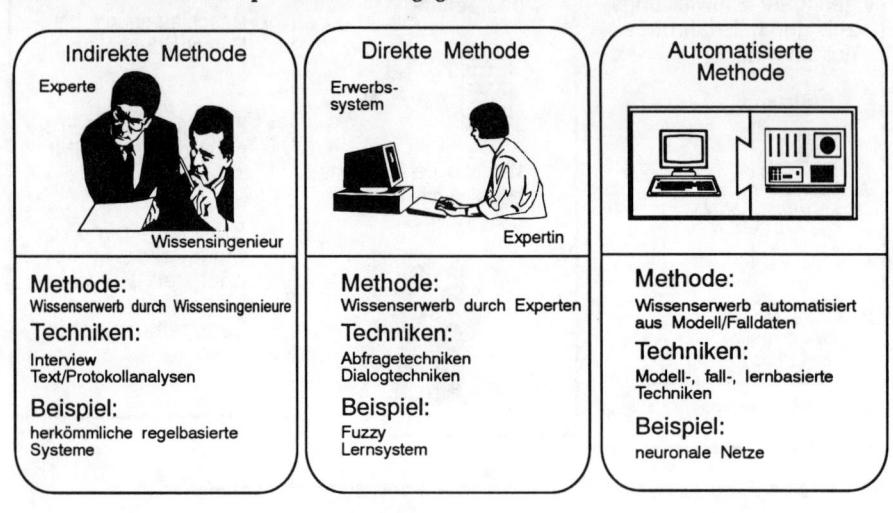

<u>Bild 9:</u> Methoden der Wissensakquisition

Den letzten Schritt stellt nun die vollständig automatisierte Wissensakquisition dar. Hier kommen Techniken zum Einsatz, die das für die Diagnose benötigte Expertenwissen auf der Basis von Fall- bzw. Modelldaten selbständig erlernen. Als Beispiel für eine solche lernfähige Technologie seien hier neuronale Netze genannt. Neben den neuronalen Netzen, die den sogenannten subsymbolischen Verarbeitungsmethoden zuzuordnen sind, existieren jedoch auch lernfähige Ansätze im Bereich der symbolischen Datenverarbeitung, in den unter anderem regelbasierte Verfahren fallen.

2.3 Wissensbasierte FMEA-Durchführung

Während mit dem Expertensystem DAX ein in der Praxis eingesetztes System vorgestellt wurde, soll nun ein Anwendungsbeispiel dargestellt werden, das sich bisher noch in der Entwicklung befindet, nämlich die Anwendung wissensbasierter Methoden zur Durchführung der Fehler-Möglichkeits- und Einfluß-Analyse FMEA. Zur Zeit werden die hierzu gewonnenen Forschungsergebnisse umgesetzt, so daß solche Systeme in naher Zukunft verfügbar sein werden [30].

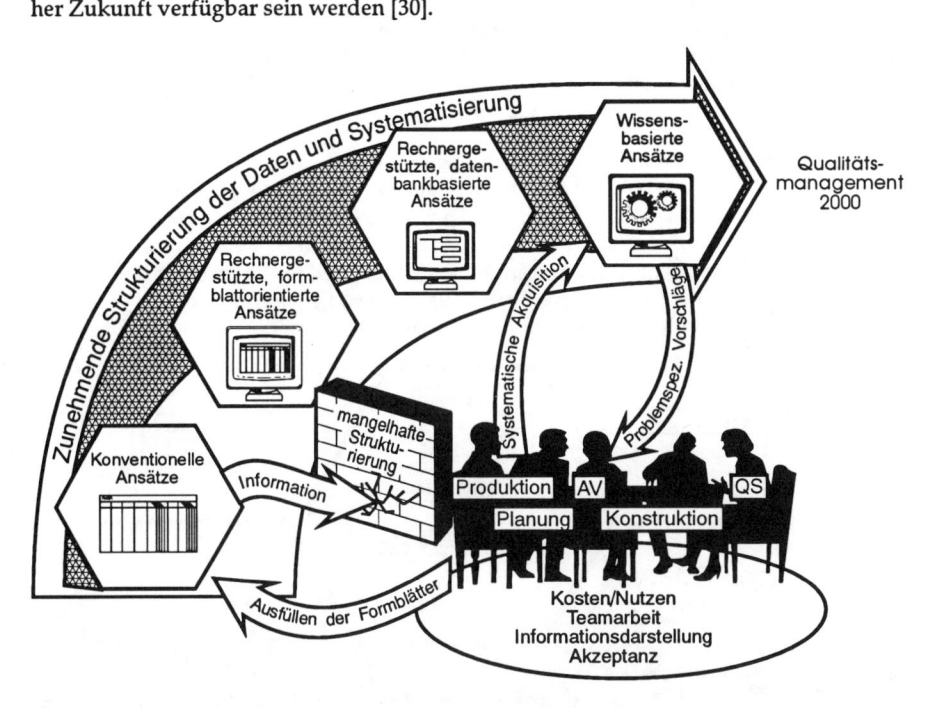

Bild 10: Entwicklungsmöglichkeiten bei der FMEA-Durchführung

Die FMEA ist eine präventiv wirkende Qualitätsmethode, in welcher Konstruktions- bzw. Fertigungsentwürfe schon im Planungsstadium bezüglich möglicher Schwachstellen untersucht werden [31]. Diese können dann rechtzeitig durch die Einleitung geeigneter Maßnahmen abgestellt werden. Die bereichs- und ebenenübergreifende Relevanz der untersuchten Problemstellungen erfordert bei der Durchführung der FMEA die Zusammenarbeit eines interdisziplinären Teams. Der mit dieser Teamarbeit verbundene Personal-, Organisations- und Koordinationsaufwand macht das erarbeitete FMEA-Wissen teuer. Es muß sichergestellt werden, daß der Nutzen der FMEA diesen Aufwand rechtfertigt. Der Nutzen der FMEA-Durchführung besteht zum einen in dem Auffinden von Schwachstellen im untersuchten Fertigungsprozeß bzw. im untersuchten Bauteil. Zum anderen aber wird in der FMEA Expertenwissen dokumentiert. Neben einer Darstellung von Fertigungsprozessen und einer Funktionsbeschreibung von Bauteilen wird in einer FMEA vor allem Wissen über kausale Zusammenhänge abgelegt, z.B. über die von unzulässig abweichenden Merkmalen ausgehende Fehlerfortpflanzung im Bauteil und im Gesamtsystem.

Die bisherige Vorgehensweise bei der Wissensdokumentation läßt aber eine nur unzureichende Nutzung dieses Wissens zu (Bild 10). Grund hierfür ist die Wissenserfassung und die Wissensdarstellung anhand von Formblättern, in denen die Informationen unstrukturiert abgelegt werden.

Einen Ausweg aus dieser Situation verspricht der Einsatz wissensbasierter Systeme. In solchen Systemen werden die bei einer FMEA-Teamsitzung besprochenen komplexen Wirkzusammenhänge systematisch erfaßt und in einer Wissensbasis abgelegt. Ein gezielter Rückgriff auf dieses Wissen ist daher möglich.

Bei der Bewertung der unterschiedlichen Lösungsansätze sind verschiedene Kriterien zu berücksichtigen. Die Wirtschaftlichkeit steht hier mit Sicherheit im Vordergrund. Der hohe Personalaufwand bei der FMEA-Durchführung bedingt den Hauptanteil der entstehenden Kosten. Deshalb muß auf der einen Seite alles getan werden, um die Teamarbeit optimal zu unterstützen und - wo es möglich ist - vorzubereiten; auf der anderen Seite ist eine Informationsdarstellung notwendig, die es dem Anwender erleichtert, gespeichertes FMEA-Wissen zu benutzen.

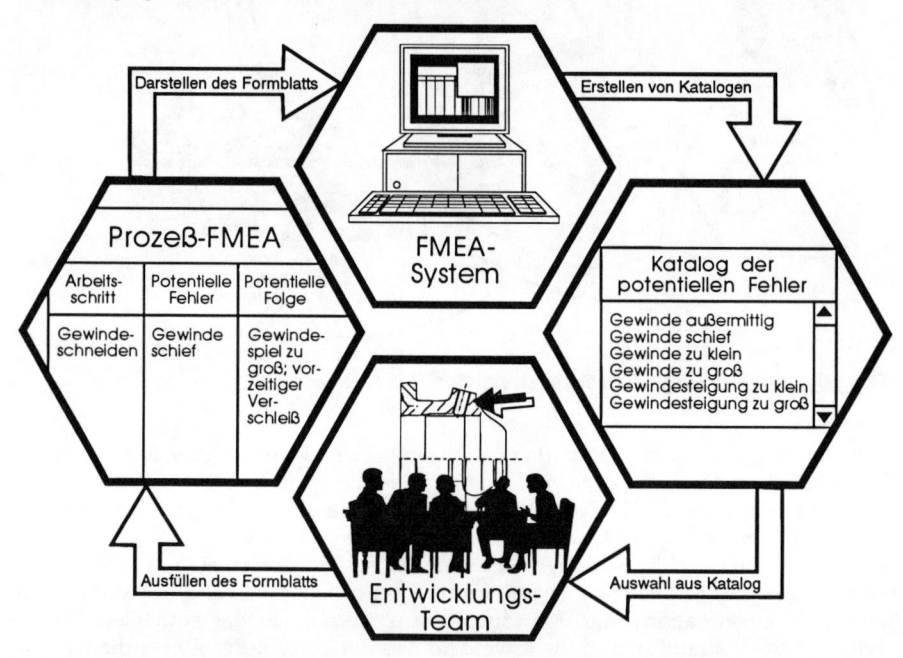

Bild 11: Rechnergestützte FMEA-Erstellung mittels eines formblattorientierten Ansatzes

Formblattorientierte FMEA-Systeme unterstützen die Erstellung der FMEA, indem sie dem Anwender das Ausfüllen des am Bildschirm dargestellten Formblatts ermöglichen

(Bild 11). Durch eine entsprechend aufwendige Schulung konnte das Ausfüllen der FMEA-Formblätter einer großen Anzahl von Anwendern vermittelt werden. Die eingegebenen Inhalte werden in Katalogen abgelegt, wobei für jede Formblattspalte (Potentielle Fehler, Fehlerursachen, Maßnahmen usw.) ein eigener Katalog verwaltet wird. Bei der FMEA-Erstellung kann der Anwender diese Kataloge aufrufen und Daten übernehmen. Es fehlen jedoch Möglichkeiten, die anzuzeigenden Daten auf einen bestimmten Problemkreis, beispielsweise das Gewindeschneiden, einzuschränken.

Durch die fehlende Strukturierung der Daten im Formblatt und die fehlende Eindeutigkeit in der Begriffswelt kann ein Expertenteam, das eine bestimmte Problemstellung bearbeitet, daher nicht *gezielt* auf die relevanten Informationen zugreifen. Hieraus ergibt sich ein schlechtes Kosten/Nutzen-Verhältnis.

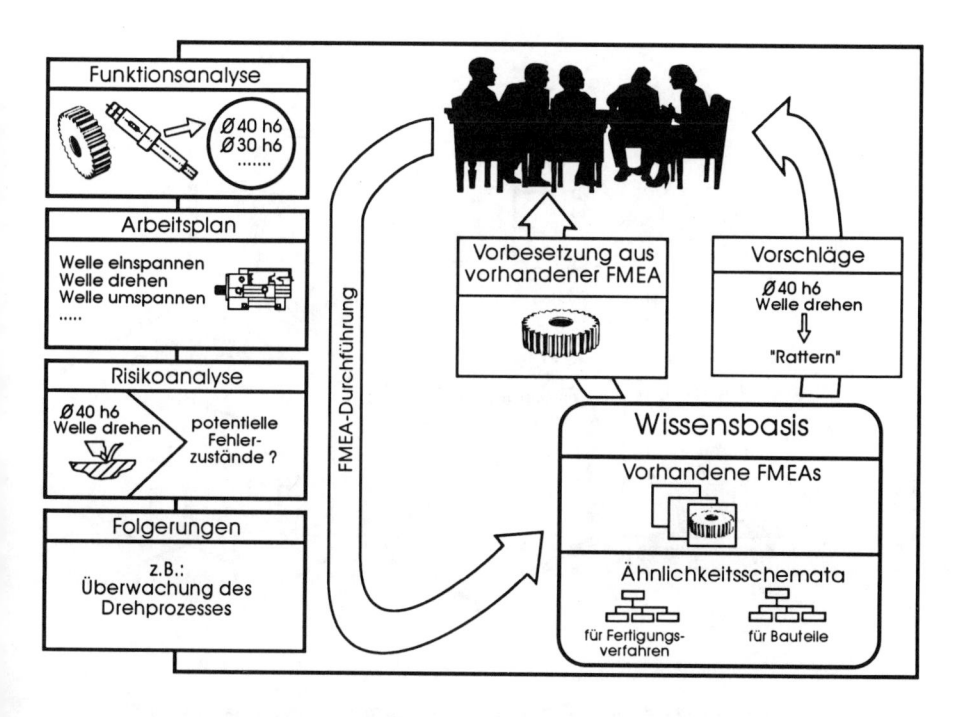

Bild 12: Rechnergestützte FMEA-Erstellung mittels eines wissensbasierten Ansatzes

Wissensbasierte Ansätze versprechen eine effektivere Nutzung des vorhandenen Wissens. Dies soll an folgendem Beispiel verdeutlicht werden (Bild 12): Ein Unternehmen, in welchem vorwiegend rotationssymetrische Teile (Wellen, Zahnräder usw.) gefertigt werden, hat einen Auftrag über die Fertigung einer komplexen Getriebewelle erhalten; der Kunde stellt höchste Qualitätsansprüche und hat eine fehlerfreie Lieferung zur Bedingung für weitere Aufträge gemacht. Da schon in der Vergangenheit konsequent die FMEA eingesetzt wurde, erscheint es nun naheliegend, eine FMEA der

Getriebewelle durchzuführen und dabei auf den vorhandenen Erfahrungsschatz zurückzugreifen. Durch die gezielte Auswahl aus dem im System abgelegten FMEA-Wissen kann - kontextabhängig - eine sinnvolle Unterstützung des Entwicklerteams erreicht werden. Untersucht das Team den Kontext *Fertigdrehen der Getriebewelle*, so wird das System aus der Wissensbasis Daten auswählen, die zum Fertigdrehen bei ähnlichen Teilen eingegeben wurden. Sind hierzu in der Wissensbasis keine Daten vorhanden, so wird der Kontext verallgemeinert und es werden Daten ausgewählt, die beispielsweise den spanenden Fertigungsverfahren zugeordnet sind.

Über die Möglichkeit der Vorschlagsgenerierung hinaus bietet der Einsatz wissensbasierter Systeme weitere Vorteile (Bild 13).

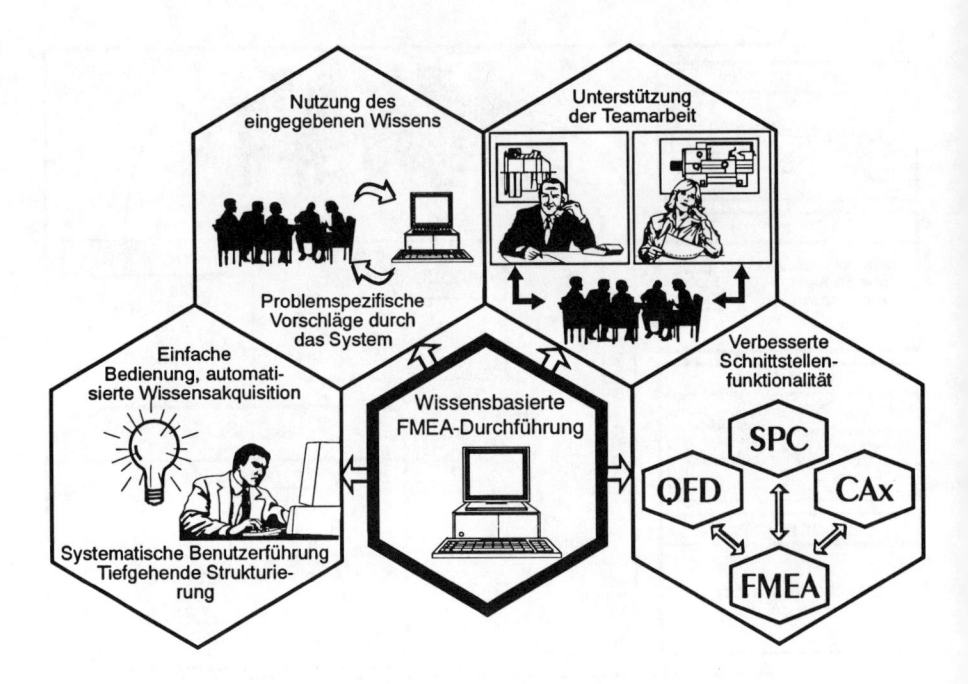

Bild 13: Vorteile wissensbasierter Systeme bei der FMEA-Durchführung

Die Strukturierung der Daten und die damit verbundene systematische Wissensakquisition bedingen eine vereinfachte Bedienung. Der Grund hierfür ist, daß der Benutzer nicht das Ausfüllen des Formblattes und damit die zugrundeliegenden Strukturen erlernen muß, sondern vom System bei der Erstellung der FMEA weitgehend angeleitet werden kann. Das System erfragt Daten, indem es einen bestimmten Kontext anzeigt, beispielsweise einen Arbeitsplan, und vom Benutzer hierzu Dateninhalte erfragt, zum Beispiel potentielle Fehler, die in einem bestimmten Arbeitsschritt auftreten können. Der Benutzer braucht die Bedienung solcher Programme und die dem FMEA-Formblatt zugrundeliegende Methodik nicht erst zu erlernen; er kann sich bei der

FMEA-Bearbeitung ganz auf inhaltliche Fragestellungen konzentrieren. Die heute entwickelten wissensbasierten FMEA-Systeme [30,32] sind zumeist unter einer graphischen Benutzeroberfläche implementiert. Die Bedienung ist dadurch einfach und intuitiv erlernbar, die Akzeptanz bei der Benutzung solcher Systeme ist deutlich höher.

Die Kreativität eines interdisziplinären Teams kann nicht ersetzt werden; eine verbesserte Vorbereitung der FMEA kann aber diese Teamarbeit optimieren und damit den Personalaufwand senken. Die Strukturierung der Daten in einem wissensbasierten FMEA-System ermöglicht eine Gliederung der FMEA-Bearbeitung in einzelne Arbeitsschritte und eine Ausgliederung einzelner Aufgabenkomplexe. Diese Aufgabenkomplexe können separat in den Fachbereichen von den zuständigen Experten durchgeführt werden. Eine so vorbereitete FMEA kann dann in wenigen Teamsitzungen diskutiert, ergänzt und schließlich verabschiedet werden.

Gerade dieser Aspekt der Unterstützung von Teamarbeit wird im folgenden Beispiel, welches sich auf die immer wichtiger werdende simultane Produkt- und Prozeßentwicklung bezieht, im Vordergrund stehen.

2.4 Unterstützung des Simultaneous Engineering

Die simultane Durchführung der Produkt- und Prozeßentwicklung, das Schlagwort ist Simultaneous Engineering (SE), wird in Zukunft dazu beitragen, die Entwicklungszeiten zu verkürzen und Fehler im Planungsstadium zu vermeiden [33].

Während die konventionelle Ausführung der Produkt- und Prozeßentwicklungsarbeiten dadurch gekennzeichnet ist, daß die anfallenden Tätigkeiten sequentiell, fachbezogen und voneinander entkoppelt durchgeführt werden, werden beim *Simultaneous Engineering* diese Tätigkeiten parallel und fachübergreifend durchgeführt. Dabei stehen im Mittelpunkt kooperierendes gemeinsames Planen, Entwerfen und Verbessern der genannten Tätigkeiten beginnend von der Marktanalyse über den Produktentwurf bis hin zur Bereitstellung von Produktionsmitteln.

Um einen wirkungsvollen SE-Einsatz zu erzielen, ist ein reibungsloser Informationsaustausch zwischen den beteiligten Unternehmensbereichen erforderlich. Es liegt daher nahe, SE rechnerunterstützt zu realisieren. Eine DV-technische SE-Verwirklichung kann aber nur dann erfolgen, wenn zu den folgenden Anforderungen Lösungsansätze gefunden werden:

- Heterogene Datenmodelle zur Darstellung der in verschiedenen Entwicklungsphasen auftretenden Produktcharakteristiken.
- Informationsmanagement zur Verwaltung der in verschiedenen Phasen entstehenden Informationen und deren Änderungen.
- Kommunikationsfähigkeit zur Unterstützung eines simultanen Informationsaustausches zwischen verschiedenen Fachdisziplinen.

Lösungsansätze zur Erfüllung dieser Anforderungen bieten Hypertext-Techniken und CSCW (Computer-Supported-Cooperative-Works). Hypertext-Dokumente weisen, im Gegensatz zu konventionellen DV-unterstützten Dokumenten, eine nicht-sequentielle

Strukturierung des Informationsinhalts auf. Diese Strukturierung wird durch sogenannte Hyper-Links (vgl. 1.3.2) erreicht. Hyper-Links sind mit Querverweisen in einem Lexikon vergleichbar, die verschiedene Themen zueinander in Beziehung stellen. Damit können mehr-dimensionale Beziehungen zwischen Kundenforderungen, Produkt- und Prozeßmerkmalen abgebildet werden. Darüber hinaus ermöglicht Hypertext einen wesentlich effizienteren und flexibleren Zugriff auf komplexe Informationen, da der Benutzer mit wenigen, klaren Anweisungen einfach und schnell auf die gewünschten Informationen zugreifen kann. Auch die Datenänderungsverwaltung kann durch Hypertext erheblich vereinfacht werden.

Die Möglichkeiten, die sich durch den Einsatz von Hypertext-Techniken im Simultaneous Engineering ergeben, sollen durch das folgende Beispiel veranschaulicht werden (Bild 14).

Die konstruktive Auslegung einer Getriebewelle soll, beispielsweise anläßlich eines Design Review, überprüft werden. Durch den Einsatz von Hypertext können bei der Arbeit in einem CAD-System alle vorhandenen Informationen zu diesem Bauteil angezeigt und aufgerufen werden. Nach Auswahl eines Merkmals werden Querverbindungen in einer Übersicht (Navigation) dargestellt. Ausgehend von dieser Übersicht kann sofort in das entsprechende System verzweigt werden. Der Benutzer kann auf einfachem Wege die QFD zu dem untersuchten Merkmal aufrufen, um beispielsweise die Kundenforderungen zu dem Merkmal einzusehen.

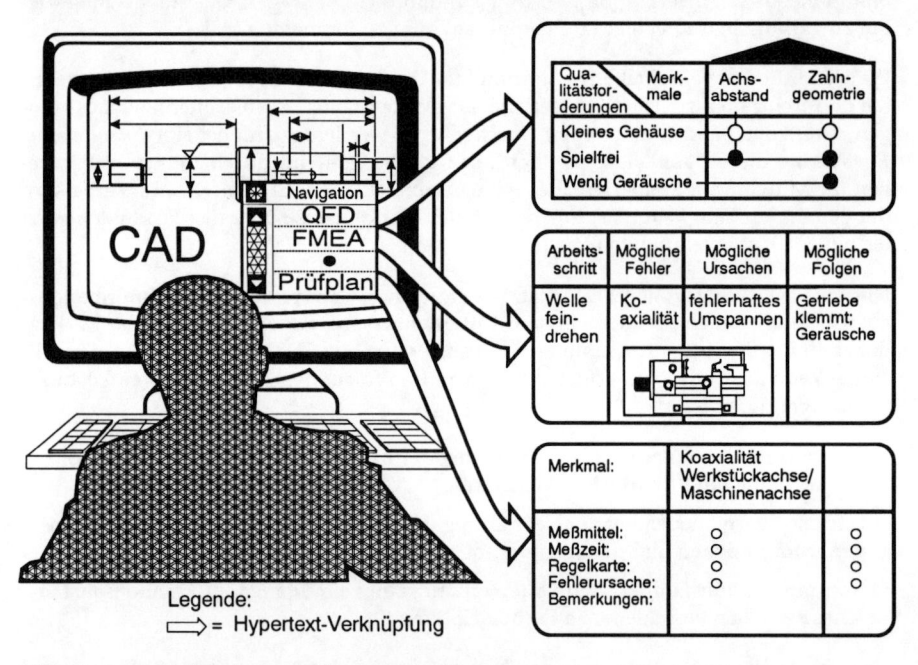

Bild 14: Ein Beispiel für den Einsatz von Hypertext

Die Verknüpfungsfähigkeit von Hypertext-Systemen war die Grundlage für die Weiterentwicklung von Techniken im Bereich von CSCW (Bild 15). Im Rahmen von CSCW-Techniken können verschiedene Typen von Verknüpfungen, z.b. nach Aspekten von Zeit und Arbeitsbereich, weiter entwickelt werden. Als Schwerpunkt sei hierbei die Nutzung typisierter Verknüpfungen zur Zusammenstellung des Fachwissens mehrerer Personen genannt. Neue Konzepte aus diesem Bereich ermöglichen den simultanen Informationsaustausch zu gleichen Arbeitsthemen und bilden eine gute Basis zur Realisierung einer teamorientierten Informationsverarbeitung, wie sie insbesondere im Bereich des Qualitätsmanagements wichtig ist.

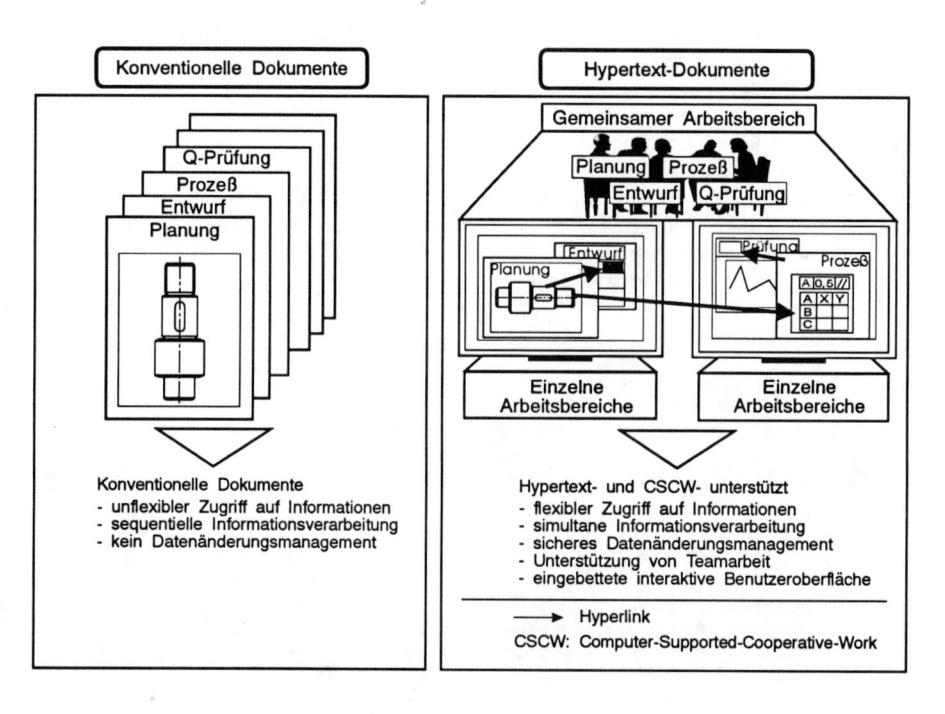

Bild 15: Unterstützung von Simultaneous Engineering durch Hypertext-Techniken

3. Einsatz innovativer Software-Technologien - Ein Wettbewerbsvorteil

Der Einsatz neuer Softwaretechnologien in Unternehmen bringt eine Vielzahl von Veränderungen mit sich, die nahezu alle Unternehmensbereiche betreffen. So werden nicht nur die produktiven Bereiche, sondern auch die organisatorischen und sozialen Bereiche eines Unternehmens erheblich beeinflußt. Grundlegend läßt sich eine Einteilung in kurz- und langfristige Auswirkungen treffen (Bild 16).

Auf der kurzfristigen Seite steht zunächst die Investition. Für Softwareerstellung, -anschaffung, Schulung und Einführung fallen Kosten an, die das Budget erheblich belasten. Demgegenüber sind unmittelbare Vorteile lediglich in der Prozeßtransparenz und der Schwachstellenerkennung zu verzeichnen. Nun ist es das Ziel jeder Investition, eine Amortisation in einer betriebswirtschaftlich vertretbaren Zeit zu bewirken. Das heißt, daß vor allem die langfristigen Aspekte, nämlich Kostensenkung bei gleichzeitiger Erhöhung der Produktivität, eine große Rolle spielen. Die vorgestellten Anwendungsbeispiele zeigen, daß der Einsatz innovativer Software-Technologien dazu beitragen kann, dieses Ziel zu erreichen.

Wie am Beispiel des Expertensystems DAX gezeigt wurde, kann durch strukturierte Aufarbeitung von Fachwissen die Planungsqualität und Planungszykluszeit nachfolgender Produktgenerationen verbessert bzw. verkürzt werden. Des weiteren ist es möglich, eine wesentlich effizientere Nachbearbeitung fehlerhafter Teile im laufenden Prozeß zu erreichen. Die Hypertext-Techniken bieten eine Möglichkeit, das Informationswesen eines Unternehmens neu zu strukturieren. Durch die nicht sequentielle Speicherung von Informationsinhalten können wesentlich flexiblere und rationellere Zugriffe auf Daten erfolgen. Durch ein wissensbasiertes FMEA-System kann das an sich sehr schwer handhabbare und extrem komplexe Erfahrungswissen schnell und gezielt zur Produkt- bzw. Prozeßplanung eingesetzt werden.

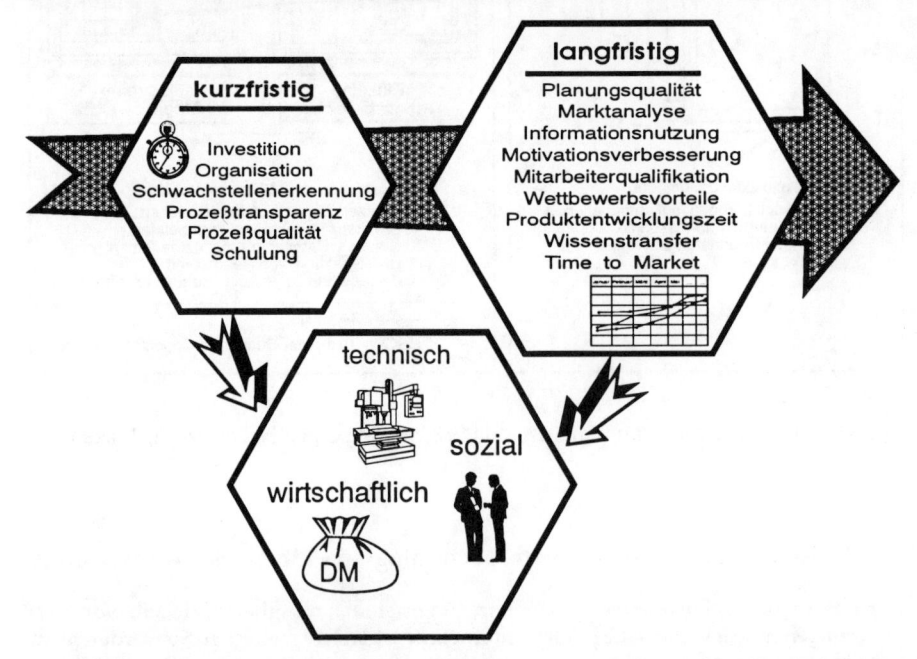

Bild 16: Technische, wirtschaftliche und soziale Auswirkungen des Einsatzes innovativer Software-Technolgien

Die Vorteile liegen aber nicht nur in der Verbesserung interner Produktions- und Organisationsprozesse sondern auch in einer Verbesserung der Unternehmenssituation im Hinblick auf den Markt, in dem es sich behaupten muß. Verbesserte Planungsqualität, bessere Möglichkeiten, die Produktentwicklung an Kundenwünschen zu orientieren, kürzere Entwicklungszeiten, stabilere Prozesse und geringere Qualitätskosten schaffen Wettbewerbsvorteile, die langfristig die Existenz eines Unternehmens sicherstellen können [34].

Die genannten Auswirkungen zeigen, daß der Einsatz innovativer Softwaretechnologien eine große Herausforderung für die Unternehmen darstellt (Bild 17). Diesen Herausforderungen kann nur durch eine konsequente Unternehmensstrategie begegnet werden, welche die Einflüsse auf Personal, Organisation und Technik berücksichtigt und damit die wirkungsvolle Umsetzung der neuen Systeme unterstützt.

Personal
- Qualifikation
- Schulung
- Kapazität
- Akzeptanz

Markt

Organisation
- Anforderungsdefinition
- Softwareabnahme
- Einbindung in organisatorischen Ablauf

Unternehmensstrategie

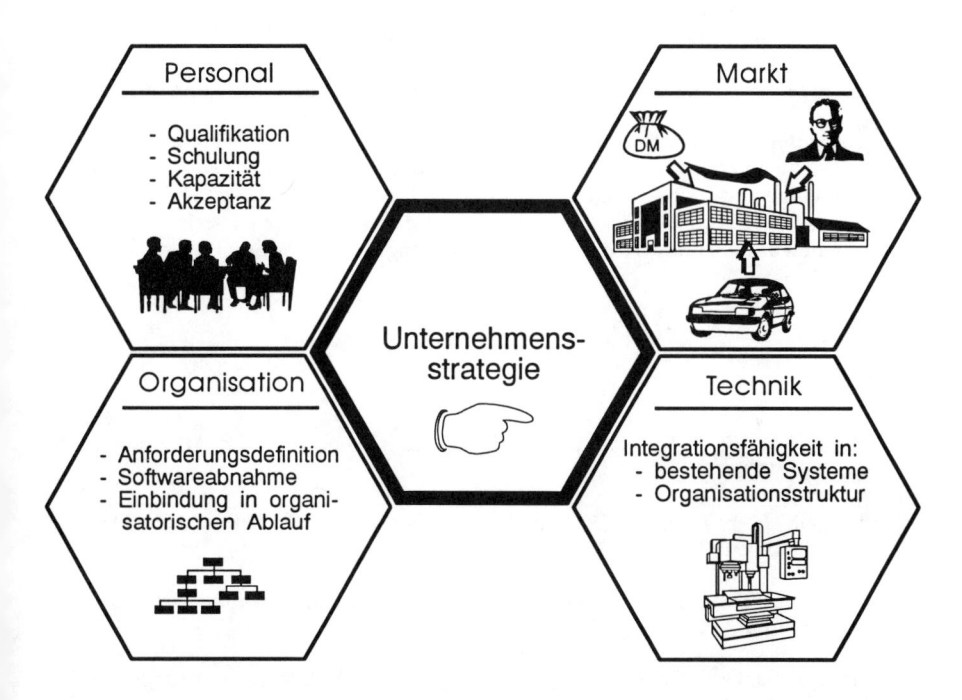

Technik
Integrationsfähigkeit in:
- bestehende Systeme
- Organisationsstruktur

Bild 17: Einsatz innovativer Software-Technologien - eine Herausforderung -

Die größten Einflüsse ergeben sich auf das Personal und die Organisation des Unternehmens. Hier stellt sich demzufolge die größte Herausforderung.

Die Einführung einer neuen Software ist meist mit einem erhöhten Personalaufwand verbunden; diese zusätzlichen Kapazitäten müssen vom Unternehmen zur Verfügung gestellt werden. Darüber hinaus müssen veränderte Informationswege und Datenflüsse berücksichtigt und eventuelle Umstrukturierungen vorgenommen werden.

Vordringlichste Aufgabe einer Unternehmensstrategie aber muß es sein, die Akzeptanz der Software bei den Anwendern sicherzustellen. Ein System, das von den Mitarbeitern nicht getragen wird, kann niemals effektiv und gewinnbringend eingesetzt werden. Die Unterstützung der Mitarbeiter kann erreicht werden durch deren frühzeitige Einbeziehung bei der Gestaltung und Entwicklung der Software sowie eine intensive Schulung.

Eine wesentliche Anforderung an die Organisation der Unternehmen vor der Einführung der hier betrachteten Technologien stellt die genaue Definition der Anforderungen dar, welche an die einzusetzende Software gestellt werden. Dieser Punkt ist sehr wesentlich, da im Bereich des Qualitätsmanagements mit den hier betrachteten Technologien kaum auf standardisierte Softwarepakete zurückgegriffen werden kann. Es stellt sich für die Organisation im Unternehmen somit zusätzlich die Aufgabe der Abnahme individuell erstellter Lösungen. Ein Punkt, der bereits früh in die Planungen eingehen sollte, ist die Einbindung der Systeme in den unternehmensspezifischen Ablauf.

Der Einsatz der hier betrachteten Technologien stellt auch eine große Herausforderung an die Systemanbieter dar. Hier sei besonders die Integrationsfähigkeit der angebotenen Systeme genannt, um die Überwindung von Insellösungen zu ermöglichen. Weiterhin müssen die Systeme auch derart flexibel gestaltet sein, daß sie sich in bereits im Unternehmen bestehende Strukturen problemlos eingliedern lassen.

Literatur:

[1] Pfeifer, T. u. Prefi, Th.: Die präventive Qualitätssicherung; Produktionsautomatisierung 1/92.

[2] Bergholz, H.-J.: Total Quality Management: Der Weg in die Zukunft; Qualität und Zuverlässigkeit, Heft 7, 1991.

[3] Köster, A.: Total Quality Managment: Im internationalen Wettbewerb bestehen; Qualität und Zuverlässigkeit, Heft 7, 1992.

[4] Zink, K. J.: Qualität als Managementaufgabe; 2. überarbeitete Auflage, Verlag Moderne Industrie, Landsberg, 1992.

[5] Röhrich, J.: Stand und Entwicklung objektorientierter graphischer Benutzeroberflächen; Zeitschrift HMD, Ausgabe 160, 1991.

[6] Pfeifer, T. u. Scholz, C.: Verbrennungsmotoren im Schleppversuch prüfen; Industrie Anzeiger 76, 1990.

[7] Niemann, H.: Klassifikation von Mustern; Springer Verlag, 1983.

[8] Hinton, G.E.: Connectionist Learning Procedures; Artificial Intelligence Vol. 40, 1989.

[9] Pao, Y.H.: Adaptive Pattern Recognition and Neural Networks; Addison Wesley, 1989.

[10] Ahlers, R.-J. et al: Bildverarbeitung - Forschen, Entwickeln, Anwenden; Eigenverlag Technische Akademie, Esslingen, 1989 und 1991

[11] Conklin, J.: Hypertext: An Introduction and Survey; Computer IEEE, Sept 1987.

[12] Arscyn, R.M., McCracken, D. L., Yoder.: KMS: A Distributed Hypermedia System for Managing Knowledge in Organizations; Communications of the ACM, Vol. 31, No. 7, July 1988.

[13] Conklin, J. et al : GIBIS: A Hypertext Tool for Exploratory Policy Discussion; ACM Transactions on Office Information Systems, Vol. 6, No. 4, Oct. 1989, S.303-331.

[14] Ellis, C. A., Gibbs, S. J. u. Rein, G. L.: Groupware: Some Issues and experiences; Communications of the ACM, Vol. 34, No. 1, Jan. 1991, S. 18 -29.

[15] Rich, E.: Artificial Intelligence; McGraw-Hill, Singapur, 1986.

[16] Harmon, P. u. Sawyer, B.: Creating Expert Systems; John Wiley & Sons, 1990.

[17] Krems, J.: Expertensysteme im Einsatz; Oldenbourg, München Wien, 1989.

[18] Behrendt, R.: Angewandte Wissensverarbeitung; Oldenbourg, München Wien, 1990.

[19] Von Altrock, C.: Über den Daumen gepeilt; CT, Heft 3, 1991.

[20] Zimmermann, H.-J.: Fuzzy Set Theory and Its Applications; 2nd edition, Cluwer Nijhoff Publish., 1990.

[21] Pfeifer, T. u. Plapper, P.: Neue Perspektiven durch den Einsatz von Fuzzy Logic; Produktionsautomatisierung, Heft 3, 1993.

[22] Stroustrup, B.: Die C++ Programmiersprache; Addison-Wesley Publishing Company, Bonn, 1992.

[23] Charniak, E. u. McDermott D.: Introduction to Artificial Intelligence; Addison-Wesley Co. Ltd., 1985, S 9-11.

[24] Gimpel, B.: Qualitätsgerechte Optimierung von Fertigungsprozessen; Dissertation RWTH Aachen, 1991.

[25] Owen, M.: Statistical Process Control, IFS Ltd. and Springer-Verlag, Berlin -Heidelberg - New York - Tokyo, 1989

[26] Itami, H.: Häufige Kontakte - Warum Nippon die Nase vorn hat. Wirtschaftswoche, Nr. 39, 18.9.1992, S. 59-62.

[27] N.N. : ISO/TR 9007: Information processing systems - Concepts and terminology for the conceptual schema and the information base, 1987.

[28] Huber, K.-P.: Diagnose von Automatikgetriebe-Schaltplatten mit Expertensystemen; Vortrag im Rahmen des IAO-Forums Expertensysteme in Produktion und Engineering, Stuttgart, März '92.

[29] Mertens, P. u. Legleiter, T.: Aufbau und Anwendung von Diagnoseexpertensystemen; VDI-Z 130 Nr. 11, 1988.

[30] Pfeifer, T. u. Zenner, Th.: Wissensbasierte Durchführung der Fehlermöglichkeits- und Einfluß-Analyse FMEA; Tagungsband der Forschungstagung Qualitätssicherung, Frankfurt, 1992.

[31] Kersten, G.: FMEA- eine wirksame Methode zur präventiven Qualitätssicherung; VDI-Z 132, Nr. 10, Oktober 1990.

[32] N.N.: IQ-FMEA 2. Die zweite Generation von DV-Systemen für die Fehlermöglichkeits- und Einflußanalyse. Informationsschrift der Fa. CAP Debis, 1992.

[33] Sullivan, L.P.: Der Erfolgreiche setzt Maßstäbe, QZ 36 (1991) 12, S. 681-686.

[34] Pfeifer, T.: Qualitätsprüfung im Wandel, Technisches Messen, Februar 1990.

Mitarbeiter der Arbeitsgruppe für den Vortrag 2.3

Dr.-Ing. R.-J. Ahlers, Rauschenberger GmbH & Co, Asperg
Dipl.-Ing. J. Chiang, WZL, Aachen
Dipl.-Ing. G. Ernst, Mercedes-Benz AG, Stuttgart
Dipl.-Inform. R. Grob, WZL, Aachen
Dr.rer.nat. B. Hohler, GSB GmbH, Stuttgart
Dipl.-Ing. A. T. Kwam, WZL, Aachen
Prof. Dr. M. Jarke, Lehrstuhl für Informatik V, Aachen
Dipl.-Ing. A. Neumann, WZL, Aachen
Prof. Dr.-Ing. Dr. h.c. T. Pfeifer, WZL/FhG-IPT, Aachen
Dr.-Ing. P. Plapper, WZL, Aachen
Dipl.-Inform. W. Ritschel, WZL, Aachen
Dr.-Ing. R.E. Scheiber, BMW AG, München
Dipl.-Ing. R. Schmiedgen, Siemens AG, Nürnberg
Dipl.-Ing. R. Schmid, Siemens AG, München
Prof. Dr.-Ing. G. Warnecke, FBK, Universität Kaiserslautern
Dipl.-Ing. T. M. Zenner, WZL, Aachen

2.4 Strategien und Verfahren zur Fertigung von Prototypen

Gliederung:

1. Wettbewerbsfaktor Zeit

2. Prototypenbedarf in der Produktentwicklung

3. Fertigungsverfahren und -folgen zur Prototypenherstellung
3.1 Rapid Prototyping-Verfahren und Folgetechniken
3.2 Neue Verfahrensansätze zur Direktherstellung metallischer Bauteile

4. Voraussetzungen und Vorgehensweise zur Umsetzung von Rapid Prototyping

5. Zusammenfassung und Ausblick

Kurzfassung:

Strategien und Verfahren zur Fertigung von Prototypen
Die Unternehmen sind in zunehmendem Maße gezwungen, ihre technischen Innovationen möglichst schnell in "marktreife" Produkte umzusetzen. Neben den strategischen Ansätzen zur Verkürzung der Produktentwicklungszeiten ist der konstruktionsbegleitende Einsatz von Modellen und Musterteilen ein wichtiges Hilfsmittel zur Unterstützung der Produktgestaltung und der Prozeßplanung. Mit Verfügbarkeit der CAD/CAM-Technologie bietet sich prinzipiell die Möglichkeit, derartige Bauteile direkt auf der Basis der Konstruktionsdaten zu fertigen. Dieser Weg wird konsequent bei den Verfahren beschritten, die unter der Bezeichnung "Rapid Prototyping" bekannt sind.

Ziel dieses Beitrags ist es, die aktuelle Situation in der Produktentwicklung aufzuzeigen, Defizite zu kennzeichnen und Lösungsansätze zu erarbeiten. Ausgehend von den vielfältigen Anforderungen, die an Prototypen für unterschiedliche Verwendungszwecke gestellt werden, sollen anhand von Anwendungsbeispielen die Möglichkeiten und Grenzen der heute verfügbaren Techniken aufgezeigt und die Potentiale herausgestellt werden. Abschließend werden die Voraussetzungen für eine effiziente Nutzung von Rapid Prototyping dargestellt und eine mögliche Vorgehensweise zur Integration in die unternehmerische Aufbau- und Ablauforganisation aufgezeigt.

Abstract:

Strategies and methods for the manufacturing of prototypes
Companies are more and more forced to transform their technical innovations into "market-maturity-products" rapidly. In addition to strategic approaches in order to reduce the time of product development, the availability of models and samples has become a very helpful support of product design and process planning. The introduction of CAD/CAM-technologies offers the possibility to produce models and samples directly on the basis of design data. Procedures that follow this manner consequently are generally known as "Rapid Prototyping" techniques.

The aim of this contribution is to point out the present situation in product development, to show deficits and to develop some promise of solution. According to different demands made on prototypes, possibilities and limits of existing techniques shall be pointed out. Finally the necessary requirements for an efficient use of Rapid Prototyping are expressed and a procedure of integration into a company organisation is worked out.

Fertigung von Prototypen 2-101

1. Wettbewerbsfaktor Zeit

Neue Produkte sind im allgemeinen anspruchsvoller hinsichtlich ihrer Funktionserfüllung und daher in der Regel komplexer, die Losgrößen verringern sich bei gleichzeitig erhöhten Variantenzahlen und die Lebensdauerzyklen der Produkte werden immer kürzer [1, 2]. Folglich müssen die Produktentwickler versuchen, den erhöhten Entwicklungsaufwand in kürzerer Zeit zu bewältigen, um den geplanten Markteinführungstermin sicherzustellen. Welche wirtschaftliche Bedeutung die Einhaltung dieses Termins haben kann, wird aus den Ergebniseinbußen deutlich, die sich aufgrund einer verspäteten Vermarktung ergeben können. Im vorliegenden Beispiel ist eine drastische Erhöhung der Entwicklungskosten zur Wahrung des Termins die wirtschaftlichere Alternative (Bild 1).

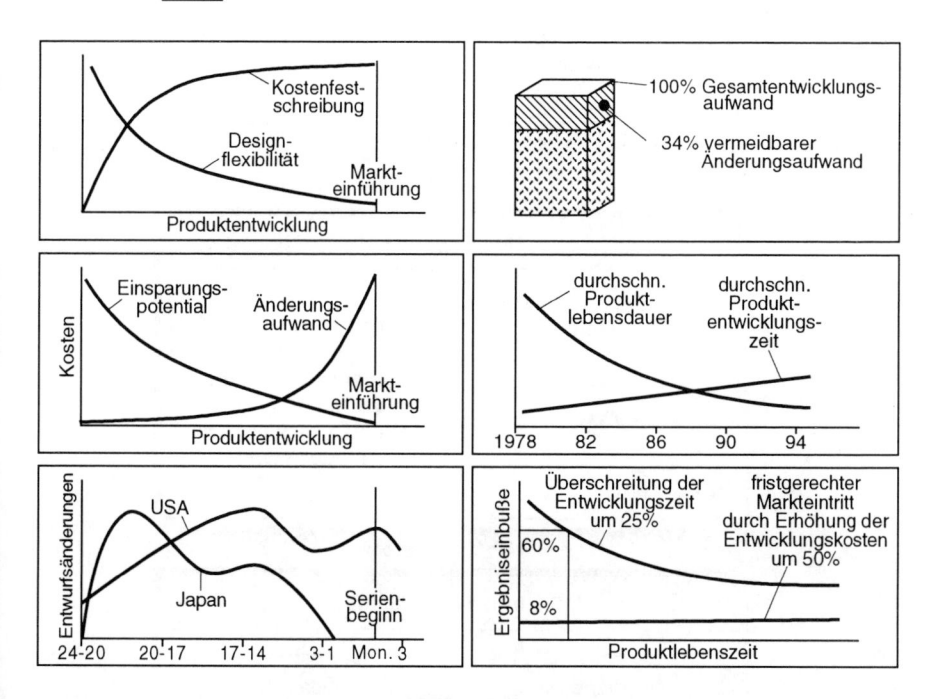

Bild 1: Situation in der Produktentwicklung (nach: ASI, IAO, IBM, Sullivan, Siemens)

Ein weiteres, ebenso grundlegendes Problem offenbart sich beim näheren Betrachten der Informations- und Entscheidungswege innerhalb der Entwicklungsabteilungen eines Unternehmens. Im Verlauf früher Produktentwicklungsphasen ist das Führungspersonal gezwungen, Entscheidungen auf der Basis von unsicheren Planungsdaten zu fällen, so daß das Risiko, eine Fehlentscheidung zu treffen, hoch ist. Jeder Entscheidungsträger wird daher seinen Entschluß so spät wie nur möglich fällen wollen, mit der Konsequenz, daß der Änderungsaufwand bei Fehlentscheidungen aufgrund der fortgeschrittenen Planung und Umsetzung ansteigt. Die Folgen dieser Problematik belegen Studien, die den vermeidbaren Änderungsaufwand auf ca. ein Drittel des Gesamtentwicklungsaufwandes beziffern.

Produkte, die zum Zeitpunkt der Markteinführung noch nicht ausgereift sind, sind keine Seltenheit. Sie werden als Folge des Zeitdruckes akzeptiert und toleriert, wenn der Kunde kein ausgereifteres Produkt zu gleichen Kosten kaufen kann. Hier zeigen sich jedoch die Vorteile der unternehmerischen Philosophie in der japanischen Automobilindustrie: Die Anzahl der Entwurfsänderungen während früher Entwicklungsphasen ist bei den Japanern wesentlich höher als bei den Amerikanern oder Europäern. Dies erlaubt das Durchspielen mehrerer Alternativen bzw. Iterationen ohne hohe Kostenverursachung bei gleichzeitig hoher Designflexibilität - eine notwendige Vorbedingung für die Durchführung von Produktmodifikationen sowie zur Erzielung hoher Produktqualität. Die Voraussetzung dazu ist wiederum, daß die Entwickler möglichst schnell und umfassend über den Entwicklungsstand des Produktes informiert werden; dies setzt eine schnelle Verfügbarkeit von Musterteilen des Produktes voraus.

Neben der Produktqualität und den Produktionskosten gewinnt letztlich der Wettbewerbsfaktor 'Zeit' im Sinne von 'time-to-market' zunehmend an Bedeutung (Bild 2).

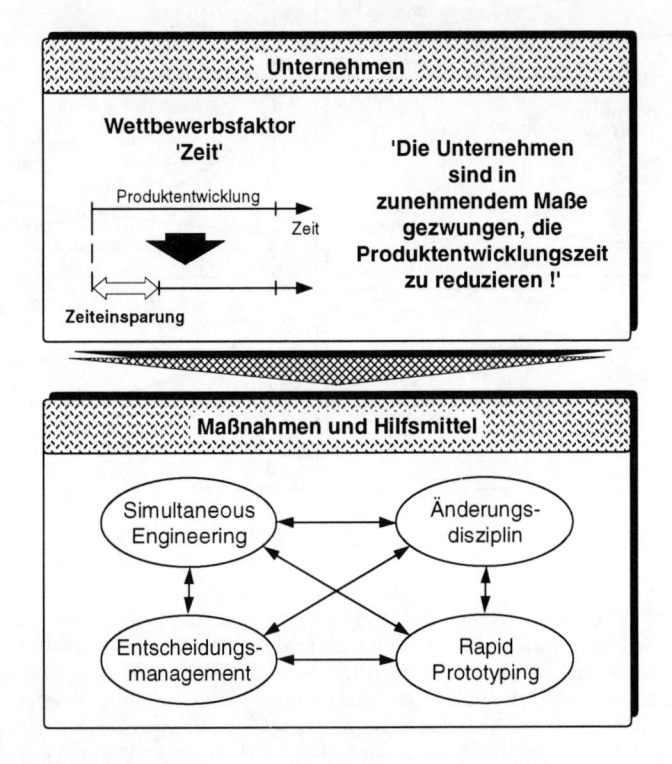

Bild 2: Wettbewerbsfaktor Zeit

Diese Situation sollte die Unternehmen zu entsprechenden organisatorischen Maßnahmen veranlassen, aber auch zu generellem Umdenken bezüglich der Planungsabläufe und der damit verbundenen Entscheidungsstrukturen. In diesem Zusammenhang wird "Simultaneous Engineering" - das fachübergreifende und zeitparallele Zusammenarbeiten der am Entwicklungsprozeß beteiligten Unternehmensbereiche - als eines der wichtigsten Hilfsmittel zur Zeitreduzierung betrachtet [1, 2, 3, 4, 5]. Die Parallelisierung der Planungsvorgänge bedarf zusätzlicher Strukturen, die erst eine Synchronisierung simultaner Abläufe ermöglichen. Hier gilt es, im Sinne eines Entscheidungsmanagements, Zeitpläne und Meilensteine zu definieren, die für die verschiedenen Abteilungen verbindliche Termine festlegen, bis zu denen die Konzepte für die nachfolgenden Planungsstufen festliegen müssen.

Soll die Produktqualität sichergestellt werden, so ist darüber hinaus eine für nachfolgende Bereiche verbindliche Entscheidung erforderlich, die spätere und dadurch teure Änderungen vermeidet. Das Durchsetzen einer "Änderungsdisziplin" bei den beteiligten Personen durch feste Vorgaben, sowohl für die Dauer eines Entwicklungsabschnittes als auch für die Anzahl der Iterationsschleifen zur Produktoptimierung, ist ein weiteres Hilfsmittel zur Vermeidung unnötiger Produktänderungen.

Rapid Prototyping eröffnet neue Potentiale, die je nach Randbedingungen zur Verkürzung der Planungsphasen oder zur Verbesserung der Produkteigenschaften genutzt werden können. Musterteile schnell zur Verfügung zu haben, ist eine Perspektive, die dem Konstrukteur bisher nicht gekannte Möglichkeiten eröffnet: Innerhalb von wenigen Tagen kann er komplexe Bauteile in den Händen halten, für deren Fertigung auf konventionellem Wege sonst Wochen erforderlich waren [6, 7, 8].

Die schnelle Verfügbarkeit von Modellen zum Zwecke der Überprüfung der Konstruktion, als Dokumentationsmittel bei Besprechungen oder für Einbauuntersuchungen trägt zur Verbesserung der Konstruktion bei und liefert schneller fundiertere Kriterien zur Entscheidungsfindung. Sie birgt aber auch gleichzeitig die Gefahr, zuviele Alternativen testen zu wollen und damit Entscheidungsmanagement und Änderungsdisziplin negativ zu beeinflussen.

Modelle und Musterteile dienen während des Entwicklungsprozesses der Überprüfung der Produktgestaltung und zur Auslegung der Fertigung für die spätere Serienproduktion (**Bild 3**). Sie sind die Informationsträger und damit das Bindeglied, das die Synchronisierung der parallelen Produkt- und Prozeßgestaltungsabläufe erst ermöglicht. Ihre schnelle Verfügbarkeit bestimmt die Geschwindigkeit des Informationsaustausches zwischen den verschiedenen Bereichen und nimmt damit wesentlichen Einfluß auf die Produktentwicklungszeit.

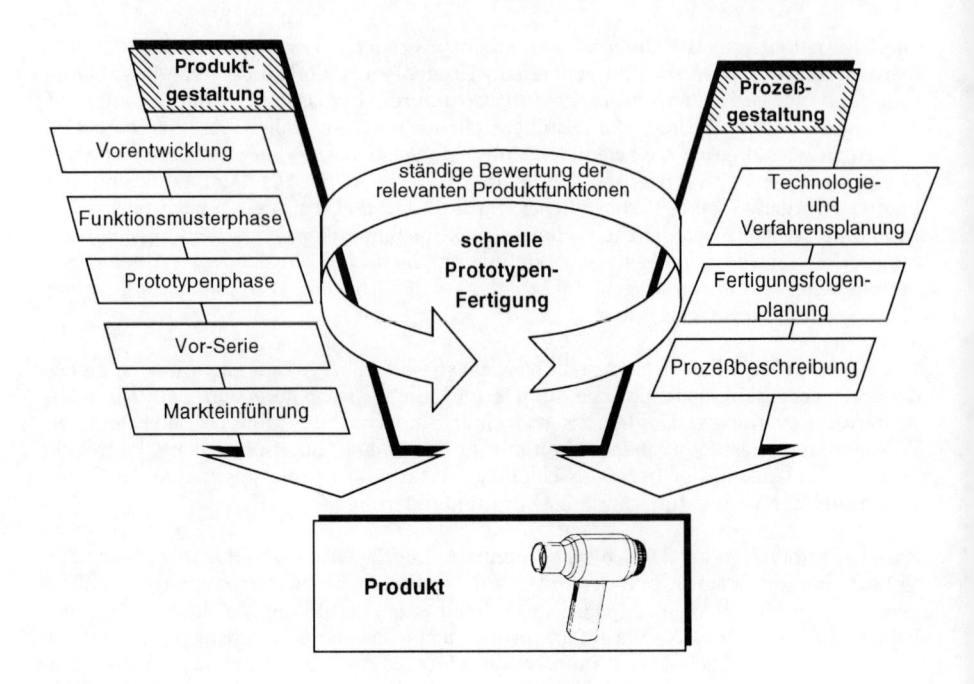

Bild 3: Synchronisierte Produkt- und Prozeßgestaltung

2. Prototypenbedarf in der Produktentwicklung

Die Bezeichnungen für die unterschiedlichen Arten von Prototypen bzw. Modellen und Musterteilen, die während der Produktentwicklung benötigt werden, unterscheiden sich in den einzelnen Industriebranchen und Unternehmen deutlich. Im folgenden sollen daher die Produktentwicklungsphasen allgemeingültig differenziert und eine Klassifizierung der Prototypenarten erarbeitet werden.

Eine Analyse des Produktentwicklungszyklus verdeutlicht, daß in sämtlichen Entwicklungsphasen - von der Produktidee bis zur Markteinführung - Prototypen benötigt werden. Für die Konsum- und Investitionsgüterindustrie kann der Produktentwicklungszyklus in sechs Phasen unterteilt werden (Bild 4). Die in den einzelnen Entwicklungsphasen verwendeten Prototypen besitzen unterschiedliche Merkmale hinsichtlich der Stückzahl, der Werkstoffeigenschaften sowie der geometrischen, optischen, haptischen und funktionalen Anforderungen (Bild 5). Entsprechend vielfältig sind die Einsatzfelder der Prototypen im Bereich der Produkt- und Prozeßplanung (Bild 6).

In der Vorentwicklungsphase werden vielfach zunächst Designmodelle und geometrische Prototypen eingesetzt, die im allgemeinen in Stückzahl 1 hergestellt werden. Die **Designmodelle** müssen nur bedingt maßhaltig sein. Andererseits unterliegen sie sehr hohen optischen und haptischen Anforderungen. Da die funktionalen Anforderungen von untergeordneter Bedeutung sind, werden solche Modelle vielfach aus Modellbauwerkstoffen hergestellt. Genutzt werden die Modelle für Design- und Ergonomiestudien sowie erste Marktanalysen.

```
Produktentwicklungszyklus              Prototypenbedarf

    Ideenphase
         ⬇
   Vorentwicklungsphase      ⟹       Designmodell
         ⬇                            geometr. Prototyp
   Funktionsmusterphase      ⟹       Funktionsprototyp
         ⬇
   Prototypenphase           ⟹       techn. Prototyp
         ⬇
   Vor-Serienphase           ⟹       Vor-Serien-Bauteil
         ⬇
   Markteinführungsphase     ⟹       Serien-Bauteil
```

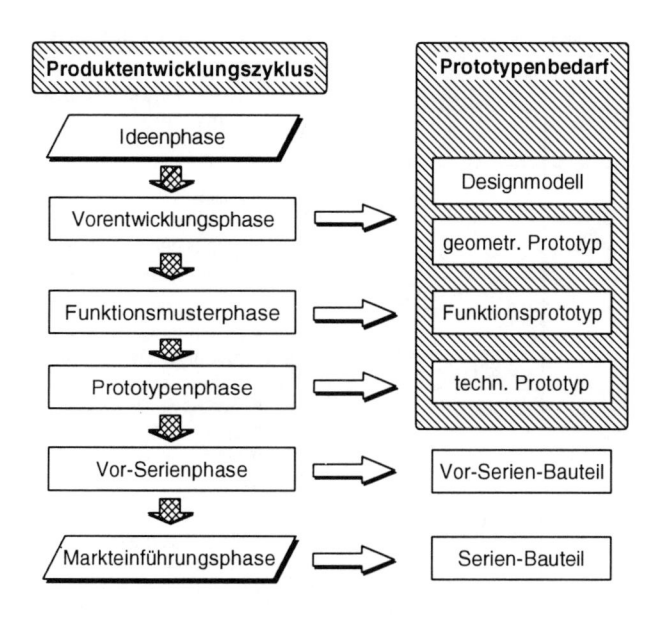

Bild 4: Prototypenbedarf in einzelnen Produktentwicklungsphasen

Demgegenüber sind bei **geometrischen Prototypen** die optischen und haptischen, aber auch die funktionalen Bauteileigenschaften von untergeordneter Bedeutung; hier stehen vielmehr die erhöhten Anforderungen bzgl. der Maß- und Formgenauigkeit sowie der Form- und Lagetoleranzen (Ebenheit von Flächen, Parallelität, Verzugsfreiheit, ...) im Vordergrund. Der geometrische Prototyp besteht im allgemeinen aus einem Werkstoff, der nicht zwingend dem Werkstoff des Serienbauteils entspricht; i.d.R. werden auch hier Modellbauwerkstoffe eingesetzt. Anwendung findet diese Art von Prototypen vornehmlich im Bereich der Prozeßplanung. Typische Einsatzfelder sind die Produktionskonzepterstellung, die Überprüfung der Herstell- und Montierbarkeit sowie die Grobplanung von Fertigung und Montage, wo Prototypen nicht zuletzt als Kommunikationsmittel benötigt werden.

In der Funktionsmusterphase werden meist 2 bis 5 **Funktionsprototypen** mit dem Ziel eingesetzt, die Produktidee sowie das Arbeits- und Funktionsprinzip zu überprüfen bzw. zu optimieren. Der Schwerpunkt liegt zu diesem Entwicklungszeitpunkt auf der Analyse der Funktion einzelner Produktkomponenten und -baugruppen. Innerhalb der Prozeßplanung werden Funktionsprototypen zur Anlagen-, Verfahrens-, Fertigungsfolge-, Montage- und Betriebsmittelplanung herangezogen. Äußere Erscheinung und Maßtoleranzen sind, sofern sie die Funktionsweise nicht beeinträchtigen, von untergeordneter

Bedeutung. Die Prototypanforderungen hinsichtlich der mechanischen (Festigkeit, Elastizität, Bruchdehnung, Härte, ...), thermischen und chemischen Belastbarkeit des Bauteils beschränken sich auf die Erfordernisse zur Funktionsüberprüfung.

Prototypart			Merkmale
Designmodell			▪ Stückzahl: 1 ▪ i.d.R. Modellbauwerkstoff ▪ primär optische und haptische Anforderungen
geometrischer Prototyp			▪ Stückzahl: 1 ▪ i.d.R. Modellbauwerkstoff ▪ primär geometrische Anforderungen
Funktionsprototyp			▪ Stückzahl: 2 bis 5 ▪ seriennaher Werkstoff ▪ primär funktionale Anforderungen
technischer Prototyp			▪ Stückzahl: 3 bis 20 ▪ seriennaher Werkstoff ▪ seriennahes Fertigungsverfahren ▪ Vorserien- / Versuchswerkzeug
Vor-Serien-Bauteil			▪ Stückzahl: bis 500 ▪ Serienwerkstoff ▪ Serienfertigungsverfahren ▪ Serienwerkzeug

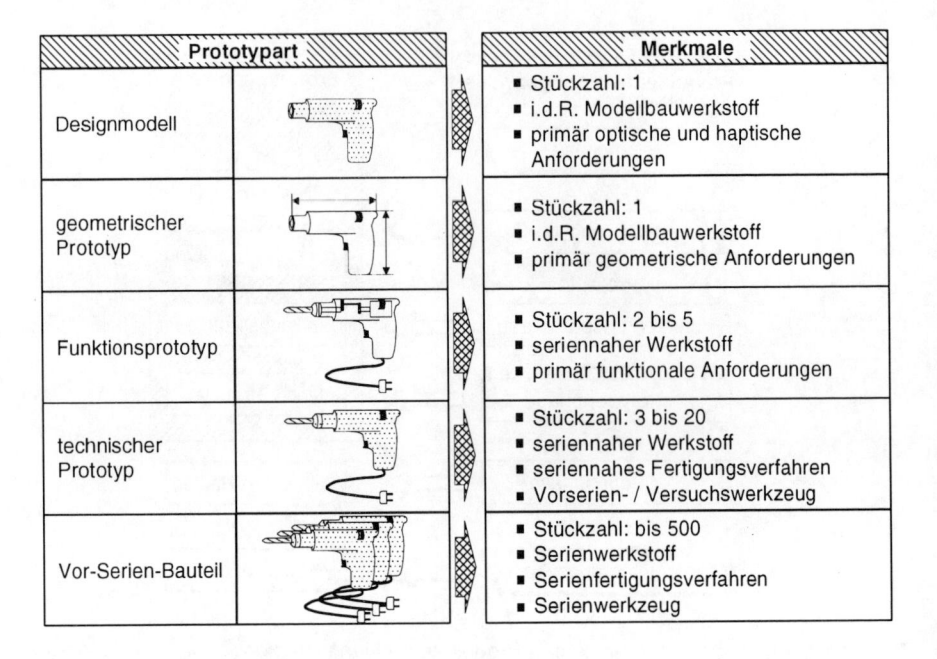

Bild 5: Merkmale von Prototypen

In der folgenden Entwicklungsphase werden **technische Prototypen** in größeren Stückzahlen (je nach Anwendungsfall 3 bis 20) gefertigt, die dem Endprodukt hinsichtlich des verwendeten Werkstoffs und des eingesetzten Fertigungsverfahrens möglichst gleichen sollen. Bei der Herstellung von Tiefzieh-, Spritzgieß- und Druckgußbauteilen werden für die Durchführung detaillierter Analysen der Produktfunktion, der Dauerbelastbarkeit (mechanisch, thermisch, chemisch), der Herstellbarkeit und der Kundenakzeptanz Vorserien- bzw. Versuchswerkzeuge eingesetzt. Im Einzelfall werden die Produkte an ausgewählte Kunden, die zur Erprobung bereit sind, die sogenannten Beta-User, ausgeliefert, so daß die Ergebnisse dieser ersten Einsatztests für die Konstruktionsoptimierung genutzt werden können.

Vor der Markteinführung des Produkts werden in der Vor-Serienphase je nach Branche und Produkt bis zu 500 **Vor-Serien-Bauteile** gefertigt. Die Bauteile werden aus dem Serienwerkstoff mit dem späteren Serienwerkzeug und -fertigungsverfahren hergestellt. Vor-Serien-Bauteile werden im Bereich der Produktplanung für intensive Produkt- und Markttests benötigt. In dieser Phase erfolgt der Produktionsanlauf; die erforderliche Prozeßparameterbestimmung und -optimierung wird durchgeführt. Letztmalig werden geringfügige Änderungen zur Verbesserung des Endprodukts vorgenommen. Tiefgreifende konstruktive Änderungen an Produktkomponenten führen zu diesem Zeitpunkt der Produktentwicklung zu sehr hohen Folgekosten.

Prototypart		Einsatzfelder	
		Produktplanung	Prozeßplanung
Designmodell	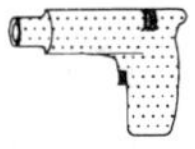	• Designstudien • Ergonomiestudien • Marktanalysen	
geometrischer Prototyp	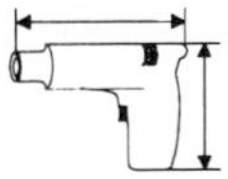		• Herstellbarkeits- u. Montierbarkeitsüberprüfung • Fertigungsplanung
Funktionsprototyp	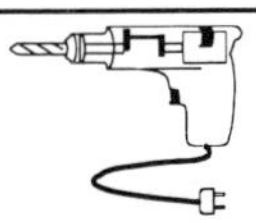	• Überprüfung des Arbeitsprinzips • Optimierung des Funktionsprinzips	• Fertigungsfolge- u. Montageplanung • Anlagenplanung • Betriebsmittelpanung
technischer Prototyp	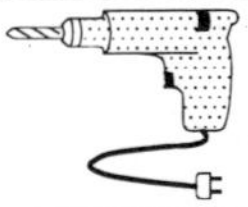	• Überprüfung der Kundenakzeptanz • Überprüfung der Dauerbelastbarkeit	• Fertigungsverfahrensumsetzung
Vor-Serien-Bauteil	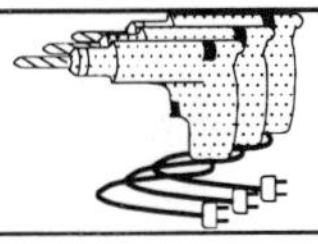	• Markttests • Markteinführung	• Prozeßparameterbestimmung und -optimierung

<u>Bild 6:</u> Einsatzfelder von Prototypen

3. Fertigungsverfahren und -folgen zur Prototypenherstellung

Die Fertigung der Modelle und Prototypen für die Produktentwicklung erfolgt derzeit mit Hilfe konventioneller Fertigungsverfahren, gegebenenfalls in Kombination mit gießtechnischen Folgeverfahren. Insbesondere finden hier das NC-Fräsen, das Kopierfräsen, das Drehen und Schleifen sowie manuelle Füge- und Laminiertechniken Anwendung (<u>Bild 7</u>). Die genannten Methoden des Prototypen- und Modellbaus sind durch einen hohen Fertigungsaufwand gekennzeichnet und somit aufgrund der geringen Losgröße und der häufigen Änderungen des Produktmusters maßgebliche Ursache für den hohen Kosten- und Zeitanteil der Prototypenfertigung an der Produktentwicklung. Nicht zuletzt aus diesem Grunde wird häufig auf die Erstellung von Modellen und Prototypen verzichtet.

Mit Einführung der CAD/CAM-Technologie bietet sich prinzipiell die Möglichkeit, Modelle und Musterteile direkt auf der Basis der Konstruktionsdaten zu fertigen. Neue, unter den Bezeichnungen 'Rapid Prototyping', 'Desktop Manufacturing', 'Solid Freeform Manufacturing', 'Layer Manufacturing' etc. bekannte Fertigungsverfahren nutzen diesen Weg konsequent.

Verfahren zur Fertigung von Prototypen

schnelle Verfügbarkeit von Prototypen

konventionelle Fertigungsverfahren	Rapid Prototyping Verfahren	Folgetechniken
• NC-Fräsen • Kopierfräsen • Drehen • Schleifen • manuelles Fügen • Handlaminieren • ...	• Stereolithographie • Solid Ground Curing • Selective Laser Sintering • Fused Deposition Modeling • Laminated Object Manufacturing • ...	• Kunststoff-Vakuumgießverfahren • Metallspritzverfahren • Gipsformverfahren • Feinguß • Sandguß • ...

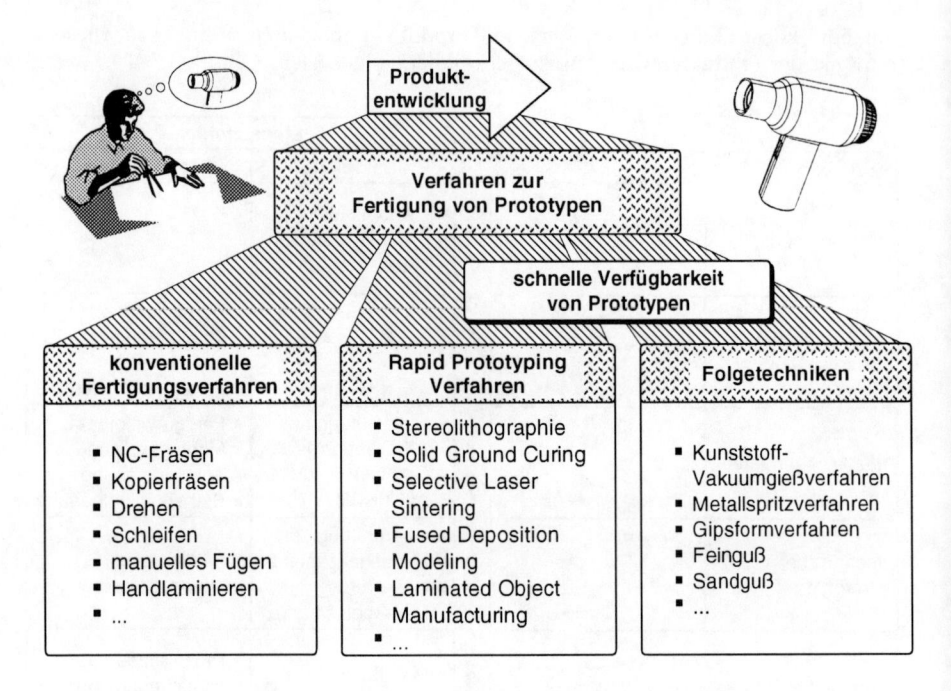

Bild 7: Verfahrensübersicht

Die Bauteilerzeugung erfolgt bei diesen Verfahren ohne Form und Werkzeug innerhalb kürzester Zeit. Gemeinsames Kennzeichen dieser Technologien ist, daß die Werkstückformgebung nicht durch Materialabtrag - wie es bei den konventionellen, spanenden Fertigungsverfahren der Fall ist - sondern durch Hinzufügen von Material bzw. durch Phasenübergang eines Materials vom flüssigen oder pulverförmigen in den festen Zustand erzielt wird. Ein weiteres gemeinsames Merkmal besteht darin, daß zur NC-Datengenerierung die im CAD-System erstellte Bauteilgeometrie zunächst softwaremäßig in eng aneinander liegende Ebenen geschnitten wird ('Slicen'). Ausgehend von den durch das Slicen gewonnenen Randkonturen wird nachfolgend das Werkstück im eigentlichen Fertigungsprozeß schichtweise aufgebaut ('Layertechnik').

Vor ca. 6 Jahren wurde als erstes derartiges Verfahren die Stereolithographie (STL) entwickelt. Inzwischen sind weitere Techniken wie das Solid Ground Curing (SGC), das Selective Laser Sintering (SLS), das Fused Deposition Modeling (FDM) und das Laminated Object Manufacturing (LOM) verfügbar. Weitere Verfahren wie z.B. das 3D-Printing (3DP) und das Ballistic Particle Manufacturing (BPM) sind in ihrer Entwicklung bereits weit fortgeschritten [11, 13, 19].

In Kombination mit Rapid Prototyping-Verfahren bieten Folgetechniken, insbesondere die konventionellen Gießverfahren, das Kunststoff-Vakuumgießverfahren und das

Metallspritzverfahren, interessante Potentiale zur schnellen Fertigung von Kunststoff-Prototypen in größeren Stückzahlen oder metallischen Prototypen.

3.1 Rapid Prototyping-Verfahren und Folgetechniken

Ausgehend von den Anforderungen an die aufgezeigten Prototypen-Klassen werden im folgenden mögliche Fertigungsverfahren bzw. -folgen aufgezeigt. Der Schwerpunkt soll zum einen auf den derzeit verfügbaren Rapid Prototyping-Verfahren und neuen Folgetechniken liegen. Zum anderen sollen neue Verfahrensansätze aufgezeigt werden, die eine direkte Herstellung metallischer Prototypen erlauben.

Am Beispiel eines Wasserführung-Winkelstücks für einen PKW-Motor wird exemplarisch die Fertigung eines geometrischen Prototypen zur Durchführung von Strömungs- und Einbauuntersuchungen dargestellt. An diesen Prototypen, der in der Serienproduktion mit Hilfe des Sandgießverfahrens hergestellt wird, wurden für diesen Anwendungsfall primär geometrische und in begrenztem Umfang funktionale Anforderungen bezüglich Temperaturbeständigkeit und Festigkeit gestellt. Aufgrund der relativ niedrigen Festigkeitsanforderungen konnte zu seiner Herstellung auf das **Stereolithographie-**Verfahren zurückgegriffen werden, das die Herstellung von Kunststoff-Prototypen ermöglicht (Bild 8).

Bei der Stereolithographie findet die Bauteilgeometrieerzeugung durch schichtweises Aushärten eines flüssigen Photopolymers mit Hilfe eines UV-Lasers (Photopolymerisation) statt. Die im CAD-System durch Freiformflächen beschriebene 3D-Geometrie wird zunächst zum Zwecke der vereinfachten mathematischen Weiterverarbeitung durch Triangulation approximiert und in ein für Rapid Prototyping-Verfahren standardisiertes Format (STL-Format) umgewandelt. Im Anschluß daran erfolgt das Anbringen einer Stützkonstruktion, die das spätere Ablösen des Bauteils von der Trägerplattform sowie das Abstützen und Fixieren des Bauteils während des Bauvorgangs gewährleistet. Im vorliegenden Beispiel nahm die Erstellung der Stützkonstruktion drei Stunden in Anspruch.

Die STL-Daten des Bauteils und der Stützkonstruktion werden anschließend in einem gesonderten Rechenvorgang weiterverarbeitet, der die 3D-Geometrie in einzelne Querschnitte definierter Höhe zerlegt (Slicen). Übliche Schichtdicken betragen 0,1 bis 0,2 mm. Mit Hilfe der Daten für die einzelnen Schnittebenen wird eine XY-Scannereinheit gesteuert, die den Laserstrahl entsprechend der berechneten Schnittflächen über die Oberfläche des flüssigen Photopolymerbades führt. Das Bauteil baut sich sukzessive auf einer Trägerplattform auf, die sich zu Beginn der Bearbeitung direkt unter der Badoberfläche befindet. Durch schichtweises Aushärten des flüssigen Photopolymers und anschließendes Absenken der Trägerplattform entsteht die dreidimensionale Bauteilgeometrie [6, 9, 10, 11, 12, 13, 14, 15].

Dem eigentlichen Bauprozeß schließt sich das Post-Processing an. Die Stützkonstruktion muß entfernt und das Bauteil von dem anhaftenden, nicht ausgehärteten Photopolymer gereinigt werden. Anschließend wird das Bauteil in einem Nachvernetzungsschrank unter UV-Licht vollständig ausgehärtet. Gegebenenfalls ist an Funktionsflächen bzw. an Flächen mit erhöhten optischen Anforderungen ein Oberflächenfinish erforderlich.

Stereolithographie

Anforderungen	Verfahrensprinzip	Möglichkeiten u. Grenzen
☒ Geometrie ☐ Optik / Design ☐ Haptik ☒ Funktion ☐ Belastbarkeit ☐ Langzeitstabilität	schichtweises Aushärten eines flüssigen Photopolymers mit Hilfe eines Lasers	• Bauteile hoher Komplexität herstellbar • ausschließlich Photopolymere verarbeitbar • Stützkonstruktion erforderlich • max. Bauteilabmessung: 600 x 600 x 400 mm³ • erreichbare Maß- u. Formgenauigkeit: 0,1 %

Bauteil:	Wasserführung
Abmessungen:	100 x 90 x 60 mm³
Bauzeit:	7 h
Anwendung:	Strömungs- und Einbauuntersuchungen

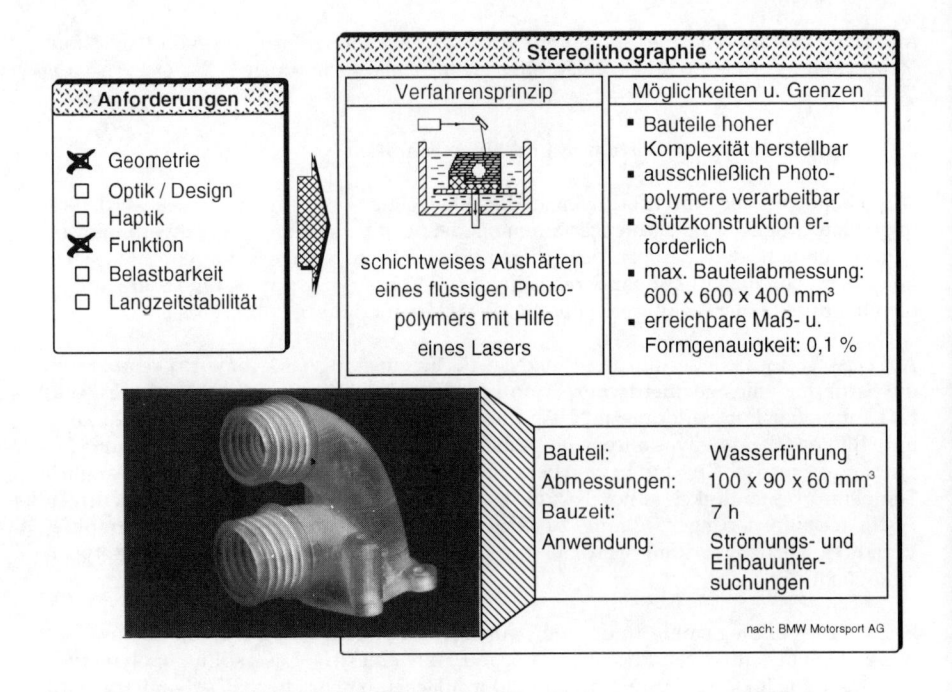

nach: BMW Motorsport AG

Bild 8: Stereolithographie - Anwendungsbeispiel geometrischer Prototyp

Das in Bild 8 dargestellte Anwendungsbeispiel eines Wasserführung-Winkelstücks, dessen Herstellung lediglich 7 Stunden in Anspruch nahm, veranschaulicht eindrucksvoll die Möglichkeiten des Stereolithographie-Verfahrens. Die erzielbare Maß- und Formgenauigkeit wird in starkem Maße von der Prozeßführung beeinflußt. Die Maßungenauigkeiten resultieren in erster Linie aus der verfahrensbedingten Materialschwindung und dem dadurch hervorgerufenen Bauteilverzug. Die derzeit maximal erreichbare Maß- und Formgenauigkeit liegt in der Größenordnung von 0,1 % der Bauteilabmessung. Bei der Stereolithographie sind ausschließlich Photopolymere (Acryl-, Vinyl- und Epoxyharze) mit unterschiedlichen Materialeigenschaften verarbeitbar.

Bei vielen Produkten ist das Design für den späteren Verkaufserfolg maßgeblich, so daß bei deren Entwicklung die Gestaltungsmöglichkeiten in bezug auf die Funktionserfüllung stark durch die Designvorgaben beeinflußt werden. Zu Beginn der Entwicklung werden daher zunächst Modelle für Design- und Ergonomiestudien sowie Marktanalysen benötigt, wodurch die optischen und haptischen Eigenschaften bei der Herstellung in den Vordergrund gestellt werden müssen. Eine mögliche Alternative zur Fräsbearbeitung des Modells bietet - hier am Beispiel eines Fahrradhelmes verdeutlicht - unter anderem die mit der Stereolithographie verwandte **Solid Ground Curing**-Technik. Die Vorteile gegenüber der Fräsbearbeitung liegen in der einfacheren NC-Datenerstellung und der Herstellung des Bauteils ohne Umspannvorgänge (Bild 9).

Das Solid Ground Curing-Verfahren beruht ebenfalls auf dem Prinzip der Photopolymerisation. Im Gegensatz zur Stereolithographie, bei der die Oberfläche eines Layers mit einem Laser 'point-by-point' belichtet wird, findet beim Solid Ground Curing die Belichtung der gesamten Fläche mit einer UV-Lampe über eine Maske statt. Ausgehend von der Beschreibung im STL-Format wird die Bauteilgeometrie durch zwei getrennt voneinander ablaufende Zyklen aufgebaut. In einem ionographischen Prozeß wird zunächst eine Negativmaske erstellt, die als lithographische Struktur für den Belichtungsprozeß dient. Parallel dazu wird für den eigentlichen Aufbau der Bauteilgeometrie eine dünne Schicht flüssigen Photopolymers auf eine Trägerplatte aufgetragen. Nach der Belichtung wird das nicht ausgehärtete Photopolymer abgesaugt und durch flüssiges Wachs ersetzt, das nach Abkühlung gemeinsam mit dem ausgehärteten Photopolymer auf eine definierte Schichtdicke von üblicherweise 0,15 mm plangefräst wird. Danach beginnt der Bauzyklus erneut mit dem Auftragen des flüssigen Photopolymers und dem Erstellen einer neuen Maske [11, 13, 17].

Solid Ground Curing

Anforderungen	Verfahrensprinzip	Möglichkeiten u. Grenzen
☐ Geometrie ☒ Optik / Design ☒ Haptik ☐ Funktion ☐ Belastbarkeit ☐ Langzeitstabilität	schichtweises Aushärten eines flüssigen Photopolymers über eine Maske mit einer UV-Lampe	• Bauteile hoher Komplexität herstellbar • ausschließlich Photopolymere verarbeitbar • keine Stützkonstruktion erforderlich • max. Bauteilabmessung: 500 x 350 x 500 mm³ • erreichbare Maß- u. Formgenauigkeit: 0,1%

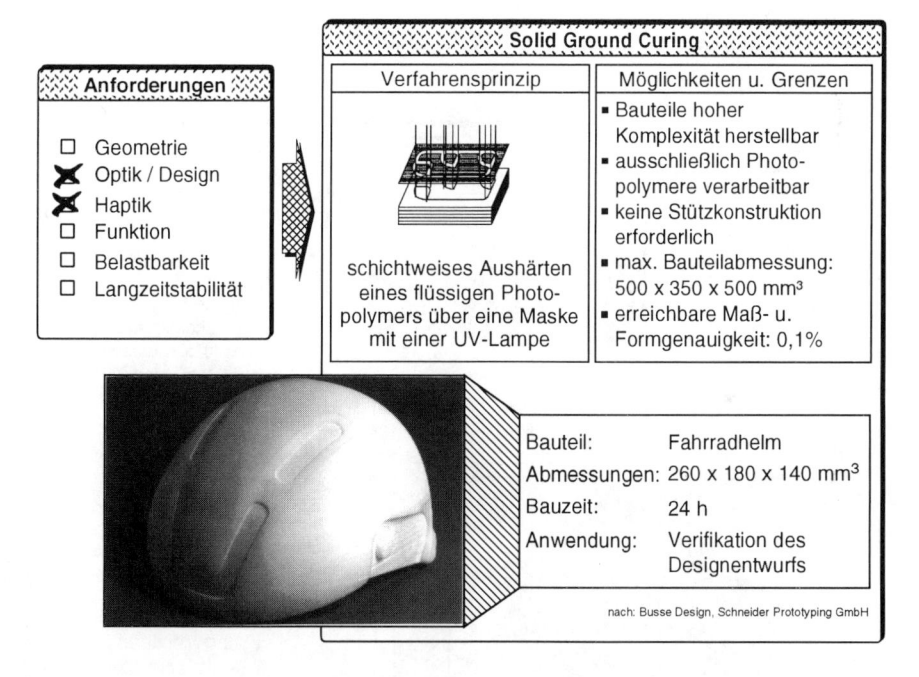

Bauteil:	Fahrradhelm
Abmessungen:	260 x 180 x 140 mm³
Bauzeit:	24 h
Anwendung:	Verifikation des Designentwurfs

nach: Busse Design, Schneider Prototyping GmbH

Bild 9: Solid Ground Curing - Anwendungsbeispiel Designmodell

Mit dieser Technik können mehrere Bauteile (üblich sind je nach Abmessung z.B. 5 bis 10) in einem Kubus von 500 x 350 x 500 mm³ gefertigt werden. Durch das Einbetten der Bauteile in Wachs entfällt die für die Stereolithographie charakteristische Stützkonstruktion. Auf eine separate Nachhärtung kann ebenfalls verzichtet werden, da durch die Maskenbelichtung ein vollständiges Aushärten des Photopolymers gewährleistet wird. In einem anschließenden Reinigungsvorgang werden die Bauteile durch Einsatz von

Zitronensäure aus dem Wachsblock herausgelöst. Die mit dem Solid Ground Curing-Verfahren hergestellten Bauteile besitzen ebenfalls eine Maß- und Formgenauigkeit von ca. 0,1 % der Bauteilabmessung. Verfahrensbedingt sind auch hier ausschließlich Photopolymere verarbeitbar. Die Herstellzeit für den in Bild 9 dargestellten Fahrradhelm betrug insgesamt 32 Stunden: 24 Stunden Bauzeit, 5 Stunden Reinigung und 3 Stunden manuelle Nacharbeit (Oberflächenfinish).

Für die Durchführung begrenzter Funktionstests ohne besondere Anforderungen an die Werkstoffe ist i.d.R. der Einsatz geometrischer Prototypen ausreichend. So auch zur Überprüfung der Montierbarkeit und des Einzugsmechanismus bei der Entwicklung eines Codekartenlesegeräts, wo verschiedene Prototypgehäuse für den Einbau der inneren Komponenten benötigt wurden. Die konventionelle Prototypenfertigung des komplexen, mit filigranen Strukturen versehenen Gehäusedeckels (Bild 10) hätte mehrere Tage in Anspruch genommen und die Anzahl der durchzuführenden Iterationen zur Optimierung sowohl aus Zeit- als auch Kostengründen eingeschränkt. Mit der **Laminated Object Manufacturing**-Technologie konnten hingegen, aufgrund einer Fertigungszeit von nur 10 Stunden pro Teil, alle erforderlichen Variantenuntersuchungen durchgeführt werden.

Laminated Object Manufacturing

Anforderungen
- ☒ Geometrie
- ☐ Optik / Design
- ☐ Haptik
- ☒ Funktion
- ☐ Belastbarkeit
- ☐ Langzeitstabilität

Verfahrensprinzip
Laserschneiden von selbstklebenden Folienwerkstoffen

Möglichkeiten u. Grenzen
- eingeschränkte Bauteilkomplexität
- ausschließlich Papierwerkstoffe verarbeitbar; holzähnliche Modelle
- keine Stützkonstruktion
- max. Bauteilabmessungen: 800 x 550 x 500 mm³
- erreichbare Maß- u. Formgenauigkeit: ca. 0,25 mm

Bauteil: Gehäusedeckel
Abmessungen: 150 x 120 x 40 mm³
Bauzeit: 10 h
Anwendung: Herstellbarkeits- und Montierbarkeitsüberprüfung

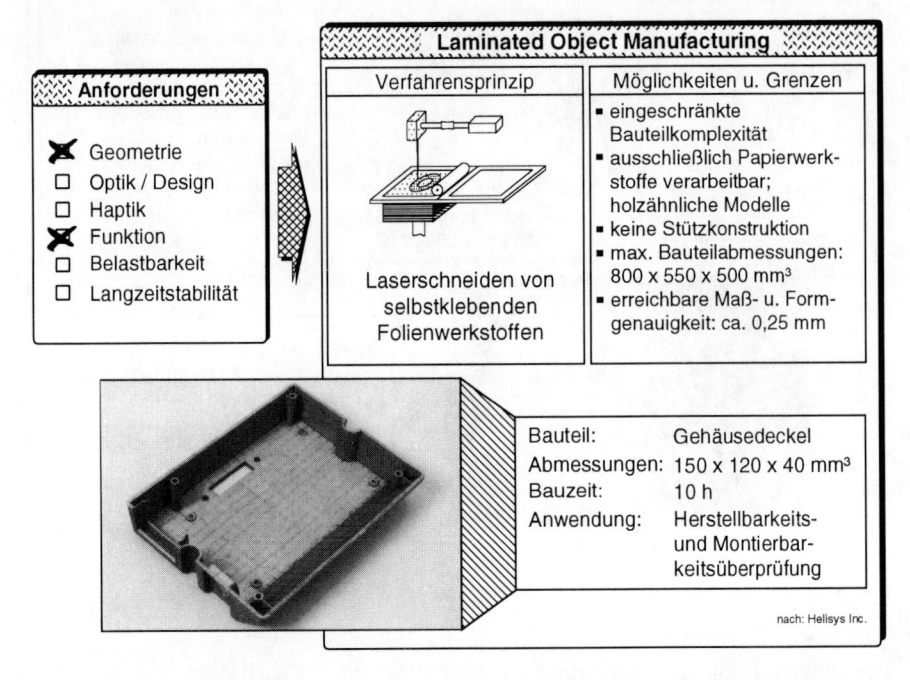

nach: Helisys Inc.

Bild 10: Laminated Object Manufacturing - Anwendungsbeispiel geometrischer Prototyp

Die Bauteilgeometrie wird bei diesem Verfahren durch das Aufeinanderkleben einzelner Papierfolien und anschließendes Ausschneiden entlang der Konturzüge mit Hilfe eines Lasers erstellt. Ausgehend von den im STL-Format vorliegenden 3D-CAD-Konstruktionsdaten werden für jede Schicht (Layer) die Steuerdaten für den Laser berechnet. Auf einer in vertikaler Richtung verfahrbaren Trägerplattform werden die einzelnen Folien abgelegt und durch eine Walze angedrückt. Der Laser verfährt entsprechend den zuvor erzeugten Steuerdaten entlang des Bauteilkonturzuges und schneidet die Bauteilgeometrie aus. Eine exakte Fokussierung des Laserstrahls und die Steuerung der Laserleistung gewährleisten, daß jeweils nur die letzte Schicht ausgeschnitten wird. Die nicht zum Werkstück gehörenden Bereiche werden in Rechtecke zerschnitten, damit sie später leichter zu entfernen sind. Durch das Übereinanderkleben der einzelnen Papierschnitte entsteht ein holzähnliches, dreidimensionales Modell.

Nach Fertigstellung der Bauteilgeometrie müssen die nicht zum Werkstück gehörenden Bereiche entfernt und die Oberfläche entsprechend den Anforderungen manuell nachgearbeitet werden. Mit dem Laminated Object Manufacturing-Verfahren sind Papierfolien mit Materialstärken zwischen 0,05 und 0,5 mm verarbeitbar. Die erzielbaren Maß- und Formgenauigkeiten liegen im Bereich von 0,25 mm [11, 13].

Im Gegensatz zu den bisher gezeigten Beispielen werden bei der Entwicklung von thermisch und mechanisch belasteten Komponenten bereits in frühen Entwicklungsphasen Funktionsprototypen aus seriennahen Werkstoffen benötigt, um das Betriebsverhalten zu überprüfen. Die erhöhten Anforderungen an die Belastbarkeit schließen in solchen Fällen die Verwendung von Modell- bzw. Ersatzwerkstoffen zum Bau des Prototypen aus. Bei dem im folgenden dargestellten Anwendungsbeispiel eines Gasturbinengehäuses, das zur Überprüfung des Betriebsverhaltens der Turbine benötigt wurde, standen folglich die funktionalen Gesichtspunkte im Vordergrund. Das in Bild 11 dargestellte **Selective Laser Sintering** ermöglichte die Herstellung eines Wachsmodells des Turbinengehäuses innerhalb von 20 Stunden. Ausgehend vom Wachsmodell konnte über konventionelle Feingießverfahren (Modellausschmelzverfahren) die Herstellung des metallischen Turbinengehäuses erfolgen.

Das Prinzip des Selective Laser Sintering-Prozesses basiert auf der lokalen Verschweißung bzw. Verschmelzung von Pulverwerkstoffen infolge laserinduzierter Wärmeeinwirkung. Die Steuerdaten für den CO_2-Laser werden wie bei den vorhergehenden Verfahren direkt anhand der 3D-CAD-Geometrie erstellt. Das Ausgangsmaterial wird schichtweise unter inerter Atmosphäre mit Hilfe einer Nivellierwalze auf eine Trägerplattform aufgebracht. Das Pulver wird durch Infrarotlicht auf eine knapp unter dem Schmelzpunkt liegende Temperatur vorgewärmt. Der über eine Scannereinheit gesteuerte Laserstrahl sintert bzw. verschmilzt das Pulver an den zur Bauteilstruktur gehörenden Bereichen. Das umliegende Pulver übernimmt dabei die Aufgabe der Bauteilabstützung. Das Anbringen einer für die Stereolithographie typischen Stützkonstruktion ist somit nicht erforderlich. Die Bauteilgeometrieerzeugung erfolgt schichtweise, indem die Trägerplattform kontinuierlich abwärts bewegt wird [16, 17, 18, 19, 20].

Nach der Fertigstellung der letzten Schicht wird das Bauteil dem Arbeitsraum entnommen und anwendungsfallspezifisch nachbearbeitet. Das nicht verschmolzene Pulver kann für weitere Bauprozesse verwendet werden. Die erreichbare Maß- und Formgenauigkeit liegt bei ca. 0,15 % der Bauteilabmessungen. Mit dem Selective Laser

Sintering-Verfahren können prinzipiell sämtliche thermisch schmelzbaren bzw. erweichbaren, pulverförmigen Werkstoffe verarbeitet werden. Derzeit werden PVC, Polycarbonate, ABS/SAN, Polyamid und Formwachse eingesetzt. Ein bedeutender Vorteil der Lasersinter-Technik liegt in der Verarbeitung von Wachswerkstoffen zur Herstellung von Urmodellen für das Feingießverfahren (Modellausschmelzverfahren).

Selective Laser Sintering

Anforderungen
- ☒ Geometrie
- ☐ Optik / Design
- ☐ Haptik
- ☒ Funktion
- ☒ Belastbarkeit
- ☐ Langzeitstabilität

Verfahrensprinzip: lokales Aufschmelzen eines pulverförmigen Ausgangsmaterials mit Hilfe eines Lasers

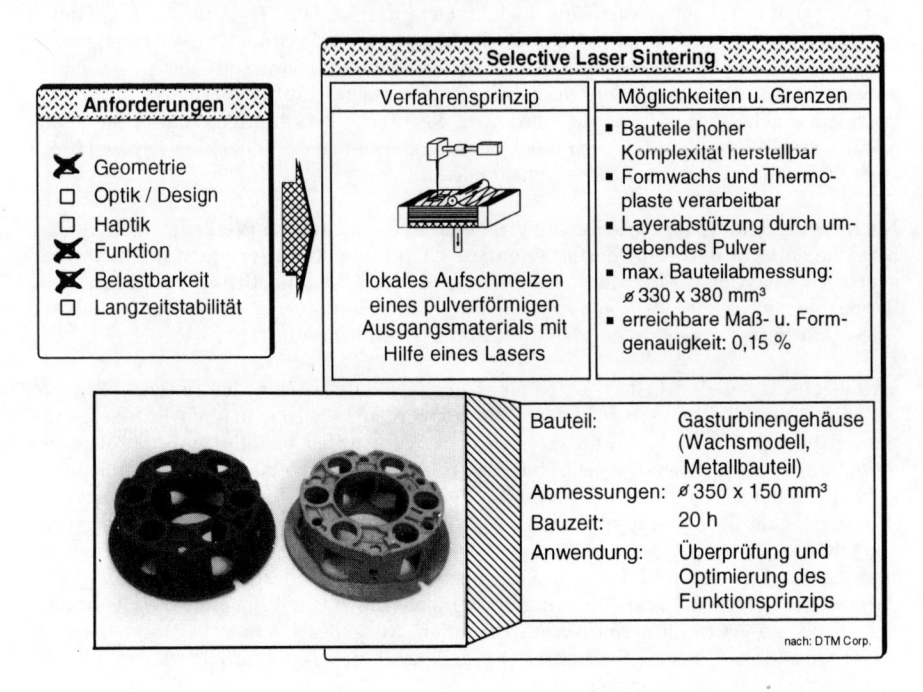

Möglichkeiten u. Grenzen:
- Bauteile hoher Komplexität herstellbar
- Formwachs und Thermoplaste verarbeitbar
- Layerabstützung durch umgebendes Pulver
- max. Bauteilabmessung: ⌀ 330 x 380 mm³
- erreichbare Maß- u. Formgenauigkeit: 0,15 %

Bauteil: Gasturbinengehäuse (Wachsmodell, Metallbauteil)
Abmessungen: ⌀ 350 x 150 mm³
Bauzeit: 20 h
Anwendung: Überprüfung und Optimierung des Funktionsprinzips

nach: DTM Corp.

Bild 11: Selective Laser Sintering - Anwendungsbeispiel technischer Prototyp

Das folgende in <u>Bild 12</u> dargestellte Beispiel aus der Medizintechnik verdeutlicht einerseits die Möglichkeiten der kombinierten Anwendung von Rapid Prototyping-Techniken und gießtechnischen Folgeverfahren zur Herstellung von Funktionsteilen, andererseits soll hier auch die besondere Art der 3D-Datenerstellung hervorgehoben werden. Ausgehend von einem vorhandenen Hüftgelenkknochen (dargestellt auf der Photographie in Bild 12 vorne) wurde die Geometrie zunächst digitalisiert und an ein CAD-System übergeben. Der aufbereitete 3D-Datensatz der Bauteilgeometrie bildete die Eingangsinformation für den **Fused Deposition Modeling**-Prozeß, mit dem innerhalb von 48 Minuten ein dreidimensionales Wachsmodell des Hüftgelenkknochens (dargestellt auf der Photographie in Bild 12 hinten) hergestellt wurde.

Die Geometrie wird beim Fused Deposition Modeling durch Extrusion und Aufeinanderschichten eines mit Hilfe einer verfahrbaren Heizdüse geschmolzenen drahtförmigen Ausgangswerkstoffs aufgebaut. Das auf einer Spule aufgewickelte Ausgangsmaterial wird der von einem Plottermechanismus geführten Heizdüse zugeführt und auf eine

Fertigung von Prototypen 2-115

knapp über dem Schmelzpunkt liegende Temperatur aufgeheizt. Das geschmolzene Material wird dann auf die Trägerplattform bzw. die zuvor erzeugte Schicht extrudiert, wobei der Spalt zwischen Düsenspitze und Untergrund eine Abflachung des runden Materialquerschnitts bewirkt. Die Schichtdicke liegt entsprechend des jeweiligen Anwendungsfalls zwischen 0,025 mm und 1,25 mm, die minimale Wandstärke beträgt 0,22 mm. Nach Fertigstellung einer Schicht senkt sich die Trägerplattform um die eingestellte Schichtdicke ab und die folgende Lage wird aufgetragen. Zur Abstützung auskragender Bauteilpartien sind gegebenenfalls Stützkonstruktionen aus Pappe, Polystyrol o.ä. erforderlich [13, 17, 20].

Fused Deposition Modeling

Anforderungen	Verfahrensprinzip	Möglichkeiten u. Grenzen
☒ Geometrie ☐ Optik / Design ☐ Haptik ☒ Funktion ☒ Belastbarkeit ☐ Langzeitstabilität	Aufschmelzen eines drahtförmigen Ausgangsmaterials mit Hilfe einer durch einen Plottermechanismus geführten Düse	• eingeschränkte Bauteilkomplexität • Formwachs und Thermoplaste verarbeitbar • einfache, kompakte Anlage • Stützkonstruktion erforderl. • max. Bauteilabmessungen: 250 x 330 x 300 mm³ • erreichbare Maß- u. Formgenauigkeit: 0,15 mm

Bauteil:	Hüftgelenkprothese (Wachsmodell)
Abmessungen:	170 x 70 x 50 mm³
Bauzeit:	48 min
Anwendung:	Einzelteilfertigung

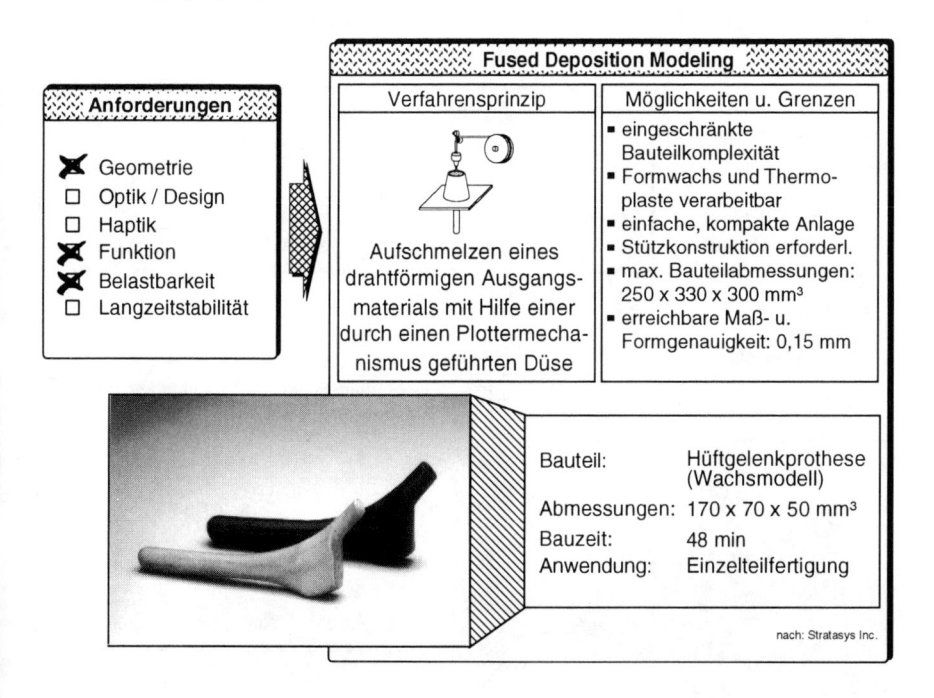

nach: Stratasys Inc.

Bild 12: Fused Deposition Modeling - Anwendungsbeispiel Einzelteilfertigung

Die mit diesem Verfahren erzielbare Maß- und Formgenauigkeit beträgt ca. 0,15 mm; die verarbeitbaren Werkstoffe sind Thermoplaste sowie Formwachse zur Herstellung von Bauteilen für das Modellausschmelzverfahren. Im vorliegenden Anwendungsfall diente das Fused Deposition Modeling-Wachsmodell zur Herstellung einer feingegossenen Titan-Hüftgelenkprothese.

Technische Prototypen unterliegen erhöhten Anforderungen bezüglich Belastbarkeit und Langzeitstabilität. Um zuverlässige Aussagen über die Belastbarkeit des Serienproduktes zu erhalten, müssen die technischen Prototypen dem Endprodukt hinsichtlich des verwendeten Werkstoffs und des eingesetzten Fertigungsverfahrens möglichst ähneln. Zur Herstellung von technischen Kunststoffprototypen oder Kleinserien in Stückzahlen von

20 bis 50 werden in der industriellen Praxis derzeit Stahlhohlformen gefertigt, deren Herstellung durchschnittlich mit 4 bis 8 Wochen anzusetzen ist.

Der Einsatz von Rapid Prototyping-Verfahren in Kombination mit gießtechnischen Folgeverfahren kann auch hier ein großes Potential zur Verkürzung der Produktentwicklungszeit bieten. Am Beispiel einer Duscharmatur soll eine solche Fertigungsfolge erläutert werden (Bild 13). Mit Hilfe des Stereolithographie-Verfahrens wurde zunächst ein Modell der Duscharmatur gefertigt; die Fertigungszeit hierfür betrug 3 Stunden. Das so gefertigte Bauteil diente nachfolgend als Urmodell für das **Kunststoff-Vakuumgießverfahren**, mit dem das Original entsprechend der geforderten Stückzahl mehrfach dupliziert wurde.

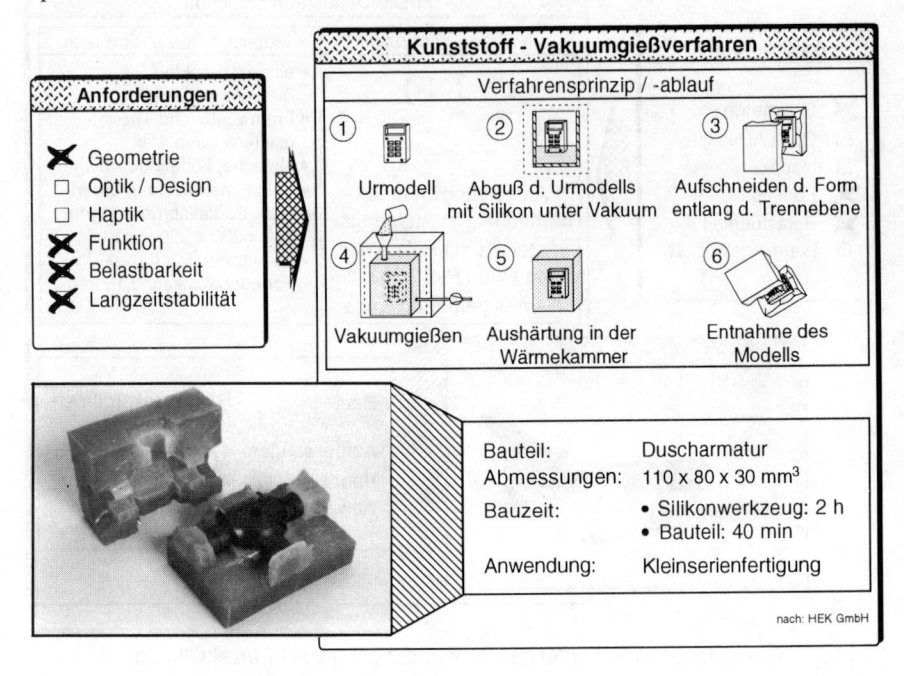

Bild 13: Kunststoff-Vakuumgießverfahren - Anwendungsbeispiel technischer Prototyp

Zunächst sind für das Kunststoff-Vakuumgießverfahren Angüsse und Steiger am Urmodell anzubringen. Danach wird es in einem rechteckigen Formkasten fixiert und in einer Vakuumkammer mit Silikonkautschuk umgossen. Nach dem Aushärten in einer Wärmekammer wird die Silikonform entlang der Trennebene aufgeschnitten und das Urmodell entnommen. Für die sich anschließende Bauteilerstellung wird die Form zusammengefügt und unter Vakuum ausgegossen. Die Palette der hierzu verwendbaren 2-Komponentenharze ist hinsichtlich der mechanischen Werkstoffeigenschaften und der Farbe sehr vielfältig. Nach Abschluß des Gießvorgangs wird die Form aus der

Gießkammer entnommen und in einer Wärmekammer ausgehärtet; abschließend muß das Bauteil nachgearbeitet werden [17, 18].

Das Verfahren zeichnet sich durch seine hohe Abbildungstreue aus. Die filigranen, Hinterschneidungen aufweisenden Bauteilpartien sind aufgrund der leichten Entformbarkeit (elastische Formen) problemlos herstellbar. Die Herstellzeit für das Silikonwerkzeug betrug 2 Stunden, und für die Herstellung eines Bauteils sind jeweils weitere 40 Minuten zu veranschlagen. Ausgehend von den CAD-Konstruktionsdaten konnten somit in nur 3 Tagen 20 Duscharmaturen gefertigt werden. Durch eine geeignete Werkstoffwahl wurden in diesem Beispiel die Materialeigenschaften des späteren Serienbauteils soweit eingestellt, daß die Prototypen zur Überprüfung der Belastbarkeit und Langzeitstabilität genutzt werden konnten. Ob auch in anderen Fällen der Einsatz einer solchen Fertigungsfolge zur Ermittlung zuverlässiger Daten für das spätere Serienbauteil zulässig ist, hängt maßgeblich vom Einfluß des Serienfertigungsverfahrens auf die Ausbildung der geforderten Produktmerkmale ab. Ähnliche Einschränkungen gelten auch bei dem folgenden Beispiel.

Sind technische Prototypen, Vor-Serien oder auch Kleinserien aus Kunststoff in größeren Stückzahlen (50 bis 1000) erforderlich, kann das **Metallspritzverfahren** für die Herstellung von Versuchs- oder Produktionswerkzeugen angewendet werden. Das Verfahrensprinzip und die Merkmale dieser Technologie werden im folgenden am Beispiel eines Werkzeuges zur Herstellung von Kunststoff-Karabinerhaken (Bild 14) erläutert.

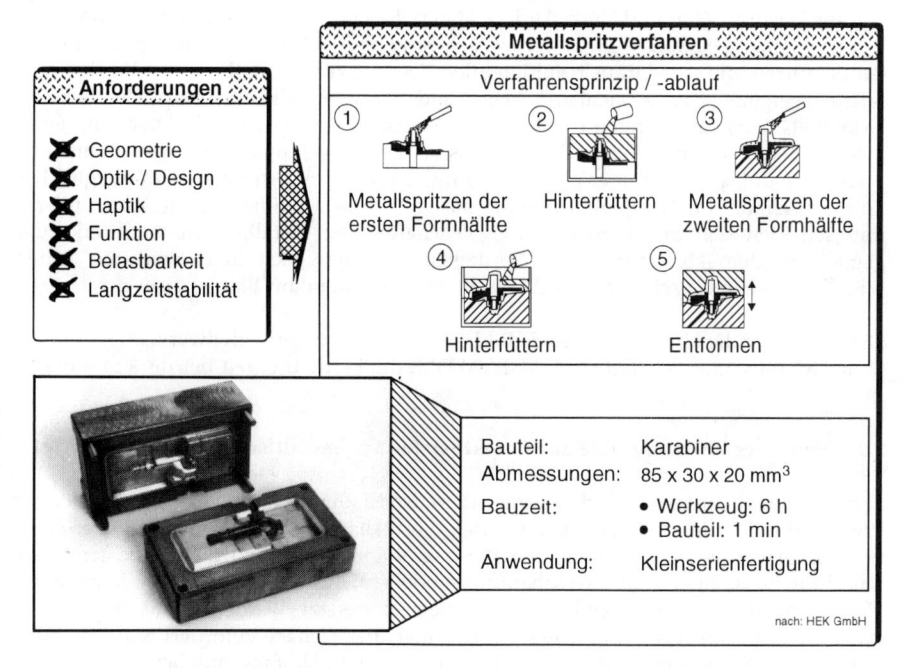

Bild 14: Metallspritzverfahren - Anwendungsbeispiel Vor-Serien-Bauteil

Wie beim Kunststoff-Vakuumgießverfahren ist für den Einsatz des Metallspritzverfahrens zunächst ein Urmodell erforderlich, auf dem mit einer Metallspritzpistole - ähnlich wie beim Farbspritzen - eine Schicht aus einer niedrigschmelzenden Metallegierung aufgetragen wird. Durch Anlegen einer elektrischen Spannung an zwei Metalldrähten entsteht ein Lichtbogen, der das in Drahtform vorliegende Material zum Aufschmelzen bringt. Der verflüssigte Werkstoff wird mit Druckluft in feine Partikel zerstäubt und auf das Urmodell geblasen. Nach der Erstarrung bildet sich eine Metallschicht auf dem Modell, die in weiteren Arbeitsgängen für die Herstellung einer Formhälfte verwendet werden kann.

Die Herstellung des Werkzeugs beginnt mit dem Einbetten des Urmodells in einer Plastilinmasse entlang der zuvor festgelegten Trennebene. Hinterschneidungen sind durch eine entsprechende Teilung der Form und die Verwendung von Einsätzen und Ziehkernen zu berücksichtigen. Nach dem Besprühen mit einem Trennmittel wird zunächst die erste Formhälfte metallgespritzt. Nach Fertigstellung der Metallschicht wird die Formhälfte in einem Formkasten mit einer niedrigschmelzenden Legierung oder einer mit Aluminiumspänen angereicherten Kunstharzmasse hinterfüttert. Anschließend wird der Formkasten gewendet, die Einbettmasse entfernt und die zweite Formhälfte entsprechend der beschriebenen Vorgehensweise fertiggestellt. Die Verwendung von Standardformkästen ermöglicht ein paßgenaues Zusammenfügen der Formhälften [17, 18].

Typische Werkstoffe, die für das Metallspritzverfahren eingesetzt werden, sind Legierungen aus Wismut, Zinn und Zink. Andere Materialien wie Stahl, Aluminium, Bronze und Kupfer können ebenfalls verarbeitet werden, sind aber aufgrund der höheren Schmelztemperaturen und des daraus resultierenden Verzugs zur Herstellung von Werkzeugen selten geeignet. Die erreichbare Maß- und Formgenauigkeit entspricht der des Urmodells. Einschränkungen für den Einsatz dieser Technologie leiten sich zum einen aus den Geometriemerkmalen des Modells ab: z.B. sind Nuten mit einem Breiten- zu Tiefenverhältnis von weniger als 1 zu 5 aufgrund der eingeschränkten Zugänglichkeit und der Gefahr von Tropfenbildung mit dieser Technik nicht herstellbar. Zum anderen unterscheiden sich die thermischen Eigenschaften der metallgespritzten Werkzeuge gegenüber den konventionellen Spritzgießwerkzeugwerkstoffen, wodurch unterschiedliche geometrische und mechanische Eigenschaften am Bauteil auftreten.

Die Kosten für die Herstellung des in Bild 14 dargestellten Spritzgießwerkzeuges mit der Metallspritztechnik beliefen sich auf 1.500 DM; die Fertigungszeit betrug 6 Stunden.

3.2 Neue Verfahrensansätze zur Direktherstellung metallischer Bauteile

Aufgrund der begrenzten mechanischen, thermischen und chemischen Eigenschaften der Werkstoffe, die mit den derzeit industriell einsetzbaren Rapid Prototyping-Verfahren verarbeitet werden können (Polymere, Wachse, Nylon, Papier etc.), dienen die hergestellten Bauteile lediglich als Anschauungsmodelle, Musterbauteile oder können als Urmodelle für weiterführende Prozeßketten eingesetzt werden. Eine umfassende Bauteilfunktionsüberprüfung, wie sie vom Anwender vielfach gefordert wird, ist daher mit den so hergestellten Prototypen nur in begrenztem Umfang möglich.

Im Sinne einer besseren Übereinstimmung von Prototyp und späterem Serienbauteil sollten die zur Prototypenfertigung verwendeten Werkstoffe möglichst mit denen der Serie übereinstimmen. Die Herstellung von Prototypen aus seriennahen Metallwerkstoffen ist, ausgehend von Rapid Prototyping-Modellen, derzeit auf gießtechnische Folgeverfahren begrenzt. Eine Zielsetzung für die Weiterentwicklung der Rapid Prototyping-Technologien ist die Herstellung von Prototypen und Prototypwerkzeugen mit verbesserten Werkstoffeigenschaften. Ein Schwerpunkt liegt bei den metallischen und keramischen Werkstücken, deren direkte Herstellung derzeit auf konventionelle Fertigungsverfahren begrenzt und verfahrensbedingt geometrischen Restriktionen unterworfen ist: Aus diesem Grunde wird derzeit intensiv an der Weiter- bzw. Neuentwicklung von Rapid Prototyping-Verfahren gearbeitet, welche die direkte Herstellung metallischer Bauteil- bzw. Werkzeuggeometrien ermöglichen sollen.

So wurde beispielsweise das Lasersintern von metallischen und keramischen Werkstoffen erprobt: Bisher wurden jedoch nur Untersuchungen mit polymerummantelten Keramik- und Metallpulvern durchgeführt, bei deren Bearbeitung durch Lasersintern lediglich das Polymer aufgeschmolzen wird, das als Binder für den nachfolgenden Sinterprozeß fungiert. Während des anschließenden Aushärtens im Sinterofen erhält das Bauteil seine endgültige Festigkeit. Im Gegensatz dazu werden in Zukunft mit der Technologie des High-Temperature Laser Sintering bzw. des Reactive Laser Sintering direkt keramische und metallische Bauteile herzustellen sein [20, 21, 22, 23].

Eine mit dem Laser Sintering artverwandte Technologie ist das Lasergenerieren, dessen Verfahrensprinzip und Bearbeitungsbeispiele in Bild 15 dargestellt sind. Das Lasergenerieren entspricht vom Verfahrensprinzip einem Beschichtungsprozeß, bei dem ein pulverförmiger Zusatzwerkstoff mit Hilfe eines Laserstrahls aufgeschmolzen und mit dem Substrat verbunden wird. Der Aufbau dreidimensionaler Strukturen erfolgt durch schichtweises Neben- und Aufeinanderlegen einzelner Lagen. Der Einsatz des Laserstrahls bietet aufgrund seiner exakt einstellbaren Brennfleckabmessungen und seiner gut dosierbaren Intensität gute Voraussetzungen für die reproduzierbare Erzeugung filigraner Strukturen.

Im Hinblick auf die Direkterzeugung metallischer Bauteile wird derzeit an Verfahren gearbeitet, die unter den Bezeichnungen '3D Welding' und 'Shape Melting' bekannt und prinzipiell mit dem Lasergenerieren vergleichbar sind. Bei diesen Verfahren wird eine Schweißelektrode von einem Roboter ebenenweise, relativ zum schon gefertigten Werkstückteil geführt, so daß in einem Auftragsschweißprozeß die Werkstückgeometrie erzeugt wird. Da die mit diesem Prozeß erzielbare Maß- und Formgenauigkeit in der Größenordnung von +/- 1 mm liegt, werden die erzeugten Bauteile durch eine anschließende Dreh- oder Fräsbearbeitung nachbearbeitet [17]. Für das Lasergenerieren und für die Auftragsschweißverfahren gilt gleichermaßen, daß der Programmieraufwand gegenüber den verfügbaren Rapid Prototyping-Technologien weitaus höher liegen wird.

Für die Protoypenfertigung bzw. für die Einzel- und Kleinserienfertigung von Blechteilen bietet das Laserstrahlbiegen eine interessante Alternative zu den üblicherweise eingesetzten Verfahren des Biegens mit elastischer Matrize, des Kugelstrahlumformens und des Formschmiedens (Bild 15). Beim Laserstrahlbiegen werden durch die partielle Erwärmung mit dem Laserstrahl und die anschließende Abkühlung gezielt thermische Spannungen in der Bauteilrandschicht erzeugt. Die induzierten Spannungen überschreiten die Streckgrenze des Werkstoffs und rufen damit eine definierte, bleibende Umformung hervor [24, 25].

Lasergenerieren

pulverförmiger Zusatzwerkstoff wird mit Hilfe eines Laserstrahls aufgeschmolzen und schichtweise mit dem Substrat verbunden

Laserbiegen

Umformung von Blechwerkstoffen durch partielle Erwärmung mit Hilfe eines Laserstrahls

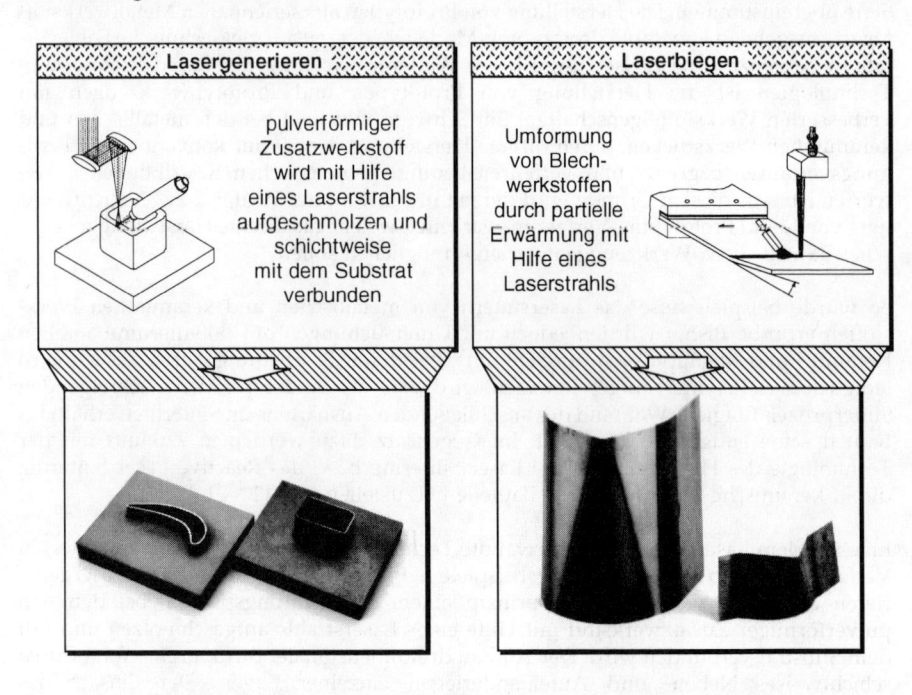

Bild 15: Entwicklung von Verfahren zur Direktherstellung metallischer Bauteile (nach: IPT)

4. Voraussetzungen und Vorgehensweise zur Umsetzung von Rapid Prototyping

In Bild 16 sind die Voraussetzungen zusammenfassend dargestellt, die zur industriellen Einsetzbarkeit und effizienten Nutzung von Rapid Prototyping zu berücksichtigen sind. Der wirtschaftliche Einsatz von Rapid Prototyping-Verfahren ist zum gegenwärtigen Zeitpunkt aufgrund der hohen Investitions- und Betriebskosten nur bei zeitkritischen Produkten und komplexen Geometrien möglich. Ferner ist zu berücksichtigen, daß ohne entsprechende Integration in den betrieblichen Daten- und Informationsfluß und ohne 3D-CAD-Konstruktion viele der nutzbaren Potentiale durch zusätzliche Aufwendungen aufgebraucht werden und der wirtschaftliche Einsatz dieser Technologien in Frage gestellt werden muß. Auch die Einführung von Simultaneous Engineering-Strukturen und daran angepaßte Planungsabläufe sowie ein entsprechendes Entscheidungsmanagement sind Voraussetzungen, die zur Einführung von Rapid Prototyping erfüllt sein müssen.

Organisation

- Synchronisation von Planungsvorgängen
- Integration in Aufbau- und Ablauforganisation

Prozeßtechnologie

- Auswahl von Verfahren und/oder Verfahrenskombinationen
- Prozeßauslegung

Informationsverarbeitung

- 3D-CAD-Konstruktion
- Meßdatenerfassung und -rückführung

Rapid Prototyping

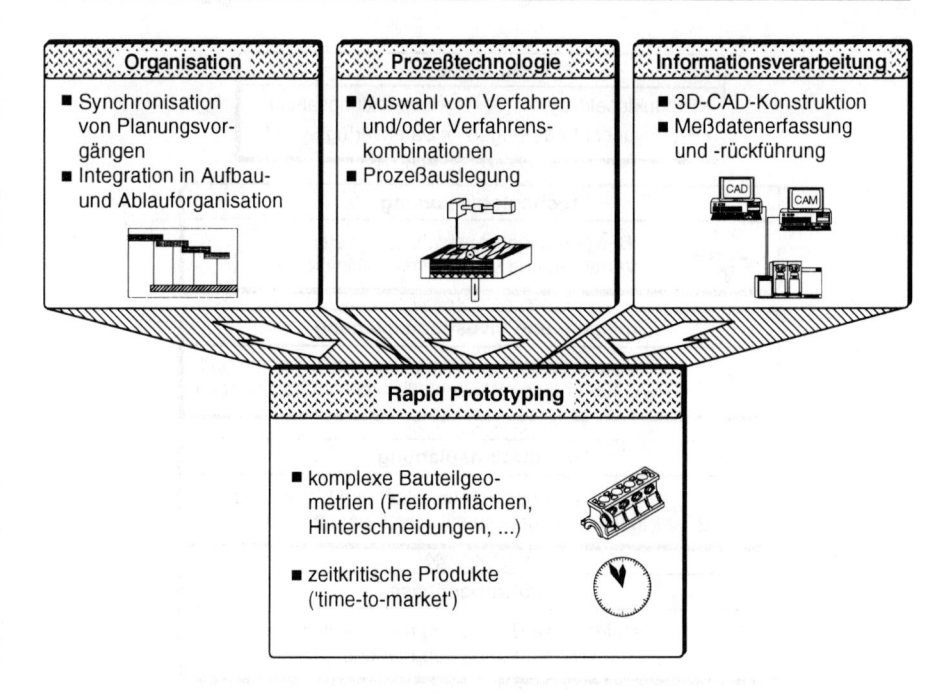

- komplexe Bauteilgeometrien (Freiformflächen, Hinterschneidungen, ...)
- zeitkritische Produkte ('time-to-market')

Bild 16: Voraussetzungen für den effizienten Einsatz von Rapid Prototyping

Eine systematische Vorgehensweise zur Einführung von Rapid Prototyping ist daher eine wichtige Voraussetzung für den wirtschaftlichen Erfolg. Diese Systematik sieht im einzelnen eine Differenzierung in Analyse-, Technologieplanungs-, Integrationsplanungs-, Einführungs- und Nutzungsphase vor (Bild 17).

Die erste Phase umfaßt die Analyse des Produktspektrums, des Entwicklungsprozesses und der Anforderungen, die an die Prototypen während der Produktentwicklung gestellt werden. Die Ergebnisse dienen in der nachfolgenden Phase zur Ableitung der Anforderungen an die einzusetzenden Technologien. Eine Analyse der datentechnischen Situation innerhalb dieser Phase gibt zusätzlich Aufschluß über begleitende Maßnahmen, die zur Technologieeinführung im organisatorischen Bereich erforderlich sind.

Die schnelle Entwicklung der Rapid Prototyping-Technologie und das fehlende Wissen über die Potentiale und Grenzen erschwert die Technologieauswahl und Bewertung. Um die Potentiale in vollem Umfang nutzen zu können, müssen diese Technologieinformationen systematisch erfaßt und für eine Auswertung strukturiert werden. Die Gegenüberstellung von Prototypanforderungen und Verfahrensmöglichkeiten liefert die Entscheidungsgrundlage für die Technologiewahl. Bei der Auswahl dürfen jedoch nicht nur die einzelnen Verfahren als Insellösungen betrachtet werden, sondern es müssen mögliche Verfahrenskombinationen mit in die Auswahlentscheidung einbezogen werden.

```
┌─────────────────────────────────────────────┐
│                  Analyse                    │
│  • Produktspektrum      • Entwicklungsabläufe│
│  • Prototypenanforderungen • Datenverfügbarkeit│
└─────────────────────────────────────────────┘
        ┌─────────────────────────────────────┐
        │        Technologieplanung           │
        │   Bewertung und Auswahl geeigneter  │
        │   RP-Verfahren und Verfahrenskombinationen │
        └─────────────────────────────────────┘
        ┌─────────────────────────────────────┐
        │    Anlagen- und Investitionsplanung │
        │   Ermittlung der Anlagenkomponenten/Peripherie und │
        │   Durchführung von Wirtschaftlichkeitsuntersuchungen │
        └─────────────────────────────────────┘
        ┌─────────────────────────────────────┐
        │        Integrationsplanung          │
        │   Organisatorische Integration und Einbindung │
        │   in unternehmensspezifische Informationsflüsse │
        └─────────────────────────────────────┘
        ┌─────────────────────────────────────┐
        │           Einführungsphase          │
        │   stufenweise Umsetzung der RP-Integration │
        │   und Durchführung von Planungsreviews │
        └─────────────────────────────────────┘
                    ┌─────────────┐
                    │ Nutzungsphase│
                    └─────────────┘
```

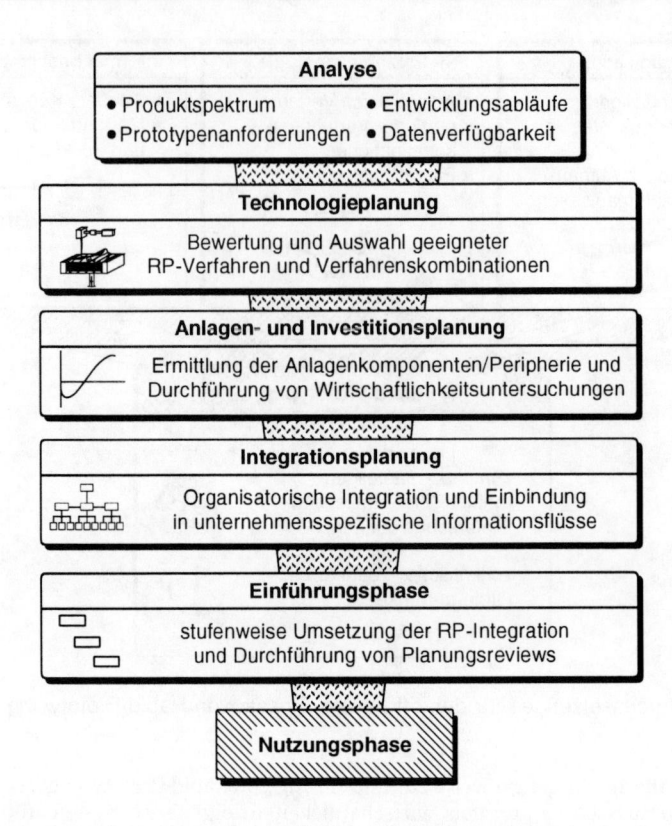

Bild 17: Vorgehensweise zur Einführung von Rapid Prototyping

Nach der Ermittlung geeigneter Technologien muß im Rahmen einer Anlagen- und Investitionsplanung die make-or-buy-Entscheidung getroffen werden. Die Schwierigkeit dieser Planungsphase liegt sicherlich in der Abschätzung bzw. Beurteilung der erzielbaren Zeitgewinne und Qualitätsvorteile gegenüber der rein konventionellen Fertigung, da Erfahrungswerte bisher nur vereinzelt vorliegen und ohne Kenntnis der Randbedingungen zu Fehldeutungen führen können.

Im Rahmen der Integrationsplanung wird das Ziel verfolgt, eine optimale Einbindung von Rapid Prototyping in die Aufbau- und Ablauforganisation des Unternehmens sicherzustellen. In Abhängigkeit der Prototyparten und der individuellen Anforderungen an die Prototypen sind hier die alternativen Möglichkeiten zur organisatorischen Integration - beispielsweise die Angliederung an die Konstruktion, den Musterbau oder Werkzeugbau bzw. die Bildung einer eigenständigen Rapid Prototyping-Abteilung - zu untersuchen und die betriebsspezifischen Entwicklungs- und Planungsabläufe dahingehend anzupassen. Die informationstechnischen Voraussetzungen bezüglich der Datenerstellung und des Datentransfers sind zu schaffen.

Zur Einführung sollte desweiteren ein Stufenkonzept entwickelt werden, um sukzessiv die Potentiale von Rapid Prototyping zu nutzen und die Organisation in abgestimmten Stufen auf die Anforderungen der Rapid Prototyping-Technologie anzupassen. Für den Fall, daß im Unternehmen die Konstruktion bereits auf 3D-CAD umgestellt ist und auch die Organisationsform parallele Strukturen innerhalb der Entwicklungsabläufe aufweist, gestaltet sich die Integration von Rapid Prototyping einfacher und ist daher auch schneller durchführbar. Die Vorteile, die die schnelle Fertigung von Modellen und Musterteilen in bezug auf die Entwicklungszeitverkürzung und Produktoptimierung erbringt, können ebenso schnell umgesetzt und vermarktet werden.

5. Zusammenfassung und Ausblick

Der Einsatz von Rapid Prototyping ermöglicht eine Reduzierung des Zeitbedarfs zur Herstellung von Prototypen und hat darüber hinaus weitreichende strategische Auswirkungen.

Durch die beschleunigte Prototypenfertigung kann die Entwicklungsfreigabe für ein neues Produkt zu einem späteren Zeitpunkt erfolgen, d.h. Marktentwicklungen und Kundenbedürfnisse können schneller in Produkte umgesetzt werden, beziehungsweise es kann schneller und aktueller auf geänderte Markterfordernisse reagiert werden. Die schnelle Verfügbarkeit von Modellen und Prototypen führt bereits in frühen Entwicklungsphasen zu einem hohen Produktreifegrad und damit zu einer höheren Verfügbarkeit von Planungsdaten für die Produktion. Aufgrund der Intensivierung früher Entwicklungsphasen sind die Änderungskosten geringer und die Produkte zum Zeitpunkt des Markteintritts ausgereift (Bild 18).

Damit ist Rapid Prototyping als Ansatz zur Produktentwicklungszeitverkürzung deutlich mehr als die Anwendung der entsprechenden Technologien: Rapid Prototyping ist ein wesentliches Element zur Synchronisation der parallelen Produkt- und Prozeßgestaltungsphasen, ersetzt jedoch nicht die Notwendigkeit unternehmerischer Disziplin in der Entscheidungsfindung.

Für die Zukunft des Rapid Prototyping ist zu erwarten, daß die Möglichkeiten der Verfahren durch neue Materialien und weiterentwickelte Anlagen sowie eine leistungsfähigere Informationstechnik erheblich erweitert werden. Rapid Prototyping-Verfahren werden zukünftig neben der Prototypenfertigung auch zur Einzel- und Kleinserienfertigung komplexer Funktionsteile eingesetzt werden können. Die Verfahren werden dem Konstrukteur aufgrund der nahezu uneingeschränkten Komplexität der herstellbaren Geometrien neue Gestaltungsmöglichkeiten hinsichtlich der Realisierung bisher fertigungstechnisch nicht herstellbarer Bauteile eröffnen. Damit wird Rapid Prototyping nicht nur in der Produktentwicklung zu einem festen Bestandteil der Produktionstechnik von morgen werden.

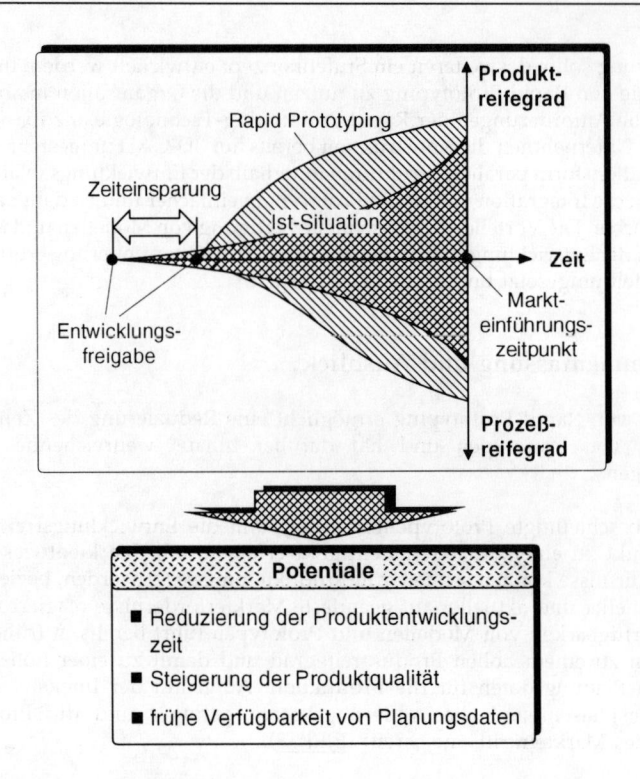

Bild 18:   Potentiale von Rapid Prototyping

Literatur:

[1]   Eversheim, W.: Simultaneous Engineering - eine organisatorische Chance; VDI Berichte 758, VDI Verlag, Düsseldorf 1989

[2]   Evans, B.: Simultaneous Engineering; Mechanical Engineering Vol. 2, No. 2, 1988, P. 38-39

[3]   Vasilash, G. S.: Simultaneous Engineering: Management's New Competitiveness; Tool Production, No. 7, 1987, P. 36-41

[4]   Miyakawa, S.: Simultaneous Engineering and Producibility Evaluation Method; International Conference on the Application of Manufacturing Technologies; Conference-Proceedings, Virginia, 17.-19. April 1991

[5] Reimer, H. U.: Entwicklungszeit und -kosten reduzieren; Industrie-Anzeiger 91 (1991), S. 26-27

[6] Quast, H.: Schnell zum funktionsfähigen Modell; Laser-Praxis (1992), LS 116-118

[7] N.N.: Modelle kurzfristig fertigen: Rapid Prototyping; Werkstatt und Betrieb 124 (1991) 7, S. 576

[8] N.N.: Der schnelle Weg zum Muster; Automobil-Produktion 8 (1992), S. 102-104

[9] N.N.: Mit Laser-Stereolithographie schneller zum serienreifen Dichtkonzept; VDI-Z 132 (1990) 8, S. 17-23

[10] N.N.: Stereolithographie formt Modelle ohne Spezialwerkzeuge; Werkstatt und Betrieb 123 (1992), S. 796

[11] Kruth, J.P.: Material Incress Manufacturing by Rapid Prototyping Techniques; Annals of the CIRP, Vol. 40 / 2 / 1991

[12] N.N.: Modelle nach Wunsch; Laser-Praxis (1992), LS 60

[13] Jacobs, P.: Rapid Prototyping & Manufacturing - Fundamentals of Stereolithography; Society of Manufacturing Engineers (1992)

[14] N.N.: Sterolithographie beschleunigt Bauteilentwicklungen drastisch; Laser-Praxis (1992), LS 58-59

[15] N.N.: Unternehmensführung: Rapid Prototyping; Industrie-Anzeiger 33 (1992), S. 35-37

[16] N.N.: Third International Conference on Rapid Prototyping; Conference-Proceedings, Dayton, 7.-10. June 1992

[17] N.N.: 1st European Conference on Rapid Prototyping; Conference-Proceedings, Nottingham, 6. - 7. July 1992

[18] Medler, D.; Jacobs, P.: DTM: What's new, what's next?; Conference-Proceedings, Chicago, 29. September 1992

[19] Lumbye, K.: Desk Top Manufacturing; Danish Technological Institute, Aarhus (DK), 1992

[20] N.N.: Solid Freeform Fabrication Symposium 1992; Conference-Proceedings, Austin, 3.-5. August 1992

[21] Colley, D.: Instant Prototypes; Mechanical Engineering, July 1988, S. 68-70

[22] N.N.: 3D Prototypes sintered from powders; Machine Design, January 23, 1992

[23] Muraski, St.: Make it in a minute; Machine Design, February 8, 1990

[24] König, W.; Weck, M; Herfurth, H.-J.; Ostendarp, H.; Zaboklicki, A.K.: Formgebung mittels Laserstrahlung; VDI-Z 135 (1993) 4

[25] Geiger, M.; Vollerstein, F.; Amon, St.: Flexible Blechumformung mit Laserstrahlung - Laserbiegen; Bleche Rohre Profile 38 (1991), Nr. 11, S. 856-861

Mitarbeiter der Arbeitsgruppe für den Vortrag 2.4

U. Baraldi, CRIF-Matériaux, Lüttich (B)
Dipl.-Ing. I. Celi, FhG-IPT, Aachen
Dipl.-Ing. H. Eugster, Hilti AG, Schaan (FL)
G. Kerzendorf, BMW Motorsport GmbH, München
Prof. Dr.-Ing. Dr. h.c. W. König, WZL/FhG-IPT, Aachen
G. Neu, Mercedes-Benz AG, Sindelfingen
Dipl.-Ing. St. Nöken, FhG-IPT, Aachen
Dr.-Ing. C. Schmitz-Justen, BMW AG, München
Dipl.-Ing. C. Ullmann, FhG-IPT, Aachen
Dr.-Ing. R. Umbach, FhG-IUW, Chemnitz
Dr.-Ing. P. Zeller, Thyssen Nothelfer GmbH, Wadern-Lockweiler

3 Produktion

3.1 Ressourcenoptimale Produktgestaltung
 - Integrierte Ablauf- und Strukturplanung -

3.2 Technologieverständnis - Der Schlüssel zu optimierten Prozessen und Fertigungsfolgen

3.3 Mit neuen Werkzeugen in die Fertigung von morgen

3.4 Integrierte Qualitätsprüfung

3.1 Ressourcenoptimale Produktionsgestaltung
- Integrierte Ablauf- und Strukturplanung -

Gliederung:

1. Einleitung und Problemstellung

2. Betrachtungsschwerpunkte

3. Kernelemente der ressourcenoptimalen Produktionsgestaltung
3.1 Gemeinsame Produktionsgestaltung
3.2 Prozeßorientierte Produktionsgestaltung
3.3 Positionierung
3.4 Auswirkungen auf den Wertschöpfungsprozeß
3.5 Reduzierung der Komplexität

4. Ausblick

Kurzfassung

Ressourcenoptimale Produktionsgestaltung
- Integrierte Ablauf- und Strukturplanung -
Produzierende Unternehmen sehen sich ständig wechselnden Marktbedingungen ausgesetzt, die eine flexible Anpassung der Ablauforganisation und der Unternehmensstrukturen erfordern. Bei den heute überwiegend funktionalen Organisationsformen führt der Versuch der Anpassung zu immer größerer Komplexität, die nicht mehr beherrscht werden kann. Die Folge ist eine unzureichende Nutzung der vorhandenen Unternehmensressourcen.

Voraussetzung für eine ressourcenoptimale Produktionsgestaltung ist die konsequente Nutzung des im Unternehmen vorhandenen Know-how-Potentials der Mitarbeiter. Die gemeinsame Produktionsgestaltung durch operative und planende Mitarbeiter mit einer für alle transparenten Zielsetzung bildet die Basis für eine Prozeßorientierung im Sinne der Auftragsabwicklung. Die Leistungsfähigkeit der Prozesse kann durch die Bildung von Kennzahlen beschrieben und durch eine Positionierung gegenüber dem Wettbewerb beurteilt werden. Damit ist die Voraussetzung geschaffen, die Unternehmensressourcen auf den Wertschöpfungsprozeß zu konzentrieren. Das Ergebnis stellt sich in Form von Abläufen und Strukturen dar, die eine geringe Komplexität aufweisen und die optimale Nutzung der Ressourcen ermöglichen.

Abstract

Resource Optimised Production Configuration
Today's manufacturing companies are facing permanent change of market influences requiring flexible adaptability of both organisation and structure. The common function oriented organisation leads to an increasing complexity combined with ineffective utilisation of company resources.

Resource Optimised Production Configuration uses staffs' and operators' know-how to create process oriented production design. Transparent objectives are the basis. The process performance can be described by using reference numbers to be compared with competitors' performance. These are preconditions for concentrating company resources on value adding processes. The results are process sequences and structures with low complexity allowing optimal use of resources.

1. Einleitung und Problemstellung

Die exportorientierten bundesdeutschen Branchen leiden momentan erheblich unter der wirtschaftlichen Schwäche der traditionellen Absatzmärkte. Das wirtschaftliche Tief führt zu der schlechtesten Auftragslage seit über 10 Jahren [1]. Die Werkzeugmaschinenindustrie, die sich durch einen Weltmarktanteil von über 20% auszeichnet, ist die am stärksten betroffene Branche. Prognosen zufolge wird sie an dem für 1994 erwarteten Aufschwung nicht partizipieren. Auch in der Automobilindustrie herrscht momentan eine sehr schlechte Auftragslage, die u.a. einen erheblichen Personalabbau nach sich zieht [2].

Das bedeutet für die Unternehmen, daß die ohnehin großen Anforderungen durch nationale und internationale Konkurrenz zusätzlich verschärft werden (Bild 1).

Politik
- Politische Veränderungen
- Richtlinien und Gesetze
- Internationale Kooperation
- Umwelt

Märkte
- Preise
- Qualität
- Lieferzeiten
- Varianten
- Unklare Aufträge
- Globaler Wettbewerb

Unternehmen
- Überkapazitäten
- Identität
- Zukunft der Branchen
- Gesellschaftlicher Wertewandel

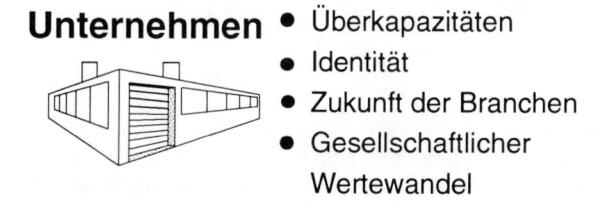

Bild 1: Anforderungen an die Unternehmen

Die Kunden erteilen Aufträge, die innerhalb sehr kurzer Lieferzeiten fertiggestellt werden müssen, bei gleichzeitiger Forderung nach sehr niedrigen Preisen. Darüber hinaus beeinflussen politische Veränderungen, wie beispielsweise die Öffnung Osteuropas für die freie Marktwirtschaft oder der Wertewandel in der Gesellschaft, die Situation der Unternehmen mit zusätzlichen Risiken.

Ein Großteil der Anforderungen an die Unternehmen und der daraus resultierenden Probleme ist nicht neu, jedoch haben die in der Vergangenheit beschrittenen Lösungswege nicht zum Ziel, d.h. zu gut anpaßbaren Organisationsstrukturen in den Unternehmen, geführt. Die Herausforderung besteht deshalb darin, einen Umdenkprozeß in den Unternehmen anzustoßen, durch den die Voraussetzungen geschaffen werden, um erfolgreich in den jeweiligen Marktsegmenten zu operieren. Dazu sind neue Ansätze und Hilfsmittel erforderlich.

Besonders nach den Jahren der Hochkonjunktur sind die Auswirkungen der derzeitigen Situation schwerwiegend. Mit dem starken Umsatzanstieg ging ein kräftiges Wachstum der Unternehmen einher. Die Organisationsstrukturen wurden aber in dieser Phase "aufgebläht" [3]. Für die Produktion der Unternehmen führt das zu folgender Situation:

Die Forderung der Kunden nach technischen Sonderlösungen hat sowohl in der Einzel- und Kleinserienproduktion als auch in der Serienproduktion komplexer Produkte zu einer Zunahme der Komplexität sowohl der Ablauforganisation als auch der Produktionsstruktur geführt (Bild 2) [4]. Unter der Produktionsstruktur ist hier die Art, Anzahl und Anordnung der Betriebsmittel zu verstehen. In der Kleinserienproduktion ist die Ablaufkomplexität naturgemäß sehr groß, da jeder Auftrag kundenspezifische Lösungen enthält, durch die fast alle Unternehmensbereiche betroffen sind. Hier ist eine Entwicklung hin zu wachsender Strukturkomplexität festzustellen, da die Produktion der Kundenwünsche nicht mehr mit konventionellen Einrichtungen zu bewältigen ist. Forderungen nach besserer Qualität und komplexen technischen Lösungen führen zu aufwendigen Fertigungs- und Montageeinrichtungen und dementsprechend auch zu erhöhten Anforderungen an die organisatorischen Voraussetzungen [5,6]. Die Großserienproduktion komplexer Produkte, wie beispielsweise in der Automobilindustrie, weist naturgemäß eine hohe Strukturkomplexität auf, da die wirtschaftliche Produktion großer Stückzahlen nur mit einem gewissen Grad an Automatisierung zu realisieren ist. Die erforderlichen technischen Anlagen sind sehr aufwendig und erfordern einen sehr großen Steuerungsaufwand. Zusätzlich steigt die Ablaufkomplexität, da die zu produzierende Variantenvielfalt in den letzten Jahren erheblich gestiegen ist [3]. Die Ablauforganisation sowohl für die Produktentwicklung als auch für den Produktherstellungsprozeß hat dadurch an Komplexität erheblich zugenommen.

Die Entwicklung hat somit die Unternehmen fast aller Branchen in eine Situation gebracht, in der eine vorherrschende Überkomplexität bei der Auftragsabwicklung eine wirtschaftliche Produktion von Kundenaufträgen fast unmöglich macht [4]. Die aktuelle wirtschaftliche Lage verschärft die Situation, da die Kundenforderungen mit der derzeitigen Gestaltung der Produktion nicht erfüllt werden können. Die zu stellenden Forderungen im Rahmen einer Produktionsgestaltung muß daher lauten:

Die existierende Komplexität muß durch entsprechende Gestaltungsmaßnahmen reduziert werden, damit sie beherrschbar und die wirtschaftliche Produktion von Kundenaufträgen wieder ermöglicht wird!

```
                    ┌─────────────────────────────┐
                    │      Forderung:             │
                    │ 1. Reduzierung der Komplexität │
                    │ 2. Beherrschung der Komplexität │
                    └─────────────────────────────┘
```

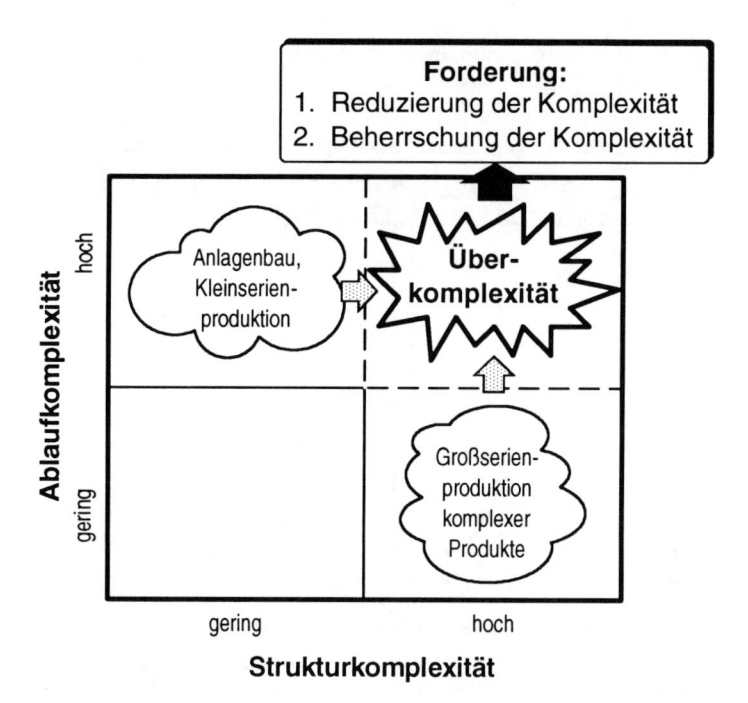

Bild 2: Komplexitätsportfolio der Produktion

2. Betrachtungsschwerpunkte

Aus der Forderung nach einer Komplexitätsreduzierung lassen sich wichtige Ziele für die Produktionsgestaltung ableiten. Es ist jedoch von entscheidender Bedeutung, daß durchzuführende Gestaltungsmaßnahmen ganzheitlich angelegt werden, um einen bereichsübergreifenden Effekt für das Unternehmen zu erzielen. Die Optimierung einzelner Bereiche oder die Lösung lokaler Probleme darf hierbei nicht mehr im Vordergrund stehen. Deshalb müssen folgende Ziele für eine ressourcenoptimale Produktionsgestaltung manifestiert werden (Bild 3):

- **die Produktion muß so gestaltet sein, daß die Unternehmensressourcen optimal eingesetzt sind und**
- **durch Gestaltungsmaßnahmen muß eine effizientere Wertschöpfung erzielt werden.**

In früheren Jahren war es Prämisse, das eingesetzte Kapital und die Betriebsmittel optimal zu nutzen. Das hat zu einer lokalen Optimierung von einzelnen Bereichen geführt und stand dem Gesamtoptimum einer durchgängigen Produktionsgestaltung entgegen.

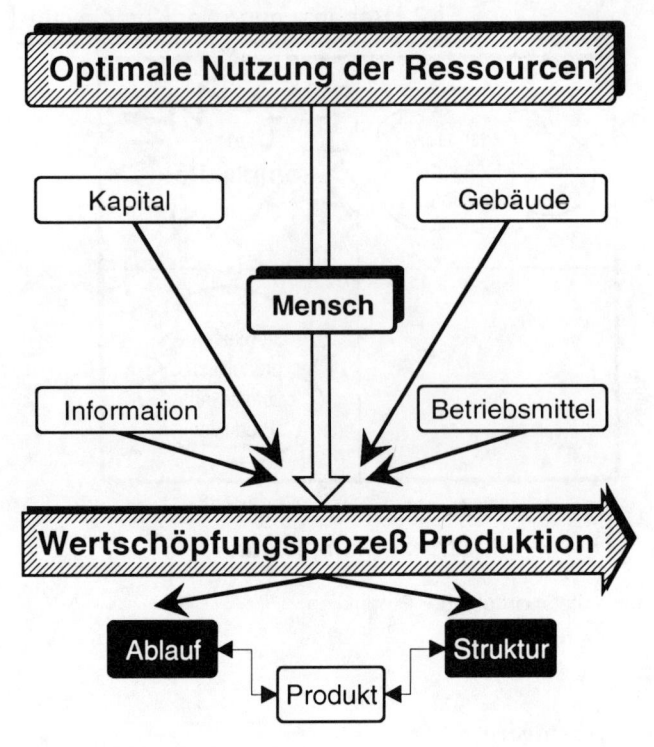

```
         ┌─────────────────────────────────────┐
         │  Optimale Nutzung der Ressourcen    │
         └─────────────────────────────────────┘

   ┌──────────┐                      ┌──────────┐
   │  Kapital │                      │  Gebäude │
   └──────────┘                      └──────────┘
                    ┌──────────┐
                    │  Mensch  │
                    └──────────┘
   ┌────────────┐                    ┌──────────────┐
   │ Information│                    │ Betriebsmittel│
   └────────────┘                    └──────────────┘

         ┌─────────────────────────────────────┐
         │   Wertschöpfungsprozeß Produktion   │───▶
         └─────────────────────────────────────┘

         ┌─────────┐                 ┌──────────┐
         │  Ablauf │◀──            ──▶│ Struktur │
         └─────────┘     ┌────────┐   └──────────┘
                        │ Produkt │
                        └────────┘
```

<u>Bild 3:</u>   Ziele der Produktionsgestaltung

Auch die Bemühungen um die durchgängige EDV-gestützte Informationsmodellierung im Rahmen von CIM-Projekten haben nicht den versprochenen Erfolg gebracht [7]. Zukünftig muß für die Unternehmen die flexibelste Ressource im Vordergrund stehen - der Mensch [8,9,10]. Die zielgerichtete Einbindung der Mitarbeiter in Kombination mit der Übertragung verantwortungsvoller Aufgaben bietet den Unternehmen das größte Potential, sich schnell den dynamischen Marktanforderungen anzupassen. Um dieses Ziel zu erreichen, ist es erforderlich, die Prozeßketten der Produktion bezüglich ihrer Wertschöpfung zu optimieren und den Menschen, hier vor allem den operativen Mitarbeiter, in den erforderlichen Gestaltungsprozeß frühzeitig einzubinden. Nur durch eine vollständig Integration aller Beteiligten ist das Potential aller Ressourcen für das Unternehmen nutzbar.

Im Rahmen dieses Vortrags wird der Begriff "Produktion" für die Unternehmensbereiche angewendet, die unmittelbar an dem Produktherstellungsprozeß beteiligt sind. Das bedeutet für einen Serienhersteller mit einem kundenneutralen Entwicklungs- und Konstruktionsprozeß, daß hierunter die Unternehmensbereiche Vertrieb, Fertigung, Montage, Logistik und Versand zu zählen sind. Für einen Einzel- und Kleinserienhersteller sind zusätzlich die Konstruktion und die Arbeitsvorbereitung in die Definition der Produktion miteinzubeziehen, da ein großer Teil eines Auftrags kundenspezifisch konstruiert werden muß, bevor das Produkt hergestellt werden kann. Potentiale für die Gestaltung einer ressourcenoptimalen Produktion sind besonders in den indirekten Unternehmensbereichen zu finden, und deshalb sind diese in die Betrachtung miteinzubeziehen [11,12]. Die Gestaltungsparameter für eine ressourcenoptimale Produktion sind das Produkt, die Ablauforganisation und die Struktur der Produktion, bezogen auf Art und Anzahl der Betriebsmittel. Gegenstand der Betrachtungen in diesem Vortrag sind die Gestaltungsparameter "Ablauforganisation" und "Produktionsstruktur".

Im folgenden werden die Kernelemente der ressourcenoptimalen Produktionsgestaltung vorgestellt, die notwendig sind, um bei der Durchführung von Produktionsgestaltungsmaßnahmen die oben genannten Ziele zu erreichen (Bild 4).

Bild 4: Kernelemente einer ressourcenoptimalen Produktionsgestaltung

Dementsprechend wird hier nicht die vollständige Bandbreite möglicher Produktionsgestaltungsmaßnahmen betrachtet, sondern nur die wesentlichen für die Erreichung der oben genannten Ziele. Im Mittelpunkt der Betrachtungen stehen die Mitarbeiterintegration, die Prozeßorientierung im Rahmen der Produktionsgestaltung, die Bewertung von Prozeßketten über eine Positionierung anhand von Kennzahlen, die Effizienzsteigerung der Wertschöpfung und die Reduzierung der Komplexität.

3. Elemente der ressourcenoptimalen Produktionsgestaltung

3.1 Gemeinsame Produktionsgestaltung

Eine Grundvoraussetzung für die Produktionsgestaltung ist die Mitarbeiterintegration, d.h. planende und operative Mitarbeiter müssen den Planungsprozeß von Beginn an gemeinsam durchführen. Betrachtet man die Vorgehensweise für Produktionsgestaltungsmaßnahmen, wie sie heutzutage vielfach durchgeführt wird, so stellt man eine starke Abweichung zwischen den Zielen der Gestaltung und den Zielen bei der Abwicklung von Aufträgen fest (Bild 5).

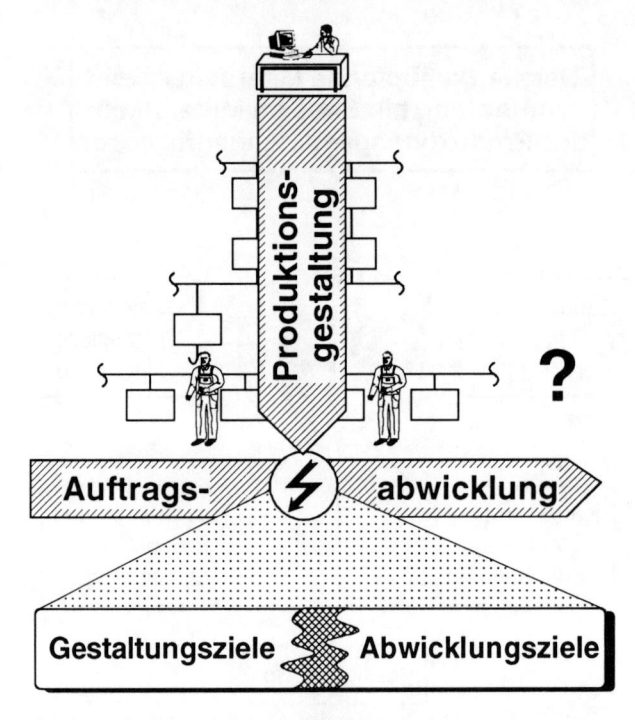

Bild 5: Probleme der Produktionsgestaltung -heute-

Die Gestaltungsziele werden von der Unternehmensleitung vorgegeben. Durchlaufzeitverkürzung und Kostenreduzierung sind, wie Untersuchungen gezeigt haben, hier die meistgenannten Ziele [13]. Die Umsetzung im Unternehmen durch entsprechende Maßnahmen erfolgt über die Hierarchieebenen bis hin zum Sachbearbeiter oder Werker. Das führt dazu, daß die umzusetzenden Maßnahmen auf der operativen

Hierarchieebene oftmals nicht vollständig akzeptiert werden, da die Abwicklungsziele der operativen Mitarbeiter, wie z.B. die Arbeitsinhalte oder der Umfang der Verantwortungsübertragung, nicht erfüllt werden. Der Erfolg einer Maßnahme ist somit gefährdet. Die Diskrepanz zwischen Gestaltungs- und Abwicklungszielen bei der Produktionsgestaltung muß durchbrochen werden, indem die operativen Mitarbeiter in den Produktionsgestaltungsprozeß einbezogen werden [14].

In der Industrie werden heute Planungsteams aus planenden und operativen Mitarbeitern gebildet (Bild 6). Wurden früher beispielsweise die Meister und operativen Mitarbeiter erst in die Schlußphase der Planung eingebunden, so sind diese Mitarbeiter heute schon aktiv an den frühen Planungsschritten beteiligt.

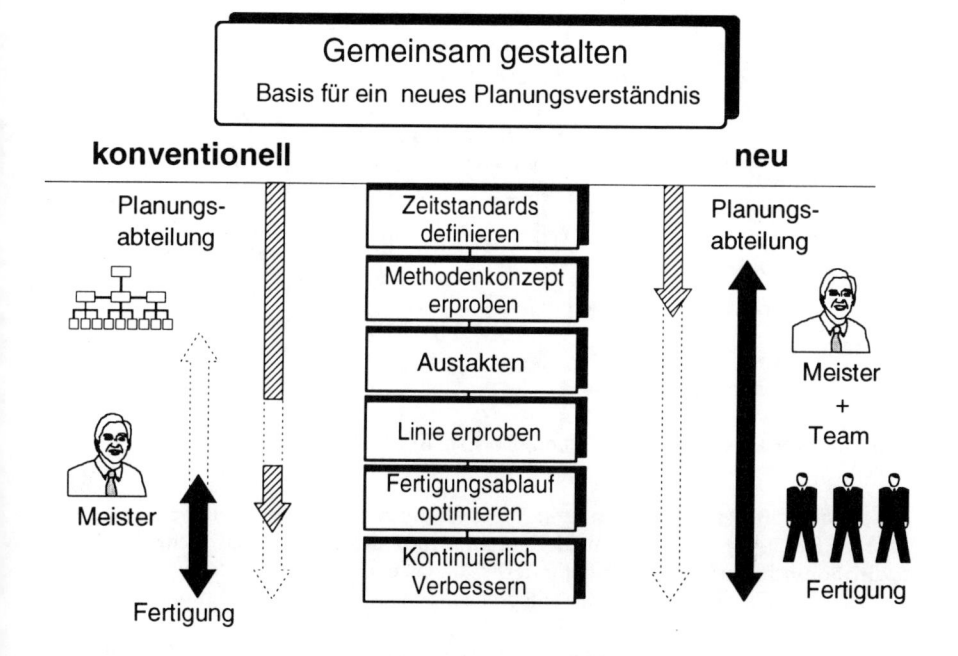

Bild 6: Gemeinsame Produktionsgestaltung -Beispiel (nach Volkswagen)-

Der Vorteil der neuen Vorgehensweise liegt hierbei nicht nur in der Motivation der operativen Mitarbeiter, sondern vielmehr in der frühzeitigen Nutzung des Detailwissens, das sie durch ihre Tätigkeit im Unternehmen erworben haben. Planungsänderungen durch eine fehlende Überprüfung der Machbarkeit können dadurch vermieden werden.

Ein anderer Ansatz der Planungsteambildung ist die horizontale Integration der betroffenen Unternehmensbereiche (Bild 7). Vor Beginn der Produktionsgestaltung werden Mitarbeiter aus allen relevanten Bereichen in einer gemeinsamen Sitzung über die

Aufgabenstellung informiert. Dadurch wird sichergestellt, daß alle betroffenen Fachkompetenzen erfaßt und Zielkonflikte frühzeitig beseitigt werden können.

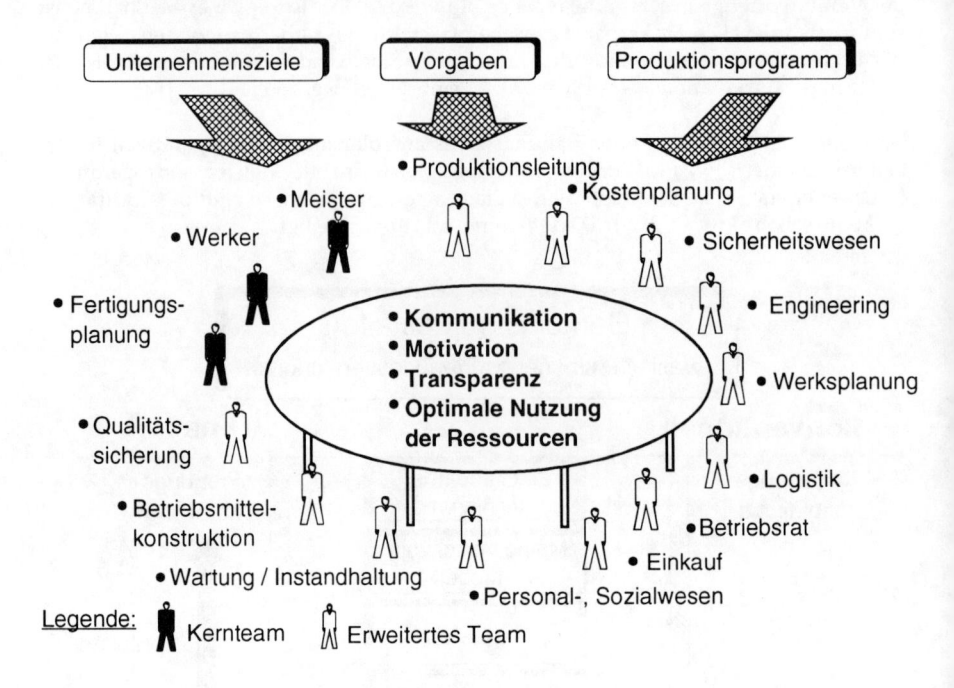

Bild 7: Projektteam zur Inselbildung -Beispiel (nach MTU)-

An der eigentlichen Durchführung der Gestaltungsmaßnahmen ist aber nur ein sogenanntes Kernteam beteiligt, um die Durchführungsgeschwindigkeit nicht durch Koordinationsschwierigkeiten zu behindern. Die jeweiligen Mitarbeiter des erweiterten Teams werden nach Bedarf zu der entsprechenden Aufgabenstellung hinzugezogen.

Durch die Integration von planenden und operativen Mitarbeitern aus allen betroffenen Unternehmensbereichen werden Methodenkompetenz und Fachkompetenz schon in einer frühen Planungsphase in den Gestaltungsprozeß eingebracht. Damit sind die Voraussetzungen für die Durchführung einer prozeßorientierten Produktionsgestaltung und die Basis für eine bestmögliche Sozialkompetenz im Projektteam geschaffen.

3.2 Prozeßorientierte Produktionsgestaltung

Das Ziel der Ressourcenoptimierung in der Produktion, Aufträge schneller und kostengünstiger bearbeiten zu können, erfordert eine grundsätzlich neue Art der Betrachtungsweise im Unternehmen. Die Basis für Gestaltungsmaßnahmen dürfen nicht mehr die Unternehmensfunktionen sein. Vielmehr bedeutet die Forderung nach einer

Ressourcenoptimale Produktionsgestaltung 3-13

Verkürzung der Durchlaufzeit die Orientierung am Auftrag und an den Prozessen, die zur Bearbeitung des Auftrags durchgeführt werden müssen (Bild 8) [3,12].

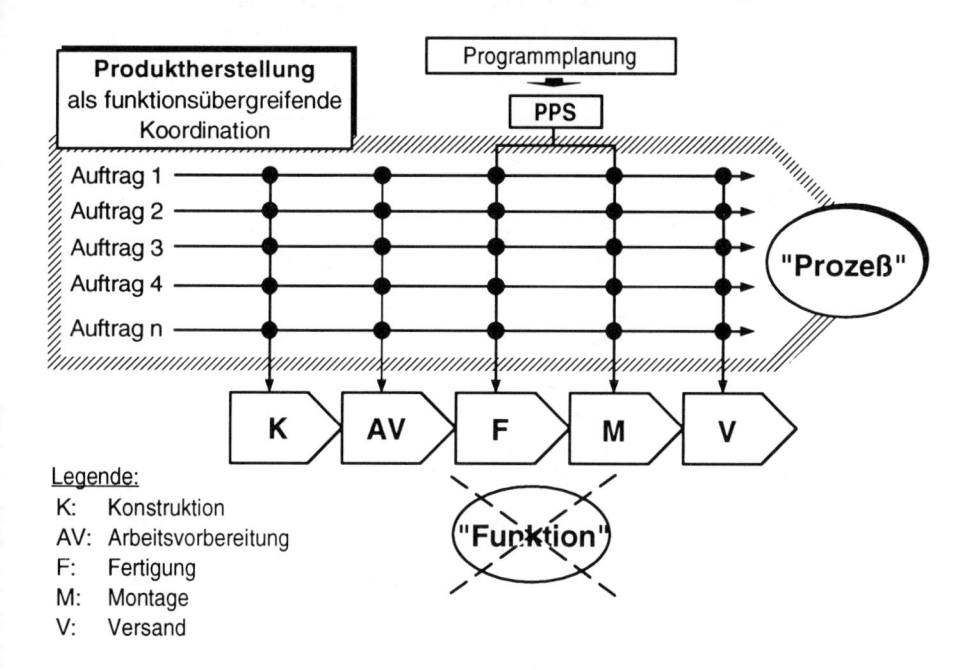

```
Produktherstellung              Programmplanung
als funktionsübergreifende          PPS
    Koordination

Auftrag 1 ────●────●────●────●────●──
Auftrag 2 ────●────●────●────●────●──
Auftrag 3 ────●────●────●────●────●──         "Prozeß"
Auftrag 4 ────●────●────●────●────●──
Auftrag n ────●────●────●────●────●──

         K  >  AV  >  F  >  M  >  V  >

Legende:
K:  Konstruktion
AV: Arbeitsvorbereitung          "Funktion"
F:  Fertigung
M:  Montage
V:  Versand
```

Bild 8: Prozeßorientierte Produktherstellung

Die prozeßorientierte Betrachtungsweise bei der Durchführung von Produktionsgestaltungsmaßnahmen ermöglicht über die Kopplung von Ressourceneinsatz (z.B. Mensch, Betriebsmittel, EDV) und Prozeß, eine gezielte Ressourcenoptimierung vorzunehmen, und die zu ergreifenden Maßnahmen hinsichtlich ihres Gesamtpotentials zu bewerten. Dies ist ein wichtiger Ansatzpunkt, um die Planung der Ablauforganisation und der Produktionsstruktur integrieren zu können.

Das bedeutet, daß zunächst eine Analyse der Unternehmensprozesse und des entsprechenden Ressourceneinsatzes im Rahmen der Produktionsgestaltung durchgeführt werden muß. Nur so kann das teilweise erhebliche Potential erschlossen werden, das auf Schwachstellen z.B. im Informationsfluß des Produktherstellungsprozesses zurückzuführen ist [15].

Vor diesem Hintergrund wurde am WZL der RWTH Aachen ein prozeß- und elementeorientiertes Modell entwickelt [6]. Die zugehörige Beschreibungssprache setzt sich aus 14 Elementen, den sogenannten Prozeßelementen, zusammen. Dadurch können sämtliche Unternehmensprozesse abgebildet und transparent gemacht werden (Bild 9). Die Elemente werden unterschieden in direkte und indirekte Prozeßelemente. Die direkten Elemente beschreiben solche Prozesse, die direkt zu einer Wertschöpfung beitragen, wie beispielsweise eine Fertigungs- oder Montageoperation oder eine Zeichnungserstellung. Durch die indirekten Elemente werden Prozesse abgebildet, die entweder nur mittelbar zur Wertschöpfung beitragen (z.B. Transportieren, Registrieren) oder wertverzehrend sind (z.B. Ablage).

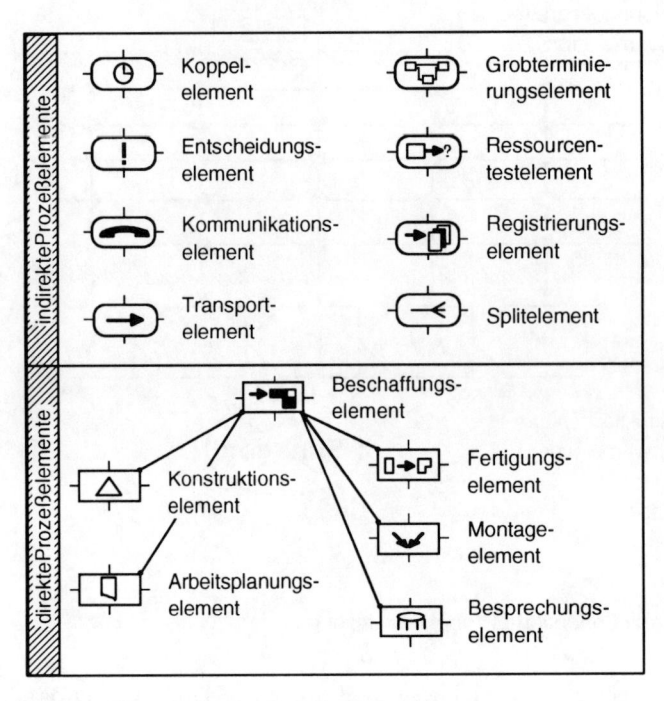

Bild 9: Beschreibungssprache für eine Prozeßanalyse

Mit diesem Hilfsmittel und durch die Teambildung im Vorfeld des Gestaltungsprozesses sind die Voraussetzungen geschaffen, um im Unternehmen eine Prozeßanalyse durchführen zu können. Auf Interviewbasis werden zunächst die Unternehmensprozesse durch die Elemente in einem sogenannten Prozeßplan dargestellt. Anschließend müssen jedem Prozeß die entsprechenden Ressourcen zugeordnet werden. Durch die Ermittlung der Durchlaufzeit je Prozeß kann dann der auftragsbezogene Ressourcenverzehr ermittelt werden. So kann das Know-how der operativen Mitarbeiter bezüglich der Abläufe, der vorhandenen Strukturen und der prozeßbezogenen Ressourcen transparent gemacht werden (Bild 10). Der Prozeßplan ist die Basis, um allen Beteiligten an der Gestaltungsdurchführung ein gemeinsames Bild über vorhandene Prozeßketten zu geben. In diesem Zusammenhang spricht man auch von einem gemeinsamen mentalen Bild der Unternehmensabläufe.

Darauf aufbauend können die planenden Mitarbeiter ihre Planungsziele einbringen, um die Prozesse oder Prozeßketten zu identifizieren, die bezüglich der Zielgrößen

Ressourcenoptimale Produktionsgestaltung 3-15

reorganisiert werden müssen. Die abgeleiteten Maßnahmen werden gemeinsam mit den betroffenen Mitarbeitern durchgeplant und das erreichbare Potential abgeschätzt.

Grundlagen für :

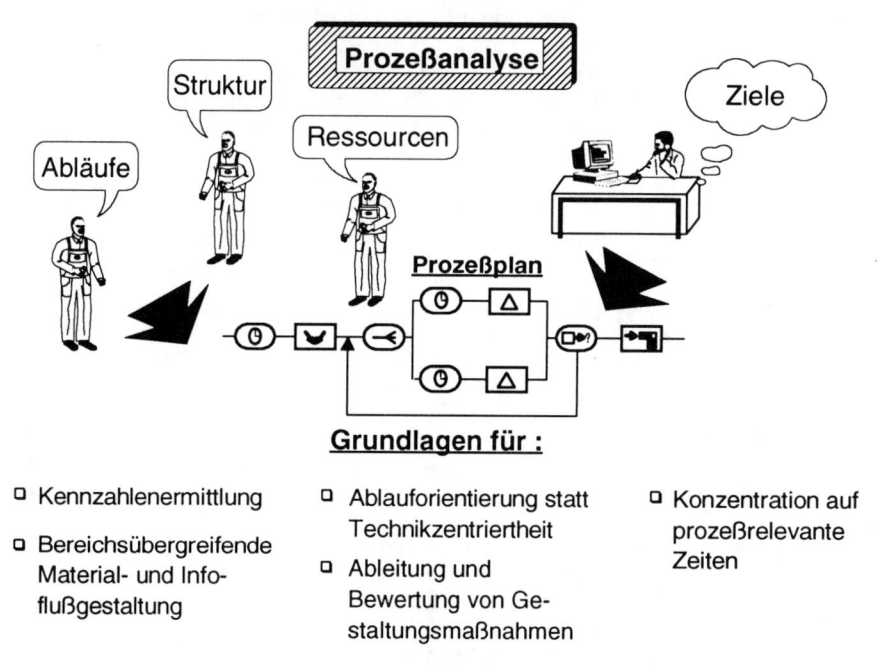

- ◻ Kennzahlenermittlung
- ◻ Bereichsübergreifende Material- und Infoflußgestaltung
- ◻ Ablauforientierung statt Technikzentriertheit
- ◻ Ableitung und Bewertung von Gestaltungsmaßnahmen
- ◻ Konzentration auf prozeßrelevante Zeiten

<u>Bild 10:</u> Prozeßanalyse -Grundlage der ressourcenoptimalen Produktionsgestaltung-

Um eine Bewertung der Ergebnisse durchführen zu können, werden diese in den Prozeßplan eingebracht. Dadurch läßt sich ermitteln, inwieweit die einzelne Maßnahme einen Erfolg bringt, beispielsweise für eine Verkürzung der Gesamtdurchlaufzeit oder für eine Senkung der Auftragskosten. Nur solche Maßnahmen sind umzusetzen, die unter dem Aspekt der ganzheitlichen Betrachtung einen meßbaren Erfolg aufweisen [16].

Die Aufnahme der detaillierten Daten über die gesamte Prozeßkette, wie z.B. der Produktherstellung, eröffnet dem Planungsteam die Möglichkeit, eine **integrierte Struktur- und Ablaufplanung** durchzuführen. Die wichtigsten dazu erforderlichen Daten sind in dem Prozeßplan dargestellt. Beispielsweise können für die Planung einer Fertigungsinsel die entsprechenden Fertigungsprozesse ermittelt und zu einer autonomen Einheit zusammengefaßt werden. Dadurch läßt sich schon im Vorfeld das erreichbare Potential einer solchen Inselbildung und die Auswirkungen auf die Gesamtdurchlaufzeit der Aufträge abschätzen. Weitere Arbeitsschritte, wie beispielsweise eine Teilefamilienbildung oder eine Detailplanung können laufend auf den Prozeßplan referenzieren. Nach Fertigstellung der Planung können sehr differenzierte Aussagen über eine erreichbare auftragsbezogene Kostensenkung oder Durchlaufzeitverkürzung getroffen werden.

Die generelle Anwendung der Methode in der Praxis zeigt oftmals sehr schnell Rationalisierungspotentiale auf, die teilweise ohne großen Investitionsaufwand erschlossen werden können. Beispielsweise wurde bei einem Fahrzeughersteller bei der Analyse einer bestimmten Prozeßkette ein Durchlaufzeitverkürzungspotential von 10% aufgedeckt, das durch eine geringfügige Organisationsänderung und ohne Investitionsaufwand realisiert werden konnte (Bild 11). Die Analyse und die abgeleitete Maßnahme wurde gemeinsam durch Führungskräfte und operative Mitarbeiter erarbeitet.

Prozeßanalyse im Team

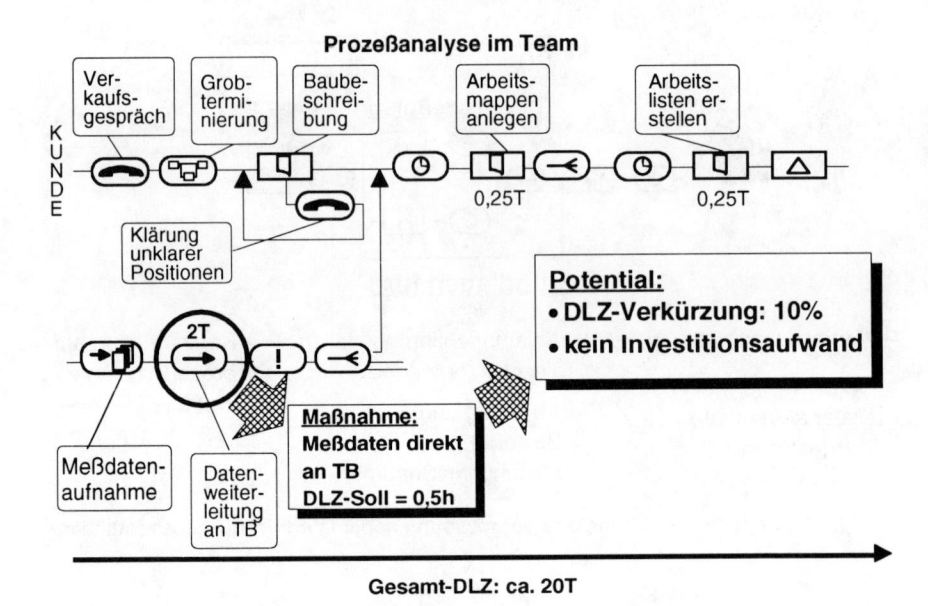

Bild 11: Produktionsgestaltung durch Prozeßanalyse -Beispiel (nach Krone)-

Aufbauend auf einer Prozeßanalyse können die erhobenen Daten, wie beispielsweise prozeßbezogene Durchlaufzeiten oder der Ressourcenverzehr, zu Kennzahlen aggregiert werden. Diese Kennzahlen dienen als Vergleichsmaßstab, um die betrachteten Prozesse bewerten zu können. Die so erhobenen Daten stellen damit die Basis für die Positionierung dar, die den Vergleich der Leistungsfähigkeit des eigenen Unternehmens mit der anderer Unternehmen ermöglicht.

3.3 Positionierung

Mit Hilfe der ermittelten Kennzahlen kann sich das Unternehmen im Wettbewerb positionieren (Benchmarking) [17,18]. Der Vergleich wird mit der eigenen oder einer fremden Branchen durchgeführt. Dazu werden die Literatur oder sonstige Quellen ausgewertet bzw. in Kontaktgesprächen mit anderen Unternehmen Schwerpunkte für die Notwendigkeit von Verbesserungsmaßnahmen abgeleitet (Bild 12).

Intern
- **Prozeßanalyse**
- Durchlaufzeiten
- Personaleinsatz
- Kapitaleinsatz
- Qualität

Extern
- Kennzahlen
- Verbundprojekte
- Workshop
- Fachverbände
- Literatur
- Seminare

Ableitung von Handlungsbedarf für die Produktionsgestaltung

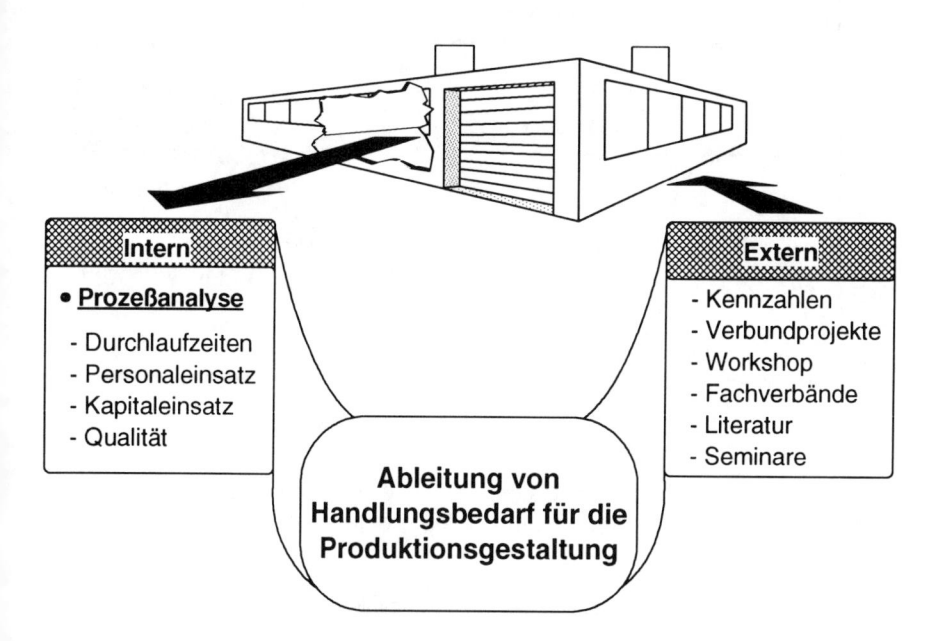

Bild 12: Positionieren -Prozeßorientiertes Benchmarking-

Als Beispiel für eine solche Positionierung wurde in einem Unternehmen des Anlagenbaus mit Hilfe von prozeßorientiertem Benchmarking die Leistungsfähigkeit der Auftragsabwicklung untersucht und mit der eines Automobilherstellers verglichen (Bild 13). Der signifikante Unterschied in den beiden Branchen besteht darin, daß der Automobilhersteller einen wesentlich höheren Aufwand in der Produktentwicklung betreibt, um in der späteren Produktion nur mit bereits vorgeplanten Aufgaben konfrontiert zu werden. Der Anlagenbauer steht dagegen fast immer nicht vollständig geklärten Aufträgen gegenüber, d.h. der Kunde bringt häufig noch während der Produktion Änderungswünsche ein, die berücksichtigt werden müssen. Daraus ergibt sich für den Anlagenbauer das Problem, während des Auftragsdurchlaufs ein latentes Informationsdefizit beherrschen zu müssen; im vorgestellten Beispiel verfügt er während der Konstruktion nur über 50% der Informationen, die dem Automobilhersteller zu diesem Zeitpunkt zur Verfügung stehen. Dieses Informationsdefizit führt dazu, daß in dieser Planungsphase ein gegenüber dem Automobilhersteller geringerer Planungsumfang bewältigt werden kann und die Planung damit auf geringerem Detaillierungsgrad erfolgt. Durch die fehlende Konkretisierung führen aber die späten Änderungen zu einem wesentlich erhöhten Aufwand für die Produktherstellung.

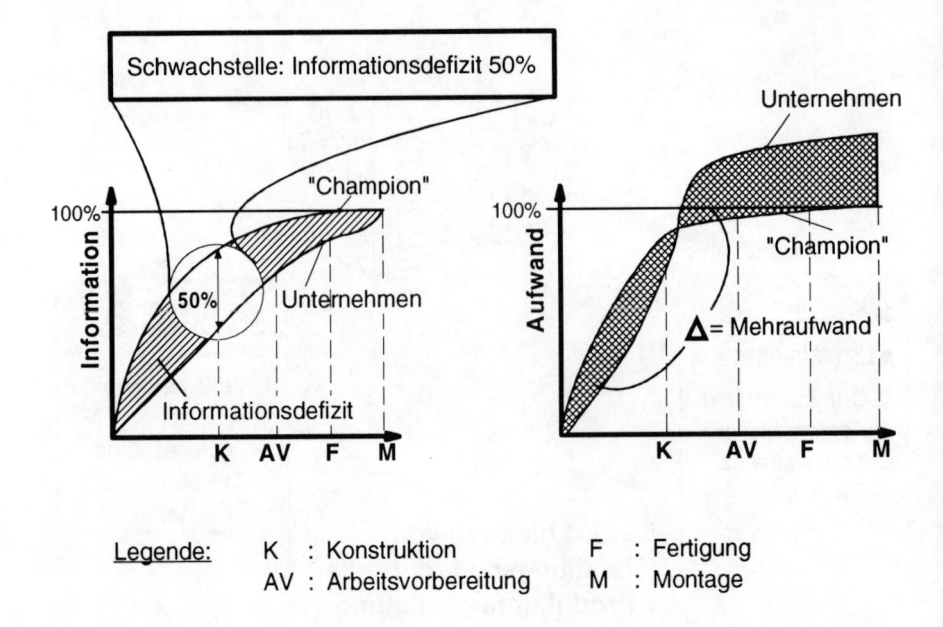

Legende: K : Konstruktion F : Fertigung
AV : Arbeitsvorbereitung M : Montage

Bild 13: Prozeßorientiertes Benchmarking -Kennzahlen zur Ableitung von Informationsdefiziten

Für den Anlagenbauer ergibt sich aus dieser Positionierung die Aufgabe, die eigene Auftragsabwicklung so umzugestalten, daß große Informationsdefizite gegen Ende der Produkterstellung möglichst weitgehend vermieden werden.

Nicht nur in den indirekten Bereichen eignen sich Kennzahlen zur Positionierung. Auch in Fertigung und Montage können sie als Hinweis auf mögliche Schwachstellen im Produktionsprozeß genutzt werden. Ein Beispiel dafür sind Produktionskennzahlen, die im Rahmen der Umstrukturierung einer ehemals funktionsorientiert organisierten Werkstättenstruktur zu Produktinseln ermittelt wurden (Bild 14). In diesen Produktinseln [19] werden alle für das entsprechende Produkt relevanten Produktionsprozesse zusammengefaßt; die Insel arbeitet eigenverantwortlich. Durch diese Umstrukturierungsmaßnahme konnten erhebliche Potentiale erschlossen werden. Es ergaben sich quantifizierbare Einsparungen, wie eine starke Steigerung des Umsatzes pro Mitarbeiter, eine deutliche Reduzierung der Anzahl erforderlicher Rüstvorgänge pro Monat, der Kapitalbindung und der Ausschußkosten. Gleichzeitig wurden aber auch nicht quantifizierbare Vorteile erreicht, wie eine Reduzierung der Auftragsdurchlaufzeit und eine Erhöhung der maximal verfügbaren Kapazität. Die so ermittelten Produktionskennzahlen dienen anderen Unternehmen dazu, nach einer eigenen Positionierung die Potentiale für derartige Umstrukturierungsmaßnahmen abzuschätzen. Aus der Positionierung läßt sich der Handlungsbedarf für die Änderung der Prozesse, die mit Hilfe des Prozeßplans dargestellt werden können (s. Kapitel 3.2), ableiten. Zur Beseitigung der Defizite erfolgt eine Umgestaltung der Produktionsprozesse, d.h. der Prozeßketten und der Prozeßelemente.

Ressourcenoptimale Produktionsgestaltung 3-19

Umsatz pro Mitarbeiter

137%

100%

1,2% Rüsteinsparung

2,7% Ausschußsenkung

3% Materialeinsparung

13,7% Organisationsänderung

16,7% Technologieänderung

0%

Fertigung 1989   Produktinsel 1991

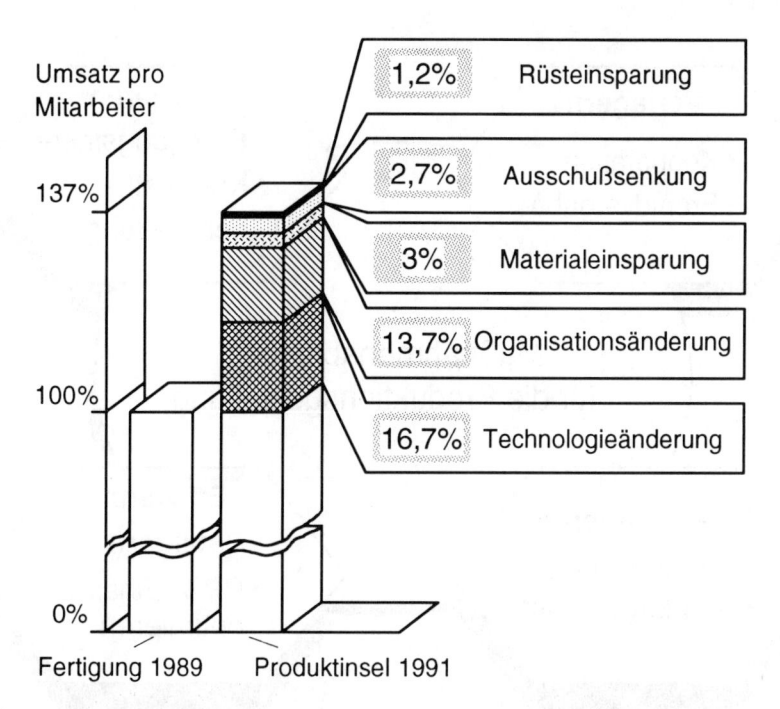

Bild 14: Kennzahlen der Produktinsel "Hydraulische Motorlager" -Beispiel (nach Boge AG)-

Der Prozeßplan dient dabei sowohl zur Ableitung der Maßnahmen (Interpretation) als auch zu ihrer Dokumentation. Grundsätzlich können vier verschiedene Maßnahmen zur Produktionsgestaltung ergriffen werden (Bild 15). Gemeinsames Kennzeichen dieser Maßnahmen ist die übergreifende Optimierung des Unternehmens; Detailoptimierungen werden erst anschließend vorgenommen.

Die erste mögliche Maßnahme ist die **Verlagerung**. Hier werden Prozesse oder ganze Prozeßketten aus dem Prozeßplan ausgegliedert und an andere Unternehmen vergeben. Formen der Zusammenarbeit sind z.B. Kooperationen oder Fremdbezug. Durch diese Maßnahmen wird die Konzentration der Unternehmen auf das Kerngeschäft unterstützt, wodurch die Komplexität reduziert wird. Damit werden Effekte im Sinne des Gesamtoptimums erreicht.

Die anderen Maßnahmen zeichnen sich durch eine Verbindung von Anforderungen der Ablauforganisation und der Produktionsstruktur aus. So werden durch **Segmentierung**, z. B. durch die Trennung von Serien- und Sondergeschäft, Prozeßketten, die für Produkte unterschiedlicher Charakteristik identisch sind, entsprechend dieser Produktcharakteristik getrennt und in einzelne Prozeßketten unterteilt. Dadurch können die segmentierten Prozeßketten neu und spezifisch anforderungsgerecht gestaltet werden.

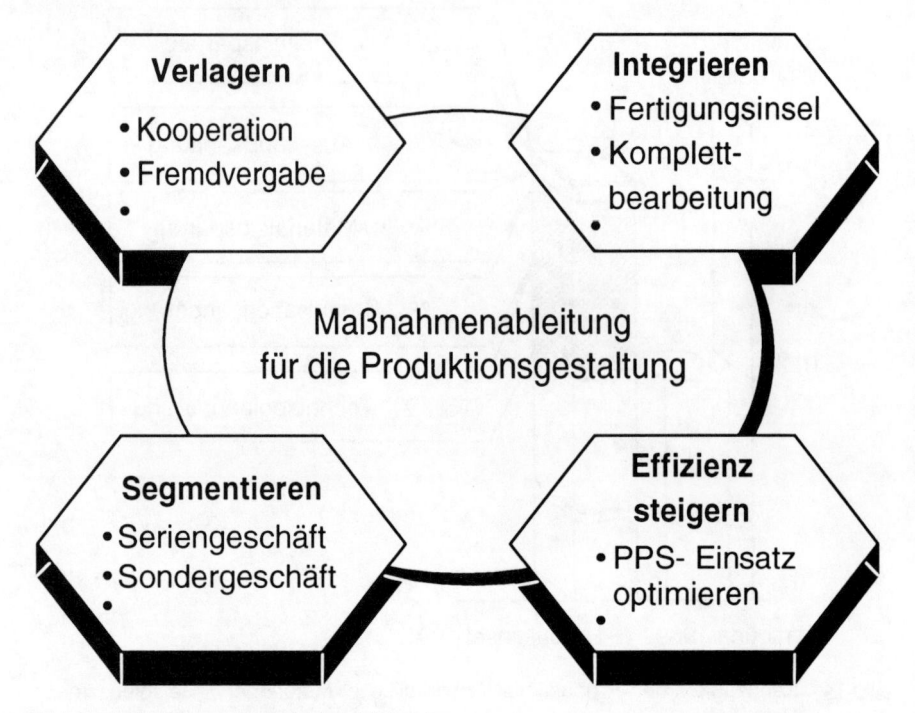

```
       Verlagern                    Integrieren
     • Kooperation                • Fertigungsinsel
     • Fremdvergabe               • Komplett-
     •                              bearbeitung
                                  •

              Maßnahmenableitung
           für die Produktionsgestaltung

      Segmentieren                  Effizienz
                                    steigern
     • Seriengeschäft
     • Sondergeschäft             • PPS- Einsatz
     •                              optimieren
                                  •
```

Bild 15: Ableitung strategischer Maßnahmen

Durch **Integration** werden einzelne Prozesse zusammengefaßt. Diese Maßnahme wird in solchen Fällen angewendet, in denen durch den Prozeßplan eine deutliche Trennung von wertschöpfenden und organisatorischen Tätigkeiten deutlich wird. Ein Beispiel für die Integration ist die Bildung von Fertigungsinseln.

Die dritte Maßnahme ist die **Effizienzsteigerung**. Diese Maßnahme ist immer dann zu wählen, wenn der Prozeßplan auf Defizite schließen läßt, deren Ursache in einem einzelnen Prozeß, der sowohl in direkten als auch indirekten Bereichen der Auftragsabwicklung liegen kann.

Die Ableitung der jeweils sinnvollen Maßnahme zur Produktionsgestaltung ist unternehmensspezifisch und erfolgt vor dem Hintergrund der Auftragsabwicklungsziele. Mit Hilfe der Prozeßanalyse können die Produktionsprozesse identifiziert und hinsichtlich ihrer Leistungsfähigkeit beurteilt werden. Damit sind die Voraussetzungen geschaffen, um die Unternehmensressourcen zielgerichtet einsetzen zu können.

3.4 Auswirkungen auf den Wertschöpfungsprozeß

Der Erfolg produzierender Unternehmen hängt entscheidend davon ab, daß die Produktionsprozesse mit hoher Wertschöpfung erkannt und die Unternehmensressourcen für diese Prozesse genutzt werden. Die Voraussetzung dafür sind die Analyse dieser Produktionsprozesse, die Identifikation wertschöpfender und nicht wertschöpfender Prozesse, und die darauf aufbauende gemeinsame Produktionsgestaltung durch operative und planende Mitarbeiter.

Durch die weitgehende Eliminierung der nicht wertschöpfenden und einer Optimierung der wertschöpfenden Prozesse können häufig erhebliche zusätzliche Potentiale aufgedeckt werden. Dabei werden z.B. im Produktherstellungsprozeß Liegezeiten so weit wie möglich reduziert und ein hoher Ressourcenverzehr bei der Prozeßdurchführung vermieden. So wurde bei einem Automobilhersteller die Fertigung der Baugruppe "Seitengerippe", ausgehend von einer Fertigungslinie, in eine Gruppenfertigung umstrukturiert (Bild 16).

Fließfertigung

Realisierte Einsparungen:

Taktzeit:	- 14%
Fläche:	- 36%
Schweißtrafos:	- 42%
Schweißgeräte:	- 33%
Schweißzangen:	- 33%

Gruppenfertigung

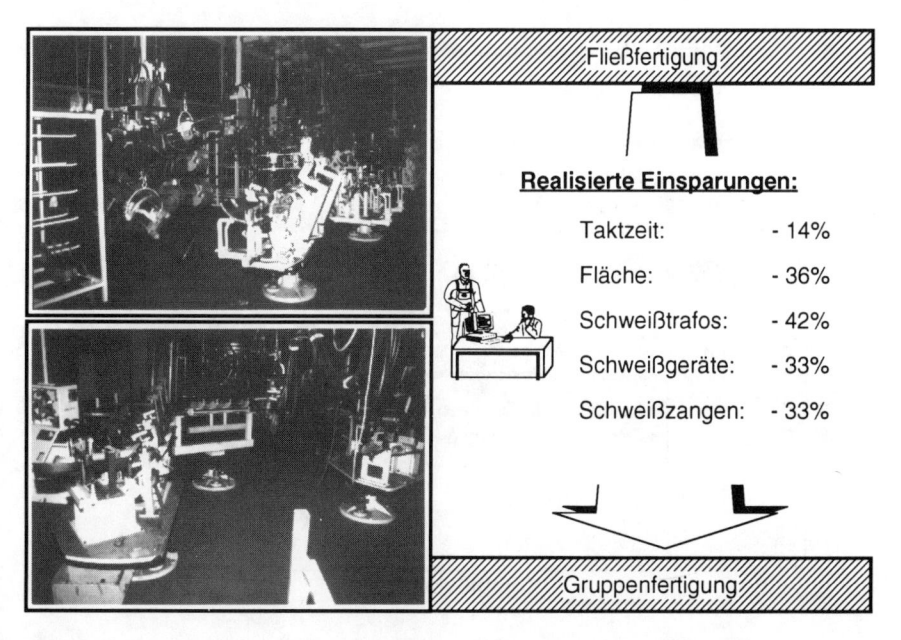

Bild 16: Konzentration auf die Wertschöpfung -Beispiel (nach BMW AG)-

Dazu erfolgte eine intensive Zusammenarbeit zwischen den Werkern und der Fertigungsplanung. Das Know-how der Werker in bezug auf die konkreten Anforderungen der Fertigungsoperationen führte, ausgehend von den Wertschöpfungsprozessen, zu der Forderung nach einem stark geänderten Fertigungsablauf, der eine starke Änderung der Fertigungsstruktur erforderte. Die Anordnung der Fertigungsmittel in U-Form zeigte erhebliche Vorteile gegenüber der vorher gewählten Linienstruktur.

Durch diese anforderungsgerechte Fertigungsstruktur konnten die erforderlichen Ressourcen in erheblichem Maße eingespart werden. So wurde der Flächenbedarf reduziert sowie die erforderliche Zahl an Fertigungsmitteln und Vorrichtungen gesenkt. Der Mengenausstoß wurde durch eine Verkürzung der Taktzeiten erhöht.

Die hier vorgestellte Lösung konnte nur deshalb konzipiert werden, weil alle Produktionsprozesse auf ihre Wertschöpfung hin analysiert wurden. Erst die Verbindung von operativem Know-how und Planungs-Know-how machte die Aufdeckung der anschließend realisierten Potentiale möglich. Die Motivation der Mitarbeiter wurde durch die ablaufgerechte Produktionsgestaltung erheblich gesteigert.

Durch die Konzentration auf den Wertschöpfungsprozeß werden die Unternehmensressourcen zielgerichtet eingesetzt. Damit ist die wesentliche Voraussetzung für die Reduzierung der Komplexität in den Unternehmen geschaffen.

3.5 Reduzierung der Komplexität

Die Komplexität der Abläufe und Strukturen in den Unternehmen hat sich historisch entwickelt [4].

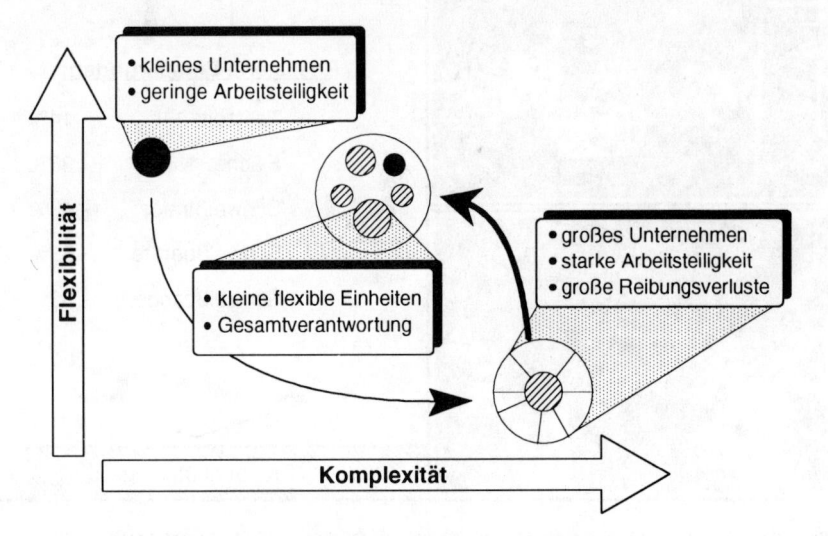

Bild 17: Ressourcenoptimale Produktionsgestaltung -Segmentieren-

Aus den Handwerksbetrieben entwickelten sich zunächst Kleinbetriebe, später wuchsen sie zu Unternehmen mit mittelständischer Charakteristik, bis einige schließlich die Form heutiger Großunternehmen erreichten [20].

Auf diesem Weg gingen langsam die Vorteile der Übersichtlichkeit und der Gesamtverantwortlichkeit der kleineren Produktionsstrukturen verloren, denn mit wachsender Unternehmensgröße wurde die Arbeitsteilung immer stärker, und immer mehr Stellen wurden mit der Planung und Organisation der ausführenden Tätigkeiten beauftragt.

Abhilfe im Sinne der ressourcenoptimalen Produktionsgestaltung liefert die Segmentierung [21]. Dabei wird die Zielsetzung verfolgt, die Vorteile der kleinen und mittelständischen Strukturen mit denen der Großunternehmen zu verbinden (Bild 17). Dazu werden kleine, flexible Einheiten geschaffen, die die Handlungsfähigkeit selbständiger Unternehmen besitzen. Diese Einheiten arbeiten im Idealfall ohne gegenseitige Zielkonflikte auf ein gemeinsames übergreifendes Unternehmensziel hin.

Als erstes Beispiel wird die Segmentierung einer Großserienmontage vorgestellt (Bild 18). Bei einem Automobilhersteller sollten große Stückzahlen komplexer Produkte mit großer Variantenvielfalt möglichst kostengünstig montiert werden (Verbindung von "Economics of Scales" mit "Economics of Scope").

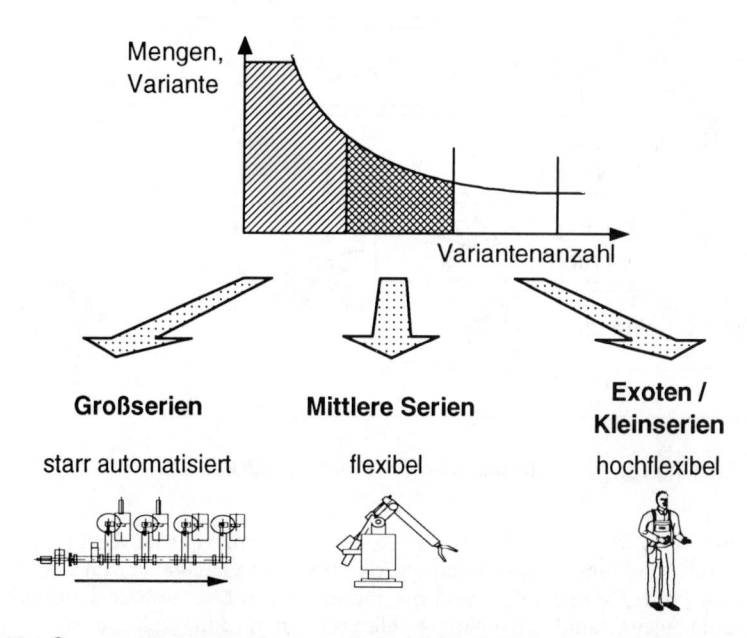

Bild 18: Segmentierung der Montage -Beispiel (nach Volkswagen AG)-

Dazu wurde die Montage nach mengen- und variantenorientierten Technologien segmentiert. Die Klassifizierung des Produktspektrums ergab, daß sich insgesamt drei Produktgruppen mit unterschiedlicher Charakteristik hinsichtlich Mengen und Varianten unterscheiden ließen. Etwa 65 Prozent der Kapazität war für Modelle erforderlich, die mit gleichbleibend hoher Stückzahl mit gleichem Variantenspektrum gefertigt wurden. Für diese Modelle wurden 4 Linien für Großserien eingerichtet, die mit hochautomatisierten Montageeinrichtungen in Einzwecktechnik ausgerüstet sind. Die beiden anderen Produktgruppen wiesen gegenüber der ersten erhöhte Anforderungen hinsichtlich Flexibilität auf, wobei noch zwischen erhöhten und sehr hohen Flexibilitätsanforderungen unterschieden werden konnte. Folgerichtig wurden noch je eine Montagelinie mit flexiblen und eine mit hochflexiblen manuellen Montagemitteln konzipiert. Auf diese Weise konnte durch Segmentierung für jede Produktgruppe eine angepaßte Montagestruktur geschaffen werden, die eine Herstellung aller Produkte zu insgesamt minimalen Kosten ermöglicht. Diese Art der Segmentierung entspricht einer Trennung von Serien- und Sondergeschäft.

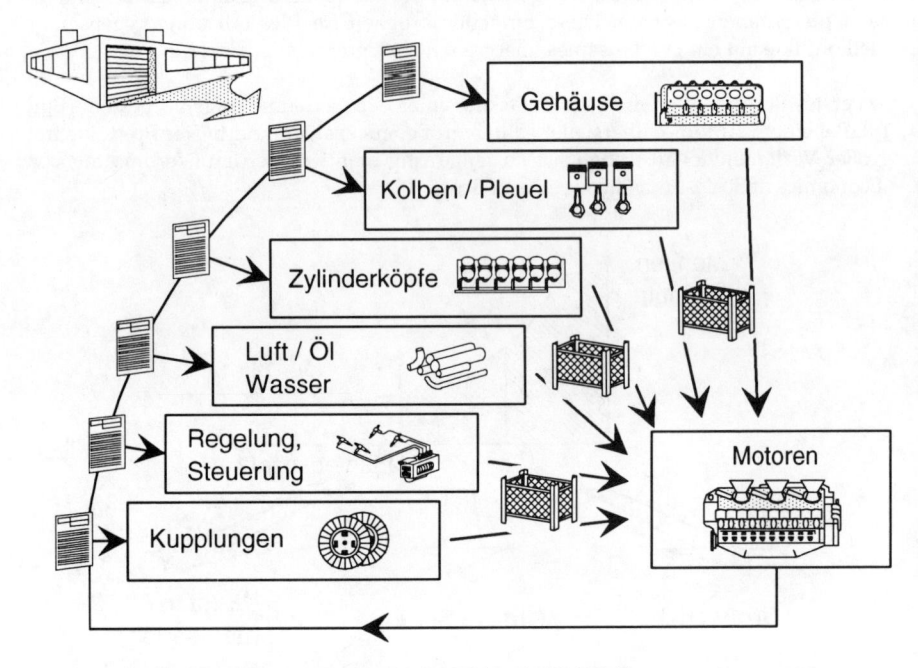

Bild 19: Bildung von Produktinseln -Beispiel (nach Pielstick)-

Eine weitere Möglichkeit für die Reduzierung der Komplexität ist die Bildung von Produkt- oder Modulinseln [19]. Dazu wurden bei einem Hersteller von Großdieselmotoren die Produkte in Module und die Produktion in Modulinseln unterteilt, die als Costcenter weitgehend unabhängig agieren können (Bild 19). Die Endmontage (Produktinsel Motoren) unterhält eine Kundenbeziehung zu den vorgelagerten Modulinseln, die ihrerseits Lieferanten der Endmontage sind. Diese Modulinseln können unabhängig voneinander arbeiten, ohne konkurrierende Zielsetzungen zu verfolgen. Durch die Auftragserteilung der Endmontage an die vorgelagerten Inseln entsteht eine Zugsteuerung. Die Distribution und Steuerung der Aufträge führen die vorgelagerten Inseln selbständig durch. Ein Fertigwarenlager gibt es nicht. Durch diese Organisationsform ist gewährleistet, daß die Produktherstellung innerhalb des Unternehmens unter Marktbedingungen erfolgt, denn die Produktinsel Motoren kann ihre Komponenten auch frei am Markt erwerben.

Ressourcenoptimale Produktionsgestaltung 3-25

Auch durch Bildung von Fertigungsinseln für die Bearbeitung von Werkstücken einer Teilefamilie [22,23] wird die Komplexität der Abläufe reduziert. Bei einem Druckmaschinenhersteller wurde die spanende Bearbeitung einer Teilefamilie so gestaltet, daß die Werkstücke auf ausreichend flexiblen Bearbeitungsmaschinen in einem Arbeitsgang komplett fertig bearbeitet werden können (Bild 20).

Werkstückspektrum

Potentiale:
- Kosten : - 30%
- Durchlaufzeit : - 50%
- Personal : - 70%

Bild 20: Komplettbearbeitung -Integration von Fertigungsprozessen (nach HDM)-

Die Konzeption dieser Maßnahme zur Produktionsgestaltung erforderte die intensive Zusammenarbeit von planenden und operativen Mitarbeitern. Das Ergebnis war ein Werkstückträger-/Werkstückwechselsystem, das die Voraussetzung für die Komplettbearbeitung bildete. Die einzelnen Maschinen stehen in einer Reihe nebeneinander und werden durch ein fahrerloses Transportsystem (FTS) ver- und entsorgt. Die positiven Effekte dieser Maßnahme zeigen sich in der deutlichen Reduzierung von Kosten, Personal und Durchlaufzeit. Die Motivation der Mitarbeiter vergrößerte sich durch gesamthafte Verantwortung für das zu bearbeitende Werkstückspektrum erheblich.

Ein letztes Beispiel für die Reduzierung der Komplexität bildet die Flexibilisierung und die Effizienzsteigerung der Prozesse [24]. Ein Beispiel dafür ist die Substitution von Einzweckmaschinen durch flexiblere CNC- Maschinen mit erhöhter Leistungsfähigkeit (Bild 21).

Technologieänderung

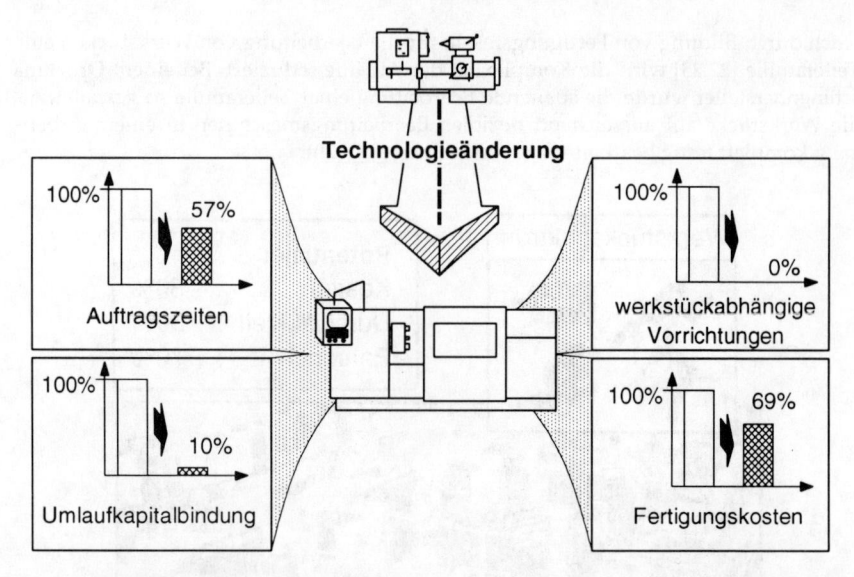

100% → 57%	100% → 0%
Auftragszeiten	werkstückabhängige Vorrichtungen
100% → 10%	100% → 69%
Umlaufkapitalbindung	Fertigungskosten

Bild 21: Effizienzsteigerung bei der mechanischen Bearbeitung -Beispiel (nach Barmag)-

Die Effizienzsteigerung wird in diesem Fall durch den Einsatz moderner leistungsfähiger Schneidstoffe erreicht, der zu einer erheblichen Reduzierung der Hauptzeiten führt und die Gesamtbelegungszeit eines Werkstücks auf der Maschine verringert. Durch den Einsatz von CNC- Technik wird die Bearbeitungsflexibilität erhöht. Der Auftragsabwicklungsprozeß ändert sich durch diese Maßnahme nicht.

4. Zusammenfassung und Ausblick

Produzierende Unternehmen sehen sich heute mit vielfältigen Herausforderungen konfrontiert, denen nur mit konsequenten Umstrukturierungsmaßnahmen begegnet werden kann. Die in der Vergangenheit schwerpunktmäßig durchgeführten Produktionsgestaltungsmaßnahmen führten zu Detailoptimierungen, die nur in geringem Maße positive Effekte für den übergreifenden Unternehmenserfolg erbrachten. Neue Methoden und Hilfsmittel müssen deshalb so gestaltet werden, daß die wertschöpfenden Potentiale der Unternehmen optimal für die Produkterstellung genutzt werden können. Dazu ist ein radikales Umdenken weg von der heute üblichen Funktionsorientierung hin zur Prozeßorientierung erforderlich. Diese geänderte Sichtweise macht es möglich, die Analyse des Produktherstellungsprozesses zur Basis aller Maßnahmen zur Produktionsgestaltung zu machen. Sie liefert die Grundlage zur Reduzierung der Komplexität und zur Orientierung am Wertschöpfungsprozeß. Dadurch ist die optimale Nutzung der Unternehmensressourcen gewährleistet.

Für die Kenntnis der Produktionsprozesse sowie für die Aufdeckung und Realisierung der Potentiale zur Umstrukturierung bildet die Nutzung des Know-how der

Mitarbeiter die wesentliche Voraussetzung. Die Unternehmen müssen besonders die operativen Mitarbeiter in den Produktionsgestaltungsprozeß einbinden. Damit stehen diese Mitarbeiter aber in einem Spannungsfeld, das sich einerseits durch die Einsparungspotentiale, andererseits aber durch die Rationalisierungseffekte ergibt. Die Bewältigung dieses Zielkonflikts ist die zentrale Aufgabe für die Zukunft, da andernfalls die Potentiale des Unternehmens nicht aufgedeckt werden können.

Bei der Auswahl von Maßnahmen zur ressourcenoptimalen Produktionsgestaltung ist deshalb ein geändertes gegenseitiges Verständnis erforderlich (Bild 22).

- **Gemeinsame Produktionsgestaltung**
- **Prozeßorientierte Produktionsgestaltung**
- **Positionierung**
- **Konzentration auf die Wertschöpfung**
- **Reduzierung der Komplexität**

Optimale Produktionsgestaltung
- Abläufe
- Strukturen

Spannungsfeld
- Einsparungspotentiale
- Rationalisierungseffekte

Der Weg ist das Ziel

Bild 22: Maßnahmen zur ressourcenoptimalen Produktionsgestaltung

Das "System Produktion" muß im Sinne einer kontinuierlichen Verbesserung in dauernder Bewegung gehalten werden, um durch Kreativität und Konfliktfähigkeit den Weg der kontinuierlichen Verbesserung gehen zu können. So werden die Abläufe und Strukturen in ihren Anforderungen angeglichen und langfristig einem Optimum zugeführt.

Literatur:

[1]   Deysson,C.; Handschuch, K.; Wolf-Doettinchem, L.: Kühne Experimente; Wirtschaftswoche Nr. 9, 26.2.1993, S. 14-18

[2] Pester, W.: Automobilhersteller unterliegen starkem Anpassungsdruck; VDI-Nachrichten, Jahrgang 47/Nr. 10, 12.3.1993, S. 1

[3] Tränckner, J.: Entwicklung eines prozeß- und elementeorientierten Modells zur Analyse und Gestaltung der technischen Auftragsabwicklung von komplexen Produkten; Dissertation RWTH Aachen, 1990

[4] Roever, M.: Tödliche Gefahr, Überkomplexität I, Problem und Lösung; Manager Magazin 10 (1991), S. 218- 233

[5] Eversheim, W.; Müller, St.; Schares, L.: Funktionsbausteine der Montagevorbereitung; VDI-Z 135 (1993), Nr.3, S. 58-63

[6] Eversheim, W.; Dobberstein, M.; Fuhlbrügge, M.: Zeitgemäße Fertigungs- und Steuerungskonzepte; VDI-Z 136 (1993), Nr. 4, S. 64-67

[7] Köblin, R.: Der Mensch im Unternehmen; Werkstatt und Betrieb 125 (1992) Nr. 12, S. 885-887

[8] Hedrich, P.; Brunner, B. E.: Mechanische Fertigung von Kleinserien-Alternative zur Verkettung; ZwF 82 (1987) Nr. 4, S. 207-212

[9] Hedrich, P.; Brunner, B. E.: Funktionen des Werkers in flexibel automatisierten Fertigungseinrichtungen; ZwF 82 (1987) Nr. 11, S. 642-648

[10] Hedrich, P.; Brunner, B. E.: Arbeitsstrukturen flexibel automatisierter Fertigungseinrichtungen; ZwF 83 (1988) Nr. 1, S. 27-30

[11] Stalk, J.; Hout,T.: Competing against Time, How Time-based Competition is Reshaping Global Markets; The Free Press, New York, Collier Maemillian Publishers, London, 1990

[12] Striening, H.-D.: Prozeß-Management: Versuch eines integrierten Konzeptes situationsadäquater Gestaltung von Verwaltungsprozessen in einem multinationalen Unternehmen; Dissertation Universität Kaiserslautern, 1988

[13] Büdenbender, W.: Entwicklung von Anforderungen und Gestaltungsvorschlägen zur Konzeption einer ganzheitlichen Produktionsplanung und -steuerung für Unternehmeny des Maschinenbaus mit serieller inhomogener Auftragsabwicklungsstruktur; Dissertation RWTH Aachen, 1989

[14] Schnorbus, A.: Die Fabrik der Zukunft muß wie ein Organismus arbeiten, Blick durch die Wirtschaft; Jahrgang 35, Nr. 189; 30.9.1992, S. D18

[15] Eversheim, W.; Müller, St.; Heuser, Th.: "Schlanke" Informationsflüsse schaffen; VDI-Z 134 (1992), Nr. 11, S. 66-69

[16] Müller, St.: Entwicklung einer Methode zur prozeßorientierten Reorganisation der technischen Auftragsabwicklung komplexer Produkte; Dissertation RWTH Aachen, 1992

[17] Owen, J.V.: Benchmarking World Class Manufacturing; Manufacturing Engineering, March 1992, S. 29-34

[18] Jacob, R.: How to Steal the Best Ideas Around; Fortune, October 19 (1992), S. 86-89

[19] Wagner, D.; Schumann, R.: Die Produktinsel, Leitfaden zur Einführung einer effizienten Produktion in Zulieferbetrieben; Verlag TÜV Rheinland, Köln, 1991

[20] Womack, J.P.; Jones, T.P.; Roos, D.: Die zweite Revolution in der Autoindustrie; Campus Verlag, Frankfurt, New York, 1991

[21] Horn, V.; Trage, P.: Segmentierung steigert die Leistung; ZwF 87 (1992) 6, S. 309-312

[22] Dörken, T.P.; Melchert, M.; Skudelny, Ch.: Flexible Fertigung, Fachgebiete in Jahresübersichten; VDI-Z 134 (1992), Nr 7-8, S. 58-76

[23] Göttker, A.: Teilefamilienbildung; Verlag TÜV Rheinland, Köln, 1990

[24] N.N.: Tausend Teile vom FFS im Fertigungsmix; Produktion 9 (1993), S.12

Mitarbeiter der Arbeitsgruppe für den Vortrag 3.1

Dr.-Ing. H. Degenhardt, Boge AG, Bonn
Dipl.-Ing. T.P. Dörken, WZL, Aachen
Prof. Dr.-Ing. Dr. h.c. Dipl.-Wirt. Ing. W. Eversheim, WZL/FhG-IPT, Aachen
H. Focks, Lingen
Dr.-Ing. P. Hedrich, MTU AG, Friedrichshafen
Dipl.-Ing. Th. Heuser, WZL, Aachen
Ing.-grad. H. Kenn, Heidelberger Druckmaschinen AG, Heidelberg
Dr.-Ing. F. Lehmann, WZL, Aachen
Dipl.-Ing. (FH) W. Popp, Barmag AG, Remscheid
Dr.-Ing. U. Ungeheuer, BMW AG, München
Dr.-Ing. G. Werntze, Maho AG, Pfronten
Prof. Dr.-Ing. Dr. E.h. H.P. Wiendahl, IFA, Hannover
Dr.-Ing. B. Wilhelm, Volkswagen AG, Wolfsburg

3.2 Technologieverständnis - Der Schlüssel zu optimierten Prozessen und Fertigungsfolgen

Gliederung:

1. Einleitung

2. Ansatzpunkte zur kostenminimalen Produktion
2.1 Sicherheit der Prozesse erhöhen
2.2 Zahl der Fertigungsschritte reduzieren
2.3 Losgrößen erhöhen
2.4 Entsorgungskosten vermeiden oder vermindern

3. Verfügbare Ressourcen
3.1 Neue und verbesserte Werkzeuge
3.1.1 Ultrafeinstkornhartmetall
3.1.2 Beschichtete Hartmetalle
3.1.3 Cermets
3.1.4 Diamantbeschichtete Werkzeuge
3.1.5 Werkzeuge zum Hochgeschwindigkeitsschleifen
3.2 Prozeßauswahl und Prozeßauslegung
3.2.1 Leistungsfähigkeit von Hartstoffschichten ausschöpfen
3.2.2 Grate durch Prozeßauslegung minimieren
3.2.3 Hartzerspanung anwenden
3.2.4 Grenzen des Schrägeinstechschleifens überwinden
3.2.5 CBN-Schleiftechnik nutzen
3.3 Weiterentwickelte Erodiertechniken
3.3.1 Senkerodieren mit wäßrigem Arbeitsmedium
3.3.2 Verfahrenskombination EDM-ECM
3.3.3 Präzisionsbearbeitung mit ablaufender Drahtelektrode
3.3.4 Selbsttätige Prozeßauslegung beim funkenerosiven Bearbeiten

4. Zusammenfassung

Kurzfassung:

Technologieverständnis - Der Schlüssel zu optimierten Prozessen und Fertigungsfolgen

Veränderte wirtschaftliche Rahmenbedingungen führen gegenwärtig zu forciertem Wandel in der Produktionstechnik. Für den Hochlohnstandort Bundesrepublik Deutschland ist es von zentraler Bedeutung, noch ungenutzte Ressourcen aufzudecken, konsequent zu nutzen und rasch neue zu erschließen.
Der Begriff "Fertigen" wird zukünftig weitaus mehr umfassen müssen als eine Abfolge von Einzelprozessen. Die Technologien für die Fertigung von morgen müssen neben weiter steigenden Ansprüchen an die Leistungsfähigkeit, an die Zuverlässigkeit und an die Wirtschaftlichkeit besonders auch ökologischen Forderungen von Staat und Gesellschaft gerecht werden.
Eine Vielzahl von Komponenten zur Lösung derartiger Aufgaben existiert bereits. Weiterentwickelte Werkzeugstoffe eröffnen neue Möglichkeiten zur Prozeßauswahl, zur Prozeßauslegung und zur Gestaltung von Fertigungsfolgen. Die optimale Nutzung dieses Potentials setzt Prozeßkenntnis und die Kenntnis der Eigenschaften der zu bearbeitenden Werkstoffe voraus. Daraus lassen sich auch verbesserte Methoden zur Prozeßüberwachung ableiten.
Anhand von Beispielen wie Trockenbearbeitung, Hartzerspanung, Hochleistungsschleifen und funkenerosivem Abtragen wird aufgezeigt, welche Lösungswege zur Senkung von Fertigungskosten beschritten werden können.

Abstract:

Understanding of technologies - The key towards optimized processes and production sequences

Today's modified economic conditions force substantial changes in production techniques. It is especially for countries with high labour costs essential to reveal unused ressources, to exploit them and to open new ones.
Future manufacturing must cover much more than a sequence of single processes applied to produce components with the right shape and dimensions. Tomorrow's fabrication must satisfy demands like higher performance, reliability and economy. In addition stricter environmental laws and regulations must be followed.
A variety of elements necessary to fulfill these demands already exists. Improved tools and tool materials give new opportunites for the choice and the design of processes and for new structures of production sequences. To optimize the exploitation of the above named potentials, the following points must be fully cleared: the characterization of the processes and the influence of the properties of the materials at the moment they are to be machined. This knowledge is also necessary to develop advanced methods for process monitoring.
Cutting without coolant, hard machining, high performance grinding and spark erosion demonstrate approaches for a reduction of costs in manufacturing.

1. Einleitung

Die gegenwärtige Situation ist geprägt von extrem verschärftem internationalem Wettbewerb bei gleichzeitig rückläufiger Konjunktur. Das Behaupten von Marktpositionen und Marktanteilen erfordert Kostensenkungen, die weit über das bisher übliche Maß hinausgehen müssen. Da in Phasen wie der gegenwärtigen auch Rationalisierungsinvestitionen überaus kritisch hinterfragt werden, sind das Aufdecken und Nutzen vorhandener Ressourcen von besonderer Bedeutung. Das wird umso eher gelingen, je mehr das Fachwissen der Mitarbeiter bereichsübergreifend genutzt wird. Ziel muß es sein, das Produzieren und damit die Technologien und die Prozesse ohne Wenn und Aber als den Mittelpunkt des betrieblichen Geschehens zu akzeptieren und alle Aktivitäten darauf auszurichten, diesen Bereich weiter zu optimieren (Bild 1).

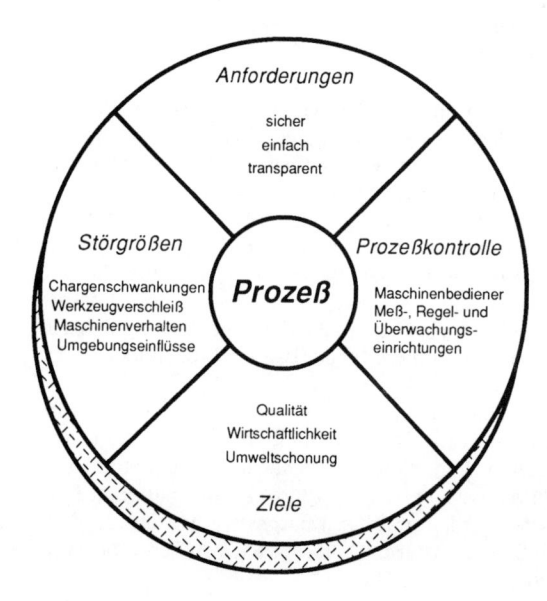

Bild 1: Prozeß und Umfeld

2. Ansatzpunkte zur kostenminimalen Produktion

2.1 Sicherheit der Prozesse erhöhen

Unabdingbare Voraussetzung für kostengünstiges Produzieren ist das Beherrschen der Technologien. Einzelprozesse und Prozeßketten müssen so gestaltet werden, daß sie mit einem Höchstmaß an Sicherheit ablaufen, und zwar unabhängig davon, ob in kleinen oder großen Losen gefertigt wird. Diese Forderung läßt sich nur erfüllen, wenn die im Prozeß ablaufenden Vorgänge analysiert und verstanden werden. Nur dann ist auch eine ausreichende Sicherheit bei der Auswahl der für den Prozeß notwendigen Maschinen, Werkzeuge, Stellgrößen und Hilfsstoffe gegeben.

Die Qualifikation und die Verantwortlichkeit der Mitarbeiter müssen auf die Anforderungen, die anspruchsvolle Prozesse und Technologien stellen, abgestimmt sein. Dies gilt nicht nur für das mit Planungsaufgaben betraute Personal, sondern es muß insbesondere auch für die operativ tätigen Mitarbeiter gelten.

Wenn sich Prozesse als störanfällig und labil erweisen, dann deutet dies letztlich auf Defizite im Prozeßverständnis hin. Solche Defizite können verschiedenartige Ursachen haben. Sie sind relativ einfach zu beheben, wenn sie auf Unkenntnis verfügbarer Information und auf mangelnder Kommunikation innerhalb des Unternehmens beruhen. Größere Probleme entstehen, wenn Phänomene auftreten, deren Ursachen und Wirkprinzipien noch unbekannt sind. In diesen Fällen müssen zunächst die den Prozeß charakterisierenden Wirkmechanismen analysiert werden, sonst sind gezielte Eingriffe in den Prozeß kaum möglich. Auch der Einsatz von Überwachungseinrichtungen scheidet aus, weil für deren Entwicklung und Betrieb das Verständnis der im Prozeß ablaufenden Vorgänge erforderlich ist.

Alle Prozesse generieren Signale, die sich zur Analyse des Prozeßstatus' und zur Prozeßkontrolle nutzen lassen, sofern geeignete Sensoren zur Signalaufnahme und Algorithmen zur Signalverarbeitung verfügbar sind. Zu diesen Signalen gehören die Kräfte, der Körperschall und die Leistungsaufnahme der Maschine. Auch Daten über den Werkzeugverschleiß, die Verfahrwege von Werkzeugen und Maschinenkomponenten, die geometrischen Abmessungen der Werkstücke, die Oberflächenkennwerte sowie über die Eigenschaften der Werkstückrandzonen, wie zum Beispiel Eigenspannungen oder Gefügeveränderungen, können zur Kontrolle des Prozesses genutzt werden. Heute sind bereits Systeme in Betrieb, die den Eigenspannungszustand der Werkstücke in der Produktion messen und die Ergebnisse zur Prozeßüberwachung nutzen [1].

An modernen Produktionsanlagen bestehen für den Maschinenbediener kaum noch Möglichkeiten, den Prozeßablauf unmittelbar zu beobachten und auf Prozeßabweichungen zu reagieren. Um diese Möglichkeit zu schaffen, wurden Systeme zur Visualisierung des Prozesses entwickelt (Bild 2). Informationen über den aktuellen Zustand des Prozesses werden graphisch dargestellt, so daß der Maschinenbediener bei Veränderung von Signalmustern, Überschreiten von Schwellenwerten etc. sofort korrigierend in den Prozeß eingreifen kann.

Sind Prozesse soweit verstanden, daß neben der Signalaufnahme auch Algorithmen zur Signalverarbeitung und zum Generieren von Stellgrößen verfügbar sind, dann kann Prozeßüberwachung in Form eines Regelkreises angewandt werden. Das Beispiel der Anfunkerkennung beim Innenrundschleifen (Bild 2) zeigt, daß bei Automatisierung dieses Prozeßschrittes Zeiteinsparungen um 90% möglich sind.

Trotz des hohen Standes der Sensorentwicklung und der Einrichtungen zur Prozeßüberwachung wird sich in absehbarer Zeit die Sicherheit von Prozeßabläufen nicht ausschließlich durch technische Hilfsmittel realisieren lassen. Manuelle Eingriffe in Prozesse sind sicherlich auch weiterhin notwendig. Der Auslöser für Korrekturen am Prozeßablauf darf aber nicht erst die Meldung über den Ausschuß der Werkstücke sein.

Wenn automatische Einrichtungen zur Prozeßüberwachung nicht vorhanden sind, muß die Fachkompetenz der Mitarbeiter wieder stärker als bisher in die Prozeßauslegung und in die Prozeßführung eingebracht werden. In diesem Zusammenhang ist neu über Maßnahmen zur Höherqualifizierung von Mitarbeitern nachzudenken. Es zeichnen sich Tendenzen ab, die heute zum Teil weit fortgeschrittene Arbeitsteilung zu revidieren und den Mitarbeitern anspruchsvollere Arbeitsinhalte mit größerer Verantwortlichkeit zuzuweisen als bisher. Von der verstärkten Integration fachlich geschulten Personals in den Produktionsablauf wird höhere Flexibilität beim Reagieren auf Abweichungen vom "normalen" Produktionsgeschehen erwartet. Voraussetzung für derartige Strukturen in der Produktion ist, wie bereits erwähnt, das Verständnis der in den Prozessen ablaufenden Vorgänge.

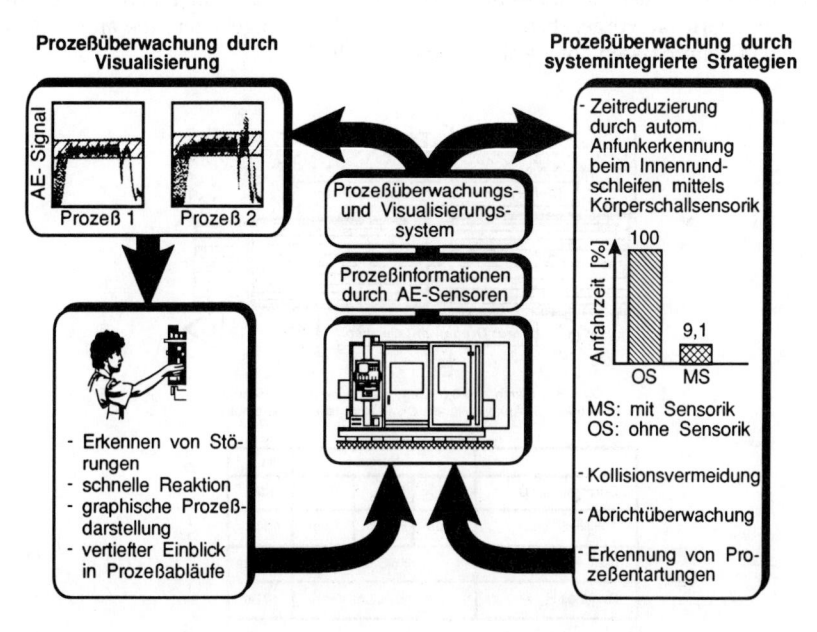

Bild 2: Strategien zur Prozeßüberwachung (nach Dittel, Schaudt)

2.2 Zahl der Fertigungsschritte reduzieren

Neu- und Weiterentwicklungen von Maschinen, Werkzeugen und Werkstoffen haben die Chancen erhöht, neben der Optimierung von Einzelprozessen zunehmend auch Fertigungsfolgen zu optimieren. Die Anwendungsbreite von Fertigungsverfahren hat sich mehr und mehr erweitert. Heute lassen sich gehärtete Stahlwerkstoffe drehen, fräsen, bohren, räumen und reiben. Die Schleiftechnologie wurde so weiterentwickelt, daß Abtragraten wie beim Zerspanen mit geometrisch bestimmten Schneiden möglich sind, ohne die Randzonen unzulässig zu beeinflussen [2-8].

Bei effektiver Nutzung der Komponenten Maschine, Werkzeug und Werkstoff durch ein Team qualifizierter Mitarbeiter aus Entwicklung, Produktion und Qualitätssicherung lassen sich viele Fertigungsprozesse und Fertigungsfolgen so verbessern oder neu gestalten, daß kostengünstiger als bisher produziert werden kann. Dies wird an den folgenden Beispielen deutlich:

Bauteiltoleranzen orientieren sich nicht alleine an der Bauteilfunktion, sondern auch an den Prozessen und an der Fertigungsfolge, die das Bauteil bei der Herstellung durchläuft (Bild 3). Am Schluß der traditionellen Fertigungsfolge Vor- und Fertigbearbeitung steht häufig das Schleifen. Mit diesem Verfahren lassen sich hohe Maß-, Form- und Oberflächenqualitäten erreichen. Die Verfügbarkeit noch verschleißfesterer Schneidstoffe, wie z.B. Cermet, erlaubt es hier, das Fertigschleifen durch Drehen zu substituieren. Dabei wird die vorgegebene Qualität IT5 und IT6 eingehalten, die an die Auslegung von Drehprozessen hohe Anforderungen stellt [9].

v_c = 350 m/min, f = 0,08 mm, a_p = 0,1 mm, Naßschnitt
Werkstück: Ankerwelle aus Ck 45 N für einen Elektromotor

Durchmesser D	Vorgabe			Ist
Durchmesser D	30_{k5}	28_{k6}	25_{k5}	erfüllt
Toleranzbreite	9 μm	13 μm	9 μm	erfüllt
gem. Rauhtiefe R_z	< 6,3 μm			3,2 μm
Rundheit F_R	< 20 μm			13 μm

Qualität

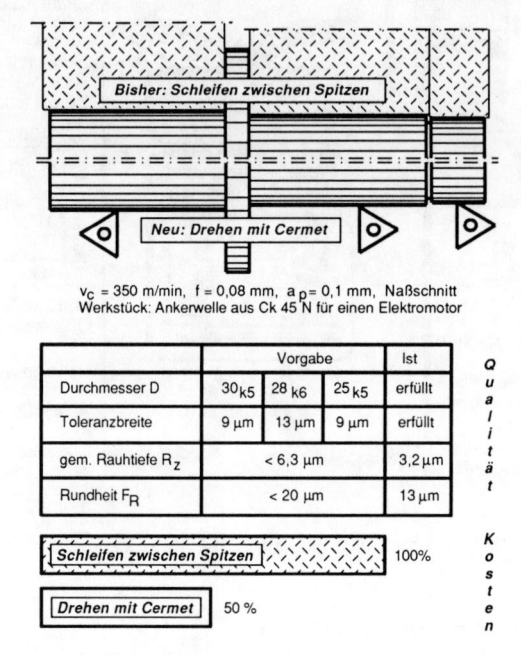

Schleifen zwischen Spitzen	100%
Drehen mit Cermet	50 %

Kosten

Bild 3: Endbearbeitung durch Drehen statt Schleifen (nach Hertel)

Bei Studien zur Substitution von Fertigungsprozessen wird meistens vorausgesetzt, daß mit dem neuen Prozeß mindestens die gleiche Präzision erreicht wird wie mit dem vorherigen. Das kritische Hinterfragen, ob die gegebene Bauteilgestalt und Genauigkeit in der Funktion des Bauteils begründet ist oder in den zu seiner Herstellung angewandten Prozessen unterbleibt in den meisten Fällen. Das Beharren auf Form und Toleranzen verhindert oft innovative und kostengünstige Fertigungsalternativen.

Der Einsatz von Umformprozessen zur endkonturnahen Herstellung von Bauteilen (near-net-shape) wird weiter zunehmen. Die Zielsetzung bei der Anwendung von Near-Net-Shape-Technologien ist nicht mehr alleine das Einsparen von Werkstoff. Es wird vielmehr angestrebt, die Toleranzen so einzuengen, daß für die Fertigstellung eng tolerierter Funktionsflächen nur noch eine Operation erforderlich ist. Schruppschnitte zur Herstellung definierter Ausgangsbedingungen für das Schlichten werden mehr und mehr durch höhere Präzision in Ur- und Umformprozessen substituiert. Derartige Entwicklungen führen zu drastisch reduziertem Aufwand für die Fertigbearbeitung, wie sich am Beispiel "Gußkurbelwelle" für einen Mittelklasse-PKW darstellen läßt. Verbesserungen in der Gießtechnik haben im Laufe der Zeit zu kleineren Aufmaßen geführt. Dadurch hat sich das zu zerspanende Volumen von 2,2 kg auf 1,2 kg vermindert.

Die Neugestaltung von Fertigungsfolgen wird vielfach durch Probleme mit der Integration von Wärmebehandlungsprozessen in die Linie ausgelöst. Thermochemische Wärmebehandlungen wie Einsatzhärten, Nitrieren oder Borieren lassen sich oft durch den Übergang auf durchhärtenden Werkstoff eliminieren. Die in Bild 4 dargestellte Studie über eine neue Fertigungsfolge für eine Antriebswelle aus dem Bereich "Dieseleinspritzung" zeigt die Substitution von Einsatzstahl durch Kugellagerstahl in Verbindung mit den entsprechenden Härteverfahren. Mit dem Werkstoff ist hier auch die Umstellung vom zweistufigen Kaltumformen auf einstufiges Halbwarmumformen geplant. Aufgrund der Restwärme aus dem Umformprozeß ist dann lediglich noch ein Nachwärmen auf Härtetemperatur notwendig. Die beiden Glühungen und Oberflächenbehandlungen, die vor den beiden Kaltumformprozessen erforderlich sind, können entfallen. Insgesamt ist mit einer Einsparung von einem Drittel der Herstellkosten zu rechnen, wenn auf die neue, mit sehr viel weniger Einzelschritten konzipierte Fertigung umgestellt wird.

Fertigungsfolgen

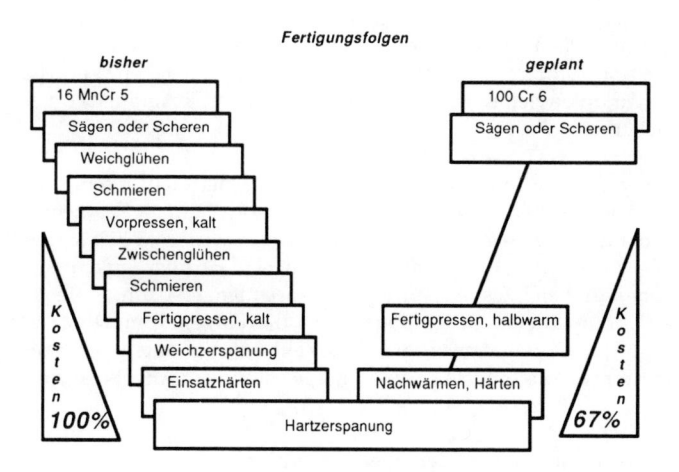

bisher: 16 MnCr 5 — Sägen oder Scheren, Weichglühen, Schmieren, Vorpressen kalt, Zwischenglühen, Schmieren, Fertigpressen kalt, Weichzerspanung, Einsatzhärten, Hartzerspanung — Kosten 100%

geplant: 100 Cr 6 — Sägen oder Scheren, Fertigpressen halbwarm, Nachwärmen Härten, Hartzerspanung — Kosten 67%

Bild 4: Fertigungsfolge als Einsparpotential (nach Bosch)

2.3 Losgrößen erhöhen

In den vergangenen Jahren wurden Produktionsstätten so strukturiert und ausgelegt, daß sie immer schneller auf Marktanforderungen reagieren konnten. Dies gilt im Hinblick auf die Verkürzung von Innovationszeiten und im Hinblick auf das Aufsplitten der Produkte in eine Vielzahl von Varianten. Ein Teil der Variantenvielfalt wird sicher durch unterschiedliche Zulassungsbestimmungen in den Abnehmerländern verursacht. Der andere Teil kommt dadurch zustande, daß bestimmte Preis-, Leistungs- und Ausstattungsbereiche möglichst umfassend abgedeckt werden sollen. Der Trend, auch Varianten für Marktnischen anbieten zu können, ist vor allem für Produkte im Konsumgüterbereich deutlich zu erkennen.

Eine Zunahme der Variantenvielfalt verursacht im allgemeinen eine Abnahme der Losgrößen. Daraus resultieren Konsequenzen für die Investitionen in die Produktionsanlagen, für die Gestaltung und für die Durchführung der Prozesse sowie für die Herstellkosten.

Eine Investitionsstudie in einem Großunternehmen hat für die Fertigung eines bestimmten Produktes zu folgendem Ergebnis geführt. Werden Anlagen installiert, die nur wenige, aber in großen Stückzahlen laufende Varianten herstellen können, dann ist ein zu 100% normierter Investitionsbedarf gegeben. Soll etwa die Hälfte aller möglichen Varianten gefertigt werden können, dann erhöht sich der Investitionsbedarf auf 135%. Volle Flexibilität hinsichtlich der möglichen Varianten erfordert eine Investition von 185%. Wenn mit der voll ausgestatteten Anlage keine adäquate Wertschöpfung erzielt wird, sind Kostennachteile unvermeidbar.

Für die Produktion gelten ähnliche Abhängigkeiten. Die Anwendung von Prozessen mit hohen Werkzeug- und Rüstkosten sowie das Produzieren auf verketteten Anlagen sind nur mit geringer Flexibilität möglich, da sie erst bei großen Stückzahlen wirtschaftlich werden. Das Umrüsten der Anlagen oder einzelner Komponenten reduziert die Nutzungszeit. Durch das Anfahren der Prozesse entstehen Verluste. Insgesamt führt höhere Variantenvielfalt über den Zwang zu mehr Flexibilität auch zur Abnahme der Prozeßsicherheit.

Die Darstellung dieser Problematik soll keinesfalls Anlaß dafür sein, in Zukunft nur noch Produkte im Einheitslook herzustellen. Sie soll vielmehr zum erneuten Nachdenken darüber anregen, welche Marktsegmente sich wirtschaftlich sinnvoll abdecken lassen, ob die Basis für make or buy-Strategien neu zu überdenken ist oder welche Möglichkeiten bestehen, das Aufsplitten in Varianten erst am Ende des Produktionsprozesses vorzunehmen. Generell stellt sich die Frage, ob nicht der Weg über die kostengünstige Herstellung einer begrenzten Zahl von Varianten eher zum wirtschaftlichen Erfolg führt als das Abdecken einer möglichst breiten Angebotspalette.

2.4 Entsorgungskosten vermeiden oder vermindern

Die Kosten für das Beseitigen von Abfällen aus der Produktion haben sich in den vergangenen Jahren vervielfacht. Dies läßt sich an zwei Beispielen aus ganz unterschiedlichen Bereichen der Fertigungstechnik darstellen. Untersuchungen eines Großserienfertigers ergaben, daß die Kosten je Werkstück für Installation und Betrieb der Kühlschmierstoffversorgung sowie für die Entsorgung der verbrauchten Stoffe etwa 2- bis 3-fach höher liegen als die Werkzeugkosten je Werkstück [10].

Ein erster Ansatz seitens der Kühlschmierstoffhersteller zur Reduzierung derartig hoher Kosten war das Entfernen des besonders unerwünschten Chlors aus den Kühlschmierstoffen. Andere Entwicklungen zielen auf die Herstellung biologisch abbaubarer Kühlschmierstoffe ab. Ungeachtet dessen setzen sich in vielen Produktionsbetrieben allmählich Bestrebungen durch, in der Zerspantechnik den radikaleren Ansatz zu verfolgen und auf Trockenbearbeitung umzustellen (Bild 5).

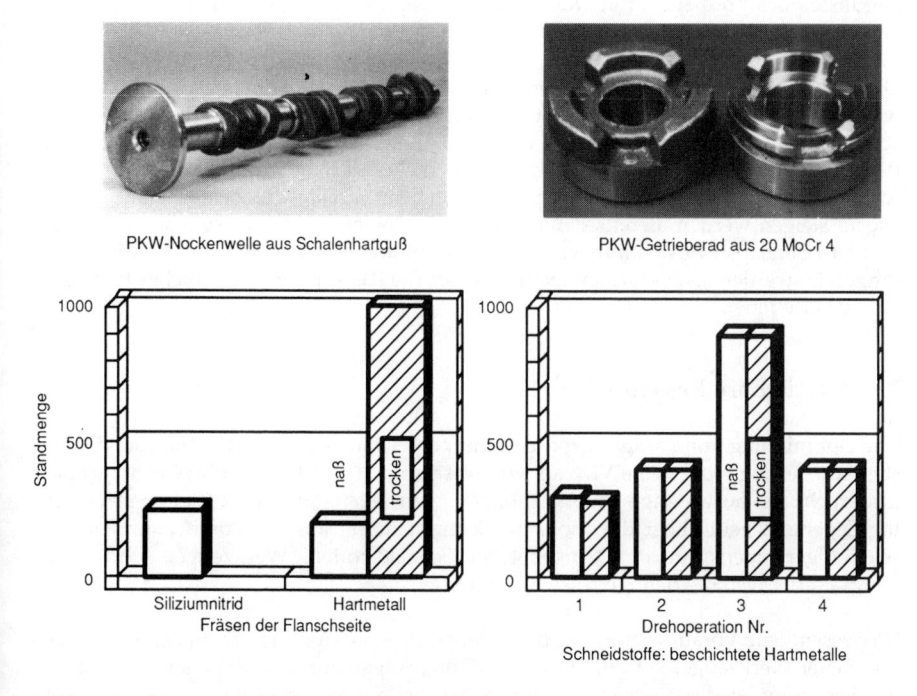

Bild 5: Substitution Naß- durch Trockenbearbeitung (nach Mercedes Benz)

Dieser Ansatz beinhaltet beträchtliches Potential zur Kostenreduzierung. Schneidstoffe wie Hartmetalle, Cermets, Keramik, CBN und Diamant können prinzipiell trocken eingesetzt werden. Die Trockenbearbeitung bietet im Hinblick auf reduzierten Thermoschock bei unterbrochenen Schnitten technologische Vorteile gegenüber der Naßbearbeitung. Die Schmierwirkung der Kühlschmierstoffe kann heute bei Bedarf durch Hartstoffbeschichtung der Werkzeuge ersetzt werden. Probleme durch Trockenbearbeitung können sich durch Erwärmung von Maschine und Werkstück und durch schlechte

Spanabfuhr ergeben. Beispiele aus der Praxis zeigen, daß der Übergang von Naß- auf Trockenzerspanung zum Teil ohne zusätzliche Maßnahmen möglich ist (Bild 5). Beim Fräsen stellen sich sogar Standzeitgewinne ein.

Auch im Bereich der abtragenden Fertigungsverfahren entstehen hohe Kosten bei der Entsorgung von Abfällen, wie sich am Beispiel von Rückständen vom funkenerosiven Senken darstellen läßt. Für die Abnahme von einer Tonne Abtragprodukten aus EDM-Prozessen, die unter Verwendung von Kohlenwasserstoffdielektrikum ablaufen, sind heute mehr als 2000.- DM zu bezahlen. Die Abnahme der gleichen Menge kostet nur 180,- DM, wenn unter Einsatz von wäßrigem Dielektrikum erodiert wurde. Das Aufbereiten der Rückstände erfolgt dabei bereits in der Erosionsanlage. Dafür fallen Kosten von 270.- DM an, so daß insgesamt ein Kostenvorteil von mehr als 1450.- DM je Tonne zugunsten des Erodierens mit wäßrigem Dielektrikum entsteht. Zudem kann der Metallanteil dieser Rückstände im Hochofen wiedergewonnen werden.

Die beiden Beispiele aus ganz unterschiedlichen Prozessen zeigen, daß sich die Entwicklung und Anwendung zukünftiger Technologien mit stark veränderten Kostenstrukturen auseinandersetzen muß. Wie weit die Kosten aus dem Umweltbereich die Prozeßauslegung, die Fertigungsfolgen oder die Werkzeugentwicklung beeinflussen werden, läßt sich gegenwärtig noch nicht absehen. Sicher ist jedoch, daß die Kosten enorm steigen werden. Bereits heute verfügbare Potentiale zum Vermeiden oder Vermindern derartiger Kosten müssen deshalb in Zukunft viel schneller und konsequenter umgesetzt werden als bisher, um nicht plötzlich die Basis für wirtschaftliches Produzieren zu verlieren.

3. Verfügbare Ressourcen

Zur Optimierung von Fertigungsprozessen und Fertigungsfolgen mit dem Ziel der Kostenreduzierung gibt es eine Vielzahl von Ansatzpunkten. Es ist oft überhaupt nicht erforderlich, erst aufwendige Untersuchungen anzustellen, um dieses Ziel zu erreichen. Im Gegenteil, heute liegt die Problematik meist darin, aus dem breiten und immer schwieriger überschaubaren Angebot an Schneidstoffen, Werkzeugen und Fertigungsalternativen die richtige Auswahl zu treffen.

Die wesentliche Voraussetzung für die richtige Auswahl und für den erfolgreichen Einsatz neuer Werkzeuge, Verfahren und Fertigungsfolgen zur Lösung neuer Aufgaben in der Fertigung ist das Verständnis der in den Fertigungsprozessen ablaufenden Vorgänge. Nur wenn dieses Verständnis gegeben ist, lassen sich Mißerfolge vermeiden, die andernfalls allzu schnell der scheinbar mangelhaften Qualität oder Eignung der im Prozeß eingesetzten Komponenten zugeschrieben werden.

3.1 Neue und verbesserte Werkzeuge

Solange Werkzeuge hergestellt werden, solange wird auch schon versucht, ihre Leistungsfähigkeit zu steigern. Zielsetzung dabei ist nach wie vor die Verbesserung des Verschleißwiderstandes bei gleichzeitiger Erhöhung der Zuverlässigkeit. Beides sind

Voraussetzungen dafür, die Sicherheit und die Wirtschaftlichkeit von Prozessen weiter zu erhöhen. Nutzen läßt sich dieses Potential jedoch nur, wenn die Werkzeuge ihrem Eigenschaftsprofil entsprechend eingesetzt werden. Die folgenden Beispiele sollen dies belegen.

3.1.1 Ultrafeinstkornhartmetall

Der Begriff Ultrafeinstkornhartmetall steht hier für eine WC-Co-Legierung mit einer WC-Kristallitgröße von 0,5 µm (Bild 6). Dieses Hartmetall zeichnet sich durch eine bisher noch nicht erreichte Kombination von Härte (2000 HV30) und Biegefestigkeit (4300 N/mm^2) aus. Eine derartige Eigenschaftskombination führt zu deutlichen Leistungssteigerungen bei der Anwendung, wie am Beispiel des Drehens von Hartguß ersichtlich ist. Auch bei überwiegend abrasiver Beanspruchung, die zum Beispiel für das Bohren von Leiterplatten charakteristisch ist, bieten Ultrafeinstkornhartmetalle Vorteile gegenüber den Feinstkornsorten [11-14].

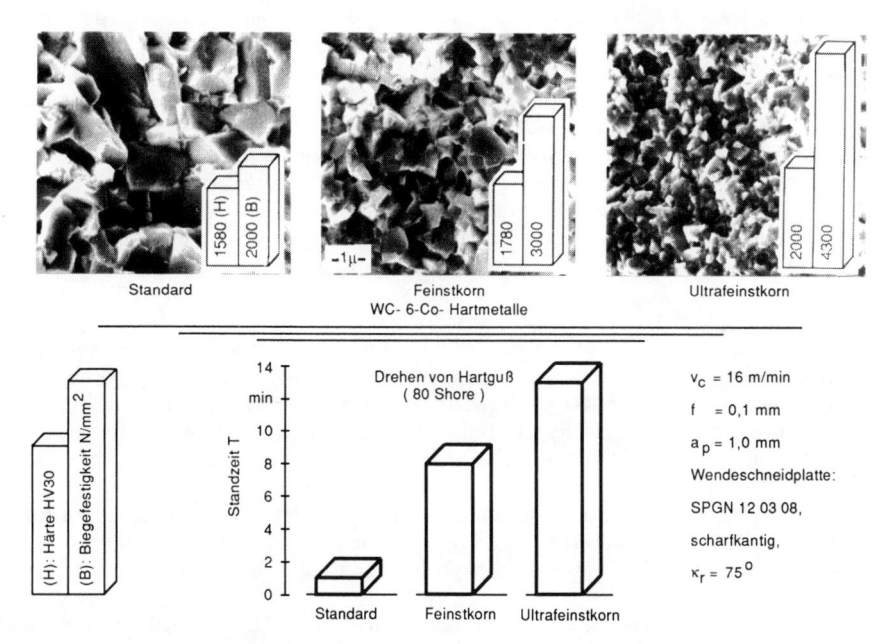

Bild 6: Ultrafeinstkornhartmetall - Entwicklungsverlauf und Anwendung (nach Krupp Widia)

3.1.2 Beschichtete Hartmetalle

Zielsetzung bei der Steigerung der Gebrauchseigenschaften beschichteter Hartmetalle ist die weitere Verbesserung des Zähigkeitsverhaltens. Diese Eigenschaft wird vor allem beim Bearbeiten im unterbrochenen Schnitt gefordert. Generell bedeutet verbessertes Zähigkeitsverhalten höhere Produktionssicherheit für den Anwender [13-19].

Die über lange Zeit konkurrenzlose Hochtemperatur-CVD-Beschichtungstechnik (HT-CVD), die bei Temperaturen um 1000 °C arbeitet, ist heute nur noch eine von mehreren kommerziell genutzten Methoden zur Abscheidung von Hartstoffen auf Zerspanwerkzeugen. Sie steht zunehmend im Wettbewerb mit Verfahren, die bei wesentlich niedrigeren Temperaturen ablaufen. Dazu gehören

- die Mittel-Temperatur-CVD-Beschichtung (MT-CVD, T=700-900 °C)
- die Plasma-CVD-Beschichtung (PCVD, T=550 °C)
- die PVD-Beschichtungen (T=500 °C).

Vorteil der HT-CVD-Beschichtung ist die Möglichkeit, vergleichsweise dicke Schichten (10...12 μm) kostengünstig auch auf geometrisch komplexen Werkzeugen abzuscheiden. Zur Verbesserung des Zähigkeitsverhaltens derart beschichteter Werkzeuge kommen heute vermehrt Hartmetallsubstrate zum Einsatz, deren Randzonen mischkristallfrei sind. Die Hartstoffschichten sind meist als Mehrlagenschichten aufgebaut. Als Hartstoffe kommen vorrangig TiN, Ti(C,N) und Al_2O_3 zur Anwendung [15-18].

Die Schichtabscheidung bei niedrigen Temperaturen in modifizierten CVD-Prozessen (MT-CVD, PCVD) führt zu Schneidkörpern mit Eigenschaften, die gut für die Beanspruchungen des unterbrochenen Schnittes geeignet sind. Das verbesserte Zähigkeitsverhalten läßt sich auch zum Arbeiten bei niedrigen Schnittgeschwindigkeiten nutzen. Es hat seine Ursache in der verringerten thermischen Belastung der Substrate während des Beschichtens und in verminderten Zug-Eigenspannungen in der Schicht. Hartstoffe, die nach diesen Verfahren abgeschieden werden können, sind TiC, TiN und Ti(C,N) [12, 20-24].

Hartmetalle, die in PVD-Prozessen beschichtet werden, eignen sich ebenfalls gut für stark unterbrochene Schnitte, auch an höherfesten und vergüteten Stahlwerkstoffen. Eine Ursache dafür liegt in der geringen thermischen Beeinflussung der Substrateigenschaften während des Beschichtens (Bild 7). Die Abhängigkeiten in den Teilbildern 7 a,b,c zeigen, daß sich mit Zunahme der Substrattemperatur zwar die Schichteigenschaften verbessern, daß aber gleichzeitig die Biegefestigkeit abnimmt. Diese Eigenschaft des Werkstoffverbundes "beschichtetes Hartmetall" ist jedoch entscheidend für das Zähigkeitsverhalten. Neben der geringen Substratbeeinflussung wirken sich die Druckeigenspannungen in PVD- Schichten positiv auf das Zähigkeitsverhalten aus.

Die Summenwirkung dieser Effekte läßt sich in dem vorrangig auf Zähigkeitsbeanspruchung ausgelegten VDI- Leistendrehtest nachweisen (Bild 8). Unter dieser Beanspruchung ergeben sich deutliche Vorteile für PVD-beschichtete Schneiden im Bereich niedriger Schnittgeschwindigkeiten. Es ist bemerkenswert, daß sich die Leistung eines nachträglich wärmebehandelten PVD-beschichteten Hartmetalls bei niedrigen Schnittgeschwindigkeiten ähnlich verhält wie die von CVD-beschichteten Hartmetallen.

Technologieverständnis   3 - 43

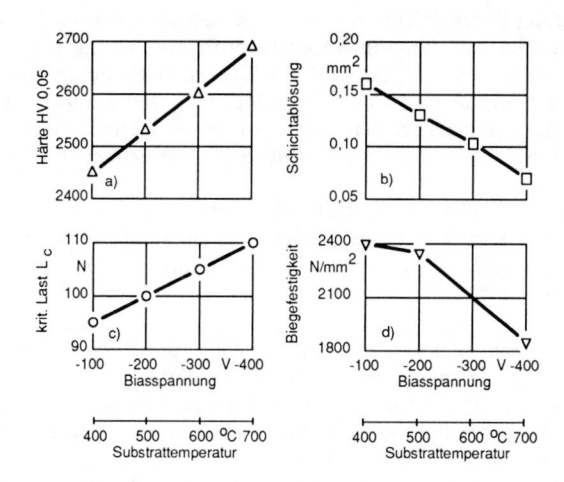

Bild 7: Temperatureinfluß beim Arc-PVD-Beschichten

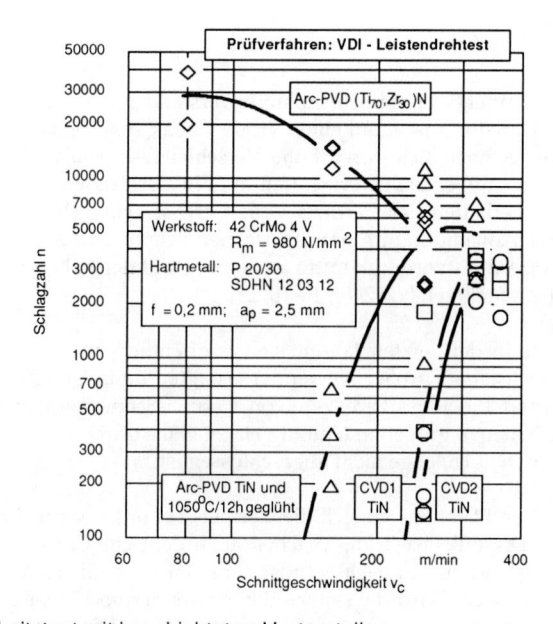

Bild 8: Zähigkeitstest mit beschichteten Hartmetallen

In der Vergangenheit wurden die Vorteile von Hartstoffbeschichtungen primär unter dem Aspekt des Schutzes gegen Abrasion diskutiert. Die Anwendbarkeit beschichteter

Werkzeuge bei niedrigen Schnittgeschwindigkeiten, die im Bereich der Aufbauschneidenbildung liegen, rückt hier auch den Aspekt der Adhäsionsminderung in den Vordergrund. Die in Niedrigtemperaturprozessen abgeschiedenen Hartstoffschichten, heute meist TiN, Ti(C,N) und (Ti,Al)N, sind chemisch stabil und reaktionsträge und tragen so zur drastischen Verminderung von Adhäsion zwischen dem Werkzeug und Stahlwerkstoffen bei. Der Anwendungsbereich derart beschichteter Hartmetalle reicht bis in das Gebiet der beschichteten HSS-Schneidstoffe hinein [25-27].

Bei allen Vorteilen, die PVD-beschichtete Hartmetalle bei hohen Zähigkeitsanforderungen besitzen, darf nicht vergessen werden, daß sie aufgrund der mit 3...5 µm nur vergleichsweise geringen Schichtdicke in glatten Schnitten schneller verschleißen als CVD-beschichtete.

Die industrielle Nutzung der genannten Beschichtungsprozesse hat zu einer Vielfalt von unterschiedlichen Schichten und Schichtfolgen geführt. Für den Anwender ist die Situation kaum noch überschaubar. Er muß deshalb die wesentlichen Zusammenhänge zwischen Beschichtungsmethoden und Eigenschaften der beschichteten Produkte verstehen, um bereits bei der Definition einer Bearbeitungsaufgabe von der dominierenden Beanspruchungsart für die Werkzeuge auf geeignete Schneidstoffe schließen zu können. Nur so ist eine solide Basis zur Prozeßauslegung gegeben.

3.1.3 Cermets

Unter dem Begriff "Cermet" werden Schneidstoffe verstanden, die im wesentlichen aus einer titanbasierten Hartstoffphase und einer Nickel-Cobalt-Binderphase bestehen. Derartige Schneidstoffe zeichnen sich durch hohe Verschleißfestigkeit und durch geringe Adhäsionsneigung gegenüber Stahlwerkstoffen aus. In den letzten Jahren wurde vor allem das Zähigkeitsverhalten der Cermets verbessert, so daß sich bestimmte Sorten heute bereits gut zur Anwendung im unterbrochenen Schnitt und zum Fräsen eignen. Die Bedeutung von Cermets wird zukünftig auch aufgrund der höheren Verfügbarkeit ihrer Ausgangsstoffe zunehmen [9, 12-14, 16-18, 28].

Über Cermets wurde in den letzten Jahren viel veröffentlicht und auf Tagungen berichtet. In den Versuchslabors großer Anwender erfolgten umfangreiche Tests, um die Leistungsfähigkeit und die Einsatzgrenzen von Cermet-Schneidstoffen zu ermitteln. Manche Anwender haben in größerem Umfang Hartmetalle durch Cermets substituiert, wobei dieser Austausch noch lange nicht abgeschlossen ist.

Abgesehen von solchen Fällen haben sich die Cermets bei uns noch nicht auf größerer Breite durchgesetzt. Diese Beobachtung machen auch deutsche Cermethersteller. Ihre Produkte sind im Ausland bis hin nach Fernost zum Teil wesentlich stärker gefragt als in Deutschland. Als Ursache wird die seitens der Anwender noch eher geringe Kenntnis über das Leistungsvermögen dieser Schneidstoffe angegeben. Hinzu kommt, daß die Cermetentwicklung in der Vergangenheit sehr stürmisch verlaufen ist und daß die Eigenschaften der unter dem Begriff "Cermet" zusammengefaßten Schneidstoffe weitaus heterogener waren als die der Hartmetalle.

Technologieverständnis

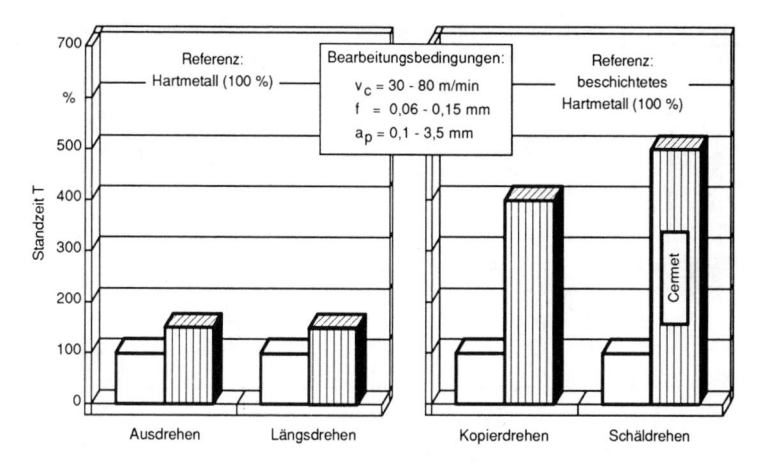

Bild 9: Substitution Hartmetall durch Cermet (nach Mercedes Benz)

Qualitativ hochwertige Cermets konkurrieren heute bei der Stahlbearbeitung mit unbeschichteten und beschichteten Hartmetallen. Sie können zum Drehen von Stahl und Gußwerkstoffen bei hohen Schnittgeschwindigkeiten eingesetzt werden, eignen sich aber auch für Geschwindigkeiten unterhalb 100 m/min (Bild 9). Die hohe Kantenstabilität und Verschleißfestigkeit der Cermets läßt diese Schneidstoffe nach wie vor als besonders geeignet für Schlichtschnitte mit kleinen Spanungsquerschnitten erscheinen. Stellt sich die Frage, weiche Stahlwerkstücke, z.B. Fließpreßteile, zu drehen statt zu schleifen, dann sollte zunächst an Cermet als Schneidstoff gedacht werden (Bild 3). Das Thermoschockverhalten von Cermets hat sich verbessert, so daß auch mit Kühlung gearbeitet werden kann.

Trotz der hohen Verschleißfestigkeit und der geringen Adhäsionsneigung der Cermets bietet eine Beschichtung auch bei diesen Schneidstoffen Vorteile. Im Durchschnitt beträgt die Standzeitverbesserung etwa 50% gegenüber unbeschichteten Cermets. Es wird aber auch über Leistungssteigerungen bis zu mehreren hundert Prozent berichtet. Als Beschichtungsverfahren kommen Niedrigtemperaturprozesse wie PVD und PCVD zur Anwendung [13, 28-36].

Cermets, die im Labor mit TiN, Ti(C,N) und (Ti,Zr)N beschichtet wurden, zeigten im VDI-Leistendrehtest deutliche Vorteile gegenüber dem unbeschichteten Substrat (Bild 10). Die Beschichtungen erhöhen nicht nur die Standzeit, hier ausgedrückt durch die Zahl der Werkzeugkontakte (Schlagzahl n), sie verschieben hier auch das Leistungsmaximum zunächst zu niedrigeren Schnittgeschwindigkeiten (v_c=160...200 m/min).

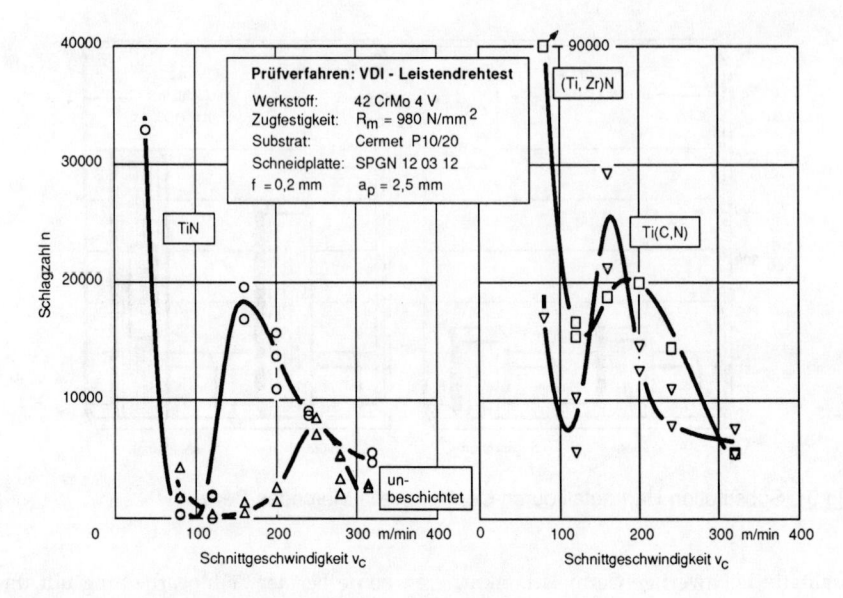

Bild 10: Zähigkeitstest mit beschichteten Cermets

Unterhalb dieses Schnittgeschwindigkeitsbereiches fällt die Leistung zunächst schroff ab und steigt bei v_c=80 m/min wieder steil an. Die Ursachen für dieses Leistungsverhalten unter den Gegebenheiten des stark unterbrochenen Schnittes sind noch nicht bekannt. Dennoch läßt sich aus den Ergebnissen ableiten, daß die Beschichtung von Cermets weiterentwickelt werden sollte, daß beschichtete Cermets nicht unbedingt als Schlichtschneidstoffe für hohe Schnittgeschwindigkeiten anzusehen sind und daß zumindest manche Cermets auch im Hinblick auf das Zähigkeitsverhalten mit Hartmetallen konkurrieren können.

3.1.4 Diamantbeschichtete Werkzeuge

Diamant ist aufgrund seiner hohen Härte und Verschleißfestigkeit ein idealer Schneidstoff bei stark abrasiver Beanspruchung, sofern die Kontaktzonentemperaturen deutlich unterhalb 800 °C bleiben und keine Werkstoffe mit starker Affinität zum Kohlenstoff bearbeitet werden. Naturdiamant und polykristalline Diamantschneidstoffe haben in Form geometrisch einfacher Schneidkörper feste Anwendungsgebiete in der Bearbeitung von Grünlingen aus Hartmetall und Keramik, in der Aluminiumbearbeitung, in der Gesteinsbearbeitung, in der Bearbeitung faserverstärkter und gefüllter Kunststoffe sowie in der Holzbearbeitung. Die Herstellung von Zerspanwerkzeugen mit komplex geformten Schneiden aus Diamant war bisher aus Kostengründen kaum möglich [37-44].

Diese Einschränkung für den Einsatz von Diamant als Schneidstoff entfällt in Zukunft möglicherweise. Seit mehreren Jahren wird an der Entwicklung von verschiedenen CVD-Prozessen zum Abscheiden von Diamant auf metallischen und keramischen Substraten gearbeitet. Erste Produkte sind in Form von Wendeschneidplatten, Bohr- und Fräswerkzeugen bereits auf dem Markt.

Neben der direkten Abscheidung von Diamant auf bereits als Werkzeuge fertigbearbeitete Substrate (Hartmetalle, Keramik), wird auch die sogenannte Freestanding-layer-Technik angewandt. Bei dieser Technik erfolgt das Abscheiden von mehreren Zehntelmillimeter dicken Diamantschichten auf ein Substrat, dessen Oberfläche eben oder sphärisch sein kann. Nach dem Beschichten wird die dicke (Freestanding) Diamantschicht von dem Substrat abgelöst. Sie kann dann zum Beispiel durch Löten als Schneide mit einem Werkzeugrohling verbunden und durch Schleifen fertigbearbeitet werden. Einige Beispiele zum Einsatz und zur Leistung von diamantbeschichteten Werkzeugen zeigt Bild 11.

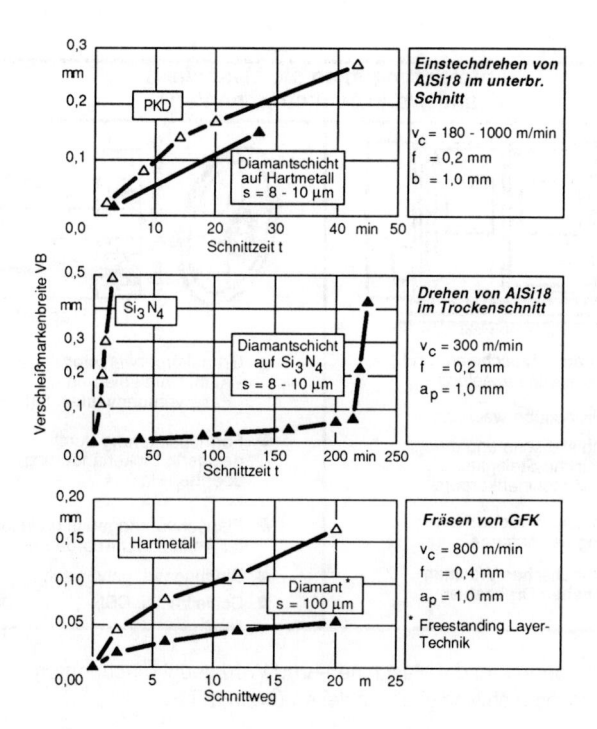

Bild 11: Diamantschichten in der Anwendung (nach Sandvik, Okuzumi)

3.1.5 Werkzeuge zum Hochgeschwindigkeitsschleifen

Die Neu- bzw. Weiterentwicklung von Produktionsmethoden ist häufig durch Bestrebungen gekennzeichnet, leistungsfähige Verfahren mit großer Anwendungsbreite bereitzustellen. Dadurch sollen hohe Abtragraten mit guter Werkstückqualität kombiniert werden, so daß die Vor- und Fertigbearbeitung von Bauteilen in einer Aufspannung erfolgen kann. Je nach Entwicklungsstand der einzelnen Fertigungsverfahren ergeben sich unterschiedliche Ansatzpunkte zur Erweiterung ihrer Anwendungsbreite.

Das Schleifen ist traditionell ein Präzisionsverfahren mit meist niedriger Abtragrate. Neu- und Weiterentwicklungen konzentrieren sich deshalb auf die Steigerung dieses Kennwertes, ohne dabei jedoch nennenswerte Abstriche bezüglich der Präzision zuzulassen. Gelingt dies, dann ist damit eine größere Anwendungsbreite des Verfahrens gegeben als bisher. Für den Anwender bedeutet das mehr Freiheit in der Prozeßauswahl und in der Gestaltung von Fertigungsfolgen. Er kann Hauptzeiten, Fertigungsschritte, Durchlaufzeiten und Kosten reduzieren.

Anforderungen an die Maschinen- und Werkzeugkomponenten

- verstärkte Maschinen- und Arbeitsraumkapselung
- Kollisionsüberwachung
- hohe statische und dynamische Steifigkeit des Maschinenkörpers
- hohe Dynamik und Leistung der Antriebe
- automatisches Wuchten bei hohen Drehzahlen

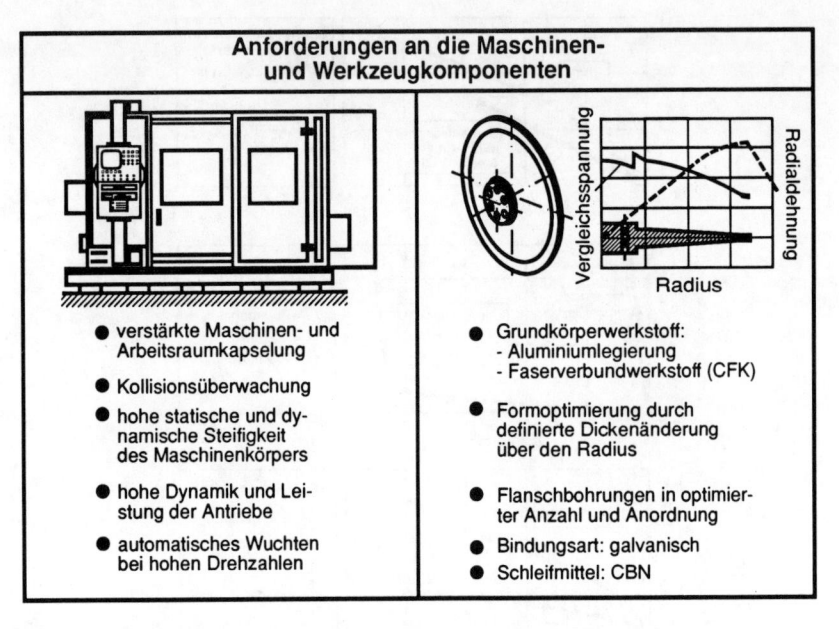

- Grundkörperwerkstoff:
  - Aluminiumlegierung
  - Faserverbundwerkstoff (CFK)
- Formoptimierung durch definierte Dickenänderung über den Radius
- Flanschbohrungen in optimierter Anzahl und Anordnung
- Bindungsart: galvanisch
- Schleifmittel: CBN

<u>Bild 12:</u> Anforderungen an die Maschinen- und Werkzeugkomponenten beim Hochgeschwindigkeitsschleifen (nach IPT)

Ein Forschungsschwerpunkt mit der Zielsetzung, hohe Abtragleistung mit hoher Präzision zu verbinden, ist das CBN-Hochgeschwindigkeitsschleifen. Die Kopplung der Prozeßstrategien "Hochleistungsschleifen" und "Qualitätsschleifen" für einen Schnittgeschwindigkeitsbereich oberhalb von 250 m/s stellt hohe Anforderungen an die Maschinenkomponenten und an die Schleifwerkzeuge [45, 46]. Anhand eines Beispiels sollen aktuelle Entwicklungstendenzen sowie Resultate der Hochgeschwindigkeitschleiftechnologie (HSG-Schleifen) für Schnittgeschwindigkeiten bis $v_c = 350$ m/s aufgezeigt werden.

Zum Schutz des Maschinenbedieners sind verstärkte Kapselungen der Maschine und eine Kollisionsüberwachung der schnell drehenden Schleifscheibe erforderlich. Um den Prozeß sicher zu führen und um reproduzierbare Arbeitsergebnisse zu gewährleisten, muß der Maschinenkörper auf hohe statische und dynamische Steifigkeit ausgelegt sein. Es sind leistungsfähige Antriebe mit kurzen Ansprechzeiten, automatische Wuchtsysteme und Systeme zur Anschnitterkennung notwendig (Bild 12).

Die üblichen Schleifscheibenausführungen sind den Anforderungen, die aus den hohen Schnittgeschwindigkeiten resultieren, nicht gewachsen. Bei hohen Drehzahlen bis zu 30000 min^{-1} ist die Fliehkraft die dominierende Beanspruchung. Aufgrund der entstehenden Spannungsspitzen im Bereich der üblicherweise verwendeten Zentralbohrung zur Befestigung von Schleifscheiben auf der Spindel ist diese Spannmöglichkeit bei HSG-Schleifscheiben nicht gegeben. Statt dessen wird die Scheibe ohne Zentralbohrung an die Spindel angeflanscht mit dem Ziel, das Spannungsniveau möglichst niedrig und ohne Spannungsüberhöhungen zu halten. Ein konstanter Verlauf der Spannung läßt sich durch die geometrische Anpassung der Schleifscheibenkontur bzw. durch die Optimierung der Schleifscheibenform erzielen. Insbesondere im Bereich des Schleifbelages soll die Formanpassung des Scheibengrundkörpers Dehnungen minimieren. Dies ist aus Standzeitgründen und zur Erzielung hoher Bearbeitungsgenauigkeiten erforderlich. Als Grundkörperwerkstoffe kommen eine spezielle Aluminiumlegierung oder auch Faserverbundwerkstoffe zum Einsatz. Der Schleifbelag derartiger Scheiben besteht aus CBN-Schleifkörnern in galvanischer Nickelbindung [47].

Schleifergebnisse belegen die hohe Leistungsfähigkeit des HSG-Schleifens. Die großen Scheibenumfangsgeschwindigkeiten ermöglichen extrem hohe Zerspanungsleistungen, ohne das Werkstück thermisch zu beeinflussen. Die erzeugte Bauteilqualität kann bei wesentlich höheren bezogenen Zeitspanungsvolumina im Vergleich zu konventionellen Schleifprozessen beibehalten oder sogar verbessert werden. Beispielsweise ist bei steigender Schnittgeschwindigkeit ein entsprechend großer Schleifkraftabfall festzustellen, der mit größer werdender Zerspanungsleistung noch zunimmt. So läßt sich das bezogene Zeitspanungsvolumen durch eine Verdoppelung der Schnittgeschwindigkeit verdreifachen, ohne daß die auf das Bauteil einwirkenden Schleifnormal- und -tangentialkräfte ansteigen (Bild 13) [48].

Ein weiterer wesentlicher Punkt beim Hochgeschwindigkeitsschleifen ist die Plan- und Rundlaufgenauigkeit der verwendeten Werkzeuge. Zu hohe Plan- und Rundlaufabweichungen verursachen besonders bei hohen Schnittgeschwindigkeiten überproportional negative Auswirkungen auf das Arbeitsergebnis. Die überwiegend beim HSG-Schleifen zum Einsatz kommenden galvanisch belegten Schleifscheiben sind nicht für das Profilieren konzipiert. Deshalb müssen ihre Profile enger toleriert sein als die damit erzeugten Formelemente der Werkstücke (Bild 14). Dies ist die wesentliche Voraussetzung, um die hohe Verschleißfestigkeit des CBN-Belages über eine lange Zeit zur Produktion maß- und formgenauer Werkstücke nutzen zu können [49].

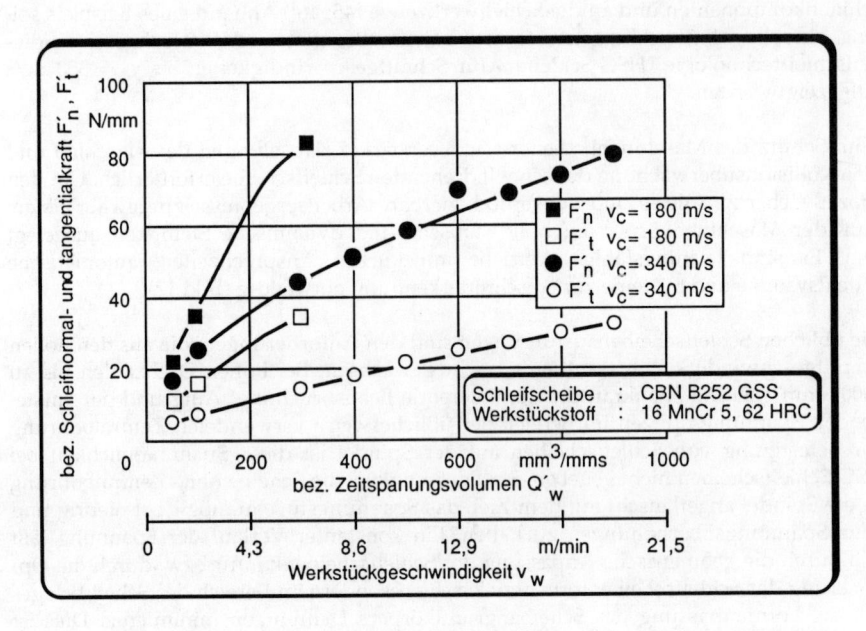

Bild 13: Dreifaches Q'_w bei Verdoppelung der Schnittgeschwindigkeit (nach IPT)

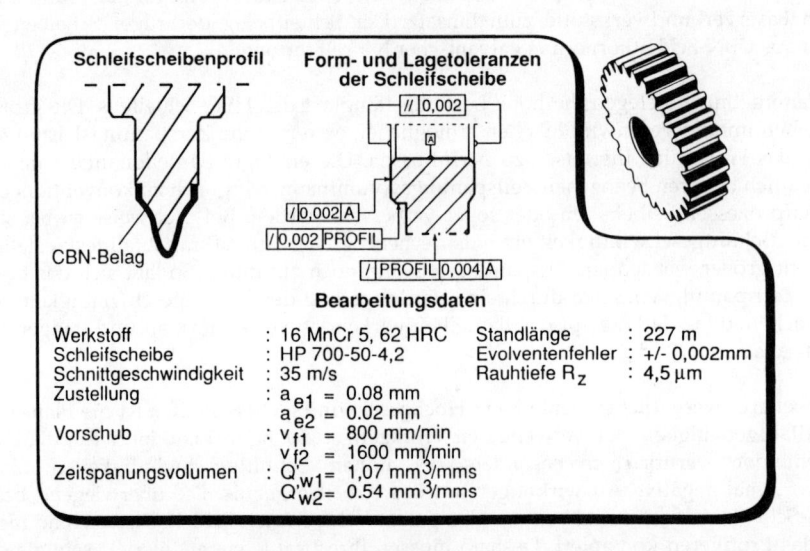

Bild 14: Genauigkeitsanforderungen an CBN-Schleifscheiben (nach Winter u. Sohn)

3.2 Prozeßauswahl und Prozeßauslegung

3.2.1 Leistungsfähigkeit von Hartstoffschichten ausschöpfen

Heute sind mehr Schichtsysteme auf HSS-, Hartmetall- und Cermet- Substraten verfügbar als je zuvor. Daher wird es für den Anwender zunehmend schwieriger, die optimalen Schneidstoffe zur Lösung seiner Aufgaben auszuwählen oder die von ihm ausgewählten Schneidstoffe optimal einzusetzen.

Diese Problematik läßt sich am Beispiel PVD-beschichteter HSS-Wendeschneidplatten exemplarisch darstellen. Die unterschiedlichen wärmephysikalischen Eigenschaften der drei Hartstoffschichten TiN, Ti(C,N) und (Ti,Al)N führen in Verbindung mit den unterschiedlichen Beanspruchungen im glatten und im unterbrochenen Schnitt zu unterschiedlichen Leistungen (Bild 15).

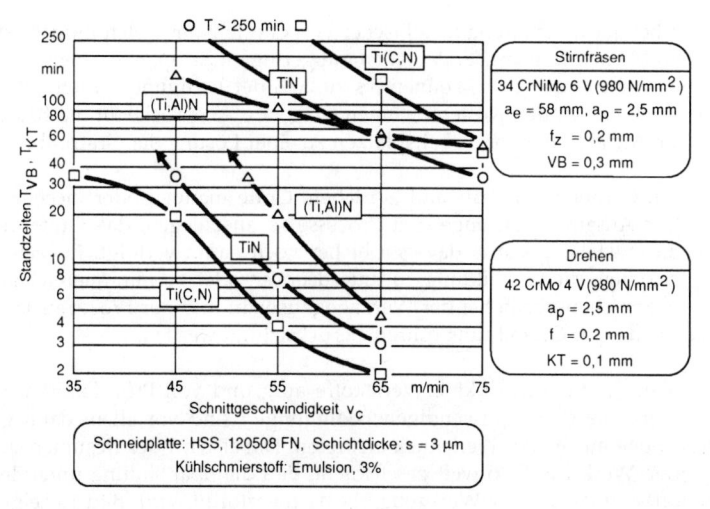

Bild 15: Drehen und Fräsen mit unterschiedlich PVD-beschichteten HSS-Schneiden (nach Kammermeier)

(Ti,Al)N-Schichten erlauben aufgrund ihrer besseren thermischen Isolation höhere Schnittgeschwindigkeiten im glatten Schnitt als die beiden anderen Schichten. Ti(C,N)-Schichten eignen sich am besten für unterbrochene Schnitte, weil sie aufgrund ihrer geringeren thermischen Isolation die Spanbildung dahingehend beeinflussen, daß die Zone höchster Belastung von der empfindlichen Schneidkante weg in die Spanfläche hinein verlagert wird [50, 51].

Diese Erkenntnisse lassen sich in zwei Richtungen nutzen: zur prozeßorientierten Schichtauswahl und zur schichtorientierten Prozeßauslegung.

Soll zum Beispiel mit Ti(C,N)-beschichteten HSS-Werkzeugen gedreht werden, dann sollten hohe Zerspanraten über die Erhöhung des Spanungsquerschnitts und nicht über die Steigerung der Schnittgeschwindigkeit realisiert werden, um die Schneidentemperatur niedrig zu halten. Beim Fräsen mit (Ti,Al)N-beschichteten Schneiden sind möglichst hohe Vorschübe anzustreben, um die Belastung von der Schneidkante weg in die Spanfläche hinein zu verlegen.

Es ist davon auszugehen, daß sich diese Erkenntnisse auch für die Weiterentwicklung von Schichten auf anderen Substraten nutzen lassen. In Zusammenhang mit dem Thermoschock, der bei Anwendung beschichteter Hartmetalle und Cermets im unterbrochenen Schnitt zur Kammrißbildung führt, dürften Schichten mit guter thermischer Isolation Vorteile bieten.

3.2.2 Grate durch Prozeßauslegung minimieren

Gratbildung bei der Zerspanung metallischer Werkstoffe ist in vielen Industriezweigen ein großes Problem. Vor allem bei Bauteilen mit geringem Zerspanvolumen, aber hohen Ansprüchen an die Gratfreiheit, können bis zu 20% der Fertigungskosten auf das Entgraten entfallen. Neben den Kosten zwingen steigende Ansprüche an die Bauteilqualität und an die Attraktivität von Arbeitsplätzen zu einer Lösung der Gratproblematik.

Seit je her wird erheblicher Aufwand getrieben, Grate manuell oder mechanisiert zu entfernen. Der Ansatz, Werkzeuge und Prozesse so auszulegen, daß Grate möglichst erst gar nicht entstehen, wurde dagegen bisher noch kaum verfolgt. Er bietet jedoch gute Möglichkeiten, die Gratbildung zu unterdrücken oder zu minimieren.Dieses Ziel läßt sich nur erreichen, wenn bei der Werkzeugauswahl und der Prozeßauslegung die Mechanismen, die zur Gratbildung führen, berücksichtigt werden.

Grate entstehen, wenn sich duktile Werkstoffe aufgrund von Prozeßkräften frei verformen können. Die dafür notwendigen Bedingungen sind vor allem dann gegeben, wenn Werkzeuge aus einem Werkstück austreten. Dabei wird der Restquerschnitt des abzutragenden Werkstoffes so weit geschwächt, daß die Spanbildung unterbleibt und der Werkstoff stattdessen vom Werkzeug plastisch verformt wird. Bild 16 zeigt Phasen dieser Vorgänge am Beispiel des Drehens.

Eine Möglichkeit, der Gratbildung entgegenzuwirken ist, wieder am Beispiel des Drehens demonstriert, das Anfasen der Werkstücke (Bild 17).

Beim Stirnfräsen lassen sich ähnliche Effekte durch geeignete Wahl des Schneidenaustrittswinkels und durch den Kreisbogenausschnitt erzielen. Das Bohren bietet Möglichkeiten zur Gratreduzierung durch Optimierung von Schneidenaustrittswinkel, Bohrergeometrie und Schnittbedingungen. Ziel dieser Maßnahmen muß eine Reduzierung der Vorschubkräfte in der Phase des Werkzeugaustrittes sein. Auch der Einsatz von Kühlschmierstoffen kann zur Verminderung der Gratbildung beitragen, wenn er zur Absenkung der Werkstofftemperatur im Bereich der Gratentstehungsstelle und damit zu geringerer Neigung des Werkstoffes zum plastischen Verformen führt [52].

Technologieverständnis 3 - 53

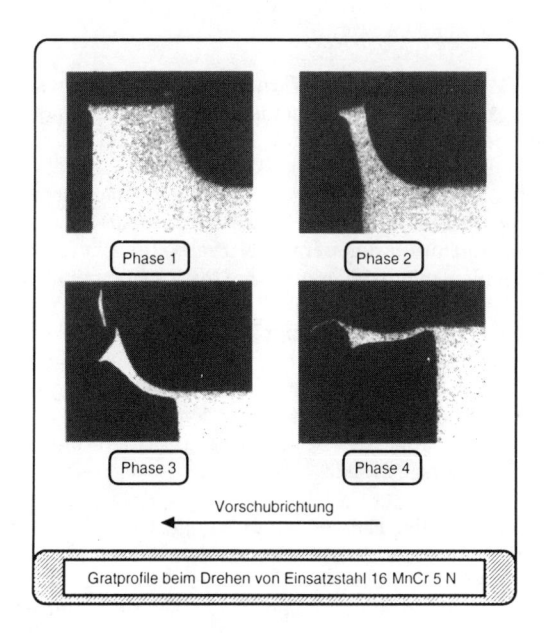

Bild 16: Phasen der Gratbildung beim Drehen

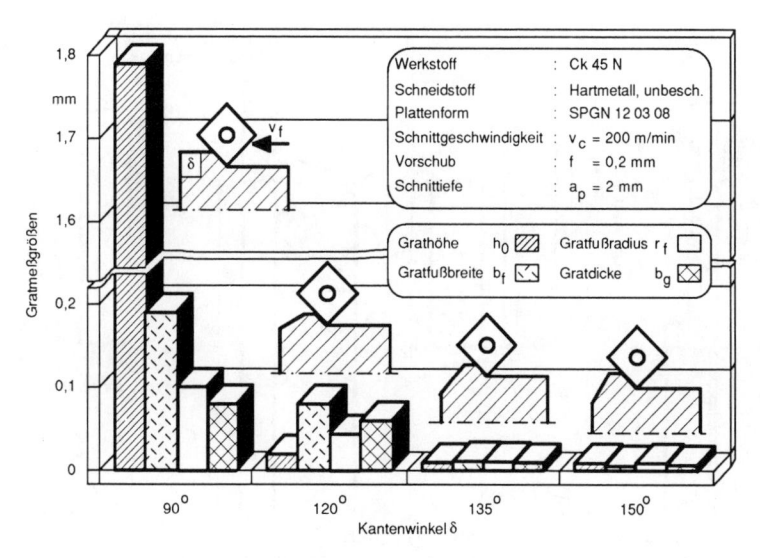

Bild 17: Minimale Grate durch optimierte Kanten

3.2.3 Hartzerspanung anwenden

Die Fertigungsfolge Weichzerspanung, Wärmebehandlung, Fertigschleifen hat ihren Ursprung darin, daß lange Zeit keine Schneidstoffe verfügbar waren, die sich zur Zerspanung von Stahl- und Gußwerkstoffen mit Härten von 60 HRC und darüber eigneten. Erstmals mit der Entwicklung von Oxidkeramik, vor allem aber mit der Verfügbarkeit von CBN, dem zweithärtesten Schneidstoff nach Diamant, wurde es möglich, gehärtete Eisenbasiswerkstoffe zu drehen, zu fräsen, zu bohren, zu räumen etc. Heute stehen CBN-Schneidstoffe zur Lösung derartiger Bearbeitungsaufgaben im Wettbewerb mit Feinstkornhartmetallen, mit Oxidkeramik und auch schon mit Cermet.

Bei der Hartzerspanung muß zwangsläufig im Grenzbereich der Belastbarkeit der Schneidstoffe gearbeitet werden. Für die Spanbildung ist eine negativ wirkende Schneidteilgeometrie vorteilhaft. Dadurch werden Druckspannungen in der Scherzone induziert, die zur Duktilisierung des abzutrennenden Materials und zur Fließspanbildung beitragen. Die Erwärmung der Scherzone infolge der eingebrachten mechanischen Energie unterstützt diesen Effekt.

Die Schneiden reagieren bei der Hartzerspanung aufgrund der extremen spezifischen Belastung äußerst empfindlich auf jede Änderung der Schnittbedingungen. Deshalb ist die Bandbreite der anwendbaren Schnittparameter wesentlich kleiner als bei der Weichbearbeitung. Nur innerhalb des optimalen Bereiches sind zufriedenstellende Arbeitsergebnisse zu erzielen. Außerhalb fallen die Standzeiten drastisch ab.

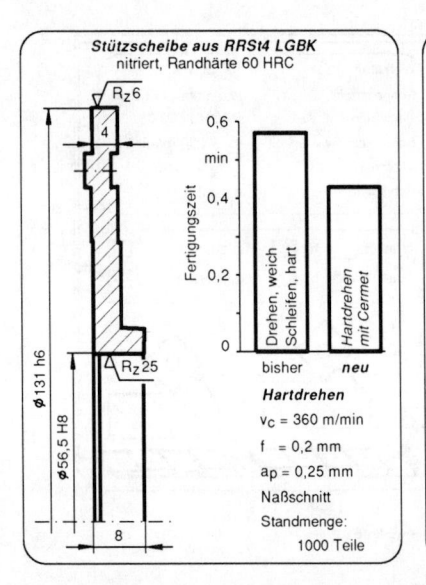

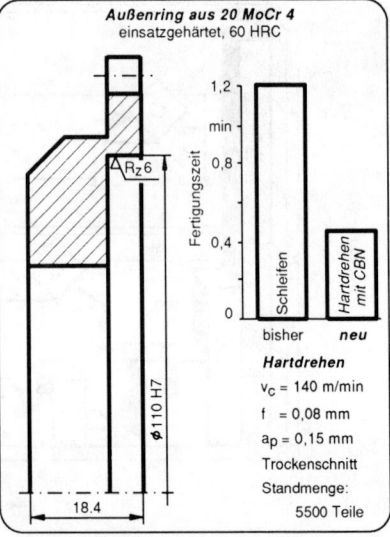

Bild 18: Substitution Schleifen durch Hartdrehen (nach Mercedes Benz)

Technologieverständnis 3 - 55

Die Hartzerspanung mit geometrisch bestimmten Schneiden ist vielfach der Schlüssel zu neuen Fertigungsfolgen oder zum Eliminieren von Schrupp- und Vorbearbeitungsoperationen an noch weichen Werkstücken.

Im Automobilbau ist derzeit ein starker Trend zum Einsatz derartiger Technologien zu beobachten. Bild 18 zeigt Beispiele aus der Fertigung von Komponenten für Automatikgetriebe. Die Zeiteinsparungen durch den Übergang auf Hartdrehen sind beträchtlich. Im linken Beispiel sind Ergebnisse vom Hartdrehen mit Cermet dargestellt.

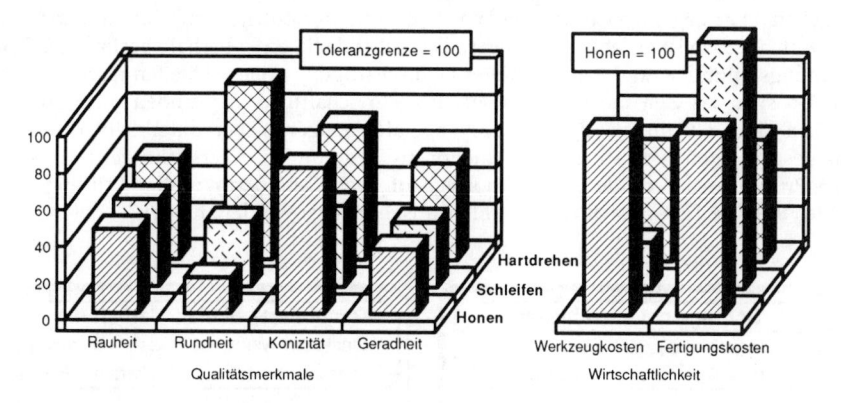

Bild 19: Verfahrensvergleich Honen-Schleifen-Hartdrehen (nach Mercedes Benz)

Ein Verfahrensvergleich zwischen Honen, Schleifen und Hartdrehen (Bild 19) fällt von der Wirtschaftlichkeit her klar zugunsten des Hartdrehens aus. Es läßt sich in diesem Beispiel, das für ein Getrieberad aus 20 MoCr 4 E gilt, um ein Drittel kostengünstiger durchführen als das Honen, das als Basis für diesen Vergleich dient. Die verfahrensbezogene Analyse der Qualitätsmerkmale zeigt, daß beim Hartdrehen vor allem das Erreichen der geforderten Rundheit problematisch werden kann, denn dieses Merkmal beansprucht fast die gesamte Breite des Toleranzfeldes. Erfahrungen mit anderen Hartdrehanwendungen zeigen, daß ein großer Anteil der Rundheits- und Zylindrizitätsabweichungen auf die Spannmittel oder Maschinen zurückzuführen ist und nicht auf den Prozeß selbst.

3.2.4 Grenzen des Schrägeinstechschleifens überwinden

In Schleifprozessen wird der größte Teil der mechanischen Energie durch Reib- und Trennarbeit während der Spanbildung in Wärme umgewandelt. Dadurch ist grundsätzlich die Gefahr unzulässig großer thermischer Randzonenbeeinflussung gegeben. Für die Funktionseigenschaften geschliffener Werkstücke wird neben der Maß-, Form- und Oberflächenqualität das sichere Vermeiden von thermisch bedingten Randzonenschädigungen zunehmend wichtiger. Gewichtsreduzierung und Ausnutzen der Belastbarkeit von Bauteilen bis an ihre Grenzen sind Forderungen, die bis in die Prozeßauslegung und in die Prozeßführung zurückwirken.

Unter diesen Aspekten sind alle Schleifprozesse kritisch, bei denen hohe Kontaktzonentemperaturen, lange Kontaktzeiten oder beides auftreten. Daraus resultieren immer Einschränkungen für die Leistungssteigerung beim Schleifen. Dies zeigt sich beim Schrägeinstechschleifen besonders deutlich. In diesem Prozeß sind das Außenrund-Einstechschleifen und das Seiten-Querschleifen miteinander verknüpft (Bild 20). Die Gefahr, die Werkstückrandzone thermisch zu schädigen, ist primär an der Planschulter gegeben. Dort liegen große Kontaktlängen vor, und der Zutritt von Kühlschmierstoff in die Kontaktzone ist erheblich erschwert. Das führt dazu, daß oberhalb bestimmter Zeitspanungsvolumina an der Planschulter kein schädigungsfreies Schleifen mehr möglich ist. Da sich das Zeitspanungsvolumen aus Wirtschaftlichkeitsgründen nicht so weit senken läßt, daß unzulässige Randzonenbeeinflussungen sicher unterbleiben, müssen die geschliffenen Werkstücke auf Randzonenschädigungen untersucht werden. Derartige Prüfungen stören den Produktionsablauf, weil Geräte zur on-line-Prüfung noch fehlen und die Teile deshalb aus der Linie ausgeschleust werden müssen.

Schrägeinstechschleifen		Kombinierte Schleifbearbeitung	
Schnittgeschwindigkeit	: v_c = 30 m/s	Schnittgeschwindigkeit	: v_c = 60 m/s
Schleifscheibe	: konventionell	Schleifscheibe 1,2	: keram. CBN

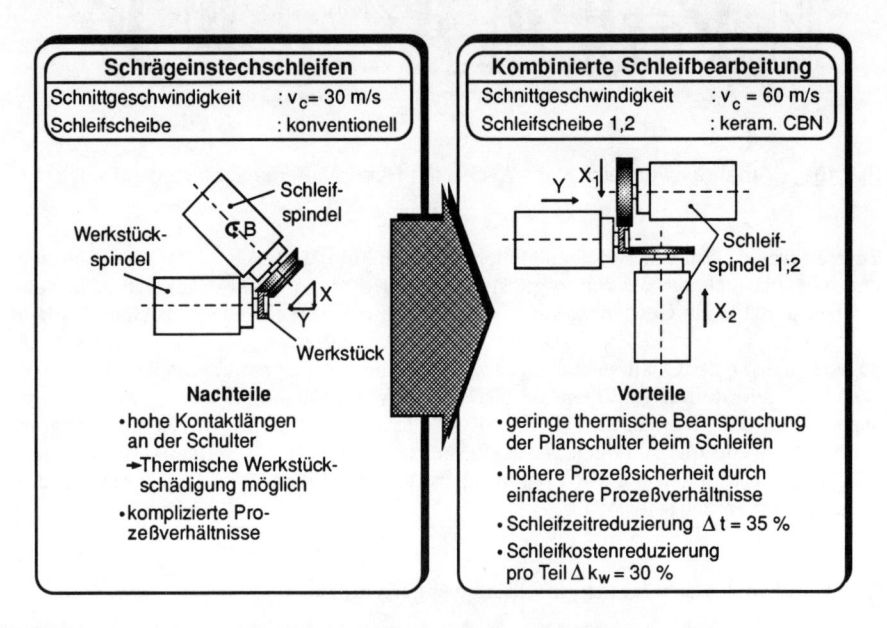

Nachteile
- hohe Kontaktlängen an der Schulter
  → Thermische Werkstückschädigung möglich
- komplizierte Prozeßverhältnisse

Vorteile
- geringe thermische Beanspruchung der Planschulter beim Schleifen
- höhere Prozeßsicherheit durch einfachere Prozeßverhältnisse
- Schleifzeitreduzierung Δt = 35 %
- Schleifkostenreduzierung pro Teil Δk_W = 30 %

Bild 20: Substitution des Schrägeinstechschleifens (nach Bosch)

Um diesen Nachteilen entgegenzuwirken, wurde das Schrägeinstechschleifen in einem Zulieferbetrieb für die Automobilindustrie durch zwei Einzelprozesse mit zwei um 90 Grad versetzt angeordneten Schleifspindeln substituiert (Bild 20). Dabei werden sowohl die Zylinder- als auch die Planfläche im Geradeeinstechschleifen bearbeitet. Des weiteren ermöglicht die neue Maschine den Einsatz des hochharten Schneidstoffes CBN.

Technologieverständnis 3 - 57

Diese Maßnahmen haben zu einer deutlichen Verminderung der Schleifzeiten geführt. Die Fertigung der Werkstücke konnte trotz geringfügig höherer Maschinenkosten bei um 30 % reduzierten Werkstückkosten wesentlich sicherer gestaltet werden. Als Folge ergab sich ein erheblich geringerer Prüfaufwand für die Bauteile als vorher. Das Beispiel verdeutlicht, daß Fertigungsabläufe durch Prozeßanalyse und konsequentes Umsetzen der Erkenntnisse so umgestaltet werden können, daß sich die Forderungen nach höherer Prozeßsicherheit und nach geringeren Herstellkosten gleichermaßen erfüllen lassen [53].

3.2.5 CBN-Schleiftechnik nutzen

CBN ist hart, verschleißfest und besitzt eine gute Wärmeleitfähigkeit. Diese Eigenschaftskombination bietet beim Schleifen Vorteile gegenüber konventionellen Kornmaterialien. Trotz dieser Vorteile sind CBN-Schleifscheiben noch nicht sehr weit verbreitet. Die Hauptursache dafür liegt in den hohen Anschaffungskosten. Den Einsatz von CBN-Scheiben alleine davon abhängig zu machen, wäre falsch. Die Frage, ob mit CBN Einsparungen zu erzielen sind, ist von Fall zu Fall mittels einer sorgfältigen Analyse der Bearbeitungsaufgabe zu klären.

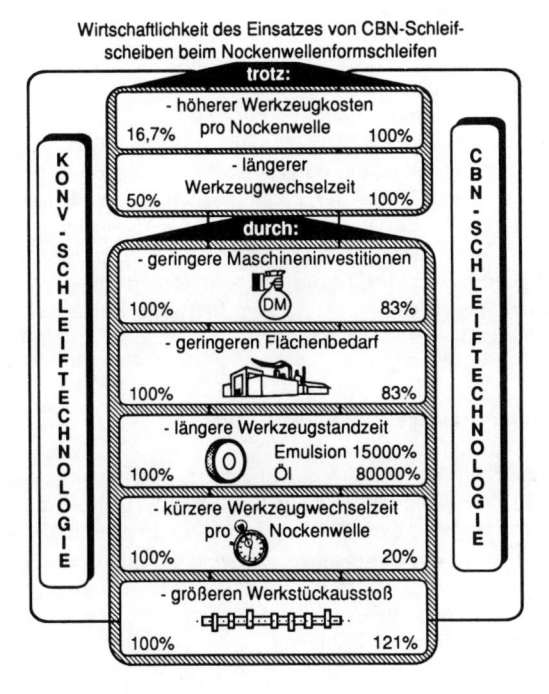

Bild 21: Vorteile von CBN-Schleifscheiben beim Nockenwellenformschleifen (nach Winter u. Sohn)

Die CBN-Schleiftechnik muß nicht zwingend mit hoher Schnittgeschwindigkeit verbunden sein. Mehrschichtig aufgebaute CBN-Schleifscheiben werden bei Schnittgeschwindigkeiten von 80...140 m/s eingesetzt. Bindungsmaterialien für derartige Scheiben sind Keramik, Kunstharz oder Metall. Alle Scheibenarten sind profilierbar und deshalb flexibel zu verwenden.

Die Härte und die Verschleißfestigkeit des Schleifmittels CBN lassen sich zur drastischen Erhöhung der Zerspanleistung nutzen. Voraussetzungen dafür sind optimale Einsatzvorbereitung der Scheiben sowie steife und leistungsfähige Maschinen.

Am Beispiel des Nockenwellenformschleifens (Bild 21) wird deutlich, daß die hohen Anschaffungskosten der CBN-Schleifscheiben durch Vorteile wie drastisch gesteigerte Standzeit, kürzere anteilige Werkzeugwechselzeit und höheren Ausstoß mehr als kompensiert werden. Die Schleifzeit je Werkstück ist in diesem Beispiel um 40% geringer als beim Schleifen mit konventionellen Scheiben [54].

3.3 Weiterentwickelte Erodiertechniken

Die bisher vorgestellten Prozesse und Fertigungsfolgen haben ihre Haupteinsatzgebiete in der Teileproduktion. Wie gezeigt wurde, sind dafür hochwertige und zuverlässige Werkzeuge notwendig. Dies gilt nicht nur für die spanenden Fertigungsverfahren, sondern auch für das Ur- und Umformen, die Blechumformung sowie für die Produktion von Formteilen aus Kunststoff.

Zur Herstellung von Gesenken, Hohlformen, Stanz- und Ziehwerkzeugen werden häufig funkenerosive Fertigungsverfahren eingesetzt. Diese Verfahren unterliegen keinen Einschränkungen seitens der Härte der zu bearbeitenden Werkstoffe. Die entscheidende Voraussetzung für den Einsatz des funkenerosiven Senkens und des funkenerosiven Schneidens mit ablaufender Drahtelektrode ist die elektrische Leitfähigkeit der Werkstücke. Die Weiterentwicklung beider Prozesse erfolgt mit denselben Zielsetzungen wie die der spanenden Fertigungsverfahren: Leistung, Prozeßsicherheit und Qualität erhöhen und gleichzeitig Kosten reduzieren.

3.3.1 Senkerodieren mit wäßrigem Arbeitsmedium

Die funkenerosive Bearbeitung findet in einem Arbeitsmedium statt, das einen erheblichen Einfluß auf den Abtragprozeß und auf die Wirtschaftlichkeit ausübt (Bild 22). Bislang werden für das funkenerosive Senken Arbeitsmedien auf Ölbasis eingesetzt, die jedoch eine schlechte Umweltverträglichkeit und eine geringe Leistungsfähigkeit besitzen. Eine ökologische und zugleich ökonomische Alternative zu herkömmlichen Dielektrika auf Ölbasis sind wäßrige Arbeitsmedien, die aus Wasser und einer organischen, wasserlöslichen Komponente bestehen.

Das Arbeitsmedium übt ganz wesentliche Funktionen auf den Abtragvorgang aus, da es für die Reinigung des Arbeitsbereichs, die Einschnürung des Entladekanals und die Kühlung verantwortlich ist. Im Kühlvermögen unterscheiden sich ölhaltige und wäßrige Arbeitsmedien erheblich, weil von der Wasserkomponente eine starke Kühlwirkung durch Verdampfungsvorgänge ausgeht. Der Arbeitsbereich wird daher so intensiv gekühlt, daß bereits kleine Elektrodengeometrien mit einem hohen Strom beaufschlagt werden können. Um den Bereich der Entladung bildet sich zudem weniger Gas, so daß höhere Prozeßkräfte entstehen. Der durch die thermische Wirkungsweise der Funkenentladung aufgeschmolzene Werkstoff wird deswegen mit einem hohen Wirkungsgrad aus dem Entladekrater ausgetragen. Es werden kürzere Erodierzeiten erreicht, die sich bei der Gesenkfertigung in deutlichen Zeitvorteilen beim Schruppen und Vorschlichten niederschlagen (Bild 23) [55-58].

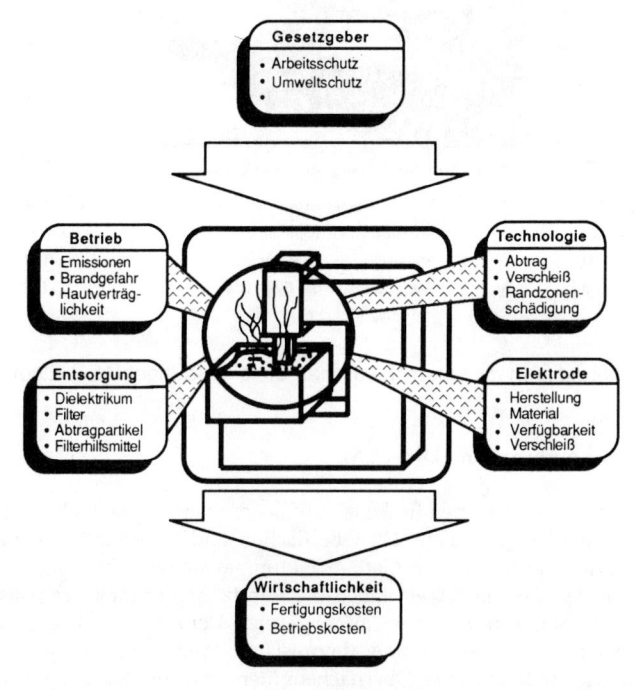

Bild 22: Einflüsse auf die Wirtschaftlichkeit bei der funkenerosiven Senkbearbeitung

Dies hat auch nachhaltige Auswirkungen auf die Wirtschaftlichkeit des Verfahrens, wie das Beispiel der Formhälfte für ein Automatikgetriebe zeigt. Zwar muß ein höherer Maschinenstundensatz beim wäßrigen Arbeitsmedium berücksichtigt werden, der durch höhere Anlagenkosten und eine aufwendigere Aufbereitung des Mediums auf Wasserbasis ensteht. Durch die enorme Verkürzung der Erodierzeiten wird der höhere Maschinenstundensatz ebenso wie die höheren Kosten für das Nachsetzen der Elektrode kompensiert, so daß sich eine deutliche Steigerung der Wirtschaftlichkeit beim Einsatz wäßriger Medien erzielen läßt.

Wasser- Dielektrikum		Öl- Dielektrikum

	Wasser		Öl	
100 h				100 h
75	62 h		112 h (Schlichten / Vor-Schlichten)	75
50	Schlichten / Vor-Schlichten			50
25				25
0	Schruppen		Schruppen	0

Formhälfte für 4- Gang- Automatik- Getriebe

Wasser	Position	Öl
5 890.- DM	Erodierkosten	8 960.- DM
95.- DM	Maschinenstundensatz	80.- DM
2 650.- DM	Herstellkosten der Elektroden	2 650.- DM
1 100.- DM	Nachsetzkosten der Elektroden	650.- DM
33 µm	Oberflächengüte R_z	33 µm

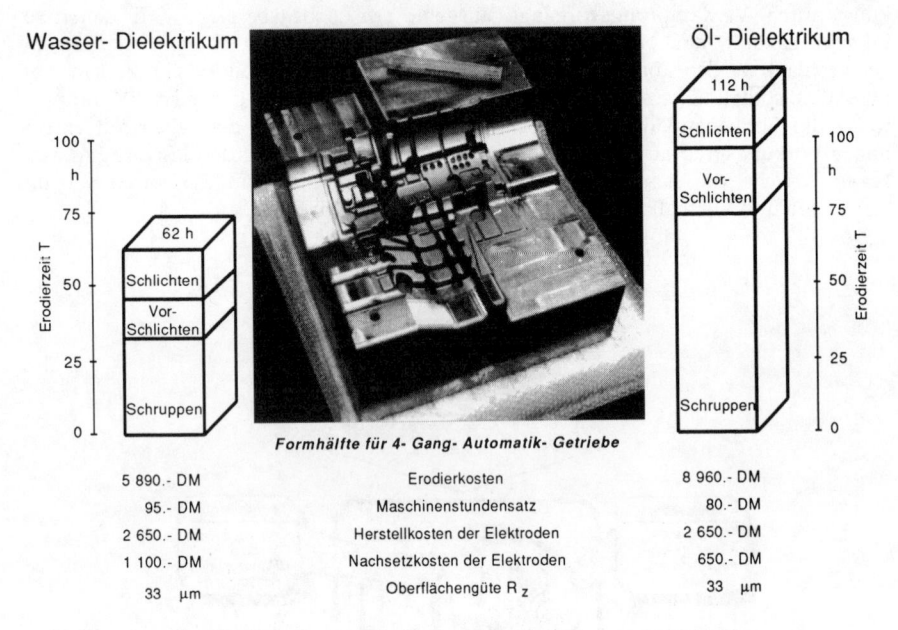

Bild 23: Senkerodieren mit unterschiedlichen Dielektrika (nach AEG-Elotherm)

3.3.2 Verfahrenskombination EDM-ECM

Die Oberflächen und Randzonen funkenerosiv bearbeiteter Werkstücke weisen verfahrensspezifische Charakteristika auf. Die Oberflächen sind kraterförmig strukturiert. Die Randzonen sind aufgehärtet, das Gefüge ist umgewandelt und mit hohen Zugeigenspannungen behaftet. Zum Teil haben die Randzonen sogar Risse. Das Erodieren wird häufig im Gesenk- und Formenbau eingesetzt. Derartige Werkzeuge unterliegen im Betrieb hohen mechanischen und thermischen Wechselbelastungen. Für solche Beanspruchungen sind schlechte Oberflächengüten, "weiße" Randzonen und Zugeigenspannungen bekanntermaßen sehr schädlich. Dies zwingt dazu, die Oberflächen zu glätten und gleichzeitig die beeinflußte Randzone vollständig zu entfernen. Diese Arbeiten sind aufgrund der hohen Härte der Randzone, der komplexen Geometrien von Gesenken und Hohlformen und der dadurch bedingten schlechten Zugänglichkeit bis heute kaum mechanisierbar.

Die Entwicklung wäßriger Dielektrika für das funkenerosive Senken hat einen neuen Weg zur Lösung derartiger Aufgaben eröffnet, das elektrochemische (ECM) Nachbearbeiten (Bild 24). Der Abtragmechanismus dieses Prozesses beruht auf dem Prinzip der anodischen Metallauflösung mit Hilfe eines Elektrolyten und eines Gleichstroms. Dieser Prozeß läuft bei Temperaturen unter 50° C ab. Er verursacht keine thermischen Schäden am Werkstück, und er induziert keine Eigenspannungen.

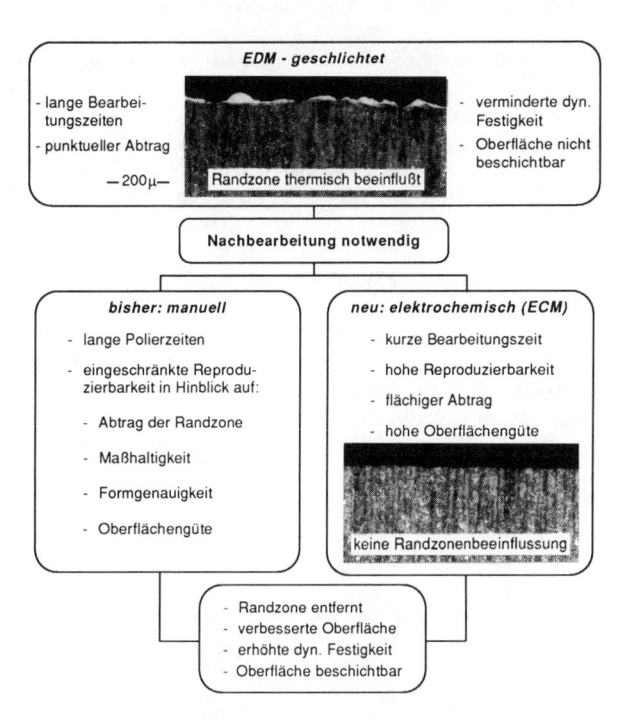

Bild 24: Manuelle und elektrochemische Nachbearbeitung

Technologische und wirtschaftliche Gründe sprechen dafür, den EDM- und den ECM-Prozeß auf einer Anlage durchzuführen. Dadurch entfallen Probleme mit dem Umspannen und mit Nebenzeiten. Es muß auch nicht in zwei Anlagen investiert werden. Da für den EDM-Prozeß nichtleitende Flüssigkeiten (Dielektrika) notwendig sind und für den ECM-Prozeß leitende (Elektrolyte), muß allerdings zwischen beiden Bearbeitungsschritten ein Wechsel der Arbeitsmedien erfolgen. Dieser läßt sich bei Verwendung zweier Flüssigkeiten auf Wasserbasis erheblich einfacher durchführen als bei Verwendung von Öl-Dielektrikum und Wasser-Elektrolyt.

Der erforderliche Abtrag für das ECM-Nachbearbeiten erodierter Werkstücke liegt bei maximal 0,5 mm. Derart kleine Aufmaße führen bei der ECM-Bearbeitung noch nicht zur Spaltaufweitung, so daß die Maß- und Formgenauigkeit der nachbearbeiteten Teile hoch ist. Die Verfahrenskombination EDM-ECM ist noch keinesfalls zu Ende entwickelt. Sie bietet ein hohes Potential, die Oberflächen von erodierten Formen und Gesenken sicher, schnell und kostengünstig nachzubearbeiten.

3.3.3 Präzisionsbearbeitung mit ablaufender Drahtelektrode

Das funkenerosive Schneiden wird überwiegend zur Herstellung präziser Aktivelemente im Stanz- und Schnittwerkzeugbau eingesetzt. Der Abtragmechanismus beruht wie beim funkenerosiven Senken auf dem Prinzip des lokalen Aufschmelzens, Verdampfens und Ausschleuderns von Werkstoff. Demnach besitzen auch funkenerosiv geschnittene Oberflächen kraterförmige Strukturen. Die Werkstückrandzonen sind aufgrund der schnell ablaufenden Aufheiz- und Abkühlvorgänge während des Abtragens thermisch beeinflußt und umgewandelt. Weil Stanz- und Schnittwerkzeuge statisch und dynamisch hoch belastet sind, ist praktisch immer ein Entfernen dieser Randzonen notwendig. Dies ist zeitaufwendig und kostspielig [59,60].

Um derartige Nachbearbeitungen zu vermeiden, wird die Technik des funkenerosiven Nachschneidens eingesetzt (Bild 25). Dabei folgen auf den Hauptschnitt mehrere Nachschnitte mit sukzessive verringerter lateraler Zustellung und mit reduzierter Entladeenergie. Dadurch verbessern sich die Oberflächengüten, und die Dicke der umgewandelten (weißen) Randzonen nimmt ab. Die durch Nachschneiden erreichbare Qualität ist in den meisten Fällen hoch genug, um auf eine zusätzliche Nachbearbeitung verzichten zu können.

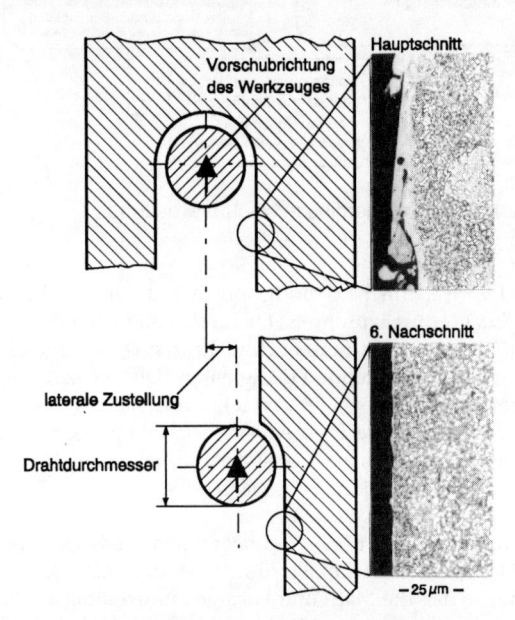

Bild 25: Funkenerosives Nachschneiden - Prinzip und Randzone

Die Auswirkungen der einzelnen Nachschnitte auf das Werkstück sind nicht identisch. Bis einschließlich zum dritten Nachschnitt entsteht durch Abtrag der vorherigen Randzone eine neue, dünnere. Dabei verbessern sich nicht nur die Oberflächengüte und die Genauigkeit des Werkstückes, sondern es vermindern sich auch die Zugeigenspannungen in seiner Randzone (Bild 26). Vom vierten Nachschnitt an erfolgt nur noch eine Einebnung der Oberfläche. Dabei bildet sich keine vollständig neue Randzone mehr aus, so daß die vorhandene immer dünner wird [61]. Die Eigenspannungen verändern sich daher kaum noch.

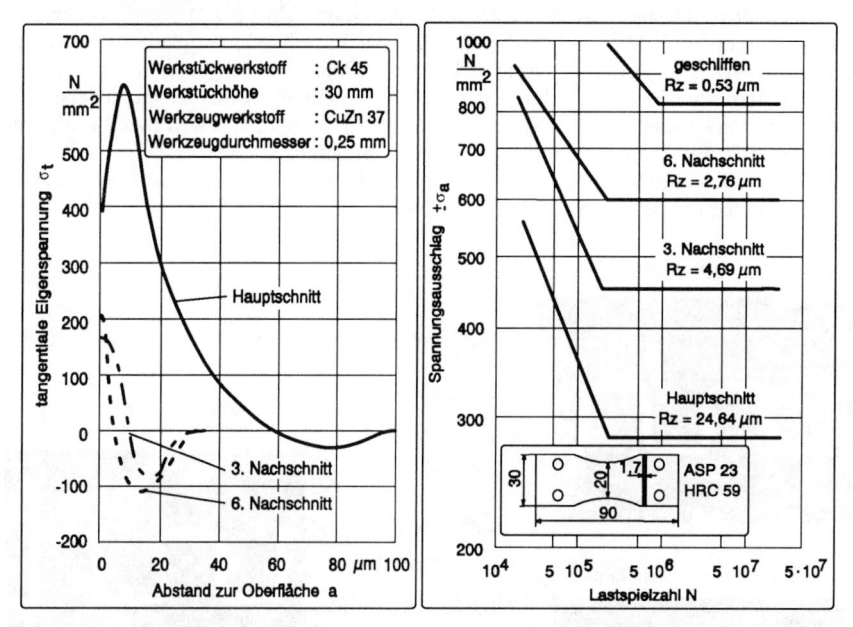

Bild 26: Funkenerosives Schneiden - Eigenspannungen und Bauteilverhalten

Die Nachschneidtechnik wirkt sich nicht nur in Form höherer Oberflächengüte sowie besserer Maß- und Formgenauigkeit des Werkstückes aus, sie verbessert auch das Bauteilverhalten entscheidend (Bild 26, rechts). Die Biegewechselfestigkeit steigt mit der Zahl der Nachschnitte deutlich an.

3.3.4 Selbsttätige Prozeßauslegung beim funkenerosiven Bearbeiten

Bei der funkenerosiven Bearbeitung muß die Spaltweite ständig den Anforderungen des Erosionsprozesses nachgeführt werden. Das Verfahren kommt deshalb nicht ohne Regel- und Überwachungseinrichtungen aus. Dementsprechend ist auch die Entwicklung von Strategien zur selbsttätigen Prozeßauslegung weiter fortgeschritten als bei spanenden Fertigungsverfahren. Dies gilt für das Erodieren mit ablaufender Drahtelektrode ebenso wie für das funkenerosive Senken.

Beim Erodieren mit ablaufender Drahtelektrode sind die Bedingungen im Arbeitsspalt weitgehend konstant. Die Ursache dafür liegt im Ablauf der Drahtelektrode. Er stellt sicher, daß der Elektrodenverschleiß die Bedingungen im Arbeitsspalt nicht verändern kann.

Diese Voraussetzungen erlauben es, die Maschinen mit Einrichtungen zur selbständigen Prozeßauslegung auszustatten. Eingabedaten sind die Werkstückgeometrie, der Werkzeug- und der Werkstückstoff, die geometrische Genauigkeit sowie die geforderte Oberflächengüte des Werkstücks. Diese Daten werden zusammen mit Technologiedaten, die in der Maschine abgelegt sind, zu einem werkstückspezifischen NC-Programm verarbeitet und der Maschinensteuerung zugeführt. Der Prozeß läuft dann ohne Eingriff durch einen Maschinenbediener automatisch ab. Am Beispiel des funkenerosiven Schnellschneidens wird deutlich, wie derartige Systeme auf die Präzision und die Bearbeitungszeit einwirken (Bild 27) [62].

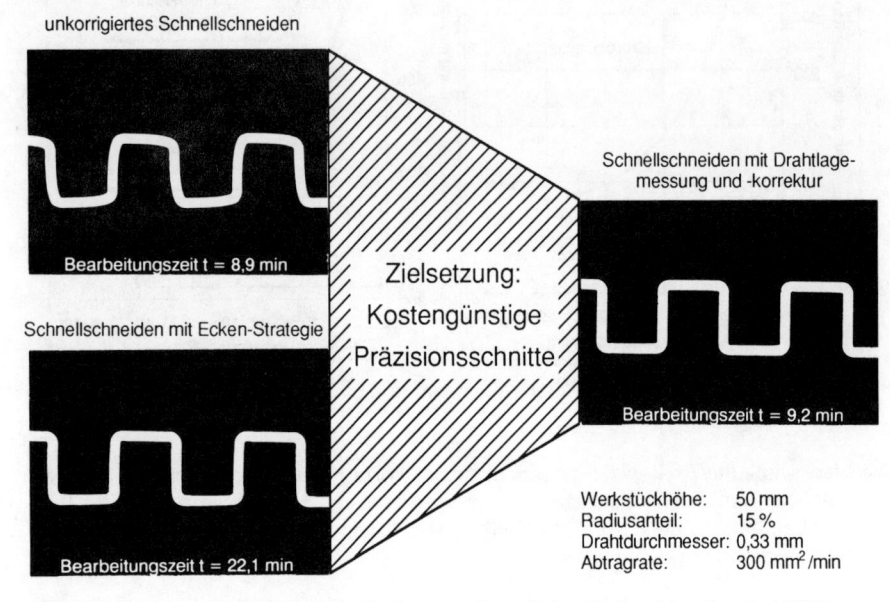

Bild 27: Konturgenauigkeit beim funkenerosiven Schnellschneiden (nach AGIE)

Die Elektroden für das funkenerosive Senken besitzen im Gegensatz zu Drahtelektroden räumlich komplexe Formen. Beim Einsenken solcher Elektroden in das zu bearbeitende Werkstück verändert sich die im Eingriff befindliche Elektrodenfläche. Dies erfordert ein ständiges Anpassen der Prozeßparameter an die jeweils abtragwirksame Elektrodenfläche. Für die Erstellung von Programmen für derartige Bearbeitungsaufgaben sind umfangreiche Berechnungen erforderlich, um eine Anpassung der Leistungseinbringung der Maschine vorzunehmen.

Für die optimale Lösung dieser Aufgabe stehen heute Systeme zur Verfügung, die nach Eingabe der Werkstück-/Werkzeugpaarung und der Einsenktiefe die Anpassung der Prozeßparameter an die jeweils wirksame Elektrodenfläche selbsttätig durchführen. Dadurch lassen sich erhebliche Zeiteinsparungen bei der Programmierung erzielen. Die Gefahr von Programmierfehlern wird praktisch ausgeschlossen. Durch den optimierten Prozeßablauf verkürzt sich die Bearbeitungszeit. Gleichzeitig wird lokal überhöhter Elektrodenverschleiß vermieden.

4. Zusammenfassung

Den Produktionsbetrieben werden gegenwärtig besonders hohe Anstrengungen abverlangt, um die Herstellkosten drastisch zu senken. Schlüssel zum Erreichen dieser Zielsetzung sind sichere und einfache Prozesse sowie optimierte Fertigungsfolgen. Die Voraussetzungen dafür sind zum großen Teil vorhanden, sie müssen aber zielstrebiger als bisher umgesetzt werden. Dazu gehört es auch, das Wissen der Mitarbeiter bereichsübergreifend in die Gestaltung und in die Durchführung der Prozesse einzubringen. Die Prozesse und die Fertigungsfolgen müssen so weit analysiert werden, daß sich sichere Methoden zur manuellen oder zur automatischen Prozeßführung und Prozeßüberwachung entwickeln lassen.

Beispiele zum Schleifen, zur Hart- und Weichbearbeitung mit geometrisch bestimmten Schneiden, zur Trockenbearbeitung, zum Einsatz neuer Dielektrika beim funkenerosiven Senken, zu neuen Schnittstrategien beim funkenerosiven Schneiden und zur Auslegung von Fertigungsfolgen zeigen, welche Wege beschritten werden können, um das Ziel, sicherer und kostengünstiger zu produzieren als bisher, kurzfristig zu erreichen.

Literatur:

[1] Mäscher, G.: Moderne Qualitätssicherungssysteme in der Großserienfertigung, - Welche Anforderungen ergeben sich daraus für die Werkstofftechnik, HTM 2/93, in Druck

[2] Spur, G.: Entwicklungstendenzen in der spanenden Fertigung: Maschine und Schneidstoffe im Wettlauf, Schweizer Maschinenmarkt 39(1991)4, S.16-18, 20-21

[3] Tönshoff, H.K.; Brandt, D.; Spintig, W.: Hartbearbeitung in der Praxis, wt Wissenschaft und Technik, Nr.6(1992), S.40-44

[4] Schmidt, J.; Kallabis, M.: Nacharbeit - Gehärtete Bauteile räumen mit Hilfe kristalliner Hartstoffe, Maschinenmarkt Würzburg 97(1991),Nr.36, S.50 ff

[5] Tönshoff, H.K.; Spintig W.: Bohren gehärteter Stahlwerkstoffe: Fertigungsfolge vereinfachen, Ind. Anz. 113(1991)44, S.36-37

[6] Ackerschott, G.: Grundlagen der Zerspanung einsatzgehärteter Stähle mit geometrisch bestimmter Schneide, Diss. RWTH Aachen (1989)

[7] König, W.; Link, R.: Optimierter Werkzeug- und Schneidstoffeinsatz beim Hartbohren, IDR 2/92, S.109-112

[8] König, W.; Klinger, M.: Räumen mit Hartmetall - Leistungssteigerung durch angepaßte Prozeßauslegung, 4. Karlsruher Kolloquium 1992, Hrsg.: wbk, Univ. Karlsruhe

[9] Fabry, J.: Cermet - Die wirtschaftliche Alternative zur Sicherung der Produktqualität bei Steigerung der Prozeßstabilität, Maschinenbau 3/93, S.34-39

[10] Johannsen, P.: Persönliche Mitteilung, März 1993

[11] Schlump, W.; Grewe, H.: Entwicklungsstand bei Herstellung und Anwendung von nanokristallinen Werkstoffen, Maschinenmarkt, Würzburg, 97(1991)13, S.84-89

[12] Kolaska, H.: Werkzeuge vor Leistungssprung, m+w, 26 (1991), S.50-62

[13] Kolaska. H; Dreyer, K.: Verschleißfeste Schneidstoffe aus Hartmetall, Reibung und Verschleiß (Okt. 1992), S.65-85, Hrsg.: H. Grewe, DGM Informationsgesellschaft mbH, Oberursel

[14] Kolaska, H.; Dreyer, K.: Hartmetalle, Cermets und Keramiken als verschleißbeständige Werkstoffe, Metall 45 (1991) 3, S.224-235

[15] N.N.: Mehr Zähigkeit wird verlangt, Produktion Nr.1/2 (1993), S.6-7

[16] Christoffel, K.: Die weitere Entwicklung der Schneidstoffe, Werkstatt und Betrieb, 126 (1993) 1, S.15-17

[17] Kolaska, H.: Die wirtschaftliche Bedeutung der Hartmetalle und ihre Einsatzgebiete, Metall 46 (1992) 3, S.256-261

[18] Mason, F.: Cutting tools for the 90s, American Machinist (Feb.1991), S.43-48

[19] Tönshoff, H. K.; Kaestner W.: Temperaturbelastung von Hartmetallwerkzeugen bei Schnittunterbrechungen, VDI-Z 133(1991)9, S.85-91

[20] Kübel, E.: New Developments in chemically vapour-deposited coatings from an industrial point of view, Surface and Coatings Technology, 49 (1991), S.268-274

[21] Icks, G.: Naßfräsen mit beschichtetem Hartmetall, VDI-Berichte 762 (1989), S.221-232, VDI-Verlag GmbH, Düsseldorf 1989

[22] Taberski, R.; van den Berg, H.: Neue Technologien entwickelt: Plasma-CVD-Verfahren für Hartmetalle, Ind. Anz. 72(1991), S.36-42

[23] König, U.; van den Berg, H.; Tabersky, R.; Sottke, V.: Niedrigtemperaturbeschichtungen für Hartmetalle, Proc. 12th Int. Plansee Seminar '89, Vol.3, S.13-25

[24] König, U.; Taberski, R.; van den Berg, H.: Research, development and performance of cemented carbide tools coated by plasma activated CVD, Vortrag anläßlich der ICMCTF (22.-26.04.1991), San Diego

[25] Knotek, O.; Löffler, F.; Krämer, G.: Substrate- and interface-related influences on the performance of arc-physical-vapour-deposition-coated cemented carbides in interrupted-cut machining, Surface and Coatings Technology, 54/55 (1992), S.476-481

[26] König, W.; Fritsch, R.: Performance and wear of carbide coated by physical vapour deposition in interrupted cutting, Surface and Coatings Technology, 54/55 (1992), S.453-458

[27] König, W.; Fritsch, R.: PVD- und CVD-beschichtete Hartmetalle im Leistungsvergleich, Proc. 13th Int. Plansee Seminar '93, Beitrag C2, in Druck

[28] Kolaska, H.: Cermets modern und leistungsfähig, Chem. Produktion 3/1992, S.37-39

[29] Kato, M.; Yoshimura, H.; Fujiwara, Y.: Mechanical Properties And Cutting Performance of TiC-TiN-Cermet Coated With TiN By PVD, Proc. 12th Int. Plansee Seminar '89, Vol.3, S.93-107

[30] N.N.: Weltneuheit beschichtetes Cermet UP 35 N, News 06/90 D, MMC Hartmetall GmbH

[31] Kopplin, D.; Großmann, G.: Beschichtete Cermets: Gewinn für das Drehen, VDI-Z 133 (1991) 2, S.16-20

[32] N.N.: New coated cermet insert is available, American Machinist (Febr. 1991), S.15

[33] N.N.: Produktivitätssteigerung durch beschichtetes Cermet, Werkstatt und Betrieb 124 (1991) 1, S.25

[34] N.N.: Die neue Bewegung bei Cermets, Werkzeuge (Dez. 1992), S.30-33

[35] N.N.: Arbeiten wie die Japaner, Werkzeuge (Dez. 1992), S.37-38

[36] N.N.: Schlanker und leistungsstärker, m+w 22-23 (1992), S.32-41

[37] Lux, B.; Haubner, R.; Pan, X.X.; Oakes, J.: Chemical vapour deposition diamond coatings on cemented carbide tools, Materials Science Monographs 73 (1991), S.600-607, Elsevier Science Publisher B.V. 1991

[38] Soederberg, S.; Westergren, I.; Reineck, I.; Ekholm, E.P.: Properties and performance of diamond coated ceramic cutting tools, Materials Science Monographs, 73(1991), S.69-76, Elsevier Sience Publisher B.V. 1991

[39] Okuzumi, F.: Gaseous phase synthesis poly-crystalline diamond tool, Japan New Diamond Forum (1990), S.80-82

[40] Bachmann, P.K.; Messier, R.: Emerging technology of diamond thin films, Chemical&Engineering News, special report (15.05.1989), S.24-39

[41] Leyendecker, T.; Lemmer, O.; Jürgens, A.; Ebberink, J.: Einsatz von kristallinen Diamantschichten auf Werkzeugen und Verschleißteilen, Reibung und Verschleiß (Okt. 1992), S.215-225, Hrsg.: H. Grewe, DGM Informationsgesellschaft mbH, Oberursel

[42] Westkämper, E.; Freytag, J.: PKD-Schneidstoffe zum Sägen melaminharzbeschichteter Spanplatten, IDR 25(1991)1, S.46-49

[43] Westkämper, E.; Licher, E.; Prekwinkel, F.: Hochgeschwindigkeitszerspanung von Holz und Holzwerkstoffen (2), HK 26(1991)3, S. 20-25

[44] Ebberink, J.; Gühring, J.: Diamantbeschichtung für Zerspanungswerkzeuge, VDI Bericht 917 (1992), VDI-Verlag, Düsseldorf

[45] Malle, K.: Hochgeschwindigkeitsschleifen-Alternative zum Drehen und Fräsen?, VDI-Z 130 (1988), Nr.7, S.50-56

[46] Meyer, H.-R; Klocke, F.: High Performance Grinding with CBN, Society of Manufacturing Engineers 1991, Conference Superabrasives `91 (June 11-13, 1991 Chicago, Illinois)

[47] König, W.; Ferlemann, F.: CBN- Schleifscheiben für 500m/s Schnittgeschwindigkeit, IDR 4/90, S.242-251

[48] König, W.; Ferlemann, F.: Eine neue Dimension für das Hochgeschwindigkeitsschleifen, IDR 2/90, S.66-72

[49] Meyer, H.-R.; Koch; N.: Richtiges Abrichten von Schleifscheiben mit Al_2O_3-, Diamant- und CBN-Körnungen als Voraussetzung für wirtschaftliche und hochproduktive Schleifprozesse, 7. Internationales Braunschweiger Feinbearbeitungskolloquium (FBK) (1993)

[50] König, W.; Kammermeier, D.: Charakterisierung von TiN-, Ti(C,N)- und (Ti,Al)N-Hartstoffschichten anhand von Zerspan- und Simulationsuntersuchungen, Tribologie, Tagungsband zur 5. Präsentation Tribologie 1991, Koblenz, S.17-34, Projektträgerschaft Material- und Rohstofforschung Forschungszentrum Jülich GmbH

[51] Kammermeier, D.: Charakterisierung von binären und ternären Hartstoffschichten anhand von Simulations- und Zerspanversuchen, D82 (Diss. RWTH Aachen), Fortschritt-Berichte VDI, Reihe 2: Fertigungstechnik, Nr.271, VDI Verlag GmbH, Düsseldorf 1992

[52] Link, R.: Gratbildung und Strategien zur Gratreduzierung, Diss. RWTH Aachen (1992)

[53] Mitteilung der Robert Bosch GmbH, Stuttgart (1993)

[54] Meyer, H.-R.; Boos, J.; Rost, W.; Koch, N.: Nockenwellen-Schleifen mit CBN - Schleifscheiben, Jahrbuch "Schleifen, Honen, Läppen und Polieren", 57. Ausgabe (1993)

[55] König, W.: Fertigungsverfahren Bd. 3, Abtragen, 2. Aufl. 1990, VDI-Verlag GmbH, Düsseldorf 1990

[56] Dünnebacke, G.: High Performance EDM Using a Water Based Dielectric, Proc. of ISEM 10, Magdeburg 1992

[57] König, W.; Siebers, F.J.: Funkenerosive Schmiedegesenkherstellung mit wäßrigen Arbeitsmedien, Industrielle Gemeinschaftsforschung im IDS Nr. 29, Hagen 1992

[58] Siebers, F.J.: Thermoenergetische Verhältnisse im Arbeitsspalt bestimmen die Leistungsfähigkeit, dima 45 (1991) 9

[59] Rüling, R. F.: Technologische und physikalische Einflüsse auf das Funktionsverhalten von funkenerosiv geschnittenen Schneidwerkzeugen, Dissertation 1980, TU München

[60] Hunzinger, I.: Schneiderodierte Oberflächen, Dissertation 1986, iwb TU München, Springer-Verlag Berlin, New York, Tokyo

[61] König, W.; Siegel, R.: Funkenerosives Feinstschneiden - Mit minimaler Energie zu guten Oberflächen, dima 9/92, S.26-30

[62] N.N.: Erodiertechnischer Multi-Knüller, Special Tooling 1/92, S.16-21

Mitglieder der Arbeitsgruppe für den Vortrag 3.2

Dr.-Ing. J. Fabry, Hertel AG, Fürth
Dipl.-Ing. R. Fritsch, WZL, Aachen
Dr.-Ing. e. h. W. Kirmse, Mercedes Benz AG, Stuttgart
Dipl.-Ing. T. Klumpen, WZL, Aachen
H. Kolaska, Krupp Widia GmbH, Essen
Prof. Dr.-Ing. Dr. h. c. W. König, WZL/FhG-IPT, Aachen
Dipl.-Ing. L. Krämer, Dittel, Landsberg
A. Locher, AGIE, Losone
Dipl.-Ing. D. Lung, WZL, Aachen
Dr.-Ing. H. R. Meyer, Ernst Winter & Sohn GmbH, Norderstedt
Prof. Dr. F. Reinke, AEG-Elotherm GmbH, Remscheid
Dr.-Ing. R. Zeller, Robert Bosch GmbH, Stuttgart

3.3 Mit neuen Werkzeugen in die Fertigung von morgen

Gliederung:

1. Zukünftiges Anforderungsprofil der Fertigungstechnik
2. Verbesserung konventioneller Werkzeuge durch neue Verfahren
3. Neue Bearbeitungsverfahren für neue Werkstoffe
4. Neue Technologien zur Herstellung innovativer Produkte
5. Resumée

Kurzfassung:

Mit neuen Werkzeugen in die Fertigung von morgen
Die Verbesserung bestehender und die Entwicklung neuer Produkte, z.B. in der Mikrosystemtechnik, sowie die steigenden Anforderungen im Hinblick auf Qualität, Wirtschaftlichkeit und Umweltverträglichkeit erfordern die Verbesserung bekannter Fertigungsverfahren und in vielen Fällen den Einsatz neuer Technologien. Angestrebt wird insbesondere eine Modifikation der Bauteiloberfläche in Hinblick auf minimale Rauheit, definierte Strukturierung und gezielte Beeinflussung der Randzone.

Anhand der geforderten Randbedingungen und der zunehmenden Komplexität zukünftiger Bearbeitungsaufgaben wird aufgezeigt, daß zur optimalen Nutzung der Potentiale der Fertigungsverfahren eine enge Kooperation verschiedener wissenschaftlicher Disziplinen unumgänglich ist.

Abstract:

Forging ahead with new tools
The need for continuous improvement of existent products and the development of new ones, e.g. in micro-systems technology, combined with steadily increasing demands for higher levels of economic efficiency and environment-friendliness necessitate the improvement of production methods and, in many cases, the deployment of new technologies. The main objective is the modification of the part surface so as to achieve minimum roughness, defined structure and selective influence of the outer layer.

On the basis of the boundary conditions and the increasing complexity of future machining requirements, it will be demonstrated that close cooperation between various scientific disciplines is essential if the potential offered by new machining operations is to be exploited to the full.

1. Zukünftiges Anforderungsprofil der Fertigungstechnik

Die spezifische Leistungsfähigkeit eines Produktes determiniert in entscheidendem Maße den Erfolg oder Mißerfolg des Erzeugnisses am Markt. Schlagwörter wie Leistungsgewicht, Baugröße, Zuverlässigkeit und Lebensdauer prägen neben der Wirtschaftlichkeit und Umweltverträglichkeit das Anforderungsprofil derzeitiger und zukünftiger Produkte.

Während die Produkte mit ihren "technischen Neuerungen" häufig im Rampenlicht der Öffentlichkeit stehen, vollziehen sich die eigentlichen Innovationen, die Ursachen derartiger Leistungssteigerungen, nicht selten im Verborgenen. Neue Werkstoffe, eine definierte Bauteilauslegung und vor allem eine optimierte und innovative Fertigung sind die Garanten für technisch anspruchsvolle Produkte.

Beispielhaft ist in Bild 1 die Entwicklung der Laufleistung von PKW-Schaltgetrieben dargestellt. Stellte bislang der erhöhte Lagerverschleiß aufgrund mangelnder Schmierstoffversorgung die Hauptursache für den Ausfall von Schaltgetrieben dar, so kann durch gezielte Beeinflussung der Oberfläche während der Fertigung das Schmierungsverhalten und damit die Lebensdauer des Lagers entscheidend verbessert werden [1].

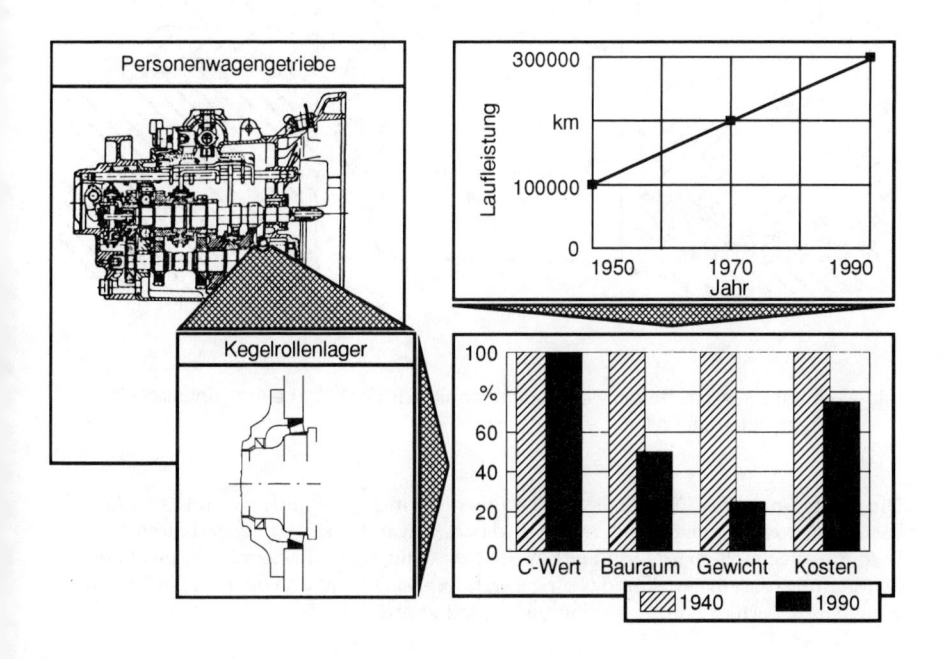

Bild 1: Entwicklung der Lebensdauer von PKW-Schaltgetrieben (nach [1])

Der Bogen der Oberflächenmodifikation wird dabei in Zukunft wesentlich weiter gespannt, als die allseits anerkannte Forderung nach einer Minimierung der Oberflächenrauheit. Gefordert sind hier die definierte "Erzeugung" der Oberflächenmikrostruktur sowie die gezielte Beeinflussung der oberflächennahen Randzone (Bild 2). Während die Reduktion der Oberflächenrauheit vor allem auf die Einhaltung engerer Toleranzen bei erhöhter Betriebsfestigkeit und verbessertem Verschleiß- sowie Korrosionsverhalten abzielt, verfolgt die definierte Modifikation der Mikrostruktur vor allem das Ziel der Einstellung günstiger tribologischer und strömungsmechanischer Eigenschaften. Dabei wird sich die Fertigungstechnik von der Akzeptanz sich einstellender Oberflächenstrukturen lösen und einen Weg zur gezielten Erzeugung determinierter Strukturen suchen müssen. Erweiternd zur definierten Oberflächenmodifikation dient auch die gezielte Beeinflussung der oberflächennahen Randzone einer Erhöhung der Betriebsfestigkeit sowie einer Verbesserung des Verschleißverhaltens.

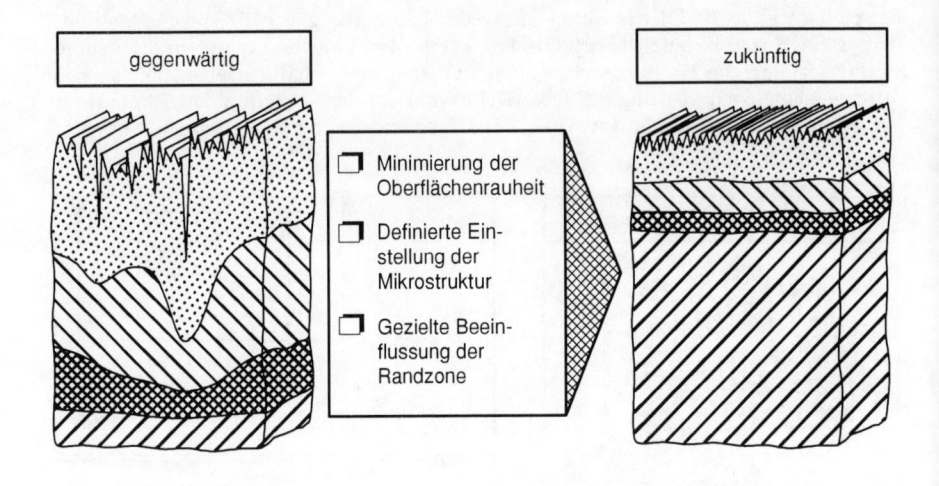

Bild 2: Anforderungen an die Fertigungstechnik zur Erzielung einer "optimalen" Bauteiloberfläche

Die Ausprägung der Oberfläche wird dabei nicht nur von dem verwendeten Werkstoff bestimmt, sondern insbesondere durch das angewandte Fertigungsverfahren bzw. die Fertigungstechnologie determiniert. Neben maschinenspezifischen Leistungsdaten und Bearbeitungsparametern übt das eingesetzte Werkzeug entscheidenden Einfluß auf die erzielbare Oberflächentopographie und -qualität aus.

Bei der Charakterisierung von Optimierungsstrategien konventioneller Werkzeuge sind dabei Parallelen zur Bearbeitungsaufgabe bzw. zu den Anforderungen an das Werkstück erkennbar: optimierte Geometrie sowie eine gezielte Werkstoff- bzw. Schneidstoffauswahl bei gleichzeitiger definierter Strukturierung der Werkzeugoberfläche sind unabdingbare Voraussetzungen für eine effiziente Fertigung.

Darüber hinaus müssen jedoch - basierend auf den genannten Anforderungen bezüglich der Leistungsfähigkeit zukünftiger Fertigungsverfahren - auch bei der Herstellung konventioneller Produkte für Teilbereiche der Fertigungstechnik nicht nur weitere Verbesserungen angestrebt, sondern vielmehr "Visionen" gefunden werden. So wird beispielsweise der Schwerpunkt der Finishbearbeitung nicht mehr auf der "konventionellen" Spanabnahme liegen. Gefordert ist vielmehr die definierte Modifizierung der Oberfläche mit Hilfe neuer Technologien, wie der Ionenimplantation, der Laser- oder Elektronenstrahlbearbeitung. Die Erzeugung nanometrischer Strukturen auf der Bauteiloberfläche eröffnet dabei auch für konventionelle Produkte bislang unerschlossene Potentiale.

Über den Bereich konventioneller Produkte hinaus sind bei der Analyse zukünftiger Entwicklungsschwerpunkte Produkte der Mikrosystemtechnik an erster Stelle zu nennen. Der Verbindung mikroelektronischer, optoelektronischer und mikromechanischer Komponenten zu einem funktionsfähigen System wird für dieses Jahrzehnt ein stürmisches Wachstum prognostiziert [2,3,4,5,6,7,8,9,10]. Die in Bild 3 aufgezeigte Gegenüberstellung einer Großverzahnung und eines Mikrozahnrads verdeutlicht eindrucksvoll die realisierbaren Abmessungen und Strukturen, mit deren Herstellung sich die Fertigungstechnik zukünftig auseinandersetzen muß.

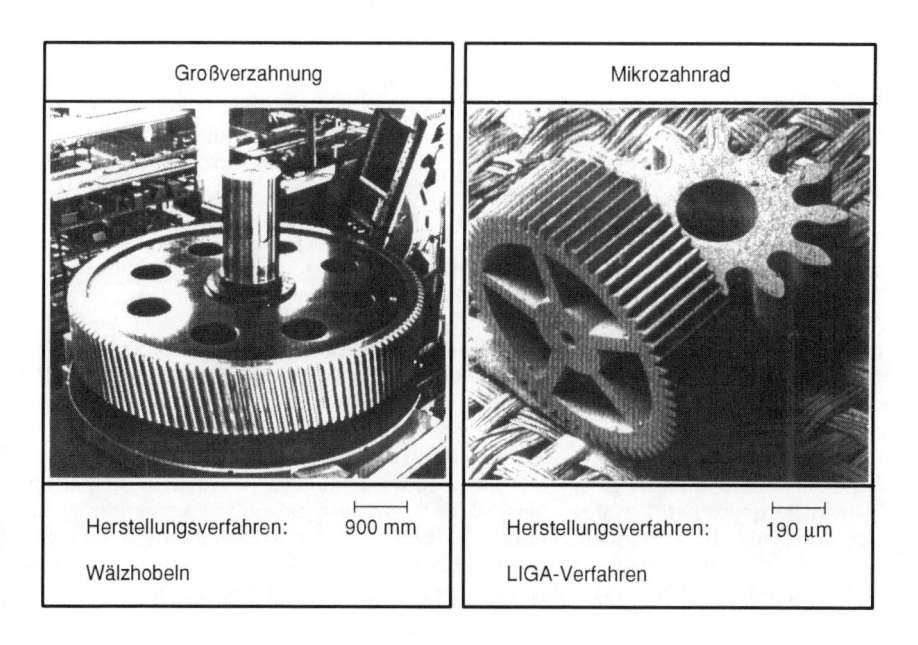

Bild 3: Zahnräder für Großmaschinenbau und Mikrosystemtechnik (MicroParts GmbH)

Während dabei die Auslegung und Fertigung mikroelektronischer und z.T. auch optoelektronischer Komponenten schon weit entwickelt sind und derartige Komponenten in

Großserie zu niedrigen Kosten gefertigt werden können, gilt dies nicht für dreidimensionale mikromechanische Komponenten. So sind aufgrund der geringen Größe derartiger Bauteile und des wesentlich größeren Oberfläche/Volumen-Verhältnisses makroskopisch gültige Erfahrungen und Gesetze über Wärmeleitverhalten, Festigkeit, Reibung etc. nicht ohne weiteres übertragbar [11]. Mögliche Einflüsse der Fertigung auf diese Eigenschaften sind ebenfalls noch nicht ausreichend erforscht.

Die Fertigungstechnik zur Herstellung dreidimensionaler mikromechanischer Komponenten beruht entweder auf der Halbleitertechnologie [4,8] zur Herstellung von Komponenten auf Siliziumbasis oder auf der Verwendung des LIGA (Lithographie, Galvanik, Abformung)-Verfahrens, das auch die Bearbeitung anderer Metalle, Kunststoffe und Keramiken erlaubt [4,12]. Antreibende Kraft bei der Entwicklung dieser Verfahren war indes nicht die Fertigungstechnik, sondern vielmehr die Chemie und Physik. Mit Verlassen des Laborstadiums und der Umsetzung auf die Serienfertigung müssen nun verstärkt Aspekte wie Wirtschaftlichkeit und Qualität in den Vordergrund treten [13]. Damit wird sich auch hier für die Fertigungstechnik die Aufgabe stellen, sich mit neuen, bisher nicht allgemein eingeführten Technologien zu beschäftigen und sich dieser zu bedienen.

Basierend auf diesen Aussagen lassen sich generell drei Entwicklungen bei Werkzeugen und Verfahren unterscheiden:

Um den gestiegenen und weiter steigenden Anforderungen an Wirtschaftlichkeit und zu erzeugende Qualität Rechnung zu tragen, werden **"konventionelle Werkzeuge"**, die zur Herstellung **"konventioneller Produkte"** eingesetzt werden, mit neuen Verfahren modifiziert. Zu den Technologien, die bei der Modifizierung eingesetzt werden, gehören insbesondere Verfahren, die an der Oberfläche wirken.

Um konventionelle Produkte mit neuen Eigenschaften oder höherer Leistungsfähigkeit herstellen zu können, müssen u.U. **neue Werkstoffe** eingesetzt werden, die ihrerseits den Einsatz **neuer Verfahren** für eine wirtschaftliche Bearbeitung erfordern.

Innovative Produkte mit völlig neuen Eigenschaften erzwingen den Einsatz von **neuen Technologien**, die bisher nicht zum Repertoire der Fertigungstechnik gehörten. Zu nennen sind hier Lithographieverfahren zur Herstellung optoelektronischer oder mikromechanischer Bauteile.

Basierend auf den oben genannten Entwicklungsrichtungen werden im folgenden anhand ausgewählter Verfahrensbeispiele relevante Aspekte für das zukünftige Erscheinungsbild der Fertigungstechnik diskutiert. Neben der Weiterentwicklung von Verfahren, die bereits in der Industrie etabliert sind, werden auch Technologien vorgestellt, die sich erst im Anfangsstadium der industriellen Anwendung befinden.

2. Verbesserung konventioneller Werkzeuge durch neue Verfahren

Zu den in Frage kommenden Verfahren zählen hauptsächlich Technologien zur Oberflächenmodifikation, d.h. Beschichtungs- und Strukturierungsverfahren. Dabei interessieren neben bereits etablierten Techniken, wie der Laseroberflächenbehandlung, vor allem moderne Dünnschichttechnologien.

Der Weltmarkt für Dünnschichtanlagen wird z.Zt. auf 10 Mrd. DM, der direkt damit hergestellten Produkte auf ca. 100 Mrd. DM geschätzt [14].

Dünnschichttechniken finden in so verschiedenen Anwendungsfeldern wie Optik, Elektronik und Maschinenbau Verwendung. Bekannt sind insbesondere Verschleißschutzschichten auf Werkzeugen. Am Beispiel eines Fließpreßstempels ist in Bild 4 der Einfluß verschiedener Verschleißschutzverfahren dargestellt.

Das Bild zeigt sowohl die Verschleißreduktion relativ zum unbehandelten Stempel (auf 100% normiert) als auch die Gesamtkosten für die Herstellung des Stempels und die Oberflächenbehandlung.

Verfahren	rel. Gesamtpreis %
Referenzwerkzeug	100
Gasnitrocarboriert (1 h)	102
Gasnitriert (40 h)	108
Vanadiert (4 h)	155
Ionenimplantiert (N^+/Sn^+, 8h, 230°C)	125
PVD-TiN-Schicht (5 μm)	155

Relative Verschleißrate W_r

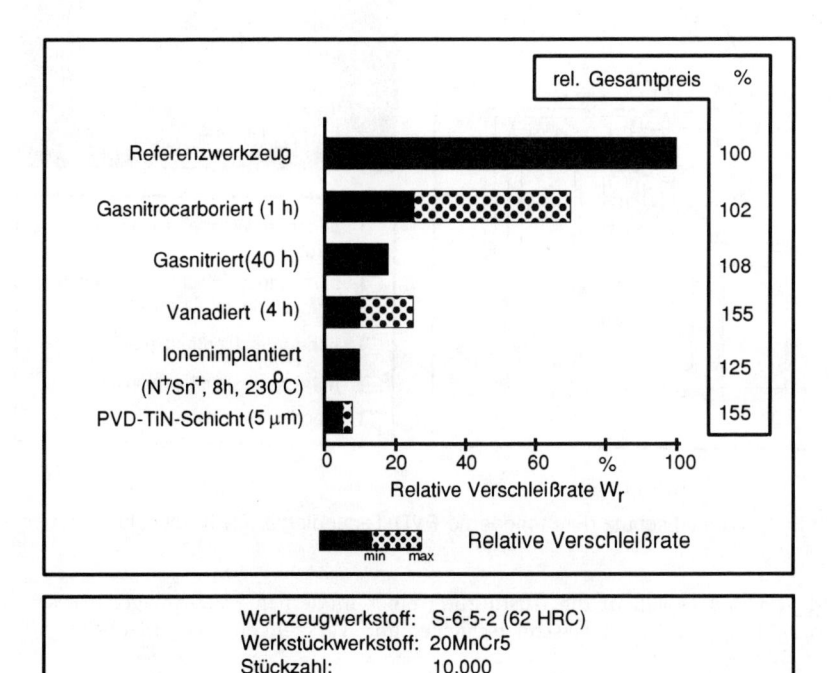

Werkzeugwerkstoff: S-6-5-2 (62 HRC)
Werkstückwerkstoff: 20MnCr5
Stückzahl: 10.000

Bild 4: Vergleich verschiedener Verschleißschutzverfahren beim Einsatz von Fließpreßstempeln (nach [15,16])

Neben bekannten Verfahren wie dem Nitrieren wurden hier auch unkonventionelle und noch in der Industrieeinführung befindliche Prozesse wie z.B. Ionenimplantation und bereits weiterentwickelte wie z.B. Physical-Vapour-Deposition-Techniken (PVD) untersucht [15,16], von denen insbesondere die zuletzt genannten durch sehr gute Ergebnisse, auch unter Berücksichtigung wirtschaftlicher Aspekte, überzeugen.

Generell besteht in der Beschichtungstechnologie die Bestrebung, Schichten mit dem Belastungsfall angepaßten Eigenschaften abzuscheiden, ohne das Grundmaterial zu beeinflussen. Zu diesem Zweck wird insbesondere eine Absenkung der Beschichtungstemperatur angestrebt.

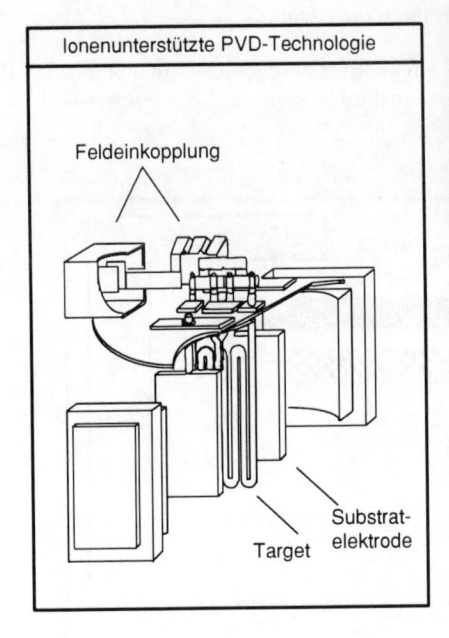

Bild 5: Verschleißschutz durch moderne PVD-Technologie (nach Leybold)

Bild 5 zeigt beispielhaft die Ausführung einer modernen PVD-Anlage, wie sie zur Abscheidung von Verschleißschutzschichten auf Werkzeugen verwendet wird.

Bei der hier dargestellten Technik des verbesserten Sputter-Ion-Plating wird eine Aktivierung der Oberfläche des zu beschichtenden Werkstücks durch Ionen aus einem das Werkstück umgebenden Plasma erreicht.

Die Aktivierung der Oberfläche ist zur Erzeugung einer dichten und haftfesten Schicht notwendig. Bisher eingesetzte Verfahren beziehen die zur Aktivierung erforderliche Energie über die hohe Substrattemperatur. Entscheidend für die Ausbildung der Schichtstruktur ist das Verhältnis aus Substrattemperatur T_s und Schmelztemperatur des Beschichtungsmaterials T_m. Bei nicht teilchenunterstützten Verfahren bildet sich eine dichte und glatte Schicht erst in der Zone 3 mit $T_s/T_m > 0.45$ aus (Bild 6) [17,18]. Dies kann allerdings bei der Aufbringung von Hartstoffschichten auf Substrate aus Stahl oder Hartmetall zu einer Veränderung bzw. Schädigung des Substrats führen [19,20].

Das dargestellte Verfahren erreicht die Aktivierung der Oberfläche über ein Teilchenbombardement. Damit ist das Aufwachsen einer dichten und haftfesten Schicht schon bei wesentlich geringeren Temperaturen möglich (Zone T, $0.15 < T_s/T_m < 0.4$), abhängig vom Partialdruck des Zerstäubungsgases. Die Eigenschaften des Grundmaterials bleiben weitgehend unbeeinflußt.

Bild 6 zeigt den Schichtaufbau in Abhängigkeit von der Temperatur bei einer Teilchenaktivierung der Oberfläche. Die "Zone T" ist nur bei teilchenunterstützten Prozessen zugänglich.

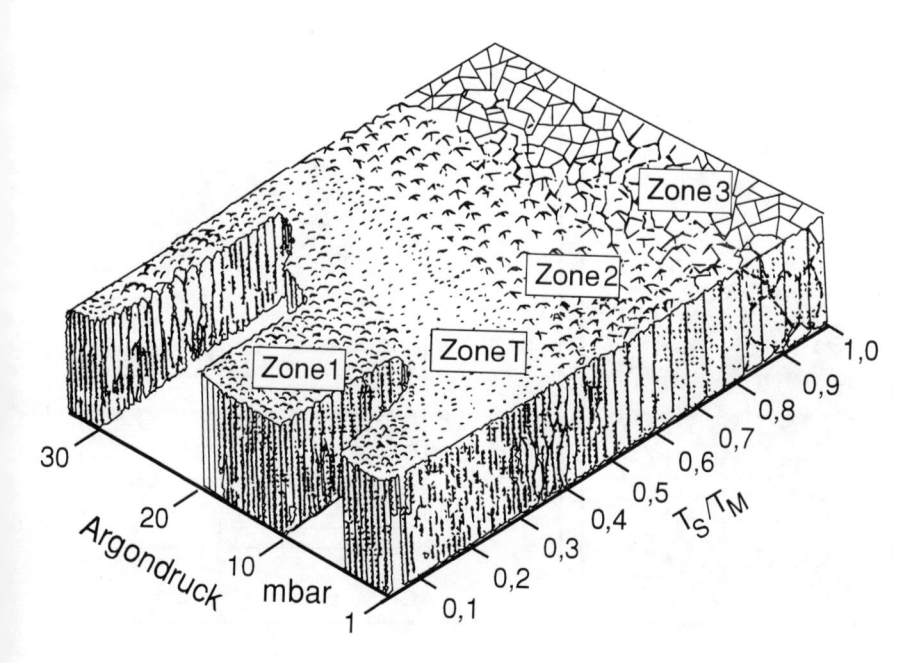

Bild 6: Struktur teilchenunterstützt abgeschiedener PVD-Schichten (nach [17,18])

Durch die Weiterentwicklung dieser Technologie ist inzwischen auch die wirtschaftliche Beschichtung großer Lose möglich [21]. Zusätzliche Aspekte sind die Möglichkeit, einen problemangepaßten, gezielten Schichtaufbau vorzunehmen sowie die hohe Umweltverträglichkeit des Verfahrens, da toxische Stoffe weder eingesetzt werden noch entstehen.

Besondere Aufmerksamkeit finden in jüngster Zeit Diamantschichten, die auf Werkzeugen oder Bauteilen abgeschieden werden. Neben Einsatzmöglichkeiten wie z.B. der Optoelektronik, sind sie besonders für die Beschichtung von Umform- und Schneidwerkzeugen interessant. Die Bestrebungen gehen auch hier dahin, die Beschichtungstemperatur von derzeit ca. 900°C auf etwa 550°C zu senken. Dies würde eine Beschichtung von Schnellarbeitsstählen ohne Härteverlust und somit für bestimmte Einsatzfelder die Substitution von teuren Hartmetallwerkzeugen durch billigere Werkzeuge aus beschichtetem HSS erlauben. Desweiteren wäre damit auch die Herstellung verschleißfester Werkzeuge mit einer großen Flexibilität hinsichtlich der Geometrie möglich.

Gegenüber der PVD-Technik ermöglichen die Ionenimplantation und die daraus abgeleiteten Verfahren des Ionenstrahlmischens und der Ion Beam Assisted Deposition (IBAD) eine weitere Reduktion der Behandlungstemperatur und damit eine Erweiterung des bearbeitbaren Materialspektrums. Bild 7 zeigt die schematische Darstellung der Ionenimplantation sowie Ergebnisse von Verschleißmessungen an einer ionenimplantierten Keramikwälzprobe. Anwendungsbeispiel wäre ein ionenimplantiertes Keramiklager.

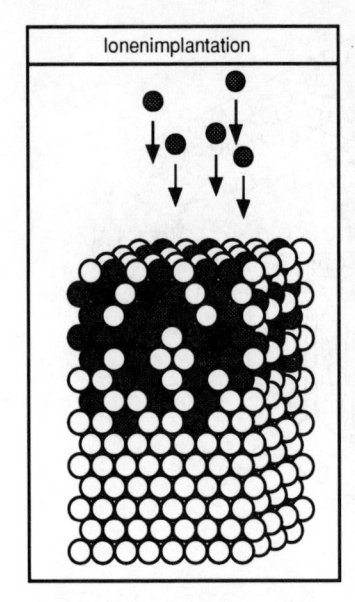

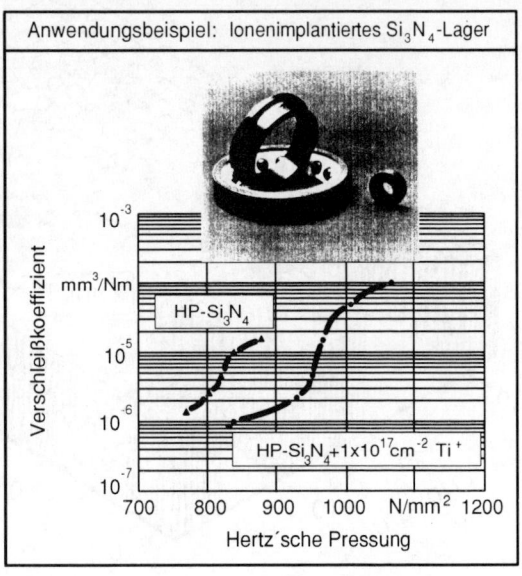

Bild 7: Verschleißreduktion an Keramikwälzproben durch Ionenimplantation (nach BAM)

Kennzeichnend für die ionengestützten Verfahren ist, daß sie auf der Verwendung von Partikelstrahlung beruhen, was den Ablauf des Prozesses im Hochvakuum bedingt.

Die genaue Kontrollierbarkeit der Prozeßparameter führt zu einer hohen Prozeßsicherheit. Das Verfahren ist - wie das obige Beispiel zeigt - nicht auf die Verwendung leitfähiger Substrate beschränkt. Vielmehr ist eine Behandlung von Metallen, Keramiken und Kunststoffen gleichermaßen möglich.

Die Mechanismen, die die Verschleißreduktion bei der Ionenimplantation bewirken, sind unterschiedlich und z.T. noch nicht genau bekannt. Zu nennen sind hier insbesondere eine Aufhärtung der Randschicht durch Gitterstörungen sowie Verbindungsbildung, die Induktion von Druckeigenspannungen sowie eine verbesserte Korrosionsbeständigkeit und Reduktion des Reibungskoeffizienten [22,23]

Die Implantation der in Bild 7 dargestellten Keramikprobe erfolgte mit 1×10^{17} Ti^+-Ionen pro cm^2 bei einer Beschleunigungsspannung von 200 keV. Die Verschleißversuche an der Keramikwälzprobe erfolgten ungeschmiert bei Raumtemperatur (Si_3N_4 gegen Si_3N_4) mit einer Normalkraft von 290N.

Die ionenimplantierte Probe verschleißt um ein Vielfaches langsamer als die nicht implantierte Vergleichsprobe. Dabei sind die Ursachen für dieses Verhalten bei Si_3N_4 noch nicht völlig geklärt. Diskutiert wird neben der Induktion von Druckeigenspannungen die Bildung von "Lubricious Oxides".

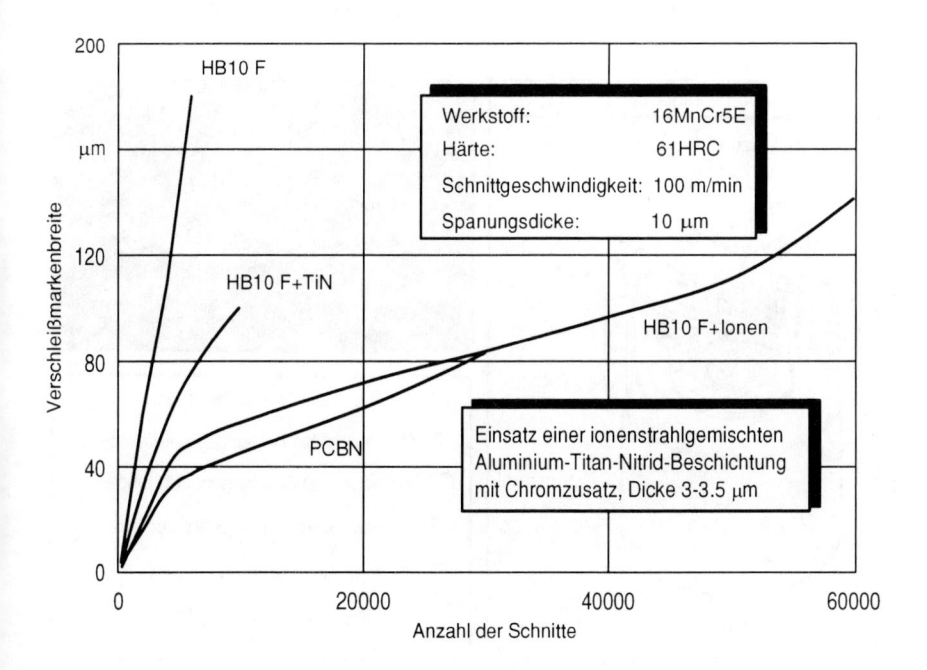

Bild 8: Standzeiterhöhung von Fräswerkzeugen (nach WZL)

Die Ionenimplantation, ursprünglich aus der Halbleitertechnik stammend, wo sie in der Serienfertigung eingesetzt wird, gewinnt zunehmend auch für den Maschinenbau an Bedeutung. Interessant ist das Verfahren insbesondere für hochbeanspruchte Präzisionsteile und Werkzeuge, da bei niedrigen Temperaturen gearbeitet werden kann, keine Maßänderungen auftreten und eine sehr gute Verzahnung der modifizierten Randschicht mit dem Grundmaterial gewährleistet ist.

Diese Eigenschaft wird auch bei der Erzeugung von Schichten bei gleichzeitigem Beschuß mit hochenergetischen Ionen ausgenutzt. Die so hergestellten Beschichtungen zeichnen sich durch eine hervorragende Haftfestigkeit aus, wodurch sie sich insbesondere für den Einsatz auf Fräswerkzeugen eignen (Bild 8).

Dargestellt sind die Ergebnisse von Standzeitversuchen mit unterschiedlich beschichteten Hartmetallwerkzeugen. Zum Vergleich wurde auch ein Werkzeug aus polykristallinem Bornitrid (PCBN) herangezogen. Es ist klar ersichtlich, daß bei den vorliegenden Bearbeitungsbedingungen das Hartmetallwerkzeug mit ionenstrahlgestützter Beschichtung deutliche Standzeitvorteile bietet.

Eine Anlage, die zur Herstellung derartiger Schichten eingesetzt wird, ist in Bild 9 dargestellt. Die Hauptkomponenten sind die Vakuumkammer mit dem zugehörigen Pumpensatz, die Ionenquelle mit Beschleunigungsstrecke, der Probenmanipulator sowie die Gasversorgung. Hinzu kommen Komponenten für die ionengestützte Beschichtung.

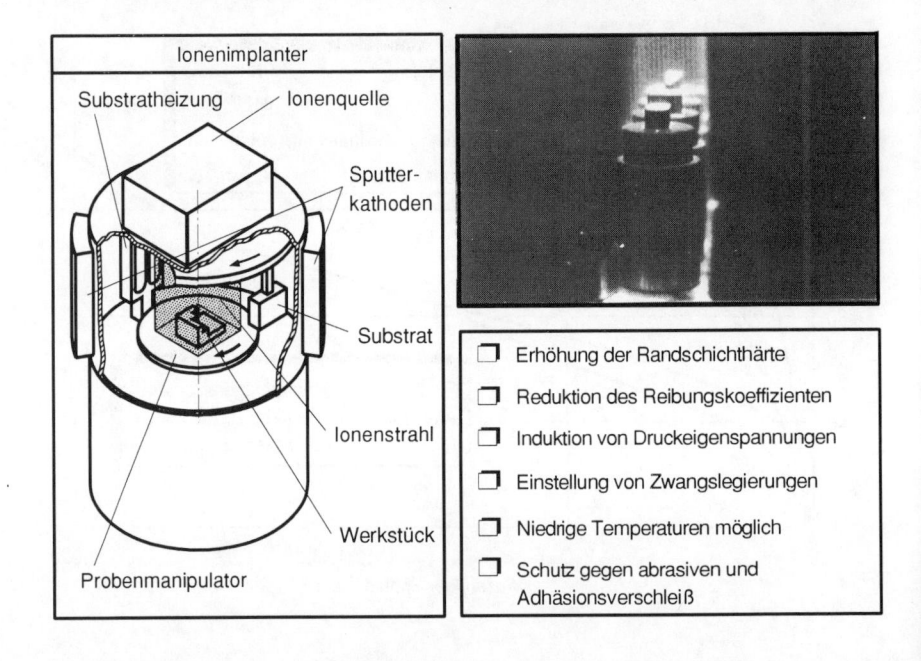

Bild 9: Verschleißreduktion durch Ionenstrahlverfahren (nach Leybold)

Während die bisher aufgezeigten Techniken die Änderung der chemischen/metallurgischen Struktur der Randzone zum Ziel hatten, gewinnen Verfahren zur definierten Strukturierung der Bauteil- oder Werkzeugoberfläche, mit dem Ziel einer Beeinflussung von z.b. tribologischen Eigenschaften, zunehmend an Bedeutung. Dabei wird die Oberfläche im Mikrometermaßstab mit deterministischen Strukturen versehen, wodurch z.B. die Beeinflussung des Strömungsverhaltens von Schmiermitteln möglich wird [24,25,26].

Bild 10 zeigt die Bauteileigenschaften, die durch die physikalische bzw. technische Oberfläche beeinflußt werden. Hervorgehoben ist hier die Beeinflussung von adhäsiven bzw. strömungsmechanischen Eigenschaften durch eine gezielte Strukturierung der Oberfläche, wie sie anhand einiger einfacher Strukturen dargestellt ist. Die schraffierten Bereiche sind dabei als Erhebungen zu verstehen, die z.B. von einem Schmiermittel umflossen werden. Die Bestimmung der Strukturform und -größe erfordert dabei im konkreten Anwendungsfall allerdings einen hohen mathematischen Aufwand.

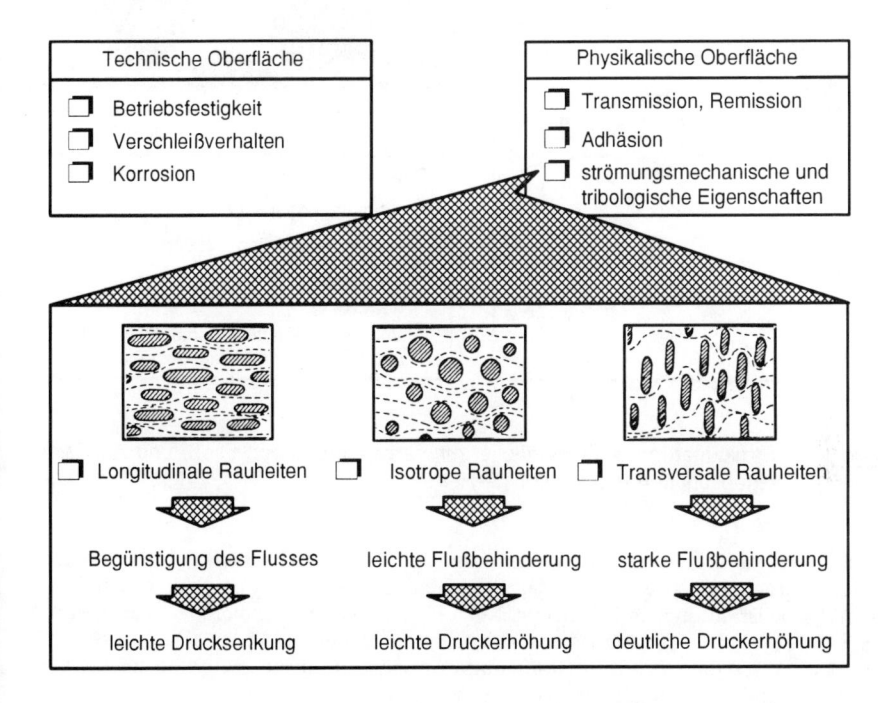

Bild 10: Einfluß der physikalischen und technischen Oberfläche auf die Bauteileigenschaften (nach [24])

Eine bereits realisierte Anwendung aus einem anderen Bereich zeigt Bild 11. Hierbei handelt es sich um die Strukturierung der Oberfläche von Dressierwalzen mit Hilfe des

Elektronenstrahls. Die Strukturierung verbessert die Fließeigenschaften des gewalzten Blechs und die Haftung einer nachträglichen aufgebrachten Lack- oder Schmierfilmschicht [27,28].

Eine entsprechende Strukturierung ist auch mit dem Laser möglich; dieser bietet den Vorteil der Behandlungsmöglichkeit an der Atmosphäre. Die Nachteile liegen in der geringeren Bearbeitungsgeschwindigkeit und dem Auftreten von oxydierten Graten.

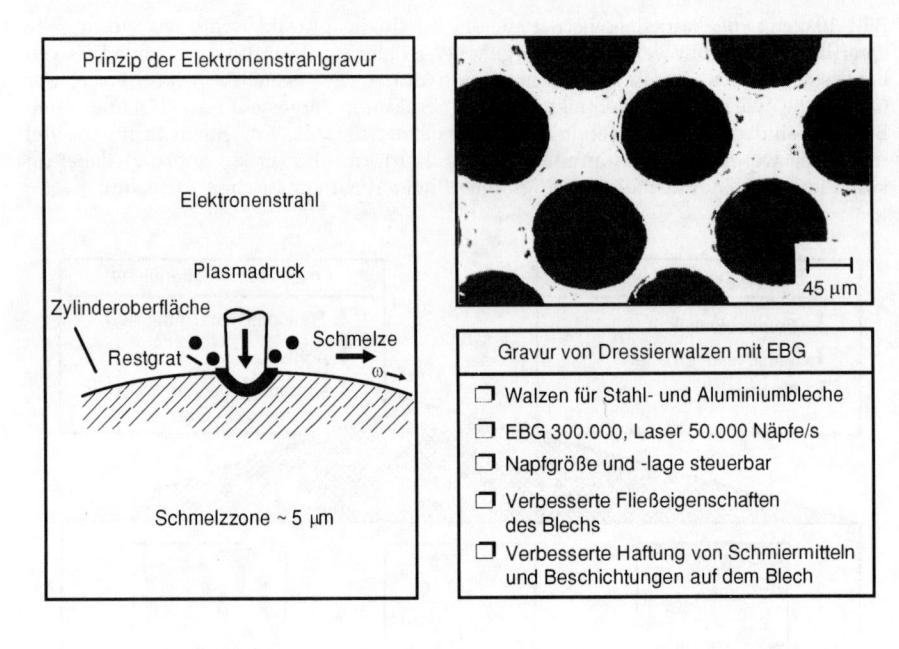

Bild 11: Strukturierung der Oberfläche zur Verbesserung von Fließ- und Adhäsionseigenschaften (nach Linotype-Hell)

Allen Verfahrensbeispielen ist gemeinsam, daß eine gezielte Modifikation der Oberfläche vorgenommen wird. Die dazu notwendigen Verfahren beinhalten den Einsatz von Partikelstrahlung als "Werkzeug", um die erforderliche Feinheit der Bearbeitung zu gewährleisten. Darüber hinaus ermöglichen sie eine geringe thermische Belastung des Werkstücks, so daß auch Kunststoffe und wärmeempfindliche Legierungen einer Oberflächenmodifikation zugänglich gemacht werden.

Der optimale Einsatz dieser Werkzeuge setzt dabei ein weitreichendes Verständnis ihrer Wirkmechanismen und der beim Einsatz der Bauteile auftretenden Beanspruchungen voraus. Schwerpunkte für die Zukunft liegen daher in der theoretischen Erfassung dieser Größen und der Umsetzung der dabei gewonnenen Erkenntnisse in Vorschriften zur Oberflächenbehandlung. Zielsetzung ist dabei, die Eigenschaften der modifizierten Oberfläche ortsabhängig einzustellen, um so eine Anpassung an die lokal unterschiedlichen Beanspruchungen zu erreichen [29]. Voraussetzungen hierfür sind die mathematische Erfassung der Beanspruchungen, die Umsetzung in Vorgaben für die Oberflächenmodifikation sowie die Herstellung der entsprechenden Oberfläche.

3. Neue Bearbeitungsverfahren für neue Werkstoffe

Die wachsende Umweltproblematik hat eine entsprechende Veränderung des Käuferverhaltens und der Gesetzgebung zur Folge. So schlagen sich der zunehmende Treibhauseffekt, das Waldsterben und die Müllproblematik in strengeren Abgasgrenzwerten und Vorschriften zur Recyclingfähigkeit der Produkte nieder.

Bild 12 zeigt die Entwicklung des durch den Kraftverkehr bedingten Schadstoffausstoßes am Beipiel des Kohlenmonoxid (CO) und Ursachen für die gemessene bzw. prognostizierte Reduktion [30].

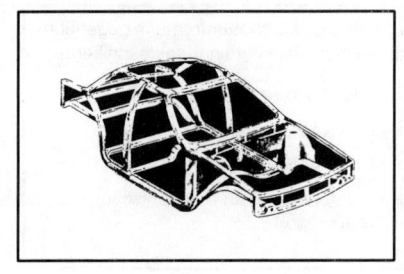

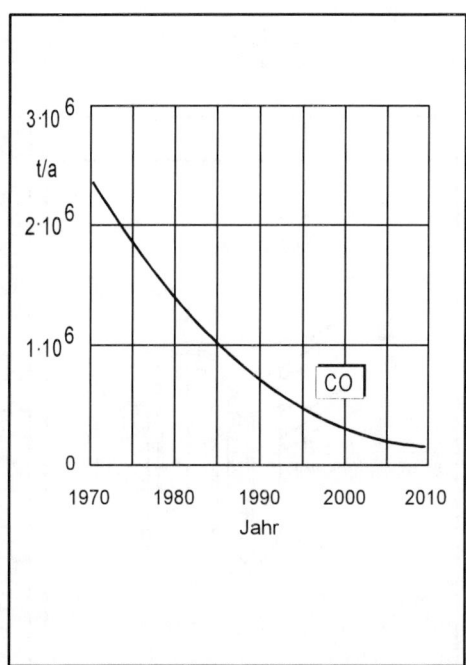

Bild 12: Entwicklung der PKW-Abgasemissionen (nach [30])

Möglichkeiten zur Reduktion des Kraftstoffverbrauchs liegen in einer Erhöhung des Wirkungsgrades, einer verbesserten Aerodynamik des Fahrzeugs sowie in einer Gewichtsreduktion von Fahrzeugkomponenten. Ansätze dazu sind der Einsatz von

Bauteilen aus Strukturkeramik im Motor [31,32,33] sowie von Aluminium an Struktur- und Verkleidungsbauteilen[34,35,36,37,38]. Dabei trägt die Verwendung von Aluminium gleichzeitig dem Gesichtspunkt der Wiederverwertbarkeit Rechnung.

Die Anwendung derartiger Werkstoffe erfordert dabei teilweise den Einsatz von Werkzeugen mit bisher nicht genutzten Wirkmechanismen, um eine werkstoffangepaßte Bearbeitung zu gewährleisten. Für die Fertigungstechnik stellt sich somit die Aufgabe, neue Konzepte und Lösungswege zu entwickeln, um eine wirtschaftliche Umsetzung der neuen Konzepte in die Serienfertigung zu ermöglichen.

So besteht beispielsweise im Automobilbau die Aufgabe, Kühl- und Hydraulikkreisläufe aus Gründen der Gewichtsreduktion sowie der Korrosionsbeständigkeit aus kunststoffbeschichteten Aluminiumrohren zu fertigen. Aufgrund der Werkstoffpaarung Aluminium-Kunststoff scheiden bei Umform- bzw. Fügeoperationen allerdings mechanische sowie thermische Verfahren aus.

Ein Lösungsansatz ist die Verwendung eines Verfahrens, das ohne mechanischen Kontakt zwischen dem Werkzeug und dem umzuformenden Bauteil arbeitet - das Magnetumformen (Bild 13).

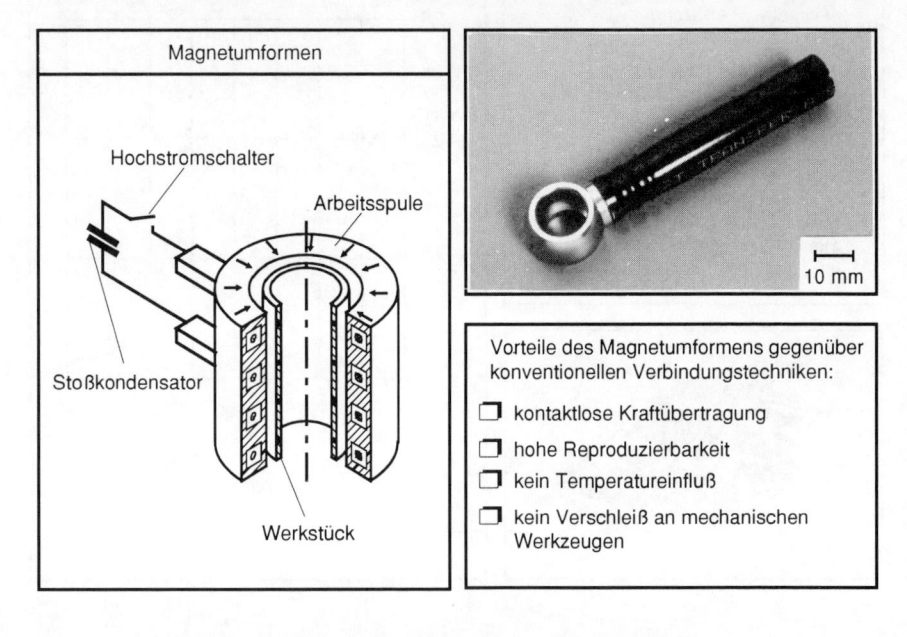

Bild 13: Verfahren des Magnetumformens (nach Puls-Plasmatechnik GmbH)

Bei diesem Verfahren wird die in einem elektromagnetischen Feld enthaltene Energie zur Umformung genutzt. Die stoßartige Entladung des Kondensators über die Spule führt zum Aufbau eines elektromagnetischen Feldes [39,40,41]. Befindet sich in der

Spule ein Bauteil aus leitfähigem Material (z.B. ein Aluminiumrohr), so ergibt sich eine Wechselwirkung zwischen dem durch das elektromagnetische Feld induzierten Strom und dem Feld selbst. Die Folge ist der Aufbau eines radialen Drucks in der Werkstückwandung, der nach Überschreiten der Fließgrenze zu einer Umformung des Bauteils in wenigen Millisekunden führt.

Aufgrund der Tatsache, daß kein mechanischer Kontakt zwischen "Werkzeug" und Werkstück besteht, tritt auch kein Werkzeugverschleiß auf. Die Prozeßsicherheit ist sehr hoch, da sich die Prozeßparameter sehr genau kontrollieren lassen. Schmiermittel, die eine nachfolgende Reinigung der Oberfläche erfordern, werden nicht benötigt.

Durch Wahl einer geeigneten Spulengeometrie lassen sich auch andere Werkstückgeometrien umformen. Selbst nichtleitende Materialien können unter Verwendung eines leitenden Treibers umgeformt werden. Darüber hinaus bietet sich das Verfahren für Fügeprobleme an Materialverbunden an.

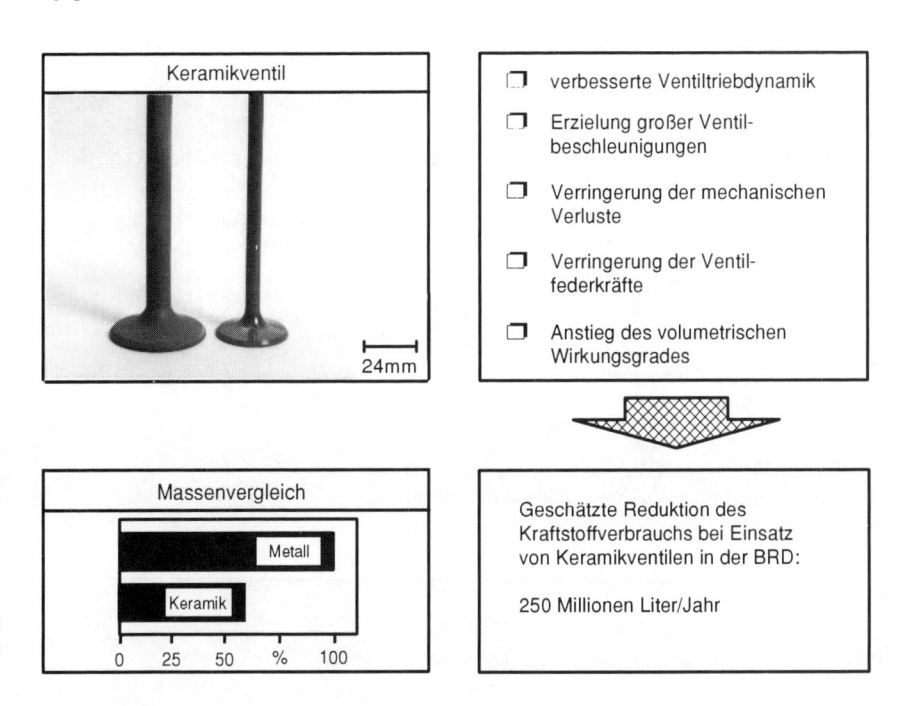

Bild 14: Vorteile beim Einsatz von Keramikventilen

Während Aluminium im Automobilbau an anderer Stelle bereits zu den etablierten Werkstoffen zählt, gehört die Keramik im Motorbau noch zu den exotischen Werkstoffen. Der ursprüngliche Wunsch, den "vollkeramischen Verbrennungsmotor" zu realisieren, hat einem realistischen Denken Platz gemacht. Nunmehr steht die Entwicklung einzelner Komponenten im Mittelpunkt des Interesses. Zur Zeit wird daran gearbeitet, Ein- und Auslaßventile aus Keramik zur Serienreife zu führen. Sie weisen im Vergleich zu Metallventilen eine geringere Masse auf und erlauben damit die in Bild 14 aufgeführten Verbesserungen. Die daraus resultierende Kraftstoffersparnis ist zwar prozentual gering (0.4%), absolut aber beachtlich.

Die Forderung nach einer wirtschaftlichen Bearbeitung derartiger Bauteile legt die Überlegung nahe, den heute ausschließlich eingesetzten Schleifprozeß unter Verwendung von Kühlschmierstoffen durch einen Drehprozeß ohne Einsatz von Kühlschmierstoff zu substituieren. Aufgrund der Materialeigenschaften der Keramik ist dabei allerdings das Einbringen von zusätzlicher Energie in die Randschicht zum Zweck des Materialabtrags unumgänglich. Die Energieeinbringung kann hierbei in Form von Laserstrahlung geschehen. Bild 15 zeigt das Prinzip des Laser-Assisted-Machining (LAM).

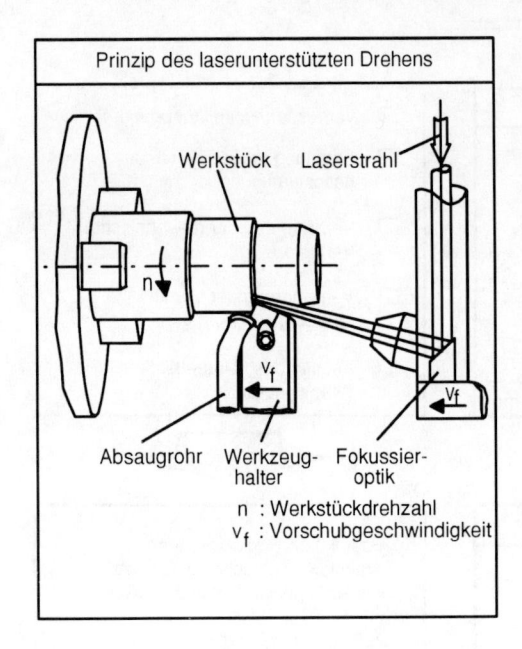

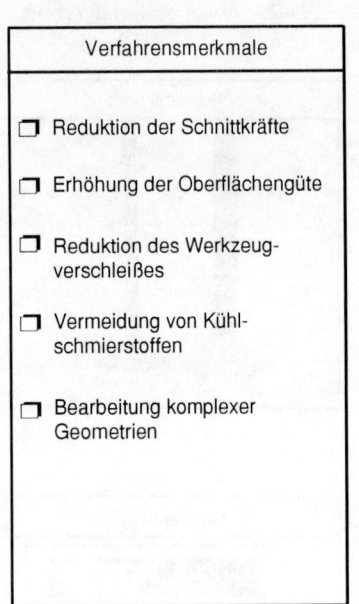

Bild 15: Prinzip des Laser-Assisted-Machining (nach IPT)

Als Schneidstoffe werden polykristalline Hartstoffe wie CBN oder PKD verwendet; die erreichbare Oberflächenqualität liegt bei R_z<3 µm. Der Einsatz der geometrisch bestimmten Schneide erlaubt darüber hinaus eine größere Freiheit bei der geometrischen Gestaltung des Bauteils. Neben keramischen Werkstoffen bietet sich auch die Bearbeitung hochfester Stähle im Triebwerkbau an.
Ein Hemmnis bei der Einführung dieser Technologie ist der große Investitions- und Raumbedarf, den die Kombination Drehmaschine und CO_2-Laser benötigt. Eine mögli-

che Perspektive zeigt Bild 16. Dargestellt sind die heutige Konfiguration, bestehend aus einer Drehmaschine und einem Hochleistungslaser mit Nebenaggregaten sowie die Weiterentwicklung, bei der ein miniaturisierter Hochleistungslaser auf Halbleiterbasis [42,43,44] inklusive Nebenaggregaten direkt in die Maschine integriert wird.

Die Vorzüge eines solchen Lasers liegen neben der geringen Baugröße in seinem höheren Wirkungsgrad (ca. Faktor 6 gegenüber dem CO_2-Laser), seiner höheren Lebensdauer (ca. Faktor 2-10 gegenüber dem CO_2-Laser), der Wartungsfreiheit und auch dem wesentlich geringeren Preis. Zur Zeit kostet ein Watt Laserleistung bei einem CO_2-Laser 200-400 DM; ein Watt Laserleistung bei einem derartigen Diodenlaser würde hingegen nur noch ca. 100 DM kosten. Hier ist allerdings noch ein weiterer rapider Preisverfall analog zur Entwicklung in der Mikro- und Optoelektronik zu erwarten [45].

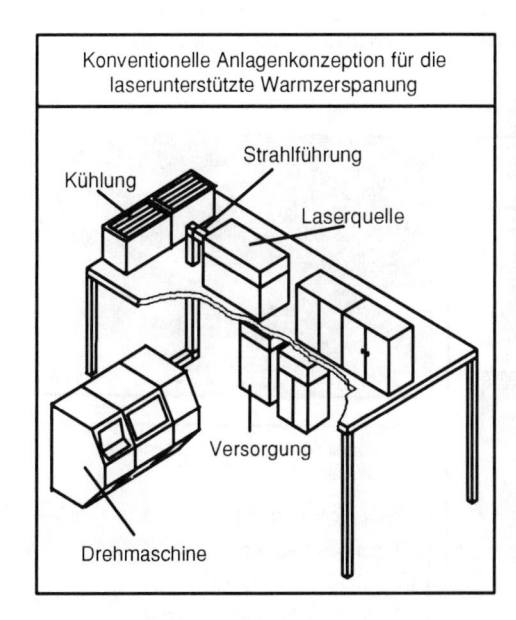

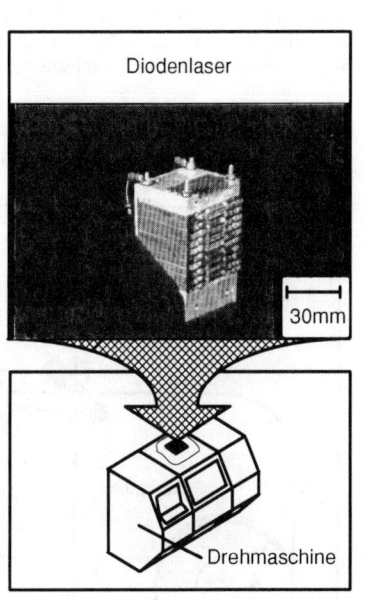

Bild 16: Laser-Assisted-Machining unter Einsatz des Diodenlasers (nach ILT, IPT)

Die zunehmende Verwendung neuer Werkstoffe wie z.B. Keramiken oder Verbundmaterialien findet vor dem Hintergrund der steigenden Anforderungen an die Leistungsfähigkeit der Produkte statt. Damit stellt sich für die Fertigungstechnik die Aufgabe, die entsprechenden Werkzeuge, die eine werkstoffgerechte und wirtschaftliche Bearbeitung erlauben, zur Verfügung zu stellen.

Werkzeuge, die diesen Anforderungen gerecht werden, sind vornehmlich im Bereich der Strahlwerkzeuge zu suchen. Zu nennen ist hier insbesondere der Laser als vielseitiges Werkzeug, mit dem eine weite Palette von Einsatzfeldern abgedeckt werden kann. So kann der Laser nicht nur unterstützend zum Materialabtrag wie im gezeigten Beispiel verwendet werden, sondern auch direkt zur Strukturierung von Oberflächen. Eine weitere Perspektive ist die Möglichkeit, Material nicht abzutragen, sondern gezielt aufzubauen, etwa durch das Lasersintern.

4. Neue Technologien zur Herstellung innovativer Produkte

Der zunehmende Preisverfall elektronischer und neuerdings auch optoelektronischer Komponenten ermöglicht den Einsatz auch hochentwickelter Komponenten in preiswerten Konsumgütern. Hierbei kommt es zu Verdrängungseffekten etablierter, meist feinmechanischer Produkte. Beispielhaft seien hier der Ersatz von Schallplattenspielern durch CD-Player oder von Super-8-Kameras durch Videokameras genannt. Dabei sind die qualitäts- und preisbestimmenden Komponenten dieser Produkte mikroelektronische oder optoelektronische Bauelemente.

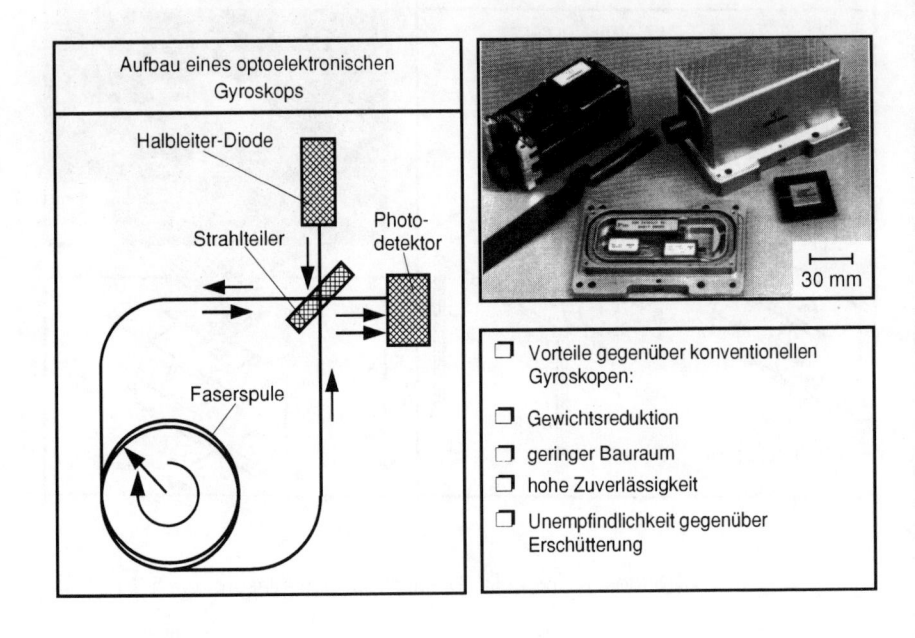

Bild 17: Gyroskopkreisel (nach SEL-Alcatel)

Doch nicht nur im Bereich der Konsumgüterindustrie sind derartige Tendenzen zu erkennen. So wird der schwerpunktmäßige Einsatz mikro- bzw. optoelektronischer Bauteile zunächst im Bereich der Kommunikationstechnik liegen. Hier wird für die nächsten 10 Jahre ein weltweites Investitionsvolumen von ca. 1600 Mrd. DM prognostiziert [48]. Als weiteres Beispiel für ein Produkt auf Basis optoelektronischer Komponenten zeigt Bild 17 einen neu entwickelten Faserkreisel, der neben der Substitution von konventionellen feinmechanischen Kreiseln in etablierten Marktsegmenten auch das Erschließen neuer Bereiche, wie z.b. der Robotersteuerung oder der Steuerung von fahrerlosen Transportsystemen, ermöglicht.

Der besondere Vorteil des inzwischen in Serie gefertigten optoelektronischen Systems liegt in seiner Robustheit, was ihn auch für den Einsatz im Industriealltag unter rauhen Bedingungen geeignet erscheinen läßt [46,47].

Die Hauptkomponenten des Faserkreisels, Halbleiterdiode, Detektor und Auswerteeinheit, sind dabei mikroelektronische bzw. optoelektronische Baugruppen, für deren Herstellung die konventionelle Fertigungstechnik heute noch keine adäquaten Bearbeitungstechnologien bietet.

Die heutigen Fertigungstechnologien zur Herstellung mikro- bzw. optoelektronischer Bauteile sind in gewisser Weise den in Abschnitt 2 vorgestellten verwandt: Auch hier handelt es sich zum großen Teil um Schichttechnologien und Werkzeuge, die gezielt die Oberfläche beeinflussen [49,50]. Bild 18 zeigt beispielhaft eine schematische Darstellung der Lithographieverfahren, wie sie in der Halbleiter- und Mikrosystemtechnik eingesetzt werden. Ein auf Basis dieser Technik entwickeltes Interferometer zur Längenmessung in hochpräzisen Werkzeugmaschinen ist bereits auf dem Markt [51,52].

Fertigungsfolge bei der Lithographie	Lithographieverfahren

☐ Teilchenbeschuß
Maske — Resist — Substrat
☐ Entwicklung
☐ Ätzen
☐ Resistablösung
	☐ maskengebunden:
	  - Photo-Lithographie
	  - Röntgen-Lithographie
	☐ direktschreibend:
	  - Ionen-Lithographie
	  - Elektronen-Lithographie

	Ätztechniken

	☐ Naßchemisches Ätzen
	☐ Trockenätzen
	  - Barrel Etching
	  - Ion Beam Etching
	  - Reactive Ion Beam Etching
	  - Sputter Etching
	  - Plasma Etching
	☐ Teilchenspur-Ätztechnik

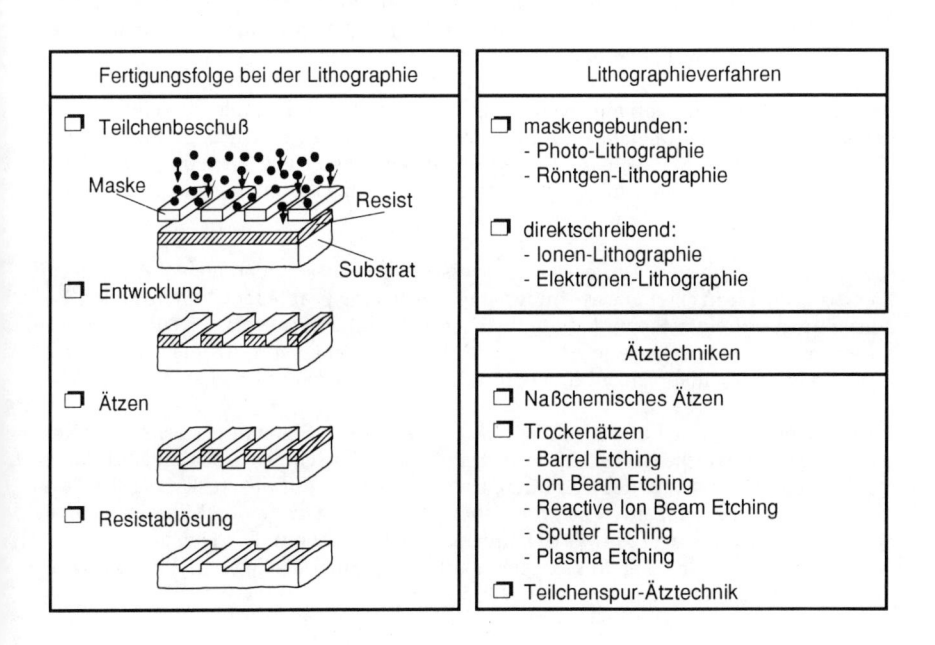

Bild 18 Lithographie- und Ätzprozesse in der Fertigungsfolge

Neben der bekannten und beherrschten Technologie chemischer Ätzverfahren zur Strukturierung der Oberfläche stehen in der Mikroelektronik innovative Lithographieprozesse im Mittelpunkt des Interesses. Der Grund hierfür ist in der derzeit realisierbaren Strukturgröße zu suchen: herkömmliche Belichtungsverfahren, basierend auf UV-Licht, ermöglichen aufgrund der Wellenlänge lediglich eine minimale Strukturgröße von ca. 300 nm. Um kleinere Strukturgrößen für größere Packungsdichten zu realisieren, ist der Übergang auf feinere Werkzeuge, wie die Elektronen- bzw. Ionenstrahlbearbeitung oder die Röntgenlithographie, unumgänglich. Hier scheinen Strukturbreiten im Bereich von unter 100 nm erreichbar.

Sehr ähnliche Verfahren verwendet die sich gerade entwickelnde Mikrosystemtechnik [3,4]. Sie wird, ergänzend zur Feinmechanik, zunächst hauptsächlich in den Bereichen Sensorik, Aktorik und Medizintechnik Anwendung finden.

Bei den Verfahren lassen sich folgende Herstellungsvarianten unterscheiden:

☐ die Erzeugung planarer Strukturen (z.B. Sensoren)
☐ die Erzeugung dreidimensionaler Strukturen (z.B. Motoren)
☐ die Erzeugung dreidimensionaler Strukturen aus Metall, Kunststoff und Keramik (z.B. Zahnräder, Motoren)

Die ersten beiden Varianten stützen sich auf Verfahren der Halbleitertechnologie bzw. deren Weiterentwicklungen. Die Palette der bearbeitbaren Materialien ist dabei allerdings auf Silizium beschränkt.

Die zuletzt genannte Variante bedient sich i.a. der LIGA-Technik, die eine größere Freiheit in der Materialwahl und auch der geometrischen Gestaltung erlaubt. Allerdings erfordert die Herstellung der Urform einen erheblichen fertigungstechnischen Aufwand, da die für den Lithographieprozeß erforderliche Röntgenstrahlung in einem Elektronensynchroton erzeugt werden muß.

Der Vorteil der oben beschriebenen Prozesse liegt dabei in der hohen Anzahl von Werkstücken, die in einem Bearbeitungsgang gleichzeitig bearbeitet werden können. Zur Zeit können auf einer Siliziumplatte mit vier Zoll Durchmesser ca. 16000 Sensoren in einem einzigen Arbeitsgang gefertigt werden [4]. Bei einer entsprechenden Anlagenkonzeption sind dementsprechend hohe Stückzahlen bei niedrigen Stückkosten möglich.

Obwohl bei der Herstellung planarer Mikrostrukturen in Silizium für Sensoren schon die Serienreife erreicht ist, bedarf es noch intensiver Forschungsarbeit zur fertigungstechnischen Optimierung der Verfahren. Dies bezieht sich auf die Auslegung der Teile, die Frage der Übertragbarkeit makrokopisch gültiger Gesetze in den Mikrobereich, die Qualitätssicherung sowie die Wirtschaftlichkeit der Verfahren. Die Herstellung zuverlässiger und preisgünstiger Mikrosysteme erfordert dabei die industrielle Umsetzung der im Labormaßstab demonstrierten Verfahren.

5. Resumée

Die zunehmende Erhöhung der Leistungsfähigkeit von Produkten ist mitentscheidend für ihren Markterfolg. Um die spezifische Leistungsfähigkeit eines Produkts, zu der unter anderem auch eine erhöhte Lebensdauer zählt zu steigern, gewinnen Eigenschaften wie beispielsweise Korrosionsverhalten oder Widerstand gegen abrasiven Verschleiß an Bedeutung. Da diese Eigenschaften von der Bauteiloberfläche bestimmt werden, gewinnen Verfahren und Werkzeuge, die eine gezielte Modifikation der Oberfläche ermöglichen, in der zukünftigen Fertigungstechnik zunehmend an Bedeutung. Die Bestrebungen gehen dabei über die einfache Minimierung der Oberflächenrauheit hinaus. Vielmehr wird eine definierte Modifikation der Oberfläche, abgestimmt auf den jeweiligen Belastungsfall, bei gleichzeitiger gezielter Beeinflussung der Randzone, angestrebt.

Basis der zukünftigen Auslegung und Erzeugung der Oberfläche bilden zunehmend mathematische Methoden an Stelle empirischer Vorgaben. Dies setzt jedoch ein fundiertes Verständnis der bei Herstellung und Einsatz im Werkstoff ablaufenden Prozesse voraus. Aufbauend auf diesen Erkenntnissen wird die Zielsetzung der Fertigungstechnik in der Auswahl und Entwicklung neuer Verfahren liegen, die eine definierte Strukturierung der Oberfläche ermöglichen.

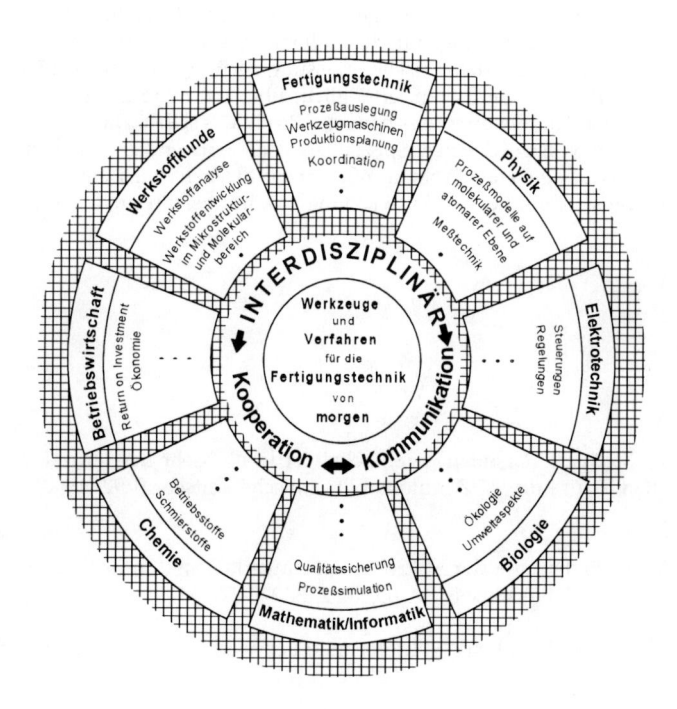

Bild 19: Interdisziplinäre Zusammenarbeit in der Fertigungstechnik

Aufgrund der geringen Abmessungen der gewünschten Strukturen und Schichten sowie der Forderung, das Grundmaterial in seinen Eigenschaften nicht zu verändern, gewinnen bei der Oberflächenmodifikation teilchengestützte Verfahren an Bedeutung. Sie erlauben eine Aktivierung der Oberfläche und eine gezielte Bearbeitung bis in den Submikrometerbereich.

Die Bearbeitung neuer Werkstoffe, deren Einsatz durch die steigenden Anforderungen an die Leistungsfähigkeit der Produkte erzwungen wird, erfordert häufig Verfahren mit neuen, bislang nicht genutzten Wirkmechanismen. Werkzeuge für diese Einsatzgebiete sind vornehmlich im Bereich der Strahlwerkzeuge zu finden. Zu nennen ist hier insbesondere der Laser als vielseitiges Werkzeug, mit dem eine weite Palette von Einsatzfeldern, wie die Unterstützung der konventionellen Bearbeitung schwer zerspanbarer Werkstoffe, abgedeckt werden kann.

Bei der Herstellung vollkommen neuartiger Produkte - Beispiele dafür sind optoelektronische Sensoren und mechanische Bauteile im Mikrometerbereich - gelangen zukünftig Techniken zum Einsatz, die heute bereits Verwendung in der Halbleitertechnik finden. Über die herkömmlichen Belichtungs- und Ätzverfahren hinaus sind insbesondere die Elektronen- bzw. Ionenstrahlbearbeitung sowie die Röntgenlithographie zu nennen.

Aufgrund der komplexen Zusammenhänge und der unterschiedlichen Wirkmechanismen dieser Verfahren wird eine enge interdisziplinäre Zusammenarbeit notwendig, wie sie in Bild 19 illustriert ist. Die theoretische Erfassung der Vorgänge, die bei Herstellung und Einsatz eines Produkts auftreten, ermöglicht über die reine Empirie hinaus eine Optimierung des Herstellungsprozesses bzw. des Produktes selbst. Dazu sind allerdings Kenntnisse aus den verschiedensten Spezialbereichen notwendig. Diese zusammenzufassen und für ein gegebenes Problem nutzbar zu machen, wird eine zentrale Aufgabe der Fertigungstechnik bei der Entwicklung zukünftiger Produkte und Verfahren sein.

Literatur:

[1] Fleck, W.: Moderne Personenwagen-Schaltgetriebe - Mehr Leistungsdurchsatz bei gleichem Bauraum; ATZ Automobiltechnische Zeitschrift 92 (1990), S. 744-753

[2] Todt, H.: Die Bedeutung der Mikro- und Feinwerktechnik in der heutigen Zeit; Feinwerk- und Meßtechnik F&M100, 1992, S. 270-271

[3] Ehrfeld, W.: Fortschritt heißt Mikrotechnik; Feinwerk- und Meßtechnik F&M100, 1992, S. 282-286

[4] O'Connor, L.: MEMS: Microelectromechanical Systems; Mechanical Engineering, Feb. 1992, S. 40-47

[5] N.N.: Mikrosystemtechnik-Förderungsschwerpunkt im Rahmen des Zukunftskonzeptes Informationstechnik; Bundesministerium für Forschung und Technologie, 1990

[6] N.N.: Mikromechanik: Rasantes Wachstum; Markt&Technik Nr.41, Oktober 1992

[7] N.N.: Die Zukunft im Kleinen; Markt&Technik Nr. 50, Dezember 1992

[8] Linders, J.: Mikrosysteme-abgestimmter Einsatz von Mikro- und Systemtechniken; Feinwerk- und Meßtechnik 100, 1992, S.177-181

[9] Feiertag, R.: Mikrostrukturtechnik in der Feinwerktechnik; Feinwerk- und Meßtechnik 96, 1988, S. 71-76

[10] Rosen, J.: Machining in the Micro Domain; Mechanical Engineering, March 1989, S. 40-46

[11] Arzt, E.: Eigenschaften von Werkstoffen in kleinen Dimensionen; Kurzdokumentation zu den Vorträgen der 64. Sitzung des Wissenschaftlichen Rates der AIF, November 1992, S.8

[12] N.N.: The LIGA Technique; Firmenschrift der MicroParts Gesellschaft für Mikrostrukturtechnik mbH, 1991

[13] Tönshoff, H.K.: Mikrotechnik zwischen Forschung und Anwendung; Kurzdokumentation zu den Vorträgen der 64. Sitzung des Wissenschaftlichen Rates der AIF, November 1992, S.4

[14] N.N.: Dünnschichttechnologien, VDI-Technologiezentrum Physikalische Technologien 1989, S.6

[15] Westheide, H.: Einfluß von Oberflächenbeschichtungen auf den Werkzeugverschleiß bei der Massivumformung; Berichte aus dem Institut für Umformtechnik, Universität Stuttgart, Springer 1986

[16] Weist, Chr.: Verschleißminderung an Werkzeugen der Kaltmassivumformung durch Ionenstrahltechniken; Berichte aus dem Institut für Umformtechnik, Universität Stuttgart, Springer 1992

[17] Frey, H.; Kienel, G.: Dünnschichttechnologie, VDI-Verlag Düsseldorf 1987

[18] Haefer, R.A.: Oberflächen- und Dünnschichttechnologie, Teil I, Springer-Verlag 1987

[19] König,W.; Fritsch, R.; Kammermeier, D.: New Approaches to Characterizing the Performance of Coated Cutting Tools; Annals of the CIRP Vol. 41/1/1992, S. 49-54

[20] König, W.; Fritsch, R.; Kammermeier, D.: Physically vapour deposited coatings of tools: performance and wear phenomena; Surface and Coatings Technology, 49 (1991), S. 316-324

[21] N.N.: Beschichtungstechnologie für die Tribologie TriTec; Firmenschrift der Leybold AG 1992

[22] Ballhause, P.: Verschleißschutzschichten durch Sputter- und Ionenstrahltechnik; Werkzeuge, November 1991, S. 70-75

[23] Straede, C.A.: Practical Applications of Ion Implantation for Tribological Modification of Surfaces; Wear 130 1989, S. 113-122

[24] Patir, N.; Cheng, H.S.: An Average Flow Model for Determining effects of Three-Dimensional Roughness on Partial Hydrodynamic Lubrication; Transactions of the ASME Vol. 100 1978, S. 12-17

[25] Patir, N.; Cheng, H.S.: Application of Average Flow Model to Lubrication between Rough Sliding Surfaces; Transactions of the ASME Vol. 101 1979, S. 220-230

[26] Tripp, J.H.: Surface Roughness Effects in Hydrodynamic Lubrication: The Flow Factor Method; Transactions of the ASME, Vol. 105 1983, S. 458-465

[27] Lietz, H.: Elektronenstrahlanlage zum Texturieren von Dressier- und Arbeitswalzen für den Einsatz in Kaltwalzwerken; Firmenschrift der Linotype-Hell AG 1991

[28] Boppel, W.: Schnelles Elektronenstrahlgravierverfahren zur Gravur von Metallzylindern; Optik 77, No.2 1987, S. 83-92

[29] Wanke, R: Persönliche Mitteilung, 1992

[30] Metz, N.: Entwicklung der Abgasemissionen des Personenwagen-Verkehrs in der BRD von 1970 bis 2010; ATZ Automobiltechnische Zeitschrift 92 1990, S. 176-183

[31] Schönwald, B.; Kuhn, J.: Technologie-Management am Beispiel neuer Werkstoffe; Werkstoff und Innovation 5/6 1990, S. 37-46

[32] Glüsing, H.; Aengeneyndt, K.D.: Ingenieurkeramik im Kraftfahrzeugmotor; Tribologie und Schmierungstechnik 3/1990, S. 132-138

[33] Woydt, M.; Habig, K.H.: Technisch-physikalische Grundlagen zum tribologischen Verhalten keramischer Werkstoffe (Literaturübersicht); Forschungsbericht 133 der Bundesanstalt für Materialprüfung (BAM), Berlin 1987

[34] Ashley, S.: Technology Focus: Materials and Assembly; Mechanical Engineering February 1992, S. 16-20

[35] N.N.: Laserschweißen ohne Netz und doppelten Boden; wt-Report April 1992, S. 30-35

[36] Sheasby, P.G.; Wheeler, M.J.: Überblick über die Technologie von Aluminiumkonstruktionen im Fahrzeugbau; ATZ Automobiltechnische Zeitschrift 92 1990, S. 258-265

[37] N.N.: Aluminium-Verkehr-Umwelt; Informationsbroschüre der Aluminium-Zentrale e.V., Düsseldorf 1992

[38] N.N.: HYCOT-The Automotive Tube; Firmenschrift der Hydro Aluminium Automotive, Tønder (Dänemark) 1993

[39] Glomski, G.: Magnetumformen von Aluminium; Aluminium-Journal Fügetechniken, Aluminium-Zentrale Düsseldorf, Jahrgang 6 (1990), Nr.10, S. 12-13

[40] Dengler, K.; Glomski, G.: Die Hochleistungsimpuls-Technik - Eine zukunftsträchtige Hochgeschwindigkeits-Umformtechnologie; Bleche, Rohre, Profile 38 (1991) 4, S. 285-286

[41] N.N.: Schnelle magnetische Umformung; Firmenschrift der Puls-Plasma-Technik GmbH, Dortmund, 1990

[42] Endriz, G.: High Power Laser Diodes; IEEE-QE, Vol.28, No.4 (1992), S. 952-965

[43] Beach, R.: Modular microchannel cooled heatsinks for high average power laser diode arrays, IEEE-QE, Vol. 28, No.4 (1992), S. 966-976

[44] Mundinger, D.: Laser diode cooling for high average power applications; SPIE Vol. 1043 (1989), S. 351-358

[45] Krause, V.; Treusch, H.G.; Beyer, E.; Loosen, P.: High Power Laser Diodes as a beam source for Materials Processing; Tagungsband ECLAT 1992

[46] Auch, W.; Oswald, M.; Regener, R.: Fiber Optic Gyro Productization at Alcatel SEL; Firmenschrift der Standard Elektrik Lorenz AG,

[47] N.N.: Dreiachsiges Strapdown Kurs- und Lagemeß-Referenzsystem; Firmenschrift der Helasystem, 1992

[48] Zeidler, G.: Telekommunikation im Wandel; Feinwerk- und Meßtechnik 100 (1992), S. 275-278

[49] Auracher, F.; Plihal, M.: Photonik für breitbandige Übertragungs- und Vermittlungstechnik; Siemens-Zeitschrift Special FuE, Frühjahr 1992

[50] Albrecht, H.: Integrierte optoelektronische Komponenten; Siemens-Zeitschrift Special FuE, Frühjahr 1992

[51] Roß, L.; Hollenbach, W.; Wolf, B.; Fabricius, N.; Fuest, R.: Integriert optischer Abstandssensor auf Glas; Firmenschrift der IOT Entwicklungsgesellschaft für integrierte Optik-Technologie mbH, Waghäusel-Kirrlach

[52] Fuest, R.: Integriert optisches Michelson-Interferometer mit Quadraturdemodulation in Glas zur Messung von Verschiebewegen; TM-Technisches Messen 58 (1991), Heft 4, S. 152-157

Mitarbeiter der Arbeitsgruppe für den Vortrag 3.3

Dr.rer.nat. P. Ballhause, Leybold AG, Hanau
Dr.rer.nat. G. Glomski, Puls-Plasma-Technik GmbH, Dortmund
Prof. Dr.-Ing. G. Herziger, FhG-ILT, Aachen
Prof. Dr.-Ing. Dr. h.c. W. König, WZL/FhG-IPT, Aachen
Dipl.-Ing. V. Sinhoff, FhG-IPT, Aachen
Dr.rer.nat. R. Wanke, Audi AG, Ingolstadt
Dr.-Ing. M. Woydt, Bundesanstalt für Materialforschung und -prüfung, Berlin
Dipl.-Phys. S. Zamel, FhG-IPT, Aachen

3.4 Integrierte Qualitätsprüfung

Gliederung:

1. Einleitung

2. Fertigungsmeßtechnik heute
2.1 Qualitätsverbesserung durch prozeßbegleitende Regelung
2.2 Prozeßregelung in der Praxis

3. Prozeßbeherrschung durch Zustandsüberwachung

4. Sensoren zur Prozeßüberwachung
4.1 Kraftmessende Sensoren in der Werkzeugmaschine
4.2 Körperschall-Sensoren in der Werkzeugmaschine
4.3 Optische Sensoren in der Werkzeugmaschine
4.4 Technische Realisierung

5. Post-Prozeß-Meßtechnik überwacht fähige Prozesse

6. Überwachung der Qualitätsprüfung
6.1 Überwachungsverfahren
6.2 Überwachung der Produktionsmittel
6.3 Überwachung der Prüfmittel

7. Zusammenfassung und Ausblick

Kurzfassung:

Integrierte Qualitätsprüfung
Die Aufgabenstellung für eine integrierte Qualitätsprüfung im Rahmen eines leistungsfähigen, alle Bereiche eines Industrieunternehmens umfassenden Qualitätsmanagementsystems muß darin bestehen, in einem möglichst frühen Fertigungsstadium Informationen über die zu erwartende End-Qualität der Produkte bereitzustellen. Dazu reicht eine fertigungsbegleitende Geometrieprüfung der Produkte nicht aus. Vielmehr muß die Qualitätsprüfung heute in starkem Maße auf die Sicherstellung der Prozeßfähigkeit ausgerichtet sein. Nur so lassen sich die geforderten Ausschußquoten im ppm-Bereich langfristig sicherstellen.

Abstract:

Integrated Quality Control
The integrated quality control in an efficient, all divisions of an industrial company enclosing quality management system has to dispose early information on the expected final quality of products. For that purpose a fabrication attendend metrology is not sufficient. Moreover, quality control has to improve the ability of manufacturing processes. This is the only way to ensure the demanded waste-quota in ppm-range lasting a long period.

1. Einleitung

In Europa haben besonders die deutschen Industriebetriebe ein nahezu perfektes System zur Entdeckung von Qualitätsmängeln am Erzeugnis aufgebaut, das mit hohen Kosten für Geräte und Personal verbunden ist. Nach Fertigstellung des Produktes steht vor allem die Entscheidung an, ob die Qualitätsmerkmale des erzeugten Werkstücks (z.B. eines Drehteils) innerhalb oder außerhalb der vorgegebenen Toleranzen liegen und ob Nacharbeit ein außerhalb der Grenzwerte liegendes Teil noch retten kann.

Gleichzeitig sind aber auch die Anforderungen an die Qualität der produzierten Werkstücke gestiegen. Wurde noch im letzten Jahrzehnt der AQ-Level von Zulieferteilen in %-Punkten gemessen, so werden heute - insbesondere von den marktführenden Unternehmen - nur noch Fehlerraten im ppm-Bereich akzeptiert. Diese Forderungen lassen sich weder durch eine perfekte Prüftechnik am Ende der Fertigungslinie des Herstellers noch durch einen übertriebenen Aufwand in der Wareneingangsprüfung des Kunden erfüllen.

Daher ist ein Wandel im Aufgabenspektrum der fertigungsintegrierten Meßtechnik unumgänglich: Es ist nicht länger ausreichend, mehr oder weniger komplexe hand- oder rechnergesteuerte Meßgeräte in Fertigungs- und Montagelinien zu integrieren und die erzielten Meßergebnisse so, wie vielfach praktiziert, ungelesen zu archivieren. Vielmehr müssen die Meßdaten und -signale maschinennaher und -integrierter Meßzeuge so in die Fertigung rückgekoppelt werden, daß sie einen nennenswerten Beitrag zur Stabilisierung und Verbesserung der Fähigkeiten der Bearbeitungsprozesse leisten.

2. Fertigungsmeßtechnik heute

Durch die auch heute noch praktizierte Fehlerentdeckung am Ende der Fertigungslinie werden immense Kapazitäten gebunden und letztlich auch enorme Fehlleistungskosten verursacht. Um alle Werkstücke fehlerfrei ausliefern zu können, muß entweder die zu Beginn des Fertigungsprozesses bearbeitete Stückzahl um die zu erwartende Fehlerquote erhöht werden, oder es muß zusätzliche Maschinenkapazität bereitgestellt werden, um die fehlerhaften Werkstücke nachzuarbeiten oder vollständig neu zu fertigen.

Außerdem geht wertvolle Zeit verloren. Bis das fertiggestellte Werkstück die Warteschlange vor dem fertigungsintegrierten Meßgerät überwunden hat, sind zahlreiche weitere Teile mit den gleichen Maschinen-Einstelldaten - und den gleichen Abweichungen - produziert worden, ohne daß eine Notwendigkeit zum Eingreifen erkannt werden konnte. Muß darüber hinaus das Werkstück für eine Präzisionsmessung erst in der Klimakammer temperiert werden, kann das ganze Los fehlerbehaftet sein.

Um schnellere Reaktionen auf Geometrieabweichungen zu erreichen, kann einerseits der meßtechnische Aufwand erhöht werden, so daß zur 100%-Prüfung der Werkstücke einer Maschine mehrere parallele Meßgeräte zum Einsatz kommen. Bei fähigen Fertigungsprozessen ist es jedoch meist ausreichend, die Anzahl der zu prüfenden Teile durch Einführung einer Qualitätsüberwachung mit statistischen Methoden zu reduzieren. Damit verkleinert sich jedoch auch die Entscheidungsgrundlage, auf welcher die Gut-/Schlecht-Aussage des Prüfers beruht.

2.1 Qualitätsverbesserung durch prozeßbegleitende Regelung

Um die Kosten zu senken, die sowohl durch Nacharbeit und Ersatzfertigung als auch durch verschärfte Meßzyklen verursacht werden, darf nicht allein das Fertigungsergebnis beurteilt werden. Schon während der Bearbeitung des Werkstücks muß der Fertigungsprozeß so geregelt werden, daß die Zahl der fehlerhaft produzierten Einheiten minimiert wird. Dazu ist es erforderlich, die Qualitätsfähigkeit aller am Prozeß beteiligten Komponenten zu stabilisieren.

Voraussetzung für eine Strategie der Fehlervermeidung ist die Rückführbarkeit von Meßergebnissen zur Bearbeitungsmaschine. Das Ziel besteht darin, durch Nachstell- oder Regelmechanismen, die aus den gemessenen Abweichungen überwachter Produkt- und Prozeßkenngrößen abgeleitet sind, die Qualität der relevanten Prozeßparameter innerhalb zulässiger Toleranzgrenzen zu stabilisieren. Die Funktion des Stellgliedes kann dabei zunächst - wie in der statistischen Prozeßregelung - von einem geschulten Bediener ausgeübt werden, der aufgrund von Meßergebnissen sowie akustischen und visuellen Wahrnehmungen der Bearbeitungszustände die Maschinenparameter nachstellt (Bild 1) [1].

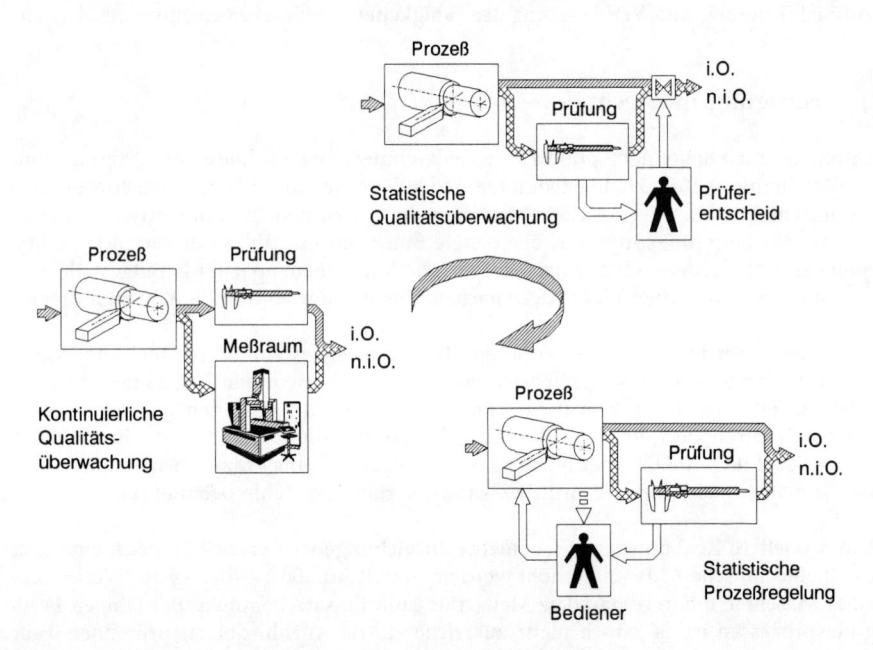

Bild 1: Überwachung und Regelung von Fertigungsprozessen

Integrierte Qualitätsprüfung 3-105

Die Fähigkeit des Fertigungsprozesses hat auch Einfluß auf die Auswahl der Prüfmittel, die zur Post-Prozeß-Überwachung des Fertigungsergebnisses herangezogen werden können. Grundsätzlich ist es möglich, über eine extreme Steigerung der Prüfmittelfähigkeit den Anteil an Werkstücken zu minimieren, deren Fehler in der Endprüfung nicht erkannt werden. Damit läßt sich zwar sicherstellen, daß Werkstücke, deren Maße an der Toleranzgrenze liegen, mit hoher Präzision in "Gut" und "Ausschuß/Nacharbeit" zu trennen sind. Es entstehen jedoch vermeidbare Kosten sowohl für die fehlerhaft produzierten Teile als auch für die Anschaffung und Instandhaltung des Meßgeräteparks.

Eine sehr viel nachhaltigere Verringerung des Prüfumfangs - und damit der Kosten - läßt sich durch eine Steigerung der Prozeßfähigkeit erzielen. Dies hat den erfreulichen Nebeneffekt, daß die durch die Toleranz erlaubte Spannweite des Fertigungsprozesses nicht länger bis an die Grenzen ausgenutzt wird (Bild 2). Da sich bei gegebener Toleranzbreite mit der Steigerung der Prozeßfähigkeit auch der Streubereich für das Prüfmittel erweitert, können kostengünstigere Meßzeuge zum Einsatz kommen [2, 3].

Die notwendige Prozeßbeherrschung muß durch kontinuierliche Abfrage der Prozeßkenngrößen mit Hilfe von maschineninternen Sensoren sowie einer Regelung der Prozeßparameter erreicht werden. Die erforderlichen Stellgrößen werden hierbei den jeweiligen Bearbeitungsbedingungen angepaßt, so daß Abweichungen vom Sollzustand unverzüglich korrigiert werden.

$$C_g = \frac{n}{C_p - 1}$$

VDI/VDE 2619 :	$n \approx 0.4$
Taylor-Regel :	$n = 0.2$
Bosch - QS 10 :	$n = 0.2$
Ford-Richtlinie :	$n = 0.15$

nicht entdeckter Ausschuß [ppm]
< 700
< 525
< 350
< 175
< 1

Prozeßfähigkeit C_p

Prüfmittelfähigkeit C_g

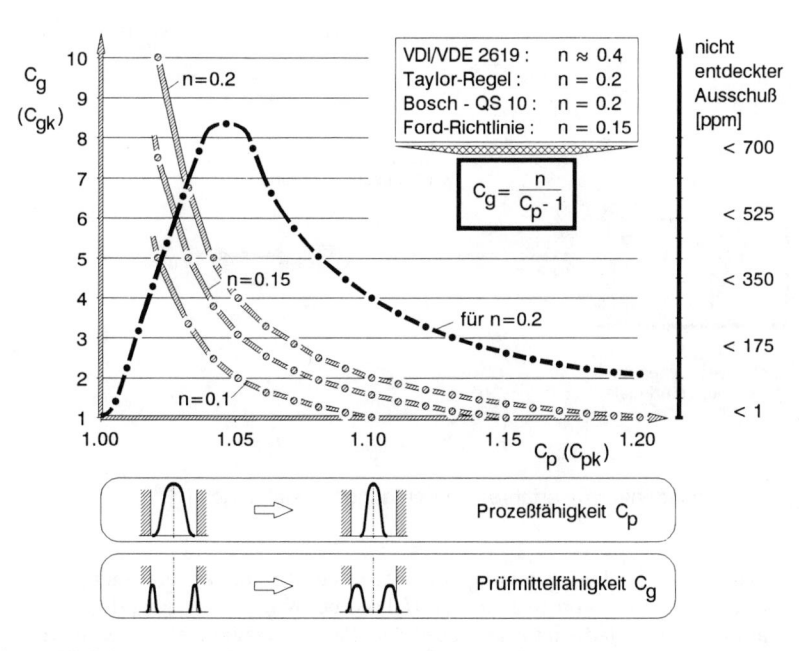

Bild 2: Möglichkeiten zur Reduzierung von nicht entdecktem Ausschuß

Da das Fertigungsergebnis bei korrekter Einstellung der kritischen Prozeßparameter nur eine geringe Streuung aufweisen wird, können zusätzliche Messungen am Ende der Bearbeitung reduziert werden. Die Endprüfung darf jedoch nicht vollständig entfallen, da ein Unternehmen jederzeit in der Lage sein muß, der geltenden Dokumentationspflicht gegenüber Kunden und Gesetzgeber nachzukommen.

2.2 Prozeßregelung in der Praxis

Ein Blick in die industrielle Praxis soll zeigen, in welcher Form Meßtechnik heute eingesetzt wird. Wie Untersuchungen in einem Unternehmen belegen, welches Generatoren für Pkw-Motoren herstellt, waren in insgesamt 606 erfaßten Prüfabläufen nur 336 variable Prüfungen enthalten. Bezogen auf diese 336 Prüfungen erfolgte in den meisten Fällen eine statistische Qualitätsüberwachung (77.7%), während nur in sehr geringem Umfang (9.2%) die aufgenommenen Meßergebnisse auch zur Durchführung einer statistischen bzw. einer kontinuierlichen Prozeßregelung ausgenutzt wurden (Bild 3) [1].

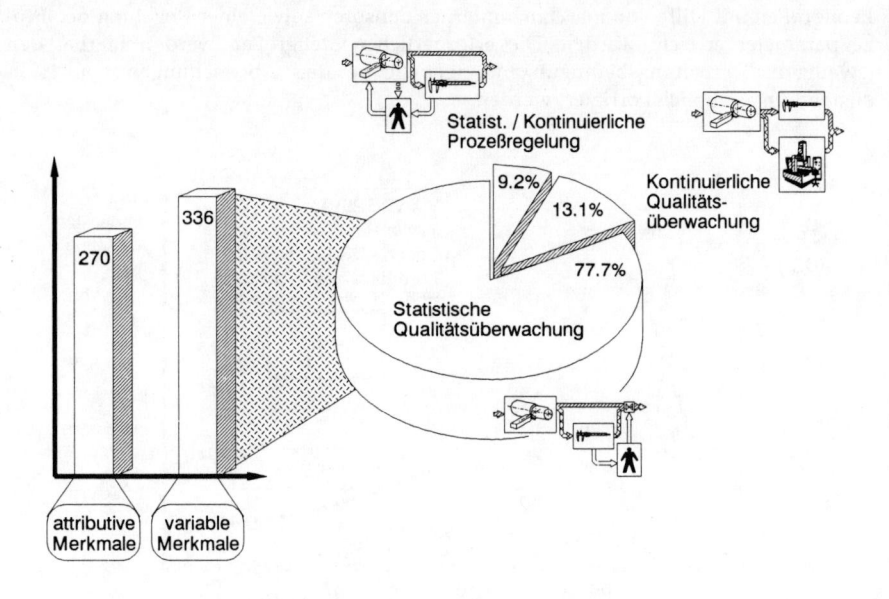

Bild 3: Verschiedene Prüfverfahren im Fertigungsbereich (nach [1])

Die Ergebnisse dieser Untersuchungen machen deutlich, daß ein enormer Handlungsbedarf zur Einführung von Regelungsverfahren besteht, die korrigierend in den Prozeßablauf eingreifen. Jedoch müssen zunächst die Grundlagen geschaffen werden, um eine Regelstrategie sinnvoll einsetzen zu können. Als erste Voraussetzung für jede Art der Qualitätsregelung muß sichergestellt sein, daß der Zusammenhang zwischen der Ausprägung eines Qualitätsmerkmals am Produkt - z.B. der Maß-, Form- oder Lagehaltigkeit - und den mit ihnen korrelierenden Prozeßparametern eindeutig bekannt ist. Erst dann können, darauf aufbauend, Regelmechanismen realisiert werden, die bei auftretenden Abweichungen qualitätsrelevanter Produktmerkmale die entsprechenden Prozeßparameter im Sinne einer Abweichungsreduzierung nachstellen.

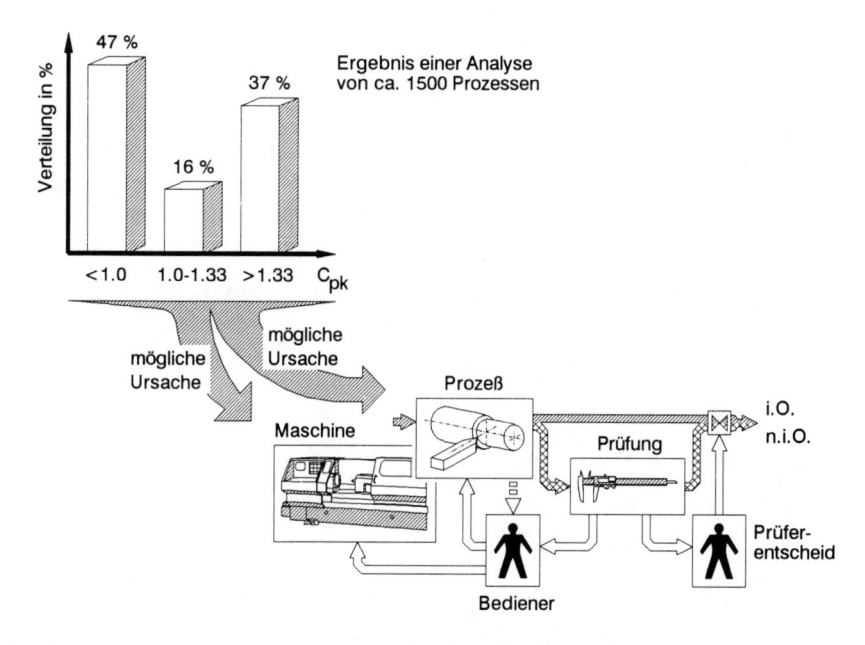

Bild 4: Ansatzpunkte zur Verbesserung der Prozeßfähigkeit

Eine aktuelle Untersuchung in einem größeren Unternehmen der Metallverarbeitung demonstriert recht anschaulich, daß hier Handlungsbedarf besteht. Von mehr als 1500 analysierten Prozessen im Bereich der spanenden Bearbeitung des Maschinenbaus war fast die Hälfte (47%) nicht in der Lage, die Anforderungen hinsichtlich der Einhaltung von vorgegebenen Toleranzen zu erfüllen. 16% der Prozesse pendelten zwischen C_{pk}-Werten von 1.0 und 1.33, während nur 37% der Fertigungsprozesse kontinuierlich einen C_{pk}-Wert von 1.33 überschritten (Bild 4).

In einer solchen Situation ist es zwingend erforderlich, die möglichen Fehlerursachen und Randbedingungen jedes Einzelprozesses zu analysieren, um die Prozeßfähigkeit zu verbessern. Als Verursacher von Störungen kommen sowohl Prozeßparameter und Umgebungseinflüsse als auch Maschinenkomponenten bzw. ganze Fertigungseinrichtungen in Betracht. So fiel bei der Analyse von Fertigungsprozessen eine Drehmaschine zur Bearbeitung von Hinterachswellen auf, deren Maschinenfähigkeit C_m auf extrem niedrige Werte gesunken war. Eine Kurzzeitanalyse ergab, daß speziell beim Längsdrehen des Schaftes starke Maßschwankungen auftraten. Als erste Maßnahme wurde eine Maschinenüberprüfung eingeleitet, die gravierende Mängel an der Stützlünette und an der Reitstockspitze zutage brachte. Durch eine einfache Reparatur konnten die Ursachen für die aufgetretenen Fertigungsschwankungen beseitigt und die Maschinenfähigkeit des Drehzentrums erheblich verbessert werden (Bild 5).

Oktober 1992

Merkmal	C_m	C_{mk}
Schaft-⌀ Kopf	0.49	0.43
Schaft-⌀ Mitte	0.51	0.39

- Spindellager   i.O.
- Reitstocklager   i.O.
- Stützlünette   n.i.O. ⇒ Reparatur
- Reitstockspitze   n.i.O. ⇒ Reparatur

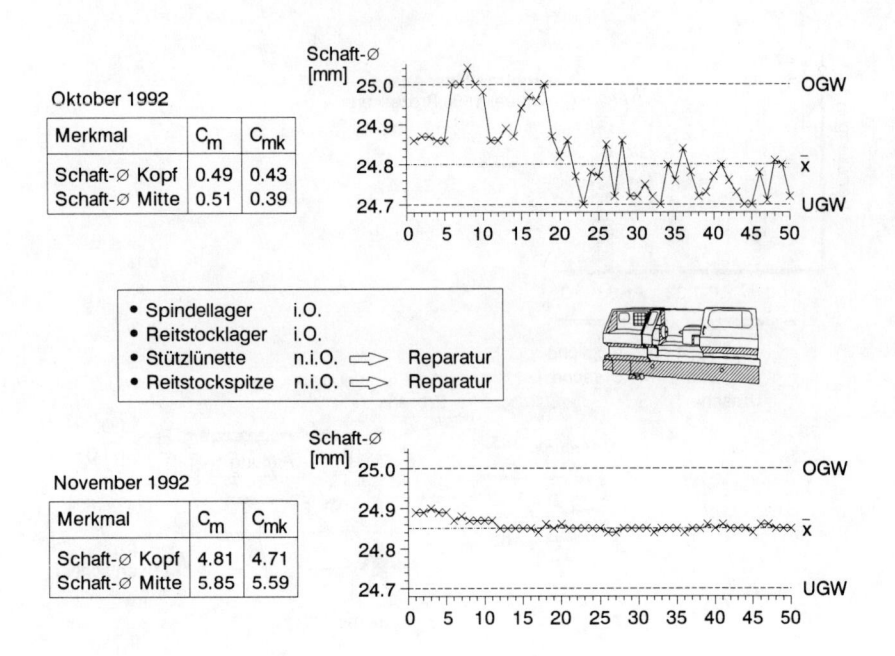

November 1992

Merkmal	C_m	C_{mk}
Schaft-⌀ Kopf	4.81	4.71
Schaft-⌀ Mitte	5.85	5.59

Bild 5: Einfluß von Maschinenkomponenten auf die Fertigungsqualität (nach Mercedes Benz AG)

Da die ausschließliche Erkennung von Qualitätsmängeln am Produkt nach Abschluß der Bearbeitungsschritte mit einer präzisen, aber kostenintensiven Post-Prozeß-Meßtechnik nicht ausreicht, um ein gleichbleibendes Fertigungsergebnis zu garantieren, muß schon zu einem früheren Zeitpunkt regelnd in den Prozeß eingegriffen werden. Das Ziel muß darin bestehen, den Prozeß selbst (z.B. die aktuellen Kräfte und Temperaturen) kontinuierlich zu erfassen und über Regelmechanismen zu optimieren.

3. Prozeßbeherrschung durch Zustandsüberwachung

Die Vor-Verlagerung des Prüfzeitpunktes - weg vom Produktmerkmal, hin zu den korrelierenden Prozeßparametern - bewirkt jedoch mehr als nur das frühzeitigere Erkennen von Ausschuß: Durch eine kontinuierliche Prozeßüberwachung mit Hilfe von

Sensoren können Trends sofort erkannt und durch manuelle Eingriffe des Bedieners oder - Zielsetzung vieler Forschungsprojekte - durch geeignete Reaktionen der Maschinensteuerung korrigiert werden. Um eine Überreaktion des Prozesses zu vermeiden, darf jedoch nur bei Überschreitung verfahrenstechnischer oder maschinenspezifischer Grenzwerte eingegriffen werden.

Ein weiterer Grund für den verstärkten Einsatz prozeßüberwachender Sensoren resultiert unmittelbar aus Verbesserungen technologischer und konstruktiver Art auf den Gebieten der Werkzeug-, Antriebs- und Anlagenausführungen. Heute werden hohe Schnittgeschwindigkeiten auf meist voll gekapselten Maschinen realisiert. Hierdurch ist der Maschinenbediener zunehmend überfordert, den Prozeßablauf zu kontrollieren und auf plötzlich auftretende, störungsbedingte Prozeßveränderungen rechtzeitig und adäquat zu reagieren.

Um eine gleichbleibende Qualität des Fertigungsergebnisses sicherstellen zu können, müssen daher Regelkreise installiert werden, die bei Überschreitung von statisch oder dynamisch definierten Eingriffsgrenzen prozeßverbessernd eingreifen. Ein Qualitätsmerkmal hängt häufig jedoch nicht nur von einem, sondern von mehreren Parametern gleichzeitig ab. In diesen Fällen ist es oft nicht möglich, feste Überwachungsgrenzen für die Einzelparameter anzugeben, da der zulässige Bereich immer auch von der Einstellung der übrigen Parameter beeinflußt wird.

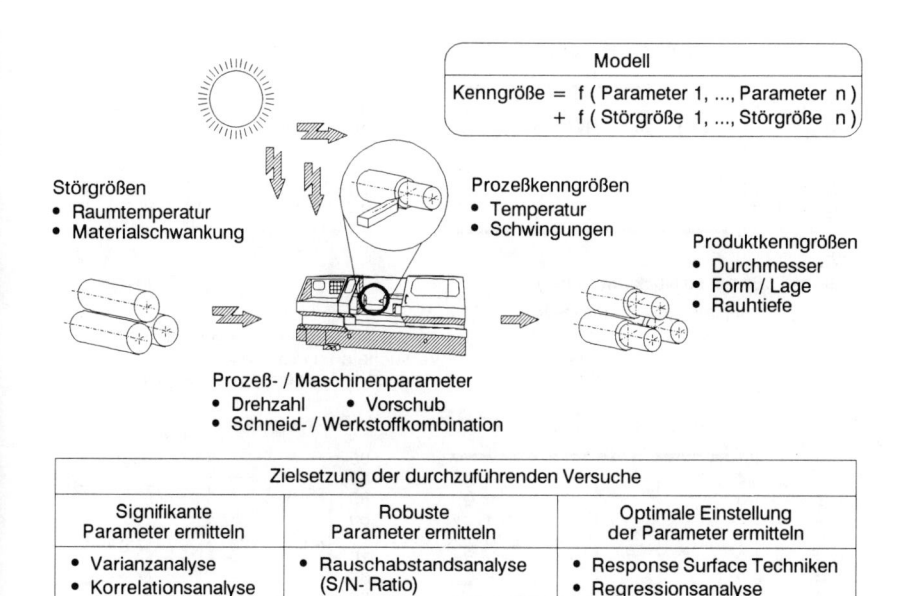

Modell
Kenngröße = f (Parameter 1, ..., Parameter n)
+ f (Störgröße 1, ..., Störgröße n)

Störgrößen
- Raumtemperatur
- Materialschwankung

Prozeßkenngrößen
- Temperatur
- Schwingungen

Produktkenngrößen
- Durchmesser
- Form / Lage
- Rauhtiefe

Prozeß- / Maschinenparameter
- Drehzahl
- Vorschub
- Schneid- / Werkstoffkombination

Zielsetzung der durchzuführenden Versuche		
Signifikante Parameter ermitteln	Robuste Parameter ermitteln	Optimale Einstellung der Parameter ermitteln
• Varianzanalyse • Korrelationsanalyse	• Rauschabstandsanalyse (S/N- Ratio)	• Response Surface Techniken • Regressionsanalyse • Antwortanalyse

Bild 6: Zielsetzung der statistischen Versuchsmethodik

Darüber hinaus ist häufig nicht bekannt, welcher Zusammenhang zwischen den Prozeßgrößen und den Qualitätsmerkmalen am Produkt besteht. Dies führt dazu, daß entweder wichtige Prozeßparameter gar nicht, oder daß unnötig viele Parameter überwacht werden. Die Folge ist, daß Unregelmäßigkeiten nicht gemeldet werden und notwendige Warnungen unterbleiben - oder aber durch Parameter ausgelöst werden, die nicht qualitätsrelevant sind.

Vor der Einführung von statistisch oder kontinuierlich wirkenden Regelstrategien muß für jeden Prozeß untersucht werden, in welchem Stadium ein Meßvorgang erforderlich ist und welche Aussagen aus dem Meßergebnis zu entnehmen sind. Voraussetzung für eine mögliche Regelung ist, daß Stellelemente vorhanden sind, mit denen ein an den Warngrenzen befindlicher Prozeß korrigiert werden kann.

Während auf Überlast-Signale von Sensoren unmittelbar reagiert werden kann, indem z.B. der Vorschub reduziert oder die Schnittgeschwindigkeit erhöht wird, muß die Beziehung zwischen einem - mit Hilfe der geometrischen Meßtechnik entdeckten - Formfehler am Werkstück und den erzeugenden Prozeßgrößen über eine Prozeßbewertung oder eine geeignete Versuchsmethodik gefunden werden. Aufgabe der statistischen Versuchsmethodik ist es, durch eine geschickte Auswahl an Versuchen die hauptsächlichen Zusammenhänge derart zu ergründen, daß ein mathematisches Modell zwischen Zielgrößen und Einflußfaktoren aufgestellt werden kann (Bild 6) [4].

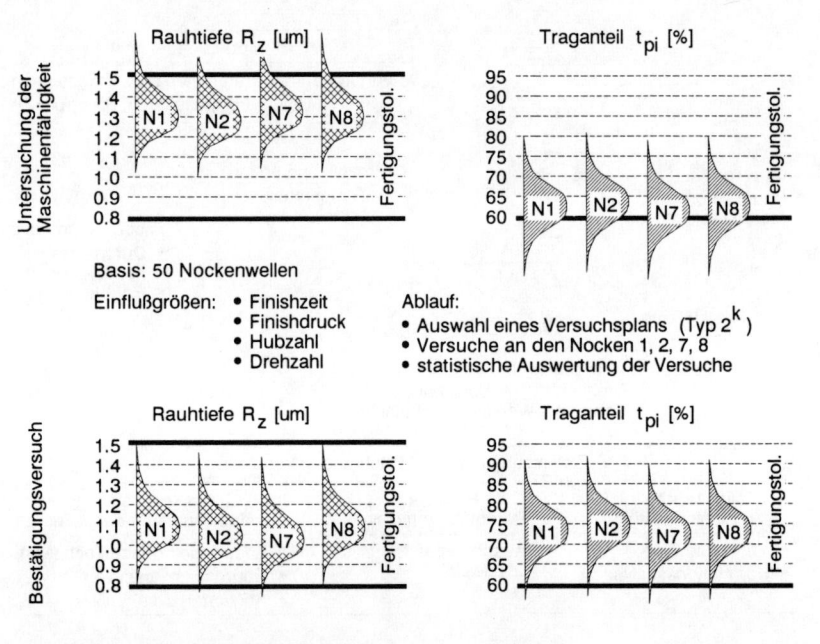

Bild 7: Prozeßoptimierung durch statistische Versuchsplanung (nach Mercedes Benz AG)

Ein Beispiel aus der Praxis verdeutlicht die Schwierigkeiten, die bei der Analyse der Zusammenhänge zwischen den Prozeßgrößen und dem Fertigungsergebnis zu bewältigen sind. Während der Untersuchung der Maschinenfähigkeit einer Nockenwellen-Schleifmaschine wurde festgestellt, daß zwar die Streuung der Rauhtiefe und des Traganteils der Nocken den Erwartungen entsprach, die Lage besonders der Mittelwerte für den Traganteil jedoch erheblich vom Sollwert abwich.

Um mit den Methoden der statistischen Versuchsplanung eine Prozeßoptimierung durchführen zu können, mußten zunächst die ursächlich für das Fertigungsergebnis verantwortlichen Einflußgrößen benannt werden: Finishzeit und -druck, Hub- und Drehzahl. Mit diesen Informationen konnte ein geeigneter Versuchsplan erstellt werden, der nach statistischer Auswertung der durchgeführten Versuche eine optimale Kombination von Einstellungen der auf das Fertigungsergebnis einwirkenden Größen erkennen ließ. Ein Bestätigungsversuch zeigte, daß die getroffenen Maßnahmen geeignet waren, um die Rauhtiefe der geschliffenen Nocken zu verringern und gleichzeitig den Traganteil deutlich zu verbessern (Bild 7).

Nachdem die Beziehungen zwischen den Zielgrößen und den Einflußfaktoren eines Fertigungsprozesses z.B. mit den Methoden der statistischen Versuchsplanung ermittelt und in Form eines mathematischen Modells zugänglich gemacht sind, wird es möglich, kontinuierlich geregelte Fertigungsprozesse zu realisieren. Die notwendigen Informationen (Ist-Werte) werden von post-prozeß eingesetzter Meßtechnik (z.B. Koordinaten- und Vielstellenmeßgeräten) und von Sensoren zur Verfügung gestellt, die prozeßnah im Bearbeitungsraum der Maschine montiert sind.

4. Sensoren zur Prozeßüberwachung

Sensoren zur Erfassung prozeßspezifischer Größen sind in großer Anzahl verfügbar und zu einem beachtlichen Anteil auch so robust ausgeführt, daß sie bei extremen Umgebungsbedingungen im Bearbeitungsraum von Werkzeugmaschinen zuverlässig arbeiten. Neben binär wirkenden Zustandssensoren, die den größten Anteil der Aufnehmer ausmachen, werden immer häufiger Sensoren eingesetzt, mit denen Parameter wie Leistungsaufnahme der Achsantriebe, Bearbeitungstemperaturen, Prozeßkräfte und -momente sowie Vibrationen gemessen werden können [5].

4.1 Kraftmessende Sensoren in der Werkzeugmaschine

Viele bekannte Systeme zur Prozeßüberwachung basieren auf der Messung der Zerspankraftkomponenten oder deren Auswirkungen auf Teile der Werkzeugmaschine. Große Verbreitung haben piezoelektrische Drei-Komponenten-Kraftmeßelemente gefunden, die beim Drehen z.B. unter dem Drehmeißel, beim Fräsen und Bohren z.B. unter dem Werkstück montiert werden. Sie sind preiswert, robust, in vielen Bauarten erhältlich und weisen meist eine hervorragende Linearität auf.

Dehnungsmeßstreifen, die die Widerstandsänderung eines metallischen oder halbleitenden Materials bei Dehnung ausnutzen, sind ebenfalls preiswert und in vielen praxisgerechten Ausführungen erhältlich. Jedoch ist häufig eine genaue Dehnungsanalyse erforderlich, um geeignete Meßpositionen zu finden, wobei ein Übersprechen verschiedener Kraftkomponenten oftmals nicht zu vermeiden ist. Aufgrund des erforderlichen Spezialwissens bei ihrer Anbringung und ihrer mechanischen Verletzbarkeit empfiehlt es sich, im rauhen Praxisbetrieb vorzugsweise Dehnungsmeßstreifen in Form vorkonfigurierter Komponenten (z.B. Drehmoment-Meßwellen) einzusetzen.

Probleme beim Einsatz kraftsensitiver Überwachungssysteme ergeben sich aus den wachsenden Anforderungen an die Oberflächengüte und die Maß- und Formgenauigkeit der Werkstücke. Insbesondere beim Drehen und Fräsen ist daher der zulässige Werkzeugverschleiß relativ gering, so daß der verschleißbedingte Anstieg der Zerspankraftkomponenten oftmals innerhalb des Grundrauschens der Auswerteschaltung bleibt.

Zudem ist ein Trend zu immer geringeren Aufmaßen zu verzeichnen. Da besonders bei umformend hergestellten Rohteilen Abmessungen angestrebt werden, die beinahe der Endgeometrie entsprechen (Near-Net-Shape-Technologie), sinken die Spanungsquerschnitte und folglich auch die auftretenden Zerspankräfte. Auch beim Bohren - speziell kleiner Löcher - sind die verschleißbedingten Anstiege von Vorschubkraft und Drehmoment sehr gering oder nicht mehr erfaßbar.

Auch zur Bruchüberwachung lassen sich kraftsensitive Aufnehmer einsetzen. Es treten schnelle, impulsförmige Kraftveränderungen auf, die einfach auszuwerten sind und mit hoher Sicherheit auf das Versagen eines Werkzeuges hindeuten.

4.2 Körperschall-Sensoren in der Werkzeugmaschine

Schallemissionen entstehen, wenn der durch Bearbeitungsvorgänge angeregte Körperschall an die Umgebung abgegeben wird. Ein zunehmender Werkzeugverschleiß verursacht im allgemeinen einen steigenden Signalpegel. Beim Drehen und Fräsen liegt die Ursache in der sich ändernden Temperatur der Kontaktzone zwischen Werkstück und Werkzeug sowie in der Veränderung der Spanform, während beim Bohren der Grund vor allem in der zunehmenden Prozeßdynamik zu finden ist.

Zur Aufnahme von Körperschall hat sich vor allem der Klopfsensor bewährt, der für die Erkennung klopfender Verbrennung an Otto-Motoren entwickelt wurde (Bild 8). Günstig wirkt sich aus, daß die Montagekraft keinen erkennbaren Einfluß auf die Frequenzempfindlichkeit hat. Auch spielen Driftserscheinungen keine Rolle, da nur dynamische Signalanteile ausgewertet werden. Aufgrund des robusten Aufbaus sind Klopfsensoren weitgehend resistent gegen Späne und Kühlschmiermittel, so daß sie problemlos in der Nähe des Zerspanprozesses montiert werden können.

Als problematisch haben sich bei der Auswertung von Schallsignalen jedoch Störungsquellen erwiesen, die ebenfalls hochfrequente Signale emittieren. Dies können elektronische Baugruppen, Wälzlager oder Impulse bei Eilgang-Bewegungen der Maschine sein. Durch geeignete Signalfilterung sowie Plausibilitätsprüfungen muß verhindert werden, daß falsche Meldungen an die Steuerung gelangen.

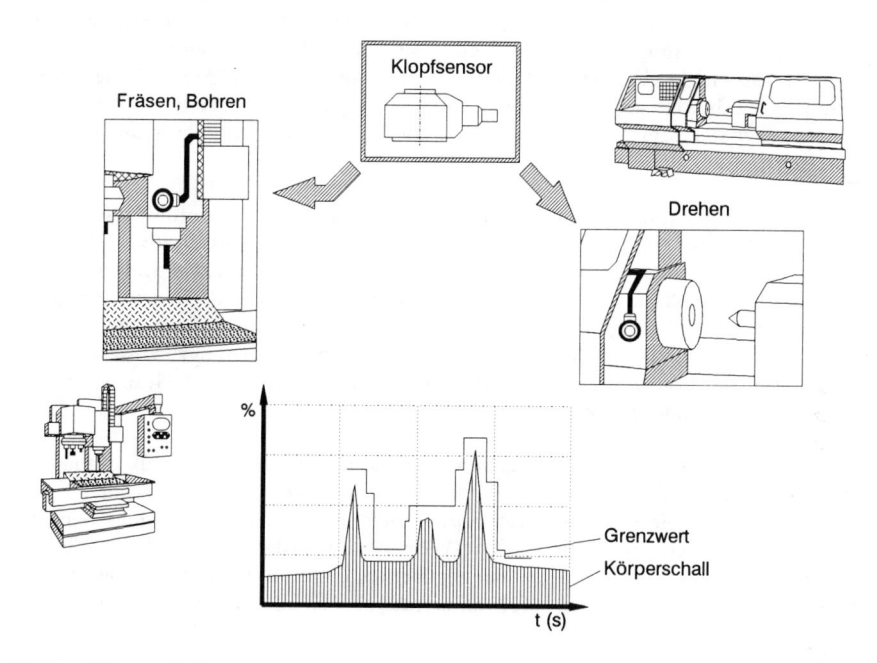

Bild 8: Körperschallsensoren in der Werkzeugmaschine

4.3 Optische Sensoren in der Werkzeugmaschine

Optische Sensoren sind prinzipiell geeignet, Maß- und Formabweichungen sowie makroskopische Oberflächenschäden an Werkzeugen sowie an den gefertigten Werkstücken zu erkennen. Damit wird es prinzipiell möglich, auch den Rückschluß auf qualitätsrelevante Prozeßparameter, wie z.B. den Werkzeugverschleiß, herzustellen. Jedoch verhindern widrige Umgebungsbedingungen im Bearbeitungsraum - wie Ölnebel und Späne - sowie die heute noch nicht ausreichenden Möglichkeiten zur Bildanalyse den breiten Einsatz derartiger Sensoren.

Bereits realisiert sind optische Systeme auf der Basis von CCD-Arrays, mit denen - nach Ablage des Werkzeugs im Magazin - der aktuelle Verschleißzustand der Werkzeugschneiden erfaßt werden kann [7, 8]. Neben den heute aktuellen zweidimensionalen Sensoren werden in Zukunft räumlich sehende Systeme an Bedeutung gewinnen, die mit zwei Kameras arbeiten oder das strukturiert beleuchtete Objekt im Lichtschnittverfahren oder mit rasterartiger Blende aufnehmen.

4.4 Technische Realisierung

Die technische Realisierung einer kontinuierlichen Prozeßüberwachung setzt voraus, daß die verwendeten Maschinen, Steuerungen und Analyserechner mit den nötigen Meßumformern, Schnittstellen und Programmen ausgerüstet sind. Eine derart komplexe Aufgabenstellung, die iterative Teil-Lösungen und umfangreiche Versuchsläufe erfordert, kann nicht vom anwendenden Unternehmen gelöst werden, welches auf den störungsfreien Betrieb seiner Produktionseinrichtungen angewiesen ist. Vielmehr sind die Hersteller der Komponenten gefordert, die notwendigen Systemvoraussetzungen zu schaffen.

Die zweckmäßige Anordnung der prozeßintegrierten Sensoren erfordert das Spezialwissen des Maschinenkonstrukteurs. Dies gilt besonders für kraftsensitive Umformer, die in den Kraftfluß des Bearbeitungsvorgangs integriert werden und damit die Steifigkeit der Maschine beeinflussen. Viele andere Sensoren sind einfach zu adaptieren, müssen jedoch richtig positioniert werden, um ihre Funktion einwandfrei erfüllen zu können. Alle Sensoren müssen für die extremen Umgebungsbedingungen im Arbeitsraum der Werkzeugmaschine ausgelegt sein und sollten einfach demontierbar sein, um sie bei Bedarf ersetzen zu können.

Auch das Fachwissen des Steuerungsherstellers ist unverzichtbar. Er muß die nötigen Schnittstellen zur Aufnahme und Verarbeitung der Sensorsignale entweder fest verdrahten oder aber ein modulares Konzept anbieten, mit welchem beliebige Sensoren über Interfacekarten verbunden werden. Weitgehend realisiert ist die Schnittstelle zum übergeordneten Leitrechner. Hier ist gegebenenfalls eine Anpassung des Sprachumfangs erforderlich, um die aufgenommenen Sensor-Informationen übertragen zu können.

Der größte Entwicklungsaufwand ist bei der Realisierung der Programme für den übergeordneten Analyserechner zu erwarten. Im Rahmen einer Prozeßanalyse müssen die beschriebenen Korrelationen zwischen den Fertigungsparametern und dem Prozeßergebnis erkannt und derart in ein maschinenspezifisches Programm umgesetzt werden, daß die Gerätesteuerung auf Abweichungen der Sensorsignale vom Sollwert durch Veränderung der "richtigen" Stellgrößen reagieren kann. Diese Aufgabe kann von universitären Forschungsstellen, Ingenieurbüros oder der Softwareabteilung des Unternehmens gelöst werden, wobei größter Wert auf die Einbeziehung des beim Maschinenbediener oftmals intuitiv vorhandenen Fachwissens gelegt werden sollte.

5. Post-Prozeß-Meßtechnik überwacht fähige Prozesse

Unabhängig von der Ausstattung einer Werkzeugmaschine mit Sensoren, die prozeßnah eingesetzt die Kompensation von Störungen des jeweiligen Fertigungsprozesses ermöglichen, kann auf die Meßtechnik nach Abschluß der Bearbeitung nicht verzichtet werden. Aufgrund der erhöhten Prozeßfähigkeit sinken jedoch die Anforderungen an die erforderliche Meßmittelfähigkeit (s. Bild 2).

Das langfristige Ziel muß in der Realisierung von kontinuierlich geregelten Prozessen bestehen, die ihre Informationen aus allen Bereichen der Fertigung beziehen: Sensoren stellen Prozeßdaten zur Verfügung, handgeführte Meßgeräte liefern Daten zu Maß- und Formabweichungen der gefertigten Geometrie bereits kurz nach Beendigung des jeweiligen Fertigungsschritts, während CNC-gesteuerte Koordinatenmeßgeräte und automatisierte Vielstellenmeßgeräte Maß-, Form- und Lageabweichungen der Werkstückgeometrie dokumentieren (Bild 9).

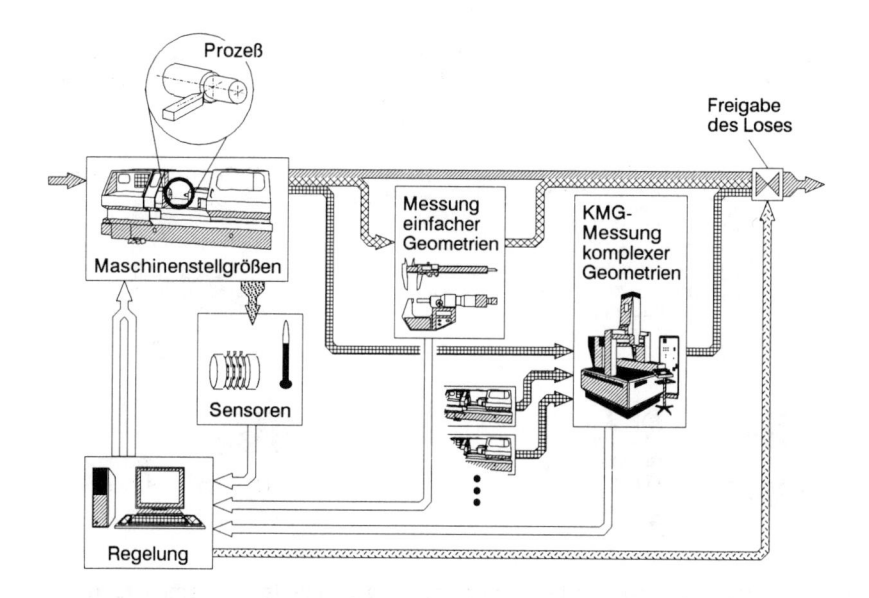

Bild 9: Kontinuierliche Prozeßregelung

Für die Geometrieprüfung nach Abschluß der Bearbeitung des Werkstücks werden sowohl handgeführte Meßzeuge und der Bearbeitungsaufgabe angepaßte Vielstellenmeßgeräte als auch universelle Koordinatenmeßgeräte eingesetzt. Die jeweilige Losgröße, der Prüfumfang pro Werkstück sowie die Prüfzeit für ein geometrisches Merkmal variieren dabei stark, so daß die Wirtschaftlichkeit des jeweiligen Prüfmittels individuell beurteilt werden muß. Auch die Komplexität der Meßaufgabe muß berücksichtigt werden. Sobald ein räumlicher Bezug zwischen Einzelgeometrien herzustellen ist, werden komplexe Meßgeräte, die in einem geschlossenen Koordinatensystem arbeiten, unumgänglich [9, 10].

Universelle Koordinatenmeßgeräte sind für nahezu jede geometrische Meßaufgabe geeignet, erfordern jedoch hohe Investitionen sowohl in die Gerätetechnik als auch in die Ausbildung des Personals. Da die Erstellung eines teilespezifischen Meßablaufs dem Fachmann weitgehende Freiheiten läßt, für den nicht Versierten jedoch mit vielen Fehlerquellen verbunden ist, müssen insbesondere Meßprogramme für komplexe Werkstücke u.U. teuer eingekauft werden. Für Teilefamilien entstand dabei nicht selten ein ganzer Satz ähnlicher Programme, die schon bei geringen konstruktiven Änderungen des zu messenden Werkstücks hinfällig wurden.

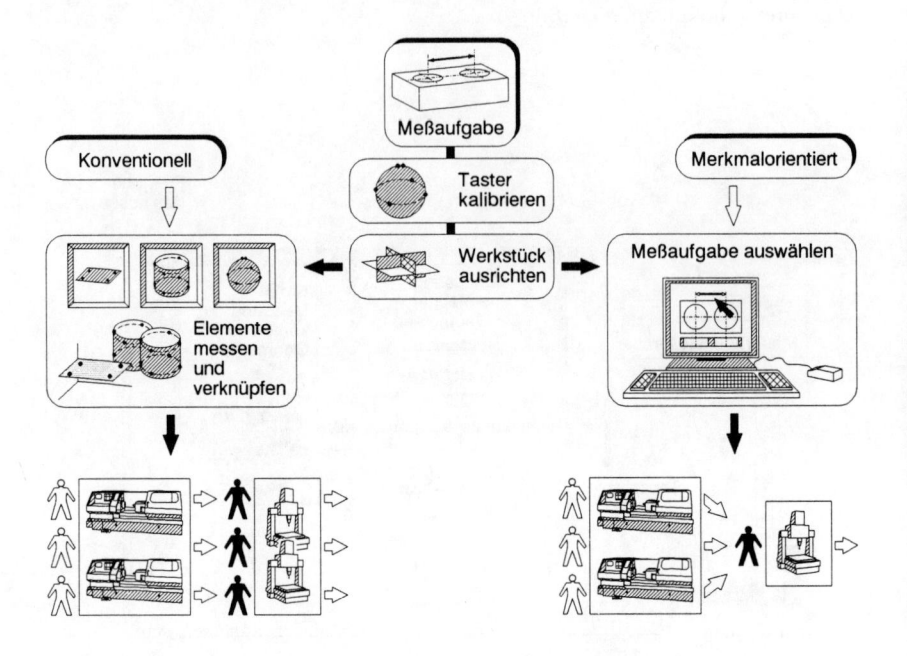

Bild 10: Steigerung der Flexibilität durch merkmalorientierte Programmierung (nach: Leitz Meßtechnik GmbH)

Seit Koordinatenmeßgeräte durch die neuartige "Merkmalorientierte Programmierung" so bedient werden können, daß der gewünschte Meßablauf mit Graphik-Unterstützung am Bildschirm zu wählen ist, reduzieren sich nicht nur die Programm-Erstellungskosten auf ein Minimum. Durch die Vereinfachung der Bedienung läßt sich auch eine deutliche Erhöhung des Werkstück-Durchsatzes erreichen. Aufgrund des flexiblen Zugriffs auf alle gespeicherten Meßprogramme entfällt auch der bisher erforderliche aufwendige Programmwechsel für jedes neue Werkstück, so daß beliebige Meßaufgaben an unterschiedlichen Teilen auch von angelerntem Personal durchgeführt werden können (Bild 10) [11, 12].

6. Überwachung der Qualitätsprüfung

Durch die kontinuierliche Überwachung von Prozeßzuständen mit Hilfe fertigungsnah montierter Sensoren werden Produktionseinrichtungen befähigt, maßhaltige Teile herzustellen, deren Qualität mit den Geräten der Post-Prozeß-Meßtechnik überwacht wird. Um diese Regelmechanismen auch langfristig optimal einsetzen zu können, muß gewährleistet sein, daß die eingesetzten Produktionsmittel zuverlässig arbeiten und die Meßtechnik gesicherte Ergebnisse liefert. Daher müssen Überwachungsverfahren etabliert werden, mit denen die Zuverlässigkeit - aber auch die Qualitätsfähigkeit - aller am Prozeß beteiligten Werkzeugmaschinen und Sensoren sowie der eingesetzten handgeführten Meßzeuge und automatisierten Meßgeräte geprüft wird.

Wegmessung/Lageregelung
- Digitalisierung
- Interpolation
- Justierfehler
- thermische Ausdehnung

Umgebung
- Temperatur
  - zeitlich
  - räumlich
- Vibrationen

Kalibrierung
- Traceability
- Verfalldatum
- Kal.-Fähigkeit

Behinderung durch :
- Glaube an Zuverlässigkeit
- Termin- und Kostendruck
- Lange Einführungszeiten
- Personelle Widerstände
  - Bedrohung der Routine
  - Notwend. zur Qualifizierung
  - Verlust von Machtpositionen
  - Verzerrte Wahrnehmung
  - Gruppendruck
  - Traditionalistische Unternehmenskulturen

Prüfmittel

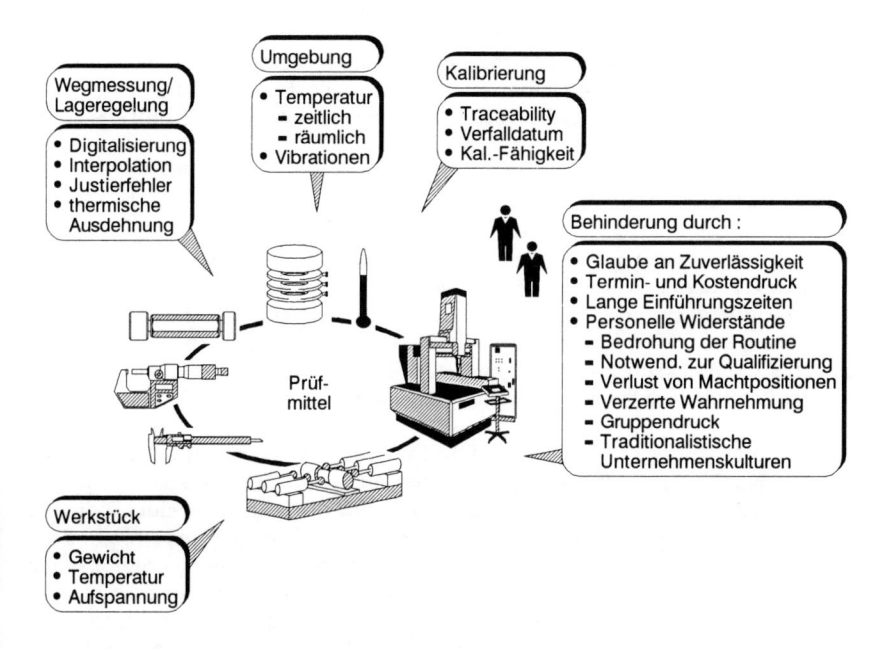

Werkstück
- Gewicht
- Temperatur
- Aufspannung

<u>Bild 11:</u>   Einflüsse auf die Prüfmittel-Fähigkeit

Im allgemeinen verursachen technische Störgrößen eine Beeinträchtigung der Prüfmittelfähigkeit. Insbesondere bewirken Umgebungseinflüsse wie Abweichungen von der Bezugstemperatur 20°C sowie Boden- oder Luftvibrationen stochastische Meßabweichungen, die nur schwer zu korrigieren sind. Oftmals verursachen Umgebungseinflüsse bei langfristiger Einwirkung auch systematische Fehler des Prüfmittels, indem Maßverkörperungen dejustiert werden oder die Kalibrierfähigkeit des Prüfmittels durch Materialermüdung leidet.

Die Ursachen für eine Beeinträchtigung der Fähigkeit von Prüfmitteln können jedoch auch vom Bediener ausgehen. Da aus Unkenntnis oder Nachlässigkeit oftmals angenommen wird, Prüfmittel seien
- kalibriert und
- 100% zuverlässig,
- unterlägen keinen Umgebungseinflüssen und
- reagierten unempfindlich auf Bedienungsfehler,

werden sie unsachgemäß eingesetzt, falsch gelagert oder das Datum für die fällige Nach-Kalibrierung wird überschritten (Bild 11).

Dies hat weitreichende Konsequenzen auf die Aussagekraft der Messungen, die mit dem nicht kalibrierten Meßmittel durchgeführt worden sind. Unter Umständen kann ein gutes Werkstück zu Ausschuß erklärt werden oder - noch fataler - ein Maß, welches als innerhalb der Toleranzgrenzen liegend ausgegeben wird, in Wirklichkeit bereits außerhalb liegen. Daher muß mit Nachdruck die konsequente Anwendung von Überwachungsverfahren gefordert werden, die die aktuelle Meßunsicherheit des Prüfmittels überwachen und die generelle Prüfmittelfähigkeit mit einem Zertifikat belegen.

6.1 Überwachungsverfahren

Abhängig vom Automatisierungsgrad der Komponenten muß die Überwachung der am Fertigungsprozeß beteiligten Betriebs- und Prüfmittel im Offline-Betrieb außerhalb der Fertigungslinie erfolgen, oder kann - z.B. durch Online-Messung geeigneter kalibrierter Normale - in den Fertigungsablauf integriert werden. Zur Durchführung dieser Überwachungsvorgänge sind unterschiedlichste Verfahren geeignet, von denen sich in der Praxis jedoch erst wenige haben etablieren können.

Generelle Unterschiede in der Zuverlässigkeit oder der Aussagekraft der offline oder online durchgeführten Überwachung existieren nicht. Große Unterschiede bestehen jedoch im Zeitbedarf für die Durchführung der beiden Verfahren. Während die Offline-Überwachung eine Vielzahl von kalibrierten Prüfmitteln voraussetzt, deren Anwendung zur Untersuchung einer Maschine mehrere Tage dauern kann, benötigt die Online-Überwachung mittels eines kalibrierten aufgabenneutralen oder -spezifischen Prüfkörpers selten mehr als einen Halbtag. Das überwachte Meßvolumen richtet sich jedoch nach der Größe des Prüfkörpers und ist damit meistens kleiner als bei der Offline-Überwachung.

Aus diesen Randbedingungen ergibt sich auch der Einsatzbereich des jeweiligen Überwachungsverfahrens. Kein Unternehmen wird darauf verzichten können, im Rahmen z.B. jährlicher Prüfungen eine vollständige Offline-Analyse der Fertigungs- und Prüfeinrichtungen durchzuführen. Zur schnellen Online-Überwachung der Maschinenfähigkeit ist es jedoch ausreichend, wöchentlich ein Prüfwerkstück zu fertigen, oder zur täglichen Prüfung eines Koordinatenmeßgerätes einen kalibrierten Prüfkörper in den Materialfluß zu integrieren. Aufgrund der nur eingeschränkten Aussagekraft kann eine online durchgeführte Überwachung die vollständige Offline-Prüfung jedoch nicht ersetzen.

6.2 Überwachung der Produktionsmittel

Erste Priorität hat die Überwachung der Produktionsmittel, da das Ziel der Fehlervermeidung nur über die Sicherung der Prozeßfähigkeit erreicht werden kann. Die Prozeßparameter können mit Hilfe von Meßgrößenumformern erfaßt werden. Neben einfachen, binär wirkenden Zustandsmeldern sind in Werkzeugmaschinen zahlreiche weitere Sensoren zur Kraft-, Temperatur- und Verschleißmessung in unterschiedlichen Bauformen eingesetzt, die während des Bearbeitungsvorgangs die Prozeßparameter erfassen - und als Prüfmittel ihrerseits überwacht werden müssen.

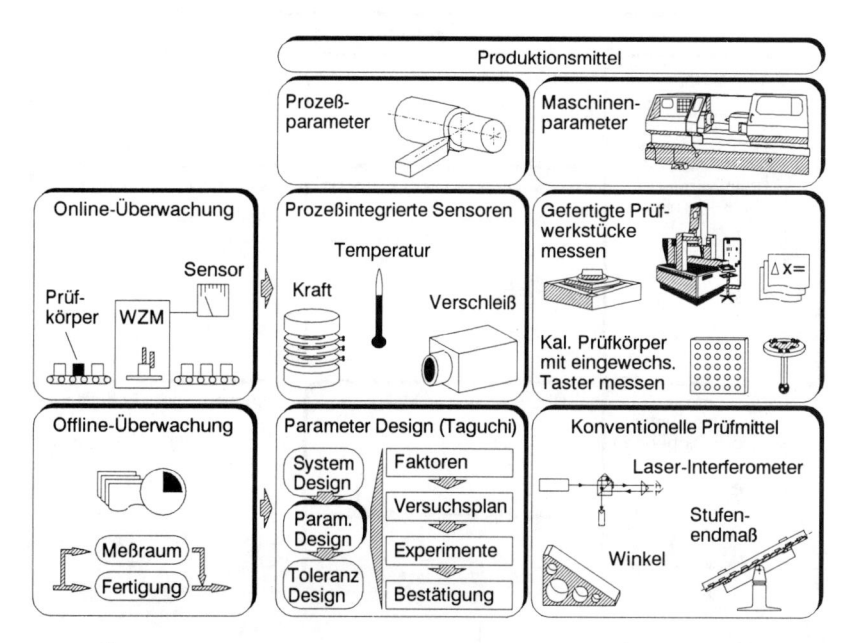

Bild 12: Überwachung der Produktionsmittel

Zur Aufnahme der kinematischen Bewegungsabläufe der Werkzeugmaschine werden offline konventionelle Prüfmittel eingesetzt, die die Abweichungen erfassen und als Korrekturmatrix ablegen. Im Online-Betrieb kann diese Matrix mit Hilfe eines Prüfkörpers gewonnen werden, der auf einer Maschinenpalette montiert in den Bearbeitungsraum eingefahren und mit einem Taster gemessen wird, der anstelle des Werkzeugs eingewechselt ist. Die Abweichungsmatrix zur Korrektur der Maschinenbewegungen kann jedoch auch ermittelt werden, indem mit der zu untersuchenden Werkzeugmaschine ein Prüfwerkstück gefertigt wird, welches anschließend - nun jedoch offline - auf einem Koordinatenmeßgerät gemessen und ausgewertet wird (Bild 12).

6.3 Überwachung der Prüfmittel

Auch bei der Überwachung der Prüfmittelfähigkeit kann eine offline oder online durchgeführte Vorgehensweise unterschieden werden. Die Aufgabe besteht darin, die Zuverlässigkeit der zur Überwachung der Prozeßfähigkeit von Werkzeugmaschinen eingesetzten Sensoren nun ihrerseits zu überwachen. Dazu müssen die Sensoren entweder ausgebaut und offline bei definierten Randbedingungen geprüft, oder - praxisnäher - gegen bereits geprüfte Exemplare ausgewechselt werden (Bild 13).

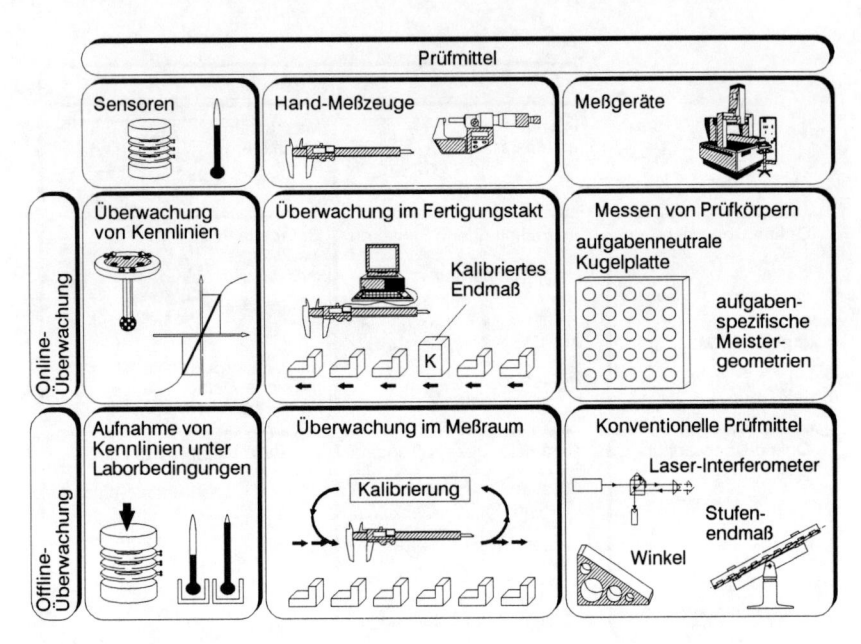

Bild 13: Überwachung der Prüfmittel

Handgeführte Meßzeuge können sowohl offline im Meßraum geprüft werden, als auch online durch eine Messung an kalibrierten Endmaßen. Während speziell bei handgeführten Prüfmitteln die Überwachung im Meßraum eine universelle Kalibrierung zum Ziel hat, befähigt die Überwachungsmessung in der Fertigungslinie das Prüfmittel jedoch vorwiegend für den Einsatz als Komparator - das Meßzeug wird also nur für eine spezielle und nicht für alle Meßaufgaben kalibriert.

Die Überwachung von universellen Koordinatenmeßgeräten nimmt prinzipiell den gleichen Verlauf wie die Überwachung von Werkzeugmaschinen. Zur Offline-Überwachung des gesamten Meßvolumens werden konventionelle Prüfmittel verwendet, während sich zur schnelleren Online-Überwachung kalibrierte Kugelplatten in unterschiedlichen Größen etabliert haben. Angeregt durch immer komplexere Prüfaufgaben an Freiformflächen von z.B. Verzahnungen und Verdichtern wurden auch neuere aufgabenspezifische Prüfkörper entwickelt, die ein sehr viel umfassenderes Bild der Fähigkeiten von Koordinatenmeßgeräten vermitteln [13].

7. Zusammenfassung und Ausblick

Vor dem Hintergrund komplexer werdender Produktionsabläufe und eines gestiegenen Kostenbewußtseins in allen Bereichen eines Industrieunternehmens wandelt sich die Aufgabenstellung der Meßtechnik von der bloßen Fehlerentdeckung nach Abschluß der Bearbeitung - welche sehr teure Geräte und Verfahren verlangt und dennoch nicht alle Fehler entdeckt - hin zu einer präventiv eingesetzten Sensorik direkt im Prozeß. Durch kontinuierliche Prozeßüberwachung wird es möglich, Trends sofort zu erkennen und bei Überschreitung von Eingriffsgrenzen regelnd einzugreifen.

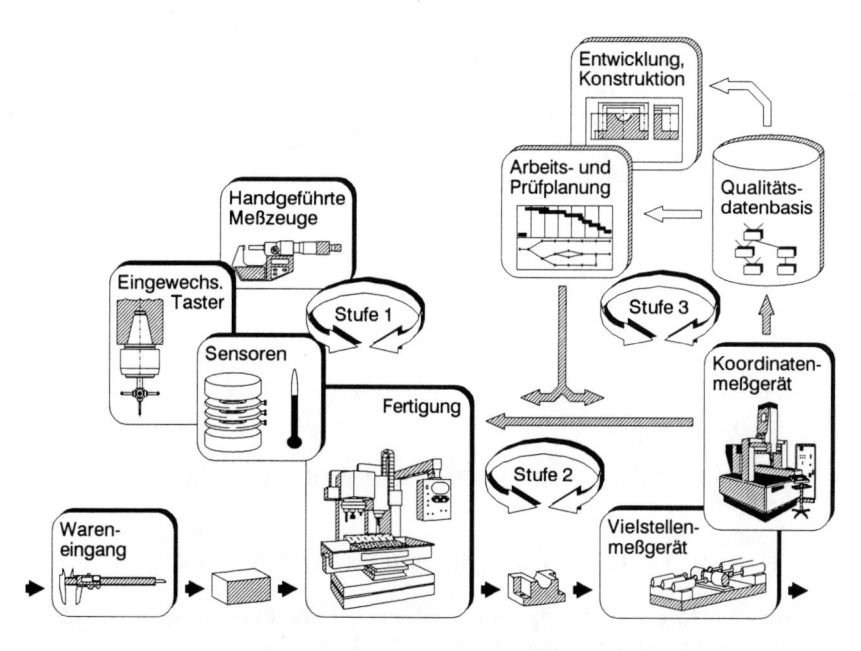

Bild 14: Integration von Meßtechnik in Qualitätsregelkreise

Jedoch ist häufig nicht bekannt, welcher Zusammenhang zwischen den Prozeßgrößen und den Qualitätsmerkmalen am Produkt besteht. Dies führt dazu, daß Unregelmäßigkeiten nicht gemeldet werden und notwendige Warnungen unterbleiben - oder aber durch Parameter ausgelöst werden, die nicht qualitätsrelevant sind. Für eine effiziente Prozeßregelung ist es daher unerläßlich, die wesentlichen Einflußgrößen durch eine Prozeßbewertung oder eine geeignete Versuchsmethodik aufzudecken.

Durch den prozeßnahen Einsatz von Sensoren und die dadurch ermöglichte Steigerung der Prozeßfähigkeit verschieben sich die Aufgaben der nach wie vor erforderlichen Post-Prozeß-Meßtechnik. Da sich sowohl der Umfang der durchzuführenden Prüfungen als auch die Anforderungen an die Güte der eingesetzten Meßmittel reduzieren, können erhöhte Anforderungen an die Flexibilität gerichtet werden, um vorhandene Meßeinrichtungen für mehrere parallele Aufgaben zu nutzen. Dadurch lassen sich die Investitionskosten für die Post-Prozeß-Meßtechnik deutlich reduzieren.

Neben der Sicherstellung der Prozeßfähigkeit von Werkzeugmaschinen muß auch die Zuverlässigkeit der eingesetzten Meßtechnik periodisch überwacht werden. Hierbei gilt es, die Prüfmittelfähigkeit zu jedem Zeitpunkt durch die Rückführbarkeit auf nationale Normale (Traceability) sicherzustellen.

Als langfristige Perspektive muß die Realisierung großer Qualitätsregelkreise mit umfassender Meßwertsammlung in Datenbanken und einer nachfolgenden Beeinflussung der indirekten Produktionsbereiche "Entwicklung und Konstruktion" sowie der "Arbeits- und Prüfplanung" verfolgt werden (Bild 14). Zur Analyse der Wirkprinzipien und zur Ausarbeitung von rechnergesteuerten Gegenmaßnahmen derart komplexer Zusammenhänge ist noch beträchtlicher Entwicklungsaufwand zu investieren. Obwohl bereits mehrere Einzellösungen existieren, befindet sich die umfassende Realisierung dieser Qualitätsregelkreise für ein offenes Werkstückspektrum, welches mit unterschiedlichen Bearbeitungsverfahren gefertigt werden soll, noch im Forschungsstadium.

Literatur:

[1] Köppe, D.; Heid, W.: Möglichkeiten und Grenzen von SPC. Qualität und Zuverlässigkeit 34 (1989) 12, S. 682-687

[2] Brinkmann, R.: Fähigkeit von Meßeinrichtungen. VDI-Bericht 1006, 1992, S. 97-108

[3] Neumann, H.J.: Der Einfluß der Meßunsicherheit auf die Toleranzausnutzung in der Fertigung. Qualität und Zuverlässigkeit 30 (1985) 5, S. 145-149

[4] Wortberg, J; Häußler, J.: Moderne Konzepte der kontinuierlichen Prozeßüberwachung. Qualität und Zuverlässigkeit 37 (1992) 2, S. 98-104

[5] Levi, P.; Lazslo, V.: Sensoren für Roboter. Technische Rundschau 20 (1987), S. 108-122

[6] Heiler, K.-U.: Realisierung von Qualitätsregelkreisen durch Einsatz von Datennetzen. Dissertation RWTH Aachen, 1989

[7] Elzer, J.: Automatische optoelektronische Erfassung des Bohrerverschleißes in Flexiblen Fertigungssystemen. Dissertation RWTH Aachen, 1990

[8] Bott, E.; Kirstein, H.: Alternative Meßmöglichkeiten in der Karosserie-Fertigung. Messen Prüfen Automatisieren, (1988) 7/8, S. 374-377

[9] Krumholz, H.J.; Beuck, W.: Das Koordinatenmeßgerät im Qualitätsregelkreis. In: Pfeifer, T. (Hrsg.): Koordinatenmeßtechnik für die Qualitätssicherung; Grundlagen - Technologien - Anwendungen - Erfahrungen. VDI-Verlag GmbH, 1992, S. 241-261

[10] Pfeifer, T.; Beuck, W.: Die Koordinatenmeßtechnik im Qualitätsregelkreis. In: Neumann, H.J. (Hrsg.): Koordinatenmeßtechnik: Neue Aspekte und Anwendungen. Kontakt und Studium, Band 426, Expert Verlag, 1993, S. 1-17

[11] Sigle, W.: Offline-Programmierung von Koordinatenmeßgeräten - Ein Erfahrungsbericht. VDI-Bericht 1006, 1992, S. 1-21

[12] Weckenmann, A.: Koordinatenmeßtechnik im Wandel der Anforderungen. VDI-Bericht 751 (1989), S. 1-17

[13] Beuck, W.: Entwicklung und Realisierung eines Kontur-Prüfkörpers für die aufgabenspezifische Überwachung von Koordinatenmeßgeräten. Dissertation RWTH Aachen, 1992

Mitglieder der Arbeitsgruppe für den Vortrag 3.4

Dr.-Ing. W. Beuck, WZL, Aachen
E. Bott, Volkswagen AG, Wolfsburg
Dr.-Ing. F. Ertl, Dr.-Ing. Höfler Meßgerätebau GmbH, Ettlingen
Dipl.-Ing. R. Flamm, FhG-IPT, Aachen
Dipl.-Ing. R. Freudenberg, WZL, Aachen
D. Gengenbach, KOMEG GmbH, Riegelsberg
Dipl.-Ing. B. Grün, Mauser-Werke GmbH, Oberndorf
Dipl.-Ing. K.-J. Lenz, Leitz Meßtechnik GmbH, Wetzlar
Prof. Dr.-Ing. Dr.h.c.(BR) T. Pfeifer, WZL/FhG-IPT, Aachen
Dipl.-Ing. C. Pietschmann, WZL, Aachen
Dr.-Ing. J. Thies, FAG Kugelfischer, Schweinfurt
Prof. Dr.-Ing. A. Weckenmann, Universität Erlangen - Nürnberg, Erlangen

4 Produktionsanlagen

4.1 Die Werkzeugmaschine im Spannungsfeld zwischen Ökonomie und Ökologie - kostengüstig, zuverlässig, präzise, schnell und sauber

4.2 Die offene Steuerung - Zentraler Baustein leistungsfähiger Produktionsanlagen

4.3 Der Roboter im produktionstechnischen Umfeld

4.1 Die Werkzeugmaschine im Spannungsfeld zwischen Ökonomie und Ökologie - kostengünstig, zuverlässig, präzise, schnell und sauber

Gliederung:

1. Einleitung

2. Entwicklungstrends im Werkzeugmaschinenbau

3. Steigerung der Wirtschaftlichkeit

4. Verbesserung der Zuverlässigkeit

5. Erhöhung der Präzision

6. Steigerung der Bearbeitungsgeschwindigkeit

7. Verbesserung der Umweltverträglichkeit

8. Zusammenfassung

Kurzfassung:

Trends im Werkzeugmaschinenbau
Die Entwicklungstrends im Werkzeugmaschinenbau befinden sich augenblicklich in einer Phase, die gleichermaßen durch steigende technische Anforderungen wie durch die derzeit sehr schlechte Konjunkturlage gekennzeichnet ist. Neben dem bei längerfristiger Betrachtungsweise sichtbaren Trend hin zu immer zuverlässigeren, präziseren und schnelleren Maschinen wird auch das in der Bevölkerung wachsende Umweltbewußtsein zunehmend spürbar, was sich in schärferen Auflagen und höheren Entsorgungskosten äußert. Der Werkzeugmaschinenbau wird in den kommenden Jahren aus ökonomischen wie ökologischen Gründen verstärkt darüber nachdenken müssen, wie eine produzierende Werkzeugmaschine umweltverträglicher werden kann. Trotz der angespannten Wirtschaftslage, die auch die kostenintensive Forschungs- und Entwicklungstätigkeit behindert und nach kostengünstigen Lösungen verlangt, sind interessante Neuerungen sichtbar. Vor allem durch Funktions- und Verfahrensintegration, den Zuwachs an Sensorik und neue Entwicklungen auf dem Gebiet der Maschinenelemente sind konstruktive Lösungen möglich geworden, die die Maschine nicht nur technisch leistungsfähiger sondern auch kostengünstiger machen.

Abstract:

Trends in Machine Tool Design
The development trends in the machine tool industry are in a phase equally marked by increasing technical demands and a very bad economical situation. Apart from the visible long-term trend to more reliable, accurate and faster machines, the environmental consciousness of the population is being felt more and more, resulting in tougher regulations and higher disposal costs. Due to economical and ecological reasons, in the coming years the machine tool industry will have to give more thought to the question of how to make a machine tool more environment-friendly. Despite the tight economical situation, which also prevents cost-intensive research and development work and demands economical solutions, interesting innovations can be seen. Constructive solutions are possible (especially through functional integration, process integration, the increase of sensorics and new developments in the machine element area) that not only make the machine tool more efficient, but also more economical.

1. Einleitung

Die technische Entwicklung von Werkzeugmaschinen befindet sich in einer Phase, die gleichermaßen durch steigende technische Anforderungen (z. B. höhere Zuverlässigkeit, höhere Präzision, höhere Abtragsraten und bessere Umweltverträglichkeit) wie durch die derzeit sehr schlechte Konjunkturlage gekennzeichnet ist. Der gegenwärtig bei allen Maschinengattungen sichtbare Entwicklungstrend entspringt daher dem Versuch, das technisch Machbare mit einem vertretbaren Maß an Aufwand zu realisieren.

Die zusammenbrechenden Märkte in Osteuropa, rezessive Tendenzen in Deutschland und anderen Industrieländern sowie nur verhaltene Wachstumssignale der US-amerikanischen Konjunktur haben zu drastischen Einbrüchen der Auftragseingänge im deutschen Werkzeugmaschinenbau geführt. Während von der Weltkonjunktur alle Hersteller gleichermaßen betroffen sind, verstärken nationale Besonderheiten die Situation des deutschen Werkzeugmaschinenbaus. Analysiert man die Gründe für die angespannte wirtschaftliche Lage, so werden die vier in Bild 1 gezeigten Kernbereiche sichtbar [1, 2]:

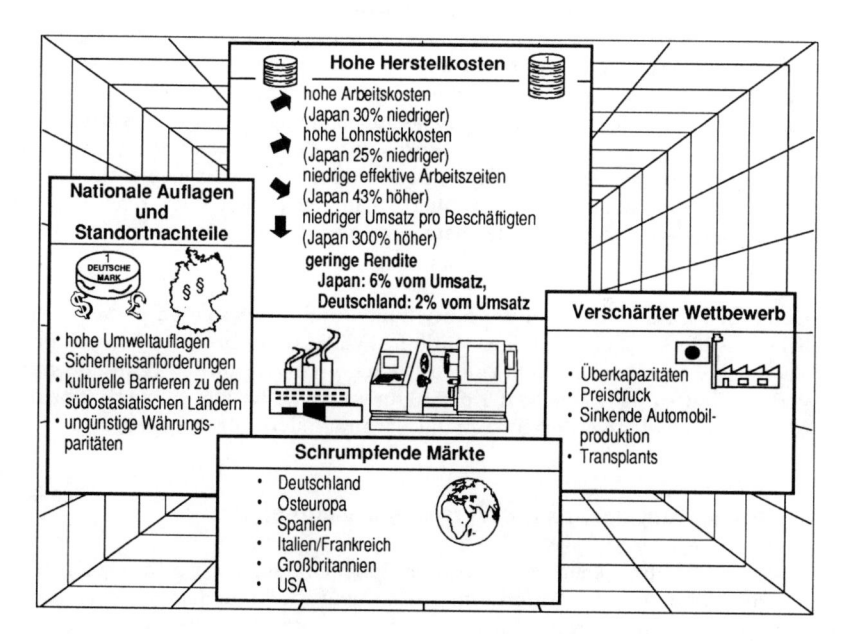

Bild 1: Gründe für die angespannte Lage im Werkzeugmaschinenbau
(Quelle: Institut der deutschen Wirtschaft, Metal Working 11/92)

1. Die Lohnstückkosten sind im Vergleich zu ostasiatischen Mitbewerbern höher. Sie werden durch hohe Löhne bei gleichzeitg niedriger Jahresarbeitszeit hervorgeru-

fen, verteuern die industrielle Produktion und führen dazu, daß nur noch geringe Umsatzrenditen in den Märkten durchsetzbar sind.

2. Durch die vereinigungsbedingte Staatsverschuldung ist das Zinsniveau im Vergleich zu wichtigen Wettbewerbern hoch. Neben der konjunkturdämpfenden Wirkung der Zinsen führt dies zu einer starken Mark, die die Exportchancen deutscher Hersteller weiter verringert. Neben diesen direkten Kosten trägt auch der hohe Standard an nationalen Umwelt- und Sicherheitsauflagen zu einer Verschlechterung der Konkurrenzsituation bei. Schließlich sind in den Jahren der boomenden Konjunktur Überkapazitäten aufgebaut worden, die in einem schmerzlichen Prozeß nun abgebaut werden müssen. Ersatzmärkte bieten sich zur Zeit allenfalls in den südostasiatischen Ländern an, zu denen deutsche Teilnehmer nicht zuletzt wegen der kulturellen Barrieren, aber auch ihrer mittelständischen Struktur nur schwer Zugang finden.

3. Mittel- bis langfristig wird die Automobilnachfrage in Westeuropa stagnieren oder sogar rückläufig sein, so daß die Investitionsneigung des wichtigsten Abnehmers von Werkzeugmaschinen und seiner Zulieferer in Zukunft eher verhalten ausfallen wird. Die vielfach propagierte niedrige Fertigungstiefe hat insbesondere im Bereich der Automobilzulieferindustrie zu einem Geflecht kleiner und mittlerer Unternehmen geführt, die angesichts dieser Prognosen kapitalbindende Neuinvestitionen in moderne Produktionsanlagen scheuen. Der sich aufgrund von Überkapazitäten im Werkzeugmaschinenbau ergebende Preisdruck kann auch nicht durch protektionistische Maßnahmen der EG für die heimische Industrie abgefedert werden. Zum einen ist die deutsche Werkzeugmaschinenindustrie stark exportabhängig und profitiert so an erster Stelle vom freien Welthandel, zum anderen wird auch der heimische Markt mittlerweile von japanischen Transplants aus Großbritannien beliefert.

4. Durch den Zusammenbruch der Sowjetunion und des gesamten planwirtschaftlichen Ostblocks ist ein wichtiger Markt fast völlig weggebrochen, der sich in der Vergangenheit oft antizyklisch zu den Tendenzen im westlichen Wirtschaftsraum verhielt und so dämpfend auf Konjunktureinbrüche wirkte. Konjunkturbedingt ist aber auch in der westlichen Welt die Nachfrage stark zurückgegangen.

2. Entwicklungstrends im Werkzeugmaschinenbau

Die vorstehend beschriebenen ökonomischen Randbedingungen haben dazu geführt, daß sich die Prioritäten der Anforderungen an eine Werkzeugmaschine verschoben haben (Bild 2). Demnach muß derzeit aus Kundensicht trotz zahlreicher weiterer Randbedingungen ein im Hinblick auf die fernöstliche Konkurrenz wettbewerbsfähiger Anschaffungspreis als das für die Kaufentscheidung dominierende Kriterium angesehen werden, hinter dem die anderen Anforderungen zurücktreten. Demgegenüber werden aus Herstellersicht traditionell längerfristig wirksame, technische Ziele wie Zuverlässigkeit, Präzision und hohe Bearbeitungsgeschwindigkeit verfolgt, die zwar bei einer umfassenden Betrachtungsweise die Rentabilität einer Maschine erhöhen, dabei aber auch zu einem höheren Anschaffungspreis führen.

Anforderungen an Werkzeugmaschinen

derzeitige Priorität:
- **wettbewerbsfähiger Anschaffungspreis** (Konkurrenzfähigkeit im Hinblick auf fernöstliche Anbieter)
- **hohe Zuverlässigkeit und Verfügbarkeit** (Rechtfertigung des Qualitätssiegels "Made in Germany")
- **hohe Präzision und Prozeßfähigkeit** (gutes statisches, dynamisches, thermisches und tribologisches Verhalten)
- **kurze Bearbeitungszeit** (kurze Neben- und Hauptzeiten)
- **hohe Flexibilität** (modularer Aufbau, standardisierte Schnittstellen)
- **einfacher Aufbau** (wenige Baugruppen, wenige Werkzeuge, einfache Vorrichtungen, einfache Prozeßsteuerung)

kundenspezifische Randbedingungen	gesamtwirtschaftliche Randbedingungen	ökologische Randbedingungen
Forderung nach : - hoher Rentabilität - Null-Fehler-Produktion - engeren Toleranzen - Zuverlässigkeit wegen hoher Ausfallkosten - DIN-ISO-Zertifizierung	- schlechte Konjunkturlage - sinkende Nachfrage - weggebrochene Märkte in Osteuropa - Verunsicherung durch den europäischen Binnenmarkt - hohes Zinsniveau - ungünstige Währungsparitäten	- allgemein geschärftes Umwelt- und Gesundheitsbewußtsein - zunehmend schärfere gesetzliche Bestimmungen - steigende Entsorgungskosten

<u>Bild 2:</u>   Spannungsfeld Werkzeugmaschine

Der Entwicklungstrend im Werkzeugmaschinenbau verläuft derzeit daher eher moderat denn stürmisch. So haben z. B. Anspruch und Umsetzung der HSC-Technologie (HSC steht für high-speed-cutting) in den vergangenen Jahren gezeigt, daß die Bäume nicht in den Himmel wachsen. Zwar ist das Interesse an einem Ausreizen der Geschwindigkeitsgrenzen, die durch die Leistungsfähigkeit der verfügbaren Werkzeuge vorgegeben werden, nach wie vor groß. Die in der Praxis auftretenden Hemmnisse wie z. B. störende Wärmeeinflüsse, dynamische Kräfte und hohe Schleppfehler der Lageregelung sowie die Gefährdung von Bediener und Maschine durch Massenkräfte stellen jedoch physikalische Hürden dar, die sich bekanntlich nicht umgehen, sondern nur durch beharrliches Vollziehen vieler kleiner und z. T. kostenintensiver Konstruktionsschritte überwinden lassen.

Auch gehört die entkoppelte, rein technische Bewertung einer Konstruktion heute der Vergangenheit an. Mittel- und langfristige Konkurrenzfähigkeit läßt sich nur durch eine ganzheitliche Betrachtung des Produktes von der Herstellung über den Betrieb bis zur Abwicklung (Wiederverwendung von Altteilen, Verschrottung und Entsorgung) erreichen. In den Mittelpunkt des Interesses sind dabei die Zwänge des Umweltschutzes gerückt, denen sich der Werkzeugmaschinenbau aus ökonomischen wie ökologischen Gründen nicht entziehen kann.

Bild 3 gibt einen zusammenfassenden Überblick über die heutigen Entwicklungstrends bei metallbearbeitenden Werkzeugmaschinen. Sie sind ein Spiegelbild der kundenseitigen Forderungen und sind häufig durch konkurrierende Ziele gekennzeichnet. Der Kunde fordert heute niedrige Investitions- und Betriebskosten sowie hohe Präzision und Bearbeitungsgeschwindigkeit und setzt Zuverlässigkeit und Umweltverträglichkeit voraus. Da der Hersteller die späteren Betriebsbedingungen der Maschine nicht genau kennt, ist er gezwungen, alle möglichen Extrembelastungen konstruktiv zu berücksichtigen, um die geforderte Verfügbarkeit der Maschine garantieren zu können. Der hierfür erforderliche Aufwand hat aber höhere Kosten zur Folge. Große fernöstliche Hersteller entziehen sich diesem Konflikt, indem sie der Kundenforderung nach immer schnelleren und genaueren Maschinen nur begrenzt folgen, während sich die kleinen und mittleren europäischen Hersteller eine solche, durch strategische Erwägungen geprägte Marktpolitik nicht erlauben können.

Entwicklungs-ziele	Zerspanende Maschinen mit geometr. best. Schneide **Dreh-, Fräs-, Bohr-,Säge- und Räummaschinen** 	Zerspanende Maschinen mit geometr. unbest. Schneide **Schleif-, Hon- und Läppmaschinen** 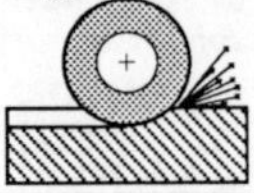	Abtragende Maschinen **Funkenerosions- und 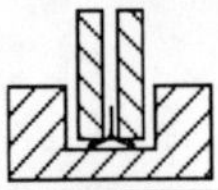 Strahlbearbeitungs- maschinen**	Umform- und Schneidmaschinen **Pressen, Hämmer, Walz-, Biege-, Zieh-, Stanz- und Nibbelmaschinen** 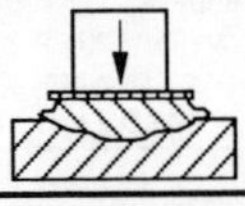
Kosten	Standardisierung und Modularisierung der Maschinenkonzepte		Soft-Tooling (Konturerzeugung durch NC-Achsen ohne Formwerkzeuge)	hochverschleißfeste Werkzeug-Werkstoffe Verfahrensintegration in Blechbearbeitungszentren (mehrere Biegeoperationen, Stanzen und Schneiden)
	Reduzieren der Werkzeugvielfalt Hartbearbeitung	Reduzieren der Schleifscheibenwechselzeit		
Zuverlässig-keit	komplexere Sensorik (Prozeßüberwachung)	komplexere Sensorik (Ankratzen, Anfunken)	Messung des Werkzeug-verschleißes	Prozeßkraftüberwachung
Präzision	allgemein: höhere Genauigkeitsanforderungen			Fertigung gratfreier, endkonturnahe Teile (Near-Net-Shape-Technologie)
	statistische Abnahme	Unrundschleifen mit hochdynamischer x-Achse	CNC-4/5-Achs-Erosion	
Bearbeitungs-geschwindigkeit	allgemein: höhere Bearbeitungsgeschwindigkeiten			
	schnellere Werkstück- und Werkzeugwechsel	CBN-Schleifen	höhere Abtragsraten durch Spaltweitenregelung	High Speed Blanking
Umwelt-verträglichkeit	allgemein: Verzicht auf umwelt- und gesundheitsschädliche Additive in den Betriebsstoffen			
	umweltgerechte Späneaufbereitung, Trockenzerspanung			"weiße Schmierstoffe"

Bild 3:   Entwicklungstrends bei metallbearbeitenden Werkzeugmaschinen

Die folgenden Kapitel zeigen anhand von Fallstudien Lösungsansätze auf, mit denen in der Praxis versucht wird, jeweils einen der Aspekte Kosten, Zuverlässigkeit, Präzision, Bearbeitungsgeschwindigkeit und Umweltverträglichkeit zu verbessern.

3. Steigerung der Wirtschaftlichkeit einer Werkzeugmaschine

Analysiert man die Kostenstruktur einer Werkzeugmaschine, so ergibt sich, daß der weitaus größte Teil der Material-, Konstruktions- und Fertigungskosten auf die Vorschubschlitten, Werkzeugrevolver, sowie die Werkzeug bzw. Werkstückspindeln entfällt (Bilder 4 und 5 für jeweils einen Drehautomaten und ein Bearbeitungszentrum). Ebenfalls fallen die Montagekosten ins Gewicht. Im Sinne einer Kostenreduzierung ist es daher immer sinnvoll, vormontierbare Teilgruppen zu bilden oder auf Zukaufteile zurückzugreifen, in die mehrere Funktionen integriert sind. Die Kosten für das Maschinenbett, die Arbeitsraumverkleidung und Nebenaggregate wie die Hydraulik und den Späneförderer sind von eher untergeordneter Bedeutung.

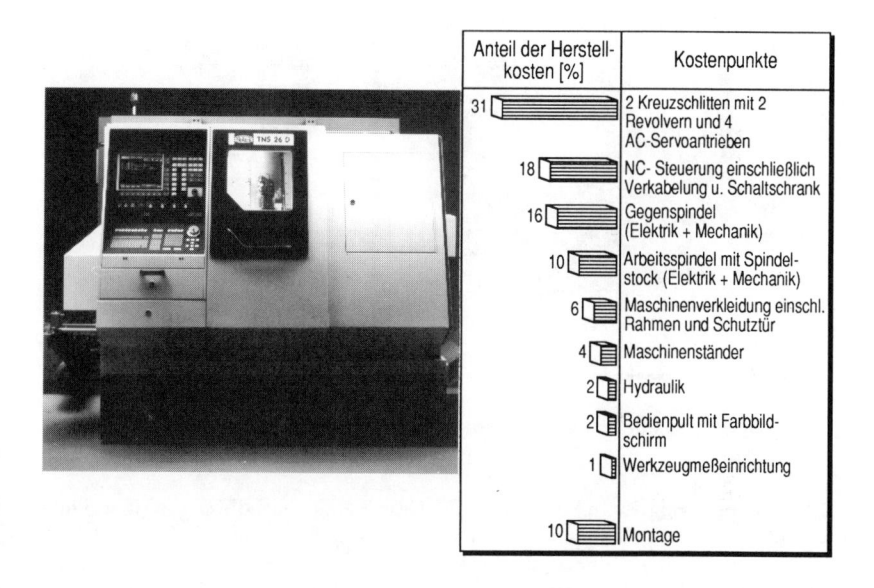

Anteil der Herstellkosten [%]	Kostenpunkte
31	2 Kreuzschlitten mit 2 Revolvern und 4 AC-Servoantrieben
18	NC- Steuerung einschließlich Verkabelung u. Schaltschrank
16	Gegenspindel (Elektrik + Mechanik)
10	Arbeitsspindel mit Spindelstock (Elektrik + Mechanik)
6	Maschinenverkleidung einschl. Rahmen und Schutztür
4	Maschinenständer
2	Hydraulik
2	Bedienpult mit Farbbildschirm
1	Werkzeugmeßeinrichtung
10	Montage

Bild 4: Kostenstruktur einer Doppelschlitten-Doppelspindel-CNC-Drehmaschine (nach: Traub)

Als mögliche Potentiale für eine Reduzierung der Herstellkosten einer Werkzeugmaschine können

- der durchgängig modulare Aufbau der Baureihen und Maschinen,
- die Reduzierung der Baugruppen und Teile,
- je nach Anwendungsfall die Integration mehrerer Bearbeitungsverfahren sowie

- die Nutzung neuer Maschinenelemente, die in der Anschaffung günstiger sind oder die Fertigung und Montage vereinfachen

angesehen werden.

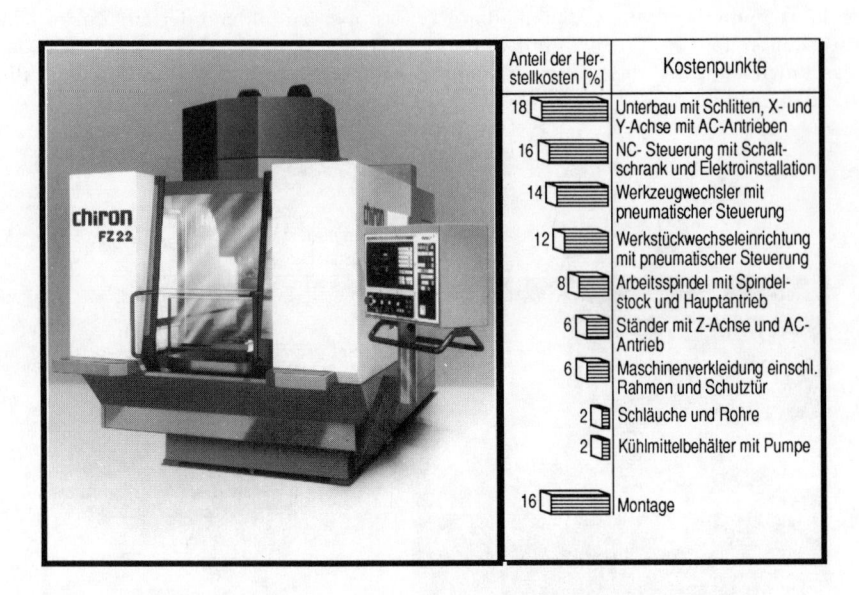

Anteil der Herstellkosten [%]	Kostenpunkte
18	Unterbau mit Schlitten, X- und Y-Achse mit AC-Antrieben
16	NC- Steuerung mit Schaltschrank und Elektroinstallation
14	Werkzeugwechsler mit pneumatischer Steuerung
12	Werkstückwechseleinrichtung mit pneumatischer Steuerung
8	Arbeitsspindel mit Spindelstock und Hauptantrieb
6	Ständer mit Z-Achse und AC-Antrieb
6	Maschinenverkleidung einschl. Rahmen und Schutztür
2	Schläuche und Rohre
2	Kühlmittelbehälter mit Pumpe
16	Montage

Bild 5: Kostenstruktur eines CNC-Bearbeitungszentrums (nach: Chiron)

Die Bilder 6 und 7 zeigen ein Beispiel für die Umsetzung eines durchgängig modularen Baureihenkonzeptes [3]. Ausgangspunkt war hier, durch vereinheitlichte Ausbau- und Automatisierungsstufen, eine einheitliche Bedienoberfläche und gleiche Funktionsmodule die Anzahl der Varianten drastisch zu verringern. Basiselement aller Maschinen der auf vier Modelle angelegten Linie ist ein Vierbahnenbett, das in nur zwei Querschnittsgrößen und bis zu fünf Bettlängen angeboten wird. Die Mehrkosten, die durch die daraus resultierende Überdimensionierung der kleinen Typen entstehen, werden durch die Einsparungen in den Bereichen Konstruktion, Dokumentation, Einkauf, Fertigung, Montage und Lagerhaltung mehr als ausgeglichen. Für den Anwender resultiert daraus in erster Linie ein niedrigerer Einkaufspreis. Außerdem profitiert er aus dem durchgängig gleichen Konzept der Bedien- und Programmieroberfläche sowie der mechanischen und elektrischen Baugruppen für den Fall, daß er mehrere Maschinen der Reihe besitzt, durch die sicherere Bedienung und Wartung der Maschine und die bessere Ersatzteilversorgung.

Durchgängiges Konzept einer Drehmaschinenreihe

gleicher Ausbau
gleiche Automatisierungsstufen
gleiche Bedienoberfläche
gleiche Funktionsmodule

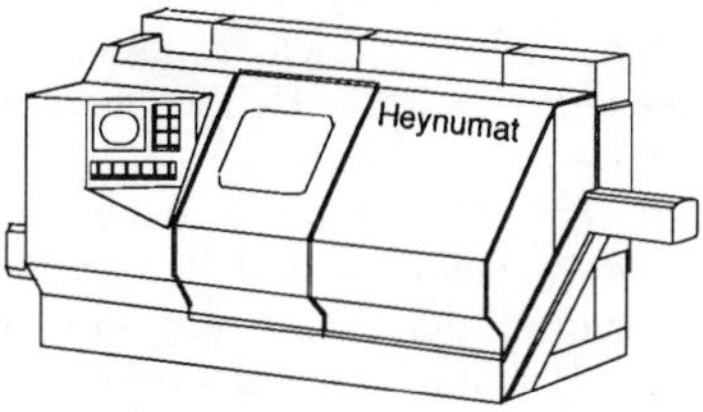

Nutzen für den Hersteller

- Geringerer Konstruktions- und Dokumentationsaufwand
- Sicherere und wirtschaftlichere Fertigung und Montage
- Kostengünstigerer Einkauf
- Auftragsneutrale Lagerhaltung
- Kürzere Inbetriebnahme

=> Niedrigerer Verkaufspreis

Nutzen für den Anwender

- Niedrigerer Einkaufspreis
- Kürzere Lieferzeiten
- Einfachere und dadurch sicherere Bedienung
- Einfachere Wartung
- Bessere Esatzteilversorgung

Bild 6: Vorteile eines durchgängigen Konstruktionskonzeptes (nach: Heyligenstaedt)

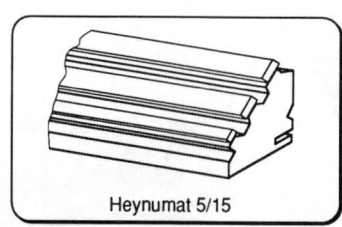

Heynumat 5/15

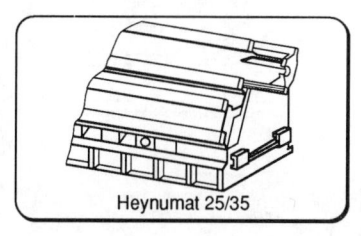

Heynumat 25/35

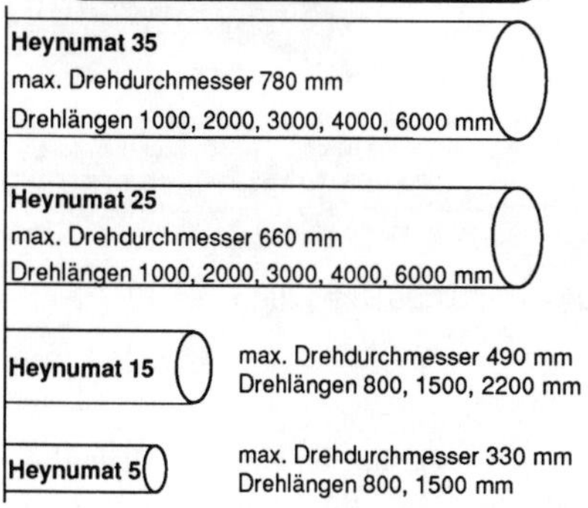

Heynumat 35
max. Drehdurchmesser 780 mm
Drehlängen 1000, 2000, 3000, 4000, 6000 mm

Heynumat 25
max. Drehdurchmesser 660 mm
Drehlängen 1000, 2000, 3000, 4000, 6000 mm

Heynumat 15   max. Drehdurchmesser 490 mm
Drehlängen 800, 1500, 2200 mm

Heynumat 5   max. Drehdurchmesser 330 mm
Drehlängen 800, 1500 mm

Baugruppe	Variantenanzahl	
	bisher	neu
Bett mit Konsole	46	8
Bettschlitten mit Vorsch. "X"	4	2
Vorschubantr. "Z" mit Kugelrollspindel	27	6
Späneschutz außen/innen	46	13
Späneförderer	15	8

Bild 7: Reduzierung der Variantenvielfalt einer Drehmaschine (nach: Heyligenstaedt)

Für manche Bearbeitungsaufgaben lassen sich die Herstellkosten je Stück durch die Integration mehrerer sich sinnvoll ergänzender Bearbeitungsverfahren in einer Maschine reduzieren. Durch die hohen Maschinenstundensätze rechnen sich komplexe, hochintegrierte Maschinen nur bei kleinen und mittleren Stückzahlen je Los und kurzen Bearbeitungszeiten der einzelnen Werkzeugspindeln. Auch für Anwendungsfälle mit eher geringen Zeit- und Präzisionsanforderungen, wo also der Nebenzeit- und Präzisionsvorteil der Bearbeitung in einer Aufspannung von untergeordneter Bedeutung ist, sind einfache Maschinenkonzepte wirtschaftlicher. Im vorliegenden Beispiel (Bild 8) wurde durch die Integration der Bearbeitungsverfahren Wälzfräsen, Fräsen, Bohren und Gewindeschneiden in ein Bearbeitungszentrum die Komplettbearbeitung von Stirnrädern in einer Aufspannung ermöglicht [4]. Das Werkstück wird waagerecht wahlweise im Futter oder zwischen Spitzen gespannt. Die Werkzeugspindel nimmt - je nach Bearbeitungsgang - Wälzfräser, Schaftfräser, Bohrer und Gewindeschneider auf. Paßfedernuten und Gewindelöcher können dadurch bei hoher Genauigkeit in einer Aufspannung mitgefertigt werden.

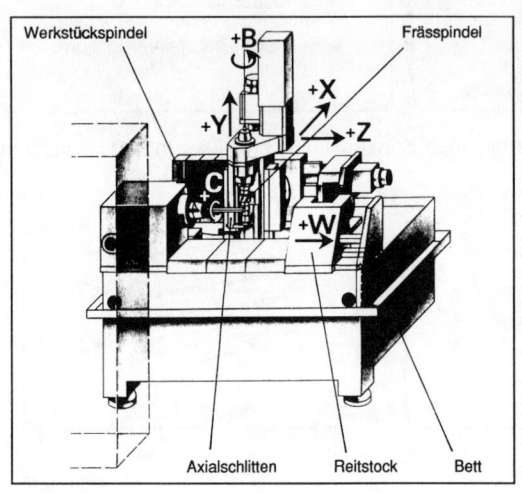

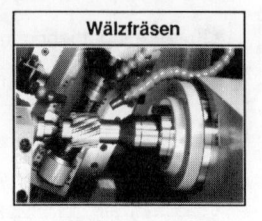

Bild 8: Wirtschaftlichkeitserhöhung durch Komplettbearbeitung am Beispiel einer Wälzfräsmaschine (nach: Mikron)

Ein wirkungsvolles Mittel zur Reduzierung der Herstellkosten einer Werkzeugmaschine ist die Verringerung der Baugruppen- und Teilezahl. Bild 9 zeigt das Konzept einer Drehmaschine mit vertikaler Drehspindel und nach unten hängendem Futter. Neben der Werkstückspannung übernimmt das Futter gleichzeitig als Greifer die Werkstückwechselfunktion und führt das Werkstück zu einer Meßstation. Die Verringerung der Teilezahl durch das Einsparen der Werkstückhandhabungsgeräte, aber auch die geringe erforderliche Stellfläche machen dieses Konzept wirtschaftlich interessant. Allerdings ist keine Rückseitenbearbeitung möglich.

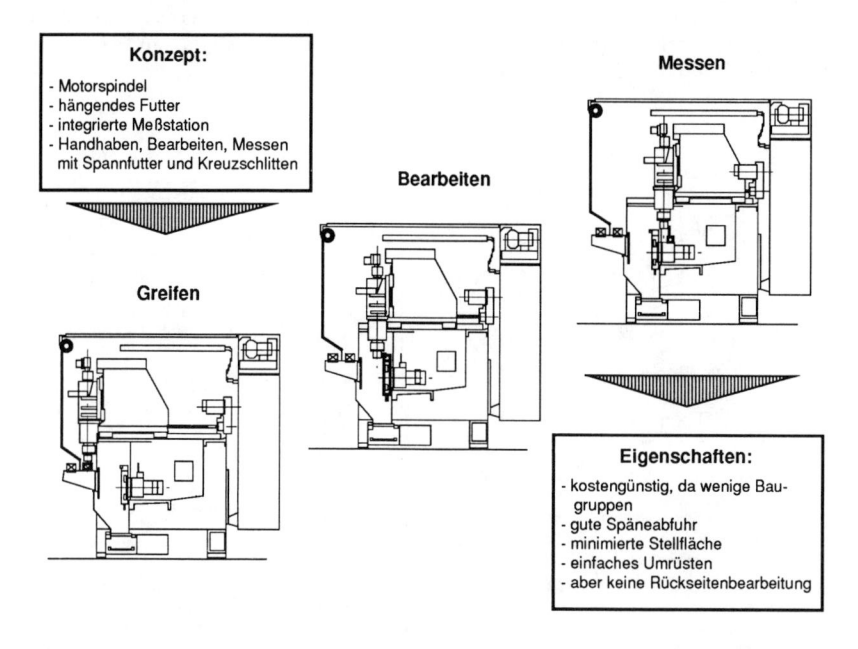

Konzept:
- Motorspindel
- hängendes Futter
- integrierte Meßstation
- Handhaben, Bearbeiten, Messen mit Spannfutter und Kreuzschlitten

Messen

Bearbeiten

Greifen

Eigenschaften:
- kostengünstig, da wenige Baugruppen
- gute Späneabfuhr
- minimierte Stellfläche
- einfaches Umrüsten
- aber keine Rückseitenbearbeitung

Bild 9: Funktionsintegration bei einer Drehmaschine (Quelle: EMAG, Stave)

Auch die Weiterentwicklung einzelner Maschinenelemente eröffnet vielfach neue Gestaltungsmöglichkeiten. So steht z. B mit der Motorspindel seit einigen Jahren bei der Wahl des Antriebskonzeptes eine weitere Alternative zur Verfügung. Ein Kostenvergleich von Motorspindel und konventioneller Spindel mit separatem Antriebsmotor und Riementrieb (in Bild 10 ist eine Versuchsmaschine gezeigt, auf der zu Vergleichszwecken beide Konzepte vorgesehen wurden) führt trotz des erheblichen Preises des Zukaufteiles "Motorspindelkasten" auf etwa 20% niedrigere Gesamtkosten. Die Kosten für die erforderliche Kühlanlage sind in diesem Fallbeispiel gering, da der Kühlschmierstoffkreislauf der Maschine genutzt werden konnte. Die kleinere Teilezahl und fehlende Fertigungskosten geben hierbei den Ausschlag. Bei einem technischen Vergleich sind allerdings der bei gleicher radialer und axialer Steifigkeit größere Bauraum der Spindel sowie das geringe Antriebsmoment handelsüblicher Motorspindeln nachteilig zu bewerten.

Auf dem Gebiet der Linearführungen wurden in den letzten Jahren bemerkenswerte Fortschritte erzielt. Veränderte technische und ökonomische Anforderungen haben hier zu veränderten konstruktiven Lösungen geführt. Während früher die hydrodynamische Gleitführung aufgrund ihrer guten Steifigkeit und Dämpfung dominierte, werden in Maschinen mit schnellen Verfahrachsen zunehmend Wälzführungen eingesetzt, die eine wesentlich geringere Reibung aufweisen und dadurch neben einer geringeren Erwärmung der Gestellbauteile auch eine präzisere Zustellung kleinster Wege zulassen. Vereinfachungen bei der Fertigung und Montage sind ein weiterer Grund für ihre zunehmende Verbreitung (Bild 11). Gegenüber einer Gleitführung lassen sich dadurch ca. 20% der Gesamtkosten der Führung reduzieren.

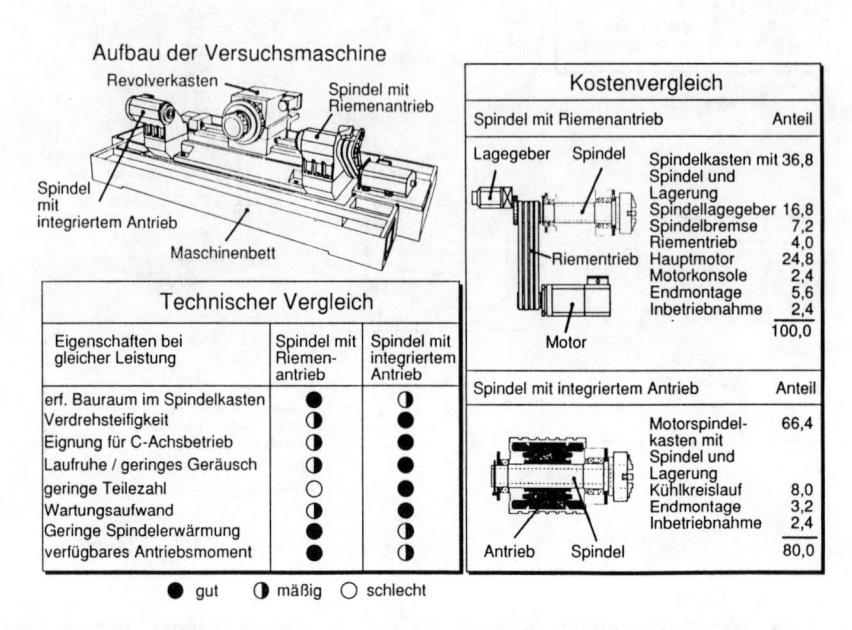

Bild 10: Unterschiedliche Spindelkonzepte für eine CNC-Bearbeitungsmaschine (nach: Heyligenstaedt)

Immer häufiger werden Meßsysteme in Baugruppen integriert, um die Robustheit des Gesamtsystemes zu steigern, die Montagekosten zu senken und auch Fehlermöglichkeiten in der Montage zu verringern. Beispiele sind Kugellager mit integrierten Kraftmeßsensoren und Drehwinkelgebern oder Kupplungen mit integrierter Drehmomentmeßvorrichtung. Bei einem technischen Vergleich gebräuchlicher Meßprinzipien für die Wegmessung in Werkzeugmaschinenachsen (Bild 12) wird ersichtlich, daß ein neuartiges, führungsbahnintegriertes Meßsystem, das auf der Abtastung einer magnetischen Teilung beruht, ähnliche Eigenschaften wie der Glas-Linearmaßstab besitzt [5]. Die Maßinformationen sind bei diesem System auf ein hartmagnetisches Lineal aufgebracht, das mit einer der beiden Führungsschienen fest verbunden ist (Bild 13). Gegenüber der Lösung mit separatem Linearmaßstab entfallen hier die Kosten für Konstruktion, Fertigung und Montage der Anbauelemente des Maßstabs.

Kostenvergleich zwischen Wälz- und Gleitführungen

Kosten für	Drehmaschinen		Bearbeitungszentren	
	GF	WF	GF	WF
Material	25 %	18 %	38 %	28 %
Fertigung/Montage	75 %	58 %	62 %	52 %
Gesamtkosten	100 %	76 %	100 %	80 %

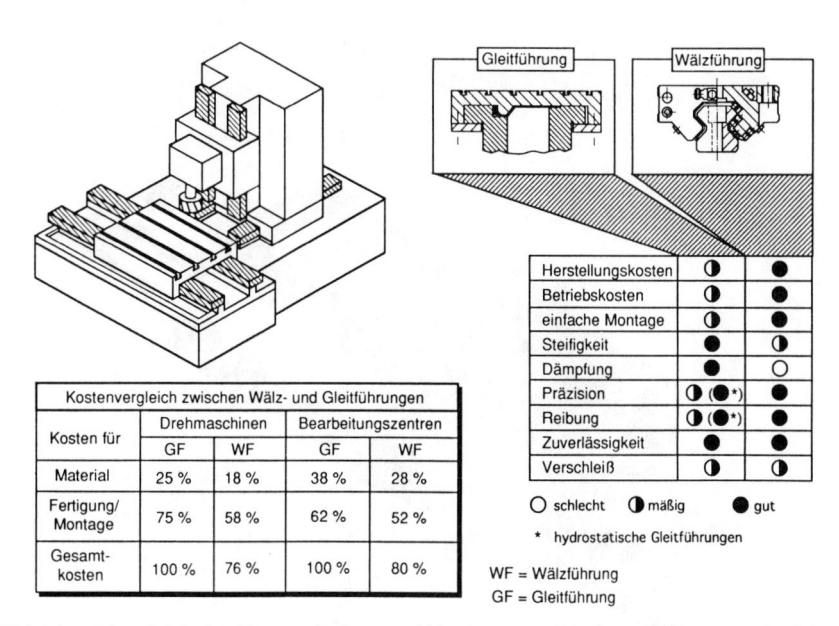

	Gleitführung	Wälzführung
Herstellungskosten	◐	●
Betriebskosten	◐	●
einfache Montage	◐	●
Steifigkeit	●	◐
Dämpfung	●	○
Präzision	◐ (●*)	●
Reibung	◐ (●*)	●
Zuverlässigkeit	●	●
Verschleiß	◐	◐

○ schlecht   ◐ mäßig   ● gut
* hydrostatische Gleitführungen
WF = Wälzführung
GF = Gleitführung

Bild 11: Vergleich der Eigenschaften und Kosten verschiedener Führungsprinzipien (nach: Traub, Chiron)

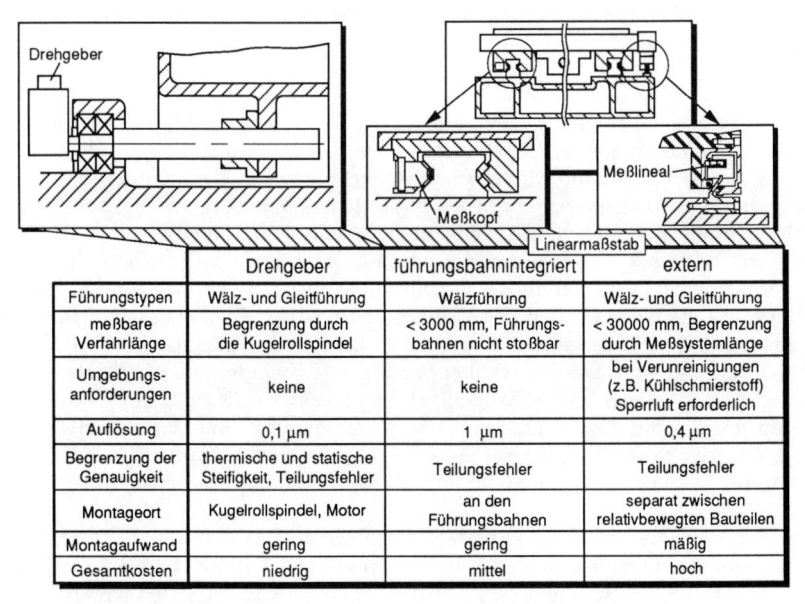

	Drehgeber	führungsbahnintegriert	Linearmaßstab extern
Führungstypen	Wälz- und Gleitführung	Wälzführung	Wälz- und Gleitführung
meßbare Verfahrlänge	Begrenzung durch die Kugelrollspindel	< 3000 mm, Führungsbahnen nicht stoßbar	< 30000 mm, Begrenzung durch Meßsystemlänge
Umgebungsanforderungen	keine	keine	bei Verunreinigungen (z.B. Kühlschmierstoff) Sperrluft erforderlich
Auflösung	0,1 µm	1 µm	0,4 µm
Begrenzung der Genauigkeit	thermische und statische Steifigkeit, Teilungsfehler	Teilungsfehler	Teilungsfehler
Montageort	Kugelrollspindel, Motor	an den Führungsbahnen	separat zwischen relativbewegten Bauteilen
Montageaufwand	gering	gering	mäßig
Gesamtkosten	niedrig	mittel	hoch

Bild 12: Messung von Linearbewegungen an Werkzeugmaschinen: Anforderungen, Prinzipien, Genauigkeit

Führungsschiene

hartmagnetisches Lineal

Wälzführungsschuh

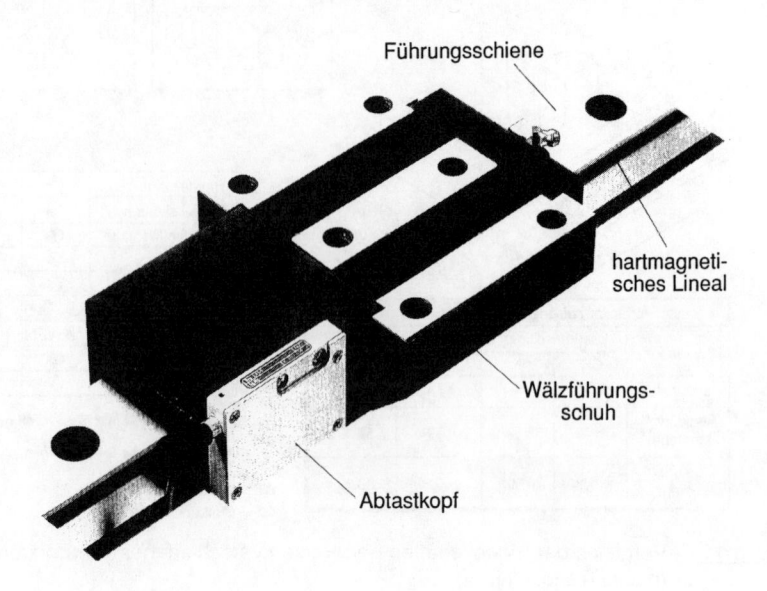

Abtastkopf

Bild 13: Linearführung mit integriertem Längenmeßsystem (Quelle: Schneeberger, Heidenhain)

Ein weiteres Beispiel für die Kostenreduzierung durch Verringerung der Teilevielfalt und die Integration mehrerer Funktionen in eine vormontierbare Baugruppe ist der in Bild 14 gezeigte Pneumatikzylinder für die Werkzeugwechseleinrichtung eines Bearbeitungszentrums. Bei diesem Wechsler ist für jedes Werkzeug ein eigener Greifarm mit Hubzylinder vorgesehen, um die Span-zu-Span-Zeit zu minimieren. Die bisherige Lösung (im Bild links) sah vor, daß die zentrale Druckluftversorgung auf eine Ventilinsel geführt wird. Diese Ventilinsel verteilt mit je zwei Anschlüssen pro Zylinder die Druckluft auf die beiden Seiten des Kolbens für Vor- und Rückhub. Die Stellung des Kolbens wird mit Endschaltern überwacht, die mittels Klemmschrauben an dem Zylinder befestigt sind. Die Endschalter benötigen je Zylinder einen separaten Verteilerkasten und zwei elektrische Anschlüsse. Die Nachteile dieser Lösung bestehen in dem mit der Anzahl der Werkzeuge steigenden Montage- und Justageaufwand der Endschalter, der Störanfälligkeit der Schalter gegen Losrütteln im Betrieb und der aufwendigen elektrischen und pneumatischen Verkabelung bzw. Verschlauchung.

Die neue Lösung (im Bild rechts) besteht aus einer vormontierten Zylindereinheit, in der die Ventile und Endschalter bereits integriert sind. Jeder Zylinder hat nur noch einen Anschluß für Pneumatik und Elektrik. Wegen der vormontierten Baugruppe sinken die Zeiten in der Endmontage der Maschine und damit die Auftragsdurchlaufzeiten und Kapitalbindungskosten. Zudem wird die Teilebewirtschaftung und Servicefreundlichkeit für wenige, dafür komplexere Baugruppen vereinfacht.

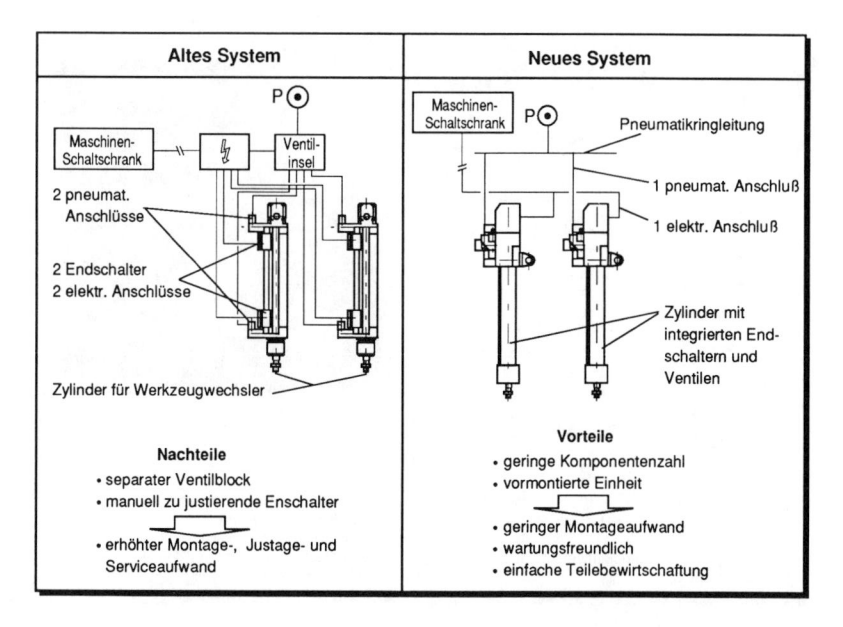

Altes System	Neues System
Maschinen-Schaltschrank, 2 pneumat. Anschlüsse, 2 Endschalter, 2 elektr. Anschlüsse, Zylinder für Werkzeugwechsler — P, Ventilinsel	Maschinen-Schaltschrank P, Pneumatikringleitung, 1 pneumat. Anschluß, 1 elektr. Anschluß, Zylinder mit integrierten Endschaltern und Ventilen
Nachteile • separater Ventilblock • manuell zu justierende Enschalter • erhöhter Montage-, Justage- und Serviceaufwand	**Vorteile** • geringe Komponentenzahl • vormontierte Einheit • geringer Montageaufwand • wartungsfreundlich • einfache Teilebewirtschaftung

Bild 14: Reduzierung der Komponenten am Beispiel eines Zylinders einer Werkzeugwechseleinrichtung (nach: Chiron)

Eine weitere Maßnahme zur Kostenoptimierung in der Produktionstechnik ist die Verfahrenssubstitution. Neben klassischen Ansätzen, wo im Hinblick auf die Einsparung von Rohmaterial z. B. Zerspanen durch Feingießen ersetzt wird, hat hier auch die Hartbearbeitung an Bedeutung gewonnen. Das Hartdrehen (Bild 15) als Substitution der Außen- und Innenrundschleifbearbeitung erfordert praktisch keine maschinenseitige Sonderausstattung und bietet einige verfahrensspezifischen Vorteile [6]. So ist - zumindest aus technologischer Sicht - kein Kühlschmierstoff erforderlich. Die Vor- und Fertigbearbeitung kann auf einer Maschine erfolgen. Zudem ist der Energiebedarf beim Drehen geringer als beim Schleifen. Ein heute noch nicht beherrschbarer Nachteil ist jedoch die erhebliche Wärmeproduktion, die bei Verzicht auf Kühlschmierstoffe zu thermoelastischen Verformungen des Werkstücks und der Maschine führt. Das Diagramm links im Bild zeigt, daß sich in einem Drehprozeß von ca. 80 Sekunden Dauer bei den angegebenen Zerspanbedingungen eine Erwärmung von Werkstück und Werkzeug um nahezu 10 °C einstellt. Dies führt durch thermoelastische Verformungen im Durchmesser zu einer Maßabweichung von über 10 μm, was den Prozeß in der vorliegenden Form für die Feinbearbeitung untauglich macht. Hier sind also weitere Maßnahmen zur Kühlung und/oder zum Ausgleich der erwärmungsbedingten Fehler erforderlich.

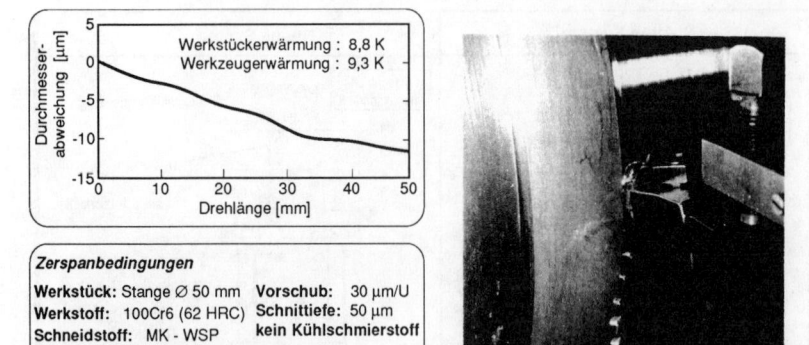

Zerspanbedingungen
Werkstück: Stange Ø 50 mm   Vorschub: 30 µm/U
Werkstoff: 100Cr6 (62 HRC)   Schnittiefe: 50 µm
Schneidstoff: MK - WSP   kein Kühlschmierstoff
Schnittgeschwindigkeit: 150 m/min

Vorteile des Verfahrens
- Technologie erfordert keinen Kühlschmierstoff, dadurch umweltfreundlicher Prozeß möglich
- geringer Energiebedarf im Vergleich zum Schleifen
- höhere Verfahrensflexibilität, Fertigbearbeiten auf einer Maschine möglich
- sinnvolle Verfahrenskombination mit Laserstrahlbearbeitung möglich

Nachteile des Verfahrens
- temperaturbedingte Maß- und Formabweichung der Werkstücke
- Werkstück- und Maschinenverformung aufgrund der großen Zerspankräfte
- höher Werkzeugverschleiß
- Werkzeugschneide nicht konditionierbar (beim Schleifen kann das Werkzeug abgerichtet werden)

Bild 15:   Drehbearbeitung gehärteter Werkstücke

Als weitere Verfahrensalternative hat sich der Laser sowohl in der Verfahrensunterstützung (z. B. beim Drehen von Keramik mit Hartmetallwerkzeugen) als auch in der Verfahrenssubstitution (Härten, Schneiden und Schweißen als zusätzliche Funktion in konventionellen Werkzeugmaschinen) neue Anwendungsbereiche erschlossen [7]. Stand der Technik ist heute der CO_2-Laser mit einer Strahlleistung bis zu 10 kW. Der Trend weist zu höheren Strahlleistungen (derzeit in der Diskussion sind bis zu 50 kW), insbesondere aber auch zu kompakteren Baugrößen (Bild 16), die völlig neue Möglichkeiten der Integration in Werkzeugmaschinen und Handhabungsgeräte eröffnen werden. Die neueste Entwicklung auf diesem Gebiet ist der Diodenlaser, dessen Abmessungen nur noch wenige Dezimeter betragen und der nach Erreichen der Serienreife auch kostenmäßg günstiger als heute verfügbare Geräte sein dürfte. Er besteht aus einer Vielzahl von auf einem Kühlkörper befestigten Dioden, deren Licht zu einem Strahl fokussiert wird. Bei der heute möglichen Positionierbarkeit der einzelnen Dioden zueinander ist allerdings derzeit noch eine unbefriedigende Bündelung auf einen Leuchtfleck von 2 - 3 mm möglich, wohingegen mit einem CO_2-Laser 1 µm erreicht wird. Hieran wird derzeit mit Hochdruck gearbeitet.

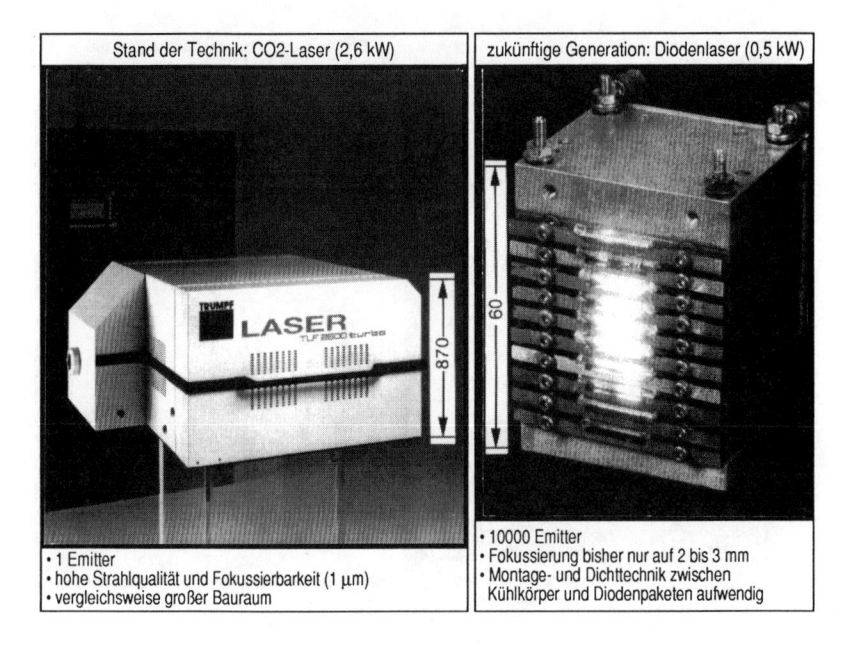

Stand der Technik: CO2-Laser (2,6 kW)	zukünftige Generation: Diodenlaser (0,5 kW)
• 1 Emitter • hohe Strahlqualität und Fokussierbarkeit (1 µm) • vergleichsweise großer Bauraum	• 10000 Emitter • Fokussierung bisher nur auf 2 bis 3 mm • Montage- und Dichttechnik zwischen Kühlkörper und Diodenpaketen aufwendig

Bild 16: Entwicklung der Baugrößen von Lasern (Quelle: ILT Aachen, Trumpf)

4. Verbesserung der Zuverlässigkeit einer Werkzeugmaschine

Die gegenüber der Konkurrenz höhere Zuverlässigkeit und Verfügbarkeit deutscher Werkzeugmaschinen ist eines der wesentlichen Momente zur Sicherung der Marktposition. Neben der konstruktiven Auslegung der verschleißgefährdeten Baugruppen auf Dauerfestigkeit hat hier in den letzten Jahren insbesondere die Sensorik zur Prozeßüberwachung eine wichtige Funktion übernommen (Bild 17). Neben der Diagnose des Betriebsverhaltens von Wälzlagern und Zahnrädern ist auch die Überwachung der Prozeßkräfte und -geräusche weiterentwickelt worden. Mit Hilfe der im Bild gezeigten, in den drehenden Teil einer Frässpindel integrierten Sensorik läßt sich die Körperschallemission, die Axial- und Radialkraft und das Drehmoment des Schnittprozesses überwachen [8]. Durch die unmittelbare Nähe der Sensoren zum Zerspanprozeß ist der Zusammenhang zwischen Meßsignal und Werkzeugzustand gut und reproduzierbar auswertbar. Der Bruch einer Werkzeugschneide (siehe rechte Bildhälfte) hat z. B. eine gravierende Änderung des Drehmomentenspektrums zur Folge.

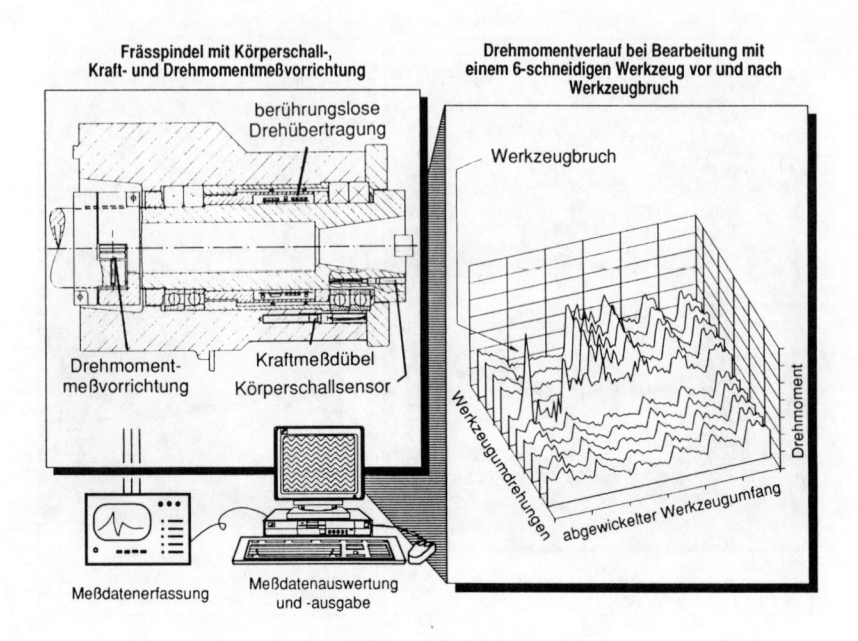

Bild 17: Maschinenintegrierte Sensorik zur Prozeß- und Werkzeugüberwachung

Bei schnelldrehenden Spindeln ist der Lagerausfall durch kurzzeitige Schmierstoffunterversorgung - z. B. bedingt durch Fehlbedienung oder Defekte im Schmiersystem - ein ernstzunehmendes Problem. Durch Verwendung von Keramikkugeln konnte in sog. Oil-Off-Versuchen (Bild 18) nachgewiesen werden, daß die Sicherheitsreserve durch die unterschiedliche Materialpaarung und die dadurch kleinere Affinität der Werkstoffe im Wälzkontakt deutlich vergrößert werden kann [9]. In dem beschriebenen Test liefen ein konventionelles Stahllager und ein baugleiches Lager mit Keramikkugeln 48 Stunden mit Öl-Luft-Schmierung bei 10000 1/min. Zur Simulation einer fehlerbedingten Schmierstoffunterbrechung wurde dann die Versorgereinheit ausgeschaltet. Beide Lager überstanden 100 Stunden Laufzeit ohne Ausfall. Deshalb wurde die Drehzahl weiter auf 14000 1/min gesteigert. Das Stahllager fiel daraufhin sofort aus, während das Hybridlager weitere 58 Stunden überstand. Eine Verschleißanalyse (siehe REM-Aufnahmen im Bild rechts) ergab, daß die Laufbahnoberflächen des Stahllagers völlig zerstört waren, wohingegen die des Hybridlagers nahezu unversehrt waren. Offensichtlich war die starke Temperaturerhöhung im Hybridlager durch Käfigreibung ausgelöst worden.

Ein weiteres Problemfeld, dem in der Konstruktionsphase häufig nicht die erforderliche Aufmerksamkeit gewidmet wird, ist die Abdichtung von Spindel-Lager-Systemen.

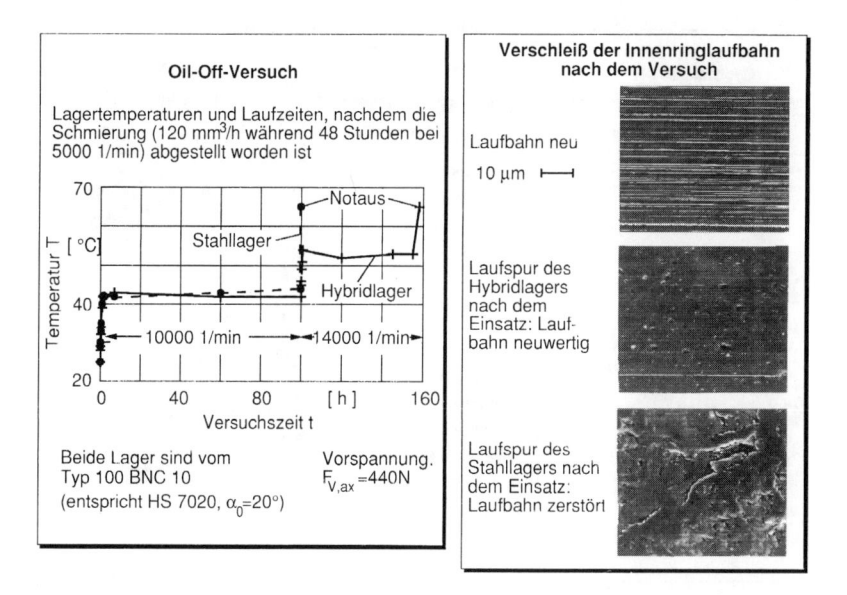

Bild 18: Erhöhung der Betriebssicherheit eines Lagers durch Verwendung von Keramikkugeln

Die primäre Zielsetzung bei der Gestaltung einer Spindelabdichtung ist der Schutz der Lagerung vor eindringendem Schmutz und Kühlschmierstoffen und das Verhindern von Schmierstoffaustritt. Der hierfür vorgesehene Bauraum ist stets sehr knapp bemessen, da insbesondere auf der Arbeitsseite eines Spindel-Lager-Systems die Verlängerung der Spindelauskragung mit einem Steifigkeitsverlust einhergeht. Zunächst stehen hier handelsübliche Lösungen mit berührenden oder berührungslosen Dichtelementen zur Auswahl. Das Einsatzgebiet der berührenden Dichtungen ist aufgrund von Reibung und der drehzahlabhängigen Dichtwirkung prinzipiell eingeschränkt. Handelsübliche berührungslose Dichtsysteme bieten insbesondere bei niedrigeren Drehzahlen keine ausreichende Dichtheit gegen das Eindringen von Fremdstoffen. Durch systematisches Anwenden der fünf Wirkprinzipien Abweisen, Abschleudern, Rückfördern, Auffangen und Abführen lassen sich konstruktiv optimierte Fanglabyrinthdichtungen entwickeln, die sowohl bei Spindelstillstand als auch bei höchsten Drehzahlen dicht sind (Bild 19, [10]).

handelsübliche Dichtelemente	problembezogene konstruktive Lösung	ausgeführte Konstruktion
berührende Dichtung Problematik: - Spindeldrehzahl - Reibungswärme - Verschleiß - Schmutzempfindlichkeit nur bedingt einsetzbar	**Fanglabyrinthdichtung** fünf Wirkprinzipien: 1. Abweisen 2. Abschleudern 3. Rückfördern 4. Auffangen 5. Abführen	
berührungslose Dichtung Problematik: - Dichtwirkung ist drehzahlabhängig - Spaltüberbrückbarkeit verringerte Zuverlässigkeit	**Ergebnis:** - erheblich gesteigerte Dichtigkeit - Steigerung der Zuverlässigkeit - Dichtwirkung auch im Stillstand	

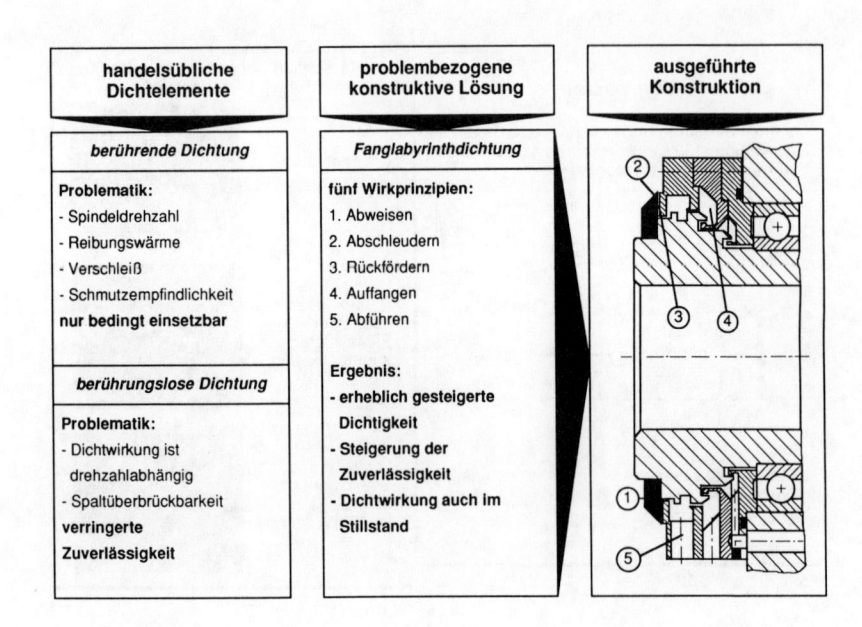

<u>Bild 19:</u> Schutz der Spindellagerung vor Schmutz und Kühlschmierstoffen (nach: IMA Stuttgart)

5. Erhöhung der Präzision einer Werkzeugmaschine

Neben einem kontinuierlichen Anstieg der Schnitt- und Vorschubgeschwindigkeiten ist bzgl. der Leistungsdaten einer Maschine vor allem ein Anstieg der Präzisionsanforderungen zu verzeichnen. Die vom Kunden verlangten Genauigkeiten stehen jedoch vielfach nicht in direktem Zusammenhang mit dem tatsächlichen Bedarf. Vielmehr ist ein großer Teil der Präzisionsanforderungen auf Toleranzeinschränkungen durch die in jüngster Zeit von der Automobilindustrie propagierte Einführung der statistischen Maschinenabnahme zurückzuführen. Zwar werden zum einen die Zeichnungstoleranzen der zu fertigenden Teile tatsächlich stetig kleiner, zum anderen bedingt eine Maschinenfähigkeitsuntersuchung aber höhere Anforderungen an die Stabilität der gefertigten Werkstückmaße [11-13]. In <u>Bild 20</u> wird beispielhaft die Toleranzeinschränkung einer auf 1/10 mm tolerierten Welle gezeigt. Der Anwender der Werkzeugmaschine fordert beispielsweise vom Hersteller bei der Abnahme den Nachweis, daß ein kritischer Maschinenfähigkeitsindex von $C_{mk} \leq 2{,}0$ erreicht werden soll. Dazu hat der Maschinenhersteller eine Probe von 50 Teilen zu fertigen. Der Maschinenfähigkeitsindex errechnet sich zu

Maschinenfähigkeitsindex $\quad C_m = \dfrac{T}{6s}$,

kritischer Maschinenfähigkeitsindex $\quad C_{mk} = \dfrac{\Delta_{krit}}{3s}$

mit T: Toleranzfeldbreite
s: Standardabweichung der gefertigten Teile
Δ_{krit}: kleinster Abstand des Mittelwerts der gefertigten Teile zu den Toleranzgrenzen

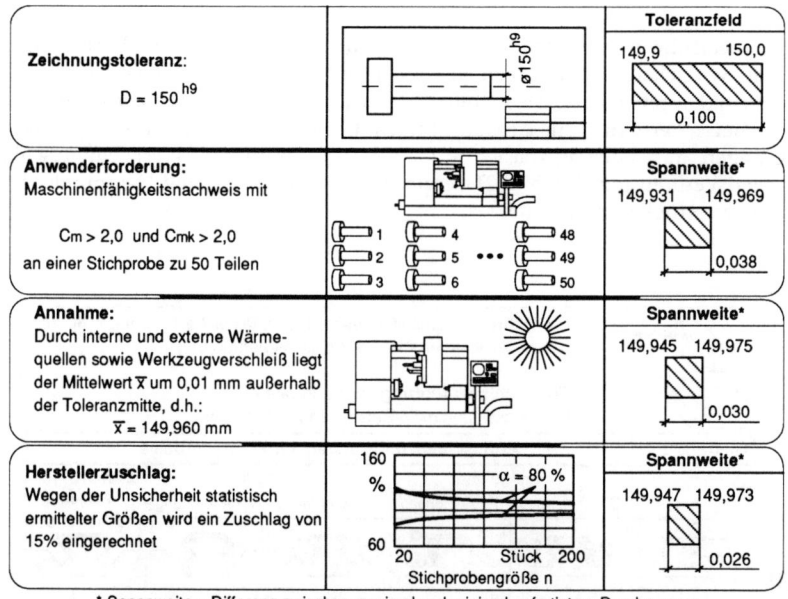

Zeichnungstoleranz: D = 150 h9		Toleranzfeld 149,9 150,0 0,100
Anwenderforderung: Maschinenfähigkeitsnachweis mit Cm > 2,0 und Cmk > 2,0 an einer Stichprobe zu 50 Teilen	1 4 48 2 5 ••• 49 3 6 50	Spannweite* 149,931 149,969 0,038
Annahme: Durch interne und externe Wärmequellen sowie Werkzeugverschleiß liegt der Mittelwert $\bar{x}$ um 0,01 mm außerhalb der Toleranzmitte, d.h.: $\bar{x}$ = 149,960 mm		Spannweite* 149,945 149,975 0,030
Herstellerzuschlag: Wegen der Unsicherheit statistisch ermittelter Größen wird ein Zuschlag von 15% eingerechnet	160 % 60 20 Stück 200 Stichprobengröße n α = 80 %	Spannweite* 149,947 149,973 0,026

* Spannweite = Differenz zwischen maximal und minimal gefertigtem Durchmesser

Bild 20: Toleranzeinschränkung um 3 Qualitätsstufen durch statistische Abnahme

Ein Maschinenfähigkeitsindex von $C_m \leq 2{,}0$ bedeutet, daß der Bereich der sechsfachen Standardabweichung nur die halbe Toleranzfeldbreite ausnutzen darf. Das bedeutet für dieses Beispiel, daß die Standardabweichung nur 1/120 mm betragen darf. Bei einer Probe von 50 Teilen beträgt im statistischen Mittel die Differenz zwischen dem größten gefertigten Maß und dem kleinsten (Spannweite) 75% der sechsfachen Standardabweichung. Die Spannweite der gefertigten Probe darf deshalb nur 38 μm betragen. Wandert der Mittelwert der gefertigten Teile aus der Toleranzmitte, so kommt der kritische Fähigkeitsindex C_{mk} zum Tragen. Wandert der Mittelwert um 10%, das heißt um nur 1/100 mm aus der Toleranzmitte, so verringert sich die erlaubte Toleranz um weitere 20%. Die erlaubte Spannweite beträgt dann nur noch 30 μm. Statistisch ermittelte Werte streuen abhängig von der Stichprobengröße zufällig um einen Mittelwert. Will der Hersteller mit mindestens 90%iger Sicherheit eine Abnahmeprüfung bestehen, muß er den Prozeß so auslegen, daß die Maße nur 85% der rechnerisch gerade noch zulässigen Spannweite ausnutzen. Im Endeffekt muß er den Prozeß und die Maschine so auslegen, daß die Differenz zwischen größtem und kleinstem gefertigten Maß 26 μm beträgt. Kritische Zeichnungstoleranzen liegen meist im Bereich von wenigen Hundertstel-Millimetern. Bei einer Toleranzfeldbreite von 1/100 mm und den gleichen Annahmen wie oben, darf die Spannweite nur noch weniger als 3 μm betragen. Dies liegt häufig im Bereich der Meßmittelungenauigkeit.

Höhere Präzision läßt sich am wirkungsvollsten durch steifere und/oder präziser laufende Linearführungen und Spindel-Lager-Systeme erreichen.

Bei den Linearführungen stehen verschiedene Führungsprinzipien zur Verfügung, die technische, wirtschaftliche und ökologische Anforderungen unterschiedlich gut erfüllen. Aufgrund ihrer geringeren Reibung, dadurch besseren Positionierfähigkeit und der einfacheren Fertigung und Montage finden die oben bereits erwähnten Profilschienenführungen auf Wälzlagerbasis in kleinen und mittleren Werkzeugmaschinen zunehmend Verbreitung [14]. Bild 21 vergleicht die Steifigkeits- und Dämpfungseigenschaften der verfügbaren Systeme.

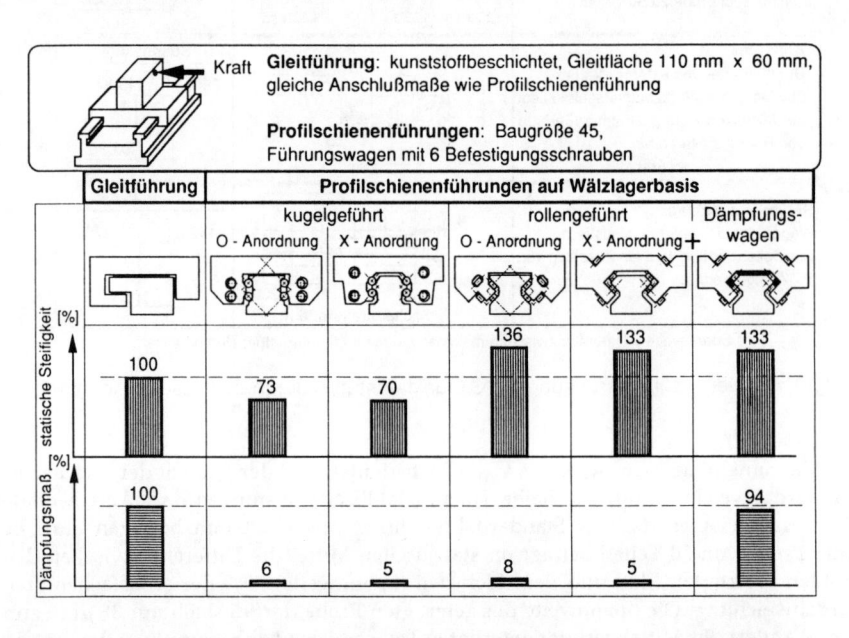

Bild 21: Vergleich von Steifigkeit und Dämpfung verschiedener Linearführungen

Spannungsfeld Werkzeugmaschine 4-25

Wälzführungen unterscheiden sich in erster Linie in der Form der Wälzkörper. Es finden sowohl Kugeln als auch Rollen in X- und O-Anordnung Verwendung. Die bei Kugeln auftretende Punktberührung führt zu relativ hohen Flächenpressungen in der Kontaktzone. Die Steifigkeit des Kugel-Laufrille-Systemes ist daher relativ gering und wird entscheidend vom Kugeldurchmesser und der Schmiegung der Laufrille geprägt. Demgegenüber ist die Flächenpressung bei Rollenführungen aufgrund der Linienberührung geringer. Die Steifigkeit ist dementsprechend höher. Sie hängt vom Rollendurchmesser und der effektiven Traglänge der Rollen ab. Wie die im Bild dargestellten Ergebnisse von Prüfstandsversuchen bei seitlicher Belastung zeigen, können die Steifigkeitswerte von Wälzführungen die einer Gleitführung bei gleicher Baugröße sogar übertreffen, während ihr Dämpfungsvermögen deutlich unter dem einer Gleitführung liegt. Die Verhältnisse bessern sich bei Einsatz zusätzlicher Dämpfungswagen. Hierbei muß jedoch berücksichtigt werden, daß die Wirksamkeit der Dämpfungswagen nur bei Resonanzfrequenzen gegeben ist, bei denen Relativverlagerungen in den Führungen auftreten.

Bzgl. der Geradheit der Linearbewegung ist die Wälzführung einer hydrodynamischen Gleitführung überlegen, wobei die kugelgeführten Führungen besser abschneiden als die rollengeführten, da sich Kugeln geometrisch exakter herstellen lassen als Rollen (Bild 22).

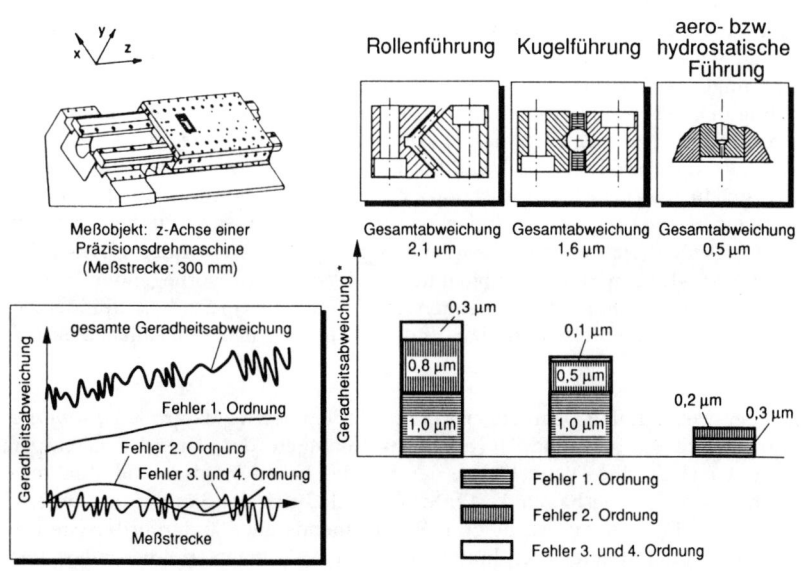

Bild 22: Erreichbare Genauigkeiten von Präzisionsführungen (nach: IPT Aachen)

Unter Laborbedingungen wurde für die Rollenführung eine Gesamtabweichung von 2,1 μm, für die Kugelführung von 1,6 μm gemessen. Höchste Anforderungen an die Präzision, wie sie z. B. für die spanende Bearbeitung von Laserspiegeln verlangt wird, lassen sich mit aerostatischen Schlittensystemen erzielen (Gesamtabweichung 0,5 μm). Bei der Analyse der Fehler wird jedoch deutlich, daß in der Regel nicht der Fehler 3. und 4. Ordnung dominiert, der charakteristisch für das Führungssystem ist (er entsteht z. B. durch die Eintrittsfrequenz der Wälzkörper in die Lastebene und die Güte der relativbewegten Oberflächen). Vielmehr stehen häufig die durch Fertigungs- und Montagefehler geprägten Fehler 1. Ordnung (z. B. nicht paralleler Führungsleistenverlauf) oder Fehler 2. Ordnung (z. B. falsche Montage der Führungsleisten, dadurch Welligkeit mit Schraubenabstand) im Vordergrund [15].

Ein ungewünschter Effekt, der mit steigenden Bearbeitungsgeschwindigkeiten einhergeht, ist die Erwärmung einer Werkzeugmaschine, da die resultierenden thermoelastischen Verformungen nachhaltig die Genauigkeit von Werkzeugmaschinen verschlechtern. Während bisher noch vor Beginn eines Präzisionsbearbeitungsganges eine Aufwärmphase der Maschine hingenommen wurde, sind die Anwender hierzu heute zunehmend weniger bereit. Außerdem führen die kleiner werdenden Losgrößen dazu, daß eine Maschine gar nicht erst in einen thermisch stationären Zustand gelangt. Neben der konstruktiven Minimierung thermoelastischer Verlagerungen durch die Elimination oder Isolation von Wärmequellen gewinnt jetzt die steuerungstechnische Kompensation an Bedeutung (Bild 23, [16, 17]). Hierbei wird in einer Lernphase der Temperatur-Verlagerungsgang einer Maschine aufgenommen. Ein Personal-Computer errechnet, welche Temperaturmeßstellen eine gute Korrelation zu den gemessenen Verlagerungen aufweisen und bestimmt mit diesen Meßstellen eine Kompensationsgleichung. Dieser Kompensationsansatz kann dann unter verschiedenen Betriebsbedingungen überprüft werden, indem mit dem PC weiterhin die relevanten Temperaturen erfaßt, die Korrekturwerte ermittelt und an die NC-Steuerung übertragen werden. Wenn ein geeigneter Kompensationsansatz gefunden wurde, kann dieser direkt in die Maschinensteuerung implementiert werden. Einschränkend muß bemerkt werden, daß mit diesem Verfahren nur lineare Verlagerungen zwischen der Werkstück- und Werkzeugaufnahme in den Richtungen der Zustellachsen (in vorliegenden Fall: x- und z-Richtung) kompensiert werden können. Eine eventuell vorhandene Spindelneigung ist damit nur schwer kompensierbar und setzt in den meißten Fällen eine 5-Achs-Maschine vorraus.

Wegen der großen freien Dehnlängen der Ständer reagieren z. B. große Bohrwerke und Portalfräsmaschinen empfindlich auf Schwankungen der Umgebungstemperatur. Durch unterschiedliche Wandstärken der Ständer haben Vorder- und Rückseite ein unterschiedliches Zeitverhalten. Das führt dazu, daß sich der Ständer im vorgestellten Beispiel vormittags nach vorne neigt, während abends die Ständervorderseite wärmer ist, so daß sich der Ständer nach hinten neigt. Die Neigungen sind besonders unangenehm, weil sie in Verbindung mit den großen Hebelarmen zu großen Abweichungen, speziell beim Umschlagbohren, führen. Bei dem in Bild 24 gezeigten Beispiel wurde versucht, durch gezielte Isolierung der Gestellbauteile die thermischen Deformationen zu minimieren und die unterschiedlichen Wärmekapazitäten von Bauteilen mit unterschiedlichen Wandstärken auszugleichen.

Spannungsfeld Werkzeugmaschine 4-27

Prinzipskizze

Steuerung, PC, Temperaturfühler

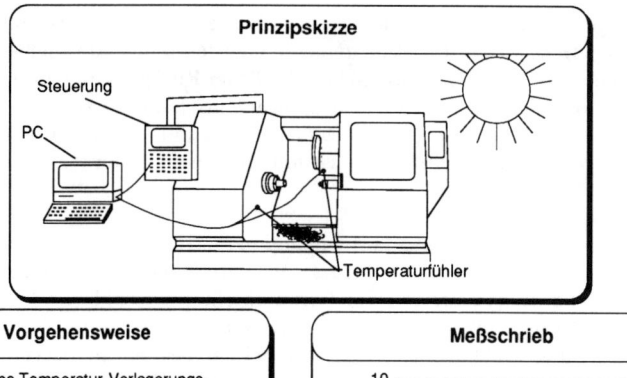

Vorgehensweise

1. Erfassung des Temperatur-Verlagerungsgangs der Maschine
2. Berechnung eines Kompensationsalgorithmus
3. Kompensation während der Bearbeitung aufgrund gemessener Temperaturen. Übermittlung der errechneten Korrekturwerte an die Steuerung. (Bsp. rechts: je 20 Minuten Schruppbearbeitung, dann Fertigung einer Messingwelle mit Diamantwerkzeug)

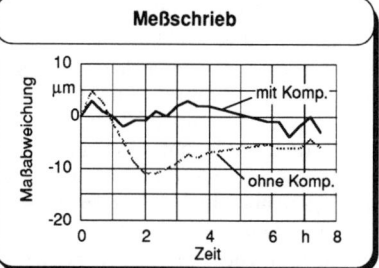

Meßschrieb

Maßabweichung μm vs. Zeit (h): mit Komp. / ohne Komp.

Bild 23: Indirekte Kompensation thermoelastischer Verlagerungen an Werkzeugmaschinen

Problem

- unterschiedliche Wandstärken von Vorder- und Rückseite
- Schwankungen der Hallentemperatur

⇩

- Neigungen der Gestellbauteile der Portalfräsmaschine
- Fluchtungsfehler von zwei Bohrungen: 100 μm

11^{00} Rückseite wärmer 18^{00} Vorderseite wärmer

Grundlagenuntersuchung

Temperaturverhalten von Stahlquadern
- unterschiedlicher Querschnitt
- ohne und mit Styroporisolierung

□25x150 50mm Iso.
□150 25 mm Iso. 75 mm Iso.

Hallentemperatur (°C) über Zeit (h)

Ergebnis

Dünne Isolierung (Nr. 3) bewirkt bereits deutliche Zunahme der thermischen Trägheit

⇩

- Fluchtungsfehler: 15 μm

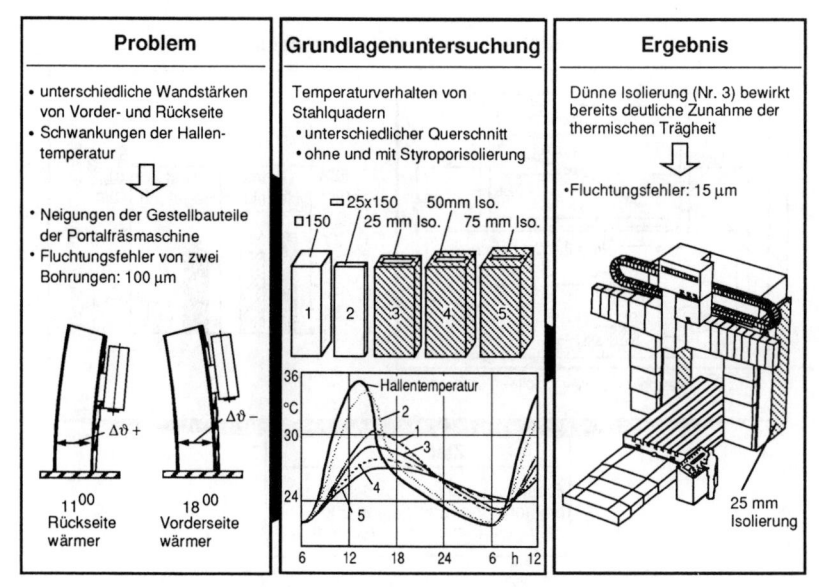

25 mm Isolierung

Bild 24: Thermische Isolation von Gestellbauteilen gegen Hallentemperaturschwankungen (nach: Waldrich Siegen)

Dazu wurde zunächst das Temperaturverhalten von Quadern unterschiedlicher Grundfläche mit und ohne Isolation gemessen. Es zeigte sich, daß selbst bei einer relativ dünnen Isolierung von 25 mm ein beträchtlicher Rückgang der Temperaturschwankung des Meßquaders zu verzeichnen ist. Nach Umsetzung dieser Erkenntnisse in eine Isolierung des Ständers einer Portalfräsmaschine konnte der Fluchtungsfehler zweier im Umschlagverfahren gebohrter Löcher von 0,1 mm auf unter 0,015 mm gesenkt werden [18].

Im Bereich des Werkzeug- und Formenbaus hat sich die Funkenerosion seit langem durchgesetzt. Sie eignet sich besonders zur Formgebung bei schwer zerspanbaren Materialien. Allerdings kann mit der Variation einer Vielzahl von Prozeßparametern das Bearbeitungsergebnis stark beeinflußt werden. Hierfür ist das Fachwissen erfahrener Bediener nötig. Die langen Hauptzeiten bei der Bearbeitung lassen es wünschenswert erscheinen, die eigentliche Bearbeitung bei gleichbleibend hoher Abtragsleistung und Genauigkeit während mannarmer Schichten ablaufen zu lassen. Die Genauigkeit des erzeugten Werkstücks ist im wesentlichen vom Verschleiß des Werkzeugs abhängig. Um auch in mannarmen Schichten gute Bearbeitungsergebnisse zu erzielen, findet eine am WZL entwickelte statistische Spaltweitenregulierung Anwendung (Bild 25). Grundlagenversuche haben gezeigt, daß die Zündverzögerung ein gutes Maß für die Beurteilung und Führung des Prozesses ist. Daher wird die Zündverzögerung über eine Vielzahl von Zündungen gemessen und statistisch ausgewertet, um damit die Vorschubachsen der Maschine zu regeln. Bei in etwa gleicher Abtragsleistung kann der Werkzeugverschleiß um über 30% reduziert werden [19].

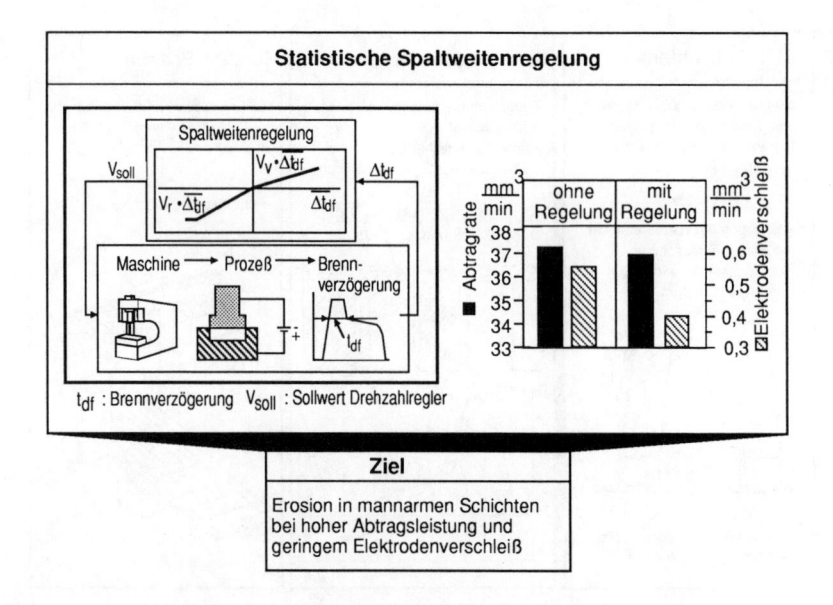

Bild 25: Spaltweitenregelung bei der funkenerosiven Bearbeitung

6. Steigerung der Bearbeitungsgeschwindigkeit einer Werkzeugmaschine

Der Trend zu höheren Spindeldrehzahlen und Vorschubgeschwindigkeiten entspringt dem Wunsch, die Leistungsreserven moderner Schneidstoffe mittels Hochgeschwindigkeitsbearbeitung (HSC), deren Vorteile für einige hauptzeitintensive Anwendungsfälle nachgewiesen werden konnten, auch für das eigene Teilespektrum zu erschließen. Die dafür erforderlichen technischen Maßnahmen bedingen jedoch zwangsläufig einen Verlust an Zuverlässigkeit und einen erheblichen Anstieg der Investitionskosten.

Da Bett, Ständer, Schlitten und Spindelkasten in einer HSC-Maschine vergleichbaren Beanspruchungen wie in einer konventionellen Maschine ausgesetzt sind, gelten die bei der Dimensionierung üblichen Gestaltungsrichtlinien. Durch die hohen Eilganggeschwindigkeiten gewinnen die beim Beschleunigen und Abbremsen entstehenden Massenkräfte der Bauteile zusätzlich stark an Bedeutung. Hier bieten sich zum einen Werkstoffe an, die bei vergleichbarer Festigkeit leichter sind als Stahl (z.B. Al-Ti-Legierungen oder Faser-Verbundwerkstoffe). Zum anderen läßt sich durch eine optimierte Formgebung die geforderte Bauteilsteifigkeit mit minimalem Materialeinsatz erreichen [20]. Bei der Dimensionierung einer Portal-Schlichtfräsmaschine für die Bearbeitung von Tiefzieh und Gesenkwerkzeugen wurde dieser Weg beschritten. Dazu wurde der in <u>Bild 26</u> gezeigten Querbalken der Maschine zunächst mit Hilfe allgemeiner Konstruktionsrichtlinien zwecks Verbesserung der Rippenführung überarbeitet. Anschließend wurde mit Hilfe der Finite-Elemente-Methode eine Wandstärkenoptimierung durchgeführt. Ausgehend von nach Erfahrungswerten gewählten Anfangswandstärken zeigte sich im Lauf der Rechnung, daß bei einer optimierten Materialverteilung die Außenwände in etwa die fünffache Wandstärke der Quer- und Diagonalrippen und dreifache Wandstärke der Stirnwände besitzen. Bei um 10% höherer Steifigkeit ergab sich dadurch eine Gewichtsreduzierung von 15%.

Auf dem Gebiet der Lagerung von Werkzeugmaschinenspindeln sind die Wälzlager seit Jahren Standard. Die HSC-Bearbeitung erfordert eine Erhöhung der Drehzahlgrenze, um bei den mit modernen Schneidstoffen möglichen und wirtschaftlich interessanten Schnittgeschwindigkeiten zerspanen zu können. Hierbei spielen die Verbesserung des tribologischen Verhaltens der Lagerung und die Senkung von Reibung und Verschleiß die wesentliche Rolle [21, 22]. Da einerseits zur Trennung der relativbewegten Oberflächen bei geeignetem Schmierstoff nur geringste Schmierstoffmengen erforderlich sind und andererseits mit zunehmender Schmierstoffmenge das Reibmoment einer Lagerung drastisch ansteigt, liegt allen Verbesserungsmaßnahmen die Optimierung des Schmierstoffs und Reduzierung der Schmierstoffmenge zugrunde. Dies wirft vor allem das Problem der richtigen Schmierstoffzufuhr auf, da eine Verringerung der Schmierstoffmenge meist auch eine Verringerung der Betriebssicherheit bedeutet. Problematisch ist es hierbei, kleinste Ölmengen durch den mit hoher Rotationsgeschwindigkeit zirkulierenden Luftvorhang hindurch in die Kontaktstelle zu bringen. Die Frage der richtigen Befüllung fettgeschmierter Lager ist hingegen weitgehend geklärt: Die gesamte vorzusehende Fettmenge sollte bei der Montage in das Lager eingebracht und vom Lager selbst in sog. Fettverteilungsläufen verdrängt werden. Separat befüllte Fettvorratskammern haben sich nicht bewährt.

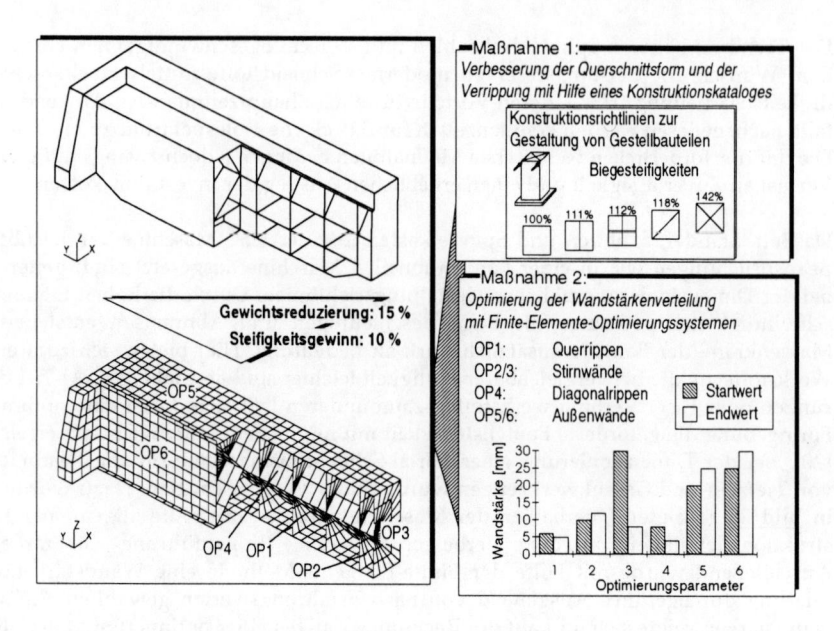

Bild 26: Optimierung des Querbalkens einer Portalschlichtfräsmaschine

Eine Möglichkeit der Verschleißminderung und Verbesserung der Notlaufeigenschaften liegt in der Variation der Materialpaarung im Hertz´schen Kontakt. Hier bietet sich z. B. der Einsatz von Keramikkugeln oder die Beschichtung der Laufbahnen mit Hartstoffen an. Bild 27 vergleicht die Eigenschaften der verfügbaren Wälzlager für Werkzeugmaschinenspindeln. Für höchste Drehzahlen eignen sich insbesondere die HS-Lager (**High Speed**) und die Hybridlager (Lager mit Keramikkugeln), die aufrund der geringeren Fliehkraftwirkung durch kleinere Kugeln bzw. die günstigere Materialpaarung gegenüber den konventionellen Baureihen Vorteile besitzen. Hybridlager stellen auch aufgrund der besseren Notlaufeigenschaften und dem Preisrückgang für Keramikkugeln heute eine sehr interessante Alternative dar.

Lagertyp Eigenschaft	7020C	7020C WZL	71922C	HS7020C	7020C Hybrid	HS7020C Hybrid
Drehzahlkennwert n * dm [10^6 mm/min] bei Fettschmierung	1	1	1	1,2	1,2	1,4
Drehzahlkennwert n * dm [10^6 mm/min] bei Öl-Luft-Schmierung	1,5	1,9	1,5	1,8	1,9	2,3
dynamische Tragzahl C [kN]	75	75	60	41,5	2)	24
radiale Steifigkeit eines Lagerpaares bei leichter Vorspannung UL [N/µm]	670	670	650	528	2)	2)
axiale Steifigkeit eines Lagerpaares bei leichter Vorspannung UL [N/µm]	115	115	110	104	2)	2)
Reibmoment bei n = 10000 1/min [Nm] [1]) Fettschmierung (32 cSt) F_{rad} = 0 F_{ax} = UL	0,152	0,152	0,158	0,112	0,139	0,105
relativer Preis (Stand März 1993)	100%	110%	100%	125%	250%	315%

1) Berechnung durch WZL   2) Keine Herstellerangaben

Bild 27: Vergleich von Wälzlagern für schnelldrehende Werkzeugmaschinen

Konventionelle Antriebselemente für die linearen Verfahrachsen von Werkzeugmaschinen wie z. B. Kugelgewindetriebe, Riementriebe und Ritzel-Zahnstange-Antriebe erlauben bei vorgegebener Genauigkeit nur begrenzte Verfahrgeschwindigkeiten. Die zum Beschleunigen eines Schlittens erforderliche bzw. beim Bremsen oder bei einem Crash freiwerdende Energie hängt hier zu größten Teil vom Massenträgheitsmoment der rotiernden Bauteile (Elektromotoren, Kugelrollspindeln, Kupplungen, Riemenscheiben) ab. Diesen Einschränkungen sind lineare Direktantriebe nicht unterworfen. Sie besitzen zudem den Vorteil, daß weniger Komponenten benötigt werden, deren Lebensdauer zudem größer ist, da sie berührungsfrei arbeiten und somit verschleißfrei sind (Bild 28).

Um eine hohe Regelsteifigkeit in Vorschubrichtung zu erreichen, sind allerdings große Spulenströme nötig. Diese führen dazu, daß die magnetischen Anziehungskräfte, die die Führungen belasten, fünffach höher sind als die erreichbaren Vorschubkräfte. Zudem beeinflußt die Spulenleistung das thermische Verhalten der Maschine nachteilig, da durch die Spulen Wärme in das Bett und den Schlitten eingebracht wird, was zu deren Verformung führt. Bei einem am Zentrum für Fertigungstechnik Stuttgart (ZFS) entwickelten Laserportal wurden maximale Beschleunigungen von 40 m/s² und Geschwindigkeiten bis zu 30 m/s erreicht [23].

Lineare Direktantriebe

Vorteile	Nachteile
• auch bei hohen Verfahrgeschwindigkeiten: hohe Positioniergenauigkeit und große Hublängen möglich • hohe Steifigkeit • weniger Massenträgheitsmoment • gutes dynamisches Verhalten • hohe Beschleunigungen • weniger Komponenten • geringer Verschleiß • lange Lebensdauer	• hoher Systempreis • hohe elektrische Verlustleistungen • große Wärmeeinbringung in Bett und Schlitten ⇨ Genauigkeitseinschränkung

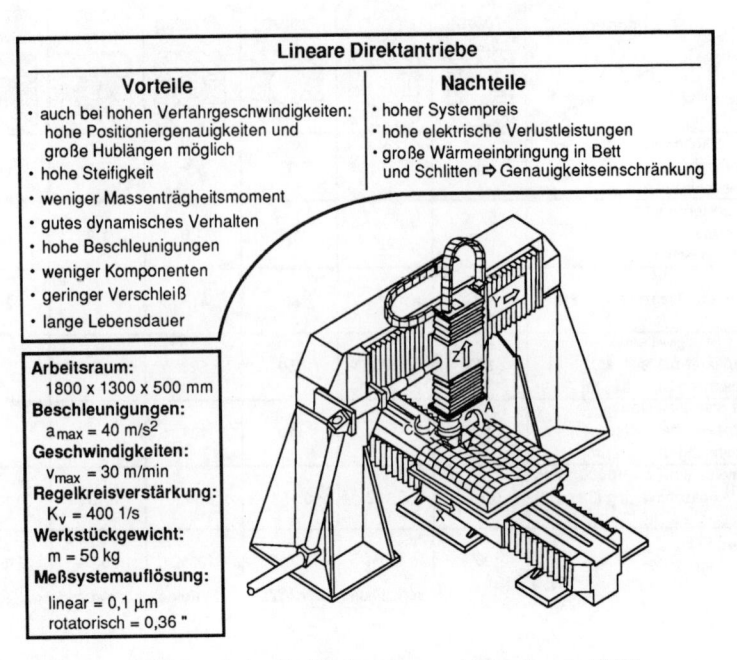

Arbeitsraum:
1800 x 1300 x 500 mm
Beschleunigungen:
a_{max} = 40 m/s²
Geschwindigkeiten:
v_{max} = 30 m/min
Regelkreisverstärkung:
K_v = 400 1/s
Werkstückgewicht:
m = 50 kg
Meßsystemauflösung:
linear = 0,1 μm
rotatorisch = 0,36 "

Bild 28:   Lineare Direktantriebe für Werkzeugmaschinen (nach: ZFS)

Insbesondere auch die mechanischen Verbindungen müssen unter der Wirkung hoher Fliehkräfte die geforderten Lagegenauigkeiten einhalten. Die für den automatischen Werkzeugwechsel konzipierte Standard-Schnittstelle "Steilkegel" erreicht bezüglich dieser Anforderungen ihre Einsatzgrenzen [24]. Die Kegelaufnahme einer Spindel weitet sich entsprechend den Masseverhältnissen unter Fliehkraftwirkung am großen Durchmesser stärker als am kleinen auf. Diese Geometrieveränderung bewirken einerseits einen schlechten Kegelsitz mit Tragbereichen am Kegelende und führt andererseits zum axialen Verschieben des Werkzeugschaftes in die Spindel hinein. Bei Stillstand sind dann bedeutend höhere Ausstoßkräfte erforderlich, da das Werkzeug in der Spindel klemmt. Die Kegelaufweitung kann aber auch bedeuten, daß der Werkzeugschaft durch die Bearbeitungskräfte aus seinem zentrischen Sitz gedrückt wird und ein Arbeiten bei hohen Drehzahlen unmöglich macht. Im Extremfall kann das Werkzeug ein Sicherheitsrisiko darstellen, wenn nämlich das Werkzeug wegfliegt, weil der Spannmechanismus die Verbindung nicht mehr aufrechterhalten kann. In Zusammenarbeit zwischen Hochschule und Werkzeugherstellern wurde deshalb eine Hohlschaft-Schnittstelle entwickelt und genormt, die den erhöhten Anforderungen gerecht wird. Beim Hochgeschwindigkeitsschleifen mit Diamant und CBN erfordern sowohl häufige Schleifscheibenwechsel als auch das Profilschleifen eine hohe axiale und radiale Positionier- und Wiederholgenauigkeit der Scheibe, um den Abrichtaufwand so klein wie möglich zu halten. Auch hier sind aus Sicherheits- und Steifigkeitsgründen konventionelle Schleifscheibenaufnahmen für das Hochgeschwindigkeitsschleifen nurmehr bedingt geeignet. Die Entwicklung einer neuen, geeigneten Schnittstelle ist daher Gegenstand eines in Kürze am WZL anlaufenden Forschungsvorhabens. Ausgangspunkt der Untersuchungen wird hier die Hohlschaftschnittstelle sein, die sich bei den Fräswerkzeugen bereits bewährt hat (Bild 29).

HSK- Schnittstelle für Schleifmaschinen
Sicherheit - Genauigkeit - Steifigkeit - Drehzahltauglichkeit

- hohe Schnittgeschwindigkeiten
- hohe Wechselgenauigkeit
- Reduzieren des Abrichtaufwandes
- Minimieren der Ausrichtarbeiten
- Erhöhung der Flexibilität

- häufiger Schleifscheibenwechsel
- Einsatz von Profilschleifscheiben
- CBN- und Diamantschleifscheiben

dämpfungswirksame Schleifscheibengrundkörper

automatische Auswuchteinheit

hohe Aufnahmegenauigkeit der Verbindung Schleifscheibe-Flansch

hohe Aufnahmegenauigkeit der Schnittstelle Spindel-Flansch

Spannkraft erhöht sich mit zunehmender Drehzahl

automatisches Spannsystem

Justierung der Schleifscheibe

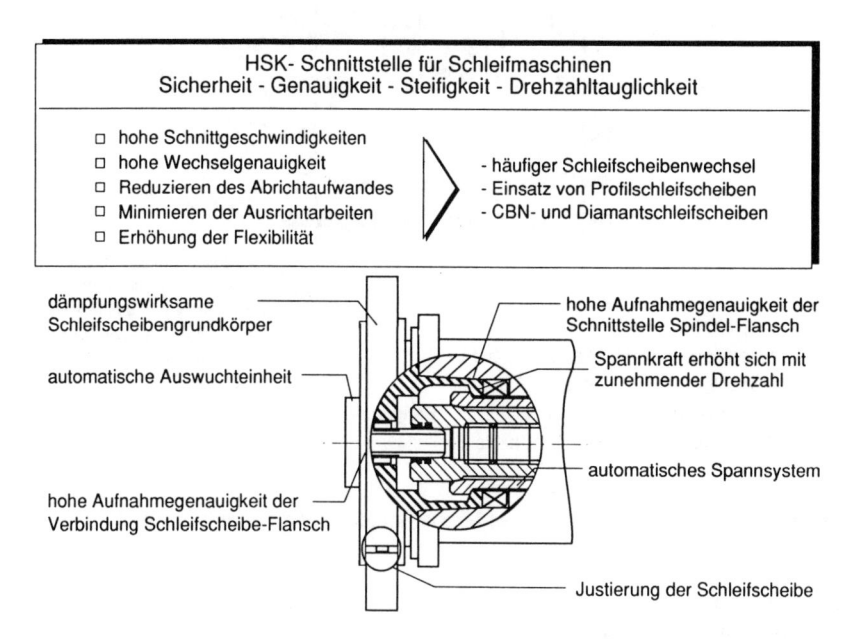

Bild 29: Standardisierte Schnittstellenverbindung für neue Schleiftechnologien

7. Verbesserung der Umweltverträglichkeit einer Werkzeugmaschine

Die umfassende Beurteilung der Umweltverträglichkeit einer Werkzeugmaschine setzt eine ganzheitliche Bilanzierung von der Herstellung über den Betrieb bis hin zur Abwicklung (Recycling bzw. Entsorgung der eingesetzten Materialien) voraus. Das in den letzten Jahren geschärfte Umweltbewußtsein in der Bevölkerung, zunehmende Entsorgungskosten und der Druck einer stetig strenger werdenden Gesetzgebung veranlassen heute immer mehr Industrieunternehmen, sich mit der Frage der Umweltverträglichkeit ihrer Produktion auseinanderzusetzen. Die Konstruktionsziele für heutige metallbearbeitende Werkzeugmaschinen können nicht losgelöst voneinander betrachtet werden und haben häufig paradoxe Forderungen zur Folge. Bei spanenden Werkzeugmaschinen erfordern hohe Abtragsraten heute noch große Mengen Kühlschmierstoff zur Späneabfuhr und Kühlung der Zerspanstelle und des Maschinengestells. Kühlschmierstoff ist jedoch derzeit der Umweltsünder Nr. 1 in einem Zerspanprozeß [25, 26].

Eingangsgrößen | **Stoff- und Energieumsetzung in der Werkzeugmaschine** | **Ausgangsgrößen**

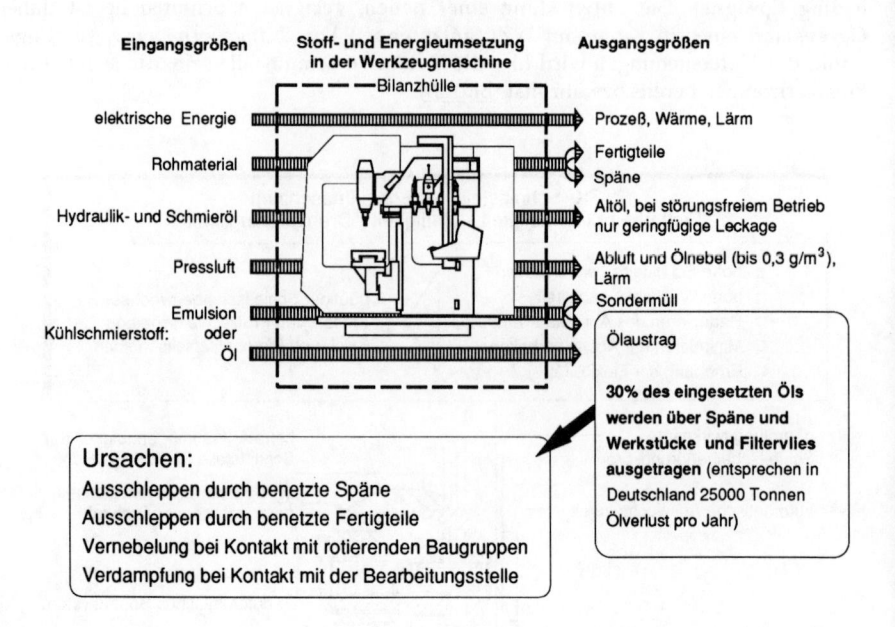

- elektrische Energie → Prozeß, Wärme, Lärm
- Rohmaterial → Fertigteile / Späne
- Hydraulik- und Schmieröl → Altöl, bei störungsfreiem Betrieb nur geringfügige Leckage
- Preßluft → Abluft und Ölnebel (bis 0,3 g/m^3), Lärm
- Kühlschmierstoff: Emulsion oder Öl → Sondermüll / Ölaustrag

Ursachen:
Ausschleppen durch benetzte Späne
Ausschleppen durch benetzte Fertigteile
Vernebelung bei Kontakt mit rotierenden Baugruppen
Verdampfung bei Kontakt mit der Bearbeitungsstelle

30% des eingesetzten Öls werden über Späne und Werkstücke und Filtervlies ausgetragen (entsprechen in Deutschland 25000 Tonnen Ölverlust pro Jahr)

Bild 30: Stoff- und Energiebilanz einer spanenden Werkzeugmaschine

Bilanziert man die Stoff- und Energieumsetzung eines Zerspanprozesses (Bild 30), so ergibt sich folgendes Bild:

Die zugeführte elektrische Energie dissipiert vollständig. Absolut gesehen, ist die Energiemenge jedoch gering und mit einem Durchschnittswert von weniger als 5% des Maschinenstundensatzes auch wirtschaftlich uninteressant. Zudem sind signifikante Einsparungen durch Verbesserungsmaßnahmen, z. B. durch eine Steigerung des elektrischen oder mechanischen Wirkungsgrades der Maschinenelemente, nicht zu erwarten. Die Bereitstellung hoher Anschlußleistungen, die für Beschleunigungsvorgänge benötigt werden, stellen jedoch einen erheblichen Kostenfaktor dar.

Das zugeführte Rohmaterial wird, der Primärfunktion der Maschine folgend, zu Fertigteilen verarbeitet, wobei aber immer auch Material zerspant, umgeformt, erodiert, chemisch oder mit Laser- bzw. Wasserstrahlen abgetragen wird. Wege, diesen verlorenen Materialanteil zu verkleinern, werden - wo möglich und wirtschaftlich sinnvoll - heute schon beschritten (z. B. die Near-Net-Shape-Technologie). Das Schmieden, Kaltmassivumformen, Feingießen und Sintern haben als Verfahren zur Vorgestaltung von Werkstücken mit der Aufgabe, das zur Erzielung der Endkontur abzutragende Materialvolumen zu minimieren, neue Bedeutung erlangt.

Das eingesetzte Schmier- und Hydrauliköl wird zum größten Teil in Form von Altöl rückgeführt und stellt damit zumindest keine primäre Belastung der Umwelt dar. Obwohl der Anteil des Schmieröles in Werkzeugmaschinen an der in Deutschland jährlich verbrauchten Gesamtölmenge von über 1 Mio. Tonnen eher gering und aus tribologischen Gründen rückläufig ist, wird auch hier über Möglichkeiten einer umweltgerechten Entsorgung nachgedacht. Zur deren Beurteilung wird häufig der durch die CEC-L-33-T-82 definierte Begriff der biologischen Abbaubarkeit herangezogen. Demnach gelten Substanzen als "biologisch schnell abbaubar", die nach 21 Tagen durch Bakterienkulturen zu über 70% zu H_2O, CO_2 und unschädlichen anorganischen Restverbindungen abgebaut werden. Bei einem Abbau von zwischen 20% und 70% spricht man von "potentiell biologisch abbaubar", bei Abbauraten unter 20% gelten die Substanzen als "nicht biologisch abbaubar". Bild 31 zeigt, daß bereits heute für die Schmierung von schnelldrehenden Spindellagern taugliche, synthetische Schmierstoffe zur Verfügung stehen, die als biologisch schnell abbaubar gelten [27]. Hochwertige Mineralöle, die durchaus schmierungstechnisch geeignet sein können, liegen hinsichtlich der biologischen Abbaubarkeit weitaus ungünstiger.

Kühlschmierstoffe (Öl oder Emulsion) werden dem Bearbeitungsprozeß zugeführt, um die Reibung zwischen Werkzeug und Werkstück bzw. Span zu verringern, Wärme aus Werkzeug, Werkstück und Span abzuführen und Späne von der Zerspanstelle zu entfernen. Der Ölanteil entspricht dabei in Deutschland jährlich einer Gesamtmenge von ca. 85000 Tonnen, wovon etwa 30%, was der erheblichen Menge von 25000 Tonnen entspricht, mit Spänen und Fertigteilen ausgeschleppt, vernebelt oder verdampft werden.

Das Recycling einer Werkzeugmaschine ist kein Thema, da der Guß- bzw. Stahlanteil, dessen Wiederverwertung seit langem gut funktioniert, deutlich überwiegt. Auch der für Werkzeugmaschinenbetten mitunter eingesetzte Reaktionsharzbeton läßt sich gut recyclen, da er nur geringste Mengen Öl aufnimmt. In erster Näherung lassen sich bisher ungelöste Fragen der Umweltverträglichkeit einer Werkzeugmaschine aus heutiger Sicht also auf das Problem des Kühlschmierstoffaustrags und der Kühlschmierstoffentsorgung reduzieren.

Maßnahmen im Sinne einer Bekämpfung der Ursache wie z. B. die Trockenbearbeitung oder der Verzicht auf Öl im Kühlschmierstoff sind für viele Fertigungsprozesse aus technologischer Sicht heute noch nicht möglich. Bei der Trockenbearbeitung stellen zusätzlich die bereits beschriebene thermische Beeinflussung von Werkzeug und Werkstück, Genauigkeitseinbußen durch thermoelastische Verformungen und Probleme bei der Späneabfuhr technische Hürden dar.

Klassifizierung des Abbauverhaltens nach CEC-L-33-T-82

Grad des Abbaus von 7,5 mg Testsubstanz in 150 ml mineralischer Nährlösung, versetzt mit 1ml Inoculum (Bakterienkultur aus Kläranlagen) nach 21 Tagen:

Abbaugrad	
> 70 %	biologisch schnell abbaubar
20 % - 70 %	biologisch potentiell abbaubar
< 20%	biologisch nicht abbaubar

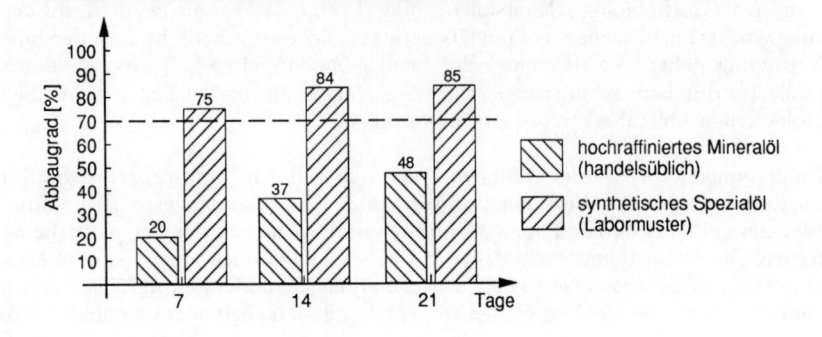

Bild 31: Biologisch schnell abbaubare Schmierstoffe für Spindellagerungen
(Quelle: Klüber Lubrication)

Maßnahmen im Sinne einer Bekämpfung der Wirkung wie z. B. die Vollkapselung der Maschine, das Spülen von Spänen und Werkstücken, das Zentrifugieren und Pressen der Späne und die vollständige Absaugung und Filterung von Ölnebel und Öldampf stellen weitere Lösungsansätze dar. Ein wichtiger Schritt ist das Substituieren aggressiver Additive in Kühlschmierstoffen, die vielfach auch nicht erforderlich sind, wie neuere Untersuchungen zeigen. Die Umstellung auf chlorfreie Prozesse wird mittlerweile vom VDI trotz der unbestrittenen technologischen Nachteile aufgrund der karzinogenen Wirkung chlorhaltiger Substanzen bei Einatmen und Hautkontakt und aufgrund der Bildung polychlorierter Dibenzodioxine (PCDD) bei der Entsorgung gefordert (Bild 32). Der Einsatz vegetabilischer, biologisch schnell abbaubarer Öle wie z. B. Rapsöl im Kühlschmierstoff bringt hingegen keine signifikanten Vorteile. Weder die Bewertung der human- und ökotoxikologischen Eigenschaften noch die biologische Abbaubarkeit lassen signifikante Unterschiede zwischen Kühlschmierstoffemulsionen mit vegetabilischen bzw. mineralischen Ölzusätzen erkennen. Grund hierfür ist, daß für beide Bewertungskriterien nicht die Öleigenschaften im Neuzustand, sondern vielmehr die mit beiden Ölen gleichermaßen erforderlichen Additive und die durch Verunreinigung und Kontakt mit der heißen Zerspanstelle entstehenden Reaktionsprodukte maßgeblich sind. Bei Emulsionen ist daher eine fachgerechte Überwachung und Pflege des Kühlschmierstoffs, die die Standzeit und damit die Länge der Wechselzyklen prägt, die wichtigste Voraussetzung für umweltschonende Produktion. Detaillierte Informationen zu diesem Themenkreis werden im 5. Kapitel dieses Bandes gegeben.

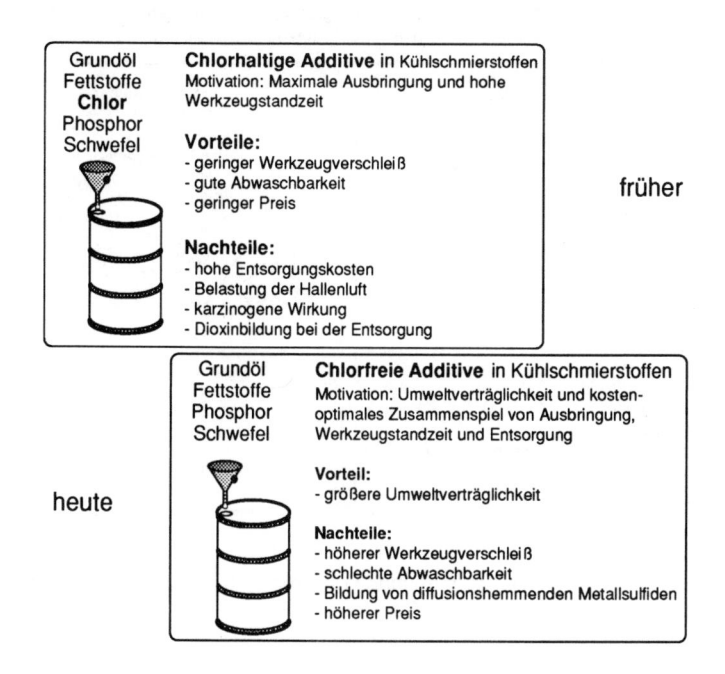

```
                                                                          früher
Grundöl       | Chlorhaltige Additive in Kühlschmierstoffen
Fettstoffe    | Motivation: Maximale Ausbringung und hohe
Chlor         | Werkzeugstandzeit
Phosphor
Schwefel      | Vorteile:
              | - geringer Werkzeugverschleiß
              | - gute Abwaschbarkeit
              | - geringer Preis

              | Nachteile:
              | - hohe Entsorgungskosten
              | - Belastung der Hallenluft
              | - karzinogene Wirkung
              | - Dioxinbildung bei der Entsorgung

                                                                          heute
Grundöl       | Chlorfreie Additive in Kühlschmierstoffen
Fettstoffe    | Motivation: Umweltverträglichkeit und kosten-
Phosphor      | optimales Zusammenspiel von Ausbringung,
Schwefel      | Werkzeugstandzeit und Entsorgung

              | Vorteil:
              | - größere Umweltverträglichkeit

              | Nachteile:
              | - höherer Werkzeugverschleiß
              | - schlechte Abwaschbarkeit
              | - Bildung von diffusionshemmenden Metallsulfiden
              | - höherer Preis
```

Bild 32: Vor- und Nachteile chlorhaltiger Additive in Kühlschmierstoffen

In diesem Zusammenhang müssen auch Anlagen zur Reinigung der Kühlschmierstoffe gesehen werden. Während jahrelang die Bandfilteranlagen mit Filtervlies in Dreh- und Fräsbearbeitungszentren Stand der Technik war, sucht man heute nach Alternativen, die ohne das als Sondermüll zu entsorgende Papiervlies auskommen. Durch Trommelfilter mit einer Siebglocke kann ohne zusätzliche Filterelemente, die entsorgt werden müssen, die gleiche Filterfeinheit erzielt werden (Bild 33).

8. Zusammenfassung

Bei der Entwicklung einer Werkzeugmaschine müssen eine Vielzahl von Forderungen und Randbedingungen eingehalten werden. Neben dem bei längerfristiger Betrachtungsweise sichtbaren Trend hin zu immer zuverlässigeren, präziseren und schnelleren Maschinen wird das in der Bevölkerung wachsende Umweltbewußtsein zunehmend spürbar. Vor dem Hintergrund einer allgemein schlechten Konjunkturlage muß die konstruktive Umsetzung derzeit jedoch vor allen Dingen kostengünstig erfolgen.

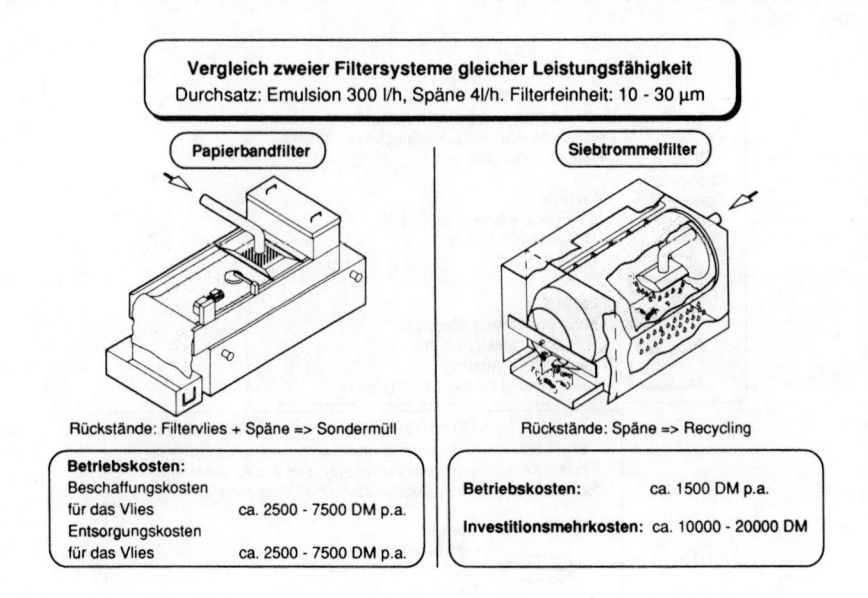

Vergleich zweier Filtersysteme gleicher Leistungsfähigkeit
Durchsatz: Emulsion 300 l/h, Späne 4l/h. Filterfeinheit: 10 - 30 µm

Papierbandfilter

Siebtrommelfilter

Rückstände: Filtervlies + Späne => Sondermüll

Rückstände: Späne => Recycling

Betriebskosten:
Beschaffungskosten
für das Vlies ca. 2500 - 7500 DM p.a.
Entsorgungskosten
für das Vlies ca. 2500 - 7500 DM p.a.

Betriebskosten: ca. 1500 DM p.a.
Investitionsmehrkosten: ca. 10000 - 20000 DM

Bild 33: Physikalische Filter zur Trennung von Spänen und Kühlschmierstoff
(nach: Chiron)

Trotz der angespannten Wirtschaftslage, die auch die kostenintensive Forschungs- und Entwicklungstätigkeit behindert, sind interessante Neuerungen sichtbar. Vor allem durch Funktions- und Verfahrensintegration, den Zuwachs an Sensorik und neue Entwicklungen auf dem Gebiet der Maschinenelemente werden konstruktive Lösungen möglich, die die Maschine nicht nur technisch leistungsfähiger sondern auch kostengünstiger machen.

Insbesondere der Umweltschutz wird aber durch eine Verschärfung bestehender Gesetze, die sich in schärferen Auflagen und höheren Entsorgungskosten äußert, zukünftig an Bedeutung gewinnen. So wird der Werkzeugmaschinenbau in den kommenden Jahren aus ökonomischen wie ökologischen Gründen verstärkt darüber nachdenken müssen, wie eine produzierende Werkzeugmaschine umweltverträglicher und damit kostengünstiger werden kann.

Literatur:

[1] N. N.: Metalworking Engineering and Marketing, November 1992, S. 28-36

[2] N. N.: Reihe 5 "Löhne, Gehälter und Arbeitskosten im Ausland", Fachserie 16 "Löhne und Gehälter", Statistisches Bundesamt, Juli 1992

[3] N. N.: Die HEYNUMATen, Firmenschrift der Heyligenstaedt GmbH & Co. KG, Gießen, 1991

[4] J. Thielcke: Gebündelte Arbeitsgänge, Industrieanzeiger 114(1992)45, S. 49-51

[5] N. N.: Monorail MMS, Firmenschrift der W. Schneeberger AG, Roggwil/CH, 1993

[6] W. König, D. Lung, M. Klinger, A. Berktold:Spanende Bearbeitung gehärteter Werkstücke mit Schneidkeramik und CBN, Vortrag auf dem Seminar "Moderne Schneidstoffe: Cermets, Schneidkeramik", TH Mannheim, 1991

[7] J. G. Endriz et. al.: High Power Diode Laser Arrays, IEEE Journal of Qantum Electronics 28(1992)4, S. 952 ff

[8] M. Weck, C. Plewnia, H.-P. May: Schwingungsmessung auf rotierenden Bauteilen - Beispiele für angewandte Meßverfahren, VDI-Bericht Nr. 904, VDI-Verlag, Düsseldorf 1991

[9] A. Koch: Experimentelle Untersuchung von Schrägkugellagern für Hochgeschwindigkeits-Spindellagersysteme, Lehrgang "Konstruktion von Spindellagersystemen für die Hochgeschwindigkeitsmaterialbearbeitung", TAE Esslingen, März 1993

[10] W. Haas: Berührungsfreie Wellendichtungen für flüssigkeitsbespritze Dichtstellen, Dissertation der Universität Stuttgart, 1986

[11] M. Weck: Werkzeugmaschinen, Band IV "Meßtechnische Untersuchung und Beurteilung", ISBN 3-18-400485-6, VDI-Verlag, Düsseldorf 1992

[12] M. Weck, R. Bonse: Abnahmebedingungen an Werkzeugmaschinen, VDW-Forschungsbericht Nr. 0157, Frankfurt 1992

[13] M. Weck, R. Bonse: Studie zum Thema Abnahmebedingungen an Werkzeugmaschinen - Bestandsaufnahme und Problemanalyse, Verein Deutscher Werkzeugmaschinenfabriken e. V., VDW-Forschungsbericht Nr. 0157, März 1992

[14] M. Weck, H. Ispaylar: Untersuchung von Wälzführungen zur Verbesserung des statischen und dynamischen Verhaltens von Werkzeugmaschinen, VDW-Forschungsbericht Nr. 0153, 1992

[15] A. Wieners: Vergleichende Untersuchung der erreichbaren Geanauigkeit von Präzisionsführungen, interner, nicht veröffentlichter Bericht der FhG/IPT, Aachen 1992

[16] M. Brüstle: Beitrag zur adaptiven Verbesserung der Arbeitsgenauigkeit von CNC-Werkzeugmaschinen durch mikroprozessorgestützte Istwertmodifikation, Dissertation an der Hochschule der Bundeswehr, Hamburg 1985

[17] M. Weck, I. Schubert, R. Bonse: Schneller und genauer; Industrie-Anzeiger 114(1992)47

[18] W. Haferkorn: Heavy Duty Portal Machining Centers, Vortrag auf der Konferenz "The International Machine Tool Engineers Conference", Osaka/Japan 1990

[19] J. M. Dehmer: Prozeßführung beim funkenerosiven Senken durch adaptive Spaltweitenregelung und Steuerung der Erosionsimpulse; Dissertation RWTH Aachen, VDI-Verlag GmbH, Düsseldorf 1992

[20] M. Weck, G. Kölsch: Finite-Element-Optimierung bei Berücksichtigung diskreter Parameterbeschränkungen, Konstruktion (1992)44, S. 237-241

[21] M. Weck, A. v. Arciszewski, T. Steinert: Without limits, Fabrik 2000 7(1991)2

[22] H. Lorösch: Betriebssichere Schmierung von Werkzeugmaschinenlagerungen, FAG Publikation Nr. 02 113 DA, Schweinfurt 1985

[23] G. Pritschow, W. Philipp: Linear-Asynchronmotoren für hochdynamische Bewegungen: Oft die bessere Lösung, Industrie-Anzeiger 113(1991)21

[24] D. Lembke: Auf dem Weg zur einheitlichen Schnittstelle zwischen Maschinen und Werkzeugen, Vortrag auf dem INFAG-Seminar "Tool Management", Schaffhausen 1989

[25] D. Becker: Kühlschmiermittel - technologische und arbeitsmedizinische Aspekte, Dissertation der Universität Nürnberg, 1989

[26] F. Kalberlah: Kühlschmierstoffe auf Rapsöl- oder Mineralölbasis?, wt 82(1992)4

[27] W. A. Kuppe: Die Schmierung hochdrehender Spindellager unter besonderer Berücksichtigung der Fettschmierung mit Hochgeschwindigkeitsfetten, Lehrgang "Konstruktion von Spindellagersystemen für die Hochgeschwindigkeitsmaterialbearbeitung", TAE Esslingen, März 1993

Mitarbeiter der Arbeitsgruppe für den Vortrag 4.1

Dr.-Ing. W. Adam, IPK
cand.-ing. C. Beck, WZL
Dipl.-Ing. R. Bonse, WZL
Prof. Dr.-Ing. E. Doege, IFUM
Dipl.Ing. W. Folkerts, WZL
Dr.-Ing. P. Grund, Chiron Werke GmbH
Dipl.-Ing. W. Haferkorn, Waldrich Siegen GmbH
Dipl.-Ing. G. Hanrath, WZL
Dipl.-Ing. N. Hennes, WZL
cand.-ing. M. Hoyer, WZL
Dipl.-Ing. H. Ispaylar, WZL
Dipl.-Ing. A. Koch, WZL
Dipl.-Ing. W. A. Kuppe, Klüber Lubrication München KG
cand.-ing. R. Leonhardt, WZL
Dipl.-Ing. F. Michels, WZL
Dipl.-Ing. H. Nebeling, WZL
Dipl.-Ing. N. Seidensticker, Schiess AG
Dr.-Ing. H. Stave, Hüller Hille GmbH
Dipl.-Ing. T. Steinert, WZL
Prof. Dr.-Ing. K. Teipel, Schiess AG
Dipl.-Ing. W. v. Zeppelin, Traub AG
Prof. Dr.-Ing. E. h. Dr.-Ing. M. Weck, WZL/FhG-IPT
Dipl.-Ing. H. Wiesner, WZL
Dr.-Ing. H.-H. Winkler, Chiron Werke GmbH

4.2 Die offene Steuerung - Zentraler Baustein leistungsfähiger Produktionsanlagen

Gliederung:

1. Ausgangssituation

2. Funktionsumfang und Defizite moderner NC-Steuerungen

3. Grundlagen offener Steuerungen
3.1 Begriffsdefinition "Offene Steuerung"
3.2 Existierende Standards und aktuelle Entwicklungen in bezug auf leistungsfähige externe Schnittstellen
3.2.1 NC-Programmierung
3.2.2 Offene Kommunikation
3.2.3 Standardisierte Benutzerschnittstelle
3.2.4 Schnittstellen zum Prozeß

4. Realisierung offener Steuerungen
4.1 Herstellerspezifisch offene Steuerungen
4.2 Herstellerübergreifend offene Steuerungen
4.3 Nutzung und Bewertung offener Steuerungen

5. Zusammenfassung und Ausblick

Kurzfassung:

Die offene Steuerung - Zentraler Baustein leistungsfähiger Produktionsanlagen
Funktionalität und Akzeptanz von Werkzeugmaschinen werden maßgeblich von der Leistungsfähigkeit der NC-Steuerung bestimmt. Gerade bei dieser wichtigen Maschinenkomponente drohen jedoch europäische Hersteller gegenüber japanischen Anbietern den Anschluß zu verlieren. In diesem Vortrag soll daher erörtert werden, mit welchen Maßnahmen wettbewerbssichernde Fortschritte auf dem Gebiet der NC-Steuerungen erzielt werden können. Im Mittelpunkt wird in den nächsten Jahren neben zahlreichen Einzelmaßnahmen zur Optimierung von Preis, Funktionalität, Leistung, Bedienkomfort und Bauvolumen die Schaffung offener Steuerungssysteme stehen. Offene Steuerungen ermöglichen die Bereitstellung flexibler, vom Maschinenhersteller auf die jeweilige Anwendung anpaßbarer Steuerungsfunktionen sowie die verstärkte Verwendung standardisierter Komponenten. Hierbei muß zwischen der "inneren" und der "äußeren" Offenheit einer Steuerung unterschieden werden. Die innere Offenheit ermöglicht Steuerungs- und Werkzeugmaschinenherstellern die flexible Anpassung einer Steuerung an unterschiedliche Bearbeitungsaufgaben und dient zur Senkung der Entwicklungskosten. Die äußere Offenheit betrifft demgegenüber eine stärkere Harmonisierung der NC-Programmierung, der Bedienung sowie der Schnittstellen zu Antrieben, Zellen- und Leitrechnern und ist somit für den Anwender von NC-Maschinen entscheidend.

Abstract:

The Open Controller - Central Element of Efficient Production Facilities
Functionality and acceptance of machine tools crucially depend upon the efficiency of numerical controllers (NC). European NC suppliers are in danger of loosing competitiveness compared to Japanese suppliers. This essay wants to point out appropriate measures to ensure the market position of European NC suppliers. Besides numerous measures to optimize costs, functionality, efficiency, operational comfort and volume, the development of open control systems will be of major importance in the close future. Open controllers enable the use of standardized components and flexible controller functions. These can be adapted to specific applications by the machine tool supplier. With regard to open controllers, it must be distinguished between the internal and the external openness. The internal openness helps controller and machine tool suppliers to adapt the controller to specific manufacturing tasks and can lead to a significant reduction of development costs. The external openness supports a stronger harmonisation of NC programming, user interface and communication interfaces and is therefore of major importance for the end user of machine tools.

Offene Steuerung 4-45

1. Ausgangssituation

Werkzeugmaschinen nehmen innerhalb der gesamten Industrie eine Schlüsselrolle ein. Funktionalität, Attraktivität und Akzeptanz komplexer Werkzeugmaschinen werden wiederum maßgeblich von der Leistungsfähigkeit der eingesetzten Steuerungssysteme bestimmt. Moderne Steuerungen ermöglichen komplexe, automatisierte Bearbeitungsvorgänge, hohe Geschwindigkeiten und Genauigkeiten, eine komfortable Programmierung und Bedienung der Maschine und vieles mehr, wobei die Wirtschaftlichkeit für den Anwender stets in den Mittelpunkt gestellt werden muß (Bild 1). Je nach Anzahl der zu steuernden Bewegungen sowie dem Automatisierungsgrad einer Maschine können elektrische und steuerungstechnische Komponenten durchaus bis zu 50 % der Gesamtkosten ausmachen.

Integrationsfähigkeit:
- BDE
- DNC
- CIM

Präzision:
- hochgenaue Meßsysteme
- exaktes Positionieren
- exaktes Verfahren
- Maschinenkompensation

Flexibilität:
- programmierbar
- Werkzeugkorrekturen
- Aufspannkompensation

Wirtschaftlichkeit der Werkzeugmaschine

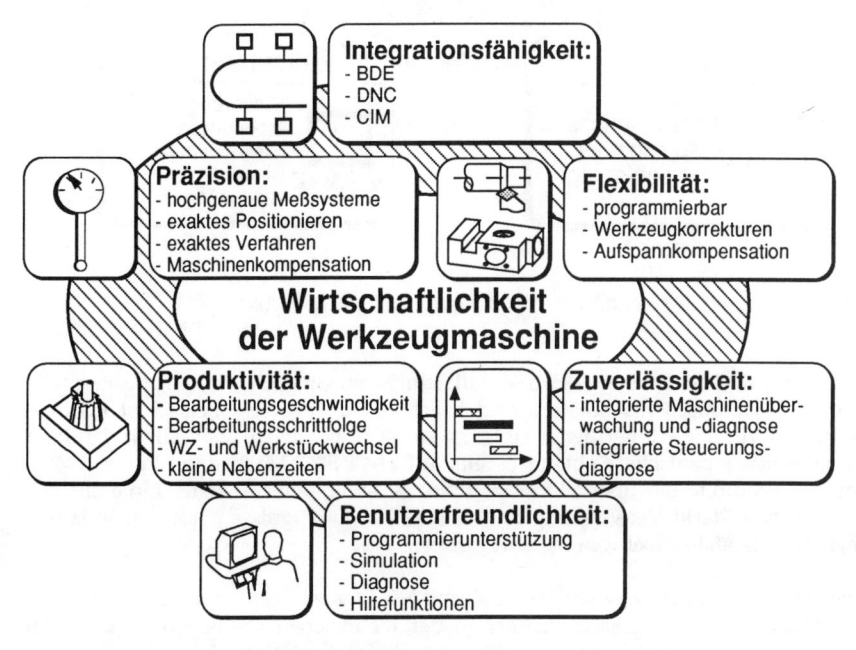

Produktivität:
- Bearbeitungsgeschwindigkeit
- Bearbeitungsschrittfolge
- WZ- und Werkstückwechsel
- kleine Nebenzeiten

Zuverlässigkeit:
- integrierte Maschinenüberwachung und -diagnose
- integrierte Steuerungsdiagnose

Benutzerfreundlichkeit:
- Programmierunterstützung
- Simulation
- Diagnose
- Hilfefunktionen

Bild 1:   Bedeutung der Steuerung für die Werkzeugmaschine

In Anlehnung an die steuerungstechnischen Aufgaben, die von Werkzeugmaschinen typischerweise ausgeführt werden müssen, hat sich die traditionelle Aufteilung in numerische Steuerung (NC), speicherprogrammierbare Steuerung (SPS), Antriebe sowie ggf. einen Zellen- oder Leitrechner durchgesetzt (Bild 2) [1]. Es ist allerdings zu erwarten, daß diese gerätetechnische Sichtweise in den nächsten Jahren einer mehr funktionsorientierten Gliederung weichen wird, da die bisher meist recht klaren Grenzen zwischen diesen Teilsystemen schwinden werden. Die Projektierung der Steuerungstechnik für Werkzeugmaschinen wird sich zunehmend zu einer Aufgabe entwickeln, die eine gesamtheitliche Betrachtungsweise erfordert [2].

NC
- Bearbeitungs-
  programm

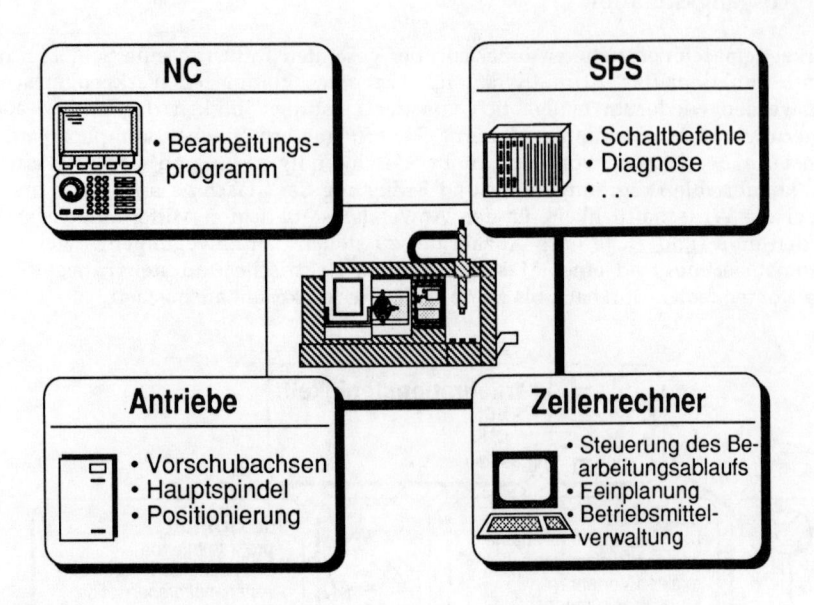

SPS
- Schaltbefehle
- Diagnose
- ...

Antriebe
- Vorschubachsen
- Hauptspindel
- Positionierung

Zellenrechner
- Steuerung des Bearbeitungsablaufs
- Feinplanung
- Betriebsmittelverwaltung

<u>Bild 2:</u> Steuerungstechnik an Werkzeugmaschinen (Überblick)

Gerade bei NC-Steuerungen drohen allerdings europäische Steuerungshersteller gegenüber japanischen Anbietern den Anschluß zu verlieren. Betrachtet man den Weltmarkt für NC-Steuerungen (<u>Bild 3</u>), so ist festzustellen, daß allein Fanuc als der führende japanische Anbieter bereits auf etwa 50% Marktanteil kommt. Während die Produkte der über 60 europäischen NC-Hersteller in erster Linie auf dem europäischen Markt Verwendung finden, sind die Erzeugnisse der wenigen japanischen NC-Hersteller weltweit stark verbreitet.

Vergleicht man japanische und europäische NC-Steuerungen, so bestehen die Stärken japanischer Erzeugnisse weniger in der technischen Leistungsfähigkeit, sondern vielmehr in dem meist sehr niedrigen Preis, der hohen Zuverlässigkeit, der hohen Qualität sowie den kurzen Produktentwicklungszeiten, aus denen ein hohes Innovationstempo resultiert. Aus der Sicht der Steuerungshersteller erweist sich auf dem europäischen Markt die große Technologievielfalt bei Werkzeugmaschinen als sehr problematisch: Es gibt im Gegensatz zu Japan nur wenige Großabnehmer von Steuerungen, hingegen viele Spezialanwendungen in meist sehr geringen Stückzahlen. Hierdurch wird die kostengünstige Produktion hoher Stückzahlen erschwert und der Entwicklungsaufwand der Steuerungshersteller zur Bereitstellung technologiespezifischer Sonderlösungen (z.B. für die Laserbearbeitung oder die Bearbeitung von Freiformflächen) erhöht.

Weltmarkt NC-Verbraucher

Stückzahl NC-Werkzeugmaschinen weltweit:
ca. 150.000 (1992)

- Sonstige 25%
- Japan 40%
- USA 5-10%
- Schweiz 5-10%
- Deutschland 20%

Weltmarkt NC-Hersteller

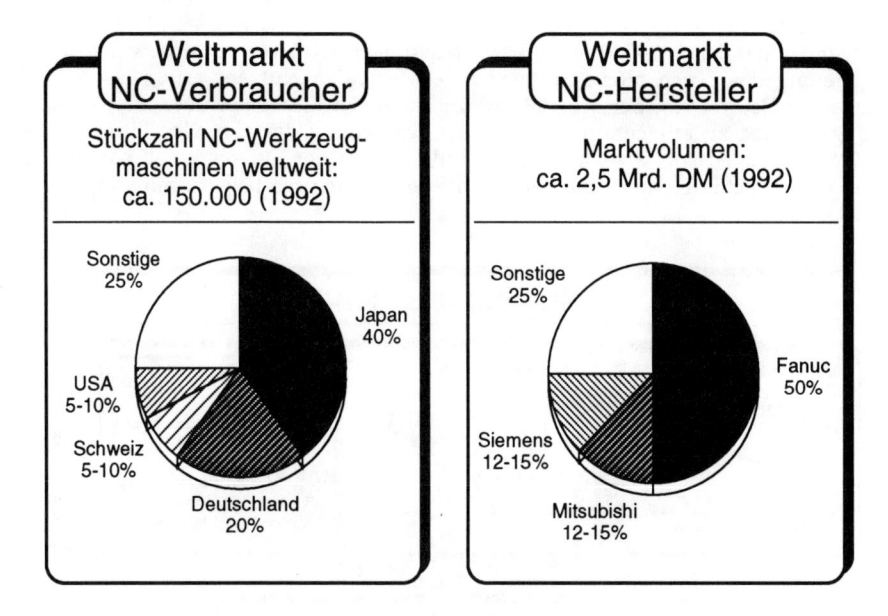

Marktvolumen:
ca. 2,5 Mrd. DM (1992)

- Sonstige 25%
- Fanuc 50%
- Siemens 12-15%
- Mitsubishi 12-15%

Bild 3: Weltmarkt NC-Steuerungen im Überblick (nach UBM)

Aufgrund dieser Marktsituation, die sich inzwischen zu einer ernstzunehmenden Gefahr für die europäische Industrie entwickelt hat, soll die NC-Steuerung im Mittelpunkt des folgenden Beitrags stehen. Hierbei soll allerdings im Auge behalten werden, daß eine vollkommen isolierte Betrachtung der NC-Steuerung nicht sinnvoll sein kann, sondern stets auch die anderen Steuerungskomponenten (SPS, Antriebe usw.) berücksichtigt werden müssen.

Vor dem Hintergrund der japanischen Vormachtstellung wird in Europa bereits seit einigen Jahren über geeignete Maßnahmen diskutiert, wie dieser Dominanz begegnet werden könnte [3, 4, 5, 6]. Als mögliche Antwort der Europäer wird in den nächsten Jahren neben zahlreichen Einzelmaßnahmen zur Optimierung von Preis, Leistung, Funktionalität, Bedienkomfort, Störanfälligkeit und Bauvolumen die Schaffung "offener" Steuerungen im Mittelpunkt stehen (Bild 4). Die wesentlichen Zielsetzungen offener Steuerungssysteme bestehen in der Bereitstellung flexibler, vom Maschinenhersteller in weiten Grenzen auf die jeweilige Anwendung anpaßbarer Steuerungsfunktionen sowie in der verstärkten Verwendung standardisierter Komponenten. Darüber hinaus soll durch eindeutig definierte, funktionsorientierte Schnittstellen die Integration in das beim Anwender bestehende fertigungstechnische Umfeld entscheidend vereinfacht werden.

Offene Steuerungen sind derzeit ein sehr aktuelles Thema, zu dem es zahlreiche, teils gegensätzliche Äußerungen und Stellungnahmen gibt. In diesem Beitrag soll erörtert werden, inwieweit durch die Schaffung derartiger offener Steuerungssysteme die Wettbewerbsfähigkeit europäischer Steuerungs- und Werkzeugmaschinenhersteller sichergestellt werden kann. Insbesondere sollen die wesentlichen Zielsetzungen bei der Entwicklung offener Steuerungen erörtert werden sowie eine Abschätzung des durch offene Systeme zu erwartenden Nutzens erfolgen, um eine genauere Beurteilung der sehr lebhaft geführten Diskussionen über offene Steuerungssysteme zu erleichtern. Neben einer Darstellung der aktuellen Situation bei NC-Steuerungen sowie verschiedenen Philosophien der Offenheit soll somit auch zur Versachlichung der Diskussion um offene Steuerungen beigetragen werden.

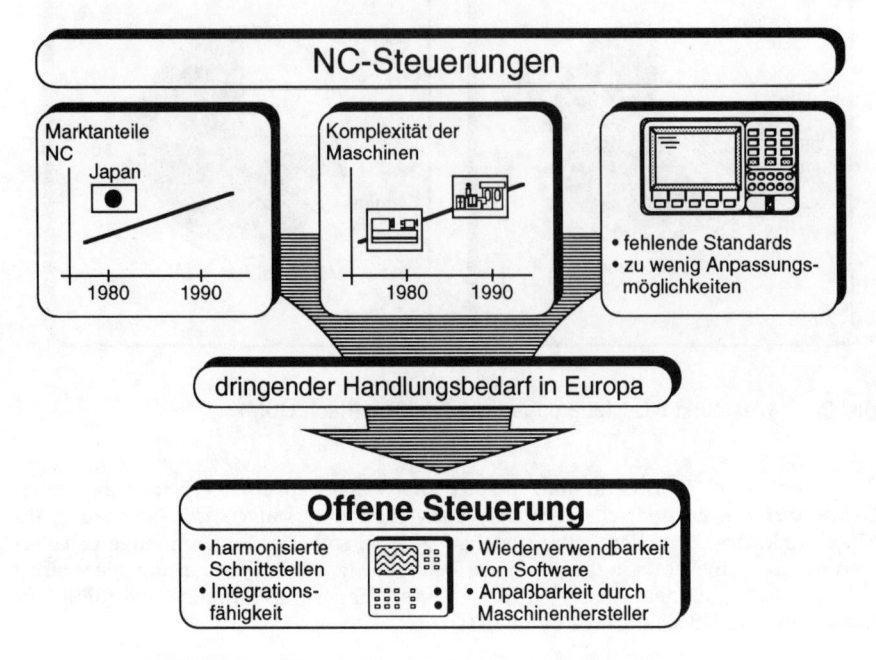

Bild 4: Motivation zur Entwicklung offener Steuerungssysteme

2. Funktionsumfang und Defizite moderner NC-Steuerungen

Wie Bild 5 verdeutlicht, verfügen NC-Steuerungen heutzutage über einen sehr hohen Leistungs- und Funktionsumfang [1], wenngleich der im Bild dargestellte Funktionsumfang nicht Bestandteil eines einzelnen Systems ist, sondern je nach Marktsegment verschiedene Untermengen der skizzierten Möglichkeiten realisiert sind. Aktuelle Neuentwicklungen sind derzeit unter anderem bei der Integration von PCs (z.B. für Verwaltungsaufgaben oder Benutzerschnittstelle), zunehmenden Anpassungsmöglichkeiten für den Maschinenhersteller sowie neuen Interpolationsverfahren (Splines, Nurbs) zu beobachten.

Die entscheidenden Problemfelder im Zusammenhang mit NC-Steuerungen bestehen jedoch derzeit weniger in der unzureichenden technischen Leistungsfähigkeit

Offene Steuerung 4-49

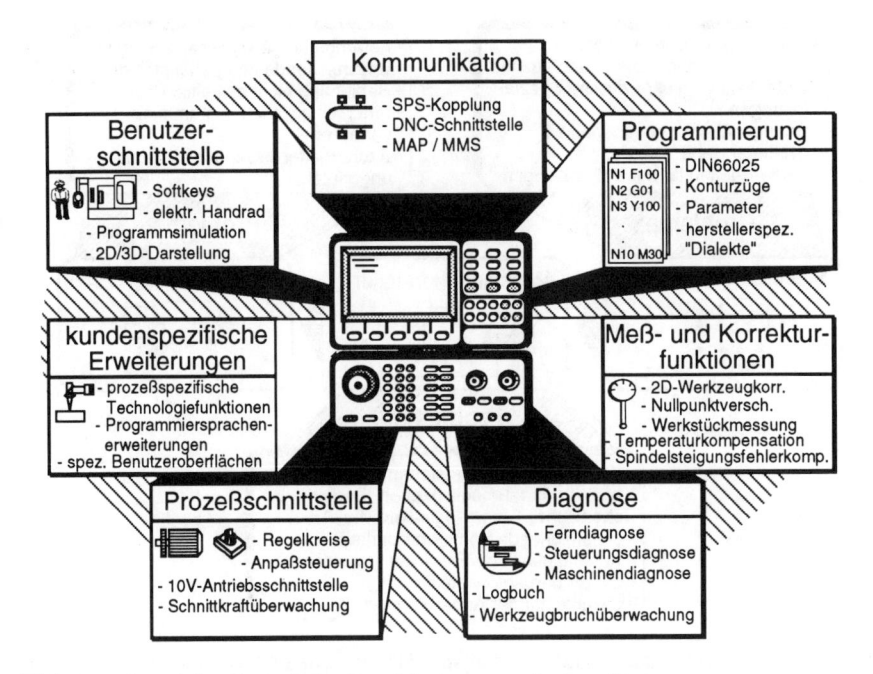

Bild 5: Stand der Technik im Bereich der numerischen Steuerungen

Kommunikation
- SPS-Kopplung
- DNC-Schnittstelle
- MAP / MMS

Benutzerschnittstelle
- Softkeys
- elektr. Handrad
- Programmsimulation
- 2D/3D-Darstellung

Programmierung
- DIN66025
- Konturzüge
- Parameter
- herstellerspez. "Dialekte"

kundenspezifische Erweiterungen
- prozeßspezifische Technologiefunktionen
- Programmiersprachenerweiterungen
- spez. Benutzeroberflächen

Meß- und Korrekturfunktionen
- 2D-Werkzeugkorr.
- Nullpunktversch.
- Werkstückmessung
- Temperaturkompensation
- Spindelsteigungsfehlerkomp.

Prozeßschnittstelle
- Regelkreise
- Anpaßsteuerung
- 10V-Antriebsschnittstelle
- Schnittkraftüberwachung

Diagnose
- Ferndiagnose
- Steuerungsdiagnose
- Maschinendiagnose
- Logbuch
- Werkzeugbruchüberwachung

der NC, sondern vor allem in zu hohen Entwicklungs- und Anpassungskosten sowie der unzureichenden herstellerübergreifenden Harmonisierung. Bild 6 vermittelt einen Überblick über die wichtigsten aktuellen Problemfelder im Zusammenhang mit NC-Steuerungen, wobei aufgrund der häufig sehr verschiedenen Betrachtungsebenen eine Differenzierung nach den wesentlichen an der Wertschöpfungskette beteiligten Partnern - den Steuerungsherstellern, den Werkzeugmaschinenherstellern sowie den Endanwendern - erfolgt.

Die Hauptprobleme des Steuerungsherstellers bestehen in den hohen Entwicklungskosten für neue Steuerungen, vor allem bei der Entwicklung der Software: Bestehende Programme der vorhergehenden Steuerungsgeneration eines Herstellers können nur selten wiederverwendet werden. Darüber hinaus müssen für zahlreiche Maschinenhersteller aufwendige technologiespezifische Anpassungen durchgeführt werden.

Seitens der Werkzeugmaschinenhersteller wird vor allem die nur unzureichend unterstützte Anpaßbarkeit von NC-Steuerungen auf spezifische Anwendungen sowie Anforderungen des Endanwenders bemängelt. Neben einer individuellen Gestaltung der Benutzerschnittstelle ist häufig eine Implementierung prozeßnaher Steuerungsfunktionen für Spezialanwendungen notwendig, die der Maschinenhersteller bislang häufig nicht selbständig, sondern nur in Kooperation mit dem Steuerungshersteller durchführen kann.

Steuerungshersteller
- geringe Losgrößen von NC
- hohe Entwicklungszeiten und -kosten
- viele technologiespezifische Speziallösungen
- geringe Wiederverwendbarkeit existierender Entwicklungen
- keine Kontinuität der Entwicklungen

Anwender
- heterogene, geschlossene Systeme
- unzureichende Integrationsfähigkeit
- Bedienung nicht einheitlich
- unterschiedliche Programmierverfahren
- Facharbeiterwissen bleibt häufig ungenutzt

Maschinenhersteller
- Kosten für steuerungstechn. Engineering
- geringe Anpaßmöglichkeiten (Bedienoberfläche, Technologie-Knowhow)
- unzureichende Konfigurierbarkeit
- Abhängigkeit von Entwicklungszyklen der Steuerungshersteller
- unzureichender Anpaßkomfort

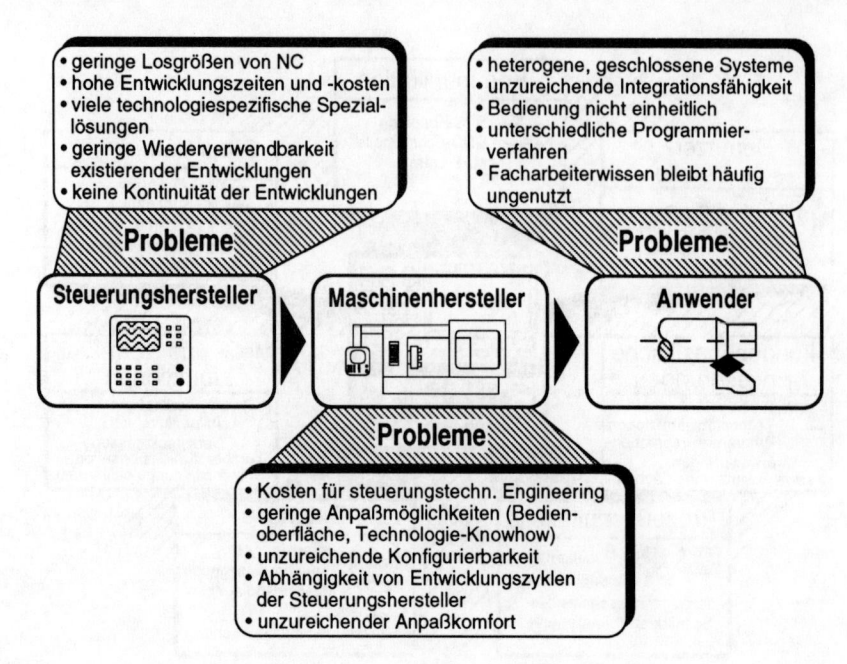

<u>Bild 6:</u> Gliederung der aktuellen Problemfelder im Zusammenhang mit NC-Steuerungen

Aus der Sicht des Endanwenders bereitet vor allem die unzureichende herstellerübergreifende Harmonisierung von NC-Steuerungen sowie deren Schnittstellen Probleme, wobei sowohl die Benutzerführung als auch die Integrationsfähigkeit der Steuerung von Bedeutung sind. Obwohl in vielen Bereichen Standards existieren, werden diese bislang nur unzureichend praktisch umgesetzt.

Faßt man diese Überlegungen zusammen, so wird deutlich, daß ein wesentlicher Schwerpunkt künftiger Bemühungen in einer Kostenreduzierung bestehen muß, so daß mit standardisierten, in größeren Stückzahlen herstellbaren Steuerungen in zunehmendem Maße auch Spezialanwendungen abgedeckt werden können. Die Lösung einer herstellerübergreifend offenen Steuerung, die im Mittelpunkt der weiteren Ausführungen soll, kann hier Abhilfe schaffen, indem sie eine einfache und kostengünstige Konfigurierbarkeit einer NC und damit eine flexible Anpassung an unterschiedliche Bearbeitungsaufgaben gestattet. Gerade der Maschinenhersteller wünscht sich häufig eine Möglichkeit zur Integration seines eigenen Knowhows.

Voraussetzung für eine modulare, flexible Steuerungsarchitektur ist eine stärkere Standardisierung funktionaler Steuerungsmodule sowie der Schnittstellen einer NC [7]. Darüber hinaus ist eine schnelle und einfache Einbindung der Steuerung in das Umfeld zu fordern, was durch eine stärkere Harmonisierung der NC-Programmierung sowie durch leistungsfähige Schnittstellen zum Benutzer, zum Prozeß

Offene Steuerung 4-51

und im Hinblick auf eine systemübergreifende Kommunikation erreicht werden kann.

In den folgenden Abschnitten soll genauer erörtert werden, wie diese Zielsetzungen mit Hilfe des Konzeptes einer offenen Steuerung erreicht werden können.

3. Grundlagen offener Steuerungen

Die grundsätzlichen Merkmale einer offenen NC-Steuerung bestehen darin,

- anderen Unternehmen als dem Steuerungshersteller die Integration eigener Funktionen mit möglichst geringem Aufwand zu ermöglichen,
- einheitliche Schnittstellen bereitzustellen, um den Austausch funktionaler NC-Module verschiedener Hersteller zu erlauben bzw. zu vereinfachen,
- einheitliche Schnittstellen nach außen für die Einbindung in das informationstechnische Umfeld der gesamten Fertigung bereitzustellen.

Für das Verständnis der Diskussion um "offene" Steuerungen ist allerdings zunächst eine genauere Begriffsdefinition zwingend erforderlich.

3.1 Begriffsdefinition "Offene Steuerung"

Grundsätzlich läßt sich der Begriff der "Offenheit" in eine "innere" und eine "äußere" Offenheit untergliedern (Bild 7). Dabei ist unter innerer Offenheit eine die steuerungsinternen Funktionen und ihre Schnittstellen betreffende Offenheit zu verstehen, während die äußere Offenheit alle steuerungsexternen Schnittstellen (z.B. zu anderen Steuerungen oder zu den Antrieben) umfaßt. Aus dieser differenzierten Betrachtung der Offenheit läßt sich unmittelbar ableiten, daß die innere Offenheit in erster Linie für Steuerungshersteller sowie den Werkzeugmaschinenbau von Bedeutung ist, während aus der Sicht des Endanwenders primär die äußere Offenheit von Interesse ist.

Im Mittelpunkt der aktuellen Diskussion steht die hier als innere bezeichnete Offenheit (Bild 8, links). Die Äußerungen der an der öffentlichen Diskussion Beteiligten divergieren sehr stark in der Interpretation des Begriffes; als Konsens läßt sich sicher feststellen, daß offene Systeme als Chakteristikum einen nicht ausschließlich dem Hersteller zugänglichen Teil haben. Der Zugriff auf diesen offengelegten Teil der Steuerung wird durch spezifische Hilfsmittel, wie z.B. Schnittstellenbeschreibungen und Entwicklungstools, erleichtert.

Erhebliche Meinungsunterschiede bestehen jedoch hinsichtlich der Fragen,

- welche Teile eines Steuerungssystems offengelegt werden sollten,
- wer auf diese Bereiche zugreifen dürfen sollte,

Offene Steuerung

Was heißt "offen"?

definierte, offengelegte Schnittstellen
(möglichst herstellerübergreifend)

Innere Offenheit
- offengelegte Softwareschnittstellen (prozeßnah, Benutzerschnittstelle usw.)
- konfigurierbare Hardware und Software (Baukastenmodule)

für Steuerungs- und Werkzeugmaschinenhersteller entscheidend

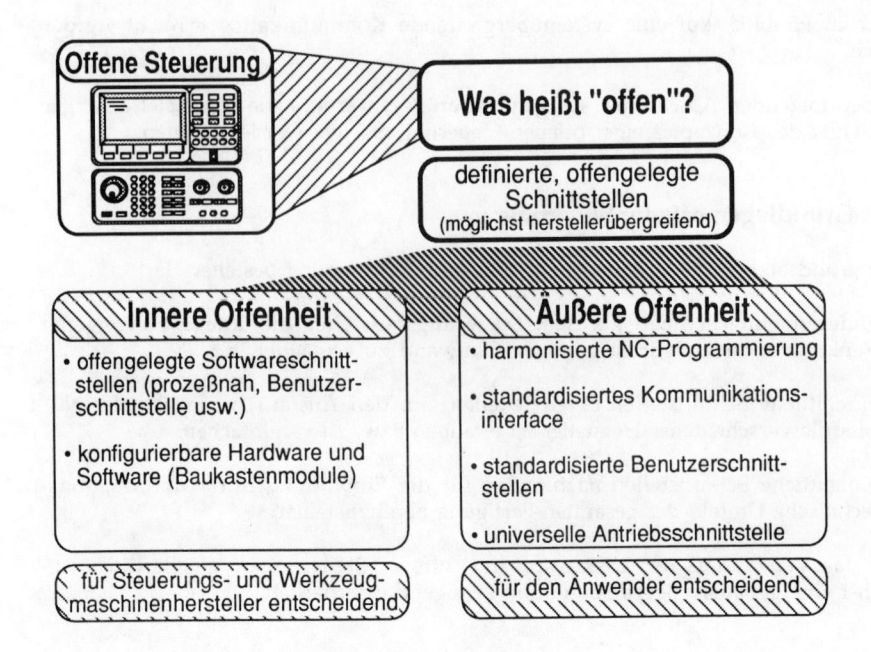

Äußere Offenheit
- harmonisierte NC-Programmierung
- standardisiertes Kommunikationsinterface
- standardisierte Benutzerschnittstellen
- universelle Antriebsschnittstelle

für den Anwender entscheidend

Bild 7: Begriffsdefinition "Offene Steuerung"

- ob die in diesen Bereichen geltenden Schnittstellendefinitionen herstellerunabhängig sein müssen,
- bis zu welchem Detaillierungsgrad der Eingriff in interne Funktionen durch einheitliche Schnittstellen festgelegt werden sollte und
- wie die sich daraus ergebenden technischen, organisatorischen und finanziellen Randbedingungen zu bewerten sind.

Beantworten lassen sich diese Fragen, indem man die Zielkriterien, die offene Steuerungen erfüllen sollen, heranzieht. Diese Zielkriterien lassen sich direkt aus den oben beschriebenen Problemen bestehender Systeme ableiten (vgl. Bild 6). Ziel der Entwicklung offener Systeme im Sinne der inneren Offenheit sollte es sein,

- als Maschinenhersteller einfach und möglichst in gleicher Art und Weise eigene Funktionen in unterschiedliche Steuerungssysteme integrieren zu können,
- als Steuerungshersteller Software so weit irgend möglich hardwareunabhängig entwickeln und sich damit von den extrem kurzen Hardware-Lebenszyklen entkoppeln zu können,
- Steuerungen schnell, einfach und preiswert an individuelle anwendungsspezifische Anforderungen anpassen zu können und
- existierende oder neu zu entwickelnde Funktionen auch externer Anbieter, wie z.B. Software-Häuser einbinden zu können.

Offene Steuerung 4-53

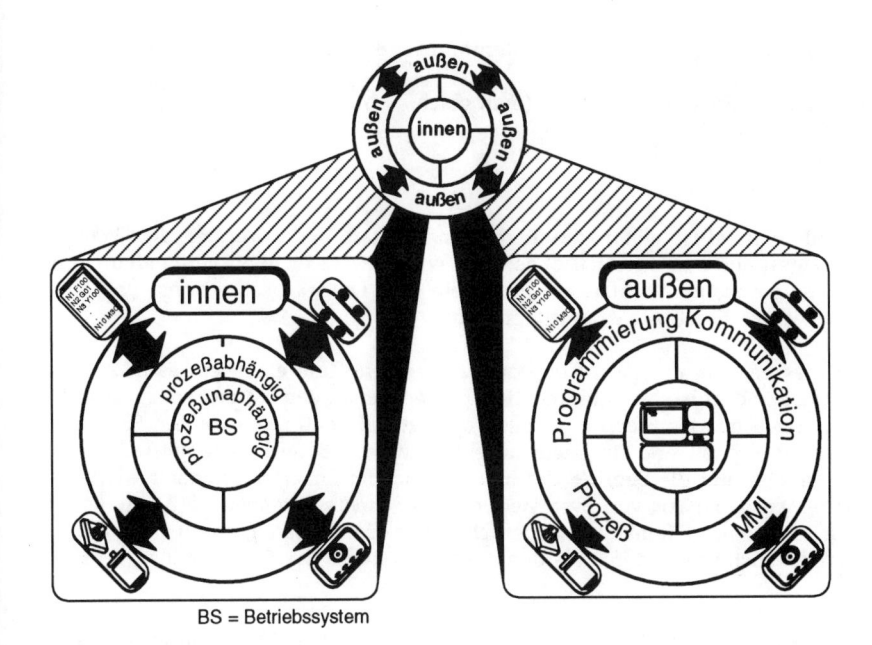

Bild 8: Darstellung der inneren und der äußeren Offenheit

BS = Betriebssystem

Akzeptiert man die hier genannten Ziele, so ergeben sich direkt einige Antworten auf die oben gestellten Fragen. Nur herstellerunabhängige offene Schnittstellen erlauben es dem Werkzeugmaschinenhersteller, mit vertretbarem Aufwand selbstentwickelte Funktionen in unterschiedliche Systeme zu implementieren. Um Funktionen herstellerunabhängiger Software-Häuser einbinden zu können, muß für diese ein auch stückzahlmäßig interessanter Markt bestehen. Dies wird durch herstellerunabhängige Schnittstellen ermöglicht. Die durch den Werkzeugmaschinenhersteller entwickelten Funktionen sind zumeist technologieorientiert und erfordern im allgemeinen Eingriffe in die Steuerung, die über den Bereich der Benutzerschnittstelle weit hinausgehen. Somit muß ihm der Eingriff in steuerungsinterne Funktionen bzw. der Zugriff auf interne Schnittstellen ermöglicht werden. Die durch den Werkzeugmaschinenhersteller oder externe Unternehmen bereitgestellten bzw. zu integrierenden Funktionen berühren den Kern der Steuerung nur in den seltensten Fällen. Auch ist der Eingriff in die meisten Blöcke des NC-Kerns, z.B. in die Interpolation, nicht sinnvoll. Ein solcher Block würde, wenn erforderlich, vollständig durch einen neuen Block ersetzt. Somit ist eine Unterteilung unterhalb der genannten Ebene nicht sinnvoll.

Im Rahmen der aktuellen Diskussion um offene Systeme wird ein Aspekt meist nur am Rande angesprochen. Dies ist die hier als äußere Offenheit bezeichnete Fähigkeit der Steuerung, möglichst einfach in ein bestehendes informationstechnisches Umfeld eingebunden zu werden (Bild 8, rechts). Diese Fähigkeit offener Systeme steht auf der Wunschliste des Endanwenders, also des Kunden der Werkzeugmaschinenhersteller und somit auch der Steuerungshersteller, ganz oben.

Diese äußere Offenheit läßt sich wiederum im wesentlichen in die vier Bereiche

- Benutzerschnittstelle oder MMI (man machine interface),
- Programmierschnittstelle,
- Prozeßschnittstelle und
- Kommunikation

unterteilen. In allen genannten Bereichen hat der Endanwender den Wunsch, Steuerungssysteme im Idealfall ohne oder, wenn dieser nicht zu vermeiden ist, mit möglichst geringem Anpaßaufwand in sein bestehendes produktions- und informationstechnisches Umfeld zu integrieren.

Daraus lassen sich nun zwei Konsequenzen ziehen. Zum einen gilt es in Zukunft, verstärkt standardisierte Schnittstellen in den genannten Bereichen zu schaffen. Zum anderen müssen Steuerungen so angelegt sein, daß ihre externen Schnittstellen einfach, schnell und in einem möglichst weiten Bereich parametrierbar sind. Hier kommen nun die Begriffe der inneren und der äußeren Offenheit wieder zusammen: Auf der Basis von Systemen, die über innere Offenheit verfügen, können die für die äußere Offenheit erforderlichen Funktionen bereitgestellt bzw. die Anpassungen auch von anderen als dem Steuerungshersteller durchgeführt werden.

3.2 Existierende Standards und aktuelle Entwicklungen in bezug auf leistungsfähige externe Schnittstellen

Beim Entwurf offener Systeme und der sie bestimmenden Schnittstellenspezifikationen ist es unumgänglich, bestehende und in der Entwicklung befindliche Normen und Quasi-Standards einzubinden. Nur so kann die erforderliche Akzeptanz des Anwenders gewährleistet werden. Der Bereich der Hardware wird bei der Diskussion um offene Steuerungssysteme bewußt ausgeklammert. Zum einen sollte die Festlegung von Standards in diesem Bereich vermieden werden, um neue Entwicklungen nicht zu blockieren. Zum anderen ist ein wichtiger Ansatz bei der Entwicklung offener Systeme, die Software soweit irgend möglich hardwareunabhängig zu erstellen. So soll ein mit vertretbarem Aufwand durchgeführter Wechsel auf neue leistungsfähigere Prozessoren unterstützt werden.

Auffallend ist, daß für die innere Offenheit bis heute weder Normen noch de-facto-Standards existieren. Die in der allgemeinen Datenverarbeitung bestehenden Standards im Softwarebereich sind für die Verwendung in Steuerungssystemen nicht oder nur bedingt geeignet. Erste Standards zeichnen sich hier z.B. mit der POSIX-Spezifikation ab, die die Standardisierung eines echtzeitfähigen UNIX-Betriebssystems zum Inhalt hat. Inwieweit sie die Forderungen nach Echtzeitfähigkeit und Offenheit erfüllen wird, ist zur Zeit Inhalt intensiver Diskussionen.

Die meisten Steuerungshersteller haben in der Vergangenheit versucht, unabhängig von Werkzeugmaschinenherstellern und Endanwendern sowie Mitbewerbern eine für ihre Bedürfnisse optimale Lösung zu finden. Dies bedeutet nicht etwa, daß der Hersteller bei der Entwicklung neuer Steuerungen die Wünsche und Anforderungen seiner Kunden, also der Werkzeugmaschinenhersteller und Endanwender,

Offene Steuerung 4-55

nicht berücksichigt hätte. Er betrachtete diese Wünsche jedoch als Anforderungen an ein geschlossenes System. Externe Eingriffe in die Steuerung wurden bei der Auslegung der gesamten Steuerung nicht oder zumeist nur am Rande in die Spezifikation aufgenommen. Die hieraus sowohl für ihn als auch seine Kunden entstehenden Probleme wurden bereits in vorhergehenden Kapiteln dargestellt.

Besonders im Bereich der Benutzerschnittstelle hat sich eine Reihe von für die äußere Offenheit relevanten Standards etabliert, die es zu berücksichtigen gilt (Bild 9). Diese Standards stammen teilweise aus dem Bereich der allgemeinen Datenverarbeitung, was deshalb von besonderem Interesse ist, weil die kommende Generation der Facharbeiter den Umgang mit Geräten der allgemeinen Datenverarbeitung, also in der Regel PCs, als selbstverständlichen Teil ihrer schulischen und beruflichen Ausbildung bereits kennengelernt hat.

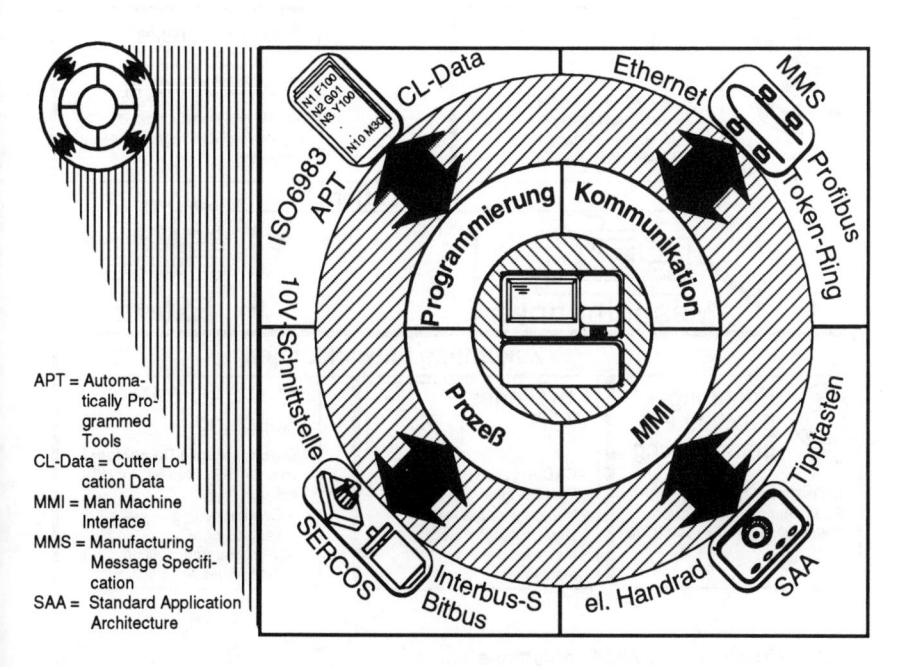

APT = Automatically Programmed Tools
CL-Data = Cutter Location Data
MMI = Man Machine Interface
MMS = Manufacturing Message Specification
SAA = Standard Application Architecture

Bild 9: Einbindung bestehender Standards

3.2.1 NC-Programmierung

Im Bereich der NC-Programmierung, die nach Bild 9 einen der äußeren Offenheit zugeordneten Bereich darstellt, bestehen mehrere unterschiedliche Ansätze, die aus den verschiedenen Informationspfaden und -quellen resultieren und sich teilweise ergänzen (Bild 10). Gemeinsamer Nenner all dieser Ansätze ist die mögliche Nutzung der DIN 66025 als Eingabeformat der Kern-NC. Man kann diese Norm mit einem Assembler-Programm vergleichen, auf das die unterschiedlichen höheren "Programmiersprachen" abgebildet werden.

Heute existiert eine enorme Zahl von NC-Programmen nach DIN 66025 bzw. ISO 6983. Diese Programme stellen für die Unternehmen einen wichtigen Produktionsfaktor dar. In DIN-Programmen sind die zu ihrer Erstellung aufgewendeten Kosten sowie ein großer Teil des dazu erforderlichen technologischen Know-Hows gebunden. Darum ist die Möglichkeit, diese Programme auch in Zukunft verwenden zu können, für diese Unternehmen von existentieller Bedeutung. Die Schnittstelle nach DIN 66025 genügt jedoch nach einhelliger Meinung von Entwicklern und Anwendern schon heute nicht mehr allen Anforderungen moderner Produktionssysteme. Deshalb werden derzeit vielfältige Anstrengungen unternommen, um für die NC-Programmierung und die CAM/NC-Verfahrenskette neue leistungsfähigere Lösungen zu erarbeiten.

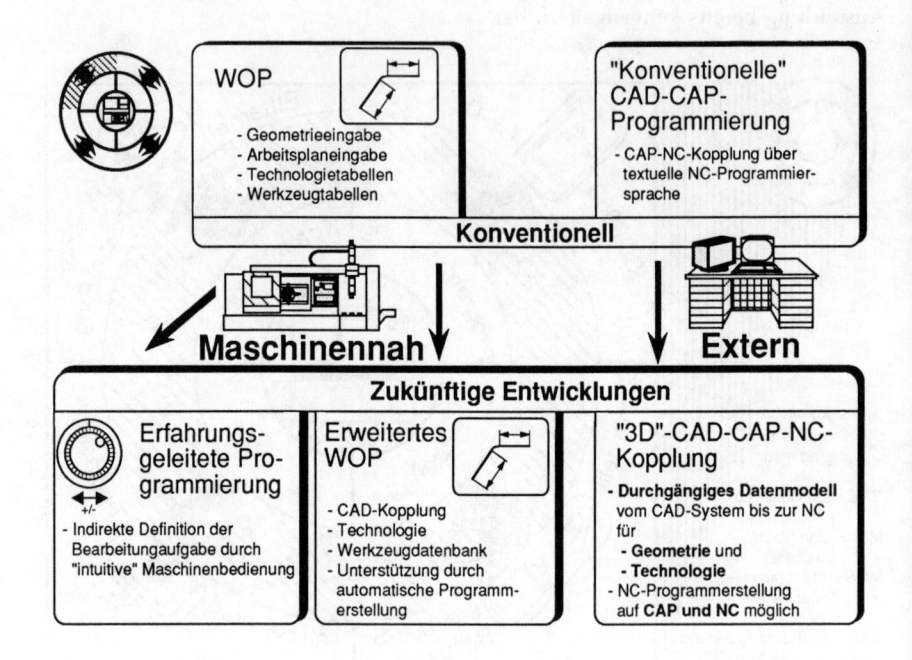

Bild 10: Trends in der NC-Programmierung

Unter Beteiligung des WZL werden zur Zeit u.a. im Rahmen des europäischen Forschungsprojektes MATRAS neue leistungsfähige Lösungen für die NC-Programmierung und die CAM/NC-Verfahrenskette auf der Basis offener, modularer Systeme entwickelt. Dabei liegt der Schwerpunkt auf der Definition mehrerer Schnittstellenniveaus, mit deren Hilfe sowohl leistungsstarke neue Steuerungen mit hoher Eigenintelligenz als auch bestehende Systeme eingebunden werden können. Ein wichtigerAspekt ist die Behandlung der technologischen Informationen. Indem die auf dem jeweiligen Niveau definierten technologischen Informationen gemeinsam mit der Geometrieinformation an die Steuerung übergeben werden, kann die Maschine als eigenständige Produktionseinheit wirksam unterstützt werden. Hierdurch werden aktuelle Strukturänderungen im Bereich der Fertigung hin zu kleineren, dezentralen und autonomen Einheiten berücksichtigt und gefördert. Diese neue Lösung für den Bereich der CAM/NC-Verfahrenskette wird selbstverständlich die auf der Basis der bisherigen Normen bestehenden Programme einbinden, d.h. sie wird (abwärts-)kompatibel sein.

3.2.2 Offene Kommunikation

Der zweite Bereich, in dem auch am WZL intensive Forschungs- und Entwicklungsarbeiten duchgeführt werden, ist die Kommunikation (Bild 11). Für neue Konzepte, die durch Schlagworte wie Lean Production oder die Fraktale Fabrik gekennzeichnet werden, ist unternehmensweite Kommunikation auf der Basis stabiler Standards unabdingbar. Als Beispiel seien hier die Bemühungen um die fertigungstechnisch orientierte Kommunikation mittels MMS (Manufacturing Message Specification) und seiner Companion Standards genannt [8, 9].

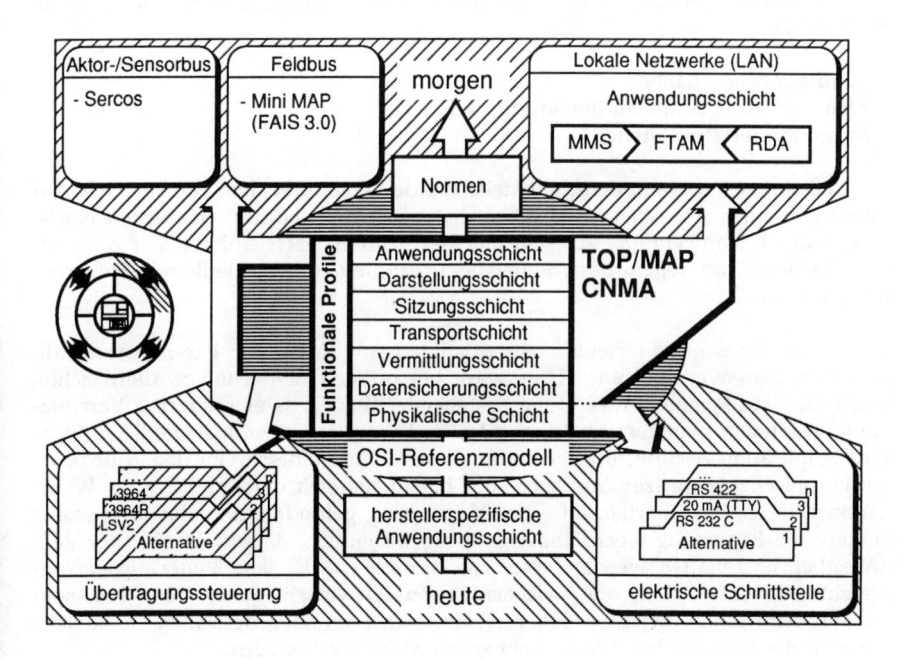

Bild 11: Externe NC-Kommunikationsschnittstellen

Im Bereich der MAP-Entwicklungen (Manufacturing Automation Protocol) gab es in der Vergangenheit eine Reihe von Problemen, die aus der Fixierung auf ein Bus-System, nicht abwärtskompatible neue Versionen und der fehlenden Berücksichtigung der fertigungstechnischen Belange resultierten. Die auf MAP aufbauende MMS-Spezifikation konnte in den letzten Jahren durch intensive Normungsarbeiten wesentlich weiterentwickelt werden. Teil dieser Spezifikation sind die Companion Standards. Sie dienen dazu, die allgemeinen Funktionen, die durch MMS abgedeckt werden, um für die spezielle Anwendungen erforderlichen Erweiterungen zu ergänzen. Einige Companion Standards konnten in der letzten Zeit fertiggestellt werden, so auch der für die NC-Steuerung maßgebliche NC-Companion Standard (ISO TC184/SC1/WG3).

Das zweite angesprochene Manko der MAP-Spezifikation, die Fixierung auf einen Bus als Basis, wurde in jüngster Vergangenheit zu Gunsten der Einbindung des defacto-Standards Ethernet fallen gelassen. So sollte nun einer weiteren Verbreitung von MAP/MMS-Anwendungen nichts mehr im Wege stehen.

3.2.3 Standardisierte Benutzerschnittstelle

Besonders signifikant treten einige Ansatzpunkte für offene Systeme im Bereich der Benutzerschnittstelle hervor. Diese läßt sich, wie in Bild 12 dargestellt wird, in die Bereiche

- Benutzungsoberfläche
- Elemente zur manuellen Steuerung und
- Programmierschnittstelle

unterteilen. Die Programmierschnittstelle wurde bereits mit dem Schwerpunkt auf datentechnischen Aspekten weiter oben diskutiert. Als eine der wichtigsten Forderungen des Endanwenders läßt sich hier der Wunsch nach einheitlicher oder auf den gleichen Grundregeln basierender Benutzung der unterschiedlichen Steuerungen erkennen.

Im Bereich der Benutzungsoberfläche existieren eine Reihe von Parallelen zur allgemeinen Datenverarbeitung. Hier wäre bei offenen Steuerungen allein schon durch die konsequente Anwendung bestehender Standards eine enorme Vereinfachung gegenüber heutigen Systemen möglich. Exemplarisch sei hier die SAA (Standard Application Architecture) genannt. Diese Richtlinie beschreibt den Aufbau einer graphischen Benutzeroberfläche und hat im Bereich der auf PC oder Workstation basierenden Oberflächen weite Verbreitung gefunden. Sie erleichtert insbesondere die Bedienung wechselnder Systeme wesentlich, da gewisse Grundregeln einheitlich eingehalten werden. Ihre Anwendung würde dem Steuerungsanwender einen Wechsel, nicht nur zwischen Produkten verschiedener Hersteller, sondern oft auch schon zwischen den verschiedenen Produkten desselben Herstellers, wie er in der betrieblichen Praxis nicht selten ist, sehr erleichtern.

Wesentliche Arbeiten im Bereich der Benutzerschnittstelle mit dem Schwerpunkt auf Elementen zur manuellen Steuerung werden am WZL im Rahmen des BMFT-Verbundprojektes CeA (Computerunterstützte erfahrungsgeleitete Arbeit) durchgeführt [10]. Dabei werden zum Zwecke der Prozeßbeobachtung Informationen aus dem Bearbeitungsprozeß dem Benutzer visuell, akustisch und taktil zugänglich ge-

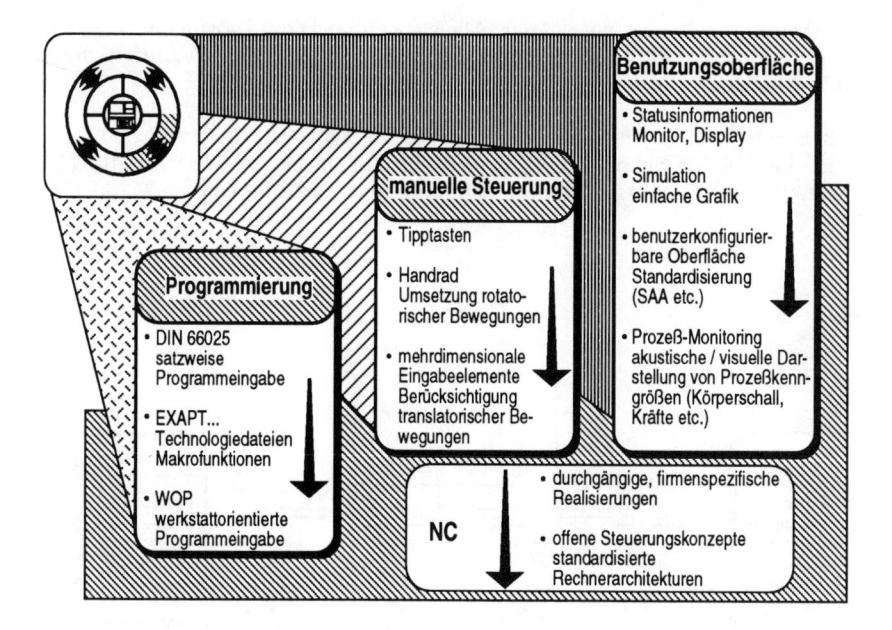

Benutzungsoberfläche
- Statusinformationen Monitor, Display
- Simulation einfache Grafik
- benutzerkonfigurierbare Oberfläche Standardisierung (SAA etc.)
- Prozeß-Monitoring akustische / visuelle Darstellung von Prozeßkenngrößen (Körperschall, Kräfte etc.)
- durchgängige, firmenspezifische Realisierungen
- offene Steuerungskonzepte standardisierte Rechnerarchitekturen

manuelle Steuerung
- Tipptasten
- Handrad Umsetzung rotatorischer Bewegungen
- mehrdimensionale Eingabeelemente Berücksichtigung translatorischer Bewegungen

Programmierung
- DIN 66025 satzweise Programmeingabe
- EXAPT... Technologiedateien Makrofunktionen
- WOP werkstattorientierte Programmeingabe

NC

Bild 12: Entwicklungstendenzen im Bereich "Mensch-Maschine-Schnittstelle"

macht. Für die Prozeßführung, also die Steuerung der Maschine, stehen ihm neue teils mehrdimensionale Bedienelemente als Arbeitshilfen zur Verfügung. Wesentlich ist, daß diese Bedienelemente mit Rückkopplungsmechanismen ausgestattet sind, die dem Benutzer einen direkteren Zugang zum Prozeß ermöglichen (z.B. Kraftrückkopplung). Wichtigstes Ziel ist in diesem Zusammenhang die Prozeßbeherrschung durch stärkere Einbeziehung des Erfahrungswissens der Facharbeiter.

3.2.4 Schnittstellen zum Prozeß

Im Bereich der Prozeßschnittstelle gibt es bereits heute eine Vielzahl unterschiedlicher Lösungen [11, 12]. Die hier eingesetzten sogenannten Feldbusse kann man grob in zwei Gruppen unterteilen. Auf der einen Seite existieren Busse, die für dedizierte Aufgaben zugeschnitten sind. Beispiele hierfür sind Sercos (Antriebe) und Interbus-S (binäre Aktoren und Sensoren). Auf der anderen Seite stehen Busse, die allgemein verwendet werden können, wie Profibus oder P-Net. Bei all diesen Standards sei darauf hingewiesen, daß die Erfüllung einer Spezifikation in unterschiedlichem Grade erfolgen kann, die Produkte aber dennoch als standard-konform gelten können.

Besondere Bedeutung sowohl in technischer als auch finanzieller Hinsicht hat bei NC-Steuerungen sicherlich die Antriebsschnittstelle. Sie ist Voraussetzung für die Funktion jeder Maschinenachse und somit an jeder numerisch gesteuerten Werkzeugmaschine mehrfach vorhanden. Alle neu entwickelten Lösungen setzen hier auf die Ablösung der traditionellen analogen 10V-Schnittstelle durch digitale Schnittstellen.

Ein Beispiel für eine offene digitale Schnittstelle zwischen Steuerung und Antrieben ist die SERCOS-Schnittstelle [13]. Erste Produkte, die auf dieser in Bild 13 zusammengefaßten Schnittstellenspezifikation basieren, sind bereits am Markt erhältlich.

Sercos
(Serial Real Time Communication System)

Numerische Steuerung

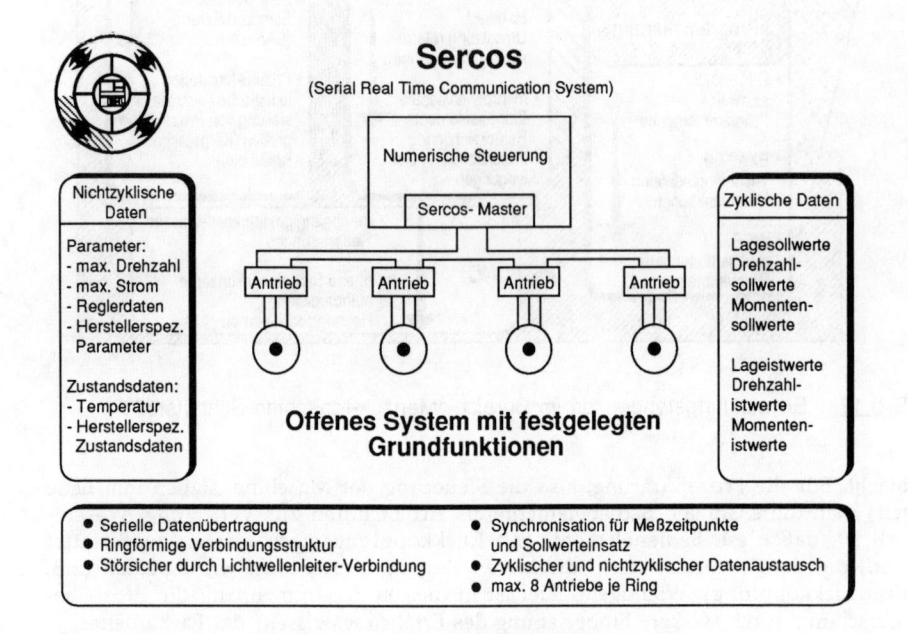

Nichtzyklische Daten	Sercos-Master	Zyklische Daten
Parameter: - max. Drehzahl - max. Strom - Reglerdaten - Herstellerspez. Parameter Zustandsdaten: - Temperatur - Herstellerspez. Zustandsdaten	Antrieb Antrieb Antrieb Antrieb **Offenes System mit festgelegten Grundfunktionen**	Lagesollwerte Drehzahl-sollwerte Momenten-sollwerte Lageistwerte Drehzahl-istwerte Momenten-istwerte

- Serielle Datenübertragung
- Ringförmige Verbindungsstruktur
- Störsicher durch Lichtwellenleiter-Verbindung
- Synchronisation für Meßzeitpunkte und Sollwerteinsatz
- Zyklischer und nichtzyklischer Datenaustausch
- max. 8 Antriebe je Ring

Bild 13: Sercos als Beispiel für eine offene Antriebsschnittstelle

Der Hauptvorteil dieser digitalen Antriebsschnittstelle liegt in der beliebigen Kombinierbarkeit von Antrieben und Steuerungen verschiedener Hersteller. Darüber hinaus unterstützt diese Spezifikation völlig neue Funktionalitäten wie z.B. die Rückmeldung von Antriebsdaten an die NC. Interessanterweise gibt es in Japan ähnliche, aber herstellerspezifische Ansätze und Lösungen. Die Diskussion darüber, ob die SERCOS-Schnittstelle mit ihrer Protokoll-Umsetzung in Form eines jetzt verfügbaren ASICs mit einer Übertragungsrate von 4 MBaud über genügend Leistungsvermögen auch für zukünftige Anwendungen verfügt, ist noch in vollem Gange. Hier müssen sicher noch Erfahrungen mit verschiedenen auf SERCOS basierenden Konzepten zur Regelung abgewartet werden. Einen Rückschlag erlitt die SERCOS-Initiative jedoch vor kurzem durch die Entscheidung von Siemens, anstelle von SERCOS eine Antriebsschnittstelle in Anlehnung an eine neue erweiterte Profibus-Spezifikation zu entwickeln.

Offene Steuerung 4-61

Als Fazit dieser Überlegungen sei festgehalten, daß neue Steuerungskonzepte nur dann eine Chance haben werden, wenn es gelingt, diese existierenden oder in der Entwicklung befindlichen Standards zu integrieren. Eine solche Integration kann auf der Basis einer offenen Lösung einfacher geschehen als dies bei existierenden geschlossenen Lösungen möglich ist.

4. Realisierung offener Steuerungen

Das wesentliche Merkmal der meisten als offen bezeichneten existierenden NC-Steuerungen ist eine gewisse herstellerspezifische innere Offenheit. Steuerungen, die z.B. mehrere Programmierformate (DIN 66025, DIN 66215, VDA-FS etc.) im Sinne einer äußeren Offenheit verarbeiten können, sind die Ausnahme [14].

Die Art, in der offene Systeme im Sinne einer inneren Offenheit realisiert werden sollen, ist zur Zeit Gegenstand vieler Diskussionen. Einige Hersteller tendieren zu der Meinung, allein die Verwendung von PC-Komponenten bewirke bzw. bedeute schon die gewünschte Offenheit [15]. Sie betrachten den PC als den defacto-Standard für die Steuerung der Zukunft. Zwar ist es richtig, daß Standard-PC-Komponenten in sehr großen Stückzahlen und zu sehr günstigen Stückpreisen hergestellt und angeboten werden. Dies muß jedoch bei der Betrachtung des NC-Steuerungsbereiches relativiert werden. Eine Steuerungslösung mit ihren spezifischen Anforderungen an die verwendete Hard- und Software, die vollständig auf der Basis von PC-Komponenten realisiert würde, ist, abgesehen von technischen Gesichtspunkten, auch preislich nicht immer günstiger als momentan erhältliche Systeme mit vergleichbarem Leistungsvermögen.

Die Problematik der steuerungsinternen Schnittstellen wurde in den letzten Jahren erkannt und im Rahmen mehrerer - auch außereuropäischer - Initiativen aufgegriffen [16-19]. In den USA wurde bereits vor einigen Jahren eine unter dem Stichwort "Next Generation Controller" (NGC) bekannt gewordene Initiative gestartet. Ziel der zur Zeit laufenden Aktivitäten ist hier insbesondere die "Specification for an Open System Architecture Standard" (SOSAS). Der Schwerpunkt der Arbeiten ist auf die Entwicklung von Spezifikationen und Schnittstellendefinitionen (NML - Neutral Manufacturing Language) für NC-Steuerungen, Robotersteuerungen sowie Meßmaschinensteuerungen gerichtet. Die Relevanz dieser Aktivitäten für den europäischen Bereich muß jedoch in Frage gestellt werden. Dies gilt besonders, da der Anteil der amerikanischen Werkzeugmaschinenhersteller und in deren Gefolge auch Steuerungshersteller, die dem Ansturm der japanischen Konkurrenz bisher trotzen konnten, gering ist.

Die noch starken europäischen Steuerungshersteller konnten erst in jüngster Vergangenheit im Rahmen des OSACA-Projektes innerhalb des ESPRIT-Programmes, auf das weiter unten noch eingegangen werden soll, zu einer Zusammenarbeit mit dem Ziel einer Spezifikation und darauf aufbauend prototypischen Realisierung einer offenen Steuerungsarchitektur bewegt werden. Diese Entscheidung muß sicherlich im Lichte der gegenwärtigen Marktsituation gesehen werden. Die Bedeutung offener Spezifikationen und Schnittstellen wird ungeachtet dessen durch diese Aktivitäten eindringlich bestätigt.

4.1 Herstellerspezifisch offene Steuerungen

Auch heute schon gibt es eine Reihe von NC-Steuerungen, die mit unterschiedlicher Berechtigung für sich in Anspruch nehmen, offen zu sein. Unterschiedlich ist bei ihnen der Grad, bis zu welchem dem Werkzeugmaschinenhersteller ein Eingriff in die internen Funktionen möglich ist. Gemeinsam ist ihnen allen, daß zur Zeit noch keine herstellerunabhängige Schnittstellenbeschreibung existiert, so daß jede auf diesen offenen Systemen realisierte Lösung bei der Portierung auf die Steuerung eines anderen Herstellers vollständig neu implementiert werden muß. Der dadurch entstehende Entwicklungsaufwand stellt extreme Anforderungen an die Personalkapazitäten des Werkzeugmaschinenherstellers und verursacht trotz der durch den Steuerungshersteller offengelegten internen Schnittstellen hohe Kosten.

Sehr unterschiedlich wird von Herstellern existierender Systeme der Begriff der Offenheit ausgelegt. Einige Hersteller stellen sich auf den Standpunkt, die Möglichkeit zur Konfiguration der Benutzeroberfläche oder die Möglichkeit, Korrekturwerte für die Wegberechnungen als Anwender einzubinden, kennzeichne diese Steuerung schon als offen [20-22]. Bei einigen neueren Entwicklungen ist jedoch ein weitgehender Eingriff auch in die internen Funktionen möglich [23, 24]. Anhand zweier Beispiele soll die mit Hilfe der erhältlichen Systeme vor allem für den Werkzeugmaschinenhersteller realisierbare Flexibilität verdeutlicht werden.

Anhand eines ersten Beispiels wird die Gestaltung individueller Oberflächen gezeigt (Bild 14). Die Projektierbarkeit der Oberfläche, der nach übereinstimmender Aussage der Anwender eine große Bedeutung zukommt, wird im dargestellten System durch die Bereitstellung eines Werkzeugkastens wirksam unterstützt. Er besteht aus der Sicht des Benutzers, also des Werkzeugmaschinenherstellers, aus einem Objekt- und einem Regeleditor. Mit ihrer Hilfe ist der Anwender in der Lage, eine an seine Bedürfnisse optimal angepaßte und seine individuelle Lösung betonende Oberfläche relativ einfach und sicher zu erstellen. Auf diese Weise wäre es zum Beispiel prinzipiell möglich, die Benutzungsoberflächen beliebiger Steuerungen nachzuempfinden. Durch die bereitgestellten Hilfsmittel wird darüber hinaus mit Hilfe standardisierter Gestaltungselemente und von Design-Richtlinien einerseits die benutzergerechte Gestaltung sichergestellt und andererseits die Einhaltung bestehender Standards unterstützt. Darüber hinaus ist es dem Werkzeugmaschinenhersteller selbstverständlich freigestellt, die durch den Steuerungshersteller als Standard mitgelieferte Benutzeroberfläche unverändert zu übernehmen und so den Aufwand für individuelle Anpassungen zu sparen.

Die Einbindung technologischer Funktionen in eine NC-Steuerung, wie sie besonders für Werkzeugmaschinenhersteller im Bereich der angepaßter Lösungen von Bedeutung ist, wird in Bild 15 verdeutlicht. Hierbei kommt der Unterstützung des Werkzeugmaschinenherstellers durch den Steuerungsanbieter besondere Bedeutung zu. Der Maschinenhersteller nutzt die Schnittstellen, die vom Steuerungshersteller innerhalb der NC-internen Software zur Verfügung gestellt werden, in Form sogenannter Events. An diesen Events kann von der Steuerung in die spezifischen Funktionen des Werkzeugmaschinenherstellers verzweigt werden. Innerhalb dieser durch den Maschinenhersteller programmierten Routinen können wiederum

Offene Steuerung

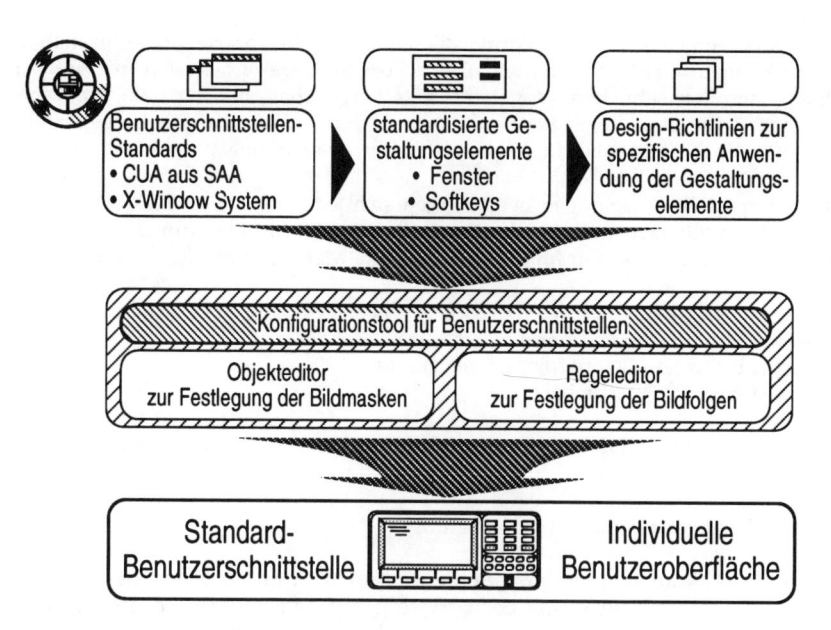

Bild 14: Projektierbarkeit der Benutzeroberfläche (nach Bosch)

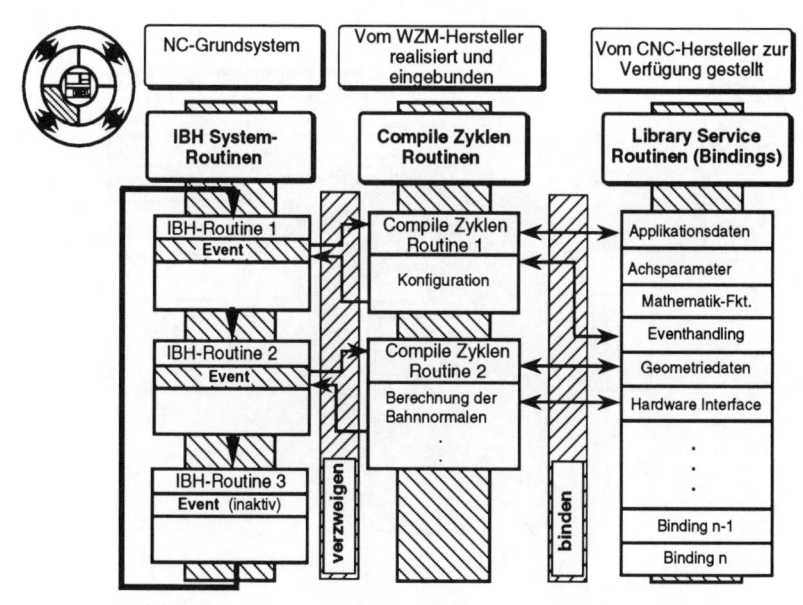

Bild 15: Beispiel einer mit offengelegten internen Schnittstellen realisierten Funktion (sensorgeführte Bahnkorrektur nach IBH)

die vom Steuerungshersteller in Form von Bibliotheken (Libraries) bereitgestellten Grundfunktionen verwendet werden. Diese Vorgehensweise läßt sich mit der bei heutigen Compilern üblichen Vorgehensweise vergleichen, bei der dem Programmierer eine Reihe grundlegender Funktionen in Form von Libraries bereitgestellt werden, die durch den Linker in das lauffähige Programm eingebunden werden.

Die hier dargestellten Lösungen beschränken sich jedoch bei aller Flexibilität und Anwenderfreundlichkeit auf einzelne herstellerspezifische Steuerungen. Für offene Systeme nach IEEE müsen hingegen bestimmte Merkmale erfüllen. Sie müssen

- vendor-neutral (herstellerunabhängig),
- consensus-driven (durch Konsens getragen),
- standards-based (auf Standards basierend) und
- freely available (frei verfügbar)

sein. Diese Anforderungen erfüllen die bisher geschilderten Lösungen nicht.

4.2 Herstellerübergreifend offene Steuerungen

Eine offene, funktional orientierte Steuerungsarchitektur im Sinne der inneren Offenheit wird, wie bereits weiter oben erwähnt, zur Zeit im Rahmen des OSACA-Projektes entwickelt. Im Mittelpunkt steht dabei die Definition einer hardwareunabhängigen Referenzarchitektur. Diese wird auf Funktionseinheiten basieren (Bild 16). Aus einer funktionalen Gliederung der Teilaufgaben, die neben den NC-

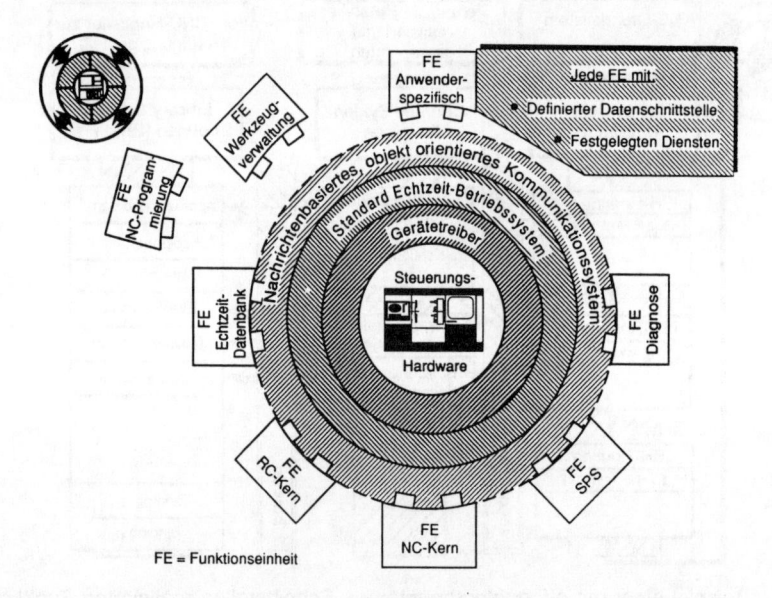

Bild 16: Offene funktionsorientierte Steuerungsarchitektur (OSACA)

Offene Steuerung 4-65

Funktionen auch SPS- und Zellenrechnerfunktionen umfassen können, wird ein hierarchisches Architekturmodell mit minimalem Datenaustausch zwischen beauftragbaren Funktionen abgeleitet. So soll die beliebige Konfiguration einer Steuerung mit notwendigen und optionalen Funktionseinheiten erleichtert bzw. ermöglicht werden. Als ein wichtiges Ergebnis soll so die Möglichkeit geschaffen werden, die Funktionalität der Steuerung herstellerunabhängig zu erweitern.

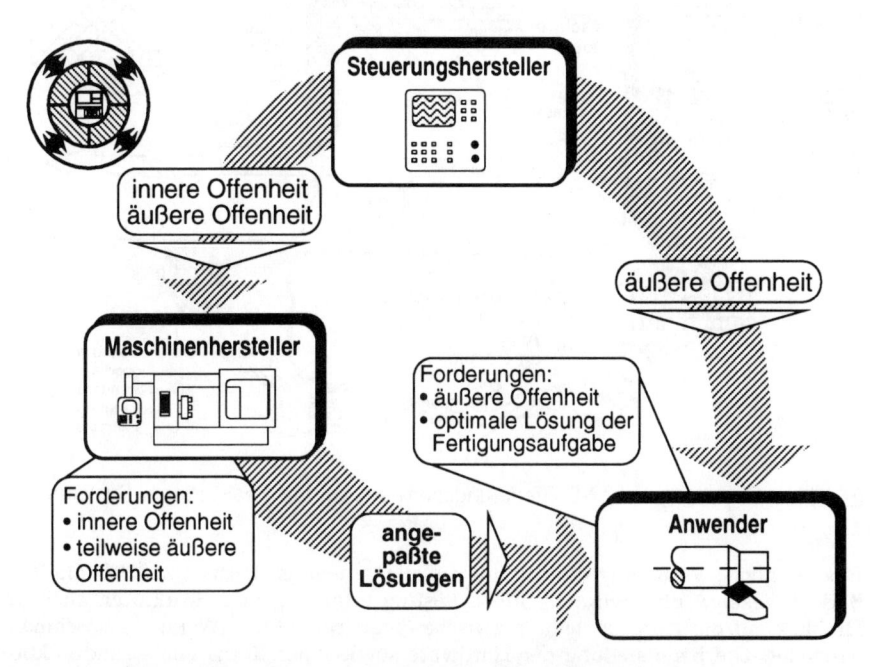

Bild 17: Bereitstellung und Nutzung offener Steuerungssysteme

In Bild 17 wird zunächst in allgemeiner Form veranschaulicht, auf welche Weise die innere bzw. die äußere Offenheit einer Steuerung zusammenwirken. Die Forderung des Anwenders nach äußerer Offenheit sowie nach einer optimalen Lösung der Fertigungsaufgabe kann durch angepaßte Lösungen auf der Basis einer steuerungsinternen Offenheit erreicht werden.

Bild 18 zeigt eine Realisierungsmöglichkeit einer optimal an die individuellen Wünsche des Werkzeugmaschinenherstellers und des Endanwenders angepaßten Steuerung auf der Basis offener Systeme. Im Idealfall können auf der Basis einer eindeutigen Schnittstellenbeschreibung (Implementation Guide) Module sowohl des Steuerungsherstellers, als auch des Werkzeugmaschinenherstellers und eines unabhängigen Software-Anbieters integriert werden.

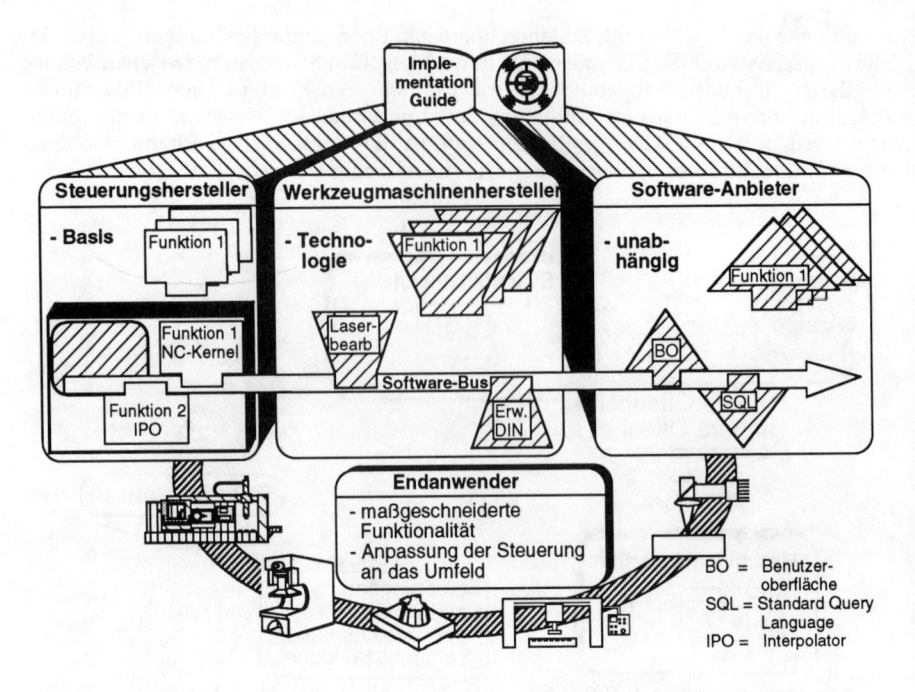

Bild 18: Erstellung einer NC-Steuerungssoftware auf der Basis offener Systeme

Eine mögliche Verteilung der Module auf die genannten Partner wird ebenfalls in Bild 18 gezeigt. Eine wirklich offene Lösung erfordert neue Strukturen auch im Hinblick auf die Aufgabenteilung zwischen Steuerungs- und Werkzeugmaschinenhersteller. Die Bereitstellung der Hardware sowie eines Kerns von Grundfunktionen wird nach wie vor zu den ausschließlichen Aufgaben des Steuerungsherstellers gehören. Darüber hinaus wird er die Infrastruktur zur Anbindung fremder Funktionen bereitstellen. Dies kann z.B. in der Form eines "Softwarebusses" geschehen (Bild 18). Ein solcher "Softwarebus" wäre einem rechnerübergreifenden Bussystem vergleichbar und hätte die Aufgabe, als steuerungsinterne Kommunikationsschnittstelle die Übertragung von Informationen oder Aufrufen zwischen verschiedenen Software-Paketen sicherzustellen. Dies bedingt die Abbildung einer Teilmenge des OSI-Referenzmodelles und die Bereitstellung einheitlicher Mechanismen für den Informationsaustausch zwischen den einzelnen Funktionsbausteinen der Steuerung [25]. Auf dieser Basis können durch den Werkzeugmaschinenhersteller eigene Funktionen integriert werden. Auch Funktionen fremder Anbieter sind so integrierbar. Entscheidend ist hier, daß besonders dem Maschinenhersteller die Wahl überlassen wird, Funktionen, die über die Steuerungsbasis hinausgehen, wahlweise vom Steuerungshersteller oder von externen Anbietern zu beziehen oder sie alternativ selbst zu entwickeln und zu implementieren. Beispiele für solche Funktionen sind Datenbankanwendungen, Benutzeroberflächen oder auch völlig neue Elemente zur Benutzer- und Prozeßführung.

Offene Steuerung 4-67

4.3 Nutzung und Bewertung offener Steuerungen

Offene Steuerungen als Antwort auf die geschlossenen Systeme (insbesondere die der japanischen Anbieter) werden überall dort ihren Platz finden, wo sie gegenüber diesen entscheidende Vorteile aufweisen. In Bild 19 sind die wesentlichen Vorteile offener Steuerungssysteme zusammengefaßt und nach ihrer Bedeutung für Steuerungs- und Werkzeugmaschinenhersteller sowie Endanwender untergliedert. Für den Steuerungshersteller steht eine Reduzierung der Herstellkosten im Vordergrund. Der Werkzeugmaschinenhersteller profitiert vor allem von der Möglichkeit zur Integration des eigenen Technologiewissens sowie von der Anpaßbarkeit der Benutzerschnittstelle, so daß eine flexible Anpassung der Steuerung an die speziellen Erfordernisse des Anwenders möglich ist. Aus der Sicht des Anwenders ist neben dieser Anpaßbarkeit auch die Integrationsfähigkeit einer offenen Steuerung von Bedeutung.

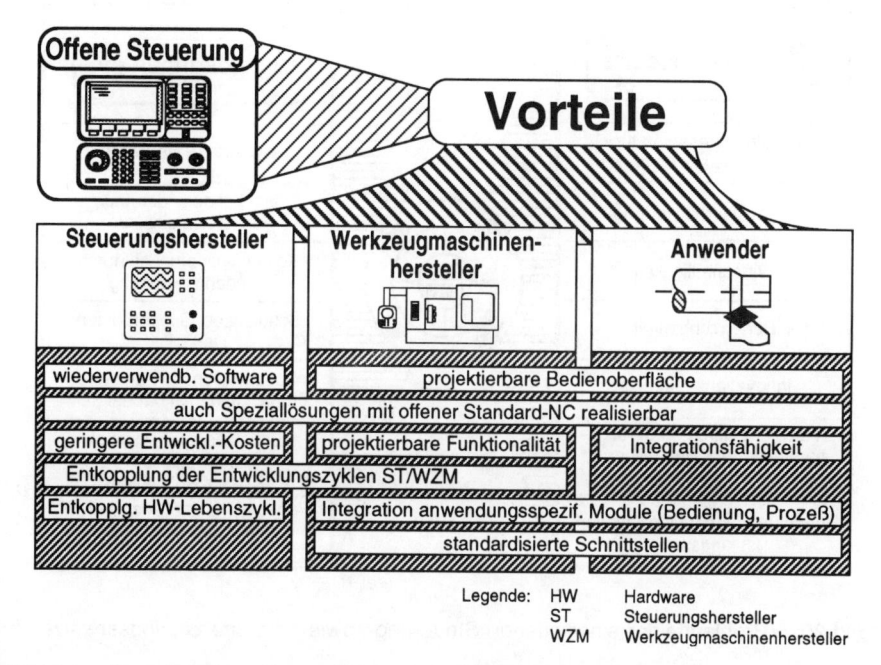

Bild 19: Vorteile einer offenen Steuerungsarchitektur

Die größten und aller Voraussicht nach entscheidenden Stärken werden offene Systeme da ausspielen können, wo Standardsteuerungen an ihre Grenzen stoßen. Die einfache Einbindung spezieller Funktionen wird hier sicherlich die Entscheidung zugunsten einer offenen Lösung bewirken.

Selbstverständlich erfordern diese neuen Steuerungsstrukturen adäquate Strukturen im organisatorischen, rechtlichen und technischen Umfeld. Wie aus Bild 20 hervorgeht, birgt eine so grundlegend neue Vorgehensweise bei der Entwicklung einer Steuerung bis zur Verwendung beim Endkunden natürlich auch gewisse Risiken, die es rechtzeitig zu erkennen gilt und denen durch geeignete Maßnahmen bereits frühzeitig zu begegnen ist.

So muß u.a. die Frage der Haftung für nicht vom Steuerungshersteller integrierte Funktionen eindeutig definiert werden. Auch der Support des Steuerungsherstellers für den Werkzeugmaschinenhersteller wird sich in Richtung intensiver Schulung verschieben. Die Entwicklungskapazitäten im Steuerungsbereich des Werkzeugmaschinenherstellers müssen für die effektive Nutzung der gegebenen Möglichkeiten erweitert werden. Im Gegenzug wird er aber vermehrt sein individuelles Know-How einbringen können, um so seine Wettbewerbsposition zu verbessern.

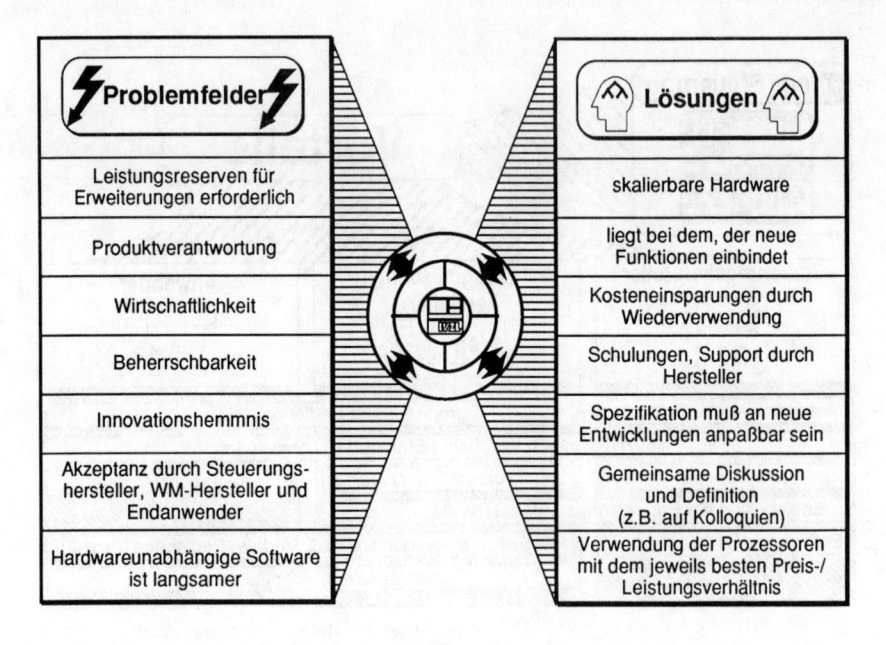

Problemfelder	Lösungen
Leistungsreserven für Erweiterungen erforderlich	skalierbare Hardware
Produktverantwortung	liegt bei dem, der neue Funktionen einbindet
Wirtschaftlichkeit	Kosteneinsparungen durch Wiederverwendung
Beherrschbarkeit	Schulungen, Support durch Hersteller
Innovationshemmnis	Spezifikation muß an neue Entwicklungen anpaßbar sein
Akzeptanz durch Steuerungshersteller, WM-Hersteller und Endanwender	Gemeinsame Diskussion und Definition (z.B. auf Kolloquien)
Hardwareunabhängige Software ist langsamer	Verwendung der Prozessoren mit dem jeweils besten Preis-/Leistungsverhältnis

<u>Bild 20:</u>   Problemfelder einer offenen Steuerung sowie mögliche Lösungsansätze

Die beiden wichtigsten Punkte sind jedoch sicherlich die Frage der Wirtschaftlichkeit und damit eng verbunden die der Akzeptanz durch Steuerungshersteller, Werkzeugmaschinenhersteller und Endanwender. Die Frage der Wirtschaftlichkeit muß, um die Akzeptanz der beteiligten Partner zu erreichen, realistisch betrachtet nicht nur auf der Basis einer gesamtwirtschaftlichen Betrachtung, sondern für jeden einzelnen an der gesamten Wertschöpfungskette beteiligten Partner positiv beantwortet werden. Jeder dieser Partner wird nur dann bereit sein, diesen neuen Ansatz mitzutragen und ihn umzusetzen, wenn er selbst darin für sich einen Nutzen erkennen kann.

Neben der Frage der Wirtschaftlichkeit ist aber auch die Akzeptanz der neuen Lösungsansätze durch Hersteller und Anwender von grundlegender Bedeutung. Sie muß durch eine gezielte Informationspolitik aller an der Entwicklung beteiligten und interessierten Partner unterstützt werden. Die Information über verfügbare Technologien fördert deren weitere Entwicklung erfahrungsgemäß maßgeblich.

5. Zusammenfassung und Ausblick

Schreibt man die gegenwärtige Entwicklung auf dem Gebiet der NC-Steuerungen fort, so erkennt man, daß sich die gegenwärtige Dominanz der japanischen Steuerungshersteller auf dem Weltmarkt zu einer monopolartigen Stellung zu entwickeln droht. Dieser Entwicklung muß, wie in diesem Beitrag ausführlich erörtert wurde, durch gemeinsame Anstrengungen europäischer Steuerungs- und Werkzeugmaschinenhersteller, aber auch der Endanwender begegnet werden (Bild 21).

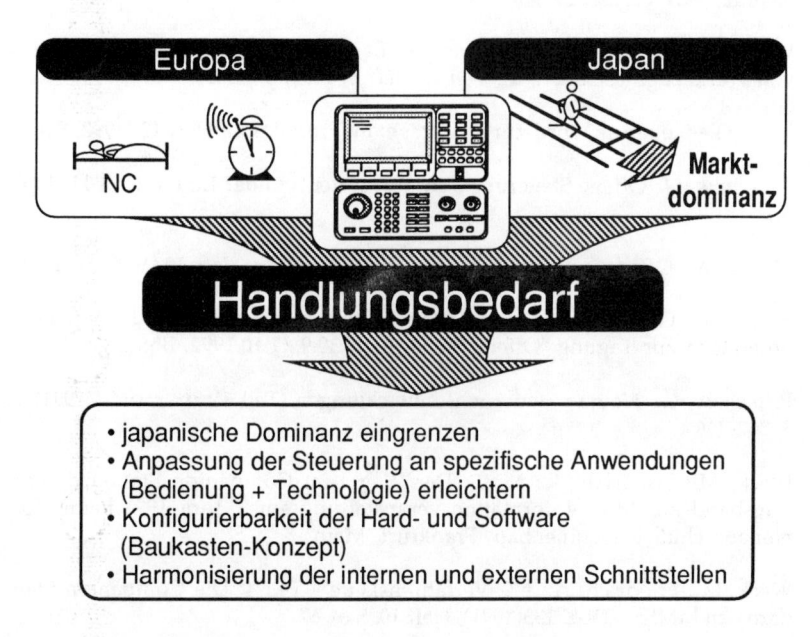

Bild 21: Kernaussagen zum Vortrag "Offene Steuerung"

Einen wichtigen Ansatzpunkt hierfür bietet das Konzept offener Steuerungssysteme. Dieser Ansatz ist besonders für den Markt der angepaßten Lösungen geeignet, der für europäische Werkzeugmaschinenhersteller eine besonders wichtige Stellung einnimmt. Die Lösung der offenen Steuerung kann zu einer deutlichen Reduzierung der Engineering-Kosten führen und auf diese Weise eventuelle Preisvorteile japanischer Steuerungen kompensieren.

Von besonderer Bedeutung ist in diesem Zusammenhang eine stärkere Zusammenarbeit auf internationaler Ebene, um die Entwicklung und Verbreitung von Standards voranzutreiben. Der Ansatz einer offenen NC-Steuerung sowie die Initiativen, die seine Realisierung zum Inhalt haben (z.B. das bereits erwähnte ESPRIT-Projekt OSACA), sind deshalb durch geeignete direkte oder flankierende Maßnahmen in allen Gliedern der Wertschöpfungskette weiter zu entwickeln und zu fördern. Damit wird ein wichtiger, wenn nicht entscheidender Beitrag für das Überleben der europäischen Steuerungs- und Werkzeugmaschinenindustrie geleistet.

Literatur:

[1] Weck, M.: Werkzeugmaschinen; Band 3: Automatisierung und Steuerungstechnik; VDI-Verlag, 1989

[2] Weck, M.; Kohring, A.; Aßmann, S.: Bereichsübergreifende Spezifikation von Werkzeugmaschinen; in: VDI-Z, Heft 5/1992, S.111-115

[3] N.N.: Die Steuerung wird zur k.o.-Frage; in: Produktion, Heft 42/1992, S.3

[4] Pritschow, G.: Offene Steuerung - ein Gebot der Stunde? In: wt, Heft 11/1992, S.1

[5] Möller, W.: Offen und ehrlich; in: Industrie-Anzeiger, Heft 30/1992, S.11-13

[6] Pritschow, G.: Merkmale eines offenen Steuerungskonzeptes; in: Vortragsunterlagen zur Tagung "Offene Steuerung", 30.9./1.10.1992, Böblingen

[7] Pritschow, G.: Neuere Steuerungsentwicklungen (Teil 1); in: msr 34(1991)10, S. 362-366

[8] Weck, M.; Friedrich, A.: MMS: Der Weg zum Companion Standard; Vortragsband zur MMS-Informationsveranstaltung am 3. Juni 1991 beim Normenausschuß Maschinenbau, Frankfurt/Main

[9] Weck, M.; Friedrich, A.: NC-Verfahrenskette - Teil 4: Die Companion Standards zu MMS; VDI-Z 133(1991), Heft 10, S.64-67

[10] Mertens, R.: Akustische Sensorik und Bedienelemente mit taktiler Rückkopplung; In: Erfahrungsgeleitete Arbeit mit CNC-Werkzeugmaschinen und deren technische Unterstützung. IfA - Gh-Kassel 1992, S.85-91

[11] N.N.: Anforderungen an einen Feldbus; in: Markt & Technik Nr. 31/1992, S.54-55

[12] N.N.: Feldbussysteme für den Maschinenbau; in: Markt & Technik, Nr. 11/1991, S.68-70

[13] N.N.: SERCOS interface - Dokumentation; Fördergemeinschaft SERCOS interface e.V., Ausgabe Juli 1990

[14] Glantschnigg, F.: Zukunft und Wirtschaftlichkeit für Konstruktion und Herstellung komplexer Formen und Werkzeuge durch CAD-CNC-Kopplung; in: Werkstatt und Betrieb 123(1990)7, S.557-564

[15] Beckhoff, H.: PC - die Maschinensteuerung der nächsten Generation; in: Elektronik 17/1991, S.106-116

[16] N.N.: Die amerikanische Alternative? In: Fertigung, Juli 1992, S.12-15

[17] N.N.: Der amerikanische Vorstoß; in: Produktion, 23.4.1992, Nr. 17, S.1

[18] Politsch, H.W.: Offensive mit offener Steuerung; in: Fertigung, Juli 1992, S.18-20

[19] Weston, R.H.; Harrison, R.; Booth, A.H.; Moore, P.R.: A new concept in machine control; in: Computer-Integrated Manufacturing Systems, Vol 2, No 2, May 1989, S.115-122

[20] N.N.: Offenheit in Hard- und Software; in: Markt & Technik Nr. 44/1992, S.79

[21] Koch, D.: CNC`s schneller projektieren; in: NC-Fertigung 4/91, S.131-136

[22] Buhl, H.: Offene Steuerungen gibt es nicht erst seit heute; in: wt November 1992, S.29-30

[23] N.N.: Bosch fordert den Schulterschluß heraus; in: Produktion, 15.10.1992, Nr. 42, S.1

[24] Kreidler, V.: Flexible Automatisierung der NC-Bearbeitung; in: HARD AND SOFT, Oktober 1988, S.58-65

[25] Pritschow, G.; Kugler W: Kommunikationskonzept für Steuerungen an Werkzeugmaschinen und Industrierobotern; in: wt, November 1992, S.69-70

Mitglieder der Arbeitsgruppe für den Vortrag 4.2

Dr.-Ing. D. Binder, Robert Bosch GmbH, Erbach
Dipl.-Ing. (FH) E. Bühler, Mercedes-Benz AG, Sindelfingen
Dipl.-Ing. U. Butz, Gebr. Heller Maschinenfabrik GmbH, Nürtingen
Dr.-Ing. B. Grünert, Pilz GmbH & Co., Ostfildern
Dipl.-Ing. K.-R. Hoffmann, Siemens AG, Erlangen
Dipl.-Ing. (FH) W. Klauss, Traub AG, Reichenbach/Fils
Dipl.-Ing. F. Klein, WZL, Aachen
Dipl.-Ing. A. Kohring, WZL, Aachen
Dr.-Ing. G. Krebser, ISW, Universität Stuttgart
Prof. Dr.-Ing. G. Pritschow, ISW, Universität Stuttgart
Dipl.-Ing. K. Ruthmann, Droop & Rein Werkzeugmaschinenfabrik, Bielefeld
Dipl.-Ing. F. Saueressig, IBH, Schwieberdingen
Dipl.-Phys. E. Schwefel, Dr. Johannes Heidenhain GmbH, Traunreut
Dr.-Ing. U. Spieth, Alfing Keßler Sondermaschinen GmbH, Aalen
Prof. Dr.-Ing. Dr.-Ing. E.h. M. Weck, WZL/FhG-IPT, Aachen

4.3 Der Roboter im produktionstechnischen Umfeld

Gliederung:

1. Einleitung

2. Entwicklung der Robotertechnik und derzeitige Einsatzgebiete
2.1 Historische Einsatzgebiete
2.2 Neuere Anwendungsgebiete
2.3 Erkenntnisse

3. Problemdarstellung und Lösungsansätze für kleine Losgrößen
3.1 Mechanik
3.2 Steuerung
3.3 Programmierung
3.4 Sensoren / Aktoren
3.5 Mensch-Maschine-Schnittstelle
3.6 Peripherie

4. Zusammenfassung und Perspektiven

Kurzfassung:

Der Roboter im produktionstechnischen Umfeld
Das Ziel dieses Aufsatzes ist, den augenblicklichen Stand und die Entwicklung der Robotertechnik an wichtigen Anwendungsfällen aufzuzeigen und unter besonderer Berücksichtigung wirtschaftlicher Aspekte kritisch zu hinterfragen. Dabei wird herausgearbeitet,
- auf welchen Gebieten Roboter eingesetzt werden,
- welche Anwendungen in Zukunft verstärkt an Bedeutung gewinnen werden,
- bei welchen Teilkomponenten Entwicklungsbedarf besteht,
- aber auch, durch welche Entwicklungen bestimmte Anwendungen erst möglich werden.

Dabei werden die Probleme bezüglich der Komponenten Mechanik, Steuerung, Sensoren / Aktoren, Mensch-Maschine-Schnittstelle und Peripherie analysiert sowie Möglichkeiten zur Verbesserung aufgezeigt.

Ein weiterer Schwerpunkt liegt auf der Vorstellung neuer Programmiermethoden (offline mit/ohne CAD-Anbindung, werkstattnah etc.) und den damit erzielbaren Steigerungen der Gesamtwirtschaftlichkeit einer Roboteranlage.

Abstract:

Robotics in production systems
The aim of this chapter is to outline the state and the latest technological developments made within the field of robotics in key applications, especially considering economical aspects. The following questions will be addressed:
- In which areas are robots currently in use?
- What applications are likely to increase in importance?
- What component parts require additional development?
- What level of R/D is required in order to make certain applications viable?

Problems and limitations in connection with the introduction of robotics in terms of mechanics, control system technology, sensors / actors, man-maschine-interface, and peripherals will be discussed and possible improvements will be presented.

An additional priority will be the presentation of new methods for robot programming (offline with/without CAD-connection, shop-floor-oriented etc.) and of the economic effects which can be achieved by implementing robotics technology.

1. Einleitung

Seit dem Einsatz der ersten Industrieroboter in Deutschland Anfang der siebziger Jahre [1] haben Industrie und Hersteller gut 20 Jahre Erfahrungen mit deren Einsatz gesammelt. Die in dieser Zeit stark gestiegene weltweite Nachfrage und die dadurch ausgelösten umfangreichen Weiterentwicklungen haben dazu geführt, daß Robotersysteme sich inzwischen von ihren Anfängen, die die mit dem Wort Roboter assoziierte Flexibilität weitgehend vermissen ließen, zu handelsüblichen Manipulationssystemen entwickelt haben, die bezüglich ihrer Bewegungs- und Steuerungsmöglichkeiten durchaus als flexibel gelten können.

Die Tatsache, daß Roboter in einer Vielzahl unterschiedlicher Bauformen und -größen inzwischen standardmäßig verfügbar sind, bedeutet jedoch nicht, daß ihr Einsatz in beliebigen Anwendungsfällen ebenfalls eine Standardlösung darstellt. Bei realistischer Bewertung der zur Zeit realisierten Anwendungsfälle muß im Gegenteil sogar festgestellt werden, daß nicht nur der Aufbau einer Produktionsanlage mit Robotern und deren Inbetriebnahme sondern häufig bereits die Umrüstung auf ein anderes Bauteilspektrum mit erheblichem Zeit- und Investitionsaufwand verbunden ist. Trotz der Flexibilität des Roboters im Sinne seiner Beweglichkeit und Programmierbarkeit gibt es eine Reihe weiterer Faktoren, wie z. B. Aufwand für Umprogrammierung, Modifikation der Peripherie, Verknüpfung zwischen Peripherie und Roboter etc., die einer schnellen Projektierung oder Umrüstung der Gesamtanlage entgegenstehen. Der Roboter darf nicht isoliert betrachtet werden, sondern muß stets in Zusammenhang mit Peripherie, Sensoren, Werkzeugen, Programmen etc. gesehen werden. Neben einer Vielzahl von Einschränkungen, die selbst bei modernen Robotern in Bezug auf Dynamik, Steifigkeit, Bewegungsmöglichkeiten etc. noch in Kauf genommen werden müssen, resultiert ein großer Teil der Probleme beim industriellen Robotereinsatz aus der aufwendigen Einbindung in das fertigungstechnische Umfeld. Diese Erkenntnis hat dazu geführt, daß Anwender immer weniger bereit sind, den Aufwand für die Integration von Roboter und Umfeld selber zu leisten. Statt dessen wird der Roboterhersteller verstärkt zum Systemlieferanten, der aufgrund seines Know-Hows in den entsprechenden Anwendungsgebieten komplette Systeme inclusive Steuerung maßgeschneidert und schlüsselfertig liefert. Damit wird jede Anlage jedoch auch vermehrt zu einer Speziallösung, was sowohl zu höheren Kosten als auch schlechter Erweiterbarkeit und damit zu Flexibilitätsverlust führt.

Wie bereits angedeutet, unterliegt natürlich auch der Roboter selbst bzw. seine Steuerung gewissen Einschränkungen, die den Einsatz für bestimmte Anwendungen unmöglich machen, nur bedingt zulassen oder zumindest Probleme in bestimmten Umfeldern darstellen.

Nach einem kurzen Überblick über die aktuellen Einsatzgebiete von Robotern in der Produktion soll eine kritische Bestandsaufnahme durchgeführt werden, die die Erfahrungen aus 20 Jahren Robotereinsatz und -entwicklung zusammenfaßt. Nachfolgend werden die Teilbereiche Mechanik, Steuerung, Programmierung, Sensoren/Aktoren, Mensch-Maschine-Schnittstelle und Peripherie im Detail untersucht und unter Berücksichtigung der Anwendungen Defizite aufgezeigt. Zu den angesprochenen Teilbereichen werden ebenfalls eine Reihe von Lösungsansätzen gezeigt, die eine bessere oder wirtschaftlichere Produktion mit Robotern für bestimmte Anwendungen ermöglichen.

Angesichts der branchenweit angespannten Ertragslage hat der Aspekt der Wirtschaftlichkeit besonders in den letzten Jahren einen sehr hohen Stellenwert erlangt. Dieser Tatsache wird im folgenden besondere Berücksichtigung geschenkt, indem bei der Bewertung von Lösungsansätzen konkrete Anwendungsgebiete berücksichtigt werden, so daß eine Kosten/Nutzen-Abschätzung möglich ist. Die losgelöste Betrachtung eines Verbesserungsvorschlages von der jeweiligen Anwendung ist in Zusammenhang mit der inzwischen weit verbreiteten Philosophie der Lean Production nicht sinnvoll.

2. Entwicklung der Robotertechnik und derzeitige Einsatzgebiete

Roboter werden heute in der Produktion für eine Vielzahl unterschiedlicher Anwendungen eingesetzt, wobei jedoch klar zu erkennen ist, daß die Schwerpunkte bei klassischen Einsatzgebieten liegen und sich in den letzten 10 Jahren kaum verändert haben. Bild 1 zeigt die Entwicklung beim Robotereinsatz in Deutschland in diesem Zeitraum.

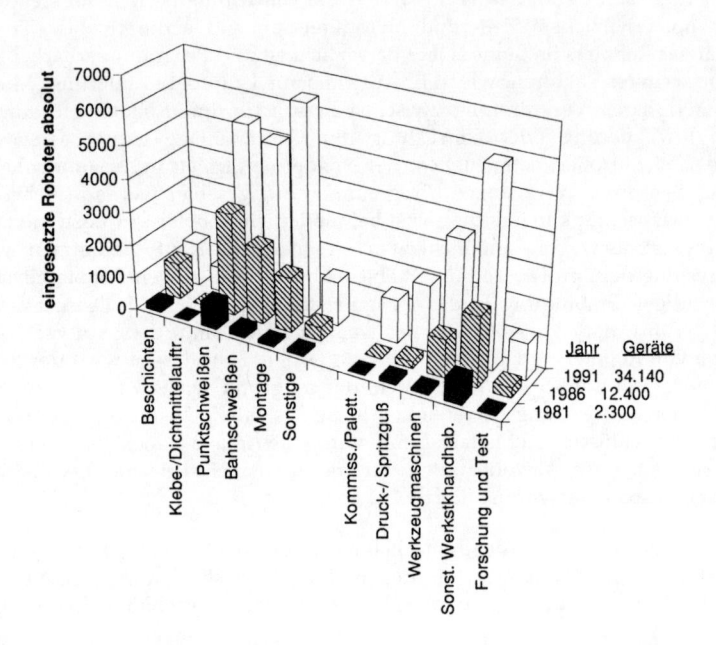

Bild 1: Industrieroboter-Einsatzzahlen von 1981 bis 1991 (Quelle: Roboter)

Während die Anzahl der eingesetzten Roboter von 1981 bis 1991 von 2.300 auf über 34.000 gestiegen ist, sind die Schwerpunkte in den Bereichen Punkt- und Bahnschweißen, Montage sowie Werkzeugmaschinenverkettung und allgemeine Werkstückhandhabung geblieben. Insbesondere die Anwendungen Punktschweißen und allgemeine Werkstückhandhabung nahmen 1981 den Großteil der eingesetzten Roboter in Anspruch und können als die klassischen Einsatzgebiete schlechthin bezeichnet werden.

Interessant ist die Tatsache, daß im Bereich Beschichten von 1986 bis 1991 keine nennenswerte Steigerung mehr zu verzeichnen ist. Dies ist auf eine einsetzende Marktsättigung beim Lackieren und Beschichten mit Robotern zurückzuführen.

Im folgenden wird aufgrund der auffälligen Konzentration beim Einsatz auf einige wenige Applikationsbereiche und wegen der konstanten Verteilung der Marktanteile unter ihnen zwischen historischen und neueren Anwendungsgebieten unterschieden. Als historisch werden dabei Anwendungen bezeichnet, bei denen bereits seit längerer Zeit Erfahrungen im Einsatz von Industrierobotern bestehen. Dies sind die Applikationen Schweißen / Schneiden, Beschichten und allgemeine Werkstückhandhabung.

2.1 Historische Einsatzgebiete

Die ersten Anwendungen, in denen Roboter zum Einsatz kamen, waren relativ einfache Bearbeitungsaufgaben. Aufgrund fehlender Möglichkeiten im Hinblick auf Genauigkeit, Flexibilität und Programmierung beschränkte man sich zunächst auf Aufgaben, die einerseits keine hohen Anforderungen in dieser Hinsicht stellen und andererseits hohe Stückzahlen gewährleisten. Weitere Voraussetzung war, daß die Technologie der Verfahren bereits ausgereift zur Verfügung stand und somit relativ schnell an die Randbedingungen der Flexiblen Automatisierung angepaßt werden konnte. Auf große Änderungen, Neuentwicklungen oder zusätzliche aufwendige Prozeßsteuerungen konnte somit verzichtet werden.

Nach den ersten Realisierungen mit bewußt einfachen Aufgabenstellungen wurde ständig versucht, Qualität, Geschwindigkeit, Flexibilität und Wirtschaftlichkeit zu verbessern. Dieser Prozeß hat dazu geführt, daß die für die historischen Anwendungen erforderlichen Roboter-, Steuerungs- und Peripheriekomponenten mittlerweile einen sehr ausgereiften Zustand erreicht haben und praktisch standardmäßig am Markt verfügbar sind. Aktuelle Entwicklungen laufen im wesentlichen auf weitere Verbesserungen der Qualität und Wirtschaftlichkeit hinaus. Trotzdem hat auch die intensive Weiterentwicklung auf diesem Gebiet bis heute nicht dazu geführt, daß komplette Anlagen in Form von Standard-Lösungen angeboten werden können. Aufgrund der unterschiedlichen Anforderungen der Anwender und einer immer noch unbefriedigenden Modularität der Einzelkomponenten sind kundenspezifische Anlagen mit sehr hohem Entwicklungs- und Inbetriebnahmeaufwand immer noch üblich.

2.1.2 Punktschweißen

Wie erwähnt, war Punktschweißen eine der ersten Anwendungen in denen Roboter eingesetzt wurden und stellt bis heute die gängigste Applikation für Industrieroboter dar. Die frühe Automatisierung des Punktschweißens ist auf drei Hauptursachen zurückzuführen. Zum einen stellt das Verfahren sehr geringe Anforderungen an das Bewegungsverhalten des Roboters, da weder eine besonders hohe Präzision (beim Schweißen von Überlappungen) noch ein definiertes Bahnverhalten der Werkzeugspitze erforderlich ist. Somit konnten bereits einfache Punkt-zu-Punkt-Steuerungen eingesetzt werden, bei denen auf die rechenzeitintensive Interpolation verzichtet werden kann. Ferner ist der Punktschweißvorgang selbst verhältnismäßig einfach zu beherrschen und nach erfolgter Positionierung der Schweißzange unabhängig vom

Roboter. Eine aufwendige Kopplung zwischen Roboter und Schweißgerät entfällt somit, und es kann auf die bereits bei Handschweißern gemachten Erfahrungen in Bezug auf Schweißparameter zurückgegriffen werden. Schließlich ermöglichen die in der Automobilindustrie - dem Hauptroboteranwender im Punktschweißbereich - anfallenden Stückzahlen eine leichtere Amortisation des Entwicklungsaufwandes und der Investitionskosten für die Robotersysteme.

Obwohl nahezu alle anfallenden Punktschweißaufgaben in der Automobilindustrie mittlerweile automatisiert durchgeführt werden, besteht weiterhin Entwicklungsbedarf in diesem Bereich. Wie bei praktisch allen Anwendungen wird vorrangig versucht, die Taktzeit zu reduzieren, d. h. die Arbeitsgeschwindigkeit des Roboters zu erhöhen, die Genauigkeit zu verbessern, die Programmierzeit zu reduzieren (hier ist insbesondere die Kollisionsvermeidung und Optimierung kritisch) und die Qualität der Schweißpunkte selbst durch den Einsatz von Punktschweiß-Regelsystemen zu verbessern. Eine exaktere Regelung und Überwachung des Schweißvorganges führt neben einer möglichen Dokumentation des Fertigungsprozesses zu qualitativ hochwertigeren Schweißergebnissen, die wiederum eine Reduzierung der Schweißpunktanzahl und somit der Fertigungskosten zulassen.

2.1.3 Bahnschweißen

Das Bahnschweißen stellt wesentlich höhere Anforderungen an das Automatisierungsgerät als das Punktschweißen, da hier ein genau definiertes Bewegungsverhalten erforderlich ist. Die programmierte Bahn und Bahngeschwindigkeit müssen sehr genau eingehalten werden, um ein ordentliches Schweißergebnis erzielen zu können. Trotzdem wurde das Bahnschweißen relativ früh automatisiert, was sicherlich auch mit der großen Verbreitung des Verfahrens im Maschinenbau und den zahlreichen Anwendungen zusammenhängt. Auch hier beschränkte man sich zunächst auf große Serien, um trotz des hohen Aufwandes für die Automatisierung und hier insbesondere der Programmierung und der Optimierung des Schweißergebnisses, Wirtschaftlichkeit erreichen zu können.

Während die ersten Anwendungen sich auf sehr einfache Nahtverläufe mit guter Zugänglichkeit und geringen Toleranzen beschränkten, findet zur Zeit ein Übergang zur Automatisierung des Schweißens komplexer 3D-Bauteile mit stärkerer Kollisionsgefahr und komplizierteren Geometrien statt. Die beim Schweißen verfahrensbedingten Toleranzen durch Verzug und Vorverarbeitung (Heften der Bauteile von Hand) erfordern für ein gutes Schweißergebnis den Einsatz von Sensorik. Dabei kann zwischen Sensoren zur Nahtanfangsfindung und zur Nahtverfolgung während des Schweißens unterschieden werden. Ein übliches Verfahren zur Nahtanfangsfindung stellt das Antasten von Bauteiloberflächen mit einem Kontaktrohrsensor dar. Dabei wird die mit Spannung beaufschlagte Brennerspitze bis zum mechanischen Kontakt gegen das geerdete Bauteil gefahren, was dann durch ein Zusammenbrechen der Spannung registriert wird. Über die Position der Brennerspitze zu diesem Zeitpunkt kann somit auf die Lage der Oberfläche geschlossen werden. Mehrere Suchvorgänge ermöglichen bei geeigneter Lage des Nahtanfangspunkts das Bestimmen seiner Koordinaten. Die für das Schweißergebnis enorm wichtige Verfolgung der Schweißfuge während des Schweißens wird in der Regel durch Lichtbogensensoren realisiert. Durch definiertes Pendeln des Brenners quer zur Fuge kann über eine Auswertung des Strom- bzw. Spannungsverlaufes am Ausgang der Schweißquelle auf die Lichtbogenlänge und damit auf die Lage der Fugenmitte geschlossen werden.

Bahnschweißen
- hohe Bahntreue
- def. Geschwindigkeit
- hohe Dynamik bei kleinen Radien
- Kollisionsgefahr bei komplexen 3D-Bauteilen
- Sensorik zur Nahtfindung und Nahtverfolgung
- Schweißparameter-Anpassung sinnvoll
- gleichzeitige Bewegung von Roboter und Zusatzachsen

ø Losgröße

Verbreitung

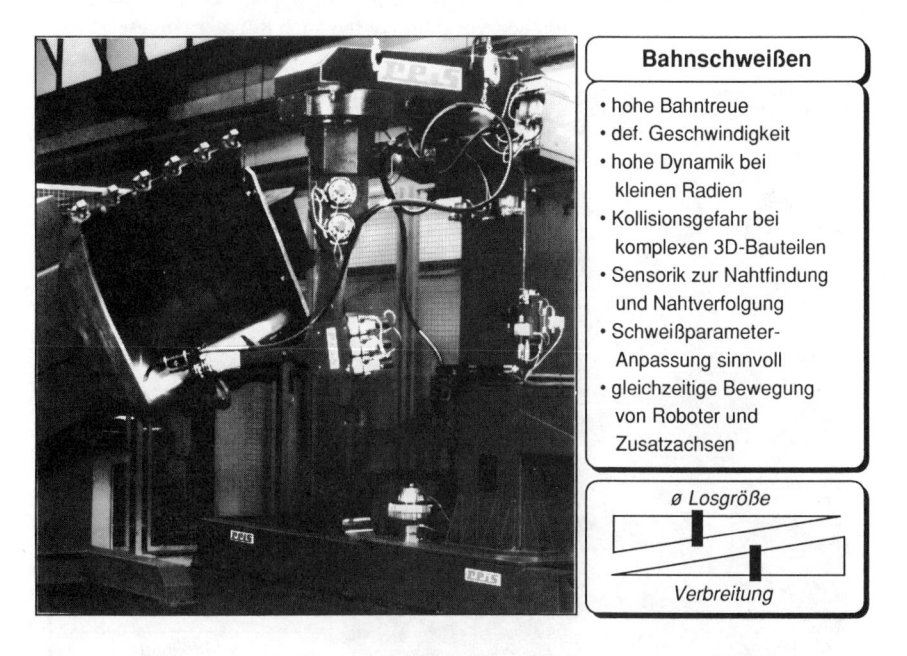

Bild 2: Komplette Roboterschweißanlage für Baggerschaufeln (Quelle: Reis)

Dieses relativ einfache und robuste Verfahren hat den Vorteil, keinen Raum für einen Sensor im eigentlichen Sinne am Brenner zu benötigen, liefert jedoch in einigen Situationen keine völlig befriedigenden Ergebnisse. Wünschenswert zur Qualitätsverbesserung wäre eine Parameteranpassung durch Schweißbadbeobachtung o. ä. Solche Systeme sind in der Entwicklung, haben jedoch noch keine Marktreife erlangt. Entscheidendes Problem ist hier zusätzlich die Baugröße des Sensors, der die Bewegungsfreiheit bei kompexen Bauteilen teilweise drastisch einschränken kann. Wünschenswert ist in vielen Fällen zusätzlich eine gleichzeitige koordinierte Bewegung von Roboterachsen und Zusatzachsen, da hierdurch bestimmte Geometrien besser geschweißt werden können.

Bild 2 zeigt eine aktuelle Roboterschweißanlage für Baggerschaufeln. Auf ihr können Baggerschaufeln bis zu 1 to Gewicht maximal fünflagig geschweißt werden. Die Anlage verfügt über ein automatisches Brennerwechselsystem und drei Zusatzachsen, die gleichzeitig mit den Roboterachsen im Bahnbetrieb bewegt werden können. Sie kann Teiletoleranzen durch Kontaktrohr- und Lichtbogensensor ausgleichen.

2.1.4 Brennschneiden

Das Brennschneiden ist ebenfalls ein sehr weit verbreitetes Verfahren in der Fertigungstechnik insbesondere zur Vorverarbeitung von ebenen Blechen. Während der 2D-Bereich durch die bekannten NC-Systeme mit 3 Achsen abgedeckt wird, werden zur Kantenvorbereitung von Schweißteilen vor dem Heften auch Roboter eingesetzt.

Brennschneiden
- Im 2D-Bereich reine CNC-Anwendung
- Roboter im 3D Bereich / bei gekrümmten Konturen zur Kantenvorbereitung für das Schweißen
- Sensorik zum exakten Verfolgen der Kanten (Laserscanner)
- große Toleranzen durch Vorbearbeitung
- große Teilevielfalt

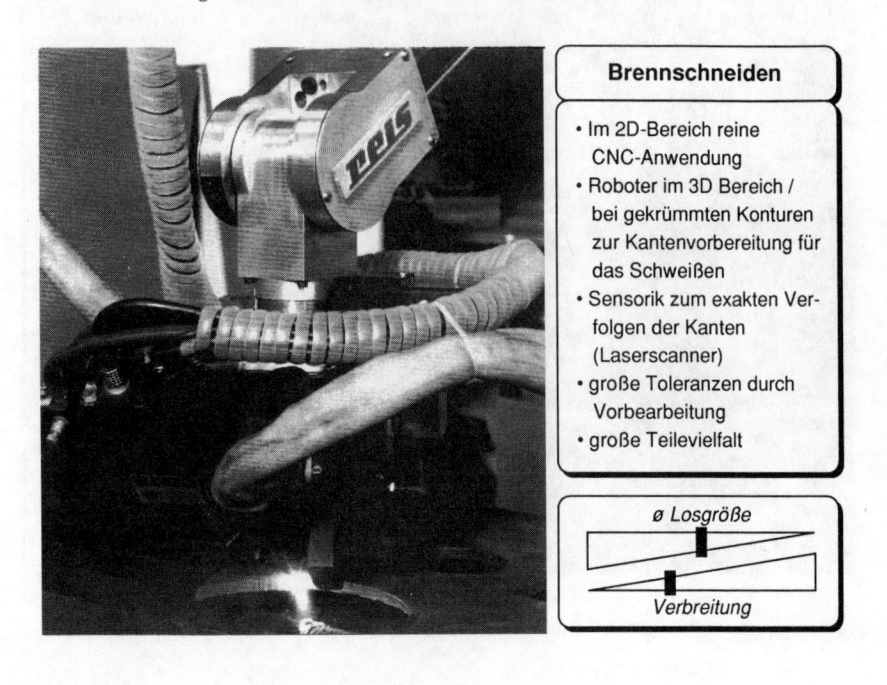

ø Losgröße

Verbreitung

Bild 3: Plasma-Schneiden mit Roboter

Probleme sind hierbei ähnlich wie beim Bahnschweißen die relativ hohen Toleranzen der zu bearbeitenden Bauteile. Sensoren zur Kantenverfolgung sind praktisch unerläßlich. Trotz der hohen Arbeitsbelastung des Werkers beim Brennschneiden und der auch aus dieser Sicht wünschenswerten Automatisierung dieses Verfahrens stellen die oft zu kleine Losgröße, die aufwendige Programmierung und die Toleranzen große Probleme für einen wirtschaftlichen Robotereinsatz dar, so daß bisher nur in speziellen Anwendungsfällen eine Automatisierung stattgefunden hat.

<u>Bild 3</u> zeigt eine Plasma-Schneidanlage mit Roboter zur Kantenvorbereitung für den anschließenden Schweißvorgang. Zur Nahtverfolgung verfügt die Anlage über einen Laserscanner, der die Kante vor dem Brenner vermißt und so die Bewegung des Roboters korrigiert.

2.1.5 Handhabung und Bestückung

Anwendungen im Bereich der Handhabung insbesondere von Werkzeugen und der Bestückung, hier speziell Kleinteilbestückung, sind inzwischen weit verbreitet. Nachdem zu Beginn der Entwicklung hauptsächlich sehr einfache Handhabungsaufgaben automatisiert wurden, die in Form leichter Pick-And-Place Lösungen umgesetzt werden konnten, sind die Anforderungen in der Zwischenzeit wesentlich gestiegen. Die Einsatzbereiche reichen heute von der Pressenbeschickung mit Robotern über Werkzeughandling bis zum Einlegen von Reserverädern oder Batterien in Kraftfahrzeuge. In diesen Bereichen werden relativ hohe Anforderungen an die Programmierung und Optimierung, z. B. zur Kollisionsvermeidung in beengten Arbeitsräumen (Motorraum etc.), gestellt, und die zur Handhabung erforderlichen Bewegungen können durchaus sehr komplex sein. Entsprechend verfügen die eingesetzten Roboterkinematiken üblicherweise über 6 oder mehr Achsen.

Zum Ausgleich von Toleranzen können Handhabungsroboter mit Sensoren ausgestattet werden. Mit zunehmender Komplexität und Flexibilität der Greifersysteme nimmt jedoch die Zahl der eingesetzten Sensoren zu und damit auch das Problem ihrer Integration in den Greifer und der geeigneten Auswertung und Aufbereitung ihrer Signale (vgl. Abschnitt. 3.4). Da der Einbau von Sensoren immer noch einen erheblichen Bauraum erfordert und erhebliche Kosten verursacht, wird versucht, möglichst ohne Sensoren auszukommen und entweder die auftretenden Toleranzen zu verringern oder die Greifer toleranter gegenüber Lageabweichungen der Bauteile zu machen. Dieser Lösungsansatz kann wirtschaftlich prinzipiell sinnvoll sein und entspricht dem Bestreben nach "schlanken" Lösungen. Dennoch kann in vielen Anwendungen auf den Einsatz von Sensoren nicht verzichtet werden oder der Verzicht führt zu hohen Kosten, z. B. für genauere Bauteilbereitstellung, die die Einsparungen bei den Sensoren übertreffen. Deshalb besteht bei der Sensorik immer noch ein großes Entwicklungspotential.

Mit zunehmender Komplexität der Aufgabe kann nur noch sehr schwer zwischen Handhabung und Montage unterschieden werden und auch die Entwicklung der beiden Bereiche ist kaum zu trennen. In diesem Zusammenhang sollte deshalb auch Abschnitt 2.2.3 beachtet werden.

In der Kleinteilbestückung, die zahlenmäßig in der alten BRD den Bereich Punktschweißen inzwischen übertroffen hat, herrschen schnelle SCARA-Roboter mit vier Achsen vor, da die Fügeoperationen für viele Aufgaben vertikal erfolgen können. SCARAs sind aufgrund ihrer Konstruktion für diese Operationen besonders geeignet und erlauben zudem sehr hohe Arbeitsgeschwindigkeiten. Somit sind Stückzahlen von bis zu 100.000 Stk / Monat durchaus üblich, wobei die Taktzeiten zwischen 10 und 35 s liegen können. Toleranzen spielen bei den geringen Bauteilabmessungen und der hohen Genauigkeit der zu bestückenden Teile meist eine untergeordnete Rolle. Probleme liegen bei der Kleinteilmontage somit weniger im Beherrschen des Handhabungsprozesses als im Erreichen einer möglichst hohen Geschwindigkeit und einer leichteren Umstellung ganzer Montagelinien auf neue Produkte. Dies wird insbesondere durch sinkende Produktlebensdauern und steigende Produktvariantenvielfalt bei kleiner werdenden Losgrößen hervorgerufen.

Bild 4 zeigt eine Komponente eines Montagesystems für Kleinteile, die für Stückzahlen von 35.000 bis 100.000 Teilen pro Monat ausgelegt ist und eine hohe Flexibilität bei der Produktumstellung gewährleistet. Dies wird durch den Einsatz von Kleinteile-Paletten und standardisierten Zuführ- und Transportsystemen ermöglicht. Der finanzielle Aufwand für Produktumstellungen beläuft sich nach Angaben des Herstellers auf 2% bis 20% der ursprünglichen Investition [2].

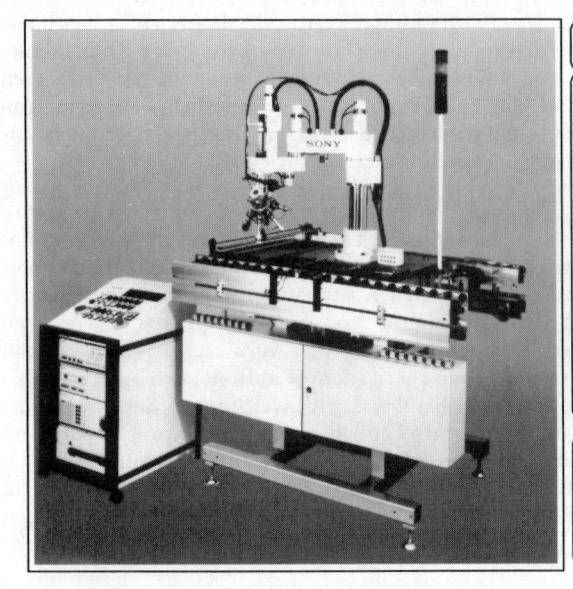

Handhabung / Montage von Kleinteilen

- Montage von Massenprodukten der Unterhaltungselektronik etc.
- preiswerte und schnelle Roboter (i.a. SCARA)
- Revolvergreifer für schnellen Werkzeugwechsel
- Leichte Produktumstellung
- Stückzahlen / Monat bis 100.000
- Taktzeit ca. 10..35 s
- geringe Toleranzen

ø Losgröße

Verbreitung

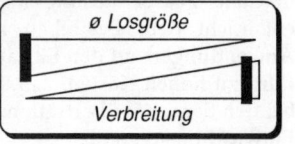

Bild 4: Komponente eines Montagesystems für Kleinteile (Quelle: Sony)

2.1.6 Beschichten

Unter Beschichten versteht man in diesem Zusammenhang im wesentlichen das Lackieren und das Emaillieren. In Deutschland wurde 1970 zum ersten Mal eine Anlage zum Emailspritzen mit Robotern installiert. Das Beschichten eignete sich besonders für die Automatisierung mit Robotern, da die einzuhaltenden Genauigkeiten relativ gering sind und der Roboter durch das sehr geringe Gewicht der zu führenden Spritzpistole incl. Schläuchen nicht stark belastet wird. Weiterhin gestaltet sich die Programmierung mit dem sogenannten Play-Back Verfahren, bei der der Roboter oder ein kinematisches Modell vom Bediener per Hand geführt und diese Bewegungen von der Steuerung gespeichert werden, verhältnismäßig einfach. Dabei wird gleichzeitig das Wissen des Werkers über die optimale Führung der Spritzdüse genutzt.

Eine Automatisierung des Spritzvorganges ist auch wegen der gesundheitlichen Belastung des Lackierers, der Reduzierung des sogenannten Oversprays (Verlust durch am Bauteil vorbei gesprühten Lack) und einer gleichmäßigen, reproduzierbaren und optimierbaren Oberflächenqualität wünschenswert. Zur weiteren Verbesserung der genannten Punkte und einer nochmaligen Verringerung der Schichtdicke (bessere optische Eigenschaften, weniger Lackverbrauch) sind mittlerweile Simulationssysteme auf dem Markt, die neben der Programmierung und Simulation der Roboterbewegungen auch Aussagen über die Schichtdicke auf der Bauteiloberfläche machen können. Damit ist erstmals eine sinnvolle Offline-Programmierung des Beschichtungsvorganges möglich. In der Bearbeitungszelle ist somit nur noch eine letzte Optimierung der Programme erforderlich. Auf den Einsatz von Sensoren kann völlig verzichtet werden, da die geforderten Genauigkeiten maximal im Bereich weniger Millimeter liegen.

Lackieren / Emaillieren

- Overspray reduzieren
- gleichmäßiger Auftrag
- Einsatz in BRD seit Anf. 70er Jahre
- Programmierung Play-Back oder Offline (CAD) mit Schichtdickensimulation
- hoher Optimierungsaufwand
- Programmierzeit spielt gegenüber Genauigkeit und Laufzeit untergeordnete Rolle

ø Losgröße

Verbreitung

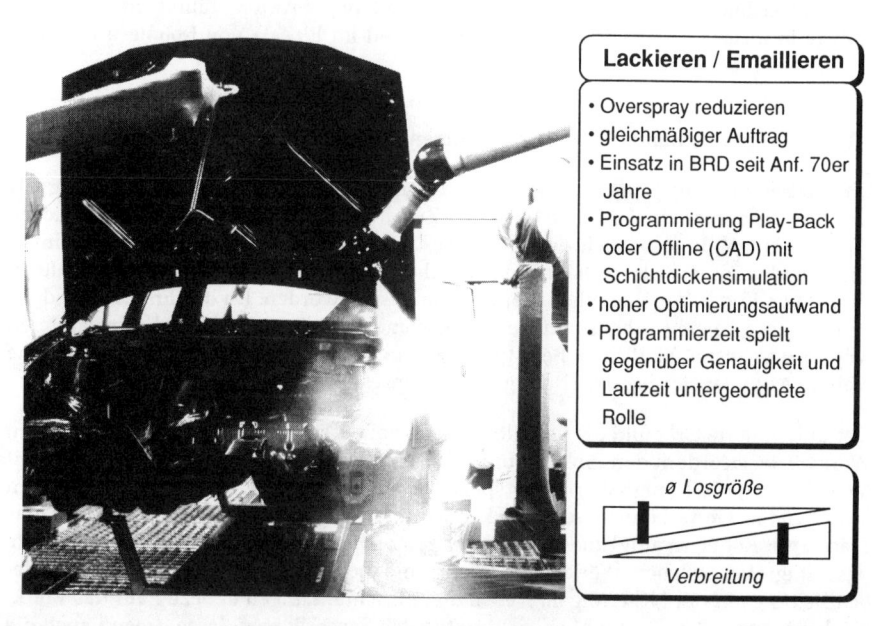

Bild 5:   Lackieren mit Industrierobotern (Quelle: VW)

Aktuelle Entwicklungen zielen vor allem auf eine weitere Reduzierung des Oversprays, z. B. durch Strahlgeometriesteuerung und Optimierung der Pistolenschaltfunktionen. Sehr weite Verbreitung hat das Lackieren mit Industrierobotern mittlerweile in der Automobilindustrie gefunden, Bild 5.

2.2   Neuere Anwendungsgebiete

Im folgenden werden Anwendungen vorgestellt, die erst in den letzten Jahren realisiert wurden und nicht den oben aufgeführten Anwendungsgebieten zugeordnet werden können. Die verhältnismäßig späte Automatisierung dieser Bereiche mit Industrierobotern ist teilweise auf die hohen Anforderungen an die Automatisierungskomponenten (z. B. Montage biegeschlaffer Teile) und teilweise auf die erst in den letzten Jahren ausgereift zur Verfügung stehende Prozeßtechnologie (z. B. Laser) zurückzuführen. Allgemein haben die Erfahrungen im produktionstechnischen Umfeld gezeigt, daß ein Großteil der Probleme beim Robotereinsatz in neuen Anwendungsgebieten auf notwendige (Weiter-) Entwicklungen der Prozeßtechnologie und auf Probleme bezüglich des Zusammenspiels zwischen Roboter und Peripherie zurückzuführen sind. Der somit zur Entwicklung eines marktfähigen Produkts erforderliche finanzielle Aufwand kann in der Regel nur beim späteren Einsatz der Systeme in der Massenfertigung gerechtfertigt werden, da hier einerseits ein relativ hohes Investitionsvolumen für die Gesamtanlage üblich ist und andererseits nicht allzu hohe Anforderungen an die Flexibilität der Anlage - die die Kosten weiter erhöhen würden - gestellt werden. Aus diesem Grunde ist insbesondere die Automobilindustrie und ihre Zulieferbranche Vorreiter in der Entwicklung und im Einsatz von Robotern in neuen Anwendungsbereichen.

2.2.1 Entgraten, Bandschleifen, Gußputzen

Die Zielsetzung des Entgratens kann vom Ausschließen einer Verletzungsgefahr bis zum Entfernen von die Funktion oder den Zusammenbau behindernder Grate reichen [3]. Der Anwendungsbereich des Entgratens gilt allgemein aufgrund des undefiniert auftretenden Grates als verhältnismäßig schwer automatisierbar und ist deshalb in Gießereien in der Vergangenheit kaum automatisiert worden. Da das Entgraten jedoch zum einen eine sehr arbeits- und daher kostenintensive Aufgabe und zum anderen wegen der gesundheitlichen Belastung unattraktiv für den Werker ist, wäre eine weitere Automatisierung dieser Tätigkeiten wünschenswert.

Der undefinierte Grat und die verhältnismäßig hohen Toleranzen der zu bearbeitenden Werkstücke erfordern den Einsatz von Sensorik bzw. die Ausstattung des Roboters mit nachgiebigen Werkzeughaltern oder speziellen Werkzeugen [4, 5, 6]. Die bei Gußteilen auftretenden Grate können sehr stark und unterschiedlich ausgeprägt sein. Da das Fräsen mit Robotern aufgrund der zu geringen Steifigkeit sehr problematisch ist, sollte das Entgraten solcher Werkstücke wenn möglich bei der nachfolgenden Teilebearbeitung auf der NC erfolgen. Neben den Einschränkungen in bezug auf das Werkstückspektrum, die aus der noch nicht optimalen Sensorik resultieren, tragen auch die hohen Investitionskosten zum geringen Automatisierungsgrad bei. Trotzdem gibt es durchaus Anwendungen, in denen besonders hohe Genauigkeitsanforderungen und Qualitätsansprüche eine Automatisierung nicht nur rechtfertigen sondern praktisch zwingend vorschreiben. Ein Beispiel ist das Entgraten von Turbinenläufern, <u>Bild 6</u>.

Mit dem Bandschleifen wird prinzipiell die gleiche Zielsetzung verfolgt wie mit anderen Entgratwerkzeugen auch, wobei jedoch der Grat hier sehr dünn ist und mit dem Schleifband sicher entfernt werden kann. Während jedoch beim Entgraten mit Fräsern das Werkzeug vom Roboter am feststehenden Werkstück vorbeigeführt wird, führt der Roboter beim Bandschleifen das Werkstück am stationären Schleifband vorbei. In diesem Fall sind unter Umständen zum Erzielen eines guten Bearbeitungsergebnisses, d. h. einer vollständigen Entfernung des Grates ohne Beschädigung des Werkstückes selbst, Änderungen an der Bandschleifmaschine vorzunehmen, um eine Regelung des Entgratprozesses zu ermöglichen. Eine solche automatisierungsgerechte Bandschleifmaschine kann z. B. verschiedene Andruckkräfte durch Verstellen der

Umlenkrollen des Schleifbandes gewährleisten oder durch einen schwimmenden Arbeitspunkt Positionsabweichungen des Roboters und Toleranzen im Bauteil kompensieren [7]. Hier liegt die Problematik in den noch unzureichenden Kenntnissen der prozeßbestimmenden Größen.

Entgraten, Bandschleifen, Gußputzen
- manuell: arbeitsintensive und unattraktive Aufgabe (= hohe Kosten)
- undefinierter Grat
- spezielle Werkzeuge und nachgiebige Aufnahmen erforderlich
- Einsatz von Sensorik unerläßlich
- teilweise Modifikation der Peripherie (z.B. Bandschleifmasch.) notwendig

ø Losgröße

Verbreitung

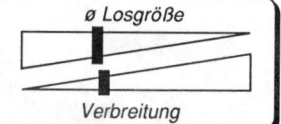

Bild 6: Entgraten von Turbinenläufern (Quelle: IWB)

2.2.2 Auftragen und Extrudieren

Das Auftragen von Klebstoffen ist eine Anwendung, die in letzter Zeit besonders im Bereich der Automobilindustrie weite Verbreitung gefunden hat. Hier werden aus optischen und aerodynamischen Gründen die feststehenden PKW-Scheiben zunehmend bündig mit der Außenhaut des Fahrzeuges in die Karosserie eingeklebt. Diese Entwicklung wurde erst durch den Einsatz von Robotern, die den Klebstoff gleichmäßig auf die Scheiben aufbringen, wirtschaftlich möglich.

Die geforderte Präzision und Gleichmäßigkeit des Auftrags ist relativ hoch, so daß die Anwendung sehr hohe Anforderungen an das Bahnverhalten und die Genauigkeit des Roboters stellt. Zusätzlich besteht das Problem, die austretende Klebstoffmenge sehr genau in Abhängigkeit von der Relativgeschwindigkeit zwischen Scheibe und Austrittsdüse regeln zu müssen, um auch in engen Radien Klebstoffanhäufungen vermeiden zu können. Dabei bestehen neben den hohen Ansprüchen an das Robotersystem auch hohe Anforderungen an den Dosierer und seine Regelung (z. B. zusätzlich integrierte Sensorik zum Ausgleich von Bereitstellungstoleranzen) sowie das Zusammenspiel der Komponenten. Der inzwischen weit verbreitete Einsatz solcher Anlagen in der Automobil- und Zulieferindustrie, Bild 7, zeigt jedoch, daß die damit verbundenen Probleme weitgehend gelöst sind.

Basierend auf der geschilderten Entwicklung sind inzwischen sogar Anlagen im Einsatz, die neben dem Auftragen von Klebstoffen auch das Extrudieren von PUR-Dichtlippen ermöglichen [8]. Dabei ist das PUR-Material gleichmäßig in einer fest vorgegebenen Geometrie auf die Scheibe aufzubringen, was gegenüber dem Auftragen von Klebstoffen nochmals gesteigerte Anforderungen an das System bedeutet. Da das manuelle Aufbringen einer solchen Dichtlippe mit der geforderten Gleichmäßigkeit nicht möglich ist, kann dies als eine Anwendung betrachtet werden, die erst durch die Entwicklungen in der Robotertechnik flexibel realisiert werden konnte.

Klebstoffe auftragen, Dichtlippen extrudieren
- hohe Präzision
- gleichmäßiger Auftrag muß gewährleistet sein
- besondere (auch technologische) Probleme bei Radien
- schnelles Zusammenspiel zwischen RC und Dosierer
- Sensorik zum Ausgleich von Bereitstellungstoleranzen

ø Losgröße

Verbreitung

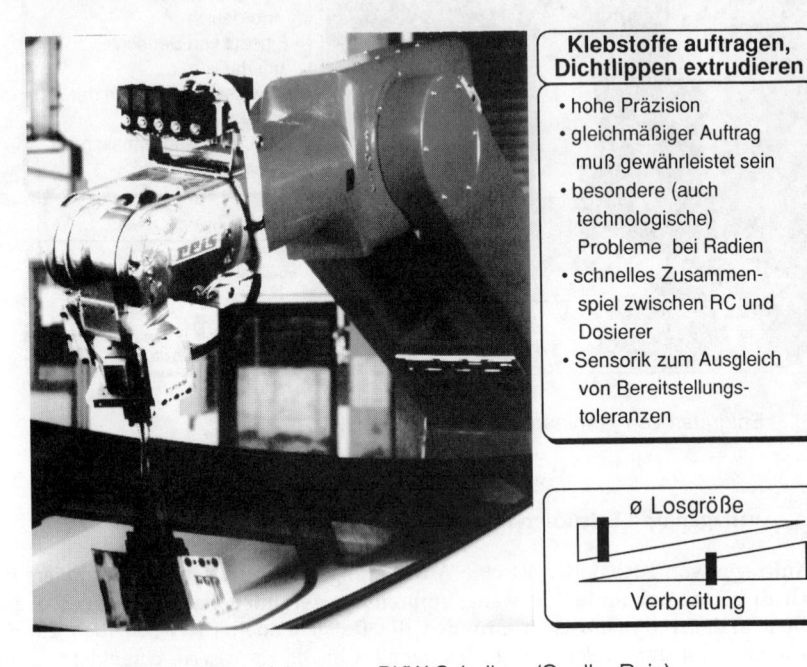

Bild 7: Kleben und Beschichten von PKW-Scheiben (Quelle: Reis)

2.2.3 Montage

Die Montage ist eine Tätigkeit, die bei fast allen Produkten des Maschinenbaus anfällt und einen sehr hohen Arbeitsaufwand bedeutet. Die hier angesprochene Montage unterscheidet sich von der Montage - oder besser Bestückung - von Kleinteilen (z. B. bei Elektronikkomponenten oder HIFI- und Haushaltsgeräten) durch den wesentlich komplexeren Fügevorgang.

Montage

- sehr großer Automatisierungsbedarf
- Toleranzen
- Sensoreinsatz erforderlich o.
- Fügehilfe (z.B. RCC)
- große Anzahl unterschiedlicher Verbindungstypen (Schraube, Preßpassung, Clip, Niet, Klebung ...)
- oft Spezialwerkzeuge zum Teilehandling und Fügen
- montagegerechte Konstruktion ist oft Voraussetzung

ø Losgröße

Verbreitung

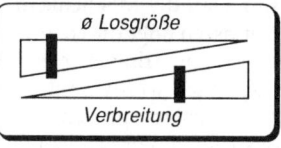

<u>Bild 8:</u>   Automatisierte Scheibenmontage in der KFZ-Industrie (Quelle: BMW)

Während bei Kleinteilen hauptsächlich geradlinige Fügebewegungen zum Einsetzen von Elektronikkomponenten auf Leiterplatten oder zum Verbinden zweier Bauteile mittels einfacher Schnappverbindungen ausreichen, sind die Aufgabenstellungen im hier angesprochene Montagebereich sehr viel komplexer. Selbst das Einführen eines Stiftes in eine Bohrung mit nur geringem Übermaß oder gar Untermaß läßt sich aufgrund der unvermeidlich auftretenden Toleranzen nicht ohne Sensoreinsatz oder besondere Fügestrategien realisieren. Aufgrund des damit zusammenhängenden Entwicklungsbedarfes wird trotz der erkennbaren Potentiale heute nur in bestimmten Teilbereichen eine automatisierte Montage industriell durchgeführt. Eine Vorreiterrolle hat hier sicherlich - wie beim Robotereinsatz allgemein - die Automobilindustrie. Hier ist die automatisierte Scheiben-, Türen- und Getriebemontage sowie das Decking (Zusammenführung von Karosserie und Fahrwerk) weitgehend Stand der Technik, <u>Bild 8</u>.

Toleranzen stellen im gesamten Automatisierungsbereich ein Problem dar. Bei der Montage kommt jedoch erschwerend hinzu, daß vorhandene Toleranzen nicht nur zu evtl. unbefriedigenden Ergebnissen führen, sondern in der Regel den gesamten Montagevorgang scheitern lassen. Auch hier mag das einfache Beispiel "Stift in Bohrung" zur Veranschaulichung dienen. Deshalb ist in praktisch allen Bereichen der Montage der Einsatz von Sensorik (z. B. Scanner, Videokamera, taktile Sensoren etc.) oder geeigneter passiver Fügehilfen unerläßlich. Die Zahl der häufig eingesetzten Sensoren und der damit verbundene Aufwand wird in Bild 8 sehr gut deutlich.

Ein Beispiel für passive Fügehilfen ist ein "Remote-Center-Compliance" (RCC) Greifer, der speziell für das bereits erwähnte Stift-in-Bohrung Problem entwickelt wurde [10, 11]. Der Greifer ist mechanisch so ausgelegt, daß der zu fügende Stift, der mit einer geeigneten Fase zur Erleichterung des Einführens in die Bohrung versehen ist, sowohl senkrecht zur Fügerichtung verschiebbar als auch kippbar ist. Entscheidend ist dabei, daß eine Kraft senkrecht zur Fügerichtung - wie sie beim nicht exakt mittigen Einführen des Stiftes auftritt - lediglich eine Verschiebung des Stiftes in diese Richtung, nicht aber ein Verkanten zur Folge hat. Erst ein nach weiterem Einführen evtl. auftretendes Moment durch Zwei-Punkt-Berührung zwischen Stift und Bohrung führt zum Kippen des Stiftes. Die beschriebenen Bewegungen werden ohne zusätzlich Regelung und bei einer geradlinigen Fügebewegung des Roboters durchgeführt, weshalb das System als passiv bezeichnet wird.

Neben den teilweise sehr hohen Anforderungen an die Genauigkeit des Robotersystems bei kleinen zulässigen Toleranzen ist für viele Montagevorgänge zusätzlich die Lage bzw. Orientierung des zu montierenden Teils enscheidend. So ist z. B. bei der automatischen Getriebemontage, die inzwischen industriell realisiert ist [9], ein einwandfreies Kämmen der beteiligten Zahnräder erforderlich. Auch hier besteht prinzipiell die Möglichkeit, entweder die Lage der Zahnräder exakt mittels Sensoren zu erfassen oder durch geeignete Fügestrategien die Montage zu ermöglichen. Welcher der beiden Ansätze letztendlich wirtschaftlicher zum Ziel führt muß im Einzelfall entschieden werden. Oft ist jedoch eine "clevere" Lösung ohne aufwendige Sensorik einer sensorgestützten Alternative überlegen, erfordert aber auch entsprechende konstruktive Voraussetzungen.

Allgemein ist die montagegerechte Konstruktion ein, wenn nicht sogar der, entscheidende Faktor für eine wirtschaftlich durchführbare robotergestützte Montage. So kann durch geeignete Konstruktion (z. B. Fasen zum leichteren Fügen, einheitliche Montagerichtung, geeignete Greifpunkte, gute Zugänglichkeit etc.) in der Produktion oft auf den Einsatz von Sensorik verzichtet bzw. die Anforderungen an das Montagesystem können drastisch reduziert werden. Mittlerweile hat sich die Erkenntnis durchgesetzt, daß sich die Restriktionen durch automatische Montagesysteme grundlegend von denen für die manuelle Montage unterscheiden.

2.2.4 Montage biegeschlaffer Teile

Die Montage biegeschlaffer Teile ist bisher nur in sehr wenigen Teilgebieten zu wirklich ausgereiften Lösungen entwickelt und in der Produktion eingesetzt worden. Ein Beispiel hierfür ist das Einlegen von Dämmatten in PKW, <u>Bild 9</u>.

Abgesehen von verhältnismäßig einfachen Aufgabenstellungen, wie der gezeigten, besteht bei biegeschlaffen Teilen zunächst das prinzipielle Problem, geeignete Strategien zu ihrer Montage zu entwickeln. Je nach Anwendungsfall können diese sehr unterschiedlich ausfallen und sich von den Strategien für steife Bauteile grundsätzlich unterscheiden. Zur Veranschaulichung dieses Problems sei das Aufziehen von Kühlwasserschläuchen auf die Rohrenden einer Kühlwasserpumpe oder Kühlers genannt. Da der Schlauch zunächst ein deutliches Untermaß gegenüber dem Rohrende hat, ist aufgrund der Knickgefahr des Schlauches ein einfaches Überschieben über das Rohr nicht möglich. Um eine einwandfreie Montage gewährleisten zu können, sind Vorgehensweisen, wie z. B. ein Drehen oder Verwinden des Schlauches während des Aufziehens, zu entwickeln. Generell ist für die automatisierte Montage biegeschlaffer Teile noch sehr viel Grundlagenforschung erforderlich [12, 13, 14].

Berücksichtigt man, daß die genannten Probleme zu den - teilweise noch ungelösten - der automatisierten Montage steifer Bauteile noch hinzukommen, und betrachtet man deren Verbreitung in der Industrie, wird leicht erkennbar, daß biegeschlaffe Teile aus wirtschaftlicher Sicht heute kaum sinnvoll mit Robotern montiert werden können. Zur Zeit ist dieser Bereich deshalb als weitgehend ungelöst und industriell kaum verbreitet einzustufen.

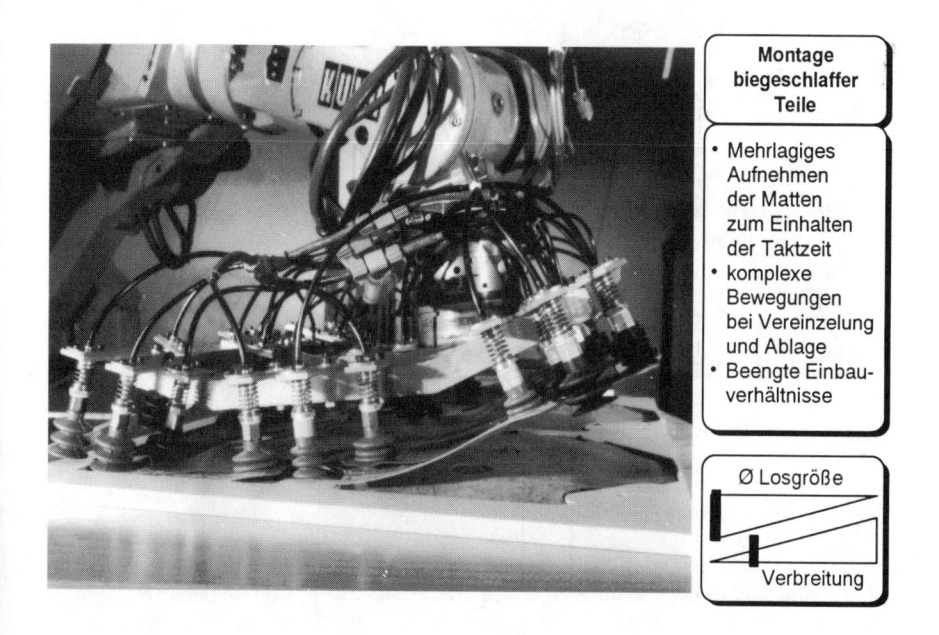

Bild 9: Einlegen von Dämmatten in PKW (Quelle: IWB)

2.2.5 Tape-Legen

Bei der Herstellung technisch hochwertiger Bauteile werden in zunehmendem Maße konventionelle Werkstoffe durch nichtmetallische Faserverbundwerkstoffe (FVK) substituiert. Der Aufbau dieses Werkstoffes, d. h. die Orientierung der Hochleistungsfasern, erfolgt computerunterstützt und dient so der Optimierung der Bauteileigenschaften. Aus diesen Daten werden wiederum die Produktions- und Bewegungsdaten der Fertigungsanlage gewonnen. Bild 10 zeigt das Ablegen von Bändern - das Tape-Legen - auf einer komplexen Struktur. Bislang wird dieses Verfahren überwiegend in der Luftfahrt mit Erfolg eingesetzt. So werden beispielsweise die Tragflächen des

Regionalflugzeuges ATR 72 sowie tragende Strukturen der Boing 777 im Mehrschichtbetrieb gefertigt.

Tape-Legen
- manuell kaum durchführbare Tätigkeit
- hohe Präzision erforderlich
- Ablegestrategie computerberechnet
- Erzielung hoher Steifigkeiten durch definierte Lage der Faser

ø Losgröße

Verbreitung

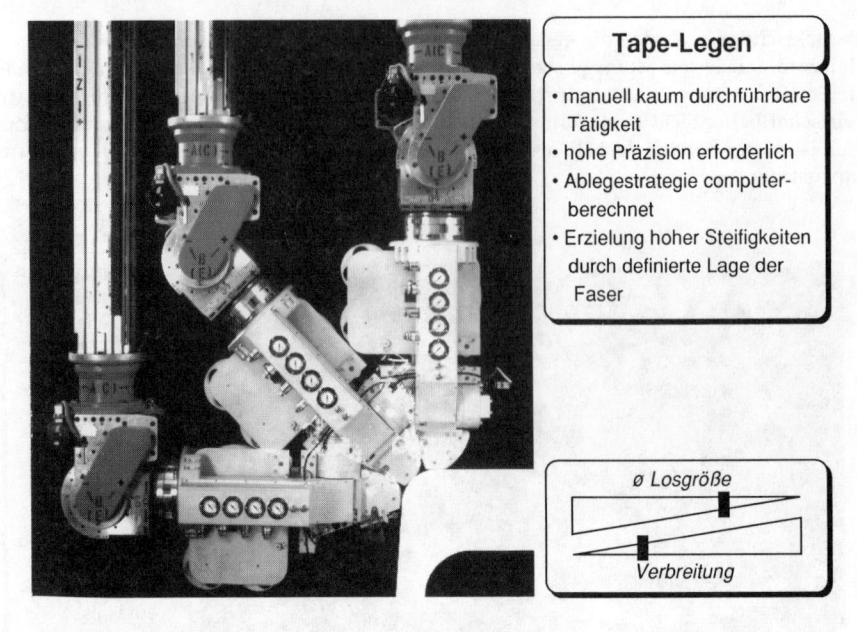

Bild 10: CFK-Tape-Legen mit Portalroboter (Quelle: IPT)

2.2.6 3D-Laserschweißen / -schneiden

Der Laser hat in den letzten Jahren eine deutliche Entwicklung in Richtung Wirtschaftlichkeit und kleineres Bauvolumen erfahren, so daß er aufgrund seiner verfahrensspezifischen Vorteile, wie hoher Energiedichte, Verschleißfreiheit, Präzision, positive Eigenschaften der erzeugten Nähte oder Schnitte etc. zunehmend als Werkzeug in der Fertigungstechnik eingesetzt wird. Aufgrund der zumeist schweren Strahlführungssysteme - bei CO_2-Lasern ist der Einsatz von Glasfasern als Lichtleiter nicht möglich - und der geforderten Genauigkeiten für die Positionierung des Strahlfokus ist eine manuelle Führung nicht praktikabel. Somit wurde mit zunehmendem Einsatz des Lasers als Werkzeug auch die Automatisierung des Verfahrens realisiert. Während die 2D-Bearbeitung mittlerweile weitgehend als Stand der Technik angesehen werden kann, ist der Übergang zu 3D-Konturen problematisch. Zwar gibt es auch hier bereits eine Reihe von Anwendungen, jedoch bestehen oft Probleme bezüglich der Bahngenauigkeit und Dynamik des Roboters, der Strahlführung, der Programmierung und der Überwachung des Prozesses mittels Sensorik.

In der Regel werden für das Laserschweißen und -schneiden Portalroboter wegen ihrer hohen Steifigkeit eingesetzt, jedoch ist der Knickarmroboter für die Materialbearbeitung mit Laserstrahlung zumindest bei speziell ausgewählten Applikationen durchaus verwendbar [15], Bild 11. Der in dieser Anwendung eingesetzte Nd:YAG-Laser hat den Vorteil, daß seine Strahlung - im Gegensatz zum CO_2-Laser - nahezu verlustfrei durch ein Glasfaserkabel geleitet werden kann, so daß aufwendige Strahlführungssysteme entfallen.

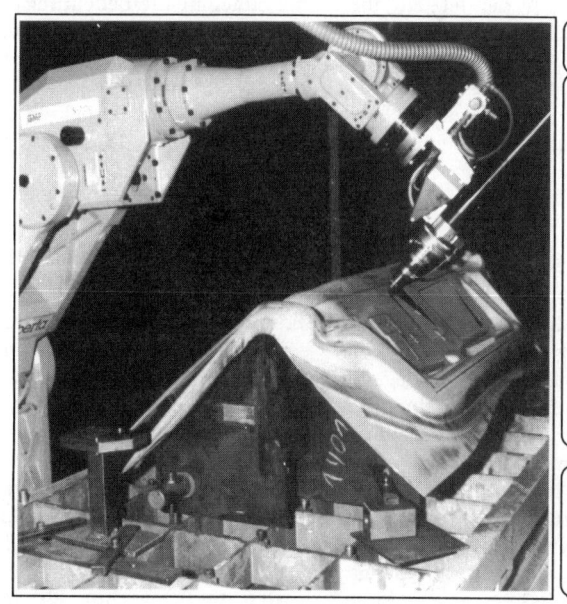

Laserschweißen / -schneiden

- Vorteile des Lasers (Flexibilität, Schnittqualität) nutzen
- hohe Bearbeitungsgeschwindigkeit erfordert sehr hohe Roboterdynamik
- extreme Genauigkeitsanforderungen
- Sensorik zur Abstandshaltung / Fugenverfolgung notwendig
- Glasfaser (Nd:YAG) oder Strahlführungssystem (CO2)
- bei Strahlführung aufwendige Spiegeljustage

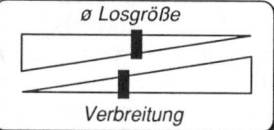

ø Losgröße

Verbreitung

Bild 11: Laser-Schneiden mit 8-achsigem Roboter und Nd:YAG-Laser (Quelle: BMW)

Weiterer Entwicklungsbedarf besteht insbesondere noch auf den Gebieten Dynamik - vor allem bei schnellen Orientierungsänderungen der Handachsen - und Bahngenauigkeit (bei vielen Anwendungen min. +/- 0,1 mm gefordert). Zusätzlich sind viele Roboterkinematiken nicht schwingsteif genug, so daß bei hohen Verfahrgeschwindigkeiten und den damit verbundenen Beschleunigungen Schwingungen auftreten, die das Bearbeitungsergebnis negativ beeinflussen. Zu diesen Defiziten des Roboters selbst kommt noch ein hoher Entwicklungsbedarf bei der Sensorik zur genauen Abstandshaltung zwischen Düse und Werkstückoberfläche sowie bei der Strahlführung, sei sie extern am Roboter oder im Roboter selbst realisiert, hinzu. Beim Einsatz von CO_2-Lasern stellt die Justierung der Spiegel in der Strahlführung zusätzlich einen erheblichen Aufwand dar.

2.2.7 Weitere Anwendungen

Neben den zuvor beschriebenen Anwendungen werden Roboter noch in einer großen Anzahl weiterer Einsatzgebiete genutzt. Viele von ihnen sind jedoch eher "exotisch",

d. h. sie spielen derzeit keine entscheidende Rolle in der Industrie oder sind noch nicht über das Laborstadium hinaus, was häufig auf die untergeordnete Rolle des Verfahrens selbst in der Fertigungstechnik zurückzuführen ist. Weitgehend ähneln die Applikationen von den Anforderungen her einer der bereits angesprochenen Aufgaben, so daß eine detaillierte Behandlung im Rahmen dieses Aufsatzes nicht sinnvoll erscheint.

Eine dieser Anwendungen, die in den letzten Jahren eine zunehmende Bedeutung in der Fertigung erhalten haben, ist das Wasserstrahlschneiden. Dabei können bezüglich der Anforderungen ähnliche Annahmen wie beim Laserschneiden getroffen werden, wobei jedoch die Anforderung an die Genauigkeit geringer sind und Probleme mit Strahlführung etc. nicht auftreten. Weitere Anwendungen sind z. B. Druckfügen, Löten, Induktionshärten, Biegen etc. Diese und weitere können in [16, 17, 18, 19, 20, 21, 22, 23, 24] nachgelesen werden.

2.3 Erkenntnisse

Die in den letzten 20 Jahren gemachten Erfahrungen haben in gewissem Sinne zu einer Ernüchterung in bezug auf die Einsatzmöglichkeiten und Fähigkeiten des Roboters geführt. Betrachtet man die gängigen Einsatzgebiete, so kommt man schnell zu der Erkenntnis, daß der Roboter bis heute vorwiegend in der Massenfertigung eingesetzt wird. Der wirtschaftliche Übergang zu kleinen Losgrößen bis hin zur Einzelteilfertigung mit Robotern wird zwar allgemein als wünschenswert angesehen, ist jedoch nur in wenigen Ausnahmefällen erfolgt oder zumindest absehbar. Die hochgelobte Flexibilität des Roboters - die ja eigentlich zunächst nur die Fähigkeit ist, ein Werkzeug praktisch beliebig im Raum zu führen - wird in der überwiegenden Zahl der Einsatzfälle nicht für ein wirklich variantenreiches Werkstückspektrum genutzt. Die Gründe für diese Entwicklung sind vielfältig, abhängig vom Einsatzgebiet und nicht auf bestimmte Komponenten beschränkt. In Abschnitt 3 werden die Schwachpunkte der einzelnen Teilkomponenten des Gesamtsystems Roboter untersucht und Verbesserungsmöglichkeiten vorgestellt.

Bisher reicht die Flexibilität des Roboters nicht einmal soweit, daß nach einer Produktionsumstellung der alte Roboter weiter eingesetzt oder sogar für völlig andere Aufgaben genutzt wird. Zwar geht zum Beispiel die Automobilindustrie inzwischen dazu über, die Anlagenlaufzeiten von den Produktlaufzeiten zu entkoppeln, aber die Tatsache, daß dies noch als besonders progressiv hervorgehoben wird, spricht für sich.

Neueste Anwendungsgebiete werden verständlicherweise zunächst in der Massenfertigung realisiert, da die zusätzlichen Anforderungen an die Flexibilität einer Anlage wesentlich geringer sind als bei kleinen Serien. Auch fallen die Kosten für die aufwendige Entwicklung im Bereich der Verfahrenstechnologie und geeigneter Programmierhilfsmittel bei mehreren eingesetzten Systemen weniger ins Gewicht.

Der Einsatz von Robotern in verschiedensten Bereichen hat gezeigt, daß das Zusammenspiel zwischen Roboterkomponenten und der für das Verfahren erforderlichen Komponenten sehr aufwendig und verbesserungsbedürftig ist. Die Kopplung des Roboters als Handhabungsgerät mit dem eigentlichen Werkzeug und seiner Peripherie stellt in vielen Fällen eine Sonderlösung dar, die entsprechend teuer ist. Standardkomponenten sind nur in sehr wenigen Bereichen, z. B. beim Schweißen, verfügbar. Beim

Bahnschweißen ist deshalb bereits ein Übergang zu kleineren Losgrößen erkennbar, wenn auch hier noch eine Reihe von Einschränkungen zu machen sind. Da bei Kleinserien die Programmierzeit pro Werkstück bzw. Serie wesentlich stärker ins Gewicht fällt als bei der Massenfertigung, stellt die schnelle und effektive Programmierung einen wesentlichen Faktor bezüglich der Wirtschaftlichkeit dar. Hier ist noch ein erheblicher Entwicklungsbedarf zu erkennen.

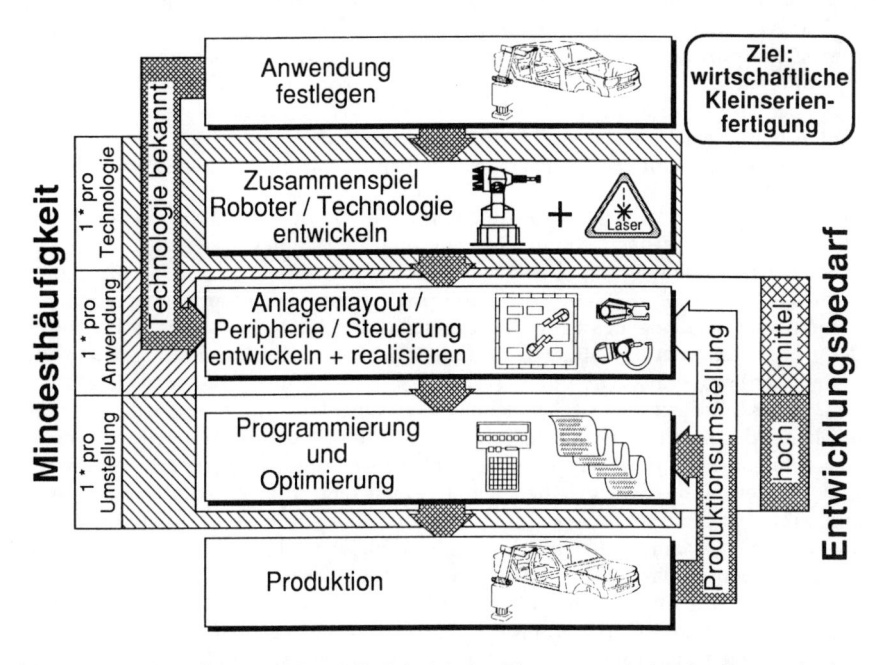

Bild 12: Arbeitsschritte und ihre Häufigkeit beim Einsatz von Industrierobotern in der Produktion

Eine weitere Erkenntnis ist, daß die Wirtschaftlichkeit des Robotereinsatzes bzw. einer Entwicklung nicht losgelöst von der Anwendung und den damit verbundenen Restriktionen betrachtet werden kann. Viele Entwicklungen der vergangenen Jahre zeugten von einer Technikverliebtheit, die zu unnötig komplizierten Lösungen geführt hat und den Benutzer teilweise überfordert. Bei jeder Neuentwicklung muß deshalb die Anwendung im Vordergrund stehen, für die - und nur für die - eine optimale Lösung gefunden werden soll. Nur wenige Entwicklungen sind für alle Anwendungsfälle sinnvoll; nicht einmal die mit der Entwicklung der Mikroprozessoren steigende Leistungsfähigkeit der Steuerungen wird überall benötigt. Leistungsfähige und komplexe Lösungen haben in bestimmten Anwendungen ihre Berechtigung. Für andere Einsatzfälle sind sie jedoch oft zu teuer und damit unwirtschaftlich. Für sich betrachtet sind weder steifere Roboter noch schnellere Steuerungen oder komplexere Programmiersprachen und Schnittstellen a priori erstrebenswert. Erst in Zusammenhang mit der Anwendung entscheidet sich, ob ein steiferer Roboter nur teurer oder auch effektiv besser (z. B. niedrigere Taktzeit, höhere Qualität usw.) ist. In manchen

Bereichen steht der Roboter in Konkurrenz zu einfacheren, weniger flexiblen aber auch billigeren Lösungen. Der Robotereinsatz macht nur dann Sinn, wenn die damit mögliche Flexibilität auch genutzt wird.

Der Trend, den Roboter auf die Anwendung zuzuschneiden, darf andererseits natürlich nicht dazu führen, daß sinnvolle Bemühungen in Richtung Vereinheitlichung von Komponenten, Schnittstellen, Bedienoberflächen, Programmiersprachen etc. verhindert werden. Wenn der Roboter in Zukunft wirtschaftlich in neue Bereiche und zu kleineren Losgrößen vordringen soll, dann ist ein Kompromiß zwischen Vereinheitlichung und Anpassung an die Anwendung gefragt, der nur durch konsequente Modularität aller Komponenten verwirklicht werden kann. Dieses Ziel entspricht sowohl für den Anwender, der eine sehr wirtschaftliche Lösung erhält, als auch für den Systemanbieter, der auf Standardmodule zurückgreifen kann, dem Gedanken der "Lean Production".

Bild 12 zeigt die zum Einsatz eines Robotersystems in der Produktion erforderlichen Arbeitsschritte. Ausgehend von der Anwendung ist bei einer bisher noch nicht realisierten Aufgabenstellung das Zusammenspiel zwischen Roboter und Technologie zu entwickeln. Beispiele sind etwa Strahlführungssysteme bei Lasern, aber auch neue Sensoren zur Regelung des Schweißprozesses (z. B. durch Schweißbadbeobachtung) oder geeignete Greifer und Strategien für die Montage. Ist die Anwendung bereits öfter in ähnlicher Form realisiert worden, so ist diese Entwicklung größtenteils abgeschlossen, und es schließt sich direkt das Planen des Anlagenlayouts, die Auswahl geeigneter Peripherie, der Aufbau und das Zusammenspiel der Steuerungen und Komponenten sowie schließlich die Inbetriebnahme der Anlage an. Darauf folgt die Programmierung und Optimierung des Systems, die ebenfalls einen sehr großen Zeitaufwand bedeuten kann. Eine spätere Umstellung auf ein neues Produkt erfordert erneute Modifikationen an der Anlage. Vorausgesetzt die Anwendung bleibt in ihren Grundzügen erhalten, muß damit erneut das Anlagenlayout angepaßt, evtl. neue Sensorik und Peripherie integriert und die Anlagensteuerung modifiziert werden, bevor nach nochmaliger Programmierung und Optimierung die Produktion wieder anlaufen kann. Während die Änderungen am Anlagenlayout und der Peripherie oft verhältnismäßig gering sind, ist in der Regel eine komplette Neuprogrammierung des Roboters mit anschließender Optimierung erforderlich. Falls nur Varianten des gleichen Werkstücktyps gefertigt werden sollen, ist lediglich eine Umprogrammierung der Anlage erforderlich.

Um das Ziel der wirtschaftlichen Kleinserienfertigung erreichen zu können, muß die Entwicklung besonders in den Bereichen vorangetrieben werden, die einen hohen Arbeits- und Zeitaufwand beim Robotereinsatz erfordern. Wie Bild 12 zeigt, wird die Phase der Programmierung und Optimierung mindestens bei jeder Produktionsumstellung durchlaufen. Die Chancen zur Steigerung der Wirtschaftlichkeit - und damit der Entwicklungsbedarf - sind hier somit besonders hoch. Die Erstellung des Anlagenlayouts und die Auswahl, Entwicklung und Realisierung von Peripheriekomponenten und Gesamtsteuerung wird mindestens einmal pro Anwendung - also vor bzw. bei dem ersten Aufbau der Anlage - durchgeführt. Da zusätzliche Modifikationen durch größere Produktionsumstellungen erforderlich werden können, ist auch hier Entwicklungsbedarf zur Erleichterung solcher Änderungen vorhanden. Das grundlegende Zusammenspiel zwischen Roboter und Technologie muß nur bei den ersten Realisierungen einer neuen Technologie entwickelt werden und hat deshalb auf die Wirtschaftlichkeit beim späteren Einsatz neuer Verfahren kaum Auswirkungen.

Aus diesem Ablauf geht hervor, daß insbesondere die Peripherie und das Zusammenspiel aller Anlagenkomponenten sowie die aufwendige Programmierung und Optimierung für den häufig unbefriedigenden Aufwand für Entwicklung der Anlage und Produktionsumstellungen verantwortlich sind. Zukünftige Entwicklungen müssen somit besonders auf diesen Gebieten ansetzen. Im folgenden Kapitel werden einige dazu geeignete Lösungsansätze vorgestellt.

3. Problemdarstellung und Lösungsansätze für kleine Losgrößen

Im folgenden wird der Roboter und sein Umfeld systematisch auf Schwachpunkte in bezug auf bestimmte Anwendungsbereiche untersucht und Lösungsansätze für deren Behebung werden vorgestellt. Dabei wird zwischen den Teilbereichen Mechanik, Steuerung, Programmierung, Sensoren / Aktoren, MMI und Peripherie unterschieden.

3.1 Mechanik

Die mechanischen Eigenschaften beeinflussen einerseits die Herstellungskosten und andererseits die Leistungsfähigkeit von Industrierobotern in erheblichem Maße, wobei die beiden Zielgrößen geringe Kosten und hohe Leistungsfähigkeit meist konträr zueinander stehen, so daß hier für jedes Einsatzgebiet ein sinnvoller Kompromiß gefunden werden muß. Zum Einsparen von Entwicklungs- und Herstellungskosten bietet sich unter anderem der verstärkte Einsatz von Baukastensystemen an.

Defizite und Entwicklungspotentiale im Bereich der Robotermechanik

Defizite
- hohe Kosten der Komponenten
- geringe Steifigkeit und Dämpfung
- geringe Genauigkeit bei Roboter und Peripherie
- geringe Dynamik durch große bewegte Massen
- außenliegende Leitungen behindern Beweglichkeit

Handlungsbedarf (Anwenderseitige Einschätzung): Sensoren, Kabel/Energieführung, Steuerung, Getriebe, Lager, Antriebe, Greifer
Quelle: Roboter

Lösungsansätze
- steife Leichtbauweise (CFK-Einsatz)
- Reduzierung der Kabel durch Bussysteme / Verlegung im Inneren
- Entwicklung steiferer Getriebe
- Entwicklung von Baukastensystemen

Lösungsansatz: Baukastensysteme

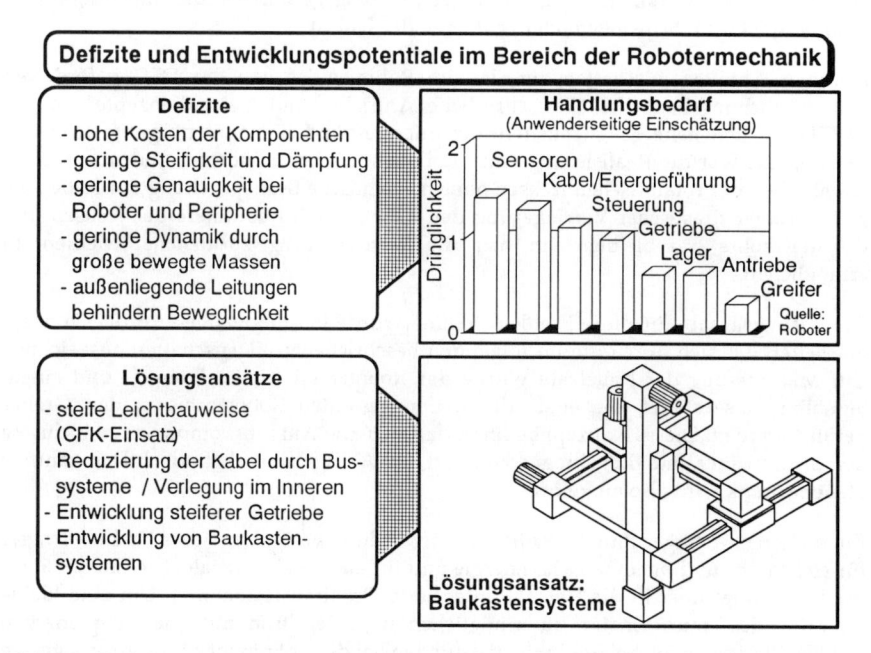

Bild 13: Defizite und Entwicklungspotentiale im Bereich der Robotermechanik

Dies kann bei einfachen Anwendungen soweit gehen, daß ein kompletter Roboter aus zugekauften Achsen zusammengestellt wird. Hier werden zunehmend Linearmodule angeboten, die hinsichtlich Baugrößen, Tragkraft und Antriebskonzept ein breites Spektrum abdecken. Aber auch bei der Herstellung konventioneller Portal- oder Knickarmroboter können durch den vermehrten Einsatz von Baukastensystemen für einzelne Komponenten, wie Motoren, Getriebe oder Gestellbauteile, Kosten gespart werden.

Ein Überblick über die wichtigsten Defizite der Robotermechanik und mögliche Verbesserungsmaßnahmen gibt Bild 13. Bei einer Leserumfrage der Zeitschrift Robotertechnik [42], an der sich mehr als 6000 Betreiber von Robotern beteiligten, wurde dabei eine Verbesserung der Kabel- und Energieführungen als besonders dringlich eingestuft.

3.1.1 Energie- und Signalübertragung

Die konventionelle Roboterverkabelung bringt eine Vielzahl von Nachteilen mit sich, wobei als wichtigster Punkt wohl die durch Kabelbrüche bedingten Produktionsausfälle zu nennen sind. Nachteilig ist außerdem die erhöhte Kollisionsgefahr durch außenliegende Kabel und die verminderte Zugänglichkeit zu engen Räumen, die bei manchen Anwendungen einen Robotereinsatz unmöglich macht. Nicht zuletzt besitzen die Kabel bei Portalrobotern einen nicht zu unterschätzenden Anteil an den bewegten Massen, was sich negativ auf die Antriebsdynamik auswirkt. Zusätzliche Probleme entstehen, wenn Wirkmedien zum Roboterwerkzeug geführt werden müssen, wie es zum Beispiel beim Schweißen oder Lackieren der Fall ist.

Um hier Abhilfe zu schaffen, wurden im Rahmen des von der DFG geförderten Sonderforschungsbereiches "Fortschrittliche Antriebs- und Gelenkkonzepte" an der RWTH Aachen neue Möglichkeiten zur Energie- und Signalübertragung erforscht, Bild 14. Ziel war die Realisierung eines Roboters mit unbehinderter und unendlicher Drehbarkeit der rotatorischen Achsen ohne mechanische Beanspruchung der Kabel, bei gleichzeitiger drastischer Verringerung der Kabelanzahl. Das Innere der Achsen und Gelenke sollte frei bleiben, um hier die Durchführung zusätzlicher Medien zu ermöglichen.

Als Lösungsansatz für diese Problemstellung wurde ein innovatives Antriebskonzept erarbeitet, das sich durch die im folgenden beschriebenen Eigenschaften auszeichnet: Zur Minimierung der Kabelzahl wurde der Roboter mit einem Energie- und einem Signalbus ausgestattet, die beide durch den gesamten Roboter bis in den Greifer geführt werden. Dieses Konzept bedingt, daß sich alle Antriebskomponenten inclusive der Stromrichter und Regelungen vor Ort im Achsgehäuse befinden. Der zentrale Steuerschrank wird also aufgelöst.

Ein weiterer wichtiger Punkt betrifft die Entwicklung berührungsloser Drehübertrager für elektrische und pneumatische Energie und für elektrische Signale. Die Energieübertragung erfolgt über in die Gelenke integrierte Drehtransformatoren. Um eine kleine Baugröße des Transformators zu ermöglichen, wird der Strom mit einer Frequenz von 25 kHz übertragen, wobei die Verlustleistungen bei dieser Frequenz noch relativ gering sind. Mit den eingesetzten Transformatoren kann bei einer Spannung von 650 V eine

Nennleistung von 3,5 kW übertragen werden. Der Wirkungsgrad ergibt sich bei einem Luftspalt von 0,1 mm zwischen den beiden Transformatorhälften zu 96 %.

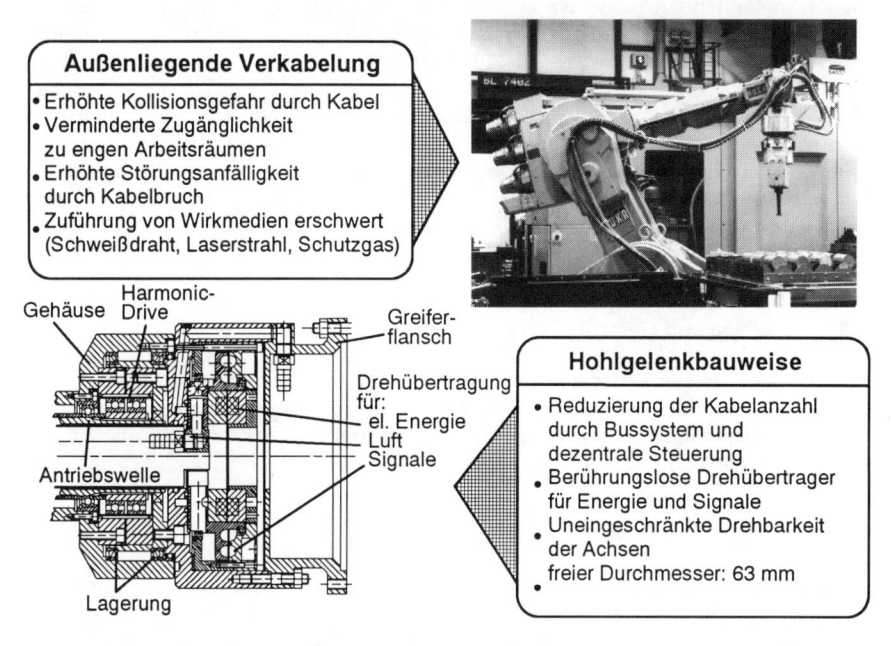

Außenliegende Verkabelung
- Erhöhte Kollisionsgefahr durch Kabel
- Verminderte Zugänglichkeit zu engen Arbeitsräumen
- Erhöhte Störungsanfälligkeit durch Kabelbruch
- Zuführung von Wirkmedien erschwert (Schweißdraht, Laserstrahl, Schutzgas)

Hohlgelenkbauweise
- Reduzierung der Kabelanzahl durch Bussystem und dezentrale Steuerung
- Berührungslose Drehübertrager für Energie und Signale
- Uneingeschränkte Drehbarkeit der Achsen
- freier Durchmesser: 63 mm

Bild 14: Verkabelung von Industrierobotern: Problematik und Lösungsansatz

Zur berührungslosen Datenübertragung wurde ein Konzept in Analogie zur Infrarot-Fernbedienung bei Fernsehgeräten gewählt. Die Daten werden durch Leuchtdioden in Lichtimpulse gewandelt, die dann wiederum von Photodioden empfangen und in elektrische Signale umgesetzt werden. Aufgrund der geforderten Hohlgelenkbauweise mußten die Leucht- und Empfängerdioden am Umfang des Gelenkes (s. Bild 14) in zwei ringförmigen Kanälen angeordnet werden. Jeder Kanal dient der Signalübertragung in eine Richtung, d. h. von der Steuerung zu den Achsen oder umgekehrt. Um ein sicheres Auftreffen der Lichtkegel auf die Empfänger zu gewährleisten, sitzen in jedem Ring mehrere Dioden, wobei die Leuchtdioden schräg, also in tangentialer Richtung abstrahlen. Mit diesem System können Daten bei Übertragungsraten von zwei Megabaud sicher übertragen werden. Zur Zeit wird außerdem ein System auf induktiv-kapazitiver Basis entwickelt, daß ähnlich wie der Energieübertrager funktioniert. Es kann außerdem in diesen integriert werden und hat somit keinen zusätzlichen Platzbedarf. Dieses System soll mit Datenraten von vier Megabaud arbeiten.

Ein weiteres Problem das gelöst werden mußte, besteht in der mechanischen Realisierung der geforderten Hohlgelenkbauweise. Ziel ist dabei die Verwirklichung eines möglichst großen freien Querschnittes im Inneren der Achse, um hier Medien, wie Klebstoff, Wasser, Schweißdraht oder auch Laserenergie, durchführen zu können, ohne die Beweglichkeit des Roboters durch außenliegende Leitungen zu behindern. Bild 14 gibt einen Eindruck von der Komplexität dieser Aufgabe. Der Antrieb erfolgt durch einen schnellaufenden permanenterregten Synchronmotor über eine hohle Antriebswelle auf ein Harmonic-Drive Getriebe, dessen Abtrieb in spielfrei vorgespannten Kegelrollenlagern gelagert ist. An diesem Abtrieb ist direkt das Gehäuse der nächsten Achse, bzw. wie im Bild dargestellt, der Greiferflansch befestigt. Die Drehübertrager sind als komplette Einheit in das Gehäuse integriert. Das Achsmodul ist für eine Nennleistung von 1,2 kW ausgelegt und weist einen freien Querschnitt von 63 mm auf. Auf der Basis dieses innovativen Roboterantriebskonzeptes wurde ein kompletter sechsachsiger Roboter entwickelt. Zur Zeit wird daran gearbeitet das Konzept der berührunglosen Übertragung auch für Linearachsen zu verwirklichen. Dies bedeutet, daß auf einen "Kabelschlepp" verzichtet werden kann.

3.1.2 Antriebe und Gestellbauteile

Die mit einem Roboter erzielbare Genauigkeit, die statische und dynamische Steifigkeit und nicht zuletzt die Lebensdauer des Gerätes sind bei vorgegebenen Randbedingungen, wie Arbeitsraum, Nutzlast, Achszahl und Verfahrgeschwindigkeit, als Kriterien für die Qualität der Konstruktion zu sehen.

3.1.2.1 Mechanische Strukturbauteile

Seitens der Mechanik werden diese Größen maßgeblich durch die Gestellbauteile und die Antriebsstränge beeinflußt. In [40] wurden vier Portalroboter hinsichtlich dieser Eigenschaften und möglicher Verbesserungsmaßnahmen untersucht. Dabei konnte insbesondere der positive Einfluß der Leichtbauweise durch den Einsatz von CFK-Werkstoffen nachgewiesen werden, da dieses Material bei Brücke und Hubbalken eines der vier Portale verwendet wurde. Die in X-Richtung zu bewegenden Massen konnten dabei von 1738 kg bei Stahl-/Aluminiumbauweise auf 760 kg verringert werden. Eine Berechnung mit der Methode der finiten Elemente ergab eine Verringerung der aus dem Eigengewicht resultierenden Verformungen am Werkzeugbezugspunkt von 2,21 auf 0,64 mm. Positiven Einfluß hat die Verwendung von CFK auf die trägheitsbedingten Verformungen beim Beschleunigen, die bei dem untersuchten Roboter mit CFK-Bauteilen um 63% geringer waren als bei konventioneller Bauweise.

Weiterhin wurden in [40] die statischen und dynamischen Verformungseigenschaften unter dem Einfluß von simulierten Prozeßkräften untersucht. Die gemessenen Nachgiebigkeiten in horizontaler Richtung lagen in den schlechtesten Fällen statisch bei 3,5 µm/N und dynamisch bei 55 µm/N und damit um mehr als zwei Zehnerpotenzen höher als bei Fräsmaschinen. An einen Einsatz von Robotern für Zerspanaufgaben ist daher, abgesehen von leichten Entgrataufgaben, nicht zu denken. Als Hauptschwachstellen wurden hier Verformungen der Laufkatze und der Y-Führungen und Brückentorsion identifiziert. In der oben erwähnten Arbeit wurde ein Konzept für einen Roboter maximaler Steifigkeit vorgeschlagen, bei sich rechnerisch deutliche Verbesserungen gegenüber den konventionellen Portalen ergaben. Als wichtigste Maßnahmen sind dabei die Verwendung zusätzlicher Führungsschuhe in den Y- und Z-Führungen und die symmetrische Aufhängung der Laufkatze zwischen zwei Y-Trägern zu nennen.

Bezüglich der Antriebsdynamik geht aus den Untersuchungen hervor, daß zumindest bei Portalrobotern die Motoren überdimensioniert sind, woraus ein hoher Anteil des Motors an der Massenträgheit einer Achse und somit schließlich eine geringe Antriebsdynamik resultiert. Eine weitere wirksame Maßnahme ist die Wahl eines Getriebes, welches die hohen Drehzahlen moderner Drehstrom-Servomotoren als Eingangsdrehzahl zuläßt. Durch die größere Übersetzung ergibt sich eine geringere Wirkung der abtriebsseitigen Massenträgheiten auf den Motor. Erst wenn diese Maßnahmen ausgeschöpft sind, kann durch Leichtbau eine weitere Verbesserung erzielt werden.

3.1.2.2 Getriebe

Wie aus der eingangs erwähnten Umfrage hervorgeht, sehen die Anwender bei Getrieben ebenfalls noch Entwicklungsbedarf, wobei insbesondere eine geringere Massenträgheit gefordert wird, die eine höhere Antriebsdynamik erlaubt. In [41] werden als weitere Zielgrößen geringes Verdrehspiel, hohe Steifigkeit, geringe Übersetzungsschwankungen und eine hohe Gleichförmigkeit der Bewegungsübertragung genannt.

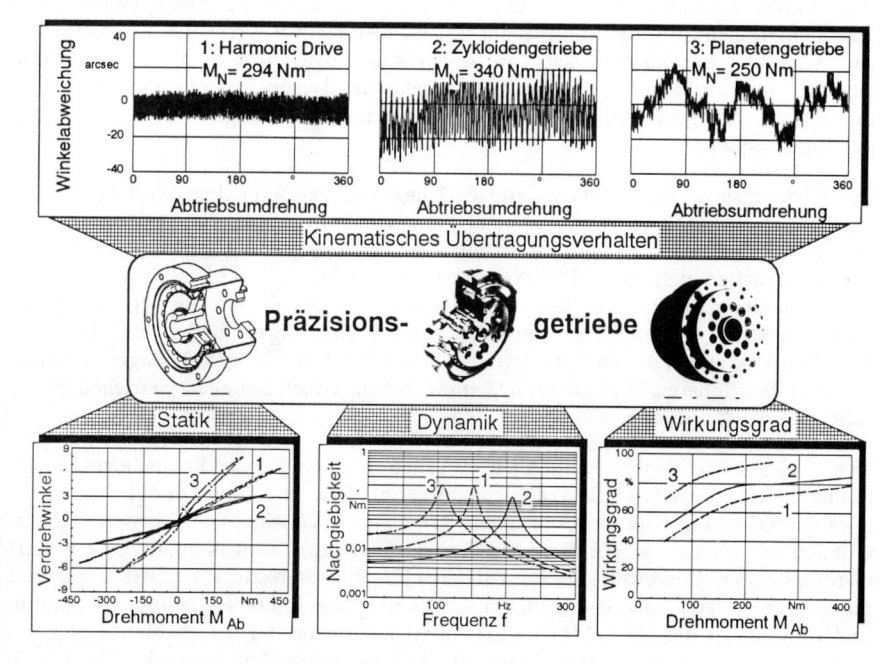

Bild 15: Betriebseigenschaften von Präzisionsgetrieben

Am WZL der RWTH Aachen wurden in umfangreichen Prüfstandsversuchen diese und weitere Kenngrößen für 18 verschiedene Getriebe ermittelt. Bild 15 zeigt die wichtigsten Ergebnisse für drei moderne, hochentwickelte Getriebe der Bauarten Harmonic-Drive, Zykloiden- und Planetengetriebe, die in Robotern eingesetzt werden.

Bei einem Vergleich der Getriebe ist zunächst zu beachten, daß die Baugrößen etwas unterschiedlich sind. Die Meßwerte müssen daher auf die Nennmomente, die von 250 Nm (Getriebe 3) bis 340 Nm (Getriebe 2) reichen, bezogen werden. Dabei bleiben jedoch die im folgenden dargelegten Eigenheiten der einzelnen Bauformen erhalten.

Die statische Nachgiebigkeit wird ermittelt, indem der Abtrieb des Getriebes bei festgesetztem Antrieb mit einem ansteigendem Moment belastet und der resultierende Verdrehwinkel gemessen wird. Nach Erreichen der maximal zulässigen Last erfolgt eine Umkehr der Belastungsrichtung. Wünschenswert ist hier ein linearer Zusammenhang zwischen Lastmoment und Verdrehwinkel, mit einer möglichst flach verlaufenden Kennlinie.

Besonders gut schneidet dabei das Zykloidengetriebe ab, das bei Nennmoment eine Steifigkeit von 118,5 Nm/arcmin besitzt. Die durch Spiel und Reibung bedingte Hysterese ist bei allen drei Getrieben gering. Unterschiede zeigen sich jedoch in der Linearität des Steifigkeitsverhaltens. Hier besteht bei Getriebe 1 eine deutliche Drehrichtungsabhängigkeit, während bei den beiden anderen die auf das Lastmoment bezogene Steifigkeit bei kleinen Lasten überproportional abnimmt, was die Regelung eines Roboterantriebes erschwert. Dividiert man die gemessenen Steifigkeiten durch das Nennmoment, um den Einfluß der unterschiedlichen Baugrößen zu berücksichtigen, schneidet das kleinste Getriebe (Getriebe 3) etwas besser ab, die Tendenzen bleiben jedoch erhalten. Auch beim Aufbringen einer dynamischen Last erzielt Getriebe 2 die besten Ergebnisse, nämlich geringste dynamische Nachgiebigkeit und höchste Resonanzfrequenz.

Der Wirkungsgrad des Planetengetriebes 3 liegt deutlich über dem Wert der beiden anderen. Diese Eigenschaft, die zu einer geringen Wärmeabgabe führt, kann sich bei manchen Roboterbauarten positiv im Sinne einer Verringerung temperaturbedingter Ungenauigkeiten auswirken. Der Wirkungsgrad verbessert sich bei allen Typen unter Last. Das kinematische Verhalten, also die Gleichförmigkeit der Übersetzung, ist im oberen Bildteil aufgetragen. Sehr gute Übertragungseigenschaften bei kleinsten Drehzahlen besitzt Getriebe 1, das lediglich einen Winkelfehler von 20 Bogensekunden aufweist. Bei höheren Drehzahlen liegen die Fehler jedoch bei allen Getrieben in der gleichen Größenordnung.

Neben diesen Meßwerten können jedoch schon aus den Konstruktionsdaten weitere Kenngrößen ermittelt werden, die eine Aussage über die Einsatzmöglichkeiten in Robotern erlauben. Hier sind vor allem Raumbedarf, Gewicht und Massenträgheitsmoment zu nennen, wobei diese Größen ins Verhältnis zum Nennmoment gesetzt werden müssen. Weiterhin sind die zulässige Eingangsdrehzahl, die Übersetzung und die Sicherheit gegen Überlast (z. B. bei Kollisionen) von Interesse. Bezüglich Bauraum und Gewicht ist der Getriebetyp 1 klar überlegen, er besitzt jedoch gleichzeitig das höchste Massenträgheitsmoment von 4,6 kgcm^2 gegenüber 0,02 kgcm^2 bei Getriebe 3. Vergleicht man diese Werte jedoch mit dem Trägheitsmoment eines zu diesen Getrieben passenden Antriebsmotors (10 kgcm^2) und berücksichtigt die aus den Übertragungselementen am Abtrieb resultierenden Trägheiten, so erscheint der Einfluß der Getriebe auf die Gesamtmassenträgheit relativ gering. Abschließend läßt sich sagen, daß alle drei Getriebe ausgereift und für den Einsatz in Robotern gut geeignet sind. Sie repräsentieren den Stand der Technik auf diesem Gebiet. Jeder Typ hat jedoch spezifische Stärken und Schwächen, so daß es ein optimales Getriebe für alle Einsatzfälle bisher nicht gibt.

In jüngerer Zeit wird, bedingt durch die rasante Entwicklung auf dem Gebiet der Elektronik und damit auch der Regelungstechnik, neben der Weiterentwicklung mechanischer Komponenten auch zunehmend versucht, mechanisch weiche Konstruktionen durch regelungstechnische Maßnahmen zu verbessern.

3.1.3 Kompensation mechanischer Schwachstellen

Kompensationsverfahren werden im Werkzeugmaschinenbau bereits seit längerem eingesetzt, um beispielsweise Spindelsteigungsfehler oder durch das Eigengewicht von schweren Komponenten bei Großmaschinen bedingte Verformungen zu korrigieren [34]. Für diese konstanten oder nur langsam veränderlichen Fehler eignen sich Lagesollwertkorrekturverfahren bei denen dem Lageregler geänderte Sollwerte vorgegeben werden. Im einfachsten Fall erfolgt dieser Eingriff lediglich in steuernder Weise, d. h. die Störgrößen und ihre Auswirkungen auf die Positioniergenauigkeit werden in Form von Korrekturfunktionen oder Korrekturtabellen in der Steuerung abgelegt, der eigentliche Lagefehler wird nicht erfaßt. Voraussetzung für die Anwendung solcher Verfahren ist jedoch die Kenntnis der Störgrößen, die entweder am fertigen Gerät gemessen oder durch Berechnungen angenähert werden müssen. Der Zeitaufwand für eine Vermessung kann jedoch mehrere Tage betragen [35].

Ist es möglich die Regelabweichung selbst, also z. B. die Lageabweichung am Tool-Center-Point zu messen, kann eine geregelte Kompensation eingesetzt werden, so daß eine Vermessung des Portals nicht erforderlich ist. Über den gesamten Arbeitsraum ist jedoch eine Bestimmung der Lage des TCP, z. B. durch optische Meßverfahren, nur selten möglich, so daß die geregelte Kompensation bei Robotern nur in wenigen Fällen eingesetzt werden kann.

Die oben beschriebene Vorgabe geänderter Sollwerte für den Lageregelkreis arbeitet zu langsam, um dynamische Fehler kompensieren zu können. Die Ausregelung von Schwingungen erfordert leistungsfähige Regelungsverfahren, bei denen die an der Roboterstruktur gemessenen Schwingungsbewegungen direkt in die Regelung einfließen. Aufgrund der Komplexität dieser Verfahren, gibt es bisher nur einige Forschungsarbeiten [36-39] die sich mit dieser Thematik befassen, wobei jedoch Einschränkungen bezüglich der Anzahl der betrachteten Achsen (max. 2) gemacht wurden. Die Schwingungen wurden außerdem nur in der Horizontalebene ausgeregelt, so daß der Gravitationseinfluß vernachlässigt wurde. Nach [40] erfordern die Verfahren außerdem eine genaue Kenntnis der Regelstrecke und der Störgrößen, wobei die Bereitstellung dieser Informationen durch Sensorik und die Aktualisierung des Regelstreckenmodells bei Änderungen, z. B. durch Verschleiß, unterschiedliche Achsstellungen oder Belastungen, einen erheblichen Aufwand erfordert.

Schließlich können durch eine Kompensation, unabhängig von der Art des verwendeten Verfahrens, nur Fehler in Freiheitsgraden kompensiert werden, für die auch roboterseitig entsprechende Achsen vorhanden sind. So kann z. B. bei einem Linearportal eine Verlagerung des TCP in Y-Richtung zwar durch eine Erhöhung der Torsionssteifigkeit des X-Tragprofiles, nicht aber durch Kompensation verringert werden. Eine Verbesserung der mechanischen Eigenschaften der Roboter ist also auch bei weiteren Fortschritten auf dem Gebiet der Regelungstechnik sinnvoll und erstrebenswert.

3.2 Steuerung

Aufgabe der Steuerung ist es, das Potential des flexiblen Handhabungsgerätes, d. h. des Roboters, optimal nutzbar zu machen. Die Praxis hat gezeigt, daß sowohl eine Reihe von kurzfristig realisierbaren Verbesserungsmöglichkeiten als auch langfristige Zielstellungen existieren. Von Anwenderseite werden insbesondere das Fehlen von Standard-Schnittstellen, z. B. zur Datensicherung, mangelnde Möglichkeiten der strukturierten Programmierung, Schwierigkeiten bei der Definition von Bewegungsbahnen (z. B. kein variabler Tool-Center-Point) und Roboterpositionen sowie teilweise unzureichende Zykluszeiten der internen Regelkreise, unzulängliches Bewegungs- und Überschleifverhalten (getriebeschonendes Verfahren) etc. genannt. Auf einigen Gebieten, wie beispielsweise bei der Programmiersprache (vgl. Absatz 3.3), sind bereits Entwicklungen erfolgt. Betrachtet man den derzeitigen Entwicklungsstand bei Robotersteuerungen, so kann der längerfristig noch bestehende Handlungsbedarf, wie in Bild 16 dargestellt, allgemein in die vier Bereiche Bedienungsfreundlichkeit, Modularität, Schnittstellen und Leistungsfähigkeit aufgeteilt werden.

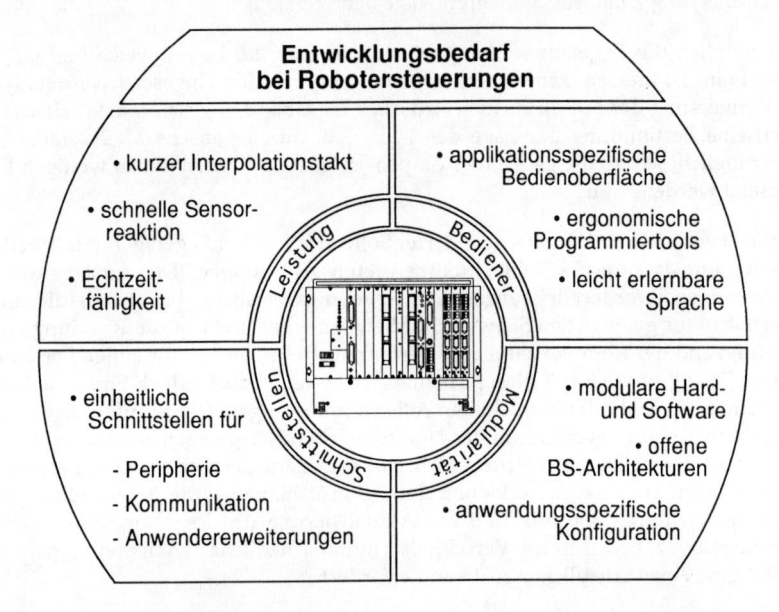

Bild 16: Ziele und Verbesserungsansätze im Bereich der Steuerungstechnik

Der Bedienerfreundlichkeit einer Steuerung kommt insbesondere dann eine hohe Bedeutung zu, wenn häufige Umprogrammierungen, Optimierungen oder allgemein

Bedienereingriffe erforderlich sind. Dies ist vor allem bei kleinen Losgrößen der Fall. Zusätzlich sollte jedoch auch berücksichtigt werden, daß beim Einsatz von Roboterzellen in bedienerarmen Schichten größere Anforderungen an die Bedienoberfläche gestellt werden, da in diesen Zeiten von wenigen Bedienern eine große Anzahl teilweise völlig unterschiedlicher Zellen überwacht werden muß. Da das Personal in bedienerarmen Schichten im Umgang mit den einzelnen Systemen nicht so erfahren sein kann wie ein für eine bestimmten Zelle geschulter Werker, sind z. B. umfangreichere Diagnosesysteme und eine noch klarere Bedienerführung erforderlich, um eine Überforderung des Personals im Fehlerfall zu verhindern. Auf diesem Gebiet besteht noch erheblicher Entwicklungsbedarf, auch wenn erste Entwicklungen in Richtung einer besseren Benutzerführung erkennbar sind. Verglichen mit dem technisch Machbaren und z. B. im Bereich der NC-Technik teilweise bereits realisierten (fensterorientierte Bedienoberflächen, Hilfesysteme, Diagnosesysteme etc.), ist die Benutzerführung heutiger Steuerungen für Roboter verhältnismäßig einfach gehalten. Gründe hierfür sind sicherlich der zur Zeit noch überwiegende Einsatz des Roboters in der Massenfertigung mit entsprechend seltener Produktionsumstellung. Hier wird in der Regel argumentiert, daß eine aufwendige Bedienoberfläche aufgrund ihrer unvermeidlichen Mehrkosten unwirtschaftlich ist, da der durch sie zu erzielende Zeitgewinn bei Programmierung, Bedienung und Wartung bei seltenen Produktumstellungen weniger ins Gewicht fällt.

Richtig ist, daß die Neuentwicklung einer komfortablen Bedienoberfläche und die Bereitstellung der erforderlichen Hardware (grafikfähiges Display) zunächst die Entwicklungskosten für eine Steuerung und damit ihren Endpreis steigen läßt. Wenn jedoch auf bereits existierenden Bedienoberflächen aus dem PC-Bereich, wie z. B. WINDOWS oder OS/2 - PM, aufgebaut wird, können die Kosten erheblich gesenkt werden. Zudem ergeben sich neben den aufgeführten Vorteilen weitere langfristige Pluspunkte, wie reduzierter Umschulungsaufwand (unterschiedliche Steuerungen haben die gleiche bekannte Bedienoberfläche, nur anderen Funktionsumfang und andere Menüstruktur etc.) und eine höhere Kompatibilität zu anderen Rechnerwelten. Außerdem kann auf Dauer der Entwicklungsaufwand für neue Oberflächen drastisch reduziert werden, da nur noch steuerungs- und applikationsspezifische Komponenten angepaßt werden müssen. Mit steigender Akzeptanz und Verbreitung solcher Oberflächen in der Steuerungstechnik werden ihre Vorteile die auf lange Sicht geringer als vermuteten Entwicklungskosten rechtfertigen. Der mit der Bedienoberfläche eng verknüpfte Bereich der Programmierung wird im anschließenden Kapitel ausführlich behandelt.

Die Leistungsfähigkeit einer Robotersteuerung in bezug auf ihre Verarbeitungsleistung ist eine Eigenschaft, die - ausgehend vom derzeitigen Stand der Technik - nur in bestimmten Anwendungsbereichen als nicht ausreichend betrachtet werden kann. Besondere Anforderungen an die Rechenleistung einer Steuerung können aus unterschiedlichen Aufgabenstellungen resultieren. So verlangt die Kombination aus hoher Verfahrgeschwindigkeit und hoher Genauigkeit, wie sie z. B. beim Einsatz des Lasers als Werkzeug vorkommt, möglichst kurze Interpolationstakte. Die zusätzliche Verarbeitung von Rechenoperationen, Sensorsignalen oder benutzerdefinierten Interrupts erhöht die Belastung der Steuerung weiter, so daß die Verarbeitungsgeschwindigkeit z. T. deutlich absinkt. Dem kann nur mit schnelleren Prozessoren, Mehrprozessorsystemen oder Transputern begegnet werden, was jedoch eine erhebliche Preissteigerung zur Folge haben würde. Deshalb sind bezüglich der Rechenleistung nur in bestimmten Fällen solche Maßnahmen wirtschaftlich vertretbar. Berücksichtigt man die Preisentwicklung der Mikroprozessoren und ihre in den letzten Jahren enorm gestiegene Leistungfähigkeit, so kann angenommen werden, daß die Zahl die Anwendungen, die noch mehr Leistung verlangen, in Zukunft weiter sinken wird. Trotzdem wird es immer einige Anwendungsfälle geben, in denen der Einsatz von Hochleistungsprozessoren bzw. -systemen gerechtfertigt ist.

Beim Anschluß von intelligenten Sensoren an die Steuerung stellen diese Echtzeitanforderungen, d. h. die Steuerung muß innerhalb einer fest vorgegebenen Zeit auf Signale des Sensors reagieren. Dabei bedeutet Echtzeitfähigkeit keine Anforderung an die Rechenleistung der Steuerung, sondern lediglich ein zeitlich definiertes Verhalten beim Eintreten eines bestimmten Ereignisses. Es muß nicht innerhalb einer bestimmten - für alle Steuerungen gleichen - Zeit reagiert werden, sondern es muß bekannt sein, wie groß die Antwortzeit maximal werden kann.

Um den erheblichen Aufwand für die Integration einer Einzelsteuerung in Anlagensteuerungen oder die Ankopplung von Peripheriekomponenten reduzieren zu können, sind einheitliche Schnittstellen auf unterschiedlichen Ebenen wünschenswert. Im Jahre 1983 wurde mit dem ISO Referenzmodell (ISO 7498) eine international genormte Rahmen-Richtlinie für die Normung von Kommunikationsprotokollen verabschiedet. Ziel der Normung dieses Referenzmodells sollte die koordinierte Entwicklung von offenen d. h. herstellerunabhängigen Kommunikationsschnittstellen sein. Das ISO Referenzmodell gliedert die Aufgaben der Datenkommunikation in sieben voneinander unabhängige Teilbereiche bzw. Schichten auf, beginnend mit der untersten Schicht - der physikalischen Schicht - die die Hardwarestruktur zur Datenübertragung festlegt, bis hin zur siebten Schicht - der Anwendungsschicht - mit der Beschreibung der eigentlich wichtigen Aufgabe.

Für den Bereich der Automatisierungstechnik in der Fertigung wurde im Jahre 1984 auf der Grundlage des ISO Referenzmodells in den Vereinigten Staaten von Amerika bei der Firma General Motors mit der Festlegung eines herstellerspezifischen Funktionalen Profils begonnen, das unter dem Namen MAP (Manufacturing Automation Protocol) bekannt ist. Bei einem Funktionalen Profil werden aus den jeweiligen Schichten des ISO Referenzmodells quasi wie ein Pfad diejenigen Normen ausgewählt, die für den entsprechenden Anwendungsfall benötigt werden. Folglich müßte MAP richtigerweise Manufacturing Automation Profile heißen. Für den Anwender von MAP sind, wie oben erwähnt, die im Profil festgelegten Protokolle der 7. Schicht des ISO Referenzmodells von Bedeutung, da sie die unmittelbare Anwenderschnittstelle darstellen. Im MAP Profil sind dies die folgenden Protokolle:

- Manufacturing Message Specification (MMS - ISO/IEC 9506) zur Steuerung von beliebigen Automatisierungsgeräten,

- File Transfer Access and Management (FTAM - ISO 8571) zur Dateiübertragung und zum Zugriff auf den Inhalt und die Attribute von Dateien,

- Network Management (NM - ISO 9595) zur Koordination, Steuerung und Kontrolle von für die Kommunikation in offenen Systemen zuständigen Ressourcen

- sowie Directory Services (DS - ISO 9594) zum Zugriff auf die in Directory Systemen gespeicherten netzwerkspezifischen Informationen.

Für die Entwicklung offener Systeme in der Fertigung und damit als Realisierungsgrundlage für offene DNC-Kommunikationsschnittstellen ist speziell die Manufacturing Message Specification (MMS) entwickelt worden. MMS definiert den Aufbau und den Inhalt der Nachrichtentelegramme, die zur Erfüllung der Fertigungsaufgaben zwischen den programmierbaren Automatisierungsgeräten in Fertigungseinrichtungen auszutauschen sind.

Neben dem in den Teilen 1 und 2 von MMS beschriebenen MMS-Kern, der Komikationsgrundfunktionen definiert, werden in den begleitenden Normen zu MMS, den MMS Companion Standards, zusätzliche, gerätespezifische Kommunikationsfunktionen definiert. Für numerisch gesteuerte Arbeitsmaschinen, Roboter und speicherprogrammierbare Steuerungen sind MMS Companion Standards unter der Bezeichnung NC Companion Standard (ISO/IEC 9506 Teil 4), RC Companion Standard (ISO/IEC 9506 Teil 3) und SPS Companion Standard (ISO/IEC 9506 Teil 5) international genormt. Mit MMS existiert erstmals in der Geschichte eine international genormte DNC Schnittstelle. Bild 17 zeigt die Beziehung zwischen MAP und MMS, sowie die Vorteile des definierten Zugriffs auf die Interna unterschiedlicher Automatisierungsgeräte.

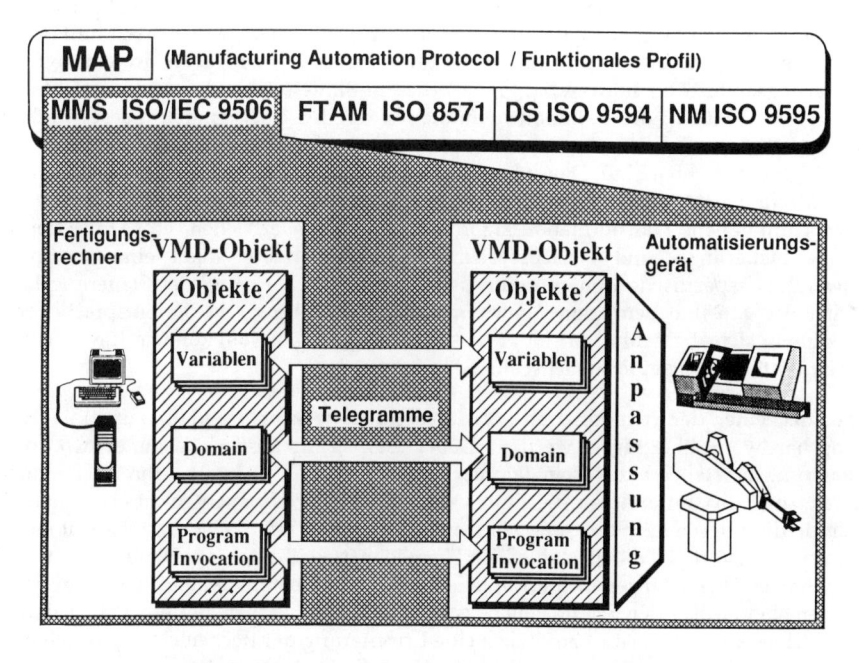

Bild 17: Objekte in MMS (Manufacturing Message Specification)

Auf Feldbus-Ebene sind zur Zeit viele unterschiedliche Protokolle auf dem Markt (PROFIBUS, CAN-bus, SERCOS, Interbus-S etc.) von denen sich jedoch bisher keines entscheidend durchsetzen konnte. Damit geht der gewünschte Vorteil solcher Bussysteme, die standardisierte Kommunikation zwischen Komponenten unterschiedlicher Hersteller, weitgehend verloren. Trotz aller Vor- und Nachteile der Systeme im Hinblick auf ihre Leistungsfähigkeit bleibt zu hoffen, daß sich auf lange Sicht ein Protokoll durchsetzen wird.

Ebenfalls bisher nicht realisiert ist eine einheitliche Schnittstelle für Erweiterungen der Steuerungsfunktionen durch den Anwender. Solche Erweiterungen sind z. B. die Modifikation der Bedienoberfläche, d. h. Änderung und Ergänzung der Menüstruktur, das Zufügen neuer Funktionen, z. B. zur Steuerung von Peripheriekomponenten und die Definition eigener applikationsspezifischer Funktionsbausteine. Der Systemanbieter oder der Benutzer sollte die Möglichkeit haben, die Steuerung seinen Bedürfnissen entsprechend zu konfigurieren. Die vom Hersteller implementierte Oberfläche einer Robotersteuerung kann nur einen Grundbefehlsumfang zur Verfügung stellen, da die Zahl der möglichen Anwendungsgebiete eines Roboters zu groß ist, um mit einer Oberfläche abgedeckt werden zu können. Die Implementierung einer applikationsspezifischen Steuerungskonfiguration ist eine Grundvoraussetzung für den wirtschaftlichen Einsatz in der Kleinserienfertigung. Um der Anwenderforderung nach einer zugeschnittenen Steuerung gerecht werden zu können, haben sich einige Hersteller auf bestimmte Anwendungen, wie z. B. das Schutzgasschweißen oder Punktschweißen, spezialisiert. Um auch ohne eine solche, den Kundenkreis beschränkende, Spezialisierungen auskommen zu können und den Systementwicklern die Möglichkeit umfassender Anpassungsarbeiten auch an bzw. in der Steuerung zu geben, ist eine offene Steuerungsarchitektur notwendig. Eine in diesem Sinne offene Steuerung besteht aus mehreren Modulen, die bestimmte Funktionen der RC übernehmen. Diese Module haben definierte Schnittstellen zur Rumpfsteuerung und untereinander, wodurch sie beliebig austauschbar sind. Damit besteht für Anwender und Entwickler die Möglichkeit, Module nicht nur hinzuzufügen, sondern auch vorhandene zu ersetzen (z. B. neue Sensorfunktionen, Transformationsalgorithmen, Bedienoberflächen, etc.). Eine derart offene Steuerungs- und Betriebssystem-Architektur erlaubt somit eine maximale anwendungsspezifische Konfiguration der Steuerung. Dabei muß der Steuerungshersteller die von ihm benutzten Algorithmen nicht offenlegen, da die entsprechenden Module in sich abgeschlossen sind, und die Entwicklungskosten können durch modular aufrüstbare Konzepte zunächst eingedämmt werden.

Die Idee einer derart modularen Softwarearchitektur kann ebenfalls auf die Steuerungshardware übertragen werden. Dabei ist es unrealistisch anzunehmen, daß Steuerungshersteller bereit sein könnten, das Wissen über Interna ihrer Steuerung herauszugeben, um anderen die Entwicklung von Teilkomponenten zu ermöglichen. Gerade die Interna der Steuerung können bei entsprechender Leistungsfähigkeit einen Wettbewerbsvorteil darstellen, den kein Hersteller freiwillig aus der Hand geben wird. Denkbar erscheint hingegen die Implementierung der bereits weiter oben angesprochenen standardisierten Schnittstellen, z. B. für Sensoren, Achsregler etc. Bei bestimmten Rechnerarchitekturen ist zusätzlich eine Erweiterung der Rechenleistung durch den Einbau weiterer Prozessoren möglich. Hier bieten sich Mehrprozessor- und Transputerarchitekturen an, die bis zu einer gewissen Grenze skalierbar sind. Speziell für den Bereich Robotersteuerungen gibt es bereits eine Reihe von Entwicklungen auf Basis von

Transputerarchitekturen [26, 27, 28]. Der für eine geeignete Verteilung der Aufgaben unter den Prozessoren und damit teilweise auch für die Skalierung notwendige Aufwand sollte jedoch nicht unterschätzt werden.

Eine Standardisierung in den Bereichen Prozessor, Betriebssystem, Oberfläche etc. würde auf lange Sicht zu einer deutlichen Kostenreduzierung führen und dem Anwender ebenso wie dem Entwickler den Umgang mit der Steuerung erleichtern. Zudem besteht die Möglichkeit, Entwicklungen aus anderen Bereichen der Informationstechnik (Prozessoren, Compiler, Oberflächen, MMS-APIs etc.) zu nutzen und so den Entwicklungsaufwand bei gesteigertem Funktionsumfang zu reduzieren. Natürlich darf nicht übersehen werden, daß in Teilbereichen andere Anforderungen an die Komponenten einer Steuerung gestellt werden, als dies z. B. im PC-Sektor der Fall ist. So muß das Betriebssystem einer Steuerung, das Voraussetzung für eine modulare Softwarearchitektur ist, Echtzeitanforderungen erfüllen können, die von gängigen PC-Betriebssystemen nicht geboten werden. Der daraus resultierende Modifikationsaufwand ist jedoch durchaus vertretbar, so daß die Vorteile einer derartigen Vorgehensweise bei weitem überwiegen. Weitere Informationen zum Thema "offene Steuerung" enthält das Kapitel 4.2.

3.3 Programmierung

Besonders beim gewünschten Übergang zu kleineren Losgrößen spielt die Programmierung und der mit ihr verbundene Zeit- und Kostenaufwand eine ganz erhebliche Rolle. Der Aufwand für die Programmerstellung wird in Zukunft durch den zunehmenden Einsatz von Sensorik und die Kommunikation mit Peripheriekomponenten weiter steigen. Die steigende Programmlänge und der Übergang von der reinen Bewegungsprogrammierung zur Erstellung programmlogischer Strukturen stellt wesentlich höhere Ansprüche an die Programmierung zukünftiger Robotersteuerungen. Die in diesem Kapitel erörterten Defizite und Lösungsansätze sind vor eben dieser zukünftigen Entwicklung zu betrachten und nicht nur auf die heute üblichen Anforderungen an die Programmierung ausgerichtet. Aufgrund der zu erwartenden Entwicklung wird der Einsatz neuer Verfahren und Hilfsmittel in den meisten Anwendungen unentbehrlich sein. Lediglich in einigen wenigen Anwendungsgebieten wird ein wirtschaftlicher Einsatz des Roboters - insbesondere bei kleinen Losgrößen - ohne neue Tools möglich sein.

Problemdarstellung:

Eine Analyse der derzeit gängigsten Vorgehensweisen zur RC-Programmerstellung zeigt die wesentlichen dabei noch vorhandenen Schwachpunkte, Bild 18. Beim Online- oder Hybrid-Verfahren, werden in einem Arbeitsschritt die Raumpunkte, die der Roboter im Programm anfahren soll, eingelernt und auf einem Programmierblatt oder in Datenlisten festgehalten. Dies geschieht in der Regel durch Teachen, d. h. durch Verfahren des Roboters über die Handsteuerung in die gewünschte Zielposition. Um eine Belegung der Roboterzelle und den damit verbundenen Produktionsausfall zu vermeiden, wird teilweise auch ein kinematisches Modell des Roboters in einem separaten, mit der Arbeitszelle identischen Programmierbereich verwendet. Unabhängig davon wird in einem weiteren Schritt ein Programmgerüst erstellt, das alle zum einwandfreien Ablauf erforderlichen Befehle enthält, außer der genauen Positionsinformationen. Unter anderem enthält es auch Technologieinformationen, wie beispielsweise Strom, Spannung, Vorschub, Pendelparameter etc. beim Bahnschweißen. Diese werden weitgehend manuell in das Programm eingebunden.

Die Reihenfolge der Arbeitsschritte 'Raumpunkte teachen' und 'Programmgerüst erstellen' kann dabei beliebig gewählt werden. Im Anschluß daran müssen die beiden Programmteile verbunden werden, entweder durch Eingeben der im Programmierblatt festgehaltenen Positionen oder durch Einbinden der Datenliste in das Programm. Zum Schluß erfolgt der Test und die Optimierung der Programme in der Arbeitszelle.

Online	Defizite	Offline (CAD)
① Raumpunkte teachen	Explizites und exaktes Vorgeben *aller* Raumpunkte	① Raumpunkte festlegen
② Progr.-Gerüst + Technologie erstellen	• Sprache rudimentär • herstellerspezifisch • keine strukturierenden Tools • Technologieeingabe wenig unterstützt	• Programmerstellung nicht beeinflußbar • Technologieeingabe wenig unterstützt • Code schlecht lesbar	② Technologie und autom. Progr.-Erst.
③ ① und ② verbinden	• keine Vorabsimulation • schlechte Übersichtlichkeit • getrennte Dokumentation	• Steuerungsabbild erforderlich • keine Simulation von Sensorik	③ Simulation
④ Test und Optimierung		• keine klare Programmstruktur • kaum wartbar	④ Test und Optimierung

Programmablauf im Automatikbetrieb

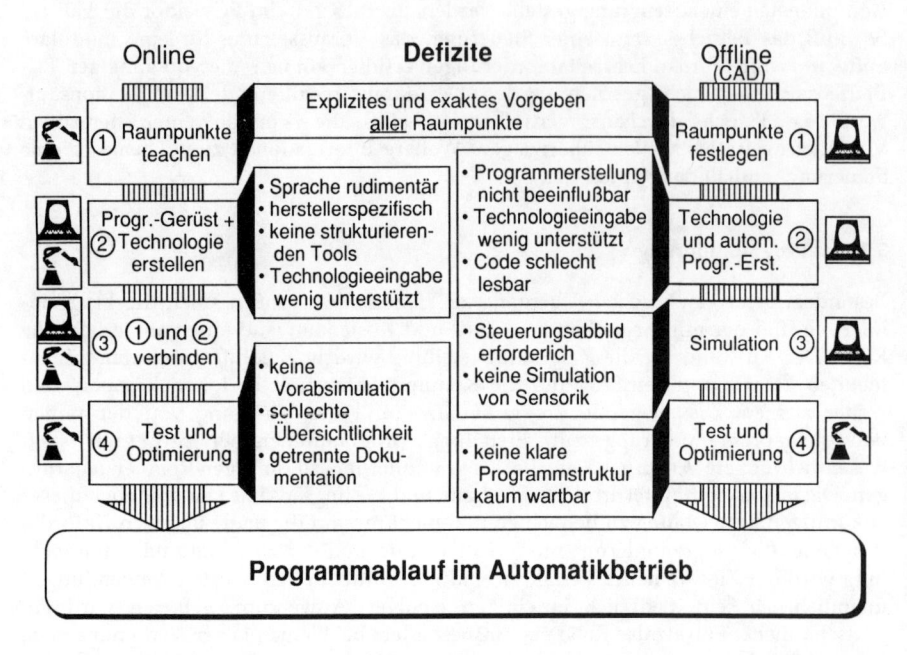

Bild 18: Vorgehensweise und Schwachpunkte bei der üblichen RC-Programmerstellung

Die geschilderte Vorgehensweise offenbart eine Reihe von Defiziten, die die Programmerstellung erschweren und deshalb langwierig machen. Beim Einlernen der Raumpunkte müssen alle Positionen, die innerhalb des Programms angefahren werden, explizit und mit hoher Genauigkeit angegeben werden. Berücksichtigt man, daß eine applikationsspezifische Programmieroberfläche, wie sie z. B. in Abschnitt 3.5 vorgestellt wird, die Anzahl der einzulernenden Punkte auf deutlich weniger als die Hälfte reduzieren kann, wenn gewisse Randbedingungen erfüllt sind, wird das Potential, aber auch die Bedeutung einer solchen Oberfläche, klar.

Ein Beispiel für die Reduktion der Anzahl einzulernender Punkte aus dem Bereich Bahnschweißen ist die Programmierung einer Schweißnaht in einer Innenecke. Zum kollisionsfreien Erreichen des Eckeninnenpunktes muß der Brenner auf dem Weg in die Ecke zwangsläufig so geneigt werden, daß die Brennerhalterung nicht mit der Bauteilwand kollidiert. Beim Herausschweißen aus der Ecke kann die Neigung entsprechend zurückgenommen werden. Bei der klassischen Vorgehensweise muß jeder Zwischenpunkt, in dem eine Orientierungsänderung vorgenommen werden soll, explizit geteacht werden. Da in vielen Fällen die Angabe von drei Punkten inklusive Orientierung bereits ausreicht, um die Zwischenpunkte automatisch generieren zu können, reduziert sich der Aufwand bei einer applikationsspezifischen Oberfläche mit passenden Makros entsprechend.

Bei der Erstellung des Programmgerüstes liegen die Probleme überwiegend in der Programmiersprache und den eingesetzten Programmiersystemen. Viele Robotersteuerungen verfügen über sehr rudimentäre Programmiersprachen, die kaum Hochsprachencharacter aufweisen. So sind die Definition von parametrierbaren Funktionen, das freie Definieren und Benennen von Datentypen und Variablen, die Ausführung gängiger Rechenoperationen etc. bei weitem nicht Stand der Technik. Außerdem verfügt jede auf dem Markt befindliche Robotersteuerung über eine eigene Programmiersprache, so daß der Umschulungsaufwand beim Umstieg auf eine andere Steuerung sehr hoch ist.

Selbst für den Fall, daß eine hochsprachenähnliche Programmiersprache zur Verfügung steht, die eine Strukturierung der Programme ermöglicht, fehlen Hilfsmittel, die die Strukturierung der Programme weiter unterstützen und nicht dem Benutzer selber überlassen. Zusätzlich wird die Eingabe der Technologieparameter kaum unterstützt.

Beim Test und bei der Optimierung der erstellten Programme fehlt eine Vorabsimulation des Programmes, um klare Programmierfehler bereits im Vorfeld erkennen zu können. Ferner erschwert die schlechte Übersichtlichkeit der Programme, insbesondere bei einfachen kaum strukturierenden Programmiersprachen, das Lesen und Korrigieren der Programme. Eine Programmdokumentation kann, abgesehen von einzelnen Kommentaren im Programm, nur getrennt vom Programmtext in Form von Ablaufdiagrammen oder textuellen Erläuterungen erfolgen.

Bei der Programmerstellung mit Hilfe von CAD-Systemen werden - neben der Eingabe der Bewegungs- und Positionsinformationen im Simulationssystem - die Technolgiedaten und weitere Anweisungen (z. B. Greifer auf/zu) eingegeben. Die Programmerstellung erfolgt nach der vollständigen Beschreibung der Bearbeitungsaufgabe automatisch und ermöglicht eine direkt anschließende Simulation des erzeugten Programmes. In der Arbeitszelle selbst wird das Programm endgültig getestet, und die Bewegungsabläufe werden optimiert. Obwohl diese Art der Programmerstellung relativ komfortabel ist, hat auch diese Vorgehensweise neben den hohen Anschaffungskosten für Programmier- und Simulationssystem einige Schwachpunkte. Ein generelles Problem sind die zwischen dem CAD-Modell und der Realität zwangsläufig vorhandenen Toleranzen, die den Einsatz von Sensoren unerläßlich machen.

Wie bei der Online- oder Hybrid-Programmierung müssen alle Roboterpositionen vorgegeben werden, d. h. der Einlernvorgang wurde im Prinzip nur auf den Rechner verlegt. Hier besteht somit der gleiche Entwicklungsbedarf in Richtung applikationsspezifischer Programmiersysteme wie oben angesprochen. Auch die Vorgehensweise der Technologieparameter-Eingabe entspricht der auf der Online-Seite und ist somit verbesserungsbedürftig.

Die automatische Programmerstellung bietet zweifellos den Vorteil, syntaktisch fehlerfreie Programme zu liefern. Der erzeugte Code ist jedoch schlecht lesbar, da er kaum strukturiert ist, so daß bei der entgültigen Optimierung in der Zelle lediglich Modifikationen des Bewegungsverhaltens, nicht aber der Programmstruktur selber sinnvoll sind. Eine Wartung und Änderung der Programme vor Ort ist somit praktisch ausgeschlossen. Ein weiteres Problem der automatischen Programmerstellung ist, daß der Programmgenerator vom Benutzer nicht beeinflußt werden kann. Daraus folgt eine Festlegung auf eine bestimmte Steuerung, Anlagenkonfiguration, Sensorik etc. Änderungen an der Anlage erfordern die Umprogrammierung des Programmgenerators, die nur von Programmierern des Herstellers geleistet werden kann. Eine einfache Anpassung durch den Benutzer ist nicht möglich.

Bei der Entwicklung von Simulationssystemen hat es sich als sehr aufwendig erwiesen, ein exaktes Abbild der Steuerungsfunktionen und insbesondere der Transformationsalgorithmen im System zu implementieren, da die Art der Behandlung von Ausnahmenfällen nicht immer offensichtlich ist. Der Steuerungshersteller ist nur sehr begrenzt bereit, detaillierte Informationen über seine verwendeten Algorithmen offenzulegen, da sie den Großteil des Entwicklungsaufwandes einer Steuerung bedeuten. Weiterhin fehlt eine umfangreiche Simulation der eingesetzten Sensorik, so daß Programme mit Sensoreinsatz nur beschränkt ausgetestet werden können.

Lösungsansätze:

An eine im Bereich der Robotersteuerungen einzusetzende Programmiersprache werden im wesentliche zwei gegensätzliche Forderungen gestellt. Einerseits sollte die Programmierung für den Bediener so einfach und klar wie möglich sein, so daß wenig Schulungsaufwand bei der Einführung neuer Steuerungen erforderlich ist. Andererseits werden aber auch leistungsfähige Programmiersprachen gefordert, die an Hochsprachen aus der Informatik, z. B. Pascal, angelehnt sind und somit die Erstellung sehr komplexer aber auch sehr leistungsfähiger Programme ermöglichen. Diese scheinbar konträren Forderungen können auf unterschiedliche Art und Weise erfüllt werden. Eine Möglichkeit ist die strikte Trennung zwischen der Erstellung komplexer Programme in einer Hochsprache mit all ihren Möglichkeiten durch entsprechend ausgebildetes Personal, z. B. in der Arbeitsvorbereitung und der Programmierung an der Maschine, die dann auf sehr niedriger Ebene mit wenig Einfluß auf das Programm durch den Maschinenbediener stattfindet. Dabei ergibt sich das Problem, daß im Betrieb unterschiedliche Programmiersprachen verwendet werden, so daß Probleme bei der Verständigung zwischen Werker und Offline-Programmierer auftreten können. Außerdem ist ein zusätzlicher Compiler erforderlich. Auch ein Zurückübersetzen aus der niedrigen in die Hochsprache ist in der Regel nicht ohne weiteres durchführbar. Eine weitere Alternative wäre die Benutzung der gleichen Sprache auf beiden Ebenen, jedoch mit der Einschränkung des Befehlsumfangs für den Werker auf ein Subset aller Funktionen. Beispielsweise könnte das Erstellen von Funktionen für den Werker ausgeschlossen werden, wohingegen Funktionsaufrufe weiterhin erlaubt sind. Die

Definition eines solchen Subsets stellt eine vernünftige Alternative dar und ist in der neuen DIN-Norm 66312, der Roboterprogrammiersprache IRL (Industrial Robot Language), die an Pascal angelehnt ist, realisiert worden.

Derzeitige Robotersteuerungen verfügen in der Regel über relativ einfach aufgebaute Programmiersprachen, jedoch sind auch bereits Steuerungen mit einer Hochsprache zur Programmierung auf dem Markt [29]. Zur weiteren Vereinfachung der Programmerstellung wird der Bediener häufig durch Menüs und Masken zur Eingabe der für einen Befehl erforderlichen Parameter geführt. Vorteil dieser Vorgehensweise ist zum einen die reduzierte Fehlerhäufigkeit und zum anderen, daß der Programmierer nicht alle möglichen Parameter eines Befehls und seine genaue Syntax kennen muß.

Auch bei dieser Vorgehensweise bleibt jedoch das Problem bestehen, daß eine komplexe Programmiersprache zwar die Möglichkeiten für eine strukturierte Programmierung bietet, das Umsetzen dieser Möglichkeiten aber dem Programmierer und seinen Fähigkeiten selbst überlassen bleibt. Es wird keine direkte Unterstützung einer strukturierten Vorgehensweise zur Programmerstellung gegeben. Dies fällt besonders vor dem Hintergrund der in der Regel berufsbegleitenden Programmierausbildung der Programmentwickler ins Gewicht, da hier ein fundiertes Wissen über Methoden und Vorgehensweise zur strukturierten Programmierung nicht vermittelt werden kann. Um trotzdem gute Lesbarkeit und Wartbarkeit der erstellten Programme gewährleisten zu können, sind unterstützende Programmierhilfsmittel in Zusammenhang mit komplexen Programmiersprachen unverzichtbar.

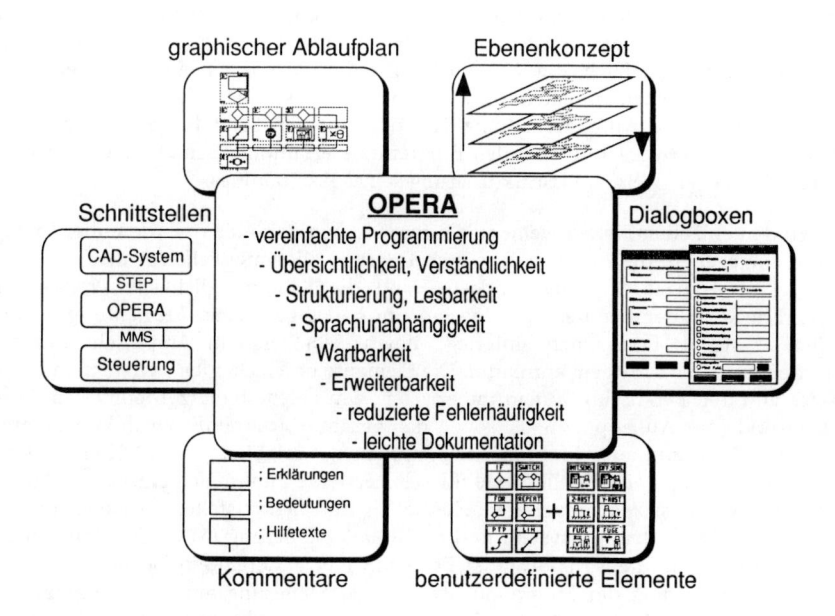

Bild 19: Prinzipien und Vorteile des Programmiersystems OPERA

Ein mögliches Hilfsmittel zur besseren Unterstützung des Programmierers bei der Erstellung programmlogischer Strukturen ist das am WZL entwickelte graphische, strukturorientierte Programmiersystem OPERA (Open Programming Environment for Robot Applications), mit dem Programme in Form von Programmablaufplänen, wie sie zur getrennten Dokumentation bekannt sind, erstellt werden. Bild 19 zeigt die wesentlichen Prinzipien dieses Systems. Grundkonzept des Programmiersystems ist der graphische Programmablaufplan, der aus durch Kommentare ergänzten Symbolen besteht, die die jeweils auszuführende Funktion veranschaulichen. Der Grundfunktionsumfang des Systems orientiert sich an der Programmiersprache IRL (Industrial Robot Language), d. h. alle in IRL vorhandenen Befehle sind in graphischer Form in den Ablaufplan einbaubar. Der vom System automatisch generierte Programmcode entspricht der IRL-Norm und kann problemlos in ICR (Intermediate Code for Robots) übersetzt werden. Der Ablaufplan ermöglicht die anschauliche Darstellung von Programmstrukturen, wie z. B. Verzweigungen oder Schleifen. Um die Übersichtlichkeit des Programmes zu gewährleisten, kann der Ablaufplan auf beliebig viele hintereinander liegende Ebenen verteilt werden. Jede untergeordnete Ebene enthält also den Inhalt des entsprechenden, die Ebene aufspannenden Elementes der übergeordneten.

Damit besteht die Möglichkeit beliebig viele Elemente einer Ebene zu einem Block zusammenzufassen und in einer tieferliegenden Ebene abzulegen. Diese Elemente sind dann in der ursprünglichen Ebene nicht mehr sichtbar und können nur durch Wechseln in die Unterebene des Block-Elementes dargestellt werden. Dies kommt der Vorgehensweise des Menschen entgegen, Unübersichtliches zu Gruppen zusammenzufassen und ermöglicht eine Programmierung nach dem Prinzip des Top-Down-Entwurfs. Bei diesem Verfahren werden, ausgehend von einer sehr abstrakten Betrachtung und Aufteilung der Aufgabenstellung, die Bausteine eines Programms immer weiter verfeinert, bis schließlich die eigentliche Programmiersprachenebene erreicht ist. Übergeordnete Ebenen enthalten nur zunehmend umfassendere Funktionsblöcke. Das Herangehen an die Aufgabenstellung von der globalen Sicht hin zu einem immer höheren Detaillierungsgrad leitet den Programmierer automatisch zu einer systematischeren Vorgehensweise und Strukturierung seines Programms.

Die zu den einzelnen Befehlselementen erforderlichen Parameter werden über Dialogboxen eingegeben, die den Benutzer vom Erlernen aller möglichen Aufrufparameter des Befehls und ihrer Syntax entlasten und die Fehlermöglichkeiten reduzieren. Weiterhin kann der Benutzer das System um beliebige eigene Elemente erweitern, indem er sie als Funktionen hinterlegt, ihnen selbst erstellte graphische Symbole zuordnet und in das System aufnimmt. Die Elemente unterscheiden sich dann in keiner Weise von den bereits im System integrierten. Um solche benutzerdefinierten Funktionen und ihre Aufrufparameter sowie das gesamte Programm zu dokumentieren, kann der Programmierer Programme, Funktionen, Variablen etc. mit Kommentaren versehen und sogar eigene Hilfetexte für selbsterstellte Funktionen anlegen und sie in das OPERA-Hilfesystem integrieren. Zusätzlich sind Schnittstellen zu einem übergeordneten CAD- / Planungssystem und zur Robotersteuerung (MMS-Standard) in der Entwicklung. Über die MMS-Schnittstelle wird unter anderem ein Debugging-Betrieb möglich sein, in dem der Programmablauf in der Steuerung auf dem Programmiersystem verfolgt und der Inhalt von Variablen, der Zustand von Ein-/Ausgängen etc. überwacht werden kann.

Der Einsatz des Programmiersystems ist in vier unterschiedlichen Konfigurationen möglich, Bild 20. Im Falle eines reinen Offline-Betriebs kann das System ohne ein angeschlossenes CAD-System zur Erstellung des Programmgerüsts in der Arbeitsvorbereitung genutzt werden. Die weitere Vorgehensweise entspricht der linken Bildhälfte von Bild 18. Falls ein CAD- / Planungssystem eingesetzt wird, können Informationen über Roboterpositionen, Technologiedaten etc. übernommen und in das RC-Programm integriert werden.

Beim Einsatz einer MMS-Schnittstelle kann das System zusätzlich als mobiler Debugger genutzt werden, der, z. B. als Laptop, zum Programmtest und Debugging über eine MMS-Schnittstelle an die Steuerung angekoppelt wird. Vorteil dieser Kombination ist, daß das System nur bei Bedarf eingesetzt wird, und die Kosten somit nicht in jeder Steuerung anfallen. Zusätzlich hat der Benutzer beim Debugging vor Ort die gleiche Bedien- und Programmieroberfläche wie bei der vorherigen Programmerstellung, und er hat über die MMS-Schnittstelle vollen Zugriff auf die Steuerungsinterna.

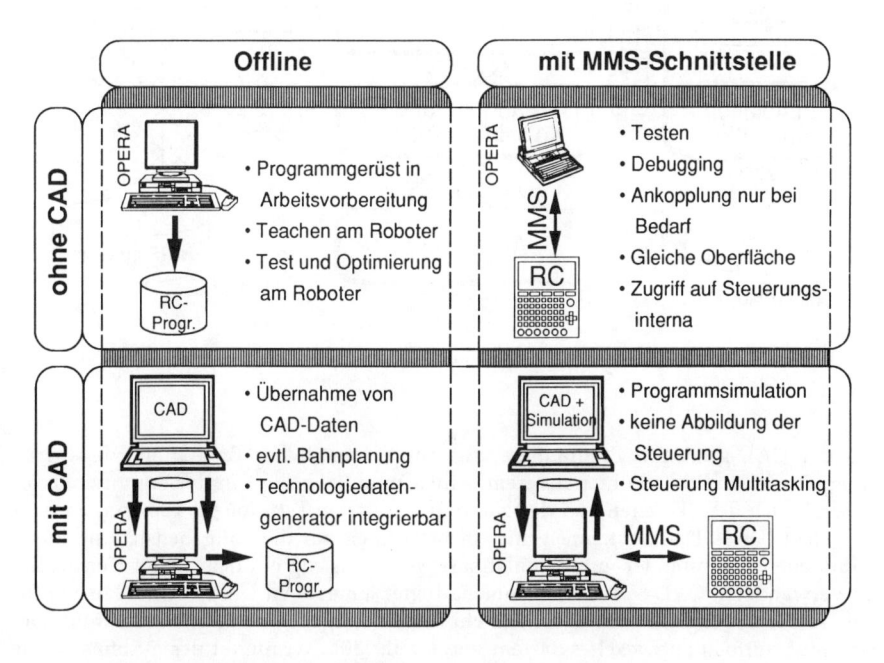

Bild 20: Einsatzmöglichkeiten des Programmiersystems OPERA

Die letzte Konfiguration erfordert ein Simulationssystem und eine MMS-Schnittstelle, so daß das Programm auf der Steuerung ohne Bewegung des Roboters abläuft und auf dem Simulationssystem dargestellt wird. Dabei wird keine Abbildung der Steuerung im Simulationssystem benötigt, da die Steuerung selbst benutzt wird. Das Simulationssystem stellt in diesem Fall nur die aus der Steuerung ausgelesenen Roboterstellungen graphisch dar. Voraussetzung für den sinnvollen Einsatz dieser Kombination ist eine multitaskingfähige Steuerung, die während der Simulation des zu testenden Programms die Produktionszelle weiter steuert. Solche Steuerungen sind zwar zur Zeit noch nicht erhältlich, jedoch ist im Zuge der Leistungsentwicklung bei Prozessoren und durch den Einsatz moderner Betriebssysteme mittelfristig mit solchen Steuerungen zu rechnen.

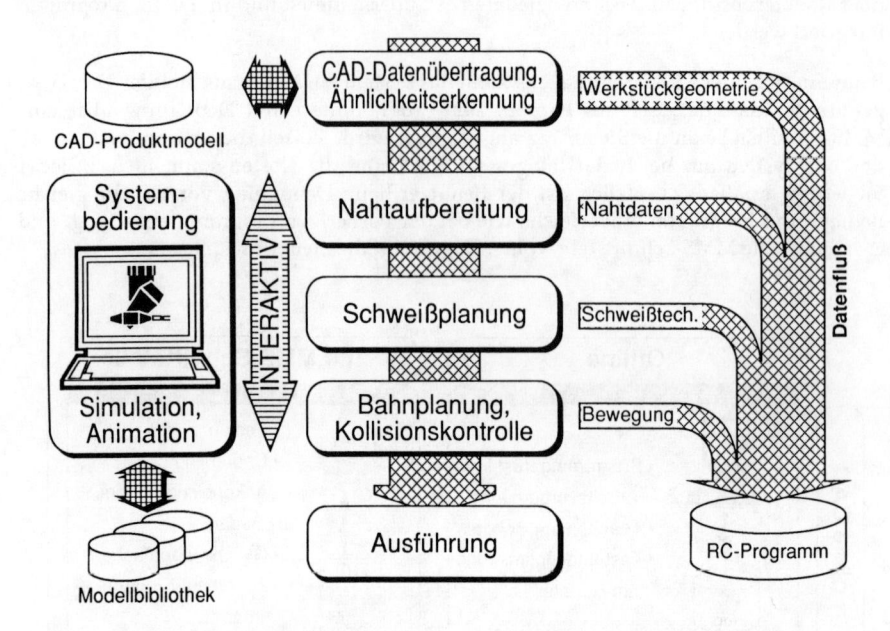

Bild 21: Durchgängige Verfahrenskette zur Offline-Programmierung von Schweißrobotern

Bei der CAD-gestützen Programmierung mit automatischer Programmcodegenerierung wurden in Bild 18 unter anderem Schwachpunkte bezüglich der Raumpunktvorgabe ähnlich dem Teachen und der kaum unterstützten Technologie-Programmierung dargelegt. Diese Defizite können mit einem speziell auf die Aufgabenstellung zugeschnittenen Programmier- und Simulationssystem, das eng mit dem in der Konstruktion verwendeten CAD-System zusammenarbeitet, umgangen werden. Als Beispiel für eine solche Lösung wird im folgenden ein für die Programmierung von Schweißrobotern im Schiffbau entwickeltes System vorgestellt [30]. Kernpunkt des Systems ist die durchgängige Verfahrenskette zur Programmerstellung, die von der CAD-Konstruktion bis zur Simulation des fertig geplanten Bearbeitungsablaufes reicht, <u>Bild 21</u>.

Die aus einem auf die Anforderungen des Schiffbaus zugeschnittenen CAD-System übernommenen Daten bilden den Ausgangspunkt für die weitere Planung des Bearbeitungsablaufes. Basierend darauf wird in einem nächsten Planungsschritt (Nahtaufbereitung) das vorliegende Werkstückmodell um geometrische und technologische Daten für die Schweißnähte ergänzt und erweitert. Das hieraus resultierende Arbeitsmodell ist die Grundlage für die weiteren Planungsschritte. In der nachfolgenden Phase der Schweißplanung werden auf der Basis des Arbeitsmodells die geeigneten Brennerwerkzeuge ausgewählt, und ihr kollisionsfreier Einsatz festgelegt. Das Ergebnis dieses Planungsschrittes ist ein Bahnmodell, das die schweißprozeßspezifischen Daten für alle Brennerbahnen enthält. Die abschließende Phase der Planung stellt die Beziehung zu den verwendeten Maschinen her, in diesem Falle den Roboterschweißsystemen. In diesem Arbeitsschritt werden die Schweiß-, Transfer- und Hilfsbahnen definiert und die Ausführbarkeit der einzelnen Brennereinsätze und aller Zusatzbewegungen mit dem Gesamtsystem überprüft und sichergestellt. In der internen Datenstruktur stehen somit alle Informationen zur anschließenden Erstellung des Programmcodes bereit.

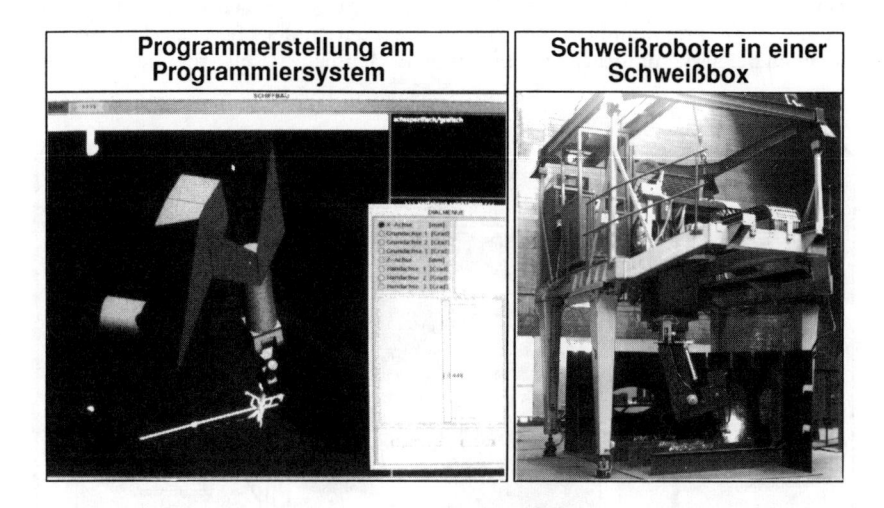

Bild 22: Offline-Programmiersystem für Schweißroboter im Schiffbau

Zusätzlich verfügt das System über ein Modul zur Ähnlichkeitserkennung, das das aktuelle Arbeitsmodell mit den Arbeitsmodellen voriger Planungsabläufe vergleicht und Ähnlichkeiten ermittelt. Ähnliche Bauteile können sich z. B. durch das Fehlen einiger Nähte oder durch geringfügig andere Abmessungen unterscheiden. Dabei ist es häufig möglich, den größten Teil der abgeschlossenen Planungsabläufe des Vorgängers unverändert oder geringfügig modifiziert zu übernehmen. Die automatische Ähnlichkeitserkennung findet die identischen Abläufe heraus und übernimmt sie in die neue Planung.

Dieses System, das in Bild 22 dargestellt ist, bietet aufgrund seiner konkreten Ausrichtung auf das Einsatzgebiet Bahnschweißen im Schiffbau Möglichkeiten einer effektiveren Planung, die anwendungsneutrale Systeme nicht erreichen können. Deshalb ist auch im Bereich der CAD-basierten Programmiersysteme die Entwicklung applikationsspezifischer Module erforderlich, so wie dies bereits für die Bedienoberflächen von Steuerungen im RC-Bereich gefordert wurde (vgl. Abschnitt 3.2).

Andere Ansätze gehen in die Richtung, mit der Programmierung auf einer noch höheren Ebene anzusetzen. Bei der aufgabenorientierten Programmierung von Industrierobotern muß ein Benutzer nicht länger spezifizieren *wie* eine Bearbeitungsaufgabe ausgeführt werden soll, sondern gibt lediglich allgemeine Befehle, wie z. B. "Bewege Bauteil von A nach B", ein. Sämtliche Unteraufgaben werden automatisch von dem System generiert und fließen in die Erstellung eines ablauffähigen Roboterprogramms ein. Die Probleme, die sich hinsichtlich der Unterschiede zwischen dem Modell in dem Simulationssystem und der realen Werkzelle ergeben, werden durch die Integration von Sensoren minimiert. Jeweils vor und nach einer Bearbeitungsaufgabe werden die Daten im Simulationssystem aktualisiert und gewährleisten so einen kollisionsfreien Ablauf der Programme, Bild 23. Einsatzgebiete eines solchen Systems sind in der Einzel- und Kleinserienfertigung zu sehen, bei denen das Verhältnis von Programmier- zu Ausführungszeit unter Berücksichtigung der Stückzahlen bei herkömmlichen Systemen unwirtschaftliche Größen annimmt [31, 32].

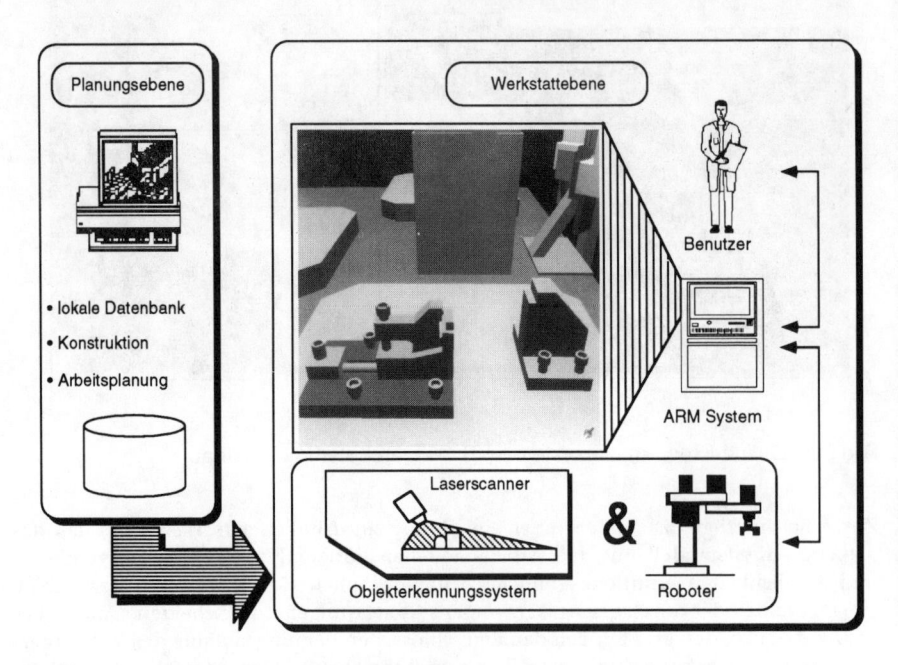

Bild 23: Aufgabenorientiertes Bewegungsplanungs- und Simulationssystem ARM

3.4 Sensoren / Aktoren

3.4.1 Problematik des Einsatzes von Sensoren und Aktoren in Roboteranlagen

Sensorik und Aktorik sind von grundlegender Bedeutung für die Erweiterung des Einsatzgebietes von Industrierobotern. Bei dem derzeitigen Stand der Technik bestehen sowohl auf Seite der Hardware als auch bei der notwendigen Software zur Auswertung der Sensorsignale erhebliche Probleme, wobei die hardwarebedingten Schwierigkeiten wahrscheinlich - zumindest bei Sensoren - leichter in den Griff zu bekommen sind. Bild 24 gibt einen Überblick über die Thematik.

Problematik des Sensor/Aktor-Einsatzes in Robotern

Softwaredefizite
- Auswertealgorithmen z.T. noch nicht erforscht
- keine Standardsoftware in Form von Bibliotheken erhältlich

Hardwaredefizite
- Sensoren unzulänglich oder gar nicht verfügbar
- Auswerteeinheiten zu groß
- Montage auf Robotern schwierig
- Stationäre Auswertung erfordert Vielzahl von Spezialkabeln

Entwicklungsbedarf
- Geräte miniaturisieren
- Signale lokal digitalisieren
- Datentelegramme und Geräteschnittstellen vereinheitlichen
- modulare Systeme zum Anschluß einer Vielzahl von Sensoren ohne zusätzlichen Entwicklungsaufwand

Platzbedarf konventioneller Sensorik

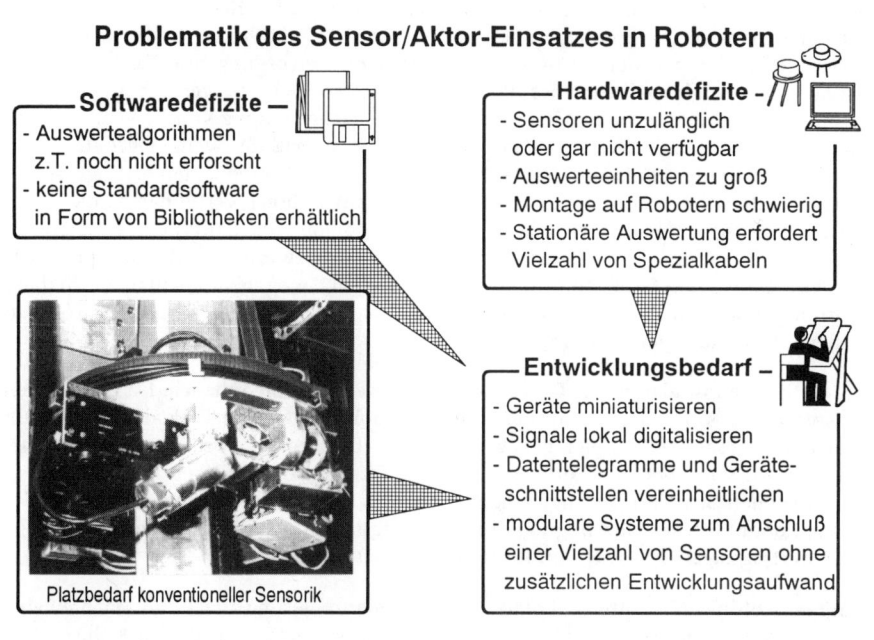

Bild 24: Problematik des Sensor / Aktor-Einsatzes in Robotern

Seitens der Hardware ist zunächst zu bemängeln, daß für einige sensorische Fähigkeiten über die ein Mensch verfügt und die auch den Einsatz von Robotern erleichtern würden, bisher keine oder nur unzulängliche Sensoren existieren. Ein Beispiel ist der Tastsinn der menschlichen Hand. Wenn es gelingen sollte, diesen Sinn in einem Robotergreifer nachzubilden, der somit in der Lage wäre, sowohl die Druckverteilung in den Greiferfingern als auch ein Rutschen eines gegriffenen Objektes wahrzunehmen, wäre ein großer Schritt hin zum flexiblen Universalgreifer getan. Voraussetzung ist jedoch ebenfalls das Vorhandensein einer geeigneten mechanischen Greiferkonstruktion, ähnlich der in [43] beschriebenen Nachbildung der menschlichen Hand.

Leichter zu lösen scheint jedoch ein Problem, für das auf dem Foto in der Mitte von Bild 24 ein Beispiel gezeigt wird, nämlich der erhebliche Platzbedarf konventioneller Sensorik bzw. Aktorik und der zugehörigen Auswerte- und Ansteuerungseinheiten. Das Bild zeigt ein Kollisionsschutzsystem für Roboter, auf das später noch genauer eingegangen wird. Es handelt sich dabei um einen Laserlaufzeitsensor, dessen Strahl über einen in drei Achsen verfahrbaren Spiegel abgelenkt wird. Zur Auswertung der

Sensorsignale und zur Ansteuerung der Antriebsmotoren werden umfangreiche elektronische Komponenten benötigt, für deren Unterbringung prinzipiell zwei Möglichkeiten bestehen. Zum einen können die Geräte auf dem Roboter montiert werden und zum anderen kann man die Elektronik am Boden installieren.

Bei den zur Zeit am Markt erhältlichen Systemen sind beide Möglichkeiten zumindest bei Portalrobotern mit Problemen verbunden. Da die Geräte nicht für einen Robotereinsatz konzipiert wurden, erfordern sie meist eine Versorgung mit 220 V Wechselstrom, der am Hubbalken eines Portals nicht ohne weiteres verfügbar ist. Diese Spannung wird intern durch Netzgeräte in eine Gleichspannung von 12 V oder weniger umgewandelt. Die Netzgeräte erfordern Lüfter, so daß der weitaus größte Anteil am Platzbedarf elektronischer Geräte durch diese beiden Komponenten bedingt ist. Bei einer direkten Versorgung der Geräte mit einer am Roboter verfügbaren, niedrigen Gleichspannung (üblicherweise 24 Volt) könnte sowohl die Baugröße reduziert als auch das Problem der Energieversorgung gelöst werden. Als Beispiel zur Verdeutlichung der Größenordnung dieses Problems mögen momentan verfügbare Schrittmotorsteuerungen dienen, bei denen das Verhältnis des Platzbedarfs von Steuerung zu Motor teilweise weit über 20:1 liegt.

Die stationäre Installation der Geräte bringt andere Probleme mit sich. Da die meisten Sensoren und Aktoren Spezialkabel erfordern, müßte hier eine Vielzahl von Kabeln durch den gesamten Roboter gezogen werden. Bei großen Portalen können dabei Kabellängen von über 70 m erforderlich sein. Zu den hohen Kosten und der bereits beschriebenen Schwierigkeit der mechanischen Belastung oder sogar Zerstörung der Kabel, kommt bei der Übertragung von Sensorsignalen noch die mit steigender Länge des Übertragungsweges wachsende Störanfälligkeit hinzu.

Um hier Abhilfe zu schaffen, wäre neben der Miniaturisierung aller Komponenten eine lokale Vorverarbeitung aller Signale und die Einspeisung in ein digitales Bussystem sinnvoll. Wünschenswert wäre auch eine größere Flexibilität der Auswerte- und Steuereinheiten in bezug auf die Möglichkeit des Anschlusses verschiedener Sensoren bzw. Aktoren. Beim heutigen Stand der Technik ist die Integration von Sensorik in eine Anwendung ohne Elektronikkenntnisse kaum möglich. Zu fordern sind jedoch Geräte, die ein einfaches Einstecken unterschiedlicher Sensoren und Aktoren erlauben. Hier muß zumindest ein vergleichbarer Komfort wie bei Personal-Computern erreicht werden, bei denen der Anwender je nach Begabung externe Komponenten, wie Bildschirm oder Tastatur oder sogar interne Einheiten, wie Steckkarten oder Festplattenlaufwerke, relativ problemlos selbst installieren kann.

Softwareseitig ist hierzu jedoch wenigstens bei den primären Funktionen, wie dem Einlesen von Signalen oder dem Konfigurieren von Ein-/Ausgabekanälen, eine gewisse Standardisierung notwendig. Sinnvoll wären auch Softwarebibliotheken mit häufig benötigten Grundfunktionen, wie zum Beispiel zur Integration, Differenzierung oder Fouriertransformation von Signalen. Auch hier kann der PC wieder als Beispiel dienen: Von einem Software-Entwickler wird auch nicht verlangt, daß er sich Routinen zum Zugriff auf Speichermedien selbst programmiert, wobei es keine Rolle spielt ob es sich um Festplatten, Disketten oder Bandlaufwerke handelt.

Das größte Problem, das auch auf längere Sicht keine Lösung verspricht, besteht jedoch in der mangelnden Möglichkeit die Fähigkeiten menschlicher Intelligenz auch nur annähernd auf Rechner zu übertragen. Dieser Mangel zeigt sich bei der Auswertung der Sensorik, insbesondere bei der oft notwendigen Abstraktion und dem Erkennen von Zusammenhängen und Mustern. Die hohen Erwartungen, die hier anfänglich in die sogenannten KI-Wissenschaften gesetzt wurden, sind längst einer nüchternen Einschätzung gewichen. Gewisse Erfolge wurden in jüngerer Zeit mit Fuzzy-Logik und besonders auf dem Gebiet des Computer-"Sehens" mit neuronalen Netzen erzielt. Eine Anwendungsmöglichkeit der Bildverarbeitung in der Flexiblen Fertigung wird im folgenden beschrieben.

3.4.2 CAD-gestützte Bildverarbeitung

Bildverarbeitungssysteme werden bei automatisierten Montagevorgängen in zunehmendem Maße zur Roboterführung, Werkstückerkennung und zur Prozeßkontrolle genutzt. Zur Werkstückerkennung und für Kontrollaufgaben benötigen die Systeme Vorgabedaten, mit denen mögliche Werkstücke oder der Sollzustand einer montierten Baugruppe beschrieben werden können. Mit diesen sogenannten Szenenmodellen [49] werden dann die aus dem Bild des aktuell vorliegenden Zustandes ermittelten Daten verglichen, um die gewünschten Aussagen über die Art der vorhandenen Werkstücke oder den Erfolg einer Montageoperation machen zu können.

Bei einem großen Teil industrieller Anwendungen sind diese Modelle im Programm selbst abgelegt, das heißt die Bildverarbeitungssoftware wird an die spezielle Problemstellung angepaßt. Eine Flexibilitätssteigerung wird durch Systeme erreicht, die ein sogenanntes Teachen ermöglichen. Hier werden von der Kamera Musterwerkstücke oder -szenen aufgenommen, aus denen dann mit den gleichen Verfahren, mit denen auch die später zu prüfenden Szenen bearbeitet werden sollen, markante Merkmale ermittelt werden. Dabei können teilweise interaktiv Parameter, die Einfluß auf die Qualität der Ergebnisse der Bildverarbeitung haben, an die vorliegende Anwendung angepaßt werden. Von den auf diese Weise gefundenen Merkmalen kann der Benutzer dann z. T. noch diejenigen auswählen, die für den späteren Vergleich herangezogen werden sollen. Da das Einlernen der Szenenmodelle manuelle Eingriffe oder zumindest eine Produktionsunterbrechung für den Teach-Vorgang erforderlich macht, ist diese Vorgehensweise für eine automatisierte Fertigung kleiner Lose nicht geeignet.

Zur Planung und Simulation von Montagevorgängen werden jedoch zunehmend CAD-Systeme eingesetzt, so daß es sich anbietet, die dort über das zu montierende Produkt und das Montageumfeld gespeicherten Informationen für eine Berechnung des Szenenmodells zu nutzen und so das Teachen zu vermeiden. Hierzu wurden in dem von der DFG geförderten Forschungsvorhaben "CAD-Ankopplung von Bildverarbeitungssystemen" Konzepte entwickelt und umgesetzt, die eine flexiblere Nutzung der Bildverarbeitung zur Kontrolle automatischer Montagevorgänge bei kleinen Losgrößen ermöglichen.

Im allgemeinen beschäftigt man sich in der industriellen Verarbeitung von Grauwertbildern mit verschiedenen Merkmalen, wie z. B. Oberflächenbeschaffenheit (Textur), Größe und Form von Flächen eines konstanten Grauwertes, Grauwertstreuung usw.

[45]. Die Ausprägung dieser Merkmale kann jedoch nicht ohne weiteres aus den CAD-Daten abgeleitet werden und ist überdies noch stark von der Beleuchtung abhängig. Für die vorliegende Anwendung wurden daher die Körperkanten der im Bild enthaltenen Objekte als charakteristische Merkmale genutzt, da es sich bei Kanten um rein geometrische Merkmale handelt, deren Lage aus dem CAD-Modell bekannt ist. Allerdings haben die Beleuchtungsverhältnisse auch hier einen Einfluß auf die Tatsache, wie die Werkstückkanten in den von der Kamera aufgenommen Grauwertbildern wiedergefunden werden können. Es ist also kaum möglich, am CAD-Bildschirm zu beurteilen, welche Kanten sich für eine Werkstückerkennung eignen und welche nicht.

Aus diesem Grunde beschränkte sich das Forschungsvorhaben auf modular aufgebaute Produkte. Bei diesen ist es möglich, zunächst alle im Baukastensystem enthaltenen Komponenten unter verschiedenen Blickwinkeln und bei wechselnden Beleuchtungen durch die Kamera zu betrachten, um so besonders kontrastreiche Kanten zu bestimmen. Diese Erkennungsmerkmale, deren Ausprägung sich als besonders invariant gegenüber Beleuchtungs- und Blickwinkeländerungen erweist und die im folgenden auch als bildverarbeitungsrelevante Kanten bezeichnet werden, können dann in einer Datei gespeichert und somit dem CAD-System zugänglich gemacht werden.

Als Beispiel, anhand dessen die Forschungsarbeiten durchgeführt wurden, diente die am WZL realisierte robotergestützte Montage modularer Spannvorrichtungen [44]. Hierbei werden die einzelnen Vorrichtungselemente auf einer Maschinenpalette festgeschraubt und so zu einer funktionsfähigen Spannvorrichtung montiert. Das Anpassen der Vorrichtung an die jeweilige Zerspanaufgabe kann durch Auswahl, Anordnung und Justage der Elemente geschehen, so daß sich bei einer Kontrolle mittels einer CCD-Kamera jeweils ein anderes Bild ergibt. Ein Teachen des Szenenmodells ist also nicht mehr sinnvoll.

Wird nun am CAD-Bildschirm eine Spannvorrichtung konstruiert, so können durch eine im Rahmen des Projektes erstellte Software die Positionen aller im CAD-Modell vorliegenden, bildverarbeitungsrelevanten Kanten ermittelt, entsprechend dem Blickwinkel in eine zweidimensionale Beschreibung transformiert und in Kamerakoordinaten umgewandelt werden. Dieses Sollbild kann dann von der Bildverarbeitungssoftware mit dem aktuellen, von der Kamera aufgenommen Bild der realen Szene verglichen werden, um zu überprüfen, ob die Elemente an den richtigen Positionen stehen.

<u>Bild 25</u> soll diesen Vorgang der Berechnung des Szenenmodells aus den CAD-Daten verdeutlichen. Es zeigt links oben zwei Vorrichtungselemente mit den Kanten, die als Erkennungsmerkmale dienen sollen und darunter das 3D-CAD-Modell einer einfachen, aus diesen Elementen bestehenden Spannvorrichung. Aus diesen Informationen wird nun zunächst eine dreidimensionale Beschreibung aller vom Bildverarbeitungsrechner zu prüfenden Merkmale berechnet. Schließlich wird diese Darstellung unter Berücksichtigung des Blickwinkels und des Abstandes der Kamera zum Objekt in das zweidimensionale Kamerakoordinatensystem projeziert, wobei verdeckte Kanten ausgeblendet werden müssen. Auf der Basis dieses Sollbildes kann das Bildverarbeitungssystem Kontroll- und Steuerfunktionen durchführen, ohne daß ein vorheriges Teachen notwendig wäre. Voraussetzung hierfür ist jedoch, daß CAD-Modell und

Kamerabild zur Deckung gebracht werden können. Hierzu müssen der Kameraabbildungsmaßstab und die Lage des Kamerakoordinatensystems relativ zum sogenannten Weltkoordinatensystem des CAD-Systems bekannt sein, wozu ein Kamerakalibrierungsverfahren notwendig ist. Die exakte Bestimmung der Kameralage erfolgt in zwei Stufen, wobei die erzielbare Genauigkeit unmittelbaren Einfluß auf die Genauigkeit der Bildauswertung hat.

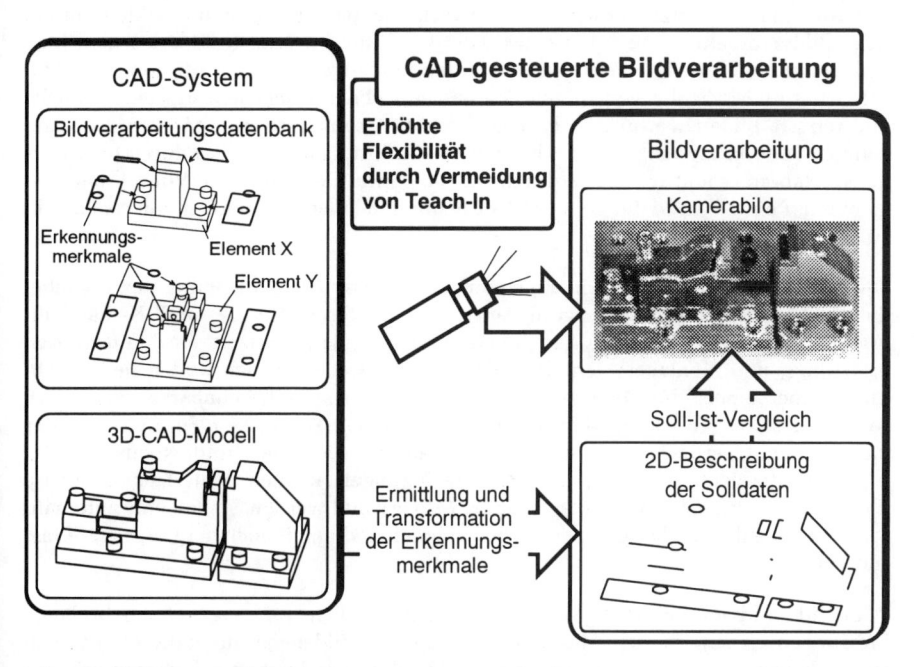

Bild 25: CAD-Ankopplung eines Bildverarbeitungssystems

In der ersten Stufe der Kamerakalibrierung werden im Kamerabild Punkte gesucht, deren dreidimensionale Koordinaten im Raum bekannt sind. Bei der vorliegenden Anwendung dienen hierzu die Mittelpunkte der Befestigungsbohrungen in der Vorrichtungsgrundplatte, da deren dreidimensionale Koordinaten aus dem CAD-Modell der Palette exakt bekannt sind. Die durch die Bildverarbeitung aus dem Kamerabild ermittelten zweidimensionalen Koordinaten und die zugehörigen dreidimensionalen Weltkoordinaten werden in der zweiten Stufe in eine allgemeine Form der Kameraabbildungsfunktion eingesetzt.

Die mathematische Beschreibung des Abbildungsvorgangs kann in eine dreidimensionale Transformation der Koordinaten vom Weltkoordinatensystem in das Kamerakoordinatensystem und eine anschließende perspektivische Projektion in die zweidimensionale Bildebene zerlegt werden. Als Unbekannte ergeben sich für den ersten Teil der Abbildung die sechs Freiheitsgrade der Kamera im Raum; in die perspektivische Abbildung geht bei einer idealen Kamera ohne optische Verzerrung lediglich die

Brennweite als weitere Unbekannte ein. Das in [49] beschriebene Radial-Alignment-Constraint-Verfahren erlaubt die Berechnung aller Unbekannten aus fünf bekannten Kalibrierungspunkten. Durch die Verwendung von mehr als fünf Punkten kann die Genauigkeit der Kalibrierung verbessert werden, da dann die optimale Lösung eines überbestimmten linearen Gleichungssystems gefunden werden muß.

Das aus den CAD-Daten resultierende Vorwissen über das zu erwartende Bild kann außerdem dazu genutzt werden, auch schwache Kanten zu finden, um so den Einsatz einer Bildverarbeitung auch bei komplexen Werkstücken und unter praxisgerechten Bedingungen zu ermöglichen. Hierzu wurden modellgesteuerte Konturfindungsalgorithmen entwickelt, die von diesem Vorwissen Gebrauch machen, um eine schnelle und robuste Bildauswertung zu ermöglichen. Weiterhin werden Techniken des sogenannten Subpixeling eingesetzt, bei denen die Auflösung der Kamera durch Interpolationsverfahren erhöht wird. Hierdurch ist es möglich die Lage eines Vorrichtungselementes auf einer Palette der Größe 500 x 630 mm mit einer Genauigkeit von ca. 0,2 mm zu bestimmen.

Sowohl die an das CAD-System angebundene Software zur Berechnung der Vorgabedaten für die Bildverarbeitung als auch die Bildverarbeitungs- und Kamerakalibrierungssoftware wurden unter praxisgerechten Bedingungen im "Integrierten Fertigungs- und Montagesystem" des WZL erprobt. Dabei wurden weder die Vorrichtungselemente noch die Montageumgebung für eine bessere Erkennbarkeit verändert, so daß das ausgewertete Bildmaterial aufgrund der komplexen Formen und der metallischen Oberflächen hohe Ansprüche an die Sicherheit und Robustheit der Algorithmen stellte. Trotz dieser Randbedingungen können fehlerhaft montierte Elemente mit einer Sicherheit von mehr als 99 % erkannt werden, so daß eine automatische Montageüberwachung ohne Teachen möglich und damit auch bei Losgröße "Eins" sinnvoll ist.

Während Bildverarbeitungssysteme sich hauptsächlich für sogenannte In-Plane-Messungen eignen, da sich Abstände senkrecht zur Bildebene nur indirekt ermitteln lassen, handelt es sich bei der im nächsten Abschnitt beschriebenen Lasersensorik um ein Out-of-Plane-Meßsystem. Dieses kann den Abstand von Objekten zum Sensor zwar direkt messen, jedoch können hier Maße senkrecht zum Laserstrahl nur indirekt aus Abstandsänderungen berechnet werden.

3.4.3 Einsatzmöglichkeiten eines Lasermeßsystems

Das in <u>Bild 26</u> gezeigte System wurde für den Schutz eines Portalroboters vor Kollisionen entwickelt, die Einsatzmöglichkeiten sind jedoch vielfältiger Natur. Um die Bewegungsmöglichkeiten des Portals nicht einzuschränken, wurde die Sensorik (s. auch Bild 24) an der Laufkatze montiert. Um den Greifer des Roboters vor Kollisionen mit im Arbeitsraum befindlichen Hindernissen zu schützen, wird das Höhenprofil der Roboterzelle erfaßt und mit der aktuellen Höhenlage des Greifers verglichen. Dabei ergibt sich bei tiefster Stellung des Greifers ein Abstand der Unterkante eines gegriffenen Werkstückes zum Sensor von ca 2,5 m, so daß der einzusetzende Sensor für diesen Meßbereich ausgelegt werden mußte. Da außerdem die Forderung nach einer schnellen und robusten Messung bestand, fiel die Wahl auf einen Laser-Laufzeitsensor, der die Oberfläche punktweise mit einer Frequenz von maximal 10,7 KHz vermißt.

Eine Kollision kann nur auftreten, wenn die Kollisionsobjekte in der Bewegungsschneise des Roboters liegen. Daher wird lediglich dieser Bereich online vermessen und auf Hindernisse überprüft. Zur kontinuierlichen Vermessung der gesamten Bewegungsschneise muß der Laserstrahl (Meßstrahl) mit hoher Frequenz quer zur Roboterbahn geführt werden. Hierzu wird der von einer feststehenden Optik ausgehende Meßstrahl auf einen drehbar gelagerten Spiegel (Achse 3) geführt und von dort in die Umgebung abgelenkt. Da das Galvanometer, das zum Schwenken des Spiegels eingesetzt wird, eine Auflösung von 0,005 Grad aufweist, läßt sich der Laserstrahl selbst bei einem Abstand von 2 m zum Spiegel mit einer Genauigkeit von 0,17 mm positionieren. Außerdem läßt sich über einen analogen Eingang an der Steuerung des Galvanometers der Schwenkwinkel und damit die Scanbreite einstellen, die der Breite der Bewegungsschneise entsprechen muß. Zur Ablenkung des Laserstrahls wird ein ausgewuchteter, oberflächenbeschichteter Aluminiumspiegel eingesetzt.

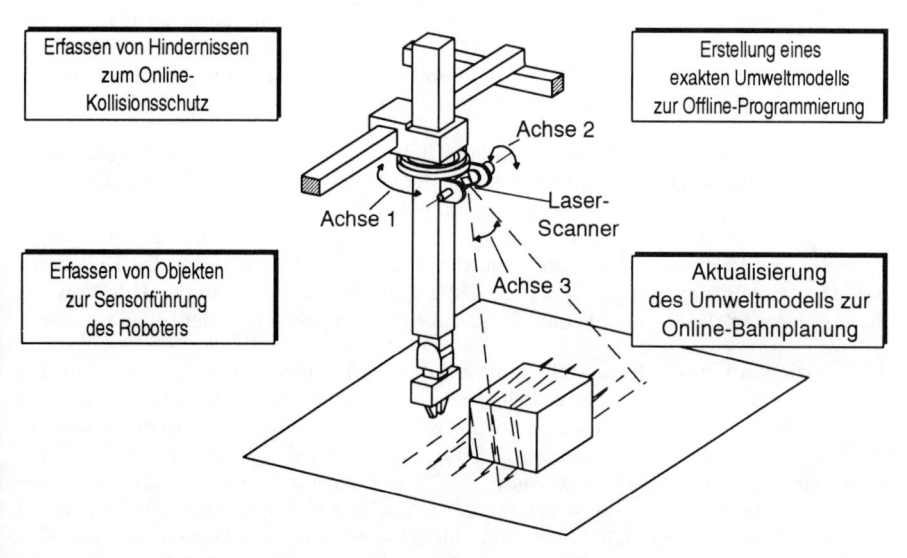

Bild 26: Einsatzmöglichkeiten eines Laser-Abstandssensors

Parallel zur Vermessung des Höhenprofils relativ zur Laufkatze werden die Drehgeber ausgelesen. Aus den Werten der Z-Achse des Roboters läßt sich berechnen, wie weit der Greifer in den Arbeitsraum ragt. Beide Maße (Meßwert des Lasers und Position der Z-Achse) werden miteinander verglichen. Ist der Lasermeßwert kleiner als die tiefste Position von Z-Achse inklusive Greifer, wird der Roboter gestopt.

Über die Achse 1 des Systems, kann die gesamte Sensoreinheit um die Z-Achse des Portalroboters gedreht und in Fahrtrichtung des Roboters positioniert werden. Der Antrieb hierfür erfolgt über einen auf der Laufkatze des Roboters montierten Servomotor, der über einen Zahnriemen die Bewegungsenergie auf das Drehgehäuse überträgt, an dem die gesamte Scaneinheit montiert ist. Das Drehgehäuse besteht aus einem geteilten, stationären Innenring aus Stahl und einem darauf drehbar gelagerten, verzahnten Außenring aus Aluminium. Angesteuert wird das Servomodul über eine Steuerkarte in einem PC.

Aufgrund der Abhängigkeit des Bremsweges von der Geschwindigkeit des Roboters muß der Vorhalteweg des Laserstrahls über die Achse 2 der Robotergeschwindigkeit angepaßt werden. Da Mechanik und Steuerung der zweiten Achse um die Z-Achse des Roboters (Achse 1 des Kollisionsschutzsystems) rotieren, wurde besonderer Wert auf eine leichte Bauweise gelegt. Zudem wird eine hohe Auflösung bei der Positionierung gefordert, da bei einer Entfernung von 2,5 m eine Verdrehung der zweiten Achse um 1 Grad bereits eine Änderung des Vorhalteweges um 43,6 mm bewirkt. Deshalb wurde ein Schrittmotor mit 400 Schritten pro Umdrehung und ein Harmonic-Drive-Getriebe mit einer Übersetzung von 100:1 eingesetzt. Damit ergibt sich für die zweite Achse eine Auflösung von 40000 Schritten pro Umdrehung.

Zum Schutz vor Kollisionen wird die Bewegungsschneise des Roboters derzeit mit einer Frequenz von 500 Hz punktweise vermessen. Der Portalroboter wird nur angehalten, wenn ein Meßwert und damit ein Objekt in der Bewegungsschneise höher liegt als der Greifer des Roboters. Steht der Roboter, so wird versucht, das Hindernis zu umfahren, wobei in zwei Stufen vorgegangen wird.

Die einfachste Ausweichbahn für einen Portalroboter besteht darin, über das Hindernis hinweg zu fahren. Deshalb wird bei stehendem Roboter im ersten Schritt die Bewegungsschneise vor dem Greifer noch einmal exakt vermessen. Aus dem entstehenden Höhenprofil kann die maximale Höhe des Kollisionsobjektes in der Bewegungsschneise ermittelt werden. Ist ein Überfahren nicht möglich, vermißt das Kollisionsschutzsystem in der zweiten Stufe auch die Bereiche, die links und rechts von der Bewegungsschneise liegen, um eine mögliche Ausweichbahn zu finden.

Neben diesem Einsatz des Systems zum Schutz des Roboters vor Kollisionen wurden außerdem Softwaremodule entwickelt, die eine Sensorführung, z. B. beim Greifen von Werkstücken, ermöglichen. Derzeit wird das Kollisionsschutzsystem derart erweitert, daß die gesamte Roboterzelle automatisch vermessen wird. Das im Roboterkoordinatensystem erzeugte Abbild der Zelle wird anschließend in ein Simulationssystem übertragen. Im Simulationssystem kann dann das Modell der Roboterzelle aktualisiert werden. Damit lassen sich Fehler bei der Modellierung korrigieren, so daß eine Kollisionskontrolle der offline erstellten Programme mit der realen Abbildung der Zelle durchgeführt werden kann. Die Sicherheit offline erstellter Roboterprogramme läßt sich dadurch mit geringem zusätzlichen Aufwand wesentlich steigern.

Eine ständige Aktualisierung des Zellenmodells könnte, genügend schnelle Algorithmen vorausgesetzt, zur automatischen Online-Bahnplanung einer kollisionsfreien Bahn genutzt werden, so daß bei der manuellen Offline-Programmierung nur einige wichtige Eckpunkte des Programms festgelegt werden müßten. Das im Abschnitt 3.3

beschriebene ARM-Programmiersystem enthält ein solches Bahnplanungsmodul, das bisher jedoch noch off-line arbeitet.

3.5 Mensch-Maschine-Schnittstelle

Die heute in der industriellen Fertigung eingesetzten Programmierverfahren benötigen zur Erstellung eines ablauffähigen Schweißprogramms jeweils den Schweißroboter für die Aufnahme der abzufahrenden Punkte und Konturen. Dieser Weg der Programmierung ist zum einen äußerst aufwendig und zeitintensiv, da der Roboter nur indirekt über die üblichen Programmierhandgeräte verfahren werden kann und zum anderen nicht hauptzeitparallel, so daß er in dieser Zeit nicht für produktive Aufgaben zur Verfügung steht [33].

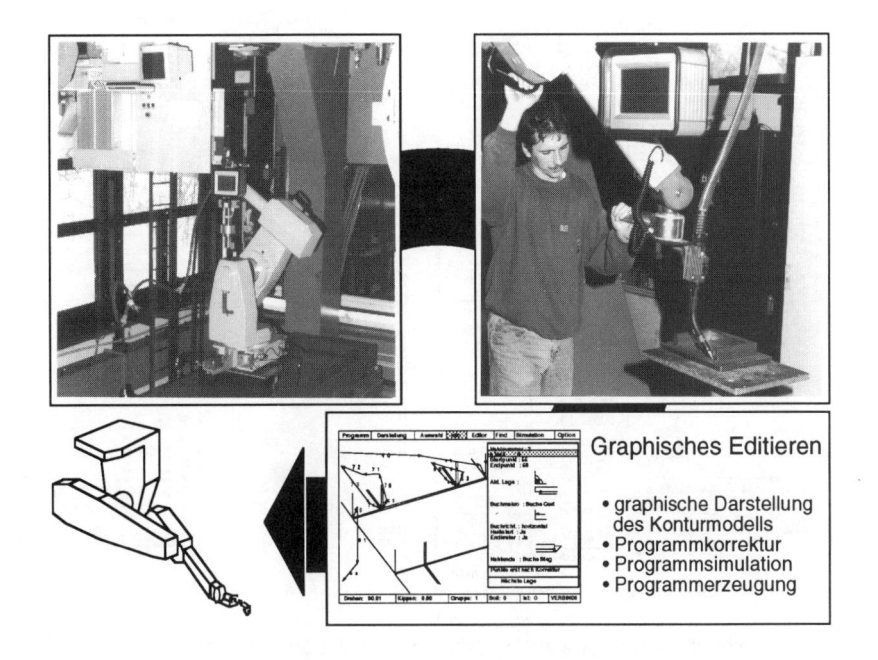

Bild 27: Werkstattorientiertes Programmiersystem für Roboter-Schweißanlagen

Das wesentliche Ziel eines am WZL mit der Industrie realisierten Projektes zum menschengerechten Einsatz eines CNC-Robotersystems für das Schweißen war, in der auftragsgebundenen Einzelfertigung eine Anlage zu entwickeln, die dem Benutzer eine ergonomisch ideale Umgebung zum Erstellen selbst komplexer Schweißprogramme bietet Bild 27.

Die wesentlichen, im Rahmen dieses Projektes entwickelten Komponenten, sind

- der Programmierroboter, optimiert entsprechend ergonomischen Anforderungen,
- ein Handprogrammierterminal mit sensitiver Bildschirmoberfläche,
- eine drahtlose Spracheingabe für effektive Benutzerunterstützung,
- ein graphisches Programmiersystem zu Bearbeitung und Prüfung des erstellten Zwischencodes sowie Generierung der RC-Steuerungsprogramme und
- Makro- und Sensortechnik als Programmierunterstützung, Bild 28.

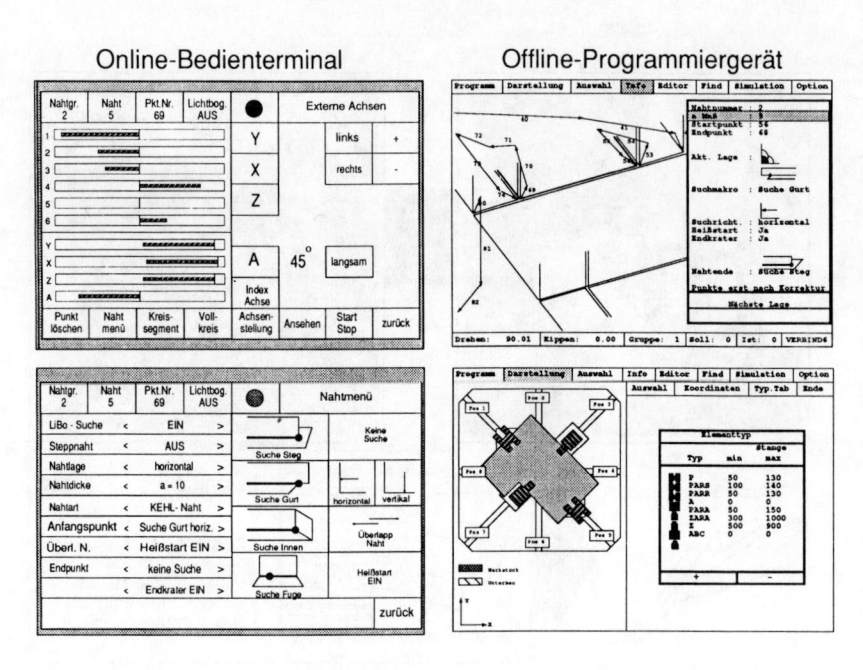

Bild 28: Bedienoberfläche des werkstattorientierten Programmiersystems

Sämtliche Funktionen in der Verfahrenskette zur Erzeugung eines neuen Schweißprogramms führen durch ihre durchgängige Konzeption zu einem Verhältnis von Lichtbogenbrennzeit zu Programmierzeit von 1:4, wohingegen bei der konventionellen Teach-in-Programmierung Verhältnisse von 1:40 bis 1:100 angesetzt werden.

3.6 Peripherie

Ein großer Anteil an den Kosten einer Roboteranlage ist durch die Peripherie bedingt. Nach [48] sind Handhabungsgeräte zunächst eingeschränkte Bewegungsautomaten, die ihre Flexibilität erst durch die Peripherie erlangen. Hier sind zunächst Materialflußsysteme zu nennen, mit denen einzelne Fertigungs- oder Montageinseln verkettet werden. Für die Massenfertigung von Kleinteilen sind schon seit längerem umfangreiche Baukastensysteme für Transport und Zwischenspeicherung von Werkstücken bekannt. Durch die Kombination von Längs- und Quertransportstrecken, Hub- und Dreheinheiten, lassen sich nahezu beliebige Streckenführungen realisieren. Besonders weit verbreitet sind Doppelgurtsysteme, bei denen standardisierte Werkstückträgerpaletten an beiden Seiten auf Gurten liegen und von diesen über Reibung mitgenommen werden. Anwendungsspezifisch muß hier lediglich die Werkstückaufnahme an der Palettenoberseite gestaltet werden, so daß bei einer Produktionsumstellung eine Vielzahl von Komponenten wiederverwendet werden kann.

Neuerdings werden auch Systeme eingesetzt, bei denen die Fahrstrecke aus passiven Schienenelementen besteht, während die selbstfahrenden Paletten mit einem akkugespeisten Antrieb versehen sind [49]. Da jede Palette über eine eigene Computersteuerung verfügt, kann hier eine dezentrale Steuerung realisiert werden. Die Palette erhält beim Start eine Beschreibung ihres Fahrweges, die an definierten Informationspunkten aktualisiert werden kann. Zwischen diesen Punkten steuert die Palette selbst ihren Weg durch das Schalten von Weichen. Der Vorteil dieses Konzeptes liegt in einer erhöhten Flexibilität bei der Steuerung des Materialflusses. Außerdem reduziert sich der Verkabelungsaufwand der Anlage.

Bunker und Vibrationsförderer sind weitere Komponenten, die häufig in Roboteranlagen benötigt werden und deshalb am Markt in großer Auswahl verfügbar sind. Dasselbe gilt - wenn auch schon mit Einschränkungen - für Einpress-, Niet- oder Schraubstationen. Erhebliche Entwicklungs- und Konstruktionsarbeit ist jedoch oft bei Greifern, Fixier- und Ausrichteeinrichtungen, insbesondere bei der Realisierung neuer Montageaufgaben notwendig. Auch Transport und Speicheranlagen für größere Teile, wie sie zum Beispiel in der Automobilindustrie häufig benötigt werden, können nicht von der Stange gekauft werden. Die Kosten für diese Einrichtungen übersteigen oft die Anschaffungskosten für den Roboter selbst bei weitem. Einer der Gründe hierfür ist in der oft notwendigen hohen Genauigkeit dieser Einrichtungen zu sehen. Bei jeder zu realisierenden Anwendung sollte daher geprüft werden, ob ein zunächst zusätzliche Kosten verursachender Einsatz von Sensorik nicht letztendlich die Wirtschaftlichkeit der Gesamtanlage erhöht, wenn er zu verringerten Anforderungen an die mechanische Genauigkeit führt.

4. Zusammenfassung und Perspektiven

Die kritische Betrachtung der mit dem Robotereinsatz im produktionstechnischen Umfeld in den letzten 20 Jahren gemachten Erfahrungen hat gezeigt, daß die wirtschaftliche Fertigung kleiner Losgrößen heute nur in Ausnahmefällen möglich ist. Die ersten Geräte wurden auf Gebieten eingesetzt, bei denen, wie z. B. beim Punktschweißen, eine manuell erprobte Technologie relativ problemlos für eine Roboteranwendung adaptiert werden konnte. Komplexere Aufgaben erfordern jedoch umfangreiche Entwicklungsarbeit, wobei konventionelle Vorgehensweisen meist nicht einfach auf den Roboter übertragen werden können, so daß zunächst eine geeignete Technologie erforscht werden muß. Diese Vorgehensweise läßt sich aus wirtschaftlichen Gesichtspunkten nur dann rechtfertigen, wenn die Entwicklungskosten auf entsprechend große Stückzahlen umgelegt werden können.

Aus der Analyse bisheriger Roboteranwendungen wurde auch deutlich, daß der Roboter und seine Peripherie immer zusammen mit der Anwendung, in der sie eingesetzt werden, betrachtet werden muß, um Aussagen insbesondere über die Wirtschaftlichkeit bestimmter Entwicklungen machen zu können. Zukünftige Entwicklungen dürfen nicht alleine in Richtung auf mehr Leistungsfähigkeit durch komplexe Lösungen gehen, sondern müssen Augenmaß im Hinblick auf den wirtschaftlichen Einsatz erkennen lassen.

Trotz des Strebens nach schlanken Lösungen muß jedoch in vielen Anwendungsbereichen noch viel Entwicklungsarbeit geleistet werden, um speziell das Ziel der wirtschaftlichen Fertigung kleiner Losgrößen erreichen zu können. Mehr Leistung ohne unvertretbar hohen Aufwand kann auf Dauer aber nur durch eine massive Modularisierung und Standardisierung von Einzelkomponenten erreicht werden. Diese Forderung dürfte neben dem Streben nach mehr Bedienungs- und Programmierkomfort die Herausforderung der nächsten Jahre an die Steuerungs- und Roboterhersteller sein.

Obwohl die Skepsis gegenüber dem Robotereinsatz in der Produktion, die im wesentlichen aus wirtschaftlichen Überlegungen resultiert, oft durchaus berechtigt ist, werden die Einsatzzahlen auch in Zukunft weiter steigen. Einerseits ist der Roboter in vielen Bereichen auch aus Qualitätsaspekten praktisch nicht ersetzbar und anderseits werden sich die Gesamtkosten für den Einsatz durch ständige Verbesserung stetig reduzieren. Die in Großserien erprobte Technologie kann, bei einer entsprechenden Weiterentwicklung hin zu größerer Flexibilität, mit geringen Kosten auf ähnliche Anwendungsgebiete mit kleineren Losgrößen übertragen werden. Wo erforderlich wird außerdem die Leistungsfähigkeit der Systeme steigen. Heute noch vorhandene Schwachstellen, von denen einige in dieser Abhandlung beschrieben wurden, werden bei zukünftigen Modellgenerationen verschwinden. Der vorliegende Aufsatz sollte einige Denkanstöße liefern, wie Möglichkeiten zur Optimierung des Gesamtsystems Roboter in der Praxis aussehen könnten.

Literatur:

[1]   Mit der Pistole auf die Wanne, Kaldewei emailliert Bade- und Duschwannen mit Robotern; ROBOTER, November 1991, S. 18-19

[2]   Braas, J.: Japanische Montagestrategie für deutsche Produkte; Firmenschrift der Sony Europa GmbH

[3]   Gezieltes Entgraten, Robotergestütztes Finishing in der Teilefertigung; ROBOTER, Februar 1991, S. 52-53

[4]   Schmidt, J.; Bott, K.: Hartes sanft entgratet, Flexible Fertigungszelle zum Entgraten von Keramik; ROBOTER, August 1991, S. 28-30

[5] Lawo, M.: Handarbeit passé, Ein flexibles Robotersystem zum Gußputzen; Industrie-Anzeiger 61 / 1991, S. 22-24

[6] Haspich, W.: Günstig in die Kleinserie, Robotik: Flexible Entgrat- und Schleifzelle; Industrie-Anzeiger 21 / 1992, S. 46-48

[7] Grube, G: Schliff vom Forscherteam, Uni Dortmund lehrt Robotern das Bandschleifen; ROBOTER, November 1991, S. 48-52

[8] Merz, P.: Anspruchsvoll Aufgabe, Roboter beschichten PKW-Scheiben; Industrie-Anzeiger 75 / 1991, S. 38-40

[9] Flexibilität pur, Roboterautomatisierte Getriebemontage; ROBOTER, Oktober 1992, S. 20-22

[10] Warnecke, H.-J.; Würtz, G.: Einpressen leicht gemacht, Passives Toleranzausgleichsmodul für das flexibel automatisierte Einpressen; ROBOTER, Mai 1991, S. 28-30

[11] Pritschow, G.; Rentschler, U.: Im µm-Bereich montieren, Sensoreinsatz für Roboter in der Montage; Industrie-Anzeiger 93 / 1991, S. 25-27

[12] Schweizer, M.; Weisener, T.; Herkommer, T. F.: Robot assembly of pliable hoses; The Industrial Robot, Dezember 1990, S. 201-205

[13] Fichtmüller, N.; Hoßmann, J.; Kugelmann, F.: Richtschnur für Handling von Dichtschnur, Automatische Montage formlabiler Baueile ist eine Frage der Systematik; ROBOTER, Februar 1992, S. 34-37

[14] Wößner, J. F.: Automatische Fügung, Neues Montageverfahren für biegeschlaffe Teile; ROBOTER, August 1992, S. 32-33

[15] Gillner, A.; Nitsch, H.; Wolff, U.: 3D-Laser im Vergleichstest, Laser und Roboter: Grundlagen, Auswahl und Einsatzerfahrungen; ROBOTER, September 1991, S. 55-59

[16] Formschluß mit Roboterzange, Druckfügen: Blechteile kostengünstig verbinden; Industrie-.Anzeiger 5 / 1992, S. 46-50

[17] Manz, D.; Gaul, M.: Alles im Lot, Roboterzelle für die Produktion von Blechgehäusen; ROBOTER, Februar 1991, S. 54-58

[18] Emmerich, H.: Meterweise Draht verlötet, Löten und Verlegen von Leitungen mit einem Werkzeug; FLEXIBLE AUTOMATION 5 / 1992, S. 84-88

[19] Weiser, K.: Präzise Sensorhandführung, Induktionshärten von Formkanten mit einem Portalroboter; Industrie-Anzeiger 47 / 1991, S. 12-18

[20] Ising, G.: Roboter steuern Fertigungsanlage zum Biegen; Werkstatt und Betrieb 125, (1992) 4, S. 279-281

[21] Schweigert U.; Herkommer, T. F.: Preise für Europa, Dienstleistungsroboter und Sensoranwendungen im Blickpunkt der 22. ISIR; ROBOTER-Markt 1992, S. 10-14

[22] Innovationen in Hülle und Fülle, Hannover Messe 92: MHI-Highlights; ROBOTER, Mai 1992, S. 14-18

[23] Mobil gemacht, Schwerlastroboter mit eigenem Hydraulik-Fahrwerk; ROBOTER, Oktober 1990, S. 68-69

[24] Kreis, W.; Mehlan, A.; Rademacher, L.; Schoppol, M.: Montage und Handhabungstechnik, Industrieroboter, Fachgebiete in Jahresübersichten; VDI-Z 133 (1991), Nr. 4, S. 55-59

[25] Schweers, E.: Abfälle vermeiden, Roboter in der Lackindustrie; Industrie-Anzeiger 69 / 1991, S. 22-24

[26] Drews, P.; Arnold, St.: Garanten für Tempo und Spurtreue, Technische Hochschule Aachen entwickelt neue Robotersteuerung; ROBOTER, November 1991, S. 22-24

[27] Beuthner, A.: Schalmeienklänge aus der Chipkiste, Transputer in der Automatisierungstechnik; ROBOTER, Mai 1991, S. 37-40

[28] Prüfer, M.: Schnell, schneller, Transputer, Moderne Robotersteuerungen mit Parallelprozessen; ROBOTER, Oktober 1990, S. 26-28

[29] SIROTEC ACR, Steuerung und Programmiersysteme für Roboter und Handhabungssysteme; Firmenschrift der Fa.Siemens, NC 51, 1991

[30] Entwicklung eines Systems zur interaktiven rechnergestützten Generierung von Bahnführungsdaten für Schweißroboter im Schiffbau; BMFT Abschlußbericht, Forschungs- und Entwicklungsvorhaben K4, September 1992

[31] Weck, M.; Weeks, J.: Montage modularer Spannvorrichtungen durch Industrieroboter: Programmierung in der Werkstatt, Schweizer Maschinenmarkt, 16. September 1992, S. 16-21

[32] Weck, M.; Stettmer, J.: Robot Design, Aachen Space Course, 1991

[33] Pritschow, G.; Spur, G.; Weck, M.: Maschinennahe Steuerungstechnik in der Fertigung, Carl Hanser Verlag München Wien 1992, S. 229-258

[34] Weck, M.: Werkzeugmaschinen, Bd. 3: Automatisierung und Steuerungstechnik, 3. Aufl. VDI-Verlag, Düsseldorf 1989

[35] Schüller, H.: Steigerung der Einsatzmöglichkeiten des Messens auf Bearbeitungsmaschinen durch Verringerung der Meßunsicherheit; Dissertation WZL, RWTH Aachen 1988

[36] Cannon, R. H.; Schmitz, E.: Initial Experiments on the End-Point Control of a Flexible One-Link Robot; The International Journal of Robotics Research, Vol 3 No. 3, 1984

[37] Henrichfreise, H.; Moritz, W.: Regelung eines elastischen Knickarmroboters; VDI-Berichte Nr. 598, VDI-Verlag, Düsseldorf 1986

[38] Futami, S.; Kyura, N.; Hara, S.: Vibration Absorption Control of Industrial Robots by Acceleration Feedback; IEEE Transactions on industrial electronics Vol. IE-30 No. 3, August 1983

[39] Müller, P.C.; Ackermann, J.: Nichtlineare Regelung von elastischen Robotern; VDI-Berichte Nr. 598, VDI-Verlag, Düsseldorf 1986

[40] Stave, H.: Möglichkeiten und Grenzen der mechanische Optimierung von Portalrobotern; Dissertation WZL, RWTH Aachen

[41] Wittenstein, M.; Butsch, M: Planetengetriebe für Roboter; Antriebstechnik 31 (1992) Nr. 6, S. 36-39

[42] Kein Ende der Fahnenstange - Wachsender Markt für Automatisierungskomponenten, Robotertechnik 1992, S. 8-10

[43] Rakic, M.: Multifingered Robot Hand with Selfadaptability, Robotics and Computer Integrated Manufacturing 2/3 (1989), S. 269-276

[44] Weck, M.: Automatisierte Fertigung bei Losgröße 1, VDI-Nachrichten 8 (1991) S. 39

[45] Tsai, R.Y.: A Versatile Camera Calibration Technique for High-Accuracy Off-the-Shelf TV Cameras and Lenses, IEEE Journal of Robotics and Automation, Vol. RA-3, No. 4, S. 323-344, August 1987

[46] Haberäcker, P.: Digitale Bildverarbeitung, Hanser, München 1987

[47] Hättich, W.: Automatische Modellerstellung für wissensbasierte Werkstückerkennungssysteme,VDI-Verlag Düsseldorf 1989

[48] Erne, H.; Benz, A.: Leittechnik für Materialflußsysteme in Montage und Fertigung; Firmenschrift der Fa. Bosch; Nr. 3 842 506 814 IA 04/91

[49] Breuer, H. J.: Handhabung und Industrieroboter suchen breiten Einsatz; Werkstatt und Betrieb 125 (1992) 7; S. 545-549

Mitarbeiter der Arbeitsgruppe für den Vortrag 4.3

J. Abler, Liebherr Verzahntechnik GmbH, Kempten
Dipl.-Ing. P. Beske, Volkswagen AG, Wolfsburg
Dr.-Ing. J. Braas, Sony, Stuttgart
Dipl.-Ing. R. Dammertz, WZL, Aachen
Dipl.-Ing. (FH) F. Diedrich, ABB Roboter GmbH, Friedberg
Dipl.-Ing. K. Etscheidt, WZL, Aachen
Dipl.-Inform. P. Früauf, NAM im DIN, Frankfurt
Dipl.-Ing. R. Hamm, Siemens AG, Nürnberg
Dr.-Ing. H. Heiss, BMW, München
Dr.-Ing. H.-J. Klein, Mannesmann Demag Fördertechnik, Wetter
Prof. Dr.-Ing. J. Milberg, IWB, München
Dipl.-Ing. St. Peper, WZL, Aachen
Dr.-Ing. F. Rühl, FhG-ILT, Aachen
Dipl.-Ing. W. Six, Howaldtswerke Deutsche Werft AG, Kiel
Prof. Dr.-Ing. Dr.-Ing. E.h. M. Weck, WZL, Aachen

5 Umwelt

5.1 Kühlschmierstoff - Eine ökologische Herausforderung an die Fertigungstechnik

5.2 Bewertungsstrategien für Produktentwicklung, Produktion und Entsorgung

5.1 Kühlschmierstoff - Eine ökologische Herausforderung an die Fertigungstechnik

Gliederung:

1. Einleitung

2. Umwelttechnische Probleme im Arbeitsprozeß

3. Problemkreis Kühlschmierstoff
3.1 Aufgaben und Eigenschaften der Kühlschmierstoffe
3.2 Zusammensetzung
3.3 Ökologische Aspekte
3.4 Gesetzgebung und Verordnungen
3.5 Ökonomische Aspekte

4. Lösungsansätze zur Reduzierung der Umweltbelastung
4.1 Kühlschmierstoffe vermeiden
4.2 Kühlschmierstoffe modifizieren
4.3 Kühlschmierstoffmenge verringern
4.4 Kühlschmierstoffpflege, Recyclingkonzepte

5. Zusammenfassung und Ausblick

Kurzfassung:

Kühlschmierstoff - Eine ökologische Herausforderung an die Fertigungstechnik
Die letzten Jahre haben gezeigt, daß in der Produktion die Verantwortung gegenüber der Umwelt und damit u.a. die vom Gesetzgeber vorgegebenen, verschärften Umweltschutzbestimmungen von immer größerer Bedeutung werden. Aktiven Umweltschutz zu betreiben, gewinnt somit auch eine zunehmende wirtschaftliche Bedeutung für jedes Unternehmen. Auch im Bereich der Fertigungstechnik führt die Einbeziehung ökologischer Fragestellungen zur Notwendigkeit, Prozesse zu verbessern.
Der Vortrag behandelt in erster Linie die Thematik des Kühlschmierstoff-Einsatzes. Ausgehend von den Mechanismen, die grundlegend am Prozeß beteiligt sind, soll aufgezeigt werden, wie diese auf das eigentliche Prozeßverhalten und -ergebnis Einfluß nehmen. Aus diesen Überlegungen läßt sich die Notwendigkeit für den Einsatz von Kühl- und/oder Schmiermedien ableiten. Zur Verdeutlichung wird diese Thematik mit den Fertigungsverfahren Umformen und Zerspanen mit geometrisch bestimmter und unbestimmter Schneide in Beziehung gesetzt. Probleme, die sich aus dem Umgang mit Kühlschmierstoffen ergeben, werden herausgearbeitet.
Lösungsansätze zur Reduzierung der Kühlschmierstoff-Umweltbelastung bilden das zentrale Thema dieses Vortrags. Beispiele zur Modifikation des Fertigungsprozesses bzw. dessen Umfelds belegen, welche Vielzahl an Möglichkeiten für eine ökologisch, ökonomisch sinnvolle Produktion zur Verfügung stehen.

Abstract:

Cutting fluid - An ecological challenge for product engineering
It has become apparent in recent years that responsibility towards the environment and hence the stricter pollution control requirements embodied in recent legislation will be of growing importance in the production sector. Active pollution control is therefore of increasing economic significance for all enterprises. Within the scope of product engeneering, the inclusion of ecological aspects also leads to the necessity of process design improvement.
The paper primarily addresses the topic of cutting fluids. On the basis of the fundamental mechanisms of the process, the attempt is being made to show their effects on actual process behaviour and the finished product. These considerations indicate the necessity of using cooling and/or lubricating media. As an illustration, the topic is placed in the context of metalforming and of machining processes with and without a defined cutting edge geometry. Problems relating to the handling of cutting fluids are identified.
Possible methods of reducing environmental pollution due to cutting fluids are the central topic of the paper. Examples illustrating the modification of production processes or its immediate environment document the wide range of options which exist for ecologically and economically effective production.

1. Einleitung

Produzierende Unternehmen und Betriebe sind heute in allen Teilbereichen von Umweltproblemen betroffen. Dieses gilt insbesondere für den Bereich der Fertigung. Aus der Aufgabe, aus einem Rohstoff unter Zugabe von Hilfsstoffen und Energie ein Produkt herzustellen, ergibt sich zwangsläufig die Auseinandersetzung mit den ebenfalls immer anfallenden Emissionen und Abfällen. Während diese früher eher als ein "lästiges Übel" angesehen wurden, fordert ein gestiegenes Umweltbewußtsein und der zunehmende Kostendruck ein Überdenken konventioneller Handlungsweisen. Es ist nicht nur aus ethischen sondern auch aus ökonomischen Gründen sinnvoll, Ökologie als gleichwertigen Faktor in die Planung und Bewertung von Produkten wie Produktionsverfahren miteinzubeziehen [1].

Das ökologische Verhalten eines Unternehmens wird in hohem Maße von außen durch den Staat und die Öffentlichkeit mit beeinflußt, (Bild 1). Zum einen sind hier die marktwirtschaftlichen Einwirkungen zu nennen. Umweltschonende Produkte wie auch die Werbung mit umweltschonenden Herstellverfahren beeinflussen positiv das Kaufverhalten und weisen eindeutige Wettbewerbsvorteile auf. Andererseits übt der Staat Einfluß auf das Umweltverhalten der Industrie aus. Dieses kann direkt über die Umweltgesetze und -verordnungen geschehen oder indirekt über ordnungspolitische Lenkungsmaßnahmen. Als Beispiele hierfür sind die Steuer- und Abgabeerhöhung für ökologisch bedenkliche Stoffe sowie die steuerliche Förderung von Umweltinvestitionen zu nennen [2].

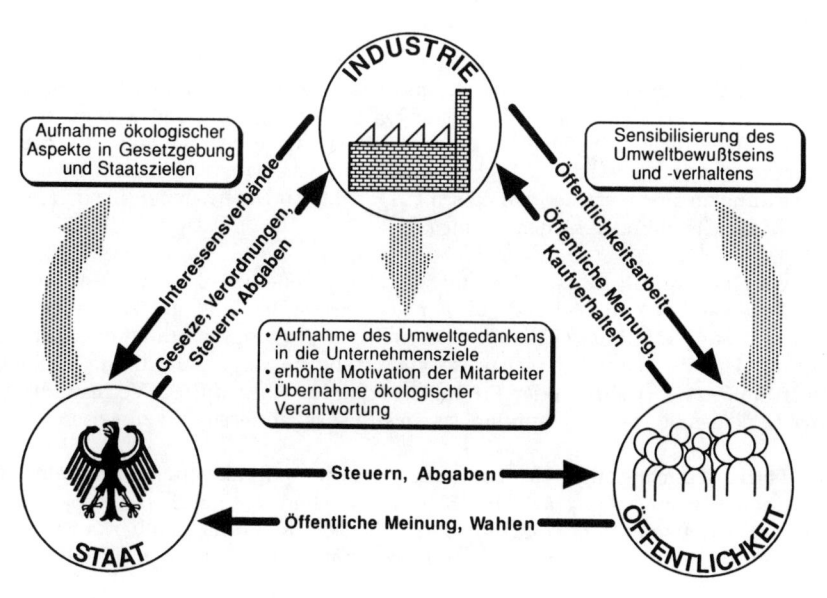

Bild 1: Beeinflussung des ökologischen Verhaltens

Es ist daher nicht nur aus gesellschaftlicher Verantwortung sinnvoll, die Einbindung ökologischer Ziele in die Unternehmensphilosophie anzustreben. Eine stärkere ökologische Ausrichtung von Produkten und Herstellverfahren beinhaltet eine Reihe von Vorteilen, die langfristig gesehen noch zunehmen werden. Hervorzuheben sind hier

- die Verringerung der Kosten für Energie, Wasser und Rohstoffe,
- die Senkung der Entsorgungskosten,
- die steuerliche Förderung für umweltfreundliche Produkte und Herstellverfahren,
- die erhöhten Marktchancen mit ökologisch ausgerichteten Produkten,
- die Senkung des Haftungsrisikos bei Schäden,
- die Entschärfung der gesundheitlichen Risiken für die Mitarbeiter,
- die erhöhte Motivation der Mitarbeiter,

woraus nicht zuletzt eine Image-Steigerung des jeweiligen Unternehmens resultiert.

Eine der maßgeblichen Quellen ökologischer Probleme stellt die Fertigung dar, da hier der Stoff- und Energieumsatz am größten ist. Der Schritt hin zur "sauberen Produktion" erfordert ein tiefgehendes Verständnis der im Prozeß ablaufenden chemischen und physikalischen Vorgänge und deren Auswirkungen auf Mensch und Umwelt. Dieses komplexe Wissen ist heute nur teilweise verfügbar. Des weiteren ist eine ökologisch orientierte Optimierung meistens mit Investitionen verbunden, die erst langfristig zum Tragen kommen. Schwierigkeiten ergeben sich hier besonders für kleinere und mittlere Unternehmen.

Häufig besteht das ökologische Verhalten in der Einhaltung gesetzlicher Verordnungen und Rahmenbedingungen zum Umwelt- und Arbeitsschutz. Es werden Einzellösungen konzipiert oder erhöhte finanzielle Leistungen als "geringeres Übel" akzeptiert. Sinnvoll und langfristig günstiger ist es aber für ein Unternehmen, ein ökologisches Gesamtkonzept zu entwickeln. Bild 2 verdeutlicht schematisch, wie schrittweise die Entwicklung zu einem stärker ökologisch ausgerichteten Unternehmen für den Bereich der Produktherstellung aussehen könnte [3].

In einem ersten Schritt müssen die Umweltschwerpunkte bestimmt werden. Mit Hilfe einer systematischen Aufstellung von Art und Menge der Ein- und Ausgangsgrößen lassen sich Stoff- und Energiebilanzen für einzelne Fertigungsverfahren oder Produkte erstellen. Hieraus kann beispielsweise eine mengenmäßige Zuordnung problematischer Stoffe zu Verfahren oder Produkten erfolgen. Auch diffuse Verluste, bedingt durch Leckagen oder Ausschleppung, lassen sich so lokalisieren und zuweisen.

Eine Betriebsbesichtigung "vor Ort", die optische und akustische Erfassung von Problemquellen sowie Gespräche mit Betroffenen liefern zusätzlich eine subjektiv eingefärbte Eingrenzung von Problemfeldern. Ebenso wie Störfälle sollten auch berufsbedingte Erkrankungen der Mitarbeiter aufgenommen und Verfahren oder Produkten zugeordnet werden [2].

Über die direkte Zuweisung von Kosten, den Vergleich der Emissionen mit gesetzlichen Grenz- bzw. Richtwerten und einer Gefährdungseinschätzung sind die Handlungsprioritäten festzulegen. Hieraus lassen sich abschließend Maßnahmen entwickeln, die je nach zeitlichem und investorischem Aufwand kurz- oder langfristig durchzuführen sind. Dieses können beispielsweise direkt wirkende organisatorische oder adaptive Maßnahmen, wie Kapselungen, Filtersysteme u.ä. sein oder auch der längerfristig zu planende Verzicht oder die Umstellung ökologisch kritischer Verfahren. Parallel hierzu sollte ein Umweltkonzept für die Planung zukünftiger Produkte und Fertigungsverfahren erstellt werden, welches neben der Produktion auch alle weiteren Unternehmensbereiche miteinbezieht.

Erfassung von Umweltschwerpunkten
Analyse der Produktherstellung
• Erfassung und Bilanzierung der Stoff- und Energieflüsse
• Zuordnung zu Produkten und Fertigungsverfahren
subjektive Informationsbeschaffung vor Ort
• Betriebsbesichtigung, Gespräche mit Beteiligten
Erfassung und Zuordnung von Berufskrankheiten

Aufstellung von Handlungsprioritäten
Vergleich der Emissionen mit gesetzl. Grenz- und Richtwerten
Zuordnung und Vergleich von Kosten
Bewertung des Gefährdungspotentials

Maßnahmenkatalog
kurzfristig
• adaptive Maßnahmen (Filter...)
• Umstellen von Stoffen

langfristig
• Ersatz brisanter Stoffe und Verfahren

Ökologische Verbesserung der Produktion

Bild 2: Schema zur ökologischen Verbesserung der Produktion

Die bereits vorhandenen Untersuchungen zeigen, daß in vielen Fällen nicht das Produkt selbst, sondern die im Herstellungsprozeß benötigten Hilfsstoffe sowie die ebenfalls immer anfallenden Emissionen und Rückstände das größte ökologische Problem darstellen [4]. Die Konzentration des innerbetrieblichen ökologischen Denkens auf diesen Ansatzpunkt verspricht ein hohes Maß an Wirksamkeit auf dem Weg hin zu einer ökologisch vertretbaren Fertigung.

2. Umwelttechnische Probleme im Arbeitsprozeß

Aus der Gesamtheit der Produktionsabläufe soll in den weiteren Ausführungen der Bearbeitungsprozeß selbst betrachtet werden (Bild 3). Aufgrund ihrer hohen Anwendungshäufigkeit im industriellen Einsatz werden als Fertigungsverfahren das Zerspanen mit geometrisch bestimmter Schneide, das Zerspanen mit geometrisch unbestimmter Schneide sowie das Massivumformen näher untersucht. Hierbei gelten Werkzeug, Werkstück, Hilfsstoffe und Energie als Prozeßeingangsgrößen. Der Arbeitsprozeß bzw. dessen gezielte Auslegung führen einerseits zu dem gewünschten Produkt, dessen Eigenschaften vor allem durch das Anforderungsprofil bzgl. Qualität, Wirtschaftlichkeit und in zunehmendem Maße der Recyclingfähigkeit gekennzeichnet sind. Auf der anderen Seite entstehen meist unerwünschte Reststoffe und Emissionen, deren Eigenschaften hinsichtlich Art, Menge und Zustand ebenfalls durch den Prozeß beeinflußt werden.

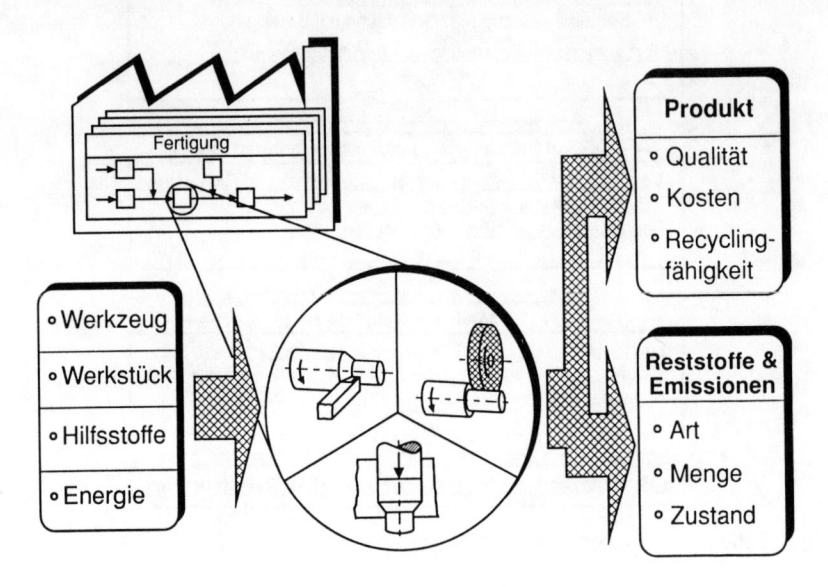

Bild 3: Der Fertigungsprozeß als betrachtete Bilanzhülle

Nach Festlegung der zu betrachtenden Bilanzhülle ist der Fertigungsvorgang verfahrensübergeordnet zu analysieren. Generell ist festzuhalten, daß im Prozeß grundlegende Vorgänge ablaufen und Mechanismen wirken, welche die Beziehung zwischen Werkzeug und Werkstück beschreiben. Deren Einflüsse auf das Prozeßergebnis bzw. die Prozeßumgebung müssen in die Betrachtung mit aufgenommen werden.

So bildet die Erörterung der physikalischen, chemischen sowie biologischen Vorgänge und Gesetzmäßigkeiten und deren eigentlichen Wirkungsweisen den Ausgangspunkt für jegliches Prozeßverständnis (Bild 4).

- Physikalische Vorgänge (Größen): Geschwindigkeit, Beschleunigung, Temperatur, Druck, Kraft, Gefügeumwandlung, Diffusion, ...
- Chemische Vorgänge: Korrosion, Oxidation, Pyrolyse, ...
- Biologische Vorgänge: Bakterienbildung, ...

Die verschiedenen Vorgänge im Bearbeitungsprozeß können zu einer Vielzahl an Reststoffen und Emissionen führen. Aus dem Bereich der Werkzeuge ist hier verbrauchtes bzw. nicht mehr einsatzfähiges Material zu nennen. Weitere mögliche Reststoffe, die häufig in einer Vermischung von abgetragenem Werkstückstoff und Hilfsstoffen auftreten, sind Späne oder Schlämme, verbrauchte Kühlschmierstoffe sowie neu entstandene Chemikalien oder Reaktionsprodukte. Im Bereich der Emissionen treten neben Lärm, Wärme, Gerüchen und Schwingungen vor allem unerwünschter Staub, Rauch, Nebel und Dampf auf.

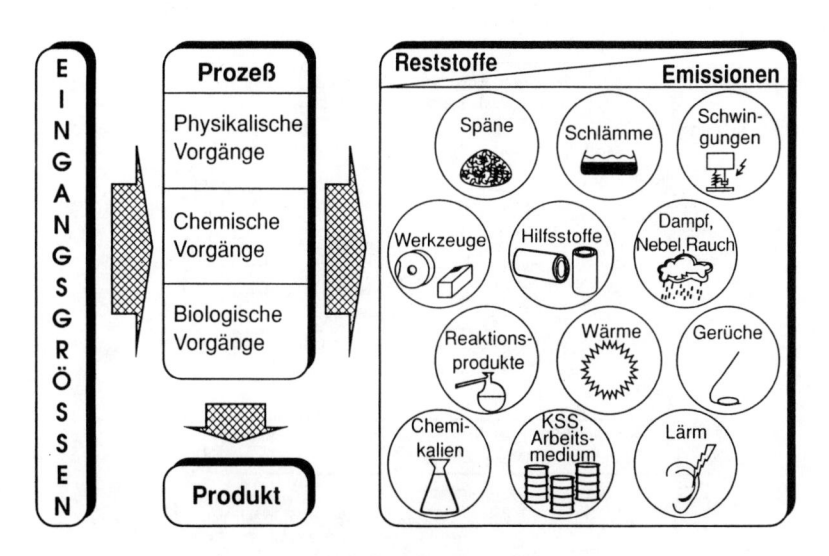

Bild 4: Der Prozeß beeinflußt Reststoffe und Emissionen

Die weitaus größten Probleme entstehen heute mit dem Einsatz von Kühlschmierstoffen (KSS). Zum einen ist hier die Arbeitsplatzbelastung vor Ort an der Maschine zu nennen. Zum anderen bereitet in zunehmendem Maße vor allem die Handhabung der KSS sowie deren Entsorgung in weiten Bereichen Schwierigkeiten, die einer ökologisch und ökonomisch sinnvollen Produktion widersprechen.

Weitaus die meisten Fertigungsprozesse nutzen die günstigen Kühl- und Schmiereigenschaften von Flüssigkeiten, wie Öl, Emulsion und Lösungen. Die in der Vergangenheit praktizierte Vorgehensweise beim unbedenklichen und zum Teil unverantwortlichen Umgang mit den verschiedensten Arten von Kühlschmierstoffen wird in der letzten Zeit zunehmend kritisch gesehen. Eine gewisse Vorreiterrolle spielen die großen Industrieunternehmen, welche umweltfreundliche Konzepte für den Einsatz von Kühlschmierstoffen entwickelt haben und sie entsprechend einsetzen. Die kleine und mittlere Industrie ist jedoch in großen Teilen von diesem Schritt noch weit entfernt. Zunehmende Kosten bei der Entsorgung drängen jedoch letztendlich jeden Betrieb zur Realisierung eines individuell auf die eigene Fertigungsstruktur angepaßten Konzepts beim Umgang mit KSS.

Die Darstellung der jährlich in der BRD eingesetzten Kühlschmierstoffmengen in Bild 5 verdeutlicht das hohe Potential dieser Thematik. Im Jahr 1991 betrug die Gesamtmenge für alle wassermischbaren und nichtwassermischbaren KSS nahezu 90.000 t. Die Verbrauchszahl von ca. 34.000 t wassermischbaren Kühlschmierstoffen ist im Vergleich zum Gesamtschmierstoffverbrauch recht gering. Mit Wasser gemischt, wie im unteren Bildteil dargestellt, stellen die 1,1 Mio. Tonnen einen enormen Zahlenwert dar, der wiederum für die arbeitsschutz- und entsorgungstechnische Seite sehr bedeutsam ist.

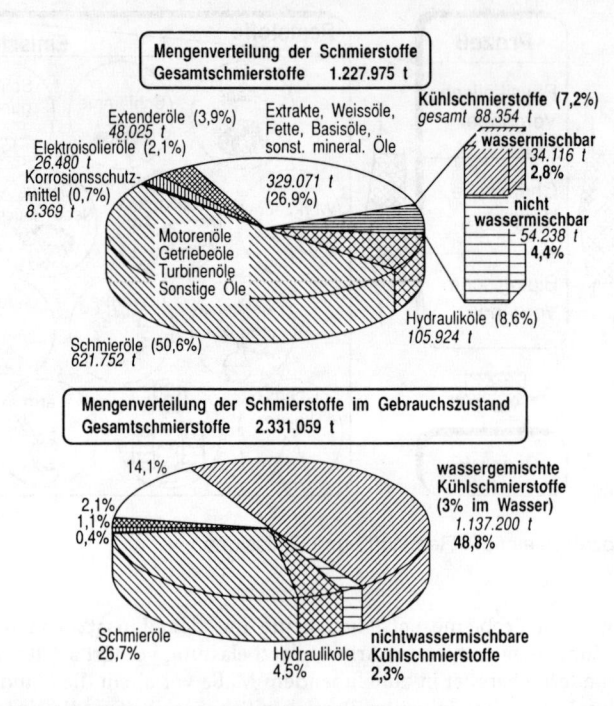

Bild 5: Mengenverteilung beim Kühlschmierstoffeinsatz
(nach: Bundesamt für Wirtschaft, 1991)

3. Problemkreis Kühlschmierstoff

Dem Prozeß zugeführte Flüssigkeiten bei der Metallbearbeitung werden heute einer immer kritischeren Betrachtungsweise unterzogen. So muß bei der Verbesserung der Kühlschmierstoffe in Richtung höherer Leistungsfähigkeit, den Forderungen von Gesellschaft und Gesetzgeber sowie den Berufsgenossenschaften und -verbänden nach arbeits- und, umweltfreundlichen Betriebsbedingungen gleichrangig Rechnung getragen werden.

Der gesamte Problemkreis Kühlschmierstoff ist sehr vielschichtigen Ursprungs, wobei sich das Hauptaugenmerk auf die ökologischen und ökonomischen Aspekte bei der Entsorgung und bei der Kontaktaufnahme am Arbeitsplatz konzentrieren (Bild 6). Der erste Bildteil macht deutlich, daß verbrauchter KSS, der als Sondermüll deklariert ist, im überwiegenden Maße deponiert und nur zu einem geringen Teil verbrannt wird. Dies ist auf die hohen Kosten bei der Sondermüllverbrennung zurückzuführen. Jedoch stehen der Deponierung nur begrenzte Kapazitäten zur Verfügung. Beide Möglichkeiten lassen die Industriemüllmenge anwachsen und verbrauchen auf direkte Weise Rohstoffe. Die wirtschaftliche Belastung der Unternehmen durch die Entsorgung zeigt über die Jahre ein stark progressives Verhalten. Die im Umgang mit KSS entstehenden Kosten nehmen heute schon bis zu 20 % der Bauteilkosten an [5].

Die zunehmende Zahl an Berufskrankheiten führt zu einer weiteren betriebs- und volkswirtschaftlichen Kostenbelastung [6].

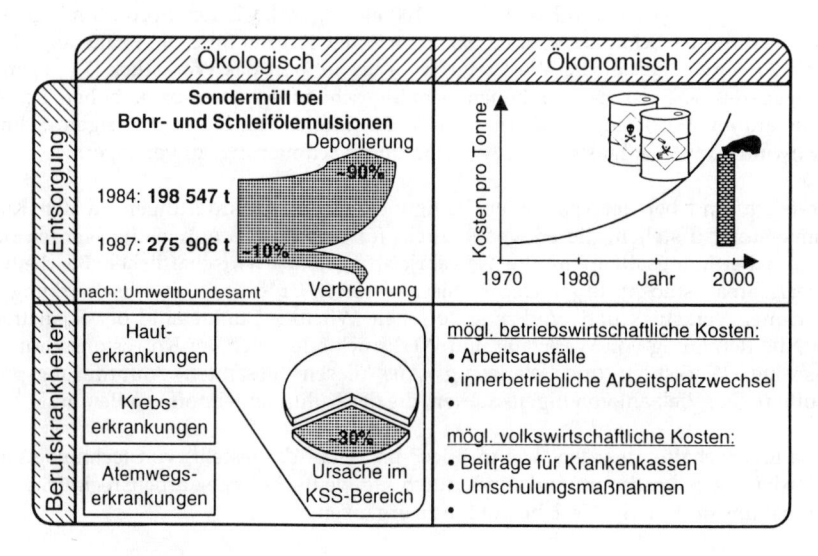

Bild 6: Ökologische und ökonomische Probleme durch Kühlschmierstoffe

3.1 Aufgaben und Eigenschaften der Kühlschmierstoffe

Kühlschmierstoffe haben bei den trennenden und umformenden Fertigungsverfahren zwei Hauptaufgaben: die Kühlung und die Schmierung. Dabei sind die Schwerpunkte je nach Verfahren sehr unterschiedlich verteilt, so daß sich für den einzusetzenden Kühlschmierstoff zum Teil sehr differenzierte Aufgaben und Anforderungen ergeben, die wiederum die Eigenschaften der Metallbearbeitungsflüssigkeiten bestimmen.

Der Bearbeitungsprozeß Schleifen erzeugt z.B. relativ viel Wärme. Ursache hierfür sind neben der hohen Relativgeschwindigkeit zwischen Schleifscheibe und Werkstück die undefinierten Zerspanbedingungen am Schleifkorn. Ein großer Teil des abzutragenden Werkstückvolumens wird nicht zerspant, sondern aufgrund des meist extrem negativen Spanwinkels verdrängt und damit plastisch verformt. Diese Verformungsarbeit wird in Werkstück und Werkzeug als Wärme eingebracht und verlangt somit nach einer großen Kühlwirkung des Kühlschmierstoffs. Andererseits ist anzustreben, die Entstehung der Wärme gleich im Prozeß zu verhindern, indem die Reibung zwischen Schleifkorn und Werkstück herabgesetzt wird. Dies erfordert eine gute Schmierwirkung. Ob beim Schleifen vorwiegend die Schmierung oder die Kühlung benötigt wird, hängt vom Schleifverfahren und den eingestellten Prozeßparametern ab.

Beim Zerspanen mit geometrisch bestimmter Schneide liegen die Schwerpunkte anders. Hier gleitet der Span bzw. das Werkstück unter weitaus niedrigeren Relativgeschwindigkeiten über eine größere Werkzeugkontaktfläche. Während beim Schleifen mit Geschwindigkeiten von 30 bis 250 m/s gearbeitet wird, liegen z.B. beim Drehen die Geschwindigkeiten um den Faktor 50 bis 100 niedriger. Im Zerspanprozeß mit geometrisch bestimmter Schneide werden bis zu 80 % der Wärme über die Späne abgeführt. 10 bis 20 % gelangen in das Werkzeug, ca. 5 bis 10 % in das Werkstück [7]. Primäre Aufgabe des KSS ist es, bei hohen Schnittgeschwindigkeiten bzw. hohen Schnitttemperaturen Werkzeug und Werkstück zu kühlen und bei niedrigen Schnittgeschwindigkeiten Adhäsion und Abrasion durch Schmierung zu verringern.

Zusätzlich sind bei der spanenden Fertigung weitere Anforderungen an den Kühlschmierstoff zu stellen, die entweder direkt für den Prozeß notwendig werden oder aber im Fertigungsalltag für die Gewährleistung einer wirtschaftlichen Bearbeitung unverzichtbar sind (Bild 7). Der Kühlschmierstoff ist hier in Wechselwirkung zu Maschine, Werkstück und Werkzeug zu sehen. Wichtige Punkte sind der Spänetransport, die Reinigung von Werkzeug und Werkstück oder auch der Korrosionsschutz für Maschine, Werkstück und Werkzeug. Aus diesem gesamten Anforderungsprofil resultiert eine Vielzahl von Eigenschaften, die der Kühlschmierstoff erfüllen muß.

Diese Eigenschaften werden, wie in Bild 7 im Detail dargestellt, von technologischen Anforderungen bestimmt und sind durch umwelttechnische, arbeitsrechtliche und handhabungstechnische Gesichtspunkte zu ergänzen.

Die umformenden Verfahren liegen bezüglich der Relativgeschwindigkeit und der Kontaktzone gegenüber den spanenden Verfahren in einem anderen Bereich. Bei der Kaltumformung werden Temperaturen bis 300°C und bei der Warmumformung bis 1200°C erreicht. Wegen der im allgemeinen geringen Relativgeschwindigkeit ist die

Kühlschmierstoffe 5-13

Wärmeentstehung im Werkstück unproblematisch. Lediglich bei schnellaufenden Pressen bzw. bei der Warmumformung kann eine Werkzeugkühlung erforderlich sein. Die Verringerung der Reibung bei hoher Flächenpressung durch Schmierstoffe ist für eine Senkung der Umformkräfte und Werkzeugbelastungen und zur Verhinderung von Verschweißungen in der Regel unumgänglich.

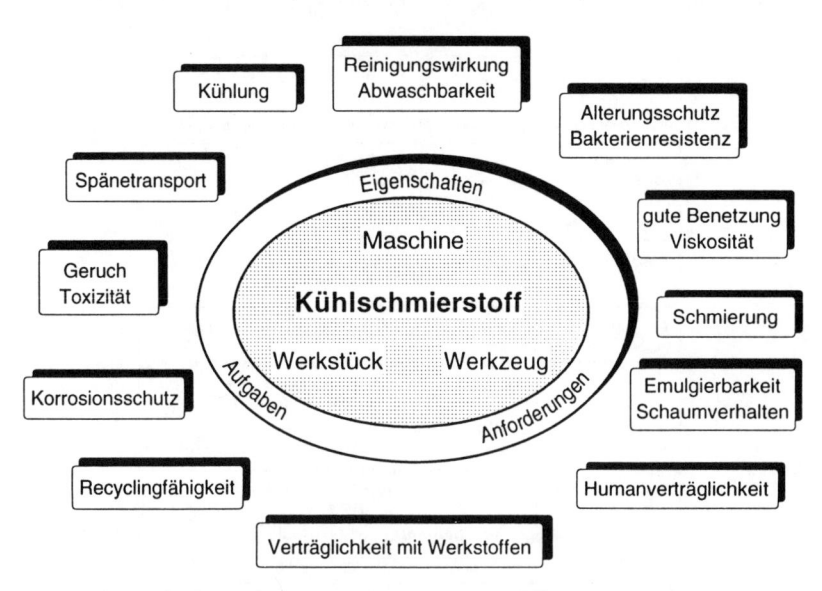

Bild 7: Vorgegebene Aufgaben bestimmen die Eigenschaften des Kühlschmierstoffs

3.2 Zusammensetzung

Kühlschmierstoffe werden nach DIN 51 385 [8] in die Gruppen der nichtwassermischbaren, wassermischbaren und wassergemischten Kühlschmierstoffe eingeteilt. Als wassergemischte Kühlschmierstoffe werden wassermischbare Kühlschmierstoffe im Anwendungszustand bezeichnet (Bild 8).

Entsprechend dem speziellen Anforderungsprofil der verschiedenen Verfahren sowie den Schneid- und Werkstückstoffen, sind Kühlschmierstoffe sehr unterschiedlich zusammengesetzt. Darüber hinaus wird die Zusammensetzung der Kühlschmierstoffe und damit auch ihre Eigenschaften während des Einsatzes verändert. Hinsichtlich der stofflichen Zusammensetzung muß deshalb unterschieden werden, zwischen Primärstoffen, die der Kühlschmierstoff im Anlieferungszustand aufweist und Sekundärstoffen, die während des Gebrauchs entstehen oder eingeschleppt werden.

Im Anlieferungs- resp. im einsatzfertigen Zustand bestehen die Kühlschmierstoffe aus Basisstoffen, Zusatzstoffen und Begleitstoffen.

Basis- oder Grundstoffe sind natürliche Kohlenwasserstoffe (Solvent-Raffinate, Hydrocracköle), synthetische Kohlenwasserstoffe (Poly-Alfa-Olefine), synthetische Ester (Di-, Tri- bzw. Tetra-Ester), pflanzliche Ester (aus Pflanzenölen wie Rapsöl, Rüböl, Sonnenblumenöl), Polyglycole (z.B. wassermischbare bzw. öllösliche Polymere) oder Gemische aus diesen Stoffen. Bei den wassergemischten Kühlschmierstoffen wird noch Wasser als weitere Grundkomponente hinzugegeben [9-13].

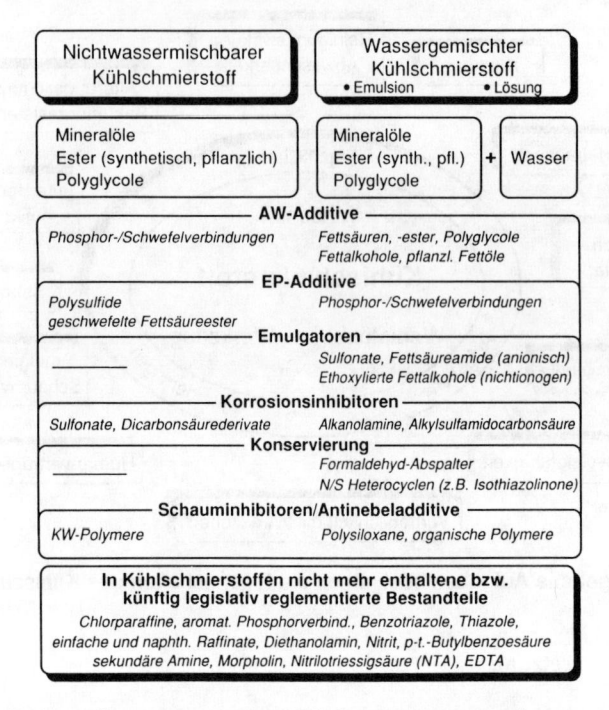

```
┌─────────────────────────────┐  ┌─────────────────────────────────┐
│  Nichtwassermischbarer      │  │      Wassergemischter           │
│  Kühlschmierstoff           │  │      Kühlschmierstoff           │
│                             │  │  • Emulsion      • Lösung       │
└─────────────────────────────┘  └─────────────────────────────────┘

  Mineralöle                       Mineralöle
  Ester (synthetisch, pflanzlich)  Ester (synth., pfl.)   +  Wasser
  Polyglycole                      Polyglycole

  ──────────────── AW-Additive ────────────────
  Phosphor-/Schwefelverbindungen   Fettsäuren, -ester, Polyglycole
                                   Fettalkohole, pflanzl. Fettöle
  ──────────────── EP-Additive ────────────────
  Polysulfide                      Phosphor-/Schwefelverbindungen
  geschwefelte Fettsäureester
  ──────────────── Emulgatoren ────────────────
                                   Sulfonate, Fettsäureamide (anionisch)
                                   Ethoxylierte Fettalkohole (nichtionogen)
  ──────────────── Korrosionsinhibitoren ────────────────
  Sulfonate, Dicarbonsäurederivate  Alkanolamine, Alkylsulfamidocarbonsäure
  ──────────────── Konservierung ────────────────
                                   Formaldehyd-Abspalter
                                   N/S Heterocyclen (z.B. Isothiazolinone)
  ──────────────── Schauminhibitoren/Antinebeladditive ────────────────
  KW-Polymere                      Polysiloxane, organische Polymere
```

In Kühlschmierstoffen nicht mehr enthaltene bzw. künftig legislativ reglementierte Bestandteile
Chlorparaffine, aromat. Phosphorverbind., Benzotriazole, Thiazole, einfache und naphth. Raffinate, Diethanolamin, Nitrit, p-t.-Butylbenzoesäure sekundäre Amine, Morpholin, Nitrilotriessigsäure (NTA), EDTA

Bild 8: Kühlschmierstoffzusammensetzung für Zerspanungsvorgänge

Grundöle auf Mineralölbasis sind Hauptbestandteil der nichtwassermischbaren KSS und machen einen wesentlichen Anteil der wassermischbaren KSS aus. Sie bestehen aus einer Vielzahl von Kohlenwasserstoffen, deren Grundkörper eine paraffinische, naphtenische oder aromatische Struktur haben kann [10-12]. Solvent-Raffinate sind im allgemeinen extrahierte und entparaffinierte Mineralöle. Diese Basisöle zeichnen sich neben einem relativ niedrigen Aromatengehalt durch eine hohe Alterungsbeständigkeit aus [14]. Neben den Solvent-Raffinaten gewinnen Hydrocracköle sowie synthetisch hergestellte Öle wie Poly-Alfa-Olefine oder synthetische Ester eine immer größere Bedeutung. Hydrocracköle, die nach dem katalytischen Hydrocrackverfahren hergestellt und benannt sind, weisen ebenfalls einen niedrigen Aromatenanteil auf. Der Gehalt an Aromaten wirkt sich zwar positiv auf das Leistungsvermögen der Basisöle aus, ist jedoch wegen der unzureichenden Hautverträglichkeit äußerst niedrig zu halten [14]. Ihr Anteil sollte 5% nicht übersteigen [13]. Die synthetisch hergestellten

Grundöle weisen in der Regel gegenüber den konventionellen Grundölen einen höheren Viskositätsindex auf. Weitere Vorteile sind eine geringere Verdampfungsneigung sowie längere Standzeiten und eine verbesserte Arbeitshygiene [13]. Als umweltverträgliche, biologisch abbaubare Basisflüssigkeiten haben sich in den letzten Jahren pflanzliche und synthetische Ester sowie Polyglycole etabliert.

Wasser wird in Kühlschmier-Emulsionen und Kühlschmier-Lösungen eingesetzt. Die Stabilität von Emulsionen hängt wesentlich von der Qualität des Wassers ab [11]. Der Nitratgehalt des Wassers darf 50 mg/l nicht überschreiten [12, 15].

Um die Kühlschmierstoffe optimal ihrem Einsatzzweck anzupassen, werden Wirkstoffe zugegeben, die sowohl die physikalischen als auch die chemischen Eigenschaften der Basisflüssigkeit verändern. Additivgruppen für Kühlschmierstoffe sind: schmierfilmbildende Antiverschleißzusätze, sog. AW-Additive (AW = Antiwear), Hochdruckzusätze, sog. EP-Additive (EP = Extreme Pressure), Korrosionschutzzusätze, Schauminhibitoren, Antinebelstoffe, Dispersionsmittel und oberflächenaktive Substanzen. In wassermischbaren Kühlschmierstoffen können zusätzlich enthalten sein: Emulgatoren, Lösungsvermittler, Biozide, Geruchsstoffe und Farbstoffe [10].

Antiverschleißzusätze, sog. physikalische Additive, verbessern die Benetzungs- und Haftfähigkeit der Mineralöle auf der Metalloberfläche. Zu dieser Gruppe zählen Fettsäuren, pflanzliche Fettöle sowie synthetische Fettstoffe wie Carbonsäureester. Sie reagieren bereits bei Raumtemperatur mit der Metalloberfläche und bilden einen Schmierfilm aus Metallseifen [12-16].

EP-Additive sind chemisch wirkende Hochdruckzusätze, die Schutzfilme mit hoher Druck- und Temperaturbeständigkeit bilden. Als EP-Additive finden chemische Verbindungen Verwendung, die als wirksame Elemente Phosphor und Schwefel enthalten. Die Wirkung der EP-Additive beruht auf der Bildung chemischer Reaktionsschichten im Grenzreibungsbereich bei Festkörperkontakt.

Kühlschmierstoffe mit Chlorparaffinen als EP-Zusätze sollten heute keine Verwendung mehr finden. Chlorhaltige Zusätze stellen für Mensch und Umwelt eine erhebliche Gefährdung dar. Der Kontakt mit chlorhaltigen Kühlschmierstoffen kann zur Chlorakne und eine Verbrennung chlorierter Kühlschmierstoffe bei ungenügenden Temperaturen kann zu gefährlichen Pyrolyseprodukten führen. Kühlschmierstoffe mit chlorhaltigen EP-Zusätzen stellen ein erhebliches Abfallproblem dar und lassen den gebrauchten Kühlschmierstoff zum Sondermüll werden. Der Einsatz von chlorierten Zusätzen in Kühlschmierstoffen ist deshalb grundsätzlich zu vermeiden [12].

Emulgatoren sind für wassermischbare Kühlschmierstoffe die funktionell und quantitativ wichtigste Gruppe an Zusatzstoffen. Sie dienen der Bildung stabiler Emulsionen. Emulgatoren sind grenzflächenaktive Substanzen mit bipolarem Charakter. Sie verringern die Oberflächenspannung der im Wasser schwebenden Öltröpfchen und verhindern, daß sich diese vereinigen, an die Wasseroberfläche steigen und dort eine Ölschicht bilden. In Kühlschmier-Emulsionen werden meist Kombinationen aus anionischen und nichtionischen Emulgatoren eingesetzt [16, 17].

Als Korrosionsinhibitoren werden eine Reihe von chemischen Verbindungen eingesetzt, deren wichtigsten Stoffgruppen die Alkanolamine sowie Carbonsäuren und deren Salze sind. Die Wirkung dieser Zusätze beruht auf einer chemischen Reaktion mit den Metalloberflächen [17]. In der Vergangenheit hatte Natriumnitrit im Bereich der wassermischbaren Kühlschmierstoffe eine herausragende Bedeutung als Korrosionsinhibitor besessen. Wegen der Gefahr der Nitrosaminbildung dürfen heute dem Kühlschmierstoff jedoch keine Nitritverbindungen mehr beigefügt werden [12].

Das Bakterien- und Pilzwachstum in einer Emulsion wird durch den Einsatz von Bioziden kontrolliert. Auf dem Markt befinden sich eine Vielzahl von Konservierungsstoffen, die einerseits im Kühlschmierstoff bereits vorhanden sind, andererseits der Emulsion erst bei Bedarf zugesetzt werden. Typische Vertreter dieser Stoffgruppe sind die Formaldehyd-Abspalter sowie N/S-Heterocyclen. Biozide werden meist nur in geringen Mengen zugegeben. Sie besitzen teilweise ein hohes toxisches Wirkungspotential [11, 12, 17].

Sowohl die Basisstoffe als auch die zur Eigenschaftsverbesserung hinzugefügten Zusätze liegen meist nur in technischer Qualität vor, so daß Spuren von anderen Stoffen als Verunreinigungen darin enthalten sein können. Die Art, Menge und Zusammensetzung dieser Begleitstoffe ist vom Herstellungsprozeß abhängig. Exakte Angaben können hier nur vom Hersteller gemacht werden [11, 12].

3.3 Ökologische Aspekte

Der Einsatz von Kühlschmierstoffen birgt in zweierlei Hinsicht kritisches Potential. Zum einen wird der Mensch direkt am Arbeitsplatz und zum anderen indirekt über die Entsorgung mit den verschiedenen Formen von Kühlschmierstoff in Verbindung gebracht (Bild 9).

Die Belastung des Maschinenbedieners durch Kühlschmierstoffe kommt durch den Kontakt mit verschiedenen Inhalts- bzw. Begleitstoffen zustande. Einerseits wird der Bediener durch den Hautkontakt und Verschlucken, andererseits durch Einatmen bzw. Reizwirkung von Ölnebeln und -dämpfen in seiner Gesundheit beeinträchtigt.

Maßnahmen zur Verringerung der Arbeitsplatzbelastung sind Maschinenverkleidungen und Absauganlagen sowie nebel- bzw. verdampfungsarme Kühlschmierstoffprodukte. Hauterkrankungen durch Kühlschmierstoffe lassen sich primär durch gründliche Hautreinigung und -pflege vermeiden [15].

Die Entsorgung der eingesetzten und verbrauchten Kühlschmierstoffe kann betriebsintern oder extern durch ein Entsorgungsunternehmen erfolgen. Abhängig von Entsorgungsart und -qualität kommt es zu Belastungen von Boden, Wasser und/oder Luft.

Kühlschmierstoffe verändern sich während ihres Gebrauchs in der Metallbearbeitung. Im Neuzustand besitzt ein KSS nur ein geringes Gefährdungspotential. Dies verändert sich im Laufe der Einsatzzeit. Zu den Sekundärstoffen, die während des Gebrauchs der Kühl- und Schmierflüssigkeiten entstehen oder eingeschleppt werden, sind Reaktionsprodukte, Fremdstoffe und Mikroorganismen zu zählen. Prinzipiell ist eine Vielzahl von verschiedenen Verbindungen denkbar, insbesondere in Anbetracht des Kontaktes des Kühlschmierstoffes mit katalytisch wirksamen Metallen bei erhöhter Temperatur. Sehr viele dieser Produkte liegen jedoch in so geringer Konzentration vor, daß sie nicht nachweisbar sind. Die im Zusammenhang mit Kühlschmierstoffen am meisten diskutierten Reaktionsprodukte sind: Nitrosamine, polyzyklische aromatische Kohlenwasserstoffe, Zersetzungsprodukte der Mineralöle, Abbauprodukte (meist Säuren) der Mikroorganismen, Metalle, Metalloxide und Metallsalze [11].

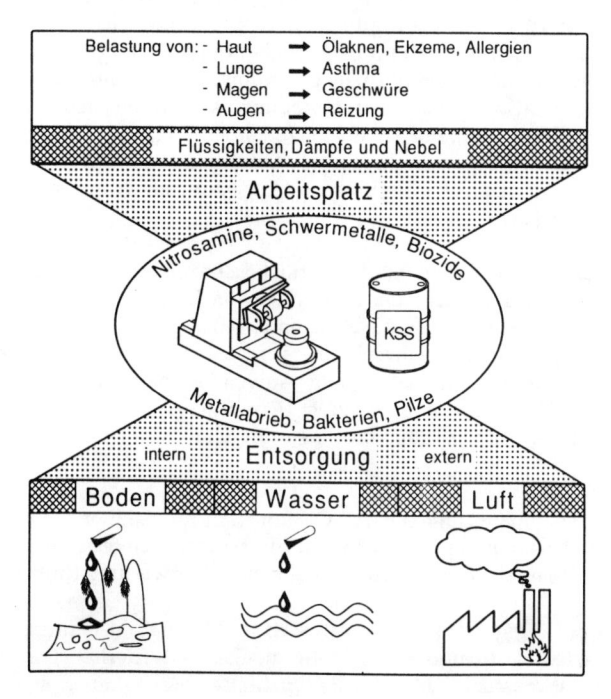

Bild 9: Umweltbelastungen beim Einsatz von Kühlschmierstoff

Auch bei der Verwendung von nitritfreien wassermischbaren Kühlschmierstoffen ist nicht auszuschließen, daß Nitritverbindungen im Kühlschmierstoff entstehen oder in den KSS-Kreislauf eingeschleppt werden. Nitrit kann durch mikrobielle Stoffwechselreaktionen von Nitrat entstehen. Werden als Korrosionsschutzmittel Alkanolamine verwendet, kann durch die Nitritbildung oder -einschleppung die Reaktion zu Nitrosaminen ablaufen. Nitrite bzw. Nitrosierungsagenzien können über das Brauchwasser, über Stickoxide aus Verbrennungsmotoren (gas- oder dieselbetriebene Gabelstapler, Zigaretten- und anderer Tabakrauch), über Härtereisalze oder nitrithaltige Rostschutzöle in den Kühlschmierstoff eingeschleppt werden [11, 12, 15].

Stoffe, die während des Gebrauchs von außen in den Kühlschmierstoff gelangen, werden zu den Fremdstoffen gezählt. Hierbei kann zwischen einem unbeabsichtigten Eintrag (Schmierstoffe oder Hydraulikflüssigkeiten, Metallabrieb, Korrosionschutzmittel, die von den Oberflächen der zu bearbeitenden Werkstücke abgewaschen werden, Reiniger, luftgetragene Stoffe, deren Ursprung andere Emissionsquellen sind) und absichtlichen Zugaben (KSS-Konzentrat, Wasser, Additive zum Verlustausgleich, Konservierungsmittel, Systemreiniger) unterschieden werden [11].

Mikroorganismen besiedeln bevorzugt wassergemischte Kühlschmierstoffe. Bei dem für die meisten Mikroorganismen optimalen Temperaturbereich von 20 - 40 °C bieten Emulsionen gute Wachstumsbedingungen, wobei die Mikroorganismen grundsätzlich alle biologisch verwertbaren Bestandteile des Kühlschmierstoffes nutzen. Während die KSS-Konzentrate relativ keimarm sind, kommt es beim Betrieb zum Eintrag von Mikroorganismen und Nährstoffen über Werkstücke, Hände, Luft und Verunreinigungen (Getränkereste, Zigarettenkippen etc.) und damit zu einer mehr oder weniger raschen Vermehrung der Mikroorganismen. Am häufigsten werden hierbei Bakterien und Pilze gefunden [11].

Wie diese Ausführungen zeigen, ist die stoffliche Zusammensetzung der Kühlschmierstoffe außerordentlich komplex. Der Anwender von Kühlschmierstoffen findet jedoch häufig keine Informationen über die Zusammensetzung der jeweiligen Produkte und die möglichen Gesundheitsgefahren. Übersichtslisten oder Sicherheitsdatenblättern bzw. Produktbeschreibungen helfen dem Anwender meist nicht, seinen Verpflichtungen aus der Gefahrenstoffverordnung (Ermittlungspflicht) nachzukommen. Die hierzu erforderlichen Informationen können nur von den Herstellern zur Verfügung gestellt werden [11].

Der fachgerechten Entsorgung der Alt-Öle und Alt-Emulsionen kommt eine bedeutende Rolle zu. Unabhängig davon, ob sie unternehmensintern oder extern abläuft, bestehen z.Zt. verschiedene Möglichkeiten der Weiterverwertung (Bild 10).

Bei ausreichender Pflege müssen nichtwassermischbare Kühlschmierstoffe nicht ausgewechselt werden. Aufgrund der Nachfüllmengen, erforderlich u.a. durch Austrag über Späne und Werkstücke, bleiben die Qualitätseigenschaften weitgehend erhalten. Ein Grund für einen doch notwendigen Wechsel sind z.B. der unvermeidbare Anstieg an Fremdstoffen (Späne, Wasser), größere Mengen an Fremdölen (Maschinen-, Hydrauliköl) und Zersetzungsprodukte durch Alterung. Zu entsorgende Öle werden abhängig von ihrem Zustand entweder der Wiederaufbereitung oder der Verbrennung zugeführt.

Bei wassergemischten Kühlschmierstoffen entstehen weitaus größere Probleme. Hier ist in regelmäßigen Abständen die Emulsion in der Maschine zu wechseln, wodurch sich eine enorme Menge an zu entsorgenden Flüssigkeiten ergibt. Für das Recycling des Wassers wird zunächst eine Trennung der Phasen Wasser und Öl vorgenommen. Empfehlenswert ist die Anwendung der Ultrafiltration, da andere Verfahren in der Regel nicht die heute geforderten Grenzwerte erreichen. Nach Vorreinigung der Emulsion wird bei der Ultrafiltration der Kühlschmierstoff unter Druck an halbdurchlässigen (semipermeablen) Filterflächen vorbeigeleitet. Wasser, gelöste Salze und kleinere organische Moleküle durchdringen die Membran und bilden das Permeat (Filtrat), während höhermolekulare Stoffe wie z.B. Kohlenwasserstoffe zurückgehalten und angereichert werden (Retentat).

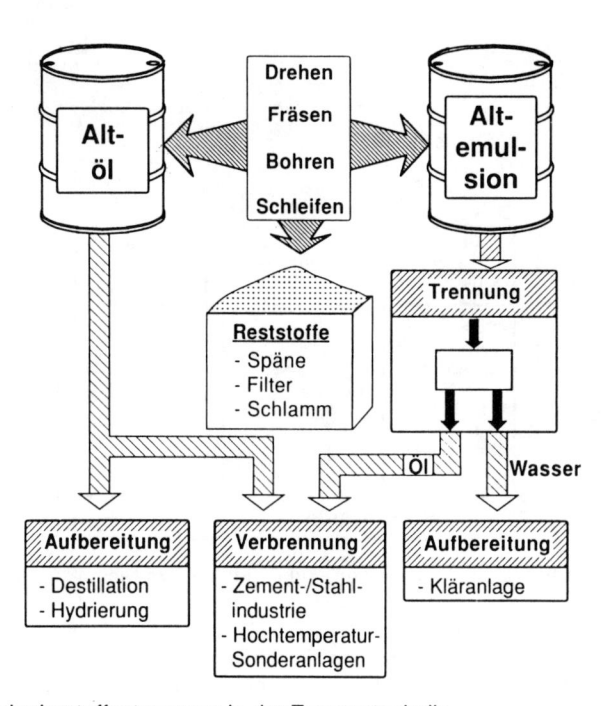

Bild 10: Kühlschmierstoffentsorgung in der Zerspantechnik

Das Permeat wird der weiteren Wiederaufbereitung, z.B. Kläranlage zugeführt, um Schwermetalle, Nitrite, Cyanide, Chromate und andere gefährliche Stoffe mittels thermischer und chemischer Methoden abzusondern. Das Retentat, d.h. die ölhaltige Phase wird üblicherweise an die Verbrennung weitergegeben.

Bei der Pflege von Kühlschmierstoffen fallen Reststoffe sehr unterschiedlicher Art an, wobei Späne, Filter und Schlamm den größten Anteil ausmachen. Es ist zu überprüfen, ob diese Stoffe vor der Entsorgung durch eine Aufbereitung entölt oder entwässert werden können. Unter Bekanntgabe der Zusammensetzung und nach evtl. vorheriger Aufarbeitung ist nach Zustimmung der zuständigen Behörde und Betreiber eine Abgabe an Müllverbrennungsanlagen oder Deponien möglich. In anderen Fällen muß für die Entsorgung die Abfallbestimmungsverordnung beachtet werden.

Die Vielfalt der Umformverfahren mit jeweils extremen Unterschieden bzgl. der Temperaturen, Oberflächentopographien und Drücke in der Wirkfuge hat eine große

Anzahl an Schmiermitteln hervorgebracht. In Bild 11 ist eine Klassifizierung der eingesetzten Schmierstoffe abhängig vom jeweiligen Verfahren dargestellt.

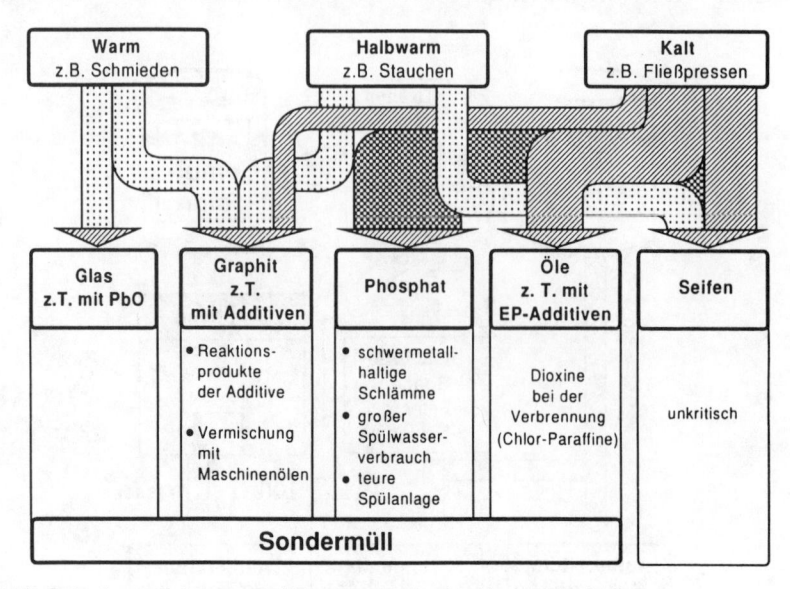

Warm z.B. Schmieden		Halbwarm z.B. Stauchen		Kalt z.B. Fließpressen	
Glas z.T. mit PbO	Graphit z.T. mit Additiven	Phosphat	Öle z.T. mit EP-Additiven	Seifen	
	• Reaktions- produkte der Additive • Vermischung mit Maschinenölen	• schwermetall- haltige Schlämme • großer Spülwasser- verbrauch • teure Spülanlage	Dioxine bei der Verbrennung (Chlor-Paraffine)	unkritisch	
		Sondermüll			

Bild 11: Schmierstoffeinsatz und Entsorgung in der Umformtechnik

Bei der Kaltumformung, wie z.B. dem Fließpressen, werden die Werkstücke in der Regel unabhängig vom eigentlichen Schmiermittel phosphatiert (Ausnahme: Drücken, Walzen etc.). Die hierbei anfallenden z.t. schwermetallhaltigen Schlämme müssen als Sondermüll entsorgt werden. Ein weiteres ökologisches Problem stellt der trotz aufwendiger Anlagen vorhandene große Spülwasserverbrauch dar. Als Schmiermittel wird hier, neben den relativ unkritischen Seifen und Graphit, Öl eingesetzt. Gerade mit EP-Additiven versetzte Öle bedeuten wegen der Entstehung von Dioxinen bei der Verbrennung eine große Umweltgefährdung, weswegen diese Öle nur noch selten Verwendung finden.

In der Halbwarm- und der Warmumformung, wie z.B. dem Schmieden, hat Graphit, meist in Verbindung mit Wasser, als Schmier- und/oder Kühlmittel die weiteste Verbreitung gefunden. Graphit an sich ist dabei relativ unkritisch. Die zugegebenen Additive jedoch können bei den hohen Prozeßtemperaturen chemische Umwandlungen erfahren. Aufgrund der unvermeidbaren Vermischung mit den in der Maschine enthaltenen Schmierstoffen sind die hierbei entstehenden Reaktionsprodukte nur unzulänglich erfaßt. Ein weiteres, nicht so häufig verwendetes Schmiermittel ist Glaspulver. Wenn dem Glas PbO zugesetzt ist, gehört der anfallende Abfall zum Sondermüll.

Der tägliche Umgang mit Kühlschmierstoffen birgt eine Reihe von Gesundheitsgefahren, die zum Teil durch einzelne Bestandteile aber auch über die im Gebrauch

Kühlschmierstoffe 5-21

entstehenden oder von außen eingeschleppten Verunreinigungen bedingt sein können. Die Aufnahme der Schadstoffe kann dabei durch den direkten Hautkontakt, über die Atemwege oder den Mund erfolgen. Verstärkt wird dieses noch, wenn es durch Verspritzen und Verwirbeln der Kühlschmierflüssigkeit zu einer Aerosolbildung kommt. Art und Ausmaß des Gesundheitsrisikos sind aufgrund der komplexen und vielfältigen Zusammensetzung nur teilweise abzuschätzen. Hinzu kommt ein weiterer Unsicherheitsfaktor durch die jeweils personenabhängigen Einflußgrößen, wie Sensibilität des Betroffenen, Raucher, Nichtraucher u.ä..

Von den anerkannten Berufserkrankungen sind es insbesondere die Hauterkrankungen (Berufsdermatosen), Atemwegserkrankungen und Krebserkrankungen, welche beim Arbeiten mit Kühlschmierstoffen auftreten können. Auslöser hierfür können einzelne Komponenten oder entstehende Reaktionsprodukte und eingeschleppte Stoffe sein, Bild 12.

Krebserkrankungen
Auslöser:
• Nitrosamine
• polyzykl. aromat. Kohlenwasserstoffe
- Benzo(a)pyren

Atemwegserkrankungen
Auslöser:
• Aerosolbildung
- Co-, Cr-, Ni-Legierungen
- Nitrosamine

Allergien
Auslöser:
• Formaldehyd-Abspalter
• Chlorparaffine
• Ni-, Co-Abrieb

Hauterkrankungen
Toxische Kontaktekzeme
Allergische Kontaktekzeme
Abnutzungsdermatosen
Auslöser:
• Emulgatoren
• Korrosions-Inhibitoren

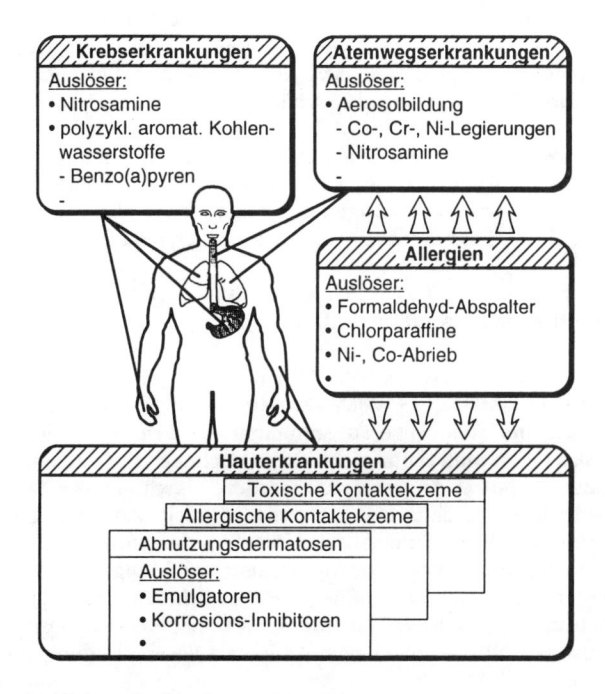

Bild 12: Gesundheitliches Gefährdungspotential

Die häufigsten Erkrankungen beim Arbeiten mit Kühlschmierstoffen stellen die Hautkrankheiten dar. In manchen Betrieben der Metallindustrie sind bis zu 20 % der Beschäftigten zeitweise davon betroffen [18]. Die Zunahme in den letzten Jahren ist außerordentlich stark. Für alle Berufsgenossenschaften werden an schweren oder wiederholt rückfälligen Hauterkrankungen genannt: 1980 knapp 11000 Anzeigen, 1990: 18750. Untersuchungen der Maschinenbau- und Kleineisenindustrie-BG´s haben ergeben, daß ca. ein Drittel dieser Hauterkrankungen ihre Ursachen im Bereich der Kühlschmierstoffe haben, wobei insbesondere die Berufsgruppen Dreher, Schleifer, Fräser und Bohrer erkranken [12].

Unterscheiden muß man hierbei drei Arten von Hauterkrankungen, die teilweise in Kombination vorliegen können, jedoch auf unterschiedliche Ursachen zurückzuführen sind [6, 12, 19]. Zum einen ist hier das toxische Kontaktekzem zu nennen, welches durch Einwirkung von sofort reizenden Substanzen (alkalischen Verbindungen o.ä.) hervorgerufen wird und sich zwingend bei jedem Menschen entwickelt. Diese Erkrankungen sind meist durch falschen Umgang mit Kühlschmierstoffen, speziell Emulsionen, zurückführen und bei sorgfältigem Gebrauch und entsprechenden Schutzmaßnahmen vermeidbar.

Abnutzungsdermatosen bilden die häufigsten Hauterkrankungen. Sie treten in der Hauptsache bei einem direkten Hautkontakt über längere Zeit mit wassermischbaren Kühlschmierstoffen auf. Die Ursache liegt in den zugesetzten Additiven für Emulgierbarkeit, Korrosionsschutz, Spül- und Waschvermögen begründet, welche den natürlichen Schutzmantel der Haut angreifen. Aber auch der direkte Kontakt mit Ölen kann über eine Entfettung die Haut nachhaltig schädigen.

Das allergische Kontaktekzem beruht auf einer besonderen Reaktion der zellvermittelten Immunantwort auf Allergene. Der Anteil dieser schwerwiegenden therapeutischen Form an allen Berufshauterkrankungen ist zunehmend. Ursache hierfür sind z.B. keimtötende Mittel, wie Formaldehyd-Abspalter oder aminhaltige Rostschutzmittel.

Alle diese Hauterkrankungen lassen sich jedoch durch den sachgemäßen Umgang und den Verzicht auf bestimmte Additive minimieren.

Das größte arbeitsmedizinische Problem der letzten Jahre stellt die Nitrosaminbildung im Kühlschmierstoff dar [12, 19, 20]. Nitrosamine sind krebserregende Stoffe und können über Haut und Atemwege aufgenommen werden. Sie bilden sich aus Nitrit und Aminen. Das Nitrit muß dafür nicht im Kühlschmierstoff enthalten sein, sondern kann direkt oder als Nitrat eingeschleppt werden. Durch weitere bakterielle Verunreinigungen wird letzteres dann in Nitrit umgewandelt. Amine dagegen sind fester Bestandteil der meisten Kühlschmierstoffe. Unterschieden wird hier in primäre, sekundäre und tertiäre Amine. Relevant für die Nitrosaminbildung sind dabei lediglich die stabil nitrosierbaren sekundären Amine. Der Verzicht auf den Einsatz sekundärer Amine, wie heutzutage praktiziert, ist jedoch noch keine Garantie gegen Nitrosaminbildung. Genauso wie Nitrit können auch Amine als Verunreinigung von außen eingeschleppt werden.

Ebenfalls als krebserzeugend eingestuft sind die polyzyklischen aromatischen Kohlenwasserstoffe (Hauptvertreter Benzo(a)pyren). Durch die Verwendung hochraffinierter Mineralöle konnte ihr Anteil im wassermischbaren Kühlschmierstoff deutlich reduziert werden. In den nichtwassermischbaren Kühlschmierstoffen können sich jedoch unter hohen Temperaturen insbesondere bei langen Standzeiten zusätzliche PAH's bilden.

Die chlorierten Kohlenwasserstoffe, als Konservierungsmittel und EP-Additive im KSS enthalten, sind stark gesundheitsgefährdend. Insbesondere die Chlorparaffine gelten als krebsverdächtig. In neueren KSS wird jedoch überwiegend auf diese verzichtet.

Einige der in den Gebrauchsemulsionen enthaltenen Stoffen sind geeignet, obstruktive Atemwegserkrankungen, d.h. Ventilationsstörungen der Lungenbelüftung, hervorzurufen. Über die Langzeitwirkung nach Aufnahme von Dämpfen und Aerosolen in die Lunge liegen jedoch bisher kaum Erfahrungen vor. Es ist jedoch anzunehmen, daß die toxische Wirkung auf den Gesamtorganismus nach inhalativer Aufnahme von Nebeln und Dämpfen bisher unterschätzt wurden [18, 21].

Der Anteil der Entschädigungsfälle an den angezeigten Fällen ist mit 3 % relativ niedrig. Dies darf aber nicht den Blick verstellen für den großen Aufwand, der mit jedem einzelnen im Betrieb vorkommenden Fall einer Hauterkrankung verbunden ist. Neben den Ausfallzeiten sind oft schwierige Umsetzungen an unbelastete Arbeitsplätze einzurechnen [6, 12].

3.4 Gesetzgebung und Verordnungen

Die Erkenntnis, daß zum Teil sehr weitreichende Gesundheitsgefährdungen von Kühlschmierstoffen ausgehen können, brachte in der Vergangenheit schon Reaktionen des Gesetzgebers. So wurden z.B. die Nitrosamine als krebserzeugende Arbeitsstoffe eingestuft und 1992 eine Grenze für den TRK-Wert festgelegt. Damit werden Kühlschmierstoffe von der Gefahrstoffverordnung erfaßt. Hieraus ergibt sich die Konsequenz einer regelmäßigen Arbeitsplatzüberwachung in Bezug auf Nitrosamine in der Luft [10].

Weiterhin sind für das Jahr 1993 weitere Verordnungen zu erwarten, die nur mit großem organisatorischem Aufwand umzusetzen sind und das Finanzbudget der jeweiligen Firma noch stärker als bisher belasten werden.

Zu nennen sind hier beispielsweise wöchentliche Messungen der Nitrit-Konzentration im Kühlschmierstoff mit der Verpflichtung, den Kühlschmierstoff auszutauschen, wenn die Grenzkonzentration von 20 ppm Nitrit erreicht ist. Beim momentanen Stand der Kühlschmierstofftechnologie können Nitrit-Konzentrationen von 20 ppm jederzeit erreicht werden. Gesetzmäßigkeiten sind hierbei noch nicht zu erkennen, so daß die Nitritbildung nicht gezielt verhindert werden kann.

Betriebe, die mit einzelbefüllten, dezentralen Anlagen arbeiten, werden in Zukunft gezwungen sein, zusätzliche Arbeitskräfte zur Überwachung des Kühlschmierstoffes bereitzustellen. Hinzu kommen eine Reihe arbeitsmedizinischer Vorsorgeuntersuchungen für das Personal an der Maschine. Die Verschärfung der gesetzlichen Bestimmungen, vor allem in den letzten 10 Jahren, wird nach Meinung von Experten in der Zukunft noch deutlicher zunehmen. Damit wird dem Kühlschmierstoff im Hinblick auf eine wirtschaftliche Produktion eine immer wichtigere Rolle zufallen.

Aus diesen Verordnungen erwachsen dem Arbeitgeber Verantwortung und Pflichten gegenüber dem Mitarbeiter. Gemäß der Gefahrstoffverordnung ist er dazu angehalten, in seinem Betrieb mögliche Gefahrstoffe zu ermitteln und zu prüfen, ob nicht weniger gefährliche Stoffe oder Zubereitungen eingesetzt werden können. Außerdem hat er festzustellen, ob die gesetzlichen Grenzwerte für Gefahrstoffe eingehalten werden und ggf. Schutzmaßnahmen zu veranlassen. Weiterhin ist eine Betriebsanweisung über den sicheren Umgang mit Gefahrstoffen aufzustellen, anhand derer die Beschäftigten über die Gefahren durch Stoffe und Zubereitungen regelmäßig zu unterrichten sind.

3.5 Ökonomische Aspekte

Aus der Verpflichtung gegenüber Gesetzgebung und Verordnungen rückt der finanzielle Aspekt beim Einsatz von Kühlschmierstoffen immer stärker in den Vordergrund. Wie in Bild 13 dargestellt, hat sich die Altölmenge nur in einem geringen Maße gesteigert, wogegen die finanziellen Aufwendungen für die Entsorgung von Altöl und Altemulsion in kurzer Zeit auf das Doppelte angestiegen sind.

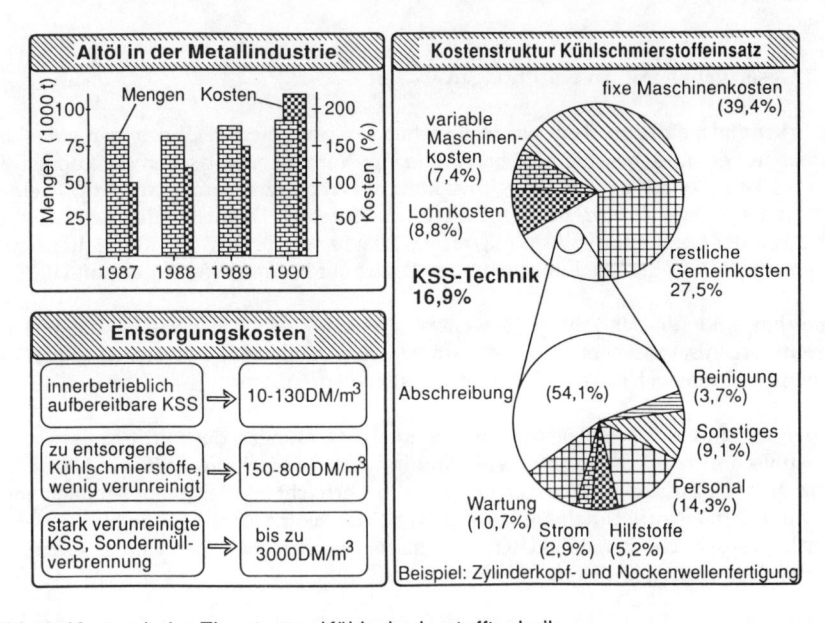

Altöl in der Metallindustrie		Kostenstruktur Kühlschmierstoffeinsatz	
Mengen, Kosten 1987–1990 (Mengen 1000 t, Kosten %)		fixe Maschinenkosten (39,4%)	
		variable Maschinenkosten (7,4%)	
		Lohnkosten (8,8%)	
		KSS-Technik 16,9%	restliche Gemeinkosten 27,5%
Entsorgungskosten		Abschreibung (54,1%)	Reinigung (3,7%)
innerbetrieblich aufbereitbare KSS	⇒ 10-130DM/m³		Sonstiges (9,1%)
zu entsorgende Kühlschmierstoffe, wenig verunreinigt	⇒ 150-800DM/m³	Wartung (10,7%) Strom (2,9%) Hilfsstoffe (5,2%)	Personal (14,3%)
stark verunreinigte KSS, Sondermüllverbrennung	⇒ bis zu 3000DM/m³	Beispiel: Zylinderkopf- und Nockenwellenfertigung	

Bild 13: Kosten beim Einsatz von Kühlschmierstofftechnik

Wenn die Möglichkeit zu einer innerbetrieblichen Aufbereitung genutzt wird, fallen Kosten bis zu 130 DM pro m³ an. Diese Zahl steigt bei stark verunreinigten Kühlschmierstoffen, die als Sondermüll deklariert und einer fachgerechten Verbrennung zugeführt werden müssen, auf bis zu 3000 DM pro m³ an.

Der rechte Bildteil schlüsselt die innerbetriebliche Kostenstruktur auf. Am Beispiel der Produktion eines Motor-Serienteils, der Zylinderkopf- und Nockenwellenfertigung, nehmen die Kosten für die KSS-Technik einen Anteil von nahezu 17 % an. Sie liegen deutlich höher als die gesamten Werkzeugkosten (ca. 3 %). Bei detaillierter Betrachtung dieses Anteils ist zu erkennen, daß neben dem hohen Anteil der Abschreibung, insbesondere die Kosten für Personal und Wartung mit 25 % einfließen.

Das Beispiel verdeutlicht, welches enorme Finanzpotential in der KSS-Technik benötigt wird. Vor diesem Hintergrund und unter Berücksichtigung aller Gefährdungspotentiale für die Umwelt, müssen in Verbindung mit Technik und Technologie bestehende Fertigungsstrukturen überdacht und verbessert werden.

4. Lösungsansätze zur Reduzierung der Umweltbelastung

Heute ist der Stellenwert des Arbeits- und Umweltschutzes neben der Betrachtung des technisch optimierten Fertigungsprozesses als gleichrangig anzusehen. Hieraus leitet sich direkt der Wunsch einer Harmonisierung zwischen Ökologie und Ökonomie im Sinne einer wirtschaftlichen Produktion ab. In der metallverarbeitenden Industrie bedeutet dies technologisch sinnvolle Einsatzmöglichkeiten für Kühlschmierstoffe zu realisieren und weiterentwickelte Wartungs- und Recyclingkonzepte anzubieten.

4.1 Kühlschmierstoffe vermeiden

Der konsequenteste Schritt zur Vermeidung der mit dem Einsatz von Kühlschmierstoffen verbundenen Probleme ist die Trockenbearbeitung. Bei einer Vielzahl von Bearbeitungsaufgaben, bei denen heute noch große Mengen an Kühlschmierstoffen eingesetzt werden, ist deren Einsatz technologisch nicht erforderlich. Bei jeder bestehenden oder zukünftigen Bearbeitungsaufgabe sollte deshalb grundsätzlich die Frage gestellt werden, ob nicht auf Kühlschmierstoffe verzichtet werden kann. Die Beantwortung dieser Frage erfordert eine genaue Analyse der gegebenen Randbedingungen sowie eine detaillierte Kenntnis der komplexen Wirkzusammenhänge, die Prozeß, Schneidstoff, Bauteil und Werkzeugmaschine miteinander verbinden (Bild 14). Aufbauend hierauf können geeignete Maßnahmen und Lösungsansätze für die Realisierung einer Trockenbearbeitung abgeleitet werden.

Bei der Trockenbearbeitung entfallen alle KSS-Funktionen. Ziel bei der Auslegung eines Prozesses ohne Kühlschmierstoff muß es daher sein, Maßnahmen zu ergreifen, welche die Funktionen des Kühlschmierstoffs ersetzen.

Neben der Abrasion bestimmen bei niedrigen Schnittgeschwindigkeiten vor allem Adhäsions- und bei hohen Schnittgeschwindigkeiten und damit hohen Zerspantemperaturen vor allem Diffusions- und Oxidationsvorgänge den Verschleiß am Werkzeug. Schneidstoffe für die Trockenbearbeitung müssen demnach über eine geringe Adhäsionsneigung zum Werkstückstoff sowie über eine hohe Warmhärte und Warmverschleißfestigkeit verfügen. Diese Forderungen werden in unterschiedlicher Weise von den bereits heute zur Verfügung stehenden Schneidstoffen erfüllt [8].

An erster Stelle sind in diesem Zusammenhang beschichtete Werkzeuge zu nennen. Mit ihrer hohen Härte und chemischen Stabilität bringen zahlreiche Hartstoffe sowohl bei niedrigen als auch bei hohen Schnittgeschwindigkeiten die hierfür erforderlichen Voraussetzungen mit. Die unterschiedlichen Eigenschaften der Hartstoffe bieten darüber hinaus die Möglichkeit, Schichten zu entwickeln, deren Eigenschaftsprofil auf die Anforderungen einer Trockenbearbeitung abgestimmt ist [22].

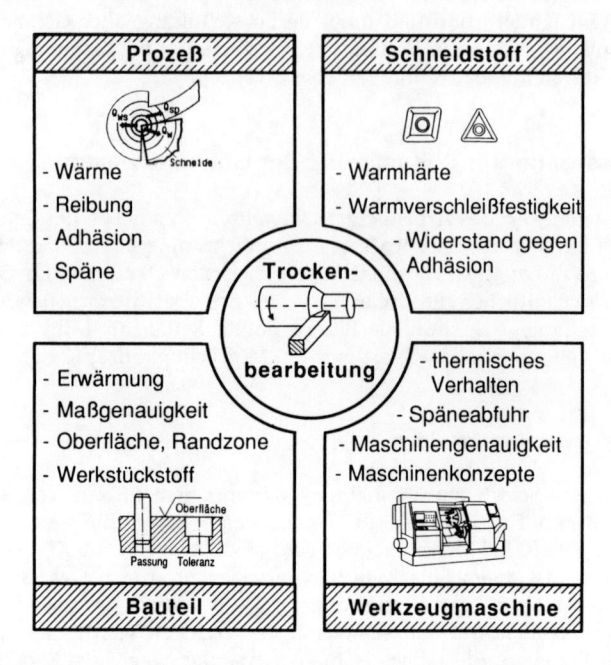

Bild 14: Trockenbearbeitung - Anforderungen und Randbedingungen

Beschichtete Werkzeuge ermöglichen es, die Trockenbearbeitung auf Bereiche auszudehnen, in denen heute noch üblicherweise Kühlschmierstoffe als unverzichtbar gelten. Ein eindrucksvolles Beispiel für die Leistungsfähigkeit PVD-beschichteter HSS-Werkzeuge im Trockenschnitt ist das Räumen weicher und vergüteter Stahlwerkstoffe (Bild 15). Kennzeichnend für den Räumprozeß sind die im allgemeinen niedrigen Schnittgeschwindigkeiten von 1 - 25 m/min. Charakteristisch für die Bearbeitung von Stahlwerkstoffen bei diesen niedrigen Schnittgeschwindigkeiten ist die Aufbauschneidenbildung. Um diese zu verringern, wird in der Regel Räumöl eingesetzt.

Wie die Spanlängsschliffe in Bild 15 erkennen lassen, wird durch den Einsatz beschichteter HSS-Werkzeuge aufgrund der verringerten Adhäsion zwischen ablaufendem Span und Schneidstoff die Aufbauschneidenbildung nahezu vollständig unterdrückt. Mit der verminderten Aufbauschneidenbildung ist eine signifikante Verbesserung sowohl der Oberflächengüte als auch der Werkzeugstandzeit verbunden. Wie der Vergleich beim Räumen des vergüteten 42 CrMo 4 zeigt, bleibt diese durch die Beschichtung erzielte hohe Leistungsverbesserung auch im Trockenschnitt voll erhalten

[23, 24]. Allerdings muß das sichere Entfernen von Spänen aus den Spankammern der Räumwerkzeuge unter den Bedingungen des Trockenschnitts gewährleistet sein.

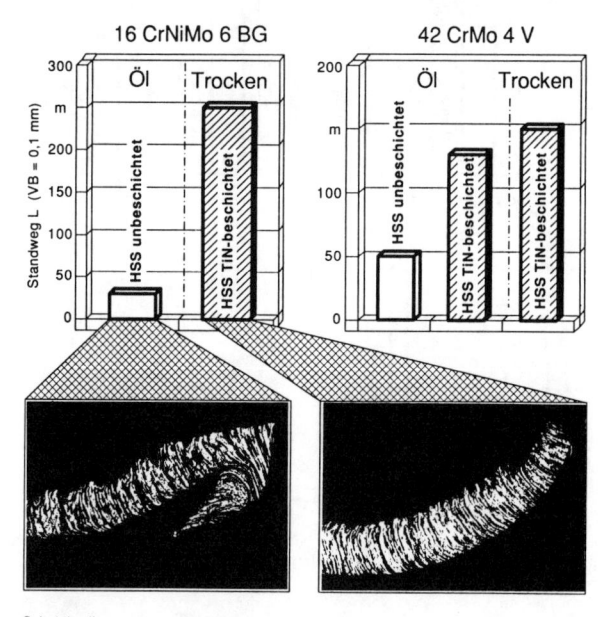

Bild 15: Trockenräumen mit beschichtetem HSS

Ein anderer Mechanismus liegt der Leistungssteigerung zugrunde, die im Trockenschnitt gegenüber dem Naßschnitt beim Wälzfräsen mit unbeschichteten Hartmetallwerkzeugen erzielbar ist (Bild 16). Die Ursache liegt hier in der beim Naßschnitt größeren Thermoschockwirkung, die bei Hartmetallen zu Mikroausbröckelungen und damit zu einem schnelleren Verschleiß führt. Im Trockenschnitt konnten durchweg höhere Standwege erreicht werden. Vorteile weist die Trockenbearbeitung auch bezüglich der Verzahnungsqualität auf. Sowohl die Oberflächenkennwerte als auch die Profilformabweichung sind günstiger als unter Kühlschmierstoff. Ähnlich positive Ergebnisse konnten auch beim Wälzstoßen beobachtet werden [25].

Generell ist festzustellen, daß die zur Verfügung stehenden Schneidstoffe die Voraussetzungen für eine Trockenbearbeitung erfüllen. Dies gilt sowohl für einen Einsatz bei hohen Schnittgeschwindigkeiten, bei denen die Warmhärte und Warmverschleißfestigkeit von unbeschichteten oder beschichteten Hartmetallen, Cermets, Schneidkeramiken oder CBN gefordert sind, als auch bei niedrigen Schnittgeschwindigkeiten, bei denen die geringere Adhäsionsneigung von Hartstoffschichten auf HSS- oder Hartmetallwerkzeugen im Vordergrund steht.

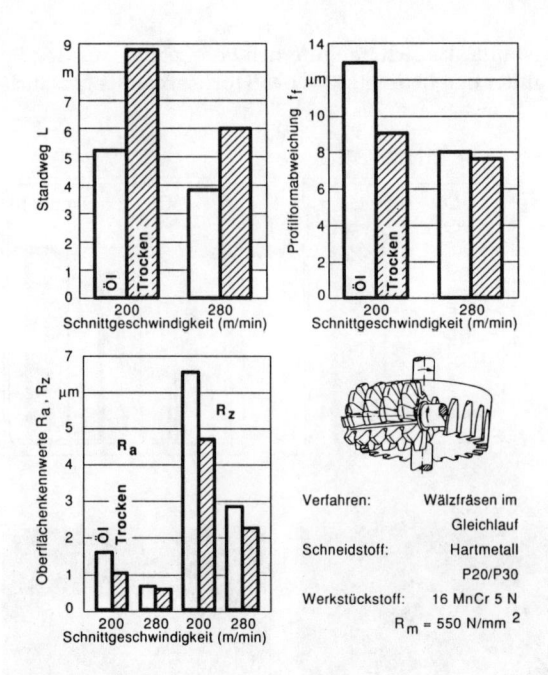

Bild 16: Leistungsvergleich Wälzfräsen trocken/naß

Gußwerkstoffe, Stähle, Aluminiumlegierungen und Buntmetalle können beim Drehen und Fräsen meist trocken zerspant werden. Vor allem Gußwerkstoffe bieten aufgrund der im Vergleich zu Stählen wesentlich niedrigeren Schnittemperaturen günstige Voraussetzungen hierfür. Bei Gußwerkstoffen empfiehlt sich eine Trockenbearbeitung noch aus einem weiteren Grund. Der bei der Bearbeitung entstehende Gußstaub neigt bei einer Naßzerspanung mit Emulsion zur Bildung von Schlamm, der gemeinsam mit den Spänen im Arbeitsraum der Maschine sowie im KSS-System zu Ablagerungen führen und dort Schäden durch Korrosion verursachen kann. Bei einer Trockenbearbeitung muß jedoch zum Schutz der Mitarbeiter vor dem Gußstaub die Maschine gekapselt sein und über eine Absaugung verfügen.

Während beim Drehen und Fräsen der genannten Werkstoffe weitgehend auf den Einsatz von Kühlschmierstoffen verzichtet werden kann, stellen sich die Verhältnisse bei Verfahren wie dem Bohren, Reiben, Gewindebohren und -formen generell schwieriger dar. So entsteht beim Bohren nicht nur Wärme an der Zerspanstelle sondern auch durch Reibung der Führungsfasen an der Bohrungswand. Zusätzlich wird Wärme über die Späne in Werkzeug und Werkstück eingebracht. Beim Gewindebohren sind die Werkzeuge durch Quetsch-, Reib- und Adhäsionsvorgänge sehr hohen mechanischen und thermischen Belastungen ausgesetzt. Die Möglichkeiten einer Trockenbearbeitung sind bei diesen Verfahren stark eingeschränkt.

Wie die Beispiele Räumen und Wälzfräsen jedoch zeigen, eröffnen die Entwicklungen im Schneidstoffbereich die Möglichkeit, bei einer angepaßten Prozeßführung, auch bei Zerspanverfahren, die aufgrund einer komplexen Werkzeuggeometrie und/oder Verfahrenskinematik einen hohen Schwierigkeitsgrad aufweisen, auf den Einsatz von Kühlschmierstoffen zu verzichten. Ermöglicht wird dies vor allem durch den Einsatz von beschichteten HSS- oder Hartmetallwerkzeugen. Voraussetzung dafür ist allerdings eine genaue Abstimmung von Bearbeitungsaufgabe, Werkstückstoff, Werkzeug und Schnittbedingungen.

Ein Beispiel hierfür ist das Gewindebohren in Grauguß ohne Kühlschmierstoff (Bild 17). In dem vorgestellten Bearbeitungsfall wurden mit TiN- bzw. Ti(C,N)-beschichteten HSS-Gewindebohrern 1000 Gewinde gefertigt, ohne damit die Leistungsgrenze der Werkzeuge zu erreichen. Im Vergleich hierzu konnten mit einem unbeschichteten, nitrierten Werkzeug unter denselben Schnittbedingungen lediglich 80 Gewinde hergestellt werden. Kennzeichnend für das Gewindeschneiden ohne Kühlschmierstoff waren Werkstoffverklebungen an den Freiflächen der eingesetzten Werkzeuge. Die hohe Leistung der beschichteten Werkzeuge ist auf die geringere Adhäsion zwischen Hartstoffschicht und Werkstückstoff zurückzuführen, die bei dem unbeschichteten Werkzeug einen starken Verschleiß sowie einen deutlich größeren Flankendurchmesser verursacht.

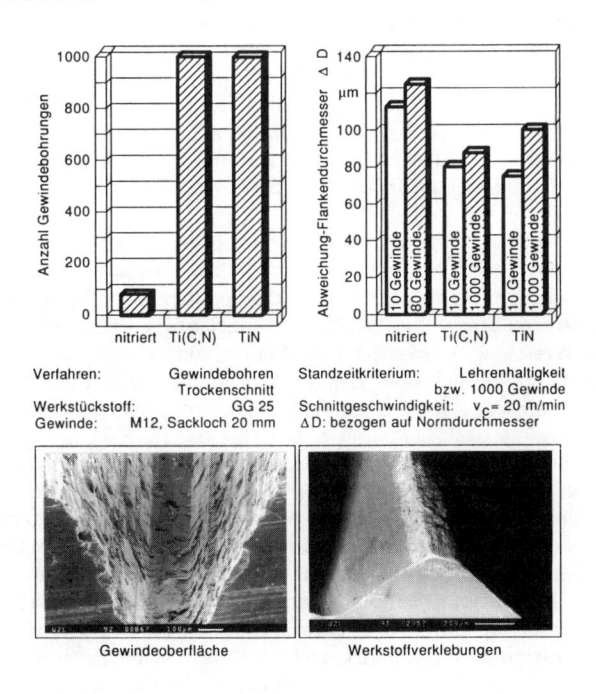

Bild 17: Gewindebohren im Trockenschnitt

Ein eng im Zusammenhang mit der Thematik "Kühlschmierstoffe vermeiden" stehender Aspekt ist die Substitution des Schleifens durch Bearbeitungsverfahren mit geometrisch bestimmter Schneide. Während beim Schleifen aus technologischen Gründen der Einsatz von Kühlschmierstoffen - abgesehen von wenigen Ausnahmefällen - zwingend erforderlich ist, können gehärtete Stahlbauteile z.b. durch Drehen mit Werkzeugen aus Schneidkeramik oder CBN auch trocken bearbeitet werden. Aufgrund ihrer hohen Warmhärte und chemischen Stabilität kann bei diesen Schneidstoffen auf eine Kühlung grundsätzlich verzichtet werden. Bezüglich der Prozeßsicherheit und der erzielbaren Oberflächengüten ist bei diesen sprödharten Schneidstoffen eine Kühlung sogar nachteilig, da hierdurch verursachte Temperaturspannungen zu Mikroausbröckelungen und Schneidenausbrüchen führen können. Auch im Hinblick auf die Werkzeugstandzeit und das Prozeßergebnis, hier ist insbesondere die Randzonenbeeinflussung zu nennen, wirkt sich der Einsatz von Kühlschmierstoffen eher ungünstig aus.

Durch das Drehen gehärteter Bauteile im Trockenschnitt kann nicht nur der beim Schleifen erforderliche Kühlschmierstoff- und Energieeinsatz, sondern vor allem auch das Entsorgen zusätzlicher Schleifschlämme vermieden werden. Diese Substitution stellt jedoch einen sehr weitreichenden Schritt dar. In der Regel erfordert bzw. ermöglicht dies eine Umstellung des bisherigen Fertigungsablaufes. Damit können sich Möglichkeiten zur Energie- und Rohstoffeinsparung eröffnen, die weit über das durch den Verzicht auf KSS gegebene Einsparpotential hinausgehen [26, 27].

Ein wichtiger sich im Zusammenhang mit der Trockenbearbeitung ergebender Aspekt ist das sichere Einhalten von Bauteiltoleranzen. Insbesondere enge Maß- und Formtoleranzen können für eine Trockenbearbeitung eine wesentliche Restriktion darstellen und besondere Maßnahmen erforderlich machen.

Die in den Zerspanprozeß eingebrachte mechanische Energie wird nahezu vollständig in Wärme umgewandelt. Während bei der Naßbearbeitung die Zerspanwärme zu einem großen Teil vom Kühlschmierstoff aufgenommen und abgeleitet wird, führt im Vergleich hierzu eine Trockenbearbeitung zwangsläufig zu einer höheren thermischen Belastung von Werkzeug, Werkstück und Werkzeugmaschine. Die Folge können Maß- und Formfehler am Bauteil sein. Bei der Auslegung eines Prozesses zur Trockenbearbeitung muß diesem Aspekt besondere Bedeutung beigemessen werden.

Die unter den Bedingungen des Trockenschnitts erreichbare Bauteilgenauigkeit ist in erster Linie von der Wärmemenge, die in das Bauteil fließt, und den geometrischen Bauteilabmessungen abhängig. Der Zerspanprozeß ist demnach so auszulegen, daß die ins Bauteil fließende Wärmemenge minimal wird. Dies kann einerseits durch eine Minimierung der Schnittarbeit und andererseits durch die Beeinflussung der Wärmeverteilung erreicht werden. Dazu bieten sich zahlreiche Ansatzpunkte. So ist beispielsweise die Schnittarbeit durch die Wahl größtmöglicher Vorschübe und positiver Schneidteilgeometrien zu minimieren, während die Wärmeverteilung durch die Wahl großer Schnittgeschwindigkeiten positiv beeinflußt werden kann. Die größte Bedeutung kommt aber dem abzutragenden Werkstoffvolumen zu.

Grundsätzlich kann eine Trockenbearbeitung immer dann durchgeführt werden, wenn an die Genauigkeit der Bauteile keine so hohen Anforderungen gestellt werden. Dies gilt unter anderem für die Vorbearbeitung von Werkstücken, die zur Erlangung ihrer Endkontur und -genauigkeit noch einem weiteren Bearbeitungsschritt unterzogen werden müssen.

Bauteile, die im Trockenschnitt fertig bearbeitet werden, sollten im Hinblick auf eine minimale Erwärmung möglichst kleine und gleichmäßige Aufmaße aufweisen, die in einem Schnitt abgespant werden können. Optimale Voraussetzungen hierfür bieten Near-Net-Shape-Teile, deren Form durch Gießen, Schmieden oder Fließpressen bereits weitgehend der Endkontur angenähert sind.

Hohe Bauteilgenauigkeiten können beim Drehen gehärteter Werkstücke im Trockenschnitt erreicht werden. Die Gründe hierfür sind zum einen in den sehr kleinen abzuspanenden Bauteilaufmaßen und zum anderen in der im Vergleich zum Schleifen günstigeren Wärmeverteilung zu sehen. Während beim Schleifen 60 bis 80% der Zerpanwärme in das Werkstück fließt, macht dieser Anteil beim Hartdrehen lediglich ca. 20% aus. In Verbindung mit der geringeren Schnittarbeit, die beim Hartdrehen gegenüber dem Schleifen um den Faktor 10 bis 20 kleiner ist, bedeutet dies, daß die Wärmemenge, die beim Hartdrehen in das Werkstück fließt, lediglich 1 bis 2% der beim Schleifen beträgt [28-30]. Aus dieser Betrachtung wird die Notwendigkeit zur Kühlung beim Schleifen und gleichzeitig die Chance zur Trockenbearbeitung beim Hartdrehen offensichtlich. Dies konnte auch in Laborversuchen nachgewiesen werden. So wurde beim Schlichtdrehen der Innen- und Außenfläche zylindrischer Ringe (Außendurchmesser 130 mm) ohne Kühlschmierstoff, nach einer Gesamtbearbeitungszeit von 9 min, lediglich ein Anstieg der Bauteiltemperatur um 4 Grad festgestellt. Die geforderte Qualität IT 5 konnte eingehalten werden.

Ein weiterer, die Genauigkeit der Bauteile beeinflussender Faktor ist das Verhalten der Werkzeugmaschine bei Verzicht auf einen Kühlschmierstoffeinsatz. Neben dem Fortspülen von Spänen, der Reinigung von Führungselementen kommt dem KSS innerhalb der Maschine auch die Aufgabe zu, Maschinenkomponenten zu temperieren und damit maschinenseitig die Voraussetzung für die Herstellung präziser Bauteile zu schaffen. Bei einer Trockenbearbeitung entfallen diese KSS-Funktionen. Die über Werkstück und Werkzeug sowie über heiße Späne in die Maschine eingebrachte Wärme kann zur Erwärmung einzelner Maschinenkomponenten und so zu Form- und Maßfehlern am Bauteil führen. Das sichere und schnelle Entfernen der heißen Späne aus dem Bearbeitungsraum, die Kompensation der in die Maschine eingebrachten Wärme sowie das Kühlen von Spindel und Vorrichtungen bedarf unter den Bedingungen des Trockenschnitts besonderer maschinenseitiger Maßnahmen. Hier sind die Werkzeugmaschinenhersteller gefordert, auf eine Trockenbearbeitung abgestimmte Maschinenkonzepte zu entwickeln. Die Anwender sollten bei Neuinvestitionen die Möglichkeit einer Trockenbearbeitung in das Pflichtenheft für die zu beschaffende Werkzeugmaschine aufnehmen.

Die Tatsache, daß in der Praxis die Trockenbearbeitung bislang noch nicht die Bedeutung erlangt hat, wie dies in Anbetracht der Leistungsfähigkeit der verfügbaren Schneidstoffe möglich wäre, hat mehrere Ursachen. Eine davon ist sicherlich darin zu sehen, daß in sehr vielen Betrieben auf den verfügbaren Maschinen ein sehr unterschiedliches Teile- und Werkstoffspektrum bearbeitet wird. Zum anderen ist in den meisten Werkzeugmaschinen Kühlschmierstoff verfügbar, der unabhängig von Werkstoff, Schneidstoff und Verfahren eingesetzt wird. Obwohl der KSS-Einsatz vielfach technologisch nicht erforderlich, bei unterbrochenen Schnitten eher nachteilig ist, dient er in vielen Fällen sekundären Aufgaben, wie z. B. der Späneabfuhr. Unter diesen Randbedingungen ist eine konsequente Trockenbearbeitung nicht möglich.

Ein ökonomischer und ökologischer Gewinn ist im Zusammenhang mit einer Trockenbearbeitung nur dann gegeben, wenn auf eine Befüllung der entsprechenden Werkzeugmaschinen mit KSS vollständig verzichtet wird. Das bedeutet aber, daß sowohl von Seiten der Werkzeugmaschinen als auch der Fertigungsplanung die hierfür erforderlichen Voraussetzungen geschaffen werden müssen. Ein möglicher Ansatzpunkt könnte die Aufteilung der Fertigung in eine Trocken- und Naßbearbeitung sein. Konkret heißt das, Teile, soweit sie trocken bearbeitet werden können, auf den ausschließlich für eine Trockenbearbeitung vorgesehenen Maschinen zu bearbeiten und die Teile oder Bearbeitungsschritte, die ohne Kühlschmierstoff nicht auskommen, auf die für eine Naßbearbeitung vorgesehenen Maschinen zu verlagern.

Wie die vorstehenden Ausführungen zeigen, bieten sich für eine Trockenbearbeitung zahlreiche Ansatzpunkte, wobei ein vollständiger Verzicht auf Kühlschmierstoffe aufgrund sehr unterschiedlicher Anforderungen von Seiten der Werkstückstoffe, Verfahren und Bauteile nicht möglich sein wird. Die Formel "Trockenbearbeitung dort wo möglich, Naßbearbeitung dort wo nötig" könnte einen möglichen Kompromiß zwischen technologischen und ökonomischen Sachzwängen darstellen.

Im Zuge der Entwicklung neuer Beschichtungsverfahren und -werkstoffe stellt sich die Frage, ob auch eine umformende Fertigung ohne Schmierstoffe möglich ist. Hierzu liegen bisher noch keine fundierten Erkenntnisse vor, obwohl beispielsweise der Umgang mit den Phosphatiersäuren und Schmiermitteln beim Kaltfließpressen zunehmend problematischer wird.

Hohe Investitionen für großflächige Spülanlagen und gekapselte Phosphatieranlagen sowie die fachgerechte Entsorgung der anfallenden schwermetallhaltigen Schlämme stellen gerade für kleine und mittelständische Unternehmen oft schwerwiegende Probleme dar. Ein vollständiger Verzicht auf die Schmierung bei der Umformung kann eine erhebliche Reduzierung der Kosten und Umweltbelastungen bewirken.

So haben Laborversuche beim Kaltfließpressen von Zahnrädern gezeigt, daß eine Kaltmassivumformung ohne Schmiermittel möglich ist (Bild 18). Mit der dargestellten TiN-PVD-beschichteten Matrize wurden 1400 schrägverzahnte Stirnräder gepreßt, ohne bei diesem sehr schwierigen Umformprozeß das Standzeitende zu erreichen.

Kühlschmierstoffe 5-33

Anforderung an die Schmierung	Beispiel
• Vermeidung von Adhäsion • Verringerung der Reibung • Verringerung der Abrasion	Hohlvorwärtsfließpressen schrägverzahnter Stirnräder

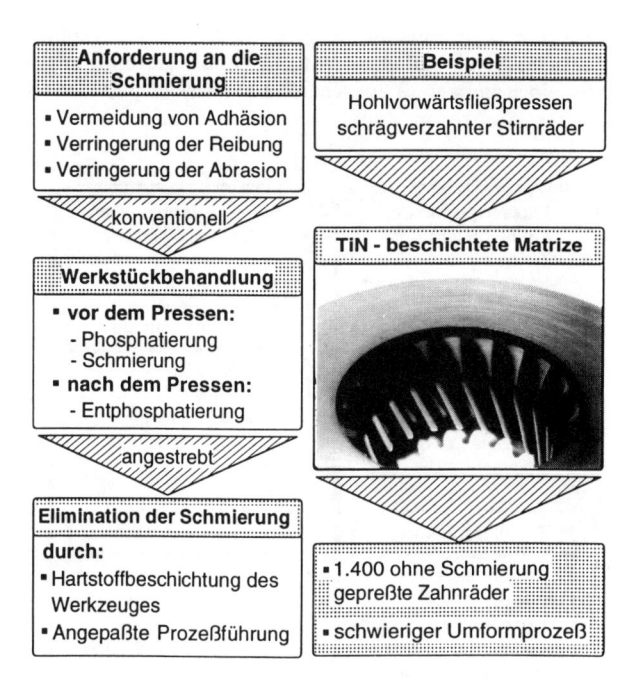

konventionell

Werkstückbehandlung	TiN - beschichtete Matrize

• vor dem Pressen:
  - Phosphatierung
  - Schmierung
• nach dem Pressen:
  - Entphosphatierung	

angestrebt

Elimination der Schmierung	
durch: • Hartstoffbeschichtung des Werkzeuges • Angepaßte Prozeßführung	• 1.400 ohne Schmierung gepreßte Zahnräder • schwieriger Umformprozeß

Bild 18: Schmierstofffreies Kaltfließpressen von Stahl

4.2 Kühlschmierstoffe modifizieren

Ein genereller Verzicht auf Kühlschmierstoffe ist nur zum Teil möglich. Für eine ökologische Verbesserung der Produktion ergibt sich hieraus die Forderung nach Entwicklung und Einsatz biologisch schnell abbaubarer sowie physiologisch und ökotoxikologisch weitgehend problemloser Produkte. Gefragt ist hier beispielsweise die Entwicklung neuer Grundöle und Additive sowie die Modifikation der Zusammensetzung von wasser- und nichtwassermischbaren Kühlschmierstoffen bei gleichzeitiger Reduktion der Inhaltsstoffe. Der verstärkte Einsatz nichtwassermischbarer KSS als Substitution für Emulsionen muß ebenso wie die umweltgerechte Formulierung nichtwassermischbarer und wassermischbarer Kühlschmierstoffe, die als kompatible Gesamtsysteme mit entsprechenden Hydraulik-, Getriebe- und Bettbahnölen angeboten werden können, Ziel der Entwicklungen sein [31]. Die Kühlschmierstoffe, insbesondere die Öle, sollten weiterhin mit wässrigen Reinigungssystemen abwaschbar sein, was eine nachfolgende ökologisch brisante Entfettung mit chlorierten Kohlenwasserstoffen einsparen würde.

Der grundlegende Trend in der Anwendung von Kühlschmierstoffen geht von den wassermischbaren hin zu den nichtwassermischbaren Produkten (Bild 19). Betrachtet man für beide Gruppen nur die Grundöle, so steht bei der Entwicklung höherwertiger Öle die Reduzierung der Aromaten im Vordergrund [32]. Einen weiteren Schwerpunkt stellt die Entschärfung der Entsorgungsproblematik, d.h. verminderte Wassergefährdung, biologische Abbaubarkeit in entsprechender Verdünnung u.ä., dar. Hier muß beispielsweise ein Kompromiß zwischen Abbaubarkeit und der wirtschaftlichen Forderung nach langer Standzeit gefunden werden.

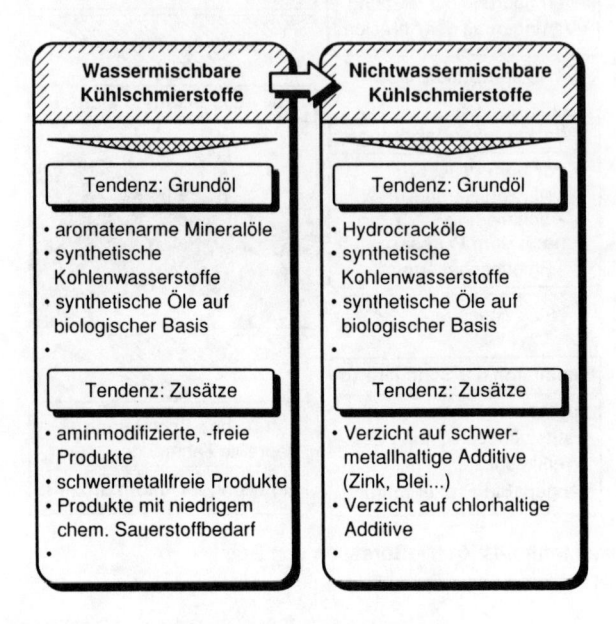

Wassermischbare Kühlschmierstoffe	Nichtwassermischbare Kühlschmierstoffe
Tendenz: Grundöl	**Tendenz: Grundöl**
• aromatenarme Mineralöle • synthetische Kohlenwasserstoffe • synthetische Öle auf biologischer Basis •	• Hydrocracköle • synthetische Kohlenwasserstoffe • synthetische Öle auf biologischer Basis •
Tendenz: Zusätze	**Tendenz: Zusätze**
• aminmodifizierte, -freie Produkte • schwermetallfreie Produkte • Produkte mit niedrigem chem. Sauerstoffbedarf •	• Verzicht auf schwermetallhaltige Additive (Zink, Blei...) • Verzicht auf chlorhaltige Additive •

Bild 19: Tendenzen im Bereich der Kühlschmierstoffe

Durch den Einsatz sogenannter Hydrocracköle (HC-Öle) und aromatenarmer Mineralöle wird bei den nichtwassermischbaren Produkten versucht, der PAH-Problematik Rechnung zu tragen. Hydrocracköle reduzieren gleichzeitig die Ölnebelbelastung und Verdampfungsneigung.

Einen weitergehenden Schritt in diese Richtung stellen die synthetischen oder die aus "nativen" Grundsubstanzen aufgebauten Öle dar. Die synthetischen Kohlenwasserstoffe als Vertreter der ersten Gruppe sind frei von PAH's, emissionsarm und aromatenfrei.

Niedrigviskose synthetische nichtwassermischbare KSS werden als Alternative zu Emulsionen verwendet und basieren nicht auf Mineralölen, sondern auf industriell hergestellten Fettsäureestern. Unter diesem Sammelbegriff wird ein breites Spektrum von Basisstoffen mit unterschiedlichen Eigenschaften, Qualitäten und Preisniveaus zusammengefaßt. Ihre Komponenten (Carbonsäure und Alkohole) können überwiegend bzw. anteilig natürlichen Ursprungs oder auch völlig synthetischer Herkunft sein. Abhängig von ihrem Aufbau sind sie sehr schnell bis sehr langsam biologisch abbaubar. In ihren toxischen Eigenschaften ähneln sie den Pflanzenölen, übertreffen diese aber in ihren Einsatzeigenschaften bei tiefen und hohen Temperaturen z.T. erheblich. Sie weisen im Vergleich zu äquiviskosen Mineralölen deutlich niedrigere Verdampfungsraten und höhere Flammpunkte auf, wodurch sowohl eine geringere Umweltbelastung als auch eine erhöhte Betriebssicherheit erreicht wird. Da Mineralölprodukte qualitativ übertroffen werden können, ist nicht nur aus Gründen des Umweltschutzes, sondern auch aufgrund steigender maschinentechnischer Anforderungen mit deutlichen Zuwachsraten von Schmierstoffen und Funktionsflüssigkeiten auf Esterbasis zu rechnen [31].

Auch für die nichtwassermischbaren Kühlschmierstoffe ist eine umweltverträgliche Additivierung erforderlich. Dies können beispielsweise scherstabile polymere Zusätze zur Verringerung der Ölnebelbildung sein. Eine immer stärker werdende Forderung ist die Zinkfreiheit der Grundöle. Auch andere Zusätze wie Barium oder Chlor sollten aufgrund ihrer Ökotoxizität kein Bestandteil von KSS mehr sein [33].

Aufbauend auf den oben dargestellten Basisstoffen sollte die Entwicklung wassermischbarer Stoffe in Zukunft nach folgenden Grundsätzen verlaufen [19, 34]:

- Stickstoffkomponenten nicht nitrosierbar (Vermeidung der Nitrosaminbildung)
- Borsäure-Derivat-freie Kühlschmierstoffe (Umwelt und Arbeitsschutz)
- physiologisch unbedenkliche Tenside (abgeleitet aus der Kosmetikindustrie)
- physiologisch unbedenkliche EP/AW- Wirkstoffe (z.B. auf Esterbasis)
- Biostatika ohne Borsäureverbindungen
- Schmierwirksamkeitsverbesserer ohne Chlor, Schwefel oder Phosphor

Einen weiteren Aspekt bei der Additivierung bildet auch hier der Verzicht auf Komplexbildner zwecks Vermeidung der Bildung von wasserlöslichen Schwermetallverbindungen, um eine problemlose Entsorgung und Entlastung der Abwässer zu gewährleisten. Weiterhin sollte die Anzahl der verwendeten Additive so gering wie möglich gehalten werden und auf den jeweiligen Anwendungsfall angepaßt sein.

Der komplette Verzicht auf Amine jeglicher Konstellation in Emulsionen, wie er aus ökologischen Gründen gefordert werden müßte, ist mit erheblichen Schwierigkeiten verbunden. Es ist mit Stabilitätsproblemen zu rechnen, die notwendigerweise eine stärkere Konservierung mit allen sich daraus ergebenden Nachteilen erfordern würde. Es bleibt hier also ein Restrisiko, das es durch entsprechende Pflege auf ein Minimum zu reduzieren gilt [20].

Die Produktgruppe der wassermischbaren biostabilen bzw. pflegeleichten KSS berücksichtigt vor allem die mikrobiologischen Probleme, die in der Betriebspraxis einen wirtschaftlichen Einsatz von wassermischbaren KSS stark begrenzen. Sie bestehen aus Mineralöl und einem Emulgator/Korrosionsschutzpaket. Diese Produkte sind meist bakterizidfrei, was ihre Verträglichkeit wesentlich verbessert. Aufgrund des geringen Bakterienwachstums bleiben sie deutlich länger haltbar [35].

Grundsätzlich ist ein Trend von den wassermischbaren Produkten hin zu den niedrigviskosen nichtwassermischbaren Kühlschmierstoffen erkennbar. Bewertet man die Vergleichsmerkmale in Bild 20 für nichtwassermischbare und wassermischbare KSS, so zeigen sich die nichtwassermischbaren KSS wesentlich günstiger. Die höhere Viskosität gegenüber den Emulsionen läßt sich durch den Einsatz niedrigviskoser KSS ausgleichen, die durch Verwendung spezieller Grundöle noch einen hohen Flammpunkt besitzen [33].

Ein enormer Vorteil der nichtwassermischbaren Produkte liegt in der wesentlich höheren Standzeit. Bei einer optimalen Pflege sind hier Standzeiten von bis zu einigen Jahren möglich. Hierdurch verringern sich deutlich die Kosten für Pflege und Wartung, ebenso wie die zu entsorgenden Mengen. Diese sind zudem wesentlich besser recycelbar. Aus arbeitsmedizinischer Sicht stehen dem Vorteil einer besseren Hautverträglichkeit die Nachteile der Nebel- und Dampfbildung sowie PAH-Problematik gegenüber. Letzterem ist jedoch durch entsprechende Anforderungen an das Basisöl zu begegnen [34].

Der Wechsel von Emulsion auf Öl ist maschinenseitig nicht ohne Probleme zu sehen. Die erhöhte Viskosität und die Neigung zur Nebel- und Dampfbildung erfordern eine Anpassung der Maschine hinsichtlich des KSS-Systems, der Filter sowie eine Kapselung der Bearbeitungsstelle mit entsprechender Absaugung.

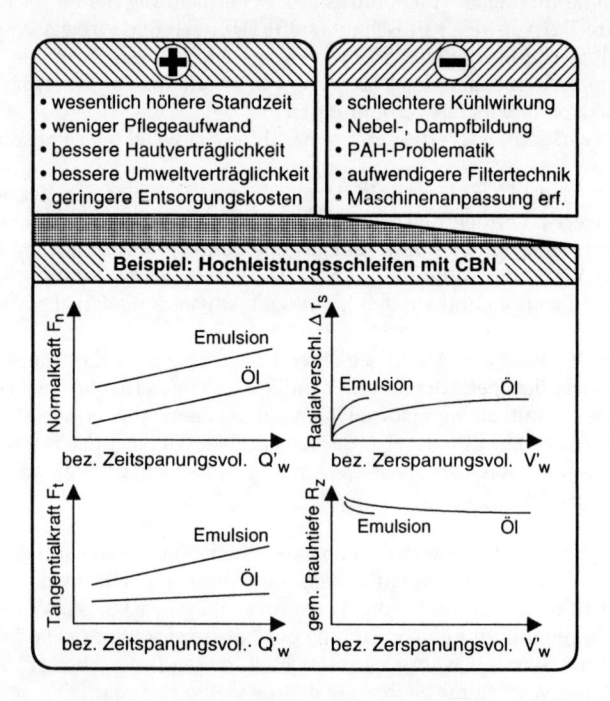

Bild 20: Vor- und Nachteile beim Einsatz von Öl statt Emulsion

Nicht nur aus ökologischen Erwägungen sondern auch aus technologischer Sicht kann der Umstieg auf nichtwassermischbare KSS günstiger sein, wie Bild 20 am Beispiel des Hochleistungsschleifens dokumentiert. Bei vergleichbarer Oberflächenqualität ergeben sich beim Einsatz von Öl anstelle einer Emulsion niedrigere Bearbeitungskräfte, insbesondere aber einen um den Faktor acht längeren Werkzeug-Standweg.

Die Forderung nach Reduzierung der eingesetzten Stoffe führt konsequenterweise zur Entwicklung und zum Einsatz von Produkten, welche einheitlich aufgebaut sind und alle in der Maschine benötigten Kühl- und Schmieranforderungen abdecken, den sogenannten Multifunktionsölen (Bild 21). Üblicherweise werden heute neben dem Kühlschmierstoff noch ein Getriebeöl, ein Hydrauliköl sowie ein Bettbahnöl eingesetzt, welche sich in Viskosität und den zugesetzten Additiven deutlich unterscheiden. Die immer vorhandenen Leckageverluste gehen dabei in den Kühlschmierstoff und führen zur Verunreinigung. Mehrzwecköle, die sowohl als Hydraulikgetriebeöl und KSS eingesetzt werden, sind seit mehreren Jahren auf dem Markt. Diese Produkte eignen sich für Zerspanungs- und Umformvorgänge unter leichten bis mittleren EP-Bedingungen, wie Drehen, Bohren, Fräsen, Sägen, Schleifen und Gewindeschleifen für Stähle bis mittlerer Festigkeit, Eisen und Buntmetalle [32, 33].

In der Testphase befinden sich momentan Öle, welche die Aufgaben des Kühlschmierstoffes, Bettbahnöles und Hydrauliköles erfüllen. In einem weiteren Entwicklungsschritt soll dann zusätzlich das Getriebeöl mit einbezogen werden. Die Vorteile eines solchen Multifunktionsöles liegen in der Minimierung der Stoffvielfalt sowie einer Reduzierung des Pflegeaufwandes. Wie im Bild 21 verdeutlicht, würden die Leckageverluste ohne Probleme vom Kühlschmierstoff aufgenommen.

Eine derartige Umstellung erfordert jedoch eine Umrüstung der entsprechenden Maschinen. Hier müßte über Alternativen der einzelnen Ölkreisläufe nachgedacht werden. Dichtungen, Pumpen und Filtersysteme müßten den geänderten Stoffeigenschaften angepaßt werden. Esteröle greifen beispielsweise die heute üblichen Dichtungen an. Die für Hydraulikanlagen und Getriebe verwendeten Baumaterialien schließen die Verwendung von aktiven Schwefelverbindungen aus.

Faßt man die Tendenzen bei den Kühlschmierstoff-Produkten zusammen, so ist, wenn technologisch eben möglich, ein Trend von den wassermischbaren hin zu den nichtwassermischbaren festzustellen, mit der Zukunftsvision, alle in der Maschine anfallenden Schmier- und Kühlaufgaben mit möglichst einem Produkt zu erfüllen.

Die Weiterentwicklung der einzelnen Komponenten zielt auf eine Verlängerung der Standzeit bei gleichzeitiger Verringerung der ökologischen Belastung hin. Als Beispiele seien hier die synthetischen Kühlschmierstoffe auf Basis biologischer Grundöle zu sehen, die jedoch zur Zeit um den Faktor vier teurer sind. Zum Teil stehen sich bei den Optimierungszielen jedoch technologische und ökologische Forderungen entgegen.

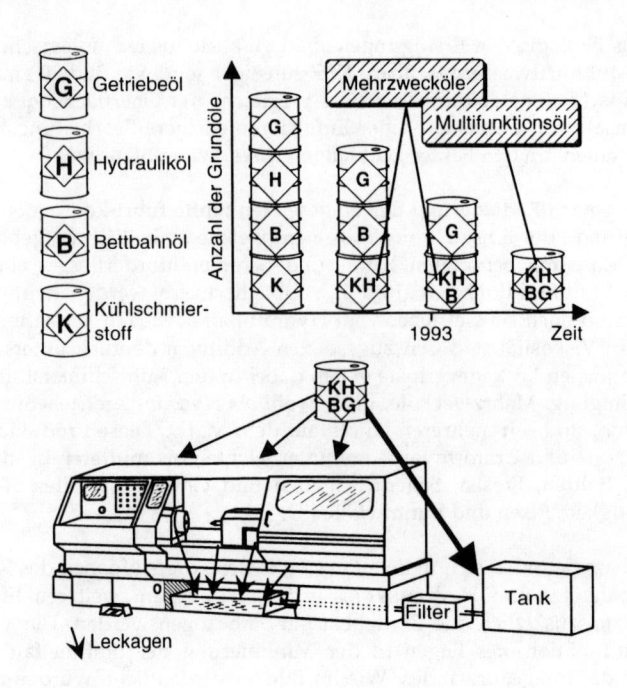

Bild 21: Multifunktionsöl

4.3 Kühlschmierstoffmenge verringern

Viele Bearbeitungsverfahren sind auf den Einsatz von kühlenden und schmierenden Flüssigkeiten angewiesen. Auch für diese Fälle sind Bestrebungen im Gange, die sich eine ökologisch verbesserte Produktion zum Ziel setzen. Eine Möglichkeit besteht in der Reduzierung der eingesetzten Kühlschmierstoffmenge, d.h. nur das für den Prozeß technologisch notwendige KSS-Volumen wird zur Verfügung gestellt. Bild 22 stellt Maßnahmen vor, die sich auf Werkzeug und Maschine konzentrieren.

Bei der Werkzeugmaschine ergeben sich unterschiedliche Möglichkeiten der Modifikation. Der Spänetransport, welcher häufig durch die eingesetzten Flüssigkeiten erfolgt, kann auf andere Weise realisiert werden. Neben Schrägbettlösungen und Fördersystemen können spezielle Spanleitsysteme oder auch alternative Medien, wie z.B. Druckluft zum Einsatz kommen. Weiterhin ist die für Form- und Maßtoleranz wichtige Temperaturkonstanz der Werkzeugmaschine z.B. über geschlossene Kühlkreisläufe zu erreichen. Im Bereich der Filtertechnik bieten sich zahlreiche Lösungen an, den Kühlschmierstoff durch geeignete Verfahren in seiner Wertigkeit lange Zeit auf einem hohen Niveau zu halten, das es erlaubt, die Standzeit derart zu verlängern, daß weniger häufig ein Wechsel der Flüssigkeit notwendig ist. Konkrete Ausführungen zu dieser Thematik greift das Kapitel 4.4 auf.

Kühlschmierstoffe 5-39

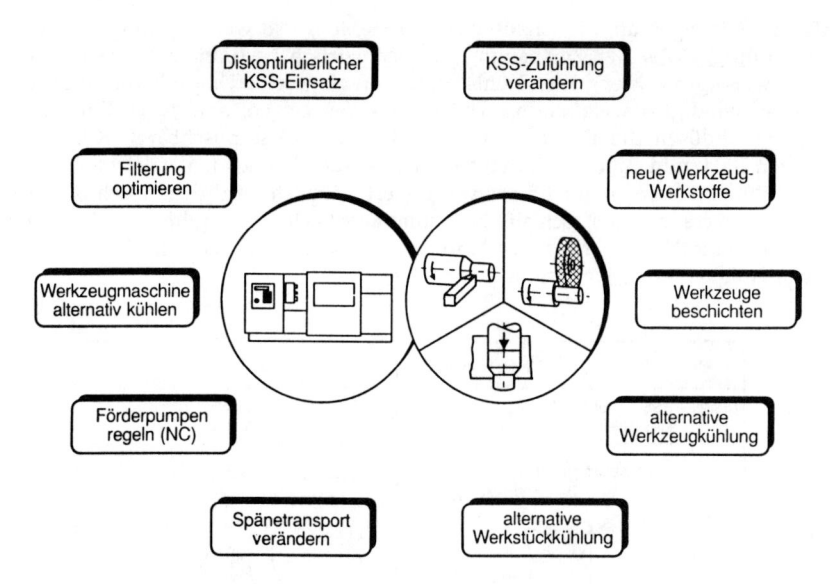

Bild 22: Werkzeug- und maschinenseitige Maßnahmen

Die KSS-Förderung ist normalerweise so ausgelegt, daß eine kontinuierliche Benetzung einer oder mehrerer Arbeitsflächen vorgenommen wird. So ist jedoch für die verschiedenen Funktionen des Kühlschmierstoffs eine zeitlich exakt auf den Bearbeitungsprozeß abgestimmte Zuführung vollkommen ausreichend. Kühlung von Werkstück, Werkzeug und der Spänetransport sind häufig voneinander unabhängige Prozesse. Ein diskontinuierlicher KSS-Einsatz und der Einsatz von über die Maschinensteuerung geregelten KSS-Förderpumpen reduziert nicht nur das insgesamt benötigte KSS-Volumen, sondern vermindert weiterhin die eingesetzte Energie. Auch die Abmessungen für die KSS-Anlage können kleiner gehalten werden.

An dieser Stelle sollen auch die Verluste durch Leckage Erwähnung finden. Angesprochen seien hier Undichtigkeiten im Bereich des Maschinenbodens, Verdunstungen und Verdampfungen sowie die Ausschleppung über das entnommene Werkstück. Geschlossene Systeme, Kapselungen und Abstreifsysteme bieten gute Verbesserungschancen.

Seitens der Werkzeuge bestehen unterschiedliche Ansatzpunkte, die eingesetzte Kühlschmierstoffmenge zu reduzieren. So bieten Schneidstoffe mit hoher Warmverschleißfestigkeit und auch beschichtete Werkzeuge hervorragende Eigenschaften, auf Trockenbearbeitung umzusteigen oder wenn dies nicht möglich ist, die benötigte KSS-Menge deutlich abzusenken.

Weitere Überlegungen gehen in die Richtung, alternative Kühlstrategien für Werkzeug und Werkstück zu entwickeln. Abhängig vom Bearbeitungsverfahren bieten sich verschiedene Lösungen an, die einzusetzende KSS-Menge so weit wie möglich zu reduzieren (Bild 23). Bei der Zerspanung mit geometrisch bestimmter Schneide werden üblicherweise große Mengen an Kühlschmierstoff eingesetzt. Dies gilt vor allem für die Hochgeschwindigkeitsbearbeitung. Untersuchungen zeigen, daß durch Einsatz angepaßter Schuhdüsen die Durchflußmengen des nichtwassermischbaren Kühlschmierstoffs von 200 l/min auf ca. 25 l/min reduziert werden können [36]. Gleichzeitig wurde der Zuführdruck von 30 auf 1,5 bar vermindert. Möglich wird dies durch den Abbau des Luftpolsters auf der Schleifscheibenumfangsfläche. Als günstiger Nebeneffekt ergibt sich eine Verringerung der Normalkraft, womit sich eine größere Maß- und Formgenauigkeit im Prozeß ergibt.

Zerspanung mit undefinierter Schneide	Zerspanung mit definierter Schneide
Beispiel: KSS- Düsen beim Hochgeschwindigkeitsschleifen	Beispiel: Schneidplatten mit innerer KSS- Zufuhr
Leitblech, Kühlschmierstoff, Schuhdüse, Schleifscheibe, Werkstück	Werkstück, Span, Schneidplatte, Kühlschmierstoff
Vorteile: + geringe KSS- Mengen + reduzierter Zuführdruck + geringe Pumpenleistung + Luftpolster wird abgebaut + reduzierte Normalkraft	**Vorteile:** + geringere KSS- Mengen + effektivere Schneidenkühlung + geringerer Werkzeugverschleiß + höhere Standzeiten + verbesserte Spanabfuhr

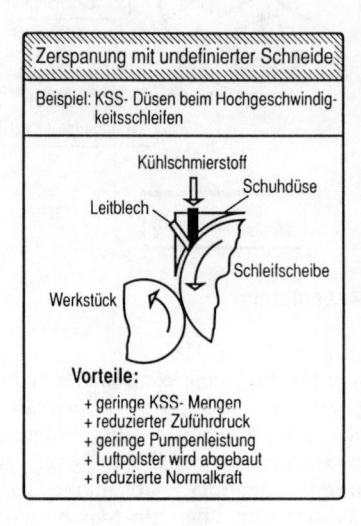

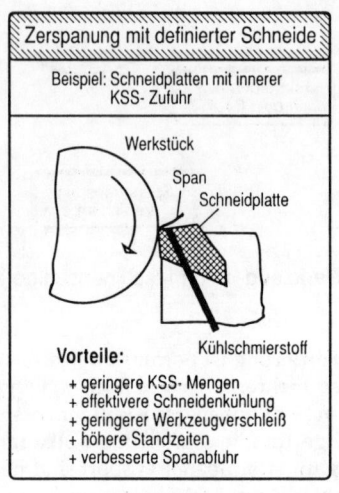

Bild 23: Gezielte Kühlschmierstoffzuführung

Beispiele aus dem Bereich der Zerspanung mit geometrisch bestimmter Schneide sind innengekühlte Werkzeuge. Während Bohrer mit Kühlkanälen schon lange Stand der Technik sind, stellen Schneidplatten für das Ein- und Abstechdrehen mit "innerer" Kühlschmierstoffzufuhr eine innovative Werkzeugentwicklung dar. Über einen Kanal im Trägerwerkzeug und in der Schneidplatte wird der Kühlschmierstoff unter hohem Druck direkt der Zerspanstelle geführt. Durch die effektivere Schneidenkühlung reduziert sich der Werkzeugverschleiß deutlich. Neben reduzierten KSS-Mengen bedeutet diese Vorgehensweise gleichzeitig eine Verdopplung der Werkzeugstandzeit bei der Bearbeitung von legiertem Stahl und einer Steigerung um den Faktor vier bei Nickelbasislegierungen. Auch die Spanabfuhr aus der Nut ist günstiger als bei herkömmlichen Zuführsystemen, so daß die Oberflächenqualität des Werkstücks verbessert wird [37, 38].

Vielfach dienen KSS ausschließlich der Temperierung von Werkstück und Maschine sowie der Entfernung von Spänen. In diesem Zusammenhang stellt sich die Frage nach alternativen Medien, von denen eine Schmierwirkung nicht mehr gefordert wird. Denkbar wäre hier z.B. reines Wasser, das lediglich umweltfreundliche Korrosions-Inhibitoren enthält. Müssen lediglich Späne entfernt und/oder Maschinenbauteile gereinigt werden, bietet sich der Einsatz von Druckluft an.

4.4 Kühlschmierstoffpflege, Recyclingkonzepte

Einen zentralen Punkt im Umgang mit Kühlschmierstoffen nimmt deren Pflege ein. Um die Kühlschmierstoffe über einen längeren Zeitraum in einem verarbeitungsfähigen Zustand zu halten, sind gerade bei den modernen Kühlschmierstoffen kontinuierliche Wartungs- und Pflegearbeiten notwendig. Dies gilt insbesondere für Emulsionen, deren Standzeit in direktem Zusammenhang mit dem Pflegeaufwand steht. Die Emulsionen müssen in regelmäßigen Abständen kontrolliert und gewartet werden, um ihre Leistungsfähigkeit zu erhalten und die Gefahr von Erkrankungen zu verringern (Bild 24). Überwachungspflichtenhefte bieten hierzu eine gute Anleitung [10, 12].

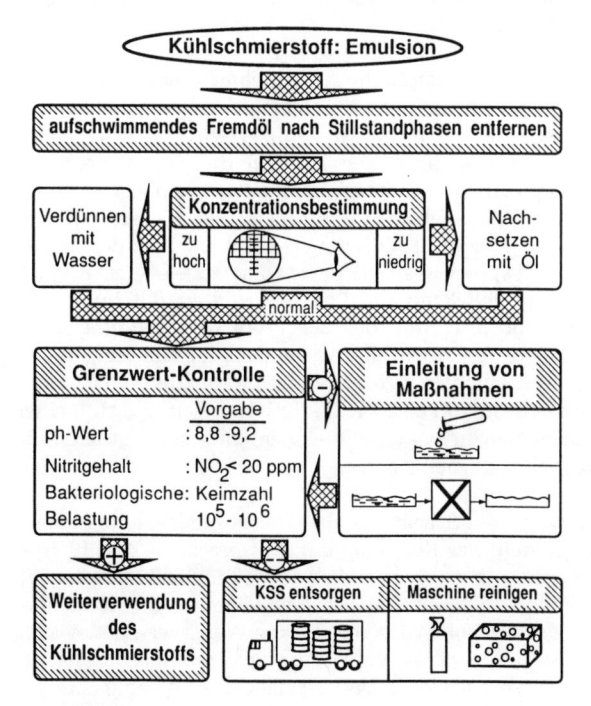

Bild 24: Kühlschmierstoff-Kontroll- und Wartungssystem

Ein erster Schritt sieht die Entfernung aufschwimmender Fremdöle vor. Diese Maßnahme erfolgt meistens nach Maschinenstillstandszeiten durch Absaugen oder Abschöpfen. In einem zweiten Schritt wird die Konzentration mit Hilfe eines Refraktometers bestimmt. Abhängig vom Meßergebnis wird die Emulsion entweder mit Grundöl nachgesetzt oder mit Wasser verdünnt. Wöchentlich durchgeführte Grenzwert-Kontrollen überprüfen in erster Linie den pH-Wert, den Nitritgehalt und die bakteriologische Belastung des KSS. Weichen Werte von den Vorgaben ab, so sind abhängig von der jeweiligen Zusammensetzung der Emulsion Maßnahmen einzuleiten, welche die chemischen und biologischen Grenzwerte wieder einstellen. Sind die Abweichungen der Ist-Werte von den vorgegebenen Soll-Werten jedoch zu hoch, dann bleibt nur noch der Weg der Entsorgung.

Vor einer Neubefüllung muß eine gründliche Reinigung aller betroffenen Maschinenteile durchgeführt werden. Gerade diese Reinigung gestaltet sich sowohl bei einfachen Maschinen, wie auch in komplexen Bearbeitungszentren bei den derzeit üblichen Konstruktionen meist sehr schwierig. Vorratsbehälter, Pumpen, Späneförderer etc. sind häufig unzugänglich und bedürfen damit kostspieliger Demontagearbeiten. Unzugängliche Stellen bilden einen bevorzugten Brutplatz für Hefen, Pilze und Bakterien, die sich so gut wie gar nicht reinigen lassen. Hier ist der Werkzeugmaschinenbau gefragt, leicht zugängliche KSS-Systeme bei der Neukonstruktion von Werkzeugmaschinen zu berücksichtigen.

Gerade kleine und mittelständische Unternehmen haben in der Regel nicht die Personal- und Laborkapazität, um die entscheidenden Daten über den Zustand des Kühlschmierstoffes zu erhalten. Immer häufiger wird daher bei der gesamten Handhabung des Kühlschmierstoffs immer häufiger die Unterstützung des Kühlschmierstoff-Lieferanten gewünscht. Ein bereits realisiertes Konzept ist in Bild 25 unter dem Namen "Total-Fluid-Management" dargestellt [39]. Dieses System beinhaltet alle Stationen, die im Umgang mit Kühlschmierstoffen anfallen. Beginnend bei der Beurteilung des Bearbeitungsprozesses und der daraus abgeleiteten Empfehlung des jeweiligen KSS erfolgt anschließend die Produktlieferung mit Informationen zu sachgerechter Lagerung und Umgang. Bei der Produktverwendung stehen die Produktüberwachung und -pflege sowie die Anwendungsoptimierung im Vordergrund. Die Entsorgung der verbrauchten Produkte wird ebenfalls vollständig vom KSS-Lieferanten übernommen. Hinzu kommen Serviceleistungen, die zum einen im Bereich der Logistik das Datenmanagement übernehmen und zum anderen die Schulung des Personals im Betrieb zum Ziel haben.

Einen weiteren wichtigen Schritt zur Reduzierung der ökologischen Belastung durch Kühlschmierstoffe stellt das Recycling dar. Entsprechend Bild 10 ergeben sich je nach KSS-Art und Verschmutzungsgrad verschiedene Möglichkeiten der Weiterverwendung der einzelnen flüssigen Phasen. Darüber hinaus bergen die festen Phasen ebenfalls ein hohes Entsorgungspotential. Während sich die Weiterverwertung von Spänen aus der definierten Zerspanung noch als verhältnismäßig unkritisch gestaltet, werden bei der Schleifbearbeitung, vorzugsweise bei der Hochgeschwindigkeits-Technologie, große Mengen an Abfallstoffen erzeugt. Diese setzen sich aus Schleifspänen, Schleiföl und Filterhilfsmitteln zusammen, welche umweltgerecht entsorgt werden müssen. Nach heutiger Gesetzgebung hängt es stark von der Zusammensetzung bzw. der Konsistenz des Schleifschlammes ab, ob dieser als Sondermüll eingestuft wird [13]. Wichtige Größen sind der Verunreinigungsgrad und die Restfeuchte.

Stufe 1 — Beurteilung und Empfehlung
o Datensammlung
o Analyse/ Beurteilung
o Empfehlung
o Prüfversuche/ Abtestung
o Tribomedienkompatibilität

Stufe 2 — Produktlieferung
o Bestandskontrolle
o Lagerung
o Handling
o Verbrauchsüberwachung

Stufe 3 — Produktverwendung
o Planung/ Kontrolle
o Produktüberwachung
o Produktmischung
o Anwendung optimal
o Leistungssteigerung

Stufe 4 — Produktentsorgung
o Abfallentsorgungsmanagement

Stufe 5 — Serviceleistung
o Training
o Datenmanagement
o Datenkoordination
o Techniksupport

Total Fluid Management

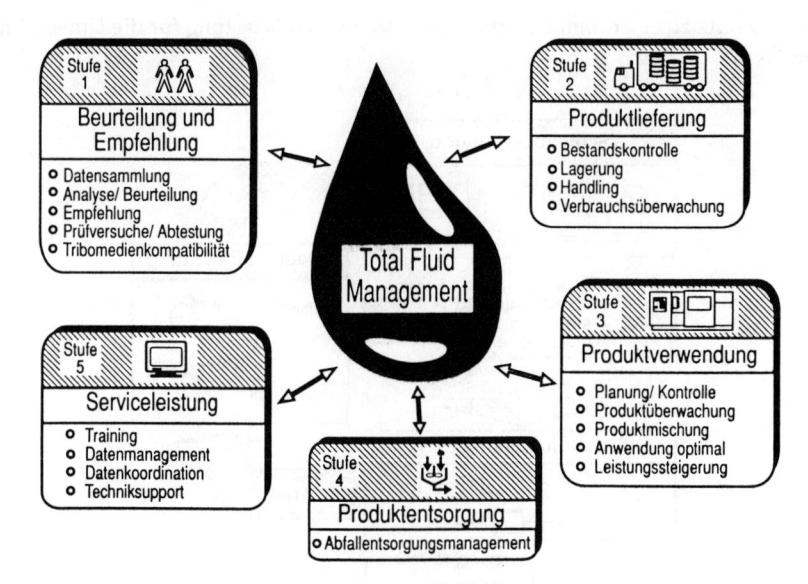

Bild 25: Total-Fluid-Management (nach: Fuchs Petrolub)

Bild 26 stellt ein Konzept vor, das sich eine Wiederverwertung des Schleifschlamms zum Ziel setzt. Schleifschlämme aus herkömmlichen Filteranlagen besitzen üblicherweise einen Restfeuchtegehalt von 30 bis 60 %. Grundvoraussetzung für eine umweltverträgliche Lösung ist die Entölung dieser Schlämme in betriebsexternen Entölungsanlagen auf einen Restölgehalt von weniger als 1 %. Das ausgefilterte Altöl kann dann dem Mineralölhersteller zurückgegeben werden, der durch physikalische und chemische Prozesse das Öl so aufbereitet, daß dieses dem Bearbeitungsprozeß wieder zugeführt werden kann. Der Schleifstaub wird bezüglich seiner Bestandteile einer genauen Analyse unterzogen und entsprechend den Vorgaben des Stahlherstellers mit Legierungselementen ergänzt. Unter hohem Druck werden Pellets oder Briketts erzeugt, die dann der Stahlerzeugung zugeführt werden können.

Mit diesem Konzept wird ein Kreislauf geschaffen, der in vorbildlicher Weise die Umwelt und die immer knapper werdenden Rohstoffe schont.

5. Zusammenfassung und Ausblick

In der metallverarbeitenden Industrie zählen die Kühlschmierstoffe zu den am häufigsten eingesetzten Hilfsstoffen. Sie sind in erster Linie für den Prozeß selbst notwendig, um das vorgegebene Arbeitsergebnis technologisch realisieren zu können. Ihr Einsatz wird jedoch auch durch die Probleme im direkten Arbeitsumfeld und bei der Entsorgung geprägt. Diese führen zu einer Vielzahl ökologischer Belastungen, die sich aufgrund der zunehmenden Gesetze und Verordnungen im Arbeits- und

Umweltschutz zu einer immer stärkeren ökonomischen Belastung für die Unternehmen entwickeln.

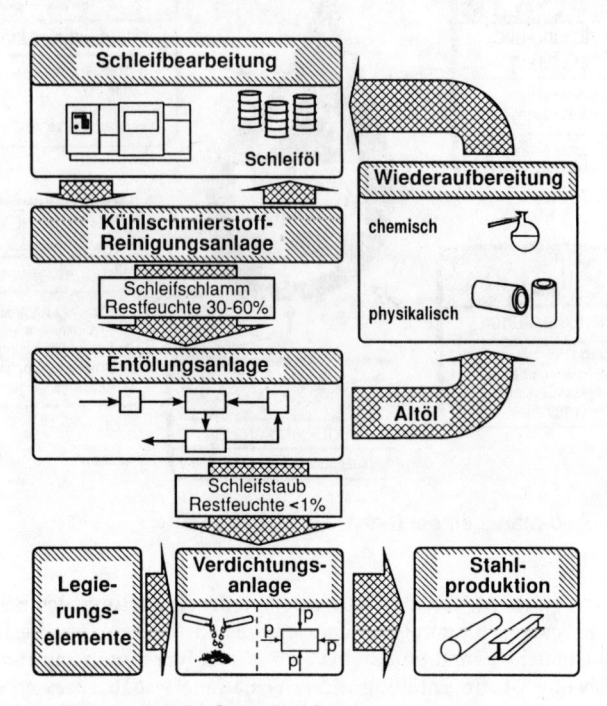

Bild 26: Recycling-Konzept für die Schleifschlammentsorgung

Die Analyse und Diskussion dieser Thematik zeigt, daß eine ökologische Verbesserung der Kühlschmierstoffproblematik in Anlehnung an das im Bild 2 aufgezeigte Schema nach folgenden Schritten ablaufen sollte (Bild 27).

Ausgangspunkt ist eine Analyse des Ist-Zustandes, in welcher die Art, Menge, Umlaufzeit und alle im Zusammenhang mit den Kühlschmierstoffen anfallenden Kosten - Einkauf, Instandhaltung, Entsorgung, usw. - bilanziert und den entsprechenden Fertigungsverfahren und Produkten zugeordnet werden. Mit Hilfe geeigneter Vergleichskriterien, Kosten, technologische Effizienz und das zum Teil nur subjektiv skalierbare Gefährdungspotential, müssen die Schwerpunkte für zukünftige Handlungen festgelegt werden. Die Aufstellung eines Maßnahmenkataloges, in dem kurz-, mittel- und langfristige Ziele festgelegt werden, ist für die Planung und die Erfolgskontrolle ein wichtiges Hilfsmittel.

Kurzfristige Maßnahmen, die sich sofort in der Fertigung umsetzen lassen, sind die Verbesserung der Pflege, Überwachung und Wartung des Kühlschmierstoffs. Weitere Schritte konzentrieren sich auf die Reduzierung der KSS-Menge und die Modifikation des Kühlschmiermediums. Diese Maßnahmen erfordern ein weitreichendes Prozeßverständnis. In diesem Zusammenhang ist zu prüfen, ob auf den Einsatz von Kühlschmierstoffen gänzlich verzichtet werden kann [40].

Analyse des Ist-Zustandes
- Erfassung aller in der Produktion eingesetzten
- Kühlschmierstoffe
  - Arten, Mengen, Umlaufzeiten, Kosten...
  - Zuordnung zu Fertigungsverfahren, Produkten

Definition von Schwerpunkten
durch
- Kostenvergleich
- Gefährdungspotential

Maßnahmenkatalog

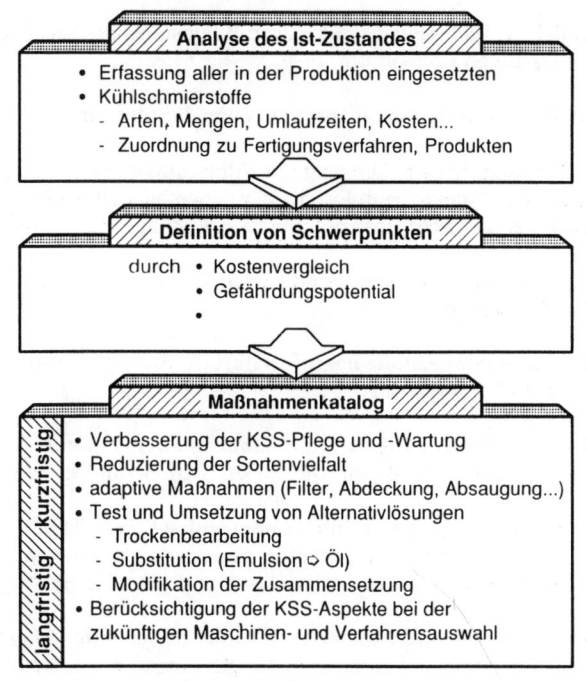

kurzfristig:
- Verbesserung der KSS-Pflege und -Wartung
- Reduzierung der Sortenvielfalt
- adaptive Maßnahmen (Filter, Abdeckung, Absaugung...)
- Test und Umsetzung von Alternativlösungen
  - Trockenbearbeitung
  - Substitution (Emulsion ⇨ Öl)
  - Modifikation der Zusammensetzung

langfristig:
- Berücksichtigung der KSS-Aspekte bei der zukünftigen Maschinen- und Verfahrensauswahl

<u>Bild 27:</u> Schritte zur ökologischen Verbesserung im Kühlschmierstoffbereich

Die Betrachtung der Thematik Kühlschmierstoff zeigt in deutlichem Maße, daß es zwingend notwendig ist, den Fertigungsprozeß nicht mehr nur unter der Zielvorgabe der Leistungsoptimierung zu betrachten, sondern die ökologischen Aspekte gleichberechtigt in diese Überlegungen miteinzubeziehen. Der Forschung und dem einzelnen Industrieunternehmen fällt hierbei eine besondere Verantwortung zu, innovative Lösungen für eine umweltverträgliche Fertigung zu entwickeln und umzusetzen.

Literatur:

[1] Schmidt-Bleek, F.: Ein universelles ökologisches Maß ? Gedanken zum ökologischen Strukturwandel; Wuppertal Papers Nr.1/1992

[2] Holl, F.-L; Rubelt, J.: Betriebsökologie; Bund Verlag Köln, 1993

[3] Rufer, D.; Dörler, H.: Ökologische Unternehmensentwicklung; IO Management Zeitschrift 61 (1992) 1, S.70-73

[4] Autorenkollektiv: Wettbewerbsfaktor Produktionstechnik; Aachener Werkzeugmaschinen Kolloquium, 1990

[5] Johannsen, P.: Unveröffentlichte Informationen der Mercedes-Benz AG, 1993

[6] Becker, S.: Hautschutz beim Umgang mit Kühlschmierstoffen; in: Die gesundheitlichen Aspekte beim Einsatz der neuen biostabilen Kühlschmierstoffe; Sonderdruck der Deutsche Castrol Industrieoel GmbH, Hamburg

[7] König, W.: Fertigungsverfahren, Band 1 Drehen, Fräsen, Bohren; 4. Aufl. 1990, VDI-Verlag Düsseldorf

[8] DIN 51 385: Kühlschmierstoffe Begriffe; Hrsg. Deutscher Normenausschuß, Juni 1991, Beuth Verlag Berlin

[9] VDI 3397, Blatt 2: Entsorgung von Kühlschmierstoffen; Entwurf August 1991, Hrsg. VDI-Gesellschaft Produktionstechnik (ADB), Beuth Verlag Berlin

[10] Richtlinie für den Umgang mit Kühlschmierstoffen (ZH 1/248); Entwurf November 1992, Hrsg. Hauptverband der gewerblichen Berufsgenossenschaften, Fachausschuß Eisen und Metall II, St. Augustin

[11] BIA-Report 3/91, 2. Auflage Januar 1993: Kühlschmierstoffe Umgang, Messung, Beurteilung, Schutzmaßnahmen; Hrsg. Hauptverband der gewerblichen Berufsgenossenschaften, St. Augustin

[12] N. N.: Kühlschmierstoffe; Hrsg. Maschinenbau- und Kleineisenindustrie-Berufsgenossenschaft, Düsseldorf

[13] Martin, K.; Yegenoglu, K.: HSG-Technologie. Handbuch zur praktischen Anwendung; Hrsg. Guehring Automation GmbH, Stetten a.k.M.-Frohnstetten, 1992

[14] Boor, U.: Kühlschmierstoffe zum Räumen; Teil 2, VDI-Z 134 (1992) 2, S. 71-81

[15] N. N.: N-Nitrosamine in wassermischbaren bzw. wassergemischten Kühlschmierstoffen; Technische Regel für Gefahrstoffe, Entwurf 1991, Hrsg. Bundesminister für Arbeit und Sozialordnung und Bundesminister für Umwelt, Naturschutz und Reaktorsicherheit

[16] Behrend, R.: Flüssige Gehilfen. Kühlschmierstoffe und ihre Zusätze verbessern das Ergebnis beim Metallzerspanen; Maschinenmarkt 93(1987)39, S. 42-48

[17] Appelbaum, G.: Neue Rezepte. Additive in modernen Kühlschmierstoffen; moderne fertigung April 1988, S. 88-96

[18] Lingmann, H.: Hygiene und Arbeitsschutz beim Einsatz von Kühlschmierstoff; Technik Aktuell (1990) 2

[19] N.N.: Giftcocktail Kühlschmierstoffe; Gefahrstoffinformation der IG Metall Bezirksleitung Baden-Württenberg, Stuttgart, 1990

[20] N.N.: Wäßrige Werkzeuge habens schwer ..; NC-Fertigung 5/92, S.136-138

[21] Groß, H.H.; Simon, H.: Atemluftbelastung in der Fertigung; Werkstatt und Betrieb 125 (1992) 9, S.721-725

[22] König, W.; Gerschwiler, K.; Fritsch, R.: Leistung und Verschleiß neuerer beschichteter Hartmetalle; in: Pulvermetallurgie in Wissenschaft und Praxis, Band 8, 1992, Hrsg.: H. Kolaska, VDI-Verlag Düsseldorf

[23] König, W.; Klinger, M.: Räumen mit Hartmetall. Leistungssteigerung durch angepaßte Prozeßauslegung; in: Räumen - Neue Technologien. Tagungsband zum Karlsruher Kolloquium, Februar 1992, Hrsg.: wbk, Universität Karlsruhe

[24] König, W.; Klinger, M.: Beschichtetes Hartmetall - Leistungsreserven beim Räumen nutzen; VDI-Z 4 (1993)

[25] König, W.; Peiffer, K.; Knöppel, D.: Kühlschmierstofffreie Zahnradfertigung. Die Produktion umweltverträglicher gestalten; Ind.-Anz. 94 (1991), S.23-25

[26] N.N.: Methoden zur Rohstoff- und Energieeinsparung für ausgewählte Fertigungsprozesse; DFG-Sonderforschungsbereich 144, Arbeits- und Ergebnisbericht 1991, Hrsg. SFB-Geschäftsstelle RWTH-Aachen

[27] Goldstein, M.: Optimierung der Fertigungsfolge Fließpressen - Spanen; Dissertation RWTH Aachen, 1991

[28] Lowin, R.: Schleiftemperaturen und ihre Auswirkungen im Werkstück; Dissertation RWTH Aachen, 1980

[29] Ackerschott, G.: Grundlagen der Zerspanung einsatzgehärteter Stähle; Dissertation RWTH Aachen, 1989

[30] König, W.; Berktold, A.; Severt, W.: Spanende Bearbeitung ohne Kühlschmierstoffe - Ein Beitrag zur Verringerung der Umweltbelastung; PA - Produktionsautomatisierung

[31] Ihrig, H.: Umweltverträgliche Schmierstoffe in den 90er Jahren; Tribologie und Schmierungstechnik 39 (1992) 3, S.121-125

[32] Kiechle, A.: Zukunft des Kühlschmierstoffeinsatzes; Vortrag anl. des Schmierstoff-Forums, 1992

[33] Böschke, K.: Nichtwassermischbare Kühlschmierstoffe - heute und morgen; Vortrag anl. des Seminars "Kühlschmierstoffe heute - morgen", Nürnberg, 1992

[34] Müller, J.: Grundlagen, Anforderungsprofile von wassermischbaren Kühlschmierstoffen heute und morgen; Vortrag anl. des Schmierstoff-Forums, 1992

[35] Angerer, W.: Die gesundheitlichen Aspekte beim Einsatz der neuen biostabilen Kühlschmierstoffe; Sonderdruck der Deutsche Castrol Industrieoel GmbH, Hamburg

[36] N. N.: Unveröffentlichte Untersuchungen am WZL der RWTH Aachen, 1992

[37] N.N.: Intern gekühlte Ab- und Einstechverfahren; NC-Fertigung 6 (1992), S.90-95

[38] Wertheim, R.; Rotberg, J.; Ber, A.: Influence of High-Pressure Flushing through the Rake Face of the Cutting Tool; Annals of the CIRP 41 (1992), S.101-106

[39] Mang, T.: Unveröffentlichte Untersuchungen der Firma Fuchs Petrolub AG, 1992

[40] Baumgärtner, Th.: Null-Lösung. Mercedes-Benz will Kühlschmierstoffe reduzieren, Ind.-Anz. 69 (1991), S. 10-11

Mitarbeiter der Arbeitsgruppe für den Vortrag 5.1

Dr.-Ing. H.-J. Adlhoch, Herding GmbH, Amberg
Prof. Dr. W. Brandstätter, Ford Werke AG, Köln
Prof. Dr.-med. J. Bruch, Institut für Hygiene und Arbeitsmedizin, Essen
Dipl.-Ing. K. Gerschwiler, WZL, Aachen
Dipl.-Ing. P. Johannsen, Mercedes-Benz AG, Stuttgart
Ing.-grad. W. Kempf, K. Kässbohrer Fahrzeugwerke GmbH, Ulm
Prof. Dr.-Ing. Dr. h.c. W. König, WZL/FhG-IPT, Aachen
Dipl.-Ing. D. Lung, WZL, Aachen
Dr.-Ing. T. Mang, Fuchs Petrolub AG, Mannheim
Dipl.-Ing. G. Osterhaus, WZL, Aachen
Dipl.-Ing. S. Rummenhöller, FhG-IPT, Aachen
G. Szelag, Staatl. Gewerbeaufsichtsamt, Aachen
Dr.-Ing. K. Yegenoglu, Guehring Automation, Stetten a. k. M.

5.2 Bewertungsstrategien für Produktentwicklung, Produktion und Entsorgung

Gliederung:

1. Einleitung

2. Zielsystem im Wandel der Zeit
2.1 Ökonomische und ökologische Rahmenbedingungen
2.2 Umweltschutz als Innovationsfaktor
2.3 Erweitertes Zielsystem

3. Bewertungsstrategien: Hilfsmittel für die zielorientierte Entscheidungsfindung
3.1 Anforderungen an ein umweltökonomisches Bewertungssystem
3.2 Lösungsansatz: Bewertungssystem 2000
3.3 Anwendungspotential
3.3.1 Monetäre Bewertungsstrategien
3.3.2 Strategien zur Potentialbewertung
3.3.3 Energetische Bewertungsstrategien
3.3.4 Ökologische Bewertungsstrategien

4. Fallbeispiele

5. Fazit/ Ausblick

Kurzfassung:

Bewertungsstrategien für Produktentwicklung, Produktion und Entsorgung
In der Vergangenheit wurden wettbewerbsorientierte Entscheidungsfindungen nahezu ausschließlich unter Berücksichtigung rein monetärer Gesichtspunkte durchgeführt. Vor dem Hintergrund der resultierenden Umweltbelastungen und der sich ändernden wirtschafts- und gesellschaftspolitischen Rahmenbedingungen sind Entscheidungsträger jedoch heute gefordert, ökologische Gesichtspunkte als gleichgewichtig zu berücksichtigen.

Im Rahmen des Beitrages "Bewertungsstrategien für Produktentwicklung, Produktion und Entsorgung" wird diesbezüglich ein zukunftsorientiertes Evaluierungskonzept vorgestellt, mit dem der Forderung nach langfristiger Ökonomie entsprochen werden kann. Mit dem dargestellten Bewertungskonzept ist es zukünftig möglich, produkt- bzw. produktionsspezifische Entscheidungsfindungen unter ganzheitlicher Betrachtung zu optimieren.

Abstract:

Evaluation Strategies for Product Development, Production and Recycling
Decision-making in the past tended to revolve around purely financial aspects. The resultat detrimental effects on the environment combined with evolving economic and socio-polititcal boundary conditions are forcing decision makers to tive equal consideration to ecological issues.

Within the scope of this contribution, a future-oriented concept embracing the need for a long-term economic planning will be presented. This will enable product and procution-specific decision-making processes to be viewed from a very much wider angle.

1. Einleitung

In den Beiträgen dieses Buches wird aus verschiedenen Blickrichtungen die steigende Komplexität produktionstechnischer Entscheidungen aufgezeigt: Ziele wie "Wettbewerbsfähige Unternehmensprozesse" (Beitrag 1.1), "Qualitätsmanagement" (Beitrag 1.2) und "Ressourcenoptimale Produktionsgestaltung" (Beitrag 3.1) sind effizient nur auf der Basis geeigneter, insbesondere quantifizierender Informationen zu erreichen.

Der Umweltschutz als zusätzliches produktionstechnisches Ziel wird im letzten Schwerpunkt gesondert behandelt, um die bestehende ökologische Herausforderung in eine ganzheitlich verstandene Produktionstechnik zu integrieren [1]. Der folgende Beitrag zeigt eine Perspektive auf, wie Führungskräfte diese vielfältigen Anforderungen an ihr Unternehmen nutzen können um die Wettbewerbsfähigkeit durch zuverlässige Entscheidungen und effizientes Management in Produktentwicklung, Produktion und Entsorgung zu stärken (Bild 1).

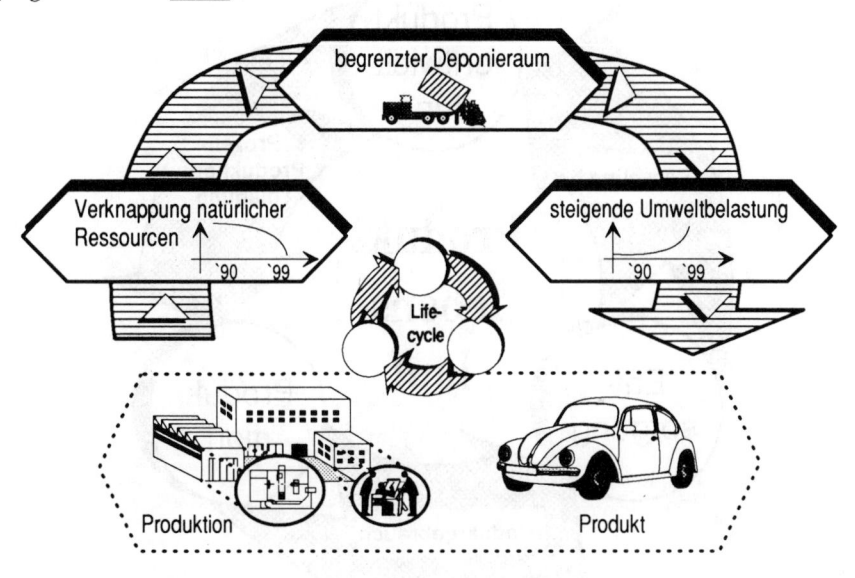

Bild 1: Ausgangssituation

Hintergrund ist das geänderte gesellschaftliche Bewußtsein und die Erkenntnis, daß die natürlichen Ressourcen in mehrfacher Hinsicht begrenzt sind. Viele natürliche Ressourcen werden in naher Zukunft nicht mehr in ausreichendem Maße zur Verfügung stehen [2]. Gleichzeitig sind für die Entsorgung von Produktions- und Produktabfällen immer weniger Kapazitäten verfügbar [3]. Mit einer nennenswerten Ausweitung der Kapazitäten für Deponierung kann jedoch nicht gerechnet werden.

Die Herausforderung, vor der produzierende Unternehmen insbesondere in Deutschland stehen, ist daher in der Reduktion der Umweltbelastungen zu sehen. Dies betrifft sowohl die Gestaltung von Produktionsprozessen als auch die Produktgestaltung. Dabei sind zwei wesentliche Tendenzen zu erkennen: Zum einen erzwingen Verordnungen die Berücksichtigung neuer Kriterien für die Produkt- und Prozeßgestaltung; zum anderen wird der zeitliche Horizont technischer Entscheidungen auf den ganzen Produktlebenszyklus ausgedehnt.

Neben die Verantwortung für den eigentlichen Produktionsprozeß tritt heute insbesondere auch die Verantwortung für die Entsorgung der Produkte. Es ist daher unabdingbare Forderung, die Bilanzhülle der Bewertung zu erweitern (Bild 2). Gesetzliche Bestimmungen und ausführende Verordnungen des Abfallgesetzes schaffen Rücknahmeverpflichtungen für immer mehr Produkte. Zunächst wurde die Verpackungsverordnung (1991) in Kraft gesetzt, die Elektronikschrottverordnung wird voraussichtlich 1994 folgen und weitere Verordnungen, z.B. für Altautos, sind angekündigt.

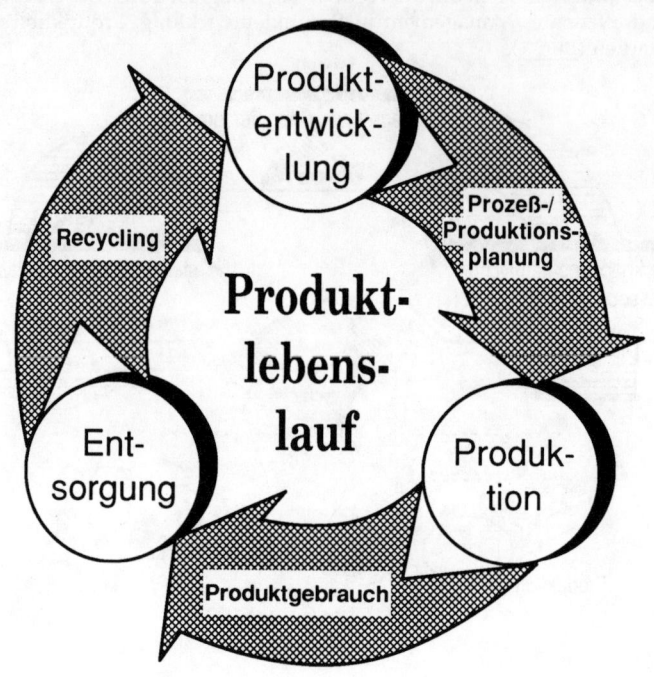

Bild 2: Erweiterte Bilanzhülle

Die wesentlichen Stellglieder zur Erreichung der genannten Ziele sind jedoch nach wie vor die Produktentwicklung und die Gestaltung der Produktionsprozesse. Um jedoch bereits bei der Produktentwicklung Aussagen über den gesamten Produktlebenszyklus treffen zu können, ist ein gesamtheitlicher Bewertungsansatz erforderlich.

2. Zielsystem in Wandel der Zeit

2.1 Ökonomische und ökologische Rahmenbedingungen

Die geänderte gesellschaftliche und wirtschaftliche Grundauffassung wird zur Etablierung der "öko-sozialen Marktwirtschaft" in neue Rahmenbedingungen für die produzierenden Unternehmen übersetzt [4]. Dieser Begriff verdeutlicht die doppelte Wirkungsweise der Einflüsse auf das Unternehmen. Neben den Marktgesetzen definiert eine ökologieorientierte Rahmengesetzgebung - die in ihrer Wirkungsweise der Sozialgesetzgebung vergeichbar ist - die Verantwortung des Unternehmers (Bild 3).

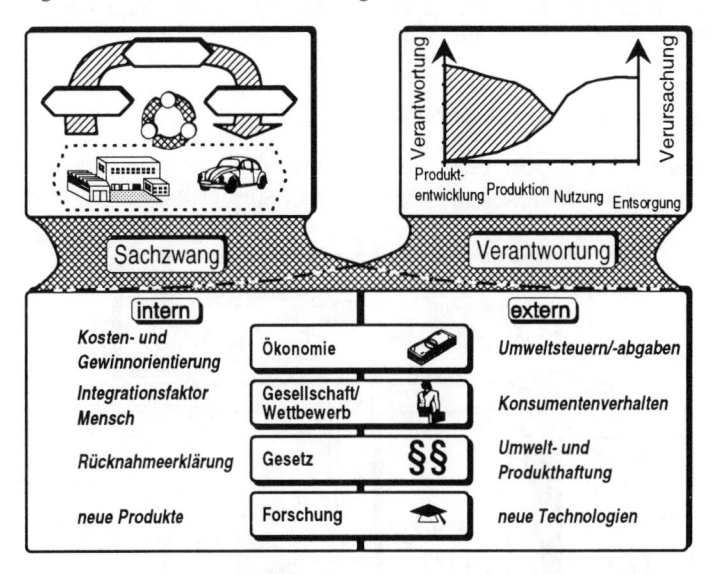

Bild 3: Einflüsse auf das Unternehmen

Direkte Marktforderungen ergeben sich aus dem geänderten Kaufverhalten der Konsumenten, das beispielsweise für öffentliche Auftraggeber explizit als "umweltfreundliche Beschaffungspolitik" [5] formuliert wird. Weniger marktkonform sind Wirkungen von Umweltabgaben und -steuern, mit denen externe Effekte in die betriebliche Kostenrechnung integriert werden: Beispiel hierfür ist die Diskussion um die Erhebung einer Abgassteuer auf die CO_2-Belastung der Luft.

Ganz anders zu bewerten sind nicht marktkonforme, direkte gesetzliche Auflagen und Bestimmungen; insbesondere dann wenn sie nur nationalen Charakter haben. Durch Umweltauflagen wird z.B. der Einbau von Filteranlagen oder der Bau von Auffangbekken bei Tankanlagen erzwungen. Nur durch die Erfüllung dieser Auflagen, die sich in Investitions-und Betriebskosten widerspiegelt, kann überhaupt eine Betriebsgenehmigung erreicht werden.

Die geänderten Einflüsse auf das Unternehmen lassen sich in Hinblick auf interne Bedeutung und externe Verantwortung in vier Kategorien gliedern: Ökonomie, Gesellschaft/ Wettbewerb, Gesetz und Forschung. Hinsichtlich der Ökonomie können die Unternehmen nur begrenzt handeln. Die Auswirkungen auf die Kosten und den Gewinn sind differenziert zu berücksichtigen und in die weiteren Überlegungen einzubeziehen. Hier sind insbesondere die Aufwände für Umweltsteuern und -abgaben als neue Kostenarten zu nennen.

Vor diesem Hintergrund sind Unternehmen heute gezwungen, sowohl ihre Prozesse als auch ihre Produkte zu erneuern und den geänderten Markt- und Rahmenbedingungen anzupassen. In diesem Sinne stellt der Wandel durch geänderte Rahmenbedingen einen Innovationsfaktor im Unternehmen dar.

2.2 Umweltschutz als Innovationsfaktor

Dieser Innovationsfaktor soll durch ein geändertes Ökonomie- und Ökologiemanagement, das sowohl kurzfristige als auch langfristige Aspekte umfaßt, erschlossen werden (Bild 4).

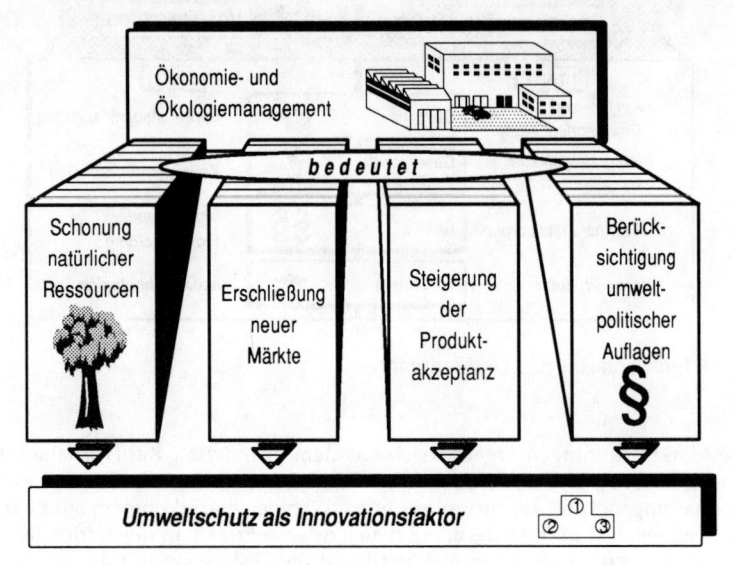

Bild 4: Ökonomie- und Ökologiemanagement

Die Schonung nicht erneuerbarer Ressourcen kann nur durch gezielte Innovation erreicht werden. Dabei kommt dem Schutz des Menschen am Arbeitsplatz und in der Umwelt ebenso Bedeutung zu, wie der Verlängerung der Erschöpfungsfristen für natürliche Ressourcen [6]. Zunehmende Bedeutung gewinnt auch die Betrachtung der lange für unerschöplich gehaltenen Ressourcen Luft und Wasser.

Für die Unternehmen gelten natürlich nach wie vor die üblichen Zielsetzungen: Diversifikation der Produktpalette bzw. die Erschließung neuer Märkte und damit verbunden die Steigerung der Produktakzeptanz. Gerade in der heutigen Situation ist es für die Unternehmen sehr wichtig, neue Marktsegmente, die speziell auf die Umweltschonung abzielen, zu erschließen. Dadurch wird beim Konsumenten wiederum eine Steigerung der Produktakzeptanz bewirkt. Hier zeigt sich also, daß mit den bewährten Marketing-Methoden für die Unternehmen die Möglichkeit besteht, aktiv auf das Konsumentenverhalten einzuwirken.

Diese zeitraumorientierte Betrachtung korrespondiert jedoch wenig mit dem heute üblichen Entscheidungshorizont in produzierenden Unternehmen. Die Berücksichtigung langfristiger Auswirkungen der industriellen Produktion soll daher über Gesetze und Verordnungen erzwungen werden.

Innerhalb der gesteckten gesetzlichen Rahmenbedingungen kann also nur ein vorausschauendes Ökologiemanagement die Risiken des unternehmerischen Handelns begrenzen und damit ein langfristig erfolgreiches Ökonomiemanagement ermöglichen.

Unmittelbar greifbar mit den heutigen Entscheidungsmethoden sind dagegen die Einflüsse des gewachsenen Umweltbewußtseins auf die Märkte. Zwei Phänomene stehen dabei im Vordergrund. Auf der einen Seite kann durch geeignete Maßnahmen und ein Öko-Marketing die Produktakzeptanz gesteigert werden. Dazu soll z.B. auch die Einführung des deutschen Umweltengels oder des europäischen Umweltzeichens als verkaufsfördernde Produktzertifikate beitragen.

Auf der anderen Seite werden aber auch gänzlich neue Märkte durch die Substitution von Produkten und Technologien oder die Entwicklung neuer Produkte auf Grund eines gänderten Verbraucherverhaltens erschlossen.

2.3 Erweitertes Zielsystem

Die dargestellten Beispiele und Tendenzen zeigen, daß nur die kontinuierliche Veränderung des konventionellen Zielsystems eine Unternehmenssicherung und den Erfolg am Markt garantieren kann. Der bereits in Beitrag 1.1 "Wettbewerbsfähige Unternehmensprozesse" angesprochene Paradigmenwechsel erfordert also den Aspekt Ökologie zu ergänzen. D.h., es müssen die bislang bekannten monetären Zielgrößen um die erwähnten Zielgrößen "Ökologie", "Umweltkosten" etc. ergänzt werden (Bild 5).

Zusätzlich ändert sich jedoch auch die Struktur der Zielkriterien. Ist es bei der Entscheidungsfindung mit herkömmlichen Kennzahlen noch möglich, durch die Verdichtung der Kennzahlen in einer Hierarchie - z.B. nach DuPont - zu einer eindeutigen Aussage zu kommen, so ist dies heute in der Regel nicht mehr möglich. Im neuen Zielsystem muß eine Struktur gefunden werden, mit der aus sich widersprechenden Zielgrößen - z.B. beim Abgleich von Produktionskosten und Qualität - eine geeignete Kompromißlösung gefunden wird. Eine einfache Hierarchie ist dazu nicht ausreichend und muß durch leistungsfähigere Mechanismen der Entscheidungsfindung ersetzt werden.

Die Entwicklung und der Einsatz dieser leistungsfähigeren Mechanismen und die

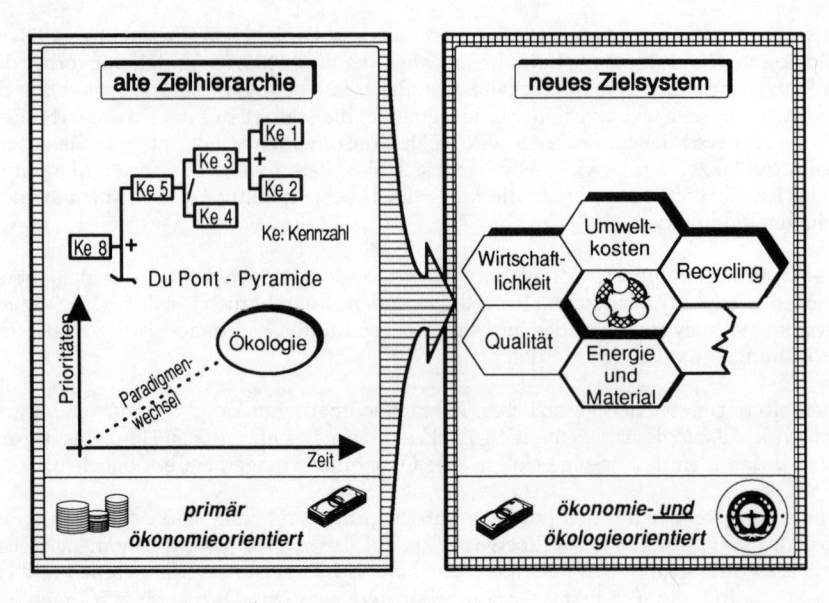

Bild 5: Zielsystem im Wandel der Zeit

Bereitstellung der erforderlichen Informationen ist nur auf der Basis einer weiterentwickelten Informationstechnik möglich. Durch die zunehmende Verfügbarkeit leistungsfähiger EDV-Komponenten kann daher von einem technologiebedingten Wandel der Produkt- und Prozeßplanung gesprochen werden [6]. Effiziente Entscheidungsprozesse werden wegen der umfangreicheren Zielkriterien und des komplexeren Zielsystems zudem zukünftig kooperative Arbeitsformen von mehr Experten aus unterschiedlichen Unternehmensbereichen erfordern.

Wurden z.B. Werkstoffe bislang nach Kriterien der Produktivität des Produktionsprozesses und damit der Verbesserung der Kostenstruktur zur Gewinnmaximierung ausgewählt, so treten weitere Anforderungen aus der Qualitätssicherung, der Entsorgung etc. gleichberechtigt in Erscheinung (Bild 6). Die Auswahl von Kunststoff oder speziellen Metallen für ein Produkt oder eine Baugruppe wird zu einem vielschichtigen Entscheidungproblem.

Die Ergebnisse einer Delphi-Umfrage (Bild 7) zeigen, daß betriebliche Verantwortungsträger sich der Situation bewußt sind. Die Ergebnisse der Umfrage zeigen, daß sie einen Ausbau der Bewertungsaspekte erwarten. Besonders der Bewertung unter ökologischen und energetischen Gesichtspunkten wird in der Zukunft mehr Gewicht beizumessen sein.

Ein Trend zur gesamtheitlichen Bewertung wird auch bei der Betrachtung verschiedener Bilanzhüllen erwartet. Stand in der Vergangenheit die Bewertung von Produktion und Nutzung im Vordergrund, wird für die Zukunft von den Teilnehmern der Delphi-

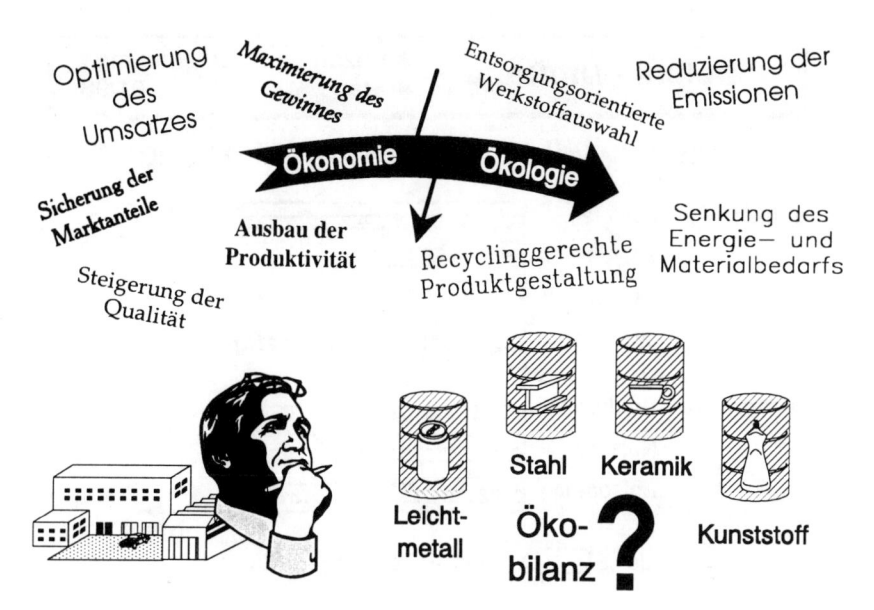

Bild 6: Zielsystem im Wandel der Zeit - Beispiel Werkstoffauswahl

Optimierung des Umsatzes · Sicherung der Marktanteile · Steigerung der Qualität

Maximierung des Gewinnes

Ökonomie → Ausbau der Produktivität

Entsorgungsorientierte Werkstoffauswahl

Ökologie → Recyclinggerechte Produktgestaltung

Reduzierung der Emissionen · Senkung des Energie- und Materialbedarfs

Ökobilanz? Leichtmetall, Stahl, Keramik, Kunststoff

Umfrage eine zunehmende Bewertung des Gesamtlebenszyklus eines Produktes als notwendig erachtet.

Verschärfte Rahmenbedingungen - wie z.B. die Produktrücknahmepflicht - führen dazu, daß die Bewertung der Entsorgung unter ökologischen und energetischen - und nicht nur unter monetären - Gesichtspunkten zu erfolgen hat.

Ähnliches läßt sich auch für die Nutzung vorhersagen. Die geplante Bewertung unter strategischen und energetischen Gesichtspunkten spricht für die kundenorientierte Berücksichtigung von Aspekten der Nutzungsphase. Energetische Betrachtungen insbesondere von energiebetriebenen Produkten (z.B. Elektrohaushaltsgeräte, Fahrzeuge) werden zu einer weiteren Optimierung des Energieeinsatzes benötigt.

In der Produktion schieben sich energetische und ökologische Gesichtspunkte neben den klassischen monetären Bewertungsgrößen in den Vordergrund, denn dort sind die Rationalisierungspotentiale besonders umfangreich. Es können sich somit Umweltschutzmaßnahmen, deren Basis eine ökologische und energetische Bewertung ist, auch positiv auf die Produktionskosten auswirken.

```
┌─────────────────────────────────────────────────────────┐
│   Delphi - Umfrage      • Bezug:   45 Unternehmen       │
│                         • Stand:         01/93          │
└─────────────────────────────────────────────────────────┘
```

Basis für die Entscheidungsfindung:

Aspekte
- monetär
- energetisch
- ökologisch
- strategisch

Bilanzgrenze
- Produktion
- Nutzung
- Entsorgung

→ 100% relative Bedeutung

Legende: ☐ Vergangenheit ▨ Zukunft

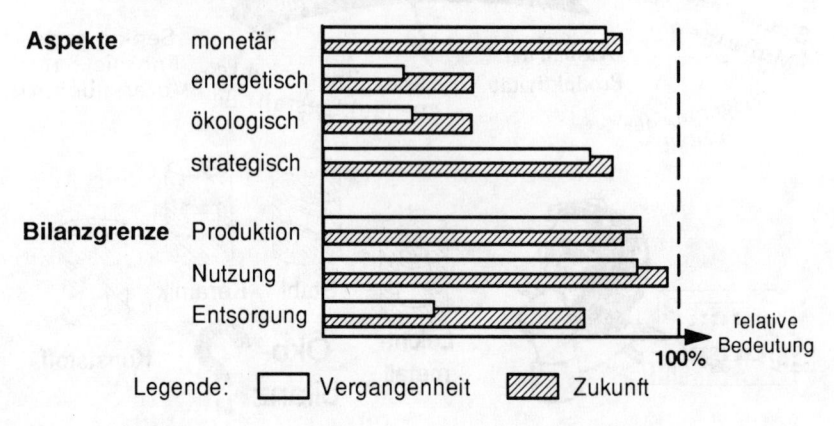

Bild 7: Tendenzen in der Bewertung

3. Bewertungsstrategien: Hilfmittel für die zielorientierte Entscheidungsfindung

Neben einer allgemeinen umweltökonomischen Sensibilisierung der Industrie belegt die durchgeführte Unternehmensbefragung jedoch auch, daß einer operativen Umsetzung dieses Paradigmenwechsels zur Zeit noch gravierende Defizite entgegenwirken. Für viele umweltökonomisch ungünstige Produkte, Prozesse oder Werkstoffe konnten bislang noch keine geeigneten technischen Alternativen entwickelt werden. Für die Bereiche, in denen bereits technische Alternativen bestehen, erweist es sich im Einzelfall oftmals als komplexe, teilweise nicht lösbare Aufgabe, aus einem breiten Handlungsspektrum das umweltökonomische Optimum zu ermitteln.

Die für eine Optimierung erforderlichen Experimente können nur an Beispielen weniger, industriell besonders wichtiger Produkte/ Produktionsprozesse durchgeführt werden. Für eine allgemein realisierbare, objektive Bewertung von werkstoff-, konstruktions- bzw. fertigungstechnischen Alternativen bedarf es geeigneter planerischer Hilfsmittel. Durch den Einsatz geeigneter Bewertungsstrategien können Schwachstellen bestehender technischer Lösungen frühzeitig ermittelt und diesen durch eine gezielte Ableitung von Alternativen entgegengewirkt werden.

Allgemeine Kritik an den bestehenden Bewertungsansätzen besteht darin, daß diese in ihrer Anwendung zu komplex sind, nicht alle relevanten Aspekte berücksichtigen bzw. nur auf monetärer Basis bewertet wird (Bild 8). - Die Unternehmensbefragung bestätigt, daß bislang noch kein befriedigender Bewertungsansatz existiert, durch dessen konsequente Anwendung produkt- bzw. prozeßspezifisches Umweltverhalten aussagefähig charakterisiert wird.

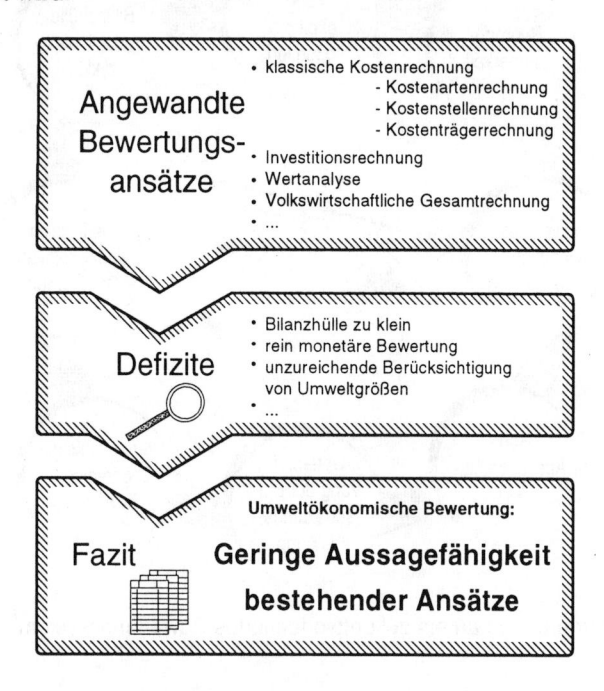

Angewandte Bewertungsansätze
- klassische Kostenrechnung
  - Kostenartenrechnung
  - Kostenstellenrechnung
  - Kostenträgerrechnung
- Investitionsrechnung
- Wertanalyse
- Volkswirtschaftliche Gesamtrechnung
- ...

Defizite
- Bilanzhülle zu klein
- rein monetäre Bewertung
- unzureichende Berücksichtigung von Umweltgrößen
- ...

Fazit

Umweltökonomische Bewertung: **Geringe Aussagefähigkeit bestehender Ansätze**

Bild 8: Schwachstellen bestehender Bewertungsansätze

Eine Restriktion neuzeitlicher, ökologieorientierter Bewertungsansätze ist, daß deren Ergebnisse vielfach nur schwer reproduzierbar sind. Durch die Gegenüberstellung von angeblich charakterisierenden Umweltkennzahlen, in denen nicht vergleichbare Umweltgrößen zusammengefaßt werden, werden oftmals vereinfachte Entscheidungssituationen vorgetäuscht. Bei kritischer Betrachtung dieser Ansätze wird deutlich, daß mit diesem Vorgehen die Defizite in der Nachvollziehbarkeit lediglich von der Bewertung im engeren Sinne auf die Herleitung der Umweltkennzahlen verlagert werden [7].

3.1 Anforderungen an ein umweltökonomisches Bewertungssystem

Den ausgewiesenen Schwachstellen stehen konkrete Anforderungen an ein praxisorientiertes Bewertungssystem gegenüber. Die Ergebnisse der Delphi-Umfrage bestätigen, daß anwenderseitig eine weitergehende Nutzung der Bewertungsergebnisse im Vordergrund steht: Für die befragten Unternehmen ist es eine primäre Forderung, schon heute auf ein Bewertungssystem zurückgreifen zu können, das sie bei alltäglichen Auswahlentscheidungen und somit z.B. bei umweltökonomischen Produktionsoptimierungen

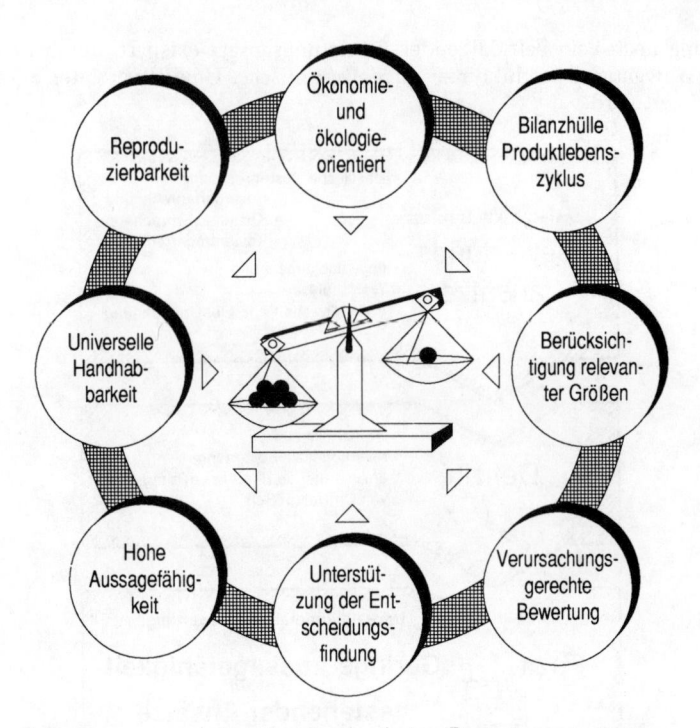

Bild 9: Anforderungen an ein zukunftsorientiertes Bewertungssystem

unterstützt (Bild 9). Hinsichtlich dieses idealen Bewertungssystems wird gefordert, daß es sowohl für eine Detailoptimierung einzelner Prozesse als auch für eine übergreifende Auswahl von alternativen Produkt-/ Produktionskonzepten genutzt werden kann. Dabei muß es möglich sein, nicht nur die kurzfristig interessierenden monetären Aspekte zu berücksichtigen sondern alle relevanten Umweltgrößen: gerade Umweltgrößen aus den nachgelagerten Bereichen eines Produktlebens, der Gebrauchsphase und Entsorgung sind in der Bewertung zu berücksichtigen.

Insbesondere die letztgenannten Forderungen stehen in direkt konträrer Beziehung zum Anliegen, daß eine Anwendung des Bewertungssystems nur geringen Aufwand erfordern darf. Gerade eine einfache Handhabung ist die Voraussetzung dafür, daß mit dem angestrebten Bewertungssystem nicht nur exemplarisch sondern mittels breiter Anwendung ein aktiver Beitrag zum rationelleren Einsatz unserer natürlichen Ressourcen geleistet werden kann.

3.2 Lösungsansatz: Bewertungssystem 2000

Die ermittelten Schwachstellen bestehender Bewertungsansätze sowie der unternehmensseitig formulierte Entwicklungsbedarf wird folgend als Basis genutzt, um ein Lösungskonzept aufzuzeigen, mit welchem dem beschriebenen Dilemma begegnet werden kann. Der formulierte Ist- und Soll-Zustand ist hierfür zu einem Portfolio zusammenfassend abgebildet worden (Bild 10).

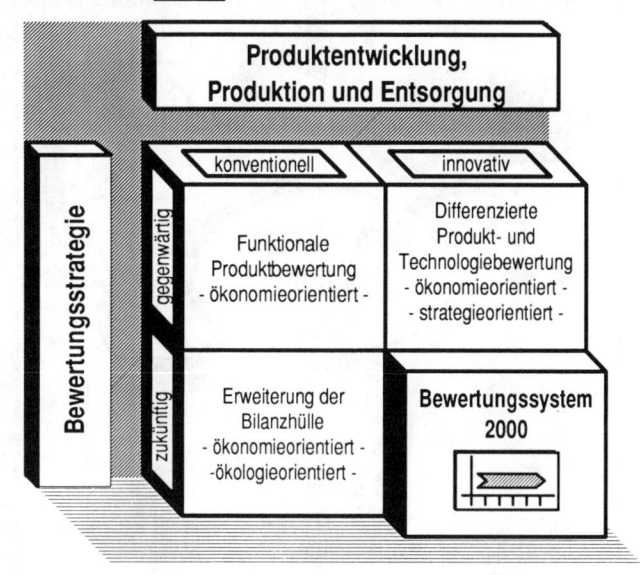

Bild 10:   Bewertungsportfolio

Die Bewertung von Sachzusammenhängen bezüglich Produktentwicklung, Produktion oder Entsorgung wird gegenwärtig primär nur unter Berücksichtigung ökonomischer Gesichtspunkte durchgeführt. Lediglich bei Produkt- bzw. Produktionskonzepten mit langfristiger Bedeutung werden in der Praxis auch monetär nicht quantifizierbare Aspekte bei der Entscheidungsfindung mitberücksichtigt. Für die zukünftige Bewertung innovativer Produkt- bzw. Produktionskonzepte resultiert daraus zwangsläufig die Forderung nach einem gesamtheitlichen Ansatz.

Die zukunftsorientierte Produkt- und Technologieplanung ist durch eine zunehmende Dichte sich überlagernder Querbezüge und Anforderungen bestimmt. So muß man sowohl den Kundenanforderungen gerecht werden als auch kostenoptimal produzieren und darf das Ziel der Umweltgerechtigkeit nicht vernachlässigen. Wechselseitige Abhängigkeiten durchkreuzen zudem existierende Abteilungsgrenzen zwischen Konstruktion, Arbeitsplanung, Arbeitssteuerung, Betriebsmittelplanung, Fertigung und Montage. Die Herausforderung für die Wissenschaft besteht also darin, ein Hilfsmittel zur Beherrschung dieser Komplexität zur Verfügung zu stellen. - Es ist die Entwicklung eines umfassenden Bewertungssystems gefordert, welches die gleichzeitige Berücksichtigung monetärer, strategischer, energetischer und ökologischer Komponenten ermöglicht (Bild 11).

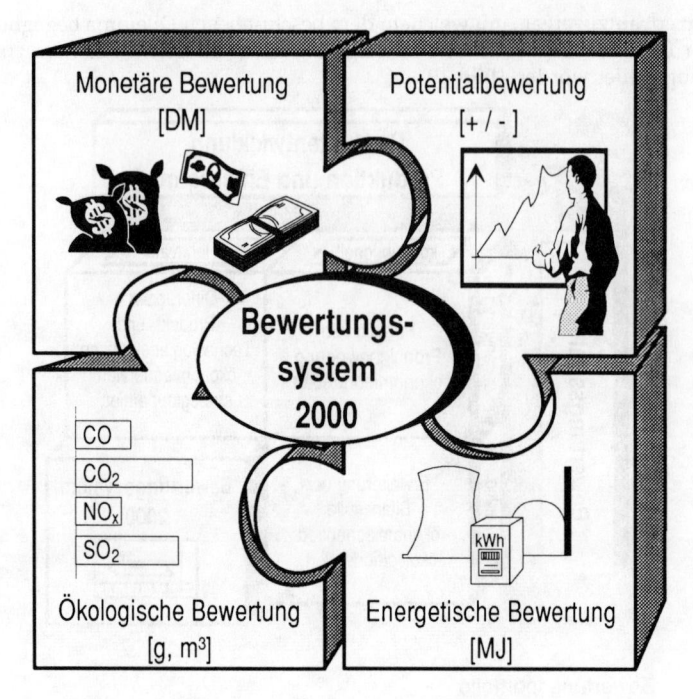

Bild 11: Zukunftsorientierte Produkt- und Technologieplanung

3.3 Anwendungspotential

Die Entwicklung eines multidimensionalen Bewertungskonzepts wird im folgenden dadurch erreicht, daß verschiedene bestehende Bewertungsstrategien auf ihr Adaptionspotential untersucht und in das angestrebte System integriert werden. Bezüglich Anforderungen, die bislang von keiner existierenden Bewertungsstrategie erfüllt werden, werden Forschungsansätze vorgestellt. Die Untersuchung der bestehenden Bewertungsstrategien wird nach den Zielkriterien "Kosten", "Potential", "Energie" und "Ökologie" gegliedert.

3.3.1 Monetäre Bewertungsstrategien

Ziel konventioneller, aus der Betriebswirtschaftslehre hinlänglich bekannter Bewertungsansätze ist die verursachungsgerechte Ermittlung des monetären Werteverzehrs für einen definierten Untersuchungsbereich. Dies kann sowohl ein Produkt, ein Produktionsprozeß oder eine zu bewertende Technologie sein (Bild 12). Im Rahmen des Produktionscontrollings werden alternative Technologieanwendungen mit dem Ziel bewertet, das Kostenoptimum zu ermitteln. Ähnlich wird in der Investitionsrechnung verfahren: Betrachtungsbereich ist hier die Abwägung von einzusetzendem Kapital und zu erwartenden Erträgen. Der Vergleich auf Kostenbasis erlaubt die Auswahl des spezifischen Kostenoptimums und bietet diesbezüglich Entscheidungsunterstützung.

Ziel: Verursachungsgerechte Ermittlung des Werteverzehrs

bestehende Ansätze:
- Kosten- und Leistungsrechnung
- (Produktions-) Controlling
- Investitionsrechnung
- Bilanzierung
- ...

Zwischenfazit: Primär kurzfristig orientierte Bilanzhülle

Optimierung:
- gesamthafte Abbildung der Wertschöpfungskette
- Internalisierung externer Effekte
=> Ressourcenmodell

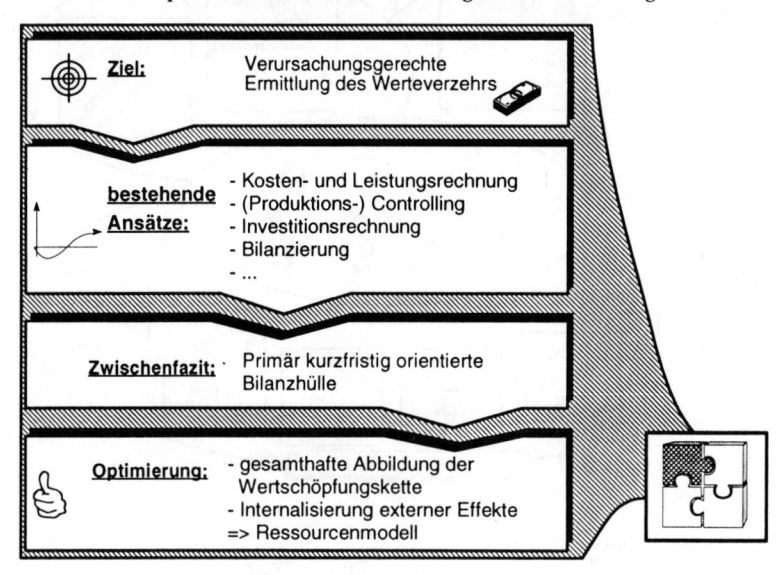

Bild 12: Monetäre Bewertungsverfahren

Im Rahmen der gesetzlich geforderten Bilanzierung werden die bewerteten Vermögensgegenstände zu einem Stichtag aufgelistet; analog zur Kosten- und Leistungsrechnung und zum Produktionscontrolling ist auch bei der Bilanzierung der Zeitbezug primär auf die Vergangenheit ausgerichtet. Lediglich in der Investitionsrechnung wird ein in die Zukunft reichender Zeitraum berücksichtigt, selten jedoch mehr als ein mittelfristiger Zeithorizont.

Um die Qualität und damit die Aussagekraft von monetären Bewertungen zu verbessern, muß eine vollständigere Abbildung der Wertschöpfungskette realisiert werden: alle relevanten, auch die langfristigen Größen, sind zu berücksichtigen. Erst durch die Verlängerung des in die Zukunft weisenden Betrachtungszeitraumes können heute noch sekundäre Aspekte, wie z.B. die Produktentsorgung, gebührend erfaßt werden. Durch die konsequente "Internalisierung externer Effekte", also die einsatzbezogene Berücksichtigung bislang kostenlos nutzbarer Ressourcen, können sich Entscheidungsempfehlungen verlagern (Bild 13).

Am Laboratorium für Werkzeugmaschinen und Betriebslehre (WZL) wurde in der Vergangenheit eine Strategie für die verursachungsgerechtere Bewertung von Varianten- bzw. Montagekosten entwickelt [8, 9]. Vor dem Hintergrund der "Internalisierung externer Effekte" wurden diesbezüglich Synergieeffekte genutzt, um eine Methode zur Bewertung von Demontageaufwänden zu entwickeln. Erste Praxiserfahrungen belegen die Potentiale, die mit diesem Ansatz erzielt werden können.

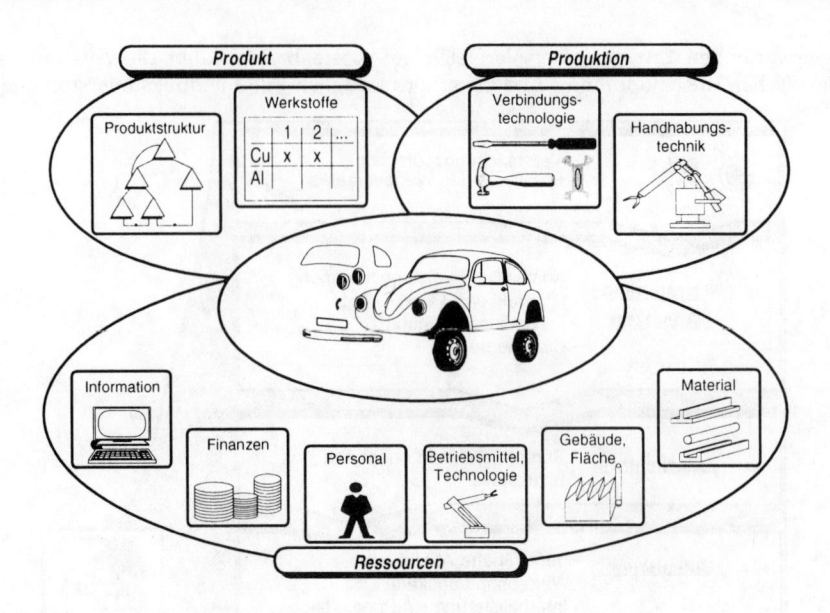

Bild 13: Beschreibungsmodelle

Die vollständige Abbildung der Wertschöpfungskette kann durch den Einsatz von Beschreibungsmodellen unterstützt werden. Durch rechnergestützte Verknüpfungen von den in Modelllen abgefaßten Informationen über das Produkt, den Produktionsprozeß und die einzusetzenden Ressourcen kann eine umfassende Bewertung des Faktoreinsatzes für die Demontage durchgeführt werden. Die Bewertung ist also die Auswertung der Informationen bezüglich eines bestimmten Zielkriteriums oder einer bestimmten Entscheidungssituation: z.b. die Umweltverträglichkeit eines Produktes und seiner Demontagekosten [10].

In Bild 14 ist die Vorgehensweise zur Bewertung eines Demontageprozesses exemplarisch dargestellt. Es gilt, den Demontageprozeß in seine Teilvorgänge zu zerlegen und die zu deren Durchführung benötigten Ressourcen zu ermitteln. Der Ressourcenverbrauch wird durch Auswertung der Produkteigenschaften und Ihre Wirkung auf die Ressourcenbeanspruchung ermittelt. Anhand dieser Werte lassen sich dann die Demontagekosten detailliert quantifizieren.

3.3.2 Strategien zur Potentialbewertung

Den monetär quantifizierenden Bewertungsansätzen stehen die qualitativ bewertenden Ansätze zur Abschätzung von Einsatzpotentialen gegenüber. Die Ansätze zur Potentialbewertung sind dahingehend ausgerichtet, schwer oder nicht quantifizierbare Beschreibungsgrößen zu interpretieren [11]. Das Einsatzpotential dieser Verfahren kommt im allgemeinen dann zum Tragen, wenn komplexe Zusammenhänge unter langfristigen

Bewertungsstrategien 5-65

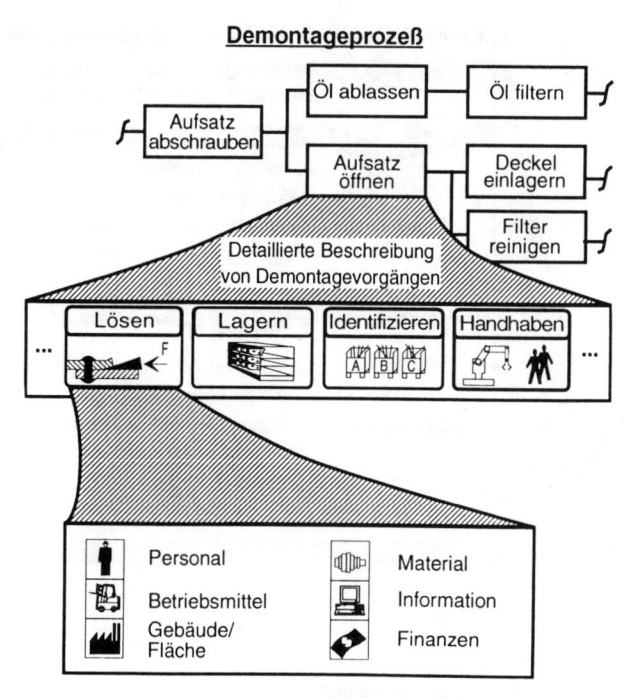

Bild 14: Bewertungsansatz für die Demontage

Gesichtspunkten zu bewerten sind. Die daraus resultierenden Bewertungsergebnisse bieten eine gute Basis zur Ableitung von Technologie- oder Unternehmensstrategien (Bild 15).

Methodische Ansätze sind z.B. die Chancen-Risiko- bzw. Stärken-Schwäche-Analyse, die Nutzwertanalyse, die Portfoliotechnik u.ä. - Kennzeichnend für diese Methoden ist, daß der Planer bei der Informationsverdichtung oft gezwungen ist, Einfluß zu nehmen und damit, bewußt oder unbewußt, zu einer Subjektivierung der Prognosen beiträgt. Weiterhin ist durch Verdichtung von Informationen und Abstrahierung von Aussagen der Verlust von Detailinformationen unvermeidlich und somit die Nutzungsmöglichkeit der Methoden im konkreten Einzelfall eingeschränkt.

So birgt beispielsweise der zur Zeit vielerorts propagierte Versuch, auf Basis von Stärken-Schwäche-Analysen "den" idealen Automobilwerkstoff zu ermitteln, eher umweltökonomische Risiken als Potentiale. Eine uneingeschränkte Allgemeinaussage für oder gegen eine Werkstoffgruppe verschließt für den Einzelfall die Nutzung der spezifischen Werkstoffpotentiale. - Da die konkrete Ermittlung einer umweltökonomischeren Produktionsalternative jedoch von den konkreten Randbedingungen abhängt, sind allgemein ermittelte Handlungsempfehlungen für den spezifischen Einzelfall nicht zwangsläufig zielführend.

Ziel: Bewertung von Zusammenhängen unter langfristigen Gesichtspunkten

Ansätze:
- Chancen-Risiko-Profile
- Stärken-Schwächen-Profile
- Nutzwertanalyse
- Portfolios
- ...

Zwischenfazit: Eingeschränkte Nutzungsmöglichkeit
- geringe Aussagefähigkeit aufgrund subjektiver Prognosen
- hoher Informationsverlust bei Aggregation
- oft nicht allgemeingültig

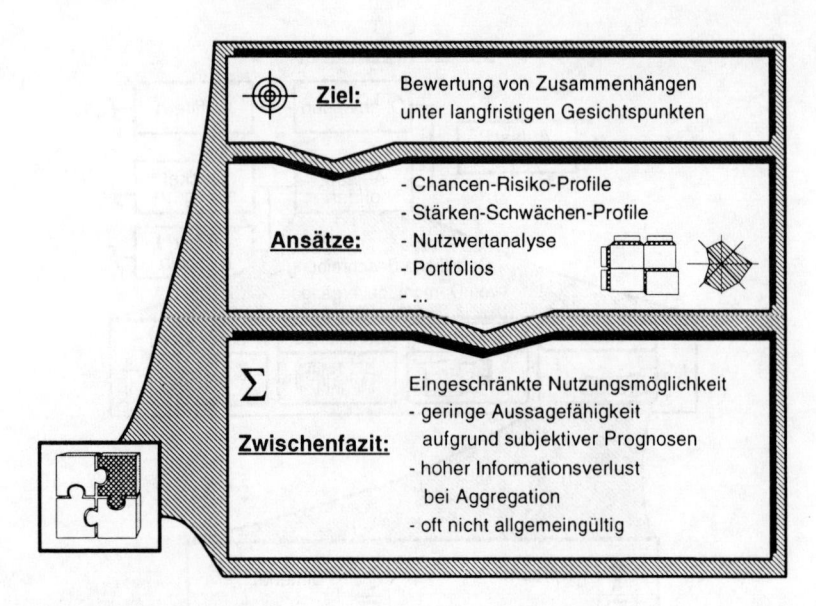

Bild 15: Potentialbewertung

3.3.3 Energetische Bewertungsstrategien

Die zunehmende Sensibilisierung des Umweltbewußtseins, das leidvolle Nachvollziehen des Zusammenhanges von Umweltbelastung und Energieeinsatz und nicht zuletzt die kontinuierliche Steigerung der Rohstoff- und Energiekosten haben dazu beigetragen, daß zukunftsorientierte Unternehmen bei ihrer Produktionsplanung zunehmend auch den resultierenden Verzehr an energetischen Ressourcen berücksichtigen [12]. Schon heute, noch ehe die geplanten Energiesteuern Wirkung zeigen, stellt der energetische Ressourcenbedarf für viele Unternehmen einen zentralen Einsatzfaktor dar: z.B. sind in der Investitionsgüterindustrie zur Zeit nahezu 40 Prozent der Herstellkosten direkt bzw. indirekt vom Energie- und Materialeinsatz abhängig - Tendenz steigend [13].

Aus der betriebswirtschaftlichen Forderung nach Kostenreduktion und der volkswirtschaftlichen Forderung nach Ressourcenerhalt ergibt sich für produzierende Unternehmen dringlichst die Aufgabe, eine optimale Nutzung von Energie und Material zu realisieren. Voraussetzung hierfür ist es, daß geeignete planerische Hilfsmittel zur Verfügung stehen, mit denen energetisch rationelle Produktionsalternativen entwickelt oder zumindest erkannt werden können.

Eine Anforderung an diesbezüglich geeignete Hilfsmittel ist beispielsweise, daß die Berücksichtigung energetischer Größen nicht auf Basis temporär sich ändernder Bezugswerte erfolgt - z.B. Preisen in Währungseinheiten - sondern unter Bezug auf zeitunabhängige, objektiv meßbare Bedarfswerte - z.B. Energiebedarf in Megajoule. Weiterhin müssen die Hilfsmittel allgemein anwendbar sein und dennoch die vernetzten Formen des spezifischen Energie- und Materialeinsatzes abbilden: sowohl der Energieeinsatz für die produktionsvorgelagerte Halbzeugherstellung als auch der produktionsnachgelagerte Ressourcenverzehr für die Nutzung und Entsorgung eines Produktes müssen berücksichtigt werden können. - Ein Ansatz, der diesen Forderungen nachkommt, basiert auf der Bewertung des produktspezifischen Primärenergieeinsatzes [14]: die energiebedarfsorientierte Produktlinienanalyse (Bild 16).

Ziel: Bewertung des erforderlichen Energie- und Materialeinsatzes

Ansätze:
- Methode zur ganzheitlichen Bewertung des Primärenergieeinsatzes
- ...

Zwischenfazit:
+ Integration von Produkt- und Prozeßbetrachtung
+ Ressourcenbedarf objektiv meßbar
+ universell anwendbar
- keine Berücksichtigung von Boden-, Luft- und Wasserbelastung

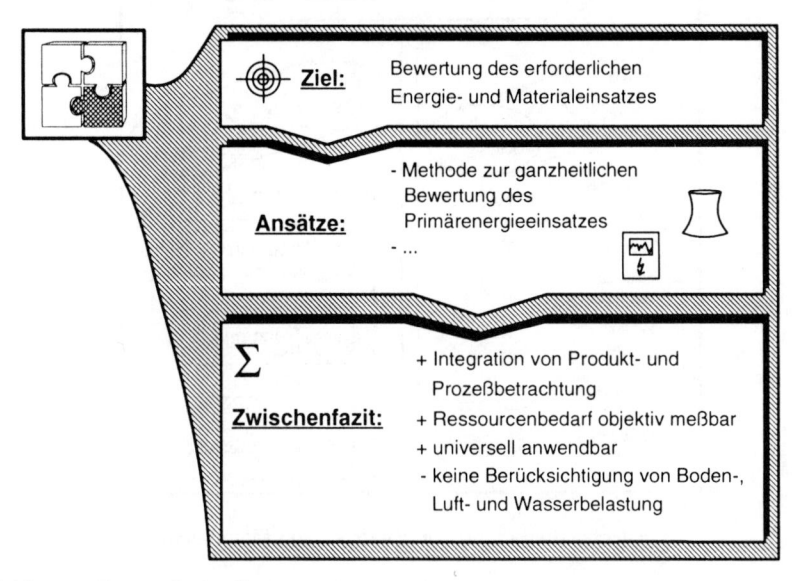

Bild 16: Energetische Bewertungsverfahren

Ein solches Hilfsmittel wurde in der Vergangenheit am Fraunhofer-Institut für Produktionstechnologie (IPT) entwickelt: Im Rahmen der Forschungsarbeiten am IPT wurde eine Methode zur ganzheitlichen Bewertung von Energie- und Materialeinsätzen erarbeitet, mit der es möglich ist, auch schon im frühen Stadium der Produktentwicklung Potentiale zur Minderung von Energie- und Materialeinsätzen zu erkennen und zu bewerten [15, 16].

Bezugsbasis für diese Bewertung ist die Berücksichtigung sowohl der erforderlichen Bilanzgrenze als auch aller relevanten Energie- und Materialströme (Bild 17). Für eine ganzheitliche, objektive Bewertung eines Produktes bzw. einer Produktionsalternative ist es erforderlich, die Bilanzgrenze um den gesamten Produktlebenslauf zu ziehen. Wie bereits erwähnt darf man sich bei einer energetischen Bewertung beispielsweise nicht nur auf die Analyse der für den Fertigungstechniker primär interessanten Produktion beschränken. Man muß auch die verursachten Energie- und Materialaufwendungen für die Gebrauchsphase und Entsorgung berücksichtigen [14].

Abhängig davon, ob der Materialeinsatz unter Produktbindung erfolgt oder nicht, können die zu berücksichtigenden Stromgrößen als unmittelbare oder mittelbare Aufwen-

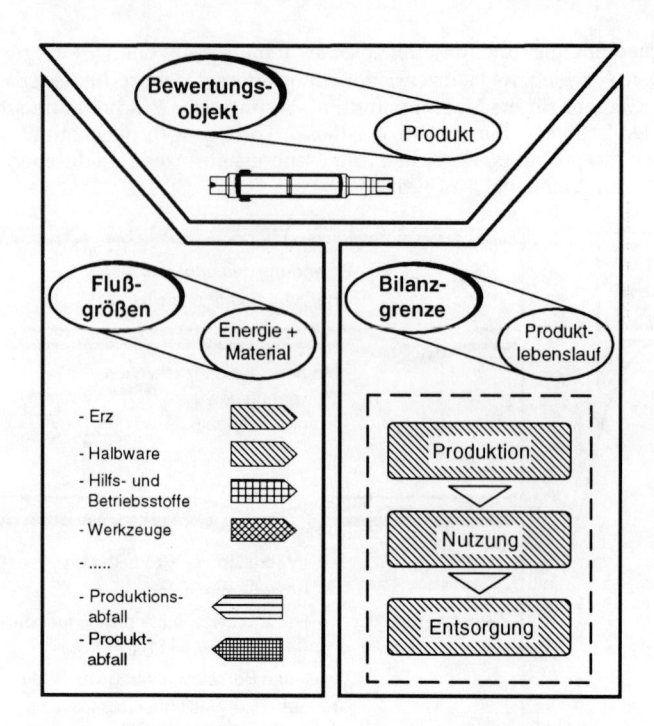

Bild 17: Ganzheitliche Bewertung von Energie- und Materialeinsatz

dungen charakterisiert werden. Unmittelbare Materialeinsätze sind z.B. die Aufwendungen für die Werkstoff- bzw. Hilfsstoffaufbereitung; mittelbare Materialeinsätze sind z.B. die Aufwendungen für die Werkzeug- und Maschinennutzung. Bezüglich der Energieeinsätze ist auch die vorgelagerte Umwandlung der verfügbaren Primärenergie in die benötigte Endenergieform zu berücksichtigen. Analog zum Materialeinsatz kann anschließend der Energieeinsatz nach mittelbarem und unmittelbarem Einsatz gegliedert werden.

Die zahlenmäßige Bewertung der Stromgrößen basiert auf der Schrittfolge "Erfassen - Bilanzieren - Bewerten" (<u>Bild 18</u>). Im Rahmen der Erfassung gilt es, die o.g. energetischen Stromgrößen zu quantifizieren. Diesbezüglich sind zunächst für die einzelnen Produktionsschritte/ Arbeitsvorgänge die jeweiligen Energie- und Materialaufwendungen zu messen oder zu berechnen. Im Rahmen der Erfassung der Aufwendungen für die Nutzung gilt es, die Einsatzbedingungen des betrachteten Produktes zu berücksichtigen. Für deren aufwandsbezogene Quantifizierung bieten sich Berechnungen oder Wirkungsgradmessungen an. Bezüglich der Erfassung des Entsorgungsaufwandes muß zunächst ermittelt werden, ob die im Produktlebenslauf entstehenden Produktions- bzw. Produktabfälle aufbereitet werden können oder ob diese deponiert werden müssen. Ist ein Recycling technisch möglich, gilt es zu prüfen, ob das Recycling auch energetisch wirtschaftlich ist. Übersteigt der Recyclingaufwand den kumulierten Energieinhalt des

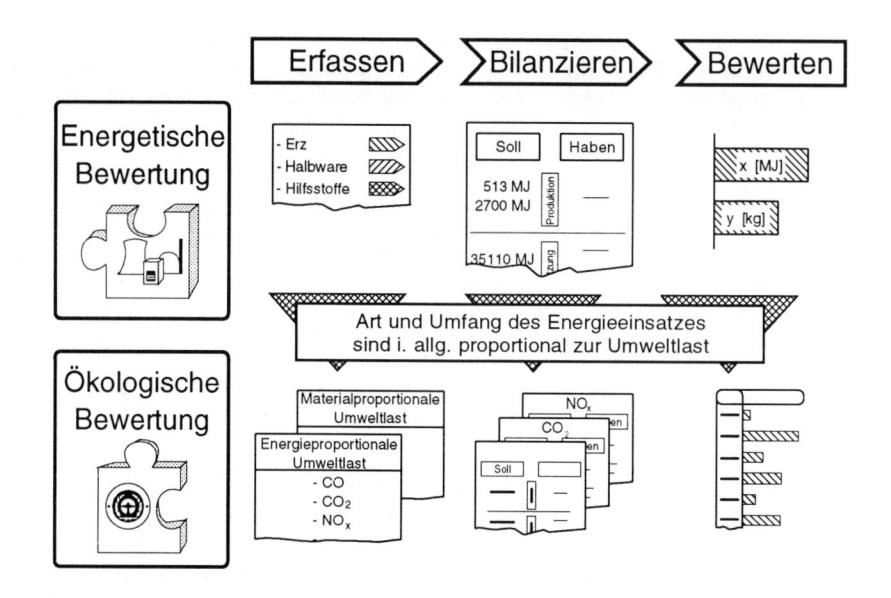

Bild 18: Entwicklung eines ökologischen Bewertungsverfahrens

Primärrohstoffes zuzüglich Endlagerungsaufwand, ist dies nicht der Fall. Bei einer Bewertung wird dann von einer Deponierung ausgegangen, die zusätzliche Energieaufwendungen für Sammlung, Verdichtung, Transport etc. bedingt. Ist eine Wiederaufbereitung von Altstoffen energetisch wirtschaftlich, so wird bei der Bewertung von einem Recycling ausgegangen. Anstelle von Energie- und Materialeinsätzen für die Entsorgung wird dann eine energetische Gutschrift bzw. ein energetischer Restwert für den erzeugten Sekundärrohstoff berücksichtigt. Dieser Algorithmus ermöglicht es, Energieeinsparungen durch Kreislaufmaterialien verursachungsgerecht zu erfassen. Dabei kann dann auch berücksichtigt werden, ob die durch Recycling erzeugten Sekundärrohstoffe von gleicher oder minderer Qualität sind [16].

Durch die entwickelte Bewertungsstrategie können alle produktspezifisch relevanten Energie- und Materialströme erfaßt und zu zwei charakterisierenden Größen komprimiert werden: Primärenergieaufwand und Massebedarf.

3.3.4 Ökologische Bewertungsstrategien

Da Art und Umfang des Energie- und Materialeinsatzes und der Grad der resultierenden Umweltbelastung direkt voneinander abhängig sind, wurde zwischenzeitlich untersucht, inwieweit die entwickelte energetische Bewertungsstrategie auch für die Bewertung produktspezifischer Umweltbelastungen genutzt werden kann. Da bei der energetischen Bewertungsmethode schon sämtliche prozeßrelevanten Energie- bzw. Materialströme erfaßt werden, haben sich die vermuteten Adaptionspotentiale bestätigt:

die aktuelle Bewertungsmethode wurde/ wird zu einem umweltökonomischen Analyseverfahren ausgebaut. Durch dieses Vorgehen kann in hohem Maße auf den bisherigen Forschungsergebnissen aufgebaut werden. Somit können nicht nur wesentliche Teile der bisher erworbenen Erkenntnisse weiterverwendet, sondern die erprobten wissenschaftlichen Methoden auch wiederholt angewandt werden [16, 17].

Für die operative Entwicklung der ökologieorientierten Bewertung bietet sich die gleiche Schrittfolge an wie bei der energieorientierten: Bei der Erfassung der einzelnen Umweltlasten wird zwischen primär energiebedarfs- und primär materialbedarfsabhängigen Umweltlasten unterschieden. Energiebedarfsabhängig sind die Umweltlasten, die vordergründig bei der Energieumwandlung entstehen: abhängig von der Art der Energienutzung sind dies CO_2, SO_2, NO_x u.ä. Als materialbedarfsabhängige Umweltgrößen werden produktspezifisch berücksichtigt: Schmierstoffe, Emulsionen, Abfälle u.ä. Auf der Erfassung aufbauend werden einzelne Stoffbilanzen erstellt, die als Basis zur Darstellung eines produktspezifischen Umweltprofiles dienen.

Alle Werte in dem Umwelt-Profil werden in physikalischen Einheiten abgebildet; zusätzlich zur absoluten Bewertung dient diese Darstellung dem ökologieorientierten Vergleich alternativer Produktionskonzepte.

Bei vollständiger Über- oder Unterdeckung zweier Umwelt-Profile ist die Ableitung von Handlungsempfehlungen eindeutig. Für den Fall von Teilüberdeckungen der Umweltprofile existieren erste Ansätze, in denen das Umweltprofil zu einer beschreibenden Kennzahl verdichtet wird [11]. Aufgrund der beschränkten Vergleichbarkeit der stoffspezifischen Umweltrelevanz ist jedoch eine Kumulierung der Umweltlasten zu einer objektiven Umwelt-Belastungs-Kennzahl noch nicht allgemeingültig möglich. - Hier steht eine interdisziplinäre Entwicklung einer erweiterten Bewertungsstrategie noch aus.

4. Fallbeispiele

Auch wenn bezüglich des angestrebten multidimensionalen Bewertungssystems noch Detaillierungsbedarf besteht, können die bestehenden Strategien schon kurzfristig genutzt werden, um Verantwortungsträger bei objektiven Entscheidungsfindungen zu unterstützen. Das aktuelle Anwendungspotential soll anhand der folgenden Fallbeispiele erläutert werden.

Nicht nur in der Automobilindustrie ist das Thema "Substitution von Werkstoffen" heute aktueller denn je. - Leichtmetall, Stahl, Kunststoff oder Keramik? Welcher dieser Werkstoffe wird für welchen Anwendungsfall in Zukunft der richtige sein? - Die Beantwortung dieser Fragen gestaltet sich zunehmend komplexer: einerseits ist innerhalb der einzelnen Werkstoffgruppen eine stetige Weiter- bzw. Neuentwicklung von diversen Werkstoffvarianten zu verzeichnen. Andererseits nimmt die Anzahl der bei der Werkstoffauswahl zu berücksichtigenden Ziel- bzw. Entscheidungskriterien kontinuierlich zu. Eine optimale Auswahlentscheidung kann daher nicht auf Basis abstrahierender Empfehlungen erfolgen, sondern sie bedarf der Berücksichtigung der fallspezifischen Randbedingungen [12].

Ein Beispiel für die hierfür erforderliche Aufbereitung von Entscheidungsgrößen ist in

Bild 19 wiedergegeben: Zur Vorbereitung der Auswahlentscheidung zwischen zwei Konzepten von PKW-Pedalerien sind nicht nur Herstellkosten sondern auch der resultierende Energiebedarf u.ä. Größen ermittelt worden. Wie oben erwähnt, garantiert erst die Berücksichtigung all dieser Größen eine gesamthaft optimierte Auswahlentscheidung [18].

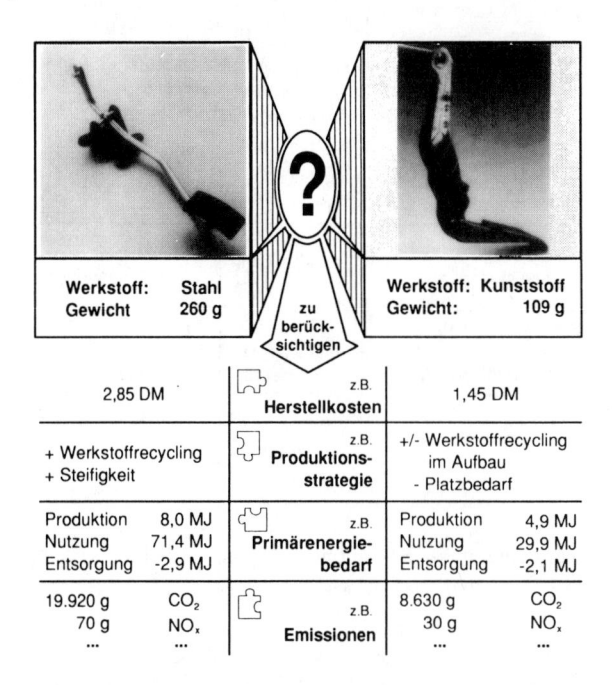

	Werkstoff: Stahl Gewicht 260 g	zu berücksichtigen	Werkstoff: Kunststoff Gewicht: 109 g
	2,85 DM	z.B. Herstellkosten	1,45 DM
	+ Werkstoffrecycling + Steifigkeit	z.B. Produktionsstrategie	+/- Werkstoffrecycling im Aufbau - Platzbedarf
	Produktion 8,0 MJ Nutzung 71,4 MJ Entsorgung -2,9 MJ	z.B. Primärenergiebedarf	Produktion 4,9 MJ Nutzung 29,9 MJ Entsorgung -2,1 MJ
	19.920 g CO$_2$ 70 g NO$_x$ ...	z.B. Emissionen	8.630 g CO$_2$ 30 g NO$_x$ ...

Bild 19: Multidimensionale Bewertung - Beispiel: PKW-Gaspedal (nach: BASF)

Die systematische Aufbereitung der absoluten Beschreibungsgrößen läßt schon erkennen, daß aus technischen Innovationen nicht nur monetäre Einsparpotentiale resultieren können sondern auch Einsparungen bezüglich energetischer und ökologischer Ressourcen erzielt werden können. Inwieweit diese Rationalisierungseffekte einander verstärken oder wechselseitig aufheben, ist jedoch abhängig vom spezifischen Bauteil bzw. Produkt.

Durch die Anwendung des multidimensionalen Bewertungssystems wird es somit möglich, bislang überwiegend emotional geführte Diskussionen zu objektivieren. Daß das schon bestehende Bewertungskonzept universelle Anwendbarkeit aufweist, wird aus Bild 20 ersichtlich.

Die Anwendung des Konzeptes ist bei weitem nicht nur auf Prozesse der reinen Werkstoffauswahl beschränkt, sondern kann beispielsweise auch bei der Auswahl zwischen alternativen Logistik-, Transport- bzw. Verpackungskonzepten genutzt werden: Analog

		z.B. Preise		
0,65 DM			1,00 DM	
+ geringer Logistikaufwand		z.B. Produktions- strategie	+ Stapelvolumen + Altstoffverwertung	
Produktion 19 MJ Nutzung 2 MJ Entsorgung -0,1 MJ		z.B. Primärenergie- bedarf	Produktion 7,2 MJ Nutzung 4,1 MJ Entsorgung -0,0 MJ	
1058 g CO_2 1,5 g NO_x ...		z.B. Emissionen	1580 g CO_2 4,6 g NO_x ...	

Werkstoff: Kunststoff — Gewicht: 210 g
Werkstoff: Pappe — Gewicht: 240 g
zu berücksichtigen

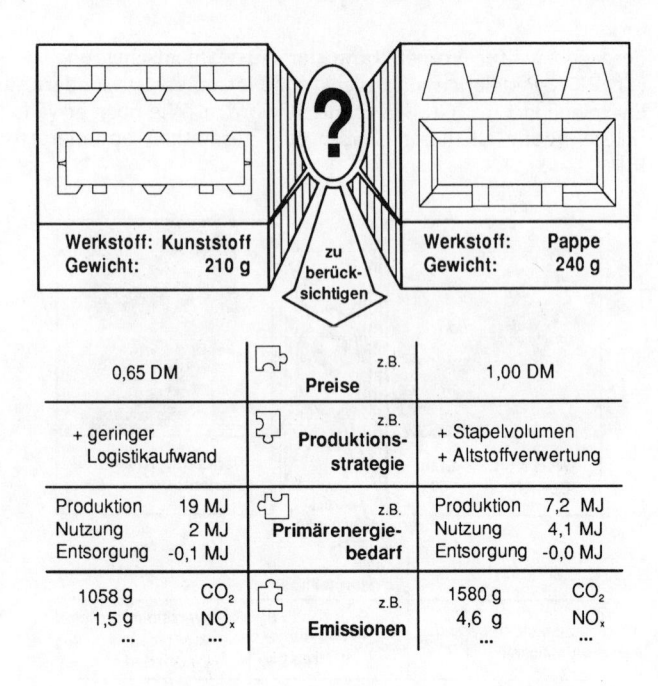

Bild 20:   Multidimensionale Bewertung - Beispiel: Videorecorder-Verpackung
(nach: TCE VIDEO EUROPE)

zum o.g. Vorgehen wurden für zwei Verpackungsmöglichkeiten von Videorecordern ausgewählte Entscheidungsgrößen ermittelt und diese systematisch aufbereitet. Im Sinne einer Berücksichtigung des gesamthaften Ressourcenverzehrs wurden neben den Einkaufspreisen auch die Größen ermittelt, die den Logistikaufwand charakterisieren. Die komprimierte Darstellung der ermittelten Werte dient dem Management als Entscheidungsgrundlage für die strategische Auswahlentscheidung.

Zusätzlich zur Objektivierung von Auswahlentscheidungen ist das Anwendungspotential der Bewertungsmethode insbesondere in der Systematisierung von produktionstechnischen Optimierungsmaßnahmen zu sehen.

In Bild 21 ist auf der linken Seite eine Welle skizziert, wie sie in konventionellen PKW-Getrieben zum Einsatz kommt. Eine umfassende Ermittlung des Ressourceneinsatzes diente als Informationsbasis, um eine rationellere Produktalternative abzuleiten. Die Ermittlung der konventionellen Bedarfswerte ließ erkennen, daß eine Reduzierung des energetischen und ökologischen Werteverzehrs eine Verringerung des Masseeinsatzes erfordert. Unter Auswertung der Potentiale von innovativen Umform- und Fügetechnologien wurde daher eine funktionsäquivalente Hohlwelle entwickelt, die mit 30 Prozent weniger Masse behaftet ist.

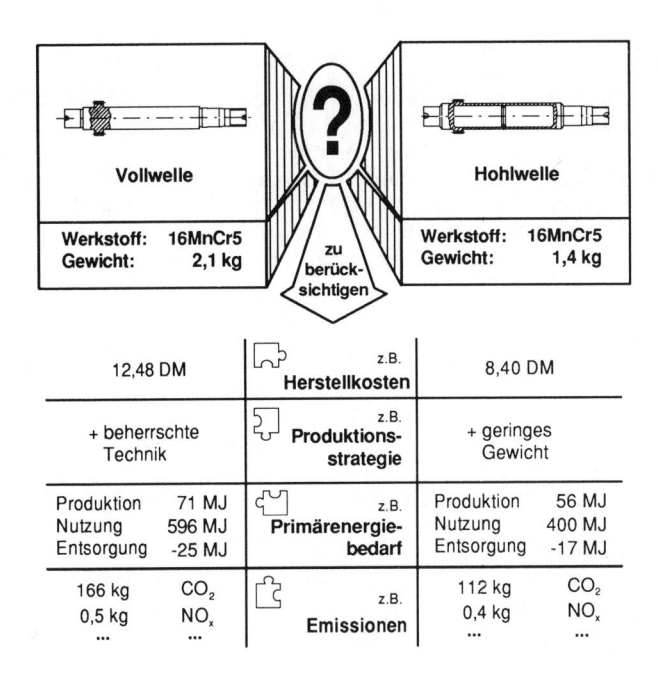

Vollwelle	zu berück-sichtigen	**Hohlwelle**
Werkstoff: 16MnCr5 Gewicht: 2,1 kg		Werkstoff: 16MnCr5 Gewicht: 1,4 kg
12,48 DM	z.B. **Herstellkosten**	8,40 DM
+ beherrschte Technik	z.B. **Produktions- strategie**	+ geringes Gewicht
Produktion 71 MJ Nutzung 596 MJ Entsorgung -25 MJ	z.B. **Primärenergie- bedarf**	Produktion 56 MJ Nutzung 400 MJ Entsorgung -17 MJ
166 kg CO_2 0,5 kg NO_x ...	z.B. **Emissionen**	112 kg CO_2 0,4 kg NO_x ...

Bild 21: Multidimensionale Bewertung - Beispiel: Getriebewelle (nach: SFB 144)

Die parallel zur Produktentwicklung durchgeführten Bewertungen haben es ermöglicht, daß schon auf planerischer Ebene der Ressourcenbedarf für neue Wellenkonzepte ermittelt werden konnte. Unwirtschaftliche und umweltbelastende Konstruktionsentwürfe konnten frühzeitig erkannt und die Entwicklungskapazitäten auf die weiterführenden Ansätze konzentriert werden. Das Ergebnis der bewertungstechnisch unterstützten Produktentwicklungen ist eine Getriebewelle, deren Produktion einen geringeren monetären, energetischen und ökologischen Aufwand erfordert.

Welche ökonomische und ökologische Bedeutung derartigen Detailoptimierungen beizumessen ist, veranschaulicht schon die Hochrechnung der wellenbezogenen Einsparungen auf einen nationalen Absatzmarkt. Die Reduktion des Energiebedarfs um ca. 200 Megajoule entspricht einer Kraftstoffeinsparung von rund 5 Litern Benzin im Produktleben eines jeden PKW, in den eine solche Getriebewelle eingebaut wird. Welches volkswirtschaftliche Einsparpotential damit allein für die Bundesrepublik Deutschland verbunden ist, verdeutlicht die Anzahl der aktuell zugelassenen Kraftfahrzeuge: ca. 37 Millionen [17].

5. Fazit und Ausblick

Ökologie und Ökonomie, zwei konträre Unternehmensziele? - Während diese Fragestellung in der Vergangenheit nur allzuoft bejaht wurde, zeichnet sich für Gegenwart und Zukunft eine grundlegende Wandlung dieser Begriffsverständnisse ab. Vor dem Hintergrund der zunehmenden Umweltlasten und den daraus resultierenden Kosten offenbart sich in Theorie und Praxis eine stetige Integration von Umwelt- und Wirtschaftlichkeitsorientierung: Ökologisch motivierte und ökonomisch motivierte Gestaltungen von Aktionsparametern sind mittel- bis langfristig als nahezu deckungsgleich anzusehen [19, 20].

Aus der betriebswirtschaftlichen Forderung nach Kostenreduktion und der volkswirtschaftlichen Forderung nach Ressourcenerhalt ergibt sich insbesondere für produzierende Unternehmen dringlichst die Aufgabe, eine optimale Nutzung unserer Umwelt zu realisieren. Die für eine solche Optimierung erforderlichen Experimente können nur an Beispielen weniger, industriell besonders wichtiger Produkte/Produktionsprozesse durchgeführt werden. Deshalb bedarf es für eine objektive Beurteilung von werkstoff-, konstruktions- bzw. fertigungstechnischen Alternativen planerischer Hilfsmittel.

Mit dem skizzierten Bewertungssystem ist es möglich, ein Bauteil, ein Produkt oder eine Arbeitsvorgangsfolge umfassend zu bewerten; umfassende Bewertung, d.h. neben der Ermittlung monetären Aufwandes wird auch der Verzehr energetischer und ökologischer Ressourcen verursachungsgerechter berücksichtigt werden. Darauf aufbauend wird es möglich, gezielt Maßnahmen zur Reduzierung des gesamthaften Faktorbedarfes zu ermitteln (Bild 22).

Durch die Analyse von produktspezifischen Arbeitsvorgangsfolgen können ressourcenzehrende Arbeitsgänge identifiziert und die Ermittlung/Entwicklung von ressourcenschonenderen Verfahren/Werkstoffen unterstützt werden (Bild, links). Andererseits können alternative Arbeitsvorgangsfolgen zur Herstellung eines konkreten Produktes anhand des erforderlichen Ressourcenbedarfs verglichen werden (Bild, mitte). Im Rahmen strategischer Bewertungen ist es zudem möglich, anhand der Bewertungsmethode grundsätzliche Aussagen über Einsatzbedarfe unterschiedlicher Produktions-/Werkstoffkonzepte für eine Produktfamilie abzuleiten (Bild, rechts) [17].

Das Konzept zum "Bewertungssystem 2000" ist nicht als Abschluß der Entwicklung einer erweiterten, zukunftsorientierten Bewertungsstrategie zu interpretieren. Vielmehr beinhaltet die skizzierte Vision noch diverse Aufgaben, zu deren Erfüllung Wissenschaft und Industrie gemeinsam aufgefordert sind.

Die Wissenschaft ist gefordert, innerhalb des aufgezeigten Bereiches die vorhandenen Strategien weiterzuentwickeln und zu detaillieren. Hier gilt es insbesondere, eine effiziente Handhabung und Anwendung kurzfristig sicherzustellen; dazu gehört auch, daß die Anwendung der Methoden durch die Entwicklung praxisorientierter EDV-Hilfsmittel unterstützt wird.

Die Industrie hingegen ist gefordert, die bestehenden Strategien aufzugreifen und schon heute im Rahmen ihrer mittel- und langfristig orientierten Produkt- und Produktionsplanung zu nutzen. Auf diesem Wege wird es möglich, die Entwicklung der erforderli-

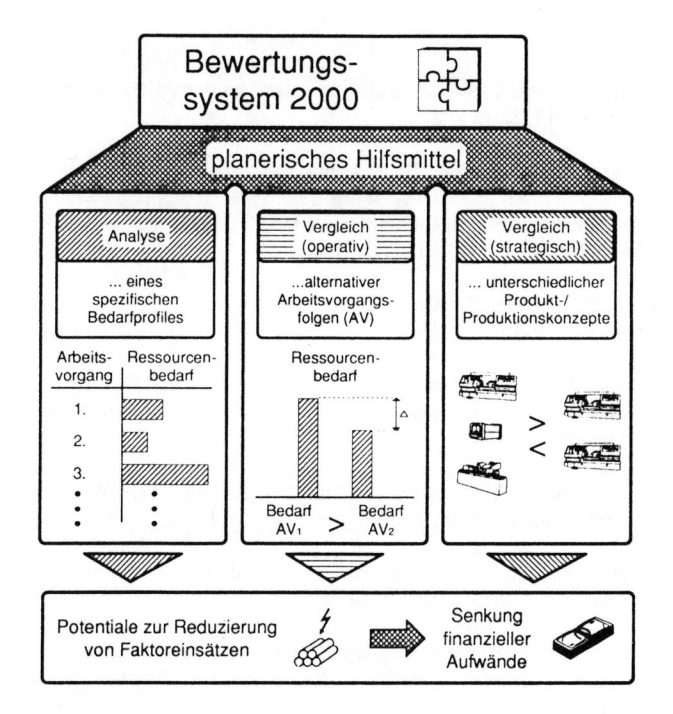

Bild 22: Bewertungssystem 2000: Nutzungspotential

chen Hilfsmittel zu unterstützen bzw. zu forcieren und gleichzeitig den industriellen Beitrag zum aktiven Umweltschutz noch effizienter zu gestalten. Durch Auswertung der Bewertungsergebnisse ist es schließlich möglich, den akuten Bedarf an umweltschonenderen Produkt- und Technologiealternativen zu erkennnen. Dies sind die dringlich erforderlichen Eingangsinformationen für eine effiziente Ausrichtung einer breiten, umweltorientierten Produkt- und Technologieentwicklung.

Nur durch die konsequente Fortführung und den Ausbau der auf anderen Gebieten schon bewährten Kooperation von Wissenschaft und Industrie wird es möglich, den gestellten umweltökonomischen Herausforderungen langfristig gerecht zu werden.

Literatur:

[1] N.N.: Umweltschutz, Österreich und Deutschland an der Spitze; Wirtschaftswoche, (17.4.1992) Nr. 17, S. 15

[2] N.N.: Mineralische Rohstoffe; Bundesministerium für Wirtschaft, Bonn, 1987

[3] Rogal, H.: Strategien zur entsorgungsgerechten Gestaltung von Produkten; Abfallwirtschaftsjournal, 3. Jg. (1991) Nr. 11, S. 704

[4] Wicke, L., De Maizière, L., De Maizière, T.: Öko-soziale Marktwirtschaft für Ost und West, München, 1990

[5] N.N.: Umweltfreundliche Beschaffung - Handbuch zur Berücksichtigung des Umweltschutzes in der öffentlichen Verwaltung und im Einkauf; Umweltbundesamt, Wiesbaden, Berlin, 1986

[6] Benjamin, R., Blunt, J.: Informationstechnik im Jahr 2000 - ein Wegweiser für Manager; Harvard Business Manager, (1993) Nr. 1 , S. 73ff

[7] N.N.: Umweltökonomische Gesamtrechnung: Ein Beitrag zur amtlichen Statistik; Statistisches Bundesamt, Wiesbaden, 1990

[8] Cäsar, C.: Kostenorientierte Gestaltungsmethodik für variantenreiche Serienprodukte - Variant Mode and Effects Analysis (VMEA); Fortschritt-Berichte VDI, Reihe 2, Nr. 218, Düsseldorf, 1991

[9] Hartmann, M., Lehmann, F.: Fachgebiete in Jahresübersicht: Demontage; VDI-Z, 135. Jg. (1993) Nr. 1-3

[10] Eversheim, W., Hartmann, M.: Verursachungsgerechte Bewertung der Montage; VDI-Z, 135. Jg. (1993) Nr. 5, S. 135ff

[11] Eversheim, W., Schmetz R.: Energetische Produktlinienanalyse; VDI-Z, 134. Jg. (1992) Nr. 6, S. 46-52

[12] Razim, C.: Automobil und Werkstoff - Spannungsfeld von Technologie, Ökonomie und Ökologie; Beitrag zum gleichnamigen Colloquium, Salzburg, 1992

[13] N.N.: Statistisches Jahrbuch 1990 für die Bundesrepublik Deutschland; Statistisches Bundesamt, Wiesbaden, 1991

[14] Binding, J.: Grundlagen zur systematischen Reduzierung des Energie- und Materialeinsatzes; Dissertation, RWTH Aachen, 1988

[15] Eversheim, W., Binding, J., Schmetz, R.: In der Produktion Energie- und Materialkosten einsparen; VDI-Z, 132. Jg. (1990) Nr. 2, S. 41ff

[16] Eversheim, W., Böhlke, U., Schmetz, R.: Erstellung von Substitutionskriterien für Verfahren und Werkstoffe - Methoden zur Energie- und Rohstoffeinsparung für ausgewählte Fertigungsprozesse; Arbeits- und Ergebnisbericht des Sonderforschungsbereiches 144, RWTH Aachen, 1991, S. 7ff

[17] Eversheim, W., Böhlke, U., Adams, M.: Die Auswahl des 'richtigen' Werkstoffes - Neue ökonomie- und ökologieorientierte Bewertungsmethoden; Beitrag zum Werkstoff-Forum-Seminar "Energieeinsparung bei der Herstellung, dem Einsatz und der Entsorgung von Werkstoffen", Aachen, 1992

[18] Weber, A.: Kunststoffe im Automobilbau; Beitrag zum Colloquium "Automobil und Werkstoff - Im Spannungsfeld von Technologie, Ökonomie und Ökologie", Salzburg, 1990

[19] Dyllick, T.: Ökologisch bewusstes Management; Die Orientierung, Schweizerische Volksbank, Bern 1990

[20] Voss, G.: Wettbewerbsvorteile von Morgen; Umwelt, (1988) Nr. 5, S. 240f

Mitglieder der Arbeitsgruppe für den Vortrag 5.2

Dipl.-Ing. Dipl.-Wirt. Ing. U. Böhlke, FhG-IPT, Aachen
Dipl.-Ing. K. Gressenich, Fa. Bosch-Siemens Hausgeräte GmbH, Traunreuth
Dipl.-Ing. Dipl.-Wirt. Ing. M. Hartmann, WZL, Aachen
Dipl.-Ing. Dipl.-Kfm. B. Katzy, WZL, Aachen
Dipl.-Ing. A. Klugmann, Fa. Thomson Video Europe GmbH, Villingen
Dr.-Ing. V. Lessenich-Henkys, IKV, Aachen
Dipl.-Ing. W. Noske, Fa. Bauknecht-Hausgeräte GmbH, Calw
Prof. Dr.-Ing. A. Weber, Fa. BASF AG, Ludwigshafen
H.-D. Welpotte, Fa. Miele & Cie. GmbH & Co., Gütersloh

Notizen

Notizen

Notizen

Notizen